·海洋生物多样性著作系列·

中国海洋浮游桡足类多样性

上　册

连光山　王彦国　孙柔鑫　黄将修　编著

海洋出版社

2018年·北京

内 容 简 介

本书专述中国海洋浮游桡足类720种，隶属于9目、51科、151属，除对各目、科和种的主要形态特征、同物异名、地理分布、生态习性等进行描述外，还附上每一种的形态图，其中有349种至今国内尚未作过形态特征描述，5种为中国海新记录种。

全书分上、下两册。上册介绍桡足类的基本形态特征、研究简史，除按何汝谐(Ho J S，1990)及Huys和Boxshall(1991)的分类系统编排桡足类分目检索表(9目)及种类名录、各目鉴别特征及其亲缘关系示意图之外，还描述宽足水蚤目(Platycopoida)2种、哲水蚤目(Calanoida)578种的形态特征，并附形态图。下册描述7目共140种的形态特征及其形态图，包括隐水蚤目(Misophrioida)2种、剑水蚤目(Cyclopoida)30种、奇水蚤目(Mormonilloida)2种、猛水蚤目(Harpacticoida)11种、歧口水蚤目(Poecilostomatoida)77种、管口水虱目(Siphonostomatoida)2种、怪水蚤目(Monstrilloida)16种以及主要参考文献目录和种类名称索引。

本书是至今国内记述中国海洋浮游桡足类种类最多的一部专著，可供海洋浮游生物调查研究和渔业、水产增养殖业科技人员以及高等院校有关专业师生参考、应用。

图书在版编目(CIP)数据

中国海洋浮游桡足类多样性／连光山等编著.—北京：海洋出版社，2018.8
ISBN 978-7-5210-0029-0

Ⅰ.①中…　Ⅱ.①连…　Ⅲ.①海洋浮游动物-桡足亚纲-中国　Ⅳ.①Q959.223

中国版本图书馆CIP数据核字(2018)第018272号

责任编辑：郑跟娣　钱晓彬
责任印制：赵麟苏

海洋出版社　出版发行

http://www.oceanpress.com.cn
北京市海淀区大慧寺路8号　邮编：100081
北京朝阳印刷厂有限责任公司印刷　新华书店经销
2018年8月第1版　2018年8月北京第1次印刷
开本：889 mm×1 194 mm　1/16　印张：54.25
字数：977千字　定价：480.00元
发行部：62132549　邮购部：68038093　总编室：62114335

Study of Marine Biodiversity

Species Diversity of Marine Planktonic Copepods in China's Seas

Vol. 1

By

Lian Guangshan, Wang Yanguo, Sun Rouxin, Hwang Jiangshiou

China Ocean Press
2018 · Beijing

Abstract

This book deals with totally 720 species of marine planktonic copepods in the China Seas, belonging to 151 genera of 51 families in 9 copepod orders. The important diagnostic characters of each species, family, order and the synonyms, geographical distribution, ecological habits etc. are described with the species morphological diagrams. Among them, the morphological characters of 349 species have never been described hitherto in China and 5 species are new records for the China Seas.

The book comprises of two volumes. The first volume presents the basic morphological characters of copepods, a brief history in copepod study, a key to the orders, a species list, the schemes of diagnostic characters and phylogenetic relationship for 9 orders are introduced and arranged according to the taxonomic system by Ho, J. S. (1990) and Huys & Boxshall (1991). Also, 2 platycopoids and 578 calanoids are described with their morphological figures. The second volume described 140 species with morphological figures in 7 orders. It includes 2 misophrioids, 30 cyclopoids, 2 mormonilloids, 11 harpacticoids, 77 poecilostomatoids, 2 siphonostomatoids, 16 monstrilloids, as well as important literatures sources and a species index.

This book is one of monograph that provides the most species of marine planktonic copepods hitherto known from China Seas. It can be taken as a reference for scientists and technicians in marine plankton, fisheries and aquaculture research, as well as professional collegiate teachers and students.

海洋生物多样性著作系列

国家海洋局第三海洋研究所编辑

编著者：

连光山　国家海洋局第三海洋研究所（右二）

王彦国　国家海洋局第三海洋研究所（左一）

孙柔鑫　国家海洋局第三海洋研究所（右一）

黄将修　台湾海洋大学海洋生物研究所（左二）

序

海洋浮游桡足类是一类小型低等甲壳动物(体长一般为0.3~10 mm)，是海洋浮游动物群落中的主要类群。它不仅种类多，数量大，而且分布广泛，大多以浮游植物为食，本身又是许多海洋经济鱼类及仔、稚鱼等的饵料基础，因而在海洋生态系(食物链)中占据重要环节，是海洋次级生产力的重要代表。海洋浮游桡足类的分布动态可作为寻找鱼群、渔场的科学依据，有些种类还可作为海流、水团及水域环境质量评价与监测的指标生物。但营寄生生活和捕食性桡足类也会给海洋渔业及水产增养殖业造成危害。因此，海洋浮游桡足类的调查研究在理论和生产实践上都具有重要的意义。

本书分上、下两册，专述中国海洋浮游桡足类720种，隶属于9目，51科，151属，其中有349种为国内首次作形态特征描述的物种，5种为中国海新记录种。它全面反映了中国海洋浮游桡足类多样性的概貌与特点，具有创新性和实用性。本书采用何汝谐(Ho J S，1990)及Huys和Boxshall(1991)的分类系统编排分目检索表及种类名录，求同存异，尽量确保各分类阶元(纲、目、科、属、种)在分类系统中的位置及名称使用的科学性、稳定性和连续性，并附上同物异名，便于读者查考。

本书内容丰富、全面，文字简明，图件精美而实用，是国内记述中国海洋浮游桡足类种类最多的一部专著，可供海洋浮游生物调查研究及渔业科技人员和高等院校相关专业的师生参考应用。本书的出版将促进我国海洋浮游生物多样性调查研究，尤其是桡足类分类学、生态学研究的发展、进步。

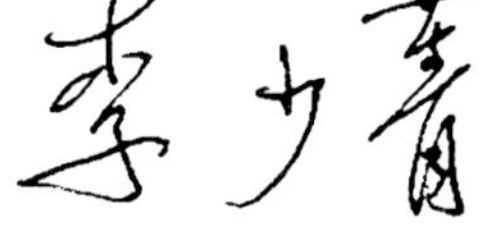

厦门大学海洋与地球学院教授　博士生导师

中国甲壳动物学会名誉理事长

中国生态学会海洋生态专委会名誉主任

2017年6月18日

前　　言

中国海域辽阔，南北跨越三个温度带(热带、亚热带及暖温带)，又受到黑潮暖流、南海暖流及大陆沿岸流等的交互影响，因此海洋桡足类的种类组成复杂多样。按其生态特点，海洋桡足类大致可分为浮游、底栖和寄(共)生生活三大生态类群①。然而我国海洋桡足类的调查研究起步较晚，1958 年以前基本处于空白，从 1958 年我国开始进行大规模的“全国海洋综合调查”，至今 50 多年，先后开展了一系列综合性或专业性海洋调查研究，取得了丰硕的成果，大大推进了我国海洋桡足类的分类学、生态学和个体生物学等的研究水平，发表了许多论文和专著。值得一提的是，沈嘉瑞等(1963)、郑重与李少菁等(1965，1982a，1992)、陈清潮等(1965，1974a，1974b，1974c)和连光山等(1978a，1978b，1984)发表的分类学论文和专著，为我国早期海洋浮游桡足类的分类研究打下了基础。近几年来，我们与台湾海洋大学海洋生物研究所的黄将修教授合作(2001—2007 年)，调查研究台湾垦丁南湾及基隆碧砂港等海域浮游动物群落组成及时空分布等，分析了上千份浮游动物样品，共记录浮游桡足类 310 种，其中 42 种为当时国内首次记录种，有些种类是中国海新记录种。此外，我们在分析 2012 年南海中部深水区一个分层采样站5 个水层(0~50 m，50~100 m，100~200 m，200~500 m，500~3 000 m)的样品时，也记录了浮游桡足类 181 种之多，其中 5 种为中国海新记录种。至 2015 年，中国海已记录海洋桡足类 1 089 种。我们深信，随着我国海洋调查研究事业的发展，先进的浮游生物采样设备在深海调查研究中的充分使用，势必会发现更多的新记录种或新物种。

为了确保调查研究桡足类的种类组成、数量变动及其时空分布的质量，首先必须正确鉴定其种类，才能获得准确、可靠的基本资料，为海洋浮游动物调查研究科技人员提供参考应用，这正是编著本书的目的。

本书专述中国海洋浮游桡足类的形态、分类及其分布，主要根据编著者多年(1974—2012 年)来对中国海洋浮游桡足类调查研究的成果，并参阅国内外有关文献资料，经综合订正，共记录了中国海洋浮游桡足类 720 种(含中国海边缘的琉球群岛海域及菲律宾-马来群岛海域的少数种类)，隶属于 9 目，51 科，151 属，其中有 349 种至今国内尚未作过形态特征描述，5 种为中国海新记录种。本书按何汝谐(Ho J S，1990)以及 Huys 和 Boxshall(1991)的分类系统编制海洋桡足类分目检索表(9 目)及种类名录、各目鉴别特征及其“亲缘”关系示意图(图版 一、二、

① 本书专述浮游生活的桡足类。至于底栖、寄(共)生生活的桡足类，予以另行编著。

三)，对各目、科及种的形态特征作了简要的描述，包括中文名、拉丁学名、同种异名(置入方括号内)、地理分布、生态习性及有关分类学方面的问题讨论等，并附上每一物种的形态特征图。为了节省篇幅，未对科、属、种进行检索表编制，参考文献仅列出与地理分布及形态图有关的文献目录序号。

本书的编写工作得以顺利完成，首先要感谢国家海洋局第三海洋研究所的各级领导和同事们为我们提供良好的工作环境和帮助，同时还要感谢厦门大学海洋与地球学院的李少菁教授和国家海洋局第三海洋研究所的黄宗国、林茂两位研究员的支持和帮助，国内外同行专家、教授也为我们提供了许多宝贵的参考资料。本书的出版得到国家海洋局“908专项”资金的资助以及《海洋生物多样性著作系列》丛书编委会及海洋出版社相关编辑的大力支持，我们在此一并致以衷心的感谢。

由于编著者的学识所限，本书难免会有缺点和错误之处，敬请读者指正。

连光山

2016年1月

目　次

上　册

一、桡足类基本形态特征 …… 1
(一)桡足类外部形态特征简述 …… 1
(二)桡足类形态结构名称缩写与符号 …… 2
(三)桡足类形态特征示意图(9 目) …… 3

二、桡足类研究简史及其分类系统 …… 5

三、中国海洋浮游桡足类种类组成 …… 7
(一)海洋桡足类(Copepoda)分目检索表(9 目) …… 7
(二)种类名录 …… 8

四、种类特征描述与形态图 …… 34
Ⅰ　宽足水蚤目　Order Platycopioida Fosshagen & Iliffe, 1985 …… 34
1. 宽足水蚤科　Family Platycopiidae Sars, 1911 …… 34
宽足水蚤属　*Platycopia* Sars, 1911 …… 35
Ⅱ　哲水蚤目　Order Calanoida Sars, 1903 …… 37
2. 纺锤水蚤科　Family Acartiidae Sars, 1900 …… 37
纺锤水蚤属　*Acartia* Dana, 1846 …… 38
异水蚤属　*Acartiella* Sewell, 1914 …… 55
3. 鹰嘴水蚤科　Family Aetideidae Giesbrecht, 1892 …… 56
小鹰嘴水蚤属　*Aetideopsis* Sars, 1903 …… 57
鹰嘴水蚤属　*Aetideus* Brady, 1883 [=*Euaetideus*] …… 60
伯刺水蚤属　*Bradyetes* Farran, 1905 …… 64
刺额水蚤属　*Bradyidius* Giesbrecht, 1897 [=*Undinopsis*] …… 65
小袖水蚤属　*Chiridiella* Sars, 1907 …… 67
袖水蚤属　*Chiridius* Giesbrecht, 1892 …… 68
手水蚤属　*Chirundina* Giesbrecht, 1895 …… 72
小手水蚤属　*Chirundinella* Tanaka, 1957 …… 74

真胖水蚤属 *Euchirella* Giesbrecht, 1888 …… 75
枪水蚤属 *Gaetanus* Giesbrecht, 1888 …… 93
小盾水蚤属 *Gaidiopsis* A. Scott, 1909 …… 102
盾水蚤属 *Gaidius* Giesbrecht, 1895 …… 103
泥水蚤属 *Lutamator* Bradford, 1969 …… 107
拟多毛水蚤属 *Paracomantenna* Campaner, 1978 …… 108
伪胖水蚤属 *Pseudochirella* Sars, 1920 …… 109
伪真刺水蚤属 *Pseudeuchaeta* Sars, 1905 …… 115
波刺水蚤属 *Undeuchaeta* Giesbrecht, 1888 …… 116
小强水蚤属 *Valdiviella* Steuer, 1904 …… 120
4. 尖头水蚤科 Family Arietellidae Sars, 1902 …… 122
尖头水蚤属 *Arietellus* Giesbrecht, 1892 …… 123
后哲水蚤属 *Metacalanus* Cleve, 1901 …… 130
拟亮羽水蚤属 *Paraugaptilus* Wolfenden, 1904 …… 132
拟隐水蚤属 *Paramisophria* T. Scott, 1897 …… 134
5. 亮羽水蚤科 Family Augaptilidae Sars, 1905 …… 136
亮羽水蚤属 *Augaptilus* Giesbrecht, 1889 …… 137
刺亮羽水蚤属 *Centraugaptilus* Sars, 1920 …… 141
真亮羽水蚤属 *Euaugaptilus* Sars, 1920 …… 144
海羽水蚤属 *Haloptilus* Giesbrecht, 1898 …… 160
角羽水蚤属 *Pontoptilus* Sars, 1905 …… 176
伪亮羽水蚤属 *Pseudaugaptilus* Sars, 1907 …… 177
伪海羽水蚤属 *Pseudhaloptilus* Wolfenden, 1911[厚羽水蚤属 *Pachyptilus* Sars, 1920] …… 178
6. 深角水蚤科 Family Bathypontiidae Brodsky, 1950 …… 181
深角水蚤属 *Bathypontia* Sars, 1905 …… 182
小宽水蚤属 *Temorites* Sars, 1900 …… 188
7. 哲水蚤科 Family Calanidae Dana, 1846 …… 189
哲水蚤属 *Calanus* Leach, 1816 …… 190
似哲水蚤属 *Calanoides* Brady, 1883 …… 192
刺哲水蚤属 *Canthocalanus* A. Scott, 1909 …… 194
宇哲水蚤属 *Cosmocalanus* Bradford & Jillett, 1974 …… 195
间哲水蚤属 *Mesocalanus* Bradford & Jillett, 1974 …… 196
小哲水蚤属 *Nannocalanus* Sars, 1925 …… 197
新哲水蚤属 *Neocalanus* Sars, 1925 …… 198
波水蚤属 *Undinula* A. Scott, 1909 …… 202
8. 丽哲水蚤科 Family Calocalanidae Bernard, 1958 …… 203

丽哲水蚤属 *Calocalanus* Giesbrecht, 1888 …… 204

9. 平头水蚤科 Family Candaciidae Giesbrecht, 1892 …… 211

平头水蚤属 *Candacia* Dana, 1846 …… 212

拟平头水蚤属 *Paracandacia* Grice, 1963 …… 226

10. 胸刺水蚤科 Family Centropagidae Giesbrecht, 1892 …… 230

胸刺水蚤属 *Centropages* Kröyer, 1848 …… 231

华哲水蚤属 *Sinocalanus* Burckhardt, 1913 …… 244

11. 基齿哲水蚤科 Family Clausocalanidae Giesbrecht, 1892 …… 248

基齿哲水蚤属 *Clausocalanus* Giesbrecht, 1888 …… 249

栉哲水蚤属 *Ctenocalanus* Giesbrecht, 1888 …… 261

镰水蚤属 *Drepanopsis* Brady, 1883 …… 262

微哲水蚤属 *Microcalanus* Sars, 1901 …… 264

伪哲水蚤属 *Pseudocalanus* Boeck, 1873 …… 265

12. 镖水蚤科 Family Diaptomidae Baird, 1850 …… 266

明镖水蚤属 *Heliodiaptomus* Kiefer, 1932 …… 267

新镖水蚤属 *Neodiaptomus* Kiefer, 1932 …… 268

蒙镖水蚤属 *Mongolodiaptomus* Kiefer, 1932 …… 270

叶镖水蚤属 *Phyllodiaptomus* Kiefer, 1936 …… 271

近镖水蚤属 *Tropodiaptomus* Kiefer, 1932 …… 272

13. 真哲水蚤科 Family Eucalanidae Giesbrecht, 1892 …… 273

真哲水蚤属 *Eucalanus* Dana, 1852 …… 274

拟真哲水蚤属 *Pareucalanus* Geletin, 1976 …… 278

锚哲水蚤属 *Rhincalanus* Dana, 1852 …… 280

次真哲水蚤属 *Subeucalanus* Geletin, 1976 …… 282

14. 真刺水蚤科 Family Euchaetidae Giesbrecht, 1892 …… 288

真刺水蚤属 *Euchaeta* Philippi, 1843 …… 289

拟真刺水蚤属 *Paraeuchaeta* A. Scott, 1909 …… 300

15. 异肢水蚤科 Family Heterorhabdidae Sars, 1902 …… 328

双刺水蚤属 *Disseta* Giesbrecht, 1889 …… 329

半肢水蚤属 *Hemirhabdus* Wolfenden, 1911 …… 331

异肢水蚤属 *Heterorhabdus* Giesbrecht, 1892 …… 332

异刺水蚤属 *Heterostylites* Sars, 1920 …… 346

中肢水蚤属 *Mesorhabdus* Sars, 1905 …… 349

拟异肢水蚤属 *Paraheterorhabdus* Brodsky, 1950 …… 353

16. 光水蚤科 Family Lucicutiidae Sars, 1902 …… 356

光水蚤属 *Lucicutia* Giesbrecht, 1898 …… 357

17. 长角水蚤科 Family Mecynoceridae Andronov, 1973 …… 375

长角水蚤属 *Mecynocera* Thompson, 1888 ······ 376
18. 巨型哲水蚤科 Family Megacalanidae Sewell, 1947 ······ 377
深哲水蚤属 *Bathycalanus* Sars, 1905 ······ 378
伯氏哲水蚤属 *Bradycalanus* A. Scott, 1909 ······ 380
巨型哲水蚤属 *Megacalanus* Wolfenden, 1904 ······ 381
19. 长腹水蚤科 Family Metridinidae Sars, 1902 ······ 382
大腹水蚤属 *Gaussia* Wolfenden, 1905 ······ 383
长腹水蚤属 *Metridia* Boeck, 1865 ······ 384
乳点水蚤属 *Pleuromamma* Giesbrecht, 1889 ······ 393
20. 拟哲水蚤科 Family Paracalanidae Giesbrecht, 1892 ······ 400
隆哲水蚤属 *Acrocalanus* Giesbrecht, 1888 ······ 401
矮隆水蚤属 *Bestiolina* [=*Bestiola*] Andronov, 1991 ······ 406
桂水蚤属 *Delius* Andronov, 1972a ······ 409
拟哲水蚤属 *Paracalanus* Boeck, 1864[=*Parvocalanus* Andronov, 1970] ······ 410
21. 拟角水蚤科 Family Parapontellidae Giesbrecht, 1892 ······ 417
新角水蚤属 *Neopontella* A. Scott, 1909 ······ 418
22. 褐水蚤科 Family Phaennidae Sars, 1902 ······ 419
娇水蚤属 *Amallophora* T. Scott, 1893 ······ 420
头亮水蚤属 *Cephalophanes* Sars, 1907 ······ 421
角哲水蚤属 *Cornucalanus* Wolfenden, 1905 ······ 422
异毛水蚤属 *Heteramalla* Sars, 1907 ······ 425
杂哲水蚤属 *Mixtocalanus* (Farran, 1929) ······ 426
突哲水蚤属 *Onchocalanus* Sars, 1905 ······ 427
褐水蚤属 *Phaenna* Claus, 1863 ······ 432
黄水蚤属 *Xanthocalanus* Giesbrecht, 1892 ······ 433
23. 叶足水蚤科 Family Phyllopodidae Brodsky, 1950 ······ 436
叶足水蚤属 *Phyllopus* Brady, 1883[光刺水蚤属 *Nullosetigera* Soh et al., 1999] ······ 437
24. 角水蚤科 Family Pontellidae Dana, 1853 ······ 443
畸异水蚤属 *Anomalocera* Templeton, 1837 ······ 444
长足水蚤属 *Calanopia* Dana, 1853 ······ 445
唇角水蚤属 *Labidocera* Lubbock, 1853 ······ 451
角水蚤属 *Pontella* Dana, 1846 ······ 465
小角水蚤属 *Pontellina* Dana, 1853 ······ 484
简角水蚤属 *Pontellopsis* Brady, 1883 ······ 486
25. 伪剑水蚤科 Family Pseudocyclopidae Giesbrecht, 1893 ······ 501
伪剑水蚤属 *Pseudocyclops* Brady, 1872 ······ 502

26. 伪镖水蚤科　Family Pseudodiaptomidae Sars, 1902 …… 505
伪镖水蚤属　*Pseudodiaptomus* Herrick, 1884 …… 506
27. 脊纹水蚤科　Family Ridgewayiidae Wilson, 1958 …… 532
扁哲水蚤属　*Placocalanus* Ohtsuka, Fosshagen & Soh, 1996 …… 533
脊纹水蚤属　*Ridgewayia* Thompson & A. Scott, 1903 …… 536
28. 厚壳水蚤科　Family Scolecithricidae [Scolecitrichidae] Giesbrecht, 1892 …… 537
兰德氏水蚤属　*Landrumius* Park, 1983 …… 538
额脊水蚤属　*Lophothrix* Giesbrecht, 1895 …… 539
麦壳水蚤属　*Macandrewella* A. Scott, 1909 …… 542
新厚壳水蚤属　*Neoscolecithrix* Canu, 1896 …… 546
异尾水蚤属　*Racovitzanus* Giesbrecht, 1902 …… 547
舟哲水蚤属　*Scaphocalanus* Sars, 1900 …… 548
小厚壳水蚤属　*Scolecithricella* Sars, 1903 …… 557
厚壳水蚤属　*Scolecithrix* Brady, 1883 …… 582
厚哲水蚤属　*Scolecocalanus* Farran, 1936 …… 585
暗哲水蚤属　*Scottocalanus* Sars, 1905 …… 586
29. 刺哲水蚤科　Family Spinocalanidae Vervoort, 1951 …… 598
仿哲水蚤属　*Mimocalanus* Farran, 1908 …… 599
异足水蚤属　*Monacilla* Sars, 1905 …… 600
刺哲水蚤属　*Spinocalanus* Giesbrecht, 1888 …… 602
30. 冠水蚤科　Family Stephidae Sars, 1902 …… 608
冠水蚤属　*Stephos* T. Scott, 1892 …… 609
31. 宽水蚤科　Family Temoridae Giesbrecht, 1892 …… 612
真宽水蚤属　*Eurytemora* Giesbrecht, 1881 …… 613
宽水蚤属　*Temora* Baird, 1850 …… 616
拟宽水蚤属　*Temoropia* T. Scott, 1894 …… 619
32. 羚水蚤科　Family Tharybidae Sars, 1902 …… 620
小波水蚤属　*Undinella* Sars, 1900 …… 621
33. 歪水蚤科　Family Tortanidae Sars, 1902 …… 622
歪水蚤属　*Tortanus* Giesbrecht, 1898 …… 623

下　册

Ⅲ　隐水蚤目[异水蚤目, 小虱目]　Order Misophrioida Gurney, 1933 …… 649
34. 隐水蚤科　[异水蚤科, 小虱科] Family Misophriidae Brady, 1878 …… 649
仿隐水蚤属　*Misophriopsis* Boxshall, 1983 …… 650

Ⅳ 剑水蚤目 Order Cyclopoida Burmeister, 1834 ······ 652
35. 剑水蚤科 Family Cyclopidae Sars, 1913 ······ 652
剑水蚤属 *Cyclops* Müller, 1776 ······ 653
咸剑水蚤属 *Halicyclops* Norman, 1903 ······ 654
中剑水蚤属 *Mesocyclops* Sars, 1914 ······ 655
温剑水蚤属 *Thermocyclops* Kiefer, 1927 ······ 656
36. 镖剑水蚤科 Family Cyclopinidae Sars, 1913 ······ 658
镖剑水蚤属 *Cyclopina* Claus, 1862 ······ 659
37. 长腹剑水蚤科 Family Oithonidae Dana, 1853 ······ 661
双长腹剑水蚤属 *Dioithona* Kiefer, 1935 ······ 662
长腹剑水蚤属 *Oithona* Baird, 1843 ······ 665
窄腹剑水蚤属 *Limnoithona* Burckhardt, 1913 ······ 684
Ⅴ 奇水蚤目[摩门虱目] Order Mormonilloida Boxshall, 1979 ······ 685
38. 奇水蚤科[摩门虱科] Family Mormonillidae Giesbrecht, 1892 ······ 685
奇水蚤属 *Mormonilla* Giesbrecht, 1891 ······ 686
Ⅵ 猛水蚤目 Order Harpacticoida Sars, 1903 ······ 688
39. 保猛水蚤科 Family Aegisthidae Giesbrecht, 1892 ······ 688
保猛水蚤属 *Aegisthus* Giesbrecht, 1891 ······ 689
40. 盔头猛水蚤科[暴猛水蚤科] Family Clytemnestridae A. Scott, 1909 ······ 692
盔头猛水蚤属 *Clytemnestra* Dana, 1848 ······ 693
41. 长猛水蚤科[同相猛水蚤科] Family Ectinosomatidae [Ectinosomidae] Sars, 1903 ······ 695
小毛猛水蚤属 *Microsetella* Brady & Robertson, 1873 ······ 696
42. 谐猛水蚤科 Family Euterpinidae Brian, 1921 ······ 698
谐猛水蚤属 *Euterpina* Norman, 1903 ······ 699
43. 灵巧猛水蚤科 Family Metidae Sars, 1910 [Ilyopsyllidae A. Scott, 1909] ······ 700
灵巧猛水蚤属 *Metis* Philippi, 1843 ······ 701
44. 奇异猛水蚤科 Family Miraciidae Dana, 1846[粗毛猛水蚤科, 大星猛水蚤科 Macrosetellidae] ······ 702
长毛猛水蚤属[大星猛水蚤属] *Macrosetella* A. Scott, 1909 ······ 703
奇异猛水蚤属[奇嫩猛水蚤属] *Miracia* Dana, 1846 ······ 704
Ⅶ 歧口水蚤目[鞘口水蚤目] Order Poecilostomatoida Thorell, 1859 ······ 705
45. 大眼水蚤科[大眼剑水蚤科] Family Corycaeidae Dana, 1852 ······ 705
大眼水蚤属[大眼剑水蚤属] *Corycaeus* Dana, 1849 ······ 706
羽刺大眼水蚤属[羽刺大眼剑水蚤亚属] *Farranula* [=*Corycella*] Wilson, 1932 ······ 730
46. 隆水蚤科[隆剑水蚤科] Family Oncaeidae Giesbrecht, 1892 ······ 737

梭水蚤属[梭剑水蚤属] *Lubbockia* Claus , 1863 …… 738
隆水蚤属[隆剑水蚤属] *Oncaea* Philippi, 1843 …… 741
三锥水蚤属 *Triconia* Böttger-Schnack , 1999 …… 748
厚水蚤属[厚剑水蚤属] *Pachysoma* [=*Pachos*] Claus, 1863 …… 752
47. 伪花水蚤科 Family Pseudanthessiidae Humes & Stock, 1972 …… 754
伪花水蚤属 *Pseudanthessius* Claus, 1889 …… 755
48. 叶水蚤科[叶剑水蚤科] Family Sapphirinidae Thorell, 1860 …… 758
叶水蚤属[叶剑水蚤属] *Sapphirina* Thompson, 1929 …… 759
桨水蚤属[桨剑水蚤属] *Copilia* Dana, 1849 …… 777
心水蚤属[心剑水蚤属] *Corina* Giesbrecht, 1891[=*Vettoria* Wilson, 1924] … 784
Ⅷ 管口水虱目[管口虱目、管口水蚤目] Order Siphonostomatoida Burmeister, 1835 …… 786
49. 角管水虱科[角剑水蚤科] Family Pontoeciellidae Giesbrecht, 1895 …… 786
角管水虱属 *Pontoeciella* Giesbrecht, 1895 …… 787
50. 棒水虱科[棒水蚤科] Family Rataniidae Giesbrecht, 1897 …… 788
棒水虱属 *Ratania* Giesbrecht, 1892 …… 789
Ⅸ 怪水蚤目 Order Monstrilloida Sars, 1903 …… 790
51. 怪水蚤科 Family Monstrillidae Dana, 1849 …… 790
舟形怪水蚤属 *Cymbasoma* Thompson, 1888
[细尾怪水蚤属 *Thaumaleus* Giesbrecht, 1892] …… 791
怪水蚤属 *Monstrilla* Dana, 1849 …… 795

参考文献 …… 807

学名索引 …… 817

一、桡足类基本形态特征

桡足类的外部形态特征是鉴定、识别种类的主要依据，尽管现在可以采用分子生物学手段——DNA 检测技术来鉴别物种，该技术在解决某些近似物种和疑难物种的鉴别中具有重要的科学价值，但在分析、鉴定海洋调查所获得的大量桡足类样品中，目前国内外专家、学者仍是以形态特征作为种类鉴定的基础，并采用更先进的电子显微镜、数码显微镜等进行深入、细致的形态结构观察，大大提高了种类鉴定的质量和速度。

(一)桡足类外部形态特征简述

桡足类的体形变化多种多样，浮游性种类一般呈圆柱状或扁平呈片状，并具有发达的附肢及刚毛以适应漂浮生活环境。其身体分节明显，一般不超过 11 节，并分为前体部(Prosome 或 Metasome)和后体部(Urosome)，两者之间的活动关节所在位置是桡足类区分目的主要依据之一。除了宽足水蚤目(Platycopioida)和哲水蚤目(Calanoida)的前、后体部之间活动关节位于第 5 胸节与生殖节(第 1 腹节)之间外，其余各目均位于第 4 胸节与第 5 胸节之间(图版一、二)。

前体部(Pro)包括头部(节)和胸部(第 1~5 胸节或第 1~4 胸节)。头部(节)常与第 1 胸节愈合为头胸节。头部前端(前额)或腹面常有额角或无，其形状和末胸节左、右后侧角形状常随种类而异，是鉴定种属的依据之一。后体部(Uro)包括腹部或第 5 胸节与腹部。腹部一般无附肢，由 1~5 节组成。雌性生殖节常与腹节愈合，故其节数较雄性的少。雌、雄性腹部生殖节的形状变化很大，也是鉴定种类的重要依据(图版一、二)。

桡足类身体常有 11 对附肢(图版一：Ⅱ)。头部一般有 6 对，包括第 1、2 触角(A1-2)、大颚(Md)、第 1、2 小颚(Mx1-2)及颚足(Mxp)。但是怪水蚤目(Monstrilloida)桡足类很特殊，其第 2 触角、大颚、第 1、2 小颚及颚足完全消失，明显有别于其他各目桡足类。头部附肢的形态结构差异也常作为鉴定种类的依据。尤其是第 1 触角有明显的雌、雄区别。雌性第 1 触角左右对称，雄性常一侧或左、右两侧均特化为执握肢，是鉴定种类的重要依据之一。

桡足类常具 4~5 对胸足，但有些种类在生殖节上具 1 简单的第 6 对胸足，常由刚毛或刺组成。第 1~4 对胸足为双肢型的游泳足，结构基本相似，常无雌、雄区别。但有些种、属的第 1~4 对胸足的结构变化较大，在鉴别种类中也具有参考价值。

第 5 对胸足常有明显的雌、雄区别，是鉴定种类的主要依据。它的形态结构变化很大，大致可分为三大类：双肢型、单肢型和退化为小刺突或带刚毛的小结节，甚至完全消失。雌性第 5 对胸足一般左右对称；雄性常较雌性发达，结构也更复杂多样，左、右足可分为对称型和不对称型两类，除了哲水蚤目的雄性第 5 对胸足大多属于不对称型之外，其余各目均属于对称型。

(二)桡足类形态结构名称缩写与符号

为节省篇幅，在种类描述及形态图中采用以下名称缩写与符号表示。

缩写	名称	缩写	名称	缩写	名称
♀	雌性	Ro	额角	Si	内缘刺或刚毛
♂	雄性	A1-2	第1~2触角	St	末端刚毛或刺
Pro	前体部(头胸部)	Labr	上唇	Int	内缘齿
Uro	后体部	Labi	下唇	Ts	末节
Cph	头部(节)	Mt	口管	Term	末端
Cphth	头胸节	Md	大颚	Juv	桡足幼体
Th1-5	第1~5胸节	Mdp	大颚须	CIV-V	第4~5期桡足幼体
Lths	末胸节	Mx1-2	第1~2小颚	F. 1	大(甲、Ⅰ)型
Ab	腹部	Mxp	颚足	F. 2	小(乙、Ⅱ)型
Ab1-5	第1~5腹节	Inter-Mpp	颚足间板突	Av	前面观
Gs	生殖节	P1-6	第1~6胸足	Pv	后面观
Go	生殖孔	B1-2	第1~2基节	Dv	背面观
Gp	生殖突	Re	外肢	Vv	腹面观
Ovs	卵针	Re1-3	外肢第1~3节	Lv	侧面观
As	肛节	Ri	内肢	L	左侧
Cr	尾叉	Ri1-3	内肢第1~3节	R	右侧
Eye (Lens)	角眼(晶体)	Se	外缘刺或刚毛	Ansp	另一个体(标本)

(三)桡足类形态特征示意图(9 目)

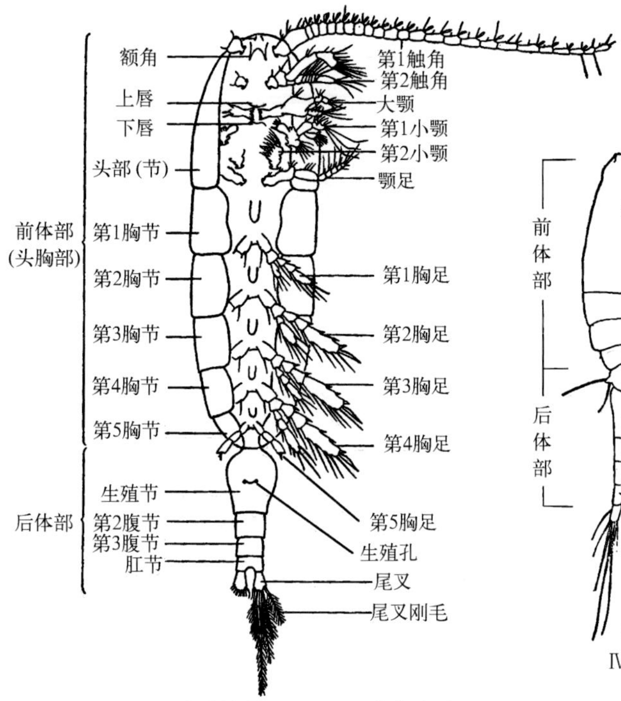

Ⅱ 哲水蚤目 Calanoida 雌体腹面观
(仿 Giesbrecht et al., 1898)

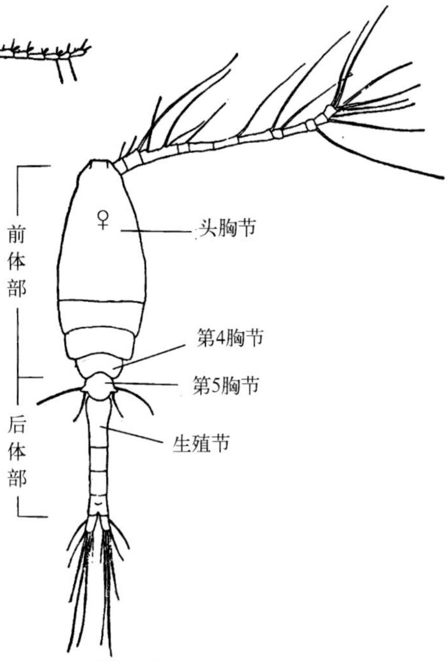

Ⅳ 剑水蚤目 Cyclopoida
(仿郑重等, 1982)

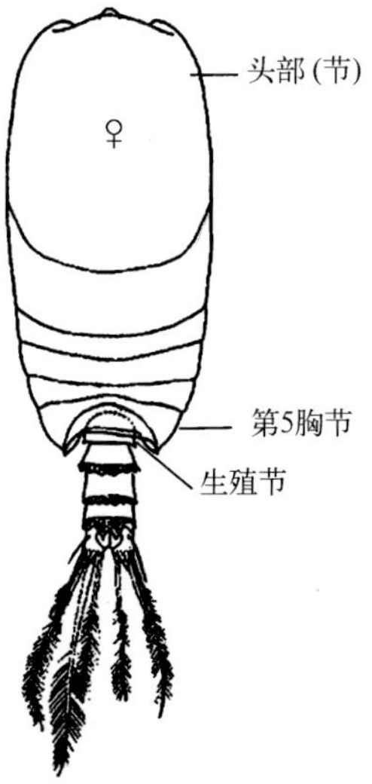

Ⅰ 宽足水蚤目 Platycopioida
(仿 Ohtsuka et al., 1998)

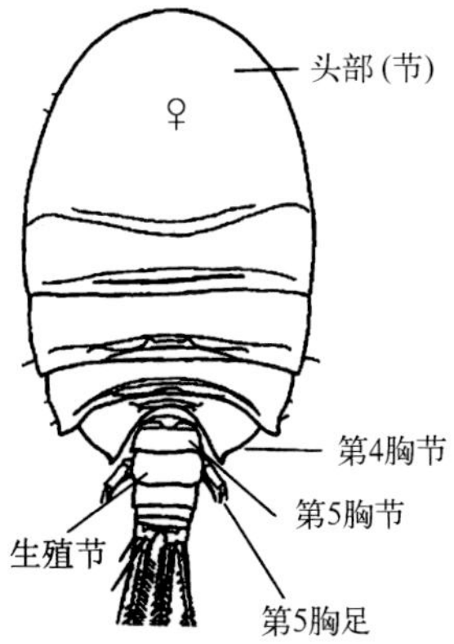

Ⅲ 隐水蚤目 Misophrioida
(仿 Ohtsuka et al., 1998)

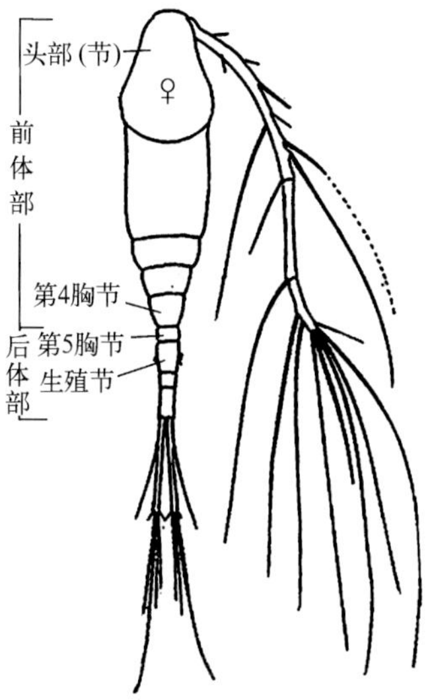

Ⅴ 奇水蚤目 Mormonilloida
(仿连光山等, 1984)

图版一(Ⅰ~Ⅴ)

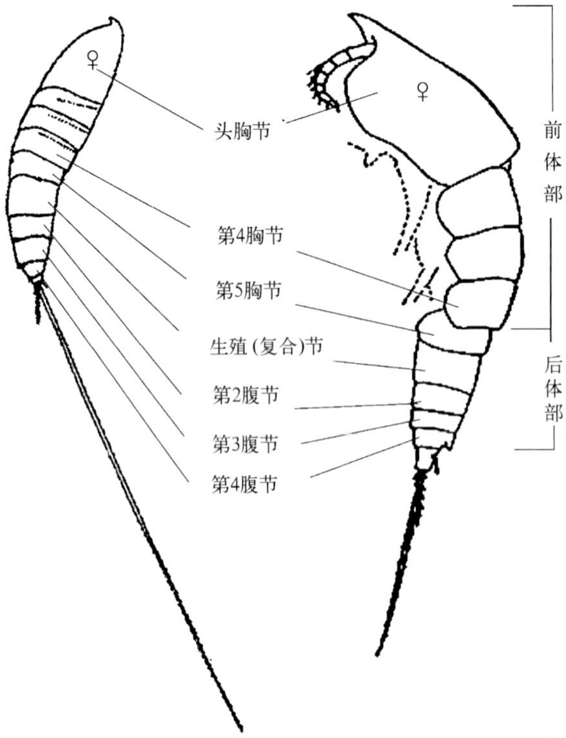

Ⅵ 猛水蚤目 Harpacticoida
(仿陈清潮等, 1965)

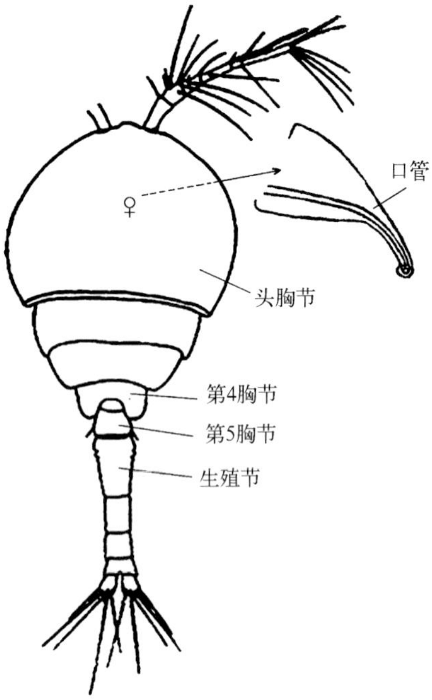

Ⅷ 管口水虱目 Siphonostomatoida
(仿连光山等, 1984)

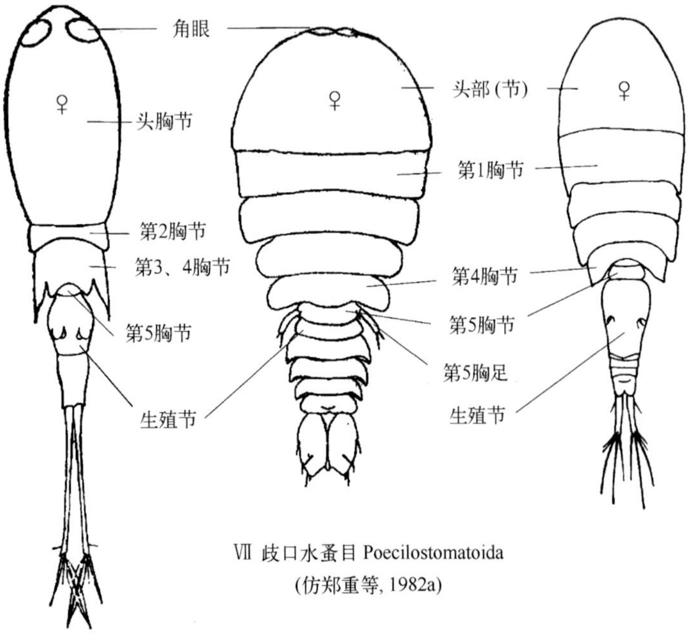

Ⅶ 歧口水蚤目 Poecilostomatoida
(仿郑重等, 1982a)

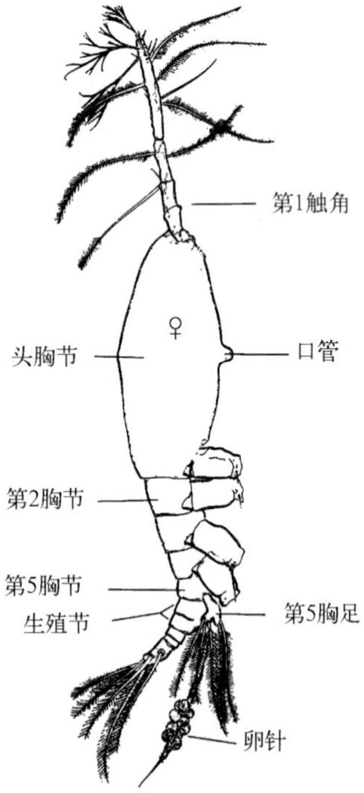

Ⅸ 怪水蚤目 Monstrilloida
(仿 Huys & Boxshall, 1991)

图版二(Ⅵ~Ⅸ)

二、桡足类研究简史及其分类系统

桡足类(Copepoda)隶属于节肢动物门(Arthropoda)、甲壳纲(Crustacean)[颚足纲(Maxillopoda)]、桡足亚纲(Copepoda)，它广泛分布于世界各海洋、河口、港湾及淡水水域，根据其生态特点大致可分为浮游、底栖和寄生(共生)生活三大生态类群，其分类研究历史悠久，分类系统也逐步完善。早期分类学研究主要根据Brady(1883)、Giesbrecht(1892)和Sars(1901—1904)所建立的三种分类系统，其中以Sars的分类系统最为完善。Sars根据桡足类的形态特征并结合生态习性，提出了一个比较符合桡足类亲缘关系的分类系统，把桡足类作为甲壳纲的一个目，下设7个亚目。此后，Gurney(1931—1933)在Sars分类系统的基础上作了修改，将桡足类的分类地位提高一级，作为甲壳纲中的一个亚纲，并把7个亚目升为目，同时废弃了其中的鲺亚目(Arguloida)而另立细尾水蚤目(Misophrioida)。这个改进的Sars分类系统长期被国内外学者所采用。直到1990年，台湾学者、美国加利福尼亚大学何汝谐(Ho J S)①教授又提出了一个新的桡足类分类系统及亲缘关系，即把桡足类分为10个目。1991年，Huys和Boxshall对何氏的分类系统(1990)作了调整，提出了一个更加完善的10个目的分类系统及亲缘关系示意图。这个新的分类系统已被国内外学者广泛采用。除了分布于地下水的吉利水蚤目(Gelyelloida)之外，其余9个目在海洋中均有分布。其中，哲水蚤目(Calanoida)和奇水蚤目(Mormonilloida)均为浮游种类；宽足水蚤目(Platycopioida)为近底层性浮游种类；隐水蚤目[细尾水蚤目](Misophrioida)主要为沿海浅水区近底层性浮游种类，少数为深海近底层、深水性和穴居性种类；剑水蚤目(Cyclopoida)大部分为浮游种类，少数为寄生或共生种；猛水蚤目(Harpacticoida)主要为底栖性种类，仅少数为浮游种类；歧口水蚤目(Poecilostomatoida)大部分为寄生或共生种类，少数为浮游种类；管口水虱目(Siphonostomatoida)全部为寄生、共生或阶段性寄生生活的种类，目前已知的仅有2种的成体阶段营浮游性生活；怪水蚤目(Monstrilloida)的种类均阶段性营寄生或浮游性生活，其桡足幼体营寄生生活，而无节幼体和成体则营浮游性生活，成体仅行繁殖而不摄食。

2004年，Boxshall和Halsey又对1991年的分类系统进行了新的修订，将歧口水蚤目合并入剑水蚤目。该修订是否恰当，有待进一步的研究和探讨。本书仍采用何汝谐(Ho J S 1990)②及Huys和Boxshall(1991)的桡足类分类系统进行编写，并编制海洋桡足类分目检索表(9目)及各目亲缘关系示意图(图版三)。

依据《国际动物命名法规》关于"优先权"(优先律)的原则，在本书桡足类名录整编中尽可能确保各分类单元(种、属、科、目、纲)名称(中名与拉丁学名)使用的连续性、稳定性和科学性。为了避免名称使用混乱或误解，均把同物异名或误订名置入有效名称之后的方括号[ ]之内，供读者参考。

---

①、② Ho J S. 1990. Phylogenetic analysis of copepod orders. Journal of Crustacean Biology, 10(3): 528-536.

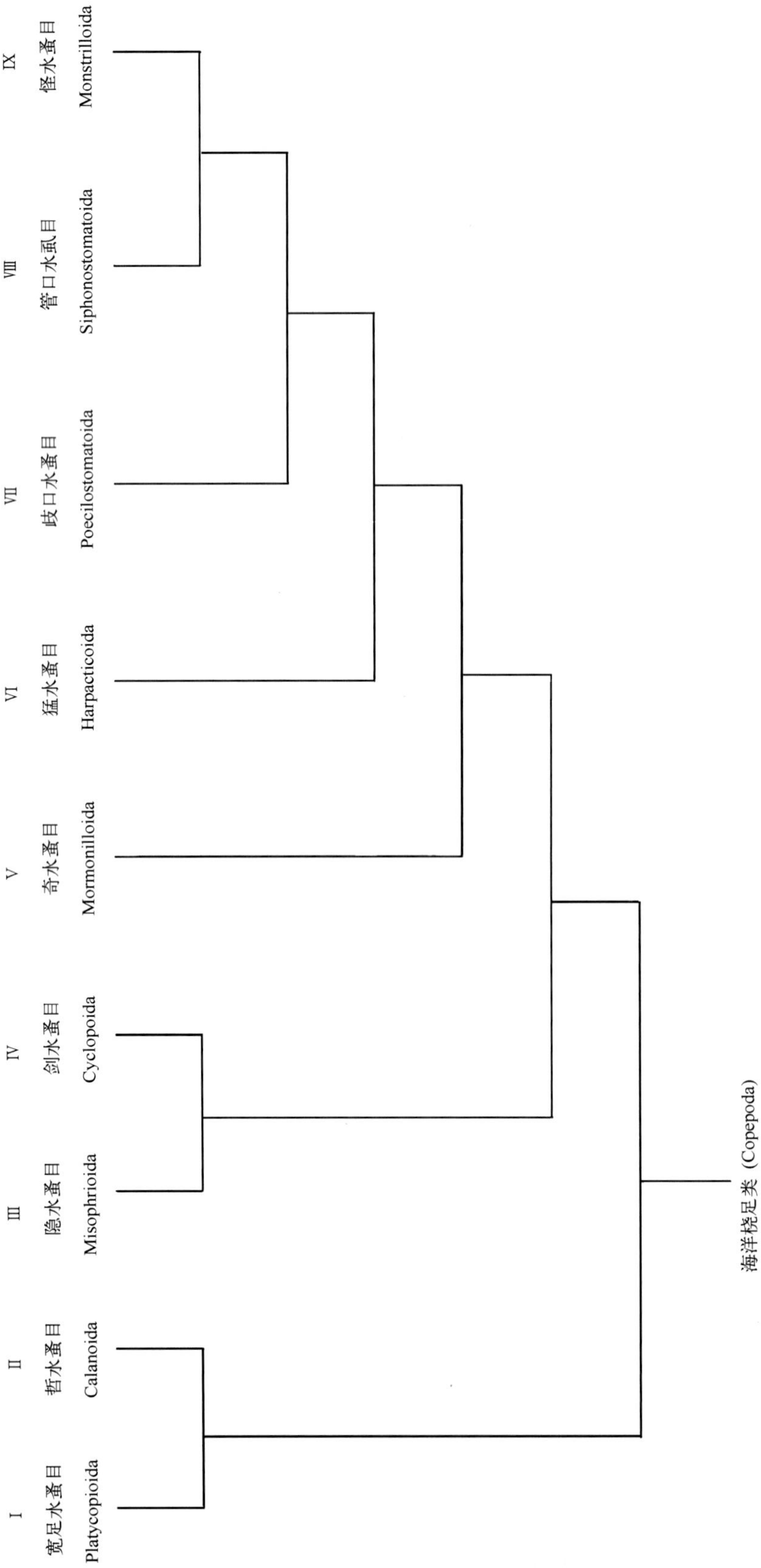

图版三　海洋桡足类系统发育-亲缘关系示意图

［Ho J S(1990)及 Huys 和 Boxshall(1991)，略有修改］

三、中国海洋浮游桡足类种类组成

本书共描述中国海洋浮游桡足类 720 种，并附有每一种的形态特征图（含中国海边缘的琉球群岛海域及菲律宾-马来群岛海域的少数种类），隶属于 9 目、51 科、151 属。其中，哲水蚤目种类数最多，达 578 种，占所收录总种类数的 80.6%；其次是歧口水蚤目与剑水蚤目，分别为 77 种和 30 种；其余各目仅有 2~16 种。

中国海洋浮游桡足类种类组成如下。

目 Order	科 Family	属 Genus	种类数 Number of species
Ⅰ. 宽足水蚤目 Platycopioida	1	1	2
Ⅱ. 哲水蚤目 Calanoida	32	119	578
Ⅲ. 隐水蚤目 Misophrioida	1	1	2
Ⅳ. 剑水蚤目 Cyclopoida	3	8	30
Ⅴ. 奇水蚤目 Mormonilloida	1	1	2
Ⅵ. 猛水蚤目 Harpacticoida	6	7	11
Ⅶ. 歧口水蚤目 Poecilostomatoida	4	10	77
Ⅷ. 管口水虱目 Siphonostomatoida	2	2	2
Ⅸ. 怪水蚤目 Monstrilloida	1	2	16
合计	51	151	720

本书按 Huys 和 Boxshall（1991）的分类系统编制海洋桡足类分目检索表，简述各目、科的鉴别特征和每一种的主要形态特征、同种异名、地理分布、生态习性及有关分类学方面的问题讨论等，并附上形态图和主要参考文献序号。

（一）海洋桡足类（Copepoda）分目检索表（9 目）

1. 前体部与后体部之间的活动关节（即分界）位于第 5 胸节与生殖节之间（♀、♂）…………… 2
   前体部与后体部之间的活动关节位于第 4 胸节与第 5 胸节之间（♀、♂）…………………… 3
2. 后体部分 5 节；第 2、3 对胸足外肢第 1 节有 2 个外缘刺；第 1 小颚基节外小叶具有 2 根刚毛（♀、♂）………………………………………………………… 宽足水蚤目（Platycopioida）
   雌性后体部分 1~4 节，雄性分 5 节。第 2、3 对胸足外肢第 1 节仅有 1 个外缘刺；第 1 小颚基节外小叶退化，仅有 2 根刚毛或消失（♀、♂）………………… 哲水蚤目（Calanoida）
3. 第 1 触角伸向身体前方，第 2 触角、大颚、第 1、2 小颚及颚足均退化消失（♀、♂）；成熟雌性生殖节腹面有 1 对常黏附有卵的卵针………………………… 怪水蚤目（Monstrilloida）

第1触角伸向身体两侧或后方，第2触角、大颚、第1、2小颚及颚足存在(♀、♂)；成熟雌性个体生殖节腹面无卵针 …………………………………………… 4

4. 具有由上、下唇愈合而形成的口管，基部呈棒状或针刺状的大颚伸入口管之中(♀、♂) …………………………………………… 管口水虱目(Siphonostomatoida)

无口管，上、下唇分开而不愈合，大颚基部不呈棒状或针刺状 …………………… 5

5. 雌性第2触角外肢分8节，雄性9节；第3对胸足外肢无外缘刺(♀、♂)，雌性生殖孔1个，位于生殖节的腹面 …………………… 奇水蚤目(Mormonilloida)

第2触角外肢分1~8节或不存在(♀、♂)；第3对胸足外肢有外缘刺(♀、♂)，雌性通常有2个生殖孔，位于生殖节的两侧 …………………………………… 6

6. 第2触角外肢不存在，呈单肢型；第5对胸足呈单肢型，分1~4节或退化为一个小的突起，并具1~2根刚毛(♀、♂) …………………………………… 7

第2触角外肢通常分1~8节，少数外肢消失；第5对胸足为单肢型，分1~5节，基节内突有1~2根或更多刚毛，少数第5对胸足为双肢型(♀、♂) ………………… 8

7. 雄性左、右第1触角皆形成执握肢，雌性第1触角最多分26节。第1小颚结构复杂，具有底节、基节及内外肢(♀、♂) …………………… 剑水蚤目(Cyclopoida)

雄性左、右第1触角不形成执握肢，雌性第1触角最多分8节。第1小颚常退化为简单而不分节的内、外小叶(♀、♂) …………………… 歧口水蚤目(Poecilostomatoida)

8. 雌性第1触角分16节以上，雄性第1触角分12节以上。颚足为单肢型，分6~8节(♀、♂) …………………………………… 隐水蚤目(Misophrioida)

雌性第1触角最多分9节，雄性第1触角最多分14节。颚足通常为单肢型，分1~4节，少数双肢型或退化(♀、♂) …………………… 猛水蚤目(Harpacticoida)

(二)种类名录

(种名后标注“＊”者为国内首次描述形态特征的物种；“＊＊”为中国海新记录种)

桡足亚纲 Subclass Copepoda Milne Edwards, 1840

Ⅰ 宽足水蚤目 Order Platycopioida Fosshagens, 1985

1. 宽足水蚤科 Family Platycopiidae Sars, 1911

1) 宽足水蚤属 Genus *Platycopia* Sars, 1911

(1) 健壮宽足水蚤 *Platycopia compacta* Ohtsuka, Soh et Uda, 1998 ＊

(2) 东方宽足水蚤 *P. orientalis* Ohtsuka et Boxshall, 1994 ＊

Ⅱ 哲水蚤目 Order Calanoida Sars, 1903

2. 纺锤水蚤科 Family Acartiidae Sars, 1903

2) 纺锤水蚤属 Genus *Acartia* Dana, 1846

(3) 多刺纺锤水蚤 *Acartia amboinensis* Carl, 1907 ＊

(4) 双刺纺锤水蚤 *A. bispinosa* Carl, 1907 ＊

(5) 丹氏纺锤水蚤 *A. danae* Giesbrecht, 1889

(6) 红纺锤水蚤 *A. erythraea* Giesbrecht, 1889

(7) 太平洋纺锤水蚤 *A. pacifica* Steuer, 1915
(8) 刺尾纺锤水蚤 *A. spinicauda* Giesbrecht, 1889
(9) 日本纺锤水蚤 *A. japonica* Mori, 1940 *
(10) 小纺锤水蚤 *A. negligens* Dana, 1849
(11) 异尾纺锤水蚤 *A. discaudata* (Giesbrecht, 1881) *
(12) 沟纺锤水蚤 *A. fossae* Gurney, 1927 *
(13) 洪氏纺锤水蚤 *A. hongi* Soh & Suh, 2000
(14) 长尾纺锤水蚤 *A. longiremis* (Lilljeborg, 1853) *
(15) 沃氏纺锤水蚤 *A. omorii* Bradford, 1976
(16) 新津纺锤水蚤 *A. sinjiensis* Mori, 1940 *
(17) 披针纺锤水蚤 *A. southwelli* Sewell, 1914
(18) 斯氏纺锤水蚤 *A. steueri* Smirnov, 1936 *
(19) 双突纺锤水蚤 *A. tsuensis* Itô, 1956 *

3) 异水蚤属 Genus *Acartiella* Sewell, 1914

(20) 中华异水蚤 *Acartiella sinensis* Shen & Lee, 1963

3. 鹰嘴水蚤科 Family Aetideidae Giesbrecht, 1892

4) 小鹰嘴水蚤属 Genus *Aetideopsis* Sars, 1903

(21) 武装小鹰嘴水蚤 *Aetideopsis armatus* (Boeck, 1872) *
(22) 多刺小鹰嘴水蚤 *A. multiserrata* (Wolfenden, 1904) *
(23) 喙小鹰嘴水蚤 *A. rostrata* Sars, 1903 *

5) 鹰嘴水蚤属 Genus *Aetideus* Brady, 1883

(24) 武装鹰嘴水蚤 *Aetideus armatus* (Boeck, 1872) *
(25) 尖鹰嘴水蚤 *A. acutus* Farran, 1929
(26) 纪氏鹰嘴水蚤 *A. giesbrecht* (Claus, 1904)
(27) 伯氏鹰嘴水蚤 *A. bradyi* A. Scott, 1909

6) 伯刺水蚤属 Genus *Bradyetes* Farran, 1905

(28) 太平洋伯刺水蚤 *Bradyetes pacificus* Ohtsuka, Boxshall & Shimomura, 2005 *

7) 刺额水蚤属 Genus *Bradyidius* Giesbrecht, 1897

(29) 盔甲刺额水蚤 *Bradyidius armatus* (Brady, 1878)
(30) 拟刺额水蚤 *B. similis* (Sars, 1903) *

8) 小袖水蚤属 Genus *Chiridiella* Sars, 1907

(31) 粗指小袖水蚤 *Chiridiella macrodactyla* Sars, 1907 *

9) 袖水蚤属 Genus *Chiridius* Giesbrecht, 1892

(32) 瘦袖水蚤 *Chiridius gracilis* Farran, 1908 *
(33) 亚瘦袖水蚤 *C. subgracilis* Park, 1975 *
(34) 钝额袖水蚤 *C. obtusifrons* Sars, 1903 *
(35) 波氏袖水蚤 *C. poppei* Giesbrecht, 1892

10) 手水蚤属 Genus *Chirundina* Giesbrecht, 1895

(36) 印度手水蚤 *Chirundina indica* Sewell, 1929

(37) 斯氏手水蚤 *C. streetsi* Giesbrecht, 1895

11) 小手水蚤属 Genus *Chirundinella* Tanaka, 1957

(38) 大型小手水蚤 *Chirundinella magna* (Wolfenden, 1911)

12) 真胖水蚤属 Genus *Euchirella* Giesbrecht, 1888

(39) 粗壮真胖水蚤 *Euchirella amoena* Giesbrecht, 1888

(40) 秀真胖水蚤 *E. bella* Giesbrecht, 1888

(41) 小齿真胖水蚤 *E. dentata* A. Scott, 1909 *

(42) 疑真胖水蚤 *E. dubia* A. Scott, 1909 *

(43) 瘤状真胖水蚤 *E. granulata* A. Scott, 1909 *

(44) 喙真胖水蚤 *E. rostrata* (Claus, 1863) *

(45) 印度真胖水蚤 *E. indica* Vervoort, 1949

(46) 东方真胖水蚤 *E. orientalis* Sewell, 1929

(47) 锦真胖水蚤 *E. pulchra* (Lubbock, 1856)

(48) 美真胖水蚤 *E. speciosa* Grice & Hulsemann, 1968 *

(49) 丽真胖水蚤 *E. venusta* Giesbrecht, 1888

(50) 截真胖水蚤 *E. truncata* Esterly, 1911 *

(51) 单刺真胖水蚤 *E. unispina* Park, 1968

(52) 亮真胖水蚤 *E. splendens* Vervoort, 1963 *

(53) 双突真胖水蚤 *E. bitumida* With, 1915 *

(54) 短尾真胖水蚤 *E. curticauda* Giesbrecht, 1888

(55) 盔头真胖水蚤 *E. galeata* Giesbrecht, 1888

(56) 巨大真胖水蚤 *E. maxima* Wolfenden, 1905 *

13) 枪水蚤属 Genus *Gaetanus* Giesbrecht, 1888

(57) 卫士枪水蚤 *Gaetanus armiger* Giesbrecht, 1888 *

(58) 短角枪水蚤 *G. brevicornis* Esterly, 1906 *

(59) 弯刺枪水蚤 *G. curvispinus* Wilson, 1950 *

(60) 克氏枪水蚤 *G. kruppii* Giesbrecht, 1903 *

(61) 宽额枪水蚤 *G. latifrons* Sars, 1905 *

(62) 长角枪水蚤 *G. miles* Giesbrecht, 1888

(63) 小刺枪水蚤 *G. minispinus* Tanaka, 1969 *

(64) 小枪水蚤 *G. minor* Farran, 1905

(65) 帽形枪水蚤 *G. pileatus* Farran, 1903

14) 小盾水蚤属 Genus *Gaidiopsis* A. Scott, 1909

(66) 粗喙小盾水蚤 *Gaidiopsis crassirostris* A. Scott, 1909 *

15) 盾水蚤属 Genus *Gaidius* Giesbrecht, 1895

(67) 近缘盾水蚤 *Gaidius affinis* Sars, 1905 *

（68）短刺盾水蚤 *G. brevispinus*（Sars，1900）*

（69）锐刺盾水蚤 *G. pungens* Giesbrecht，1895

（70）细刺盾水蚤 *G. tenuispinus*（Sars，1900）*

16）泥水蚤属 Genus *Lutamator* Bradford，1969

（71）拟残泥水蚤 *Lutamator paradiseus* Ohtsuka，Boxshall & Shimomura，2005 *

17）拟多毛水蚤属 Genus *Paracomantenna* Campaner，1978

（72）戈氏拟多毛水蚤 *Paracomantenna goi* Ohtsuka，Boxshall & Shimomura，2005 *

18）伪胖水蚤属 Genus *Pseudochirella* Sars，1920

（73）双叶伪胖水蚤 *Pseudochirella bilobata* Vervoort，1949 *

（74）叉开伪胖水蚤 *P. divaricata*（Sars，1905）*

（75）肥伪胖水蚤 *P. obesa* Sars，1920 *

（76）钝突伪胖水蚤 *P. obtusa*（Sars，1905）*

（77）茸伪胖水蚤 *P. scopularis*（Sars，1905）*

（78）半刺伪胖水蚤 *P. semispina* Vervoort，1949 *

19）伪真刺水蚤属 Genus *Pseudeuchaeta* Sars，1905

（79）短尾伪真刺水蚤 *Pseudeuchaeta brevicauda* Sars，1925 * *

20）波刺水蚤属 Genus *Undeuchaeta* Giesbrecht，1888

（80）缺刻波刺水蚤 *Undeuchaeta incisa* Esterly，1911

（81）中型波刺水蚤 *U. intermedia* A. Scott，1909

（82）大型波刺水蚤 *U. major* Giesbrecht，1892

（83）羽波刺水蚤 *U. plumosa*（Lubbock，1856）

21）小强水蚤属 Genus *Valdiviella* Steuer，1904

（84）短角小强水蚤 *Valdiviella brevicornis* Sars，1905 *

（85）突出小强水蚤 *V. insignis* Farran，1908 *

4. 尖头水蚤科 Family Arietellidae Sars，1902

22）尖头水蚤属 Genus *Arietellus* Giesbrecht，1892

（86）针刺尖头水蚤 *Arietellus aculeatus*（T. Scott，1894）

（87）武装尖头水蚤 *A. armatus* Wolfenden，1911 *

（88）纪氏尖头水蚤 *A. giesbrecht* Sars，1905 *

（89）羽尖头水蚤 *A. plumifera* Sars，1905 *

（90）多毛尖头水蚤 *A. setosus* Giesbrecht，1892 *

（91）简尖头水蚤 *A. simplex* Sars，1905 *

（92）三毛尖头水蚤 *A. tripartitus* Wilson，1950 *

23）后哲水蚤属 Genus *Metacalanus* Cleve，1901

（93）尖突后哲水蚤 *Metacalanus acutioperculum* Ohtsuka，1984 *

（94）欧氏后哲水蚤 *M. aurivillii* Cleve，1901

24）拟亮羽水蚤属 Genus *Paraugaptilus* Wolfenden，1904

（95）布氏拟亮羽水蚤 *Paraugaptilus buchani* Wolfenden，1904

(96) 近似拟亮羽水蚤 *P. similis* A. Scott, 1909 *

25) 拟隐水蚤属 Genus *Paramisophria* T. Scott, 1897

(97) 日本拟隐水蚤 *Paramisophria japonica* Ohtsuka, Fosshagen & Go, 1991 *

(98) 中华拟隐水蚤 *P. sinica* Lian & Qian, 1994

5. 亮羽水蚤科 Family Augaptilidae Sars, 1905

26) 亮羽水蚤属 Genus *Augaptilus* Giesbrecht, 1889

(99) 冷亮羽水蚤 *Augaptilus glacialis* Sars, 1900 *

(100) 长尾亮羽水蚤 *A. longicaudatus* (Claus, 1863)

(101) 大亮羽水蚤 *A. megalurus* Giesbrecht, 1889 *

(102) 刺额亮羽水蚤 *A. spinifrons* Sars, 1907

27) 刺亮羽水蚤属 Genus *Centraugaptilus* Sars, 1920

(103) 尖头刺亮羽水蚤 *Centraugaptilus horridus* (Farran, 1908)

(104) 海刺亮羽水蚤 *C. porcellus* Johnson, 1936 *

(105) 宽头刺亮羽水蚤 *C. rattrayi* (T. Scott, 1894)

28) 真亮羽水蚤属 Genus *Euaugaptilus* Sars, 1920

(106) 近缘真亮羽水蚤 *Euaugaptilus affinis* Sars, 1920 *

(107) 狭真亮羽水蚤 *E. angustus* (Sars, 1905) *

(108) 球状真亮羽水蚤 *E. bullifer* (Giesbrecht, 1889)

(109) 长真亮羽水蚤 *E. elongatus* (Sars, 1905)

(110) 颜面真亮羽水蚤 *E. facilis* (Farran, 1908) *

(111) 线真亮羽水蚤 *E. filigerus* (Claus, 1863)

(112) 长毛真亮羽水蚤 *E. hecticus* (Giesbrecht, 1889)

(113) 宽头真亮羽水蚤 *E. laticeps* (Sars, 1905)

(114) 长手真亮羽水蚤 *E. longimanus* (Sars, 1905)

(115) 大型真亮羽水蚤 *E. magnus* (Wolfenden, 1904)

(116) 雪真亮羽水蚤 *E. niveus* Tanaka & Omori, 1974 *

(117) 瘤角真亮羽水蚤 *E. nodifrons* (Sars, 1905)

(118) 椭圆真亮羽水蚤 *E. oblongus* (Sars, 1905) *

(119) 帕氏真亮羽水蚤 *E. palumbii* (Giesbrecht, 1889)

(120) 巨大真亮羽水蚤 *E. perodiosus* Tanaka & Omori, 1974 *

(121) 鳞真亮羽水蚤 *E. squamatus* (Giesbrecht, 1889) *

29) 海羽水蚤属 Genus *Haloptilus* Giesbrecht, 1898

(122) 大尖额海羽水蚤 *Haloptilus acutifrons* (Giesbrecht, 1892) *

(123) 狭头海羽水蚤 *H. angusticeps* Sars, 1907 *

(124) 奥氏海羽水蚤 *H. austini* Grice, 1959

(125) 宽额海羽水蚤 *H. bulliceps* Farran, 1905

(126) 叉海羽水蚤 *H. chierchiae* (Giesbrecht, 1889) *

(127) 瘤海羽水蚤 *H. fertilis* (Giesbrecht, 1892)

（128）泉海羽水蚤 *H. fons* Farran, 1908 *

（129）长角海羽水蚤 *H. longicornis*（Claus, 1863）

（130）长须海羽水蚤 *H. longicirrus* Brodsky, 1950

（131）小尖额海羽水蚤 *H. mucronatus*（Claus, 1863）

（132）圆额海羽水蚤 *H. ornatus*（Giesbrecht, 1892）

（133）尖头海羽水蚤 *H. oxycephalus*（Giesbrecht, 1889）

（134）拟长须海羽水蚤 *H. paralongicirrus* Park, 1970 *

（135）细海羽水蚤 *H. plumosus*（Claus, 1863）*

（136）刺额海羽水蚤 *H. spiniceps*（Giesbrecht, 1892）

（137）瘦海羽水蚤 *H. tenuis* Farran, 1908 *

30）角羽水蚤属 Genus *Pontoptilus* Sars, 1905

（138）钝形角羽水蚤 *Pontoptilus muticus* Sars, 1905 *

31）伪亮羽水蚤属 Genus *Pseudaugaptilus* Sars, 1907

（139）东方伪亮羽水蚤 *Pseudaugaptilus orientalis* Tanaka, 1964 *

32）伪海羽水蚤属 Genus *Pseudhaloptilus* Wolfenden, 1911

（140）缩短伪海羽水蚤 *Pseudhaloptilus abbreviatus*（Sars, 1905）*

（141）宽伪海羽水蚤 *P. eurygnathus*（Sars, 1920）*

（142）太平洋伪海羽水蚤 *P. pacificus*（Johnson, 1936）* *

6. 深角水蚤科 Family Bathypontiidae Brodsky, 1950

33）深角水蚤属 Genus *Bathypontia* Sars, 1905

（143）瘦长深角水蚤 *Bathypontia elongata* Sars, 1905 *

（144）长角深角水蚤 *B. longicornis* Tanaka, 1965

（145）小深角水蚤 *B. minor*（Wolfenden, 1906）

（146）萨氏深角水蚤 *B. sarsi* Grice & Hulsemann, 1965 *

（147）拟深角水蚤 *B. similis* Tanaka, 1965 *

（148）刺深角水蚤 *B. spinifera* A. Scott, 1909 *

34）小宽水蚤属 Genus *Temorites* Sars, 1900

（149）短小宽水蚤 *Temorites brevis* Sars, 1900 *

7. 哲水蚤科 Family Calanidae Dana, 1846

35）哲水蚤属 Genus *Calanus* Leach, 1816

（150）捷氏哲水蚤 *Calanus jashnovi* Hulsemann, 1994 *

（151）中华哲水蚤 *C. sinicus* Brodsky, 1962

36）似哲水蚤属 Genus *Calanoides* Brady, 1883

（152）隆线似哲水蚤 *Calanoides carinatus* Kröyer, 1849

（153）菲律宾似哲水蚤 *C. philippinensis* Kitou & Tanaka, 1969 *

37）刺哲水蚤属 Genus *Canthocalanus* A. Scott, 1909

（154）微刺哲水蚤 *Canthocalanus pauper*（Giesbrecht, 1888）

38）宇哲水蚤属 Genus *Cosmocalanus* Bradford & Jillett, 1974

(155) 达氏宇哲水蚤 *Cosmocalanus darwinii* (Lubbock, 1860)

39) **间哲水蚤属 Genus *Mesocalanus* Bradford & Jillett, 1974**

(156) 细角间哲水蚤 *Mesocalanus tenuicornis* (Dana, 1849)

40) **小哲水蚤属 Genus *Nannocalanus* Sars, 1925**

(157) 小哲水蚤 *Nannocalanus minor* (Claus, 1863)

41) **新哲水蚤属 Genus *Neocalanus* Sars, 1925**

(158) 脊新哲水蚤 *Neocalanus cristatus* (Kröyer, 1848) *

(159) 瘦新哲水蚤 *N. gracilis* (Dana, 1849)

(160) 羽新哲水蚤 *N. plumchrus* Marukaiwa, 1921 *

(161) 粗新哲水蚤 *N. robustior* Giesbrecht, 1888

42) **波水蚤属 Genus *Undinula* A. Scott, 1909**

(162) 普通波水蚤 *Undinula vulgaris* (Dana, 1849)

8. 丽哲水蚤科 Family Calocalanidae Bernard, 1958

43) **丽哲水蚤属 Genus *Calocalanus* Giesbrecht, 1888**

(163) 短缩丽哲水蚤 *Calocalanus contractus* Farran, 1926

(164) 瘦丽哲水蚤 *C. gracilis* Tanaka, 1956

(165) 单刺丽哲水蚤 *C. monospinus* Chen & Zhang, 1974

(166) 孔雀丽哲水蚤 *C. pavo* (Dana, 1849)

(167) 锦丽哲水蚤 *C. pavoninus* Farran, 1936

(168) 羽丽哲水蚤 *C. plumulosus* (Claus, 1863)

(169) 针丽哲水蚤 *C. styliremis* Giesbrecht, 1888

9. 平头水蚤科 Family Candaciidae Giesbrecht, 1892

44) **平头水蚤属 Genus *Candacia* Dana, 1846**

(170) 武装平头水蚤 *Candacia armata* (Boeck, 1872) *

(171) 双翼平头水蚤 *C. bipinnata* (Giesbrecht, 1889)

(172) 伯氏平头水蚤 *C. bradyi* A. Scott, 1902

(173) 幼平头水蚤 *C. catula* (Giesbrecht, 1889)

(174) 哥伦平头水蚤 *C. columbiae* Campbell, 1929 *

(175) 短平头水蚤 *C. curta* (Dana, 1849)

(176) 异尾平头水蚤 *C. discaudata* A. Scott, 1909

(177) 黑斑平头水蚤 *C. ethiopica* (Dana, 1849)

(178) 耳突平头水蚤 *C. guggenheimi* Grice & Jones, 1960

(179) 长突平头水蚤 *C. longimana* (Claus, 1863)

(180) 双尖平头水蚤 *C. norvegica* (Boeck, 1864) *

(181) 厚指平头水蚤 *C. pachydactyla* (Dana, 1849)

(182) 瘦平头水蚤 *C. tenuimana* (Giesbrecht, 1889)

(183) 腹突平头水蚤 *C. varicans* (Giesbrecht, 1892)

45) **拟平头水蚤属 Genus *Paracandacia* Grice, 1963**

(184) 双刺拟平头水蚤 *Paracandacia bispinosa* (Claus, 1863)

(185) 简拟平头水蚤 *P. simplex* (Giesbrecht, 1889)

(186) 截拟平头水蚤 *P. truncata* (Dana, 1849)

(187) 沃氏拟平头水蚤 *P. worthingtoni* Grice, 1981

10. 胸刺水蚤科 Family Centropagidae Giesbrecht, 1892

46) 胸刺水蚤属 Genus *Centropages* Kröyer, 1848

(188) 腹针胸刺水蚤 *Centropages abdominalis* Sato, 1913

(189) 短尾胸刺水蚤 *C. brevifurcus* Shen & Lee, 1963

(190) 哲胸刺水蚤 *C. calaninus* (Dana, 1849)

(191) 背针胸刺水蚤 *C. dorsispinatus* Thompson & A. Scott, 1903

(192) 瘦长胸刺水蚤 *C. elongatus* Giesbrecht, 1896

(193) 叉胸刺水蚤 *C. furcatus* (Dana, 1849)

(194) 瘦胸刺水蚤 *C. gracilis* (Dana, 1849)

(195) 长角胸刺水蚤 *C. longicornis* Mori, 1932

(196) 奥氏胸刺水蚤 *C. orsinii* Giesbrecht, 1889

(197) 中华胸刺水蚤 *C. sinensis* Chen & Zhang, 1965

(198) 典型胸刺水蚤 *C. typicus* Kröyer, 1849 *

(199) 瘦尾胸刺水蚤 *C. tenuiremis* Thompson & A. Scott, 1903

(200) 紫胸刺水蚤 *C. violaceus* (Claus, 1863) *

47) 华哲水蚤属 Genus *Sinocalanus* Burckhardt, 1913

(201) 左指华哲水蚤 *Sinocalanus laevidactylus* Shen & Tai, 1964

(202) 中华华哲水蚤 *S. sinensis* (Poppe, 1895)

(203) 长日华哲水蚤 *S. solstitialis* Brehm, 1923

(204) 细巧华哲水蚤 *S. tenellus* (Kikuchi, 1928)

11. 基齿哲水蚤科 Family Clausocalanidae Giesbrecht, 1892

48) 基齿哲水蚤属 Genus *Clausocalanus* Giesbrecht, 1888

(205) 弓角基齿哲水蚤 *Clausocalanus arcuicornis* (Dana, 1849) *

(206) 法氏基齿哲水蚤 *C. farrani* Sewell, 1929

(207) 长尾基齿哲水蚤 *C. furcatus* (Brady, 1883)

(208) 大基齿哲水蚤 *C. ingens* Frost & Fleminger, 1968 *

(209) 三刺基齿哲水蚤 *C. jobei* Frost & Fleminger, 1968 *

(210) 宽头基齿哲水蚤 *C. laticeps* Farran, 1929 *

(211) 兰基齿哲水蚤 *C. lividus* Frost & Fleminger, 1968 *

(212) 拟鞭基齿哲水蚤 *C. mastigophorus* (Claus, 1863) *

(213) 小基齿哲水蚤 *C. minor* Sewell, 1929

(214) 拟尖基齿哲水蚤 *C. parapergens* Frost & Fleminger, 1968 *

(215) 厚基齿哲水蚤 *C. paululus* Farran, 1926

(216) 尖基齿哲水蚤 *C. pergens* Farran, 1926 *

49) **栉哲水蚤属 Genus *Ctenocalanus* Giesbrecht, 1888**

(217) 空栉哲水蚤 *Ctenocalanus vanus* Giesbrecht, 1888

50) **镰水蚤属 Genus *Drepanopsis* Brady, 1883**

(218) 冷镰水蚤 *Drepanopsis frigidus* Wolfenden, 1911 *

(219) 缺足镰水蚤 *D. orbus* Tanaka, 1956 *

51) **微哲水蚤属 Genus *Microcalanus* Sars, 1901**

(220) 小微哲水蚤 *Microcalanus pusillus* Sars, 1903

52) **伪哲水蚤属 Genus *Pseudocalanus* Boeck, 1873**

(221) 小伪哲水蚤 *Pseudocalanus minutus* (Kröyer, 1847) *

12. 镖水蚤科 Family Diaptomidae Baird, 1850

53) **明镖水蚤属 Genus *Heliodiaptomus* Kiefer, 1932**

(222) 镰钩明镖水蚤 *Heliodiaptomus falxus* Shen & Tai, 1964

54) **新镖水蚤属 Genus *Neodiaptomus* Kiefer, 1932**

(223) 右突新镖水蚤 *Neodiaptomus schmackeri* (Poppe & Richard, 1892)

(224) 长江新镖水蚤 *N. yangtsekiangensis* Mashiko, 1951

55) **蒙镖水蚤属 Genus *Mongolodiaptomus* Kiefer, 1932**

(225) 锥肢蒙镖水蚤 *Mongolodiaptomus birulai* (Rylov, 1923)

56) **叶镖水蚤属 Genus *Phyllodiaptomus* Kiefer, 1936**

(226) 舌状叶镖水蚤 *Phyllodiaptomus tunguidus* Shen & Tai, 1964

57) **近镖水蚤属 Genus *Tropodiaptomus* Kiefer, 1932**

(227) 米粒近镖水蚤 *Tropodiaptomus oryzanus* Kiefer, 1937

13. 真哲水蚤科 Family Eucalanidae Giesbrecht, 1892

58) **真哲水蚤属 Genus *Eucalanus* Dana, 1852**

(228) 长真哲水蚤 *Eucalanus elongatus* (Dana, 1849)

(229) 邦氏真哲水蚤 *E. bungii* Giesbrecht, 1892 *

(230) 加州真哲水蚤 *E. californicus* Johnson, 1938 *

(231) 明真哲水蚤 *E. hyalinus* (Claus, 1866) *

59) **拟真哲水蚤属 Genus *Pareucalanus* Geletin, 1976**

(232) 细拟真哲水蚤 *Pareucalanus attenuatus* (Dana, 1849)

(233) 伪细拟真哲水蚤 *P. pseudattenuatus* Sewell, 1947

60) **锚哲水蚤属 Genus *Rhincalanus* Dana, 1852**

(234) 彩额锚哲水蚤 *Rhincalanus rostrifrons* (Dana, 1849)

(235) 鼻锚哲水蚤 *R. nasutus* Giesbrecht, 1888

61) **次真哲水蚤属 Genus *Subeucalanus* Geletin, 1976**

(236) 强次真哲水蚤 *Subeucalanus crassus* (Giesbrecht, 1888)

(237) 尖额次真哲水蚤 *S. mucronatus* (Giesbrecht, 1888)

(238) 帽形次真哲水蚤 *S. pileatus* (Giesbrecht, 1888)

（239）亚强次真哲水蚤 *S. subcrassus*（Giesbrecht，1888）

（240）刺额次真哲水蚤 *S. dentatus*（A. Scott，1909）

（241）狭额次真哲水蚤 *S. subtenuis*（Giesbrecht，1888）

14. 真刺水蚤科 Family Euchaetidae Giesbrecht，1892

62）真刺水蚤属 Genus *Euchaeta* Philippi，1843

（242）尖真刺水蚤 *Euchaeta acuta* Giesbrecht，1892

（243）精致真刺水蚤 *E. concinna* Dana，1849

（244）印度真刺水蚤 *E. indica* Wolfenden，1905

（245）长角真刺水蚤 *E. longicornis* Giesbrecht，1888

（246）小海真刺水蚤 *E. marinella* Bradford，1974 *

（247）中型真刺水蚤 *E. media* Giesbrecht，1888

（248）平滑真刺水蚤 *E. plana* Mori，1937

（249）细毛真刺水蚤 *E. pubera* Sars，1907 *

（250）窄缝真刺水蚤 *E. rimana* Bradford，1974

（251）长刺真刺水蚤 *E. spinosa* Giesbrecht，1892

（252）瘦真刺水蚤 *E. tenuis* Esterly，1906

63）拟真刺水蚤属 Genus *Paraeuchaeta* A. Scott，1909

（253）赤道拟真刺水蚤 *Paraeuchaeta aequatorialis* Tanaka，1958 *

（254）须拟真刺水蚤 *P. barbata*（Brady，1883）

（255）双突拟真刺水蚤 *P. bisinuata*（Sars，1907）

（256）伯氏拟真刺水蚤 *P. bradyi*（With，1915）*

（257）秃拟真刺水蚤 *P. calva* Tanaka，1958 *

（258）困拟真刺水蚤 *P. confusa* Tanaka，1958 *

（259）长拟真刺水蚤 *P. elongata*（Esterly，1913）*

（260）突拟真刺水蚤 *P. eminens* Tanaka & Omori，1968 *

（261）瘦拟真刺水蚤 *P. gracilis*（Sars，1905）*

（262）瘦尾拟真刺水蚤 *P. gracilicauda* A. Scott，1909 *

（263）亨氏拟真刺水蚤 *P. hansenii*（With，1915）*

（264）钝拟真刺水蚤 *P. hebes*（Giesbrecht，1888）*

（265）缺刻拟真刺水蚤 *P. incisa*（Sars，1905）*

（266）调研拟真刺水蚤 *P. investigatoris* Sewell，1929 *

（267）马来拟真刺水蚤 *P. malayensis* Sewell，1929 *

（268）邻近拟真刺水蚤 *P. propinqua*（Esterly，1906）*

（269）精明拟真刺水蚤 *P. prudens* Tanaka & Omori，1968 *

（270）红拟真刺水蚤 *P. rubra* Brodsky，1950 *

（271）芦氏拟真刺水蚤 *P. russelli*（Farran，1936）

（272）萨氏拟真刺水蚤 *P. sarsi*（Farran，1908）*

(273) 斯氏拟真刺水蚤 *P. scotti* (Farran, 1908) *
(274) 锡博戛拟真刺水蚤 *P. sibogae* A. Scott, 1909 *
(275) 简拟真刺水蚤 *P. simplex* Tanaka, 1958 *
(276) 伸拟真刺水蚤 *P. tonsa* (Giesbrecht, 1895) *
(277) 瘤拟真刺水蚤 *P. tuberculata* A. Scott, 1909 *
(278) 隆拟真刺水蚤 *P. tumidula* (Sars, 1905) *
(279) 锥拟真刺水蚤 *P. vorax* (Grice & Hülsemann, 1968) *
(280) 韦氏拟真刺水蚤 *P. weberi* A. Scott, 1909 *

15. 异肢水蚤科 Family Heterorhabdidae Sars, 1902

64) 双刺水蚤属 Genus *Disseta* Giesbrecht, 1889

(281) 帕氏双刺水蚤 *Disseta palumbii* Giesbrecht, 1889 *
(282) 岩双刺水蚤 *D. scopularis* (Brady, 1883) *

65) 半肢水蚤属 Genus *Hemirhabdus* Wolfenden, 1911

(283) 格氏半肢水蚤 *Hemirhabdus grimaldii* (Richard, 1893) *

66) 异肢水蚤属 Genus *Heterorhabdus* Giesbrecht, 1892

(284) 深异肢水蚤 *Heterorhabdus abyssalis* (Giesbrecht, 1889) *
(285) 克氏异肢水蚤 *H. clausii* (Giesbrecht, 1889)
(286) 股异肢水蚤 *H. cohibilis* Park, 2000 *
(287) 管异肢水蚤 *H. fistulosus* Tanaka, 1964 *
(288) 住囊异肢水蚤 *H. oikoumenikis* Park, 2000 *
(289) 太平洋异肢水蚤 *H. pacificus* Brodsky, 1950 *
(290) 乳状异肢水蚤 *H. papilliger* (Claus, 1863)
(291) 前宽异肢水蚤 *H. prolatus* Park, 2000 *
(292) 小刺异肢水蚤 *H. spinosus* Bradford, 1971 *
(293) 小瘤异肢水蚤 *H. tuberculus* Park, 2000 *
(294) 节僵异肢水蚤 *H. ankylocolus* Park, 2000 *
(295) 淡异肢水蚤 *H. insukae* Park, 2000 *
(296) 刺额异肢水蚤 *H. spinifrons* (Claus, 1863)
(297) 亚刺额异肢水蚤 *H. subspinifrons* Tanaka, 1964 *

67) 异刺水蚤属 Genus *Heterostylites* Sars, 1920

(298) 长角异刺水蚤 *Heterostylites longicornis* (Giesbrecht, 1889)
(299) 大型异刺水蚤 *H. major* (Dahl, 1894) *
(300) 次大异刺水蚤 *H. submajor* Park, 2000 *

68) 中肢水蚤属 Genus *Mesorhabdus* Sars, 1905

(301) 窄中肢水蚤 *Mesorhabdus angustus* Sars, 1907 *
(302) 瘦中肢水蚤 *M. gracilis* Sars, 1907 *
(303) 显中肢水蚤 *M. poriphorus* Park, 2000 *

(304) 截中肢水蚤 *M. truncatus* A. Scott, 1909 *

69) **拟异肢水蚤属 Genus *Paraheterorhabdus* Brodsky, 1950**

(305) 密拟异肢水蚤 *Paraheterorhabdus compactus* (Sars, 1900) *

(306) 粗拟异肢水蚤 *P. robustus* (Farran, 1908) *

(307) 蛇拟异肢水蚤 *P. vipera* (Giesbrecht, 1889)

16. 光水蚤科 Family Lucicutiidae Sars, 1902

70) **光水蚤属 Genus *Lucicutia* Giesbrecht, 1898**

(308) 耳光水蚤 *Lucicutia aurita* Cleve, 1904 *

(309) 双角光水蚤 *L. bicornuta* Wolfenden, 1905 *

(310) 克氏光水蚤 *L. clausi* (Giesbrecht, 1889)

(311) 短光水蚤 *L. curta* Farran, 1905 *

(312) 黄角光水蚤 *L. flavicornis* (Claus, 1863)

(313) 高斯光水蚤 *L. gaussae* Grice, 1963

(314) 双光水蚤 *L. gemina* Farran, 1926 *

(315) 长齿光水蚤 *L. longiserrata* (Giesbrecht, 1889) *

(316) 明亮光水蚤 *L. lucida* Farran, 1908 *

(317) 粗光水蚤 *L. macrocera* Sars, 1920 *

(318) 大光水蚤 *L. magna* Wolfenden, 1903 *

(319) 巨光水蚤 *L. maxima* Steuer, 1904 *

(320) 卵形光水蚤 *L. ovalis* (Giesbrecht, 1889) *

(321) 囊光水蚤 *L. pera* A. Scott, 1909 *

(322) 中型光水蚤 *L. intermedia* Sars, 1905 *

(323) 极地光水蚤 *L. polaris* Brodsky, 1950 *

(324) 瘦尾光水蚤 *L. tenuicauda* Sars, 1907 *

(325) 伍氏光水蚤 *L. wolfendeni* Tanaka, 1963 *

17. 长角水蚤科 Family Mecynoceridae Andronov, 1973

71) **长角水蚤属 Genus *Mecynocera* Thompson, 1888**

(326) 克氏长角水蚤 *Mecynocera clausi* Thompson, 1888

18. 巨型哲水蚤科 Family Megacalanidae Sewell, 1947

72) **深哲水蚤属 Genus *Bathycalanus* Sars, 1905**

(327) 伯氏深哲水蚤 *Bathycalanus bradyi* (Wolfenden, 1905) *

(328) 理氏深哲水蚤 *B. richardi* Sars, 1905 *

73) **伯氏哲水蚤属 Genus *Bradycalanus* A. Scott, 1909**

(329) 典型伯氏哲水蚤 *Bradycalanus typicus* A. Scott, 1909 *

74) **巨型哲水蚤属 Genus *Megacalanus* Wolfenden, 1904**

(330) 首巨型哲水蚤 *Megacalanus princeps* Wolfenden, 1904

19. 长腹水蚤科 Family Metridinidae Sars, 1902

75) **大腹水蚤属 Genus *Gaussia* Wolfenden, 1905**

(331) 首大腹水蚤 *Gaussia princeps* (T. Scott, 1894) *

76) 长腹水蚤属 Genus *Metridia* Boeck, 1865

(332) 布氏长腹水蚤 *Metridia boecki* Giesbrecht, 1889 *

(333) 短尾长腹水蚤 *M. brevicauda* Giesbrecht, 1889 *

(334) 残尾长腹水蚤 *M. curticauda* Giesbrecht, 1889

(335) 格长腹水蚤 *M. gurjanovae* Epstein, 1949 * *

(336) 高长腹水蚤 *M. longa* (Lubbock, 1854) *

(337) 大长腹水蚤 *M. macrura* Sars, 1905 *

(338) 太平洋长腹水蚤 *M. pacifica* Brodsky, 1950 *

(339) 首长腹水蚤 *M. princeps* Giesbrecht, 1889

(340) 美丽长腹水蚤 *M. venusta* Giesbrecht, 1889 *

77) 乳点水蚤属 Genus *Pleuromamma* Giesbrecht, 1889

(341) 腹突乳点水蚤 *Pleuromamma abdominalis* (Lubbock, 1856)

(342) 北方乳点水蚤 *P. borealis* (Dahl, 1893)

(343) 瘦乳点水蚤 *P. gracilis* (Claus, 1863)

(344) 皮氏乳点水蚤 *P. piseki* Farran, 1929

(345) 四刺乳点水蚤 *P. quadrungulata* (Dahl, 1893)

(346) 粗乳点水蚤 *P. robusta* (Dahl, 1893)

(347) 剑乳点水蚤 *P. xiphias* (Giesbrecht, 1889)

20. 拟哲水蚤科 Family Paracalanidae Giesbrecht, 1892

78) 隆哲水蚤属 Genus *Acrocalanus* Giesbrecht, 1888

(348) 安氏隆哲水蚤 *Acrocalanus andersoni* Bowman, 1958

(349) 驼背隆哲水蚤 *A. gibber* Giesbrecht, 1888

(350) 微驼隆哲水蚤 *A. gracilis* Giesbrecht, 1888

(351) 长角隆哲水蚤 *A. longicornis* Giesbrecht, 1888

(352) 单隆哲水蚤 *A. monachus* Giesbrecht, 1888

79) 矮隆水蚤属 Genus *Bestiolina* Andronov, 1991

(353) 厦门矮隆水蚤 *Bestiolina amoyensis* Li & Huang, 1984

(354) 拟矮隆水蚤 *B. similis* (Sewell, 1914)

(355) 锡兰矮隆水蚤 *B. zeylonica* Andronov, 1972 *

80) 桂水蚤属 Genus *Delius* Andronov, 1972

(356) 裸桂水蚤 *Delius nudus* (Sewell, 1929)

81) 拟哲水蚤属 Genus *Paracalanus* Boeck, 1864

(357) 针刺拟哲水蚤 *Paracalanus aculeatus* Giesbrecht, 1888

(358) 强额拟哲水蚤 *P. crassirostris* Dahl, 1893

(359) 裸拟哲水蚤 *P. denudatus* Sewell, 1929 *

(360) 瘦拟哲水蚤 *P. gracilis* Chen & Zhang, 1965

(361) 矮拟哲水蚤 *P. nanus* Sars, 1907

(362) 小拟哲水蚤 *P. parvus* (Claus, 1863)

(363) 锯缘拟哲水蚤 *P. serrulus* Shen & Lee, 1963

21. 拟角水蚤科 Family Parapontellidae Giesbrecht, 1892

82) 新角水蚤属 Genus *Neopontella* A. Scott, 1909

(364) 典型新角水蚤 *Neopontella typica* A. Scott, 1909 *

22. 褐水蚤科 Family Phaennidae Sars, 1902

83) 娇水蚤属 Genus *Amallophora* T. Scott, 1893

(365) 典型娇水蚤 *Amallophora typica* T. Scott, 1893 *

84) 头亮水蚤属 Genus *Cephalophanes* Sars, 1907

(366) 辉头亮水蚤 *Cephalophanes refulgens* Sars, 1907 *

85) 角哲水蚤属 Genus *Cornucalanus* Wolfenden, 1905

(367) 螯角哲水蚤 *Cornucalanus chelifer* (Thompson, 1903) *

(368) 印度角哲水蚤 *C. indicus* Sewell, 1929 *

(369) 简角哲水蚤 *C. simplex* Wolfenden, 1905 *

86) 异毛水蚤属 Genus *Heteramalla* Sars, 1907

(370) 疑异毛水蚤 *Heteramalla dubia* (T. Scott, 1893) *

87) 杂哲水蚤属 Genus *Mixtocalanus* (Farran, 1929)

(371) 变杂哲水蚤 *Mixtocalanus altera* (Farran, 1929) *

88) 突哲水蚤属 Genus *Onchocalanus* Sars, 1905

(372) 近缘突哲水蚤 *Onchocalanus affinis* With, 1915 *

(373) 冠突哲水蚤 *O. cristatus* (Wolfenden, 1904) *

(374) 毛突哲水蚤 *O. hirtipes* Sars, 1905 *

(375) 斯氏突哲水蚤 *O. steueri* Pesta, 1920 *

(376) 三角突哲水蚤 *O. trigoniceps* Sars, 1925 *

89) 褐水蚤属 Genus *Phaenna* Claus, 1863

(377) 刺褐水蚤 *Phaenna spinifera* Claus, 1863

90) 黄水蚤属 Genus *Xanthocalanus* Giesbrecht, 1892

(378) 活泼黄水蚤 *Xanthocalanus agilis* Giesbrecht, 1892

(379) 双突黄水蚤 *X. dilatus* Grice, 1962

(380) 多刺黄水蚤 *X. multispinus* Chen & Zhang, 1965

23. 叶足水蚤科 Family Phyllopodidae Brodsky, 1950

91) 叶足水蚤属 Genus *Phyllopus* Brady, 1883

(381) 等叶足水蚤 *Phyllopus aequalis* Sars, 1920 *

(382) 双齿叶足水蚤 *P. bidentatus* Brady, 1883

(383) 纪氏叶足水蚤 *P. giesbrechti* A. Scott, 1909

(384) 长指叶足水蚤 *P. helgae* Farran, 1908

(385) 异叶足水蚤 *P. impar* Farran, 1908 *

(386) 变叶足水蚤 *P. mutatus* Tanaka, 1964 *

24. 角水蚤科 Family Pontellidae Dana, 1853

92) **畸异水蚤属 Genus *Anomalocera* Templeton, 1837**

(387) 帕氏畸异水蚤 *Anomalocera patersoni* Templeton, 1837 *

93) **长足水蚤属 Genus *Calanopia* Dana, 1853**

(388) 美洲长足水蚤 *Calanopia americana* Dahl, 1894 *

(389) 奥氏长足水蚤 *C. aurivillii* Cleve, 1901 *

(390) 椭形长足水蚤 *C. elliptica* (Dana, 1849)

(391) 何氏长足水蚤 *C. herdmani* A. Scott, 1909 *

(392) 小长足水蚤 *C. minor* A. Scott, 1902

(393) 汤氏长足水蚤 *C. thompsoni* A. Scott, 1909

94) **唇角水蚤属 Genus *Labidocera* Lubbock, 1853**

(394) 尖刺唇角水蚤 *Labidocera acuta* (Dana, 1849)

(395) 锐唇角水蚤 *L. acutifrons* (Dana, 1849)

(396) 巴塔唇角水蚤 *L. bataviae* A. Scott, 1909

(397) 后截唇角水蚤 *L. detruncata* (Dana, 1849)

(398) 真刺唇角水蚤 *L. euchaeta* Giesbrecht, 1889

(399) 异常唇角水蚤 *L. insolita* Wilson, 1950 *

(400) 日本唇角水蚤 *L. japonica* Mori, 1935 *

(401) 科氏唇角水蚤 *L. kröyeri* (Brady, 1883)

(402) 小齿唇角水蚤 *L. laevidentata* (Brady, 1883) *

(403) 芦氏唇角水蚤 *L. lubbockii* (Giesbrecht, 1889) *

(404) 小唇角水蚤 *L. minuta* (Giesbrecht, 1889)

(405) 孔雀唇角水蚤 *L. pavo* Giesbrecht, 1889

(406) 圆唇角水蚤 *L. rotunda* Mori, 1929

(407) 左突唇角水蚤 *L. sinilobata* Shen & Lee, 1963

95) **角水蚤属 Genus *Pontella* Dana, 1846**

(408) 翅角水蚤 *Pontella alata* A. Scott, 1909 *

(409) 大西洋角水蚤 *P. atlantica* (Milne-Edwards, 1840) *

(410) 叉刺角水蚤 *P. chierchiae* Giesbrecht, 1889

(411) 丹氏角水蚤 *P. danae* Giesbrecht, 1889 *

(412) 齿尾角水蚤 *P. denticauda* A. Scott, 1909

(413) (1)、(2). 阔节角水蚤 *P. fera* Dana, 1849

(414) 叉状角水蚤 *P. forficula* A. Scott, 1909 *

(415) 克氏角水蚤 *P. kieferi* Pesta, 1933

(416) 宽尾角水蚤 *P. latifurca* Chen & Zhang, 1965

(417) 洛氏角水蚤 *P. lobiancoi* (Canu, 1888) *

(418) 前角水蚤 *P. princeps* Dana, 1846

(419) 腹斧角水蚤 *P. securifer* Brady, 1883

(420) 中华角水蚤 *P. sinica* Chen & Zhang, 1965

(421) 刺尾角水蚤 *P. spinicauda* Mori, 1937

(422) 近直角水蚤 *P. surrecta* Wilson, 1950 *

(423) 右突角水蚤 *P. tenuiremis* Giesbrecht, 1889

(424) 三指角水蚤 *P. tridactyla* Shen & Lee, 1963

(425) 强壮角水蚤 *P. valida* Dana, 1855 *

96) 小角水蚤属 Genus *Pontellina* Dana, 1853

(426) 莫氏小角水蚤 *Pontellina morii* Fleminger & Hulsemann, 1974

(427) 羽小角水蚤 *P. plumata* (Dana, 1849)

97) 简角水蚤属 Genus *Pontellopsis* Brady, 1883

(428) 武装简角水蚤 *Pontellopsis armatus* (Giesbrecht, 1889)

(429) 双突简角水蚤 *P. bitumida* Wilson, 1950 *

(430) 短突简角水蚤 *P. brevis* (Giesbrecht, 1889) *

(431) 扩指简角水蚤 *P. inflatodigitata* Chen & Shen, 1974

(432) 克氏简角水蚤 *P. krameri* (Giesbrecht, 1896)

(433) 叶简角水蚤 *P. laminata* Wilson, 1950 *

(434) 长指简角水蚤 *P. macronyx* A. Scott, 1909

(435) 清晰简角水蚤 *P. perspicax* (Dana, 1849) *

(436) 多毛简角水蚤 *P. pexa* A. Scott, 1909 *

(437) 皇简角水蚤 *P. regalis* (Dana, 1849)

(438) 弯腹简角水蚤 *P. sinuata* Wilson, 1950 *

(439) 勇简角水蚤 *P. strenua* (Dana, 1849)

(440) 瘦尾简角水蚤 *P. tenuicauda* (Giesbrecht, 1889)

(441) 粗毛简角水蚤 *P. villosa Brady*, 1883

(442) 钝简角水蚤 *P. yamadae* Mori, 1937

25. 伪剑水蚤科 Family Pseudocyclopidae Giesbrecht, 1893

98) 伪剑水蚤属 Genus *Pseudocyclops* Brady, 1872

(443) 澳洲伪剑水蚤 *Pseudocyclops australis* Nicholls, 1944 *

(444) 隐伪剑水蚤 *P. latens* Gurney, 1927

(445) 鳞伪剑水蚤 *P. lepidotus* Barr & Ohtsuka, 1989 *

26. 伪镖水蚤科 Family Pseudodiaptomidae Sars, 1902

99) 伪镖水蚤属 Genus *Pseudodiaptomus* Herrick, 1884

(446) 安氏伪镖水蚤 *Pseudodiaptomus annandalei* Sewell, 1919

(447) 阿拉伯伪镖水蚤 *P. arabicus* Walter, 1998 *

(448) 奥氏伪镖水蚤 *P. aurivilli* Cleve, 1901 *

(449) 灯泡伪镖水蚤 *P. bulbosus* (Shen & Tai, 1964)

（450）波氏伪镖水蚤 *P. burckhardti* Sewell, 1932 *

（451）卡斯伪镖水蚤 *P. caritus* Walter, 1986 *

（452）克氏伪镖水蚤 *P. clevei* A. Scott, 1909 *

（453）指突伪镖水蚤 *P. diadelus* Walter, 1986 *

（454）球状伪镖水蚤 *P. forbesi*（Poppe & Richard, 1890）

（455）格氏伪镖水蚤 *P. galleti*（Rose, 1957）*

（456）指状伪镖水蚤 *P. inopinus* Burckhardt, 1913

（457）石垣伪镖水蚤 *P. ishigakiensis* Nishida, 1985 *

（458）海洋伪镖水蚤 *P. marinus* Sato, 1913

（459）日本伪镖水蚤 *P. nihonkaiensis* Hirakawa, 1983 *

（460）饰伪镖水蚤 *P. ornatus*（Rose, 1957）*

（461）太平洋伪镖水蚤 *P. pacificus* Walter, 1986 *

（462）菲律宾伪镖水蚤 *P. philippinensis* Walter, 1986 *

（463）火腿伪镖水蚤 *P. poplesia*（Shen, 1955）

（464）锯尾伪镖水蚤 *P. serricaudatus*（T. Scott, 1893）*

（465）史氏伪镖水蚤 *P. smithi*（Wright, 1928）*

（466）特氏伪镖水蚤 *P. terazakii* Walter, Ohtsuka & Castillo, 2006 *

（467）三刺伪镖水蚤 *P. trispinosus* Walter, 1986 *

（468）双刺伪镖水蚤 *P. bispinosus* Walter, 1984 *

（469）缺刻伪镖水蚤 *P. incisus* Shen & Lee, 1963

（470）刷状伪镖水蚤 *P. penicillus* Li & Huang, 1984

（471）三钩伪镖水蚤 *P. trihamatus* Wright, 1937 *

27. 脊纹水蚤科 Family Ridgewayiidae Wilson, 1958

100）扁哲水蚤属 Genus *Placocalanus* Ohtsuka, Fosshagen & Soh, 1996

（472）短脚扁哲水蚤 *Placocalanus brevipes* Ohtsuka, Fosshagen & Soh, 1996 *

（473）无刺扁哲水蚤 *P. inermis* Ohtsuka, Fosshagen & Soh, 1996 *

（474）长尾扁哲水蚤 *P. longicauda* Ohtsuka Fosshagen & Soh, 1996 *

101）脊纹水蚤属 Genus *Ridgewayia* Thompson & A. Scott, 1903

（475）博氏脊纹水蚤 *Ridgewayia boxshalli* Barthelemy, Ohtsuka & Cuoc, 1998 *

28. 厚壳水蚤科 Family Scolecithricidae[Scolecitrichidae] Giesbrecht, 1892

102）兰德氏水蚤属 Genus *Landrumius* Park, 1983

（476）巨型兰德氏水蚤 *Landrumius gigas*（A. Scott, 1909）*

103）额脊水蚤属 Genus *Lophothrix* Giesbrecht, 1895

（477）高额脊水蚤 *Lophothrix frontalis* Giesbrecht, 1895

（478）平额脊水蚤 *L. humilifrons* Sars, 1905 *

（479）低额脊水蚤 *L. latipes*（T. Scott, 1894）

104）麦壳水蚤属 Genus *Macandrewella* A. Scott, 1909

（480）双刺麦壳水蚤 *Macandrewella joanae* A. Scott，1909 *

（481）小突麦壳水蚤 *M. tuberculata* Chen，1987

（482）沃氏麦壳水蚤 *M. omorii* Ohtsuka，Nishida & Nakaguchi，2002 *

（483）暗麦壳水蚤 *M. stygiana* Ohtsuka，Nishida & Nakaguchi，2002 *

105）新厚壳水蚤属 Genus *Neoscolecithrix* Canu，1896

（484）日本新厚壳水蚤 *Neoscolecithrix japonica* Ohtsuka，Boxshall & Fosshagen，2003 *

106）异尾水蚤属 Genus *Racovitzanus* Giesbrecht，1902

（485）平滑异尾水蚤 *Racovitzanus levis* Tanaka，1961

107）舟哲水蚤属 Genus *Scaphocalanus* Sars，1900

（486）近缘舟哲水蚤 *Scaphocalanus affinis*（Sars，1905）*

（487）短角舟哲水蚤 *S. brevicornis* Sars，1900

（488）锯齿舟哲水蚤 *S. echinatus* Farran，1905

（489）瘦长舟哲水蚤 *S. elongatus* A. Scott，1909 *

（490）长叉舟哲水蚤 *S. longifurca*（Giesbrecht，1888）

（491）大型舟哲水蚤 *S. magnus*（T. Scott，1894）

（492）巨舟哲水蚤 *S. major*（T. Scott，1894）*

（493）太平洋舟哲水蚤 *S. pacificus* Mori，1932 *

（494）亚短角舟哲水蚤 *S. subbrevicornis*（Wolfenden，1911）*

108）小厚壳水蚤属 Genus *Scolecithricella* Sars，1903

（495）深海小厚壳水蚤 *Scolecithricella abyssalis*（Giesbrecht，1892）

（496）弓小厚壳水蚤 *S. arcuata* Sars，1920 *

（497）金小厚壳水蚤 *S. auropecten*（Giesbrecht，1892）*

（498）栉小厚壳水蚤 *S. ctenopus*（Giesbrecht，1888）

（499）短尾小厚壳水蚤 *S. curticauda* A. Scott，1909 *

（500）叶足小厚壳水蚤 *S. dentata*（Giesbrecht，1892）

（501）缘凹小厚壳水蚤 *S. emarginata*（Farran，1905）

（502）法氏小厚壳水蚤 *S. fowleri*（Farran，1926）

（503）球状小厚壳水蚤 *S. globulosa* Brodsky，1950 *

（504）瘦小厚壳水蚤 *S. gracilis* Sars，1905 *

（505）长刺小厚壳水蚤 *S. longispinosa* Chen & Zhang，1965

（506）缘刺小厚壳水蚤 *S. marginata*（Giesbrecht，1888）

（507）小型小厚壳水蚤 *S. minor*（Brady，1883）

（508）钝角小厚壳水蚤 *S. obtusifrons*（Sars，1905）

（509）卵形小厚壳水蚤 *S. ovata*（Farran，1905）

（510）深渊小厚壳水蚤 *S. profunda*（Giesbrecht，1892）*

（511）邻近小厚壳水蚤 *S. propinqua* Sars，1920 *

（512）西玛小厚壳水蚤 *S. shizosoma* Park，1980 *

(513) 细足小厚壳水蚤 *S. tenuipes* (T. Scott, 1894) *
(514) 细刺小厚壳水蚤 *S. tenuiserrata* (Giesbrecht, 1892)
(515) 弱小厚壳水蚤 *S. timida* Tanaka, 1962 *
(516) 热带小厚壳水蚤 *S. tropica* Grice, 1962
(517) 强小厚壳水蚤 *S. valens* (Farran, 1926) *
(518) 健小厚壳水蚤 *S. valida* (Farran, 1908) *
(519) 带小厚壳水蚤 *S. vittata* (Giesbrecht, 1892)

109) 厚壳水蚤属 Genus *Scolecithrix* Brady, 1883

(520) 伯氏厚壳水蚤 *Scolecithrix bradyi* Giesbrecht, 1888
(521) 丹氏厚壳水蚤 *S. danae* (Lubbock, 1856)
(522) 缘齿厚壳水蚤 *S. nicobarica* Sewell, 1929

110) 厚哲水蚤属 Genus *Scolecocalanus* Farran, 1936

(523) 刺厚哲水蚤 *Scolecocalanus spinifer* Wilson, 1950 *

111) 暗哲水蚤属 Genus *Scottocalanus* Sars, 1905

(524) 澳暗哲水蚤 *Scottocalanus australis* Farran, 1936
(525) 法氏暗哲水蚤 *S. farrani* A. Scott, 1909
(526) 海伦暗哲水蚤 *S. helenae* (Lubbock, 1856)
(527) 珍稀暗哲水蚤 *S. infrequens* Tanaka, 1969 *
(528) 长刺暗哲水蚤 *S. longispinus* A. Scott, 1909 *
(529) 叉角暗哲水蚤 *S. persecans* (Giesbrecht, 1895)
(530) 圆暗哲水蚤 *S. rotundatus* Tanaka, 1961 *
(531) 斧暗哲水蚤 *S. securifrons* (T. Scott, 1893)
(532) 静暗哲水蚤 *S. sedatus* Farran, 1936
(533) 毛暗哲水蚤 *S. setosus* A. Scott, 1909 *
(534) 汤氏暗哲水蚤 *S. thomasi* A. Scott, 1909 *
(535) 多氏暗哲水蚤 *S. thorii* With, 1915 *

29. 刺哲水蚤科 Family Spinocalanidae Vervoort, 1951

112) 仿哲水蚤属 Genus *Mimocalanus* Farran, 1908

(536) 刀仿哲水蚤 *Mimocalanus cultrifer* Farran, 1908

113) 异足水蚤属 Genus *Monacilla* Sars, 1905

(537) 瘦异足水蚤 *Monacilla gracilis* (Wolfenden, 1911) *
(538) 典型异足水蚤 *M. typica* Sars, 1905 *

114) 刺哲水蚤属 Genus *Spinocalanus* Giesbrecht, 1888

(539) 窄头刺哲水蚤 *Spinocalanus angusticeps* Sars, 1920 *
(540) 粗刺哲水蚤 *S. horridus* Wolfenden, 1911 *
(541) 大型刺哲水蚤 *S. magnus* Wolfenden, 1904
(542) 寡毛刺哲水蚤 *S. oligospinosus* Park, 1970 *

（543）拟深刺哲水蚤 *S. parabyssalis* Park，1970 *

（544）多毛刺哲水蚤 *S. spinosus* Farran，1908 *

30. 冠水蚤科 Family Stephidae Sars，1902

115）冠水蚤属 Genus *Stephos* T. Scott，1892

（545）太平洋冠水蚤 *Stephos pacificus* Ohtsuka & Hiromi，1987 *

（546）五刺冠水蚤 *S. pentacanthos* Chen & Zhang，1965

（547）福冈冠水蚤 *S. tsuyazakiensis* Tanaka，1966 *

31. 宽水蚤科 Family Temoridae Giesbrecht，1892

116）真宽水蚤属 Genus *Eurytemora* Giesbrecht，1881

（548）近缘真宽水蚤 *Eurytemora affinis*（Poppe，1880）*

（549）哈氏真宽水蚤 *E. herdmani* Thompson & A. Scott，1897 *

（550）太平洋真宽水蚤 *E. pacifica* Sato，1913

117）宽水蚤属 Genus *Temora* Baird，1850

（551）异尾宽水蚤 *Temora discaudata* Giesbrecht，1889

（552）长角宽水蚤 *T. longicornis*（Müller，1785）*

（553）锥形宽水蚤 *T. turbinata*（Dana，1849）

118）拟宽水蚤属 Genus *Temoropia* T. Scott，1894

（554）腹突拟宽水蚤 *Temoropia mayumbaensis* T. Scott，1894

32. 羚水蚤科 Family Tharybidae Sars，1902

119）小波水蚤属 Genus *Undinella* Sars，1900

（555）椭圆小波水蚤 *Undinella oblonga* Sars，1900 * *

33. 歪水蚤科 Family Tortanidae Sars，1902

120）歪水蚤属 Genus *Tortanus* Giesbrecht，1898

（556）须歪水蚤 *Tortanus barbatus*（Brady，1883）

（557）博歪水蚤 *T. bonjol* Othman，1987 *

（558）鲍氏歪水蚤 *T. bowmani* Othman，1987 *

（559）短足歪水蚤 *T. brevipes* A. Scott，1909 *

（560）捷氏歪水蚤 *T. derjugini* Smirnov，1935

（561）右突歪水蚤 *T. dextrilobatus* Chen & Zhang，1965

（562）指状歪水蚤 *T. digitalis* Ohtsuka & Kimoto，1989 *

（563）异尾歪水蚤 *T. discaudatus*（Thompson & A. Scott，1897）*

（564）弯尾歪水蚤 *T. erabuensis* Ohtsuka，Fukuura & Go，1987 *

（565）钳形歪水蚤 *T. forcipatus*（Giesbrecht，1889）

（566）瘦歪水蚤 *T. gracilis*（Brady，1883）

（567）长足歪水蚤 *T. longipes* Brodsky，1948 *

（568）冠毛歪水蚤 *T. lophus* Bowman，1971 *

（569）小突歪水蚤 *T. murrayi* A. Scott，1909 *

（570）直尾歪水蚤 *T. recticauda*（Giesbrecht，1889）*

（571）红歪水蚤 *T. rubidus* Tanaka，1965 *

（572）琉球歪水蚤 *T. ryukyuensis* Ohtsuka & Kimoto，1989 *

（573）杓状歪水蚤 *T. scaphus* Bowman，1971 *

（574）沈氏歪水蚤 *T. sheni*（Shen & Lee，1963）

（575）中华歪水蚤 *T. sinicus* Chen，1983

（576）刺尾歪水蚤 *T. spinicaudatus* Shen & Bai，1956

（577）台湾歪水蚤 *T. taiwanicus* Chen & Hwang，1999

（578）末突歪水蚤 *T. terminalis* Ohtsuka & Reid，1998 *

（579）膨大歪水蚤 *T. tumidus* Chen，Hwang & Yin，2003

（580）虫肢歪水蚤 *T. vermiculus* Shen，1955

Ⅲ 隐水蚤目 Order Misophrioida Gurney，1933

34. 隐水蚤科 Family Misophriidae Brady，1878

121）仿隐水蚤属 Genus *Misophriopsis* Boxshall，1983

（581）冲绳仿隐水蚤 *Misophriopsis okinawensis* Ohtsuka，Huys，Boxshall & Itô，1992 *

（582）中华仿隐水蚤 *M. sinensis*（Boxshall，1986）

Ⅳ 剑水蚤目 Order Cyclopoida Burmeister，1834

35. 剑水蚤科 Family Cyclopidae Sars，1913

122）剑水蚤属 Genus *Cyclops* Müller，1776

（583）近邻剑水蚤 *Cyclops vicinus* Uljanin，1875

123）咸剑水蚤属 Genus *Halicyclops* Norman，1903

（584）中华咸剑水蚤 *Halicyclops sinensis* Kiefer，1928

124）中剑水蚤属 Genus *Mesocyclops* Sars，1914

（585）刘氏中剑水蚤 *Mesocyclops leukarti*（Claus，1857）

125）温剑水蚤属 Genus *Thermocyclops* Kiefer，1927

（586）蒙古温剑水蚤 *Thermocyclops mongolicus* Kiefer，1937

（587）等刺温剑水蚤 *T. kawamurai* Kikuchi，1940

36. 镖剑水蚤科 Family Cyclopinidae Sars，1913

126）镖剑水蚤属 Genus *Cyclopina* Claus，1862

（588）异刺镖剑水蚤 *Cyclopina heterospina* Shen & Bai，1956

（589）吉利镖剑水蚤 *C. kiraensis* Hiromi，1984 *

37. 长腹剑水蚤科 Family Oithonidae Dana，1853

127）双长腹剑水蚤属 Genus *Dioithona* Kiefer，1935

（590）眼双长腹剑水蚤 *Dioithona oculata*（Farran，1913）*

（591）坚双长腹剑水蚤 *D. rigida*（Giesbrecht，1896）

（592）简双长腹剑水蚤 *D. simplex*（Farran，1913）

128）长腹剑水蚤属 Genus *Oithona* Baird，1843

（593）须长腹剑水蚤 *Oithona aruensis* Fruchtl, 1923 *

（594）大西洋长腹剑水蚤 *O. atlantica* Farran, 1908

（595）细长腹剑水蚤 *O. attenuata* Farran, 1913

（596）短角长腹剑水蚤 *O. brevicornis* Giesbrecht, 1891

（597）隐长腹剑水蚤 *O. decipiens* Farran, 1913

（598）异长腹剑水蚤 *O. dissimilis* Lingberg, 1940 *

（599）伪长腹剑水蚤 *O. fallax* Farran, 1913

（600）脆长腹剑水蚤 *O. fragilis* Nishida, 1979 *

（601）线长腹剑水蚤 *O. linearis* Giesbrecht, 1892 *

（602）长刺长腹剑水蚤 *O. longispina* Nishida et al. , 1977 *

（603）微长腹剑水蚤 *O. minuta* T. Scott, 1894 *

（604）小长腹剑水蚤 *O. nana* Giesbrecht, 1892

（605）羽长腹剑水蚤 *O. plumifera* Baird, 1843

（606）粗长腹剑水蚤 *O. robusta* Giesbrecht, 1892

（607）刺长腹剑水蚤 *O. setigera*（Dana, 1849）

（608）拟长腹剑水蚤 *O. similis* Claus, 1866

（609）瘦长腹剑水蚤 *O. tenuis* Rosendorn, 1917

（610）敏长腹剑水蚤 *O. vivida* Farran, 1913

（611）韦氏长腹剑水蚤 *O. wellershausi* Ferrari, 1981 *

129）窄腹剑水蚤属 Genus *Limnoithona* Burckhardt, 1913

（612）四刺窄腹剑水蚤 *Limnoithona tetraspina* Zhang & Li, 1976

Ⅴ 奇水蚤目 Order Mormonilloida Boxshall, 1979

38. 奇水蚤科 Family Mormonillidae Giesbrecht, 1892

130）奇水蚤属 Genus *Mormonilla* Giesbrecht, 1891

（613）小型奇水蚤 *Mormonilla minor* Giesbrecht, 1891

（614）长毛奇水蚤 *M. phasma* Giesbrecht, 1891

Ⅵ 猛水蚤目 Order Harpacticoida Sars, 1903

39. 保猛水蚤科 Family Aegisthidae Giesbrecht, 1892

131）保猛水蚤属 Genus *Aegisthus* Giesbrecht, 1891

（615）针刺保猛水蚤 *Aegisthus aculeatus* Giesbrecht, 1891 *

（616）尖额保猛水蚤 *A. mucronatus* Giesbrecht, 1891

（617）刺保猛水蚤 *A. spinulosus* Farran, 1905 *

40. 盔头猛水蚤科 Family Clytemnestridae A. Scott, 1909

132）盔头猛水蚤属 Genus *Clytemnestra* Dana, 1848

（618）喙额盔头猛水蚤 *Clytemnestra rostrata*（Brady, 1883）

（619）小盆盔头猛水蚤 *C. scutellata* Dana, 1848

41. 长猛水蚤科 Family Ectinosomatidae Sars, 1903

133）小毛猛水蚤属 Genus *Microsetella* Brady & Robertson, 1873

(620) 小毛猛水蚤 *Microsetella norvegica* (Boeck, 1864)

(621) 红小毛猛水蚤 *M. rosea* (Dana, 1847)

42. 谐猛水蚤科 Family Euterpinidae Brian, 1921

134) 谐猛水蚤属 Genus *Euterpina* Norman, 1903

(622) 尖额谐猛水蚤 *Euterpina acutifrons* (Dana, 1847)

43. 灵巧猛水蚤科 Family Metidae Sars, 1910

135) 灵巧猛水蚤属 Genus *Metis* Philippi, 1843

(623) 海参灵巧猛水蚤 *Metis holothuriae* (Edwards, 1891) *

44. 奇异猛水蚤科 Family Miraciidae Dana, 1846[粗毛猛水蚤科, 大星猛水蚤科 Macrosetellidae]

136) 长毛猛水蚤属 Genus *Macrosetella* A. Scott, 1909

(624) 瘦长毛猛水蚤 *Macrosetella gracilis* (Dana, 1847)

137) 奇异猛水蚤属 Genus *Miracia* Dana, 1846

(625) 奇异猛水蚤 *Miracia efferata* Dana, 1846

Ⅶ 歧口水蚤目 Order Poecilostomatoida Thorell, 1859

45. 大眼水蚤科 Family Corycaeidae Dana, 1852

138) 大眼水蚤属 Genus *Corycaeus* Dana, 1849

(626) 柔大眼水蚤 *Corycaeus* (*Agetus*) *flaccus* Giesbrecht, 1891

(627) 菱形大眼水蚤 *C.* (*Agetus*) *limbatus* Brady, 1883

(628) 典型大眼水蚤 *C.* (*Agetus*) *typicus* (Kröyer, 1849)

(629) 克氏大眼水蚤 *C.* (*Corycaeus*) *clausi* F. Dahl, 1894 *

(630) 微胖大眼水蚤 *C.* (*Corycaeus*) *crassiusculus* Dana, 1849

(631) 美丽大眼水蚤 *C.* (*Corycaeus*) *speciosus* Dana, 1849

(632) 绿大眼水蚤 *C.* (*Corycaeus*) *vitreus* Dana, 1849

(633) 近缘大眼水蚤 *C.* (*Ditrichocorycaeus*) *affinis* Mcmurrichi, 1916

(634) 亮大眼水蚤 *C.* (*Ditrichocorycaeus*) *andrewsi* Farran, 1911

(635) 东亚大眼水蚤 *C.* (*Ditrichocorycaeus*) *asiaticus* F. Dahl, 1894

(636) 平大眼水蚤 *C.* (*Ditrichocorycaeus*) *dahli* Tanaka, 1957

(637) 红大眼水蚤 *C.* (*Ditrichocorycaeus*) *erythraeus* Cleve, 1901

(638) 小突大眼水蚤 *C.* (*Ditrichocorycaeus*) *lubbocki* Giesbrecht, 1891

(639) 细大眼水蚤 *C.* (*Ditrichocorycaeus*) *subtilis* M. Dahl, 1912

(640) 粗大眼水蚤 *C.* (*Monocorycaeus*) *robustus* Giesbrecht, 1891 *

(641) 活泼大眼水蚤 *C.* (*Onychocorycaeus*) *agilis* Dana, 1849

(642) 灵巧大眼水蚤 *C.* (*Onychocorycaeus*) *catus* F. Dahl, 1894

(643) 短大眼水蚤 *C.* (*Onychocorycaeus*) *giesbrechti* F. Dahl, 1894

(644) 卵大眼水蚤 *C.* (*Onychocorycaeus*) *ovalis* Claus, 1863 *

(645) 太平洋大眼水蚤 *C.* (*Onychocorycaeus*) *pacificus* F. Dahl, 1894

(646) 小型大眼水蚤 *C.* (*Onychocorycaeus*) *pumilus* M. Dahl, 1912

（647）叉大眼水蚤 *C.*（*Urocorycaeus*）*furcifer* Claus, 1863

（648）伶俐大眼水蚤 *C.*（*Urocorycaeus*）*lautus* Dana, 1849

（649）长刺大眼水蚤 *C.*（*Urocorycaeus*）*longistylis* Dana, 1849

139）羽刺大眼水蚤属 Genus *Farranula* Wilson, 1932

（650）隆脊羽刺大眼水蚤 *Farranula carinata*（Giesbrecht, 1891）

（651）短羽刺大眼水蚤 *F. curta*（Farran, 1911）*

（652）精致羽刺大眼水蚤 *F. concinna*（Dana, 1847）

（653）驼背羽刺大眼水蚤 *F. gibbula*（Giesbrecht, 1891）

（654）瘦羽刺大眼水蚤 *F. gracilis*（Dana, 1849）*

（655）长尾羽刺大眼水蚤 *F. longicauda*（Dana, 1849）

（656）拟额羽刺大眼水蚤 *F. rostrata*（Claus, 1863）

46. 隆水蚤科 Family Oncaeidae Giesbrecht, 1892

140）梭水蚤属 Genus *Lubbockia* Claus, 1863

（657）针刺梭水蚤 *Lubbockia aculeata* Giesbrecht, 1891

（658）马氏梭水蚤 *L. marukawai* Mori, 1937

（659）掌刺梭水蚤 *L. squillimana* Claus, 1863

141）隆水蚤属 Genus *Oncaea* Philippi, 1843

（660）背突隆水蚤 *Oncaea clevei* Früchtl, 1923

（661）弯隆水蚤 *O. curvata* Giesbrecht, 1902 **

（662）瘦隆水蚤 *O. gracilis*（Dana, 1852）*

（663）中隆水蚤 *O. media* Giesbrecht, 1891

（664）等刺隆水蚤 *O. mediterranea* Claus, 1863

（665）锦隆水蚤 *O. ornata* Giesbrecht, 1891

（666）丽隆水蚤 *O. venusta* Philippi, 1843

142）三锥水蚤属 Genus *Triconia* Böttger-Schnack, 1999

（667）角三锥水蚤 *Triconia conifera*（Giesbrecht, 1891）

（668）齿三锥水蚤 *T. dentipes* Giesbrecht, 1891

（669）小三锥水蚤 *T. minuta*（Giesbrecht, 1892）

（670）拟三锥水蚤 *T. similis* Sars, 1918

143）厚水蚤属 Genus *Pachysoma* Claus, 1863

（671）齿厚水蚤 *Pachysoma dentatum* Mori, 1932

（672）斑点厚水蚤 *P. punctatum* Claus, 1863

47. 伪花水蚤科 Family Pseudanthessiidae Humes & Stock, 1972

144）伪花水蚤属 Genus *Pseudanthessius* Claus, 1889

（673）暗伪花水蚤 *Pseudanthessius obscurus* A. Scott, 1909 *

（674）太平洋伪花水蚤 *P. pacificus* Wilson, 1950 *

（675）小伪花水蚤 *P. parvus* A. Scott, 1909 *

48. 叶水蚤科 Family Sapphirinidae Thorell, 1860

145）叶水蚤属 Genus *Sapphirina* Thompson, 1929

（676）狭叶水蚤 *Sapphirina angusta* Dana, 1849

（677）曙光叶水蚤 *S. auronitens* Claus, 1863

（678）双尖叶水蚤 *S. bicuspidata* Giesbrecht, 1891

（679）达氏叶水蚤 *S. darwinii* Haeckel, 1864

（680）胃叶水蚤 *S. gastrica* Giesbrecht, 1891

（681）芽叶水蚤 *S. gemma* Dana, 1849

（682）肠叶水蚤 *S. intestinata* Giesbrecht, 1891

（683）虹叶水蚤 *S. iris* Dana, 1849 *

（684）狭尾叶水蚤 *S. lactens* Giesbrecht, 1892

（685）斑点叶水蚤 *S. maculosa* Giesbrecht, 1892 *

（686）金叶水蚤 *S. metallina* Dana, 1849

（687）黑点叶水蚤 *S. nigromaculata* Claus, 1863

（688）玛瑙叶水蚤 *S. opalina* Dana, 1849

（689）圆矛叶水蚤 *S. ovatolanceolata* Dana, 1849

（690）盐叶水蚤 *S. sali* Farran, 1929 *

（691）红叶水蚤 *S. scarlata* Giesbrecht, 1891

（692）弯尾叶水蚤 *S. sinuicauda* Brady, 1883

（693）星叶水蚤 *S. stellata* Giesbrecht, 1891

146）桨水蚤属 Genus *Copilia* Dana, 1849

（694）大桨水蚤 *Copilia lata* Giesbrecht, 1892

（695）长桨水蚤 *C. longistylis* Mori, 1932

（696）中桨水蚤 *C. mediterranea* Claus, 1863 *

（697）奇桨水蚤 *C. mirabilis* Dana, 1849

（698）方桨水蚤 *C. quadrata* Dana, 1849

（699）直桨水蚤 *C. recta* Giesbrecht, 1891

（700）晶桨水蚤 *C. vitrea*（Haeckel, 1864）

147）心水蚤属 Genus *Corina* Giesbrecht, 1891

（701）颗粒心水蚤 *Corina granulosa* Giesbrecht, 1891

（702）长尾心水蚤 *C. longifurca* Rose & Vaissiese, 1952 *

Ⅷ 管口水虱目 Order Siphonostomatoida Burmeister, 1835

49. 角管水虱科［角剑水蚤科］Family Pontoeciellidae Giesbrecht, 1895

148）角管水虱属 Genus *Pontoeciella* Giesbrecht, 1895

（703）深角管水虱 *Pontoeciella abyssicolla*（T. Scott, 1894）

50. 棒水虱科 Family Rataniidae Giesbrecht, 1897

149）棒水虱属 Genus *Ratania* Giesbrecht, 1892

（704）黄棒水虱 *Ratania flava* Giesbrecht, 1892

Ⅸ 怪水蚤目 Order Monstrilloida Sars, 1903

51. 怪水蚤科 Family Monstrillidae Dana，1849

150）舟形怪水蚤属 Genus *Cymbasoma* Thompson，1888

（705）长刺舟形怪水蚤 *Cymbasoma longispinosum*（Bourne，1890）*

（706）莫氏舟形怪水蚤 *C. morii*（Tokioka，1949）*

（707）坚舟形怪水蚤 *C. rigidum* Thompson，1888 *

（708）汤氏舟形怪水蚤 *C. thompsoni*（Giesbrecht，1892）*

151）怪水蚤属 Genus *Monstrilla* Dana，1849

（709）棒形怪水蚤 *Monstrilla clavata* Sars，1921 *

（710）小舟怪水蚤 *M. cymbula* A. Scott，1909 *

（711）瘦尾怪水蚤 *M. gracilicauda* Giesbrecht，1892 *

（712）巨大怪水蚤 *M. grandis* Giesbrecht，1892

（713）海哥兰怪水蚤 *M. helgolandica* Claus，1863 *

（714）饰怪水蚤 *M. inserta* A. Scott，1909 *

（715）透明怪水蚤 *M. leucopis* Sars，1921 *

（716）长角怪水蚤 *M. longicornis* Thompson，1890 *

（717）长足怪水蚤 *M. longipes* A. Scott，1909 *

（718）锯齿怪水蚤 *M. serricornis* Sars，1921 *

（719）桶形怪水蚤 *M. orcula* A. Scott，1909 *

（720）隆头怪水蚤 *M. turgida* A. Scott，1909 *

四、种类特征描述与形态图

I　宽足水蚤目 Order Platycopioida Fosshagen & Iliffe, 1985

本目为栖息于浅海近底层的小型浮游桡足类。前、后体部之间活动关节位于第5胸节与生殖节之间。后体部分5节，生殖节与腹节不愈合。雌性第1触角分15~23节；雄性分14~20节，且左、右触角均为执握肢或不成为执握肢。胸足宽大，第2~5对胸足第2基节各具1外缘刺，外肢第1节各具2外缘刺，第1小颚基节外小叶具2刚毛。

本目仅有1科(Platycopiidae)，4属(Boxshall & Halsey, 2004)。中国海域仅出现宽足水蚤科(Platycopiidae Sars, 1911)宽足水蚤属(*Platycopia* Sars, 1911)2种。

1. 宽足水蚤科 Family Platycopiidae Sars, 1911

属名 Genera	种数	页码
宽足水蚤属 *Platycopia* Sars, 1911	2	……………………………… 35

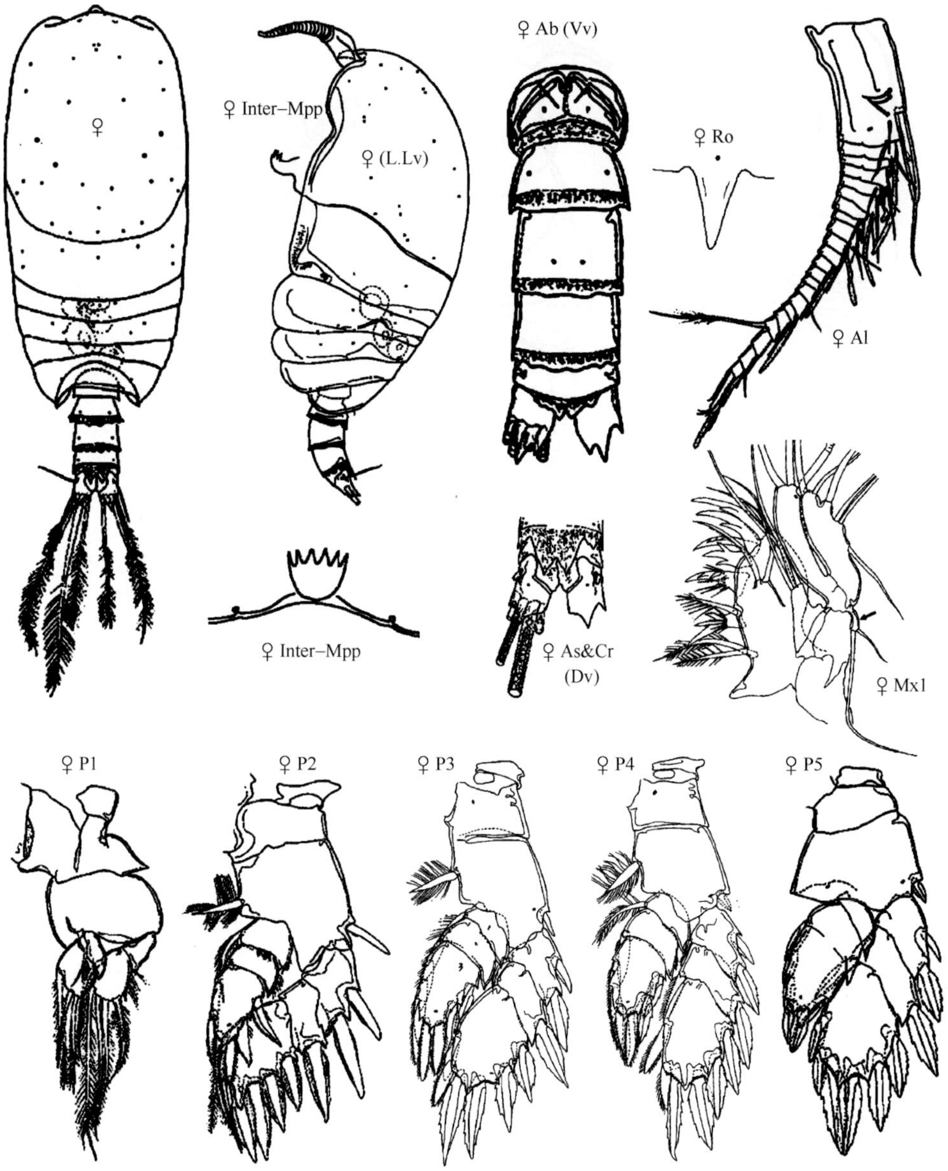

图 1　健壮宽足水蚤 *Platycopia compacta*（仿 Ohtsuka et al.，1998）

（1）健壮宽足水蚤 *Platycopia compacta* Ohtsuka，Soh & Ueda，1998（图 1）

形态特征：

体长：♀0.76~0.81 mm。**雌性：**背面观，额部前端宽大，中央稍突出，额角为单刺突，顶端较钝。胸部后侧角较短，仅达第 2 腹节中部。腹部分 5 节，生殖节宽圆，与第 2 腹节等长；第 4 腹节背末缘具 1 叉状突，覆盖在肛节之上；肛节很短。尾叉也宽短，近方形，末端具 3 刺突。第 1 触角分 23 节，第 1 节粗大，背面具 2 条纵向的脊状突，前末缘具 1 长刺状刚毛，其顶端另具 1 细鞭毛。第 1 小颚基节外小叶具 2 刚毛。颚足基部间板突发达，末端具 6 小齿。第 1 对胸足内、外肢均分 2 节。第 2~5 对胸足内、外肢均分 3 节，第 2 基节均具 1 外末刺，外肢第 1 节均具 2 外缘刺。

分布：东海；琉球群岛海域，西太平洋。沿岸近底层性种。

参考文献：44，138。

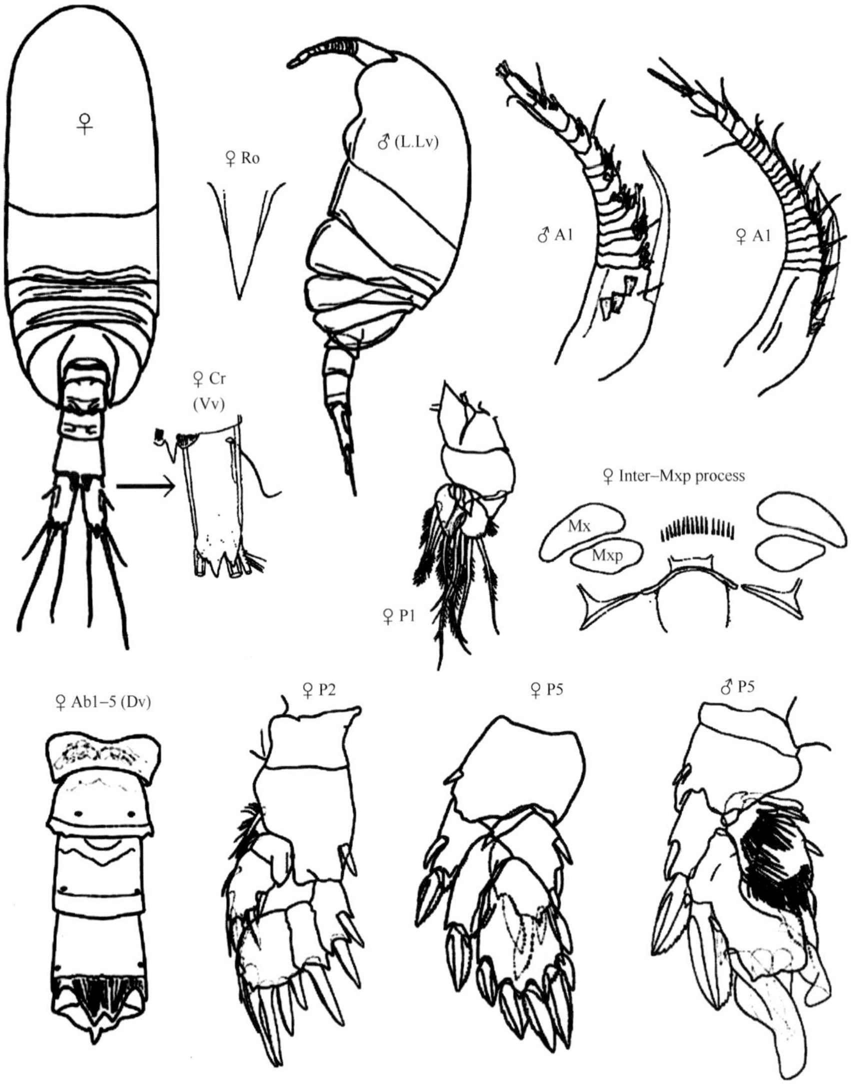

图 2　东方宽足水蚤 *Platycopia orientalis*（仿 Ohtsuka et al.，1994）

（2）东方宽足水蚤 *Platycopia orientalis* Ohtsuka & Boxshall，1994（图 2）

形态特征：

体长：♀0.48~0.50 mm，♂0.42~0.44 mm。身体侧扁，额部较钝圆，额角尖锐。胸部后侧角长达第 2 腹节末缘。腹部分 5 节。**雌性：**生殖节宽短，长为第 2 腹节的 1/2；第 4 腹节较长，背末缘具 1 片叉状突，并覆盖在肛节上；肛节很短，腹面末缘中部具 1 三角状刺突。尾叉长大于宽的 2 倍。第 1 触角分 22 节，第 1 节粗大，背面具 1 纵向脊状突，前末缘具 1 长刺状的刚毛。颚足基部间板突不发达，仅具 1 列细刺。第 1 对胸足内、外肢均分 2 节；第 2~5 对胸足内肢 2 节，外肢 3 节，第 2 基节各具 1 外末刺，外肢第 1 节均具 2 外缘刺。**雄性：**体形与雌性相似。第 1 触角分 15 节，不形成执握肢，第 1 节结构与雌性相似。第 1~4 对胸足也与雌性相似，唯第 5 对胸足内、外肢均分 3 节，内肢第 2、3 节表面具细刺毛丛；外肢第 2、3 节不完全愈合，第 3 节内缘凹陷，末部宽大，具 4 粗刺。

分布：东海；琉球群岛海域，西太平洋。沿岸近底层性种。

参考文献：44，82，126，138。

Ⅱ 哲水蚤目 Order Calanoida Sars，1903

本目为海洋浮游桡足类中最重要的一个目，种类最多，包括大型、中型及小型桡足类。体长常在0.5~10 mm。身体呈纺锤形，前体部与后体部之间活动关节位于第5胸节与生殖节之间。雌性后体部分1~4节，雄性分5节。雌、雄性第2、3对胸足外肢第1节仅具1外缘刺；第1小颚基部外小叶退化，仅具1刚毛或不存在。雄性左或右第1触角成为执握肢或皆不成为执握肢。

本目包括42科(Boxshall & Halsey, 2004)。中国海已记录32科119属578种(连光山，王彦国，黄将修，2012)。

2. 纺锤水蚤科 Family Acartiidae Sars, 1900

本科为小型桡足类(0.7~1.6 mm)。体较瘦小，额部钝圆或稍突出。额角不发达，常具2条额角丝，少数不存在。头节与第1胸节分开，第4、5胸节愈合。胸部后侧角尖锐或钝圆。雌性腹部分3节，雄性分5节。尾叉短小，少数狭长。雄性右第1触角呈执握肢。第1~4对胸足外肢3节，内肢2节。雌性第5对胸足很小，双肢型或单肢型，左右对称。雄性第5对胸足单肢型且不对称，左足分3~4节，右足分3~5节。

本科包括5属。中国海域仅记录2属18种。

属名 Genera	种数	页码
纺锤水蚤属 *Acartia* Dana, 1846	17	38
异水蚤属 *Acartiella* Sewell, 1914	1	55

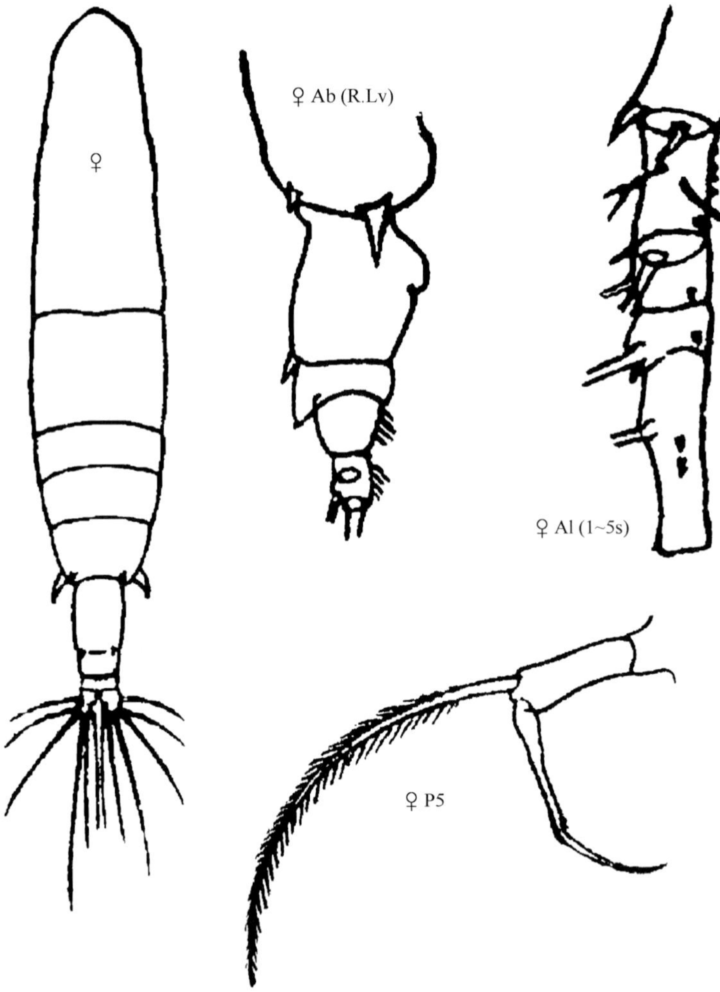

图 3　多刺纺锤水蚤 *Acartia amboinensis*（仿 Tanaka，1965）

（3）多刺纺锤水蚤 *Acartia amboinensis* Carl，1907（图 3）

形态特征：

体长：♀1. 3~1. 5 mm。**雌性：**胸部后侧角具粗刺突，其内侧背末缘也具 1 小刺。腹部生殖节长大，较长于后 2 节长度之和，背末缘具 2 小刺；第 2 节背末缘较突出且具 4 细刺；肛节宽短。尾叉呈方形。第 1 触角第 1 节末缘具 2 粗刺，第 2 节下缘具 4 小刺。第 5 对胸足第 2 节长为宽的 3 倍，其外末角羽状长刚毛为本节长的 3 倍，末节呈刺状，基部膨大，中部折向内侧而弯曲，其长度均为第 2 节的 2 倍。

分布：东海黑潮流区，南海东南部；马来群岛海域，太平洋及印度洋。暖水沿岸种。

参考文献：44，106，159，186。

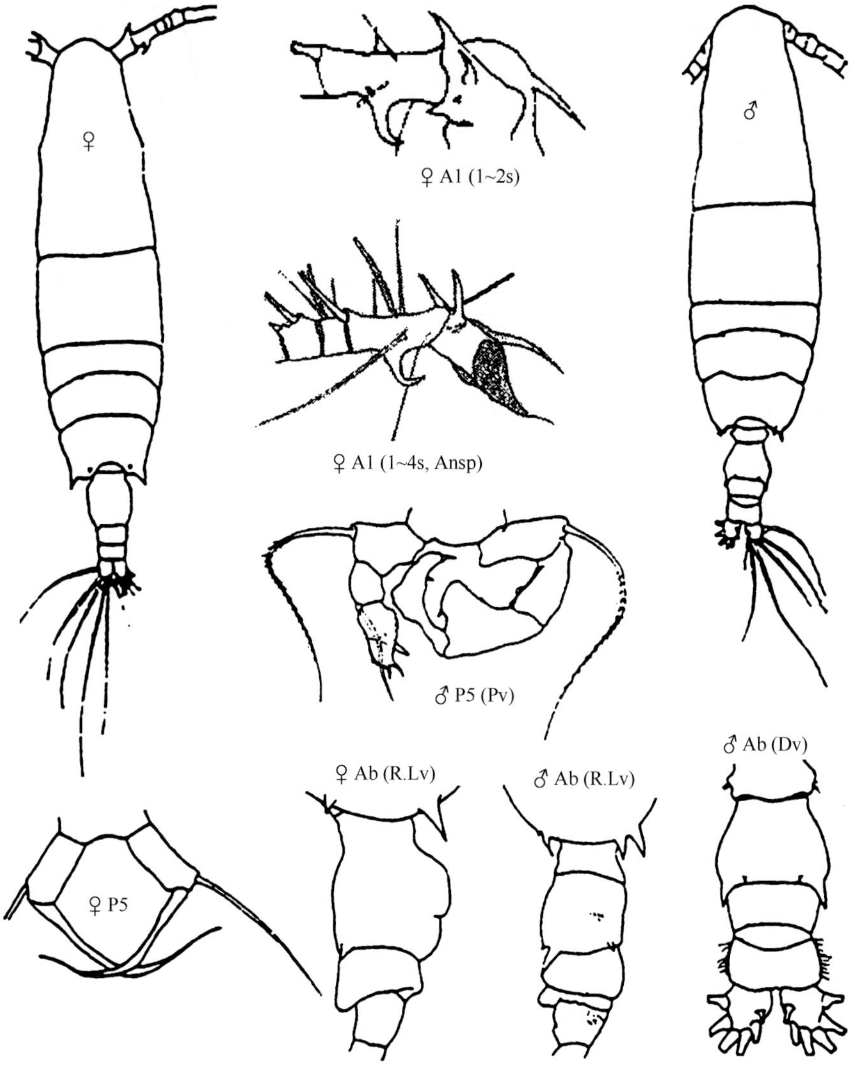

图 4 双刺纺锤水蚤 *Acartia bispinosa*（仿 Chihara et al.，1997）

(4) 双刺纺锤水蚤 *Acartia bispinosa* Carl, 1907 (图 4)

[*Acartia tokiokai* Mori, 1942; *A. hamata* Wilson, 1950]

形态特征：

体长：♀1.3~1.6 mm，♂1.2~1.4 mm。**雌性：**胸部后侧角刺突较短小。生殖节较长于后2节之和。尾叉与肛节等长。第1触角第1节具4小刺，第2节后缘具1钩状刺。第5对胸足第2节长为宽的2倍，外末角刚毛较短，末节细长并向内弯曲，长约为第2节的3倍。**雄性：**胸部后侧角常具双刺突。第2腹节宽大，后侧角呈刺状。第5对胸足不对称，左足第3节短小，外末刺细长，约为末节的1.5倍；右足第2节内缘基部突出，第4节内缘具1近方形突起，其前缘具1小刺，末节狭长呈钩状，其基部狭小，中部宽大，末刺短小。

分布：东海；琉球群岛海域，太平洋。暖水沿岸种。

参考文献：44，82，106，217。

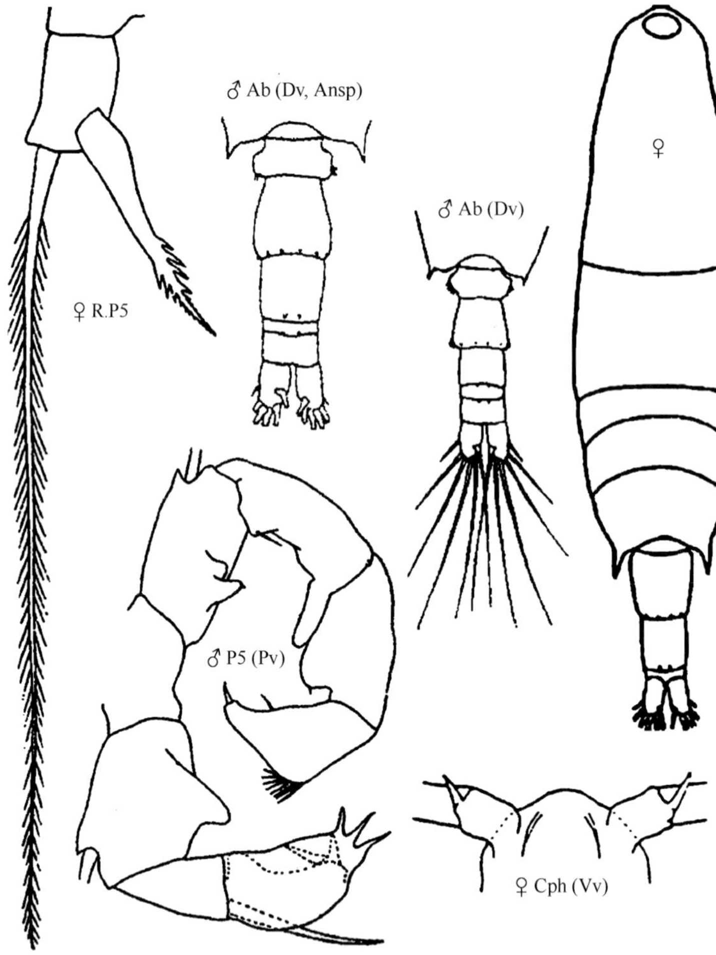

图 5　丹氏纺锤水蚤 *Acartia danae*

[仿陈清潮等, 1965 (♀; ♂); Chihara et al., 1997 (♀Cph, Ansp)]

(5) 丹氏纺锤水蚤 *Acartia danae* Giesbrecht, 1889 (图 5)

形态特征:

体长: ♀1.1~1.3 mm, ♂0.7~0.9 mm。**雌性:** 胸部后侧角刺突较粗大。生殖节稍长于第 2 腹节, 背末缘均具数枚小刺, 肛节很短。尾叉长为宽的 1.5 倍。第 1 触角第 1 节末缘具 1 小刺。第 5 对胸足第 2 节长方形, 外末角刚毛长约为末节的 4 倍, 末节呈刺状, 基部较粗大, 末部内、外缘均具锯齿。**雄性:** 胸部后侧角尖小。第 2、3 腹节近等长, 两侧不膨大, 长等于宽, 背末缘具小刺列。第 5 对胸足不对称, 左足第 2 节内缘具 1 锥形突起, 第 3 节外末刺长达末节顶端, 末节顶端具 3 近等长刺突, 末部腹面也具 2 小刺; 右足第 2 节内缘具 2 小突起, 第 3 节内缘基部具 1 小突, 末缘具 1 长指状突, 第 4 节内缘膨大, 末节呈三角形, 并具 1 小末刺, 外缘中部具 1 丛细刺毛, 内缘中部具 1 微刺。

分布: 渤海, 黄海至南海; 太平洋, 印度洋及大西洋。暖水沿岸种。

参考文献: 2, 4~6, 13, 24, 31, 33, 37, 44, 46, 51, 68, 82, 97, 118, 152, 158, 186, 217。

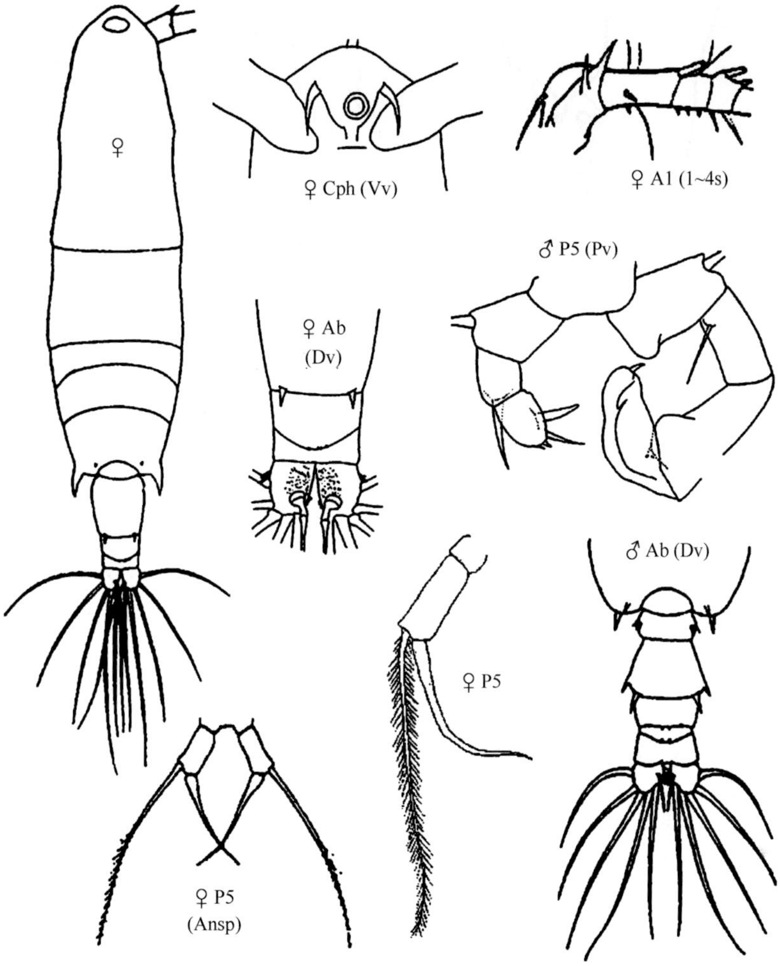

图6 红纺锤水蚤 *Acartia erythraea*

[仿陈清潮等，1965（♀；♂）；Chihara et al.，1977（♀A1；♀P5，Ansp）]

（6）红纺锤水蚤 *Acartia erythraea* Giesbrecht，1889（图6）

形态特征：

体长：♀1.1~1.5 mm，♂1.1~1.4 mm。胸部后侧角刺突较短小。**雌性：**生殖节较后2节之和为长，背末缘具2小刺。尾叉宽短呈方形。第1触角第1节末缘具2小刺。第5对胸足第2节长为宽的2倍，其外末角刚毛长为末节的2倍，末节呈刺状，基部较粗大。**雄性：**第2腹节宽大，后侧缘各具2小刺突；第4腹节短小，略呈三角形，背末缘具2小刺。第5对胸足不对称，左足第3节外末刺稍长于末节，末节内缘中部具1指状突，末端具1长刺及2小刺；右足第2节内缘基部突出，第3节内缘不膨大，基部具1长刺，第4节内末部具1方形突，其前缘具1小刺，末节顶端及外末部各具1小刺。

分布：台湾东部黑潮区，黄海至南海南部；太平洋，印度洋。暖水沿岸种。

参考文献：2，4~6，13，24，31~33，37，44，46，97，118，158。

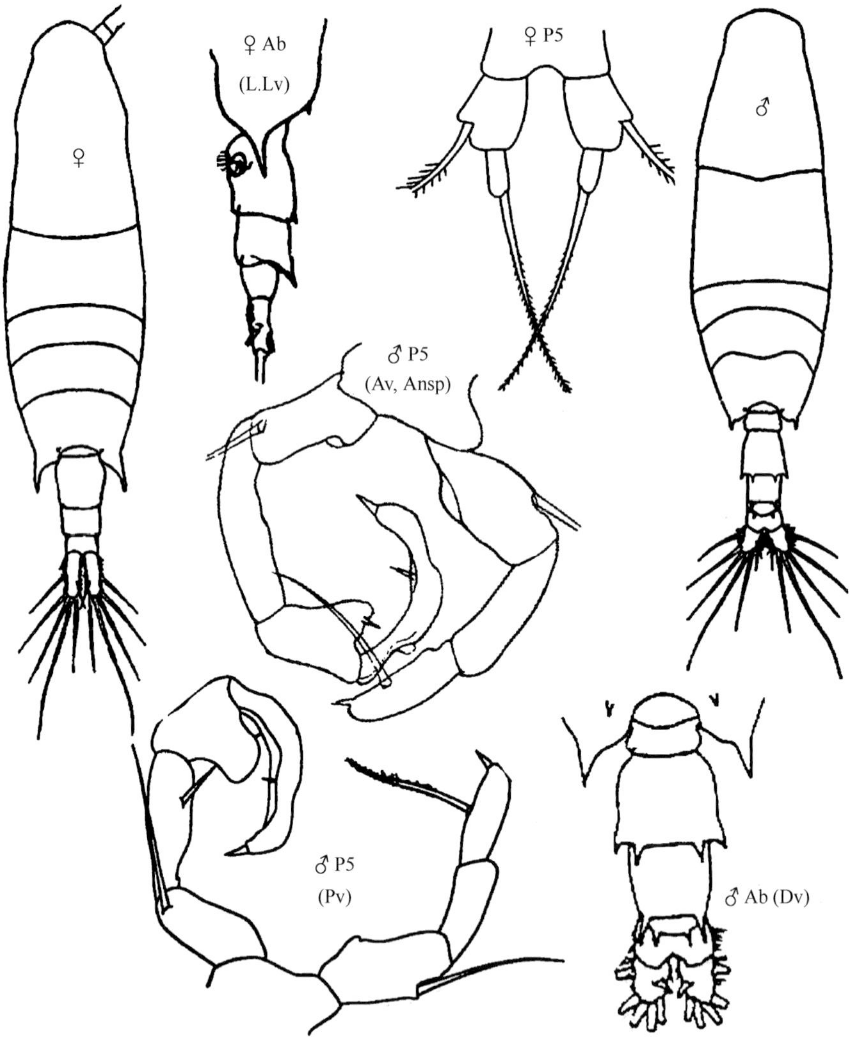

图 7　太平洋纺锤水蚤 *Acartia pacifica*

[仿陈清潮等，1965（♀；♂）；Tanaka，1965（♀Ab；♂Ab；♂P5，Ansp）]

（7）太平洋纺锤水蚤 *Acartia pacifica* Steuer，1915（图 7）

[*Acartia spinicauda*：Mori，1937]

形态特征：

体长：♀1.2~1.6 mm，♂1.0~1.3 mm。**雌性：**胸部后侧角刺突粗大，长达生殖节中部。生殖节稍长于后 2 节长度之和，第 1、2 腹节背末缘各具 1 对小刺。尾叉长约为宽的 3 倍。第 1 触角第 2 节无刺突。第 5 对胸足第 2 节长稍大于宽，末节呈刺状，基部膨大呈长方形。**雄性：**第 2 腹节较狭长，两侧不膨大，后侧角尖小，第 2~4 腹节背末缘也各具 2 小刺。第 5 对胸足不对称，左足第 2 节内缘基部稍突出，第 3 节无外末刺，末节顶端具 1 小刺，内缘中部 1 长刺毛的长度大于末节；右足第 4 节内缘突起宽大而钝圆，其前缘中部具 1 小刺，末节狭长呈钩状，末刺短小，内缘中部另具 1 微刺。

分布：渤海至南海；太平洋，印度洋。暖水沿岸种。

参考文献：1，2，4，5，13，23，24，31，32，37，41，42，44，46，51，67，118，186。

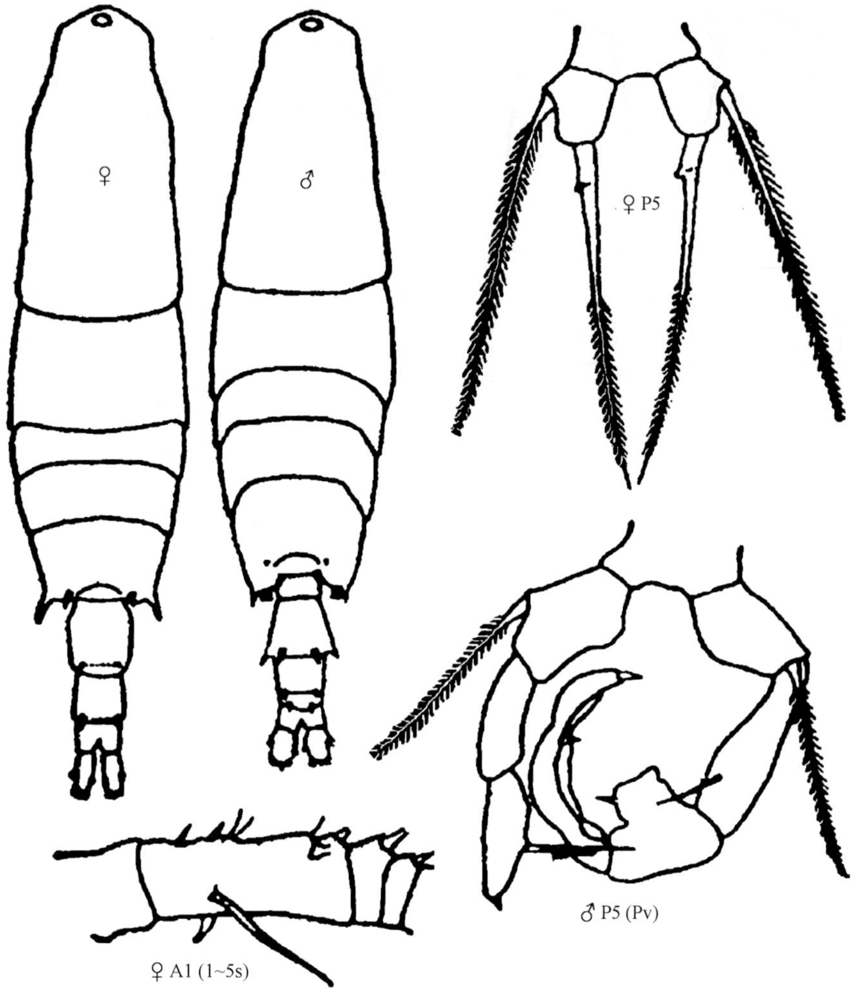

图 8　刺尾纺锤水蚤 *Acartia spinicauda*（仿郑重等，1965）

（8）刺尾纺锤水蚤 *Acartia spinicauda* Giesbrecht，1889（图 8）

形态特征：

体长： ♀1.1~1.6 mm，♂1.1~1.2 mm。**雌性：** 胸部后侧角刺突较短小。生殖节等于后 2 节长度之和，尾叉长约为宽的 2.5 倍。第 1 触角第 2 节前缘近端具 2 小刺，下缘具 1 钩状刺。第 5 对胸足第 2 节近方形，末节呈刺状，基部稍膨大。**雄性：** 腹部第 2 节后部宽大，其后侧角为刺状突；第 2~4 节背末缘各具 2 小刺。第 5 对胸足不对称，左足第 2 节内缘基部膨大，第 3 节无外末刺，末节内缘 1 长刺毛与末节等长，末节顶端末刺短小；右足第 4 节内缘突起，呈方形，其前缘上部具 1 小刺，末节狭长呈钩状，内缘中部及末端各具 1 小刺。

分布： 渤海至南海；太平洋，印度洋。暖水沿岸种。

参考文献： 13，24，31~33，37，44，46，97，158。

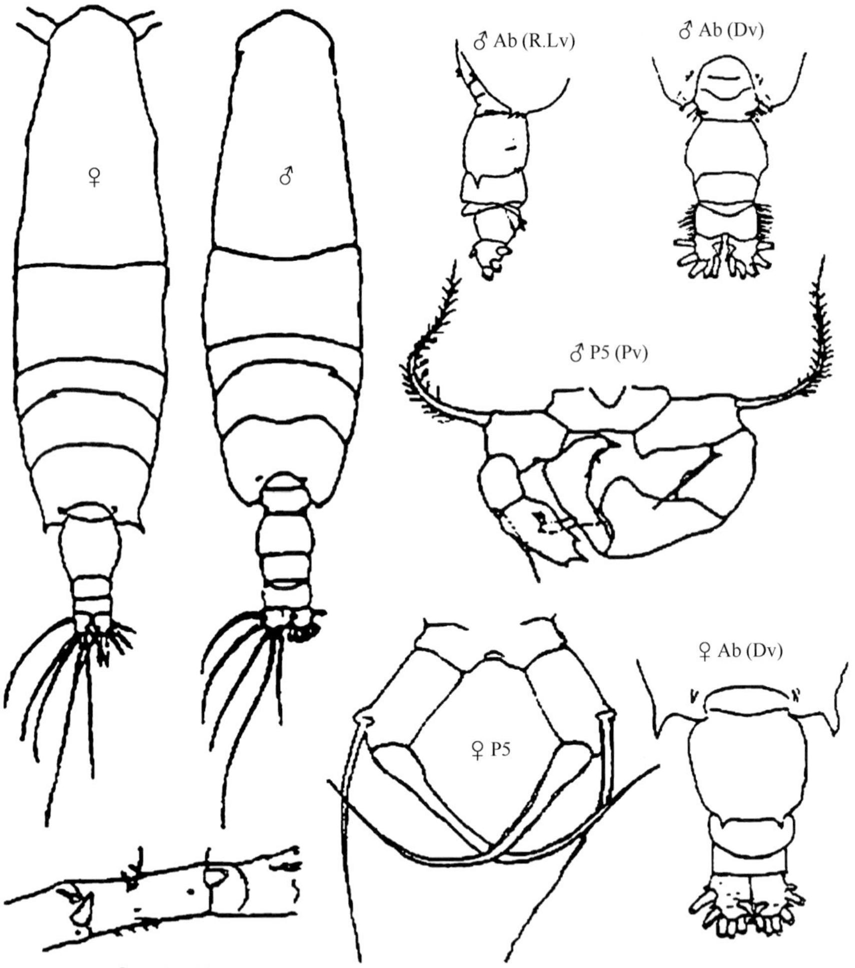

图 9　日本纺锤水蚤 *Acartia japonica*（仿 Chihara et al., 1997）

（9）日本纺锤水蚤 *Acartia japonica* Mori，1940（图 9）

形态特征：

体长： ♀1.3~1.6 mm，♂1.2~1.3 mm。**雌性：** 胸部后侧角尖小。生殖节较长于后 2 节长度之和，背末缘具 2 小刺突。尾叉宽短，呈方形。第 1 触角第 1 节末缘具 1 小刺突，第 2 节下缘具 3 微刺。第 5 对胸足第 2 节长为宽的 2 倍，末节细长而弯曲，基部较膨大。**雄性：** 胸部后侧角宽圆，常具 2~3 微刺。第 2 腹节宽大，后侧角具 1 小刺突，第 4 节背末缘具小刺列。第 5 对胸足不对称，左足第 2 节内缘膨大，第 3 节短小，其外末刺长达末节顶端；右足第 2 节内缘基部具 1 小突，第 3 节末部较宽大，第 4 节内末缘突起钝圆，末节狭长呈钩状，基部狭窄，中部宽大，末刺很短小。

分布： 东海；琉球群岛海域，西太平洋。暖水沿岸种。

参考文献： 44，82。

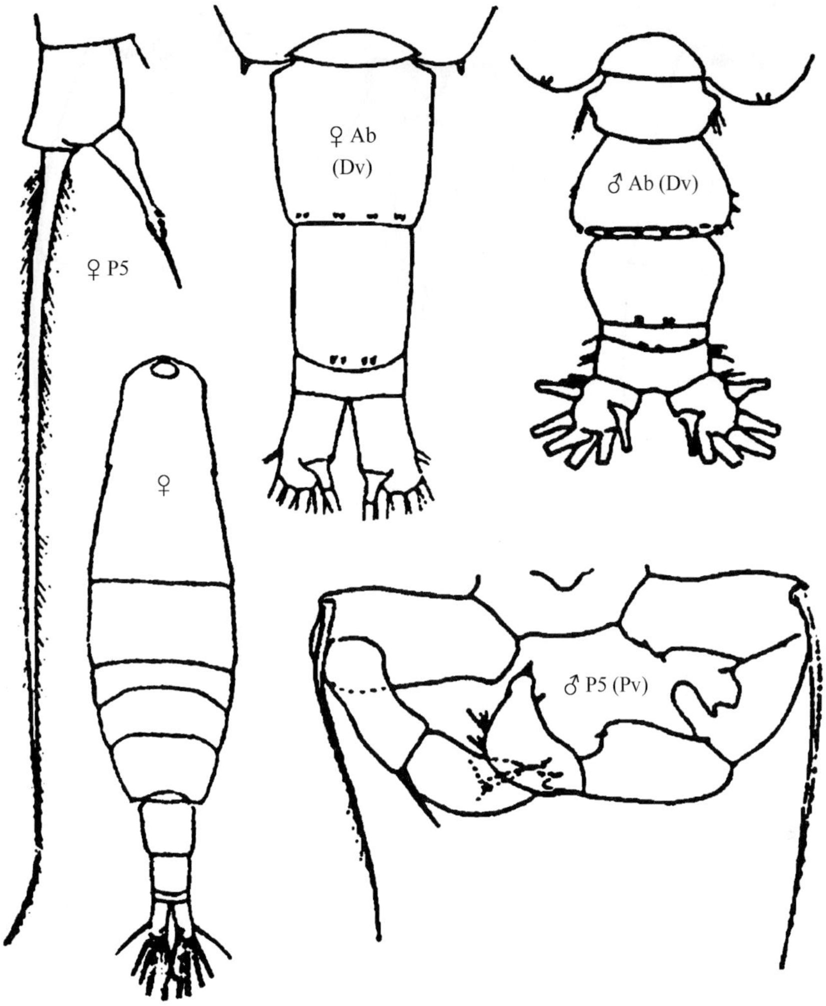

图 10　小纺锤水蚤 *Acartia negligens*
［仿陈清潮等，1965（♀）；Chihara et al.，1997（♂）］

（10）小纺锤水蚤 *Acartia negligens* Dana，1849（图 10）

形态特征：

体长：♀1.1~1.3 mm，♂0.9~1.0 mm。胸部后侧角钝圆，仅具 1 小刺突。**雌性：**生殖节与第 2 腹节近等长，背末缘具 1 列小刺。尾叉长为宽的 2 倍。第 5 对胸足第 2 节近方形，外末角刚毛长为末节的 5 倍，末节呈刺状，基部膨大，末部内、外缘具锯齿。**雄性：**腹部第 2、3 节近等长而宽大，长均小于宽，背末缘具小刺列。第 5 对胸足不对称，左足第 2 节内缘基部稍突出，第 3 节狭长，外末刺仅达末节中部，末节顶端具 3 小刺，近中部表面具 1 长刺；右足第 2 节内缘基部具 1 小突起，第 3 节内末缘具 1 指状突，内缘基部也具 1 小突起，第 4 节内缘稍膨大，末节呈锥状，外缘中部具 1 丛细刺毛，末刺短小。

分布：渤海至南海；太平洋，印度洋及大西洋。暖水沿岸种。

参考文献：13，24，31~33，37，44，46，51，82，97，118，186。

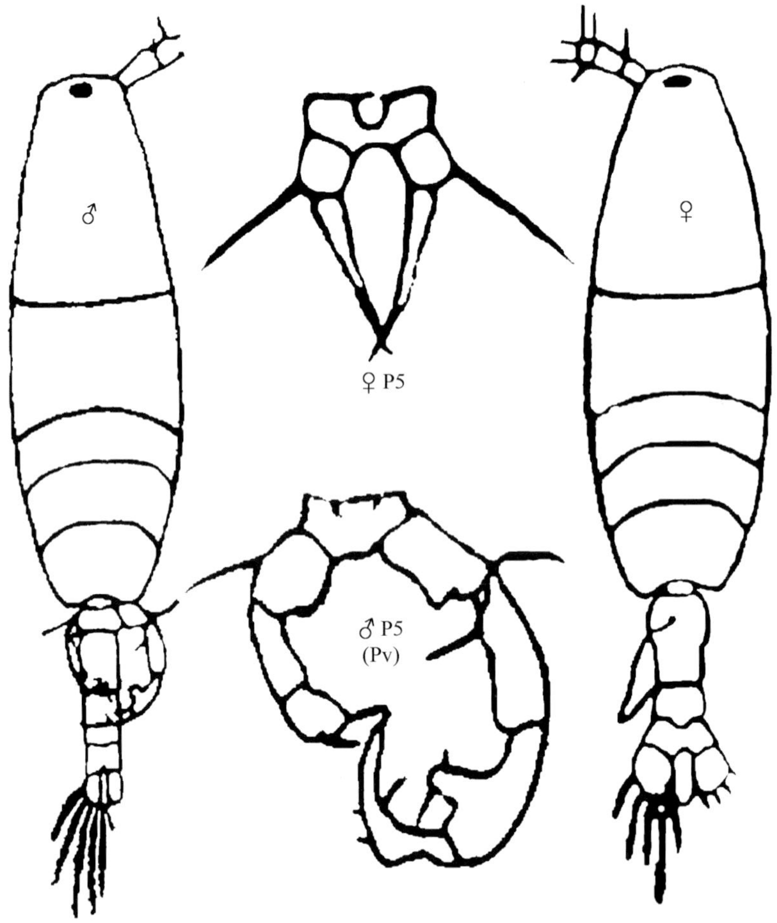

图 11 异尾纺锤水蚤 *Acartia discaudata*（仿 Rose，1933）

（11）异尾纺锤水蚤 *Acartia discaudata*（Giesbrecht，1881）（图 11）

［*Dias discaudatus* Giesbrecht，1881］

形态特征：

体长：♀1.0~1.2 mm，♂0.9~1.1 mm。胸部后侧角钝圆，无刺突。**雌性：**生殖节较长于后 2 节长度之和，肛节宽大。尾叉宽短，左右不对称，左叉较宽大，呈卵圆形，尾刚毛粗短。第 5 对胸足第 2 节呈方形，末节粗短呈刺状。**雄性：**腹部狭长，第 2 节长约为宽的 2 倍。尾叉长约为宽的 2 倍。第 5 对胸足不对称，左足第 2 节宽短，内缘膨大且具细毛，第 3 节狭长，无外末刺，末节近卵圆形，末端具 2 细刺；右足第 2 节内末缘具 1 突起，第 3 节狭长，内缘近端具 1 细刺，第 4 节内缘突起呈锥状，顶端前、后缘各具 1 小刺，末节狭长呈爪状，外缘具 2 微刺，内缘中部及末端各具 1 小刺。

分布：南海；西太平洋，大西洋。暖水沿岸种。

参考文献：44，152，153，217。

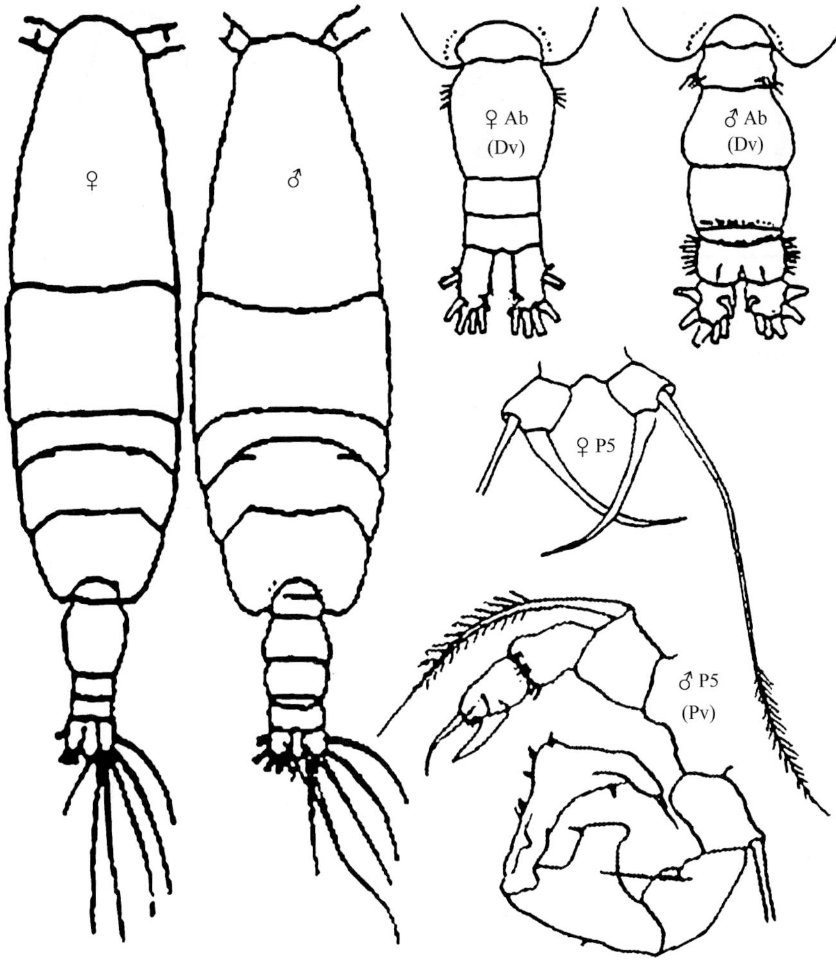

图 12 沟纺锤水蚤 *Acartia fossae*（仿 Chihara et al.，1997）

（12）沟纺锤水蚤 *Acartia fossae* Gurney，1927（图 12）

［*Acartia hamata* Mori，1937］

形态特征：

体长：♀1.1~1.3 mm，♂1.2 mm。雌、雄性胸部后侧角钝圆，背末缘具密的微刺列。**雌性：**生殖节长于后 2 节长度之和，第 2、3 腹节宽短，近等长，背末缘无小刺。尾叉长为宽的 2 倍。第 5 对胸足第 2 节呈方形，末节弯曲呈刺状，基部较膨大。**雄性：**第 2、3 腹节等长而宽大，长小于宽，背末缘具小刺列。尾叉近方形。第 5 对胸足不对称，左足短小，第 2 节宽短呈方形，且无突起，末节内末部具 1 粗刺及 1 细长末刺；右足第 4 节内缘具 1 长方形突起，其顶端后缘突出，前缘具 1 小刺，末节狭长呈钩状，外缘中部突出并具 3 小刺，末部狭长并具 1 末刺。

分布：东海；太平洋，印度洋。暖水沿岸种。

参考文献：24，44，82，106，118。

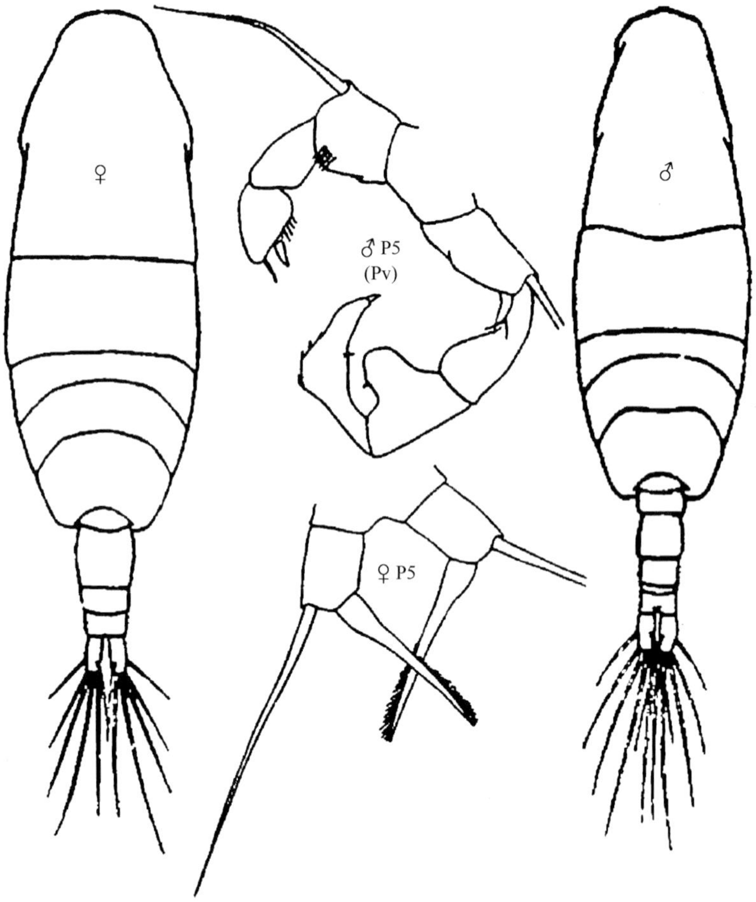

图 13　洪氏纺锤水蚤 *Acartia hongi*（仿陈清潮等，1965）

（13）洪氏纺锤水蚤 *Acartia hongi* Soh & Suh，2000（图 13）

［双毛纺锤水蚤 *Acartia bifilosa*：沈嘉瑞等，1956；郑重等，1965；陈清潮等，1965；连光山等，1994，2008］

形态特征：

体长：♀0.7～1.2 mm，♂0.7～1.0 mm。无额角丝，胸部后侧角钝圆无刺突，腹部各节背末缘均无小刺。**雌性：**生殖节长大，较长于后 2 节之和。尾叉长约为宽的 2 倍。第 5 对胸足第 2 节长为宽的 1.5 倍，末节呈刺状，基部较粗大，末部较直，仅内缘具细毛。**雄性：**第 2 腹节长大，第 4 腹节很短小。尾叉长约为宽的 2 倍。第 5 对胸足不对称，左足各节宽短，第 3 节无外末刺，末节呈锥形，内末部具 1 指状突及 1 小刺，内缘近端部具数根小刺；右足第 3 节内缘基部具 1 小刺，内末部稍膨大，第 4 节内缘具 1 大突起，其顶端钝圆，前缘具 1 小刺，末节向内弯曲呈钩状，其基部细狭，外缘中部膨大并具 4 小刺，内缘中部也具 1 小刺，末刺短小。

分布：渤海至东海，台湾海峡及台湾东北部海域；太平洋。暖温带沿岸种。

参考文献：2，4，8，9，13，24，31，32，37，44，164。

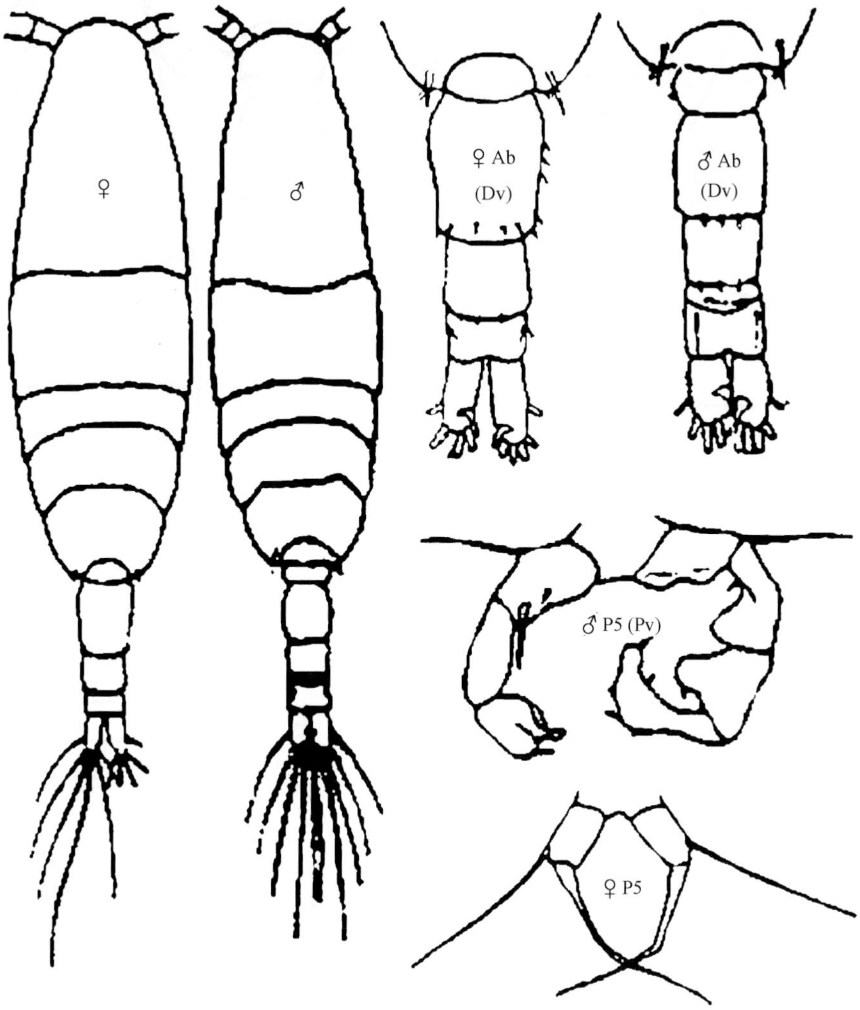

图 14 长尾纺锤水蚤 *Acartia longiremis*（仿 Chihara et al. , 1997）

（14）长尾纺锤水蚤 *Acartia longiremis*（Lilljeborg，1853）（图 14）

［*Dias longiremis* Lilljeborg，1853］

形态特征：

体长： ♀1. 0~1. 4 mm，♂0. 9~1. 2 mm。雌、雄性均无额角丝。胸部后侧角及肛节两侧各具 1 细长小刺。**雌性：** 生殖节较长于后 2 节长度之和，生殖节及第 2 腹节背末缘具数枚小刺。尾叉长为宽的 2 倍。第 5 对胸足第 2 节长方形，末节细长呈刺状，中部折向内侧。**雄性：** 腹部狭长，第 2~4 腹节背末缘具数枚小刺。尾叉长方形。第 5 对胸足不对称，左足第 2 节内末缘具 1 长刺毛，第 3 节狭长，无外末刺，末节宽短，内缘膨大，末缘具 1 粗刺突及 1 小刺；右足第 3 节内末缘突出，第 4 节呈三角形，内缘突起长而钝圆，其前缘具 1 小刺，末节狭长呈钩状，外缘中部膨大并具数根小刺，内缘也具小刺，末刺粗短。

分布： 黄海，东海及南海；太平洋，印度洋及大西洋。广温性沿岸种。

参考文献： 24，44，48，82，118，166，217。

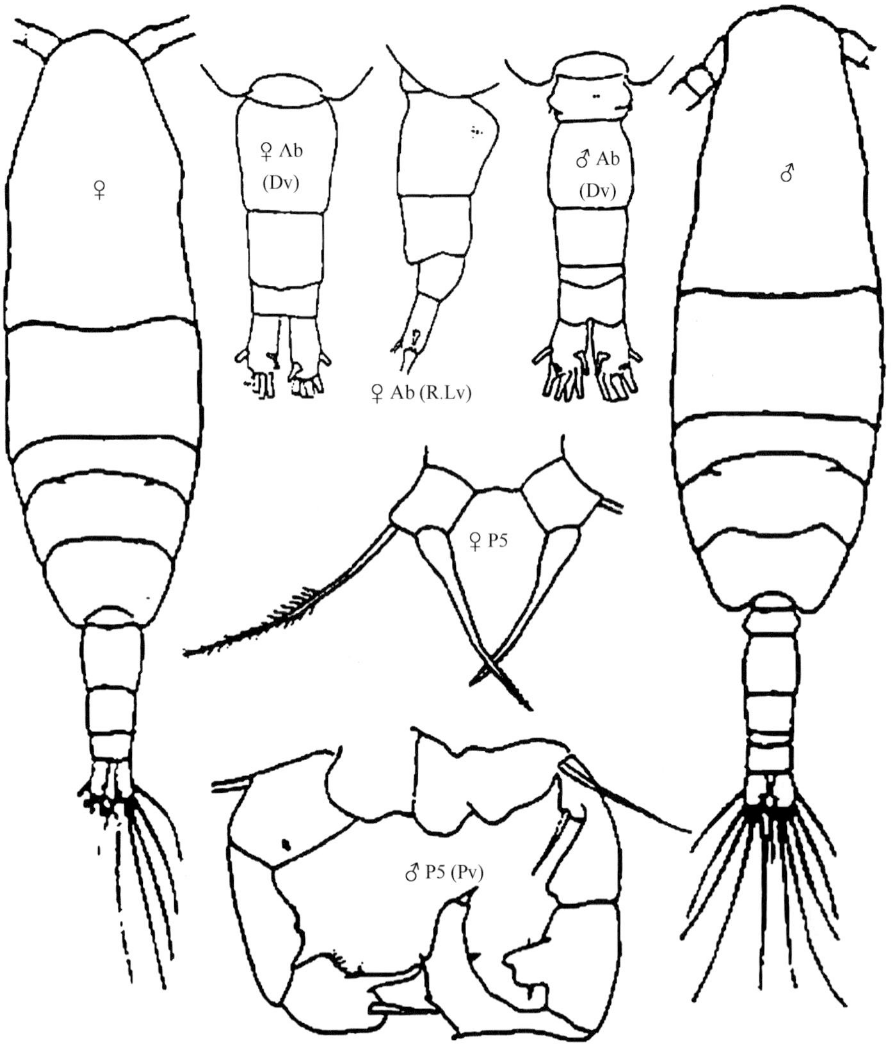

图 15 沃氏纺锤水蚤 *Acartia omorii*（仿 Chihara et al.，1997）

（15）沃氏纺锤水蚤 *Acartia omorii* Bradford，1976（图 15）

［*Acartia clausi*：Mori，1937；Tanaka，1965a；郑重等，1965；陈清潮等，1965；连光山等，1994，2008］

形态特征：

体长：♀0.7～1.3 mm，♂0.7～1.2 mm。无额角丝，胸部后侧角钝圆无刺突，腹部各节背末缘无小刺。**雌性：**生殖节长为后 2 节长度之和。尾叉长为宽的 2 倍。第 5 对胸足第 2 节呈方形，末节呈刺状，基部膨大，末部内、外缘具微刺毛。**雄性：**腹部较狭长，尾叉与肛节近等长。第 5 对胸足不对称，左足第 3 节较狭长，内缘较膨大，末节宽短，内缘突出并具细毛，内末部具 1 指状突及 1 长刺；右足第 2 节内缘具 2 大突起，第 3 节内缘基部突起上具 1 细长刺，内缘末部很膨大，第 4 节内缘方形大突起的顶端具 2 小突起，前缘中部具 1 微刺，末节狭长呈钩状。

分布：渤海至南海；西太平洋。暖水沿岸种。

参考文献：2，9，13，24，31，33，37，44，46，48，82，118，186。

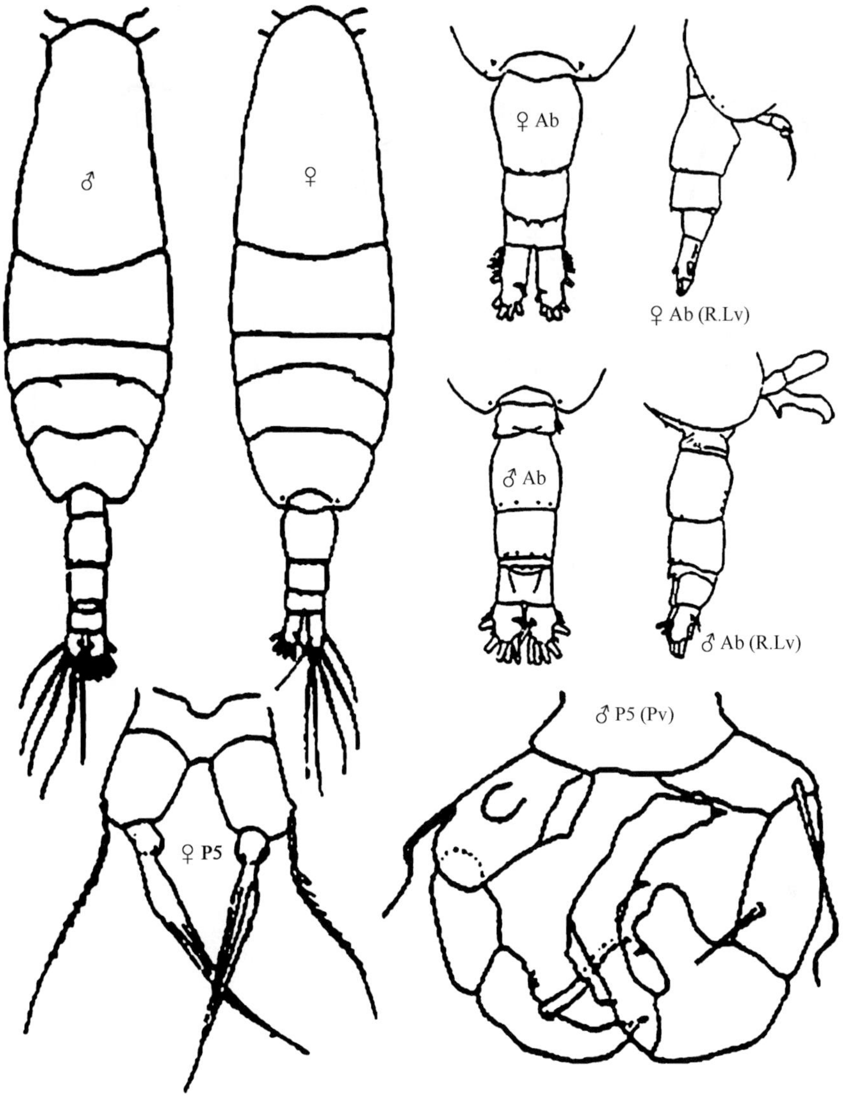

图 16 新津纺锤水蚤 *Acartia sinjiensis*（仿 Chihara et al.，1997）

（16）新津纺锤水蚤 *Acartia sinjiensis* Mori，1940（图 16）

［*Acartia iseana* Itô，1956；*A. plumosa*：Brodsky，1948，1950］

形态特征：

体长：♀0.9~1.1 mm，♂0.8~1.0 mm。胸部后侧角钝圆，背末缘具数枚小刺。雌性生殖节、第 2 腹节及雄性第 2、3 腹节背末缘也具数枚小刺。**雌性：**生殖节较长于后 2 节长度之和，尾叉长为宽的 2 倍。第 5 对胸足第 2 节长为宽的 1.5 倍，末节基部呈瘤状，末部呈尖叶状。**雄性：**第 2 腹节腹面两侧各具 1 纵向的小刺列。第 5 对胸足不对称，左足第 2 节内缘稍突出，后表面中部具 1 小圆形突，末节较长于前 1 节，其内缘中部具 1 长刺突，末端具 1 小刺；右足第 3 节较狭长，内缘近末部具 1 小刺，第 4 节内缘具 1 长方形突起，末节狭长呈钩状，与前 2 节长度之和近等长。

分布：东海；西太平洋。暖水沿岸种。

参考文献：24，44，66，67，82。

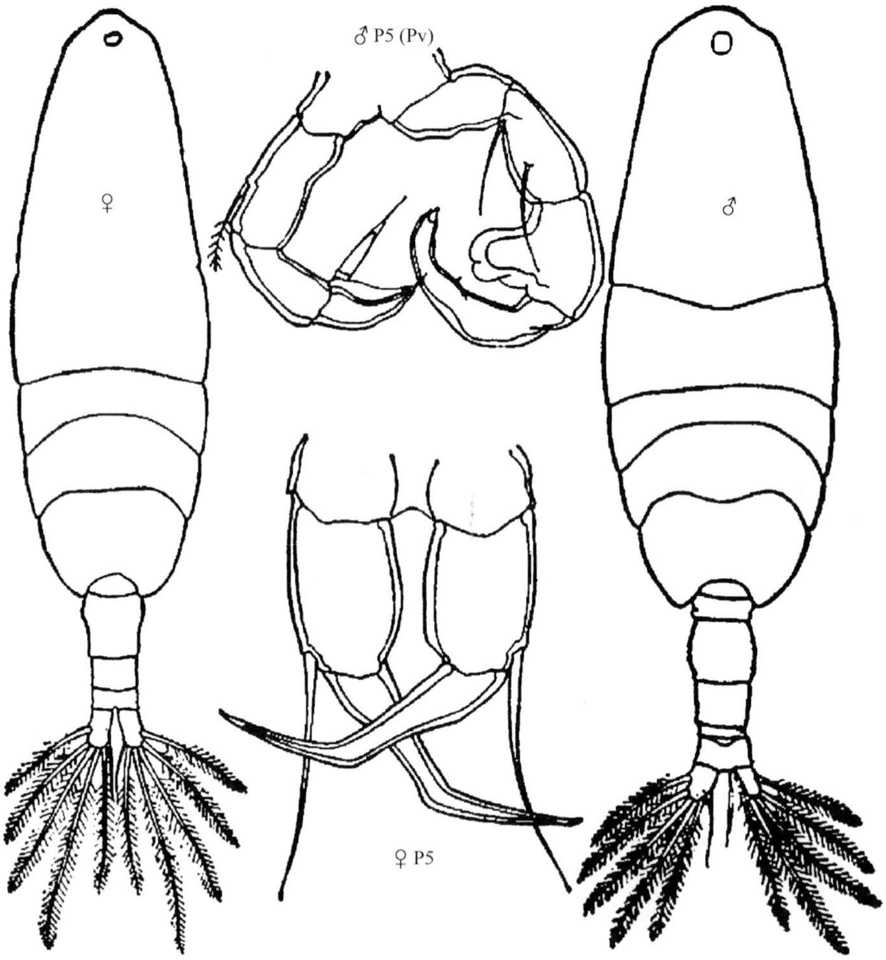

图 17　披针纺锤水蚤 *Acartia southwelli*（仿沈嘉瑞等，1979）

（17）披针纺锤水蚤 *Acartia southwelli* Sewell，1914（图 17）

形态特征：

体长：♀0.8~1.0 mm，♂0.8~0.9 mm。胸部后侧角钝圆，腹部各节背末缘无小刺。**雌性：**生殖节稍长于后 2 节之和。尾叉长为宽 2 倍。第 5 对胸足第 2 节粗大，长为宽的 1.5 倍，末节呈爪状，基部膨大，中部折向内侧。**雄性：**腹部狭长，第 2、3 节近等长，呈方形。第 5 对胸足不对称，左足第 2 节与后 2 节长度之和近等长，末节短小呈锥状，内缘基部具 1 披针形长刺突，其顶端具 1 细刺毛，节的末端也具 1 小刺；右足第 3 节内缘具 2 细长刚毛，第 4 节内缘具 1 宽大突起，其顶端前缘较突出，末节狭长呈钩状，末端刺粗短，内缘中部也具 1 微刺。

分布：渤海至南海；印度沿岸海域。沿岸咸淡水种。

参考文献：12，24，37，44。

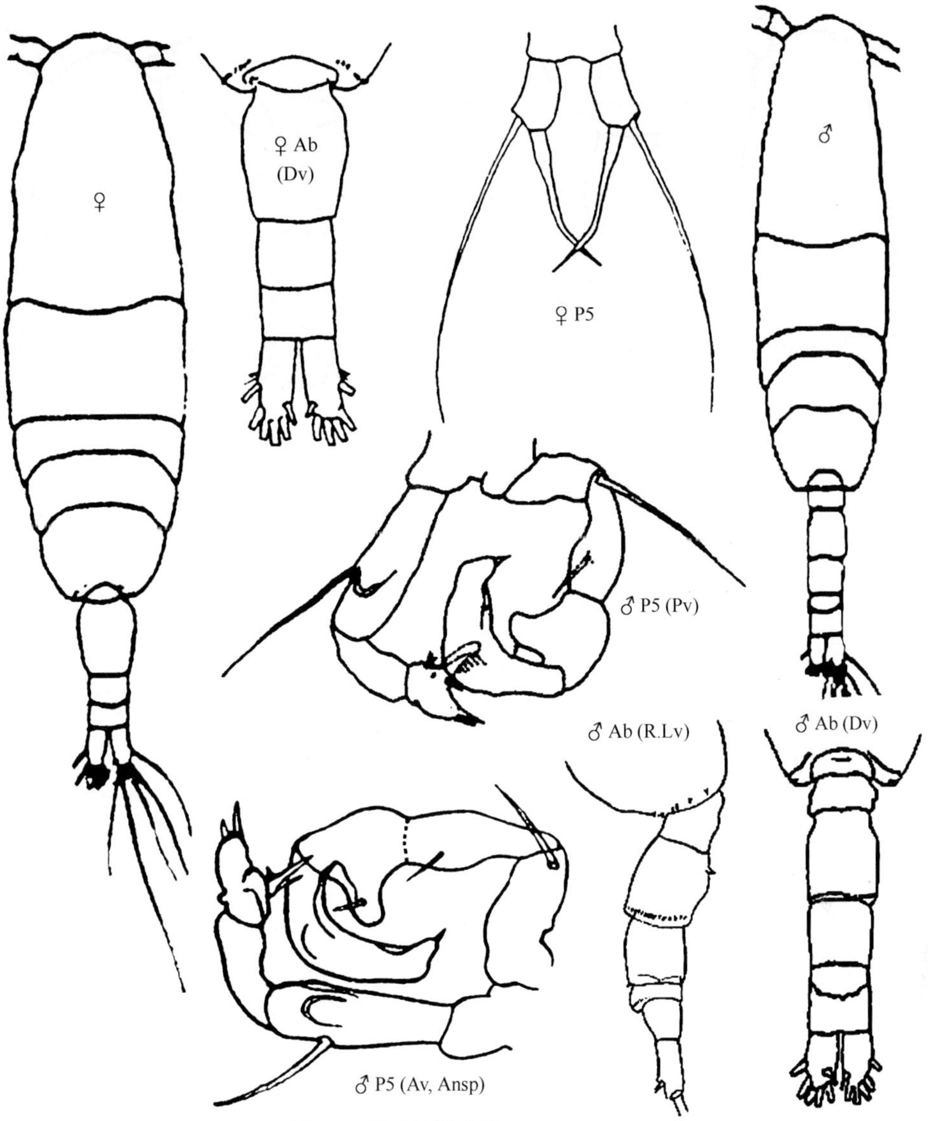

图 18　斯氏纺锤水蚤 *Acartia steueri*

[仿 Chihara et al. , 1997 (♀ ; ♂) ; Tanaka, 1965 (♂ Ab, R. Lv; ♂ P5, Ansp)]

(18) 斯氏纺锤水蚤 *Acartia steueri* Smirnov, 1936 (图 18)

形态特征：

体长：♀1. 1～1. 6 mm，♂0. 9～1. 3 mm。雌、雄性胸部后侧角钝圆，背末缘具密的小刺列。**雌性：**生殖节较短于后 2 节长度之和，第 2 腹节呈方形。尾叉长为宽的 2 倍。第 5 对胸足第 2 节长为宽的 2 倍，末节呈刺状，基部较粗大，末部向内弯曲。**雄性：**腹部狭长，第 2～4 节背末缘具密的小刺，第 2 腹节长大于宽，腹面近端 1/3 处具 1～2 小刺。第 5 对胸足不对称，左足第 2 节长为宽的 3 倍且等于第 3、4 节长度之和，其前或后表面近中部具 1 突起，末节短小，内缘基部具 1 粗刺及 2 小刺，顶端也具 2 小刺，节的外缘近端具 1 小突起；右足第 4 节宽短，内缘突起较狭长，其顶端钝圆，前缘中部具 1 小刺，末节狭长呈钩状，末端具 1 小刺。

分布：东海；琉球群岛海域，西太平洋。暖水沿岸种。

参考文献：44，67，82，106，186。

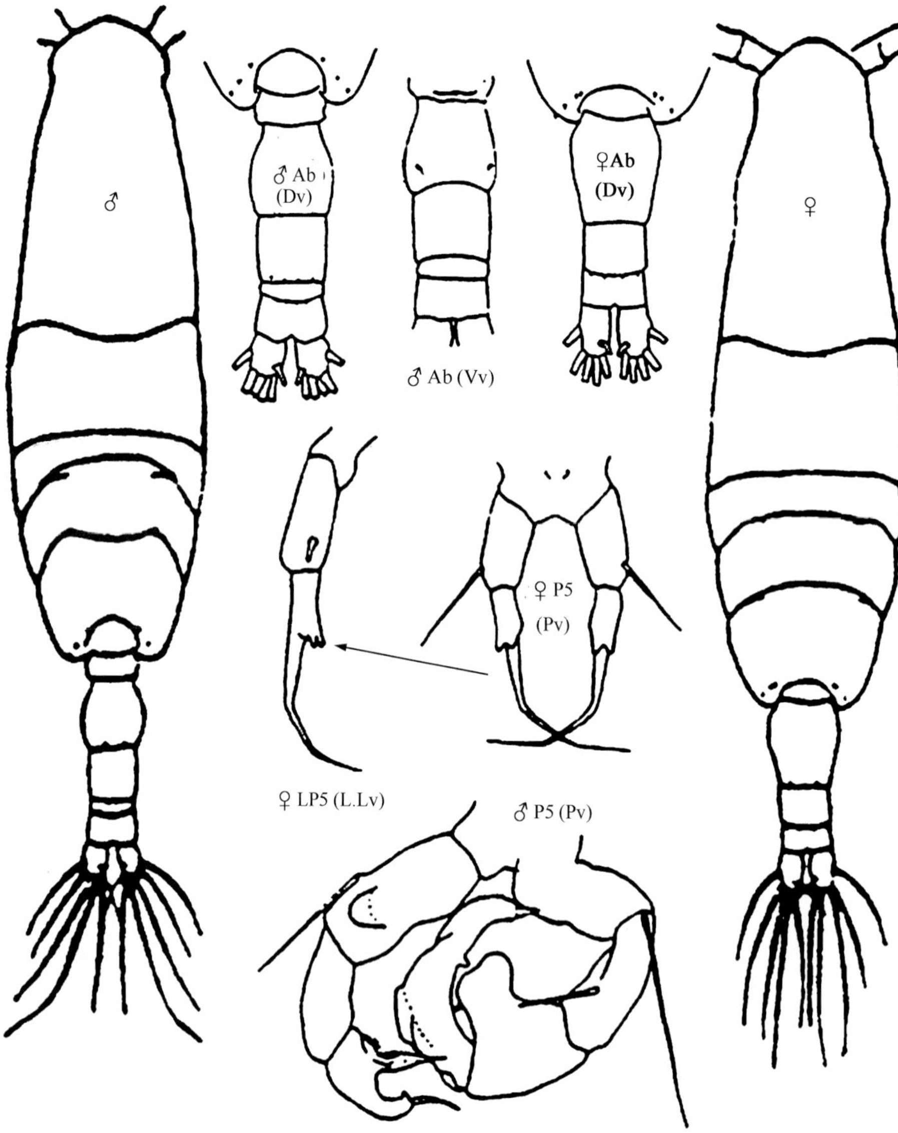

图 19　双突纺锤水蚤 *Acartia tsuensis*（仿 Chihara et al.，1997）

（19）双突纺锤水蚤 *Acartia tsuensis* Itô，1956（图 19）

形态特征：

体长：♀0.9~1.0 mm，♂0.8~0.9 mm。胸部后侧角钝圆，背末缘具数枚小刺。雌性生殖节、第 2 腹节及雄性第 2、3 腹节背末缘也具数枚小刺。**雌性：**生殖节长于后 2 节长度之和。尾叉长为宽的 1.5 倍。第 5 对胸足第 2 节长为宽的 2 倍，末节基部粗大并具 2 小瘤状突，节的末部呈刺状，向内弯曲。**雄性：**第 2 腹节腹面两侧近后缘各具 1~2 小刺。第 5 对胸足不对称，左足第 2 节后表面近末部具 1 钝圆突起，末节与前节近等长，其内缘中部具 1 粗刺，节的末部狭小而弯曲呈螯状，顶端具 1 长刺；右足与新津纺锤水蚤（*A. sinjiensis*）较相似，但左足末节明显不同。

分布：东海；琉球群岛海域，西太平洋。暖水沿岸种。

参考文献：44，82。

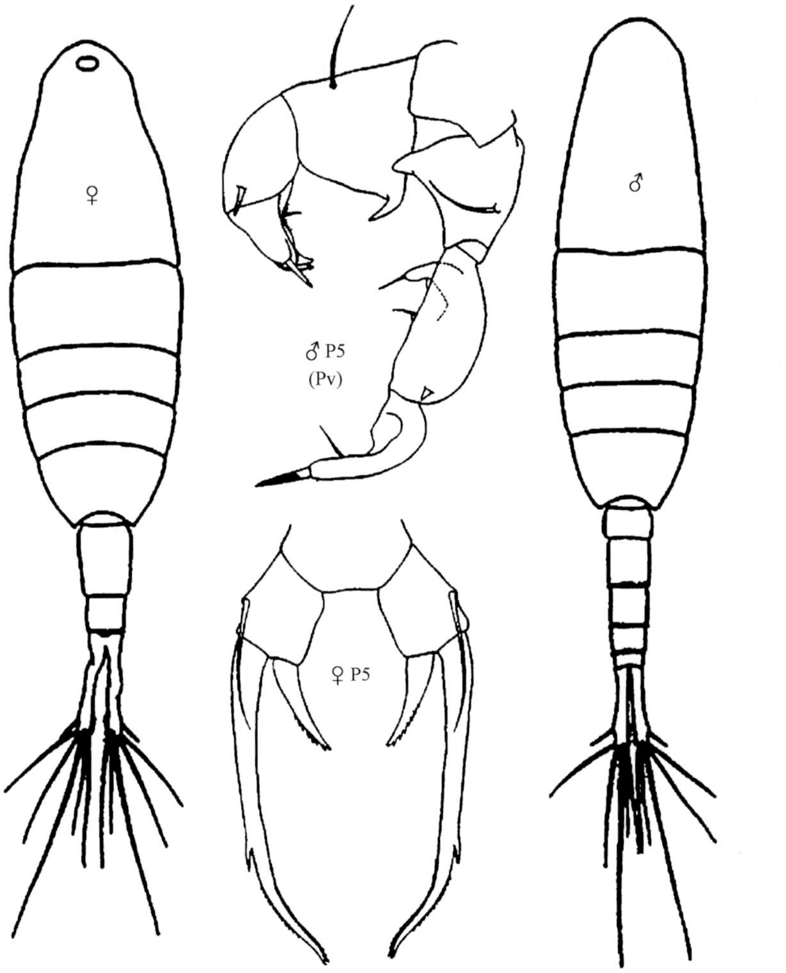

图 20 中华异水蚤 *Acartiella sinensis*（仿沈嘉瑞等，1963）

（20）中华异水蚤 *Acartiella sinensis* Shen & Lee，1963（图 20）

形态特征：

体长： ♀1.3~1.4 mm，♂1.1~1.2 mm。**雌性：** 尾叉狭长并与肛节愈合，左叉基部及右叉中部稍曲折。第 5 对胸足左右对称，双肢型，内、外肢呈刺状，不分节，外肢外缘近末端 1/3 处具 1 小刺突，末部稍弯曲，内、外缘具细锯齿；内肢短小，约为外肢长的 1/3，其外末部具 5~7 细齿。**雄性：** 腹部狭长，尾叉长为宽的 6 倍。第 5 对胸足不对称，左足第 2 节内缘突出呈三角状，其顶端具 1 钩状刺突，末节呈锥状，内缘具细毛和 1 小刺，末端具 1 刺及 2 角状突；右足第 2 节内缘具 1 锥状突，第 3 节内缘近基部具 1 指状突，顶端具 1 小刺，内缘中部具 1 细刺毛，末节狭长，内缘中部凹陷并具 1 小刺，末端也具 1 粗刺。

分布： 渤海至南海。暖水性咸淡水种。

参考文献： 10，12，13，24，32，33，37，44，46，48。

3. 鹰嘴水蚤科 Family Aetideidae Giesbrecht, 1892

本科为大型、中型桡足类(1.4~8.1 mm)。身体粗壮。头胸部呈长方形或长椭圆形。额部前端钝圆、狭尖或具长刺突，其背中央具脊状突或缺如。额角变化大，具双刺突或单刺突，少数不存在。头部与第1胸节、第4与第5胸节通常愈合，少数不愈合。胸部后侧角钝圆或呈刺状突。腹部雌性分4节，雄性5节。尾叉短小。第1~4对胸足外、内肢节数依次为：1~3/1~2、2~3/1~2、2~3/2~3、2~3/3。雌性第5对胸足通常消失或少数残留显著退化的痕迹。雄性第5对胸足呈执握肢，左右不对称，外肢通常分3节，内肢的形态随种、属而异或完全消失；少数种右第5胸足也消失，左足呈单肢型。

本科包括的属很多，有些种、属在分类系统中的位置还不明确，尚待深入研究。Park (1975a)及 Boxshall 和 Halsey(2004)把盾水蚤属(*Gaidius* Giesbrecht, 1895)作为枪水蚤属(*Gaetanus* Giesbrecht, 1888)的异名，而将它合并入后一属之中。著者比较这两个属，它们之间仍存在显著的特征差异，故把盾水蚤属合并入枪水蚤属是不恰当的。本书仍将盾水蚤属(*Gaidius*)作为有效属。目前已知有31属，中国海域仅记录18属65种。

属名 Genera	种数	页码
小鹰嘴水蚤属 *Aetideopsis* Sars, 1903	3	57
鹰嘴水蚤属 *Aetideus* Brady, 1883 [=*Euaetideus*]	4	60
伯刺水蚤属 *Bradyetes* Farran, 1905	1	64
刺额水蚤属 *Bradyidius* Giesbrecht, 1897 [=*Undinopsis*]	2	65
小袖水蚤属 *Chiridiella* Sars, 1907	1	67
袖水蚤属 *Chiridius* Giesbrecht, 1892	4	68
手水蚤属 *Chirundina* Giesbrecht, 1895	2	72
小手水蚤属 *Chirundinella* Tanaka, 1957	1	74
真胖水蚤属 *Euchirella* Giesbrecht, 1888	18	75
枪水蚤属 *Gaetanus* Giesbrecht, 1888	9	93
小盾水蚤属 *Gaidiopsis* A. Scott, 1909	1	102
盾水蚤属 *Gaidius* Giesbrecht, 1895	4	103
泥水蚤属 *Lutamator* Bradford, 1969	1	107
拟多毛水蚤属 *Paracomantenna* Campaner, 1978	1	108
伪胖水蚤属 *Pseudochirella* Sars, 1920	6	109
伪真刺水蚤属 *Pseudeuchaeta* Sars, 1905	1	115
波刺水蚤属 *Undeuchaeta* Giesbrecht, 1888	4	116
小强水蚤属 *Valdiviella* Steuer, 1904	2	120

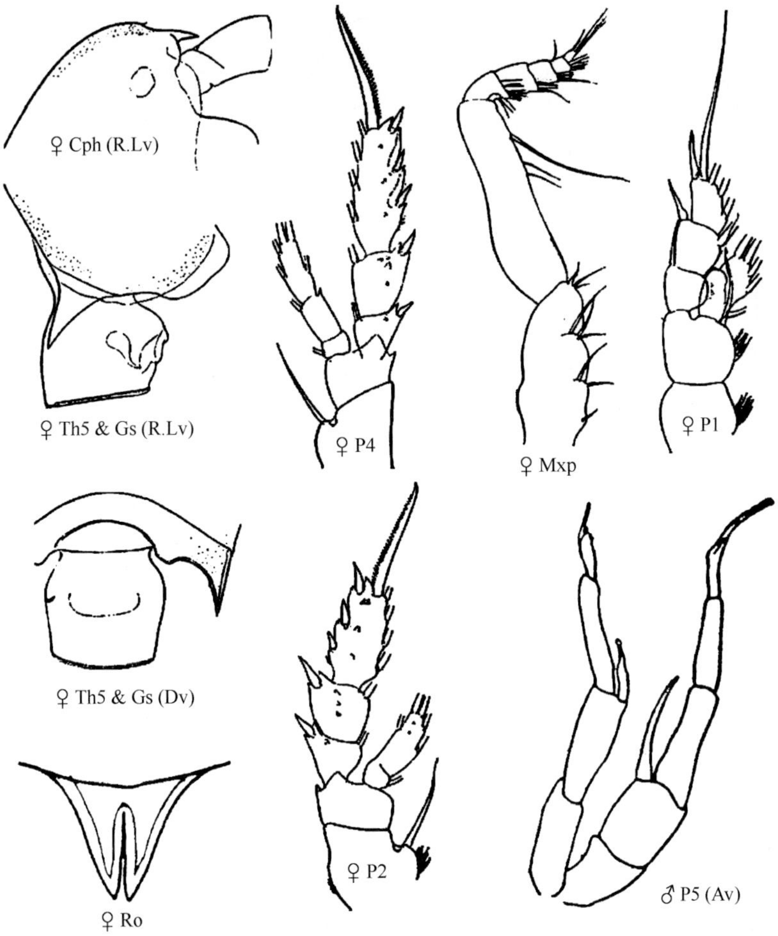

图 21 武装小鹰嘴水蚤 *Aetideopsis armatus*

［仿 Tanaka et al.，1970a（♀）；Brodsky，1950（♂P5）］

（21）武装小鹰嘴水蚤 *Aetideopsis armatus*（Boeck，1872）（图 21）

［*Euchaeta armata* Boeck，1872；*Chiridius armatus*：Sars，1903；Tanaka & Omori，1970；Wilson，1950；*Pseudaetideus armatus*：Brodsky，1950］

形态特征：

体长：♀3.3~4.2 mm，♂2.9~4.0 mm。**雌性**：额角叉状刺突粗短，基部愈合并紧靠在一起。第 4、5 胸节分开，胸部后侧角刺突粗大，达生殖节中部。第 1 对胸足外肢第 1 节外末刺达到第 2 节末缘。**雄性**：额角刺及胸部后侧角刺突均较雌性的小。第 5 对胸足不对称，左足外肢第 1 节约为第 2 节长的 3 倍，末节短小呈锥子状，内缘近端具细毛，内肢呈刺状，仅达外肢第 2 节中部；右足内肢呈长刺状，可达外肢第 1 节末缘，约为左足内肢长的 2 倍，外肢末节狭长呈针刺状。

分布：东海，南海；太平洋，大西洋。暖水种。

参考文献：4，24，44，67，82，153，194，217。

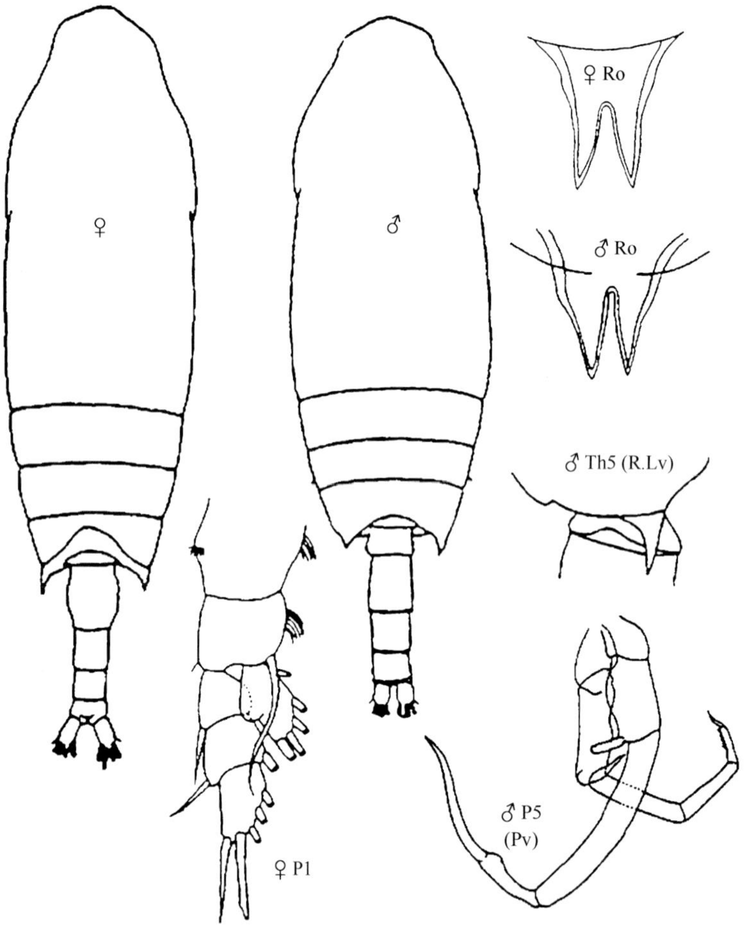

图 22 多刺小鹰嘴水蚤 *Aetideopsis multiserrata*（仿 Tanaka，1957a）

（22）多刺小鹰嘴水蚤 *Aetideopsis multiserrata*（Wolfenden，1904）（图 22）

［*Faroella multiserrata* Wolfenden，1904；*Chiridius nasutus* With，1915；
C. multiserrata Farran，1926］

形态特征：

体长：♀2. 8~3. 5 mm，♂3. 0 mm。雌、雄性额部前端稍突出。额角双刺突基部愈合，其双刺间穴较狭，呈 V 字形。**雌性：**第 4、5 胸节分开。胸部后侧角刺突仅达生殖节中部。生殖节长稍大于宽。第 1 对胸足外肢第 1 节外末刺达到第 2 节末缘。**雄性：**胸部后侧角短小，达生殖节末缘。第 5 对胸足左、右足不对称，左、右足内肢短小并等长，前者末端尖锐，后者末端钝圆；左足外肢分 3 节，末节顶端具 1 细刺；右足外肢第 1 节与末 2 节长度之和等长。

分布：东海，南海；太平洋，大西洋。深水种。

参考文献：24，82，106，174，194。

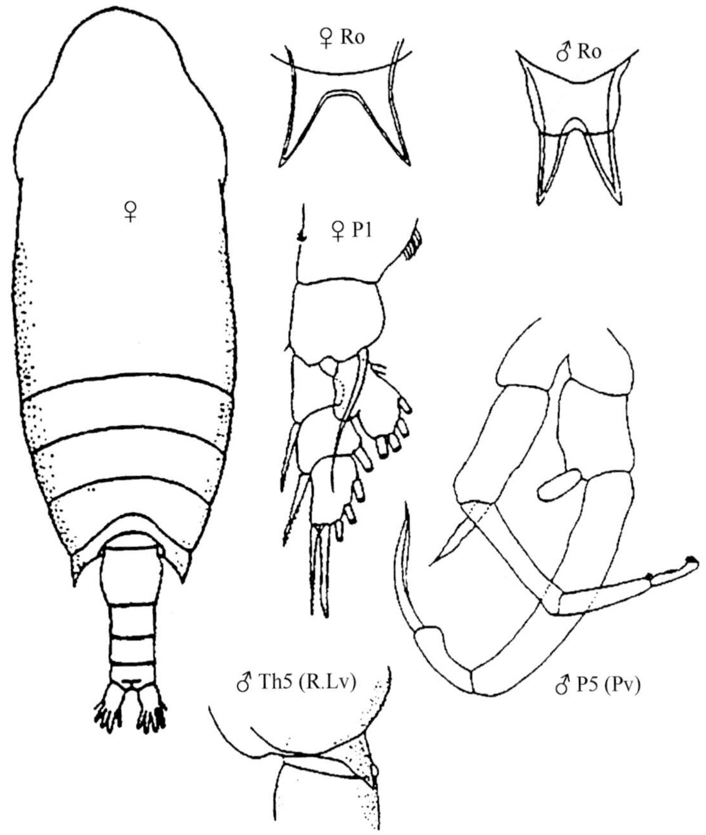

图 23 喙小鹰嘴水蚤 *Aetideopsis rostrata* [仿 Tanaka et al., 1970a (♀); Tanaka, 1957a (♂)]

(23) 喙小鹰嘴水蚤 *Aetideopsis rostrata* Sars, 1903 (图 23)

[*Aetideopsis divergens* Tanaka, 1957a]

形态特征:

体长: ♀3.1~4.4 mm, ♂3.1 mm。雌、雄性身体粗壮。头部前端钝圆，两侧稍隆起。**雌性:** 额角双刺突粗大，基部愈合，刺间穴宽大。胸部后侧角刺突粗大，可达生殖节末部近 1/3 处。第 1 对胸足外肢第 1 节外末刺较长，超过外肢第 2 节外缘末端。**雄性:** 额角刺突较粗短，刺间穴较狭，呈 V 字形。第 5 对胸足不对称，左足内肢长为右足内肢长的 1.5 倍，末端尖锐，外肢第 3 节短小，末端钝圆；右足外肢第 1 节较长于末 2 节长度之和，内肢短小，约为外肢第 1 节长的 1/5，末端钝圆。

分布: 东海，南海；太平洋，大西洋及北冰洋。深水种。

参考文献: 44, 67, 82, 106, 153, 158, 174, 194。

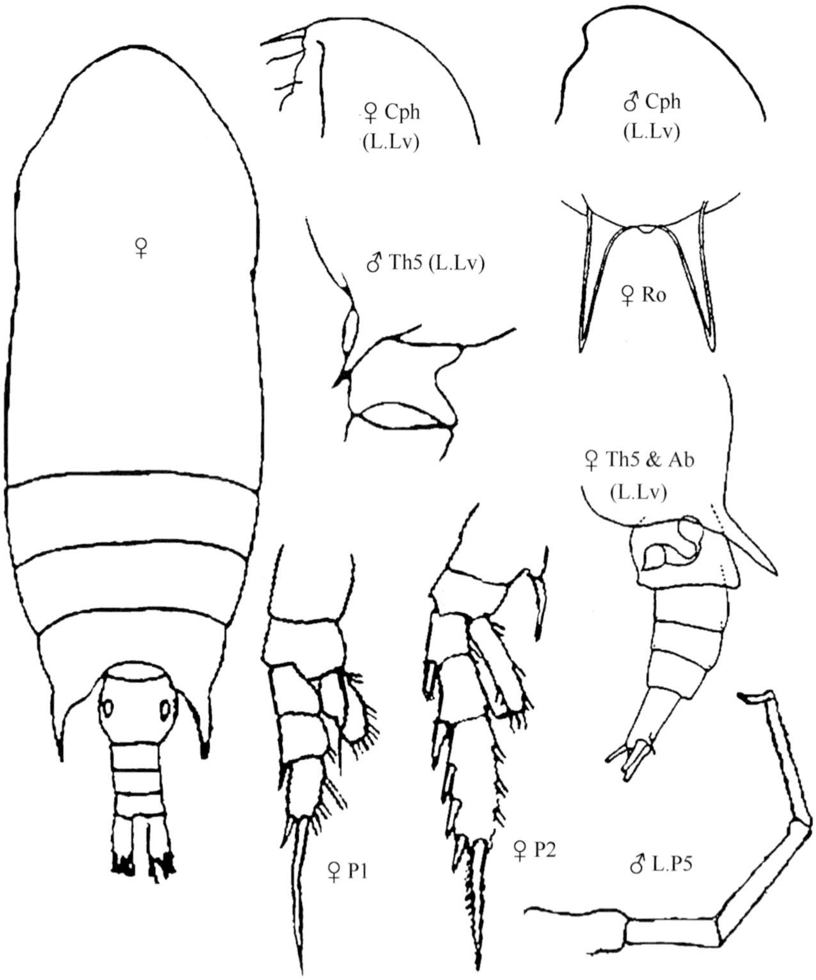

图 24 武装鹰嘴水蚤 *Aetideus armatus*（仿 Tanaka，1957a）

（24）武装鹰嘴水蚤 *Aetideus armatus*（Boeck，1872）（图 24）

形态特征：

体长： ♀1.6~2.0 mm，♂1.4~1.8 mm。**雌性：** 头胸部较宽大，额部前端宽圆，背面无脊状突。额角刺长大，基部不愈合，刺间穴宽大，内缘仅具 1 小球状突或缺。胸部后侧角刺突较细长，可达生殖节末缘或第 2 腹节中部。生殖节呈球状，其长度大于后 2 节长度之和。尾叉长约为宽的 2 倍。第 1 对胸足第 1 节无外末刺。第 2 对胸足内肢单节。**雄性：** 额部钝圆，无额角刺突。胸部后侧角刺突狭长。第 5 对胸足，左足单肢型，第 3、4 节等长，末节很短小，仅为第 4 节的 1/4，其内缘具细毛，节的顶端具 4 小刺；右足不存在。

分布： 东海，南海；太平洋，印度洋及大西洋。深水种。

参考文献： 5，20，24，37，44，48，67，82，166，174。

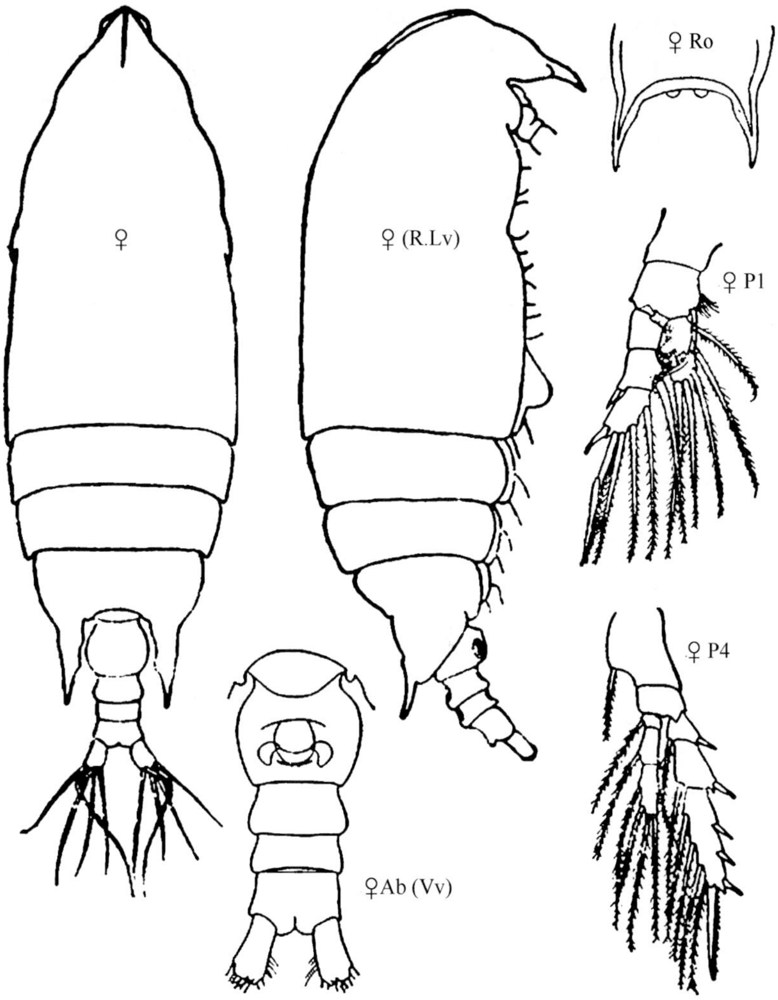

图 25　尖鹰嘴水蚤 *Aetideus acutus*（仿郑重等，1982）

（25）尖鹰嘴水蚤 *Aetideus acutus* Farran，1929（图 25）

［尖真鹰嘴水蚤 *Euaetideus acutus*：Brodsky，1962；Tanaka & Omori，1970a；陈清潮等，1965；郑重等，1982；连光山等，1984，1994，2008］

形态特征：

体长：♀1.5~1.8 mm。**雌性：**额部前端狭小而钝突，其背中央具额脊。叉状额刺长大，基部愈合，两侧较膨大，刺间穴宽大，其内缘具 2 小球状突。胸部后侧角的刺状突向后可达第 3 腹节中部。生殖节宽大呈球状，其长度为后 2 节长度之和；肛节较长于前节。尾叉长为宽的 2 倍。第 1 对胸足外肢第 1 节无外末刺。

分布：东海至南海；太平洋，印度洋及大西洋。暖水种。

参考文献：5，13，20，21，24，31，37，44，46，68，82，89，174，194。

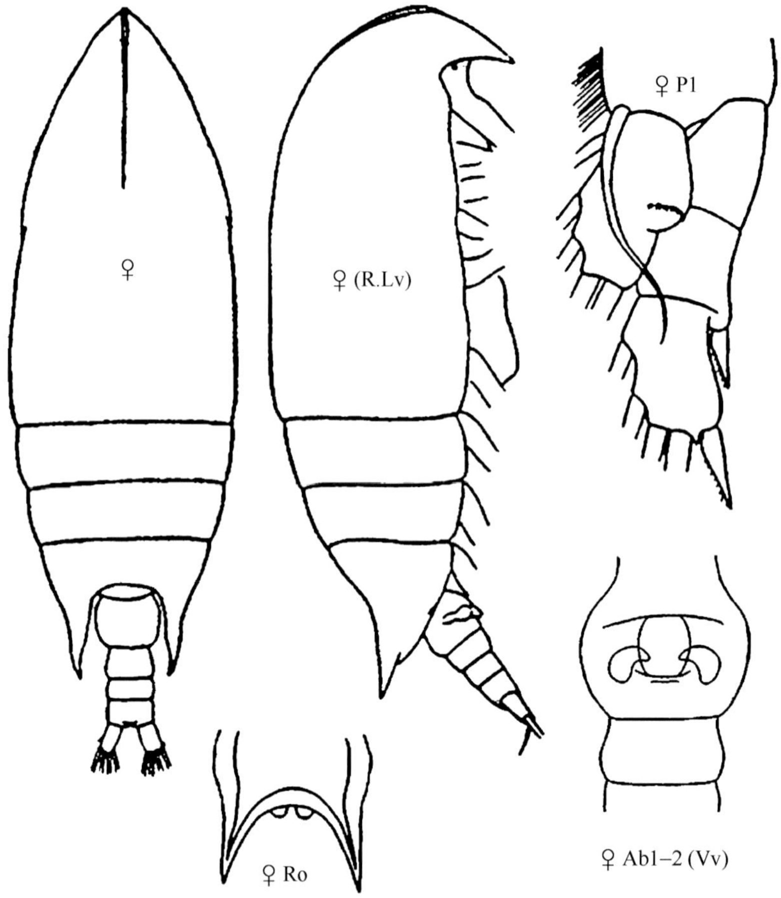

图 26 纪氏鹰嘴水蚤 *Aetideus giesbrecht*（仿陈清潮等，1965）

（26）纪氏鹰嘴水蚤 *Aetideus giesbrecht*（Claus，1904）（图 26）

［纪氏真鹰嘴水蚤 *Euaetideus giesbrecht* Sars，1925；Wilson，1950；陈清潮等，1965；连光山等，1984，1994，2008］

形态特征：

体长：♀1.8~2.2 mm。**雌性：**额部前端较狭尖，侧面观宽圆，其背面中央具细长的额脊。叉状额角刺较粗短，基部愈合，刺间穴宽圆，其内缘具 2 小球状突。胸部后侧角刺状突，达第 2 腹节末缘。生殖节宽大呈球状，其长度为后 2 节长度之和。尾叉长为宽的 1.5 倍。第 1 对胸足外肢第 1 节无外末刺。

分布：东海，南海；太平洋，印度洋及大西洋。暖水种。

参考文献：13，20，21，24，31，37，44，48，82，118，157，158，174，216，217。

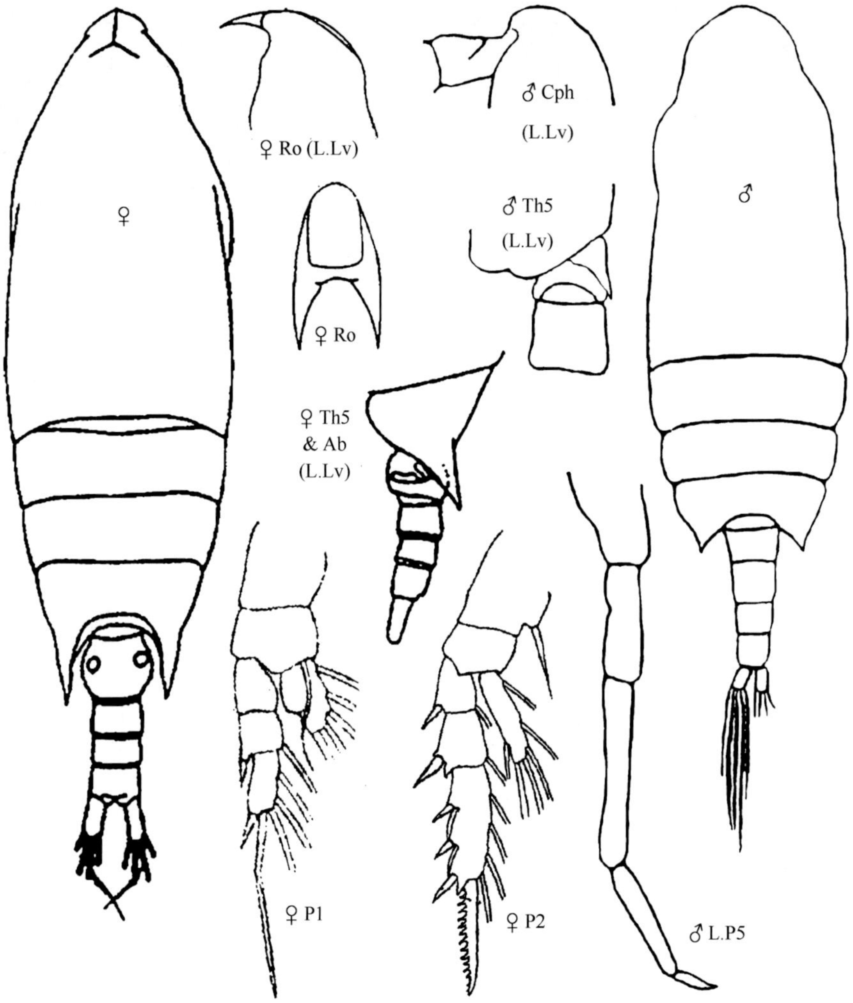

图 27　伯氏鹰嘴水蚤 *Aetideus bradyi*

［仿连光山等，1984（♀）；Scott，1909（♀P1；♀P2）；Tanaka，1957a（♂）］

（27）伯氏鹰嘴水蚤 *Aetideus bradyi* A. Scott，1909（图 27）

［伯氏真鹰嘴水蚤 *Euaetideus bradyi*（A. Scott，1909）：Wilson，1950；Vervoort，1957，1963；Grice，1962；Tanaka & Omori，1970a；连光山等，1984］

形态特征：

体长：♀1.4~1.7 mm，♂1.5 mm。**雌性：**额部较狭而钝突，其背面前端具额脊。额角刺突粗大，基部愈合，刺间穴较宽大，内缘无小球状突。胸部后侧角刺可达第 2 腹节基部。生殖节呈球状，其长度为后 2 节长度之和。尾叉长为宽的 2 倍。第 1 对胸足外肢第 1 节无外末刺。**雄性：**额部宽圆，无额角刺。胸部后侧角刺粗短，可达生殖节末缘。第 5 对胸足，左足呈单肢型，第 3 节长为第 4 节的 1.5 倍，末节短小，约为第 4 节的 1/3，内缘具细毛；右足不存在。

分布：东海，南海；太平洋，印度洋。暖水种。

参考文献：24，38，44，82，99，158，174，194，217。

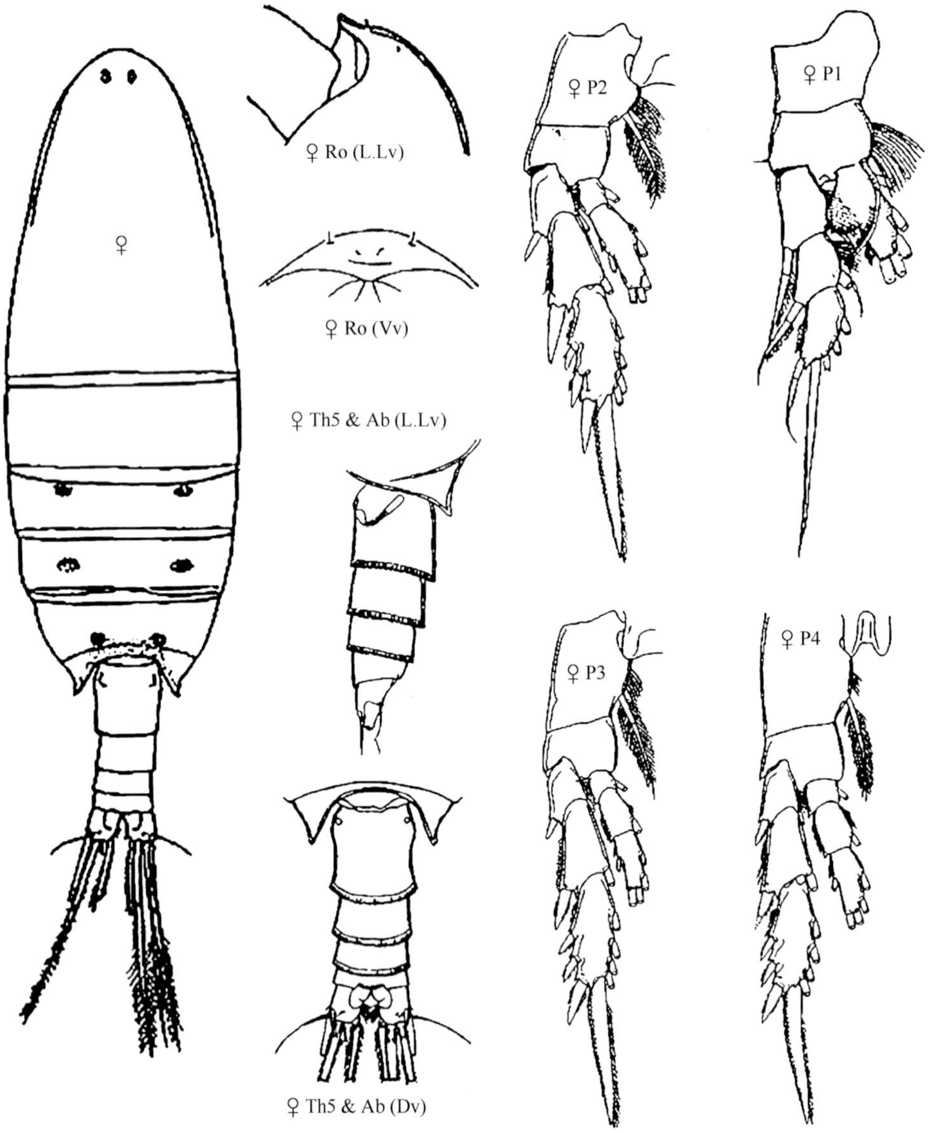

图 28　太平洋伯刺水蚤 *Bradyetes pacificus*（仿 Ohtsuka et al.，2005）

（28）太平洋伯刺水蚤 *Bradyetes pacificus* Ohtsuka, Boxshall & Shimomura, 2005（图 28）

形态特征：

体长：♀2.96~2.98 mm。**雌性**：身体粗壮。额部钝圆。额角为单刺突，呈三角形。胸部后侧角粗大而尖锐，长达生殖节基部 1/3 处，背面观其末端具小的分叉。第 1~3 腹节末缘具透明的纹状膜。生殖节较长于后 2 节长度之和，尾叉近方形。第 1 对胸足第 1 基节内缘无刺毛，第 2 基节外末部具 1 微小刺毛；外肢分 3 节，外末角各具 1 长刺毛，第 1、2 节外末刺内缘具细毛，第 2 节外末刺长超过末节顶端；内肢单节，外缘中部膨大呈瘤状，密布细毛。第 2~4 对胸足外肢第 3 节末端刺粗大，其外缘均具细锯齿。第 2 对胸足内肢分 2 节。第 5 对胸足不存在。

分布：东海；琉球群岛海域，西太平洋。深水种。

参考文献：24，44，129。

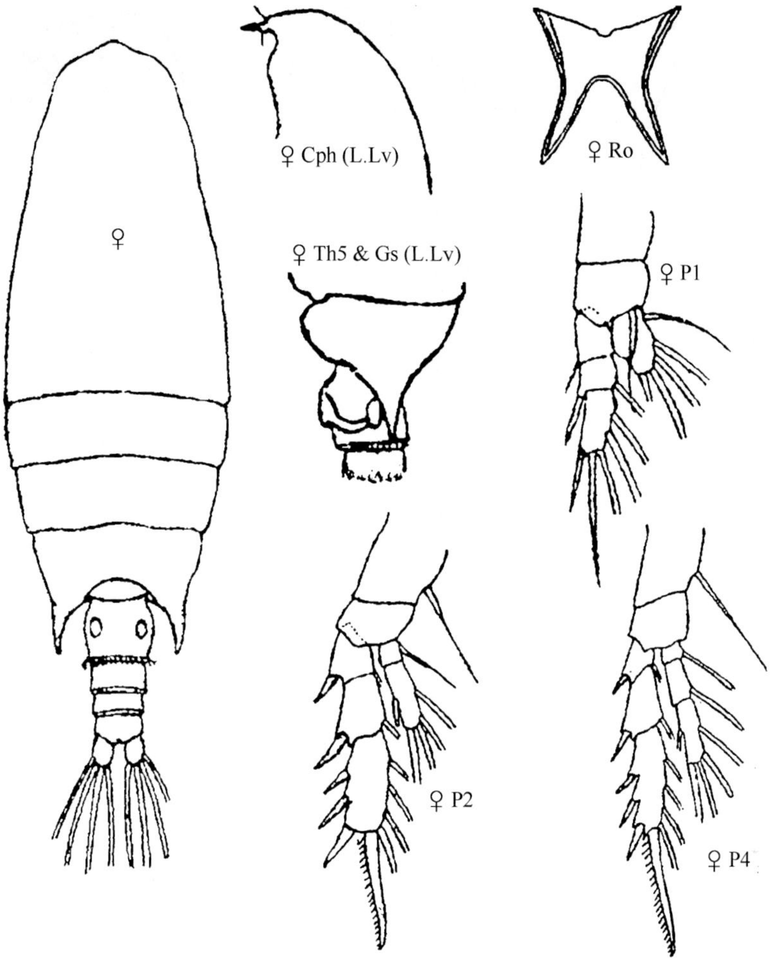

图 29 盔甲刺额水蚤 *Bradyidius armatus*（仿 A. Scott，1909）

（29）盔甲刺额水蚤 *Bradyidius armatus*（Brady，1878）（图 29）

［*Aetideus armatus*：陈清潮等，1965；*Undinopsis armatus*：Tanaka，1965b；郑重等，1965；连光山等，1994，2008］

形态特征：

体长：♀1.7 mm。**雌性：**额部宽圆。额角具叉状刺突，基部愈合，刺间穴呈 V 字形。胸部后侧角具粗刺突，达到生殖节末缘。生殖节近方形，其长度等于后 2 节之和，末缘具细毛。尾叉短小，与肛节等长。第 1 对胸足外肢分 3 节，第 1 节外末刺短小，达不到第 2 节末缘，第 2 节外末刺较长，可达末节顶端；内肢 1 节，外缘中部膨大呈瘤状。第 2 对胸足外肢第 3 节末端刺粗大，外缘具锯齿；内肢分 2 节。

分布：东海，南海；太平洋，印度洋及大西洋。暖水种。

参考文献：13，24，31，37，44，46，48，50，51，158，187。

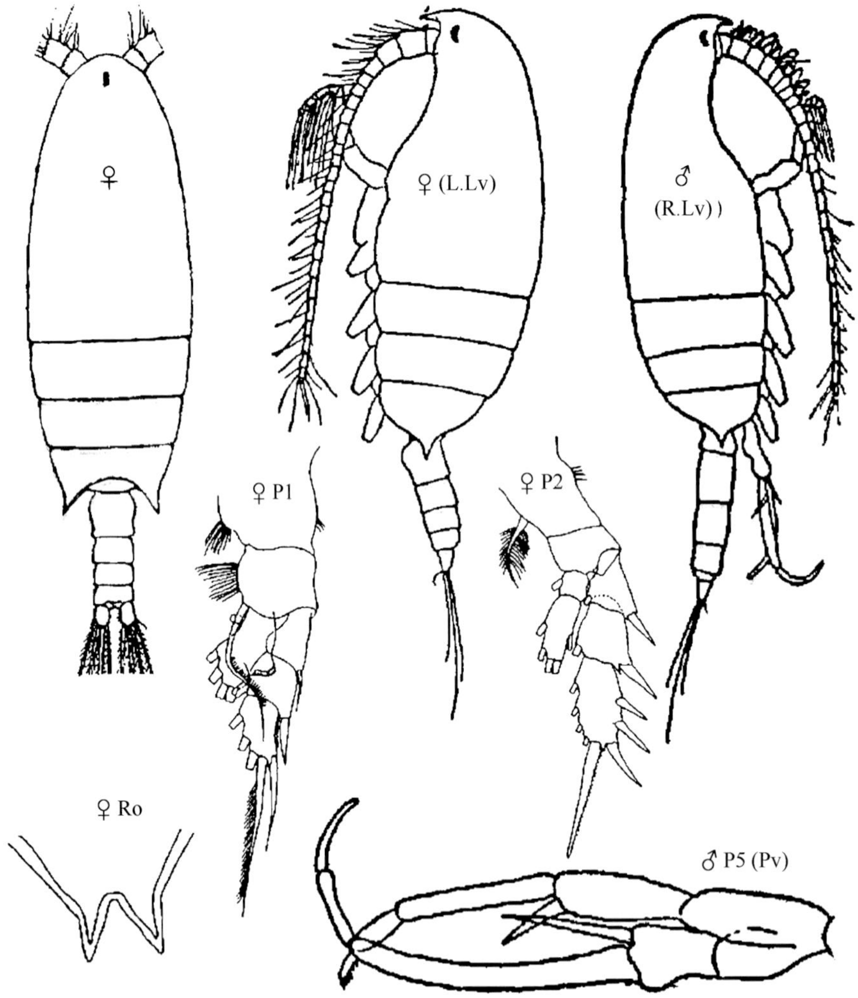

图 30　拟刺额水蚤 *Bradyidius similis* [仿 Sars, 1903 (♀; ♂); Markhaseva, 1996 (♀Ro; ♀P1; ♀P2)]

(30) 拟刺额水蚤 *Bradyidius similis* (Sars, 1903) (图 30)

[*Undinopsis similis* Sars, 1903; Rose, 1933; Tanaka, 1965b]

形态特征：

体长： ♀3.0 mm，♂2.4 mm。雌、雄性额部宽圆，额角具分叉刺突，基部愈合，刺突粗短。**雌性：** 胸部后侧角刺突粗短，仅达生殖节中部。腹部较狭长，生殖节呈方形，其长度稍短于后 2 节之和。尾叉与肛节近等长。第 1 对胸足外肢第 1 节外末刺细小，第 2 节外末刺粗大，稍超过末节顶端。第 2 对胸足内肢分 2 节。**雄性：** 胸部后侧角刺突达不到生殖节末缘。第 5 对胸足左、右内肢均为 1 粗刺；左足外肢末节短小并具细毛；右足内肢长为左足内肢的 2 倍，外肢第 1 节长为末 2 节长度之和的 2 倍，末节呈弯爪状。

分布： 东海，南海；太平洋，大西洋。暖水种。

参考文献： 23，24，44，152，153，187，217。

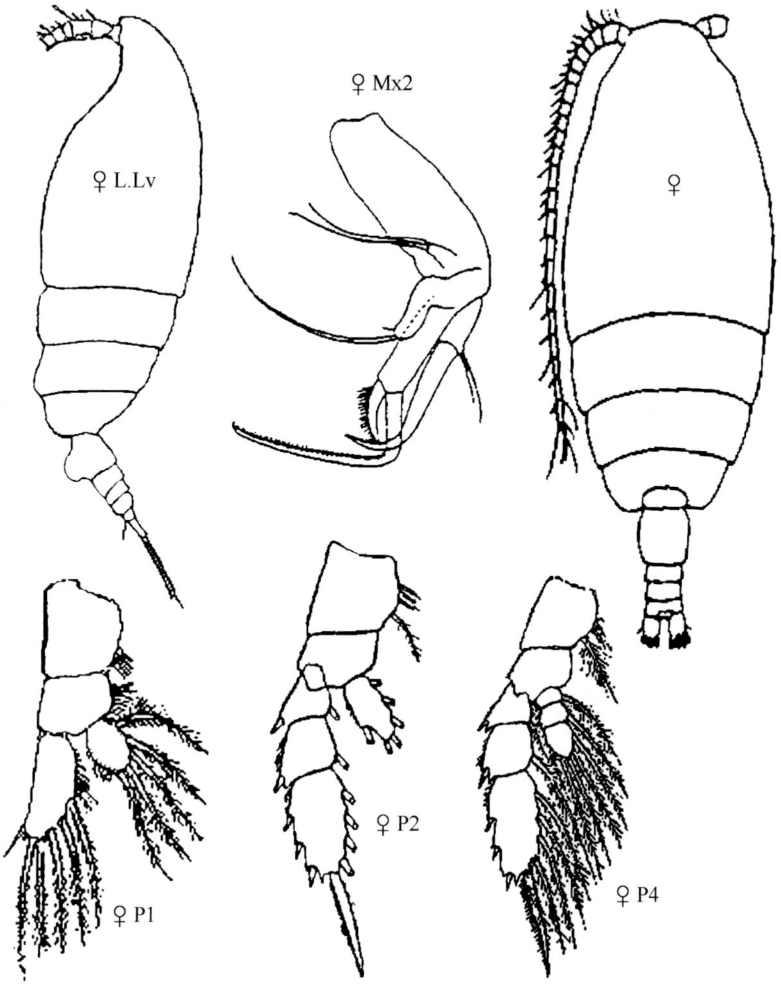

图 31 粗指小袖水蚤 *Chiridiella macrodactyla*（仿 Sars，1925）

（31）粗指小袖水蚤 *Chiridiella macrodactyla* Sars，1907（图 31）

形态特征：

体长： ♀2.6~3.0 mm。**雌性：** 头胸部呈卵圆形，无额角刺，胸部后侧角钝圆。生殖节近方形，其长度等于后 2 节长度之和。尾叉宽短。第 1 触角仅达第 3 胸节中部。第 2 小颚第 1 基节内叶具 2 长刚毛，第 2 基节内叶具 1 长刺及 1 小刺；中叶狭长，末端具 1 钩状长刺和 1 短刺，外叶也具 1 粗大爪状刺及 2 细刺毛。第 1 对胸足内、外肢均 1 节；第 2 对胸足内肢 1 节，外肢 3 节，外缘刺短小；第 4 对胸足内、外肢均 3 节，外缘刺短小。

分布： 东海，南海；太平洋，印度洋及大西洋。深水种。

参考文献： 20，24，37，44，51，82，152，157，158，174，217。

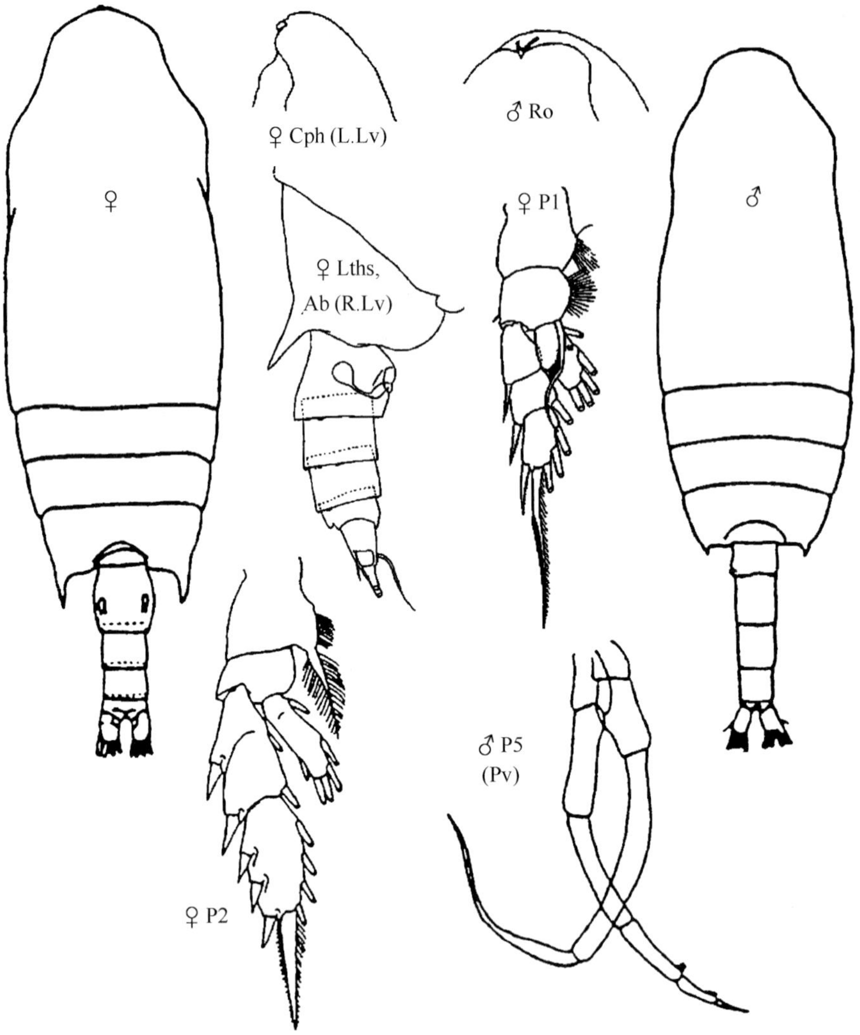

图 32 瘦袖水蚤 *Chiridius gracilis*
[仿 Park, 1975b (♀); Tanaka, 1957a (♂)]

(32) 瘦袖水蚤 *Chiridius gracilis* Farran, 1908 (图 32)

形态特征：

体长： ♀2.2~2.9 mm，♂2.0~2.3 mm。头部两侧较突出，额部宽圆。**雌性：** 无额角刺，胸部后侧角刺突粗大，可达生殖节中部。生殖节近方形，两侧稍膨大，其长度等于后 2 节之和。尾叉长为宽的 1.5 倍。第 1 对胸足外肢分 3 节，第 1、2 节外末刺可达后 1 节近末端，内肢 1 节。第 2 对胸足外肢 3 节，内肢 1 节，达不到外肢第 2 节末端。**雄性：** 额角为三角形片状小突。胸部后侧角也具小刺突。第 2、3 腹节近等长。尾叉长为宽的 2 倍。第 5 对胸足单肢型，均无内肢；左足分 5 节，末节短小，顶端具 1 粗刺，稍短于末节；右足分 4 节，末节细长呈弯弓状，与第 3 节近等长。

分布： 东海，南海；太平洋，印度洋及大西洋。深水种。

参考文献： 24，25，37，44，82，89，146，158，169，174。

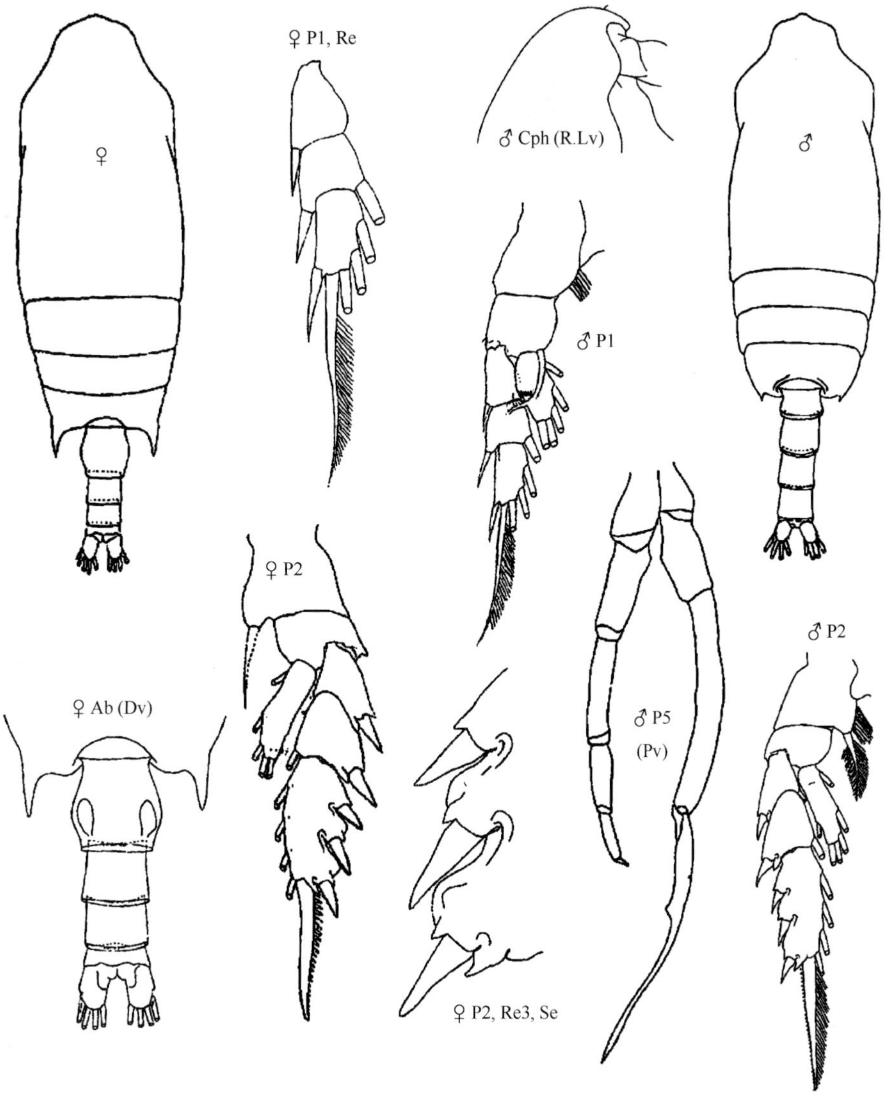

图 33　亚瘦袖水蚤 *Chiridius subgracilis*（仿 Park，1975b）

（33）亚瘦袖水蚤 *Chiridius subgracilis* Park，1975（图 33）

形态特征：

体长：♀2.1~2.3 mm，♂1.8~2.0 mm。**雌性：**头胸部较宽大，前额较宽圆。无额角刺。生殖节宽短，两侧膨大，其长度等于后 2 节长度之和。尾叉长稍大于宽。第 1 对胸足外肢第 1 节外末刺较短，达不到第 2 节末缘。第 2 对胸足内肢单节，超过外肢第 2 节末端；外肢第 3 节外缘刺粗短，第 2、3 外缘刺基部的本节外缘膨大，形成宽圆片状突。**雄性：**背面观，头部两侧显著突出，前额狭小，中部具 1 小突，末胸节后侧角具 1 小刺突。第 5 对胸足单肢型，左足分 5 节，末节短小，顶端具 1 小刺，约为末节长的 1/5；右足分 4 节，末节长于第 3 节，内缘近端 1/3 处具 1 小突起。

分布：东海，南海；太平洋，印度洋及大西洋。暖水种。

参考文献：23，24，44，146。

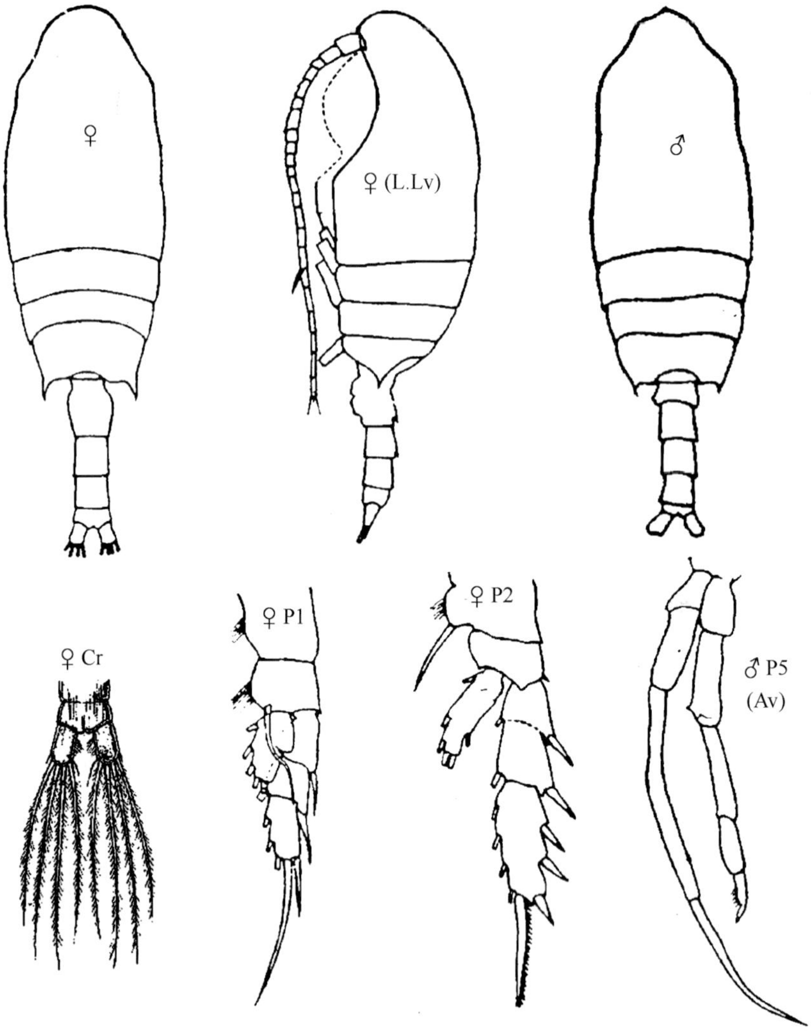

图 34　钝额袖水蚤 *Chiridius obtusifrons*（仿 Brodsky，1950）

（34）钝额袖水蚤 *Chiridius obtusifrons* Sars，1903（图 34）

形态特征：

体长：♀4.2 mm，♂2.9 mm。身体较粗壮，前额钝圆，无额角刺，胸部后侧角刺突尖小，呈三角状。**雌性**：胸部后侧角刺仅达生殖节近端 1/3 处，生殖节较短于后 2 节之和。尾叉长为宽的 2 倍。第 1 对胸足外肢分 3 节，内肢 1 节，外肢第 1、2 节外末刺可达后 1 节末缘。第 2 对胸足内肢 1 节，达不到外肢第 2 节末缘。**雄性**：第 5 对胸足左、右足均无内肢，呈单肢型；左足分 5 节，末节短小，顶端具 1 小刺，约为末节长的 1/2；右足分 4 节，末节细长呈粗刺状，约为第 3 节长的 3/4。

分布：南海；太平洋，大西洋及北冰洋。深水种。

参考文献：44，67，152，153，158，217。

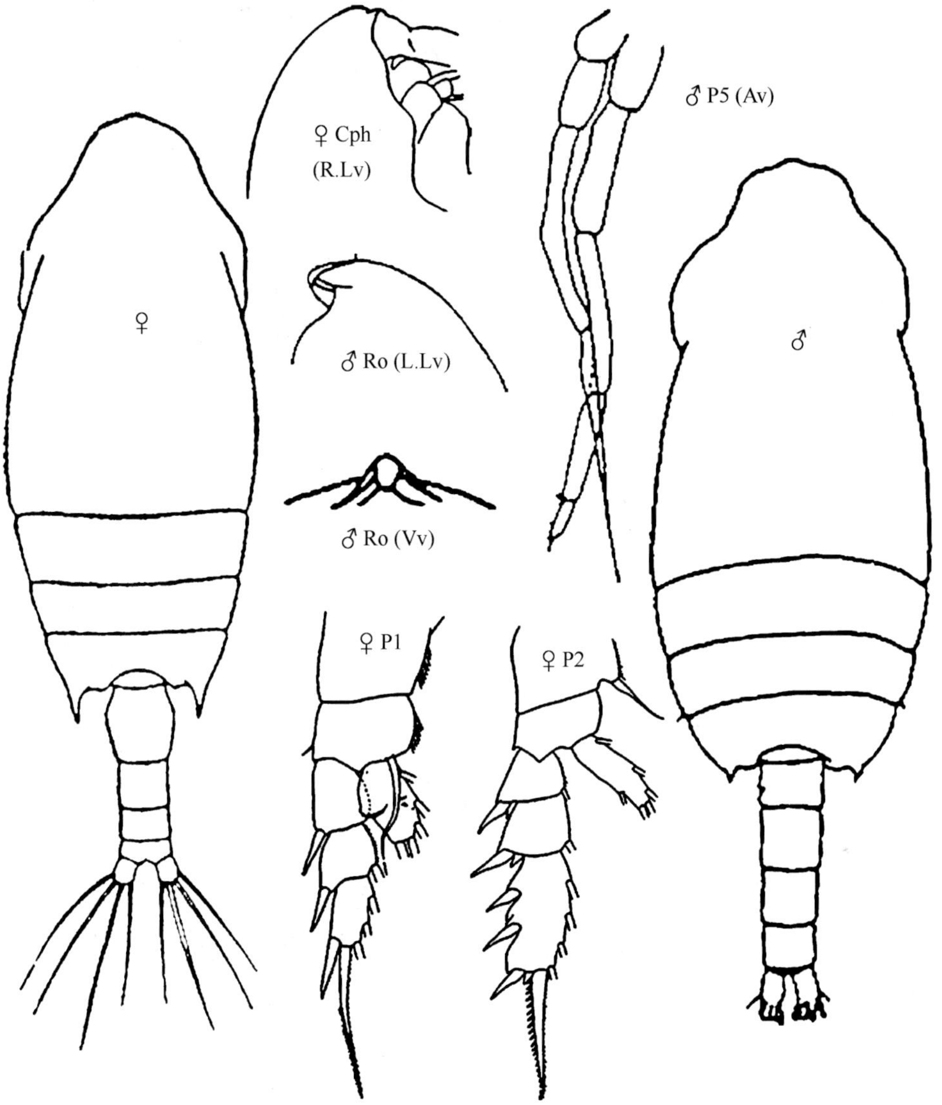

图 35 波氏袖水蚤 *Chiridius poppei*
［仿陈清潮等，1965（♀）；Tanaka，1957a（♂）］

（35）波氏袖水蚤 *Chiridius poppei* Giesbrecht，1892（图 35）

形态特征：

体长：♀1.6~2.3 mm，♂1.5~2.1 mm。头部两侧较突出，额部较狭而钝圆。**雌性：**无额角刺突。胸部后侧角刺突可达生殖节中部，生殖节长为后 2 节长度之和。尾叉近方形。第 1 对胸足外肢分 3 节，第 1、2 节外末刺达不到后 1 节的末缘；内肢 1 节。第 2 对胸足外肢 3 节，内肢 1 节，外肢末节顶刺外缘具粗锯齿。**雄性：**额角残留 1 小突起。胸部后侧角尖小。腹部较狭长。尾叉长为宽的近 2 倍。第 5 对胸足左、右足均为单肢型；左足分 5 节，末节短小，顶端具 1 小刺，约为末节长的 1/2；右足分 4 节，末节细长呈针刺状。

分布：东海至南海；太平洋，印度洋及大西洋。外海性暖水种。

参考文献：13，20，24，37，44，48，51，67，82，97，152，158，174。

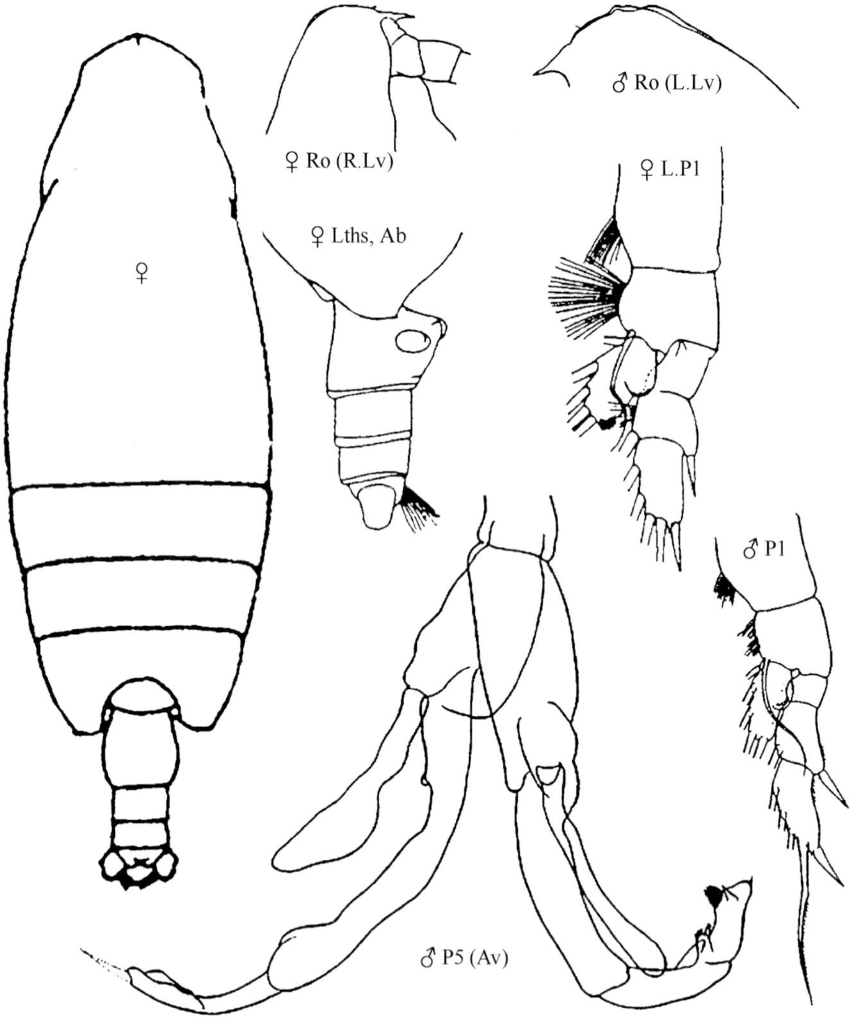

图 36　印度手水蚤 *Chirundina indica*
［仿连光山等，1984（♀）；Tanaka，1969（♂）］

（36）印度手水蚤 *Chirundina indica* Sewell，1929（图 36）

形态特征：

体长：♀4.1~5.0 mm，♂3.8~4.0 mm。**雌性：**额部钝圆，其背中央具较低的额脊。额角为尖锐单刺突。胸部后侧角钝突，侧面观末缘下方具 1 小突起。生殖节呈球状，其腹面突出，尾叉宽短。第 1 对胸足外肢仅具 2 外缘刺，外肢第 1、2 节不完全愈合，第 1 节无外缘刺；内肢 1 节。**雄性：**额部与雌性相似。第 1 对胸足外肢 3 节，第 1 节无外缘刺；内肢 1 节。第 5 对胸足左、右足内肢均为 1 节，外肢 3 节；左足外肢末节粗短，顶端具 1 微刺，内缘基部具 1 突起，近末部膨大并具 1 小刺突及 1 丛细刺毛；右足外肢末节短小，呈刺状。

分布：东海，南海；太平洋，印度洋。热带种。

参考文献：24，38，44，99，106，159，161，189。

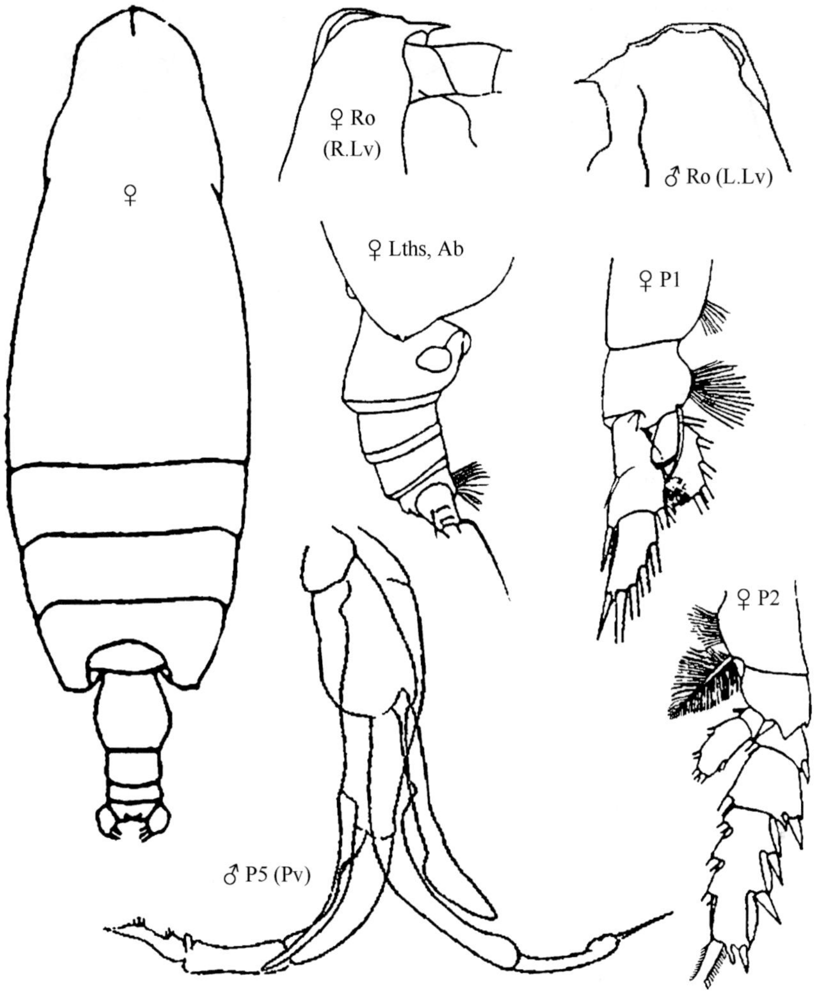

图 37　斯氏手水蚤 *Chirundina streetsi*
［仿连光山等，1984（♀）；Tanaka，1957b（♂）］

（37）斯氏手水蚤 *Chirundina streetsi* Giesbrecht，1895（图 37）

形态特征：

体长：♀4.5~5.3 mm，♂3.8~4.8 mm。体形与印度手水蚤 *C. indica* 相似。但本种个体较大，额部背中央的额脊较高。**雌性：**第 1 对胸足外肢具 3 外缘刺，外肢第 1、2 节不完全愈合，第 1 外缘刺较细小；内肢 1 节。第 2 对胸足内肢 2 节，外肢 3 节。**雄性：**第 1 对胸足外肢分 3 节，具 3 外缘刺；内肢 1 节。第 5 对胸足内肢 1 节，外肢 3 节；左足外肢末节粗短，其基本膨大并具 1 小突起，末部尖锐呈锥状；右足外肢末节细小，呈针刺状。

分布：东海，南海；太平洋，印度洋及大西洋。深水种。

参考文献：24，38，44，51，67，82，99，106，157，158，161，175，215，217。

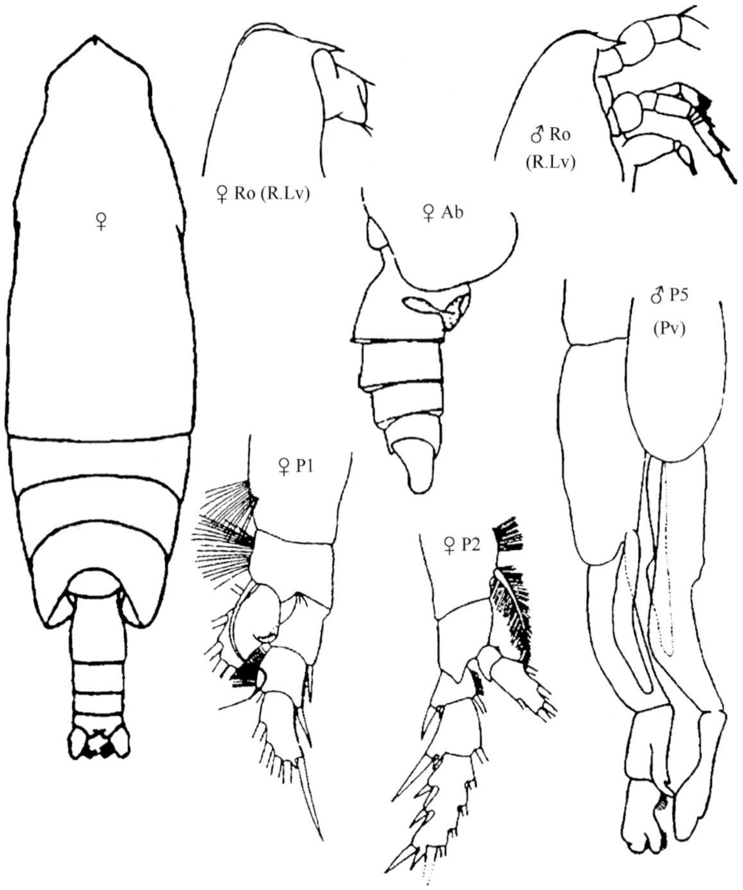

图 38 大型小手水蚤 *Chirundinella magna*
[仿连光山等，1984（♀）；Vervoort，1949（♂）]

（38）大型小手水蚤 *Chirundinella magna*（Wolfenden，1911）（图 38）

[*Chirundina magna* Wolfenden，1911；*Chirundinella cara* Tanaka，1957；Grice & Hulsemann，1967；*Pseudochirella magna*：Vervoot，1949]

形态特征：

体长：♀7.4~8.1 mm，♂6.7 mm。**雌性**：额部前端较突出，呈三角形，其背中央具 1 低的额脊。额角尖锐。胸部后侧角突出，其顶端宽圆而不具小突起。生殖节长大于宽，两侧不膨大。尾叉长约为宽的 1.5 倍。第 1 对胸足外肢 3 节，具 3 外缘刺，第 3 节外末刺特别长，约为前 1 节外末刺长的 2 倍；内肢 1 节。第 2 对胸足外肢第 2 节外末刺长达第 3 节第 2 外缘刺基部。第 5 对胸足不存在。**雄性**：额部前端较钝圆，具 1 低的额脊。额角尖锐。胸部后侧角短小，侧面观宽圆。第 5 对胸足左、右足等长，均为双肢型，内肢仅 1 节；左足外肢分 3 节，末 2 节粗短，第 2 节内末缘具 2 不等长的小突起，第 3 节内缘基部及末部突起上具细毛；右足外肢分 2 节，第 2 节呈棒槌状，约为第 1 节长的 1/2。

分布：南海东南部；马来群岛海域，太平洋，印度洋及大西洋。深水种。

参考文献：37，44，82，106，175，189，204，218。

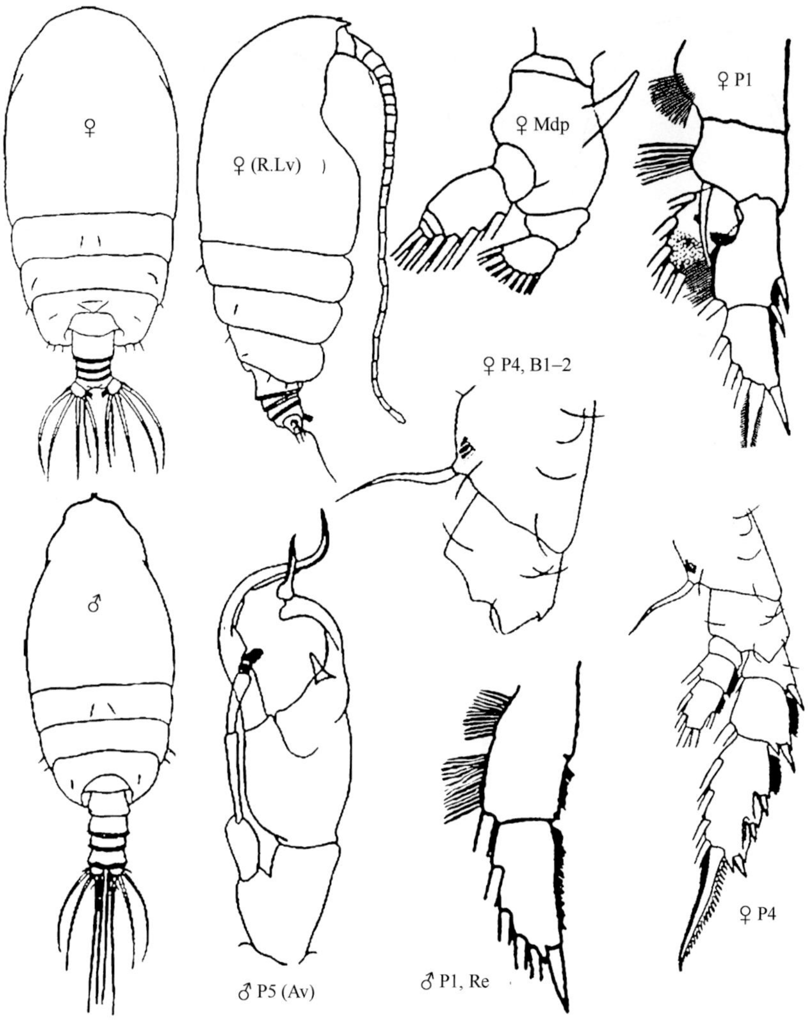

图 39 粗壮真胖水蚤 *Euchirella amoena*（仿连光山等，1978b）

（39）粗壮真胖水蚤 *Euchirella amoena* Giesbrecht，1888（图 39）

［*Euchirella brevis* Sars，1925；Rose，1933；Wilson，1942；Brodsky，1950］

形态特征：

体长：♀3.2~4.0 mm，♂3.0~3.7 mm。**雌性**：额部宽圆，无脊状突。额角为单刺突。胸部后侧角宽圆。腹部分 4 节，生殖节宽大，左右对称。尾叉宽短。大颚须基节内缘具 1 强刺。第 1 对胸足外肢分 2 节，第 1 节具 2 外缘刺；内肢单节。第 4 对胸足第 1 基节近内末缘后表面具 1 列 4~5 根小刺。第 5 对胸足不存在。**雄性**：额部前端具 1 小突起，无脊状突。额角短小。胸部后侧角钝突。腹部分 5 节，生殖节稍不对称，肛节很短小。第 1 对胸足外肢分 2 节，第 1 节外缘中部及末缘各具 1 微刺。第 5 对胸足不对称，左足单肢型呈棒状，末节短小呈指状，表面具细毛；右足呈螯状，外肢第 1 节弯曲，其内缘近基部具 1 粗刺突，末节短小，其基部膨大，内缘具细齿，内肢单节，内缘近基部具 1 三角状突起。

分布：东海至南海；太平洋，印度洋及大西洋。暖水种。

参考文献：20，24，31，37，41，44，46，48，67，82，106，152，157，158，216。

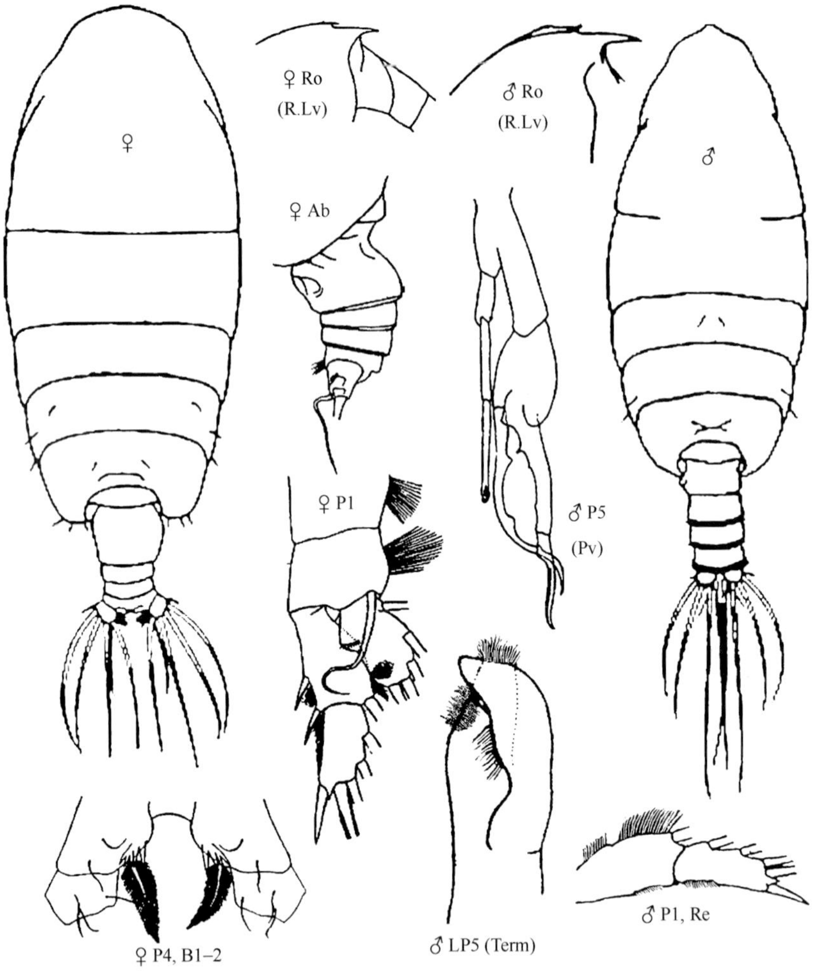

图 40　秀真胖水蚤 *Euchirella bella*（仿连光山等，1978b）

（40）秀真胖水蚤 *Euchirella bella* Giesbrecht，1888（图 40）

［*Euchirella areat* Tanaka，1957b；陈清潮等，1965，1989；*E. venusta*：Tanaka，1957（♂）］

形态特征：

体长：♀3.7~4.9 mm，♂3.2~3.7 mm。**雌性：**额部宽圆，无脊状突，侧面观前额具 1 小突起和 1 小刺毛。额角为单刺突。胸部后侧角宽圆。生殖节稍不对称，右侧较膨大，侧面观背面基部凹下。第 1 对胸足外肢分 2 节，第 1 节具 2 外缘刺；内肢单节。第 4 对胸足第 1 基节内缘具 3~5 刺突。**雄性：**额部前端背中央具 1 低的脊状突。生殖节不对称，左侧近中部具 1 小突起。第 1 对胸足外肢分 2 节，第 1 节外缘中部及末缘各具 1 微刺。第 5 对胸足左足第 2 基节短小，达不到右足第 1 基节末端，内肢退化为 1 小突起，外肢第 2 节长于第 1 节，末节呈爪状，与第 2 节末端指状突构成钳状，其形状有变化；右足外肢分 2 节，第 1 节内缘具 4 突起，基部 1 个大而钝圆，第 2 个较小而尖锐，末节基部膨大，末部内缘具细齿，内肢单节，内缘仅具 2 小钝突。

分布：东海至南海；太平洋，印度洋。暖水种。

参考文献：13，20，24，31，37，44，48，51，82，97，106，161，192，193，204。

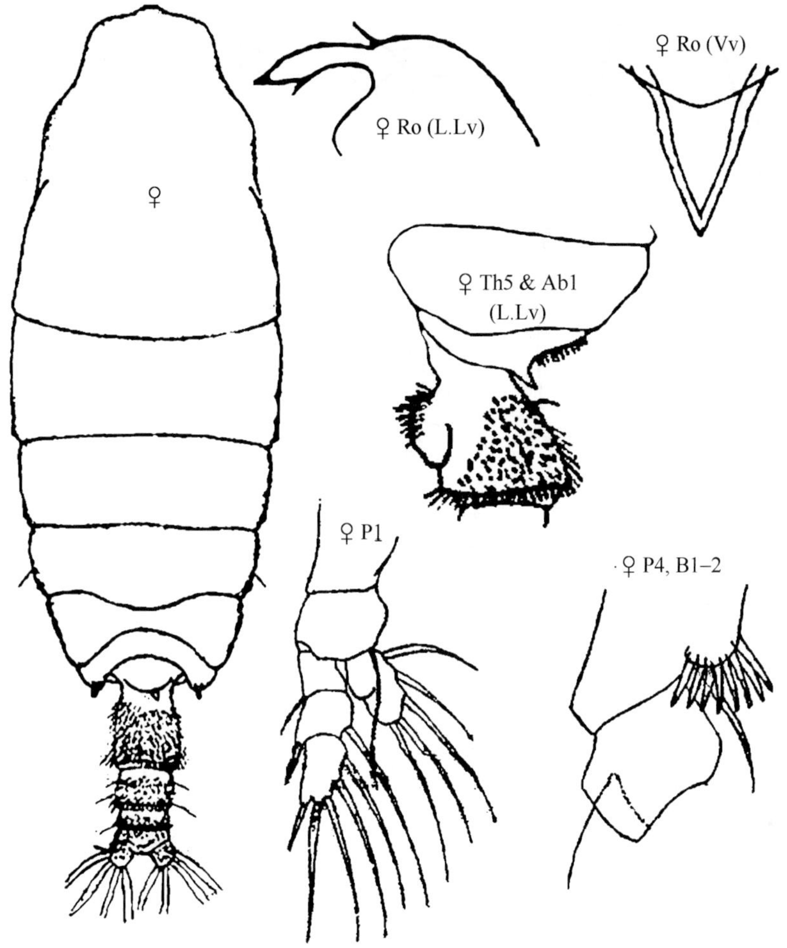

图 41　小齿真胖水蚤 *Euchirella dentata*（仿 A. Scott，1909）

（41）小齿真胖水蚤 *Euchirella dentata* A. Scott，1909（图 41）

形态特征：

体长： ♀7.2~8.0 mm。**雌性：** 头部与第 1 胸节分开。额部稍突出，无额脊。额角粗大，顶端尖锐。第 4、5 胸节分开。末胸节后侧角刺突短小而尖锐。腹部及尾叉表面均具细毛。生殖节长大于宽，与后 3 节长度之和近等长，其两侧稍不对称，其腹面基部膨大并具细毛。尾叉宽短。第 1 对胸足外肢分 3 节并各具 1 外缘刺，内肢单节。第 4 对胸足第 1 基节内末缘具 1 列 7~8 根粗刺。

分布： 南海东南部；马来群岛海域，西太平洋。热带种。

参考文献： 44，158。

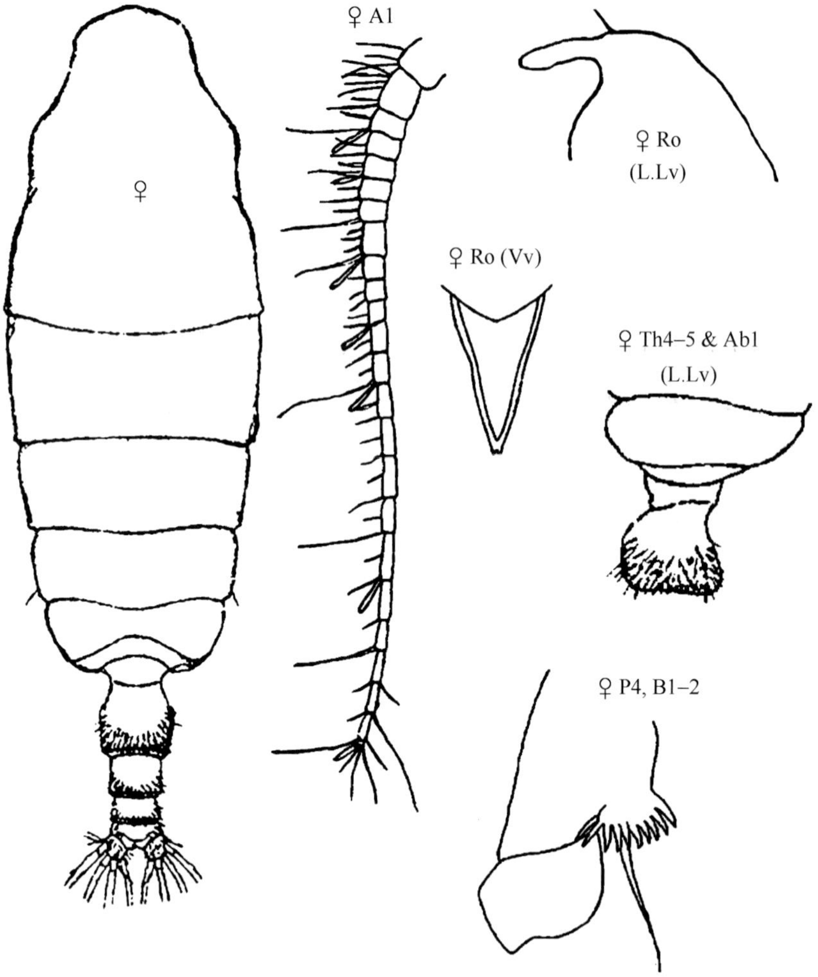

图 42　疑真胖水蚤 *Euchirella dubia*（仿 A. Scott，1909）

（42）疑真胖水蚤 *Euchirella dubia* A. Scott，1909（图 42）

形态特征：

体长：♀7.0 mm。**雌性：**头部与第 1 胸节分开。额部前端宽圆，无额脊。额角粗大，其顶端稍分叉。第 4、5 胸节分开。末胸节后侧角钝圆。腹部各节后缘具细毛。生殖节膨大近方形，其长度大于后 2 节之和。尾叉宽短。第 1 对胸足外肢分 3 节并具 3 外缘刺。第 4 对胸足第 1 基节内末缘具 1 列 8~10 根梳状刺。

分布：南海东南部；马来群岛海域，西太平洋。热带种。

参考文献：44，158。

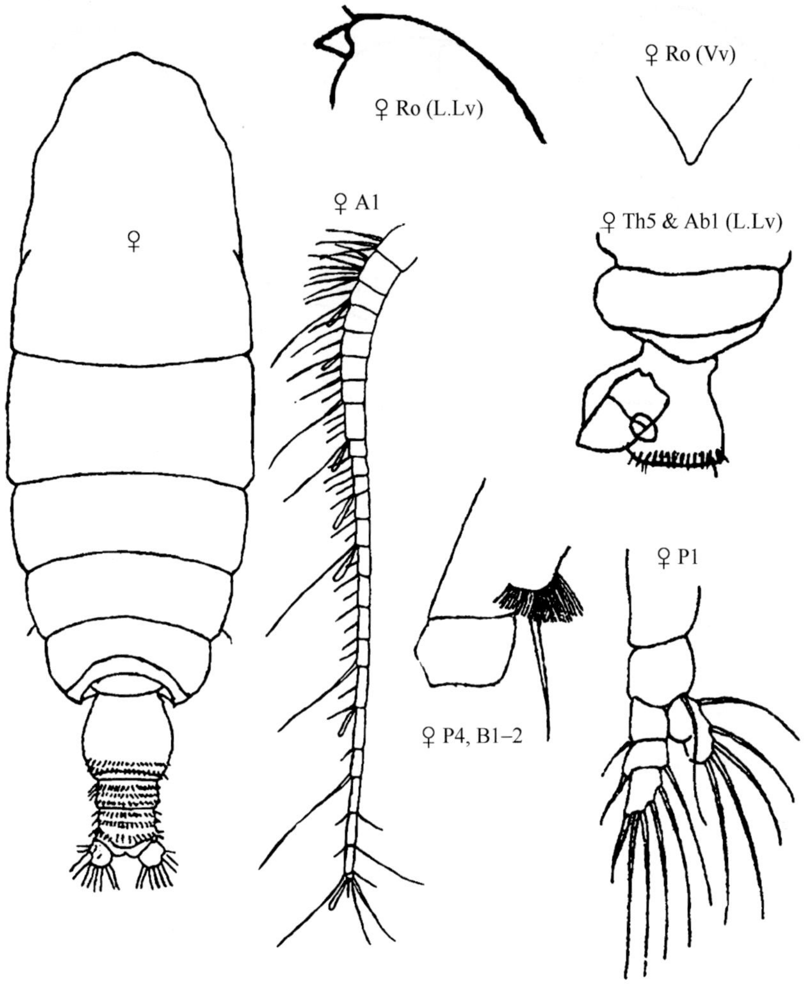

图 43 瘤状真胖水蚤 *Euchirella granulata*（仿 A. Scott，1909）

（43）瘤状真胖水蚤 *Euchirella granulata* A. Scott，1909（图 43）

形态特征：

体长：♀5.5 mm。**雌性**：头部与第 1 胸节分开。额部前端稍突出，额角粗短，呈三角状刺突。第 4、5 胸节也分开。末胸节后侧角短小，侧面观宽圆。生殖节宽大，腹面很突出，两侧宽圆，其长度稍大于后 3 节长度之和，生殖节末缘至肛节表面均具细刺毛。尾叉宽短。第 1 对胸足外肢分 3 节，具 3 外缘刺，内肢单节。第 4 对胸足第 1 基节内末缘具 1 列细刺毛。

分布：南海东南部；马来群岛海域，西太平洋。热带种。

参考文献：44，158。

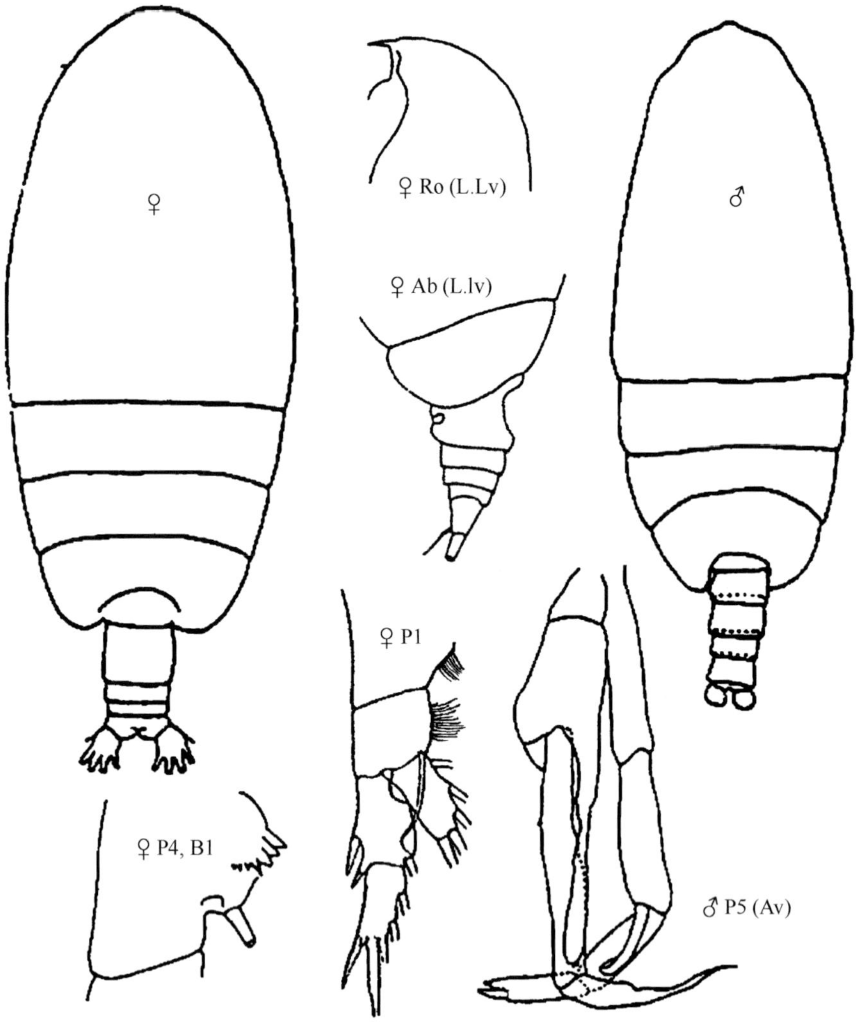

图 44 喙真胖水蚤 *Euchirella rostrata*（仿 Tanaka，1957b）

（44）喙真胖水蚤 *Euchirella rostrata*（Claus，1863）（图 44）

形态特征：

体长：♀2.0~4.0 mm，♂2.5~3.1 mm。**雌性：**额部前端宽圆，无额脊，额角呈长刺状。胸部后侧角钝圆。生殖节呈方形，左右对称，其长度等于后 3 节之和。尾叉近方形。第 1 对胸足外肢 2 节，具 3 外缘刺；内肢单节。第 4 对胸足第 1 基节内缘较膨大，并具 1 列 6~7 根粗短的刺突。**雄性：**额部前端稍突出。腹部较狭长。第 5 对胸足左、右足近等长，左足外肢分 3 节，第 1、2 节近等长，第 3 节短小，与第 2 节末端部形成小钳状，内肢单节呈棒状，稍短于外肢第 1 节；右足不呈螯状，外肢分 2 节，末节呈粗刺状，内肢呈长棒状，与外肢第 1 节近等长。

分布：东海，南海；太平洋，印度洋及大西洋。暖水种。

参考文献：24，25，37，44，67，82，97，106，152，175，192，217。

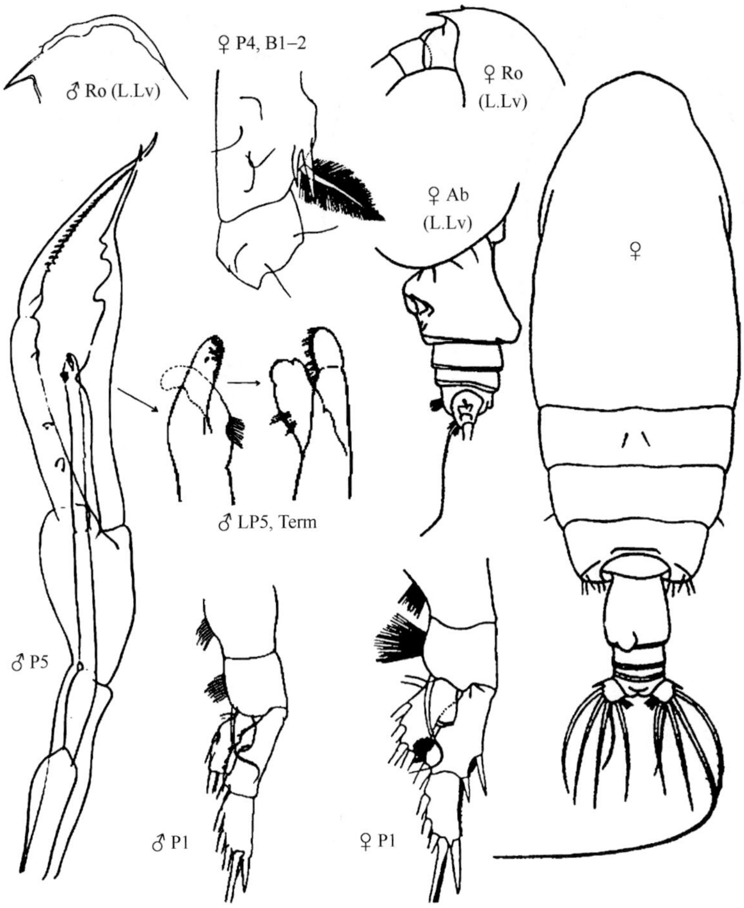

图 45 印度真胖水蚤 *Euchirella indica*
[仿连光山等, 1978 (♀); Tanaka et al., 1969a (♂)]

(45) 印度真胖水蚤 *Euchirella indica* Vervoort, 1949 (图 45)

[*Euchirella messinensis*: A. Scott, 1909; Tanaka, 1957b; 陈清潮等, 2008; *E. messinensis indica* Tanaka & Omori, 1969a; Chihara et al., 1997]

形态特征:

体长: ♀4.3~5.3 mm, ♂3.4~4.8 mm。**雌性:** 额部前端宽圆, 无脊状突。侧面观, 额角尖锐, 为单刺突。胸部后侧角宽圆。生殖节长大, 其左、右侧缘对称, 近左侧背末缘具 1 瘤状突起, 其形状有个体差异; 侧面观生殖节腹面突出, 背末缘瘤状突膨大。尾叉宽短, 右叉第 2 尾刚毛特别长。第 1 对胸足外肢 2 节, 具 3 外缘刺, 内肢单节。第 4 对胸足第 1 基节内缘具 2 不等长的粗刺。**雄性:** 额部具较低的脊状突, 额角尖锐。第 1 对胸足外肢分 2 节, 第 1 节无外缘刺, 内肢单节。第 5 对胸足左足第 2 基节达到右足第 1 基节末端, 外肢末节短小呈爪状, 位于第 2 节近末端外侧, 形成小钳状; 右足外肢分 2 节, 近等长, 第 1 节内缘基部具 1 大钝突, 内缘中部及末部另具 3 小突起, 末节内缘约具 30 枚细齿, 内肢内缘中部至末部也具 4 钝突。

分布: 东海至南海; 太平洋, 印度洋。暖水种。

参考文献: 24, 27, 31, 37, 41, 44, 51, 82, 106, 158, 175, 192, 193, 204。

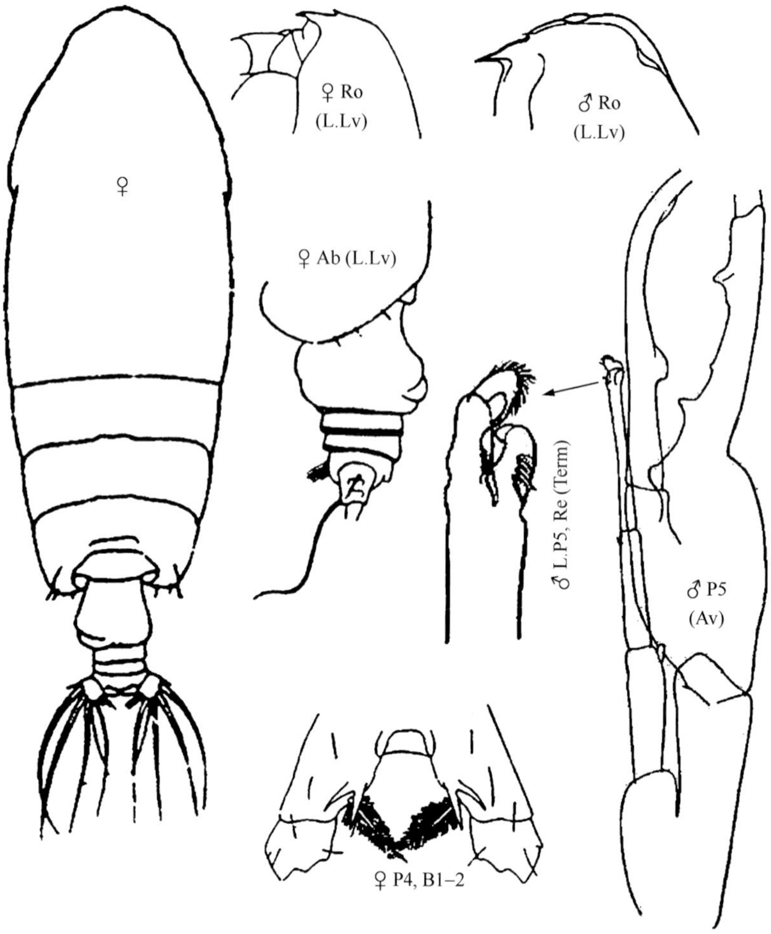

图 46　东方真胖水蚤 *Euchirella orientalis*
[仿连光山等, 1984 (♀); Tanaka et al. , 1969a (♂)]

(46) 东方真胖水蚤 *Euchirella orientalis* Sewell, 1929 (图 46)

[*Euchrirella formosa* Vervoort, 1949; 陈清潮等, 2003, 2008;
E. trigrada Tanaka, 1957b, 1965b]

形态特征:

体长: ♀5. 0~5. 9 mm, ♂4. 8~5. 2 mm。**雌性:** 前额钝圆, 不具额脊, 额角尖锐, 胸部后侧角钝圆。生殖节不对称, 左侧后缘具 1~3 个瘤状突起, 稍覆盖第 2 腹节基部; 侧面观, 生殖节腹面膨大, 左侧瘤状突位于背末缘。第 2 腹节末缘具细齿。第 1 对胸足外肢分 2 节, 内肢 1 节, 外肢第 1 节具 2 刺。第 4 对胸足第 1 基节内缘具 2 近等长的粗刺。**雄性:** 额部具较低的额脊。额角尖锐, 第 1 对胸足外肢 2 节, 内肢 1 节, 外肢第 1 节外末缘具 1 微刺。第 5 对胸足左足第 2 基节超过右足第 1 基节末端, 外肢第 1 节外末缘具 1 微小的刺, 第 3 节短小呈爪状, 位于第 2 节近末端, 并与第 2 节末端指状突构成钳状, 内肢退化为 1 小突起; 右足外肢内缘具 4 突起, 基部 1 个大而钝, 第 2、4 个呈三角形, 第 3 个很小, 内肢近端内缘具 1 钝突。

分布: 东海, 南海; 太平洋, 印度洋。暖水种。

参考文献: 20, 24, 37, 38, 44, 51, 106, 159, 161, 175, 192, 193, 204。

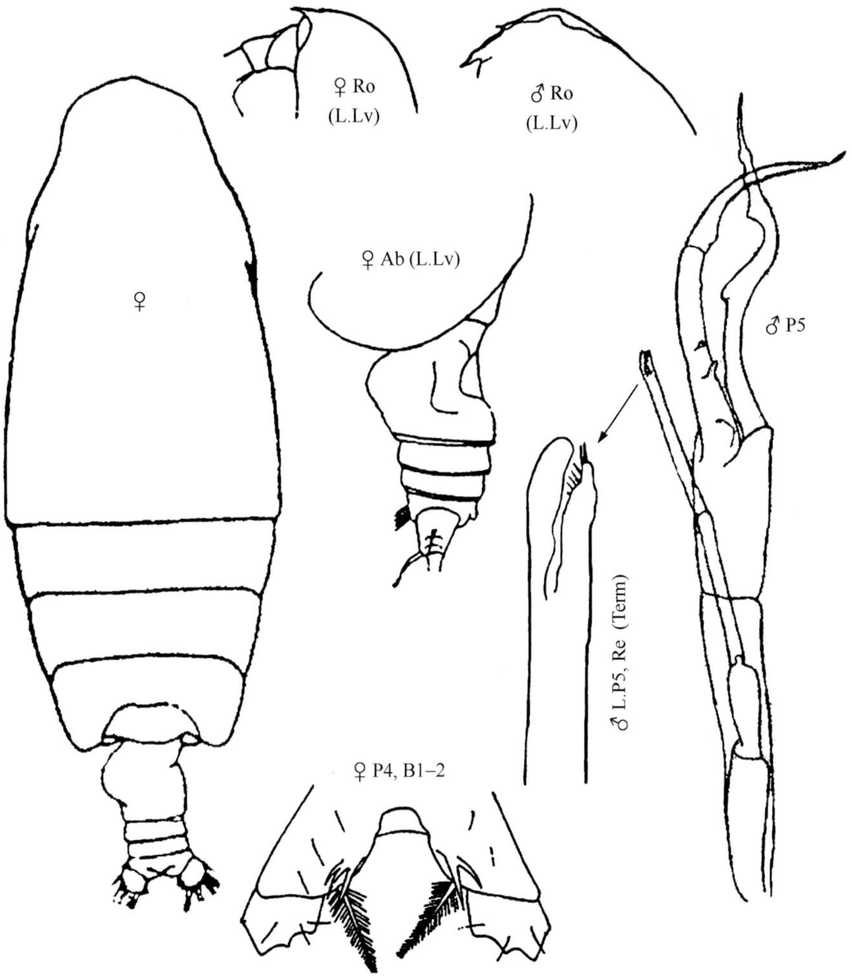

图 47 锦真胖水蚤 *Euchirella pulchra*
［仿连光山等, 1984（♀）; Tanaka et al. , 1969a（♂）］

（47）锦真胖水蚤 *Euchirella pulchra*（Lubbock, 1856）（图 47）

形态特征：

体长：♀2.9~4.4 mm，♂3.1~4.2 mm。**雌性：**额部宽圆，无额脊，额角较尖小。胸部后侧角钝圆。生殖节不对称，背面观左侧前半部具 1 宽圆大突起，右侧近端具 1 小缺刻；侧面观，生殖节腹面膨大，左侧突起的背面具 1 凹陷。第 4 对胸足第 1 基节内缘具 2~3 不等长的粗刺，内刺较长，其顶端可达或超过该节末缘。**雄性：**额部前端具较低的额脊。额角尖小。第 5 对胸足左足第 2 基节仅达右足第 1 基节末部 1/4 处，内肢退化为 1 小突起，外肢第 1、2 节等长，第 3 节短小并与第 2 节末部形成钳状；右足内、外肢等长，短于第 1、2 基节长度之和，内肢内缘中部具 2 钝突，外肢分 2 节，第 1 节内缘具 4 突起，基部 1 个钝圆，中部 2 个尖锐，末部 1 个很微小，末节内缘具细齿，基部较粗大。

分布：东海，南海；太平洋，印度洋及大西洋。暖水种。

参考文献：20，24，37，38，44，51，67，82，97，99，106，157，158，161，175，192，193，204，215。

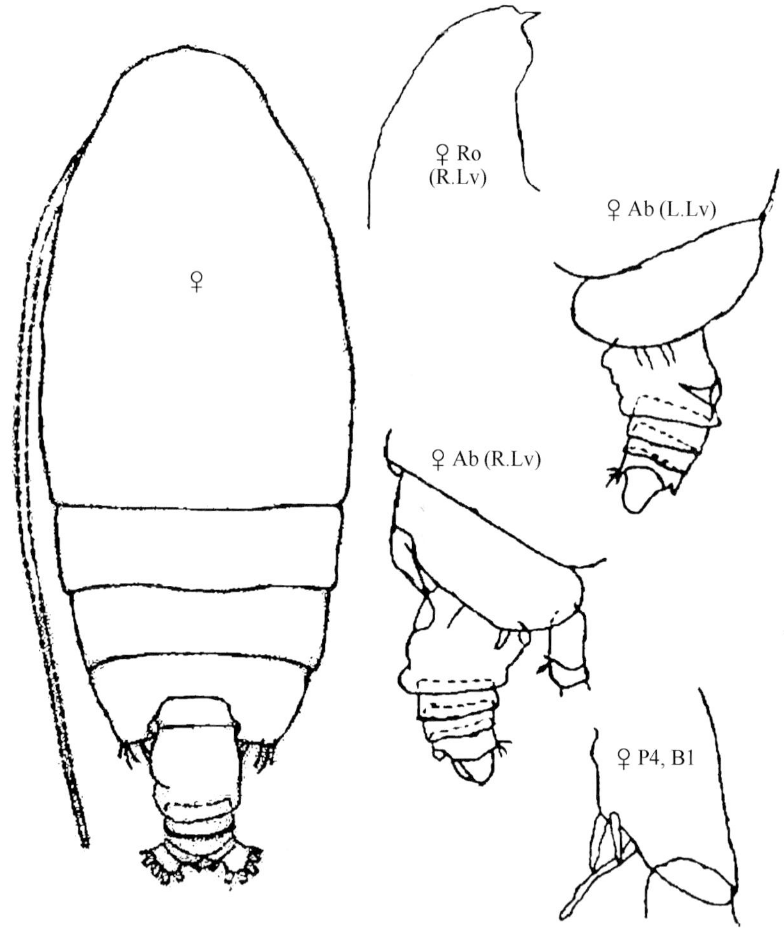

图 48　美真胖水蚤 *Euchirella speciosa*（仿 Grice et al.，1968）

（48）美真胖水蚤 *Euchirella speciosa* Grice & Hulsemann，1968（图 48）

形态特征：

体长： ♀4.9 mm。**雌性：** 前体部较粗大，额部宽圆，额角短小而尖锐。胸部后侧角宽圆并具细刺毛。生殖节不对称，右侧不膨大，左侧具 2 突起，背末缘突出并覆盖第 2 腹节背面；侧面观，生殖节腹面基部突出，背末部隆起。第 1 触角向后伸展可达尾叉基部。第 1 对胸足内肢 1 节，外肢 2 节并具 3 外缘刺。第 4 对胸足第 1 基节内缘具 2 不等长粗刺，刺长达不到本节末缘。

分布： 台湾北部近海，南海；太平洋。暖水种。

参考文献： 4，24，44，101。

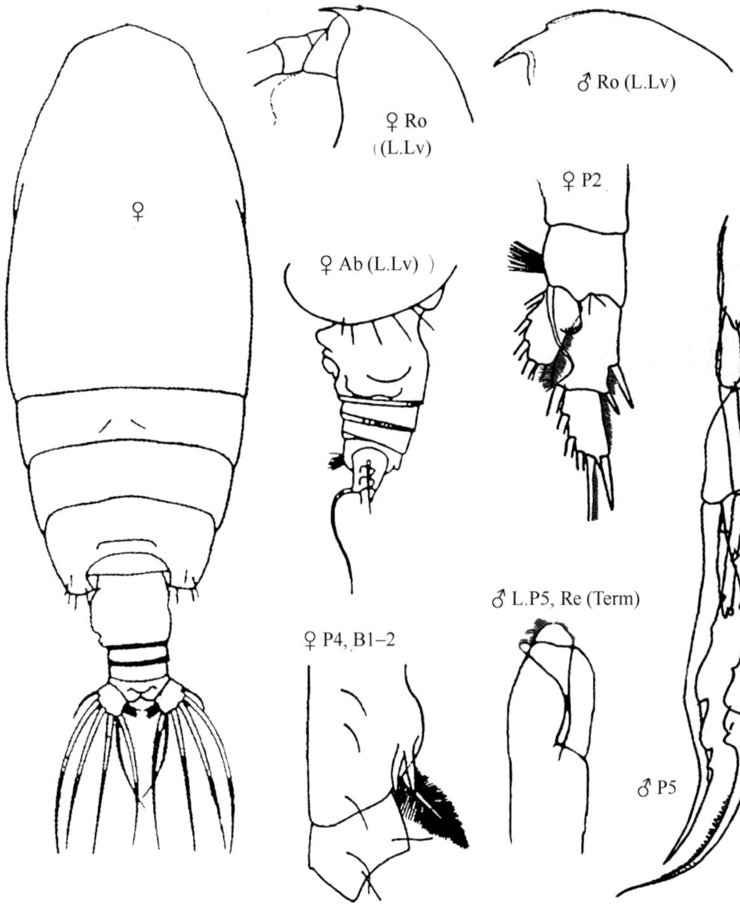

图 49　丽真胖水蚤 *Euchirella venusta*
[仿连光山等, 1978 (♀); Tanaka et al., 1969a (♂)]

(49) 丽真胖水蚤 *Euchirella venusta* Giesbrecht, 1888 (图 49)

[*Euchirella tanseii* Omori, 1965]

形态特征:

体长: ♀4.2~4.9 mm, ♂3.6~4.2 mm。额部宽圆, 无脊状突, 额角刺较细长, 指向腹面。胸部后侧角钝圆。**雌性:** 生殖节宽大而不对称, 左侧中部常具 1 宽圆的大突起, 但形状有个体差异, 其后末缘另具 1 小瘤状突; 右侧中部稍凹下; 生殖节腹面前端具 1 粗指状突, 生殖节及第 2 腹节后缘常具一列细刺或缺。第 1 对胸足内肢 1 节, 外肢 2 节并具 3 外缘刺。第 4 对胸足第 1 基节内缘具 2 近等长的粗刺, 可达第 1 基节末缘。**雄性:** 第 5 对胸足左足第 2 基节可达右足第 1 基节末端, 外肢第 1、2 节近等长, 第 1 节达右足第 2 基节末端, 第 3 节短小呈爪状, 与第 2 节指状末部形成小螯状; 右足外肢第 1 节内缘具 4 突起, 第 1 个钝圆, 第 2 个尖锐, 第 3 个大而钝尖, 第 4 个很小, 末节细长, 内缘具细齿, 基部具 1 小突起, 内肢内缘近中部具 1 三角状突起, 近末部也具 3 钝突。

分布: 东海至南海; 太平洋, 印度洋及大西洋。暖水种。

参考文献: 20, 24, 25, 31, 37, 44, 51, 82, 97, 99, 106, 158, 161, 175, 192, 204。

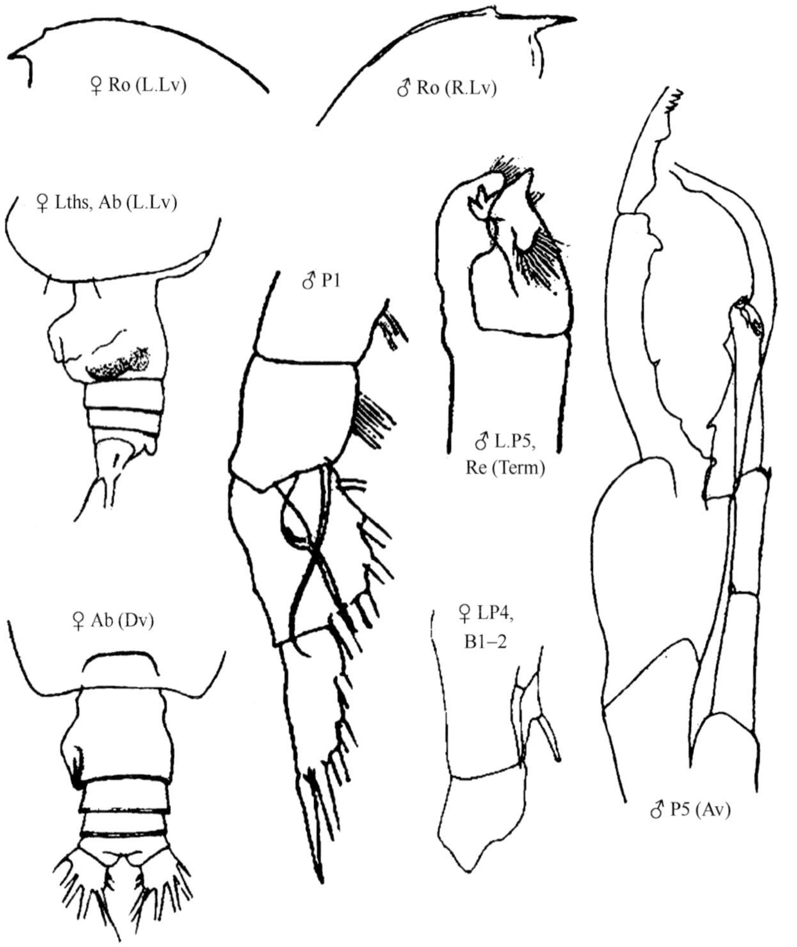

图 50 截真胖水蚤 *Euchirella truncata*（仿 Tanaka et al.，1969a）

（50）截真胖水蚤 *Euchirella truncata* Esterly，1911（图 50）

［*Euchirella propria* Esterly，1911；*E. gracilis* Wolfenden，1911；*E. intermedia* With，1915；Vervoort，1949；Wilso，1950；Tanaka，1957b］

形态特征：

体长：♀5.3~6.4 mm，♂4.9~5.1 mm。额部宽圆，无额脊，额角尖锐，指向腹面。胸部后侧角宽圆。**雌性：**生殖节宽短而不对称，左侧具 1 宽大的突起，其顶部稍下凹，侧面观生殖节腹面膨大。第 1 对胸足内肢 1 节，外肢 2 节并具 3 外缘刺。第 4 对胸足第 1 基节内缘仅具 1 长刺，可达本节末缘。**雄性：**第 1 对胸足内肢 1 节，外肢 2 节，第 1 节具 2 微刺。第 5 对胸足左足第 2 基节长于外肢第 1 节，末端可达右足第 2 基节中部，外肢第 1 节可达右足第 2 基节末端，其外末部具 1 小刺突，末节粗短而尖锐，呈爪状，并与第 2 节指状的末部形成 1 小螯状；右足外肢第 1 节内缘具 4 突起，第 1 个与第 4 个突起较粗大，末节近端具 2 钝突，内肢内缘也具 3 突起，近基部 1 个很尖锐。

分布：东海，南海；太平洋，印度洋及大西洋。暖水种。

参考文献：24，44，82，87，106，175，192，204，217，218。

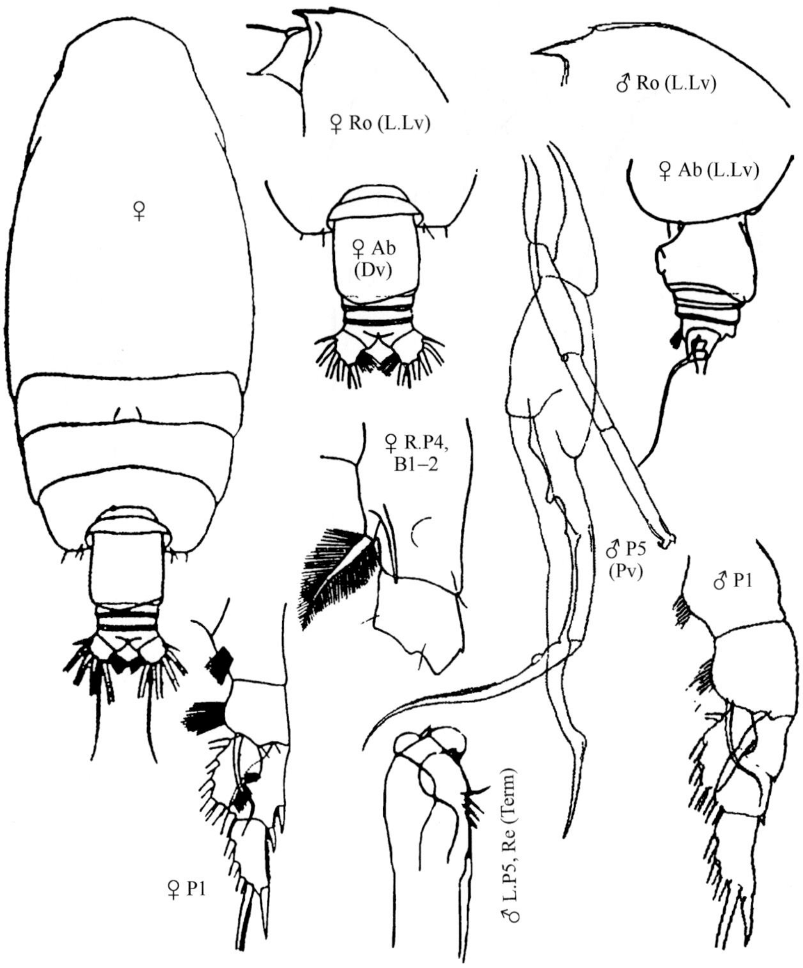

图 51 单刺真胖水蚤 *Euchirella unispina*
[仿连光山等, 1978 (♀), Tanaka et al., 1969a (♂)]

(51) 单刺真胖水蚤 *Euchirella unispina* Park, 1968 (图 51)

[*Euchirella acuta* Tanaka & Omori, 1969a, 1969b; 连光山等, 1978, 1984; 陈清潮, 2003]

形态特征:

体长: ♀3.6~4.2 mm, ♂3.9 mm。额部宽圆, 无额脊, 额角尖锐并指向腹面。**雌性:** 生殖节近方形, 腹面膨大; 左右侧外缘对称, 背末缘具 1 宽圆突起, 并向后覆盖第 2 腹节背面。第 2、3 腹节宽短, 末缘具细刺。尾叉宽短。第 1 对胸足外肢分 2 节, 第 1 节具 2 外缘刺, 内肢单节。第 4 对胸足第 1 基节内缘具 1 长刺, 末端可达第 1 基节末缘。**雄性:** 第 1 对胸足外肢分 3 节, 第 1、2 节各具 1 小外缘刺。第 5 对胸足左足第 2 基节可达右足第 2 基节中部, 内肢退化为 1 小突起, 外肢第 1 节较短于第 2 节, 达不到右足第 2 基节末缘, 第 3 节短小并与第 2 节末部形成小鳌状; 右足外肢第 1、2 节等长, 第 1 节内缘具 3 突起, 基部 1 个粗大, 第 2 个尖锐, 第 3 个微小, 内肢单节, 近中部也具 1 钝突。

分布: 东海, 南海; 太平洋, 印度洋。暖水种。

参考文献: 24, 31, 37, 44, 51, 106, 143, 192, 193。

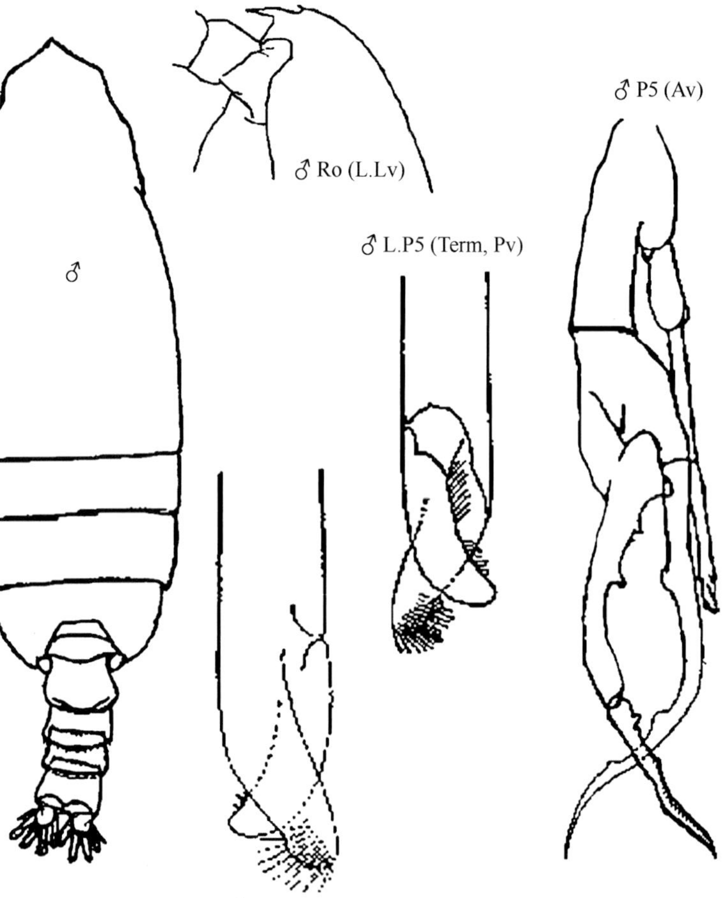

图 52 亮真胖水蚤 *Euchirella splendens*（仿 Park，1975c）

（52）亮真胖水蚤 *Euchirella splendens* Vervoort，1963（图 52）

形态特征：

体长：♂3.6~3.8 mm。**雄性：**背面观，额部前端突出，呈三角状，无额脊，额角刺粗大，指向腹面。第 5 对胸足左足内肢退化为 1 小突起，第 2 基节达右足第 1 基节末缘，外肢第 1 节可达右足第 2 基节末端，第 3 节短小呈指状，并与第 2 节指状的末端形成小螯状，第 2 节末端指状突较长于第 3 节；右足内肢单节，内缘具 3 钝突，外肢分 2 节，第 1 节内缘具 4 齿状突，基部一个最大，呈钝三角状，第 3 个齿突末端稍弯曲，与内肢第 1 突起处于同一水平位置上，末节内缘具细齿，基部也具 1 小突起。

分布：南海；太平洋。暖水种。

参考文献：23，24，44，147。

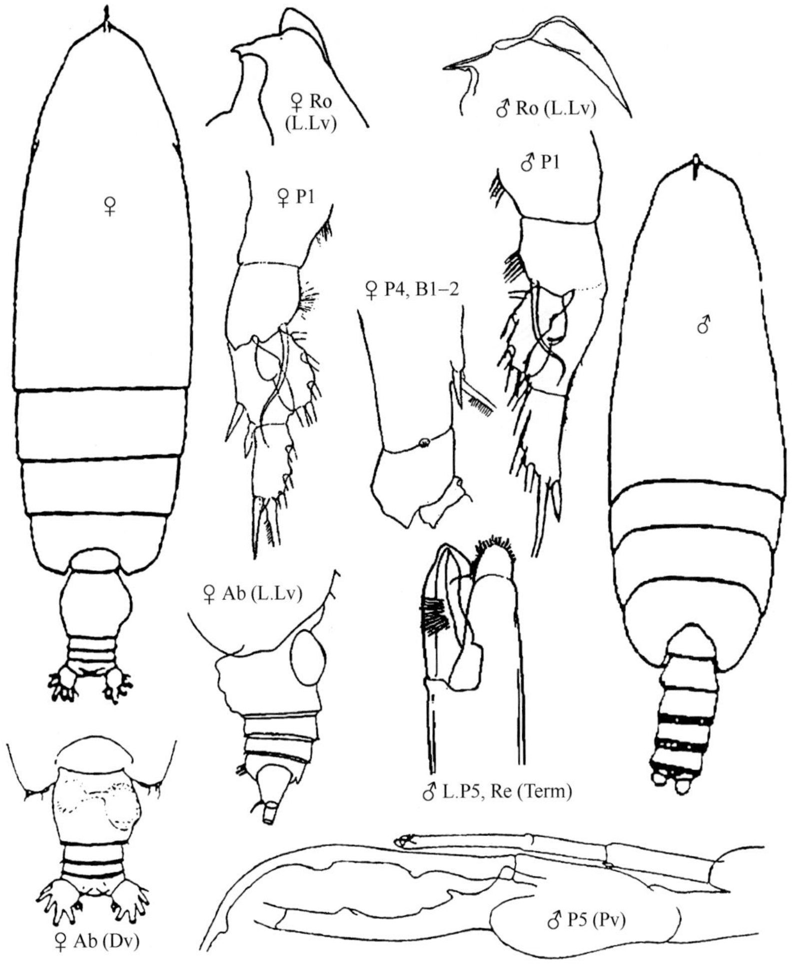

图 53　双突真胖水蚤 *Euchirella bitumida* [仿 Tanaka, 1957b (♀), Tanaka et al., 1969a (♂)]

(53) 双突真胖水蚤 *Euchirella bitumida* With, 1915 (图 53)

[*Euchirella galeata*: Sewell, 1947 (♀)]

形态特征：

体长：♀5.9~6.7 mm，♂4.9~6.1 mm。**雌性：**额部前端具高的脊状突，背面观呈刺状，侧面观呈盔状。额角粗短。胸部后侧角宽圆，具细刺毛。生殖节不对称，右侧显著膨大并在其背面具1大的瘤状突，左侧背面近基部也具1较小的瘤状突；生殖节及第2、3腹节末缘具细齿。尾叉宽短。第1对胸足内肢单节，外肢2节，第1节具2外缘刺。第4对胸足第1基节内缘具1长刺。**雄性：**侧面观，额部脊状突较雌性宽大，呈钝三角形。第1对胸足内肢单节，外肢2节，第1节外缘近中部及末缘各具1微刺。第5对胸足左足第2基节仅达右足第2基节近1/2处，内肢退化为1小突起，外肢第1节可达右足第2基节近末缘，第3节短小呈指状，并与第2节末端形成钳状；右足外肢2节，第1节内缘具4突起，第1个粗大，第2个尖锐，第3个很小，内肢单节，内缘具3钝突。

分布：东海，南海；太平洋，印度洋及大西洋。暖水种。

参考文献：24，25，37，44，82，106，161，175，192，204，217。

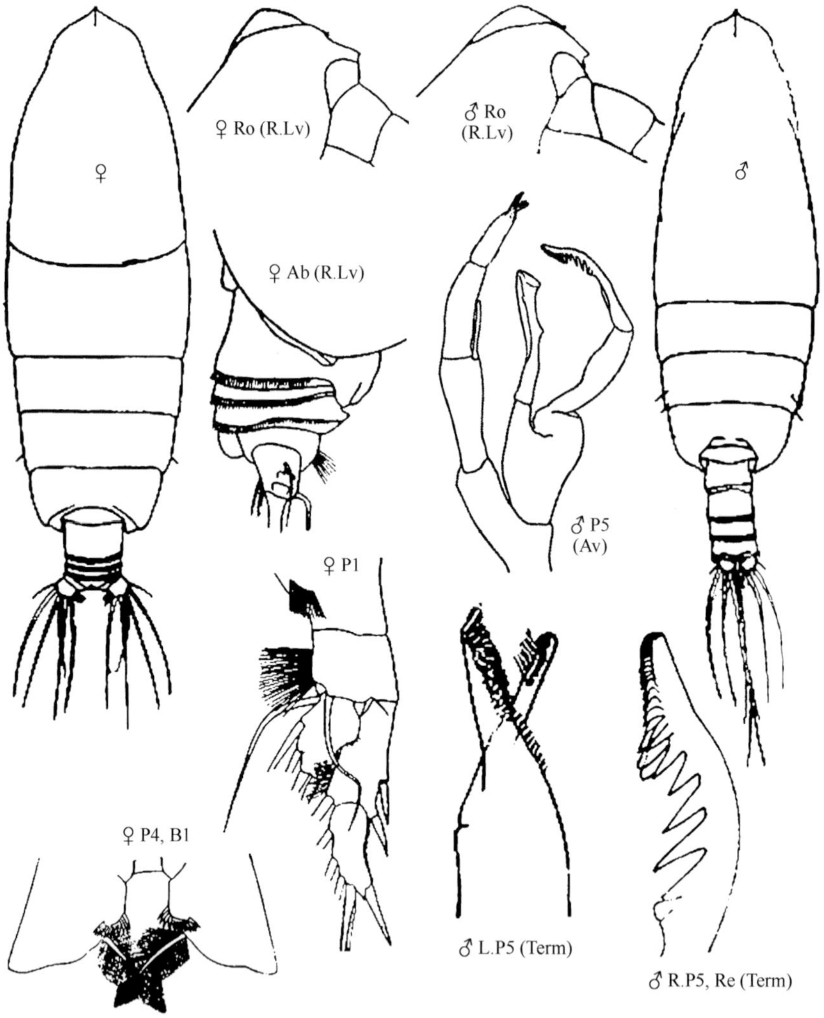

图 54 短尾真胖水蚤 *Euchirella curticauda*（仿连光山等, 1978）

（54）短尾真胖水蚤 *Euchirella curticauda* Giesbrecht, 1888（图 54）

形态特征：

体长：♀3.3~3.9 mm，♂3.1~3.4 mm。额部前端突出，其背中央具较高的脊状突，侧面观呈钝三角形，额角很短小。**雌性：**头部与第 1 胸节仍可见愈合线。胸部后侧角钝圆，侧面观其末缘具 1 小突起。生殖节宽大，左右对称，腹面膨大，生殖突两侧后缘各具 1 小突起。第 3 腹节腹面也突出，第 1~3 腹节后缘均具细刺毛。尾叉宽短。第 1 对胸足外肢分 2 节，第 1 节具 2 外缘刺。第 4 对胸足第 1 基节内缘具 1 列梳状刺，其刺数有个体差异，8~16 根。**雄性：**第 1 对胸足外肢第 1、2 节愈合，但仍可见愈合线，其外缘近中部及末缘各具 1 小刺。第 5 对胸足左足狭长，内肢单节，细长呈棒状，外肢第 3 节短小，并与第 2 节指状末端形成钳状，表面均具细毛；右足呈螯状，内肢单节，与外肢第 1 节近等长，末端较宽大，外肢分 2 节，末节呈爪状，其末半部内缘具倒钩刺列，近端刺较粗，远端刺小而密。

分布：东海至南海；太平洋，印度洋及大西洋。暖水种。

参考文献：24，25，31，37，44，51，67，82，86，97，99，106，152，157，158，175，192。

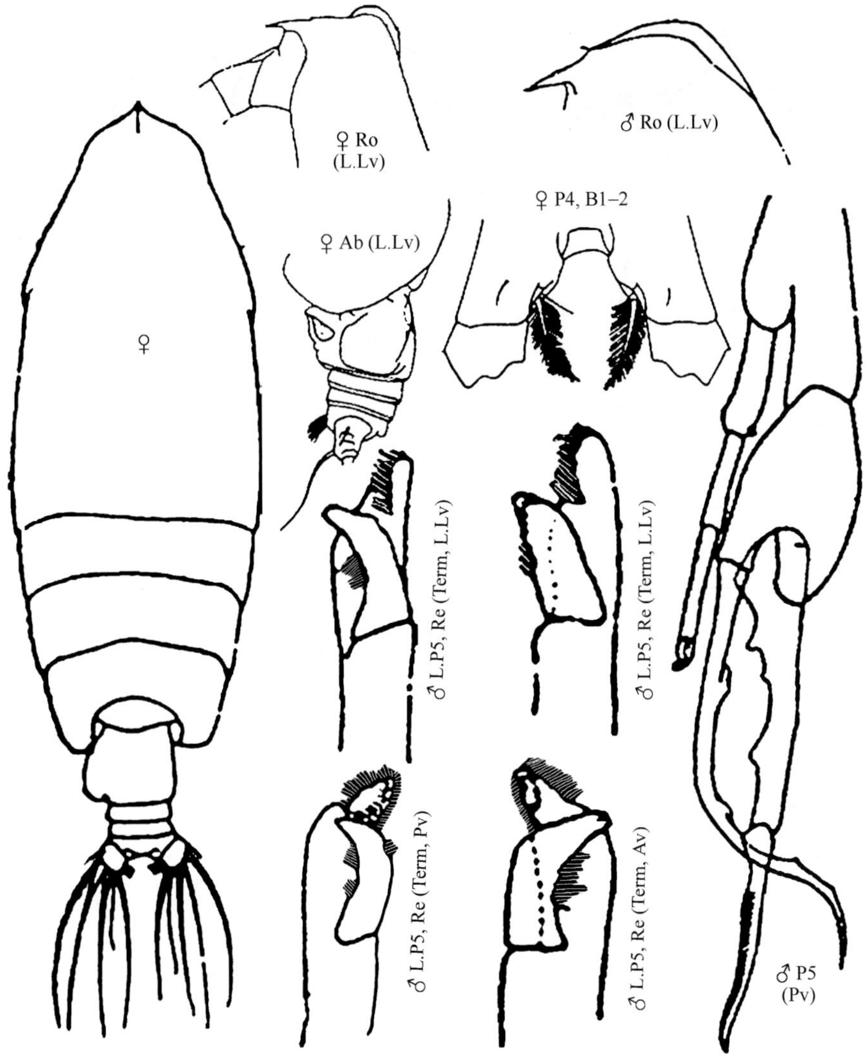

图 55　盔头真胖水蚤 *Euchirella galeata*（仿连光山等，1984）

（55）盔头真胖水蚤 *Euchirella galeata* Giesbrecht，1888（图 55）

形态特征：

体长：♀5. 2~6. 7 mm，♂4. 8~5. 3 mm。额部前端具较低的脊状突，侧面观呈盔状。额角较粗大而尖锐。**雌性：**生殖节宽大而不对称，左侧显著突出，具 1 宽圆大突起；侧面观其背面近端下凹，腹面突出。第 4 对胸足第 1 基节内缘具 1 粗刺，其末端达不到本节末缘。**雄性：**与双突真胖水蚤（*E. bitumida*）雄性相近似，但本种额部脊状突较低而宽圆。第 5 对胸足左足第 2 基节仅达右足第 2 基节 1/3 处，外肢第 1 节达不到右足第 2 基节末端，末节呈尖爪状，并与第 2 节末部构成螯，内肢退化为 1 小突起；右足外肢第 1 节内缘具 4 突起，内肢单节，内缘具 3 突起。

分布：东海，南海；太平洋，印度洋及大西洋。暖水种。

参考文献：24，25，37，38，44，51，82，85，97，106，158，159，192，204，217。

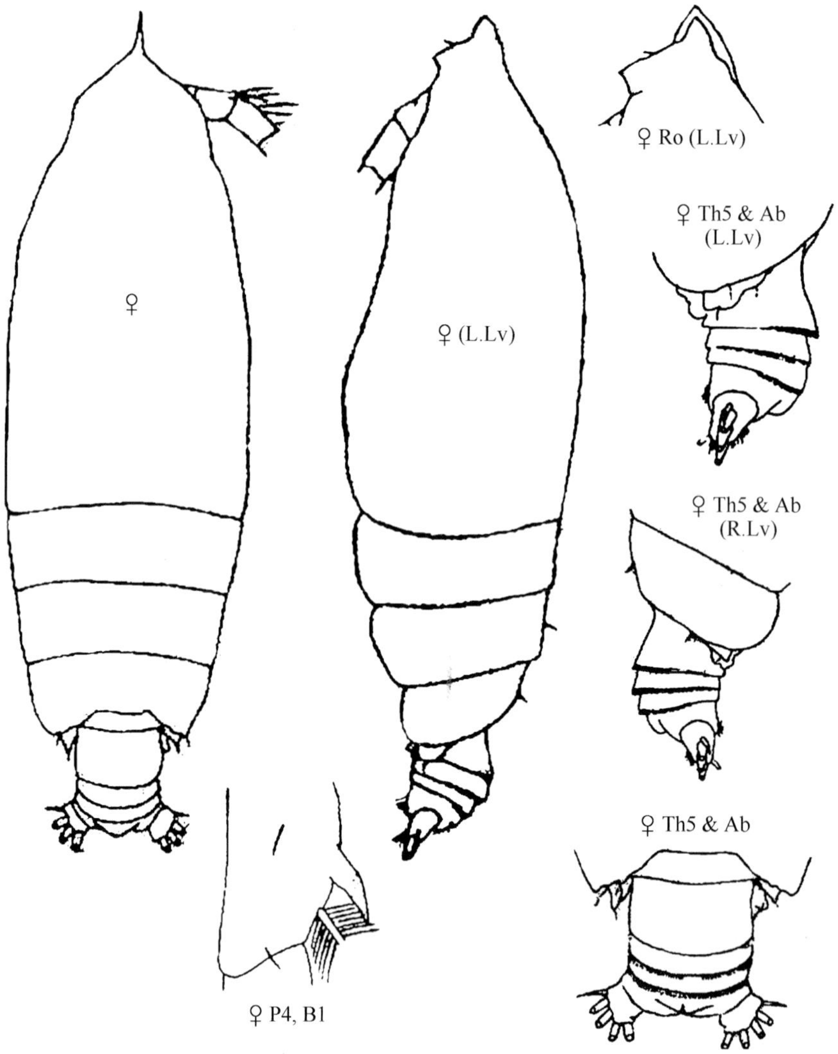

图 56 巨大真胖水蚤 *Euchirella maxima*（仿 Tanaka et al.，1969b）

（56）巨大真胖水蚤 *Euchirella maxima* Wolfenden，1905（图 56）

［*Euchirella simplex* Esterly，1911］

形态特征：

体长：♀6.1~7.6 mm。**雌性：**额部前端具高的脊状突，背面观呈长刺状，侧面观为三角状，额角粗短。胸部后侧缘宽大，具片状突起。腹部粗短，生殖节宽大，其长度约为宽的2/3，左右对称，腹面具大突起。背面观，右侧也可见到此腹突。尾叉宽短。第1对胸足外肢第1、2节愈合，并具2外缘刺，末节也具1外缘刺；内肢单节。第4对胸足第1基节内缘具1粗刺。

分布：东海，南海；太平洋，印度洋及大西洋。暖水种。

参考文献：24，37，44，51，87，99，106，157，158，161，192，193，217，218。

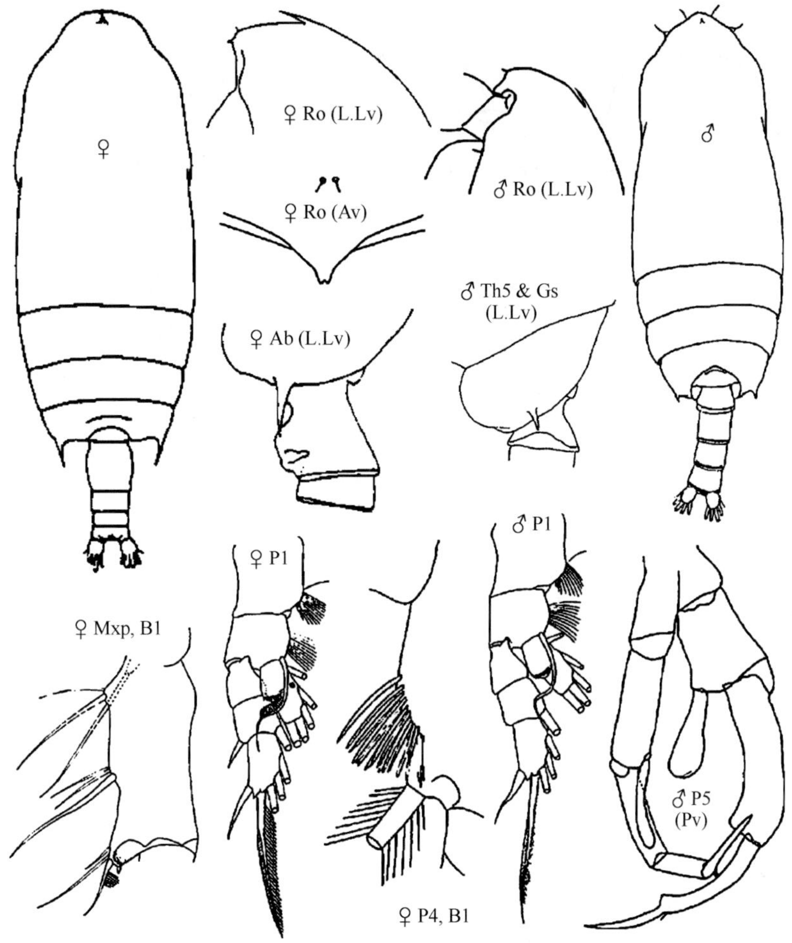

图 57　卫士枪水蚤 *Gaetanus armiger*

[仿 Tanaka, 1969 (♀Dv; ♀Ab; ♀Ro, Lv); Park, 1975a (♀Ro, Av; ♀Mxp; ♀P1; ♀P4; ♂)]

(57) 卫士枪水蚤 *Gaetanus armiger* Giesbrecht, 1888 (图 57)

形态特征：

体长：♀2.7~3.6 mm，♂2.6~3.2 mm。**雌性：**额部前端钝圆，其背中央具1刺突，指向腹面。额角很短小，为单刺突，顶端稍分叉。胸部后侧角刺突细长，可达生殖节中部或近末端。生殖节宽短，两侧稍膨大而对称。尾叉宽短，近方形。颚足第1基节外缘无片状突。第1对胸足外肢分3节，第1节无外缘刺。第4对胸足第1基节内缘具1列细刺。**雄性：**前额刺突及额角均较雌性短小。胸部后侧角刺突也短小。第1对胸足外肢分3节，第1、2节无外缘刺。第5对胸足左足内肢单节呈长棒状，可达外肢第1节近末端，外肢分3节，末节呈粗刺状，长于第2节；右足内肢单节呈锤状，外肢分2节，近等长，第2节末端呈刺状。

分布：东海，南海；太平洋，印度洋及大西洋。深水种。

参考文献：44，82，97，106，145，158，175，189，217。

注：据 Tanaka(1969) 对本种雄性特征描述及绘图，与上述(Park，1975a)有些差异，其前额刺突及额角较大，胸部后侧角钝圆而无刺突；第5对胸足右足外肢分3节。是否存在个体差异或观察有误，有待探讨。

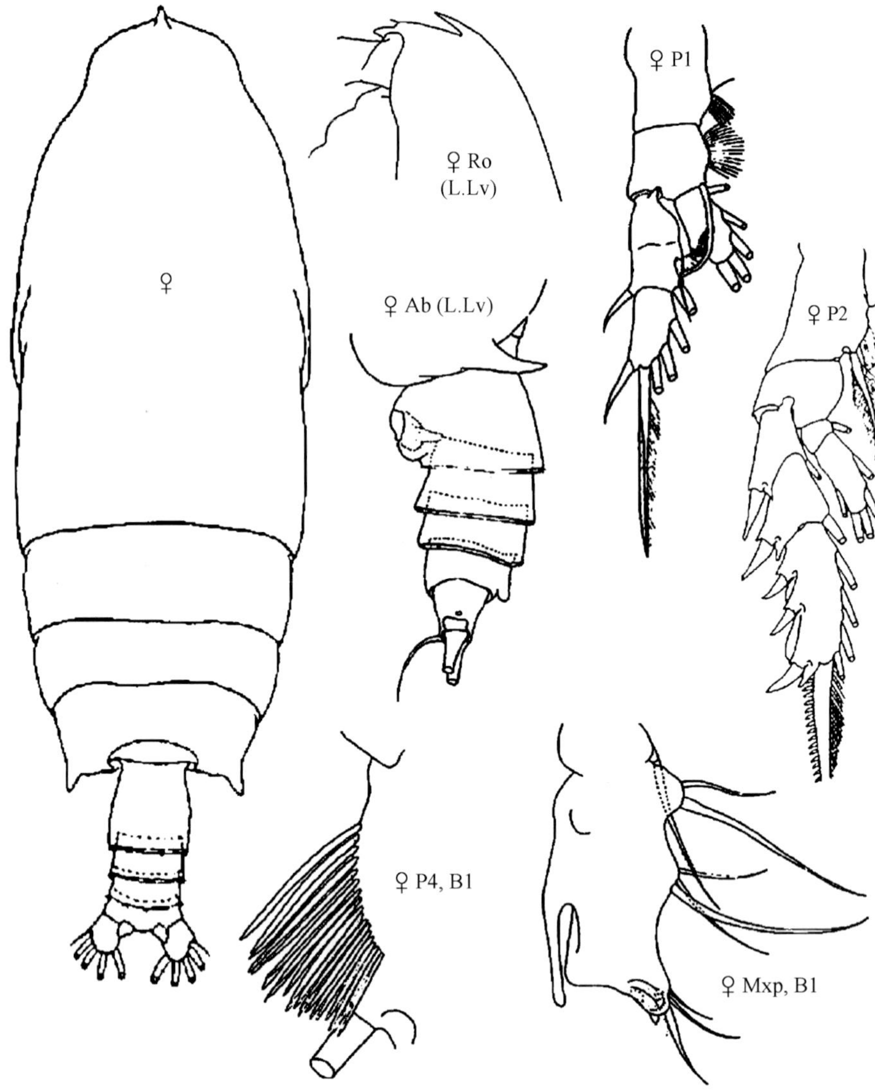

图 58 短角枪水蚤 *Gaetanus brevicornis*（仿 Park，1975a）

（58）短角枪水蚤 *Gaetanus brevicornis* Esterly，1906（图 58）

［*Gaetanus rectus* Wolfenden，1911；*G. ascendens* Esterly，1913］

形态特征：

体长：♀4.6~5.1 mm。**雌性：**额部前端具 1 小刺突，侧面观指向腹面。额角短小。头胸节中部两侧各具 1 翅状侧沟。胸部后侧角粗短，侧面观指向背面。生殖节近方形，左右对称，其长度与后 3 节长度之和近等长，腹面膨大。尾叉宽短，近方形。颚足第 1 基节外缘具 1 长棒状突起并达到该节末端。第 1 对胸足外肢第 1、2 节不完全愈合，仅具 1 外缘刺。第 4 对胸足第 1 基节内缘具 1 列大约 18 根细长而密集的细刺。

分布：东海，南海；太平洋，印度洋及大西洋。深水种。

参考文献：20，24，37，44，82，86，88，101，145，194，218。

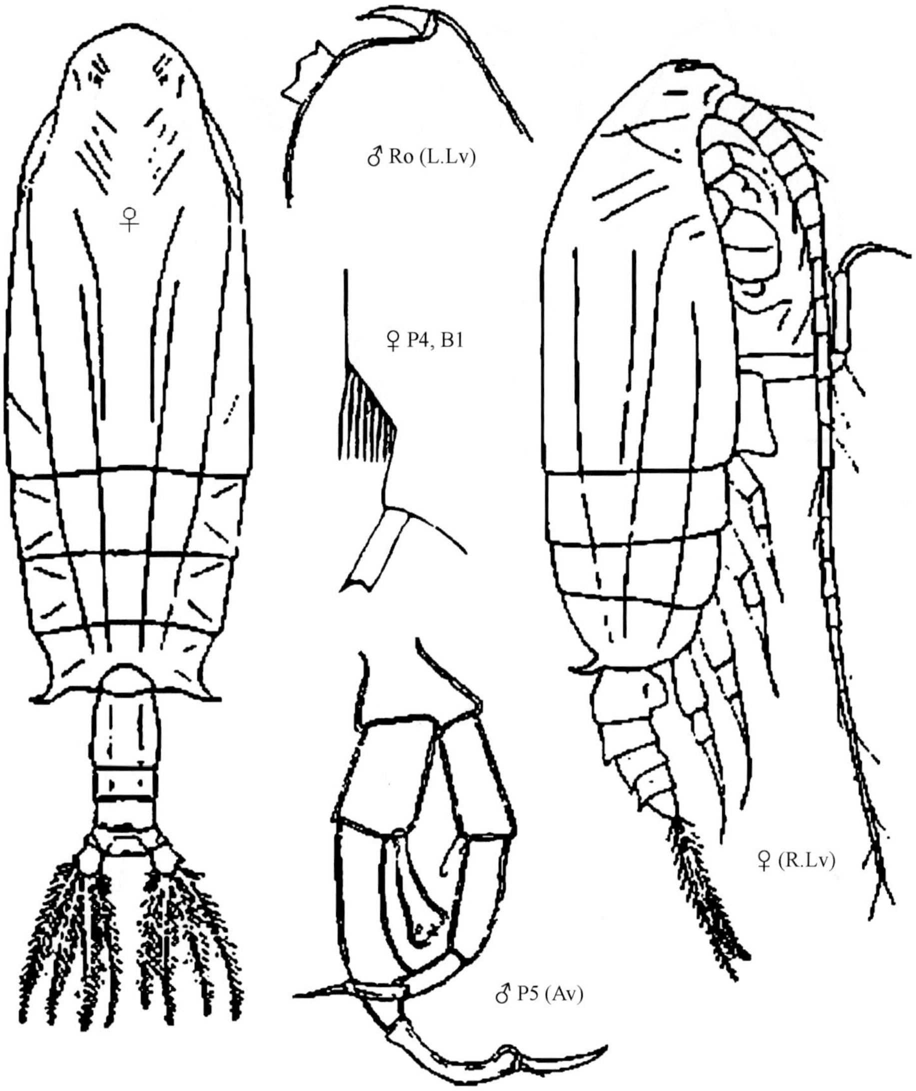

图 59　弯刺枪水蚤 *Gaetanus curvispinus*（仿 Wilson，1950）

（59）弯刺枪水蚤 *Gaetanus curvispinus* Wilson，1950（图 59）

形态特征：

体长：♀4.8 mm，♂4.3 mm。**雌性：**背面观额部宽圆，侧面观前额具 1 弯向腹面的小刺突，额角短小。胸部后侧角刺突向外弯曲，与体轴成直角，侧面观指向背面。生殖节短于后 3 节长度之和，呈长方形，腹面很膨大。尾叉近方形。第 1 对胸足外肢 2 节。第 4 对胸足第 1 基节内缘具 1 列 11~12 根针状刺，外侧刺较长，向内侧渐缩短。**雄性：**额部前端较突出，侧面观前额具 1 弯向腹面的粗刺突。胸部后侧角短小而不弯曲。第 5 对胸足左、右足第 2 基节等长；左足内肢短小呈棒状，外肢分 3 节，末节顶端具细长刺；右足内肢单节，其基部狭小，末端宽大呈叶状，并具 2 小瘤状突，外肢第 2 节末端呈瘤状并具 1 小刺，末节弯曲呈尖爪状。

分布：南海；太平洋。热带种。

参考文献：44，217。

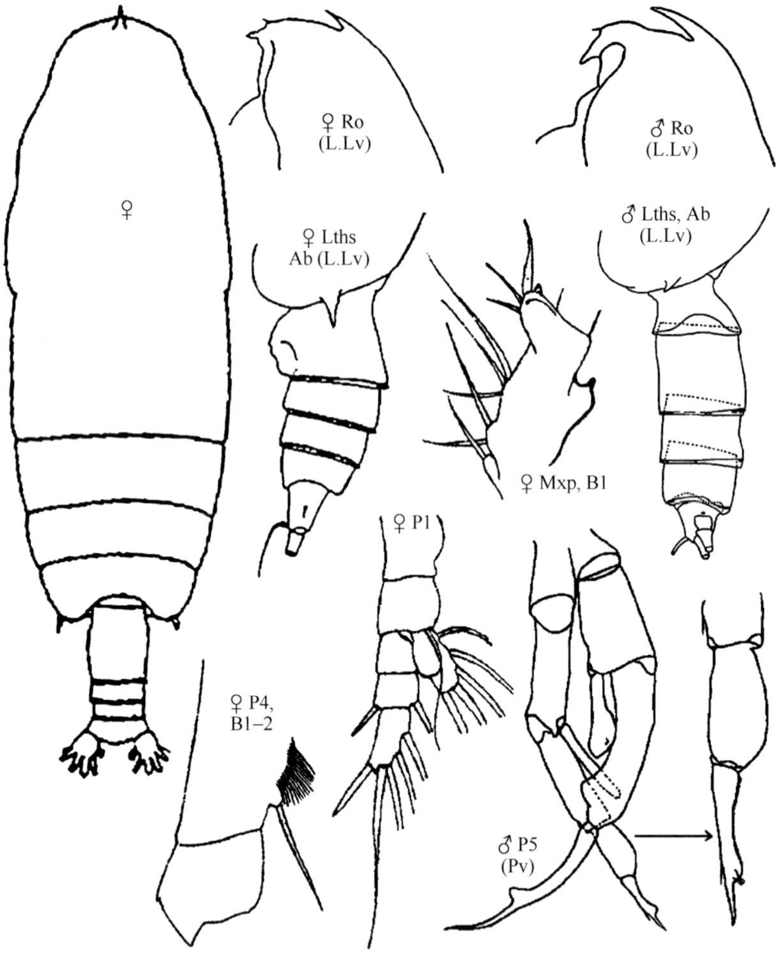

图 60 克氏枪水蚤 *Gaetanus kruppii*

［仿 Tanaka，1957b（♀Dv；♀Ro；♀Lths，Ab）；Park，1975a（♂）；Scott，1909（♀P1；♀P4B1–2；♀Mxp）］

（60）克氏枪水蚤 *Gaetanus kruppii* Giesbrecht，1903（图 60）

［*Gaetanus clarus* Esterly，1906；*G. major* Wolfenden，1904］

形态特征：

体长：♀4. 7～5. 7 mm，♂4. 5～5. 6 mm。**雌性：**额部前端刺状突较小，侧面观弯向腹面。额角短小。胸部后侧角刺突较粗短，向后仅达生殖节基部 1/3 处。生殖节稍长于后 3 节长度之和，呈长方形，腹面膨大。尾叉呈方形。颚足第 1 基节外缘叶状刺突粗短，顶端尖小，中部微凹。第 1 对胸足外肢分 3 节，第 1 节无外缘刺。第 4 对胸足第 1 基节内缘具 1 列细刺毛。**雄性：**额部前端刺状突及额角均较雌性发达。胸部后侧角较雌性短小。第 5 对胸足左足外肢分 3 节，末节短小，末端刺常与末节愈合，近末端内缘 1/3 处隆起呈瘤状，其外缘具 1 小刺，内肢单节，狭长呈棒状，可达外肢第 1 节近末端；右足外肢第 1、2 节近等长，第 1 节内末缘膨大，第 2 节内缘近末部也具 1 钝突，内肢单节，末端膨大呈锤状。

分布：东海，南海；太平洋，印度洋及大西洋。深水种。

参考文献：23，24，44，82，86，106，145，158，175，194，217。

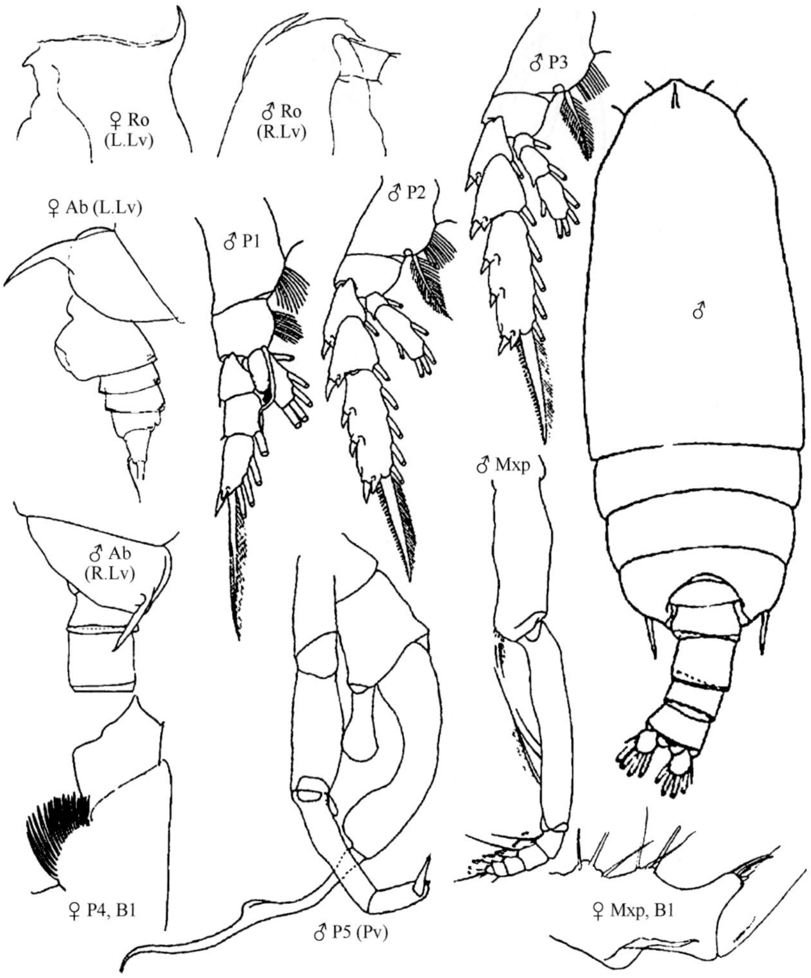

图 61 宽额枪水蚤 *Gaetanus latifrons*

[仿 Tanaka et al., 1970a (♀); Park, 1975a (♂)]

(61) 宽额枪水蚤 *Gaetanus latifrons* Sars, 1905 (图 61)

[*Gaetanus holti* Farran, 1905; *G. paracurvicornis* Brodsky, 1950]

形态特征:

体长: ♀4.6~5.4 mm, ♂4.2 mm。**雌性:** 额部前端刺突粗大。侧面观额部宽平，刺突位于背侧并稍弯曲。额角粗短。胸部后侧角狭长，背面观可达生殖节近末端。生殖节两侧凸出呈球状，腹面很膨大。尾叉宽短。颚足第 1 基节外缘具 1 狭长的片状突，末端尖小。第 1 胸节外肢分 3 节，具 3 外缘刺。第 4 对胸足第 1 基节内缘具 1 列 19~21 根细刺。**雄性:** 额部前端刺突较短小，侧面观呈脊状并弯向腹面，额角较粗大。胸部后侧角刺细长，位于末胸节腹侧缘，向后伸展超过生殖节末端。第 1 对胸足外肢 3 节，第 1、2 节各具 1 退化的小外缘刺。第 5 对胸足左足内肢单节，小于外肢第 1 节的 1/4，外肢第 3 节短小呈锥状，约为第 2 节长的 2/3，其基部具 1 小突起；右足外肢第 2 节较长于第 1 节，其内缘中部具 1 钝突，内肢单节呈锤状，可达外肢第 1 节近中部。

分布: 东海，南海；太平洋，印度洋及大西洋。深水种。

参考文献: 23, 24, 44, 67, 106, 145, 157, 158, 194, 217。

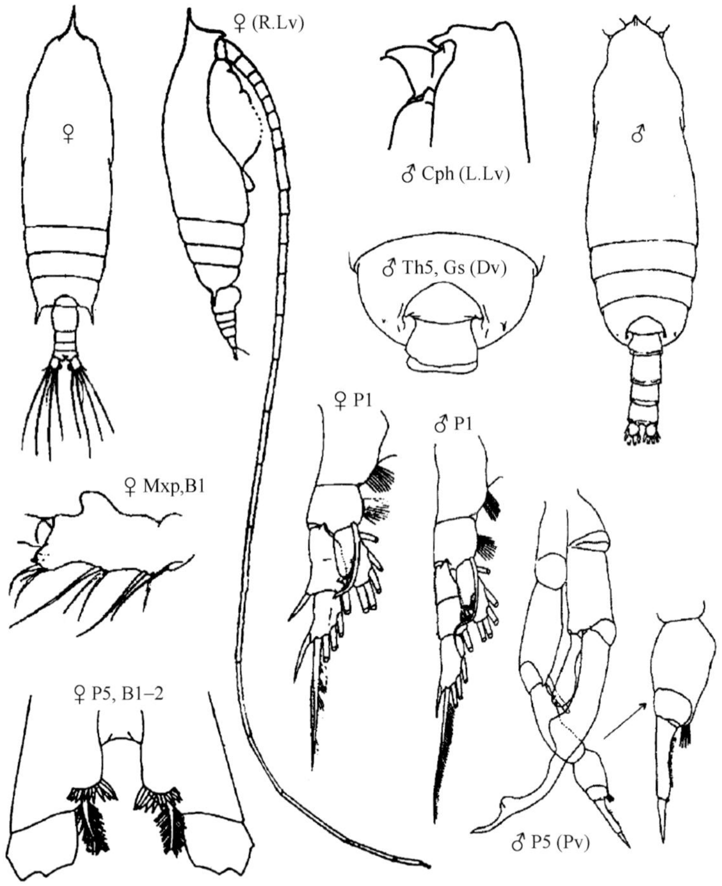

图 62 长角枪水蚤 *Gaetanus miles* Giesbrecht, 1888
[仿连光山等, 1984 (♀); Park, 1975a (♂)]

(62) 长角枪水蚤 *Gaetanus miles* Giesbrecht, 1888 (图 62)

[*Gaetanus secundus* Esterly, 1911]

形态特征:

体长: ♀3.4~4.4 mm, ♂3.0~3.4 mm。**雌性:** 前额具 1 长刺突, 侧面观位于背侧直指前方。额角短小, 为单刺突。末胸节后侧角刺突较细长, 向后可达生殖节近末缘。生殖节近球形, 其长度等于后 3 节之和。第 1 触角特别长, 约为体长的 2.5 倍, 向后伸展约末 11 节超过尾叉。颚足第 1 基节外缘具 1 宽舌状突起。第 1 对胸足外肢分 2 节, 具 2 外缘刺。第 4 对胸足第 1 基节内末缘具 1 列小刀状粗刺(约 12 根)。**雄性:** 前额仅具短小的脊状突, 侧面观顶端钝圆, 额角粗短。末胸节后侧角宽圆, 仅具 1 小刺, 左右常稍不对称。第 1 触角仅达尾叉末端。第 1 对胸足外肢分 3 节, 第 1、2 节无外缘刺。第 5 对胸足左足外肢分 3 节, 第 2、3 节近等长, 第 2 节膨大, 第 3 节狭长, 顶端具 1 粗刺, 长约为末节的 1/2, 内肢单节, 可达外肢第 1 节中部; 右足外肢分 2 节, 近等长, 内肢单节, 可达外肢第 1 节 2/3 处。

分布: 东海, 南海; 太平洋, 印度洋及大西洋。深水种。

参考文献: 20, 24, 25, 37, 38, 44, 51, 67, 82, 87, 97, 99, 145, 152, 157, 158, 161, 175, 216, 217。

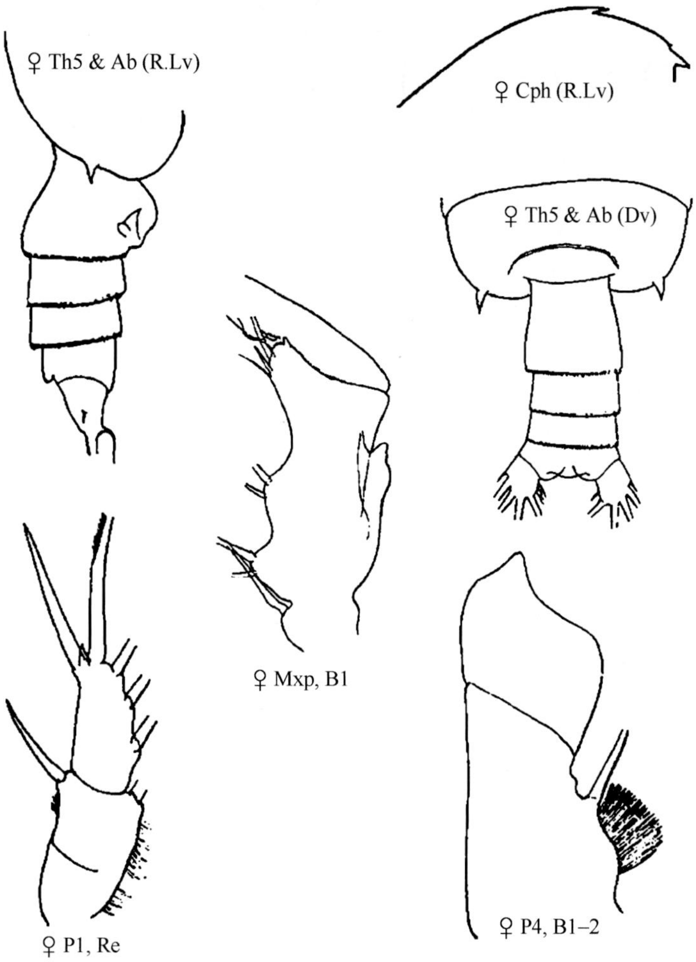

图 63　小刺枪水蚤 *Gaetanus minispinus*（仿 Tanaka，1969）

（63）小刺枪水蚤 *Gaetanus minispinus* Tanaka，1969（图 63）

形态特征：

体长：♀5.2~5.6 mm。**雌性：**身体粗壮。前额刺突很短小，指向腹面。额角呈小齿状。胸部后侧缘宽大，各具 1 小刺突。生殖节近方形，左右对称，其腹面膨大。第 1~3 腹节后缘具细刺毛。尾叉呈方形。颚足第 1 基节外缘具 1 片状突，其末端呈钝三角形。第 1 对胸足外肢 2 节，内肢单节；外肢第 1、2 节不完全愈合，其外缘刺长达末节的末缘。第 4 对胸足第 1 基节内缘具 1 列细刺毛（约 23 根）。

分布：东海，南海；西太平洋。深水种。

参考文献：23，24，44，106，189，194。

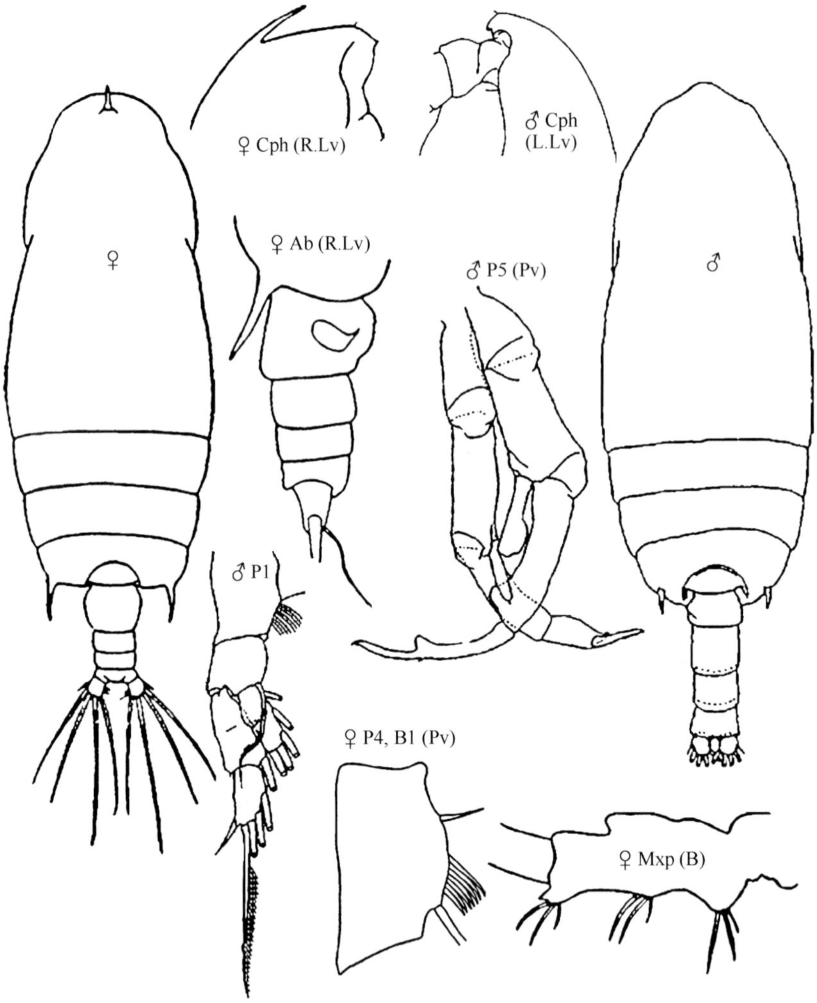

图 64　小枪水蚤 *Gaetanus minor*

［仿陈清潮等，1965（♀）；Park，1975a（♂）］

（64）小枪水蚤 *Gaetanus minor* Farran，1905（图 64）

形态特征：

体长：♀2.1~2.3 mm，♂1.9~2.1 mm。**雌性：**背面观，前额刺突较短小，侧面观弯向腹面。额角很小，为 1 小突起。胸部后侧角刺突细长，向后可达生殖节近末端。生殖节呈球状。尾叉呈方形。颚足第 1 基节外缘具 1 低的片状突，其末端钝圆。第 1 对胸足外肢分 2 节，具 2 外缘刺，内肢单节。第 2 对胸足内肢也单节。第 4 对胸足第 1 基节内缘具 1 列细刺。**雄性：**前额无刺突。额角很小，呈小突起状。胸部后侧角刺突短小而尖锐，向后可达生殖节近末端。第 1 对胸足外肢分 2 节，第 1 节外末缘仅具 1 微小的刺。第 5 对胸足左足外肢分 3 节，末节呈粗刺状，与第 2 节近等长，内肢单节，可达外肢第 1 节中部；右足外肢 2 节近等长，内肢单节呈棒槌状，仅达外肢第 1 节中部。

分布：东海，南海；太平洋，印度洋及大西洋。深水种。

参考文献：1，13，20，24，31，37，44，48，51，66，82，145，157，158，161，175，194，217，218。

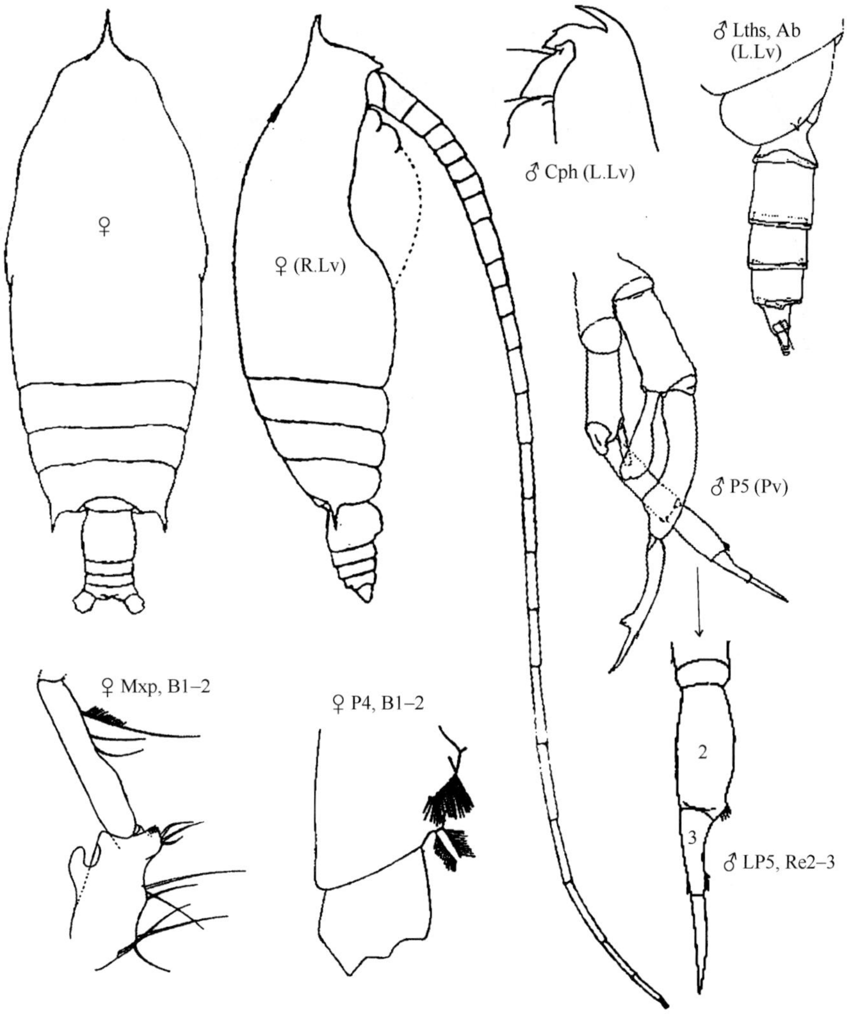

图 65 帽形枪水蚤 *Gaetanus pileatus*

[仿连光山等，1984（♀）；Park，1975a（♂）]

（65）帽形枪水蚤 *Gaetanus pileatus* Farran，1903（图 65）

[*Gaetanus unicornis* Esterly，1906. *G. caudani*：A. Scott，1909]

形态特征：

体长：♀5.2～6.5 mm，♂4.4～5.1 mm。**雌性：**前额具 1 长刺突，侧面观位于背部并指向前方。额角很短小，为单刺突。胸部后侧角刺突较粗短，长达生殖节中部。生殖节近方形，其长度大于后 3 节之和。第 1 触角较长，向后伸展时，末 6～8 节超过尾叉。颚足第 1 基节外缘具 1 指状突。第 1 对胸足外肢分 2 节，具 2 外缘刺。第 4 对胸足第 1 基节内缘具 1 列细刺毛，16～17 根。**雄性：**前额刺突较大，弯向腹面。额角粗短。胸部后侧角各具 1 小刺突。第 5 对胸足左足外肢第 2 节不膨大，第 3 节短小，仅为第 2 节的 2/3 长，其顶端粗刺较长于末节，内肢单节，仅达外肢第 1 节 1/3 处；右足与长角枪水蚤 *G. miles* 相似。

分布：东海，南海；太平洋，印度洋及大西洋。深水种。

参考文献：20，23，24，37，38，44，51，86，106，145，152，157，158，159，161，175，217。

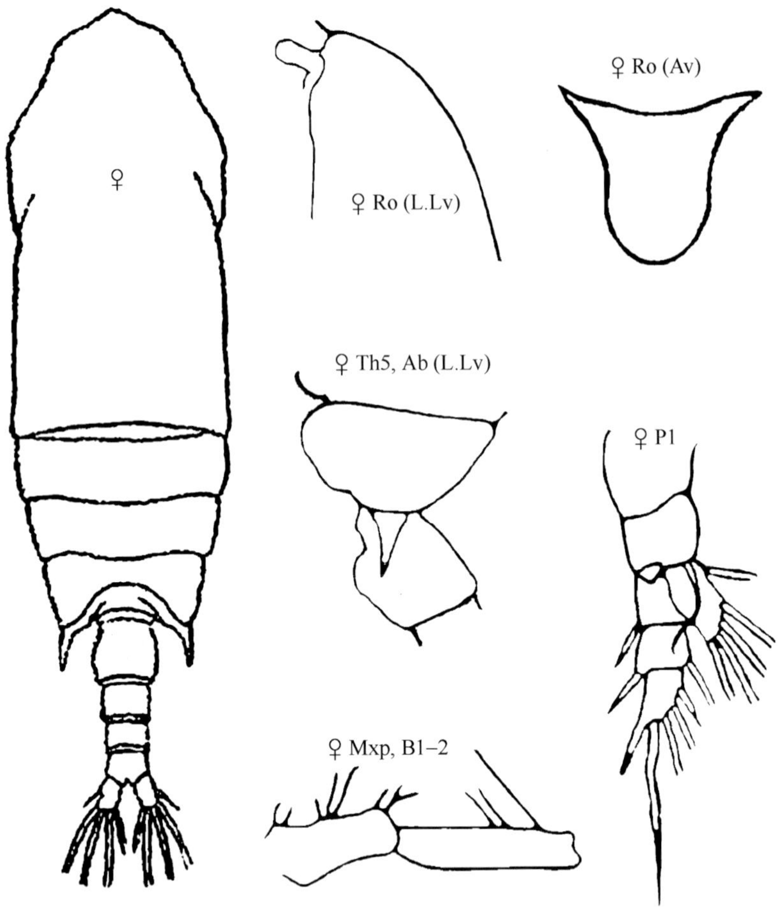

图 66 粗喙小盾水蚤 *Gaidiopsis crassirostris*（仿 A. Scott，1909）

（66）粗喙小盾水蚤 *Gaidiopsis crassirostris* A. Scott，1909（图 66）

形态特征：

体长：♀3.0 mm。**雌性：**前额稍突出，但无刺状突。额角粗大，为单刺突，顶端钝圆，指向腹面。第 4 胸节与第 5 胸节不愈合而完全分开。末胸节后侧角具 1 粗刺突，向后伸展超过生殖节中部。腹部较狭长，生殖节宽短近球形，其长度等于后 2 腹节之和；肛节近方形。尾叉长约为宽的 2 倍，与肛节等长。颚足第 1 基节外缘基部较膨大，无片状突。第 1 对胸足外肢分 3 节，具 3 外缘刺，内肢单节。第 2 对胸足内肢 2 节。第 3~4 对胸足第 1 基节内缘具细刺毛。第 5 对胸足不存在。

分布：南海东南部；马来群岛海域，西太平洋。深水种。

参考文献：44，158。

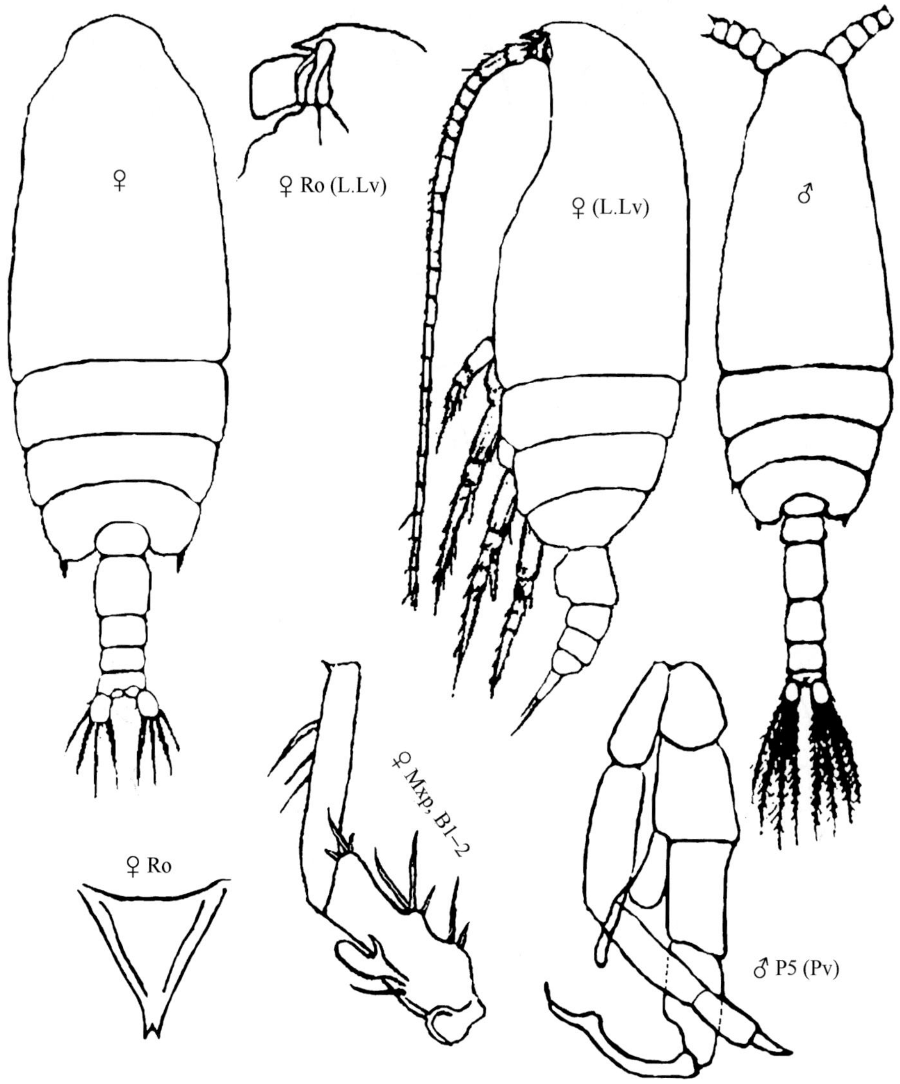

图 67　近缘盾水蚤 *Gaidius affinis*（仿 Sars，1925）

（67）近缘盾水蚤 *Gaidius affinis* Sars，1905（图 67）

形态特征：

体长：♀3. 6 mm，♂2. 3 mm。**雌性：**前额宽圆。额角粗短，呈三角形。头部与第 1 胸节愈合，第 4、5 胸节也愈合。末胸节后侧角刺突短小，仅达生殖节基部 1/3 处。腹部狭长，生殖节短小近方形，其长度等于后 2 腹节之和；第 2、3、4 腹节等长；尾叉长约为宽的 2 倍，与肛节等长。颚足第 1 基节外缘具 1 长指状的片状突。**雄性：**前额钝圆。胸部后侧角很短小，呈小齿状突。第 5 对胸足左足内肢细长，可达外肢第 1 节中部，外肢分 3 节，末节短小呈刺状，约为第 2 节长的 1/2；右足外肢分 3 节，第 1、2 节粗短，近等长，末节狭长，近末端 1/3 处内缘突出，末部弯曲呈爪状，内肢单节，粗短仅达外肢第 1 节 2/3 处。

分布：南海；太平洋，大西洋。深水种。

参考文献：44，152，157，217。

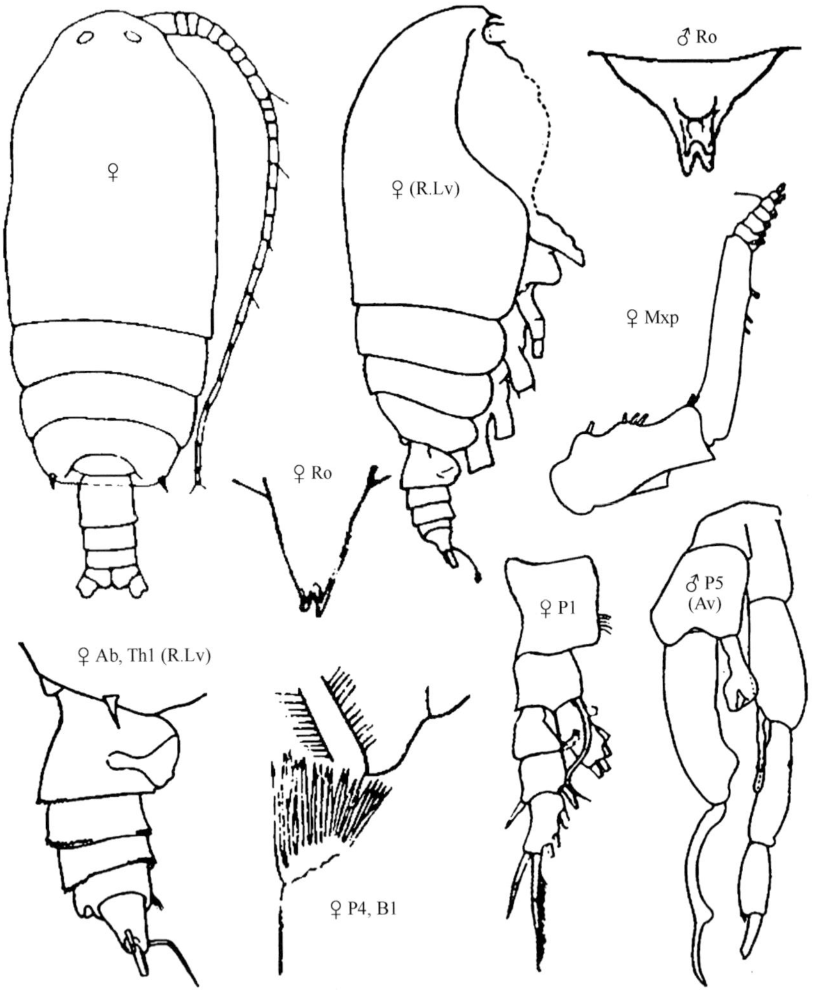

图 68 短刺盾水蚤 *Gaidius brevispinus*（仿 Brodsky，1950）

（68）短刺盾水蚤 *Gaidius brevispinus*（Sars，1900）（图 68）

［*Chiridius brevispinus* Sars，1900；*Gaidius major* Wolfenden，1904；
短刺枪水蚤 *Gaetanus brevispinus*：陈清潮，2008］

形态特征：

体长：♀3.9~4.9 mm，♂2.9~4.0 mm。**雌性：**头胸部粗壮。前额宽圆。额角短小，其顶端具小的分叉。胸部后侧角宽圆并具 1 小刺突。腹部较粗大，生殖节呈方形，其腹面膨大。尾叉宽短，近方形。颚足第 1 基节外缘中部具 1 三角形片状突。第 1 对胸足外肢 3 节，内肢 1 节，外肢第 1 节无外缘刺。第 4 对胸足第 1 基节内缘具 1 列细刺毛。**雄性：**前额宽圆。额角尖小，其顶端也呈小叉状。胸部后侧角也具 1 小刺突。第 5 对胸足左足外肢分 3 节，第 2 节粗短，其内末缘具小刺突，末节呈长指状，内肢单节呈棒状，长达外肢 2/3 处；右足内肢粗短呈锤状，仅达外肢第 1 节中部，外肢分 2 节，近等长，末节内缘近中部具钝突。

分布：东海，南海；太平洋，印度洋及大西洋。深水种。

参考文献：24，44，67，82，106，153，157，174，194，217。

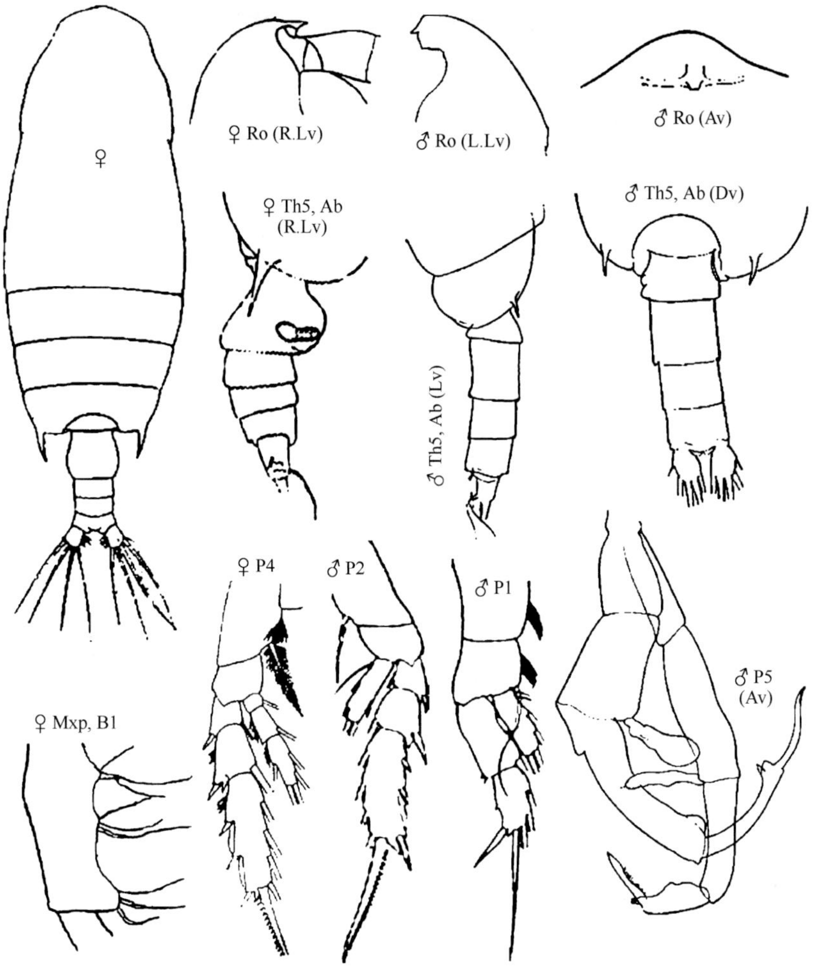

图 69　锐刺盾水蚤 *Gaidius pungens*

[仿连光山等，1984（♀）；Tanaka et al.，1970a（♂）]

（69）锐刺盾水蚤 *Gaidius pungens* Giesbrecht，1895（图 69）

[*Gaidius tenuispinus*：Tanaka，1957a（♂）；尖刺枪水蚤 *Gaetanus pungens*：陈清潮，2008]

形态特征：

体长：♀2.6~3.5 mm，♂2.1~2.3 mm。**雌性：**前额钝圆。额角粗短而尖锐，为单刺突。胸部后侧角具粗刺突，长达生殖节 3/5 处；背面观稍向内弯，侧面观位于末胸节的背末缘。生殖节呈球状，腹面膨大。尾叉呈方形。颚足第 1 基节外缘无片状突。第 1 对胸足外肢分 2 节，内肢单节。第 2 对胸足外肢 3 节，内肢也单节。第 4 对胸足第 1 基节内缘具 1 列约 10 根细刺毛。**雄性：**前额钝圆。额角及胸部后侧角刺突均较雌性短小。第 1 对胸足外肢分 2 节，第 1 节外末缘具 1 小刺及 1 小齿突，第 2 节外缘中部也具 1 小齿突，外末刺粗大；内肢单节。第 2 对胸足内肢也单节。第 5 对胸足左足内肢超过外肢第 1 节中部，其顶端具 1 小刺毛，外肢第 2 节内缘膨大，其末端具 1 丛细毛，末节呈粗刺状；右足外肢分 2 节，近等长，内肢单节呈棒槌状。

分布：东海，南海；太平洋，印度洋及大西洋。深水种。

参考文献：23，24，37，38，44，51，67，106，174，194，204，217。

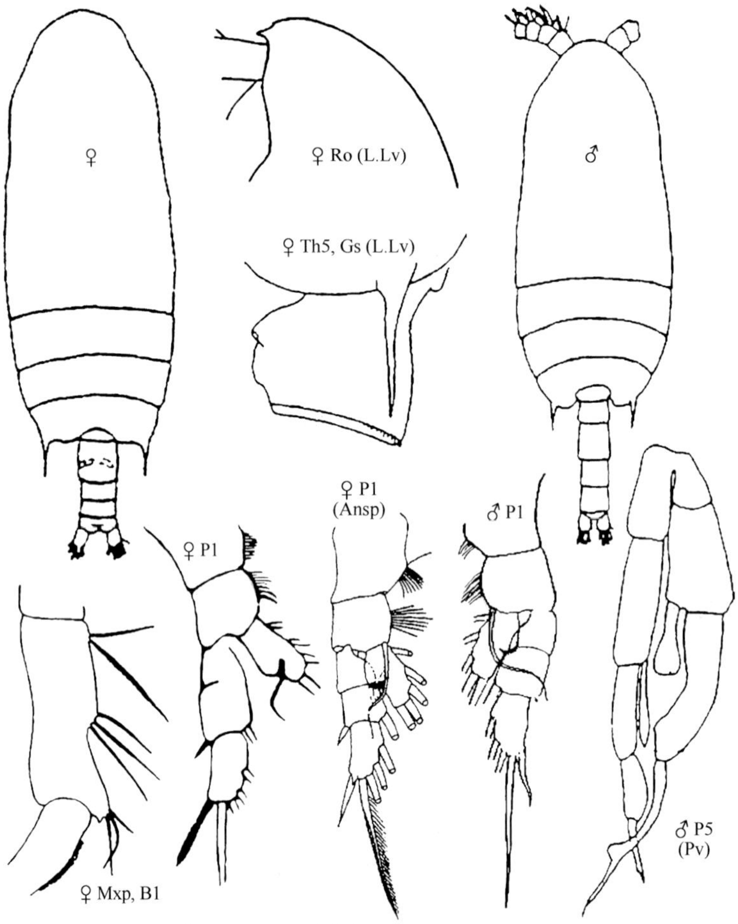

图 70　细刺盾水蚤 *Gaidius tenuispinus*

［仿 Tanaka, 1957a (♀); Rose, 1933 (♂); Tanaka et al., 1970a (♂ P1)］

（70）细刺盾水蚤 *Gaidius tenuispinus*（Sars, 1900）（图 70）

［*Chiridius tenuispinus* Sars, 1900, 1903; *Gaidius similis* A. Scott, 1909; 瘦刺枪水蚤 *Gaetanus tenuispinus*: Park, 1975a; 陈清潮, 2008］

形态特征：

体长： ♀3. 2~3. 8 mm, ♂2. 0~3. 6 mm。前额钝圆。额角粗短呈三角状，指向腹面。胸部后侧角刺突细长，达生殖节末端。尾叉宽短，呈方形。第 2 对胸足外肢分 3 节，内肢分 2 节。**雌性：** 生殖节呈方形，腹面膨大。颚足第 1 基节外缘无片状突，内末缘突出并具 3 刺毛及 1 小齿突。第 1 对胸足外肢分 3 节(Park, 1975a)或第 1、2 节不完全分开(Tanaka, 1957a)，第 1 节无外缘刺，第 2 节具 1 短小外缘刺，内肢单节。第 4 对胸足第 1 基节内缘具 1 列细刺毛。**雄性：** 第 1 对胸足外肢分 3 节，仅第 2 节外末缘具 1 微刺。第 5 对胸足左足内肢单节呈棒状，达外肢第 1 节近末端，外肢分 3 节，末节呈粗刺状，与第 2 节近等长；右足外肢分 2 节，近等长，内肢单节呈锤状，可达外肢第 1 节中部。

分布： 东海，南海；太平洋，印度洋，大西洋及南大洋。深水种。

参考文献： 24, 44, 67, 82, 106, 145, 152, 153, 157, 158, 174, 194, 204, 217。

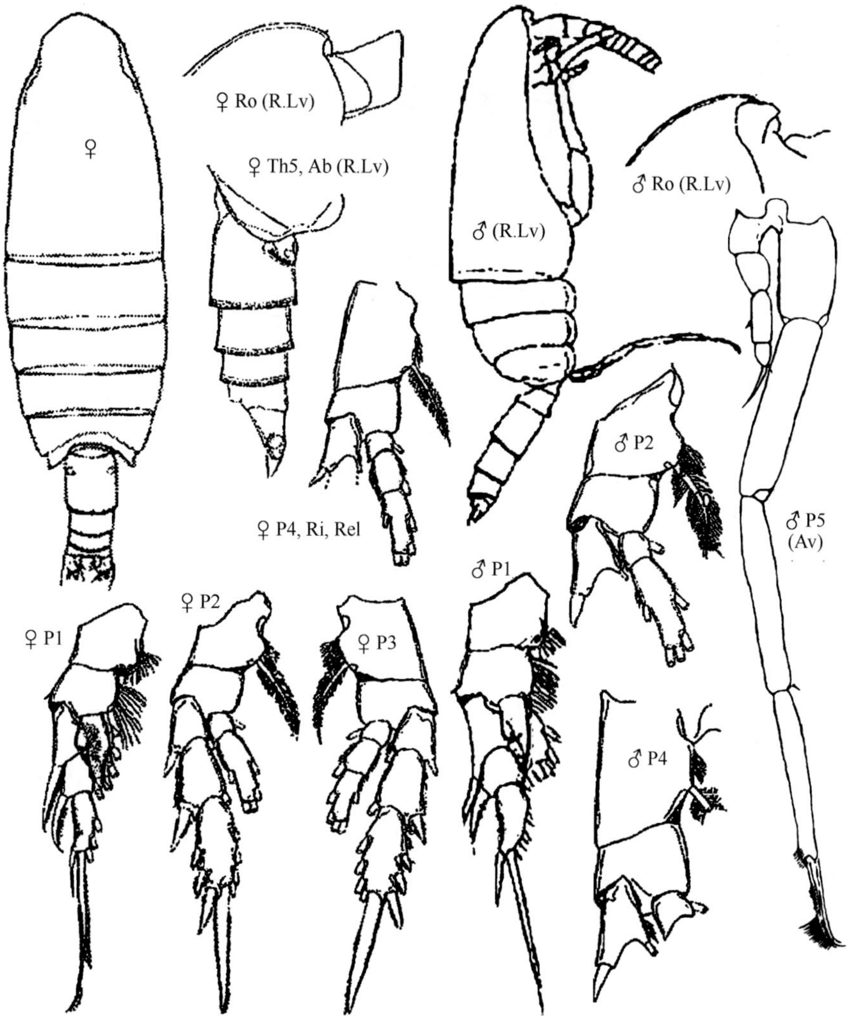

图 71　拟残泥水蚤 *Lutamator paradiseus*（仿 Ohtsuka et al.，2005）

(71) 拟残泥水蚤 *Lutamator paradiseus* Ohtsuka, Boxshall & Shimomura, 2005（图 71）

形态特征：

体长：♀3.4~3.5 mm，♂3.4 mm。**雌性：**前体部分 6 节。额部钝圆。额角稍突出，呈小三角突状。胸部后侧角宽短，背面观呈小三角突，侧面观宽圆。第 1~3 腹节末缘具透明的纹状膜。生殖节较长于后 2 节长度之和。尾叉近方形。第 1 对胸足第 1、2 基节内缘均具细毛，第 2 基节外末部具 1 小刺毛；外肢分 3 节，第 1~2 节外缘刺较粗大，末部细尖，刺的内缘具细毛，第 2 节外末刺可达末节顶端，第 3 节外末刺光滑而无细毛；内肢单节。第 2 对胸足内肢分 2 节。第 5 对胸足不存在。**雄性：**额角及第 1 对胸足与雌性相似。胸部后侧角钝圆。第 2 腹节等于第 3、4 腹节长度之和，肛节短小；尾叉呈方形。第 5 对胸足单肢型且不对称，左足狭长，分 5 节，第 2、3 节等长，第 4 节内末角具细毛，末节细长，其顶端分叉，内缘中部及末部具细毛；右足短小，分 4 节，仅达左足第 2 节近端 1/3 处，第 3 节外缘中部具 1 小刺毛，末节顶端具 1 长刺和 1 小刺。

分布：东海；琉球群岛海域，西太平洋。近底层性种。

参考文献：44，129。

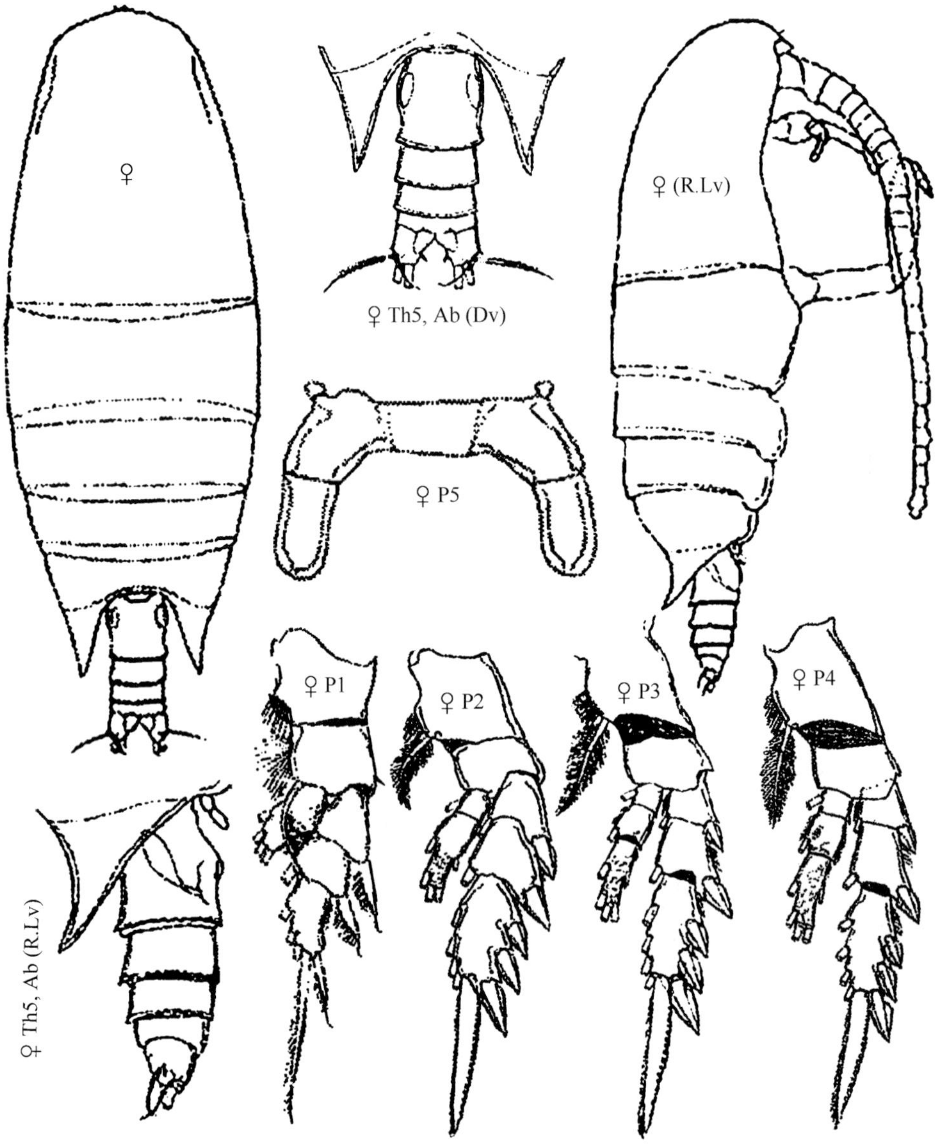

图 72 戈氏拟多毛水蚤 *Paracomantenna goi*（仿 Ohtsuka et al.，2005）

（72）戈氏拟多毛水蚤 *Paracomantenna goi* Ohtsuka, Boxshall & Shimomura, 2005（图 72）

形态特征：

体长：♀2.22～2.39 mm。**雌性：**身体结实。额部宽圆。额角不存在。胸部后侧角刺突长大，达第 2 腹节近末端。生殖节稍长于后 2 节长度之和，尾叉呈方形。第 1 对胸足第 2 基节外末缘具 1 微刺毛；外肢分 3 节，外末角各具 1 粗刺，刺的末部很细尖，各外末刺内缘具细毛。第 2～4 对胸足外肢分 3 节，各节外缘刺均为粗短的叶刺状，外肢第 3 节末端刺粗大，外缘具细锯齿。第 2 对胸足内肢分 2 节。第 5 对胸足单肢型且左右对称，呈指状，各分 2 节，末端钝圆。

分布：东海；琉球群岛海域，西太平洋。近底层性种。

参考文献：44，129。

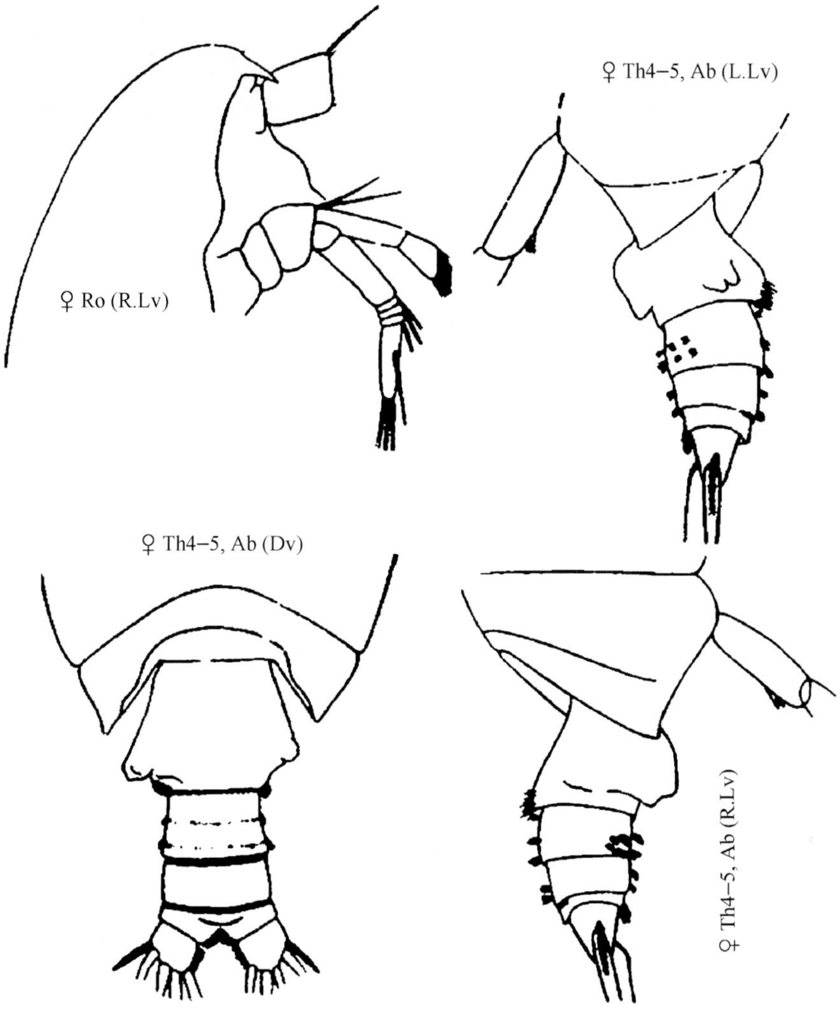

图 73 双叶伪胖水蚤 *Pseudochirella bilobata*（仿 Vervoort，1949）

（73）双叶伪胖水蚤 *Pseudochirella bilobata* Vervoort，1949（图 73）

形态特征：

体长： ♀ 5.1 mm。**雌性：** 前额钝圆。额角为单刺突，粗大而尖锐，并指向腹面。头节与第 1 胸节分开，第 4 胸节与第 5 胸节也分开。末胸节后侧角呈钝三角形。腹部分 4 节，生殖节宽大于长，稍不对称，左侧近末缘具 1 大瘤状突，顶端分叉呈小叶片状，右侧中部也具 1 较小的瘤状突，侧面观，生殖节腹面膨大，其背末部具细毛丛；第 2、3 腹节的背、腹侧也具细毛丛；肛节仅腹侧具细毛丛。尾叉宽短，近方形。第 1 对胸足外肢分 3 节，具 3 外缘刺。第 2 对胸足内肢 2 节。第 4 对胸足第 1 基节内末缘具 1 列 12 根细刺。

分布： 南海南部；马来群岛海域，西太平洋。热带种。

参考文献： 44，204。

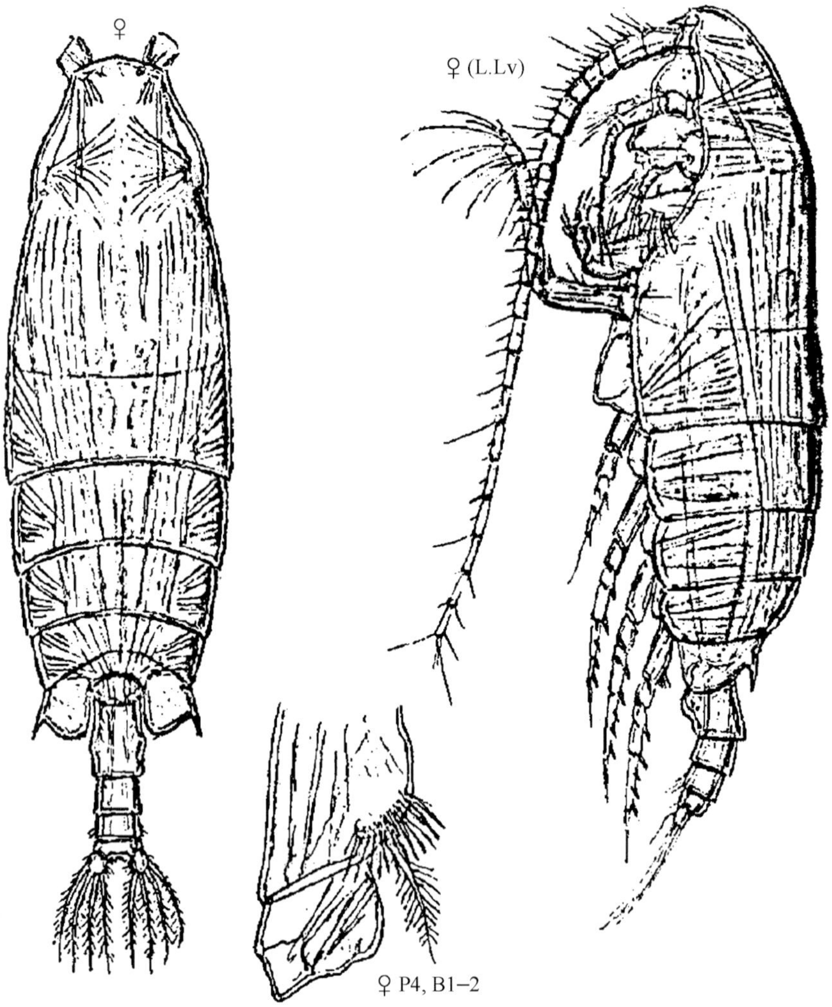

图 74 叉开伪胖水蚤 *Pseudochirella divaricata*（仿 Sars，1925）

（74）叉开伪胖水蚤 *Pseudochirella divaricata*（Sars，1905）（图 74）

［*Gaidius divaricatus* Sars，1905］

形态特征：

体长：♀4.4 mm。**雌性**：前额宽圆。额角为尖锐单刺突。头节与第 1 胸节、第 4 胸节与第 5 胸节均分开。背面观，末胸节后缘分叉，内末缘突出而宽圆，可达生殖节近中部，其外缘近中部具 1 指向后方的刺突，并稍向外撇开；侧面观，其刺突位于背末缘。腹部较瘦长，生殖节呈长方形，腹面膨大，其长度约为后 3 腹节长度之和。尾叉呈方形。第 4 对胸足第 1 基节内末缘具 1 列 8~12 根细刺。

分布：南海东南部海域；太平洋，大西洋。热带种。

参考文献：44，152，157，217。

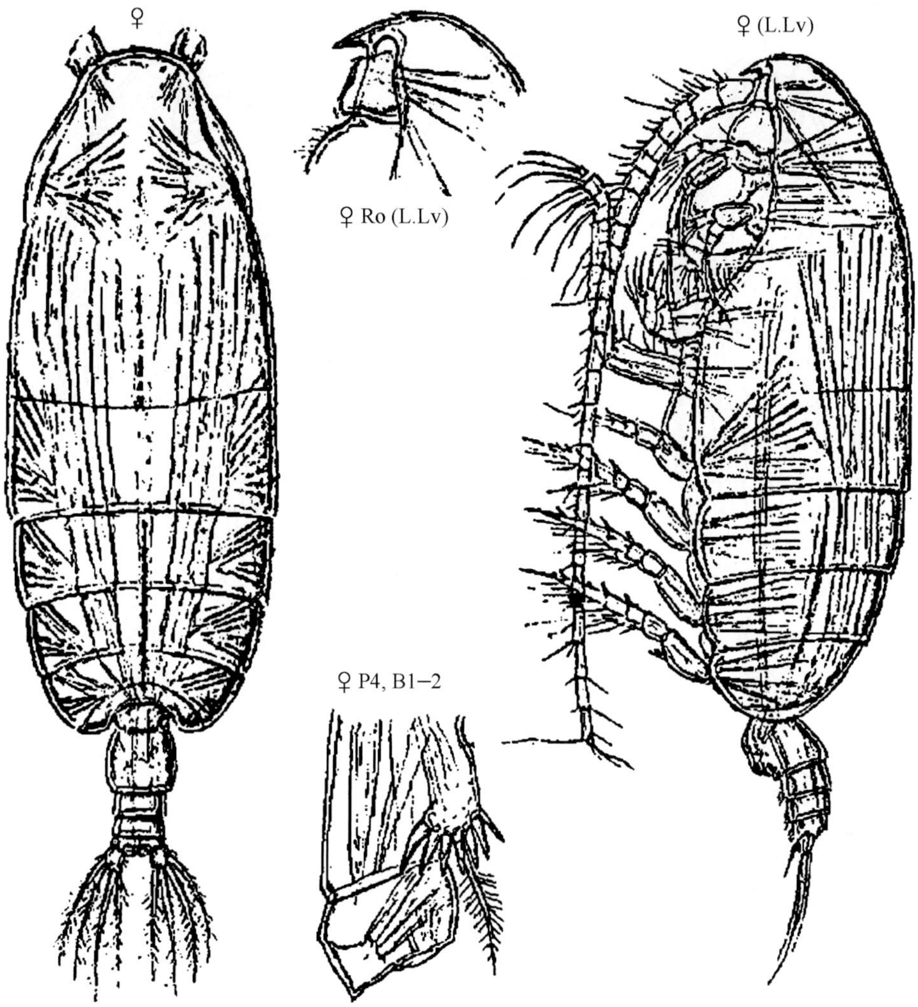

图 75　肥伪胖水蚤 *Pseudochirella obesa*（仿 Sars，1925）

（75）肥伪胖水蚤 *Pseudochirella obesa* Sars，1920（图 75）

形态特征：

体长：♀5.0 mm。**雌性：**头胸部很粗壮。前额宽圆。额角粗大，为单刺突，指向腹面。胸部后侧角宽圆。腹部粗短，生殖节呈球状，腹面很膨大，其长度大于后 3 腹节长度之和，第 2~4 腹节宽短。尾叉呈方形。第 4 对胸足第 1 基节内末缘具 1 列 7~9 根粗刺。

分布：南海；太平洋，印度洋及大西洋。暖水种。

参考文献：24，44，106，156，157。

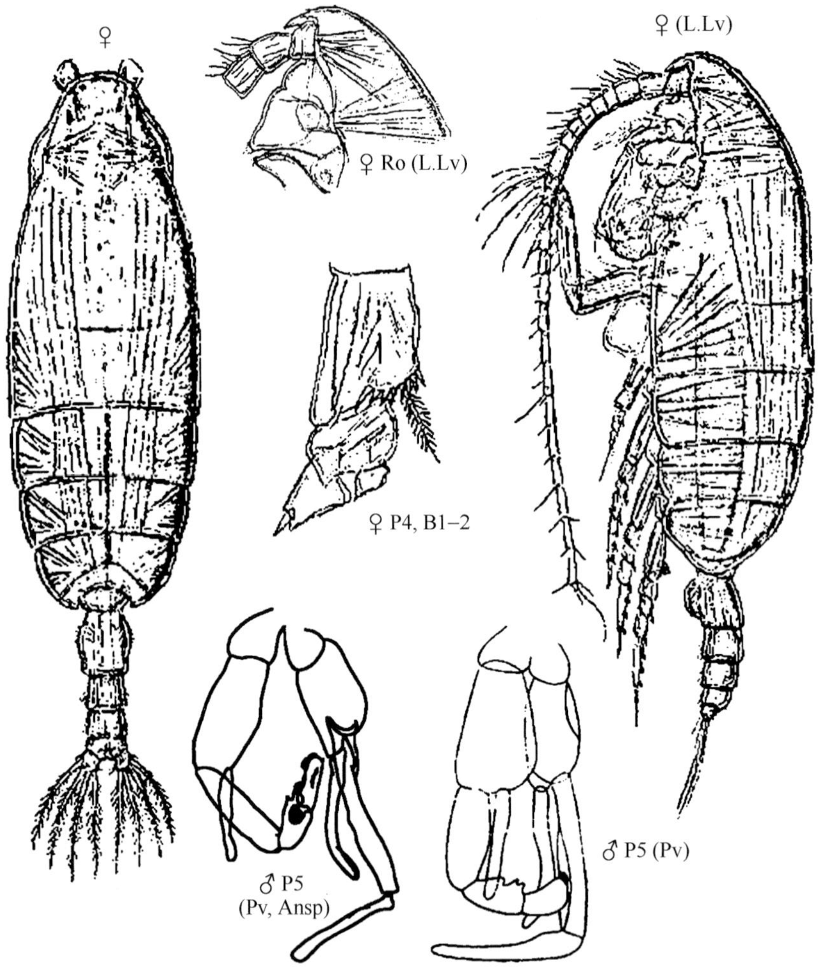

图 76 钝突伪胖水蚤 *Pseudochirella obtusa*
[仿 Sars，1925（♀）；Vervoort，1949（♂ P5）]

（76）钝突伪胖水蚤 *Pseudochirella obtusa*（Sars，1905）（图 76）

[*Undeuchaeta obtusa* Sars，1905]

形态特征：

体长：♀5. 8 mm，♂4. 8 mm。**雌性：**头胸部长椭圆形，前额钝圆。额角粗大，为单刺突，指向腹面。胸部后侧角钝圆，侧面观稍突出。腹部狭长，生殖节长大于宽，基部两侧较膨大，腹面突出，其长度与后 2 腹节长度之和近等长；第 2 腹节近方形。尾叉与肛节等长。第 4 对胸足第 1 基节内末缘具 1 列 8～13 根粗刺。**雄性：**身体较雌性瘦长。腹部分 5 节，尾叉呈方形。第 5 对胸足双肢型，左、右足第 1 基节愈合，第 2 基节膨大并近等长；左足外肢分 3 节，各节粗短，第 2 节内缘具 3 粗齿突，第 3 节内末缘具 1 丛细毛，内肢单节，稍长于外肢第 1 节或近等长；右足外肢分 2 节并近等长，内肢单节，与外肢第 1 节近等长。

分布：南海；西太平洋，印度洋及大西洋。暖水种。

参考文献：44，106，152，157，204，217。

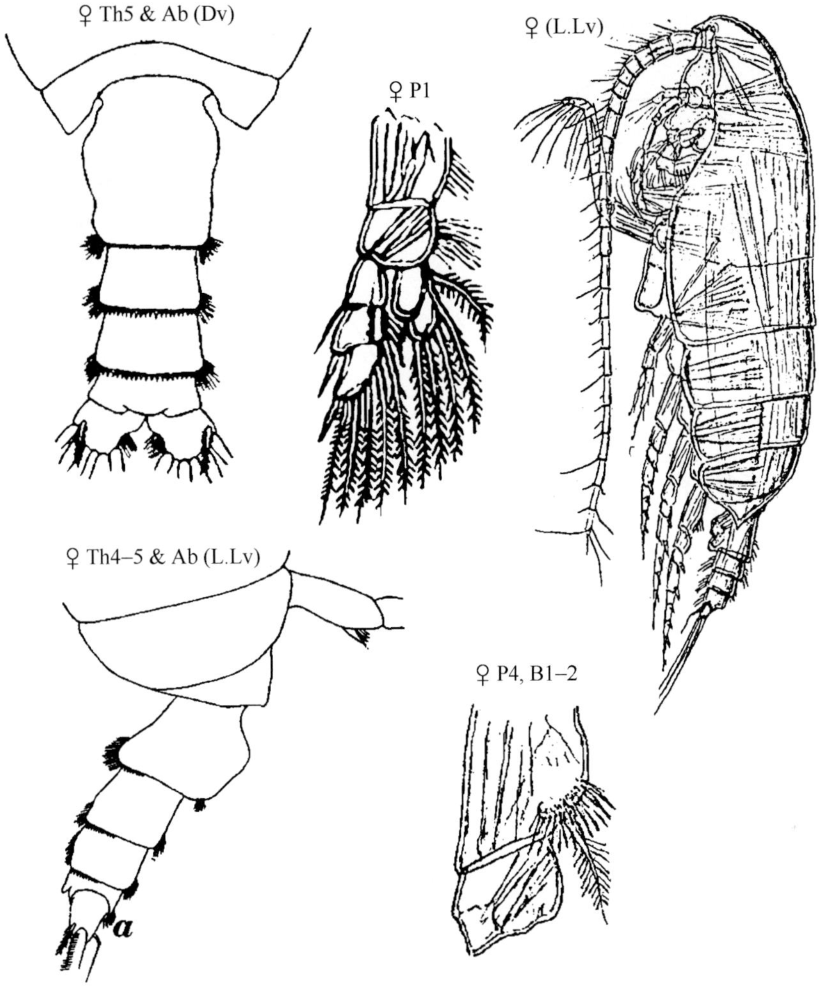

图 77 茸伪胖水蚤 *Pseudochirella scopularis*

[仿 Sars，1925（♀Lv；♀P1；♀P4）；Vervoort，1949（♀Th5 & Ab，Dv；♀Lv）]

（77）茸伪胖水蚤 *Pseudochirella scopularis*（Sars，1905）（图 77）

[*Undeuchaeta scopularis* Sars，1905]

形态特征：

体长：♀6.0~6.4 mm。**雌性：**头胸部较狭长，前额钝圆。额角粗大而尖锐，指向腹面并稍弯曲。胸部后侧角突出呈三角形。生殖节长稍大于宽，左右不对称，左侧中部较突出而宽圆，腹面较膨大。第 1~3 腹节末缘均具 1 列小刺，各节近末缘表面均具长细毛，第 2、3 腹节等长。尾叉宽短，与肛节等长。第 1 对胸足外肢分 3 节，各具 1 外末刺，内肢单节。第 4 对胸足第 1 基节内末缘具 1 列约 9 根细刺。

分布：南海；太平洋，大西洋。暖水种。

参考文献：20，24，37，44，51，152，157，204，217。

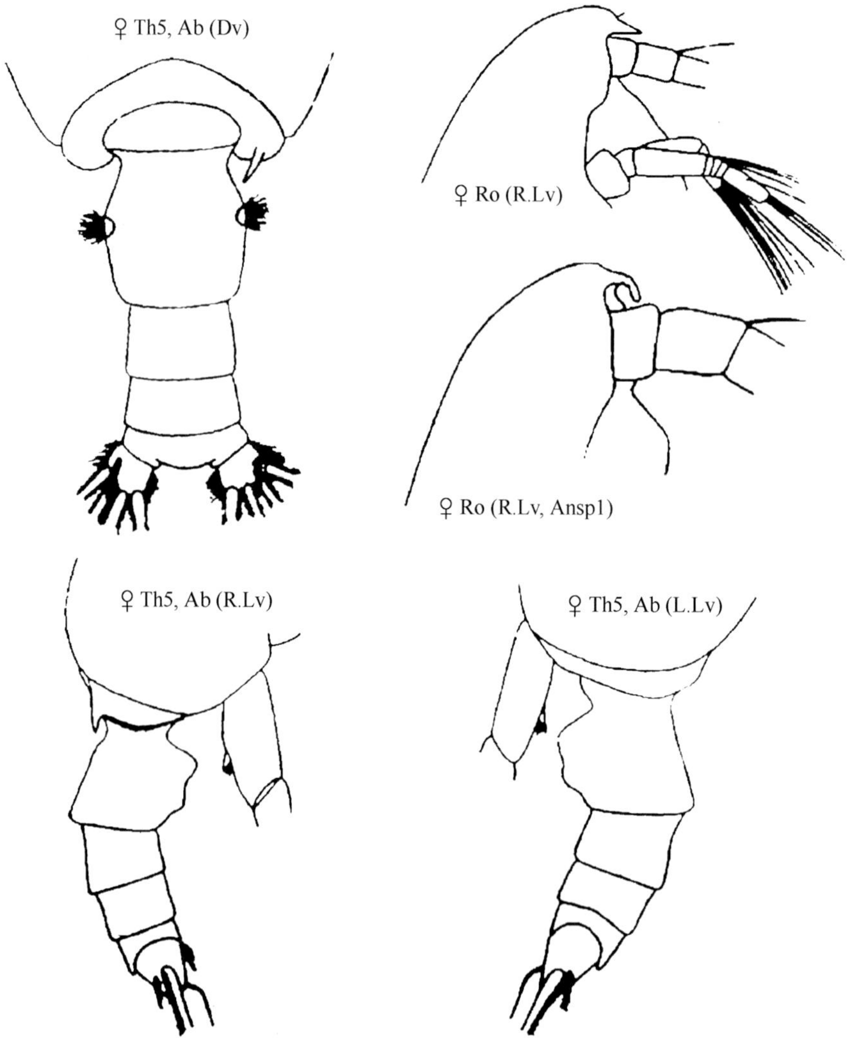

图 78 半刺伪胖水蚤 *Pseudochirella semispina*（仿 Vervoort，1949）

（78）半刺伪胖水蚤 *Pseudochirella semispina* Vervoort，1949（图 78）

形态特征：

体长：♀5.5~5.9 mm。**雌性：**头胸部较狭长，口部区较膨大，前额呈钝三角状。额角粗大，为单刺突，异常个体，额角呈指状。末胸节后侧角不对称，背面观左侧钝圆，右侧具 1 长刺突；侧面观左侧宽圆，右侧刺突位于背侧。生殖节对称，呈方形，两侧中部各具 1 丛细毛，生殖节长等于后 3 腹节长度之和。尾叉宽短，与肛节近等长。第 1 对胸足外肢分 3 节，第 1 节及末节的外末刺较细长，第 2 节外末刺很粗壮；内肢单节。第 2 对胸足内肢也单节。第 4 对胸足第 1 基节内末缘具 1 列 7~8 根刺突。

分布：南海东南部；马来群岛海域，西太平洋。热带种。

参考文献：44，204。

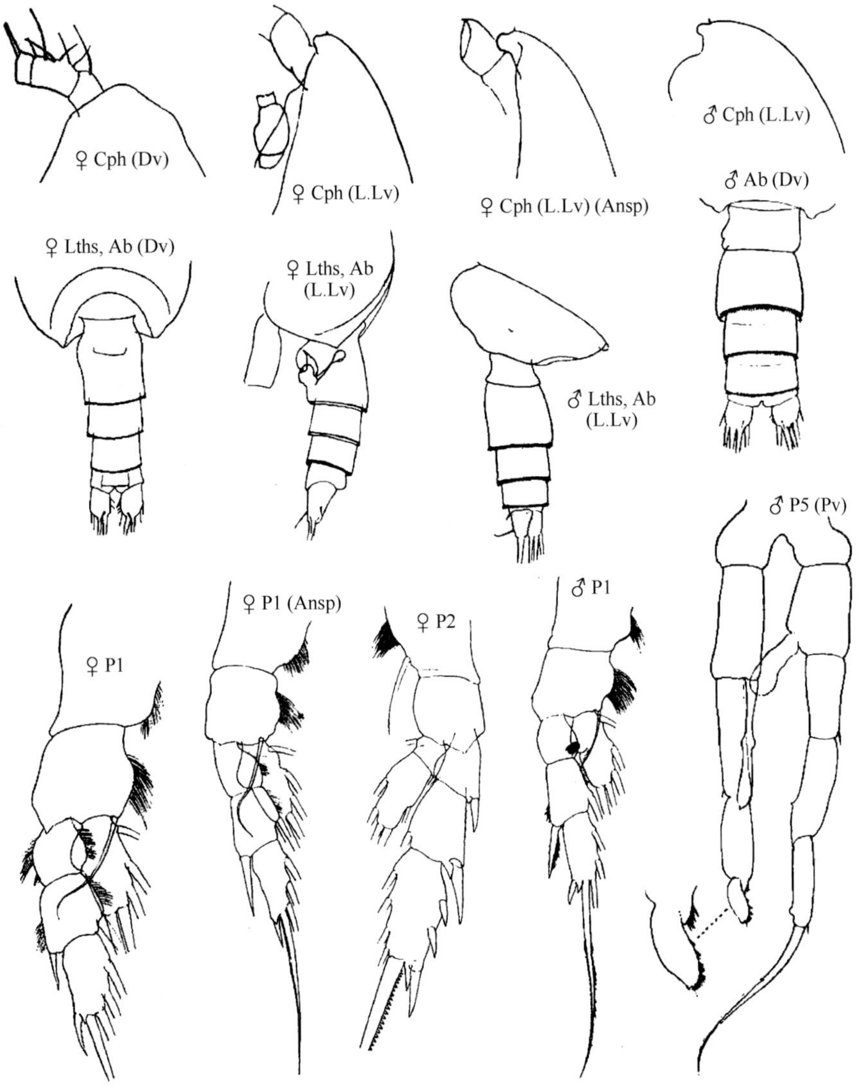

图 79　短尾伪真刺水蚤 *Pseudeuchaeta brevicauda*（仿 Tanaka & Omori，1970b）

（79）短尾伪真刺水蚤 *Pseudeuchaeta brevicauda* Sars，1925（图 79）

形态特征：

体长：♀4.8~6.4 mm，♂5.9 mm。头部与第 1 胸节分开或部分愈合，第 4 胸节与第 5 胸节愈合或部分愈合。前额钝圆。额角退化为小瘤状突。尾叉宽短近方形。第 1 对胸足外肢 3 节，第 1 节无外缘刺；内肢 1 节。**雌性：**侧面观胸部后侧角呈钝三角形。生殖节长约为宽的 1.5 倍，腹面膨大。第 2 对胸足外肢分 3 节，第 2 节外末刺长达末节第 1 外缘刺末端。第 5 对胸足不存在。**雄性：**侧面观胸部后侧角宽圆。第 5 对胸足双肢型，左、右足不对称，左足外肢分 3 节，末节短小呈指状，其顶端具 1 小缺刻，内缘具细刺毛，内肢狭长呈棒状，仅 1 节，中部膨大；右足外肢分 4 节，第 1、3 节外末缘各具 1 小刺，末节细长呈刺状，约为第 3 节长的 2 倍，内肢 1 节，粗短呈棒槌状。

分布：南海中部（500~3000 m 层）；太平洋，印度洋，大西洋及南大洋。深水种（中国海新记录种）。

参考文献：3，157，195。

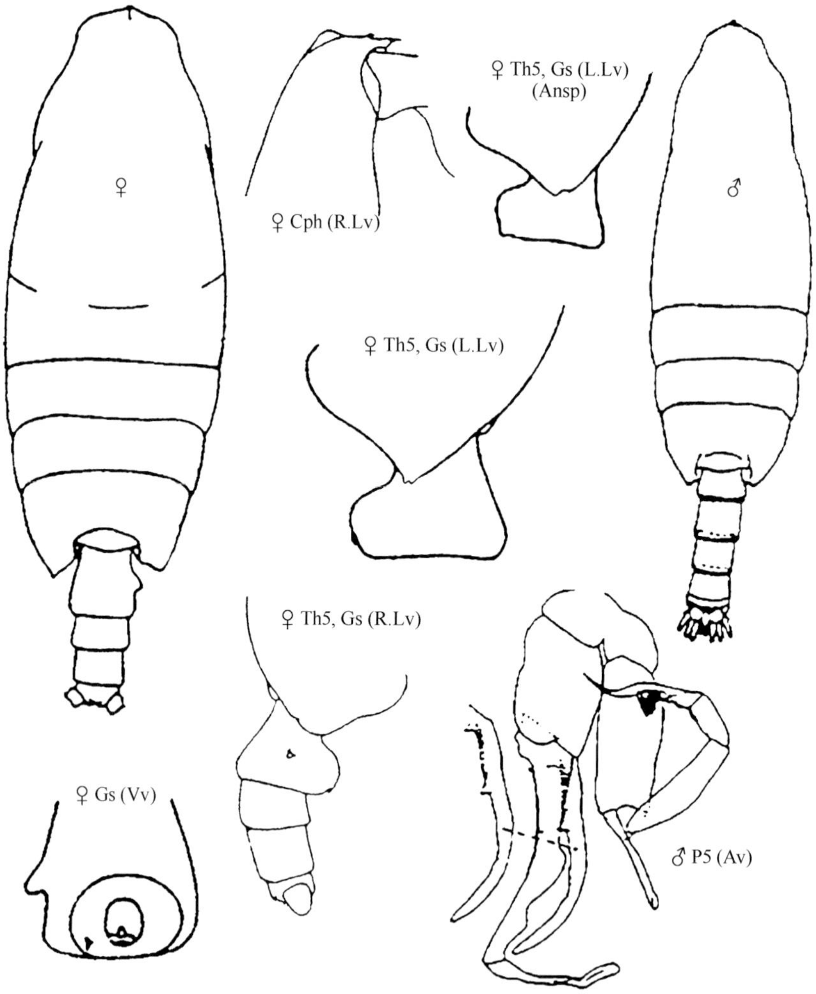

图 80 缺刻波刺水蚤 *Undeuchaeta incisa*
[仿连光山等，1984（♀）；Bradford et al.，1980（♀Th5，Gs，Ansp；♂）]

（80）缺刻波刺水蚤 *Undeuchaeta incisa* Esterly，1911（图 80）

[*Undeuchaeta magna* Tanaka，1957b；Tanaka et al.，1970b]

形态特征：

体长：♀5.5～6.7 mm，♂4.1～5.6 mm。**雌性：**身体粗壮。前额背中央具 1 三角形脊状突。额角为尖锐的单刺突。末胸节后侧角不对称，左侧长而尖锐，呈三角形，侧面观其顶端具 1 小缺刻；右后侧角较短而钝圆。生殖节不对称，腹面很膨大，右侧中部具 1 喙状突起。腹面观，生殖孔右侧近末缘具 1 钩状小刺突。第 1 对胸足外肢分 2 节，具 2 外缘刺；内肢单节。第 2 对胸足内肢也单节。第 5 对胸足不存在。**雄性：**前额脊状突较小。第 5 对胸足不对称，左足内肢单节，外肢分 3 节，末节呈长刺状，其内缘中部具 1 束细长毛；右足内肢单节，较狭长，其内缘基部具 2 小齿突，外肢分 2 节，第 1 节内缘中部较膨大，近末部具 1 三角突。

分布：东海，南海；太平洋，印度洋。深水种。

参考文献：23，24，38，44，67，78，82，87，175。

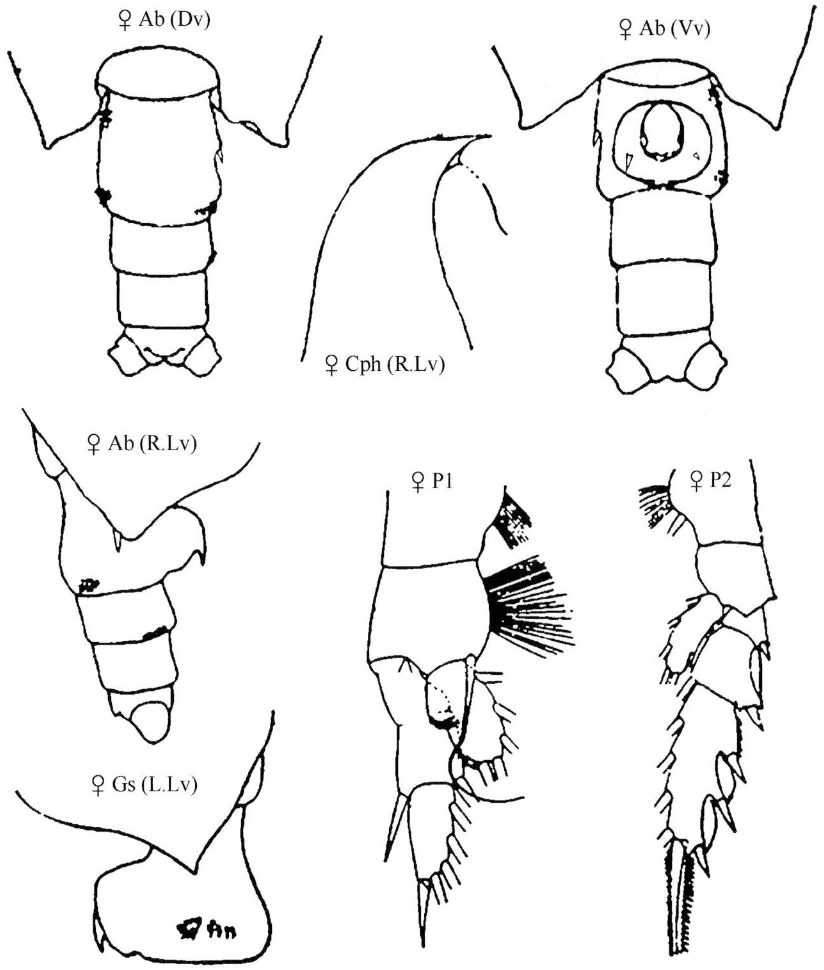

图81 中型波刺水蚤 *Undeuchaeta intermedia*（仿连光山，钱宏林，1984）

（81）中型波刺水蚤 *Undeuchaeta intermedia* A. Scott，1909（图81）

［*Undeuchaeta bispinosa* Esterly，1911；Sewell，1929；Brodsky，1950］

形态特征：

体长：♀3. 8~4. 3 mm。**雌性：**前额钝圆，无脊状突。额角为单刺突。胸部后侧角不对称，左侧尖锐呈三角状，右侧较宽而钝。生殖节不对称，其长度大于后2节之和；右侧中部具1锐刺，其腹面生殖孔右后侧具1钩状大刺突，左后侧也具1微刺；侧面观，腹面钩状刺很显著。第1对胸足外肢分2节，具2外末刺；内肢单节。第2对胸足内肢也单节。第5对胸足不存在。

分布：东海，南海；太平洋，印度洋。深水种。

参考文献：20，24，37，38，44，51，67，87，99，158，159。

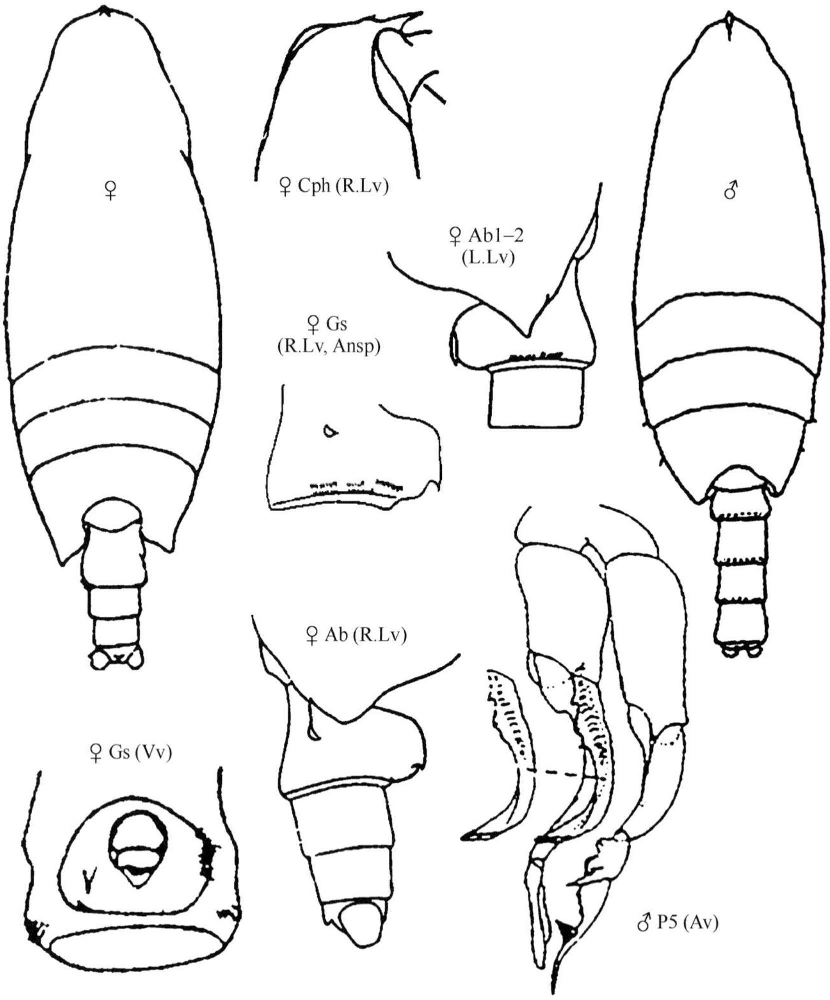

图 82 大型波刺水蚤 *Undeuchaeta major*
[仿连光山等，1984（♀）；Bradford & Jillett，1980（♂）]

（82）大型波刺水蚤 *Undeuchaeta major* Giesbrecht，1892（图 82）

形态特征：

体长：♀4.2~6.4 mm，♂3.9~6.5 mm。前额具较低的脊状突，额角为尖锐单刺突。**雌性：**末胸节后侧角不对称，左侧较长而尖锐，可达生殖节中部，右侧较短而钝，仅达生殖节基部 1/3 处。生殖节近方形，不对称，其长度等于后 2 节之和，右侧中部具 1 小瘤状突；腹面生殖孔右后侧具 1 钩状刺突，其大小存在个体差异。第 5 对胸足不存在。**雄性：**第 5 对胸足不对称，左足内肢单节呈棒状，较短于外肢第 1 节，外肢分 3 节，第 2 节粗短，其末缘具 1 粗刺突，末节呈长刺状，基部膨大，内缘中部具 1 束细长毛；右足内肢单节，较粗大，内缘近基部较隆起并具 1 小齿突，外肢分 2 节。

分布：东海，南海；太平洋，印度洋及大西洋。深水种。

参考文献：20，24，25，37，38，44，51，67，78，82，85，97，158，175，194。

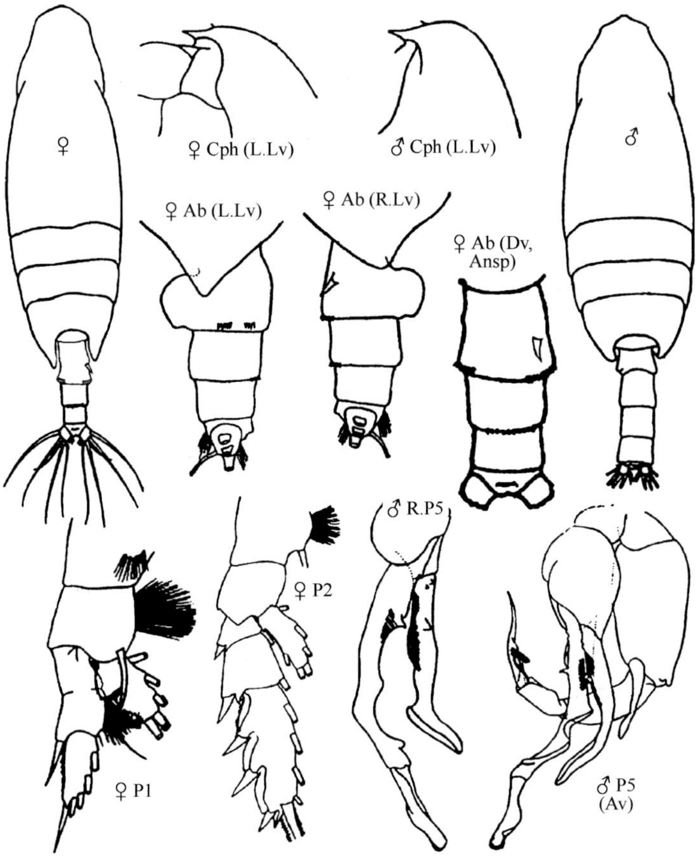

图 83 羽波刺水蚤 *Undeuchaeta plumosa*（仿连光山等，1978）

（83）羽波刺水蚤 *Undeuchaeta plumosa*（Lubbock，1856）（图 83）

［*Undina plumosa* Lubbock，1856；*Undeuchaeta minor* Giesbrecht，1892；Esterly，1905；Wolfenden，1911；Sars，1925；Farran，1929；Wilson，1932；Mori，1937］

形态特征：

体长：♀3.2~4.5 mm，♂2.9~3.9 mm。前额钝圆，无脊状突。额角为单刺突并指向腹面。**雌性：**末胸节后侧角突出，左右不对称，背面观左侧较狭长，末端超过生殖节中部，右侧较短而钝；侧面观左侧呈三角形，右侧较钝圆。生殖节不对称，腹面膨大呈球状，无刺突；右侧中部近背面具 1 背刺，左侧近中部略凹。第 1 对胸足外肢 2 节，具 2 外缘刺，内肢单节。第 2 对胸足外肢 3 节，内肢也单节，其外缘基部具 2 小齿突。**雄性：**第 5 对胸足不对称，左足内肢单节呈棒状，与外肢第 1 节近等长，外肢分 3 节，第 2 节粗短，末缘具 1 粗刺突，第 3 节呈长刺状，内缘中部 1 束细长毛；右足外肢分 2 节，第 1 节近基部外缘具 1 尖齿突，近末端具 1 小突起，内缘具 2 大钝突，末节短小，内缘中部膨大，内肢单节，近基部内缘具 1 三角形齿突，近末端 1/3 处较宽大而弯曲。

分布：东海，南海；太平洋，印度洋及大西洋。深水种。

参考文献：20，24，25，31，37，41，44，51，67，82，85，89，97，99，118，157，158，175，215，218。

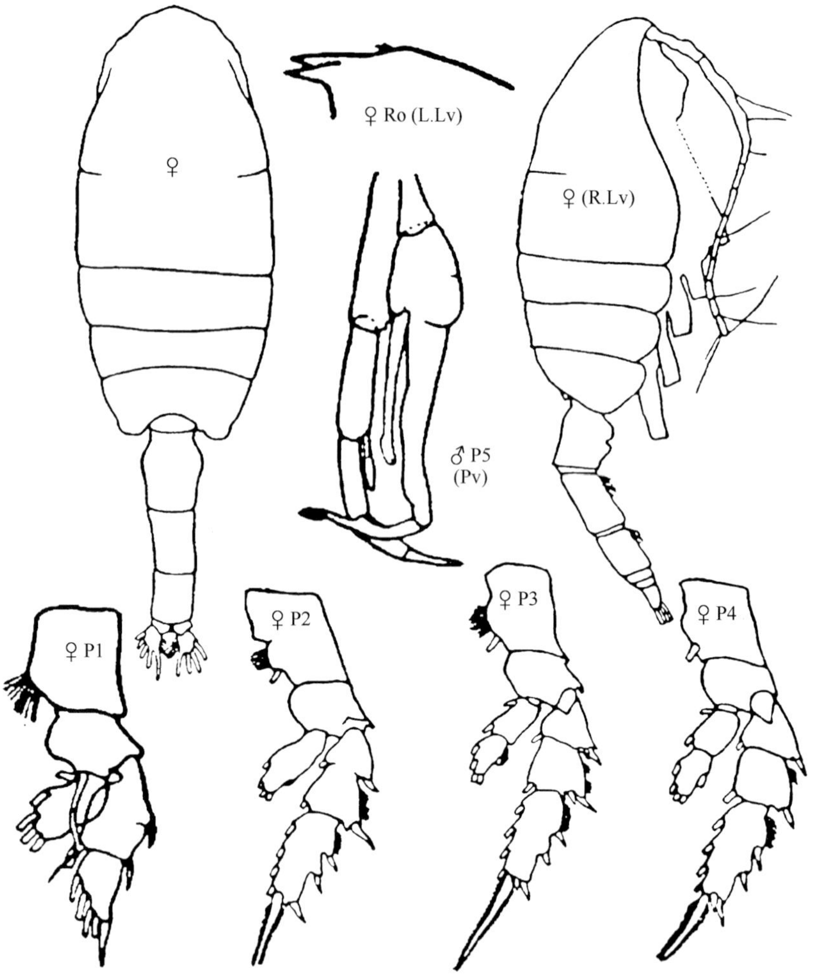

图 84　短角小强水蚤 *Valdiviella brevicornis*

[仿 Brodsky，1950（♀）；A. Scott，1909（♂ P5）]

（84）短角小强水蚤 *Valdiviella brevicornis* Sars，1905（图 84）

形态特征：

体长：♀6.6~7.2 mm，♂5.0 mm。前额钝圆，额角短小，为双刺突。**雌性**：末胸节后侧角短而宽圆。腹部较狭长，生殖节对称，其长度小于后 2 节之和。侧面观生殖节腹面膨大，中部稍凹陷，第 2、3 腹节腹面各具 1 小丛细毛。第 1 触角较短于前体部，仅达第 2 胸节或第 3 胸节。第 1 对胸足外肢粗短仅分 2 节，第 1 节具 2 外缘刺，内肢单节。第 2 对胸足外肢第 1、2 节愈合并具 2 外缘刺，内肢单节。第 3、4 对胸足外肢分 3 节，内肢仅分 2 节。**雄性**：末胸节后侧角短小而钝圆。第 1 对胸足外肢分 3 节，具 3 外缘刺，内肢单节。第 5 对胸足左足外肢分 3 节，第 1 节短于末 2 节长度之和，末节呈刺状，内肢短小，单节呈棒状；右足外肢分 2 节，末节顶端较膨大，内缘中部具 1 突起，内肢单节，呈长棒状，其长度达不到左足内肢末端。

分布：南海东南部；马来群岛海域，太平洋及大西洋。深水种。

参考文献：67，157，158，159。

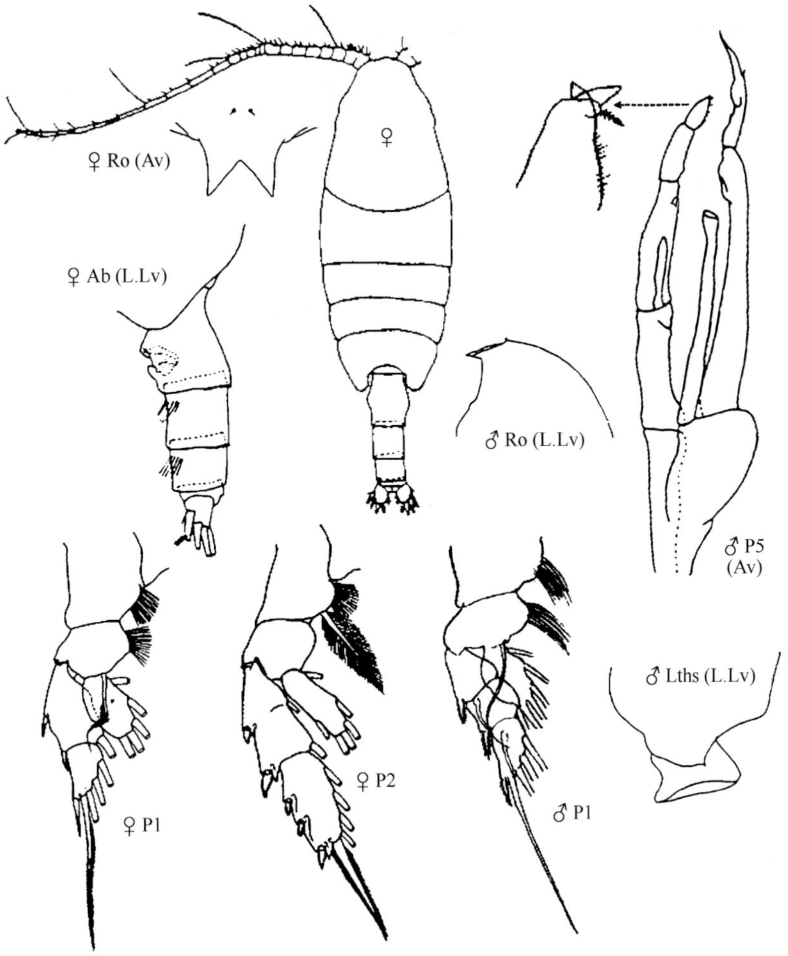

图 85　突出小强水蚤 *Valdiviella insignis*

[仿 Tanaka et al., 1970b (♂); Park, 1978; Chihara et al., 1997 (♀)]

(85) 突出小强水蚤 *Valdiviella insignis* Farran, 1908 (图 85)

形态特征：

体长：♀8.5~12.0 mm，♂8.7~9.0 mm。前额钝圆，额角为短小的双刺突。第 3、4 对胸足内、外肢分 3 节或 2 节，存在个体差异。**雌性：**末胸节后侧角突出而钝圆，达生殖节基部 1/3 处并紧靠两侧。腹部较粗短，生殖节对称，其长度等于后 2 节之和。侧面观生殖节腹面很膨大，生殖突中部具 1 较宽大的凹陷。第 2、3 腹节腹面各具 1 丛细毛。第 1 触角较长，超过前体部末端。第 1 对胸足外肢分 2 节，第 1 节具 2 外缘刺，内肢单节。第 2 对胸足外肢第 1、2 节不完全愈合，具 2 外缘刺，内肢 1 节。**雄性：**末胸节后侧角较突出，侧面观其末缘背侧具 1 小齿突。第 1 对胸足外肢分 3 节，具 3 外缘刺，内肢单节。第 2 对胸足外肢分 3 节，内肢 1~2 节。第 5 对胸足左足外肢分 3 节，第 1 节长于末 2 节长度之和，其内末缘具 1 小突起，末节粗短，内缘具细毛，顶端尖锐而弯曲，并具小叶状突，内肢单节呈棒状；右足外肢分 2 节，第 1 节近末端内缘膨大呈瘤状，末节呈长刺状，内肢单节而狭长，其长度超过左足内肢末端。

分布：东海，南海；太平洋，印度洋及大西洋。深水种。

参考文献：44，78，82，106，157，159，195，217。

4. 尖头水蚤科 Family Arietellidae Sars, 1902

本科大多数为大型、中型桡足类，少数为小型者(0.5~7.0 mm)。头胸部呈卵圆形或长椭圆形。额部前端具刺突或呈三角形，少数宽圆。额角短小并指向腹面，末端具1对额角丝。头节与第1胸节常分开或愈合，第4、5胸节愈合。胸部后侧角尖锐或具钝突，有的不对称。雌性腹部分4节，雄性分5节。尾叉宽短，有的稍不对称，尾刚毛较长。第1触角分16~22节。大颚咀嚼缘具3~4锐齿。第1~4对胸足内、外肢通常各分3节。雌性第5对胸足常单肢型且对称，各分1~3节，少数双肢型，左、右通常对称，内肢单节，外肢分1~3节。雄性第5对胸足常双肢型，左、右近对称或很不对称，内肢单节，外肢分2~3节；少数单肢型、对称，各分4~5节。

本科包括10属。中国海域仅记录4属13种。

属名 Genera	种数	页码
尖头水蚤属 *Arietellus* Giesbrecht, 1892	7	123
后哲水蚤属 *Metacalanus* Cleve, 1901	2	130
拟亮羽水蚤属 *Paraugaptilus* Wolfenden, 1904	2	132
拟隐水蚤属 *Paramisophria* T. Scott, 1897	2	134

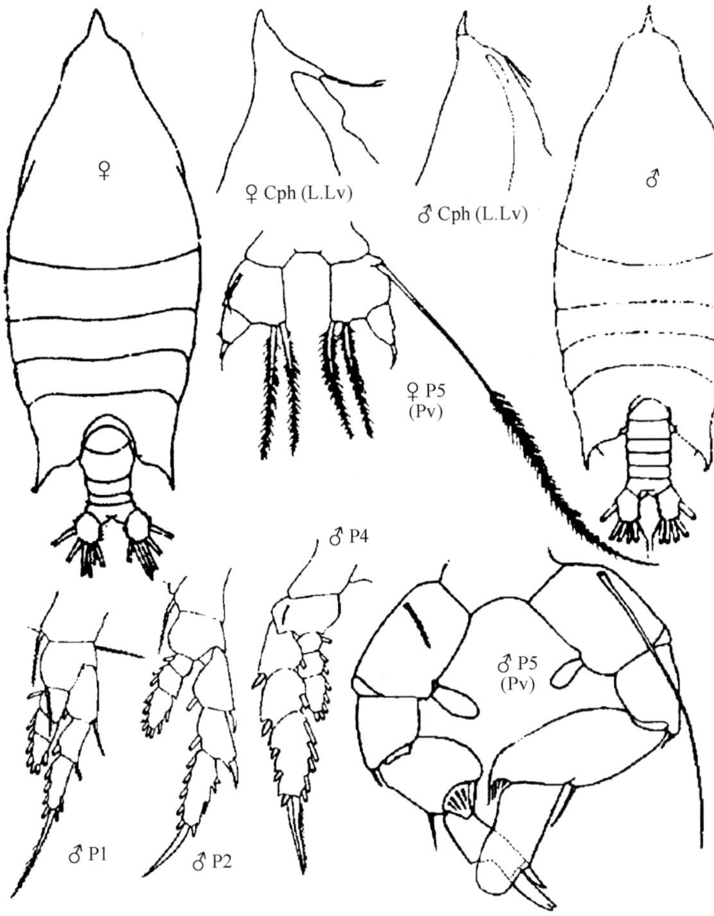

图 86 针刺尖头水蚤 *Arietellus aculeatus*
[仿连光山等, 1984 (♀); Park, 1968 (♂)]

(86) 针刺尖头水蚤 *Arietellus aculeatus* (T. Scott, 1894) (图 86)

[*Rhincalanus aculeatus* T. Scott, 1894; *Arietellus setosus* Giesbrecht & Schmeil, 1898]

形态特征:

体长: ♀4.1~4.6 mm, ♂3.6 mm。额部前端具 1 粗刺突, 侧面观其基部粗大, 末端稍弯曲。额角丝细长。胸部后侧角均具 1 强大的刺状突, 呈翼状, 左右稍不对称。头节与第 1 胸节分开, 第 4、5 胸节愈合。**雌性:** 胸部右后侧角刺突可达第 2 腹节末端。腹部较粗短, 生殖节宽大, 两侧膨大, 其长度等于后 2 节之和。尾叉呈卵圆形。第 5 对胸足单肢型, 稍不对称, 各分 3 节, 第 2 节宽大, 内末角突出, 各具 2 羽状长刚毛; 末节呈三角状, 顶端各具 1 小刺突; 右足第 2 节外缘刚毛特别长, 末节较长于左足末节。**雄性:** 胸部后侧角刺突可达第 4 腹节中部。第 5 对胸足不对称, 左、右足外肢分 3 节, 内肢单节呈小叶状; 左足内肢较长大, 外肢第 3 节外缘具 1 钝三角突, 末部具 2 爪状刺突, 其外末刺较长于内刺, 顶端具 2 小齿突; 右足外肢第 2 节内末缘突出并具细刺毛, 末节粗短, 长为宽的 2 倍, 顶端宽圆。

分布: 南海中部及南部; 太平洋, 大西洋。深水种。

参考文献: 20, 24, 37, 38, 44, 51, 99, 143, 158, 217。

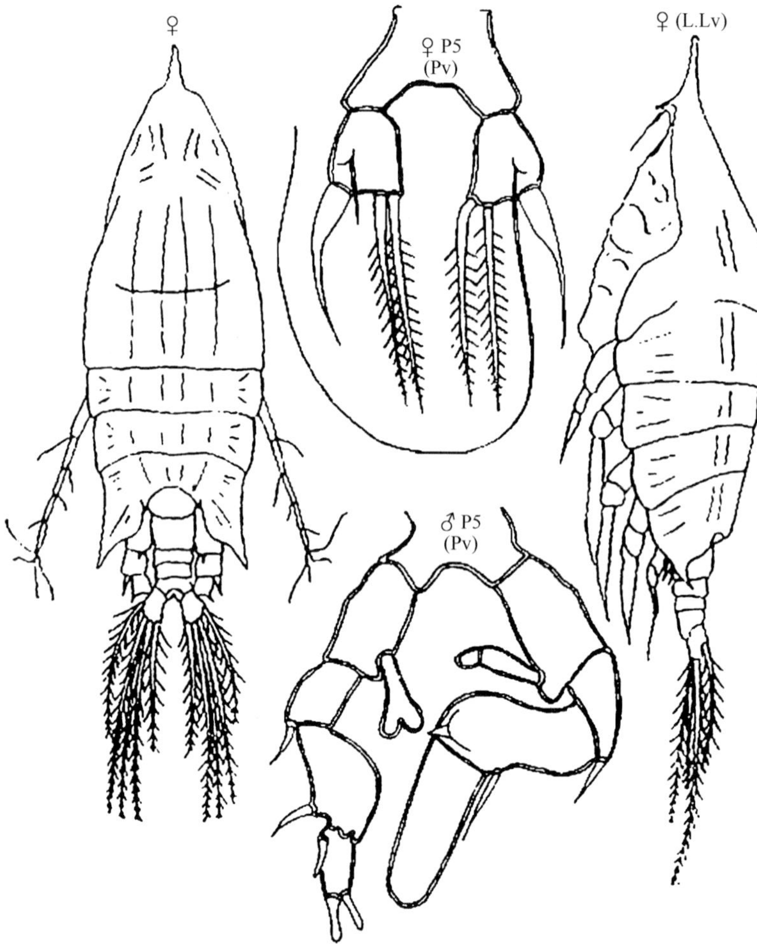

图 87　武装尖头水蚤 *Arietellus armatus*（仿 Wilson，1950）

（87）武装尖头水蚤 *Arietellus armatus* Wolfenden，1911（图 87）

形态特征：

体长： ♀5.2 mm，♂4.2 mm。**雌性：** 背面观，额部前端具 1 长刺突，其长度约为头部长的 1/4。头节与第 1 胸节不完全愈合。末胸节后侧角具翼状粗刺突，稍超过第 2 腹节末缘。腹部较狭长，生殖节近方形，稍长于后 2 节之和。尾叉长稍大于宽。第 5 对胸足单肢型，各分 3 节，近对称；左、右足第 2 节内末角各具 2 羽状长刚毛；末节狭长，约为第 2 节长的 2 倍，其基部稍膨大，末部细长呈刺状；右足第 2 节近外末缘具 1 特别细长的刚毛。**雄性：** 体形与雌性相似，但个体较小。第 5 对胸足不对称，左足内肢单节，其末端宽大，呈双叶状，外肢分 3 节，末节短小并具 3 指状突，其中 1 个位于外缘近基部，2 个位于末端；右足内肢分 2 节，外肢分 3 节，呈 S 形，第 2 节近内末缘表面具 1 粗短的小刺，末节长约为宽的 3 倍，末端钝圆；左、右足外肢第 1、2 节外缘各具 1 粗大外末刺。

分布： 南海；太平洋，大西洋。深水种。

参考文献： 24，44，106，217。

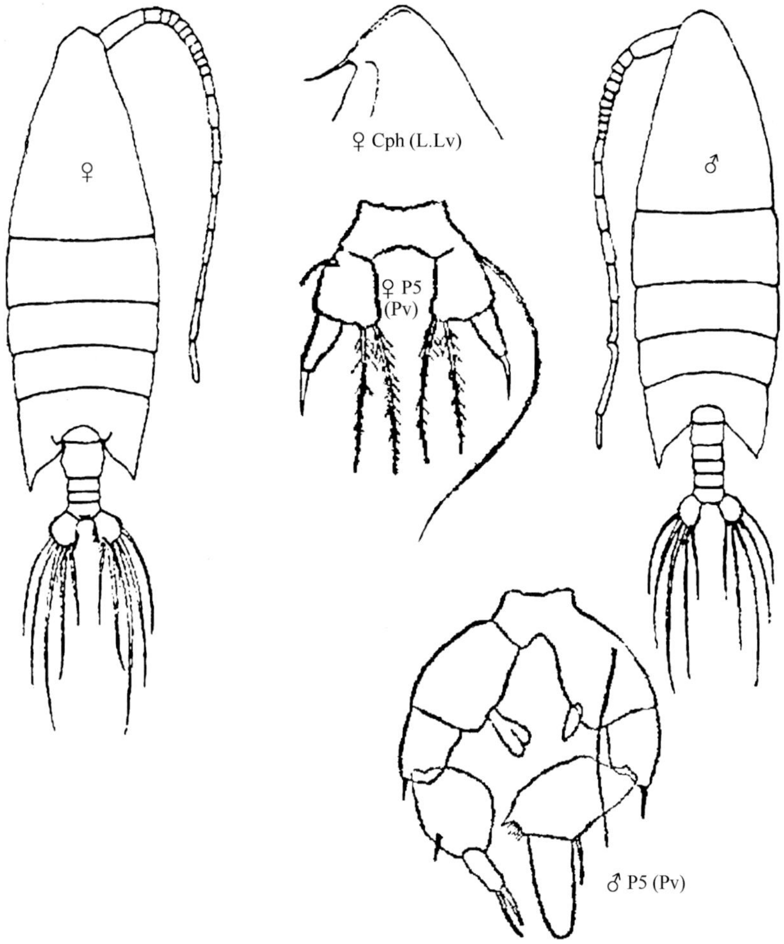

图 88 纪氏尖头水蚤 *Arietellus giesbrecht*
[仿 Sars, 1925(♀; ♂)]

(88) 纪氏尖头水蚤 *Arietellus giesbrecht* Sars, 1905 (图 88)

形态特征:

体长: ♀ 4.7~5.7 mm, ♂ 4.3~5.4 mm。额部前端突出, 呈钝三角形, 无刺状突。胸部后侧角刺突显著不对称, 左侧较长于右侧。尾叉宽短, 呈卵圆形。**雌性**: 胸部左后侧角刺突长达第 2 腹节末缘。生殖节近方形, 两侧稍膨大, 其长度大于后 2 节之和。第 5 对胸足单肢型, 左、右足稍不对称; 第 2 节内末角各具 2 羽状长刚毛; 末节狭小, 呈锥状, 末端各具 1 爪状刺, 与末节近等长; 右足第 2 节外缘近端具 1 细长刚毛。**雄性**: 胸部左后侧角刺长达第 3 腹节末缘。第 5 对胸足不对称, 内肢单节, 外肢分 3 节; 左足内肢末端呈双叶状, 外肢第 2 节粗短, 近圆形, 末节短小, 末端具 2 长刺突, 与末节近等长; 右足内肢呈小叶状, 外肢第 2 节内末缘具 1 小齿突, 末节长为宽的 2 倍, 末部较狭, 顶端钝圆。

分布: 东海, 南海; 太平洋, 印度洋及大西洋。深水种。

参考文献: 23, 24, 44, 106, 157, 217。

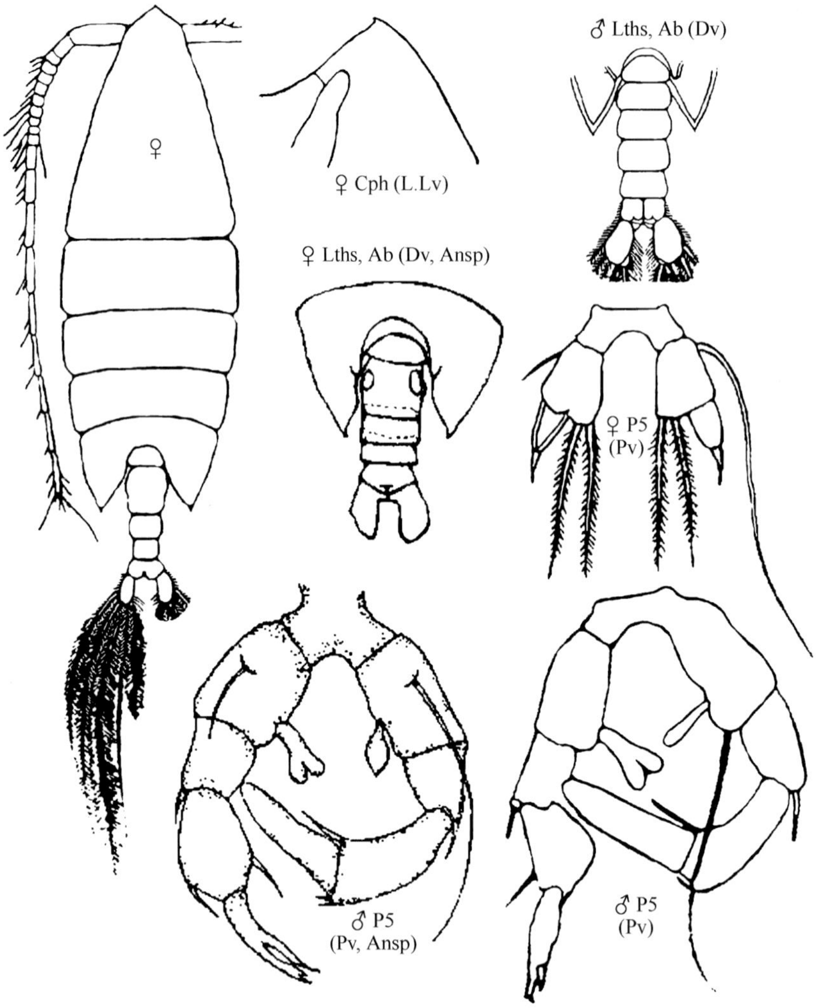

图 89　羽尖头水蚤 *Arietellus plumifera*

[仿 Sars, 1925 (♀; ♂); Grice, 1962 (♀Lths, Ab, Ansp); Wilson, 1950 (♂P5, Ansp)]

(89) 羽尖头水蚤 *Arietellus plumifera* Sars, 1905 (图 89)

形态特征：

体长：♀4.6~5.5 mm，♂4.2~5.0 mm。头部前端呈钝三角形，侧面观前额具小钩状突；胸部后侧角刺突粗大，左右对称，尾叉长为宽 2 倍。**雌性：**胸部后侧角长达生殖节或第 2 腹节末端。生殖节约等于后 2 腹节长度之和。第 5 对胸足单肢型，左、右足稍不对称，均分 3 节，第 2 节内末角各具 2 羽状长刚毛，末节短小呈锥状，顶端各具 1 小爪状刺；右足第 2 节外缘近端具 1 细长刚毛。**雄性：**体形与雌性相似。胸部后侧角长达第 2 腹节末端。第 5 对胸足不对称，内肢单节，外肢分 3 节；左足内肢末部宽大呈双叶状，外肢末节狭长，末端具不等长 2 刺突（存在个体差异），其外末刺顶端呈小叉状；右足内肢呈棒状或纺锤状，外肢第 2 节内末角具 1 长刺，末节较狭长，长约为宽的 3 倍，末部钝突。

分布：南海中部和南部；太平洋，印度洋及大西洋。深水种。

参考文献：20，23，24，37，38，44，51，99，157，217。

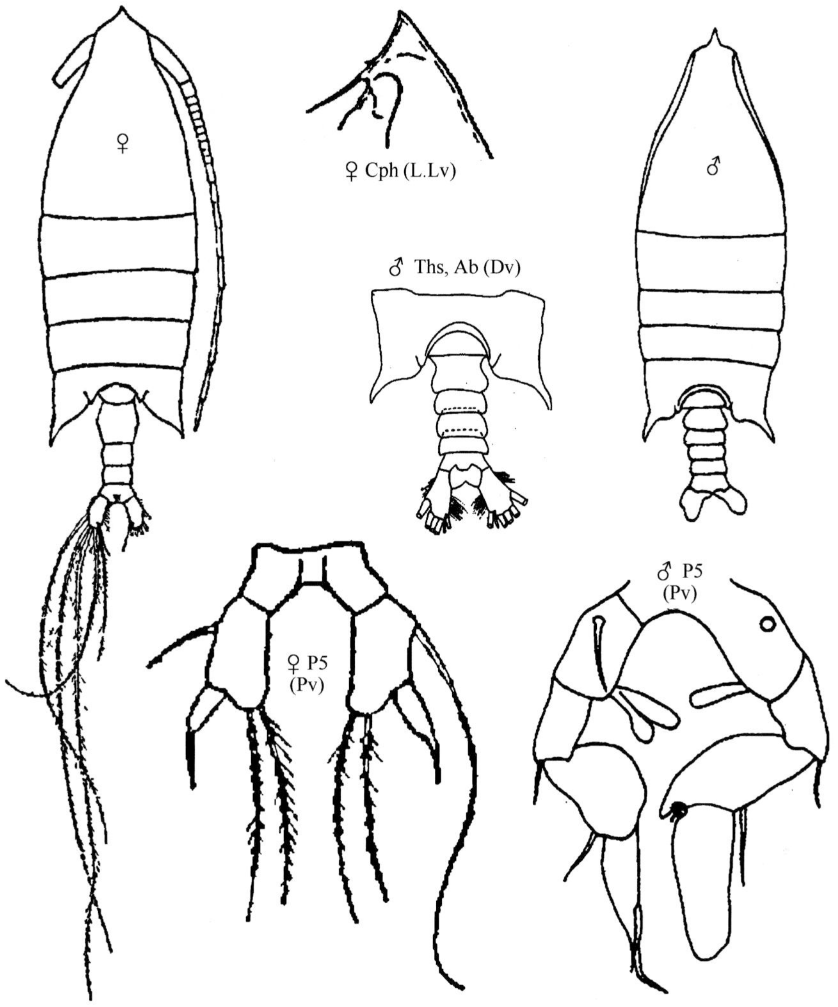

图 90 多毛尖头水蚤 *Arietellus setosus*
[仿 Sars, 1925 (♀); Grice, 1962 (♂)]

(90) 多毛尖头水蚤 *Arietellus setosus* Giesbrecht, 1892 (图 90)

形态特征:

体长: ♀ 4.0~5.5 mm, ♂4.0~6.2 mm。额部前端具短刺突, 侧面观呈三角刺状。胸部后侧角具粗刺突, 向外撇开呈翼状, 左右近对称。尾叉长约为宽的 2 倍。**雌性:** 胸部后侧角刺突达生殖节末端。生殖节长为后 2 节长度之和。第 5 对胸足单肢型, 稍不对称, 各分 3 节, 第 2 节较长大, 内末角突出并具 2 羽状长刚毛, 末节短小, 末端各具 1 小刺, 与末节约等长; 右足第 2 节外缘近端具 1 细长刚毛。**雄性:** 头胸部与雌性相似。胸部后侧角刺突可达第 2 腹节末缘。第 5 对胸足不对称, 内肢单节, 外肢分 3 节; 左足内肢末端分叉, 呈双叶状, 外肢末节较狭长, 呈锥状, 末端具不等长 2 刺; 右足内肢呈棒状, 外肢第 2 节内末缘突出, 末节较粗大, 长约为宽的 2.5 倍, 顶端钝圆。

分布: 台湾海峡南部, 南海中部和南部; 太平洋, 印度洋及大西洋。深水种。

参考文献: 23, 24, 37, 38, 44, 99, 106, 157, 158, 217。

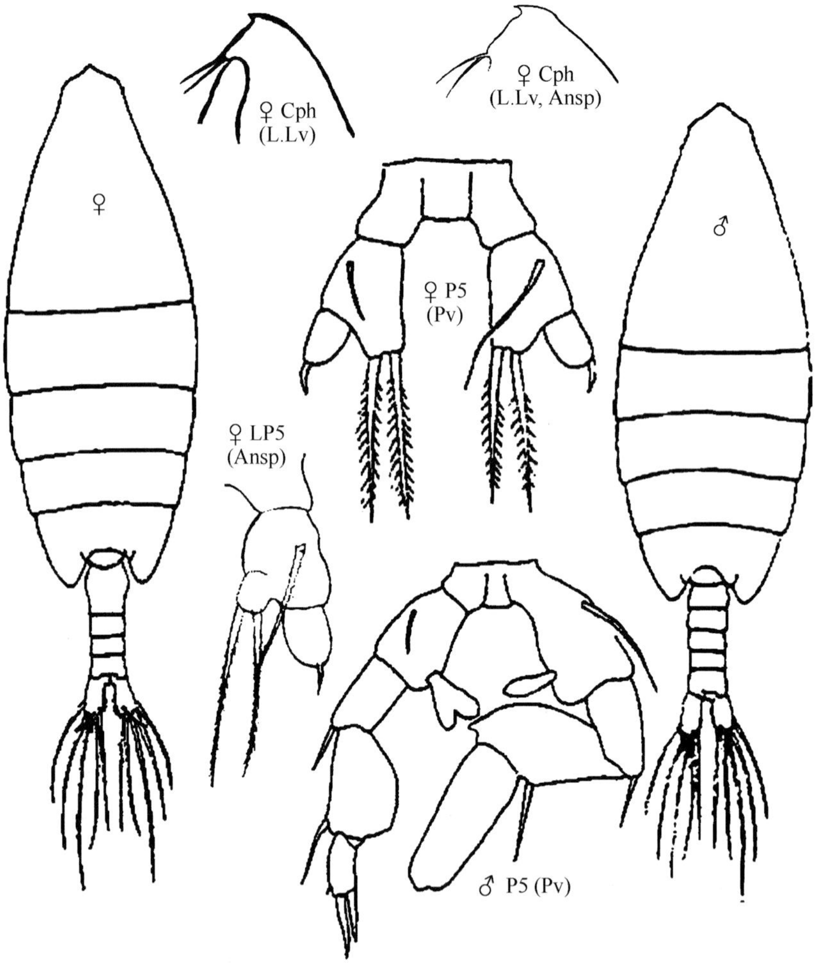

图 91 简尖头水蚤 *Arietellus simplex*

［仿 Sars，1925（♀；♂）；Tanaka，1964c（♀Cph，Ansp；♀LP5，Ansp）］

（91）简尖头水蚤 *Arietellus simplex* Sars，1905（图 91）

形态特征：

体长：♀ 4.8~6.6 mm，♂ 4.9~6.1 mm。额部前端稍突出，背面观呈钝三角形。侧面观具 1 弯向腹面的小刺突。胸部后侧角突出而钝圆。尾叉长约为宽的 2 倍。**雌性：**生殖节长等于宽，基部两侧较膨大，其长度等于后 2 节之和。第 5 对胸足单肢型，第 2 节内末角很突出，末端具 2 羽状长刚毛，末节粗短，末端各具 1 爪状小刺；右足第 2 基节外缘 1 刚毛稍超过末节顶端。**雄性：**体形与雌性相似。第 5 对胸足不对称，左足内肢单节，末端分叉呈双叶状，外肢末节长为宽的 2 倍，末端具 2 粗刺，与末节近等长，外末角也具 1 小刺；右足内肢单节，呈棒槌状，外肢第 2 节内末角具 1 小突起，末节呈长方形，长约为宽的 3 倍，其顶端钝突。

分布：东海，南海；太平洋，印度洋及大西洋。深水种。

参考文献：23，24，44，106，157，185，217。

注：雌性第 5 对胸足存在个体差异，Tanaka(1964c)采自日本东南部相模湾(Sagami bay)的雌性标本，其第 5 对胸足具 1 节内肢，与第 2 基节不完全分开(♀LP5，Ansp)。

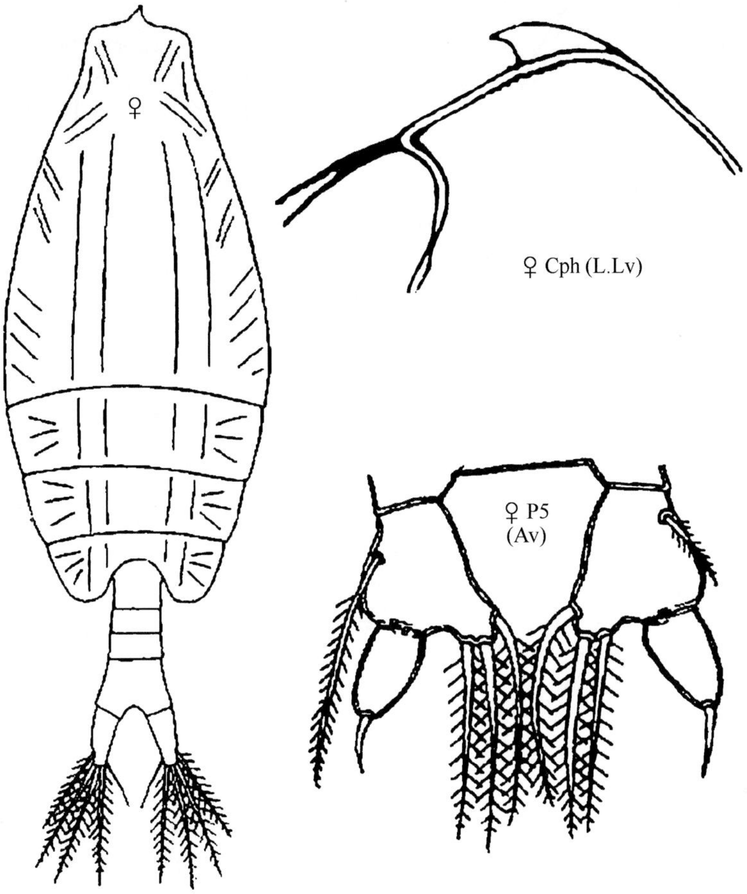

图 92 三毛尖头水蚤 *Arietellus tripartitus*（仿 Wilson，1950）

（92）三毛尖头水蚤 *Arietellus tripartitus* Wilson，1950（图 92）

形态特征：

体长：♀ 4.0 mm。**雌性**：额部前端具 1 小刺突，侧面观弯向腹面，呈钩状。胸部后侧角突出而宽圆，可达生殖节末缘。腹部分 4 节，生殖节狭小呈方形，肛节较宽大，其长度大于前 2 腹节之和。尾叉狭长，与肛节等长。第 5 对胸足稍不对称，左、右足单肢型，均分 3 节，第 2 节内末角突出并具 3 羽状粗刚毛，末节短小呈锥状，末端各具 1 爪状刺；右足第 2 外缘刚毛较长，约为左足外缘刚毛长的 3 倍。

分布：东海，南海；太平洋。深水种。

参考文献：24，44，217。

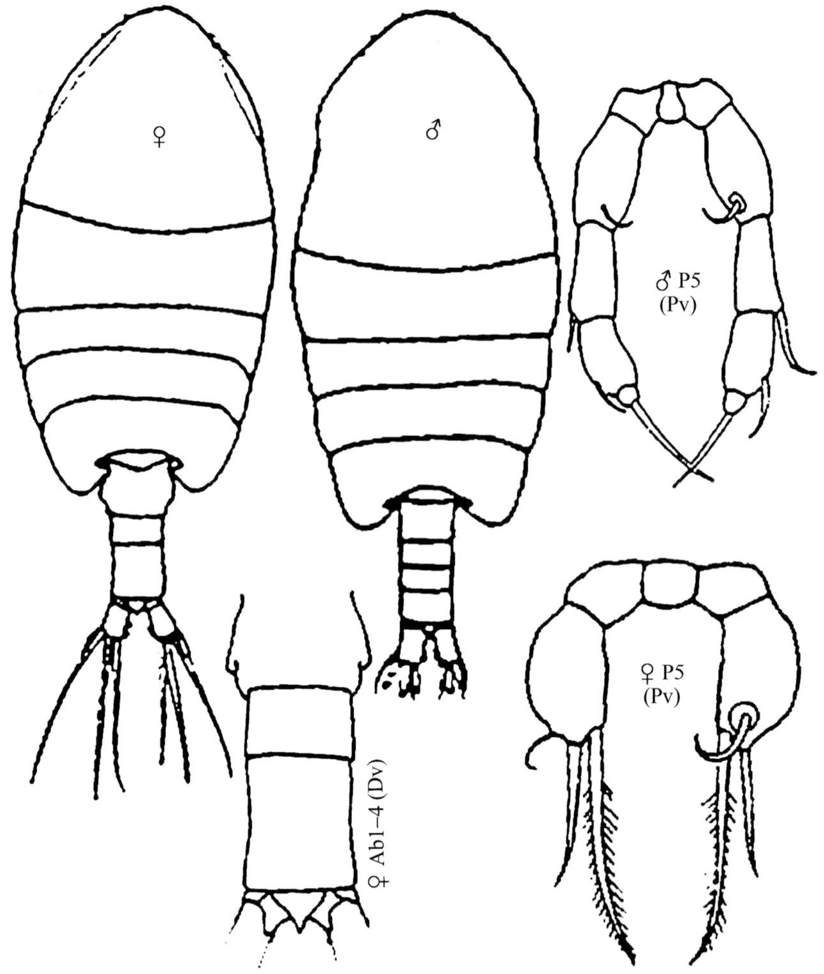

图 93 尖突后哲水蚤 *Metacalanus acutioperculum*
（仿 Ohtsuka，1984；Chihara & Murano，1997）

（93）尖突后哲水蚤 *Metacalanus acutioperculum* Ohtsuka，1984（图 93）

形态特征：

体长： ♀0.73 mm，♂0.63 mm。头胸部宽大，呈卵圆形。额部前端宽圆，额角顶端具 2 额丝。胸部后侧角钝圆而突出。**雌性：** 腹部分 4 节，生殖节宽大，两侧较突出，第 3 节最长大，约为第 2 节长的 2 倍，肛节很短小，其背末缘具 1 三角形肛盖，顶端尖锐。尾叉长为宽的 1.6 倍。第 5 对胸足单肢型，近对称，左、右各分 2 节，末节宽大呈叶状，内末缘各具 1 羽状长刚毛，末端也具 1 长刺毛；左足外末角具 1 小刺毛；右足末部后表面具 1 小刺毛。**雄性：** 头胸部与雌性相似，但个体较瘦小。腹部分 5 节，第 1、4 节较长大，肛节和尾叉也与雌性相似。第 5 对胸足单肢型，稍不对称，各分 5 节；第 3、4 节各具 1 外缘刺毛，其中右足的刺毛较左足粗大，末节很短小，顶端各具 1 长刺。

分布： 南海；太平洋。近底层性种。

参考文献： 23，24，44，82，125。

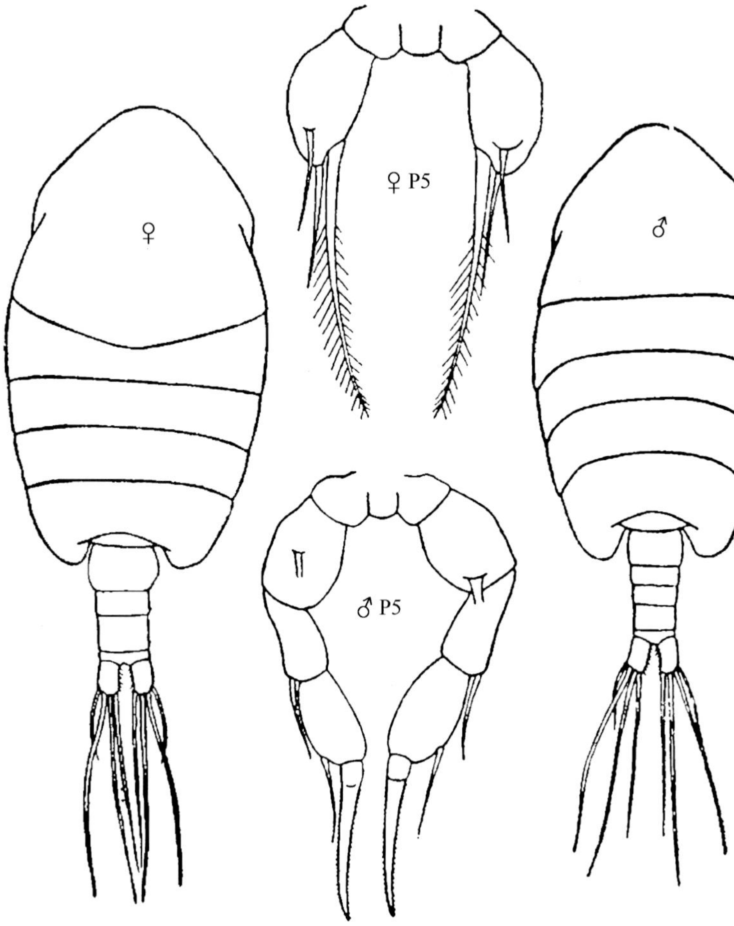

图 94 欧氏后哲水蚤 *Metacalanus aurivillii*（仿陈清潮等，1965）

（94）欧氏后哲水蚤 *Metacalanus aurivillii* Cleve，1901（图 94）

形态特征：

体长：♀0.6~0.7 mm，♂0.5~0.7 mm。头胸部呈卵圆形。头部两侧具 1 紧缩沟。额角丝细小。**雌性：**生殖节宽大，右侧较膨大或左右侧近对称；第 3 节长约为第 2 节的 1.5 倍；肛节很短小，其背末缘肛盖呈半圆形。尾长为宽的 2 倍。第 5 对胸足单肢型且对称，各分 2 节，末节宽大呈叶状，内末缘各具 1 长大羽状刚毛，末端具 1 长刺毛，背面近末缘也具 1 小刺毛。**雄性：**头胸部与雌性相似。腹部分 5 节，第 1、4 节较长大，肛节与尾叉与雌性相似。第 5 对胸足单肢型且对称，各分 4 节；第 2 节较宽大，第 3 节较短小，具 1 外末刺毛；末节较宽大，呈长椭圆形，具 1 外缘刺毛，顶端具 1 长的粗刺突，其内、外缘具细刺。

分布：东海，南海；太平洋，印度洋。热带种。

参考文献：13，23，24，32，33，37，44，46，48，51，158。

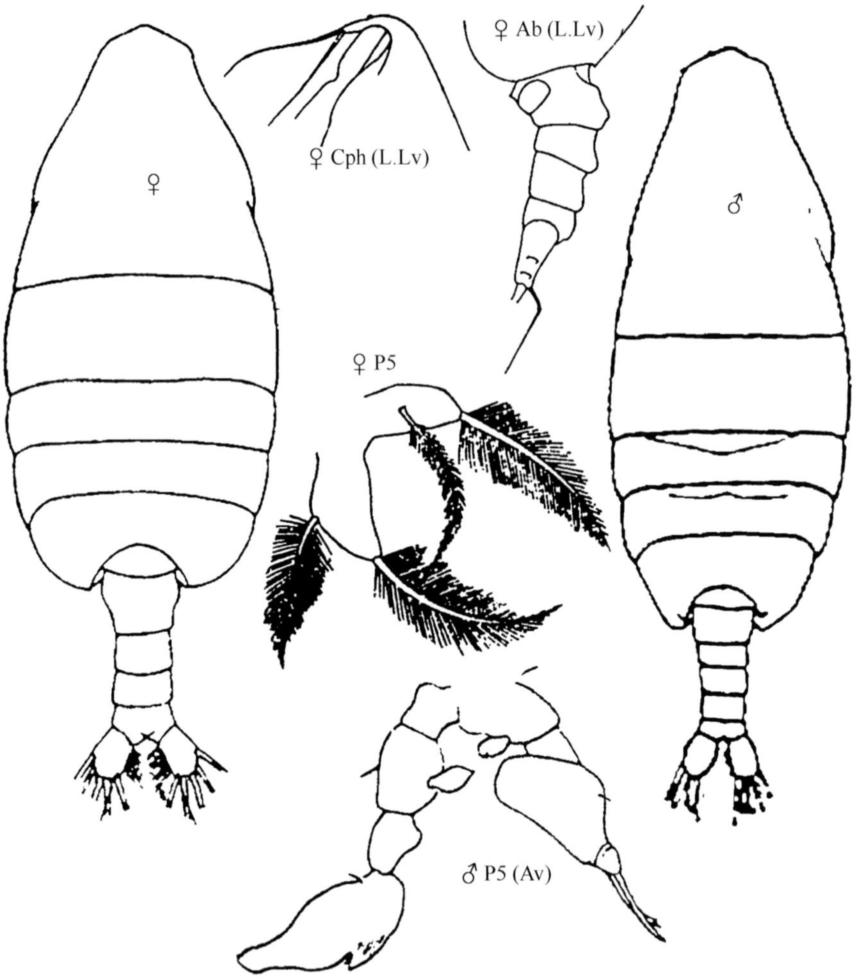

图 95 布氏拟亮羽水蚤 *Paraugaptilus buchani*
［仿连光山等，1984（♀）；Deevey，1973；Chihara et al.，1997（♂）］

（95）布氏拟亮羽水蚤 *Paraugaptilus buchani* Wolfenden，1904（图 95）

形态特征：

体长：♀2.7~3.5 mm，♂2.9~3.3 mm。**雌性：**额部前端较窄而突出，呈钝三角形，侧面观宽圆。额角基部呈柱状，顶端具 2 细长额角丝。胸部后侧角宽圆。腹部分 4 节。生殖节稍不对称，基部两侧膨大，腹面突出，背部近端凹陷。第 2、3、4 腹节近等长。尾叉长约为宽的 1.5 倍。第 5 对胸足单节，短小而对称或稍不对称，末端各具 1 长羽状刺毛，外缘也各具 1 羽状小刚毛。**雄性：**体形与雌性相似。第 5 对胸足双肢型，左、右足不对称；内肢单节，呈小叶状；左足外肢分 3 节，第 2 节粗大，末节很短小，顶端具 2 长刺突；右足外肢分 2 节，末节呈葫芦形，内缘中部具 1 小突起。

分布：东海，南海；太平洋，大西洋。深水种。

参考文献：22，24，37，38，44，51，82，83，106。

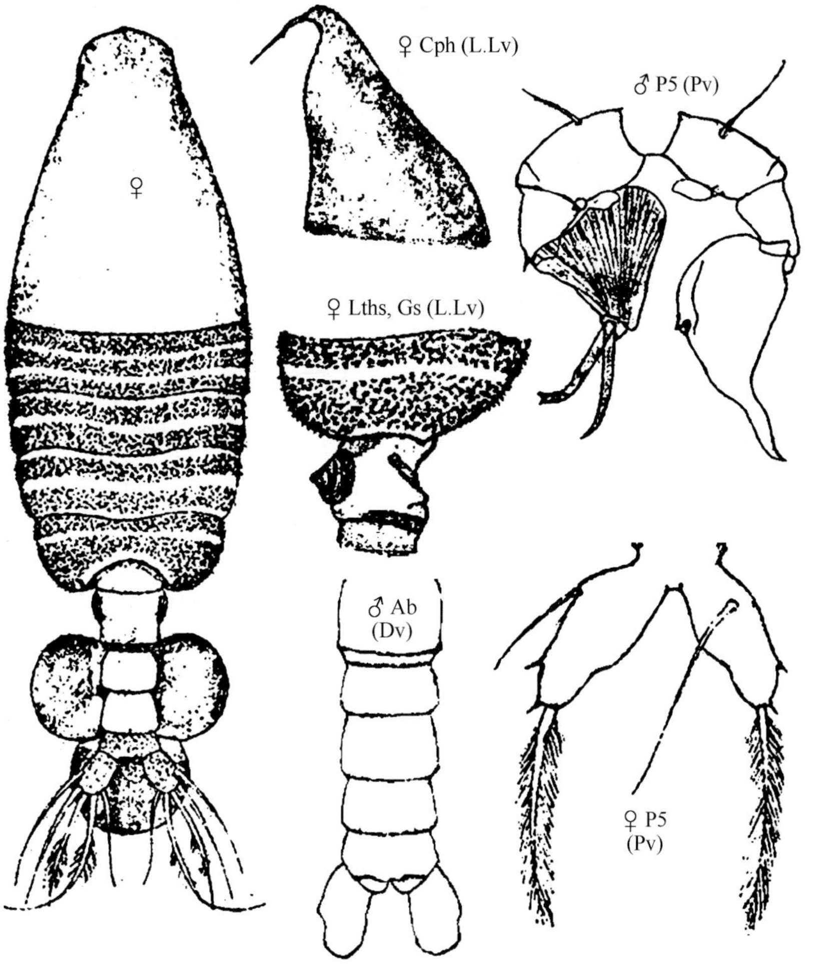

图 96　近似拟亮羽水蚤 *Paraugaptilus similis*（仿 A. Scott，1909）

（96）近似拟亮羽水蚤 *Paraugaptilus similis* A. Scott，1909（图 96）

形态特征：

体长：♀3.3~3.8 mm，♂3.0~3.4 mm。**雌性：**额部前端宽圆。额角顶端具 2 额角丝。胸部后侧角宽圆。各胸节表面具细刺毛。腹部分 4 节，生殖节粗大，稍不对称，其近端 2 侧膨大，腹面突出，侧面观，其背侧具 1 小突起；第 2、3 腹节近方形；尾叉长为宽的 1.5 倍。第 5 对胸足单节而稍不对称；外缘近端各具 1 长刚毛，右足外缘长刚毛较左足的刚毛长；外缘近末部各具 2 小刺毛或缺；左、右足顶端各具 1 长羽状刺毛。**雄性：**体形与雌性相似。第 5 对胸足双肢型，左、右足不对称，内肢单节呈小叶状；左足外肢分 3 节，第 2 节内缘很膨大，呈钝三角状，末节很短小，顶端具 2 长刺，其外刺末部弯曲，顶端呈叉状；右足外肢分 2 节，末节内缘膨大，呈半圆形并具 1 小缺刻，末部狭长呈爪状。

分布：南海，马来群岛海域；太平洋，大西洋。深水种。

参考文献：44，127，158。

注：雌性第 5 对胸足存在个体差异。A. Scott（1909）的绘图与记述，认为左、右第 5 对胸足外末缘均具 2 小刺，而 Ohtsuka 等（1994b）的绘图与记述却无此 2 小刺。

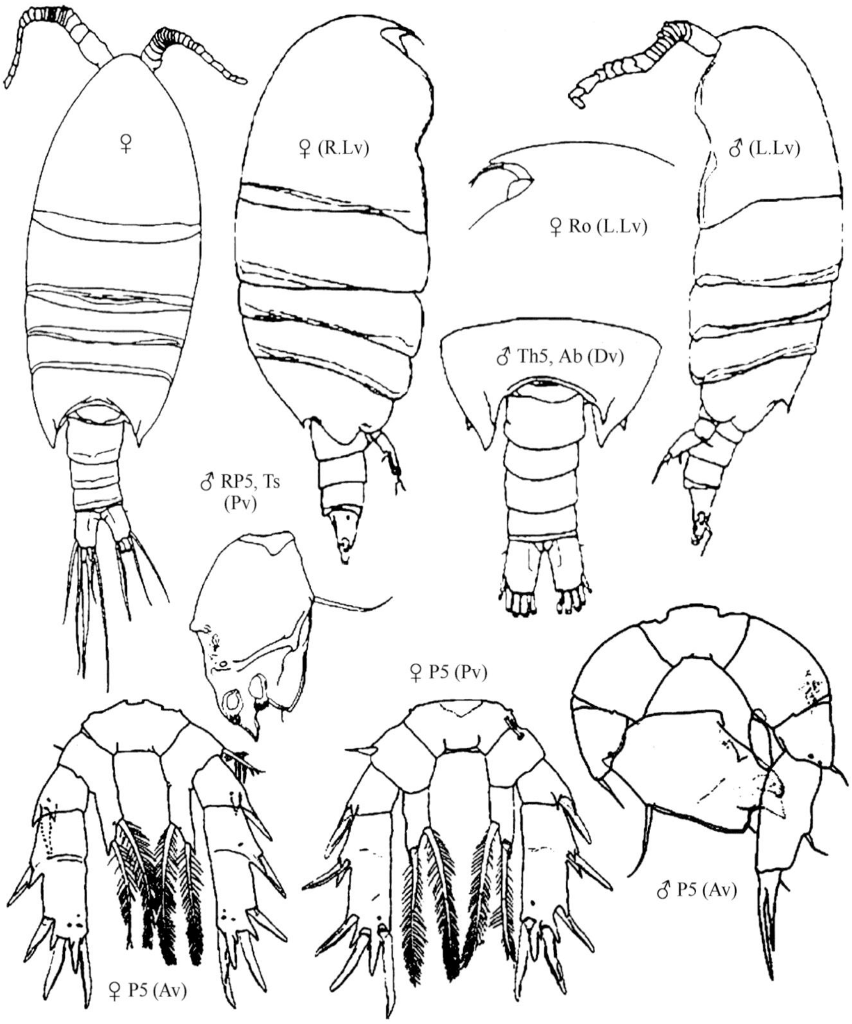

图 97 日本拟隐水蚤 *Paramisophria japonica*（仿 Ohtsuka et al. , 1991）

(97) 日本拟隐水蚤 *Paramisophria japonica* Ohtsuka, Fosshagen & Go, 1991 (图 97)

形态特征：

体长：♀1. 9~2. 1 mm，♂1. 4~1. 6 mm。额部前端较狭而钝圆，侧面观较宽圆。额角近末端具 1 对额角丝。侧面观，胸部后侧缘各具 1 尖的背侧刺突和钝圆的中侧突与腹侧突。肛节短小，尾叉长约为宽的 1. 5 倍。**雌性：**胸部后侧缘中侧突可达生殖节末部的 2/3 处。腹部分 4 节。生殖节近方形，其长约为后 2 节长度之和。第 5 对胸足左右对称，内肢单节，与第 2 基节不完全愈合，其末端尖锐并具 2 长羽状刚毛；外肢分 3 节，第 2、3 节不完全愈合，外肢各具 3 外缘刺及 2 末端刺，末端刺基部之间也具 1 小刺突。**雄性：**体形与雌性相似，唯较瘦小。第 5 对胸足不对称，左足内肢单节，呈叶状，外肢第 1 节呈三角状，第 2 节长约为宽的 2 倍，末节短小并具 2 不等长的末刺；右足单肢型，末节宽大呈扇形，内缘中部具 1 钝突，末端具 2 三角形刺突，外突较粗短并具 1 小刺毛，节的末端后表面具 2 带细毛瘤状突。

分布：东海；琉球群岛海域，太平洋。近底层性种。

参考文献：44，82，130。

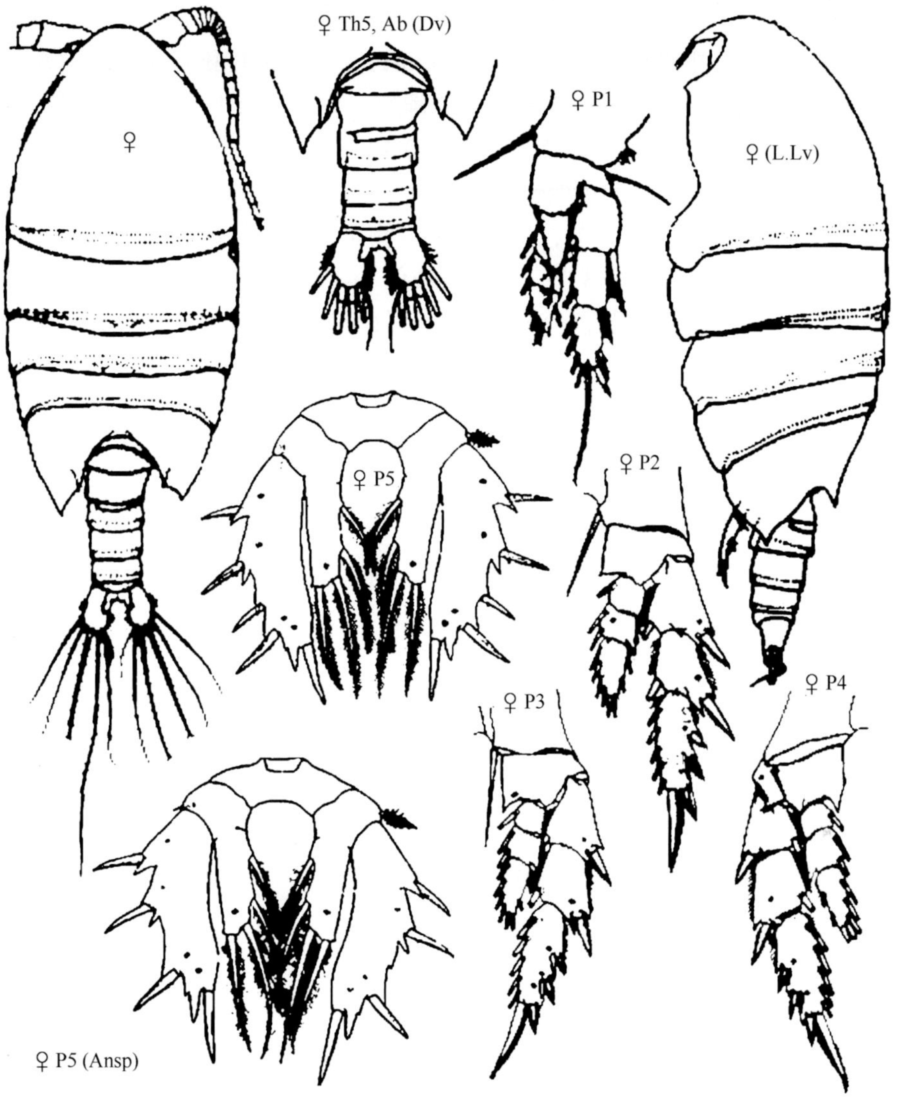

图 98 中华拟隐水蚤 *Paramisophria sinica*（仿连光山，钱宏林，1994）

（98）中华拟隐水蚤 *Paramisophria sinica* Lian & Qian，1994（图 98）

形态特征：

体长：♀3.1~3.4 mm。**雌性：**头胸部粗壮，呈椭圆形。额部宽圆，额角粗大，顶端具 2 额丝。胸部后侧缘各具 1 尖锐的背侧刺突和腹侧刺突，左右稍不对称，左腹侧刺突稍长于右侧，可达生殖节近末端，右侧仅达生殖节中部或 2/3 处。腹部分 4 节，生殖节长约为后 3 节长度之和，左右稍不对称，右侧基部较膨大，背中部至右侧缘可见明显愈合线。肛节很短小。尾叉稍不对称，左叉较粗大。第 5 对胸足左右对称，内、外肢均单节，前者与第 2 基节愈合，后者与第 2 基节分开；内肢具 4 羽状刚毛，其 2 根在内缘，另 2 根在末端；外肢较粗大，具3~4 外缘刺及 1 末端刺与 1 末端小刺突。

分布：南黄海东南部海域，海南岛东北部近岸海域；太平洋。近底层性种。

参考文献：24，37，39，44。

5. 亮羽水蚤科 Family Augaptilidae Sars, 1905

本科大多数为大型、中型桡足类(2.0~10.0 mm)。头胸部较狭长。额部前端的形状随属而异：宽圆、三角形或尖突。额角具2细线状的额丝。头节与第1胸节分开，第4、5胸节愈合。雌性腹部分3~4节，雄性为4~5节。尾叉大多短小而对称。第1触角细长，常超过尾叉；雄性左肢为执握肢。大颚咀嚼缘的齿数较少而粗大。第1小颚退化，第2小颚及颚足末端具粗刺毛。第1~4对胸足内、外肢分3节，少数第1对胸足内、外肢仅1~2节或内、外肢均为2节。雌性第5对胸足内、外肢常分3节，少数内肢仅1~2节或内、外肢均为1~2节。雄性第5对胸足不对称，内、外肢常分3节，少数右足外肢仅分2节。雌、雄性第5对胸足均呈游泳肢型。

本科包括10属。中国海域已记录7属44种。

属名 Genera	种数	页码
亮羽水蚤属 *Augaptilus* Giesbrecht, 1889	4	137
刺亮羽水蚤属 *Centraugaptilus* Sars, 1920	3	141
真亮羽水蚤属 *Euaugaptilus* Sars, 1920	16	144
海羽水蚤属 *Haloptilus* Giesbrecht, 1898	16	160
角羽水蚤属 *Pontoptilus* Sars, 1905	1	176
伪亮羽水蚤属 *Pseudaugaptilus* Sars, 1907	1	177
伪海羽水蚤属 *Pseudhaloptilus* Wolfenden, 1911 [厚羽水蚤属 *Pachyptilus* Sars, 1920]	3	178

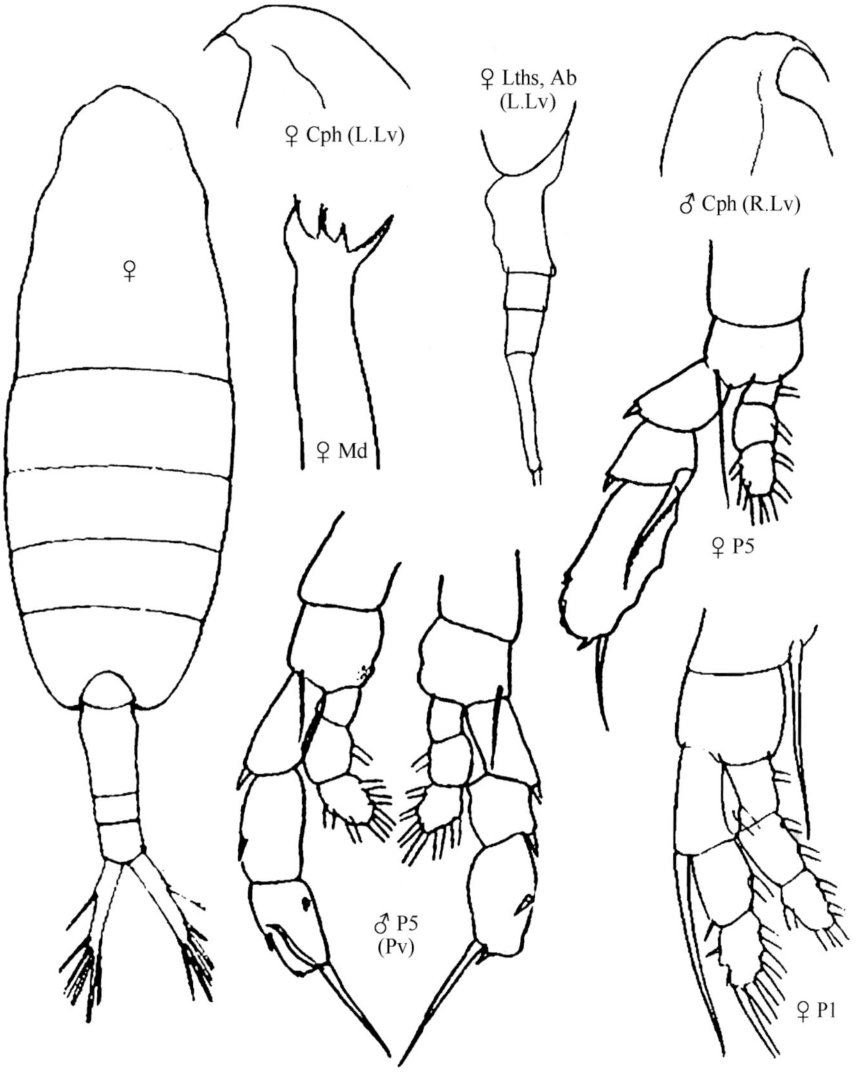

图 99 冷亮羽水蚤 *Augaptilus glacialis*（仿 Tanaka，1964b）

（99）冷亮羽水蚤 *Augaptilus glacialis* Sars，1900（图 99）

形态特征：

体长：♀4.0~5.9 mm，♂3.7~5.2 mm。头胸部呈长椭圆形。额部前端钝圆。胸部后侧角狭圆。额角丝短。尾叉长为宽的 5 倍。第 1 对胸足外肢第 1 节外末刺较长，显著超过外肢末节顶端。**雌性：**腹部分 3 节，生殖节左右对称，长约为宽的 2 倍，腹面基部较突出。第 5 对胸足外肢第 2 节具 1 较长内缘刺，可达末节第 3 内缘刚毛基部。**雄性：**腹部分 5 节。第 5 对胸足不对称，第 2 基部内末角具 1 丛细齿；左足外肢末节外缘呈匙状，内末刺长于末节；右足外肢第 2 节内缘近基部具 1 小突起，末节外缘中部具 1 小刺，内末角具 1 长刺和 1 小刺。

分布：东海，南海中部；太平洋，印度洋及大西洋。深水种。

参考文献：24，37，44，51，106，184。

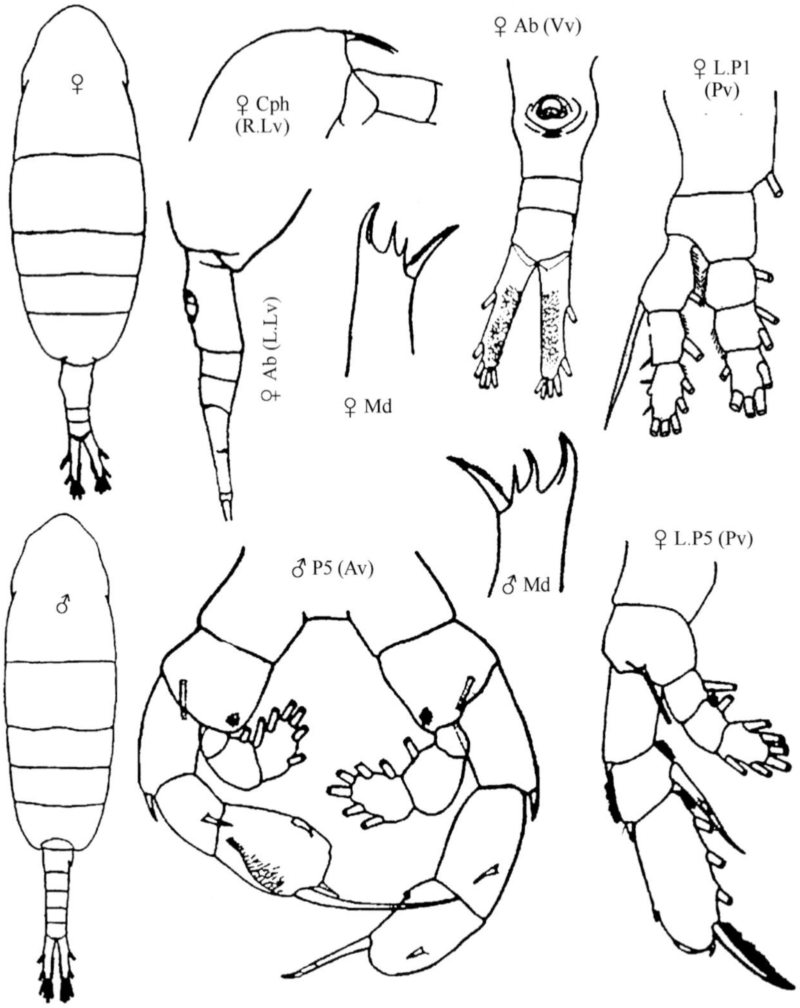

图 100 长尾亮羽水蚤 *Augaptilus longicaudatus*（仿连光山等，1978）

（100）长尾亮羽水蚤 *Augaptilus longicaudatus*（Claus，1863）（图 100）

[*Hemicalanus longicaudatus* Claus，1863]

形态特征：

体长：♀3.2~4.1 mm，♂3.2~3.8 mm。头胸部呈长椭圆形。额部前端宽圆。额角丝细长。胸部后侧角钝圆。尾叉长约为宽的 5 倍，其腹面密生细刺毛。**雌性：**腹部分 3 节，生殖节长约为宽的 1.5 倍，两侧稍不对称，左侧中部较膨大。第 1 对胸足外肢第 1 节外末刺较短，仅达外肢末节顶端。第 5 对胸足对称，内、外肢均分 3 节，外肢第 2 节具 1 较短内缘刺，仅达末节第 2 内缘刚毛基部。**雄性：**腹部分 5 节，生殖节右侧具 1 小突起。第 5 对胸足不对称，第 2 基节内末缘各具 1 丛细齿；左足外肢第 3 节末端宽圆，内缘近基部具 1 小突起，近外缘中部具 1 小刺，内末缘具 1 长的粗刺突，约与末节等长；右足外肢第 3 节宽大，末端较截平，内缘近中部具 1 小刺，外末角具 1 长刺和 1 小刺，前表面近外缘具 1 片细刺毛。

分布：东海，南海中部和南部；太平洋，印度洋及大西洋。深水种。

参考文献：24，31，37，44，51，106，184。

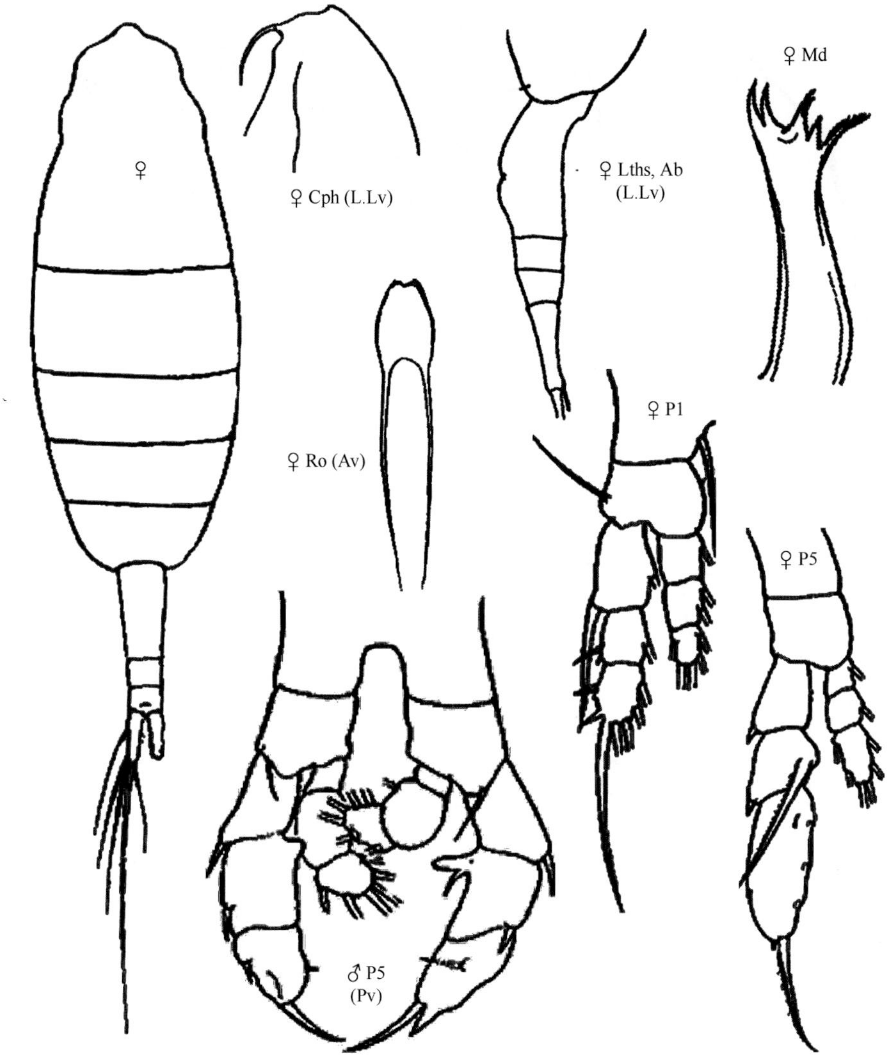

图 101 大亮羽水蚤 *Augaptilus megalurus*（仿 Tanaka，1964b；Tanaka et al.，1971）

（101）大亮羽水蚤 *Augaptilus megalurus* Giesbrecht，1889（图 101）

［*Augaptilus anceps*：Tanaka，1964b；林玉辉等，1988；陈清潮，2008］

形态特征：

体长：♀4.5～5.4 mm，♂4.2～5.0 mm。头胸部长椭圆形，前额稍突出，侧面观具 1 低的脊状突。胸部后侧角狭圆。额角丝细长。尾叉长为宽的 4 倍。大颚具 4 齿及 1 粗刺毛。第 1 对胸足外肢第 1 节外末刺仅达外肢末节顶端。**雌性**：腹部分 3 节，生殖节长为宽的 2 倍，腹面稍突出。第 5 对胸足外肢第 2 节具 1 长大的内缘刺，可达外肢末节第 3 内缘刚毛基部。**雄性**：体形与雌性相似。第 5 对胸足内、外肢均分 3 节，第 2 基节内末角稍突出，左右足不对称；左足外肢第 2 节内缘基部具 1 钝突；右足外肢第 2 节内缘近端具 1 粗的指状突，其下缘基部具 1 小刺，末节顶端具 1 粗刺突及 1 长的内末刺。

分布：东海，南海；太平洋，大西洋。深水种。

参考文献：24，37，44，51，106，184，196。

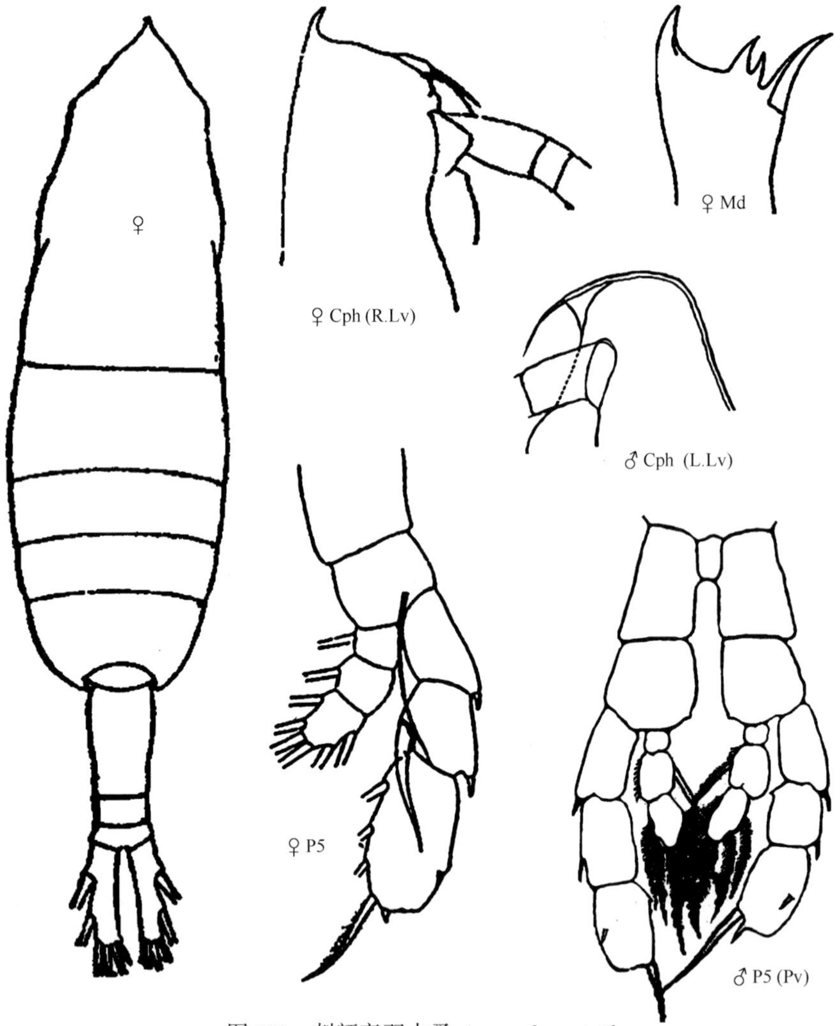

图 102　刺额亮羽水蚤 *Augaptilus spinifrons*
[仿连光山等，1984（♀）；Sars，1925（♂）]

（102）刺额亮羽水蚤 *Augaptilus spinifrons* Sars，1907（图 102）

形态特征：

体长：♀3.1~3.6 mm，♂3.2 mm。**雌性：**头部前端具 1 粗刺突，稍弯向腹面。2 额角丝细长。胸部后侧角狭圆。生殖节长大，约为后 2 节长度之和的 2 倍，近端两侧稍膨大。尾叉长约为宽的 4 倍，第 1 触角约末 6 节超过尾叉。大颚具 4 齿及 1 粗刺毛，其腹齿与中齿的间距很宽大。第 5 对胸足对称，外肢第 2 节具 1 粗大的内缘刺，其末端稍超过末节第 2 内缘刚毛基部。末节顶端具 1 小刺突及 1 羽状长刺毛，外缘具 1 小外缘刺。**雄性：**额部前端无刺突，侧面观宽圆。第 5 对胸足不对称，第 2 基节内末缘稍突出；左足外肢末节近长方形，内缘近端及外缘中部各具 1 小刺突，内末角具 1 长刺毛；右足外肢第 2 节内缘基部具 1 小突起，末节外缘中部具 1 小刺，内末缘具 1 长刺毛，顶端具 1 小刺。

分布：台湾海峡西南部，南沙群岛海域；太平洋，印度洋及大西洋。深水种。

参考文献：6，24，37，38，44，157。

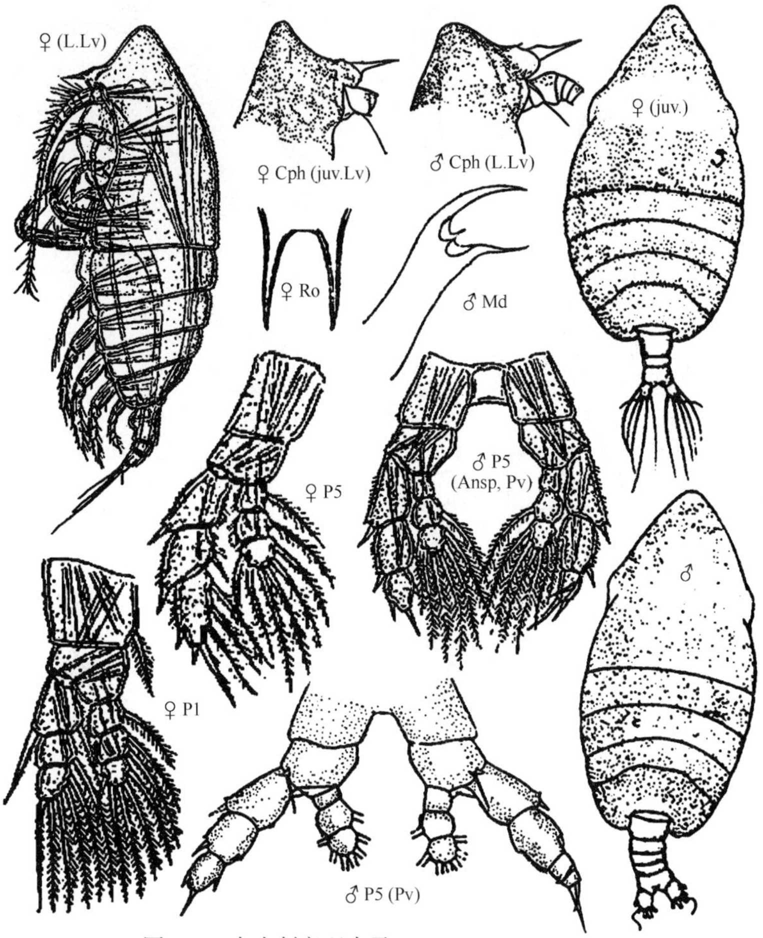

图 103　尖头刺亮羽水蚤 *Centraugaptilus horridus*
[仿连光山等，1984（♂；♀juv）；Sars，1925（♀）]

（103）尖头刺亮羽水蚤 *Centraugaptilus horridus*（Farran，1908）（图 103）

[鼠刺亮羽水蚤 *Centraugaptilus horridus*（Farran，1908）；连光山等，1984；粗刺亮羽水蚤 *C. horridus*（Farran，1908）；陈清潮，2003，2008；*Augaptilus horridus* Farran，1908；*A. pyramidalis* Esterly，1911；*Centraugaptilus pyramidalis*：Brodsky，1950]

形态特征：

体长：♀5.2~9.5 mm，♂4.8~8.3 mm。头胸部很粗壮，近卵圆形，体表密布细刺毛。头部前端较狭，呈圆锥状，顶端钝圆。胸部后侧角宽圆。尾叉呈方形。额角具粗大的双刺突。**雌性：**腹部分 3 节，生殖节腹面突出。大颚具 3 齿，背、腹齿长大，中齿短小。第 1 对胸足内、外肢各分 3 节；外肢第 1 节外末刺细长，达末节顶端，第 2、3 节无外缘刺。第 5 对胸足外肢第 2 节具 1 小内缘刺，仅达末节第 1 内缘刚毛基部。**雄性：**体形与雌性相似，唯额部前端较雌性宽。腹部分 5 节，生殖节长为宽的 1/2。第 5 对胸足不对称，左、右足第 2 基节近外末缘刚毛基部各具 1 小刺突；左足外肢第 2 节具 1 外末刺及 1 小内缘刺，末节内、外缘各具 1 小刺，顶端具 1 长刺；右足外肢第 2 节内缘中部具 1 小突起及细毛，末节短小，具 1 外缘刺及 2 不等长末刺。

分布：东海，南海；太平洋，印度洋及大西洋。深水种。

参考文献：23，24，38，44，67，87，106，157，184。

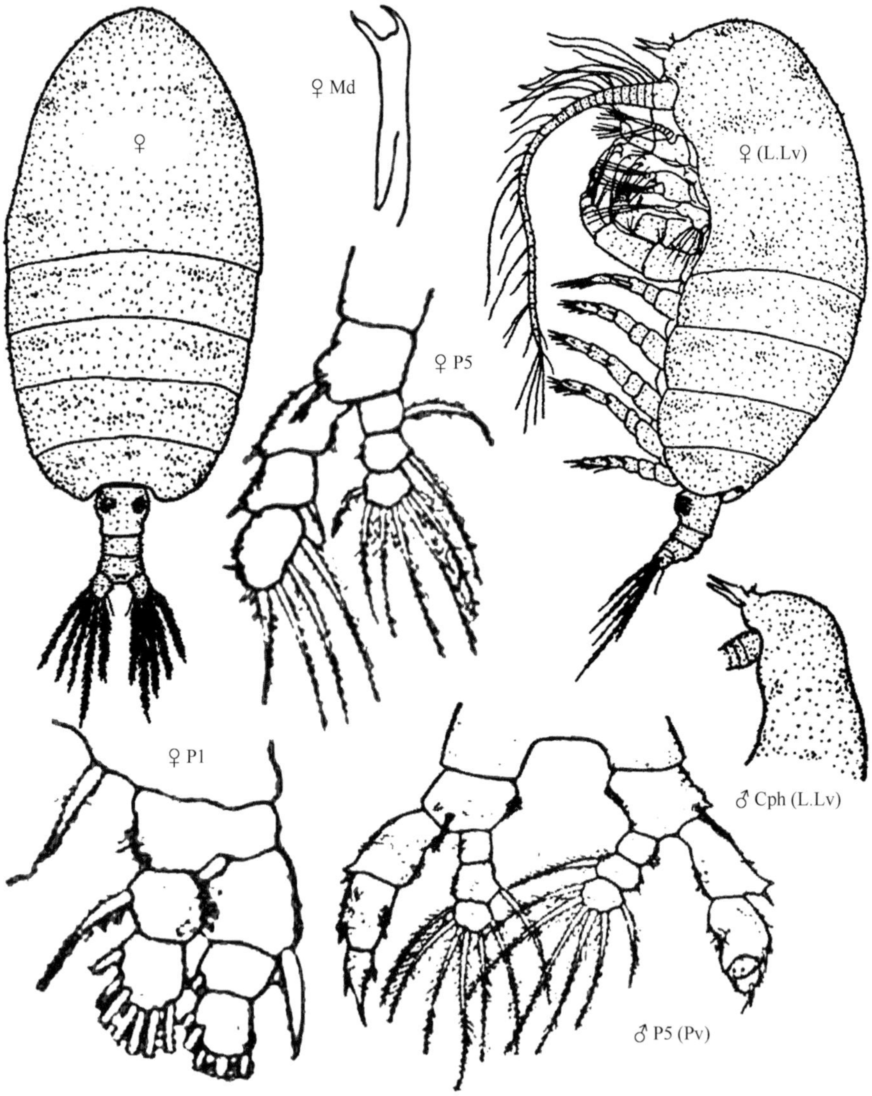

图 104 海刺亮羽水蚤 *Centraugaptilus porcellus*（仿 Brodsky，1950）

（104）海刺亮羽水蚤 *Centraugaptilus porcellus* Johnson，1936（图 104）

形态特征：

体长：♀6.0~6.2 mm，♂5.8 mm。头胸部呈椭圆形，体表密布细刺毛。额部前端宽圆。胸部后侧角钝突。额角为粗大的双刺突。**雌性：**生殖节为后 2 节长度之和，基部两侧膨大，腹面很突出。尾叉呈方形。大颚具 2 齿，呈叉状。第 1 对胸足内肢仅分 2 节；外肢分 3 节，第 1 节具 1 粗大的外末刺，可达末节顶端；第 2、3 节无外缘刺。第 5 对胸足外肢第 2 节具 1 小内缘刺，可达末节第 1 内缘刚毛基部，末节粗大，顶端宽圆，具 2 小外缘刺及 1 长末刺。**雄性：**第 5 对胸足不对称，左、右足第 2 基节内缘近端较突出，近外末缘长刚毛基部各具 1 小刺突，外肢第 1 节狭长，其外末角突出并具 1 小刺；左足末节呈锥形，内外缘各具 1 小刺，末端具 1 粗刺；右足外肢第 2 节内缘中部凹陷，近端膨大，末节宽短，顶端具 2 小刺。

分布：南海；太平洋。深水种。

参考文献：24，44，67。

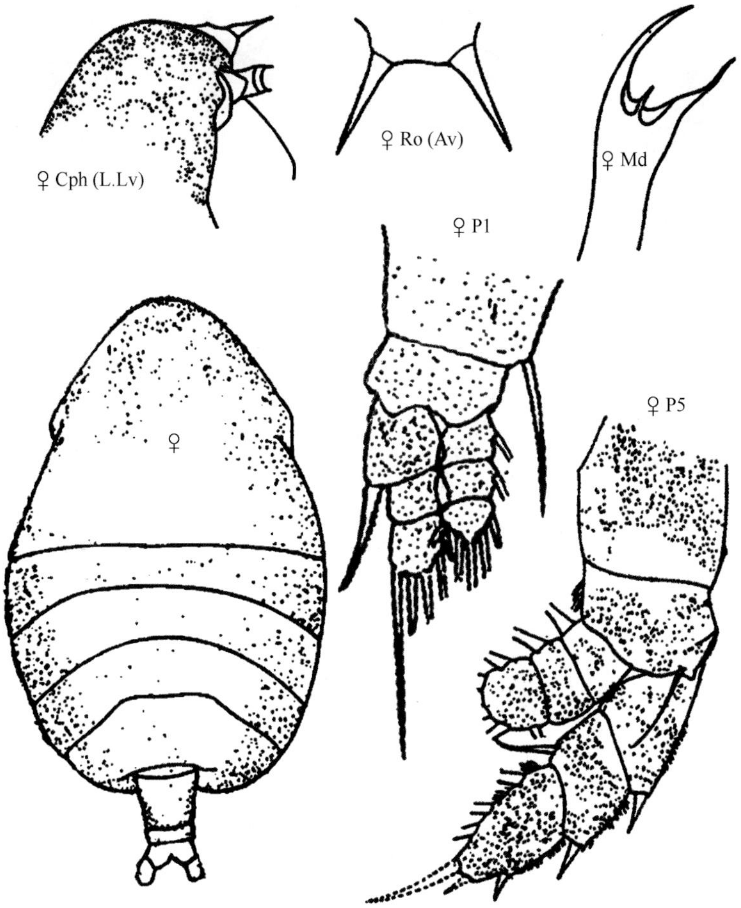

图 105　宽头刺亮羽水蚤 *Centraugaptilus rattrayi*（仿连光山，钱宏林，1984）

（105）宽头刺亮羽水蚤 *Centraugaptilus rattrayi*（T. Scott，1894）（图 105）

［*Augaptilus macrodus* Esterly，1911；*Centraugaptilus macrodus*：Brodsky，1950］

形态特征：

体长：♀4.7~6.2 mm。**雌性：**身体粗壮，体表面密布细刺毛。头胸部呈宽卵圆形。头部两侧中部微凹，前额较宽圆。胸部后侧角宽圆。额角具 2 强刺突，呈叉状。腹部分 3 节，生殖节基部较宽大，其长度大于后 2 节之和。生殖节和第 2 腹节表面也具细刺毛。尾叉宽短。大颚具 3 齿，中央齿很小，背、腹齿长大，呈叉状。第 1 对胸足内、外肢均为 3 节；外肢第 1 节外末刺较长，稍超过末节顶端，外肢第 2、3 节无外缘刺。第 5 对胸足各节较宽短，外肢第 2 节内末刺较细长，末端稍超过末节第 1 内缘刚毛基部。

分布：东海，南海；太平洋，印度洋及大西洋。深水种。

参考文献：24，37，38，44，51，67，87，106，184。

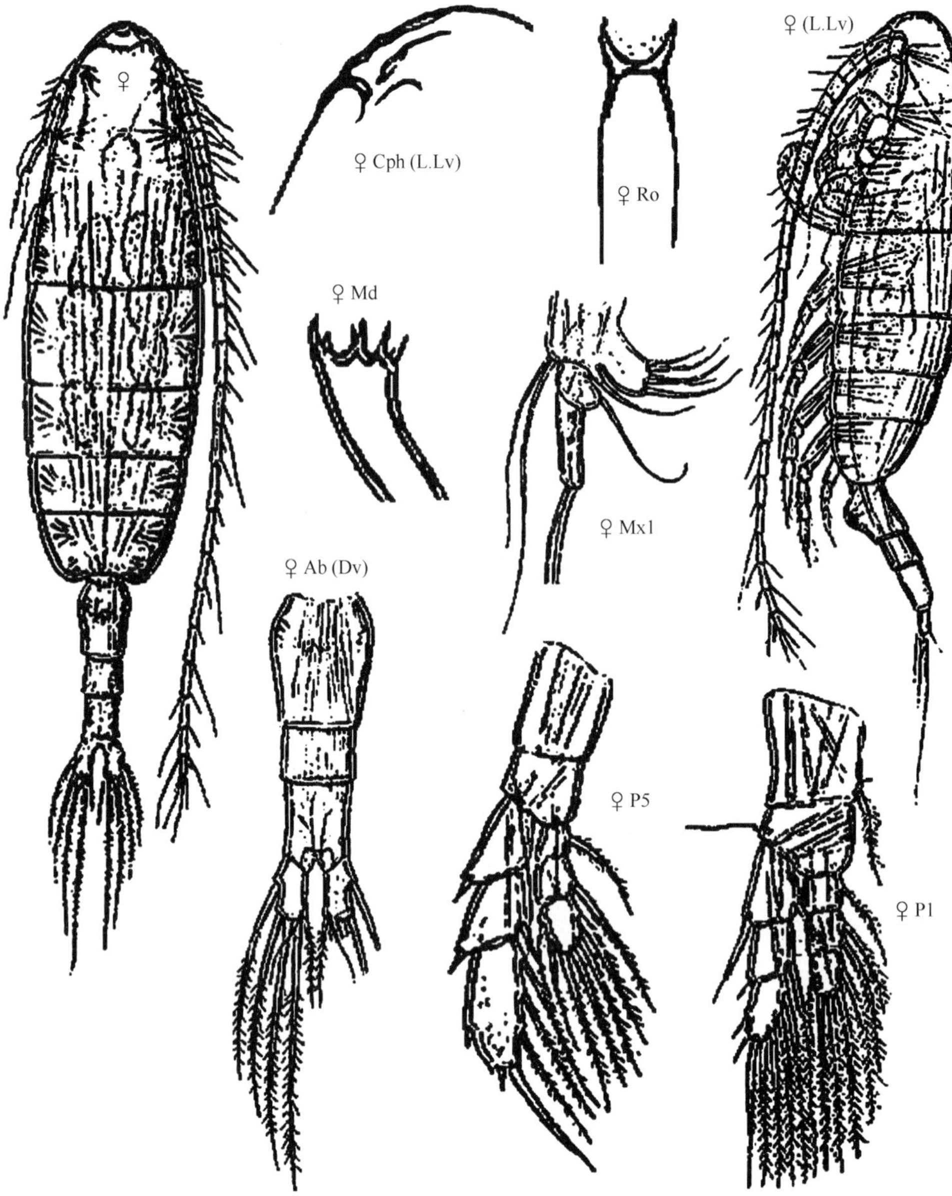

图 106　近缘真亮羽水蚤 *Euaugaptilus affinis*（仿 Sars，1925）

（106）近缘真亮羽水蚤 *Euaugaptilus affinis* Sars，1920（图 106）

形态特征：

体长：♀5.4 mm。**雌性：**头胸部长椭圆形。胸部后侧角钝圆。额角丝细长。腹部分 3 节，生殖节基部较膨大，腹面突出，其长度与后 2 节之和近等长。尾叉长为宽的 2 倍。大颚具 5 齿及 1 刺毛。第 1 小颚内肢不存在，外肢顶端具 2 长刚毛，基节具 1 刚毛，第 1、2 内叶分别具 5、1 长刺毛，外叶具 2 长刚毛。第 1 对胸足外肢第 1 节外缘刺长达末节中部，末节具 2 外缘刺。第 5 对胸足外肢第 2 节内缘刺较长，超过末节第 1 内缘刚毛基部。

分布：南海；太平洋，印度洋及大西洋。深水种。

参考文献：24，37，44，51，157。

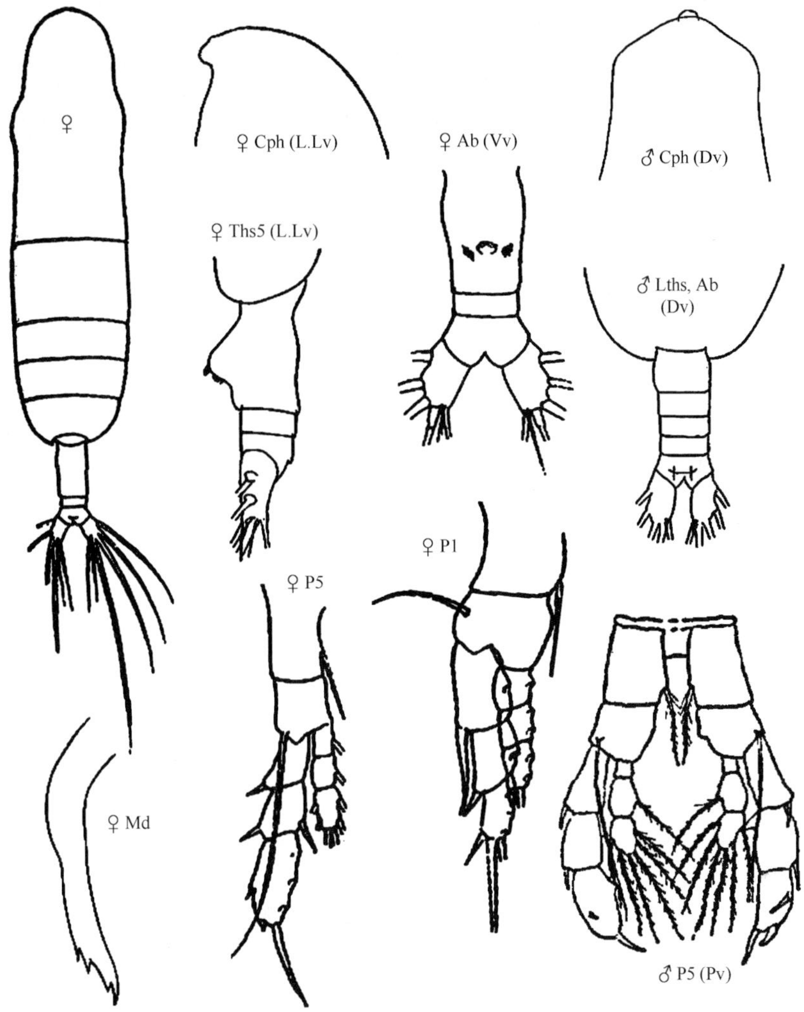

图 107 狭真亮羽水蚤 *Euaugaptilus angustus*
[仿 Tanaka, 1964b (♀); Tanaka et al., 1974 (♂); Sars, 1925 (♂P5)]

(107) 狭真亮羽水蚤 *Euaugaptilus angustus* (Sars, 1905)(图 107)

[*Augaptilus angustus* Sars, 1905]

形态特征:

体长: ♀5.9~7.8 mm, ♂5.5 mm。**雌性:** 头胸部较狭长。额部半圆形。额角呈瘤状突,无额角丝。腹部分 3 节。生殖节狭长,约为后 2 节之和的 2 倍,其腹面膨大。大颚具 4 齿,斜向排列,腹齿较长并位于顶端。第 1 小颚各叶刺毛数:外肢 8,内肢不存在,基节 3,外叶 4,第 1、2 内叶分别为 10、1。第 1 对胸足外肢第 1 节外缘刺长达末节中部,末节仅具 1 外缘刺。第 5 对胸足较狭长,第 1 基节具 1 内缘刚毛,外肢第 2 节内缘刺毛仅达末节第 1 内缘刚毛基部。**雄性:** 额部前端呈钝三角形。腹部分 5 节。尾叉长约为宽的 1.5 倍。第 5 对胸足第 1 基节各具 1 内缘刚毛;左足外肢末节内、外缘各具 1 小刺及 1 长末刺;右足外肢第 2 节内缘基部具 1 粗刺突,末节具 2 外缘刺及 1 末刺。

分布: 东海,南海;太平洋,印度洋及大西洋。深水种。

参考文献: 24, 44, 106, 184, 197, 217。

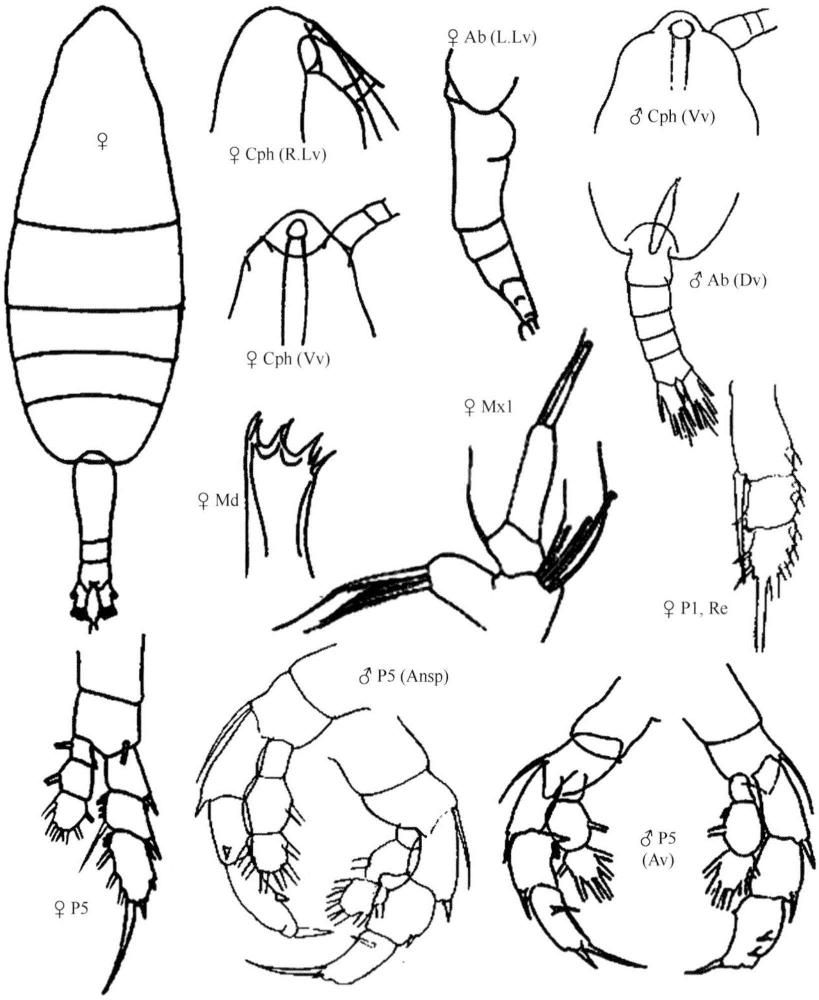

图 108　球状真亮羽水蚤 *Euaugaptilus bullifer*
[仿连光山等，1984（♀）；Tanaka et al.，1974（♂）]

（108）球状真亮羽水蚤 *Euaugaptilus bullifer*（Giesbrecht，1889）（图 108）

[*Augaptilus bullifer* Giesbrecht，1889，1892；A. Scott，1909]

形态特征：

体长：♀4.4~5.6 mm，♂4.7~5.0 mm。额部前端突出呈钝三角形。额角丝细长。胸部后侧角钝圆。尾叉长约为宽的 1.5 倍。**雌性：**腹部分 3 节，生殖节基部较膨大，其长度约为后 2 节之和的 2 倍；生殖突膨大呈半圆形。大颚具 6 齿和 1 粗刺毛。第 1 小颚各叶刚毛数：外叶 4~5；第 1 内叶 3，第 2、3 内叶及内肢不存在；第 2 基节 1；外肢具 2 不等长刚毛。第 1 对胸足外肢各节外缘刺基部各具 1 列小刺突，第 1 节外缘刺长达末节顶端，末节具 2 小外缘刺。第 5 对胸足外肢第 2 节内缘刺长达末节第 2 内缘刚毛基部。**雄性：**第 5 对胸足不对称，左足外肢第 3 节具 1 较短的末刺，约为末节长的 1/2，并具 2 小外缘刺或缺，内缘具 1 小刺突；右足外肢第 2 节内缘基部具 1 尖刺突或钝突，末节具 2 短外缘刺及 1 根与末节等长的末刺。

分布：南海；太平洋，印度洋及大西洋。深水种。

参考文献：38，44，158，184，197。

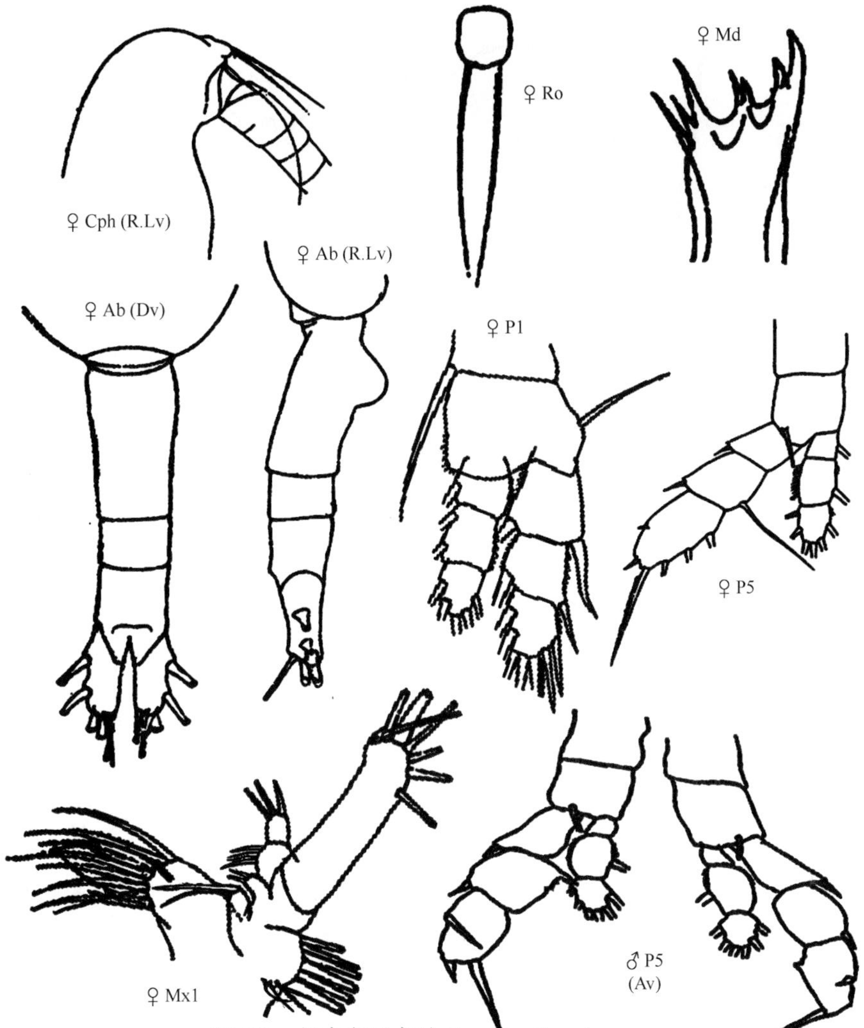

图 109　长真亮羽水蚤 *Euaugaptilus elongatus*
［仿连光山等, 1984 (♀); Tanaka et al., 1974 (♂)］

(109) 长真亮羽水蚤 *Euaugaptilus elongatus* (Sars, 1905) (图 109)

［*Augaptilus elongatus* Sars, 1905］

形态特征：

体长：♀5.7~6.0 mm，♂5.7 mm。**雌性**：额部宽圆。额角丝细长。背面观，胸部后侧角狭小，侧面观宽圆。生殖节长为宽的 2 倍，约等于后 2 节长度之和，其腹面生殖突膨大呈球状。尾叉长约为宽的 2 倍。大颚具 6 齿及 1 短刺毛。第 1 小颚各叶刚毛数：外叶 9，其中 3 根细小；第 1 内叶 11，第 2 内叶 2，第 3 内叶 1~2；第 2 基节 3~4；内肢 3；外肢 7~8，其中 1 根很细小。第 1 对胸足外肢第 1 节外末刺较粗短，稍超过外肢第 2 节末端，第 2 节外末刺可达末节第 2 外缘刺基部。第 5 对胸足外肢第 2 节内缘刺毛细长，可达第 3 节近末端。**雄性**：第 5 对胸足不对称，左足外肢第 3 节末刺长为末节的 2/3，内、外缘各具 1 小刺突；右足外肢第 2 节内缘基部具 1 粗刺突，末节卵圆形，内末刺约与末节等长，外缘刺较长，末刺短小。

分布：东海，南海；太平洋，印度洋及大西洋。深水种。

参考文献：24，38，44，106，197。

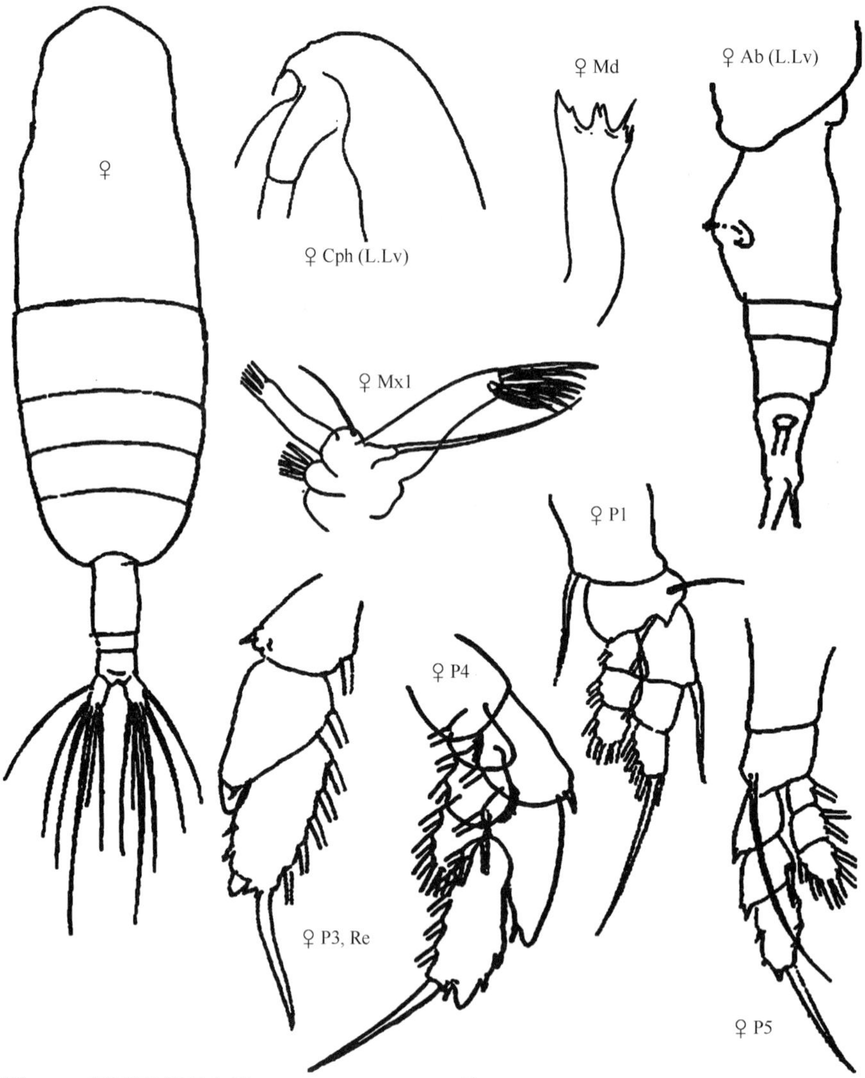

图 110　颜面真亮羽水蚤 *Euaugaptilus facilis*（仿 Tanaka，1964b；Tanaka et al.，1974）

（110）颜面真亮羽水蚤 *Euaugaptilus facilis*（Farran，1908）（图 110）

［*Augaptilus facilis* Farran，1908］

形态特征：

体长：♀5.7~5.9 mm。**雌性：**头胸部长卵圆形。前额钝圆。胸部后侧角狭圆。额角丝短小。生殖节狭长，大于后 2 节长度之和，其腹面膨大。尾叉长约为宽的 2 倍。大颚齿粗大。第 1 小颚内肢及第 3 内叶不存在；第 1 内叶具 8 刺毛；第 2 内叶具 1 长刺毛；第 2 基节具 1 长刚毛；外叶具 4 或 5 刚毛；外肢具 3 刚毛。第 1 对胸足外肢第 1 节外缘刺细长，超过外肢末节顶端；外肢第 2 节无外缘刺；第 3 节仅具 1 小外缘刺。第 3、4 对胸足外肢第 2、3 节外末角突出成为小钝突。第 5 对胸足外肢第 2 节内缘刺较短，仅达末节第 1 或第 2 内缘刚毛基部；外肢第 3 节具 2 或 3 小外缘刺。

分布：东海，南海；太平洋，印度洋及大西洋。深水种。

参考文献：24，37，44，51，106，184，197。

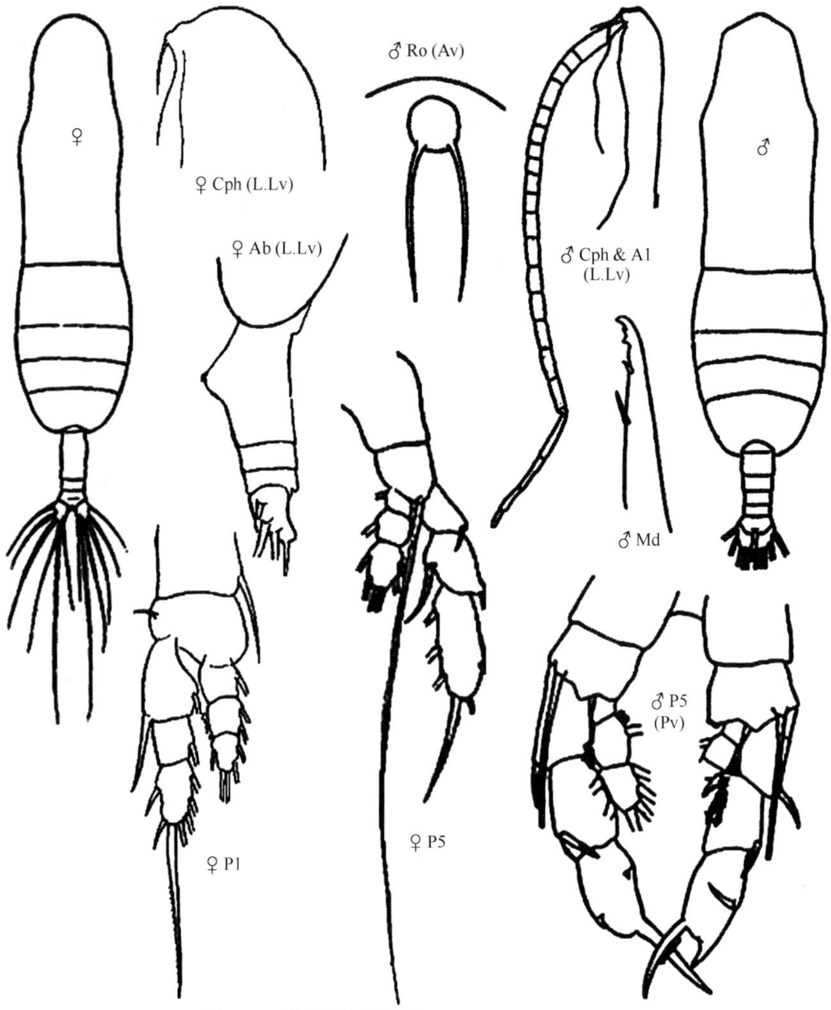

图 111 线真亮羽水蚤 *Euaugaptilus filigerus*
[仿连光山等，1978（♂）；Tanaka，1964b（♀）]

（111）线真亮羽水蚤 *Euaugaptilus filigerus*（Claus，1863）（图 111）

[*Augaptilus filigerus*：Giesbecht，1892；A. Scott，1909；*Hemicalanus filigerus* Claus，1863]

形态特征：

体长：♀5.0~7.6 mm，♂4.1~6.5 mm。**雌性：**头胸部较瘦长。额部前端半圆形，头节较长于各胸节之和，胸部后侧角狭圆。额角丝细长。生殖节长为宽的 2 倍，腹面很膨大。尾叉呈方形。大颚齿板呈爪状，颚齿斜向排列。第 1 对胸足外肢第 1 节外缘刺长达末节第 1 外缘刺基部；外肢第 2 节无外缘刺，末节具 2 外缘刺。第 5 对胸足外肢第 2 节内缘刺毛长稍超过末节第 1 内缘刚毛基部。**雄性：**头胸部与雌性相似，唯额部前端呈钝三角形，腹部分 5 节。第 5 对胸足不对称，左足外肢末节内、外缘各具 1 小刺，末端具 1 锥状的长刺，约与末节等长；右足第 2 基节内末缘具 1 钝突，外肢第 2 节内缘具细毛丛，并在内缘基部具 1 特殊的角状突，其弯向下方呈钩状，末节具 1 指向内缘的外缘刺，外末角具 1 粗指状突，内末缘具 1 长爪状刺。

分布：东海，南海；太平洋，印度洋及大西洋。深水种。

参考文献：24，31，37，41，44，106，158，184，217。

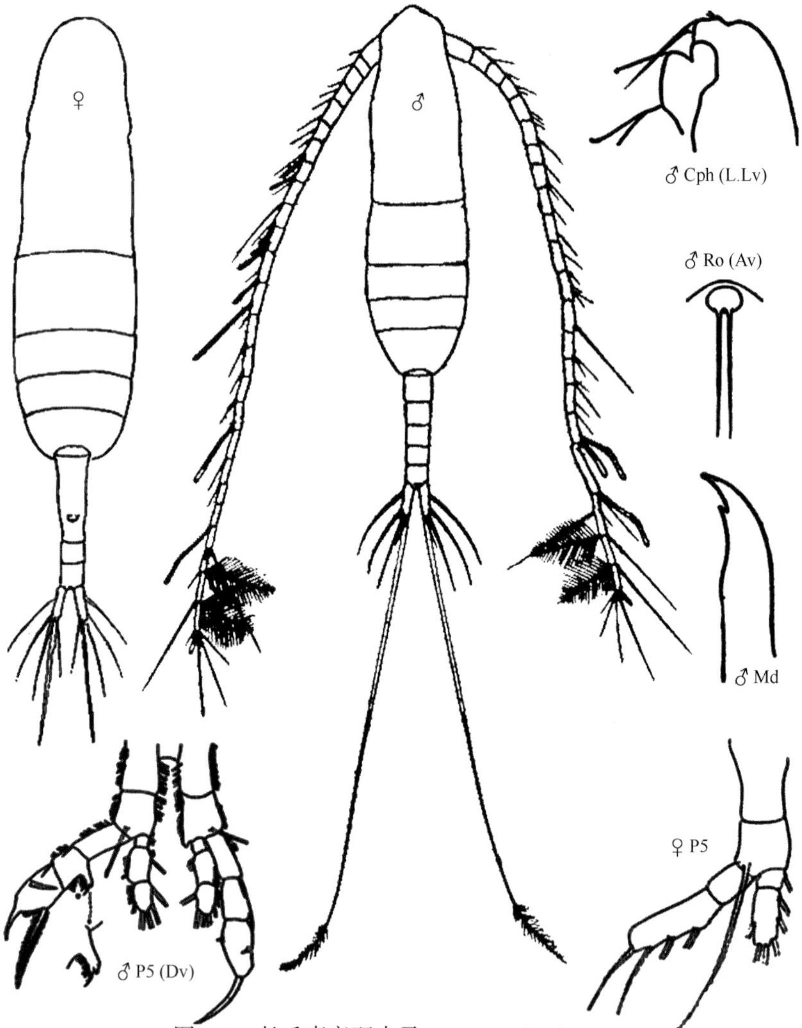

图 112 长毛真亮羽水蚤 *Euaugaptilus hecticus*
[仿连光山等，1978（♂）；Tanaka，1964b（♀）]

（112）长毛真亮羽水蚤 *Euaugaptilus hecticus*（Giesbrecht，1889）（图 112）

[*Augaptilus hecticus* Giesbrecht，1889，1892；A. Scott，1909；Wilson，1950]

形态特征：

体长：♀2. 3~2. 7 mm，♂2. 3~2. 4 mm。**雌性：**身体瘦小，头胸部较狭长，呈长椭圆形。额部半圆形，额丝细长。头节较长于各胸节之和，胸部后侧角狭而钝圆。腹部狭长，分 3 节，生殖节长为后 2 节之和的 2 倍。尾叉长为宽的 3. 5 倍，第 2 内缘尾刚毛与身体等长，其末部呈羽状。大颚齿板呈爪状，仅具 2 齿。第 5 对胸足内、外肢仅分 2 节。**雄性：**体形与雌性相似，额角丝、大颚片及第 2 尾刚毛也与雌性相似。腹部分 5 节，生殖节近方形。尾叉长约为宽的 3 倍。第 5 对胸足不对称，左足第 2 基节内末缘具 1 小突起，外肢第 3 节内、外缘各具 1 小刺，末端具 1 弯曲长刺，约与末节等长；右足外肢第 2 节内缘具 1 特殊的指状突，第 3 节末端具 1 锥状长刺，内缘具 1 长刚毛。

分布：东海至南海南部；太平洋，印度洋及大西洋。深水种。

参考文献：20，24，31，37，44，50，51，106，158，184，217。

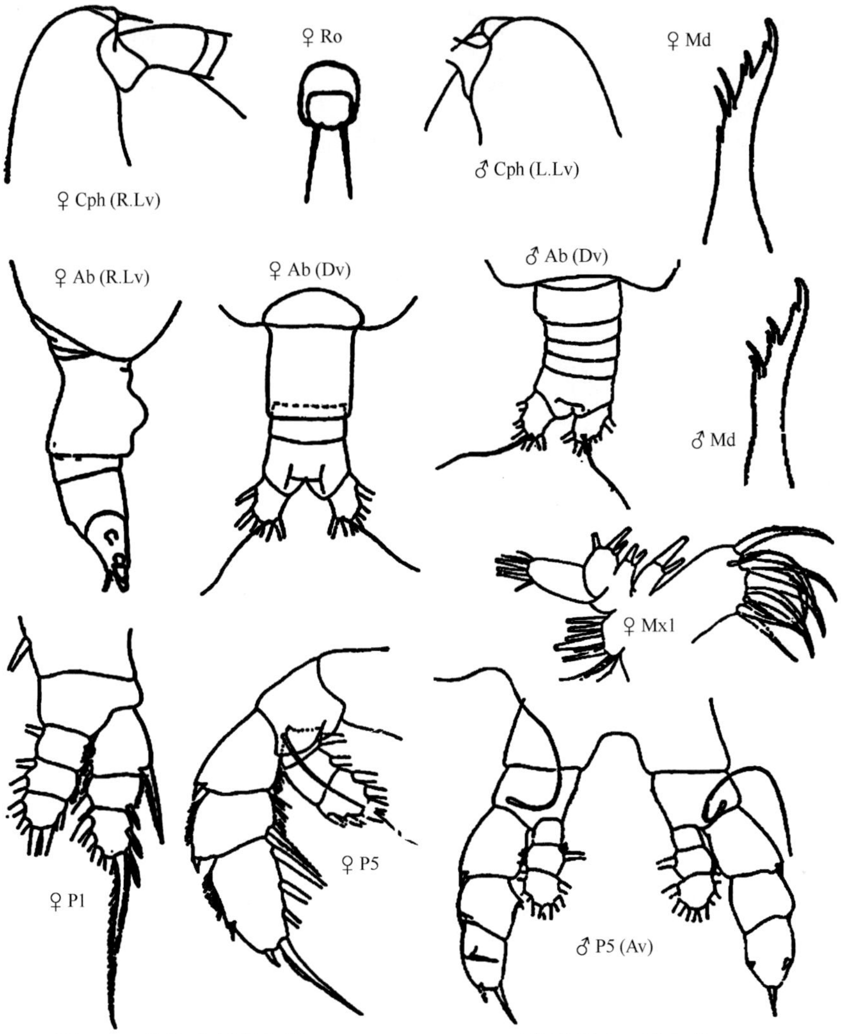

图 113 宽头真亮羽水蚤 *Euaugaptilus laticeps*（仿连光山，钱宏林，1984）

（113）宽头真亮羽水蚤 *Euaugaptilus laticeps*（Sars，1905）（图 113）

［*Augaptilus laticeps* Sars，1905］

形态特征：

体长：♀7.1~7.4 mm，♂6.3~7.3 mm。**雌性：**头胸部呈长椭圆形。额角丝细而短。侧面观，口部区腹面很膨大。生殖节长约等于后 2 节长度之和，其腹面突出呈半圆形。尾叉近方形。大颚齿板狭长，颚齿呈斜向排列，腹齿呈爪状。第 1 小颚各叶刚（刺）毛数：外叶 9；第 1 内叶 10~11，第 2、3 内叶各 2；第 2 基节 3；外肢 7。第 1 对胸足外肢第 1 节外末刺长达第 3 节近末端，第 2、3 节分别具 1、2 外缘刺。第 5 对胸足外肢第 2 节内缘刺可达末节内缘中部。**雄性：**体形与雌性相似。腹部分 5 节，生殖节宽短。大颚及第 1 小颚与雌性相似。第 5 对胸足左足外肢末节呈锥状，内外缘各具 1 小刺及 1 长末刺；右足外肢第 2 节内缘具 1 三角形小突起，末节 1 外缘刺指向内侧，顶端具 2 不等长末刺。

分布：东海，南海；太平洋，印度洋及大西洋。深水种。

参考文献：24，38，44，106，197，217。

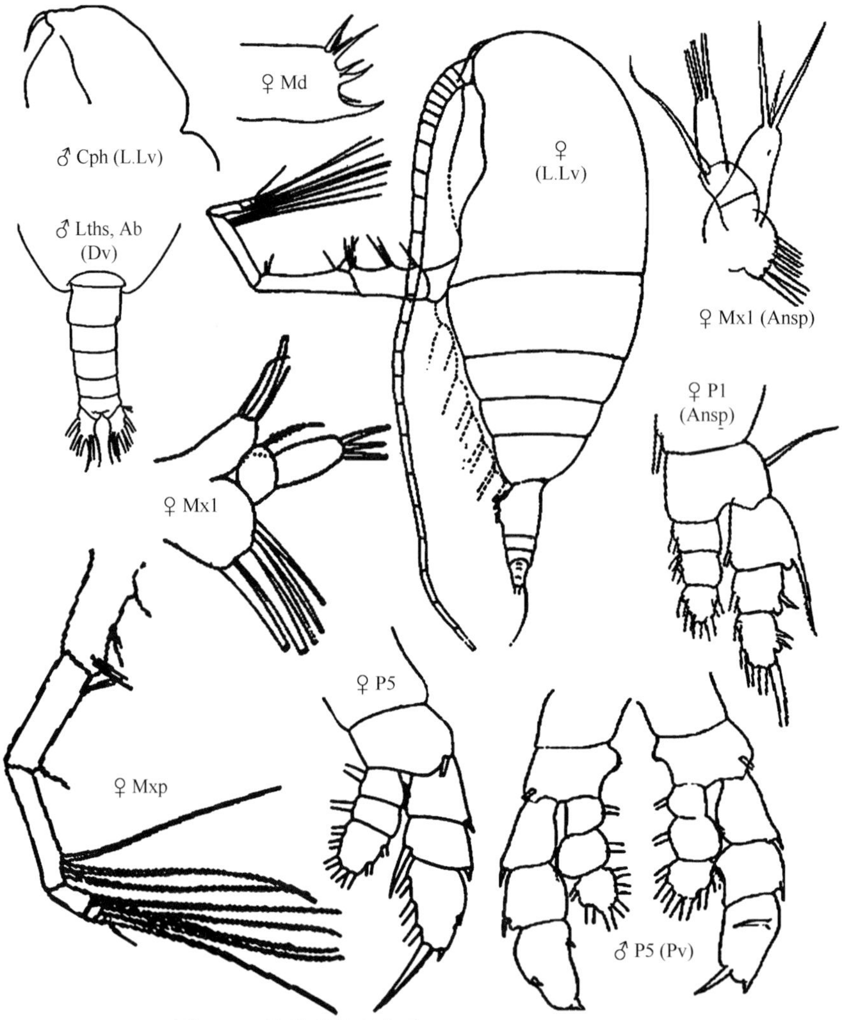

图 114　长手真亮羽水蚤 *Euaugaptilus longimanus*
[仿连光山，钱宏林，1984（♀）；Tanaka，1964b（♀P1）；Tanaka & Omori，1974（♂）]

（114）长手真亮羽水蚤 *Euaugaptilus longimanus*（Sars，1905）（图 114）

[*Augaptilus longimanus* Sars，1905；Wolfenden，1911]

形态特征：

体长：♀4.9～9.5 mm，♂5.7～6.3 mm。**雌性：**身体粗壮，额部前端宽圆，额角丝细而短。胸部后侧角宽圆。生殖节长为后 2 节之和的 2～3 倍，其腹面膨大并具细毛。尾叉近方形。大颚齿板宽大，末端各齿呈水平排列。颚足特别长，其第 3 节(即内肢第 1 节)约为末部 4 节长度之和的 2 倍，内末缘具 3 长刚毛。第 1 对胸足外肢各节外末角均具 1 小瘤状突，外肢第 1 节外末刺长达末节中部，第 2、3 节分别具 1、2 外缘刺。第 5 对胸足外肢第 2 节内缘刺长达末节近中部。**雄性：**额角与雌性相似。头部背面具 1 显著的凹陷区。第 5 对胸足左、右足第 2 基节内缘基部各具 1 钝突；左足外肢末节呈倒梨形，内外缘各具 1 小刺及 1 粗短末刺；右足外肢第 2 节内缘基部具 1 钩状突刺，末节具 1 指向内侧的外缘刺，末部具 1 长内末刺及 1 小外末刺。

分布：东海，南海；太平洋，印度洋及大西洋。深水种。

参考文献：24，38，44，106，184，197。

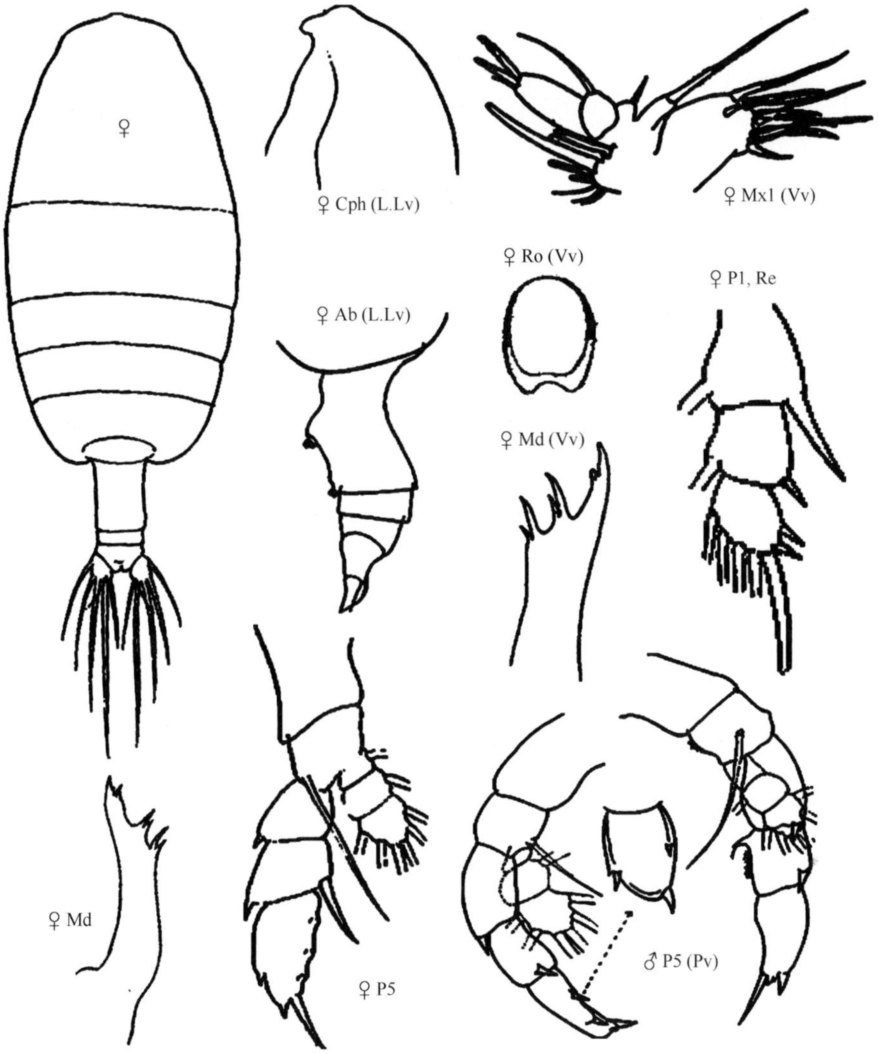

图 115 大型真亮羽水蚤 *Euaugaptilus magnus*

[仿 Tanaka，1964b（♀；♂）；连光山，钱宏林，1984（♀Ro. Vv；♀Md. Vv；♀Mx1. Vv）]

（115）大型真亮羽水蚤 *Euaugaptilus magnus*（Wolfenden，1904）（图 115）

[*Augaptilus magnus* Wolfenden，1904，1911；*A. validus* A. Scott，1909]

形态特征：

体长：♀6.6~8.9 mm，♂7.6~8.5 mm。**雌性：**头胸部粗壮，其宽约为长的 1/2。额部前端宽大，其中间稍突出。胸部后侧角宽圆。额角粗短并具 2 钝圆突起，顶端无额丝。生殖节长约为宽的 1.5 倍，腹面生殖突具分散的细毛，腹面末缘也具细毛丛。尾叉宽短。大颚齿板较宽大，具 6 尖齿。第 1 对胸足外肢第 1 节外末刺长达第 2 节末缘，第 2、3 节分别具 1、2 短外末刺。第 5 对胸足外肢第 2 节内末刺长达末节的 1/2 处。**雄性：**额角与雌性相似，但叉状顶端呈钝三角形。第 5 对胸足第 2 基节内缘具细毛；左足外肢末节呈卵圆形，其内外缘及末缘各具 1 短刺；右足外肢第 2 节内缘近端具 1 钩状刺突，第 3 节内末刺长为末节的 2/3。

分布：东海，南海；太平洋，印度洋及大西洋。深水种。

参考文献：24，38，44，106，158，184，197。

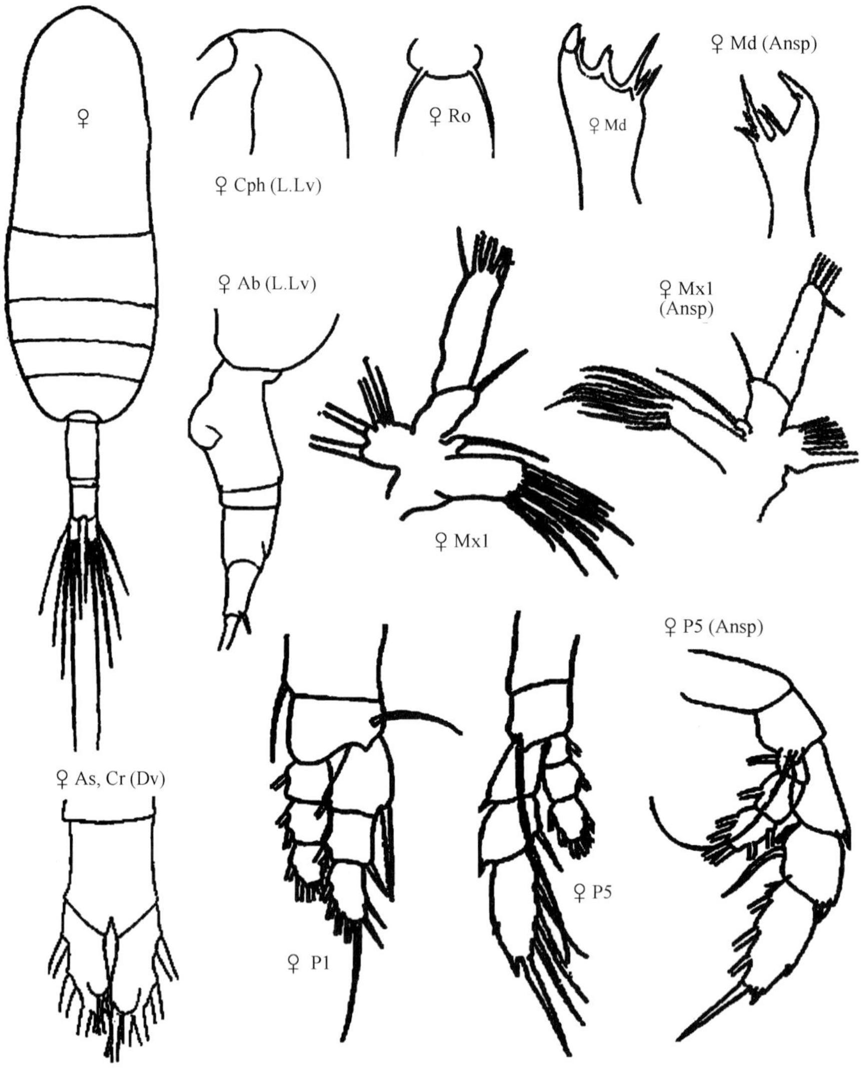

图 116　雪真亮羽水蚤 *Euaugaptilus niveus*（仿 Tanaka，1964b；Tanaka & Omori，1974）

（116）雪真亮羽水蚤 *Euaugaptilus niveus* Tanaka & Omori，1974（图 116）

［*Euaugaptilus mixtus*：Tanaka，1964；林玉辉等，1988；
连光山等，1994，2008；陈清潮，2008］

形态特征：

体长：♀4.6~4.7 mm。**雌性：**头部前端宽圆。末胸节后侧角较为狭圆。额角丝较粗大。生殖节狭长，其长约为宽的 1.8 倍。尾叉稍不对称，右叉长约为宽的 2.1 倍。大颚齿板宽大，腹齿粗大呈爪状，背齿细长。第 1 小颚外叶具 5~6 刚毛，第 1 内叶具 9 刺毛，第 2 内叶具 1 刚毛，第 2 基节具 1 刚毛，外肢具 4~5 刚毛。第 1 对胸足外肢第 1 节外末刺长达第 3 节第 1 外缘刺基部。第 5 对胸足外肢第 2 节内缘刺细长，约达到或超过外肢第 3 节第 1 内缘刺基部。

分布：东海，南海；太平洋，印度洋及大西洋。深水种。

参考文献：24，37，44，51，108，184，197。

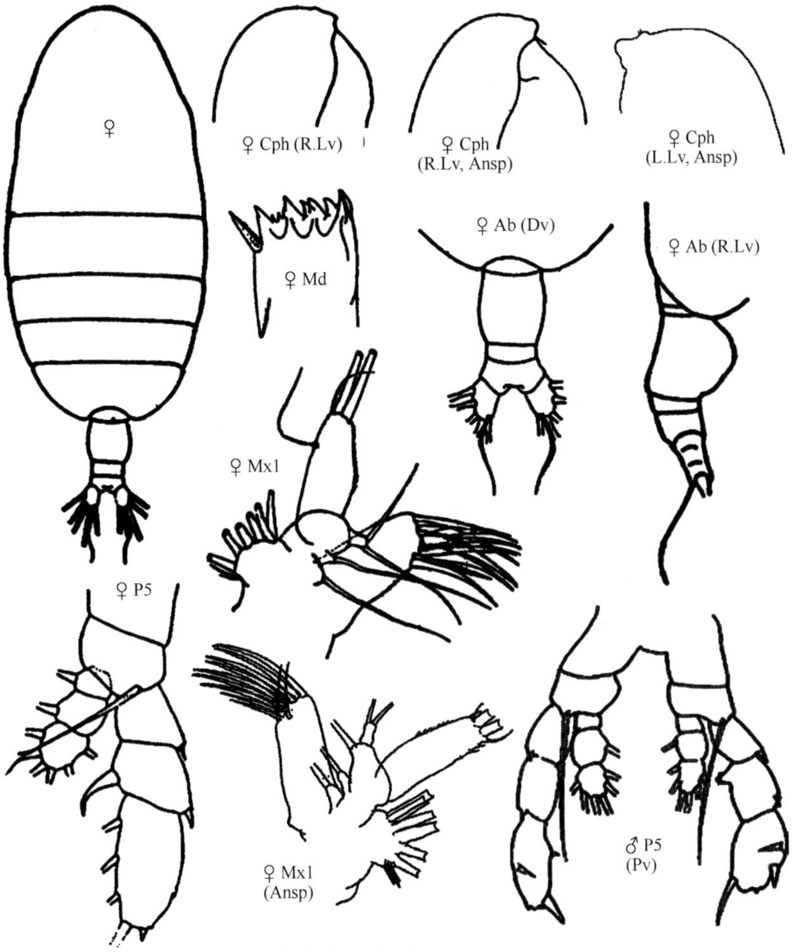

图 117 瘤角真亮羽水蚤 *Euaugaptilus nodifrons*
[仿连光山，钱宏林，1984 (♀)；Tanaka，1964b (♂ P5)；Tanaka et al.，1974 (♀ Mx1，Ansp)]

(117) 瘤角真亮羽水蚤 *Euaugaptilus nodifrons* (Sars，1905) (图 117)

[*Augaptilus nodifrons* Sars，1905；*A. simplex* Esterly，1913]

形态特征：

体长：♀5.2~9.5 mm，♂4.9~6.9 mm。**雌性：**头胸部呈长卵圆形。胸部后侧角钝圆。额部宽圆。额角呈瘤状，无额角丝。腹部粗短，生殖节腹面膨大。尾叉长约等于宽。大颚齿粗短，呈横向排列。第 1 小颚各叶刚毛数存在个体差异，小型标本(♀5.2 mm)：第 1 内叶具 10 刺毛；外叶具 6 大刚毛及 2~3 小刚毛；第 2、3 内叶各具 1；内肢具 2；外肢具 2 大刚毛及 2 细长刚毛。大型标本(6.8~7.2 mm)：第 1 小颚第 2 基节另具 1 长刚毛(♀Mx1，Ansp)，而外肢的外缘近中部无 1 细长刚毛。第 5 对胸足外肢第 2 节具 1 粗短而稍弯曲呈爪状的内缘刺，长达末节第 1 内缘刚毛基部。**雄性：**体形与雌性相似。腹部分 5 节，尾叉近方形。第 5 对胸足不对称，左足外肢末节长大于宽的 2 倍，其内外缘各具 1 小刺及 1 内末刺；右足外肢第 2 节内缘近端具 1 小钝突，末节卵圆形，具 2 小外缘刺及 1 细长的内末刺。

分布：东海，台湾海峡，南海；太平洋，印度洋及大西洋。深水种。

参考文献：6，24，37，38，44，51，88，106，157，159，161，184，197。

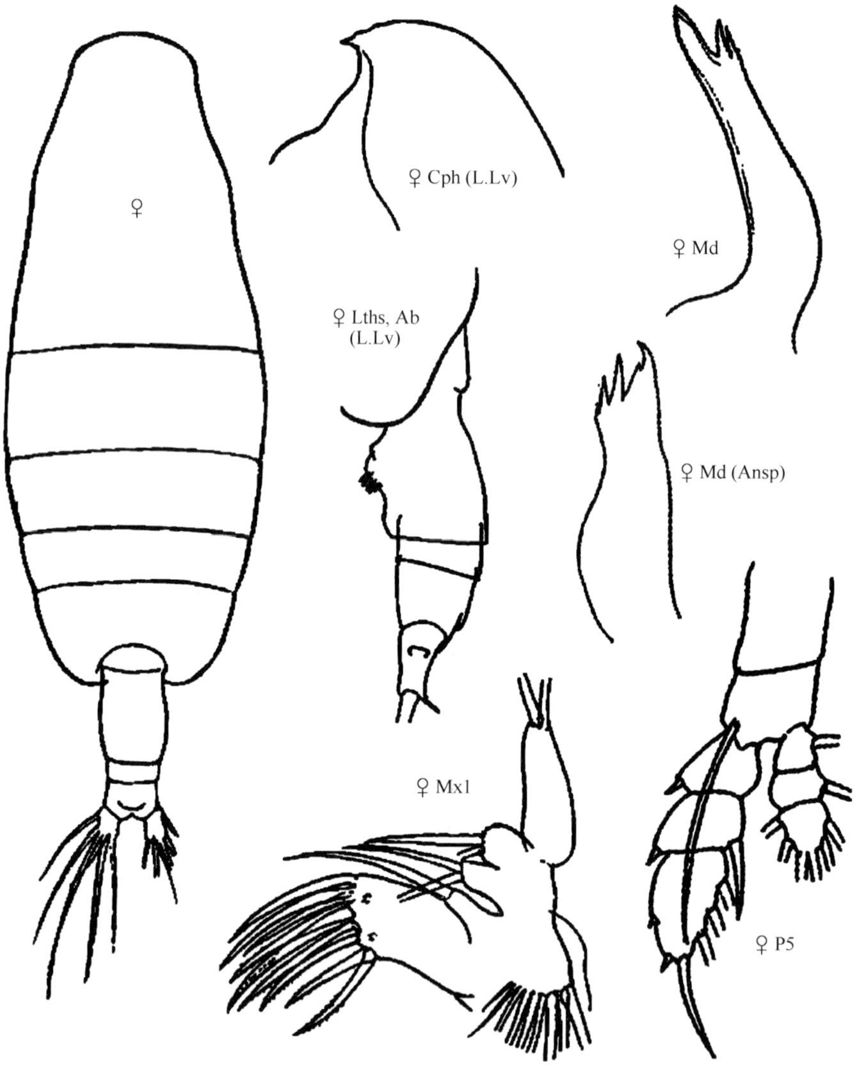

图 118 椭圆真亮羽水蚤 *Euaugaptilus oblongus*
[仿 Tanaka, 1964b; Tanaka & Omori, 1974 (♀Md, Ansp)]

(118) 椭圆真亮羽水蚤 *Euaugaptilus oblongus* (Sars, 1905) (图 118)

[*Augaptilus oblongus* Sars, 1905; *A. rostratus* Esterly, 1906]

形态特征：

体长： ♀6.0~6.3 mm。**雌性：** 头胸部呈长椭圆形。额部宽圆。胸部后侧角钝圆。额角具2短突。生殖节长约为后2节之和的2倍，腹面生殖突顶端具细毛。尾叉宽短近方形。大颚齿板狭长，末端具3齿，腹齿较粗大。第1小颚外叶具9刚毛，第1内叶具9~11刺毛，第2、3内叶、第2基节、外肢及外叶分别具1、2、2、2及9刚毛。第5对胸足外肢第2节具1较长内缘刺，可达外肢末节1/2处。

分布： 东海，南海；太平洋，印度洋及大西洋。深水种。

参考文献： 24, 44, 106, 184, 190, 197。

注： Tanaka 和 Omori (1974) 已将其1967年记录的 *Euaugaptilus oblongus* 订正为 *Euaugaptilus rectus* Grice & Hulsemann, 1967。

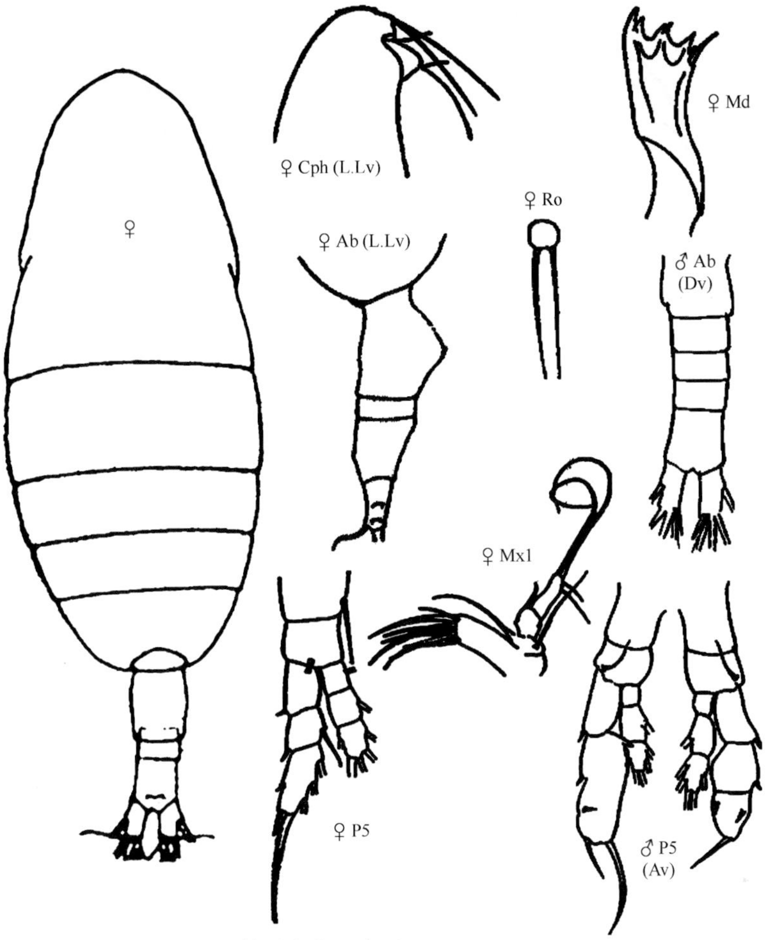

图 119　帕氏真亮羽水蚤 *Euaugaptilus palumbii*
[仿连光山，钱宏林，1984（♀）；Tanaka，1964b（♂）]

（119）帕氏真亮羽水蚤 *Euaugaptilus palumbii*（Giesbrecht，1889）（图 119）

[*Augaptilus palumbii* Giesbrecht，1889，1892；*A. palumboi*：A. Scott，1909；*Euaugaptilus palumboi*：Sars，1925；Rose，1933；Farran，1936；Brodsky，1950；Wilson，1950；Tanaka，1964b]

形态特征：

体长：♀1. 9~2. 7 mm，♂1. 8~2. 0 mm。个体较小，头胸部呈长椭圆形。额部具 2 细长额角丝。尾叉长为宽的 2 倍。大颚具 3 枚叉状齿。**雌性：**生殖节等于后 2 节长度之和，其腹面膨大；肛节长大于宽，约为前 1 节长的 2 倍。第 1 小颚各小叶的刚毛数：外叶 1；第 1 内叶 8，第 2 内叶 1；第 2 基节 1；外肢 4，但 Sars（1925）的标本外肢仅具 3 刚毛。第 5 对胸足外肢第 2 节内缘刺长稍超过末节第 1 内缘刺基部。**雄性：**腹部较狭长，生殖节长为后 2 节长度之和；肛节长等于前 2 节长度之和。第 5 对胸足不对称，左足外肢末节具 1 长末端刺，末节后表面近内、外缘具 2 小刺；右足外肢第 2 与第 3 节愈合呈长方形，其内缘近端具 1 钩状突，节末端具 2 不等长的刺毛，外缘具 2 小外缘刺。

分布：东海，台湾海峡，南海；太平洋，印度洋及大西洋。深水种。

参考文献：20，24，25，37，38，41，44，51，106，158，184，197。

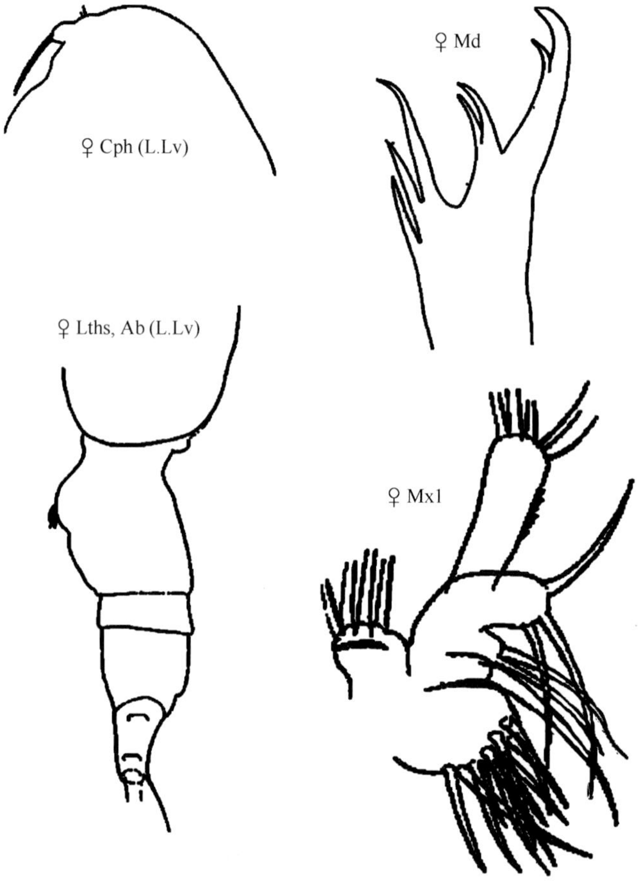

图 120 巨大真亮羽水蚤 *Euaugaptilus perodiosus*（仿 Tanaka & Omori，1974）

（120）巨大真亮羽水蚤 *Euaugaptilus perodiosus* Tanaka & Omori，1974（图 120）

［*Augaptilus platicus* A. Scott，1909；*Euaugaptilus laticeps*：Sewell，1947；Tanaka & Omori，1967］

形态特征：

体长：♀9.0~10.0 mm。**雌性：**身体粗壮，额部宽圆，额角丝细长。胸部后侧角也宽圆。生殖节长约为后 2 节长度之和的 1.3 倍，腹面生殖突宽大并具细毛。肛节长为第 2 腹节的 2 倍。尾叉长为宽的 2 倍。大颚齿板较宽大，颚齿斜向排列，腹齿长大呈爪状，背齿细长。第 1 小颚各叶刚毛数：外叶仅具 4；第 1、2、3 内叶分别为 11、1、2；第 2 基节 3；外肢 6。第 1~5 对胸足结构与宽头真亮羽水蚤（*E. laticeps*）相似（Tanaka et al.，1974）。但两种仍有明显差异：前者个体大，生殖节及肛节也较长大；后者个体明显较小（7.1~7.4 mm），生殖节及肛节较短小。前者第 1 小颚外叶仅 4 刚毛，第 2 内叶仅 1 刚毛及外肢具 6 刚毛，而后者分别具 9、2 及 7 刚毛。

分布：东海，南海；太平洋，印度洋及大西洋。深水种。

参考文献：24，44，106，158，197。

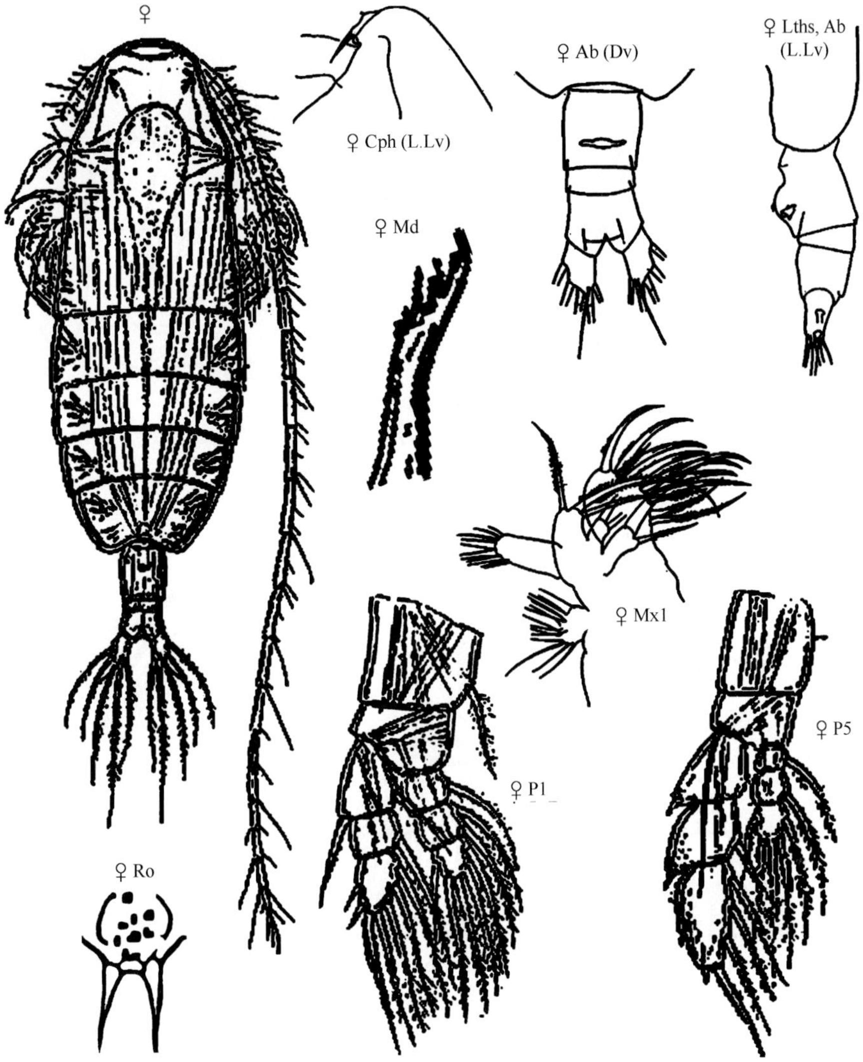

图 121　鳞真亮羽水蚤 *Euaugaptilus squamatus*

[仿 Tanaka et al.，1974（♀Cph；♀Ab；♀Mx1）；Sars，1925（♀Dv；♀Ro；♀Md；♀P1；♀P5）]

（121）鳞真亮羽水蚤 *Euaugaptilus squamatus*（Giesbrecht，1889）（图 121）

[*Augaptilus squamatus* Giesbrecht，1889；*A. bravicaudatus* Sars，1905；
A. californicus Esterly，1913]

形态特征：

体长：♀7.2~7.4 mm。**雌性：**前体部呈椭圆形，额部宽圆。侧面观，头部前端狭圆，胸部后侧角也狭圆。额角丝较粗大。生殖节呈方形，腹面生殖突膨大。肛节宽短，尾叉长约为宽的 1.5 倍。第 1 小颚各叶刚毛数：外叶 9；外肢 7；第 2 基节 3；第 2、3 内叶均为 2，第 1 内叶 11。第 1 对胸足外肢第 1 节外末刺长达第 3 节近末端，第 2 节无外缘刺，第 3 节具 2 小外缘刺。第 5 对胸足外肢第 2 节内缘刺较短，仅达末节第 2 内缘刚毛基部。

分布：东海，南海；太平洋及大西洋。深水种。

参考文献：44，106，157，197，217。

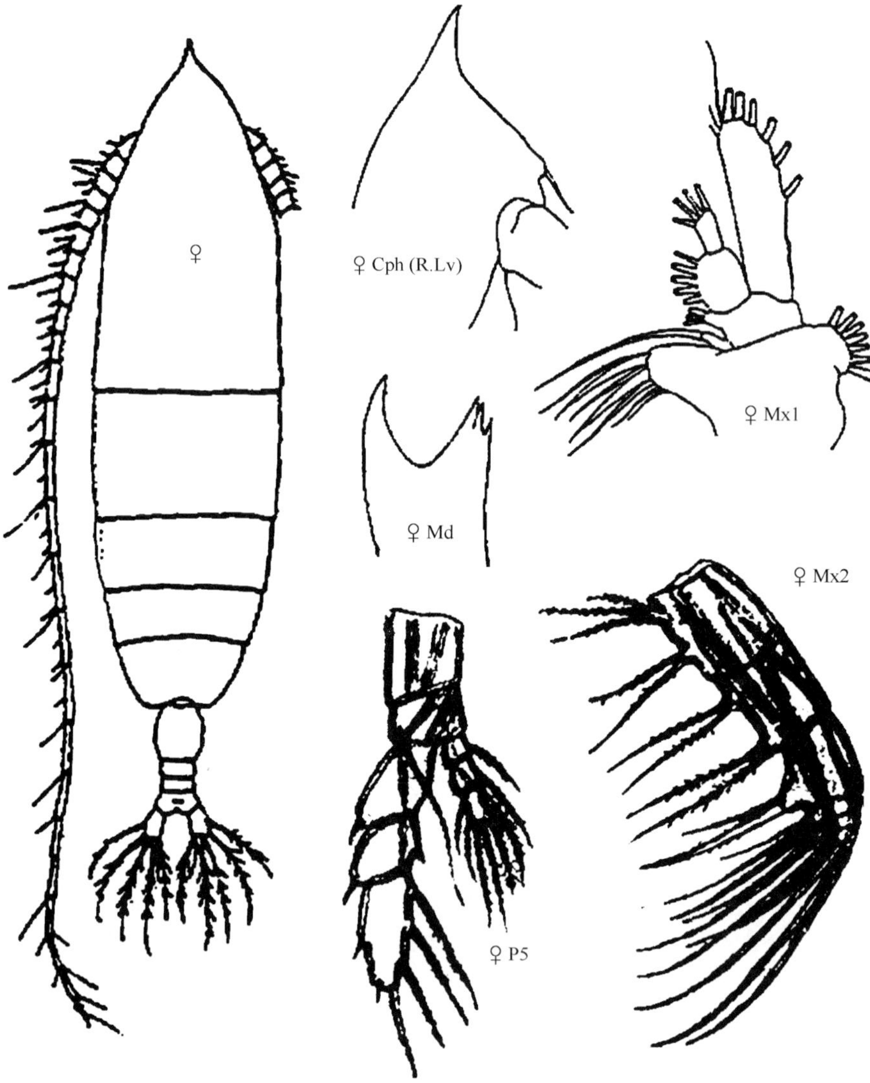

图 122　大尖额海羽水蚤 *Haloptilus acutifrons*（仿 Sars，1925）

（122）大尖额海羽水蚤 *Haloptilus acutifrons*（Giesbrecht，1892）（图 122）

［*Hemicalanus acutifrons* Giesbrecht，1892；*H. spinifrons* Sars，1900］

形态特征：

体长：♀2.6~3.2 mm。**雌性：**额部前端具 1 粗大刺突，不弯向腹面。额角丝细长。大颚背齿顶端具 3 小齿，腹齿粗大呈爪状。第 1 小颚内肢单节，末端具 4 刚毛。第 2 小颚（第 1 颚足）末部仅具 1 粗刺，第 5 对胸足内、外肢均分 3 节，外肢第 2 节内缘具 1 小刺突。

分布：东海，台湾海峡，南海；太平洋，印度洋及大西洋。深水种（表层至深水层均有分布）。

参考文献：20，24，25，44，48，97，106，118，157。

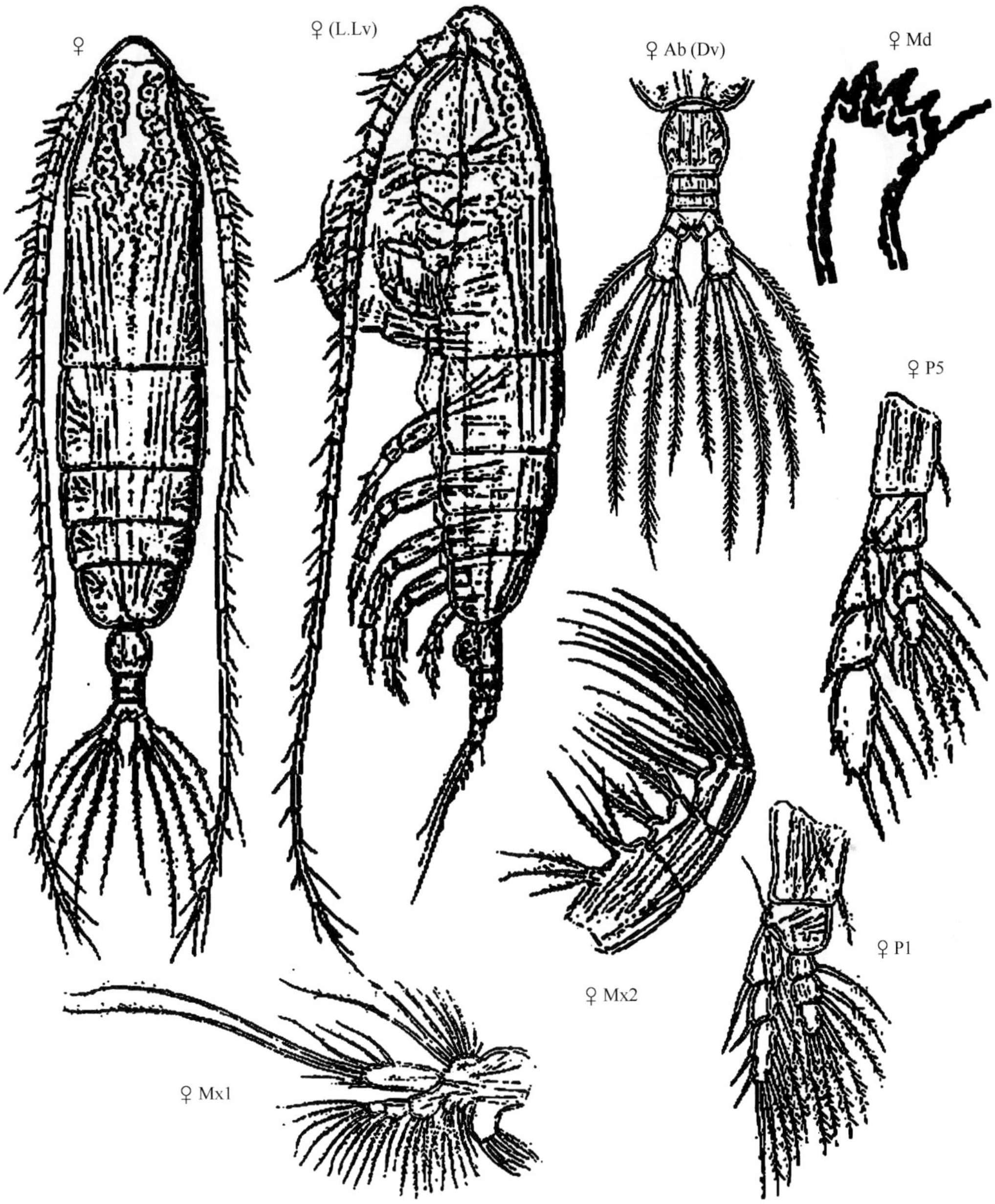

图 123 狭头海羽水蚤 *Haloptilus angusticeps*（仿 Sars，1925）

（123）狭头海羽水蚤 *Haloptilus angusticeps* Sars，1907（图 123）

形态特征：

体长：♀3.5 mm。**雌性：**额部前端较狭而钝圆。无刺突。额角丝细长。尾叉长为宽的 2 倍。大颚齿短小，呈水平状排列，中部具 3 等大的锐齿，其基部各具 1 微齿。第 1 小颚内肢分 2 节，第 1 节具 4 刚毛，末节具 7 刚毛。第 2 小颚末部各节仅具刚毛无粗刺。第 1 对胸足外肢第 1 节外末刺长达末节第 1 外缘刺基部，第 2、3 节分别具 1、2 外缘刺。第 5 对胸足外肢第 2 节具 1 内缘刺，长达外肢末节第 1 内缘刚毛基部。

分布：南海东部；太平洋，大西洋。深水种。

参考文献：44，152，157，217。

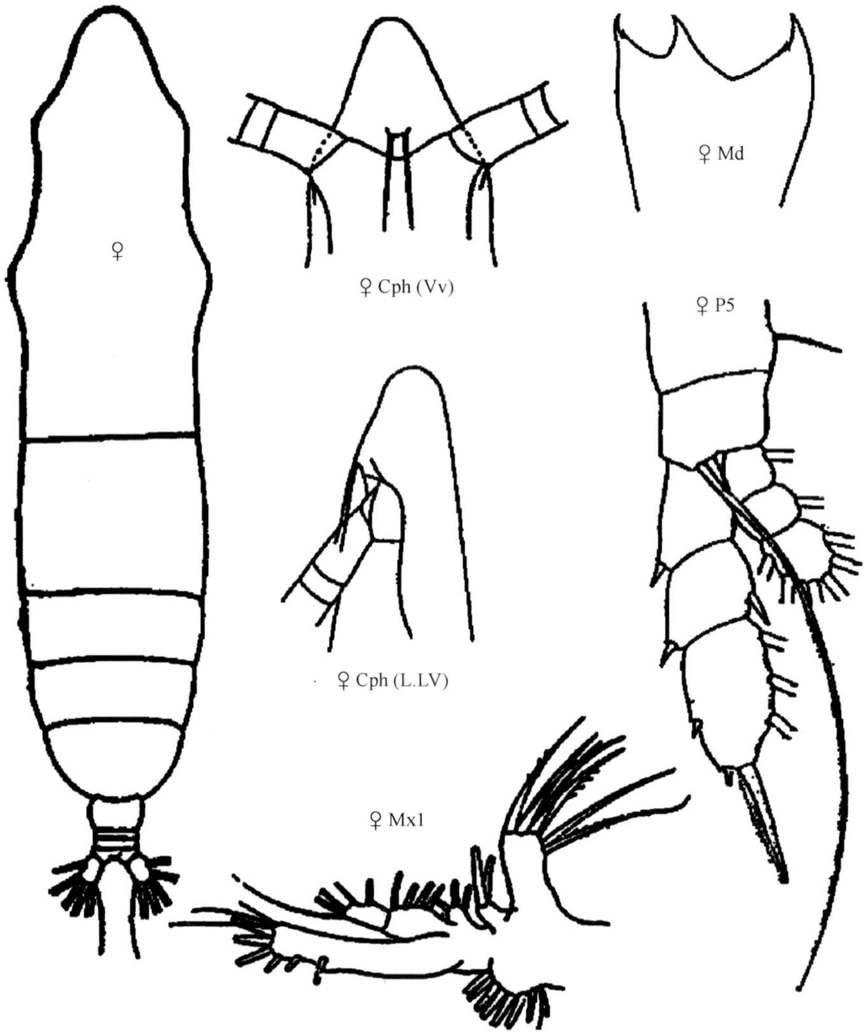

图 124　奥氏海羽水蚤 *Haloptilus austini*（仿连光山，钱宏林，1984）

（124）奥氏海羽水蚤 *Haloptilus austini* Grice，1959（图 124）

［*Haloptilus longiceps* Tanaka，1964b］

形态特征：

体长：♀3. 0~3. 3 mm。**雌性：**头胸部较狭长，背面观，头部前端逐渐紧缩，顶端狭圆呈锥状，并在头节近中部两侧显著隆起；侧面观，头部前端显著突出呈长椭圆形。额丝细长。大颚具 3 粗齿，其基部各具 1 小齿突。第 1 小颚第 2 基节具 4 刚毛，内肢单节并具 5 刚毛，外肢具 9 刚毛；外叶具 8~11 刚毛；第 1、2、3 内叶分别具 7、2、3~4 刚毛。第 5 对胸足外肢第 2 节具 1 粗短内缘刺，长达末节第 1 内缘刚毛基部。

分布：东海，台湾海峡，南海；太平洋。深水种。

参考文献：6，24，37，38，44，51，99，106，184。

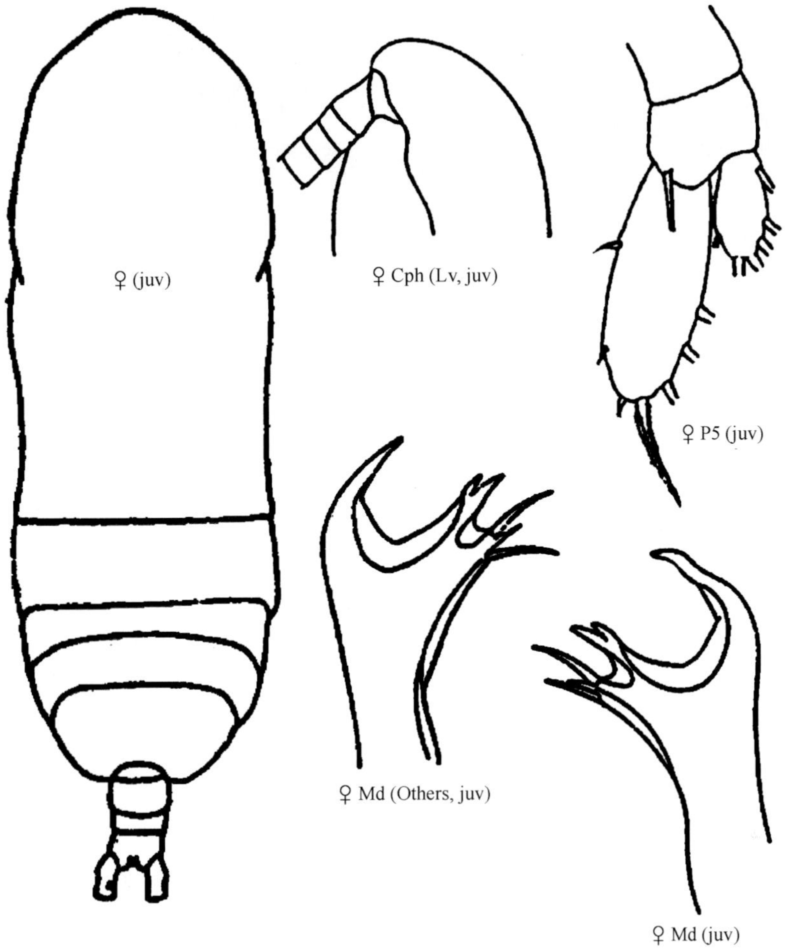

图 125　宽额海羽水蚤 *Haloptilus bulliceps*（仿连光山，钱宏林，1984）

（125）宽额海羽水蚤 *Haloptilus bulliceps* Farran，1905（图 125）

形态特征：

体长：♀（CIV）：3.1～3.9 mm。第Ⅳ桡足幼体特征：额部宽圆，无额角丝。腹部分 3 节，尾叉长方形。大颚具 3 齿，腹齿长而弯曲，中央齿呈叉状，背齿小，其基部两侧各具 1 长刺毛。第 5 对胸足内、外肢均为单节。

分布：南海；太平洋，大西洋。暖水种。

参考文献：24，38，44，152，217。

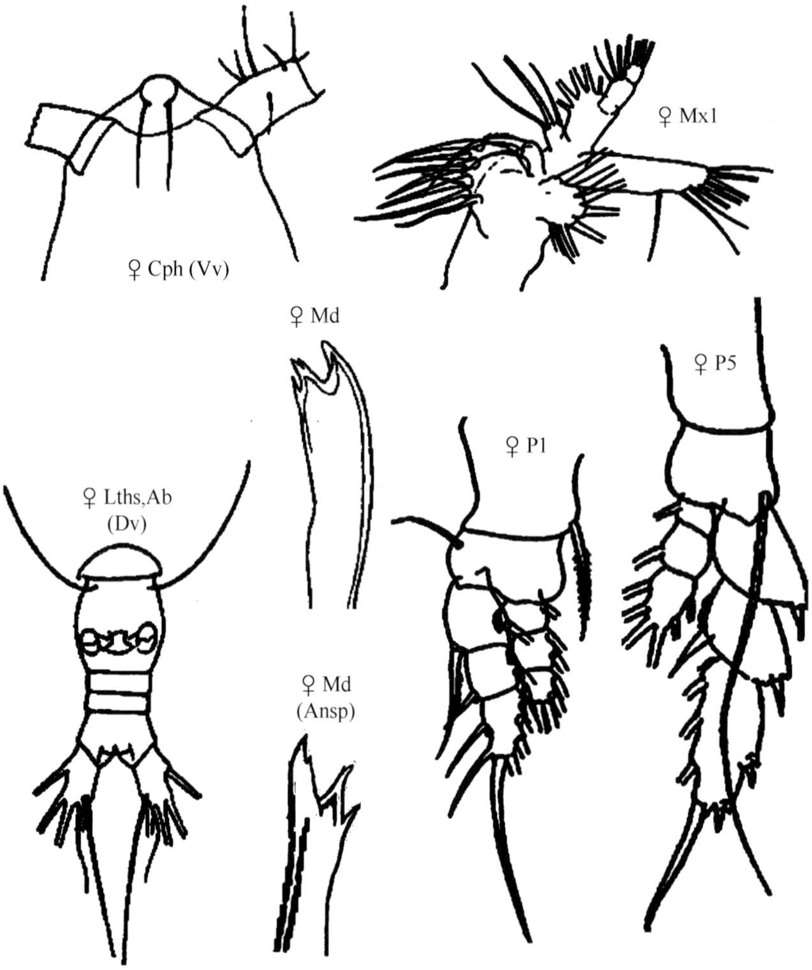

图 126 叉海羽水蚤 *Haloptilus chierchiae*
[仿 Tanaka & Omoir，1971；Sewell，1947（♀Md，Ansp）]

（126）叉海羽水蚤 *Haloptilus chierchiae*（Giesbrecht，1889）（图 126）

[*Hemicalanus chierchiae* Giesbrecht，1889，1892]

形态特征：

体长：♀4.6~5.3 mm。**雌性：**头部前端较突出，额角丝细长。末胸节后侧角狭圆。生殖节长稍大于宽，肛节与尾叉近等长。大颚具 3 齿，腹齿粗大，其内缘具 1 小齿突；中齿呈叉状，末端具 2 小齿突，背齿短小。第 1 小颚第 2 基节具 5 刚毛，内肢分 2 节，第 1、2 节各具 3、4 刚毛，外肢具 8 刚毛。第 1 对胸足外肢第 1 节外缘刺细长，可达第 3 节末缘，第 2、3 节各具 1、2 外缘刺。第 5 对胸足外肢第 2 节具 1 粗内缘刺，长达末节第 1 内缘刚毛基部。

分布：东海，南海；太平洋，印度洋及大西洋。深水种。

参考文献：24，44，97，106，161，196。

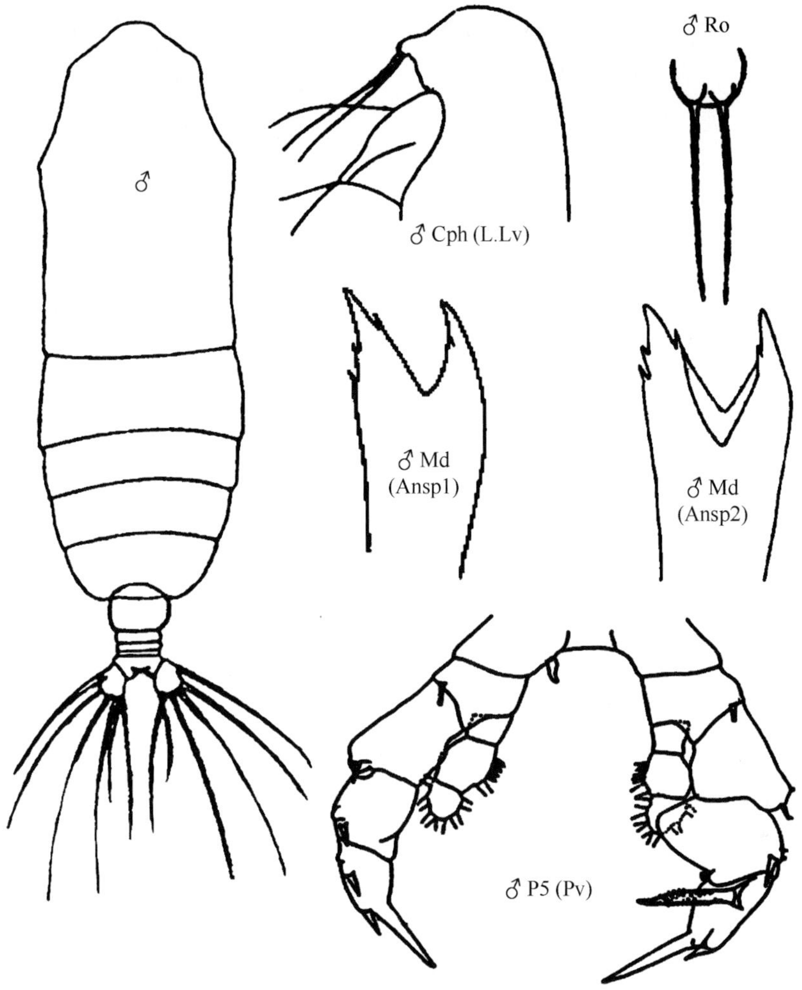

图 127　瘤海羽水蚤 *Haloptilus fertilis*

［仿连光山，钱宏林，1984（♂）；Park，1968（♂ Md，Ansp1）；Grice，1962（♂ Md，Ansp2）］

（127）瘤海羽水蚤 *Haloptilus fertilis*（Giesbrecht，1892）（图 127）

［*Hemicalanus fertilis* Giesbrecht，1892］

形态特征：

体长：♂2.2~3.2 mm。**雄性：**侧面观，额部前段宽圆，背面观呈宽三角形，并具2细长额角丝。腹部分5节，生殖节宽短，右侧较膨大，短于后3节长度之和；尾叉宽短呈方形。大颚具2粗大的爪状齿，其背齿内、外缘分别具1、2枚小尖齿，腹齿内缘也具1小尖齿。第5对胸足不对称，左足第1基节内缘具1粗齿状突，外肢第3节也具2小外缘刺及1粗大末刺；右足外肢第2节内缘显著突出，形成1圆锥形大瘤状突起，第3节具2不等长外缘刺及1粗大的末刺，其中第1外缘刺与末刺等长，刺表面密布小刺并指向内侧。

分布：南海中部和南部；太平洋，地中海。暖水种。

参考文献：20，24，37，38，44，51，97，99，143。

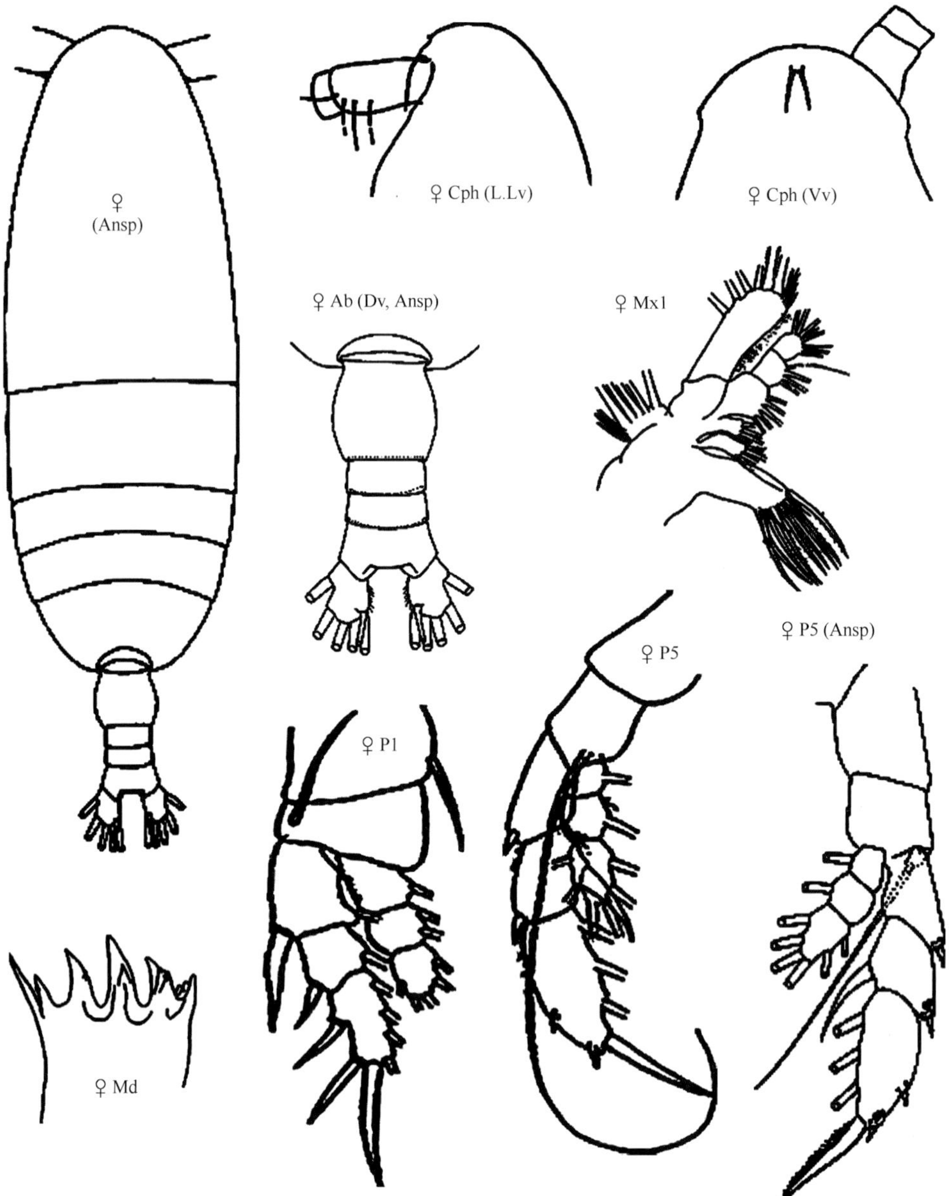

图 128 泉海羽水蚤 *Haloptilus fons*
［仿 Tanaka et al.，1974；Park，1988（♀Ansp）］

（128）泉海羽水蚤 *Haloptilus fons* Farran，1908（图 128）

形态特征：

体长：♀4.8~7.0 mm。**雌性：**头部前端宽圆。末胸节后侧角宽圆。额角丝细长。生殖节长约等于宽，其腹面突出。尾叉长约为宽的 1.5 倍。大颚具 5 齿，其中央 3 齿较粗大，背、腹齿均较小。第 1 小颚外肢具 6 长刚毛和 4 小刚毛；内肢分 2 节，第 1、2 节分别具 4、8 刚毛；第 2 基节具 5 刚毛。第 1 对胸足外肢第 1 节外缘刺可达末节第 1 外缘刺基部。第 5 对胸足外肢第 2 节具 1 粗大内缘刺，可达末节第 2 内缘刚毛基部。

分布：东海，南海；太平洋，印度洋及大西洋。深水种。

参考文献：24，44，106，149，152，197，217。

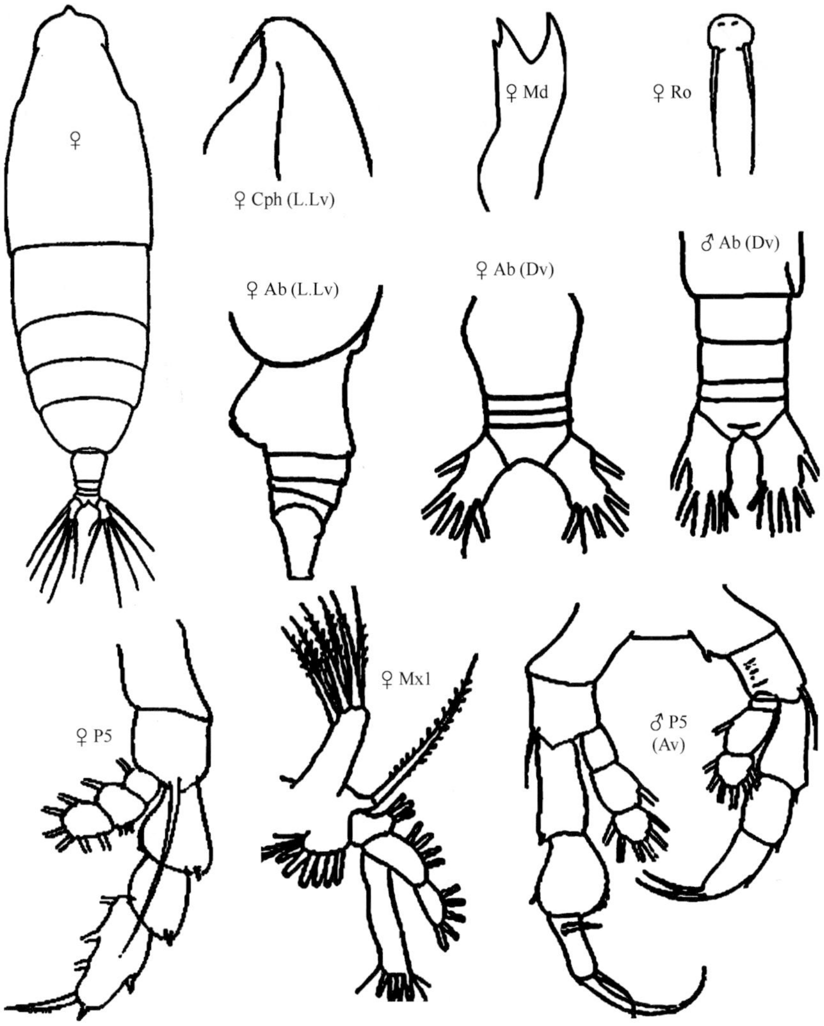

图 129 长角海羽水蚤 *Haloptilus longicornis*
[仿 Tanaka, 1964b (♀; ♂); Park, 1988 (♀Mx1); 郑重等, 1982 (♀Dv)]

(129) 长角海羽水蚤 *Haloptilus longicornis* (Claus, 1863) (图 129)

[*Hemicalanus longicornis* Claus, 1863; Giesbrecht, 1892]

形态特征:

体长: ♀1.7~2.6 mm, ♂1.16~1.24 mm。**雌性:** 头部前端宽圆, 其中央具 1 小突起; 额角丝细长。生殖节两侧较膨大, 其长度大于后 3 节之和。尾叉长约为宽的 1.5 倍。第 1 触角细长, 约末 9 节超过尾叉。大颚齿呈叉状, 其背齿外缘具 1 小齿。第 1 小颚第 2 基节仅具 4 刚毛; 内肢具 5 刚毛; 外肢具 7 刚毛; 外叶具 9 刚毛; 第 1、2、3 内叶分别具 7、1、3 刺毛。第 5 对胸足第 1 基节及外肢第 2 节均无内缘刚毛(刺)。**雄性:** 腹部较狭长, 生殖节宽短, 右后侧缘呈直角状。尾叉长为宽的 2 倍。第 5 对胸足不对称, 左足第 1 基节内缘具 1 小刺突, 外肢末节较粗大, 并具近等长 2 末刺及 1 小外缘刺; 右足外肢末节短小, 末端刺显著长于末节, 内末刺较细小, 外缘刺较粗短并指向内侧。

分布: 黄海, 东海及南海; 太平洋, 印度洋及大西洋。暖水种。

参考文献: 1, 5, 13, 20, 24, 31, 44, 46, 48, 51, 82, 106, 149, 184。

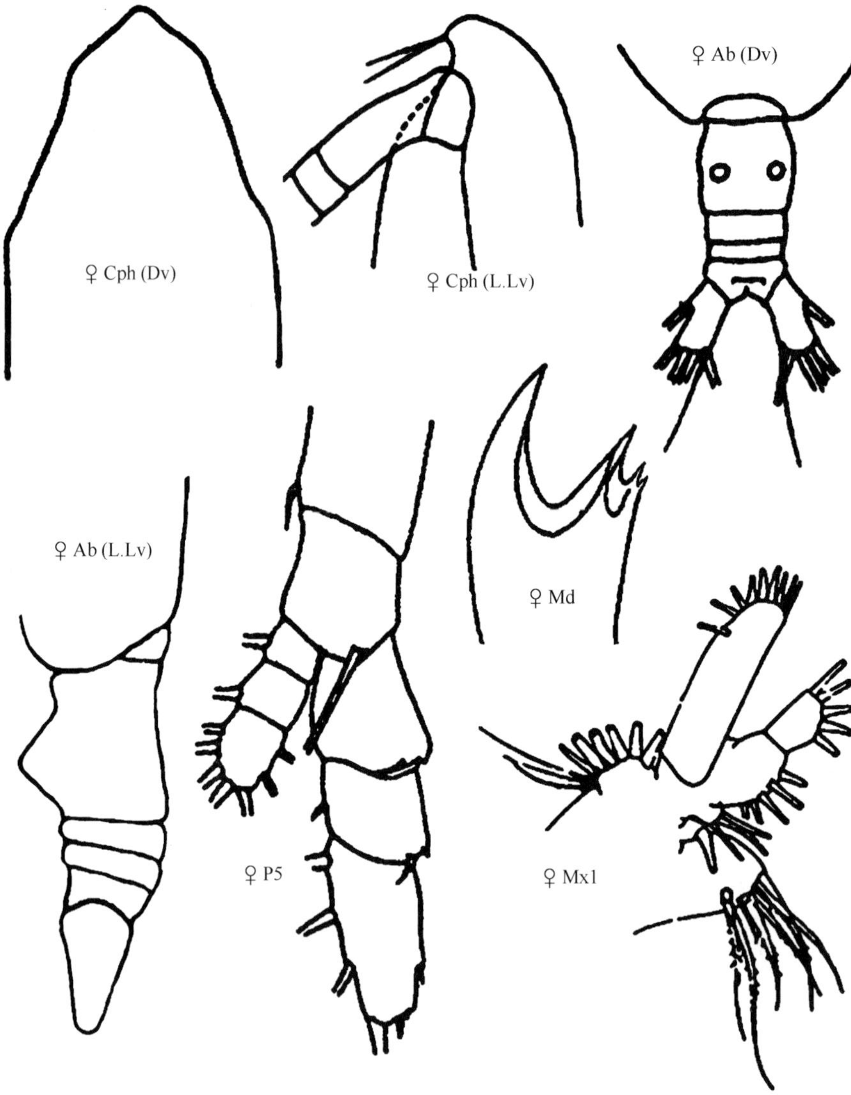

图 130 长须海羽水蚤 *Haloptilus longicirrus*（仿连光山，钱宏林，1984）

（130）长须海羽水蚤 *Haloptilus longicirrus* Brodsky，1950（图 130）

［*Haloptilus setuliger* Tanaka，1964b；连光山等，1984，1988；Hirota，1995；陈清潮，2008］

形态特征：

体长：♀3.0~3.4 mm。**雌性：**体形与长角海羽水蚤（*H. longicornis*）相似。但仍有明显差异。前者个体较大，额部前段呈钝三角形。生殖节近方形，其长度约等于后 3 节之和。尾叉长约为宽的 2 倍。第 1 触角约末 10 节超过尾叉。大颚齿呈叉状，背齿外缘具 2 小齿。第 1 小颚第 2 基节及内肢各具 5 刚毛，外肢具 9 刚毛。第 5 对胸足第 1 基节具 1 小内缘刚毛，外肢第 2 节也具 1 小内缘刺。但长角海羽水蚤（*H. longicornis* ♀）第 1 小颚第 2 基节仅具 4 刚毛，外肢仅具 7 刚毛；第 5 对胸足第 1 基节及外肢第 2 节均无内缘刚毛（刺）。

分布：南海；太平洋，大西洋。深水种。

参考文献：24，33，37，38，44，51，67，106，144，184。

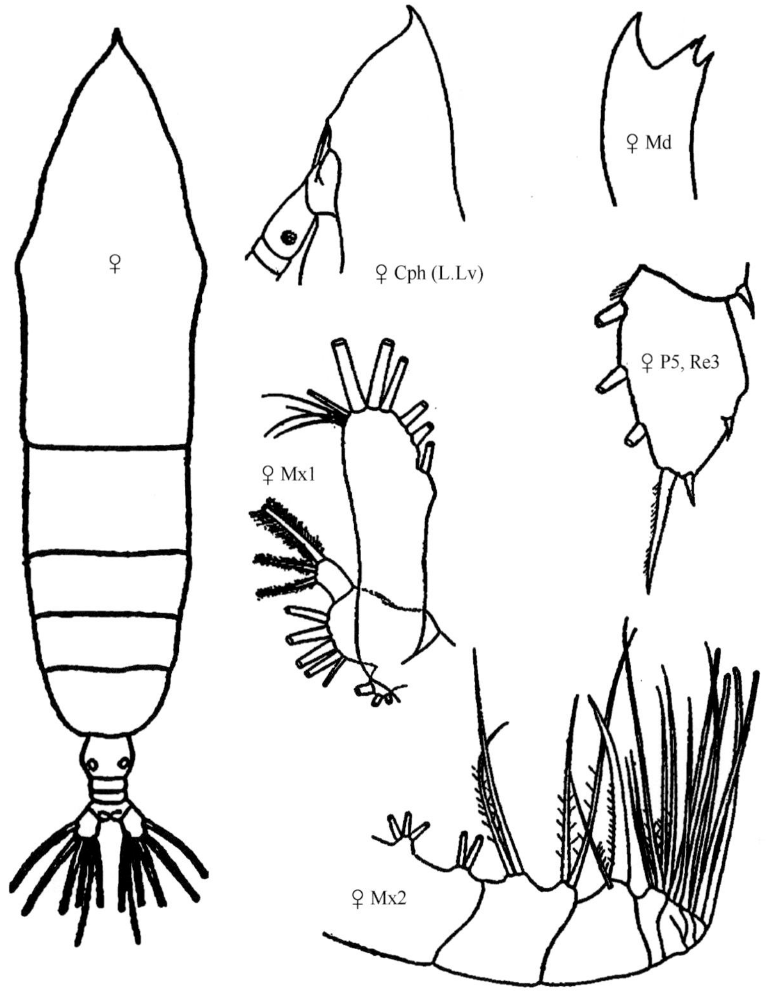

图 131 小尖额海羽水蚤 *Haloptilus mucronatus*（仿连光山，林金美，1978）

（131）小尖额海羽水蚤 *Haloptilus mucronatus*（Claus，1863）（图 131）

［*Hemicalanus mucronatus* Claus，1863；Giesbrecht，1892］

形态特征：

体长：♀3.1~3.6 mm。**雌性：**身体较狭长，头部前端渐尖，呈圆锥状。前额尖锐，呈粗刺状，侧面观其末端稍弯向腹面。额角丝细长。生殖节两侧膨大，与后 3 节长度之和近等长。尾叉长稍大于宽。大颚齿呈叉状，腹齿粗大并稍弯曲，背齿末端具 3 小齿，内缘齿最小。第 1 小颚内肢单节并具 3 刚毛。第 2 小颚(第 1 颚足)近末端仅具 1 粗刺。第 5 对胸足外肢末节呈卵圆形，外缘较膨大并具 2 小外缘刺和 1 长末刺。

分布：东海至南海；太平洋，大西洋。暖水种。

参考文献：20，24，25，31，37，44，48，51，97，152。

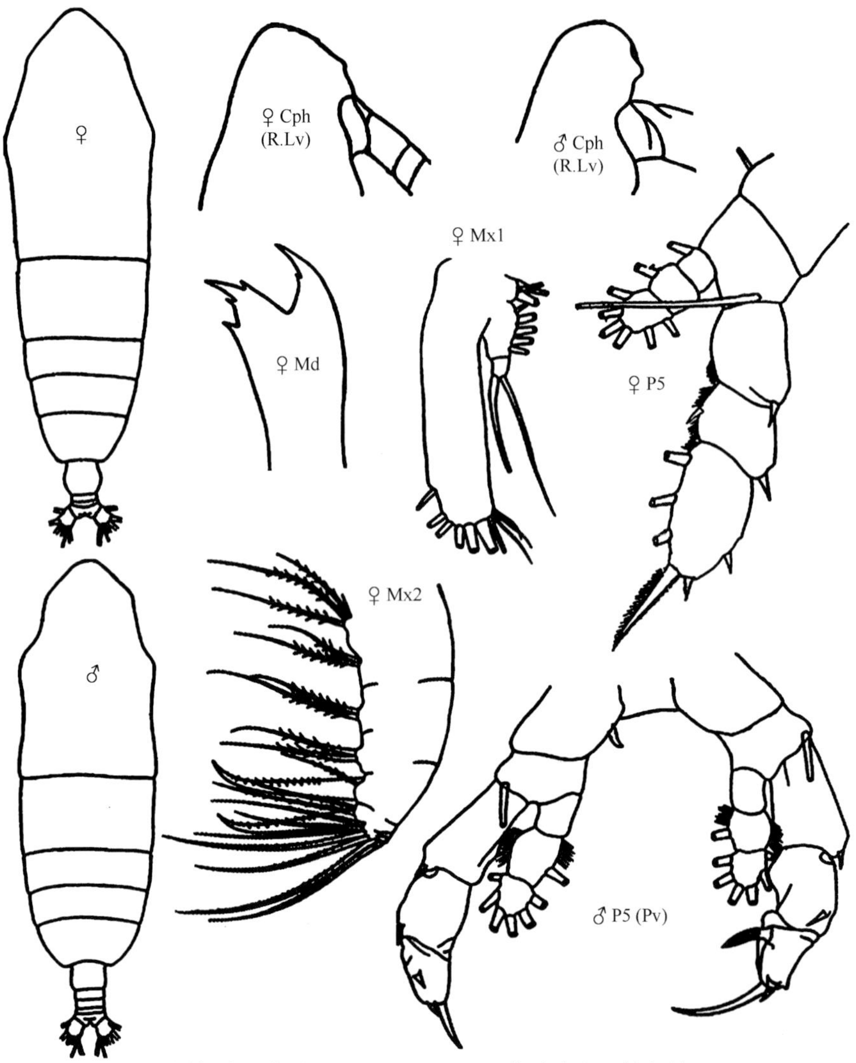

图 132 圆额海羽水蚤 *Haloptilus ornatus*（仿连光山，林金美，1978）

（132）圆额海羽水蚤 *Haloptilus ornatus*（Giesbrecht，1892）（图 132）

［*Hemicalanus ornatus* Giesbrecht，1892］

形态特征：

体长：♀3.0~5.3 mm，♂2.7~3.1 mm。头部前端钝圆。侧面观前额下方具 1 小突起，无额角丝。尾叉宽短，近方形。**雌性：**生殖节膨大，其长度大于后 3 节之和。大颚齿呈叉状，腹齿长而稍弯曲，内缘具 1 小齿；背齿较粗大，内缘具 1 小齿，外缘具 2 小齿。第 1 小颚内肢单节，仅具 2 刚毛。第 2 小颚(第 1 颚足)近末端具 2 根镰刀状粗刺。第 5 对胸足外肢第 2 节具 1 小内缘刺。**雄性：**侧面观，额部前端较雌性宽大，呈半圆形。生殖节近方形；肛节宽短，与尾叉近等长。大颚及第 1、2 小颚结构与雌性相似。第 5 对胸足不对称，左足第 1 基节内缘具 1 小刺突，外肢第 3 节具 2 小外缘刺及 1 长末刺；右足外肢第 2 节内缘及末节内缘基部突出，末节第 1 外缘刺粗大并指向内侧，其表面密布小刺毛，与长爪状末端刺形成螯状。

分布：黄海，东海，台湾东部和南部海域，南海；太平洋，印度洋及大西洋。暖水种。

参考文献：20，24，25，31，37，44，48，51，97，152。

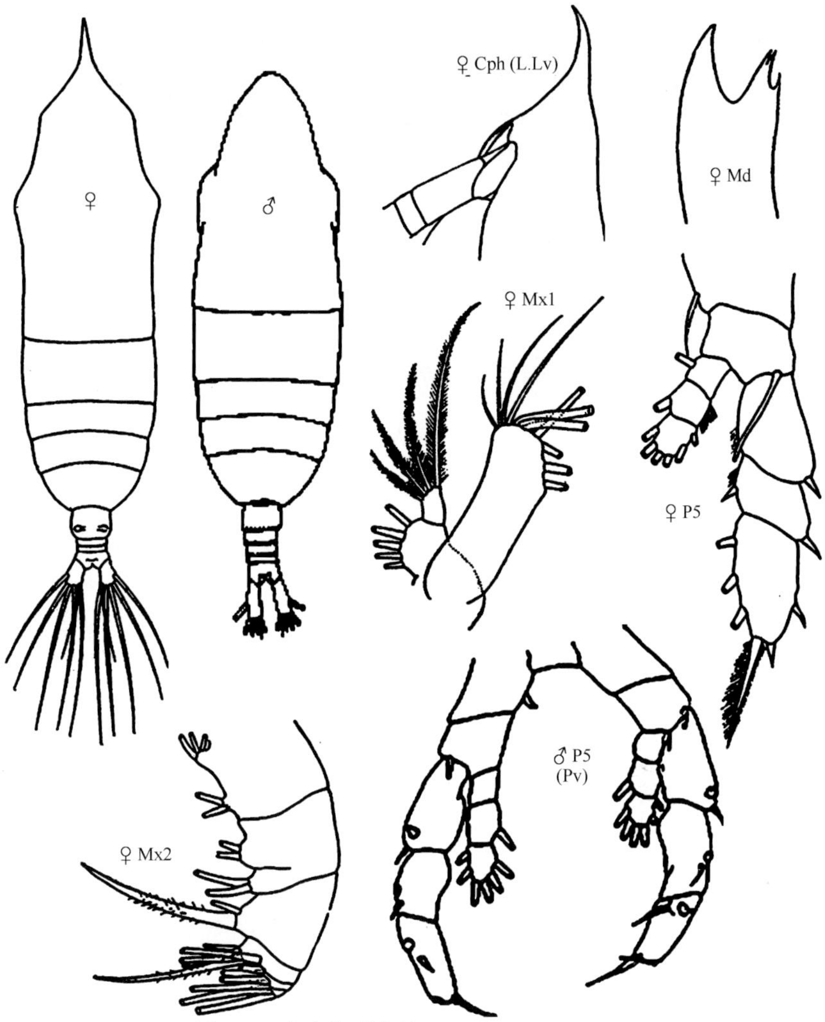

图 133 尖头海羽水蚤 *Haloptilus oxycephalus*
[仿连光山，林金美，1978（♀）；Park，1988（♂）]

(133) 尖头海羽水蚤 *Haloptilus oxycephalus*（Giesbrecht，1889）（图 133）

[*Hemicalanus oxycephalus* Giesbrecht，1889，1892]

形态特征：

体长：♀3.0~5.1 mm，♂2.4~2.9 mm。**雌性：**额部前端具 1 长刺突。额角丝细长。生殖节膨大，长约等于宽。尾叉长约为宽的 1.5 倍。大颚齿呈叉状，具 1 粗大腹齿，背齿末端具 3 小齿。第 1 小颚内肢单节，末端具 4~5 刚毛。第 2 小颚（第 1 颚足）近末端具 2 粗刺，其中远端刺较细小。第 5 对胸足外肢第 2 节具 1 小内缘刺。**雄性：**额部前端钝圆。额角丝细长。生殖节宽短，宽约为长的 1.5 倍，右后侧缘稍突出。肛节宽约为长的 1.5 倍。尾叉长约为宽的 3 倍。第 5 对胸足不对称，左足第 1 基节内缘具 1 小刺突，外肢第 2 节粗短，末节狭长并具 2 小外缘刺及 1 细长末刺，约为末节长的 1/2；右足外肢末节粗短，具 2 不等长外缘刺，第 1 外缘刺较细长而稍弯曲并指向内侧，末刺细长而短于末节。

分布：东海至南海；太平洋，印度洋及大西洋。上层至深水层均有分布。

参考文献：20，24，25，31，37，44，48，51，97，118，149，157。

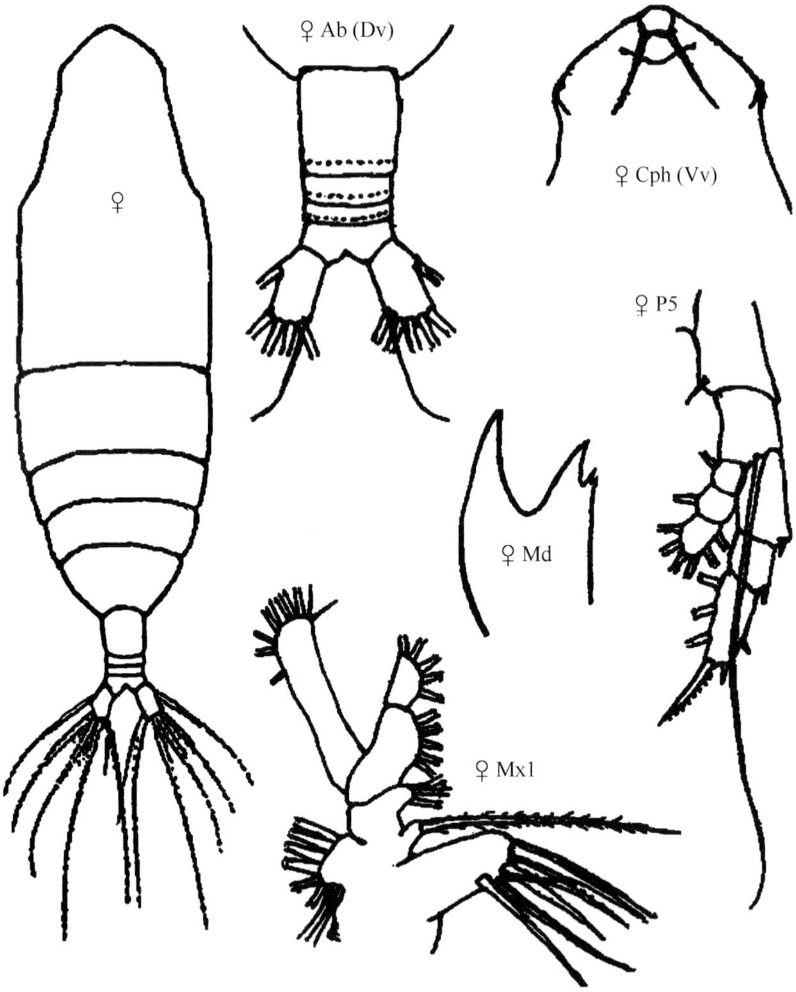

图 134 拟长须海羽水蚤 *Haloptilus paralongicirrus*（仿 Park，1970）

（134）拟长须海羽水蚤 *Haloptilus paralongicirrus* Park，1970（图 134）

形态特征：

体长：♀2.3~2.6 mm。**雌性：**体形与长须海羽水蚤（*H. longicirrus*）相似。但本种个体较小，额部前段较宽圆。额角丝细长。生殖节两侧不膨大，长稍大于宽，也大于后 3 节长度之和。尾叉长为宽的 2 倍。大颚呈叉状，背齿外缘近中部具 2 小齿。第 1 小颚第 2 基节及内肢各具 5 刚毛。第 5 对胸足第 1 基节内末缘具 1 小刚毛，外肢第 1、2 节均无内缘刚毛（刺）。但长须海羽水蚤（♀）第 5 对胸足外肢第 2 节具 1 小内缘刺。

分布：东海，南海；太平洋，大西洋。深水种。

参考文献：24，37，44，51，144。

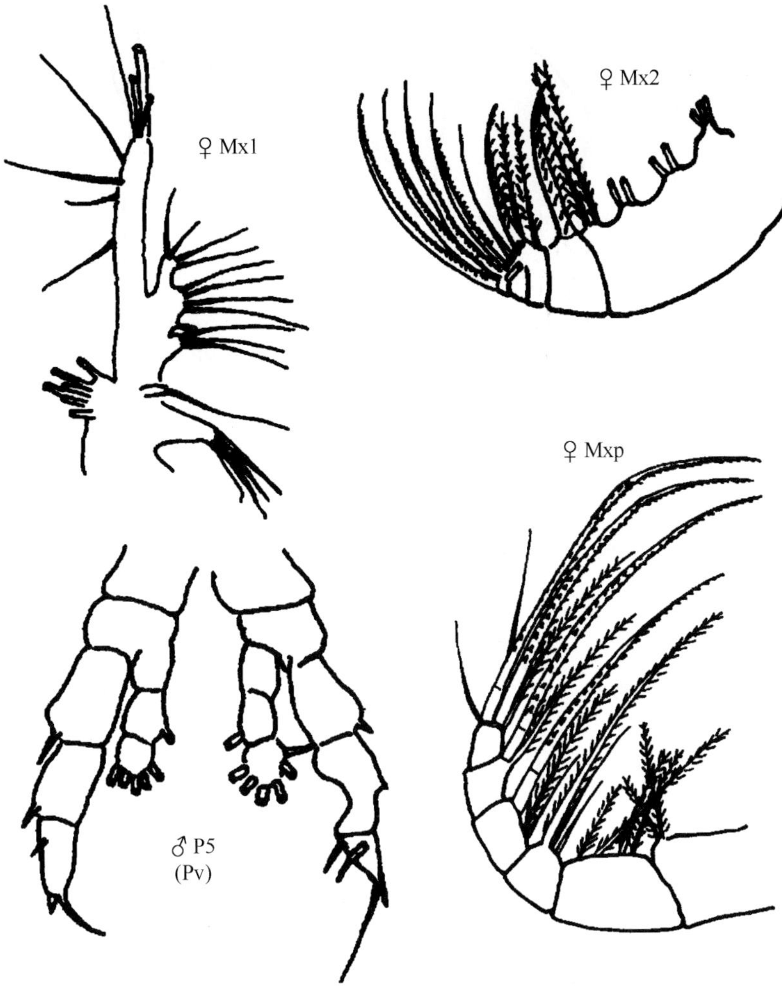

图 135 细海羽水蚤 *Haloptilus plumosus*（仿 Bradford et al.，1999a）

（135）细海羽水蚤 *Haloptilus plumosus*（Claus，1863）（图 135）

［*Hemicalanus plumosus* Claus，1863］

形态特征：

体长：♀4.2 mm，♂(暂缺)。体形与圆额海羽水蚤(*H. ornatus*)相似。**雌性：**第 1 触角与身体等长。第 1 小颚内肢具 4 刚毛，外肢具 8 刚毛，外叶具 6 刚毛。第 2 小颚(第 1 颚足)末部具 2 粗刺。**雄性：**第 5 对胸足不对称，左足末节较狭长，具 2 小外缘刺及 1 长末刺；右足外肢第 2 节粗大，内缘显著凹陷，外缘中部具 1 小刺突，末节短小呈三角状，近基部具 2 粗刺并指向内侧，末端具 1 长刺及 1 小刺。

分布：南海；太平洋，大西洋。深水种。

参考文献：24，44，152。

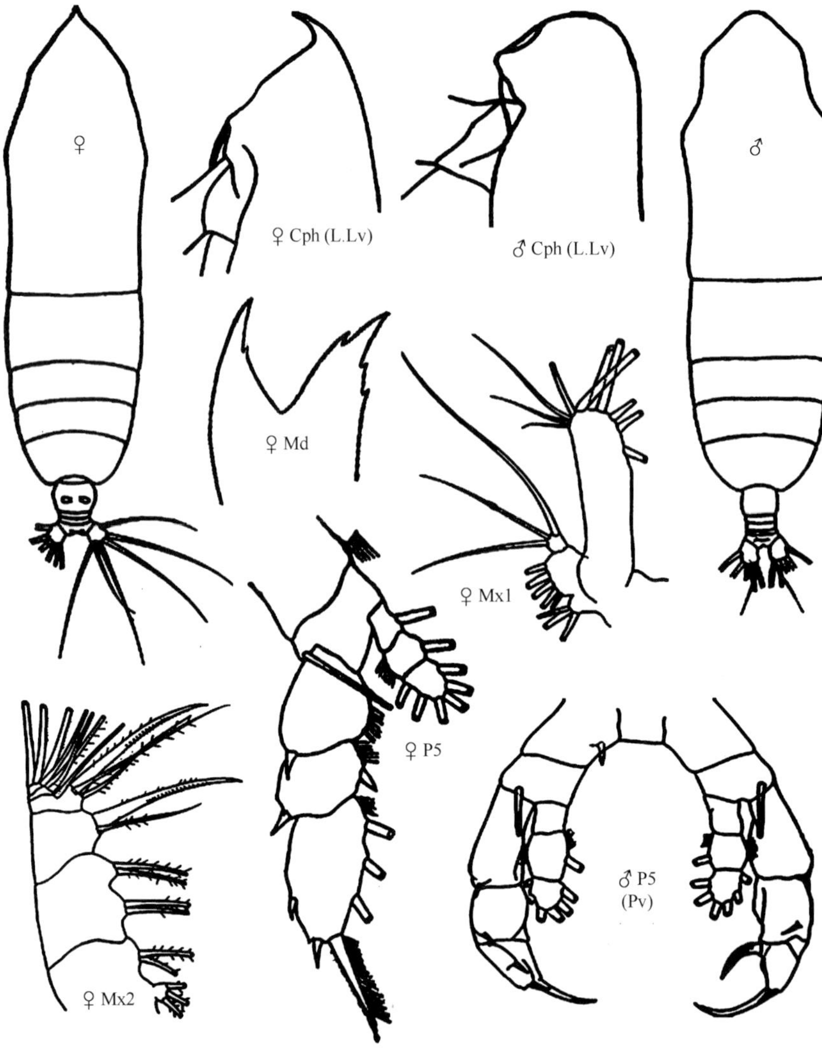

图 136 刺额海羽水蚤 *Haloptilus spiniceps*（仿连光山，林金美，1978）

（136）刺额海羽水蚤 *Haloptilus spiniceps*（Giesbrecht，1892）（图 136）

［*Hemicalanus spiniceps* Giesbrecht，1892］

形态特征：

体长：♀3.7~5.5 mm，♂2.6~2.9 mm。**雌性：**头部前端渐狭，额部尖锐并具 1 粗短刺突，侧面观弯向腹面。额角丝细长。腹部粗短，生殖节膨大，其宽度大于长度。尾叉宽短，近方形。大颚呈叉状，腹齿稍弯曲，其内缘具 1 小齿；背齿较粗大，其内缘具 1 小齿，外缘具 2 小齿。第 1 小颚内肢单节，末端具 3 刚毛。第 2 小颚（第 1 颚足）近末端具 2 粗刺。第 5 对胸足外肢第 2 节具 1 短小内缘刺。**雄性：**额部前段钝圆，侧面观呈半圆形。生殖节近方形；肛节宽短，其宽约为长的 3 倍；尾叉长稍大于宽。第 5 对胸足不对称，左足第 1 基节具 1 小内缘刺，外肢末节具 2 小外缘刺及 1 长末刺；右足外肢第 3 节短小，内缘基部和末端各具 1 粗大爪状刺，两刺弯曲成螯状，前者表面密布细刺毛，后者基部另具 1 小刺。

分布：东海至南海；太平洋，印度洋及大西洋。暖水种。

参考文献：20，24，25，31，37，44，51，97，99，118，158。

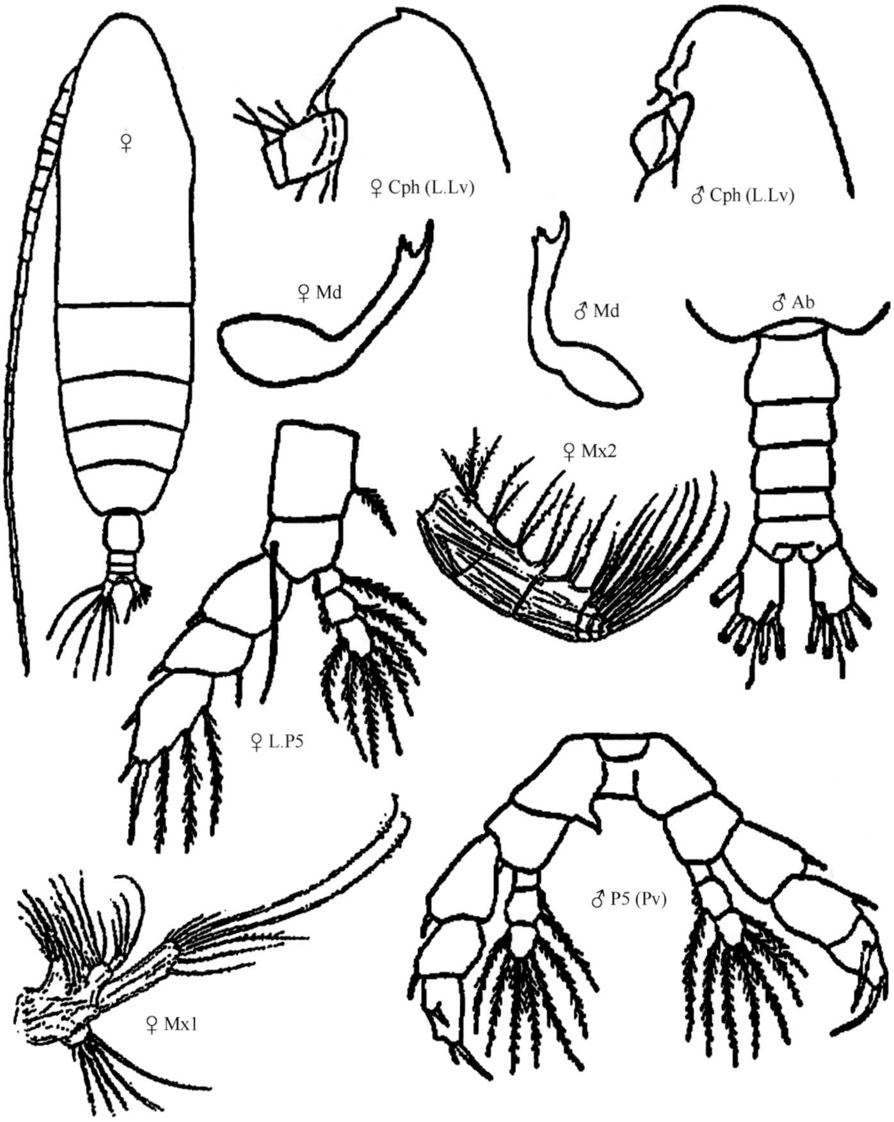

图 137　瘦海羽水蚤 *Haloptilus tenuis*（仿 Sars，1925）

（137）瘦海羽水蚤 *Haloptilus tenuis* Farran，1908（图 137）

形态特征：

体长：♀4.4 mm，♂4.2 mm。**雌性：**背面观，头胸部长椭圆形，额部前端宽圆；侧面观，前额具 1 粗短并弯向腹面的刺突。生殖节长稍大于宽，并大于后 3 节长度之和。尾叉长约为宽的 2 倍。额角丝很细小。大颚腹齿长大，背齿粗短并在末端具 3 小齿。第 1 小颚内肢具 4 刚毛。第 2 小颚末端仅具刚毛，无粗刺。第 5 对胸足外肢第 2 节具 1 内缘刺，可达末节第 1 内缘刚毛基部。**雄性：**侧面观，额部前端呈半圆形。腹部狭长，生殖节宽短。尾叉长方形。第 5 对胸足不对称，左足第 1 基节内缘具 1 粗刺突，外肢末节具 2 小外缘刺及 1 长末刺；右足末节宽短，第 1 外缘刺与末刺近等长并形成螯状，第 2 外缘刺短小。

分布：南海；太平洋及大西洋。暖水种。

参考文献：24，37，44，51，152，157。

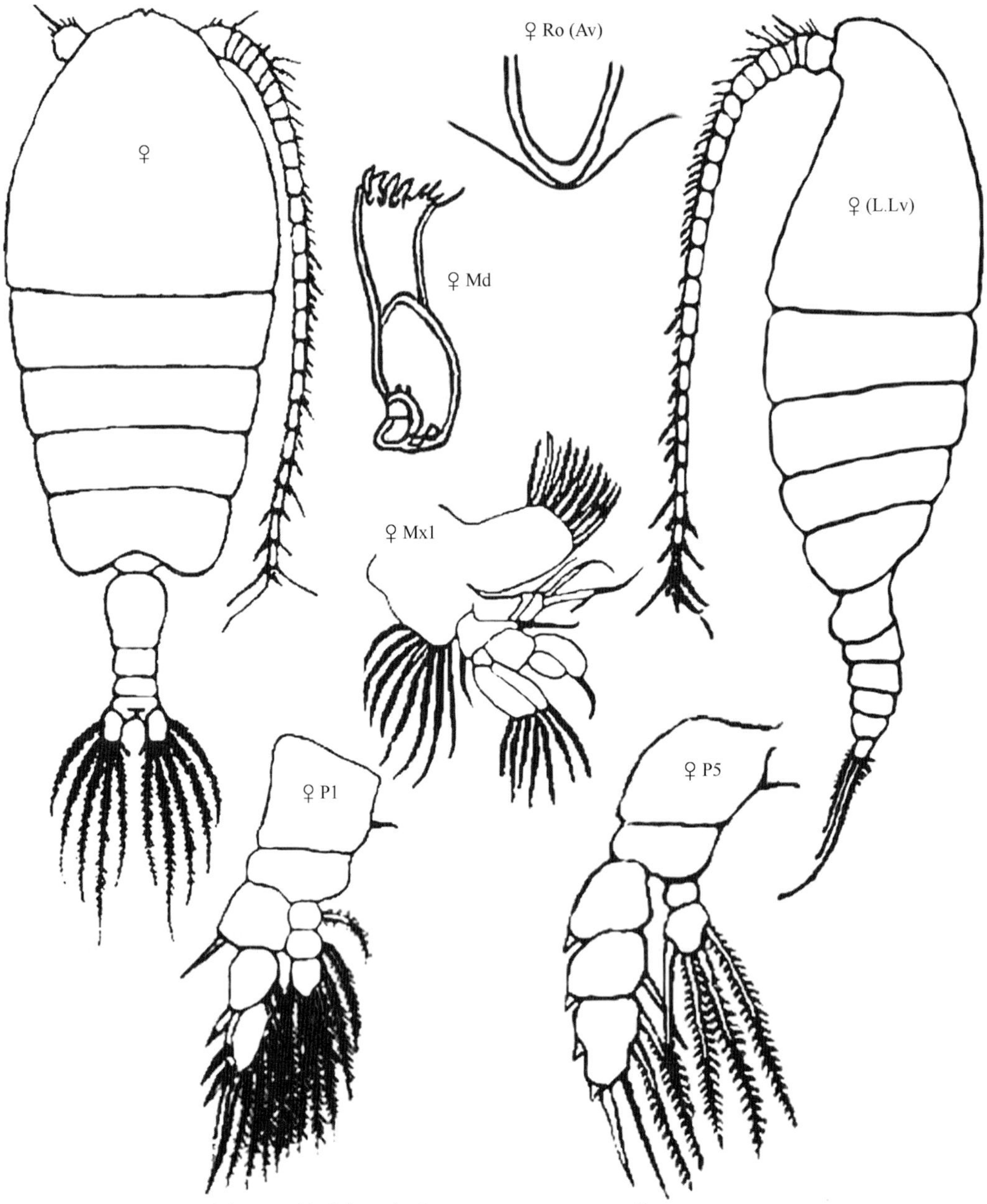

图 138　钝形角羽水蚤 *Pontoptilus muticus*（仿 Sars，1925）

(138) 钝形角羽水蚤 *Pontoptilus muticus* Sars，1905（图 138）

形态特征：

体长：♀5.6 mm。**雌性：**头胸部粗壮。头部前端宽圆。胸部后侧角宽圆。额角退化呈瘤状，无额角丝。腹部生殖节长大于宽，两侧稍膨大，腹面突出。尾叉长约为宽的 1.5 倍。第 1 触角仅达末胸节后缘。大颚齿粗短，呈梳状排列。第 1 小颚内肢仅具 1 小刚毛。第 1 对胸足内、外肢均分 3 节。第 5 对胸足内肢短小，仅分 2 节；外肢第 2 节内缘具 1 长刺毛，可达末节第 2 内缘刚毛基部。

分布：南海；太平洋，大西洋。深水种。

参考文献：23，24，44，152，157。

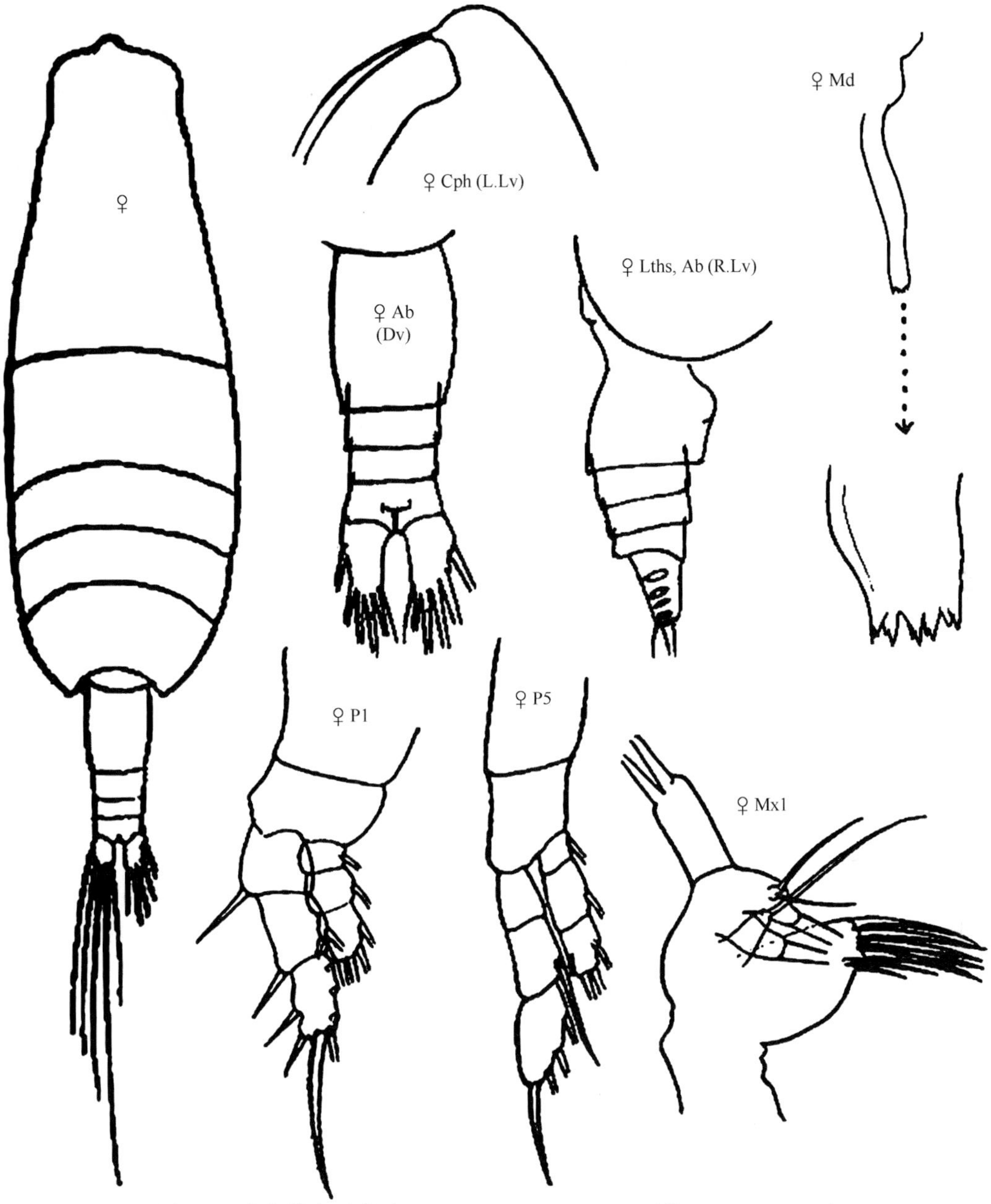

图 139　东方伪亮羽水蚤 *Pseudaugaptilus orientalis*（仿 Tanaka，1964b）

(139) 东方伪亮羽水蚤 *Pseudaugaptilus orientalis* Tanaka，1964（图 139）

形态特征：

体长：♀3.3~3.9 mm。**雌性：**头胸部长椭圆形。背面观，头部前端较截平，中央具 1 小突；侧面观，额部狭圆，具 2 细长额角丝。腹部生殖节大于后 3 节长度之和。尾叉长稍大于宽。大颚齿板细长呈棒状，末端约具 5 小齿。第 1 小颚内肢短小并具 2 小刚毛，外肢具 2 长刚毛。第 5 对胸足内、外肢均分 3 节，外肢各节无外缘刺，外肢第 2 节具 1 长内缘刺，可达外肢末节近末端。

分布：东海，南海；太平洋。深水种。

参考文献：24，37，44，51，106，184。

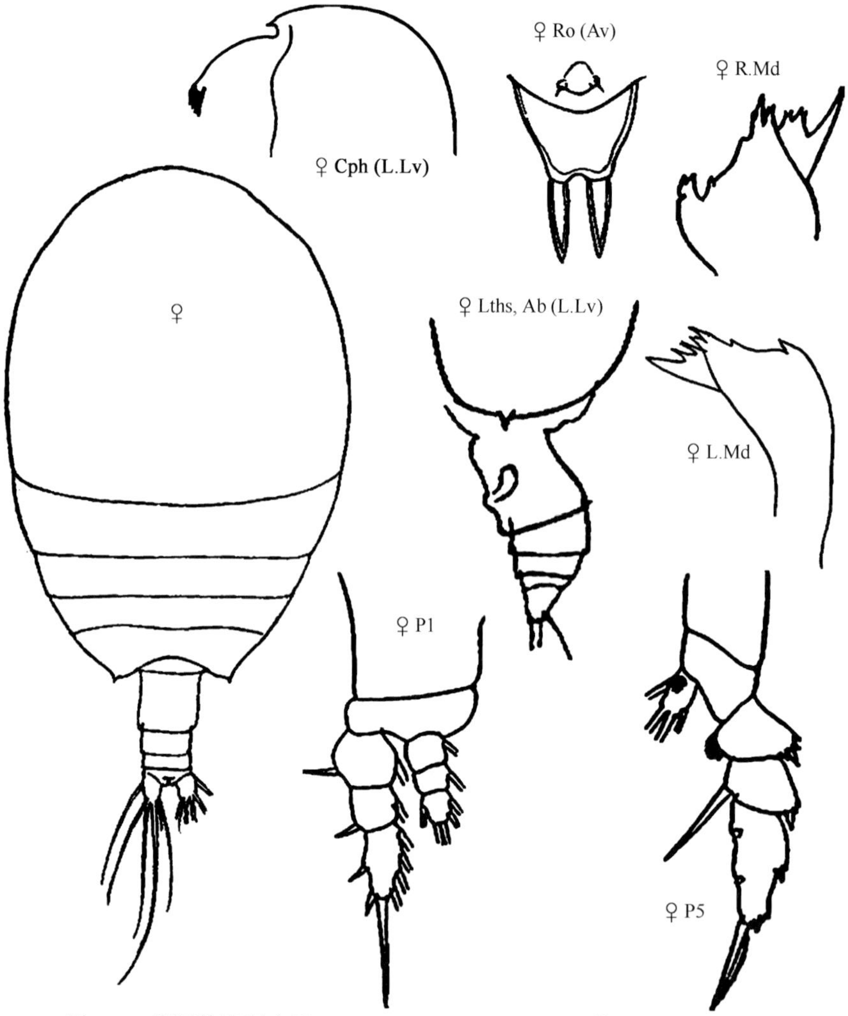

图 140 缩短伪海羽水蚤 *Pseudhaloptilus abbreviatus*（仿 Tanaka，1964b）

（140）缩短伪海羽水蚤 *Pseudhaloptilus abbreviatus*（Sars，1905）（图 140）

［*Pontoptilus abbreviatus* Sars，1905；缩短厚羽水蚤 *Pachyptilus abbreviatus*：Sars，1925；Rose，1933；Wilson，1950；Tanaka，1964b；陈清潮，2008；连光山等，2012］

形态特征：

体长：♀3.9~4.1 mm。**雌性：**头胸部粗壮，近圆形。头部前端半圆形。胸部后侧角具 1 三角形小刺突。额角短小，具 2 粗刺。腹部较粗短，生殖节近方形，其长度稍大于后 3 节长度之和。尾叉宽短。第 1 触角向后仅达生殖节或尾叉末缘。大颚齿板粗大而稍弯曲，腹齿短小，背齿宽大，其内缘具 1 或 2 小齿，顶端具 5 尖齿。第 1 对胸足内、外肢均分 3 节。第 5 对胸足内肢很短小，仅 1 节；外肢较狭长并分 3 节，第 2 节具 1 细长内缘刺，可达末节顶端近 1/3 处。

分布：东海，南海；太平洋，印度洋及大西洋。深水种。

参考文献：24，44，72，106，157，184，217。

注：Soh（1998）与 Boxshall 和 Halsey（2004）已把厚羽水蚤属（*Pachyptilus* Sars，1920）作为伪海羽水蚤属（*Pseudhaloptilus* Wolfenden，1911）的异名。本书也采用后者更早建立的属名。

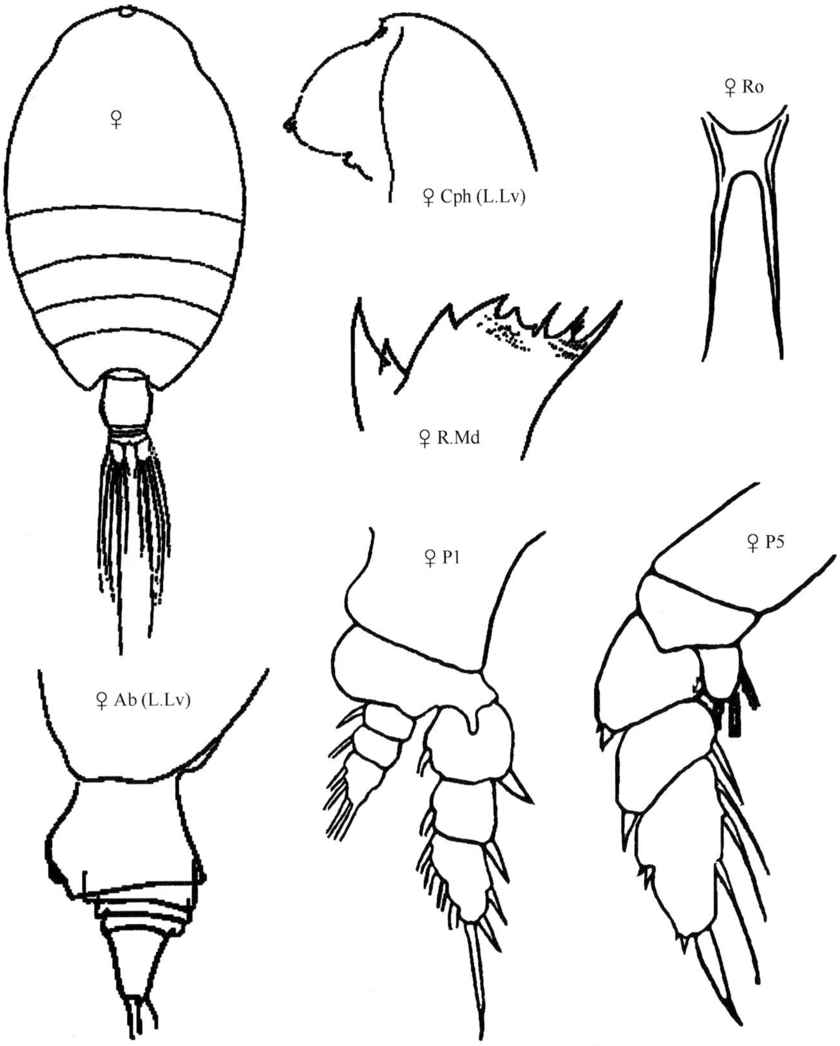

图 141　宽伪海羽水蚤 *Pseudhaloptilus eurygnathus*（仿 Tanaka，1964b）

（141）宽伪海羽水蚤 *Pseudhaloptilus eurygnathus*（Sars，1920）（图 141）

［*Pachyptilus eurygnathus* Sars，1920，1925；Rose，1933；Wilson，1950；Tanaka，1964b；Tanaka & Omori，1971］

形态特征：

体长：♀4.7~5.9 mm。**雌性：**头胸部粗大，呈宽卵圆形。头部前端宽圆，两侧稍凹，具 2 细长额角丝。背面观，胸部后侧角呈钝三角形；侧面观较宽圆。腹部粗短，生殖节腹面膨大，其长度为后 3 节长度之和的 2 倍多。尾叉宽短近方形。第 1 触角较长，约末 5 节超过尾叉。大颚齿板宽短，腹齿较粗大，其内缘基部具 1 小齿或缺；背齿宽大，顶端较截平，约具 7 小齿。第 1 对胸足内、外肢均分 3 节。第 5 对胸足内肢单节；外肢较粗大，分 3 节，第 2 节具 1 内缘刺，可达末节第 2 内缘刚毛基部。

分布：南海；太平洋，印度洋及大西洋。深水种。

参考文献：24，152，157，184，196，217。

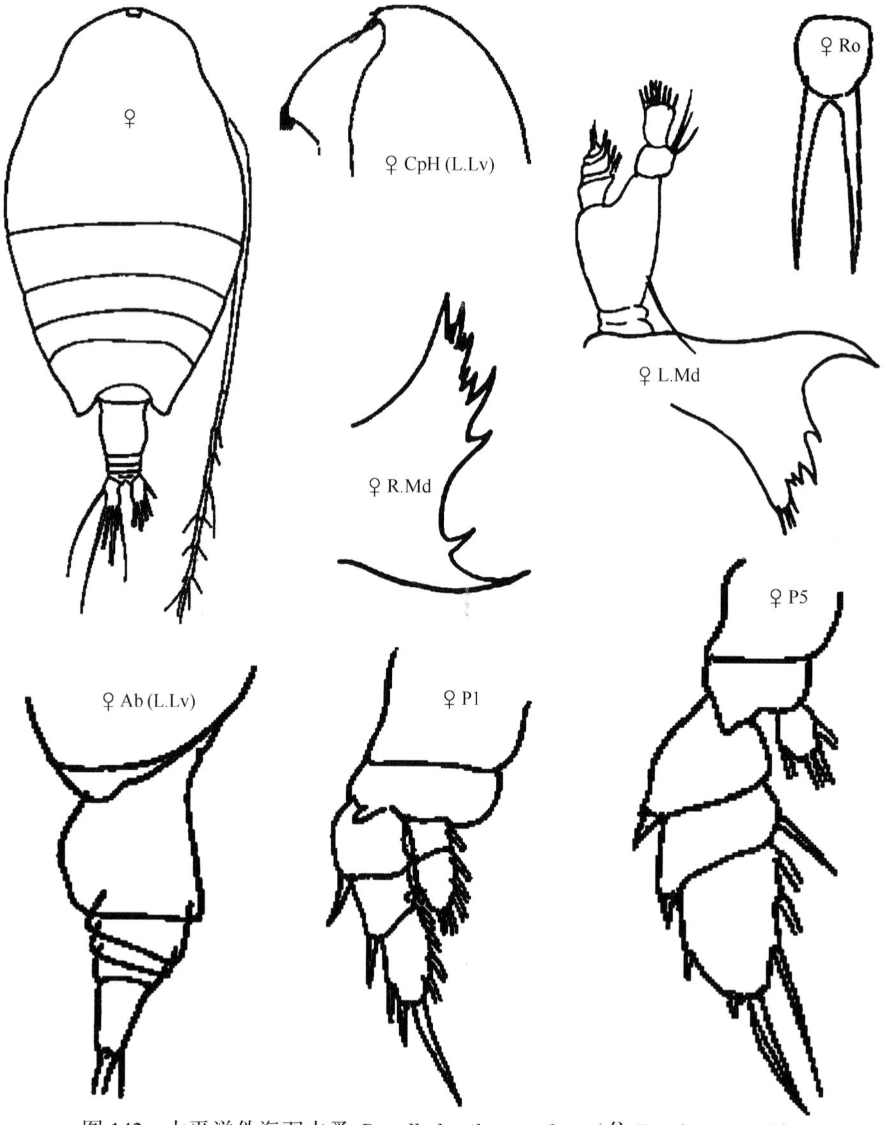

图 142　太平洋伪海羽水蚤 *Pseudhaloptilus pacificus*（仿 Tanaka，1964b）

（142）太平洋伪海羽水蚤 *Pseudhaloptilus pacificus*（Johnson，1936）（图 142）

［*Pachyptilus pacificus* Johnson，1936；Brodsky，1950；Tanaka，1964b］

形态特征：

体长：♀5. 5～6. 3 mm。**雌性：**头胸部粗壮，呈宽卵圆形。头部前端宽圆，两侧较紧缩。额角具 2 细长额角丝。胸部后侧角呈钝三角形，侧面观钝圆。腹部生殖节长约等于宽，长约为后 3 节之和的 2 倍。尾叉长约为宽的 2 倍。第 1 触角末 4 节超过尾叉。大颚齿板呈叉状，腹齿粗大呈爪状，其内缘基部具 1 小齿或缺；背齿宽大，顶端约具 8 小齿，呈斜向排列。第 1 对胸足外肢 3 节，内肢仅 2 节。第 5 对胸足内肢单节；外肢粗大，分 3 节，第 2 节具 1 内缘刺，可达末节第 2 内缘刚毛基部。

分布：南海中部；太平洋。深水种(中国海新记录种)。

参考文献：3，67，184。

6. 深角水蚤科 Family Bathypontiidae Brodsky, 1950

本科为中型、小型桡足类(1~5 mm)。头胸部较长，呈椭圆形。额部宽圆。额角粗大，呈柱状或片状，末端钝圆或稍分叉，具2小刺突。头胸部分6节。胸部后侧角具短突，对称或不对称。雌性腹部分4节，雄性分5节，尾叉短小、对称。大颚齿板宽大，齿数较多，腹齿粗大。第1对胸足外肢3节，内肢仅1~2节；第2~4对胸足内肢均分3节。雌性第5对胸足多数为单肢型，对称并分3节(少数双肢型)。雄性第5对胸足不对称，多数为单肢型，常分4~5节，右足较长于左足(少数双肢型)。

本科包括4属。Bradford-Griev (1999)及Boxshall和Halsey (2004)又把*Bathypontia*作为*Temorites*的异名，是否恰当，有待探讨。我们仍把*Bathypontia*作为有效属，以保持种、属名的稳定。中国海域仅记录2属7种。

属名 Genera	种数	页码
深角水蚤属 *Bathypontia* Sars, 1905	6	182
小宽水蚤属 *Temorites* Sars, 1900	1	188

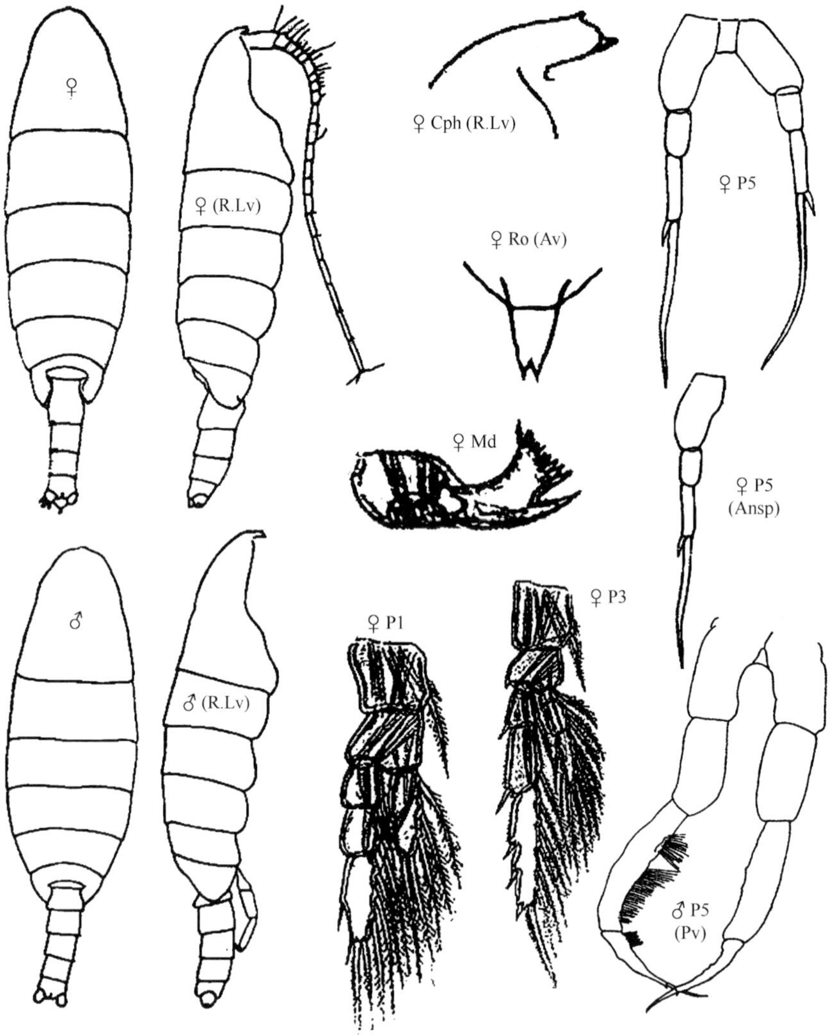

图 143 瘦长深角水蚤 *Bathypontia elongata* [仿 Deevey, 1973; Sars, 1925(♀Md; ♀P1; ♀P3)]

(143) 瘦长深角水蚤 *Bathypontia elongata* Sars, 1905 (图 143)

[*Temorites elongata* (Sars, 1905): Boxshall & Halsey, 2004; 陈清潮, 2003, 2008]

形态特征：

体长： ♀4.7~5.6 mm, ♂4.9~5.2 mm。**雌性：** 头胸部呈长椭圆形。前额中央稍突出。额角粗大而尖锐，顶端分叉，具2小刺突；侧面观，前缘近末部具1小突起。胸部后侧角具较长的钝突，稍不对称，左侧较长于右侧；侧面观较钝圆。腹部生殖节较短，稍长于第2腹节。尾叉短小。大颚齿板宽短，腹齿粗大呈爪状，背齿末端约具8小齿，呈梳状排列。第1对胸足外肢3节，第1、2节无外缘刺；内肢2节。第5对胸足单肢型且对称，各分3节，末节较细长，约为第2节的1.5倍，顶端具1长末刺和1短小外末刺。**雄性：** 胸部后侧角突出，呈三角状，可达生殖节近末缘。第1对胸足内肢仅分2节。第5对胸足单肢型且不对称，各分4节，末节顶端具1长末刺及1微小外末刺；左足第3节约为末节长的2倍，内缘具细毛；右足第3节约为末节长的1.5倍。

分布： 东海，南海；太平洋，印度洋及大西洋。深水种。

参考文献： 24, 44, 72, 83, 157。

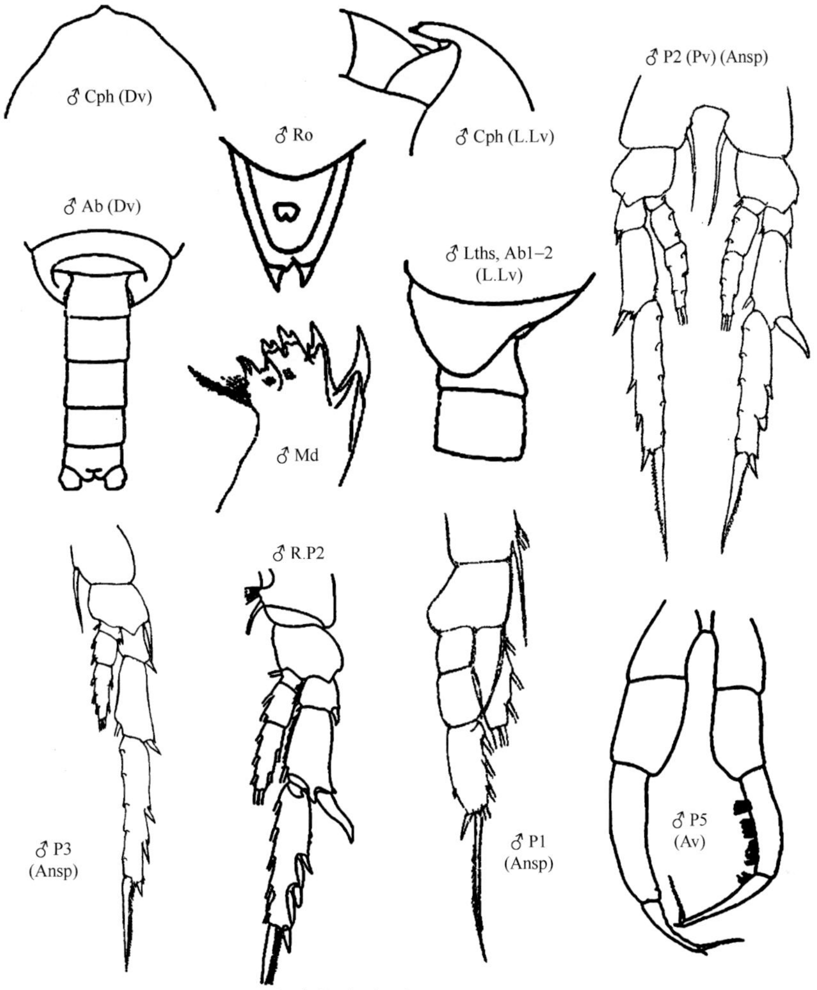

图 144 长角深角水蚤 *Bathypontia longicornis*
[仿连光山，钱宏林，1984 (♂)；Tanaka，1965a (♂ P1~♂ P3，Ansp)]

(144) 长角深角水蚤 *Bathypontia longicornis* Tanaka, 1965 (图 144)

[*Temorites longicornis* (Tanaka, 1965)：Boxshall & Halsey, 2004；陈清潮，2008]

形态特征：

体长：♂ 5.18~5.23 mm。**雄性：**头胸部呈长椭圆形。前额中央具 1 小突起。胸部后侧角突出，呈钝三角形，侧面观钝圆，达不到生殖节末缘。额角粗短而尖锐，顶端分叉，具 2 三角形刺突，在右或左刺突内缘基部具 1 小齿突；侧面观或前面观，额角前缘近基部具 1 小突起。腹部狭长，各节近方形，尾叉短小。大颚具 1 粗大腹齿，3 枚叉状中央齿及 2 枚小背齿，并在背齿基部外缘具细毛丛及 1 粗刚毛。第 1 对胸足外肢 3 节，第 1、2 节无外缘刺；内肢仅 1 节。第 2 对胸足内、外肢均分 3 节，左、右足不对称；右足外肢第 2 节具 1 粗大外末刺，末节具 3 外缘刺，中刺粗短而钝。第 5 对胸足单肢型且不对称，各分 4 节，末节顶端具 1 长末刺及 1 小刺；左足第 3 节稍长于末节，其内缘及末节近端具细毛；右足第 3 节长为末节的 2 倍，末节内缘具细锯齿。

分布：东海，南海；太平洋。深水种。

参考文献：24，38，44，51，72，83，106，186。

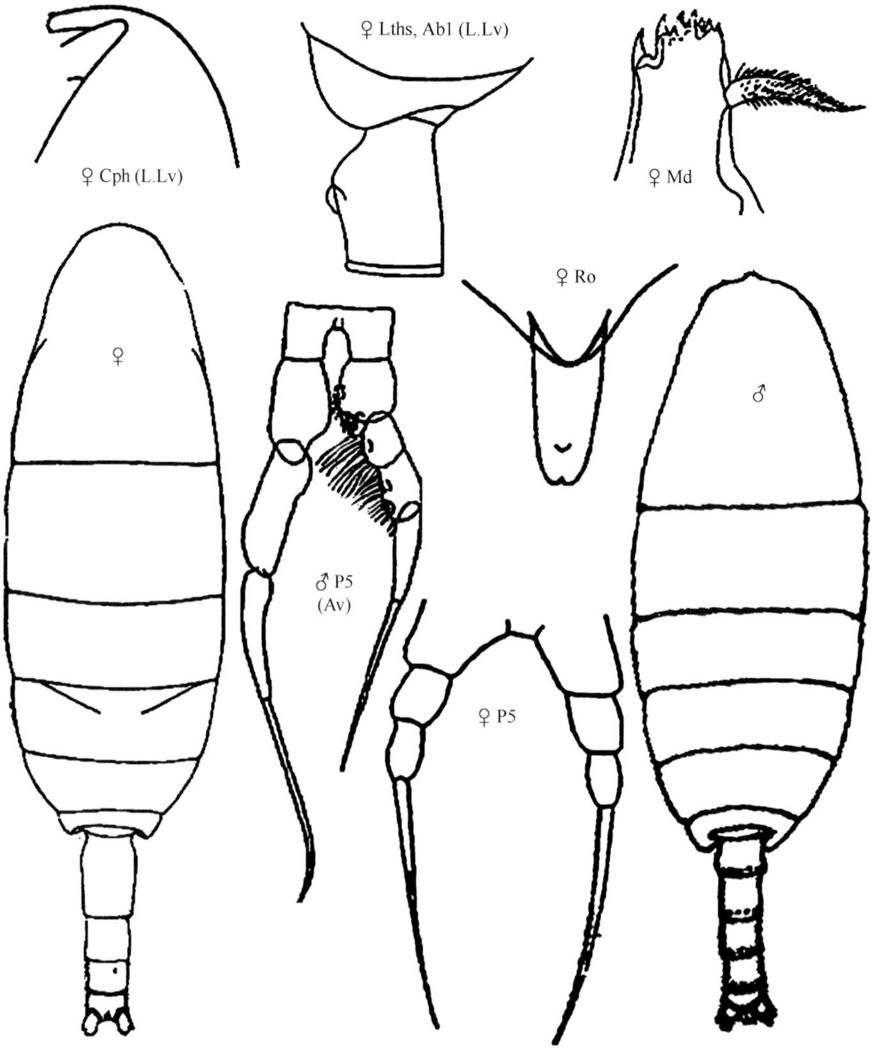

图 145 小深角水蚤 *Bathypontia minor*
[仿连光山，钱宏林，1984（♀）；Deevey，1973（♂）]

（145）小深角水蚤 *Bathypontia minor*（Wolfenden，1906）（图 145）

[*Isocalanus minor* Wolfenden，1906；*Bathypontia* sp. 连光山，钱宏林，1984；*Temorites minor*：Boxshall & Halsey，2004；陈清潮，2008]

形态特征：

体长：♀2. 5~2. 8 mm，♂2. 3~2. 5 mm。头胸部呈长椭圆形。前额宽圆。末胸节短小，后侧角稍突出，侧面观宽圆。额角呈圆柱状，顶端仅具 2 微小突起或钝圆，近末部背面也具 1 小突起。第 1 对胸足外肢 3 节，内肢仅 1 节。**雌性：**腹部较狭长，生殖节长等于后 2 节之和。大颚齿较粗短，其末缘具 4 枚刺状齿和 3~4 小齿，齿板背侧缘近中部具 1 粗大刚毛，其表面密布细毛。第 5 对胸足单肢型，分 3 节，第 2、3 节短小而近等长，顶端仅具 1 长末刺。**雄性：**第 5 对胸足单肢型且不对称，末节顶端各具 1 长末刺；左足分 5 节，第 2~4 节内缘具细毛；右足分 4 节。

分布：南海；太平洋及大西洋。深水种。

参考文献：24，38，44，51，72，83，217。

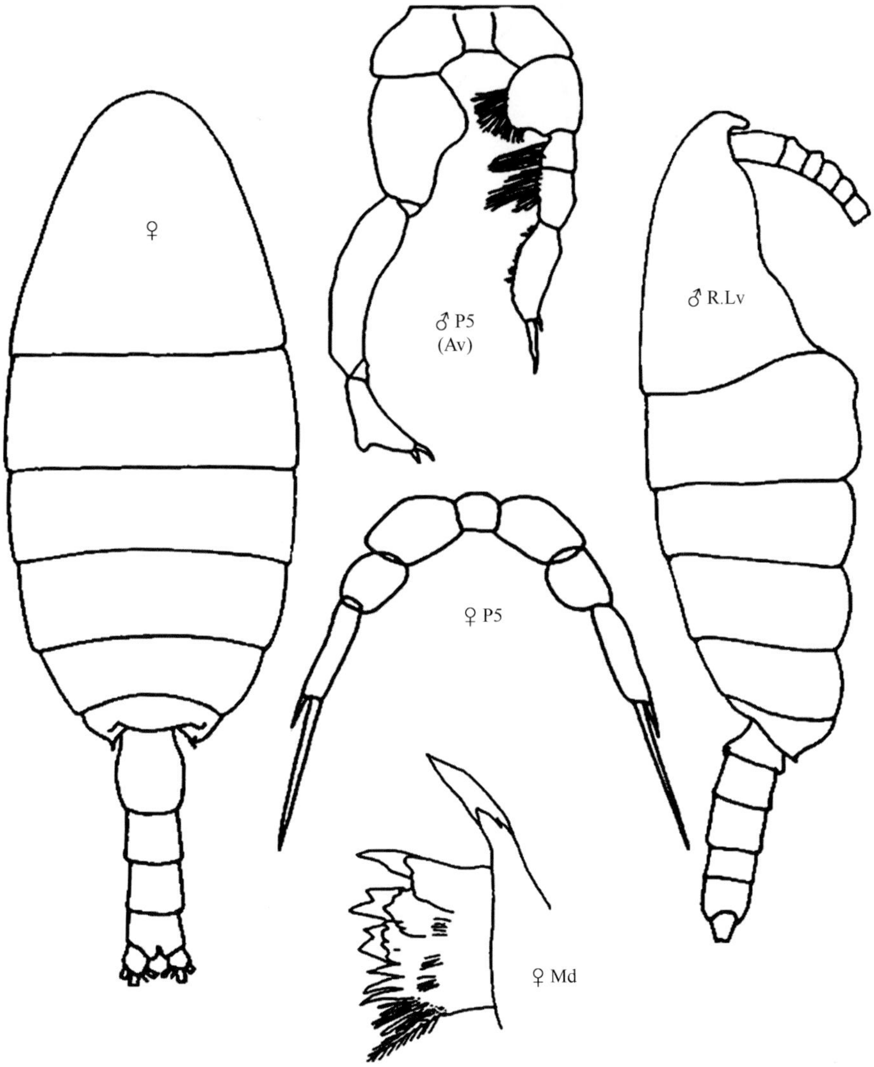

图 146 萨氏深角水蚤 *Bathypontia sarsi*（仿 Deevey，1979）

（146）萨氏深角水蚤 *Bathypontia sarsi* Grice & Hulsemann，1965（图 146）

［*Bathypontia minor* Sars，1907，1924，1925；*Temorites sarsi*
（Grice & Hulsemann，1965）：Boxshall & Halsey，2004；陈清潮，2008］

形态特征：

体长：♀2.9 mm，♂2.8 mm。头胸部呈卵圆形。前额宽圆。额角粗短。胸部后侧角左右对称，背面观及侧面观均短小而尖锐。**雌性：**大颚齿板末部宽大，1 枚腹齿特别粗大并折向下方，3 枚中央齿粗短及 3 枚背齿尖小，其基部外缘具细毛及 1 刚毛。第 5 对胸足单肢型，左右对称，均分 3 节，末节顶端具 1 长末刺及 1 小外末刺，长末刺为末节长的 1.5 倍。**雄性：**第 5 对胸足不对称，左足分 5 节，第 2 节内缘膨大，第 3~4 节短小，3 节内缘均具长细毛，末节较长，约等于前 2 节长度之和，顶端具 1 长末刺及 1 小外末刺；右足较长大，分 4 节，第 2 节内缘很膨大，末节粗短呈三角形，外缘具 1 钝突，顶端具 2 小末刺。

分布：南海；太平洋，印度洋及大西洋。深水种。

参考文献：24，44，72，84，157。

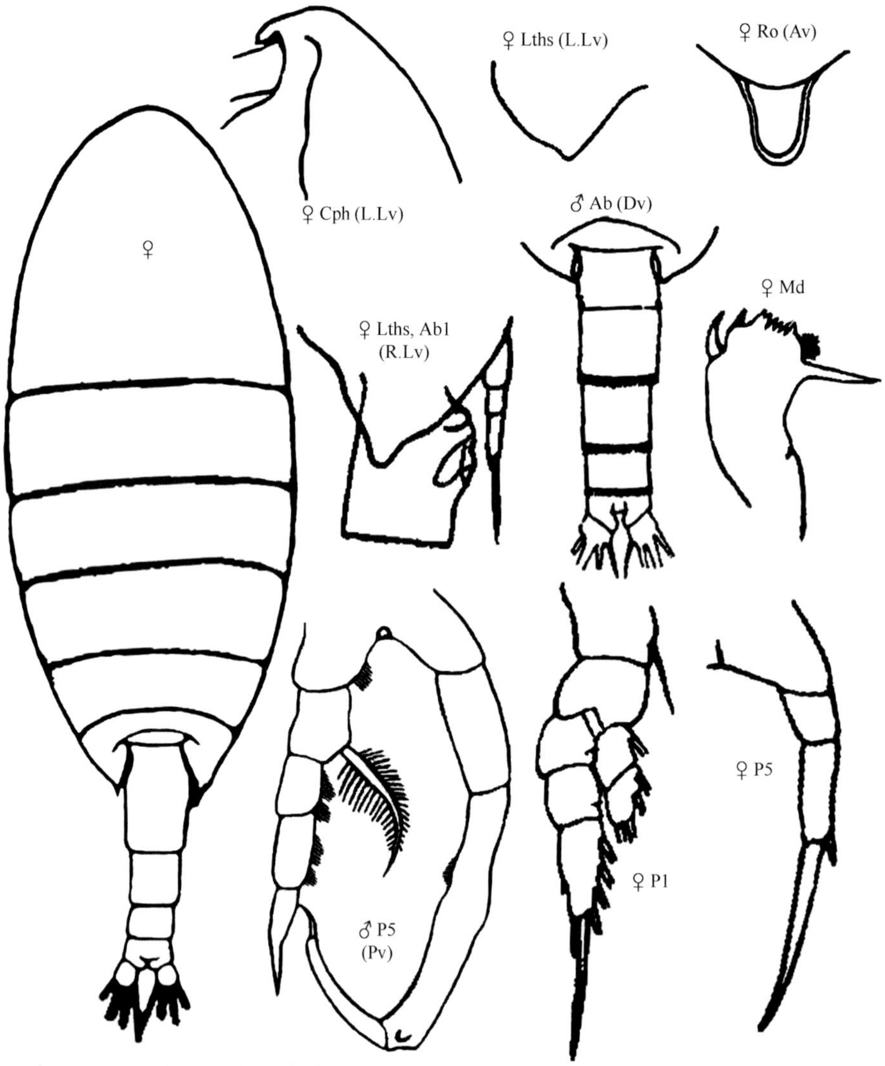

图 147 拟深角水蚤 *Bathypontia similis*（仿 Tanaka，1965）

（147）拟深角水蚤 *Bathypontia similis* Tanaka，1965（图 147）

［*Temorites similis*（Tanaka，1965）：Boxshall & Halsey，2004；陈清潮，2008］

形态特征：

体长：♀2. 6~3. 1 mm，♂2. 7 mm。**雌性：**头胸部呈卵圆形。前额宽圆。额角粗短，末端钝圆。胸部后侧角不对称，背面观呈尖三角状，右侧明显长于左侧；侧面观呈钝三角形。生殖节较粗大，约等于后 3 节长度之和，近基部两侧稍膨大。大颚齿板宽大，背侧近末缘具 1 粗刺毛，末缘仅具 2 枚粗齿及 1 列小齿。第 1 对胸足外肢 3 节，内肢 2 节。第 5 对胸足单肢型，左右对称，分 3 节，末节顶端具 1 长末刺及 1 小外末刺，长末刺约为末节长的 2 倍。**雄性：**胸部后侧角突出呈三角形，左右对称，仅达生殖节中部。第 5 对胸足不对称，左足 5 节，末 3 节近等长，第 2 节内缘具 1 长刚毛，第 3~4 节内缘具细毛，末端刺粗短，与末节等长；右足分 4 节，末端刺短小，仅为末节长的 1/4。

分布：东海，南海；太平洋，印度洋及大西洋。深水种。

参考文献：24，44，51，72，106，186。

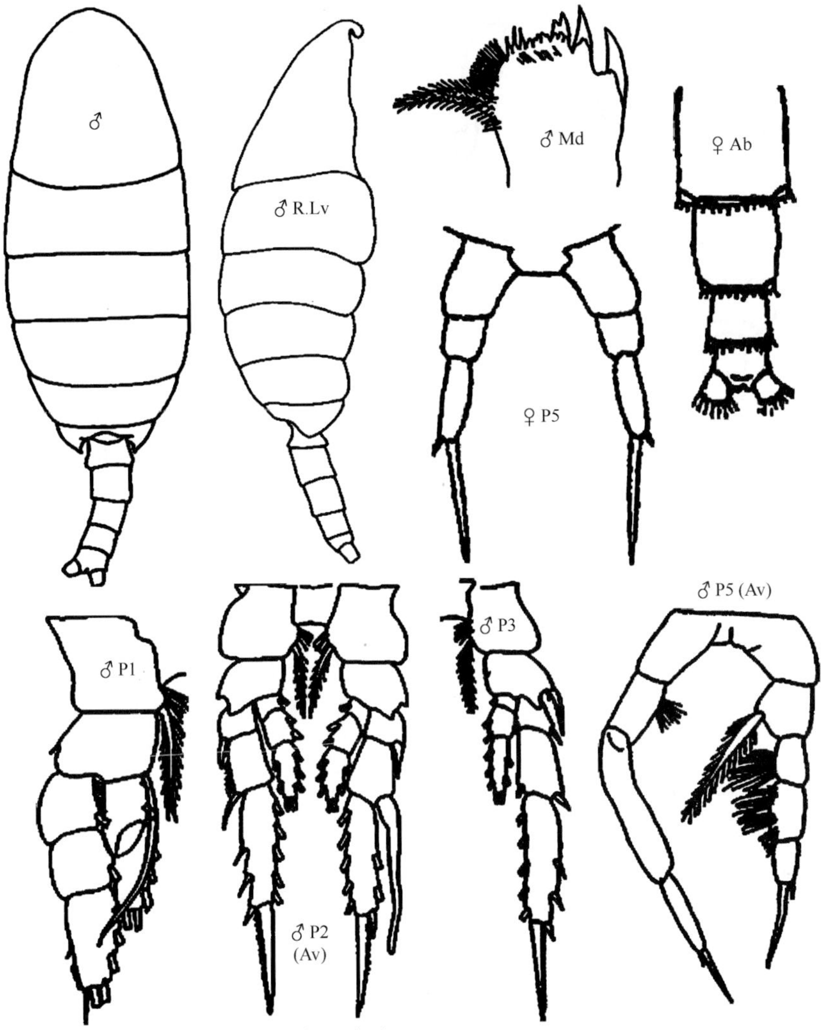

图 148 刺深角水蚤 *Bathypontia spinifera*
[仿 A. Scott, 1909 (♀); Deevey, 1973, 1979 (♂)]

(148) 刺深角水蚤 *Bathypontia spinifera* A. Scott, 1909 (图 148)

[*Temorites spinifera* (A. Scott, 1909): Boxshall & Halsey, 2004; 陈清潮, 2008]

形态特征:

体长: ♀3.3 mm, ♂2.8~3.0 mm。头胸部呈卵圆形。前额宽圆。额角粗短呈柱状, 顶端具很小叉状突。胸部后侧角尖锐, 左右对称, 侧面观呈宽三角状, 末端钝圆。大颚齿板宽大, 具 1 粗大腹齿, 2 枚中齿及 1 列小锯齿状背齿, 近背末缘具 1 粗刚毛及 1 列细毛。第 1 对胸足外肢 3 节, 内肢 2 节。**雌性:** 腹部生殖节粗大近方形。第 5 对胸足单肢型, 左右对称, 均分 3 节, 顶端长末刺为末节长的 1.5 倍, 外末刺很短小。**雄性:** 第 2 对胸足不对称, 左足外肢第 2 节外末刺特别长大, 超过末节顶端。第 5 对胸足不对称, 左足分 5 节, 各节近等长, 第 2 节内缘具 1 长刚毛, 第 3~4 节内缘具细毛, 末节顶端具 1 长末刺及 1 小外末刺, 其长末刺为末节长的 2 倍; 右足 4 节, 第 2 节内缘也具细毛, 末节顶端长末刺为末节长的 2/3, 外末刺短小。

分布: 南海; 太平洋, 印度洋及大西洋。深水种。

参考文献: 24, 44, 51, 72, 83, 84, 158。

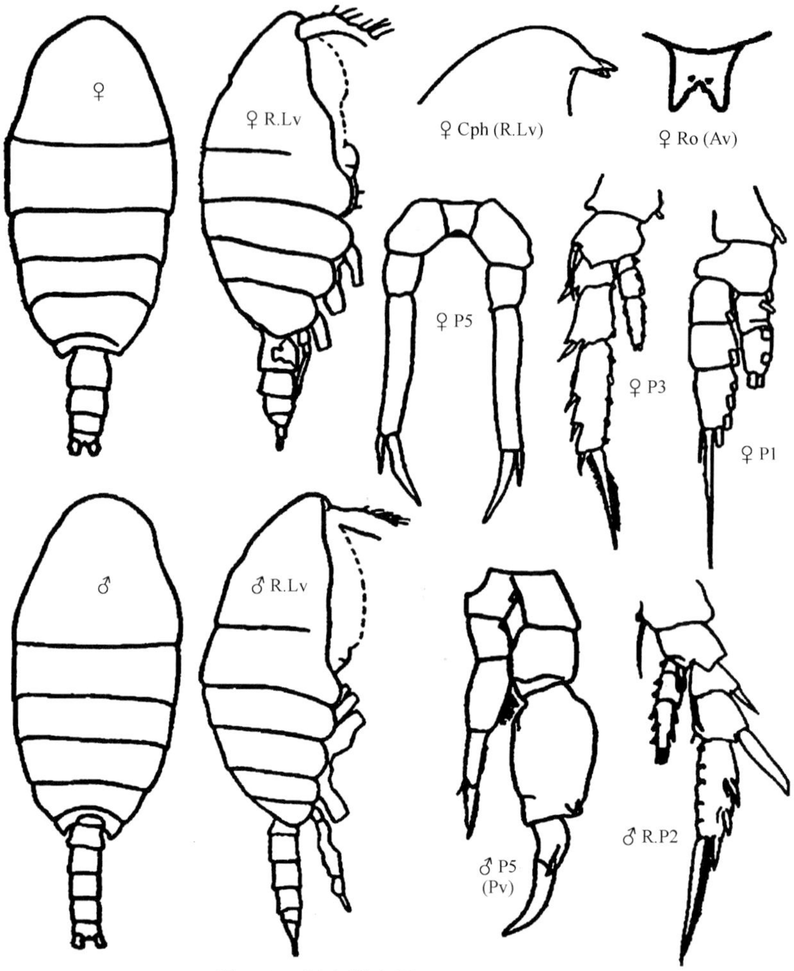

图 149 短小宽水蚤 *Temorites brevis*

[仿 Brodsky，1950（♀；♂）；Tanaka，1965a（♂ R. P2）]

（149）短小宽水蚤 *Temorites brevis* Sars，1900（图 149）

形态特征：

体长：♀1.8~2.0 mm，♂1.7~1.9 mm。头胸部呈卵圆形。额部宽圆。额角粗短，顶端分叉。头部与第 1 胸节及第 4 与第 5 胸节分开或部分愈合。胸部后侧角稍突出，侧面观宽圆。尾叉宽短。**雌性：**第 1 对胸足外肢 3 节，第 1、2 节无外缘刺；内肢 1~2 节。第 3 对胸足内、外肢均分 3 节，第 2 基节外末角具 1 长而弯曲的外末刺，超过外肢第 1 节末缘。第 5 对胸足单肢型且对称，均分 3 节，末节狭长，约为前 2 节长度之和的 1.5 倍，顶端内末刺粗大，约为外末刺长的 2 倍。**雄性：**右第 2 胸足外肢第 2 节具 1 粗大的外缘刺，可达末节第 1 外缘刺末端。第 5 对胸足单肢型且不对称，均分 4 节；左足第 3 节内缘具细毛，末节顶端具 1 粗刺及 1 小外缘刺，粗末刺内缘具细刺毛；右足第 3 节特别粗大，其外末角具 1 钝三角突，第 4 节末端具 1 粗大的弯刺及 1 小外缘刺。

分布：东海，南海；太平洋，大西洋。深水种。

参考文献：24，44，67，106，186，217。

注：雌性第 1 对胸足内肢存在个体差异，Tanaka（1965）的标本为 1 节；Brodsky（1950）的标本为 2 节。

7. 哲水蚤科 Family Calanidae Dana, 1846

本科的个体大小变化较大(1.5~13 mm), 大多数为中型桡足类(2.5~3.8 mm), 头胸部呈长椭圆形, 前额钝圆或略突出。额角常具 2 条额角丝。头部与第 1 胸节大多分开或少数愈合, 胸部4~5 节, 胸部后侧角常钝圆或少数尖锐。雌性腹部 4 节, 雄性 5 节。尾叉较短。第 1 触角细长, 常超过尾叉, 一般分 22~25 节, 最末第 2、3 节各具 1 长羽状刚毛。雄性第 1 触角没有改变为执握触角。第 1~4 对胸足内、外肢长皆分 3 节。雌性第 5 对胸足与前 4 对相似; 雄性第 5 胸足稍不对称或很不对称。

本科包括 8 属。中国海域均有分布, 共 13 种。

属名 Genera	种数	页码
哲水蚤属 Leach, 1816	2	190
似哲水蚤属 *Calanoides* Brady, 1883	2	192
刺哲水蚤属 *Canthocalanus* A. Scott, 1909	1	194
宇哲水蚤属 *Cosmocalanus* Bradford & Jillett, 1974	1	195
间哲水蚤属 *Meso* Bradford & Jillett, 1974	1	196
小哲水蚤属 *Nannocalanus* Sars, 1925	1	197
新哲水蚤属 *Neocalanus* Sars, 1925	4	198
波水蚤属 *Undinula* A. Scott, 1909	1	202

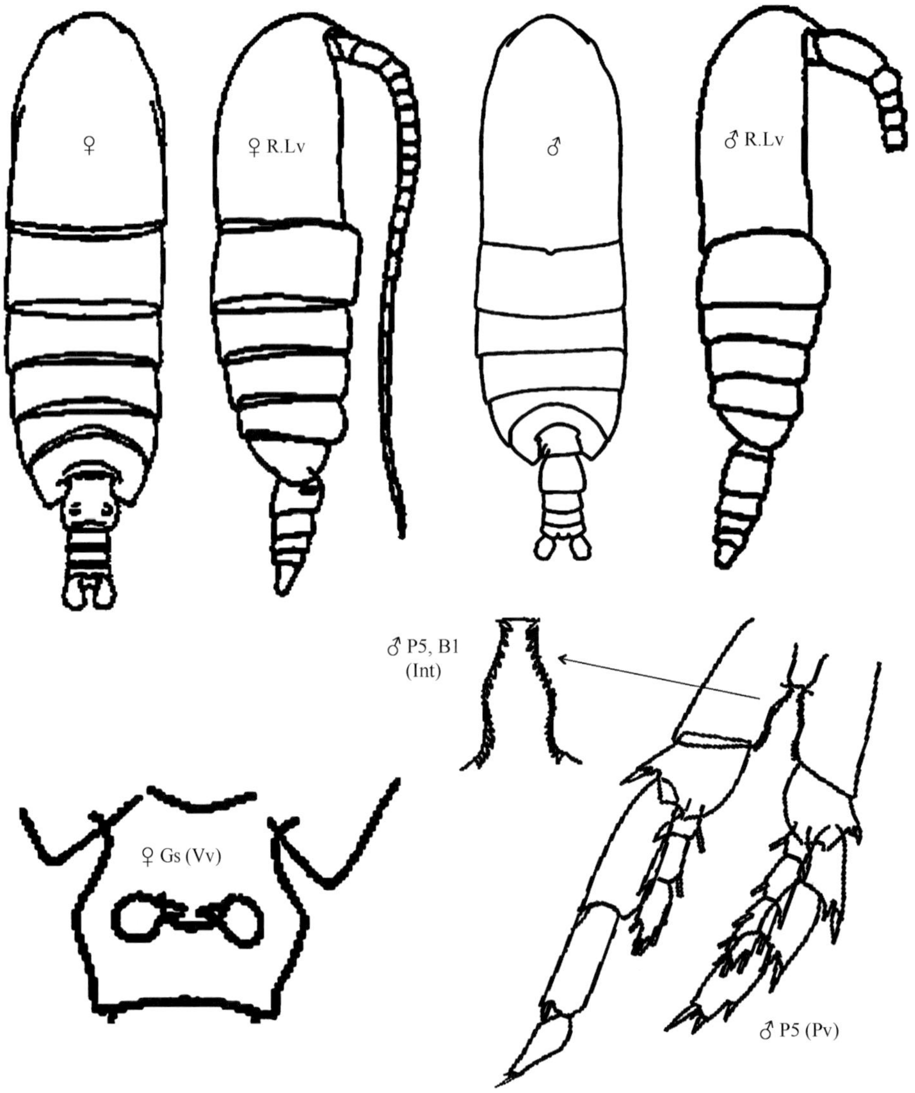

图 150 捷氏哲水蚤 *Calanus jashnovi*（仿 Hulsemann，1994）

（150）捷氏哲水蚤 *Calanus jashnovi* Hulsemann，1994（图 150）

［*Calanus orientalis* Jashnov，1975］

形态特征：

体长：♀3.4~4.4 mm，♂3.0~3.8 mm。身体长筒形。前额宽圆。胸部后侧角较宽短，背面观呈钝三角形，侧面观宽圆。**雌性：**腹部生殖节宽大，两侧突出，其宽度稍大于长度；腹面观，纳精囊较小，呈球状。第 1 触角较短，仅达后体部中部或第 3 腹节后缘。**雄性：**体形与雌性相似。第 5 对胸足不对称，第 1 基节内缘齿列近中部凹陷，齿数为 16~26；左足内肢长达外肢第 2 节近端的 1/5 处，外肢第 1、2 节较粗大并近等长，长、宽比例分别为 2.5∶1 和 3∶1；末节宽短呈锥状。

分布：东海；太平洋。温带种。

参考文献：24，44，82，109。

注：本种与中华哲水蚤（*C. sinicus*）较相似，根据两者的个体大小、前额与胸部后侧角形状以及雌性第 1 触角、生殖节、纳精囊和雄性第 5 对胸足即可识别。

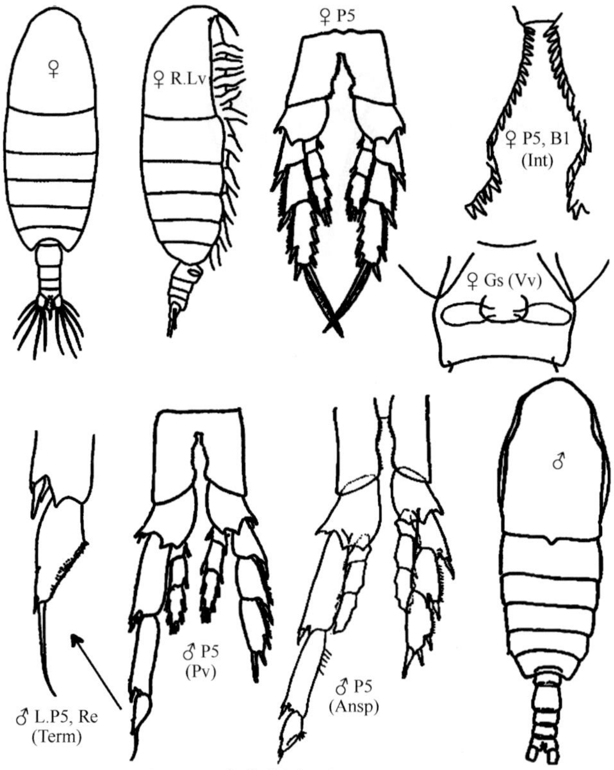

图 151 中华哲水蚤 *Calanus sinicus*

[仿陈清潮，1965（♀；♂）；李少菁，1963（♂P5，Ansp）；Hulsemann，1994（♀Gs）]

（151）中华哲水蚤 *Calanus sinicus* Brodsky，1962（图 151）

[*Calanus finmarchicus*：Mori，1929；*C. pacificus* Brodsky，1948，1950；沈嘉瑞等，1956；郑重等，1965]

形态特征：

体长：♀2.1~3.5 mm，♂2.0~3.5 mm。头胸部呈长椭圆形。额部前端突出，呈钝三角形。胸部后侧角背面观钝突，侧面观宽圆。第 1 触角较长，末 2~3 节超过尾叉。第 5 对胸足第 1 基节内缘齿线远端 1/3~2/5 处凹陷，齿数较少，一般雌性为 17~22，雄性 11~21。**雌性：**腹部生殖节长、宽近相等。腹面观，纳精囊较大，呈椭圆形并呈横向排列。**雄性：**第 5 对胸足不对称，左足内肢与外肢第 1 节等长或稍长；外肢第 1、2 节较狭长，长、宽比例分别为 3：1 和 4：1；末节短小呈锥状，其内缘稍膨大并具细毛，顶端具 1 细刺。

分布：渤海至南海北部；日本南部近海水域。暖温带种。

参考文献：1，2，13，15，18，21，24，31~33，37，40，44，46，66，67，82，109。

注：据文献资料报道，冬、春季，中华哲水蚤在南海的分布一般认为仅限于南海北部海域。但是，著者曾在鉴定 2000 年 3 月 30 日采自南海南部海域（南沙群岛西部–湄公河口东部外海）2 个测站（水深 78~95 m）的浮游动物样品中，也出现 8 个中华哲水蚤标本（文献 2，文献 40），其来源可能有两种：①冬、春季由南海北部海域沿着越南沿海向南传播到湄公河口东部外海水域；②南海中、南部深水区可能全年存在中华哲水蚤种群，冬、春季水温较低时，由深水区扩布到水深较浅的南沙群岛西部海域。夏季海区水温升高时又退缩到中部水温较低的深水区，继续生存直至第二年冬、春季。这有待今后继续调查研究，以便查明它在南海的分布动态。

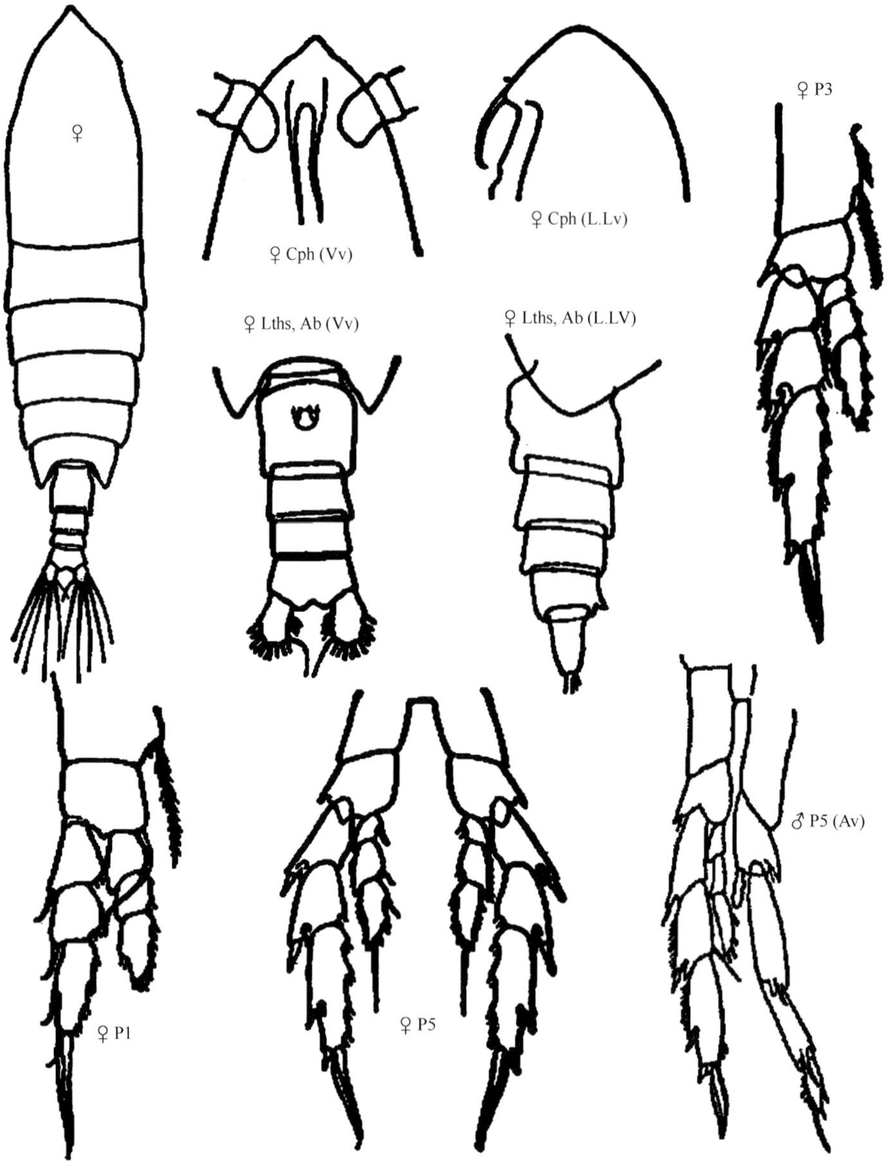

图 152 隆线似哲水蚤 *Calanoides carinatus*
[仿郑重等, 1982 (♀); Rose, 1933 (♂ P5)]

(152) 隆线似哲水蚤 *Calanoides carinatus* (Kröyer, 1849) (图 152)

[*Calanus brevicornis* Giesbrecht, 1892; *Calanoides brevicornis*: A. Scott, 1909; Sars, 1925; Rose, 1933; Wilson, 1950]

形态特征:

体长: ♀2.3~2.9 mm, ♂2.4 mm。**雌性:** 头胸部狭长。背面观, 额部前端尖锐, 呈三角形, 额角丝细长。胸部后侧角较狭而突出, 可达生殖节近中部, 侧面观宽圆。第 5 对胸足第 1 基节内缘无锯齿及刚毛。**雄性:** 第 5 对胸足不对称, 左足内肢退化, 仅 1 节呈小棒状, 外肢 3 节, 较狭长, 末节短小; 右足内、外肢均分 3 节, 内肢狭长可达外肢第 2 节末缘。

分布: 东海至南海; 太平洋, 印度洋及大西洋。暖水种。

参考文献: 13, 15, 21, 24, 31, 37, 44, 46, 152, 157, 158, 217。

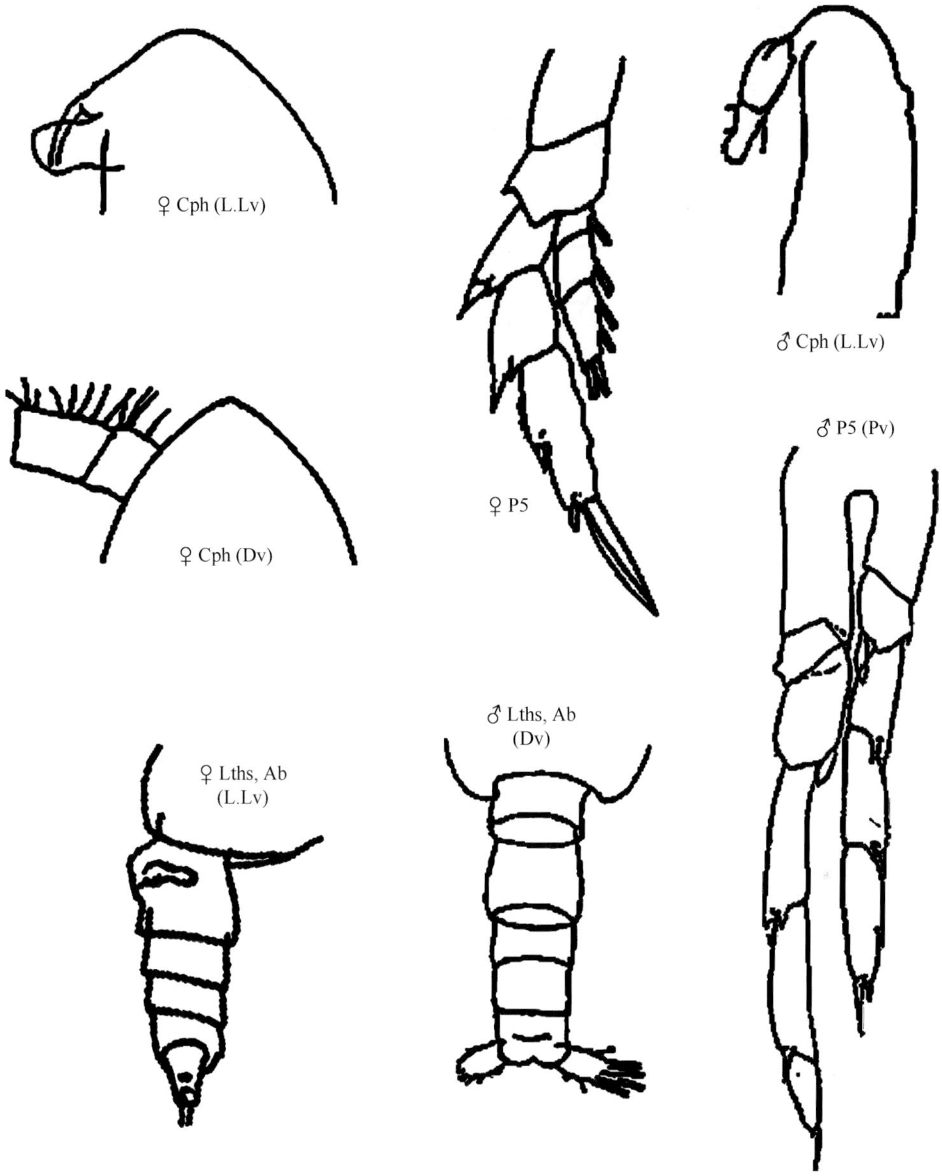

图 153 菲律宾似哲水蚤 *Calanoides philippinensis*（仿 Kitou & Tanaka，1969）

（153）菲律宾似哲水蚤 *Calanoides philippinensis* Kitou & Tanaka，1969（图 153）

形态特征：

体长：♀2. 6~2. 8 mm，♂2. 5~2. 7 mm。**雌性**：额部前端突出，背面观呈钝锥状，侧面观较宽圆，胸部后侧面宽短。第 5 对胸足第 1 基节内缘无锯齿及刚毛。**雄性**：额部前端较钝圆。第 5 对胸足不对称，第 1 基节内缘无锯齿及刚毛，左、右足内肢均退化，单节呈小棒状；左足外肢较狭长，第 1、2 节等长，末节短小，呈锥状；右足外肢较短，仅达左足外肢第 2 节中部。

分布：东海，南海；西太平洋热带-亚热带海域。热带种。

参考文献：24，44，82，106，112。

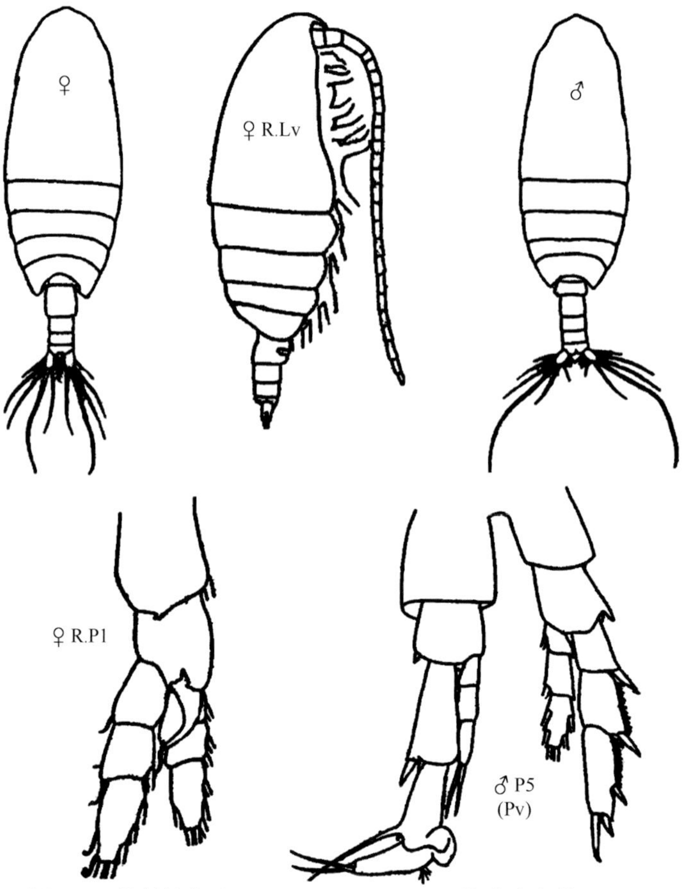

图 154　微刺哲水蚤 *Canthocalanus pauper*（仿陈清潮等，1965）

（154）微刺哲水蚤 *Canthocalanus pauper*（Giesbrecht，1888）（图 154）

［*Calanus pauper* Giesbrecht，1888，1892；Mori，1937］

形态特征：

体长：♀1.3~1.6 mm，♂1.3~1.6 mm。额部前端钝圆，额角丝细长。头部与第 1 胸节愈合，第 4、5 胸节分开。胸部后侧角突出而短小，侧面观宽圆。**雌性：**腹部生殖节较宽大，近方形；肛节及尾叉短小。第 1 对胸足第 1 基节前末缘具 1 小钩状突；第 2 基节内末角具 1 粗大而弯曲的刺，刺的基部具小突起。第 5 对胸足第 1 基节内缘无锯齿，内、外肢均分 3 节。**雄性：**第 5 对胸足不对称，左足外肢较右足外肢长大，第 2 节外末缘具 1 长刺毛，其内末部呈瘤状突或缺，末节折向外侧，其内缘近基部具 1 丛细毛，顶端具 2 长刺毛(陈清潮等，1965；郑重等，1965)，内肢退化，第 1、2 节无刺毛，仅末节顶端具 2 刺毛；右足结构与前几对足相似。

分布：渤海至南海；太平洋，印度洋及大西洋。暖水种。

参考文献：1，13，16，21，24，31，37，44，46，118。

注：本种(*Canthocalanus pauper*)雄性第 5 对胸足左足外肢第 2、3 节形态存在明显个体差异。著者在鉴定西太平洋赤道海域(1978—1979 年)及印度洋(2016 年)的标本时，也发现少数雄性第 5 对胸足左足外肢第 2 节内末部不呈瘤状，末节也不折向外侧。这和 Grice(1962)的记述及绘图一致。

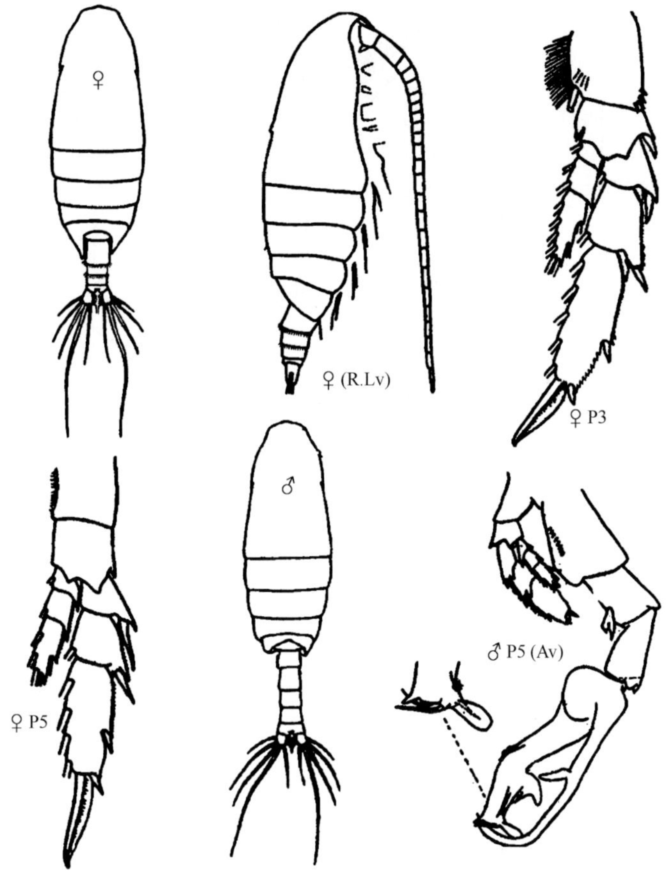

图 155 达氏宇哲水蚤 *Cosmocalanus darwinii*（仿陈清潮等，1965）

（155）达氏宇哲水蚤 *Cosmocalanus darwinii*（Lubbock，1860）（图 155）

［*Undina darwinii* Lubbock，1860；Brady，1883；*Calanus caroli* Giesbrecht，1888，1892；Giesbrecht & Schmeil，1898；*C. darwini* Giesbrecht，1892；Mori，1937；*Undinula caroli*（Giesbrecht）：A. Scott，1909；Wilson，1950；*U. darwini*（Lubbock，1860）：A. Scott，1909；Wilson，1950；Tanaka，1956，1960；郑重等，1965；陈清潮等，1965；*Cosmocalanus caroli*（Giesbrecht，1888）：陈清潮，2008］

形态特征：

体长：♀1.8～2.3 mm，♂1.8～2.2 mm。额部前端宽圆。头部与第 1 胸节愈合，第 4、5 胸节分开。**雌性：**胸部后侧角不对称，通常左侧角较右侧长，背面观尖锐，侧面观宽圆，但存在个体差异，可分为 3 个型（见注）。第 1、2 腹节后缘具小刺。第 2、3 对胸足外肢末节的外末缘具细锯齿。第 5 对胸足第 1 基节内缘具细齿。**雄性：**胸部后侧角短钝而稍不对称，左侧较右侧宽。第 5 对胸足很不对称，左足很发达，内肢退化为小突起，外肢分 3 节，末两节形成螯状；右足短小，内、外肢各分 3 节。

分布：黄海至南海；太平洋，印度洋及大西洋。暖水种。

参考文献：13，15，20，21，24，31～33，37，44，46，82，118，158，171，217。

注：据 Brodsky（1962）所述本种雌性胸部后侧角形态存在很大个体差异，可分为 3 个型：①标准型（不对称）；②中间型（稍不对称）；③对称型。中国海域均有分布。

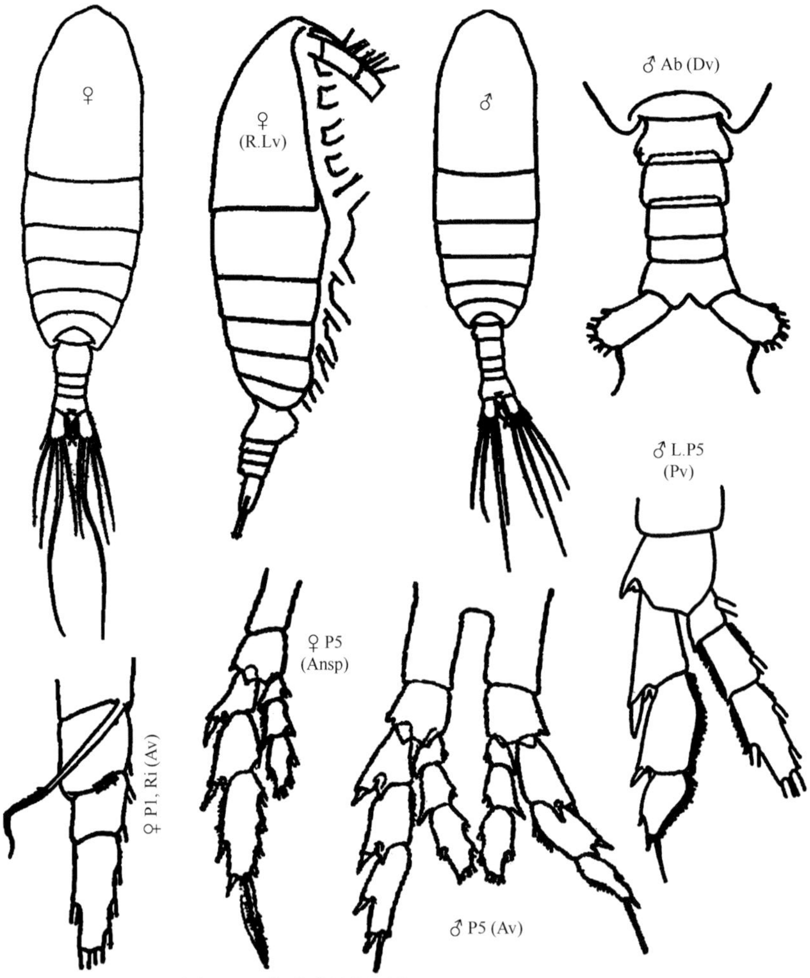

图 156 细角间哲水蚤 *Mesocalanus tenuicornis*
[仿陈清潮等，1965（♀；♂）；郑重等，1982（♀P5，Ansp；♂P5，Av）]

（156）细角间哲水蚤 *Mesocalanus tenuicornis*（Dana，1849）（图 156）

[*Calanus tenuicornis*：Giesbrecht，1892；A. Scott，1909；Mori，1929，1937；Brodsky，1948，1950，1962；Tanaka，1956a；*Neocalanus tenuicornis*：Wilson，1942，1950；陈清潮等，1965；郑重等，1982]

形态特征：

体长：♀1. 8~2. 2 mm，♂1. 6~2. 0 mm。额部前端较宽圆，中央稍突出，额角丝较细长。头部与第 1 胸节、第 4 胸节与第 5 胸节均分开。胸部后侧角短钝。肛节较宽大，约为前 2 节长度之和，尾叉长为宽的 2 倍。**雌性：**腹部生殖节较宽大，其腹面突出。第 1 对胸足第 2 基节内末角具 1 长刺毛，其基部不具指状突；内肢第 1~2 节外末角也无突起。第 2~5 对胸足相似，内、外肢均分 3 节。**雄性：**第 1~4 对胸足与雌性相似。第 5 对胸足不对称，左足较长，外肢末节短小呈锥状，其外缘近中部具 1 小刺，顶端具 2 不等长末刺；右足外肢末节较长大，2 末端刺较短小。

分布：黄海至南海；太平洋，印度洋及大西洋。暖水种。

参考文献：1，13，15，20，24，31~33，37，44，46，66~68，118，158，171，217。

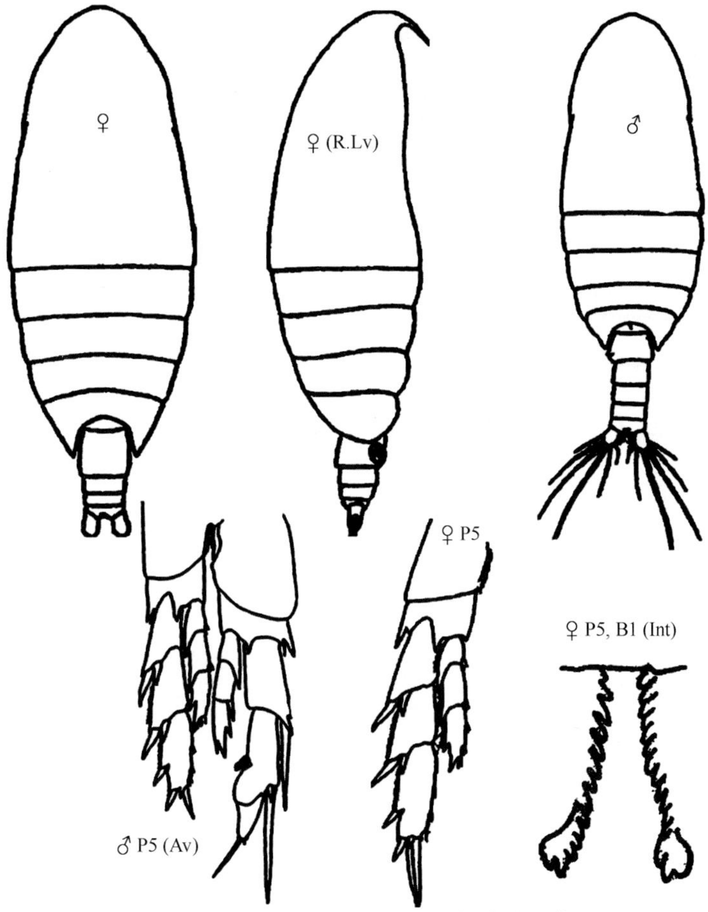

图 157 小哲水蚤 *Nannocalanus minor*（仿陈清潮等，1965）

（157）小哲水蚤 *Nannocalanus minor*（Claus，1863）（图 157）

［*Cetochilus minor* Claus，1863；*Calanus valgus* Brady，1883；*C. minor*：Giesbrecht，1892；A. Scott，1909；Rose，1933；Mori，1937；Tanaka，1956a］

形态特征：

体长：♀1.6~2.4 mm，♂1.5~2.0 mm。额部前端钝圆，额角丝细长，头部与第 1 胸节愈合。胸部后侧角背面观尖长，可达生殖节中部，侧面观宽圆。第 5 对胸足第 1 基节内缘具细锯齿。**雌性：**腹部生殖节宽大，近方形，其长度约为后 3 节长度之和；尾叉宽短。第 5 对胸足左右对称，内外肢各分 3 节；外肢第 1~2 节外末角各具 2 小刺；内肢第 1~2 节外末角延伸为刺状突。**雄性：**第 5 对胸足不对称，左足较长大，外肢第 1~2 节较粗大，外末角各具 1 长刺，第 2 节内缘中部具 1 丛细毛，末部隆起，末节短小呈锥状，末端具 1 长刺，内肢第 1~2 节无内缘刚毛；右足结构与前几对胸足相似。

分布：黄海至南海；太平洋，印度洋及大西洋。暖水种。

参考文献：1，13，15，20，21，24，31~33，37，44，46，97，118，152，171，217。

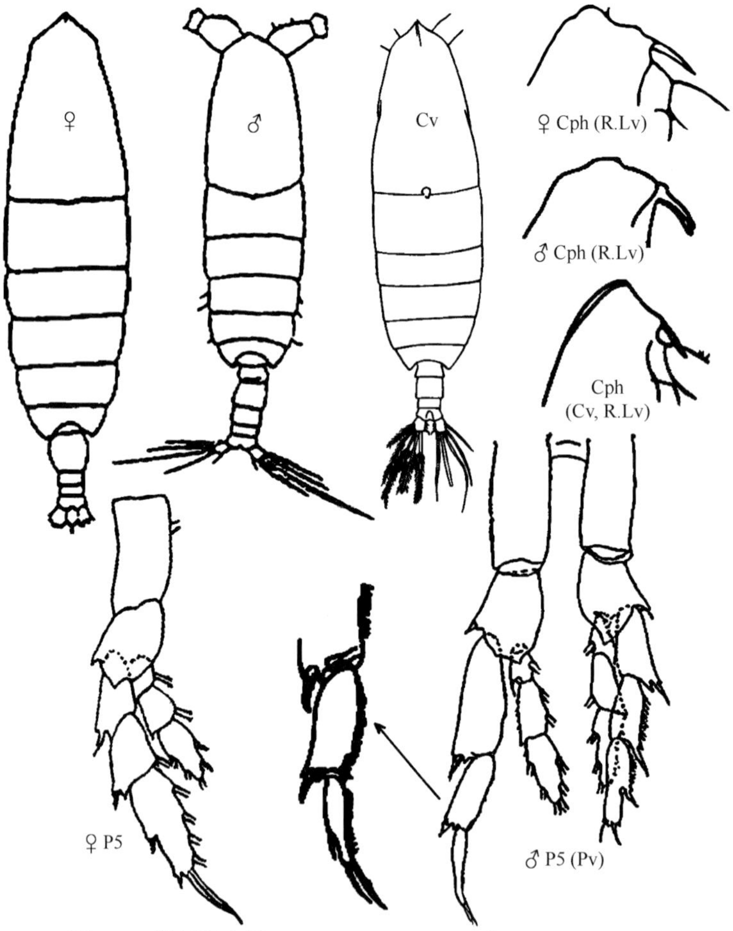

图 158　脊新哲水蚤 *Neocalanus cristatus*（仿 Brodsky，1950）

（158）脊新哲水蚤 *Neocalanus cristatus*（Kröyer，1848）（图 158）

［*Calanus cristatus* Kröyer，1848；Mori，1937；Tanaka，1956a；
Omori & Tanaka，1967；Brodsky，1948，1950，1962；Wilson，1950］

形态特征：

体长：♀8.4～10.4 mm，♂7.4～9.6 mm。额部前端突出，呈钝三角形，前端背中央具低的脊状突。额角具双刺突。胸部后侧角短钝。第 5 对胸足第 1 基节内缘无锯齿。**雌性：**腹部生殖节两侧膨大，长、宽约相等，并等于后 3 节长度之和。第 5 对胸足与前几对相似，内、外肢均分 3 节。**雄性：**额部前端突起较雌性稍低。第 5 对胸足不对称，内、外肢各分 3 节；左足较右足长大，其外肢第 1 节为第 2 节长的 1.5 倍，第 2、3 节近等长，末节呈棒状，具 1 外缘小刺毛及 2 末端刺毛。

分布：东海，南海；太平洋。深水种。

参考文献：24，44，67，106，118，171，217。

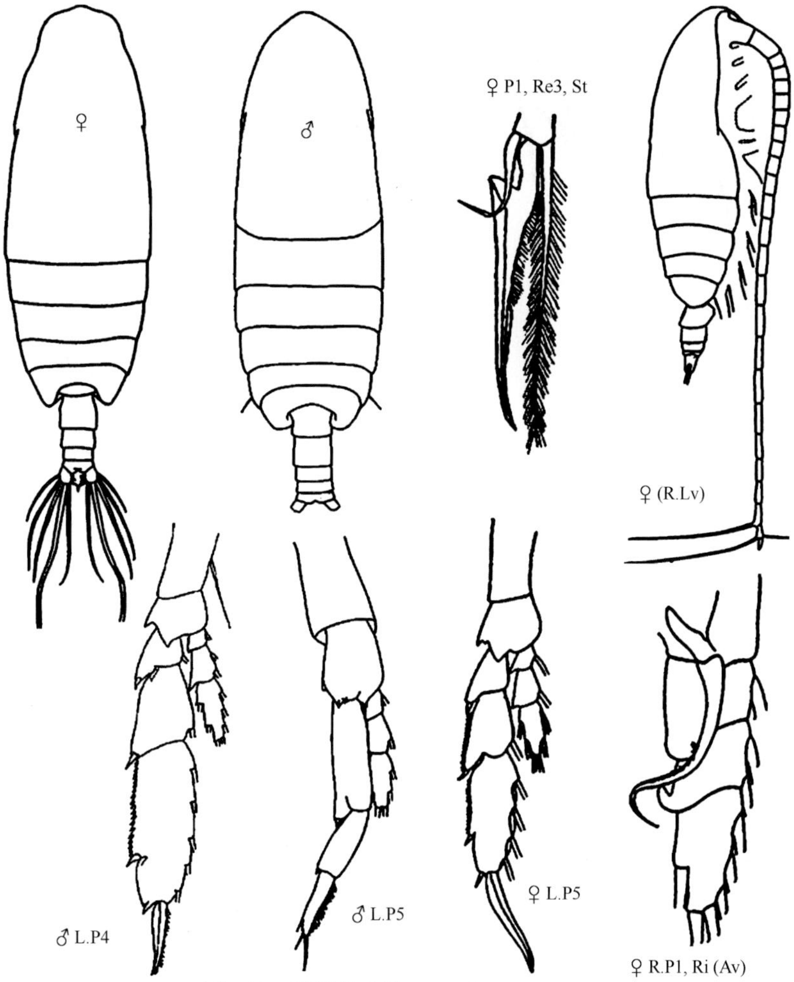

图 159　瘦新哲水蚤 *Neocalanus gracilis*

[仿陈清潮等，1965，1974（♀；♂）；郑重等，1965（♀P1，Re3，St）]

（159）瘦新哲水蚤 *Neocalanus gracilis*（Dana，1849）（图 159）

[*Calanus gracilis*：Brady，1883；Giesbrecht，1892；Rose，1933；Mori，1937；*Megacalanus gracilis*：A. Scott，1909]

形态特征：

体长：♀2.7~3.4 mm，♂2.1~3.0 mm。**雌性：**头部与第 1 胸节愈合，第 4、5 胸节分开。腹部生殖节近方形，腹面突出。第 1 对胸足第 2 基节内末缘具 1 长而弯曲的粗刺毛，其基部具 1 粗短指状突，内肢第 2 节外末部具 1 倒钩状突；外肢末节顶端具 1 粗大末刺，刺外缘近基部具 1 齿状突。**雄性：**头部与第 1 胸节、第 4 胸节与第 5 胸节均分开。第 2 腹节长约为后 2 节之和。第 1 对胸足结构与雌性相似。第 2~4 对胸足外肢末节外缘基部具锯齿。第 5 对胸足不对称，左足外肢第 1 节长大，外末角具 1 粗刺，第 2 节较短小，外末角具 1 小刺，末节窄长，内缘具细毛，外缘近末端具 1 小刺毛，末端具 2 不等长末刺，内肢长达外肢第 1 节末缘；右足同前 1 对胸足结构相似。

分布：黄海至南海；太平洋，印度洋及大西洋。暖水种。

参考文献：1，5，13，15，24，31，37，44，46，106，118，152，158。

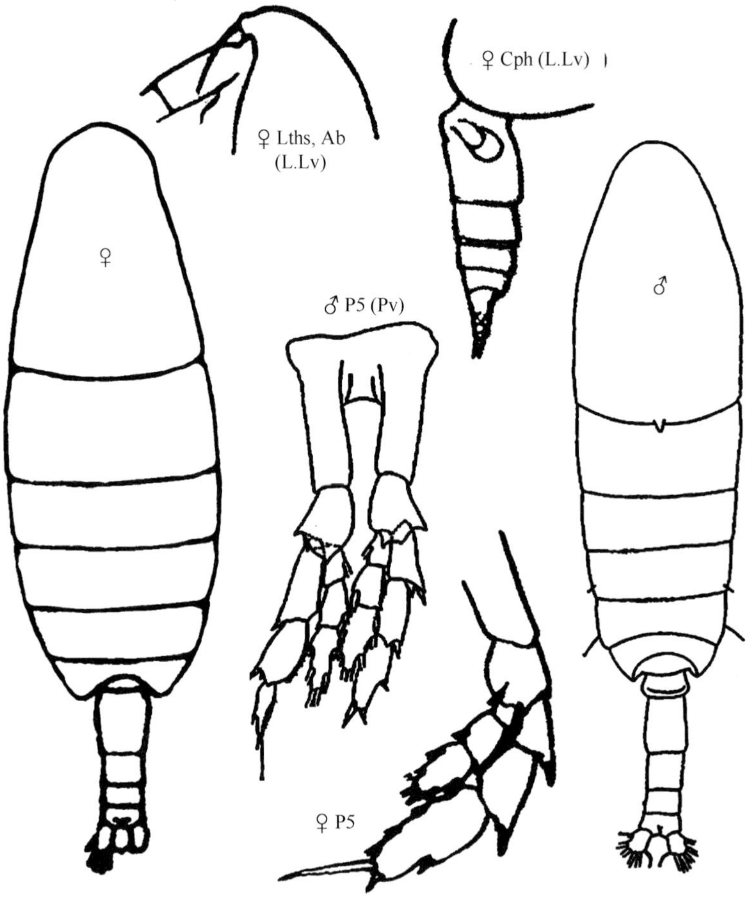

图 160　羽新哲水蚤 *Neocalanus plumchrus*
[仿 Tanaka，1956a（♀）；Brodsky，1950（♂）]

（160）羽新哲水蚤 *Neocalanus plumchrus* Marukaiwa，1921（图 160）

[*Calanus plumchrus*：Tanaka，1956a；*C. tonsus*：Brodsky，1948，1950；Wilson，1950]

形态特征：

体长：♀4.3~6.3 mm，♂4.3~4.8 mm。头部与第 1 胸节、第 4 胸节与第 5 胸节均分开。前额宽圆，具 2 细长额角丝。胸部后侧角短钝，侧面观宽圆。**雌性：**腹部生殖节长稍大于宽，基部两侧较膨大。尾叉长为宽的 2 倍。第 1~5 对胸足内、外肢均分 3 节。第 5 对胸足第 1 基节内缘无锯齿及刚毛；内肢末节具 6 刚毛。**雄性：**腹部较狭长，生殖节宽短，第 2 腹节长方形，约为后 2 节长度之和。第 5 对胸足不对称，左足外肢第 1、2 节较粗短，第 1 节稍长于第 2 节，第 2 节内缘具细毛，末节短小，外缘近末端具 1 小刺毛，顶端具不等长的 2 末刺，内肢较长，可达外肢第 2 节末缘；右足呈游泳肢型，与前几对胸足相似。

分布：东海，南海；太平洋。深水种。

参考文献：44，67，82，106，171，217。

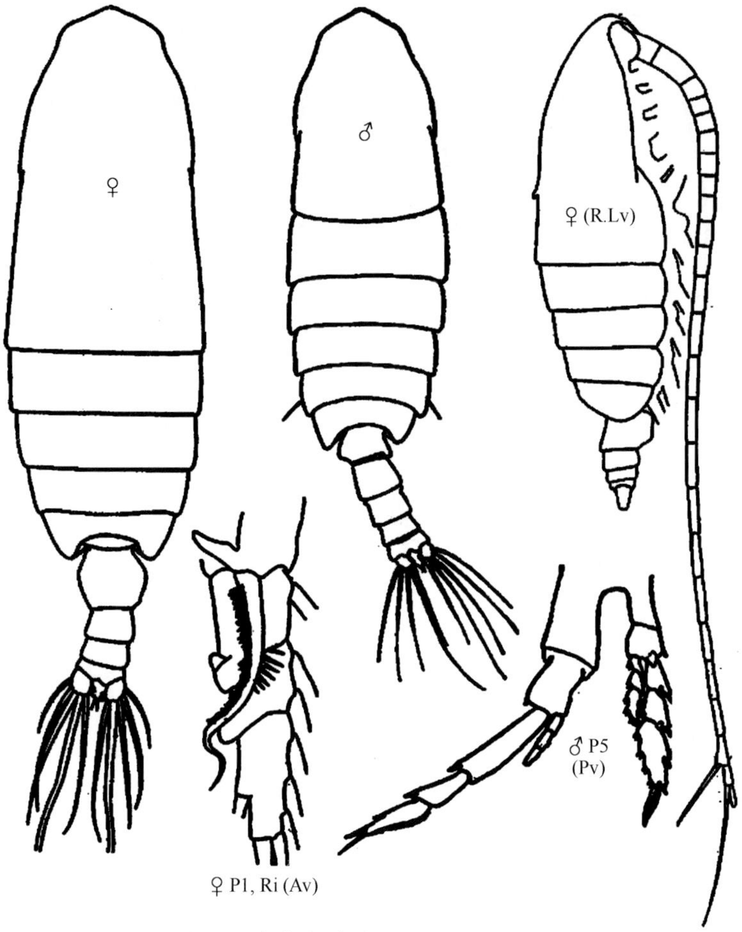

图 161 粗新哲水蚤 *Neocalanus robustior*
［仿陈清潮等，1965（♀）；郑重等，1965（♂）］

（161）粗新哲水蚤 *Neocalanus robustior*（Giesbrecht，1888）（图 161）

［*Calanus robustior* Giesbrecht，1888，1892；Rose，1933；Mori，1937；
Megacalanus robustior：A. Scott，1909］

形态特征：

体长：♀3.7~4.5 mm，♂3.0~3.6 mm。额部前端稍突出，略呈三角形。额角丝细长。胸部后侧角短钝。第 1 对胸足第 2 基节内末缘具 1 长刺毛，其基部具 1 短小指状突；内肢第 1 节外末角具 1 小倒突，第 2 节外末角也具 1 粗突。**雌性：**头部与第 1 胸节愈合，第 4、5 胸节分开。腹部生殖节粗短，两侧膨大呈球状，腹面显著隆起而宽大。第 1 触角约末 8 节超过尾叉。第 5 对胸足结构与前几对相似。**雄性：**头部与第 1 胸节、第 4 胸节与第 5 胸节均分开。腹部生殖节较宽短，左侧较突出，第 2 节较长大，近方形。第 5 对胸足不对称，左足内肢很短小，仅达外肢第 1 节中部，无刚毛或仅具微小刺毛，外肢第 1 节约为第 2 节长的 2 倍，末节近锥形，内缘具细毛，外缘近末部具 1 小刺，顶端具 2 不等末刺；右足与前 1 对胸足相似。

分布：东海至南海；太平洋，印度洋及大西洋。暖水种。

参考文献：1，13，15，21，24，31，37，44，46，68，106，118，152，158。

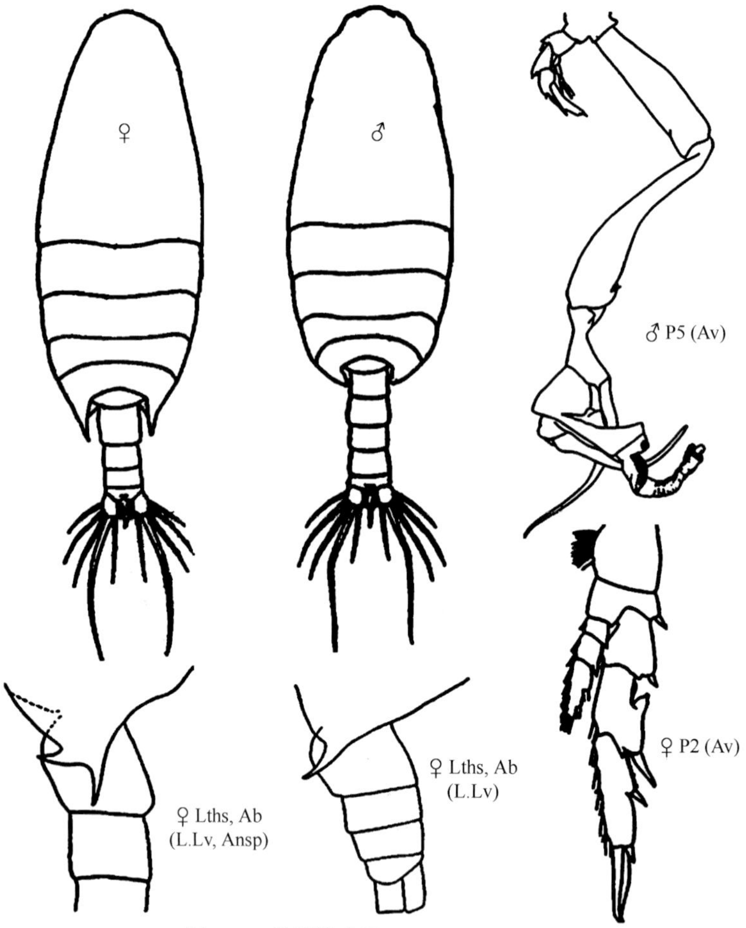

图 162 普通波水蚤 *Undinula vulgaris*
[仿陈清潮等，1965（♀；♂）；郑重等，1965（♀Lths，Ab）]

（162）普通波水蚤 *Undinula vulgaris*（Dana，1849）（图 162）

[*Undina vulgaris* Dana，1855；Brady，1883；Sars，1905；
Calanus vulgaris：Giesbrecht，1892；Mori，1929，1937]

形态特征：

体长：♀2.8~3.0 mm，♂2.3~2.7 mm。**雌性：**末胸节后侧角具刺状突，稍弯向腹面，有的个体左后侧角具叉状的双刺突。第 2 对胸足外肢第 2 节外缘基部具深缺刻。第 5 对胸足第 1 基节内缘无细齿。**雄性：**胸部后侧角短钝，不呈刺状。第 1~4 对胸足的结构与雌性相似。第 5 对胸足很不对称，左足非常发达，单肢型，第 1、2 节细长呈臂状，第 3、4 节较短，其外末部各具 1 长刺突，末节细长，呈蠕虫状，内肢完全退化；右足短小，内、外肢各分 3 节，外肢第 2 节的外末角具 1 长刺，长达末节 2/3 处，末节较狭长，其外缘近末部具 1 小刺，顶端具 2 小刺，内肢末节顶端具 2~4 细刺毛。

分布：黄海至南海；太平洋，印度洋及大西洋。暖水种。

参考文献：1，13，15，20，21，24，31，33，37，44，46，51，106，118。

8. 丽哲水蚤科 Family Calocalanidae Bernard, 1958

本科为小型桡足类(0.5~1.3 mm)。头胸部较宽短，额部前端钝圆或钝三角形。胸部后侧角短钝。额角丝细长。头部与第1胸节、第4胸节与第5胸节常愈合。雌性腹部分2~4节，生殖节左右膨大。雄性腹部分5节，肛节较长，常为前1节长的2倍以上。尾叉较短，常对称，具羽状刚毛。雌性第1触角末节较长，约为前1节的2倍。第1对胸足内肢1~2节，外肢2~3节。第2~4对胸足内、外肢均分3节。第5对胸足单肢型，雌性分3~4节，常对称，顶端具1或数根刺毛或长棘，其基部常具小刺列；雄性不对称，右足分3~4节，左足较长，分4~5节，左右足末节顶端常具1~2小刺。

本科包括2属。中国海域仅记录丽哲水蚤属(*Calocalanus* Giesbrecht, 1888)7种。

丽哲水蚤属(*Calocalanus* Giesbrecht, 1888)过去被置入拟哲水蚤科(Paracalanidae Giesbrecht, 1892)中。Bernard(1958, 1963)又把本属提升为科——丽哲水蚤科(Calocalanidae Bernard, 1958)，已被 Chihara 和 Murano(1997)及陈清潮(2008)等学者采纳使用。本书也采用新科名——丽哲水蚤科。

属名 Genera	种数	页码
丽哲水蚤属 *Calocalanus* Giesbrecht, 1888	7	204

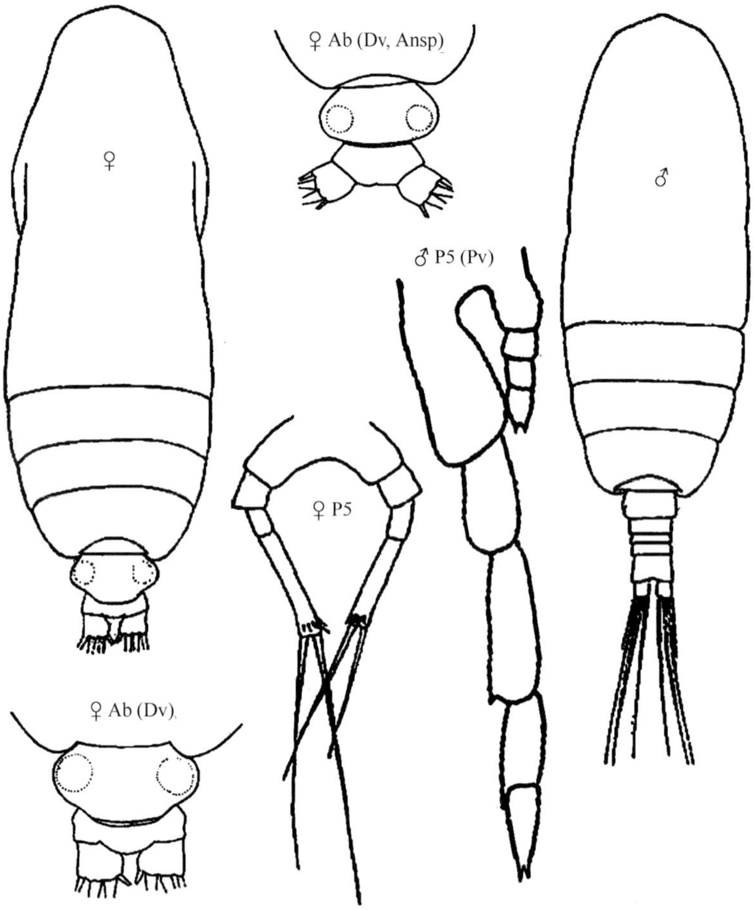

图 163 短缩丽哲水蚤 *Calocalanus contractus*（仿陈清潮等，1974）

(163) 短缩丽哲水蚤 *Calocalanus contractus* Farran, 1926 (图 163)

形态特征：

体长： ♀0.6~0.8 mm，♂0.5~0.6 mm。头胸部呈长椭圆形。额部前端宽圆。胸部后侧角钝圆。**雌性：** 腹部宽短，分 3 节，生殖节很宽大，两侧突出；第 2 腹节很短小，背面观常被生殖节所遮盖；肛节宽大。尾叉宽短，常稍撇开或并立。第 5 对胸足单肢型，左右对称，各分 4 节，末节狭长，其内末缘具 1~2 细毛或 1 列细毛，顶端具 2 刺状长刚毛，其长度大于末节。**雄性：** 腹部较狭长，分 5 节，生殖节宽大，左侧稍突出，第 3、4 节短小，肛节较长于前 2 节之和。尾叉短小呈方形。第 5 对胸足单肢型且不对称，左足狭长，第 3、4 节各具 1 小外末刺，末节呈锥状，末端具 2 小刺突；右足短小，分 4 节，仅达左足第 1 节末缘，第 2~4 节近等长，末节顶端具 2 小刺突。

分布： 东海至南海；太平洋，印度洋及大西洋。热带种。

参考文献： 5，13，15，24，37，44，51，152。

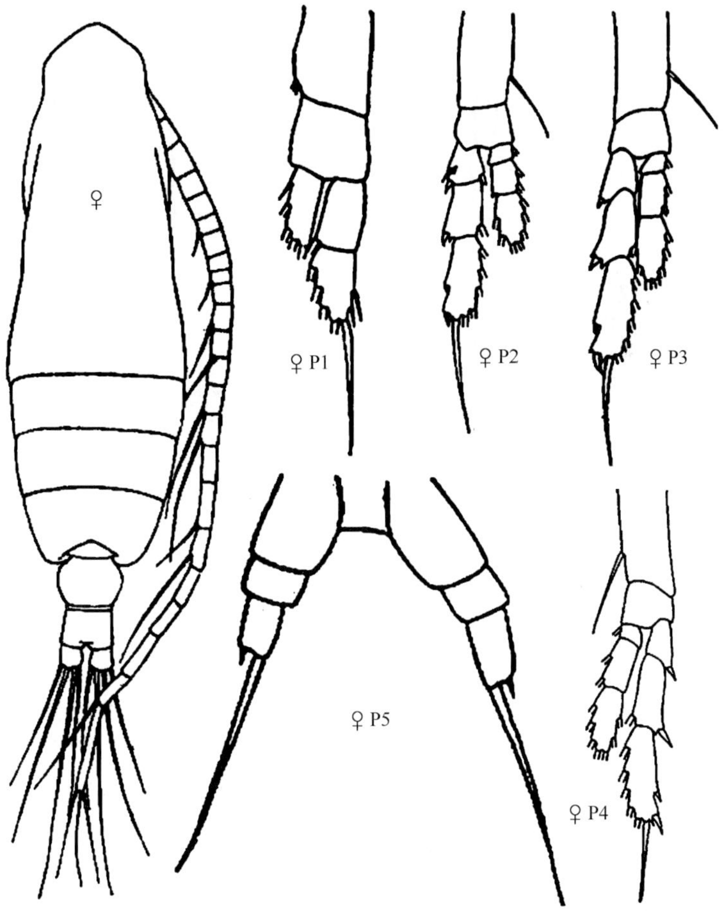

图 164 瘦丽哲水蚤 *Calocalanus gracilis*（仿陈清潮等, 1974）

（164）瘦丽哲水蚤 *Calocalanus gracilis* Tanaka, 1956（图 164）

形态特征：

体长：♀0.6~0.7 mm。**雌性：**头胸部较狭长，额部前端稍突出。腹部分 3 节，生殖节宽大呈球形，第 2 节很短；肛节长大，近方形。尾叉短小，呈方形。第 1 对胸足内肢 1 节，外肢 2 节，第 1 基节内末缘具小刺毛。第 2~4 对胸足内、外肢均分 3 节，各节表面无小刺，仅第 2 对胸足外肢第 1 节外缘近末部具数根小刺。第 5 对胸足分 3 节，第 1 节粗大，第 2 节宽短，末节较狭长，顶端具 1 短小外末刺及 1 细长内末刺。

分布：东海至南海；太平洋，印度洋及大西洋。热带种。

参考文献：5, 15, 24, 37, 44, 46, 51, 82, 172。

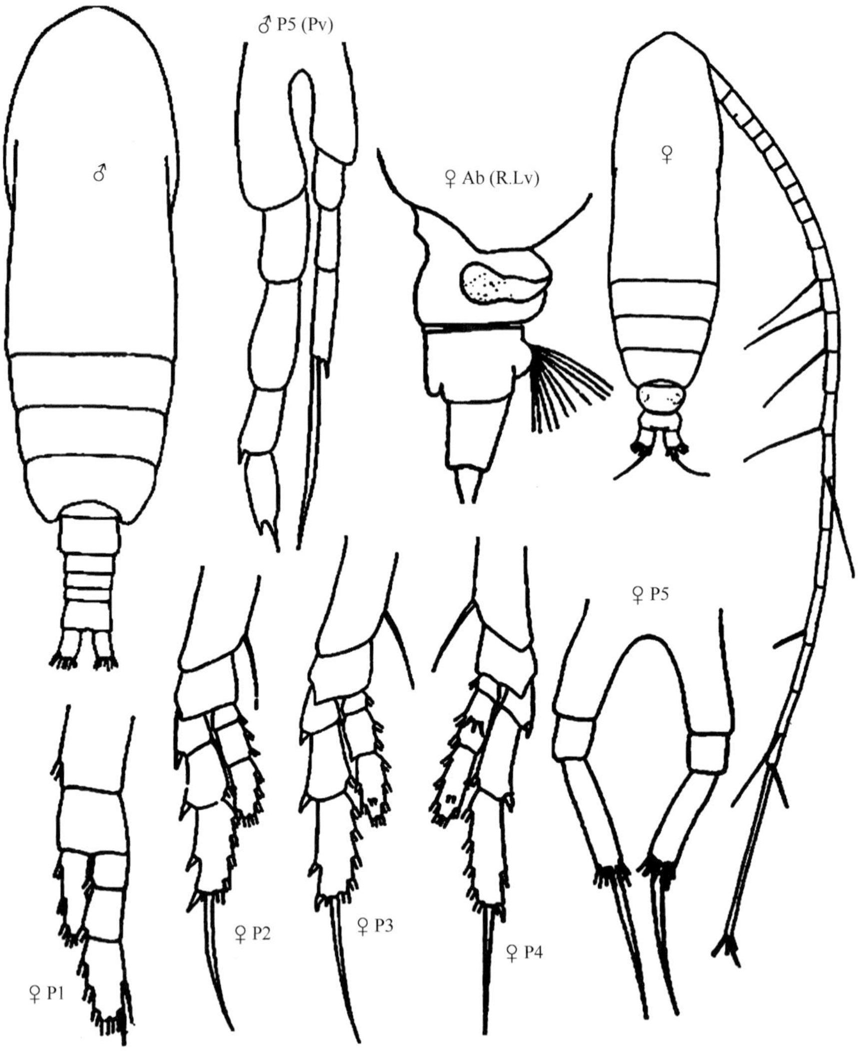

图 165 单刺丽哲水蚤 *Calocalanus monospinus*（仿陈清潮等，1974）

（165）单刺丽哲水蚤 *Calocalanus monospinus* Chen & Zhang，1974（图 165）

形态特征：

体长：♀0.7~0.8 mm，♂0.5~0.6 mm。**雌性：**额部前端稍突出，呈钝三角形。腹部分 3 节，生殖节宽大，基部两侧膨大，呈倒梨形；第 2 节短小，常被生殖节所覆盖；肛节宽短，两侧突出，其宽度约为长度的 2 倍，侧面观，肛节腹面突起上具 1 丛细刚毛。第 1 触角细长，向后伸展超过体长 1 倍多，其末节约为前 2 节长度之和的 2 倍。第 1 对胸足内肢 1 节，外肢 3 节。第 5 对胸足单肢型，左右对称，第 1 节长大，第 2 节近方形，末节狭长，近末缘具 1 列小刺毛，顶端具 1 长末刺，其长度约为末 2 节长度之和。**雄性：**额部前端较宽圆。腹部分 5 节，生殖节与肛节较宽大，尾叉长为宽的 1.5 倍。第 5 对胸足不对称，左足分 5 节，第 4 节具 1 小外末刺，末节具不等长 2 末刺；右足分 4 节，末节狭长，顶端具 1 小外末刺及 1 长内末刺，其长达左足末端。

分布：东海至南海；西太平洋。热带种。

参考文献：5，15，24，33，37，44，51。

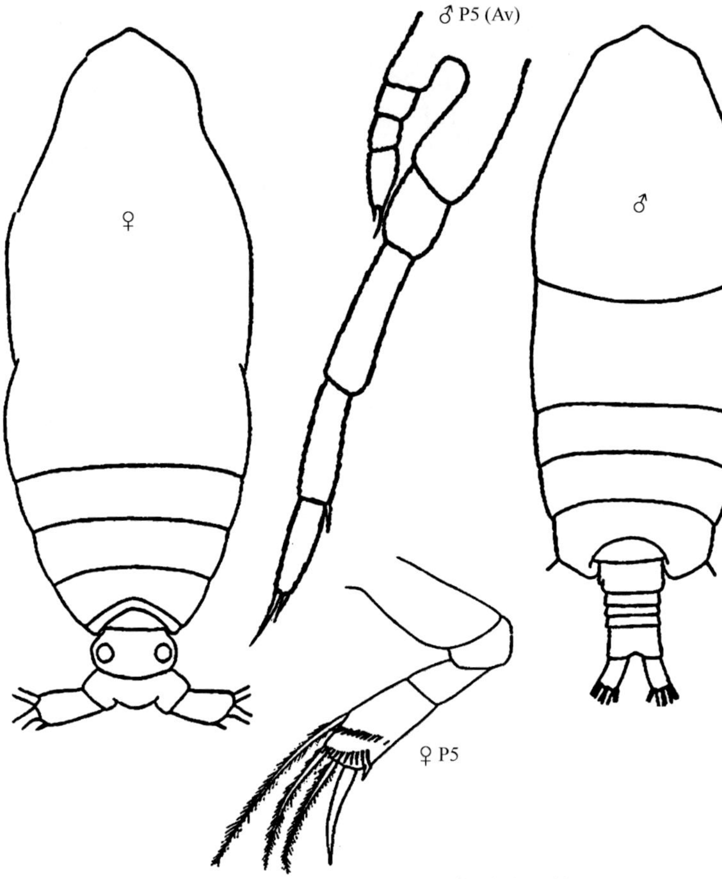

图 166 孔雀丽哲水蚤 *Calocalanus pavo*（仿陈清潮等，1965，1974）

（166）孔雀丽哲水蚤 *Calocalanus pavo*（Dana，1849）（图 166）

形态特征：

体长：♀0.8~1.3 mm，♂0.6~1.1 mm。**雌性：**头胸部呈长卵圆形，额部前端突出。第 4、5 胸节分开。腹部分 2 节，生殖节膨大；肛节宽短，其长约为宽的 1/3。尾叉呈长方形，向两侧撇开，具发达的羽状尾刚毛。第 5 对胸足对称，各分 4 节，第 2、3 节短小，末节长大，末部较宽大，其末缘腹面具 2 横列小刺，外末角具 1 小刺，内末缘至末端具 3 羽状刺毛和 1 长刺。**雄性：**头部与第 1 胸节分开，第 4、5 胸节愈合。腹部分 5 节，生殖节宽大，长约为宽的 1/2；第 2~4 节短小；肛节长大，约为前 3 节长度之和。尾叉长约为宽的 1.6 倍。第 5 对胸足不对称，左足很狭长并分 5 节，第 4 节外末角具 1 小刺，末节顶端具不等长的 2 末刺；右足分 4 节，末节约为前 2 节长度之和，顶端具 2 小末刺，仅达左足第 2 节末部。

分布：黄海至南海；太平洋，印度洋及大西洋。暖水种。

参考文献：1，5，13，15，21，24，31，33，37，44，46，51，68，82，118，152，158，172，178。

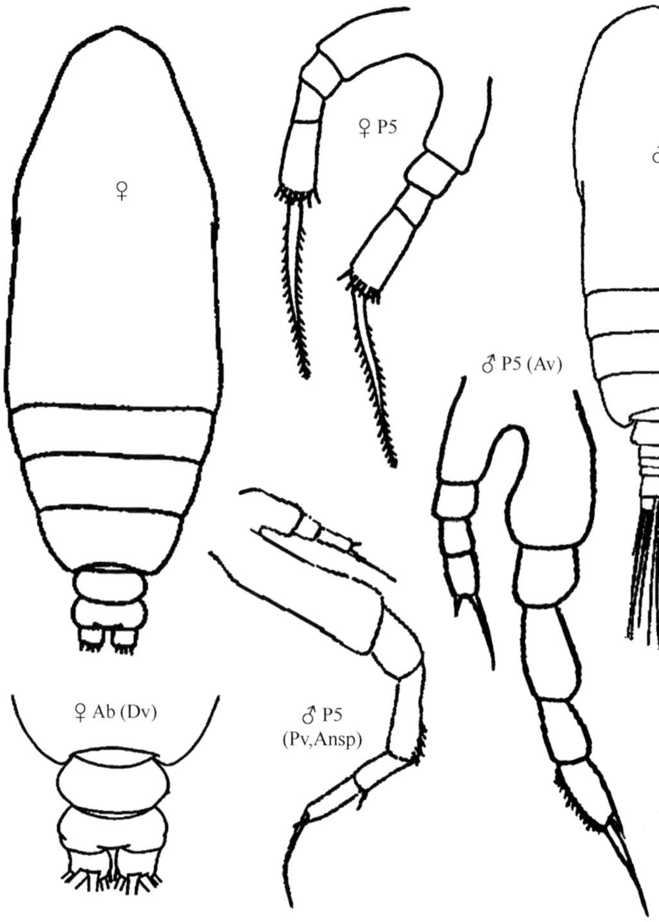

图 167　锦丽哲水蚤 *Calocalanus pavoninus*
［仿陈清潮等，1965（♀），1974（♂）］

（167）锦丽哲水蚤 *Calocalanus pavoninus* Farran, 1936（图 167）

［*Paracalanus nudus*：陈清潮等，1974（♂）］

形态特征：

体长：♀0.6~0.7 mm，♂0.5~0.6 mm。**雌性：**头胸部呈卵圆形。额部前端钝圆。腹部宽短，分 2 节，两侧均膨大，生殖节宽为长的 2 倍，肛节宽为长的 2.5 倍。尾叉宽短。第 1 触角末 7 节超过尾叉，其末节长为前 1 节的 6 倍。第 1 对胸足内肢单节，外肢 3 节。第 5 对胸足对称，分 4 节，第 2、3 节短小，末节长约为前 2 节长度之和，近末缘具 1 列小刺毛，顶端具 1 粗大的长末刺，其长度大于前 3 节之和。**雄性：**前额较宽圆。腹部分 5 节，生殖节宽大，左后侧角较突出，第 2~4 节短小，肛节约与生殖节等长。第 5 对胸足不对称，左足分 5 节，第 3 节较长大，内末缘具细刺毛或缺，第 4 节具 1 小内缘刺或缺，末节内缘具细毛或缺，末端具不等长 2 末刺，其长末刺约为末节长的 1.5 倍；右足短小，分 3~4 节，末节顶端具 2 不等长末刺，内末刺为末节长的 2 倍。

分布：东海至南海；太平洋，印度洋及大西洋。热带种。

参考文献：5，13，15，24，31，33，37，44，46，82，172。

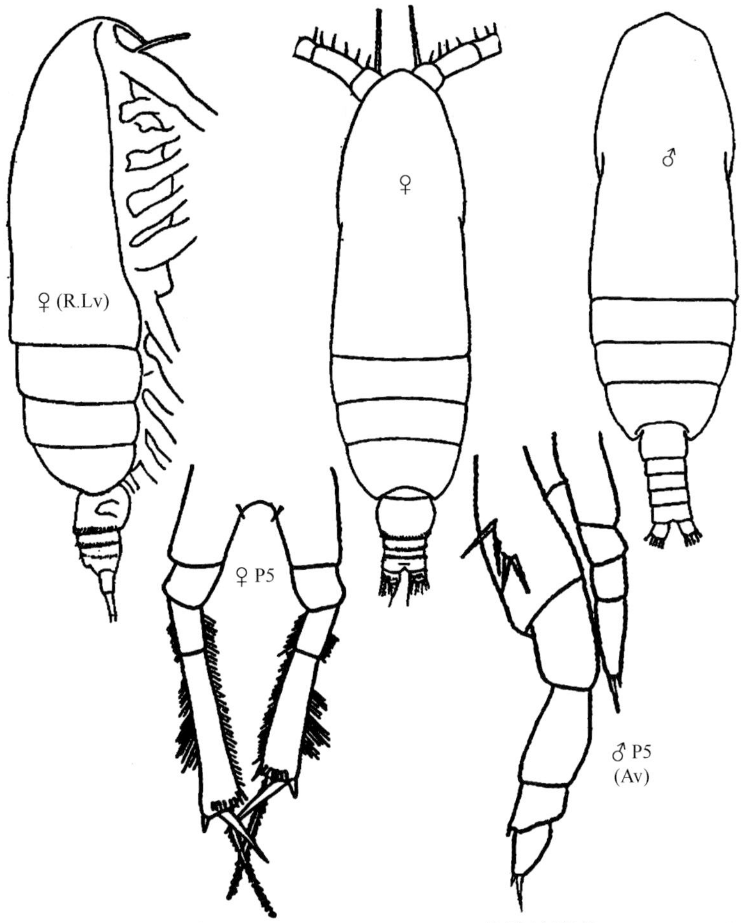

图 168 羽丽哲水蚤 *Calocalanus plumulosus*（仿陈清潮等，1965，1974）

（168）羽丽哲水蚤 *Calocalanus plumulosus*（Claus，1863）（图 168）

形态特征：

体长：♀0.9~1.2 mm，♂0.7~0.9 mm。**雌性：**头胸部较狭长。额部前端较钝圆。腹部分3节，生殖节膨大，呈球状；第2、3腹节很短小，各节后缘均具环状排列小刺毛。尾叉宽短，尾刚毛不对称，左叉内侧第1尾刚毛特别发达，长达体长的5倍多。第1触角第1节前缘具1较长的羽状毛。第5对胸足近对称，常分4节(少数仅分3节)，第2、3节短小，末节长大，其末端常具1长刺和1长刺毛(少数具2长刺毛)，外末角具1短刺，近节末缘背面具1横列小刺，本节内外缘具细毛。**雄性：**腹部分5节，第1节宽大，第2~5节宽短并近等长。尾叉短小呈方形。第5对胸足不对称，左足长大，分5节，第1节粗大，背面具4针刺，末2节短小，第4节具1小外末刺，末节呈锥形，具不等长2末刺；右足分4节，末节呈长锥形，具不等长2末刺。

分布：黄海至南海；太平洋，印度洋及大西洋。热带种。

参考文献：5，13，15，20，21，24，31，33，37，44，46，51，82，97，152，158，172。

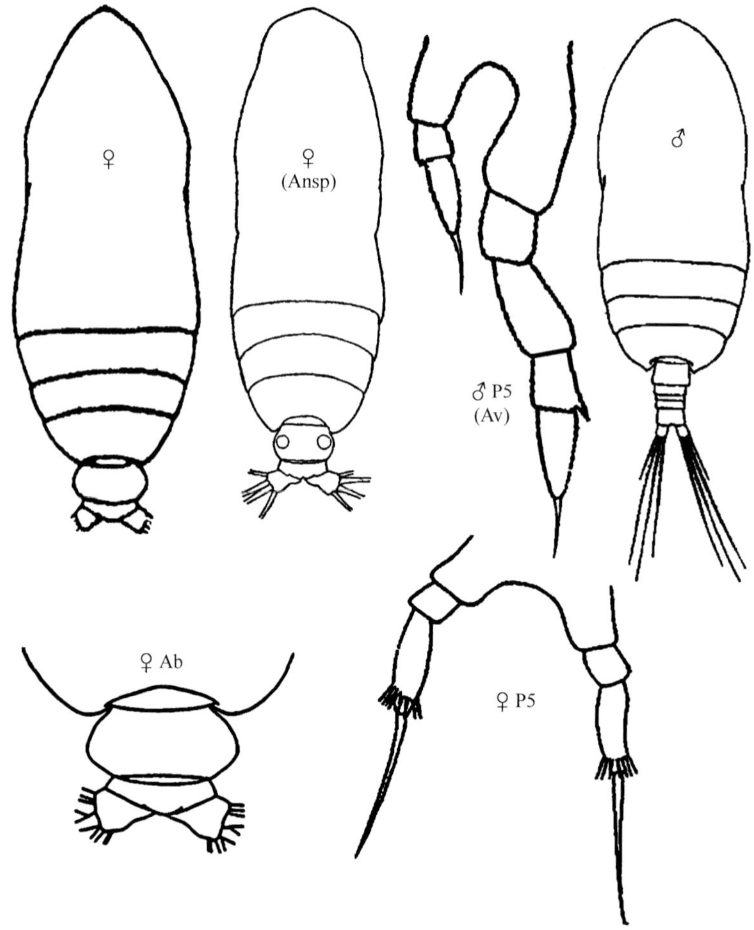

图 169　针丽哲水蚤 *Calocalanus styliremis*
[仿陈清潮等，1965，1974；郑重等，1982（♀Ansp）]

（169）针丽哲水蚤 *Calocalanus styliremis* Giesbrecht，1888（图 169）

形态特征：

体长：♀0.5～0.9 mm，♂0.5～0.6 mm。头胸部宽短，额部前端宽圆或狭圆。**雌性：**腹部短胖，分 3 节，生殖节膨大，近球形；第 2 腹节短小，背面观，被生殖节覆盖；肛节宽短。尾叉近方形，向两侧撇开。第 5 对胸足对称，分 3 节，末节长为宽的 3～4 倍，近末端具 1 环列针刺，顶端具 1 长刺，约为末节长的 2 倍。**雄性：**腹部分 5 节，生殖节宽约为长的 2 倍，第 2～4 节均短小，肛节宽约为长的 2 倍。尾叉宽短。第 5 对胸足不对称，左足狭长，分 5 节，第 2、4 节短小，近方形，第 4 节具 1 小外末刺，末节呈长锥形并具 1 细长末刺；右足短小，分 3 节，第 2 节很短，末节近锥形，具 1 细长末刺。

分布：东海至南海；太平洋，印度洋及大西洋。暖水种。

参考文献：5，15，24，31，33，37，44，51，82，97，152，172。

9. 平头水蚤科 Family Candaciidae Giesbrecht, 1892

本科为中型、小型桡足类(1.5~4.0 mm)。头胸部粗壮。头部前端较狭，前额截平，无额角。头部与第1胸节分开，第4、5胸节愈合或不完全愈合。胸部后侧角尖锐或钝突，左、右常不对称或对称。雌性腹部分3节，雄性分5节。生殖节常不对称或对称，常具刺或突起。雄性右第1触角成为执握触角。第1~4对胸足外肢分3节，第1对胸足内肢分1~2节，第2~4对胸足内肢均分2节。第5对胸足单肢型，雌性分3节，对称；雄性不对称，右足分3节，末2节常呈螯状或不呈螯状，仅在末节顶端具1长羽状刺毛；左足狭长并分4节。

本科包括2属。中国海域均有出现，共计18种。

属名 Genera	种数	页码
平头水蚤属 *Candacia* Dana, 1846	14	212
拟平头水蚤属 *Paracandacia* Grice, 1963	4	226

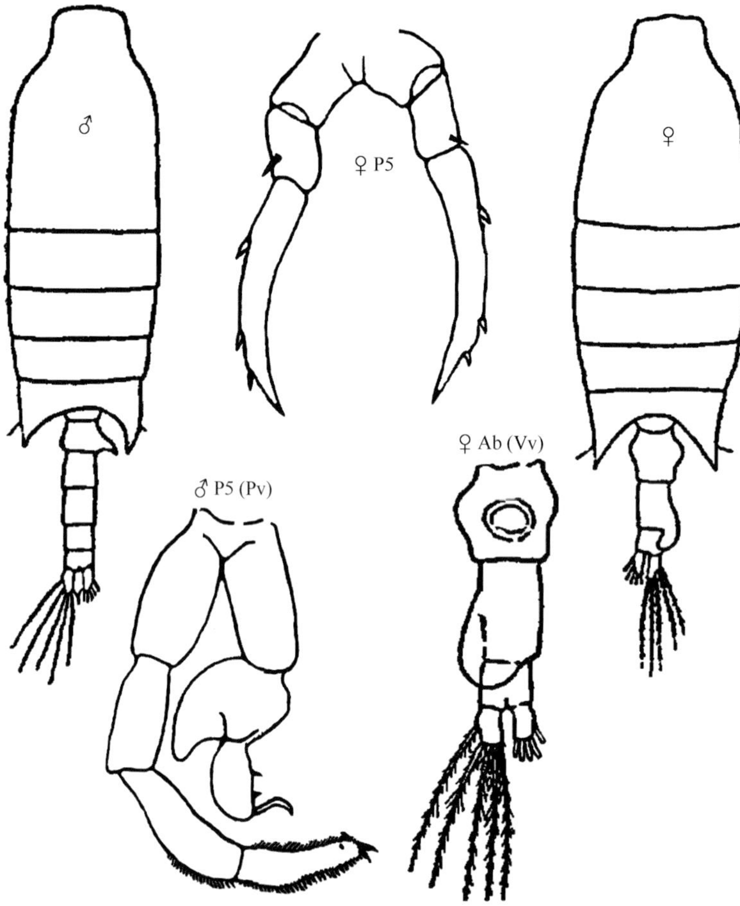

图 170　武装平头水蚤 *Candacia armata*（仿 Rose，1933）

（170）武装平头水蚤 *Candacia armata*（Boeck，1872）（图 170）

形态特征：

体长：♀2.0~2.7 mm，♂1.7~2.7 mm。**雌性：**胸部后侧角长而尖锐，左右对称，可达生殖节近末缘。腹部分 3 节，生殖节宽短，右侧较膨大；第 2 腹节长大，腹面右后侧具 1 囊状突；肛节近方形。第 5 对胸足分 3 节，末节狭长，末端呈尖刺突，稍向内弯曲，外缘具 3 小刺，内缘光滑。**雄性：**头胸部较狭长。末胸节后侧角尖锐而稍不对称，右后侧角稍弯曲，可达生殖节末缘。腹部狭长，分 5 节，生殖节宽短，右侧突出呈锥状；第 2、3 节长方形，近等长。右第 1 触角呈执握肢。第 5 对胸足不对称，左足分 4 节，末节内、外缘具细刺毛，末端具 2 小刺；右足分 3 节，末 2 节呈钳状，第 2 节内末缘突出，末节顶端具 1 小刺突。

分布：东海至南海；太平洋，大西洋。暖水种。

参考文献：24，44，152，217。

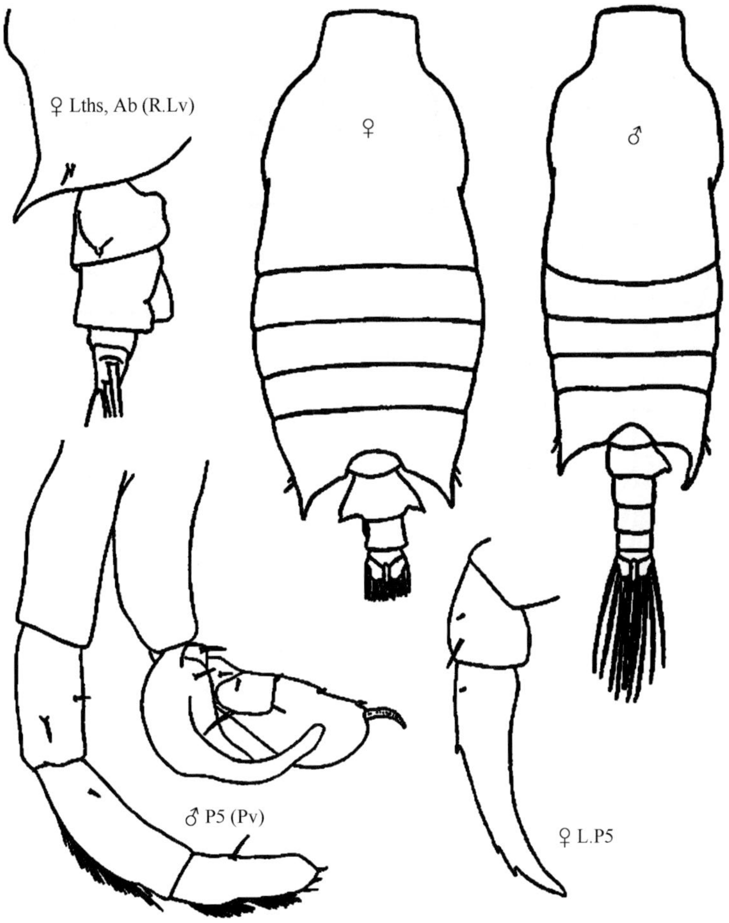

图 171　双翼平头水蚤 *Candacia bipinnata*（仿陈清潮等，1965）

（171）双翼平头水蚤 *Candacia bipinnata*（Giesbrecht，1889）（图 171）

［*Candace bipinnata* Giesbrecht，1889，1892；*Candacia pectinata*：Mori，1937（♂）］

形态特征：

体长：♀2.2~2.7 mm，♂1.9~2.5 mm。**雌性：**头胸部宽大。胸部后侧角刺状突长达生殖节末缘，左右对称。生殖节两侧各具 1 翼状突。第 2 节近方形，其腹面近右侧具 1 透明片状突。第 5 对胸足末节长大，外缘具 3 小刺，内缘光滑，末端呈尖锐并稍向内弯曲的粗刺突。**雄性：**头胸部较雌性狭小，头胸部后侧角长刺突超过生殖节，左右不对称，右刺突较长，稍向内弯。生殖节宽大，右侧末部具 1 粗短刺突。第 5 对胸足不对称，左足狭长，第 3 节外缘具细毛及 1 小外末刺，末节内、外缘具细毛，顶端钝圆并具 2~3 小刺，内缘近中部也具 1 小刺；右足末 2 节呈螯状，末节膨大，其外缘具 4 小刺，近端具 1 片状突，末端刺短小，稍向内弯曲，第 2 节内突末部弯曲成粗大的指状突。

分布：黄海至南海；太平洋，印度洋及大西洋。暖水种。

参考文献：1，5，20，21，24，31，37，44，46，51，67，68，82，106，152，217。

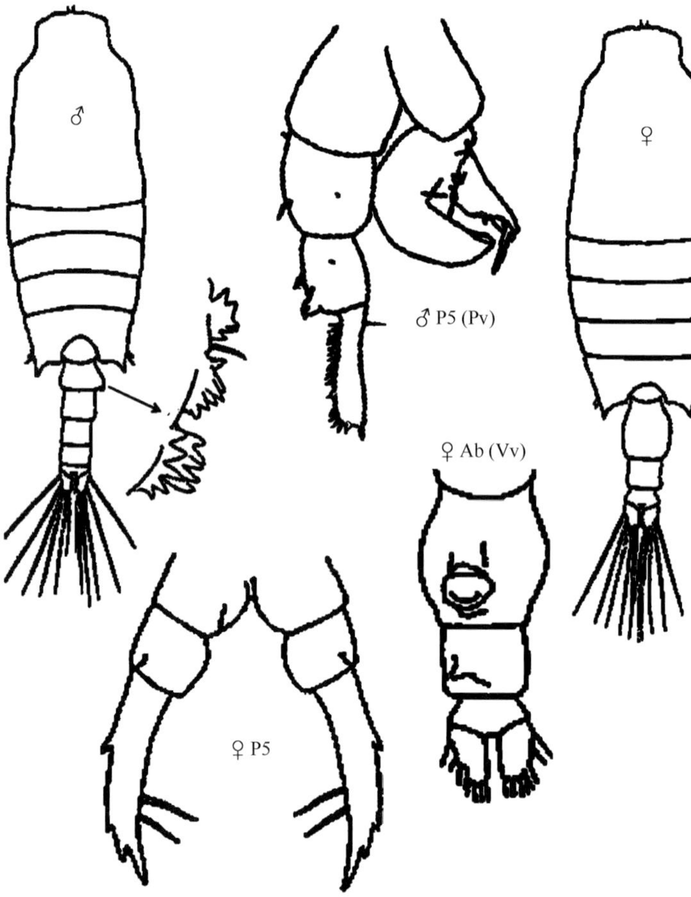

图 172 伯氏平头水蚤 *Candacia bradyi*（仿陈清潮等，1965）

（172）伯氏平头水蚤 *Candacia bradyi* A. Scott，1902（图 172）

［*Candacia curva* Mori，1932；*C. tuberculata*（Wolfenden，1905）：Chihara et Murano，1997；陈清潮，2008］

形态特征：

体长：♀1.9~2.3 mm，♂1.7~1.9 mm。胸部后侧角对称而尖小。第 1 对胸足内肢单节。**雌性：**腹部生殖节稍不对称，第 2 节腹面近右侧具 1 小刺突。第 5 对胸足末节具 3 小外缘刺及 2 内缘刚毛，末节顶端具 1 刺突。**雄性：**腹部狭长，生殖节宽短而不对称，右末缘突起上具许多细齿，第 2~4 节近方形；肛节短小。第 5 对胸足不对称，左足第 1、2 节宽大，第 3 节外末部具 1 粗短突起，末节较狭长，其外缘及腹面具细毛，腹面近内侧基部具 1 刺毛，末端的内刺较长于外刺；右足 3 节，末 2 节呈螯状，第 2 节内突末部弯曲呈半圆形，末节顶端具 1 粗短爪状刺。

分布：黄海至南海；太平洋，印度洋。暖水种。

参考文献：1，5，13，20，24，31，37，44，46，51，82，106，116，118，158。

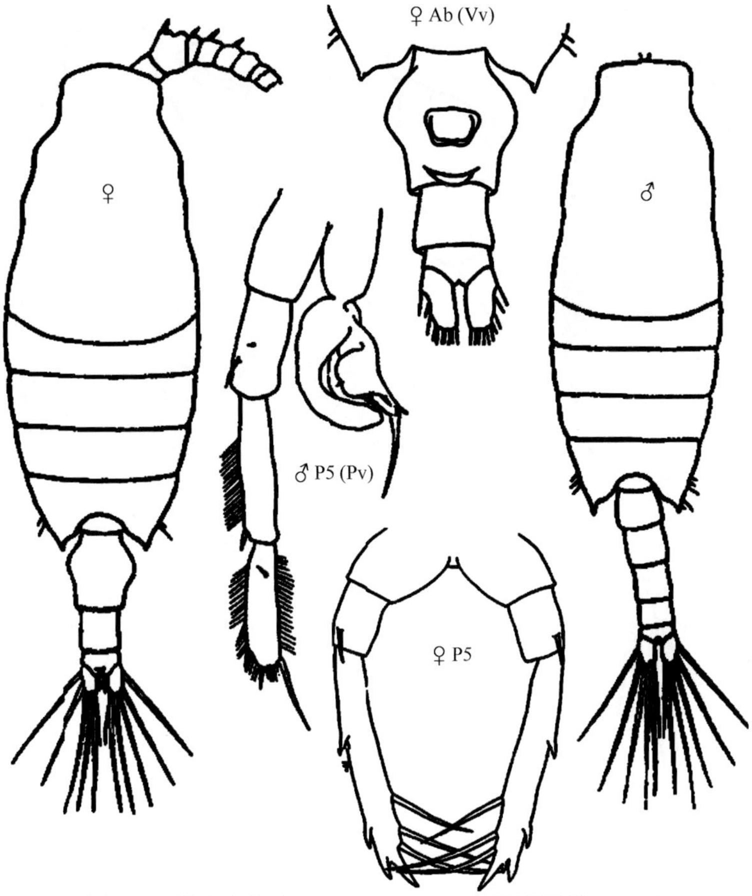

图 173 幼平头水蚤 *Candacia catula*（仿陈清潮等，1965）

（173）幼平头水蚤 *Candacia catula*（Giesbrecht，1889）（图 173）

［*Candace catula*：Giesbrecht，1892］

形态特征：

体长： ♀1.4~1.7 mm，♂1.3~1.6 mm。胸部后侧角尖小而对称。**雌性：** 腹部生殖节两侧膨大呈球状，腹面生殖孔后端具 1 片状突起。尾叉长约为宽的 2 倍。第 5 对胸足左右对称，末节很狭长，其外缘具 2 小刺，内末部具 3 细长刺毛，末端具不等长 3 小刺，其内刺较长，外刺较粗短，中刺微小。**雄性：** 腹部生殖节短小，近对称；第 2、3 节近等长，呈方形；肛节及尾叉短小。第 5 对胸足不对称，左足分 4 节，第 3 节很狭长，外缘具细毛及 1 外末刺，末节也细长，内、外缘均具细毛，外末部具 2 小刺，末端具 2 不等长刺，内末刺很细长；右足末 2 节呈螯状，第 2 节内突较狭长而弯曲，末节外缘中部背面具方形突，其外缘具 4 小刺，末刺很细长，与末节近等长。

分布： 东海至南海；太平洋，印度洋及大西洋。暖水种。

参考文献： 5，13，20，21，23，31，37，44，46，51，68，82，97，106，118，158。

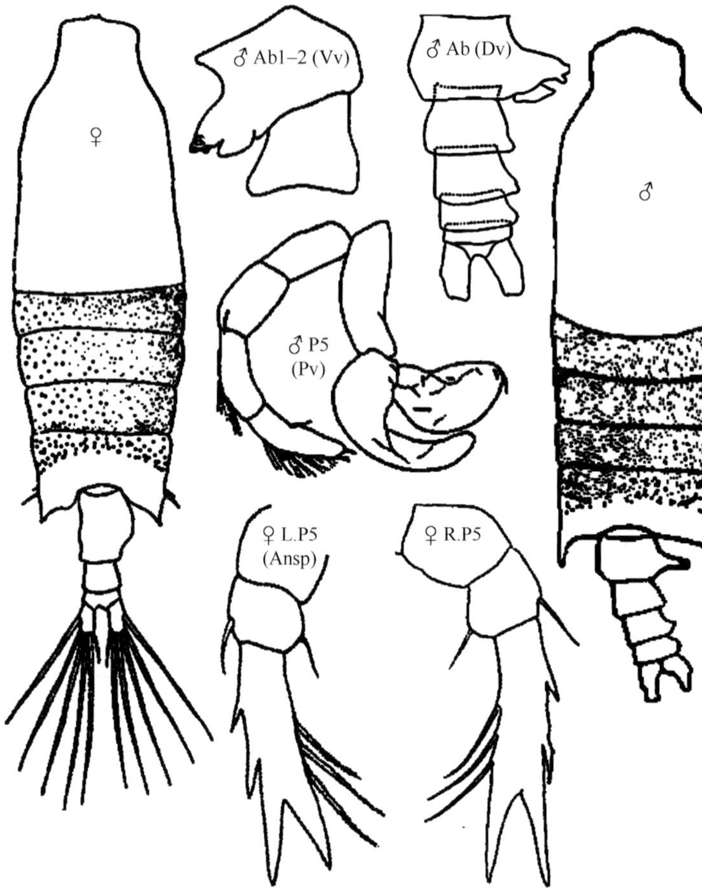

图 174　哥伦平头水蚤 *Candacia columbiae*
[仿 Brodsky, 1950 (♂); Mori, 1937 (♀); Campbell, 1929 (♂ P5)]

(174) 哥伦平头水蚤 *Candacia columbiae* Campbell, 1929 (图 174)

[*Candacia pacifica* Mori, 1937; Tan Tienhsi, 1970; 郑重等, 1982b]

形态特征:

体长: ♀3.7~4.1 mm, ♂3.2~4.5 mm。胸部背面呈现黑色斑。**雌性:** 胸部后侧角尖锐，近对称。腹部生殖节不对称，右侧很膨大，左侧稍凹陷；肛节宽短。尾叉长为宽的 2 倍。第 5 对胸足对称，第 2 节内、外缘均具 1 小刺毛，末节内缘具 3 长刺毛，外缘具 2 小刺，末节顶端分叉，具 2 长刺突。**雄性:** 胸部后侧角不对称，右刺突较长，末部黑褐色，并向内侧弯曲，可达生殖节末缘。腹部生殖节宽大，右侧具 1 指状突，其末端分叉呈黑褐色，在突起基部后缘也具 1 耳状突。第 5 对胸足不对称，左足末节较长，具 2 小末刺，内缘中部也具 1 小刺，外缘具细毛；右足呈螯状，末节膨大呈半圆形，末端具 1 小刺突。

分布: 东海，台湾东部、北部及西南部海域，南海；太平洋及印度洋。深水种。

参考文献: 4, 24, 37, 48, 67, 82, 106, 118, 166。

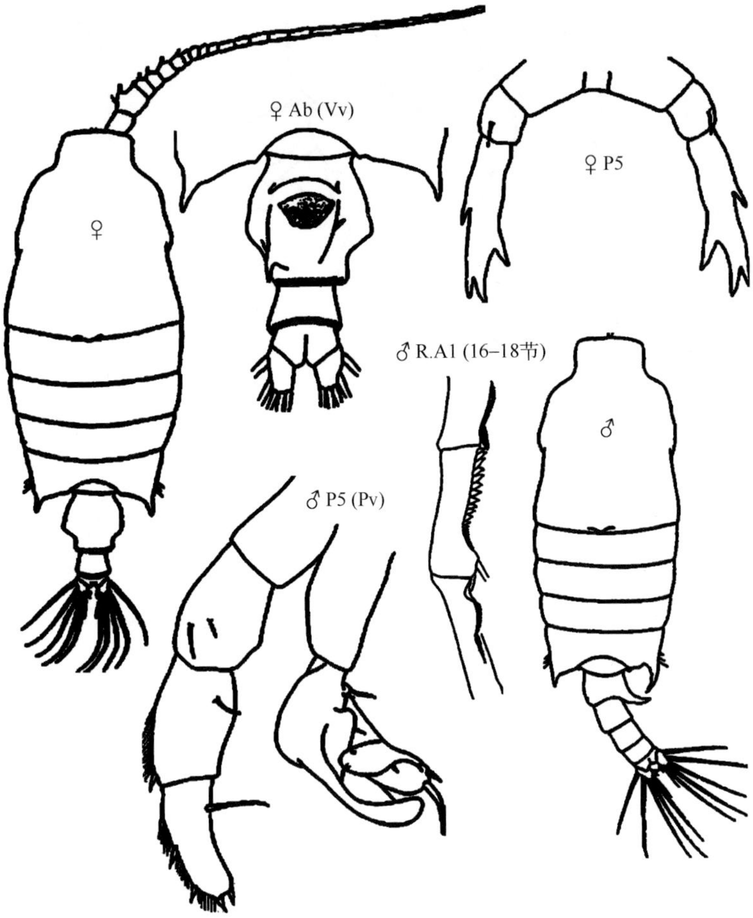

图 175 短平头水蚤 *Candacia curta*（仿陈清潮等，1965）

（175）短平头水蚤 *Candacia curta*（Dana，1849）（图 175）

［*Candace pectinata* Brady，1883（Part）；*C. curta* Dana，1849，1855；Giesbrecht，1892；*Candacia bicornuta* Mori，1932］

形态特征：

体长：♀2.2~2.6 mm，♂2.2~2.3 mm。**雌性：**胸部后侧角尖锐，对称。生殖节膨大，不对称，左侧中部较突出，腹面右侧近后缘具 1 尖刺突。第 5 对胸足对称，末节内末部具 1 粗刺突，外缘中部具 1 小刺突，末端具 2 刺突。**雄性：**胸部后侧角不对称，右侧较长并向内弯曲，可达生殖节末部。生殖节右后侧具 1 粗刺突，指向右后方，第 2、3 腹节近等长。第 5 对胸足不对称，左足第 3 节外缘具细毛，外末部具 1 小刺，末节外缘也具细毛及 2 小刺，末端钝圆并具 2 小刺，内缘近端具 1 细长刺毛；右足第 2 节内突基部膨大，末部狭长，末节中部具 1 方形突，其边缘具 4 小刺，末端刺较细长。

分布：黄海至南海；太平洋，印度洋及大西洋。热带种。

参考文献：5，13，20，23，24，31，37，44，46，48，82，97，106，116，217。

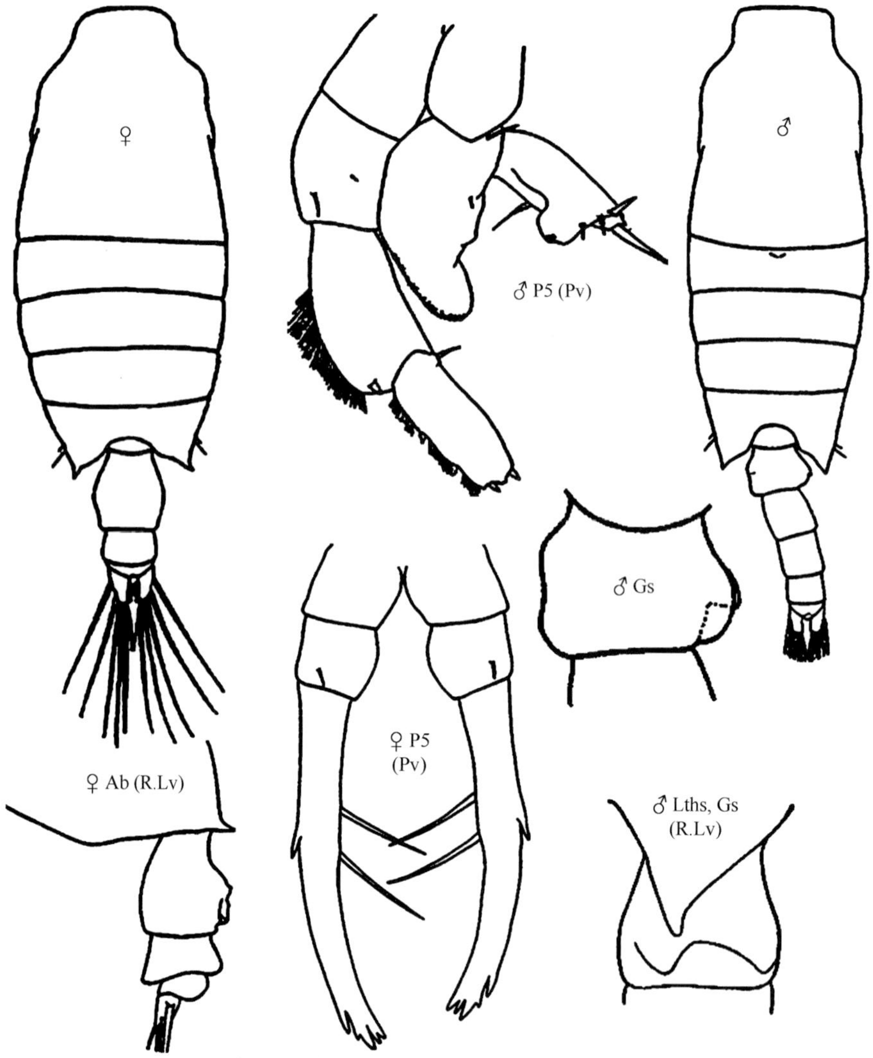

图 176 异尾平头水蚤 *Candacia discaudata*
[仿陈清潮等，1965；郑重等，1965（♂ Lths，Gs）]

（176）异尾平头水蚤 *Candacia discaudata* A. Scott，1909（图 176）

形态特征：

体长：♀1.7~1.8 mm，♂1.6~1.7 mm。**雌性：**生殖节宽大，稍不对称，其长度大于后 2 节之和，生殖孔后缘突出，第 2 节和肛节腹面也膨大而突出。第 1 对胸足内肢 1 节。第 5 对胸足细长，稍不对称，左足较长于右足，末节内缘中部具 2 长刺毛，外缘中部及末部各具 1 小刺突，末端具 3 粗短的刺。**雄性：**胸部后侧角短小、尖锐而对称，仅达生殖节中部。生殖节宽短而不对称，右侧后部突出，侧面观，其后缘中部具 1 凹陷。第 5 对胸足不对称，左足第 3 节粗大，外缘具细毛及 1 小外末刺，末节顶端钝圆并具 2 小刺突，外缘具细毛及 2 小刺；右足末 2 节呈螯状，第 2 节内突粗大，末端钝圆，外缘具细毛，末节内缘中部具 1 刺毛，末部具 1 方形突起，外缘具 4 小刺，末端具 1 粗末刺。

分布：东海至南海；太平洋，印度洋。暖水种。

参考文献：5，13，20，23，24，31，37，44，46，51，68，82，106，158。

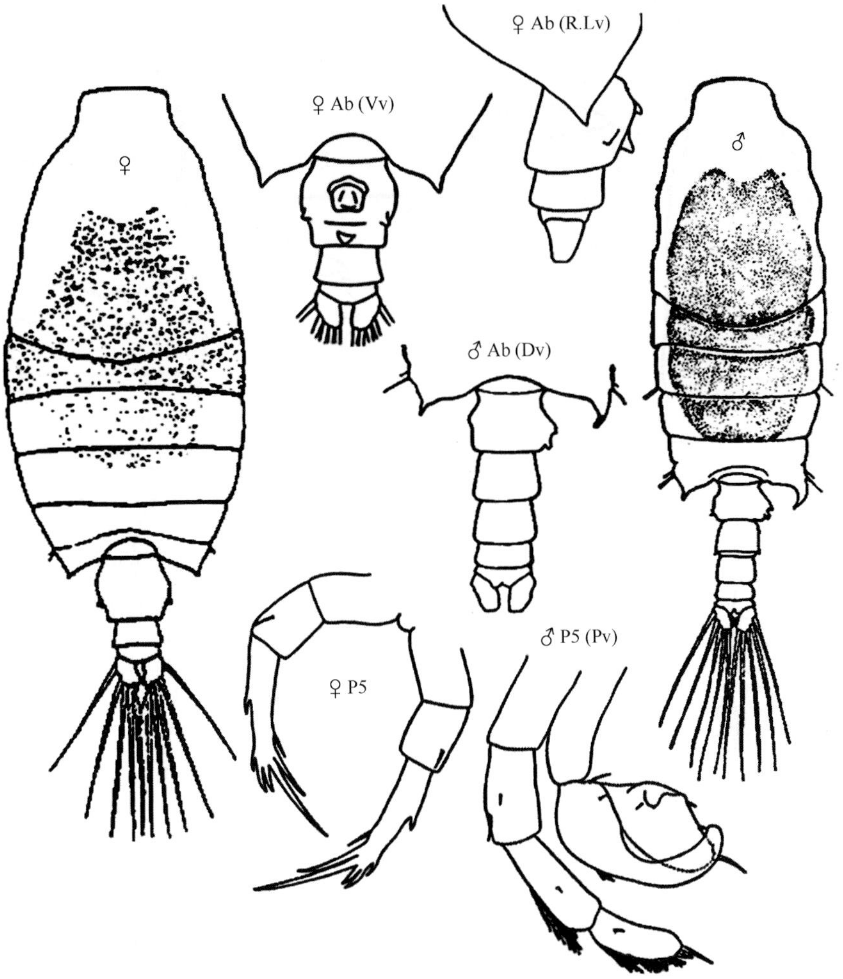

图 177　黑斑平头水蚤 *Candacia ethiopica*
[仿郑重等，1982（♀；♂；♂ Ab）；陈清潮等，1965（♀ Ab；♀ P5；♂ P5）]

（177）黑斑平头水蚤 *Candacia ethiopica*（Dana，1849）（图 177）

[*Candace ethiopica* Dana，1855；*C. aethiopica* Giesbrecht，1892；*Candacia aethiopica*（Dana）：A. Scott，1909；Rose，1933；Mori，1937；Brodsky，1962；Wilson，1950；陈清潮等，1965；郑重等，1982]

形态特征：

体长：♀2. 0~2. 8 mm，♂2. 0~2. 8 mm。头胸部背面具深褐色斑。**雌性：**胸部后侧角短小，尖锐而对称。生殖节宽大，腹面两侧近中部各具 1 小突，生殖孔及其后方也各具 1 小突。第 5 对胸足对称，末节较狭长，外缘具 2 小刺，内末部具 3 不等长刺，以内末刺最长，末端具 2 小刺。**雄性：**胸部后侧角尖锐而不对称，右侧角较长，末部呈深褐色，向内弯曲。生殖节较宽大，右侧膨大并具小突起，第 2、3 节近方形。第 5 对胸足不对称，左足狭长，第 2、3 节各具 1 外末刺，末节外缘具细毛及 2 小刺，末端具 2 不等长刺；右足末 2 节呈螯状，末节膨大，外缘具 4 小刺，1 末刺细长。

分布：黄海至南海；太平洋，印度洋及大西洋。暖水种。

参考文献：5，13，20，21，23，24，31，37，44，46，51，68，82，106，118，143，152，158，217。

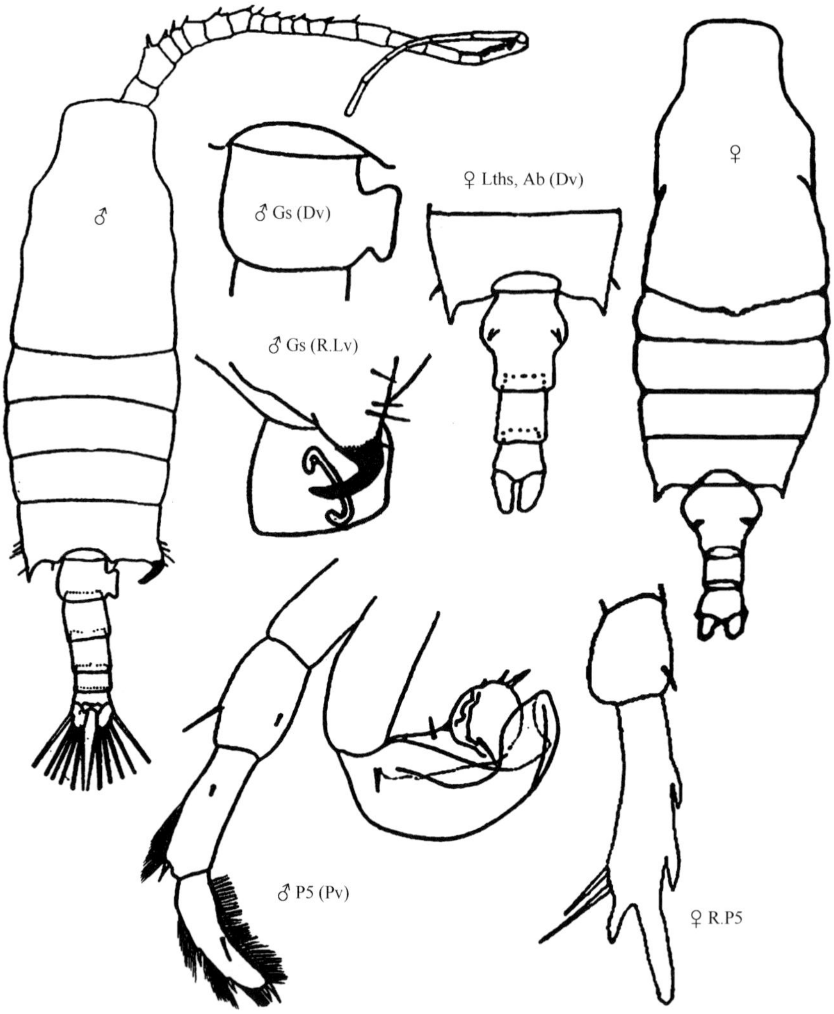

图 178 耳突平头水蚤 *Candacia guggenheimi*
[仿连光山等，1978（♂）；Grice et al.，1960（♀）]

(178) 耳突平头水蚤 *Candacia guggenheimi* Grice & Jones, 1960 (图 178)

形态特征：

体长： ♀1.9~2.0 mm，♂1.8~2.1 mm。**雌性：** 胸部后侧角短小而对称。生殖节基部很膨大，末部狭小，近对称，在两侧突起背面各具 1 小背刺。第 5 对胸足对称，末节狭长，其外缘具 2 小刺突，内末部具 2 不等长刺毛，末端具 2 不等长粗刺突，外末角的刺突较粗大，呈长指状，末部具钝锯齿，内末角刺突短小，仅为前者的 1/3 长，末部具细锯齿。**雄性：** 胸部后侧角不对称，右后侧角具 1 黑褐色钩状刺突，背面观向内弯曲，侧面观弯向背侧。生殖节较宽大，不对称，右侧具 1 宽大的耳状突起，其外缘截平，前、后缘稍突出。第 5 对胸足不对称，左足第 2 节具 1 细长外缘刺毛，第 3 节外缘具细毛和 1 外末刺，末节内外缘均具细毛和 2 外缘刺，末端具不等长 2 末刺；右足末 2 节呈螯状，第 3 节外缘具 1 片状突，其边缘具 4 小刺，末端具 1 较长的末刺。

分布： 东海，南海；太平洋，印度洋。热带种。

参考文献： 23，24，31，44，51，98。

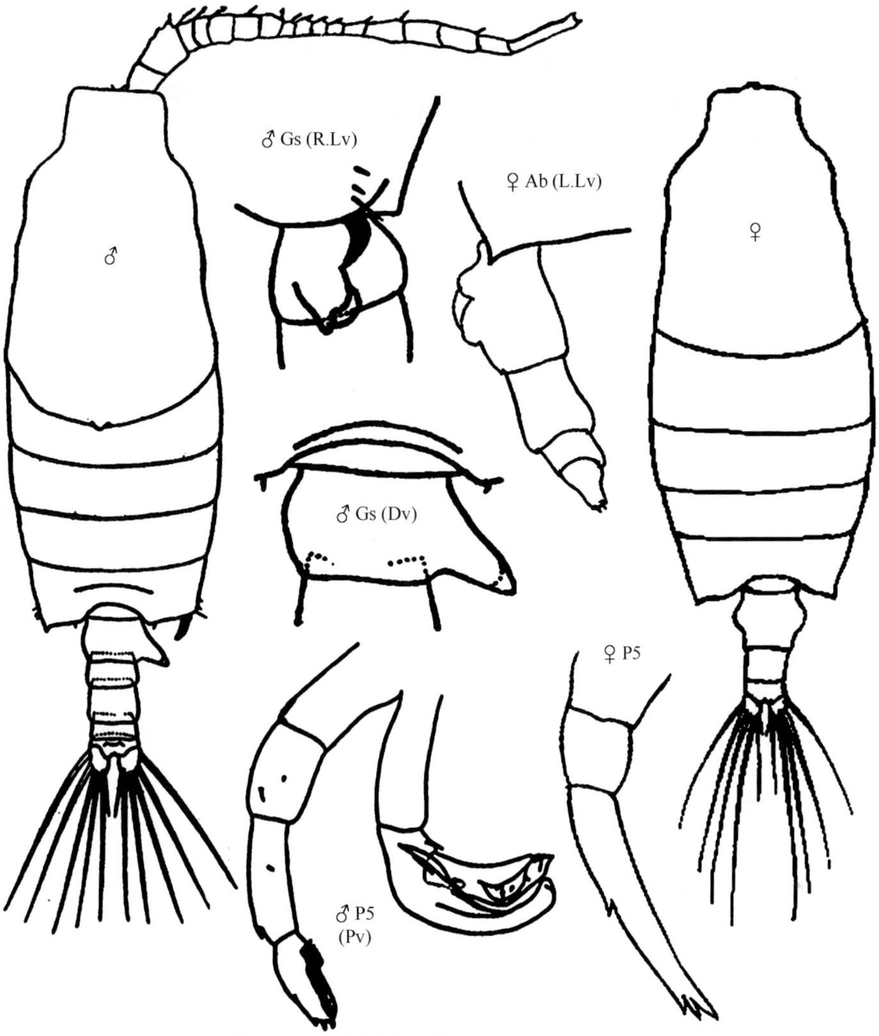

图 179 长突平头水蚤 *Candacia longimana*
[仿连光山等, 1978 (♂); Tanaka, 1964c (♀)]

(179) 长突平头水蚤 *Candacia longimana* (Claus, 1863) (图 179)

[*Candace longimana* Claus, 1863; Giesbrecht, 1892]

形态特征:

体长: ♀2.8~3.0 mm, ♂2.4~3.2 mm。**雌性:** 胸部后侧角短小而对称。生殖节宽大, 两侧膨大呈球状, 左右对称。肛节及尾叉很短小。第5对胸足对称, 末节狭长, 其内缘光滑, 外缘中部具1小刺突, 末端具3小刺突。**雄性:** 胸部后侧角不对称, 右后侧角具1黑褐色粗短的刺突, 其末端仅达生殖节中部, 侧面观稍弯向背面。生殖节宽大, 右侧具1粗大的指状突, 指向右后方, 其末端呈瘤状; 第3腹节长于第2节。第5对胸足不对称, 左足第3节具1小外末刺, 末节短小, 其外缘及末端均具2小刺, 内缘具细毛和1小刺; 右足末2节呈螯状, 第3节近末端背面具1片状突, 其边缘具4小刺, 本节末端也具粗短的2小末刺。

分布: 东海至南海; 太平洋, 大西洋及地中海。热带种。

参考文献: 6, 20, 24, 31, 37, 44, 46, 51, 82, 106, 152, 185, 217。

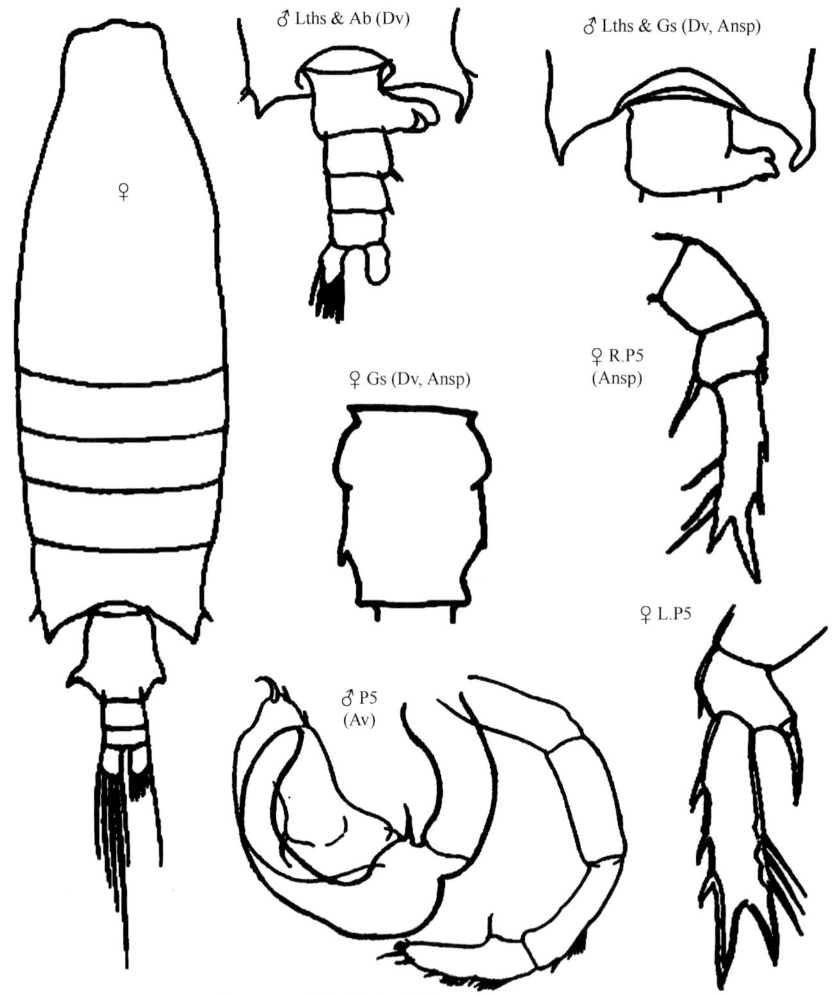

图 180　双尖平头水蚤 *Candacia norvegica*

[仿 Tanaka，1964c（♀；♂）；Grice et al.，1960（♀Gs；♀R. P5；♂Lths，Gs）]

（180）双尖平头水蚤 *Candacia norvegica*（Boeck，1864）（图 180）

[*Candace norvegica* Boeck，1864]

形态特征：

体长：♀2. 7～3. 6 mm，♂3. 3 mm。**雌性：**胸部后侧角尖锐，近对称，仅达生殖节近中部。生殖节不对称，两侧近末缘均具 1 小刺突，左刺突较右刺突长。第 5 对胸足对称，第 2 节粗短，内缘具 1 粗刺，末节狭长，外缘具 2～3 小刺突，内缘具 3 等长刺毛，末端具 2 不等长粗刺突，外末刺突较长。**雄性：**胸部后侧角不对称，右侧刺突粗大并向内弯曲，可达生殖节近末缘。生殖节宽大而不对称，右侧末部具 1 粗大突起，顶端稍分叉，其后缘也具 1 小突起。第 5 对胸足不对称，左足狭长，第 1～3 节近等长，第 3 节外末部具细毛及 1 小刺，末节内缘近端具 1 小刺，外缘具细毛及 2 小刺，末端狭小并具 2 不等小刺；右足末 2 节呈钳状，末节中部膨大，末部外缘具 2 小刺，末端刺较粗大而弯曲。

分布：东海，南海；太平洋，印度洋及大西洋。深水种。

参考文献：24，44，82，98，106，152，185，217。

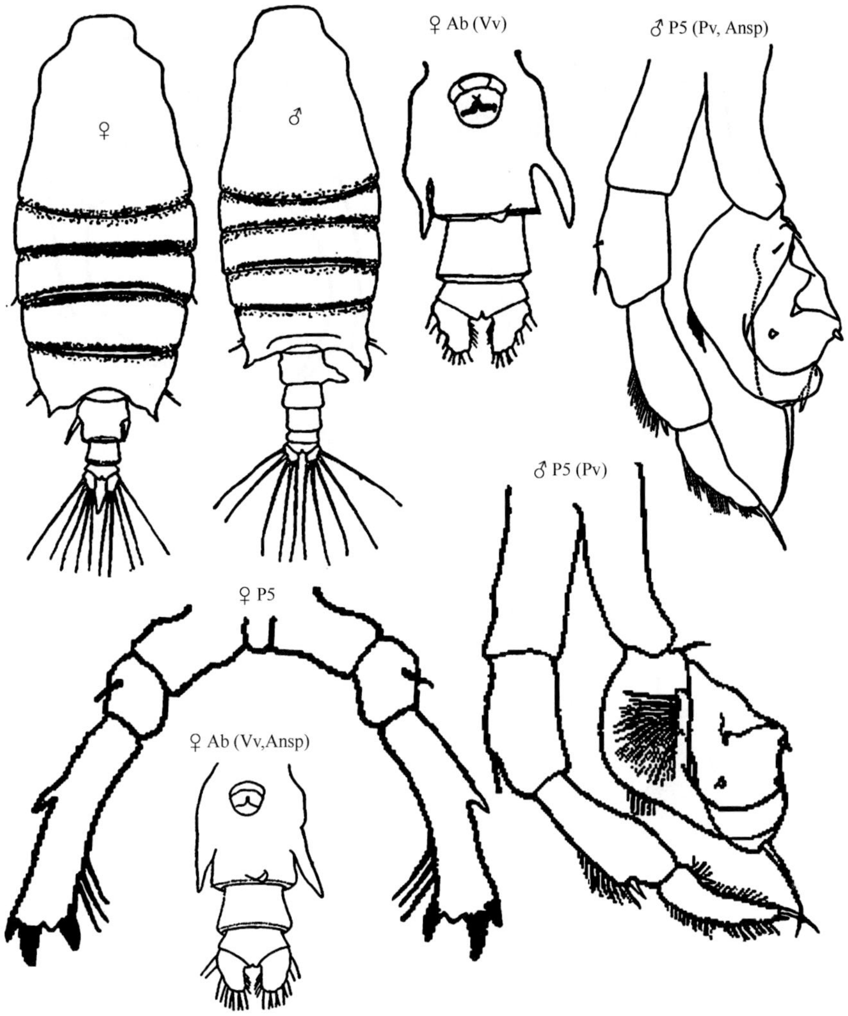

图 181 厚指平头水蚤 *Candacia pachydactyla*
[仿郑重等, 1982 (♀; ♂); 陈清潮等, 1965 (♀Ab, Ansp; ♂P5, Ansp)]

(181) 厚指平头水蚤 *Candacia pachydactyla* (Dana, 1849) (图 181)

[*Candace pachydactyla* Dana, 1849, 1855; Brady, 1863; Giesbrecht, 1892]

形态特征:

体长: ♀2.5~3.1 mm, ♂2.3~3.1 mm。头胸部背面各节之间具暗褐色斑纹。**雌性:** 胸部后侧角尖锐、短小而对称。生殖节不对称，两侧中部各具 1 粗刺突，左刺突较长，右刺突较短并直指后方，腹面末缘中部也具 1 小钝突。第 5 对胸足对称，末节粗大，其外缘具 2 小刺突，内缘末部具 3 等长刺毛，末端具 3 不等长的钝刺突，其中刺最小仅呈小突状，外末刺较长大。**雄性:** 胸部后侧角不对称，右侧刺突较长大，末端稍向内弯曲并呈黑褐色，可达生殖节末缘。生殖节宽大，右侧具 1 粗指状突。第 5 对胸足不对称，左足第 2 节具 1 细长外末刺，第 3 节外缘具细毛及 1 小刺，末节狭小，外缘具 3 小刺及细毛，内缘近端也具 1 小刺及细毛，末端刺细长；右足末 2 节呈螯状，末节膨大，外缘具 4 小刺，末端具 1 长刺毛。

分布: 东海至南海；太平洋，印度洋及大西洋。暖水种。

参考文献: 1, 5, 13, 20, 21, 24, 31, 37, 44, 46, 51, 82, 106, 152, 217。

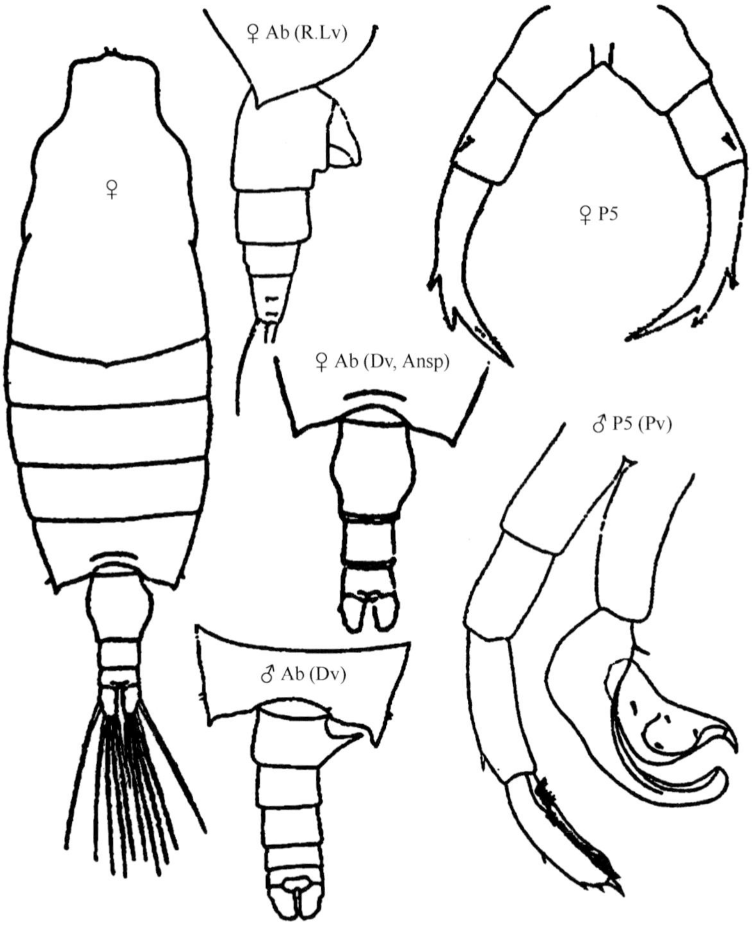

图 182 瘦平头水蚤 *Candacia tenuimana*（仿连光山，钱宏林，1984）

（182）瘦平头水蚤 *Candacia tenuimana*（Giesbrecht，1889）（图 182）

［*Candace tenuimana* Giesbrecht，1889，1892］

形态特征：

体长：♀2.0~2.3 mm，♂2.0~2.3 mm。**雌性：**胸部后侧角尖小而对称。生殖节宽大，稍不对称，右侧较膨大，腹面生殖突发达呈喙状。第 5 对胸足对称，末节内缘无刺毛，外缘具 2 小外缘刺，末刺粗大并具细刺毛。**雄性：**胸部后侧角尖小而不对称，右后侧角较粗大，可达生殖节中部，其顶端稍分叉。生殖节不对称，右侧具 1 刺状突。第 5 对胸足不对称，左足第 3 节具 1 小外末刺，末节狭长，具 3 小外缘刺及 1 粗短的末刺，近内缘表面具 1 列细毛及 1 小刺；右足末 2 节呈螯状，第 2 节基部膨大并在外缘具 1 小刺，内突狭长而弯曲，末节外缘末部具 1 片状突，末刺粗短呈爪状。

分布：东海，南海；太平洋，印度洋及大西洋。热带种。

参考文献：20，24，37，38，44，51，97，99，152，158，216。

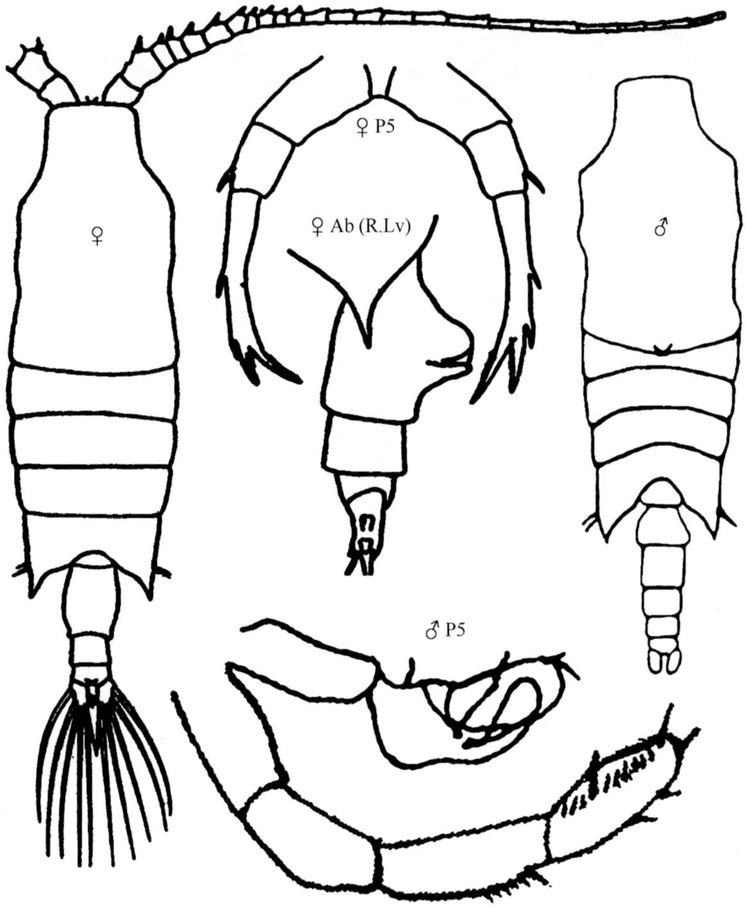

图 183 腹突平头水蚤 *Candacia varicans*
[仿连光山等, 1978 (♀); Grice, 1962 (♂)]

(183) 腹突平头水蚤 *Candacia varicans* (Giesbrecht, 1892) (图 183)

[*Candace varicans* Giesbrecht, 1892]

形态特征:

体长: ♀2.3~2.6 mm, ♂2.1~2.2 mm。头胸部较狭长, 胸部后侧角尖锐而对称, 雌性后侧角仅达生殖节近中部, 雄性可达生殖节末缘。**雌性:** 生殖节呈椭圆形, 左右对称, 其腹面很突出, 突起顶端较狭平。第 5 对胸足稍不对称, 末节狭长, 其内缘无刺毛, 外缘具 2 小刺, 末端具不等长的 2 粗刺, 刺内缘具细刺毛。**雄性:** 生殖节宽短, 右侧末部稍膨大。第 5 对胸足不对称, 左足第 3 节具 1 小外末刺, 末节较粗短, 具 2 小外缘刺及 2 小末刺, 近内缘表面具 1 列细毛和 1 小刺; 右足末 2 节呈螯状, 第 2 节近端内缘很膨大, 外缘具 1 小刺, 内突较短而弯曲; 末节宽大, 外缘具 2 小刺, 末端具 1 小弯刺。

分布: 东海, 南海; 太平洋, 印度洋及大西洋。热带种。

参考文献: 24, 25, 31, 37, 44, 51, 97, 99, 106, 217。

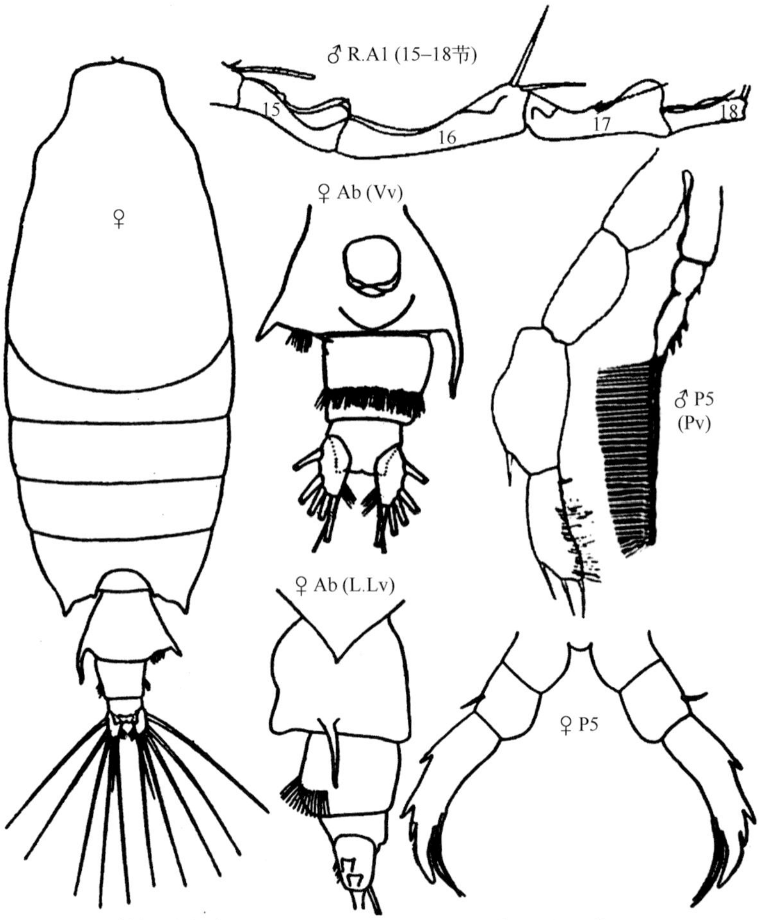

图 184 双刺拟平头水蚤 *Paracandacia bispinosa*（仿连光山等，1978，1984）

(184)双刺拟平头水蚤 *Paracandacia bispinosa*（Claus，1863）(图 184)

[*Candace bispinosa* Claus，1863；Giesbrecht，1892；*Candacia bispinosa*：A. Scott，1909；Rose，1933；Tanaka，1964；Mori，1937；Brodsky，1962；连光山等，1978；郑重等，1982]

形态特征：

体长：♀1.6~1.9 mm，♂1.4~2.1 mm。胸部后侧角尖小而对称。**雌性：**生殖节宽大而不对称，右后侧刺突较短小，左后侧刺突狭长并指向后方，超过第 2 腹节中部，生殖节腹面末缘具 1 钝圆瘤状突；第 2 腹节也不对称，左侧近端较膨大，其腹面近末缘具 1 列细毛。第 5 对胸足左右对称，末节具 3 外缘刺，内末缘具 2 不等长细刺毛，末端具 1 粗大指状突，其内、外缘具细锯齿。**雄性：**生殖节短小并对称。右第 1 触角呈执握肢，第 15、17 节前末部隆起呈瘤状突。第 5 对胸足不对称，左足第 3 节外缘膨大并具 1 小外末刺，末节狭长并具 3 末刺毛，节内缘具细毛；右足短小，不呈螯状，末节具 3 小外缘刺，末端具 1 羽状长刺毛。

分布：东海，南海；太平洋，印度洋及大西洋。暖水种。

参考文献：5，6，24，31，37，44，46，48，51，68，82，106，118，152，158，185，217。

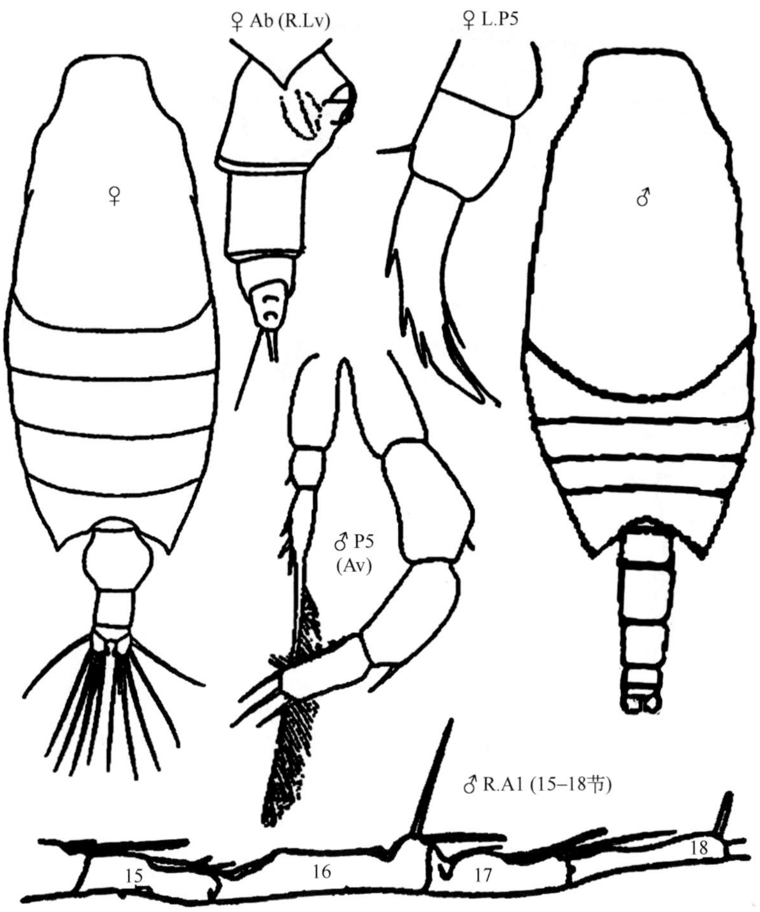

图 185　简拟平头水蚤 *Paracandacia simplex*

[仿陈清潮等, 1965 (♀Dv); 连光山等, 1984 (♀Ab; ♀P5); Grice, 1962 (♂)]

(185) 简拟平头水蚤 *Paracandacia simplex* (Giesbrecht, 1889) (图 185)

[*Candace simplex* Giesbrecht, 1889, 1892; *Candacia simplex* (Giesbrecht): A. Scott, 1909; Sars, 1925; Rose, 1933; Mori, 1937; Wilson, 1950; 陈清潮等, 1965; 连光山等, 1978, 1984]

形态特征:

体长: ♀1.7~2.1 mm, ♂1.7~2.1 mm。胸部后侧角尖小而对称。**雌性:** 生殖节两侧膨大呈球状, 近对称, 右侧具细刺毛。第 5 对胸足对称, 末节外缘具 3 小外缘刺, 内末缘具 2 不等长刺毛, 其远端长刺毛约为近端刺毛长的 2 倍, 节末端具 1 粗大指状突。**雄性:** 生殖节短小并对称。右第 1 触角呈执握肢, 第 17 节前缘近端较膨大, 第 18 节狭长。第 5 对胸足左足第 2 节外缘膨大并具 1 小外末刺, 第 3 节也具 1 外末刺, 末节具 3 末刺, 其中刺较长, 节内缘具细毛; 右足短小, 不呈螯状, 末节具 3 小外缘刺, 节末端具 1 羽状长刺毛。

分布: 东海至南海; 太平洋, 印度洋及大西洋。暖水种。

参考文献: 5, 13, 24, 31, 37, 38, 44, 51, 82, 99, 106, 118, 152, 157, 158, 217。

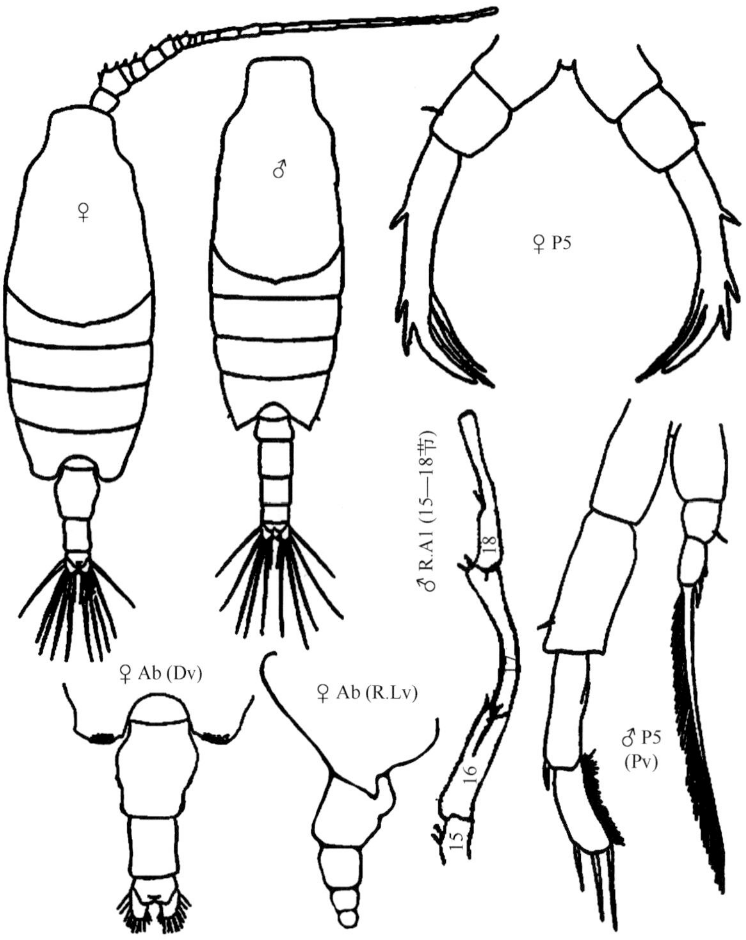

图 186 截拟平头水蚤 *Paracandacia truncata*（仿陈清潮等，1965）

（186）截拟平头水蚤 *Paracandacia truncata*（Dana，1849）（图 186）

［*Candace truncata* Dana，1849，1855；Giesbrecht，1892；*Candacia truncata*（Dana，1849）：A. Scott，1909；Mori，1937；Brodsky，1962；陈清潮等，1965；郑重等，1965；*C. turgida* Wilson，1950］

形态特征：

体长： ♀1.9~2.2 mm，♂2.0~2.3 mm。**雌性：** 胸部后侧角钝圆，背末缘具细刺毛，侧面观其外缘近腹侧具 1 弯向腹面的小刺突。生殖节稍膨大，两侧具细刺毛，第 2 腹节长方形；肛节及尾叉短小。第 5 对胸足对称，末节具 3 小外缘刺，刺的内缘具细刺毛，节的内末缘具 2 近等长刺毛，末端刺粗大呈指状，其内、外缘也具细齿。**雄性：** 胸部后侧角尖小而对称。右第 1 触角呈执握肢，第 16 节前末部具 1 长指状突。第 5 对胸足不对称，左足各节均狭长而不膨大，第 2、3 节各具 1 小外末刺，末节具 3 末刺，节的内缘具细毛；右足不呈螯状，第 2 节具 1 小外缘刺，末节具 3 外缘刺，其外末刺最长，节的顶端具 1 羽状长末刺。

分布： 东海至南海；太平洋，印度洋及地中海。暖水种。

参考文献： 1，5，13，20，21，24，31，37，44，46，51，82，106，118，158，217。

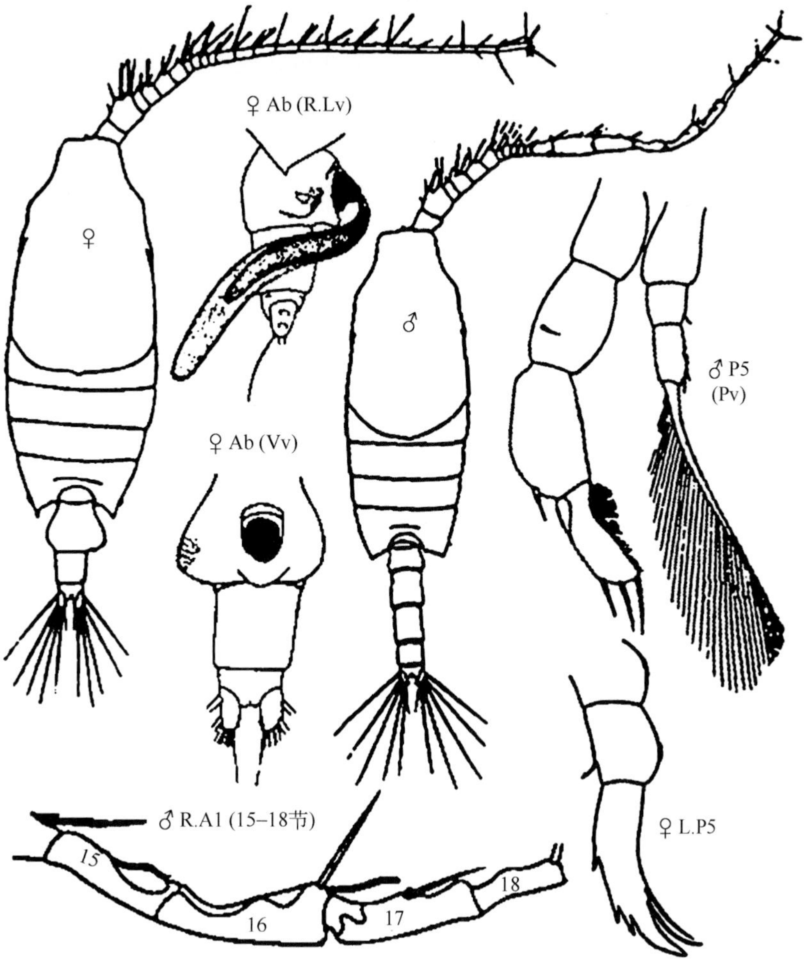

图 187　沃氏拟平头水蚤 *Paracandacia worthingtoni*（仿连光山，钱宏林，1984）

（187）沃氏拟平头水蚤 *Paracandacia worthingtoni* Grice，1981（图 187）

形态特征：

体长：♀1.5~1.7 mm，♂1.5~1.8 mm。胸部后侧角尖小并对称。**雌性：**生殖节宽大而不对称，其右侧很突出并具 1 丛细刺毛，腹面后缘中部具 1 钝圆突起，侧面观呈瘤状；第 2 腹节稍不对称，近方形。第 5 对胸足对称，末节具 3 小外缘刺及 2 等长内缘刺毛，末端具 1 粗大指状突，其内、外缘具细锯齿。**雄性：**生殖节短小而对称。右第 1 触角呈执握肢，第 15 节前末缘具 1 瘤状突，第 17 节前缘具 2 小突起，第 18 节短小。第 5 对胸足左足第 2 节较粗短并具 1 小外缘刺，第 3 节外缘膨大并具 1 外末刺，末节具 3 末刺，其外末刺最短，其余 2 刺等长；右足不呈螯状，末节具 3 小外缘刺及 1 羽状长末刺。

分布：南海；太平洋。热带种。

参考文献：21，23，24，38，44，100b。

10. 胸刺水蚤科 Family Centropagidae Giesbrecht, 1892

本科为中型、小型桡足类(1.2~3.0 mm)。头胸部粗壮或狭长。前额钝圆或稍突出。额角呈2细线状。头部与第1胸节分开或愈合，第4、5胸节分开。胸部后侧角钝圆或呈刺状突。雌性腹部分3~4节，生殖节常具刺或毛，雄性分4~5节。尾叉稍长。雄性右第1触角呈执握肢。第1~4对胸足内肢2~3节，外肢3节。第5对胸足双肢型，雌性内、外肢均分3节，对称或稍不对称，外肢第2节内缘具长刺突；雄性左、右足不对称，内肢3节，外肢2~3节，右足外肢常呈螯状或爪状。

本科包括14属(Boxshall et al., 2004)。中国海域已知有2属17种。

属名 Genera	种数	页码
胸刺水蚤属 *Centropages* Kröyer, 1848	13	231
华哲水蚤属 *Sinocalanus* Burckhardt, 1913	4	244

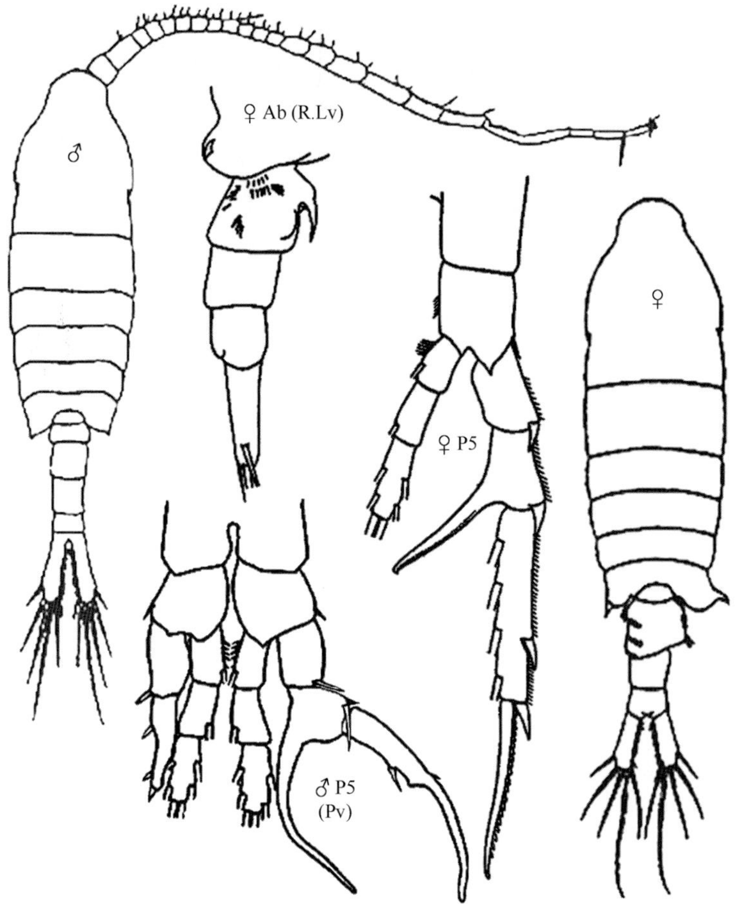

图 188 腹针胸刺水蚤 *Centropages abdominalis*（仿陈清潮等，1965）

(188) 腹针胸刺水蚤 *Centropages abdominalis* Sato, 1913 (图 188)

[*Centropages mcmurrichi* Willey, 1920; Brodsky, 1948, 1950; 陈清潮等, 1965; 连光山等, 1978]

形态特征：

体长：♀1.3~2.1 mm，♂1.2~1.6 mm。**雌性：**头部前端较狭而钝圆。胸部后侧角尖锐而不对称，左侧刺短小，右侧刺粗大并指向外侧。生殖节不对称，右侧膨大，左、右缘均具数丛小刺毛，腹面生殖突具 1 指向后方的大钩刺。尾叉长为宽的 3 倍多，左叉较右叉稍长。第 5 对胸足对称，外肢第 2 节的内刺突长达末节中部，在此刺突的下缘具 2 行细齿。**雄性：**胸部后侧角短小、尖锐、对称。腹部分 4 节，第 2、3 节较长大。尾叉长约为宽的 4 倍。第 5 对胸足不对称，左足外肢分 2 节，第 2 节较狭长，具 2 小外缘刺及 1 小末刺；右足外肢第 2 节外末部具 1 针刺，内刺突细长并弯曲，与末节形成钳状，第 3 节内缘中部具 1 小刺和 1 小突起，外缘中部也具 1 小刺。

分布：渤海至台湾海峡；西北太平洋。温带沿岸种。

参考文献：1, 5, 9, 13, 24, 31, 32, 37, 44, 46, 66, 67, 82, 118。

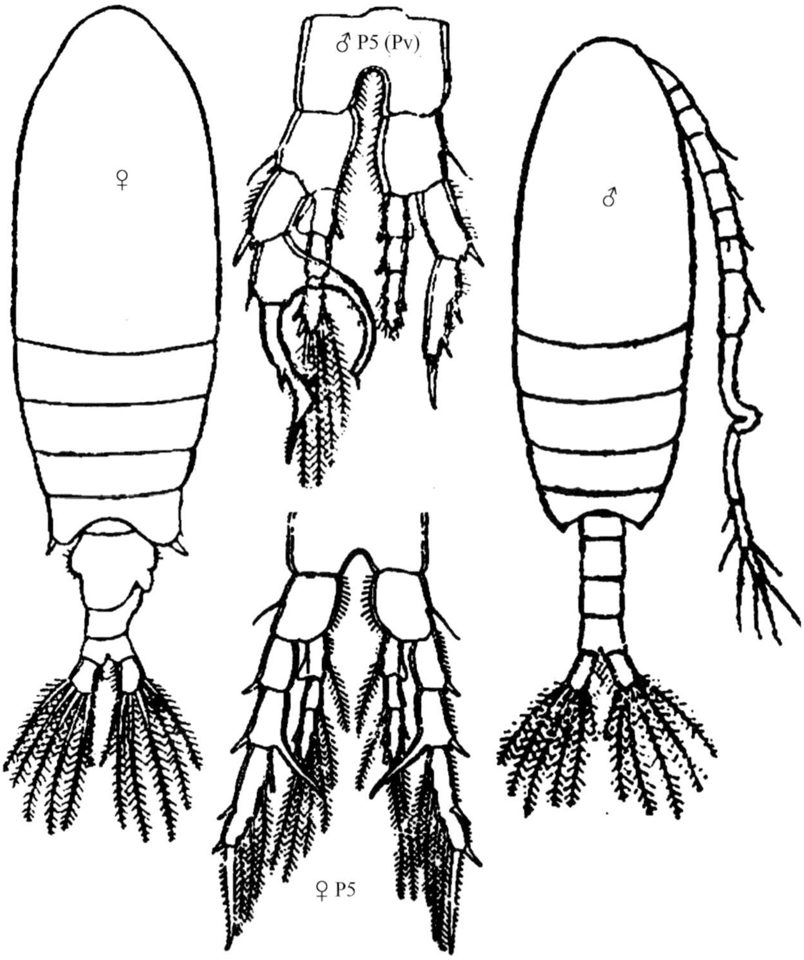

图 189 短尾胸刺水蚤 *Centropages brevifurcus*（仿沈嘉瑞等，1963）

（189）短尾胸刺水蚤 *Centropages brevifurcus* Shen & Lee，1963（图 189）

形态特征：

体长：♀1.44 mm，♂1.25 mm。头部与第 1 胸节愈合，额部前端宽圆。尾叉短。**雌性：**胸部后侧角尖锐，不对称，右后侧角具 1 较粗大的刺和 1 微刺。生殖节不对称，基部膨大，右侧中部具 1 小突起。尾叉长稍大于宽。第 5 对胸足对称，外肢第 2 节内末角具 1 长内刺突，可达末节中部，内肢第 1 节较狭长且外末角突出。**雄性：**胸部后侧角尖小而对称。腹部分 4 节。尾叉长约为宽的 2 倍。第 5 对胸足不对称，左足外肢分 2 节，末节具 2 外缘刺和 1 长末刺；右足外肢第 2 节宽短，具 1 小外末刺，节的内缘刺突狭长并弯曲呈半圆形，与末节形成螯状，末节外缘中部具 1 小刺，末部呈粗刺状，其基部膨大，末端细长。

分布：南海北部沿海；太平洋。暖水沿岸种。

参考文献：10，24，37，44。

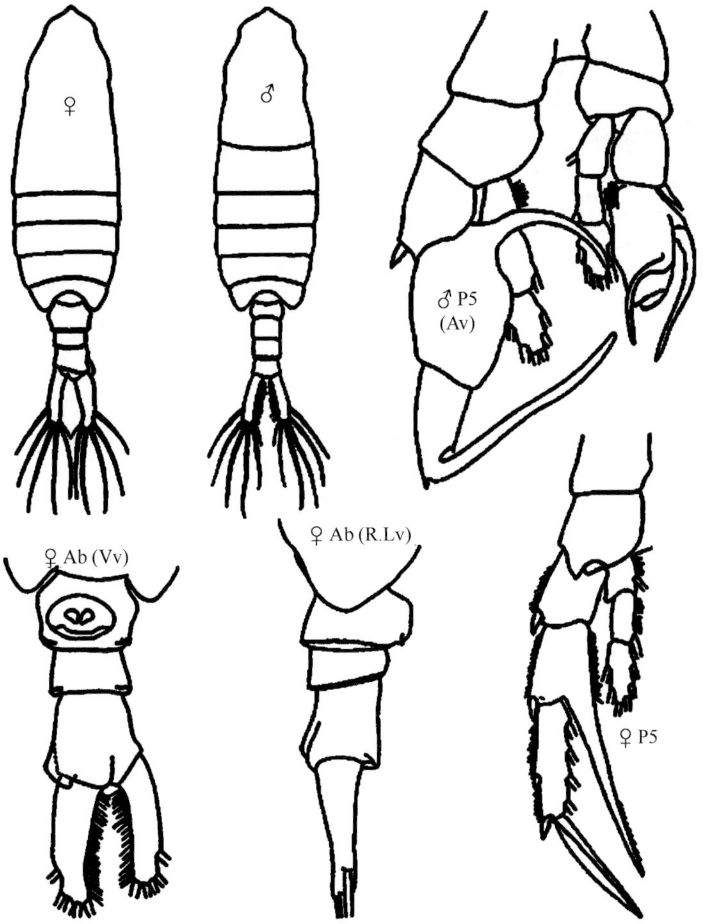

图 190 哲胸刺水蚤 *Centropages calaninus*（仿陈清潮等，1965）

（190）哲胸刺水蚤 *Centropages calaninus*（Dana，1849）（图 190）

［*Cyclopsina calanina* Dana，1849；*Hemicalanus calaninus* Dana，1855］

形态特征：

体长：♀1. 8～2. 2 mm，♂1. 7～2. 1 mm。额部前端较狭并具 1 小突起。胸部后侧角钝圆且对称。**雌性：**生殖节宽短且近对称；第 1、2 节末缘具细刺毛；肛节长大且不对称，右侧末缘腹面具 1 片状突。尾叉不对称，右叉较粗大。第 5 对胸足对称，外肢第 1 节内缘基部具 1 小钝突，第 2 节内刺突特别长大，为末节长的 1. 5 倍多，在内刺的近末部内，外缘具细刺。**雄性：**腹部分 4 节，第 1 节宽短，稍膨大，第 2、3 节较长大，在第 3 节背末缘具 1 环列细齿。尾叉狭长。第 5 对胸足不对称，左足外肢第 2 节粗大，外缘具 2 弯曲长刺，节末端较宽钝并具小锯齿；右足外肢第 2 节膨大，内缘中部隆起，基部内刺突细长而弯曲，末节基部较粗，内、外缘中部各具 1 小刺，后部具 1 显著向内弯折的长刺突，与前节内刺形成螯状。

分布：黄海至南海；太平洋，印度洋及大西洋。暖水种。

参考文献：1，5，13，18，20，21，24，37，44，46，48，68，82，118，158，217。

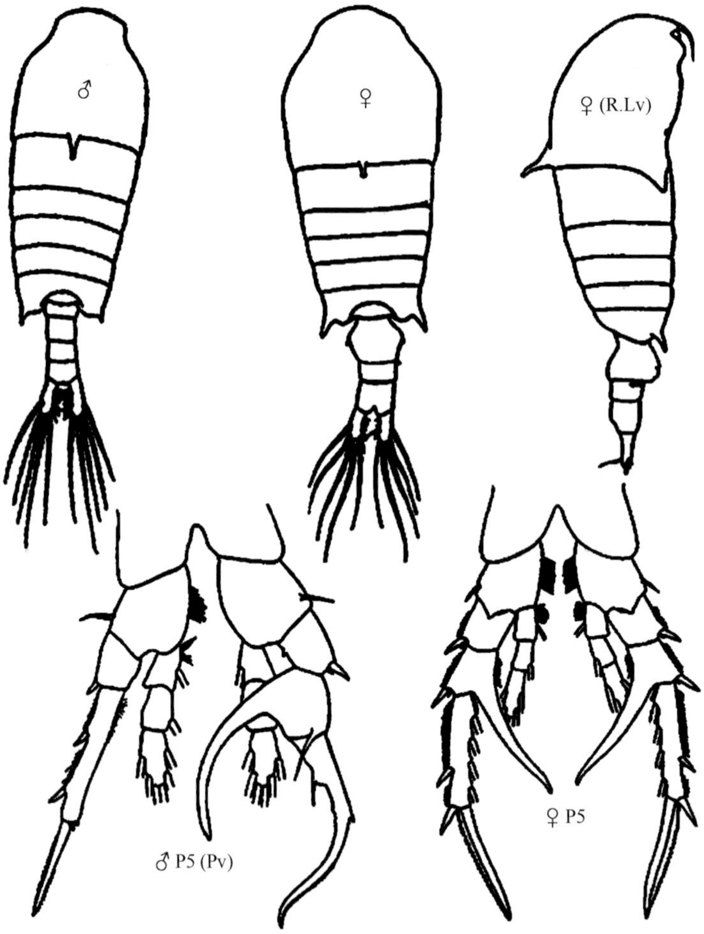

图 191 背针胸刺水蚤 *Centropages dorsispinatus*（仿陈清潮等，1965）

（191）背针胸刺水蚤 *Centropages dorsispinatus* Thompson & A. Scott，1903（图 191）

形态特征：

体长： ♀1.0~1.3 mm，♂1.1~1.2 mm。头部与第 1 胸节分开，头胸部粗壮，额部前端宽圆。头部背末缘中央具 1 喙状刺突，其末端稍向后弯。**雌性：** 胸部后侧角尖锐且对称，内侧后缘较宽而稍突出。生殖节膨大呈球状，两侧中部各具 1 丛细毛。尾叉对称，长约为宽的 2.5 倍。第 5 对胸足对称，外肢第 2 节内刺突光滑，长达末节顶端。**雄性：** 胸部后侧角较雌性短小，左后倒刺较右侧稍大。腹部分 4 节。尾叉长约为宽的 3 倍。第 5 对胸足不对称，左足外肢第 2 节狭长，具 2 外缘刺，末刺长大，其内、外缘均具细刺毛；右足外肢第 2 节外末部具 1 小刺，节的内缘刺突强大，向下弯曲，与末节形成螯状，末节狭长呈刺状，并向内弯曲，其外缘中部具 1 小刺，内缘近端部具 1 小刺，末部外缘具细刺毛。

分布： 黄海至南海；太平洋，印度洋。暖水种。

参考文献： 1，5，6，13，24，31，37，44，46，199。

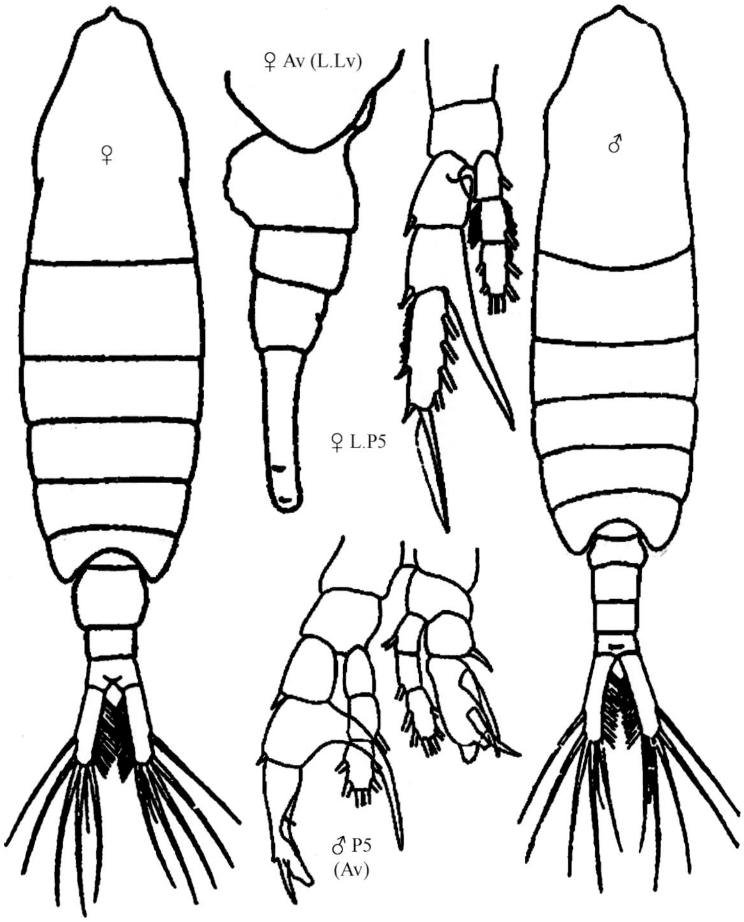

图 192　瘦长胸刺水蚤 *Centropages elongatus*（仿连光山等，1984）

（192）瘦长胸刺水蚤 *Centropages elongatus* Giesbrecht，1896（图 192）

［*Centropages pacificus* Chiba，1956］

形态特征：

体长：♀1.7~1.9 mm，♂1.7~1.8 mm。头部前端较狭小，前额具 1 小突起。胸部后侧角钝圆且对称。尾叉长约为宽的 4 倍。**雌性：**生殖节宽大而对称，或稍不对称，其腹面膨大。第 5 胸足对称，外肢第 1 节内缘基部具 1 大缺刻和 1 钝突，外肢第 2 节内缘刺突很长，超过第 3 节末端。**雄性：**腹部分 4 节。第 5 对胸足不对称，左足短小，外肢第 2 节外缘具 2 长刺突，节的末端具 2 片状突起，其外缘具细锯齿；右足外肢第 2 节内缘长刺突弯曲，可达末节顶端并形成螯状，外肢末节较短，末端具 1 粗指状突，其基部外侧具 1 长外缘刺和 1 微刺，此节内缘中部也具 1 小刺。

分布：东海至南海；太平洋，印度洋。热带种。

参考文献：37，38，44，48，50，51，82，99，118，158。

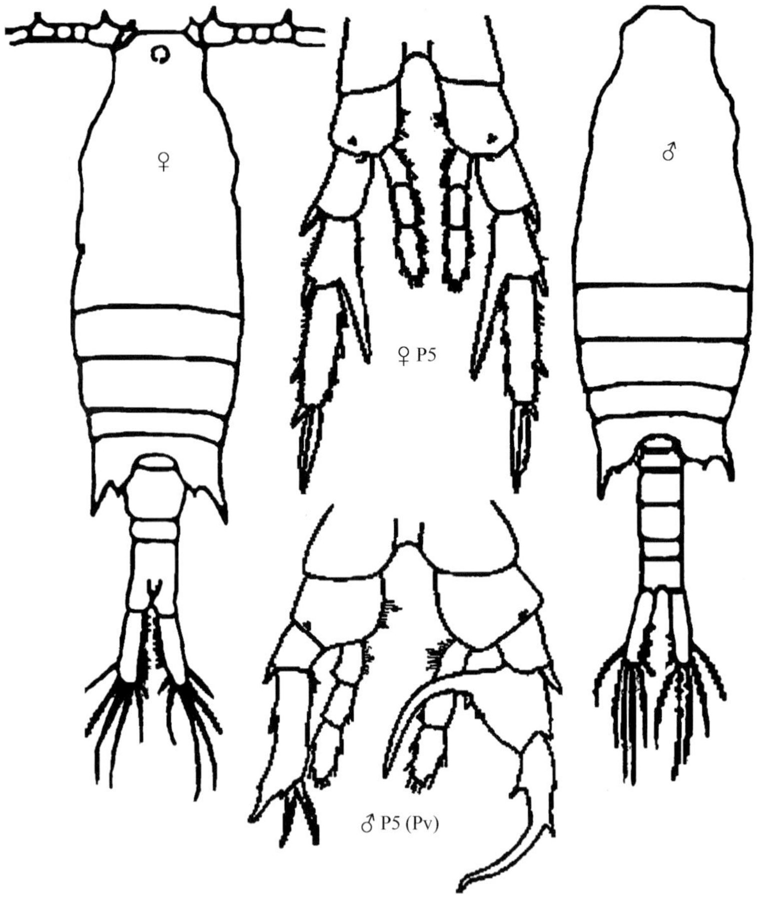

图 193 叉胸刺水蚤 *Centropages furcatus*（仿陈清潮等，1965）

（193）叉胸刺水蚤 *Centropages furcatus*（Dana，1849）（图 193）

［*Catopia furcata* Dana，1855］

形态特征：

体长：♀1.4~1.8 mm，♂1.5~1.7 mm。额部前端截平，具 1 显著的单眼。头部与第 1 胸节愈合。胸部后侧角尖锐，其内侧另具 1 小刺突，雌性的后侧角左右对称，雄性不对称。尾叉长约为宽的 5 倍。第 1 触角近端第 1、2、5 节的前缘各具 1 小刺突。**雌性：**生殖节近方形，两侧稍膨大、对称，其腹面后缘中部具 1 指向后的钝突，第 2 节很短，肛节长大，与尾叉近等长。第 5 对胸足外肢第 2 节内缘刺较短，仅稍超过末节中部，内刺末部具 2 行细齿。**雄性：**胸部左后侧角刺突较右侧长大，可达第 2 腹节末缘。腹部分 5 节。第 5 对胸足不对称，左足外肢第 2 节长大，具 2 外缘刺和 1 大末刺，此节的内末部具 2 长刺突，刺突末部具细锯齿；右足外肢第 2 节具 1 粗大而弯曲的内缘刺突，其外缘基部具 2 小突起，末节近端较粗大，具 2 小外缘刺和 1 小内缘刺，末部为向内弯曲的长刺。

分布：黄海至南海；太平洋，印度洋及大西洋。暖水种。

参考文献：1，13，18，20，21，24，33，37，44，46，51，68，97，118，158，182，217。

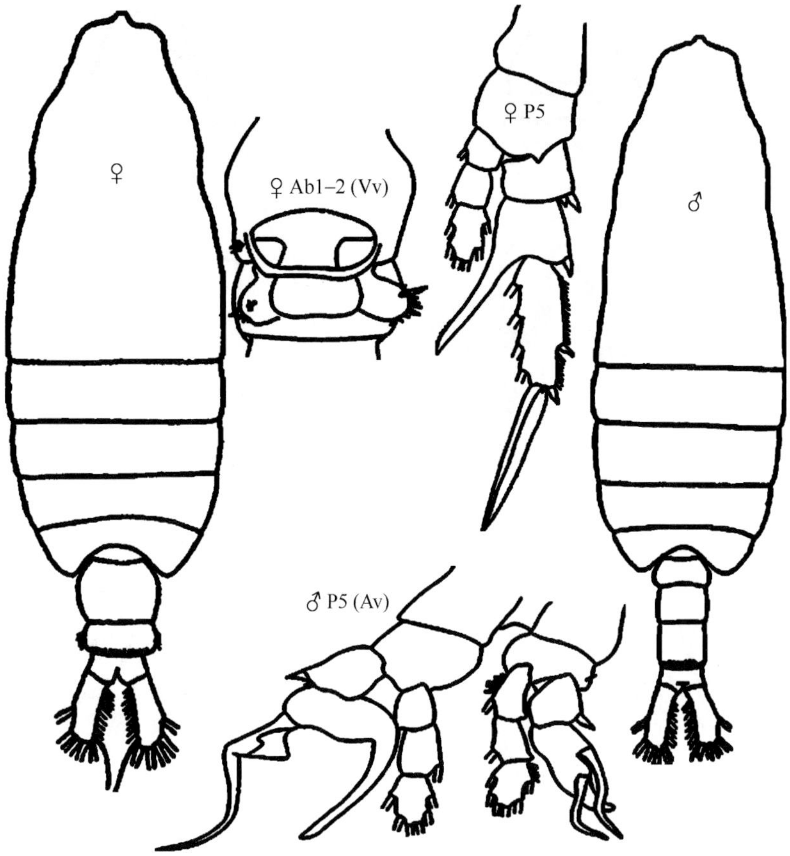

图 194 瘦胸刺水蚤 *Centropages gracilis*（仿陈清潮等，1965）

（194）瘦胸刺水蚤 *Centropages gracilis*（Dana，1849）（图 194）

形态特征：

体长：♀1.9~2.1 mm，♂1.7~2.0 mm。额部前端具 1 小突起，胸部后侧角钝圆且对称。尾叉长约为宽的 3 倍。**雌性**：生殖节膨大，其腹面右末缘具 1 丛小刺，第 2 腹节宽短，腹面左、右侧各具 1 乳状突，突上具 1 丛小刺；肛节狭小。第 5 对胸足稍不对称，左足外肢第 2 节的内缘刺较长于右足内刺，内刺与末节近等长，其内末缘具细齿。**雄性**：腹部分 4 节，第 3 节背末缘具细刺。第 5 对胸足不对称，左足外肢第 2 节外缘具弯曲的 2 长刺突，此节末部狭小呈指状；右足外肢第 2 节向内突出，末部具 1 向后弯折的长刺突，末节内缘基部具 1 三角形突起，此节后半部呈向外弯曲的长刺。

分布：黄海至南海；太平洋，印度洋及大西洋。暖水种。

参考文献：1，13，18，20，24，33，37，44，46，51，68，97，118，158，182，217。

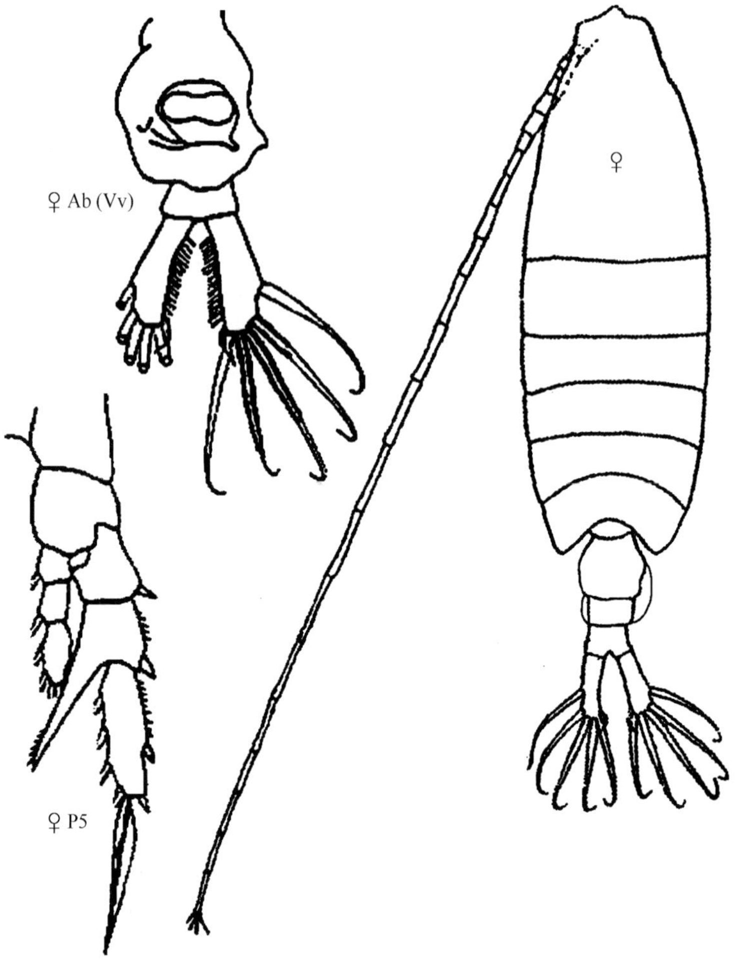

图 195 长角胸刺水蚤 *Centropages longicornis*（仿 Mori，1937）

（195）长角胸刺水蚤 *Centropages longicornis* Mori，1932（图 195）

形态特征：

体长： ♀1.9~2.0 mm。**雌性：** 头部与第 1 胸节分开。额部前端具 1 小突起，胸部后侧角钝圆且对称。生殖节膨大，其腹面具 1 球状大突起，并部分覆盖第 2 腹节腹面。尾叉对称，其长约为宽的 3 倍。第 1 触角较长，约末 5 节超过尾叉。第 5 对胸足对称，外肢第 1 节内缘基部具 1 小突起及 1 缺刻，第 2 节内缘刺长大，达不到末节顶端，其内末缘具细锯齿。

分布： 东海至南海；西太平洋，大西洋。暖水种。

参考文献： 5，13，24，37，44，48，116，118，182。

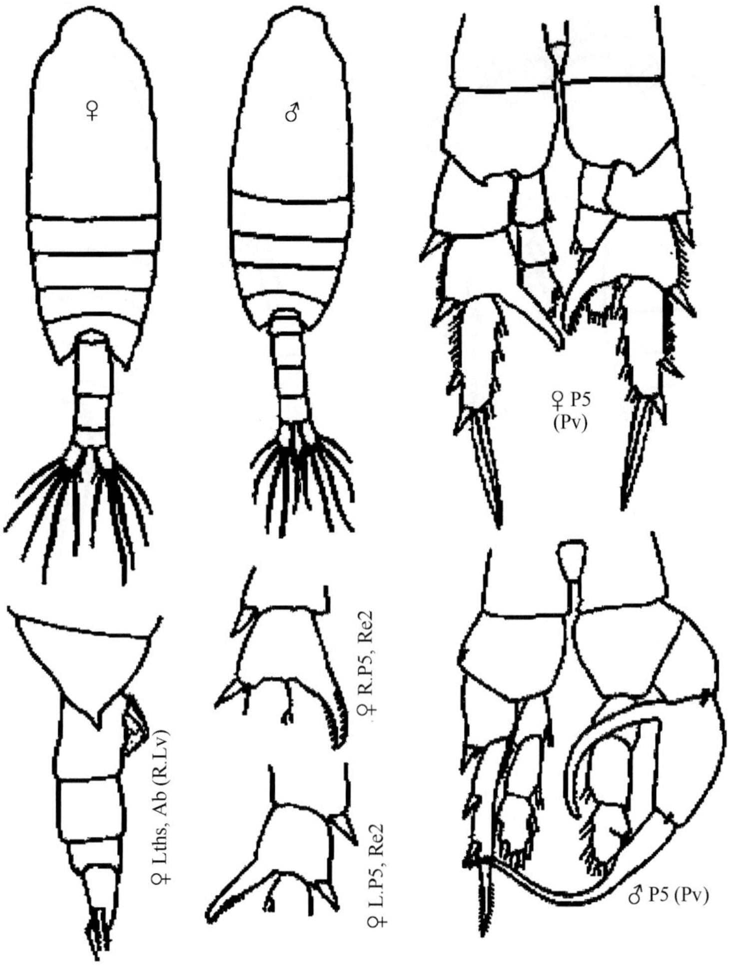

图 196　奥氏胸刺水蚤 *Centropages orsinii*（仿陈清潮等，1965）

（196）奥氏胸刺水蚤 *Centropages orsinii* Giesbrecht，1889（图 196）

形态特征：

体长：♀1.4~1.7 mm，♂1.3~1.5 mm。头部与第 1 胸节愈合。额部前端较狭而钝突。**雌性：**胸部后侧角长而尖锐，其右侧刺稍长于左侧刺。生殖节较长大，左右对称，腹面具 1 粗刺突；肛节宽短。尾叉长约为宽的 2 倍。第 5 对胸足稍不对称，左足外肢第 2 节内缘刺仅具 1 列细齿；右足外肢第 2 节内缘刺较长大，末部具 2 列细齿。**雄性：**胸部后侧角尖小。腹部分 4 节。第 5 对胸足不对称，左足外肢第 2 节狭长，具 2 小外缘刺及 1 长末刺，末刺内、外缘均具细齿；右足外肢第 2 节长大，内缘基部刺突细长且弯曲，末节狭长，基部较粗大，内缘近端具 1 小刺，后半部向内弯曲，与前节形成螯状。

分布：东海至南海；太平洋，印度洋。热带种。

参考文献：1，5，13，18，20，21，24，33，37，44，46，48，97，118，158，161，182，217。

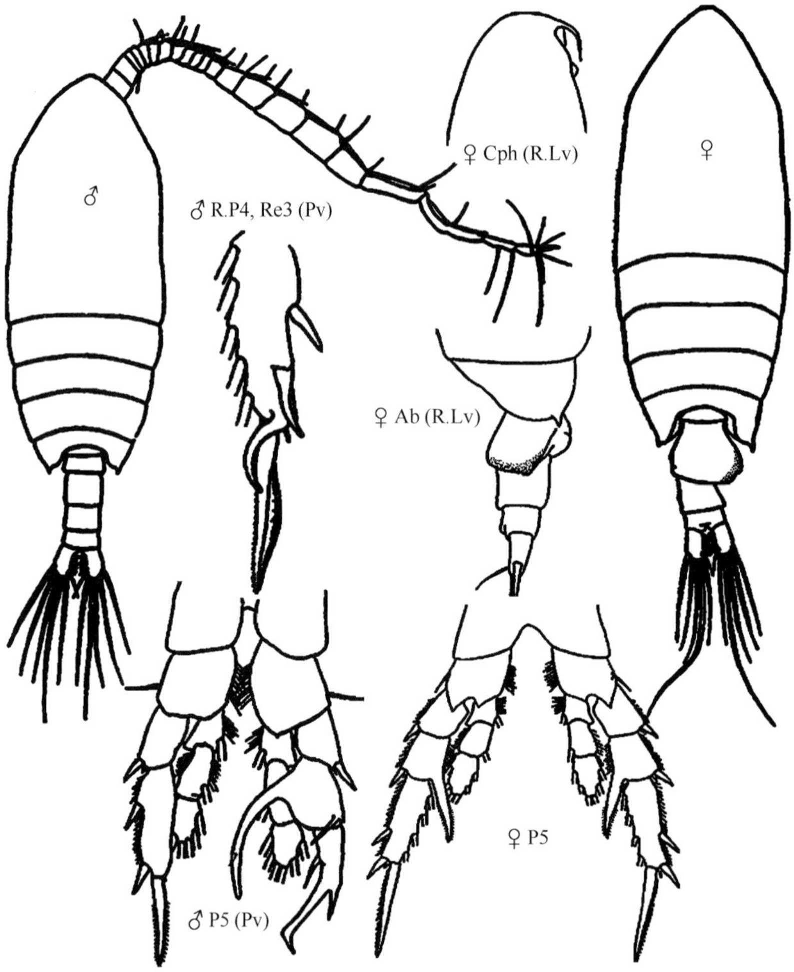

图 197 中华胸刺水蚤 *Centropages sinensis*（仿陈清潮等，1965）

（197）中华胸刺水蚤 *Centropages sinensis* Chen & Zhang，1965（图 197）

形态特征：

体长：♀1.4～1.5 mm，♂1.2～1.3 mm。头部与第 1 胸节愈合。额部前端较狭而钝突。**雌性：**胸部后侧角尖锐且不对称，右侧刺较左侧长大。生殖节不对称，其右侧特别膨大，并具许多细刺毛；肛节宽短。尾叉稍不对称，左叉稍长于右叉。第 5 对胸足对称，外肢第 2 节内缘刺粗大，略超过末节中部，刺的末部内、外缘均具细齿。**雄性：**胸部后侧角尖小而对称。腹部分 4 节，第 2 节较长大。第 4 对胸足左足结构正常；右足外肢第 3 节第 3 外缘刺较长并向外弯曲呈钩状。第 5 对胸足不对称，左足末节具 2 小外缘刺，末刺较长大，其内、外缘均具细齿；右足外肢第 2 节宽大，外末角具 1 小刺，内缘刺突狭长，其内缘具 1 列细齿，近末部背面具 1 小齿突，末节前半部较粗大，内、外缘各具 1 小刺，后半部较狭长，其末端稍向外弯折，呈爪状。

分布：黄海至南海；西太平洋。暖水沿岸种。

参考文献：13，18，20，24，31，32，37，44，48。

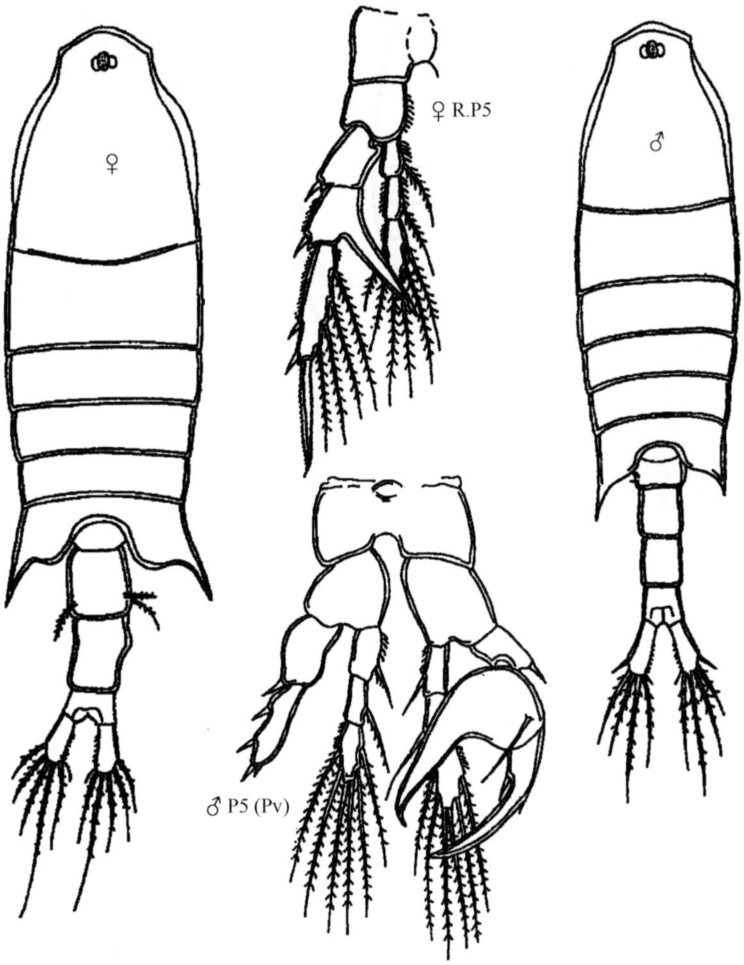

图 198 典型胸刺水蚤 *Centropages typicus*（仿 Sars，1903）

(198) 典型胸刺水蚤 *Centropages typicus* Kröyer, 1849 (图 198)

形态特征：

体长：♀1.6~2.0 mm，♂1.4~1.9 mm。头部与第 1 胸节分开。额部前端钝圆。尾叉长约为宽的 2.5 倍。**雌性**：胸部后侧角细长呈针刺状，内侧后缘稍突出，稍不对称。生殖节不对称，右侧末部具 2 小刺，左后末缘也具 1 小刺，第 2 腹节长大且不对称，右侧具 1 瘤状突。第 5 对胸足对称，外肢第 2 节内缘刺粗大，与末节近等长。**雄性**：胸部后侧角尖锐而不对称，左后侧刺较长，达到第 2 腹节基部。第 5 对胸足不对称，左足外肢第 1 节外缘膨大，第 2 节具 2 外缘刺，末端具 2 小末刺；右足外肢第 2 节内缘刺粗大，其末端呈钩状，此节外末角具 1 细长刺毛，末节稍弯曲，与前节内刺形成螯状，其基部内、外缘各具 1 小刺。

分布：南海；西太平洋。暖水种。

参考文献：44，153，217。

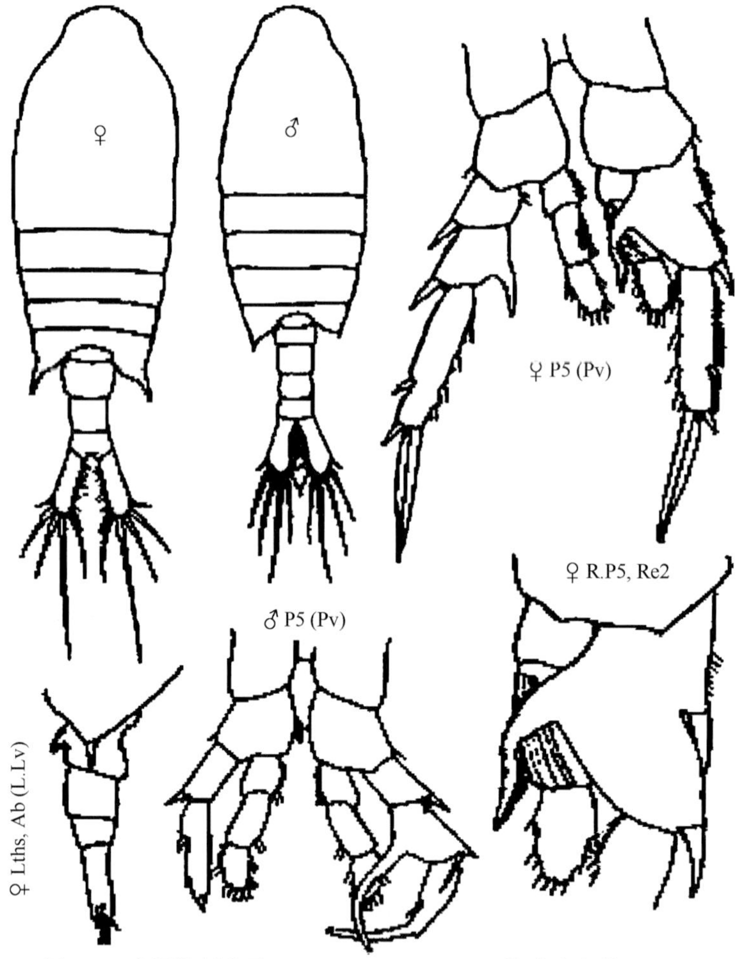

图 199 瘦尾胸刺水蚤 *Centropages tenuiremis*（仿陈清潮等，1965）

（199）瘦尾胸刺水蚤 *Centropages tenuiremis* Thompson & A. Scott，1903（图 199）

［*Centropages orsinii*：Mori，1929（♀）；*C. kröyer*：Mori，1929（♂）；*C. yamadai* Mori，1934，1937；Tanaka，1963］

形态特征：

体长：♀1.4~2.0 mm，♂1.2~1.8 mm。额部较狭而钝圆。头部与第 1 胸节愈合。尾叉对称，其长为宽的 3 倍。**雌性：**胸部后侧角呈长刺状，右刺稍长于左刺。生殖节稍不对称，左侧基部稍突出，腹面中部具 1 突起。第 5 对胸足不对称，左足外肢第 2 节内刺突较短小且光滑；右足外肢仅分 2 节，第 1 节内缘具 1 弯向后方的粗刺突，刺的外末部具细毛，内缘具小齿列，节的外缘具 2 小刺，内肢第 2 节表面密布细毛。**雄性：**胸部后侧刺较小，左侧刺较右侧长大。腹部分 4 节。第 5 对胸足不对称，左足外肢第 2 节狭长，其外缘刺及末刺均短小；右足外肢第 2 节内缘刺细长，其外缘具细横隆纹，第 3 节基部粗大，内、外缘近中部各具 1 小刺，末部弯曲呈爪状，与前节形成螯状。

分布：渤海至南海；太平洋，印度洋。暖水沿岸种。

参考文献：1，5，9，10，13，18，24，36，37，44，48，50，51，82，115，118，182，199。

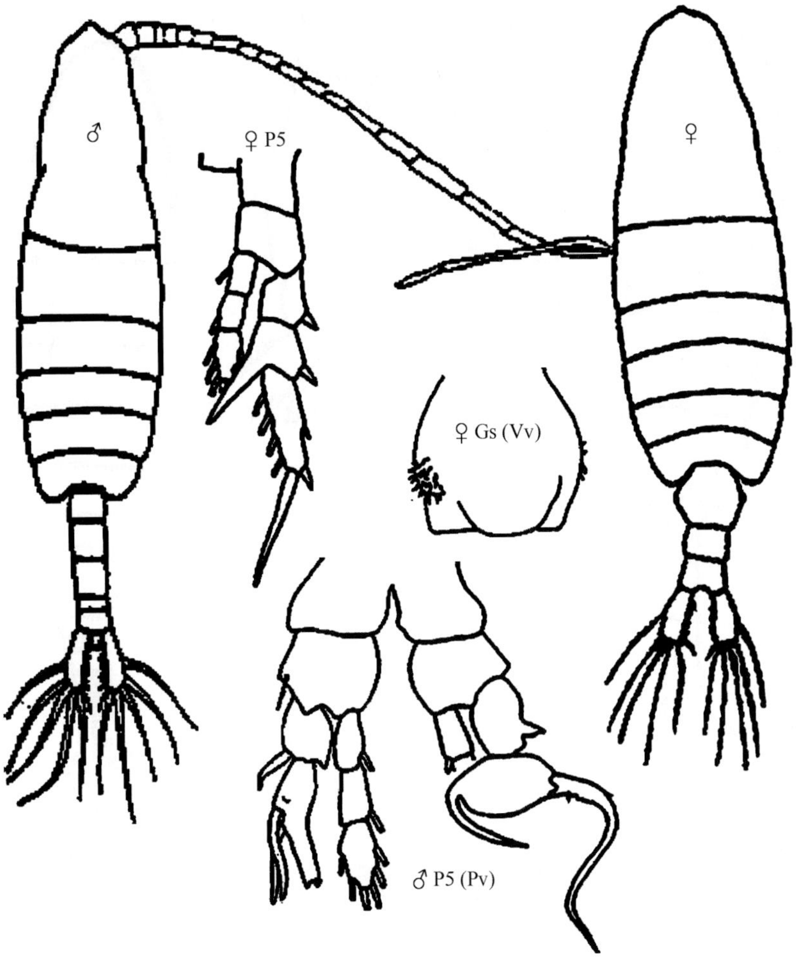

图 200　紫胸刺水蚤 *Centropages violaceus*（仿 Mori，1937）

（200）紫胸刺水蚤 *Centropages violaceus*（Claus，1863）（图 200）

［*Ichthyophorba violacea* Claus，1863］

形态特征：

体长： ♀1.8~2.2 mm，♂1.8~2.2 mm。头部与第 1 胸节分开。胸部后侧角钝圆。**雌性：** 额部前端具 1 小钝突。生殖节两侧膨大呈球状，稍不对称，腹面左右两侧均具 1 丛小刺，生殖突后缘钝圆而突出；第 2、3 腹节近等长，尾叉长约为宽的 2.5 倍。第 5 对胸足对称，外肢第 2 节内缘刺粗短，仅达末节中部。**雄性：** 额部前端较雌性突出。腹部分 5 节，生殖节宽短，第 2、3 节等长，第 4、5 节短小。尾叉长约为宽的 3 倍。第 5 对胸足不对称，左足外肢较短于内肢，外肢末节外缘具 2 弯曲长刺突，节的末端分叉；右足外肢第 2 节呈椭圆形，内缘刺突尖锐而弯曲，末节细长呈 S 形弯曲，基部内、外缘各具 1 小刺突。

分布： 东海，南海；太平洋，大西洋。暖水种。

参考文献： 24，37，44，118，217。

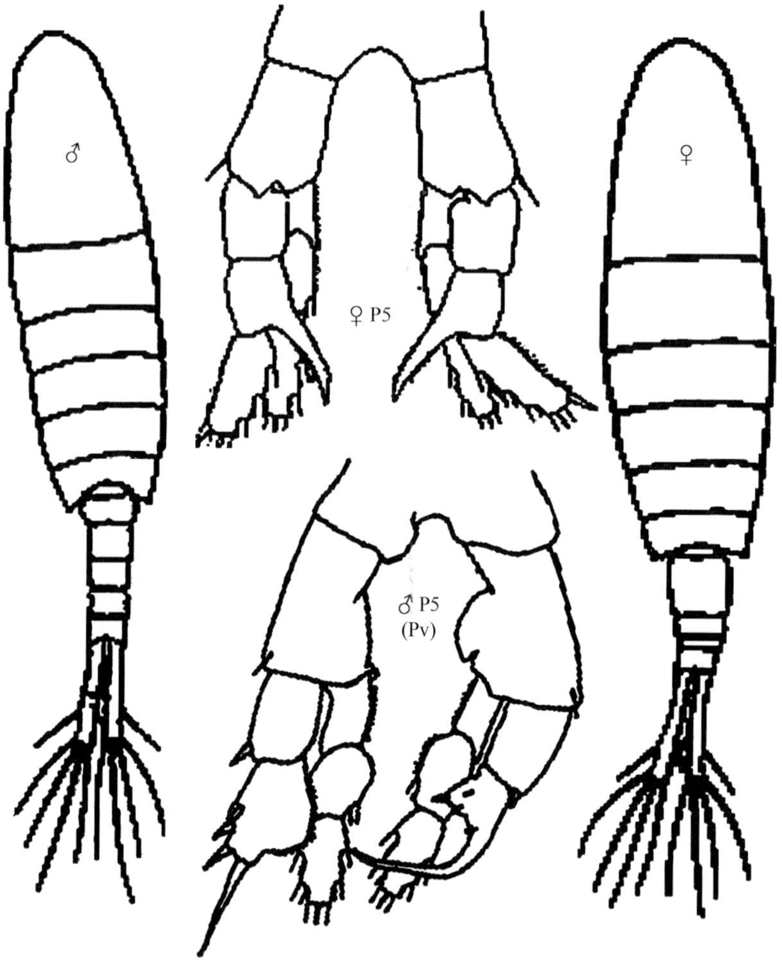

图 201 左指华哲水蚤 *Sinocalanus laevidactylus*（仿陈清潮等，1965）

（201）左指华哲水蚤 *Sinocalanus laevidactylus* Shen & Tai，1964（图 201）

形态特征：

体长：♀1.2~1.3 mm，♂1.2~1.3 mm。额部前端钝圆。头部与第 1 胸节分开。胸部后侧角对称，末端各具 1 小齿突。尾叉细长而稍不对称，左尾叉稍长于右叉，长约为宽的 9 倍。**雌性**：腹部分 4 节，生殖节宽大，其长为后 3 腹节之和；肛节约为前 1 节长的 2 倍。第 5 对胸足对称，外肢第 1 节无外缘刺，第 2 节内缘刺粗大，其内、外缘均具小齿列，第 3 节仅具 1 外末刺。**雄性**：腹部分 5 节，生殖节宽短，第 2~3 节末缘具小刺列。第 5 对胸足不对称，外肢仅分 2 节；左足外肢末节粗短，内缘很膨大，并具细毛，外缘具 3 小刺，末刺细长，约与本节等长；右足第 2 基节内缘中部具 1 片状突，外肢末节内缘基部突出呈瘤状，突起背面具 3 小刺，末端也具 1 小刺，本节后半部呈钩状长刺。

分布：东海，台湾海峡西部至南海北部沿岸水域；西太平洋。咸淡水种。

参考文献：12，13，24，32，36，37，44，48。

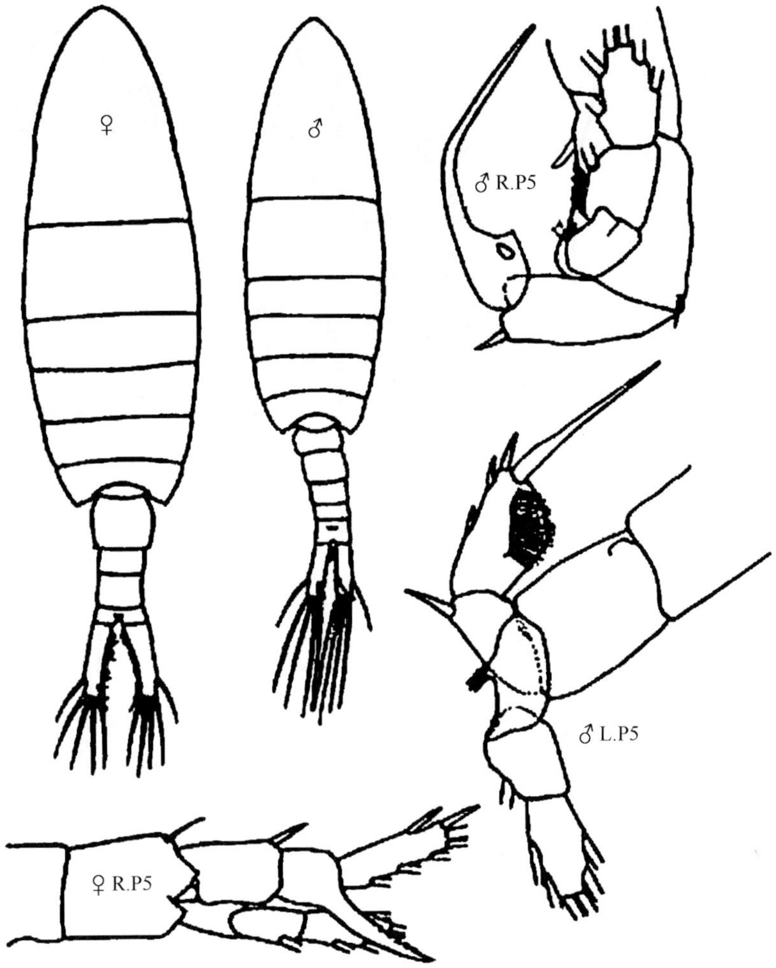

图 202 中华华哲水蚤 *Sinocalanus sinensis*（仿陈清潮等，1965）

（202）中华华哲水蚤 *Sinocalanus sinensis*（Poppe，1895）（图 202）

形态特征：

体长：♀1. 6~1. 8 mm，♂1. 4~1. 5 mm。**雌性**：额部前端狭尖。胸部后侧角钝突，末端具1小齿，左右对称。腹部分4节，生殖节宽大，近方形，第3节较长于前1节，约为肛节长的2倍。尾叉细长，长约为宽的4. 5倍，左叉稍长于右叉。第5对胸足对称，外肢第1节具1外末刺，第2节内缘刺长大，约与末节等长，刺的内、外缘具小齿，第3节外末部具2等长小刺。**雄性**：体形与雌性相似，唯额部较狭尖。腹部分5节。尾叉长约为宽的5倍。第5对胸足不对称，外肢仅分2节；左足第2基节近端外缘具1小突起，外肢末节内缘膨大并具细毛，外缘具3外缘刺，末刺狭长，约为末节长的1.5倍，内肢第1节内缘中部具1小突起及细毛，第2节内缘较隆起并具细齿；右足第2基节内缘近基部具1刺突，外肢末节基部膨大呈球状，其内缘具1小齿突，节的后半部为弯曲的长刺。

分布：渤海，黄海至南海北部沿岸水域。咸淡水种。

参考文献：1，8，12，13，24，31，36，37，44，48。

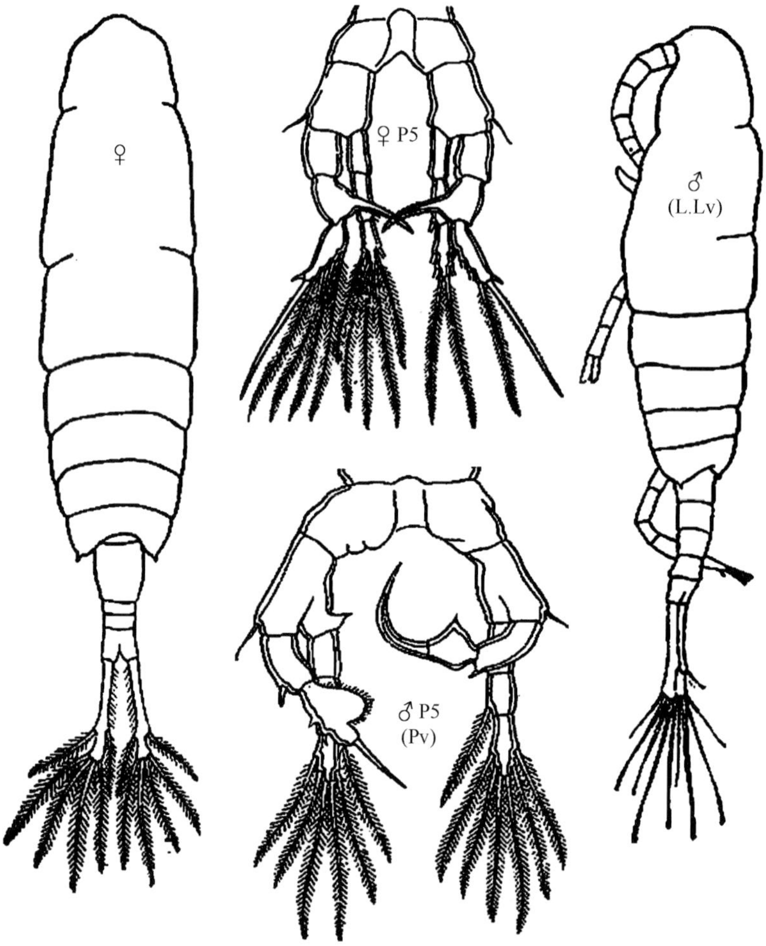

图 203 长日华哲水蚤 *Sinocalanus solstitialis*（仿沈嘉瑞等，1963）

（203）长日华哲水蚤 *Sinocalanus solstitialis* Brehm，1923（图 203）

形态特征：

体长：♀1.2~1.3 mm，♂1.1~1.2 mm。头部前端 1/3 处具 1 缢缩，后端与第 1 胸节不完全愈合。额部前端稍突出。胸部后侧角各具 1 小齿突，左右对称。尾叉长约为宽的 7 倍。**雌性**：生殖节长大，约等于后 3 节长度之和；肛节与第 2、3 腹节长度之和近等长。第 5 对胸足对称，外肢第 1 节无外缘刺，第 2 节内末角具 1 长刺，约与末节等长，末节狭长，外末角具 1 小刺。**雄性**：腹部分 5 节。第 5 对胸足不对称，外肢仅分 2 节；左足第 2 基节内末角突出呈尖齿状，外肢第 2 节具 3 小外缘刺和 1 长末刺，内缘隆起呈半球状，边缘具细毛；右足外肢第 2 节基部膨大，其内缘隆起，顶端具 1 小刺，末部为长的钩状刺。

分布：东海，南海北部沿岸水域及南沙群岛；太平洋。咸淡水种。

参考文献：10，12，24，37，44。

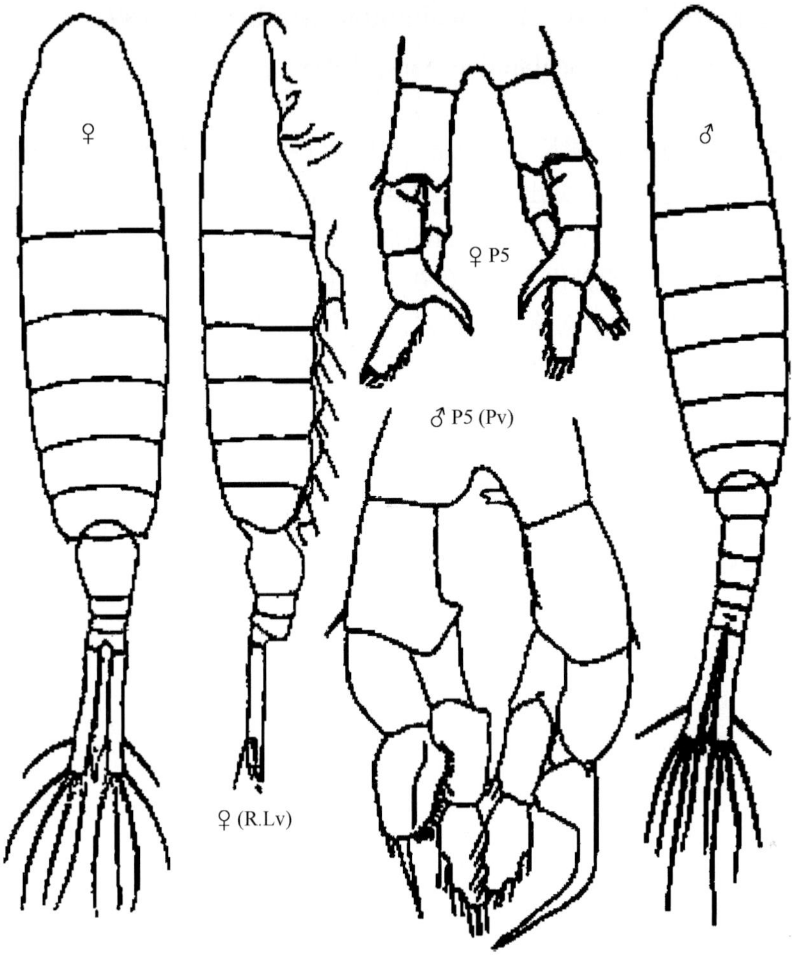

图 204 细巧华哲水蚤 *Sinocalanus tenellus*（仿陈清潮等，1965）

（204）细巧华哲水蚤 *Sino tenellus*（Kikuchi，1928）（图 204）

形态特征：

体长： ♀1.0~1.5 mm，♂1.0~1.4 mm。额部前端钝圆。头部与第 1 胸节分开。胸部后侧角对称，各具 1 小齿突。尾叉长为宽的 8 倍，左叉稍长于右叉。**雌性：** 生殖节两侧膨大，第 2~4 腹节宽短，3 节近等长。第 5 对胸足对称，外肢第 1~3 节均无外缘刺，第 2 节内缘刺较短于第 3 节，内缘刺内、外缘均具细齿，第 3 节外末刺很短小。**雄性：** 第 5 对胸足不对称，外肢仅分 2 节；左足第 2 基节内末缘突出，外肢第 2 节内缘膨大，并具细毛，末端具 2 不等长末刺；右足第 1 基节内缘具 1 刺突，其末端稍分叉，外肢第 2 节内缘基部膨大呈球状，其顶端具 3 小突起，此节末部为向内弯曲的长刺。

分布： 渤海至台湾海峡沿岸水域，南沙群岛；太平洋。咸淡水种。

参考文献： 13，24，27，31，32，36，37，44，67。

11. 基齿哲水蚤科 Family Clausocalanidae Giesbrecht, 1892

[伪哲水蚤科 Pseudocalanidae Sars, 1903]

本科为中型、小型桡足类(体长 1~4 mm)。头部与第 1 胸节愈合，第 4 胸节与第 5 胸节通常也愈合。胸部后侧角钝圆或稍突出。尾叉具 4 近等长的末端刚毛。第 1~4 对胸足外肢分 3 节，内肢节数分别为 1、2、3、3。雌性：额部常具 2 额角丝(或刺)。腹部分 4 节。第 5 对胸足单肢型且对称，分 1~3 节或退化、或不存在。雄性：具额角丝或无额角丝，退化为瘤状突。腹部分 5 节，肛节很短小。第 5 对胸足不对称，大多为单肢型，左足分 5~6 节，末节很短小，右足分 1~3 节或不存在，少数为双肢型，具退化的内肢。

本科包括 7 属。中国海域已知有 5 属 17 种。

属名 Genera	种数	页码
基齿哲水蚤属 *Clausocalanus* Giesbrecht, 1888	12	249
栉哲水蚤属 *Ctenocalanus* Giesbrecht, 1888	1	261
镰水蚤属 *Drepanopsis* Brady, 1883	2	262
微哲水蚤属 *Microcalanus* Sars, 1901	1	264
伪哲水蚤属 *Pseudocalanus* Boeck, 1873	1	265

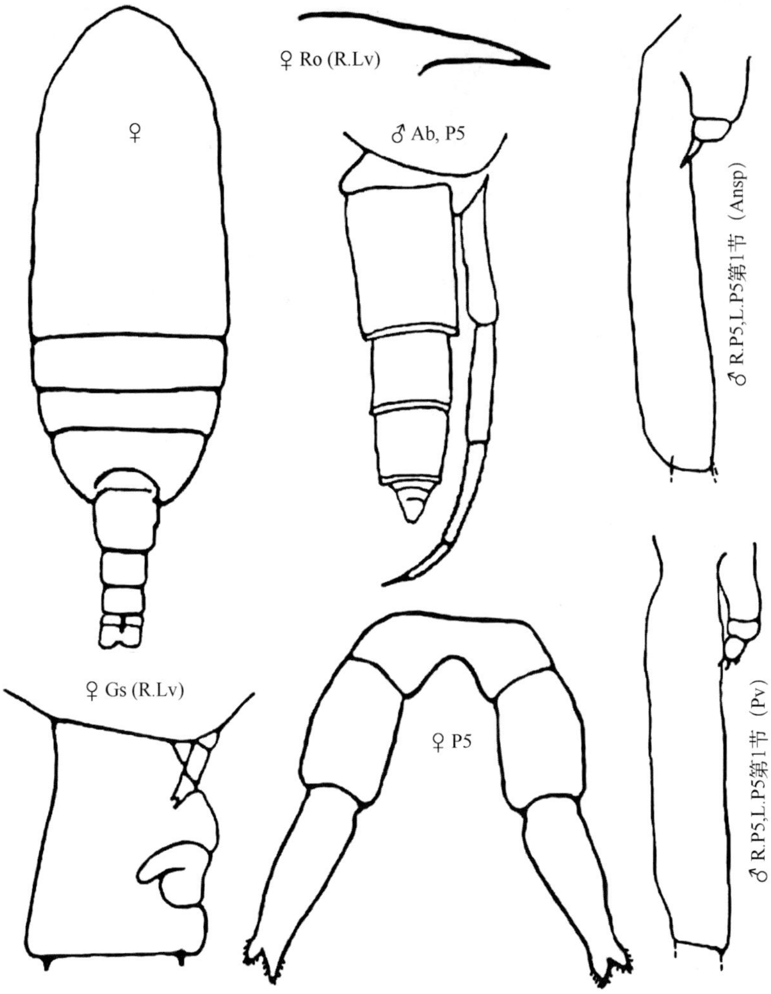

图 205　弓角基齿哲水蚤 *Clausocalanus arcuicornis*（仿 Frost et al.，1968）

（205）弓角基齿哲水蚤 *Clausocalanus arcuicornis*（Dana，1849）（图 205）

［*Calanus arcuicornis* Dana，1849；*Clausocalanus arcuicornis* f. *major* Tanaka，1956b］

形态特征：

体长：♀1.2~1.6 mm，♂0.9~1.2 mm。**雌性**：额角刺粗短且较平直。背面观，生殖节粗短近方形，腹面不突出；侧面观，纳精囊较大，其背叶呈指状，稍弯向背侧后缘。第 5 对胸足单肢型且对称，分 3 节，末节较狭长，末端呈叉状，其内、外缘均具细刺。**雄性**：腹部分 5 节，第 2 腹节最长大，约为其后 2 节长度之和；肛节很短小。第 5 对胸足单肢型且不对称，左足细长，分 5 节，第 2、3 节等长，末节很短小呈突起状，位于第 4 节近末部，顶端具细毛；右足很短小且分 3 节，末节顶端具 3 小刺毛。

分布：黄海至南海；太平洋，印度洋及大西洋。暖水种。

参考文献：1，5，13，15，21，24，31~33，36，37，44，46，51，82，95，158，172，217。

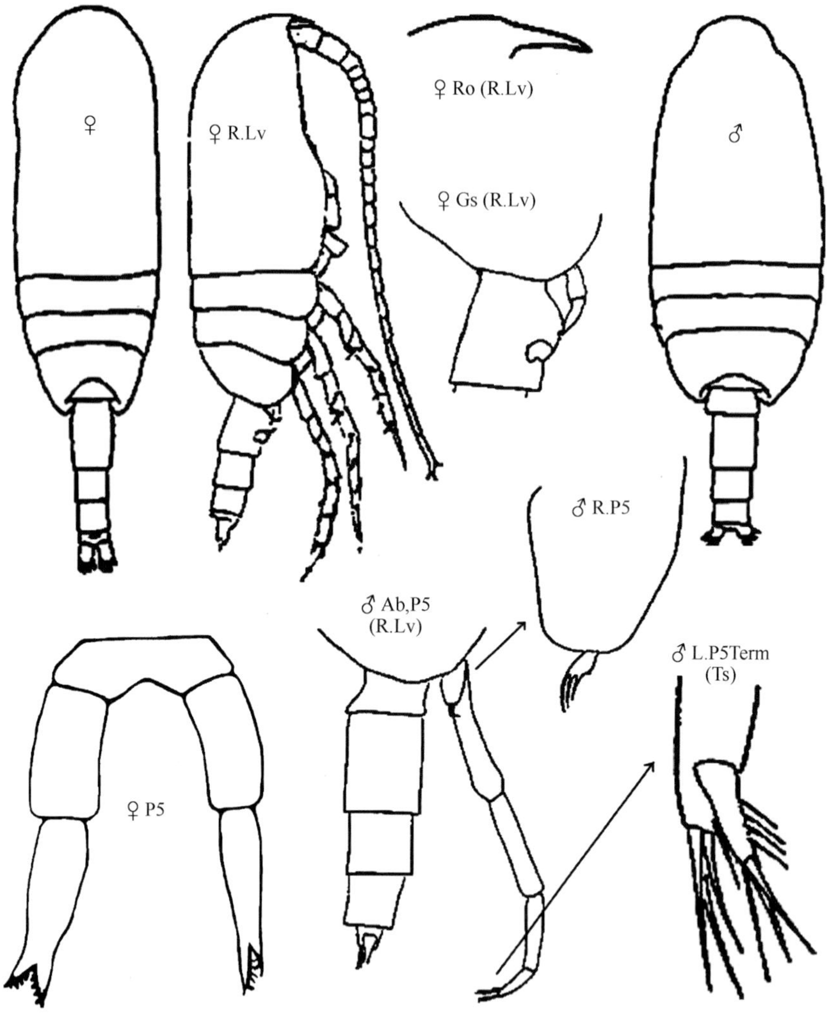

图 206 法氏基齿哲水蚤 *Clausocalanus farrani*（仿 Frost et al., 1968）

（206）法氏基齿哲水蚤 *Clausocalanus farrani* Sewell, 1929（图 206）

［*Clausocalanus arcuicornis* f. *minor*：Brodsky, 1962（Part）；Grice, 1962；*C. pergens*：Mori, 1937；Tanaka, 1956b；陈清潮等, 1965］

形态特征：

体长：♀1.0~1.2 mm，♂0.9~1.0 mm。**雌性**：额部前端较宽圆；侧面观，头胸部背侧较平直。额角短小并指腹面。生殖节较狭长，等于后 2 节长度之和；侧面观，生殖孔之前腹面较膨大，纳精囊较小呈半圆形，背叶不明显。第 5 对胸足末节较长，约为前 2 节长度之和，末端叉状刺突仅内缘具细刺。**雄性**：额部前端较狭而钝圆。第 5 对胸足单肢型且不对称，左足分 5 节，末节很短小呈突起状，顶端具细毛；右足仅分 2 节，末节很短小且具 3 小刺毛。

分布：东海至南海；太平洋，印度洋。暖水种。

参考文献：5, 13, 15, 20, 21, 24, 31, 33, 37, 44, 48, 50, 51, 68, 82, 99, 118, 172。

注：据陈清潮等(1974)记述及绘图，雄性第 5 对胸足左足仅分 4 节，末节顶端具 2 刺状刚毛；右足单节，末端具短小刺状刚毛 2 根。这可能观察有误或存在个体差异，有待探讨。

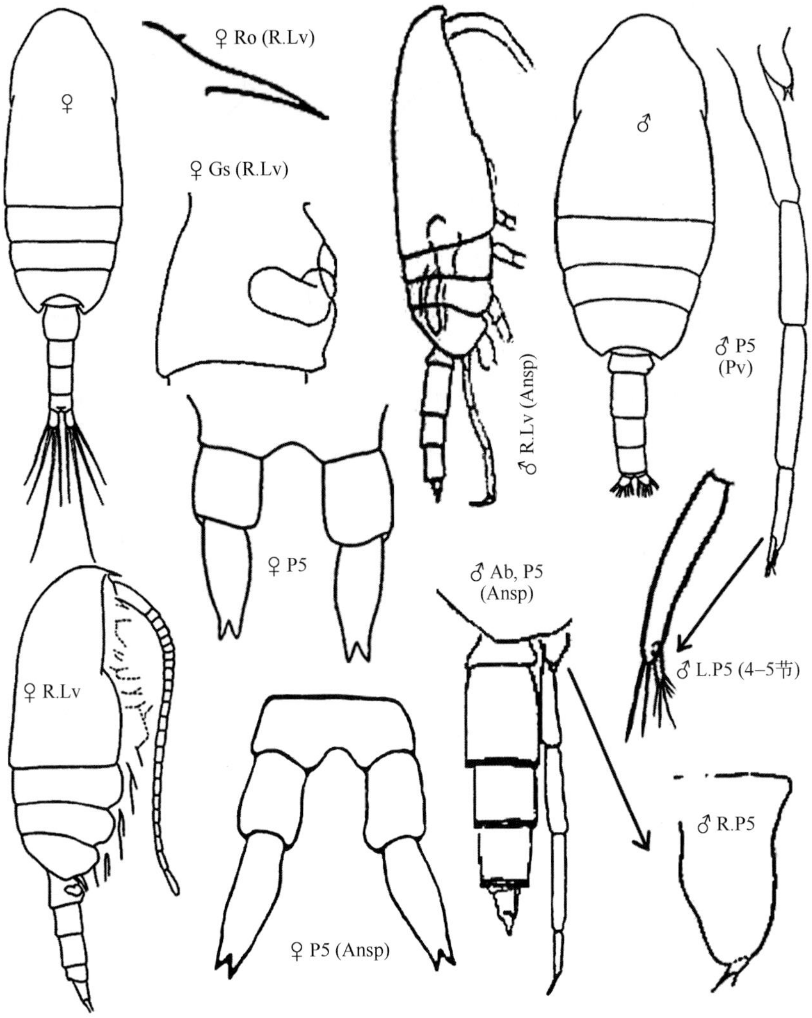

图 207 长尾基齿哲水蚤 *Clausocalanus furcatus*（仿陈清潮等, 1965; Frost et al. , 1968）

（207）长尾基齿哲水蚤 *Clausocalanus furcatus*（Brady, 1883）（图 207）

［*Drepanopus furcatus* Brady, 1883; *Clausocalanus pergens*: Tanaka, 1960a (♂)］

形态特征：

体长： ♀1.0~1.3 mm，♂0.7~1.0 mm。**雌性：** 头胸部较狭长。前额钝圆，额角刺粗短且稍弯曲。腹部狭长，生殖节较宽短，近方形，约与第 2 或第 3 腹节近等长；侧面观，纳精囊背叶粗大近长方形，并指向背前方。尾叉长为宽的 2 倍。第 5 对胸足末节较粗大，末端叉状刺突内缘无细刺。**雄性：** 第 5 对胸足单肢型且不对称，左足细长分 5 节，第 3 节较长于第 2 节，末节很短小，呈突起状；右足通常分 1~2 节，末节很短小并具 2 小刺毛。

分布： 东海至南海；太平洋，印度洋及大西洋。暖水种。

参考文献： 1, 5, 13, 15, 18, 20, 24, 31~33, 44, 46, 51, 95, 158, 178, 217。

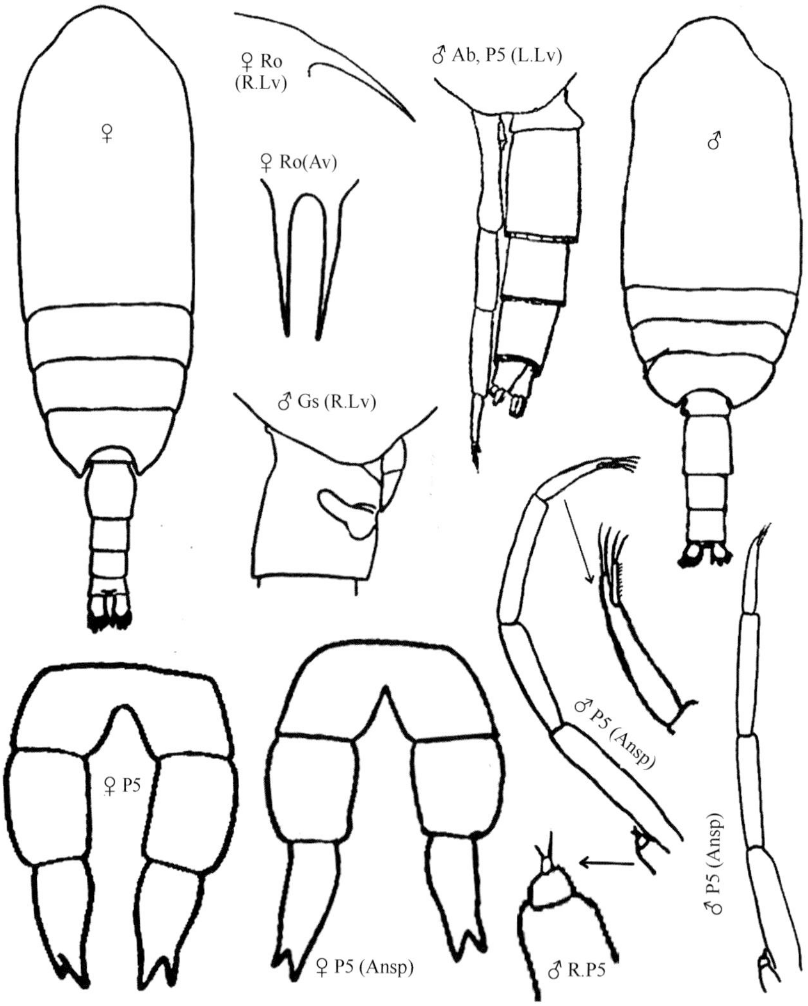

图 208　大基齿哲水蚤 *Clausocalanus ingens*（仿 Frost et al.，1968）

（208）大基齿哲水蚤 *Clausocalanus ingens* Frost & Fleminger，1968（图 208）

［*Clausocalanus laticeps*：Tanaka，1960a］

形态特征：

体长：♀1.4～1.9 mm，♂1.0～1.1 mm。**雌性**：额部前端钝圆。额角刺较细长并弯向腹面，刺间穴狭小。生殖节较粗短，近方形，其长度约为后 2 节之和；侧面观，纳精囊腹叶很宽短，背叶粗大呈指状且指向背前部。第 5 对胸足末节粗短，约与第 2 节等长，末端叉状刺突内缘无细刺。**雄性**：头部前端较狭小而钝圆。第 5 对胸足单肢型且不对称，左足分 5 节，末 2 节超过尾叉，第 3 节稍长于第 2 节，末节很短小呈突起状，末端具细毛；右足短小，分 3 节，末端具 2 小刺毛。

分布：台湾东北部黑潮区，南海；太平洋，印度洋及大西洋。暖水种。

参考文献：4，24，44，95，178。

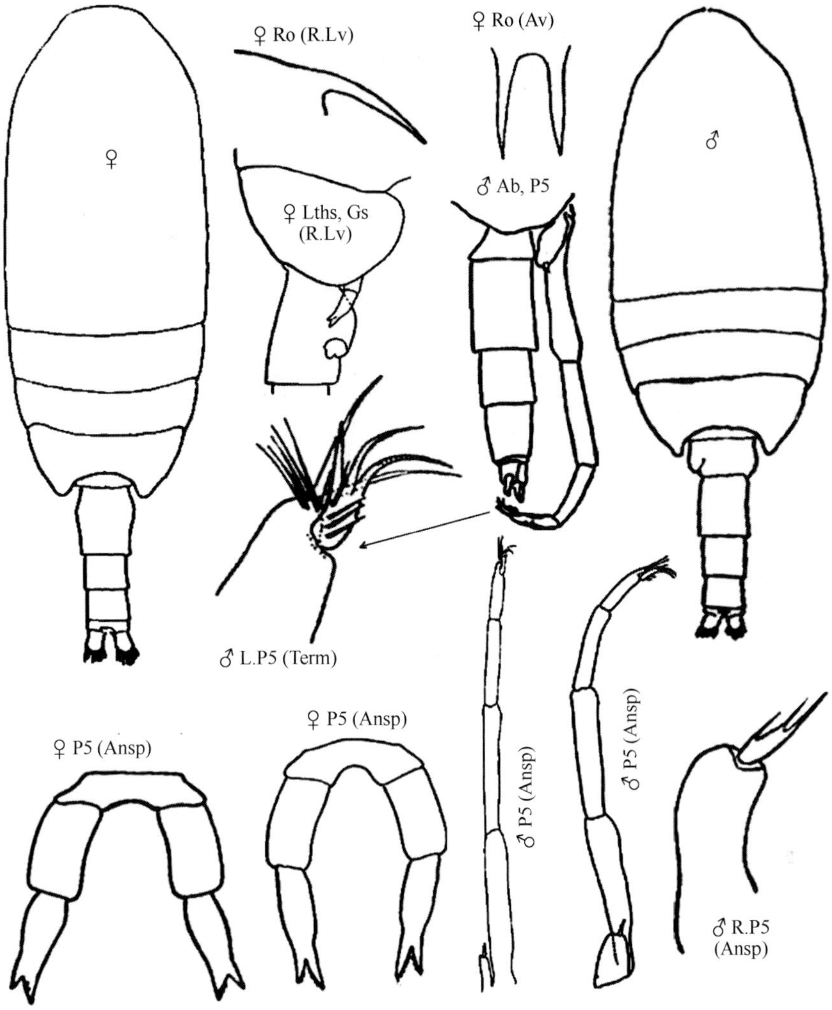

图 209　三刺基齿哲水蚤 *Clausocalanus jobei*（仿 Frost et al.，1968）

（209）三刺基齿哲水蚤 *Clausocalanus jobei* Frost & Fleminger，1968（图 209）

形态特征：

体长：♀1.0~1.6 mm，♂0.9~1.1 mm。**雌性：**背面观，头胸部较宽大，额部前端较宽圆；侧面观，额角较细长并弯向腹面，刺间穴较宽大。生殖节较粗大，约等于后 2 节长度之和；侧面观，纳精囊较小近圆形，背叶呈小突起状。第 5 对胸足末节较长于第 2 节或近等长，其末端叉状突内缘具细刺。**雄性：**第 5 对胸足单肢型且不对称，左足细长，分 5 节，末 3 节超过尾叉，第 2 节长于第 3 节，末节很短小，其顶端具 3 根较粗而弯曲的刺状刚毛；右足短小，分 2 节，末节具 3 小刺毛。

分布：台湾东北部黑潮区，南海；太平洋，印度洋及大西洋。暖水种。

参考文献：4，24，44，95。

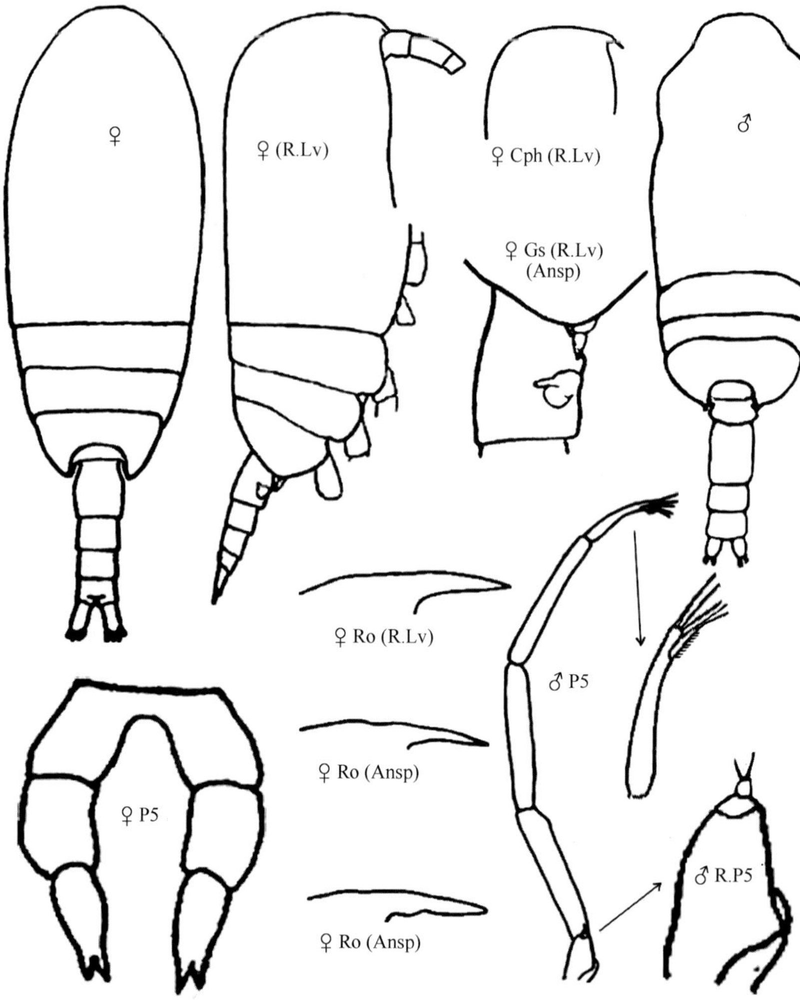

图 210　宽头基齿哲水蚤 *Clausocalanus laticeps*（仿 Frost et al.，1968）

（210）宽头基齿哲水蚤 *Clausocalanus laticeps* Farran, 1929（图 210）

形态特征：

体长：♀1.0～1.7 mm，♂1.0～1.2 mm。**雌性：**背面观，头胸部呈椭圆形，额部前端宽圆；侧面观，头胸部较宽大，头部前端通常较宽平，背侧也平直。额角通常粗大而笔直，指向腹面。生殖节腹侧不凸出，其长度为第 2 节的 1.5 倍；侧面观，纳精囊腹叶宽圆，背叶较狭小呈指状并指向背侧。尾叉长为宽的 2 倍。第 5 对胸足单肢型且对称，分 3 节，各节粗短且近等长，末节顶端叉状刺突内缘无细刺。**雄性：**额部前端较狭而钝圆。第 5 对胸足单肢型且不对称，左足分 5 节，第 2、3 节等长，末节呈突起状并具细毛；右足分 3 节，末节短小并具 2 细毛。

分布：东海，台湾海峡，南海；太平洋，印度洋，大西洋及南大洋。世界广布种。

参考文献：24，37，44，48，89，95，166。

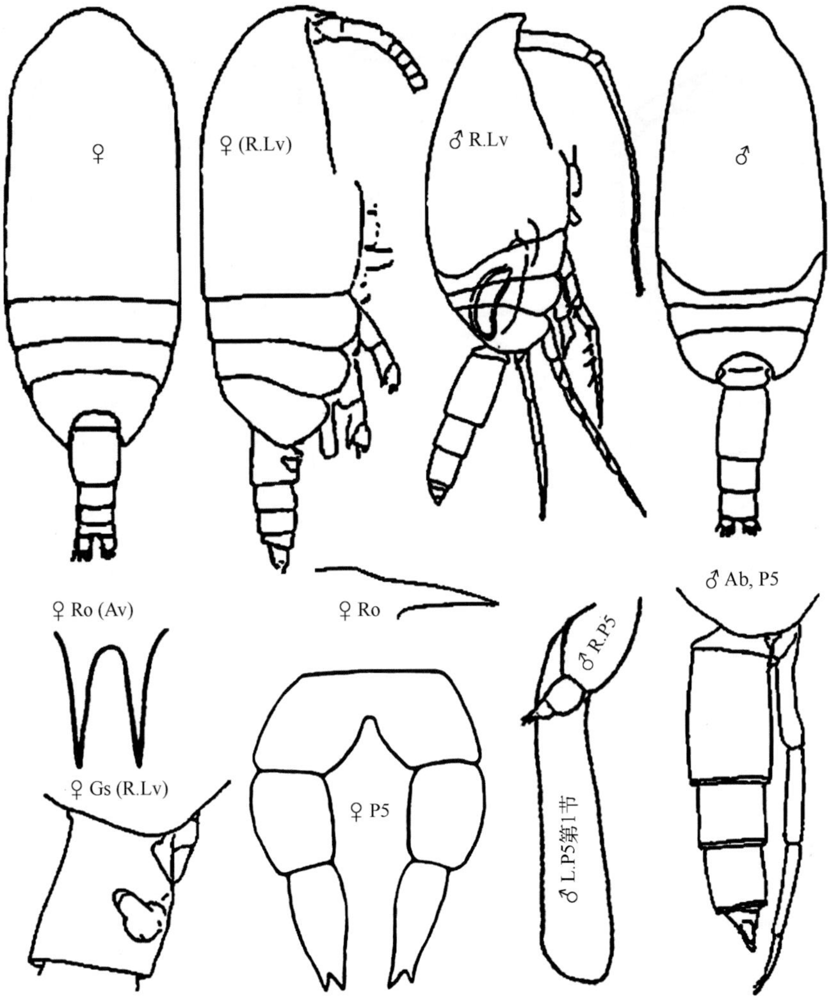

图 211 兰基齿哲水蚤 *Clausocalanus lividus*（仿 Frost et al.，1968）

(211) 兰基齿哲水蚤 *Clausocalanus lividus* Frost & Fleminger, 1968 (图 211)

形态特征：

体长：♀1.3~1.8 mm，♂1.1~1.5 mm。**雌性：**侧面观，头胸部较狭长，额部较钝圆，背部较平直。额角刺粗大，背面观或侧面观，其基部粗大，末部渐尖，刺间穴内缘较狭。生殖节粗大，其长度为第2腹节的2.5倍；侧面观，腹面不膨大，纳精囊腹叶宽圆，背叶呈粗指状，指向背前方。第5对胸足单肢型且对称，分3节，各节较粗短，末节顶端叉状刺内缘无细刺。**雄性：**头部与第1胸节愈合，其侧缘显著斜向背侧后缘，背面观近半圆形，侧面观与体轴成斜角。腹部较狭长，尾叉可达左第5胸足第3节末缘。第5对胸足单肢型且不对称，左足分5节，第2、3节近等长，末节短小并具细毛；右足分3节，末节尖小，顶端具2小刺毛。

分布：台湾东北部黑潮区，南海；太平洋，印度洋及大西洋。暖水种。

参考文献：4，24，44，82，95，106。

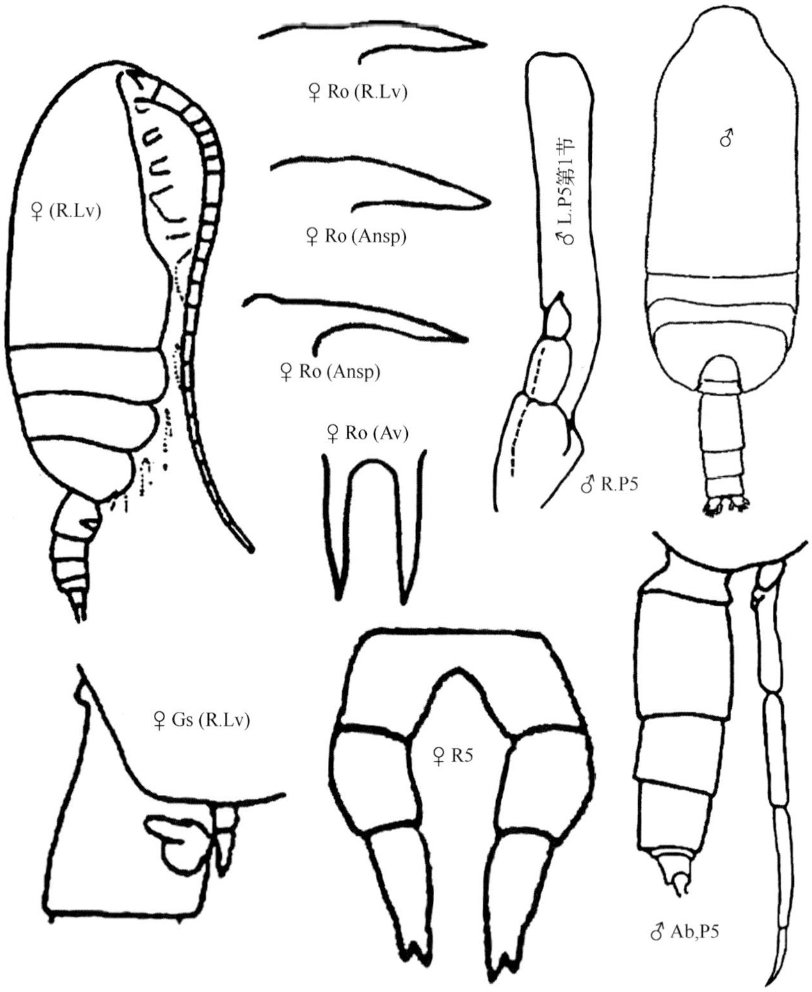

图 212 拟鞭基齿哲水蚤 *Clausocalanus mastigophorus*（仿 Frost et al.，1968）

（212）拟鞭基齿哲水蚤 *Clausocalanus mastigophorus*（Claus，1863）（图 212）

［*Clausocalanus arcuicornis* f. *major*（♀）Sewell，1929；Brodsky，1962；陈清潮等，1965；*C. arcuicornis*：Mori，1937］

形态特征：

体长：♀1. 2～1. 8 mm，♂1. 1～1. 5 mm。**雌性**：侧面观，头胸部较宽大，背部呈长椭圆形，前额狭圆。额角刺粗大，背面观或侧面观，刺末端皆粗尖，刺间穴宽大。腹部较粗短，生殖节粗大，其长度为第 2 腹节的 2. 5 倍，腹面不膨大；侧面观，纳精囊腹叶宽大呈半圆形，背叶狭长并指向背前方。第 5 对胸足单肢型且对称，分 3 节，末节较狭长，末端叉状刺突内缘无小刺。**雄性**：头部与第 1 胸节愈合，其后缘较平，与体轴近垂直。腹部较粗短，尾叉仅达左第 5 胸足第 3 节中部。第 5 对胸足单肢型且不对称，左足分 5 节，第 2 节较短于第 3 节，末节短小，顶端具细刺毛；右足分 3 节，末节末端具 3 小刺毛。

分布：东海至南海；太平洋，印度洋。暖水种。

参考文献：13，15，20，24，36，37，44，82，95，118。

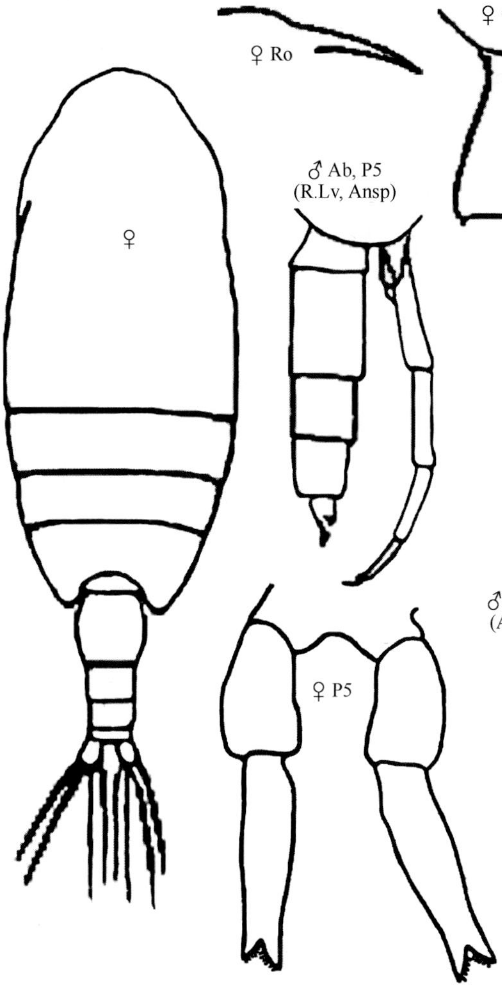

图 213 小基齿哲水蚤 *Clausocalanus minor*
[仿陈清潮等, 1965 (♀; ♂); Frost et al., 1968 (♂ Ab, P5, Ansp)]

(213) 小基齿哲水蚤 *Clausocalanus minor* Sewell, 1929 (图 213)

[*Clausocalanus arcuicornis* f. *minor* Tanaka, 1956b; Brodsky, 1962; 陈清潮等, 1965; 郑重等, 1965]

形态特征:

体长: ♀1.1~1.3 mm, ♂0.8~1.0 mm。**雌性:** 侧面观, 额角细长且弯向腹面。侧面观, 生殖节腹面生殖孔后缘具1显著台阶状突起; 生殖节长为第2腹节的1.5倍; 纳精囊背叶呈指状, 位于前叶和腹叶之间, 并指向背后缘。第5对胸足末节长大, 其长度大于前2节之和, 末端叉状刺突内缘具细刺列。**雄性:** 腹部较狭长, 尾叉可达右第5胸足第3节近末端。第5对胸足单肢型且不对称, 左足分5节, 第2节长于第3节, 末节很短小, 并具细刺毛; 右足分2~3节, 末节可达左足第1节中部, 末端具2~3小刺毛。

分布: 东海至南海; 太平洋, 印度洋。暖水种。

参考文献: 13, 15, 20, 24, 36, 37, 44, 82, 95。

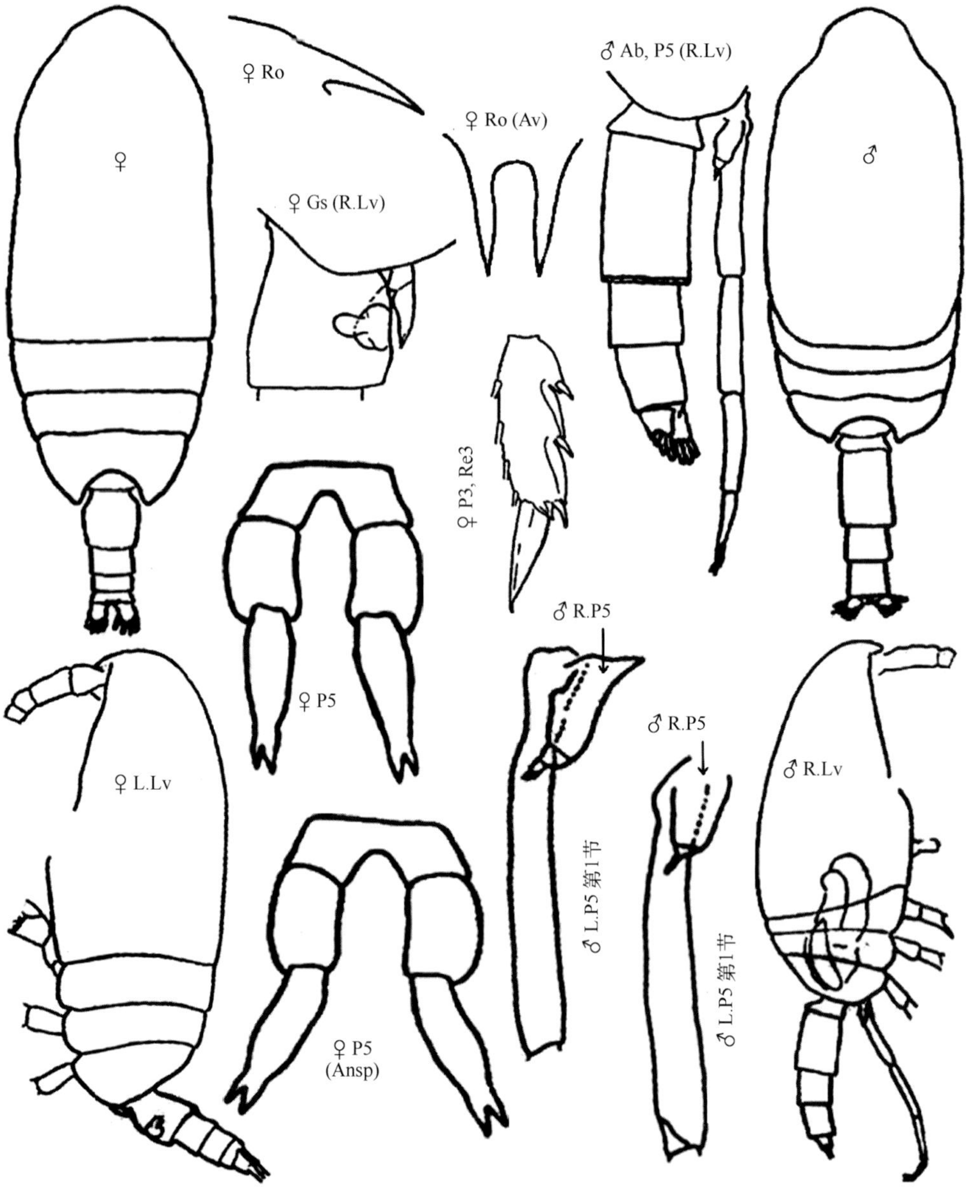

图 214 拟尖基齿哲水蚤 *Clausocalanus parapergens*（仿 Frost et al.，1968）

（214）拟尖基齿哲水蚤 *Clausocalanus parapergens* Frost & Fleminger，1968（图 214）

形态特征：

体长：♀1.0~1.4 mm，♂1.0~1.2 mm。**雌性：**额角刺较粗短并弯向腹面，刺间穴较宽大。生殖节长约为第 2 腹节 1.5 倍；侧面观，纳精囊背叶呈棒槌状，并指向背侧，其基部呈球状。第 5 对胸足末节较狭长，与前 2 节长度之和近等长，末端叉状刺突内缘无细刺。**雄性：**头部与第 1 胸节愈合，其侧缘显著向背后缘倾斜。腹部尾叉可达左第 5 胸足第 3 节近中部。第 5 对胸足单肢型且不对称，左足分 5 节，第 2 节与第 3 节近等长；右足分 2~3 节，末节短小并具 3 小刺毛。

分布：东海，台湾东北部海域，南海；太平洋，印度洋及大西洋。暖水种。

参考文献：15，20，24，36，37，44，82，95。

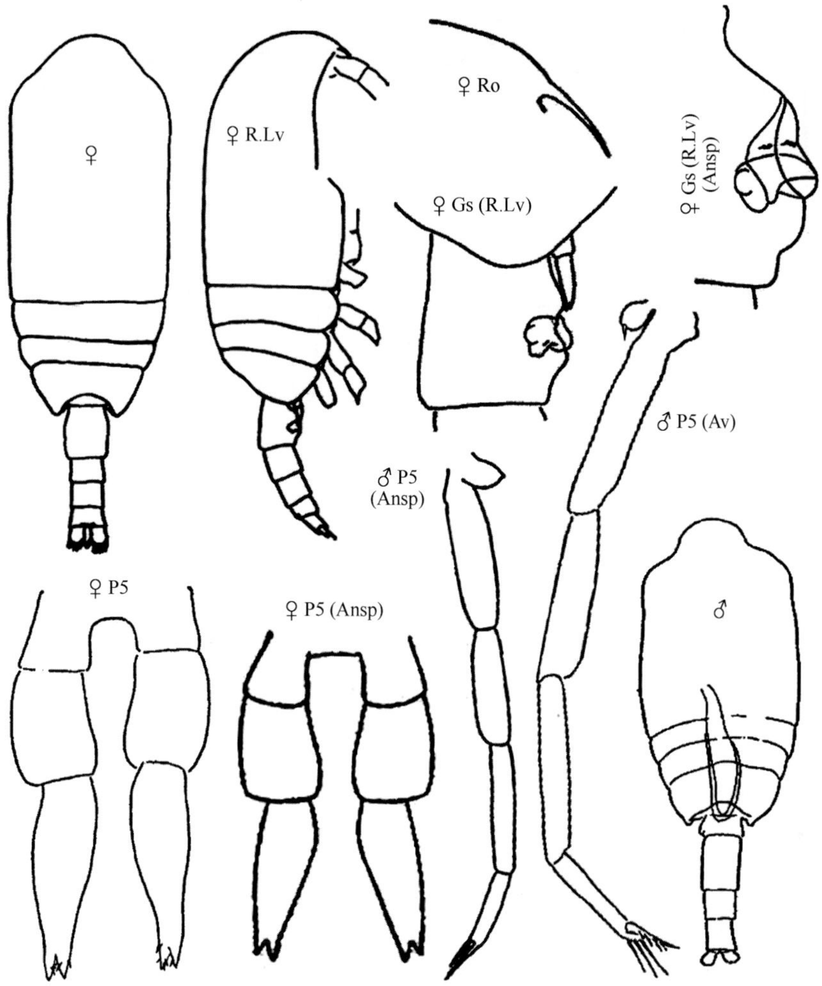

图 215 厚基齿哲水蚤 *Clausocalanus paululus*
[仿 Frost et al., 1968; 陈清潮等, 1974(♀P5; ♂P5, Ansp)]

(215) 厚基齿哲水蚤 *Clausocalanus paululus* Farran, 1926 (图 215)

形态特征:

体长: ♀0.7~0.8 mm, ♂0.5~0.6 mm。**雌性**: 身体较短小, 额部前端宽圆, 额角细长且弯向腹面。生殖节呈长方形, 与后 2 节长度之和近等长; 侧面观, 生殖孔前、后均隆起呈波纹状; 纳精囊背叶短小呈半圆形, 腹叶宽大。第 5 对胸足对称, 各分 3 节, 末节长度约为其前 2 节之和, 末端叉状刺突内、外缘具小刺或缺。**雄性**: 额部前端显著紧缩呈钝突。第 5 对胸足单肢型且不对称, 左足分 5 节, 末节短小呈粗刺状; 右足分 1~2 节, 第 2 节呈小刺状。

分布: 东海, 台湾海峡及南海; 太平洋, 大西洋。暖水种。

参考文献: 6, 15, 24, 37, 44, 51, 95。

注: 据陈清潮等(1974)记述及绘图, 雌性第 5 对胸足末节顶端叉状刺突内、外缘无小刺。雄性第 5 对胸足左足仅分 4 节, 末节顶端具 2 刺状刚毛; 右足退化, 仅为单节, 呈乳状突。这表明第 5 对胸足存在个体差异。

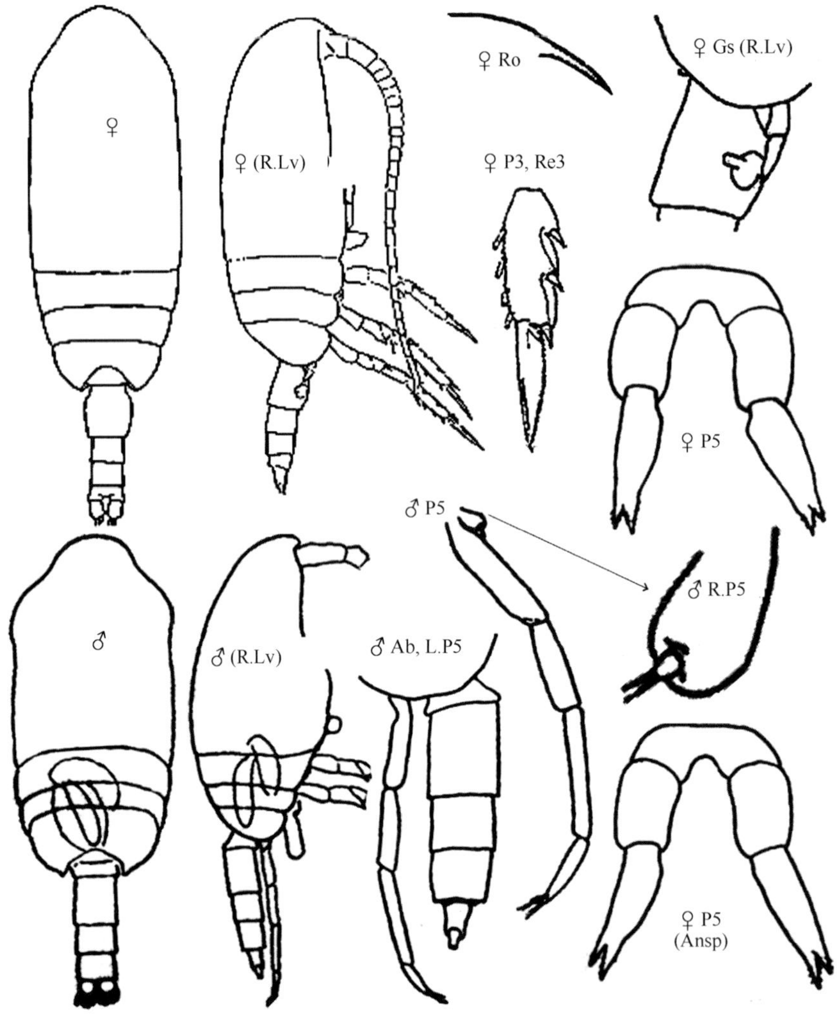

图 216 尖基齿哲水蚤 *Clausocalanus pergens*（仿 Frost et al.，1968）

（216）尖基齿哲水蚤 *Clausocalanus pergens* Farran，1926（图 216）

形态特征：

体长：♀0.7~1.1 mm，♂0.5~0.7 mm。**雌性：**身体较短小，额部前端宽圆。额角细长并弯向腹面。腹部较粗短，生殖节长约为第 2 腹节的 2 倍；侧面观，生殖节腹面稍膨大，纳精囊腹叶宽大呈半圆形，背叶较狭小呈指状突并指向背侧。第 5 对胸足单肢型且对称，分 3 节，末节较狭长，大于前 2 节长度之和，末端叉状刺突内、外缘通常具细刺或无细刺。**雄性：**额部前端较狭而钝圆。第 2 腹节约为后 2 节长度之和。第 5 对胸足单肢型且不对称，左足分 5 节，第 3 节明显长于第 2 节，末节短小并具细刺毛；右足分 2 节，末节很小呈突起状，顶端具 2 小刺毛。

分布：东海，台湾东北部及南部海域，南海；太平洋，印度洋及大西洋。暖水种。

参考文献：4，20，24，37，44，82，95。

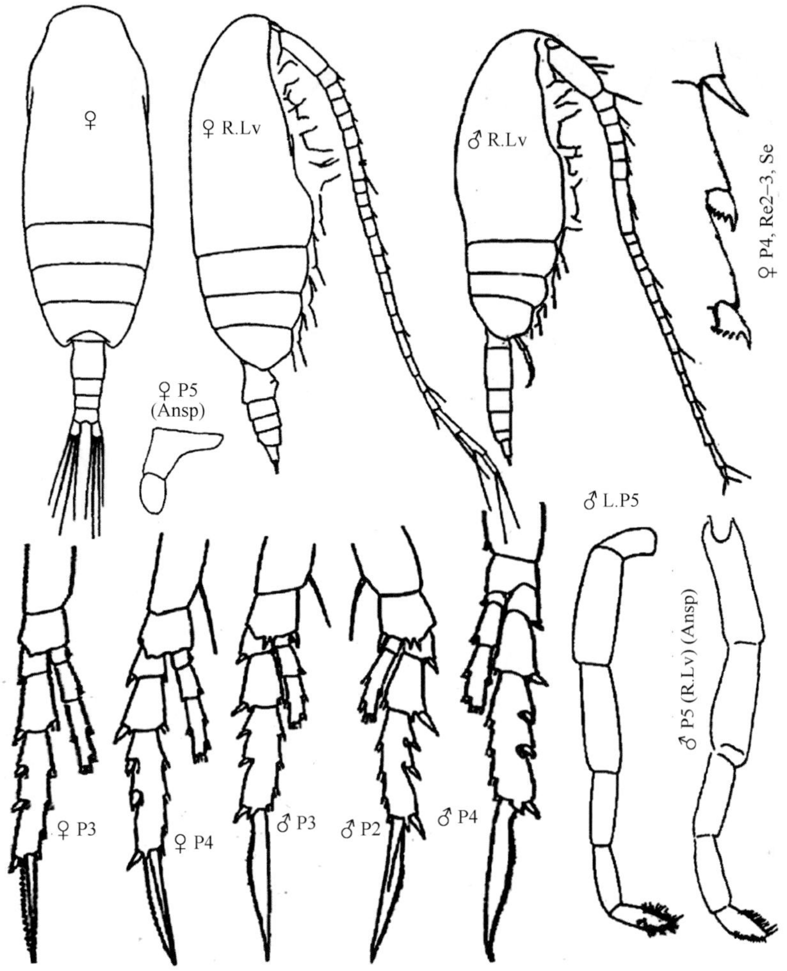

图 217　空栉哲水蚤 *Ctenocalanus vanus*

[仿陈清潮等，1974（♀；♂）；Bradford-Grieve，1994（♀P5；♂P5，Ansp）]

（217）空栉哲水蚤 *Ctenocalanus vanus* Giesbrecht，1888（图 217）

[*Ctenocalanus longicornis* Mori，1937]

形态特征：

体长：♀1.0~1.4 mm，♂1.2~1.4 mm。**雌性：**额部前端宽圆，额角具 2 额丝。胸部后侧角钝突。腹部分 4 节，生殖节呈长方形，约为第 2 腹节长的 2 倍。尾叉长为宽的 2 倍。第 1 触角近端第 1、7 节特别长大。第 3、4 对胸足内、外肢均分 3 节，两者外肢末节的外缘刺内缘均具小锯齿。第 5 对胸足退化而消失，或仅左侧残留小棒状的突起，分 2~3 节。**雄性：**头胸部与雌性近似。腹部分 5 节，第 2 节长大，约等于后 2 节长度之和。第 1 触角近端第 1、7 节特别长。第 2、3 对胸足第 2 基节内末角均具 1 粗刺，节的末缘中部具 2~4 小刺。第 4 对胸足外肢末节外缘刺内缘也具小锯齿。第 5 对胸足单肢型且不对称，左足分 5 节，末节较短，其表面具细刺毛及 1 小末刺；右足不存在或仅残留退化的 1 瘤状突。

分布：东海至南海；太平洋，印度洋及大西洋。暖水性外海种。

参考文献：4，15，24，25，31，37，44，51，67，75，97，118，172。

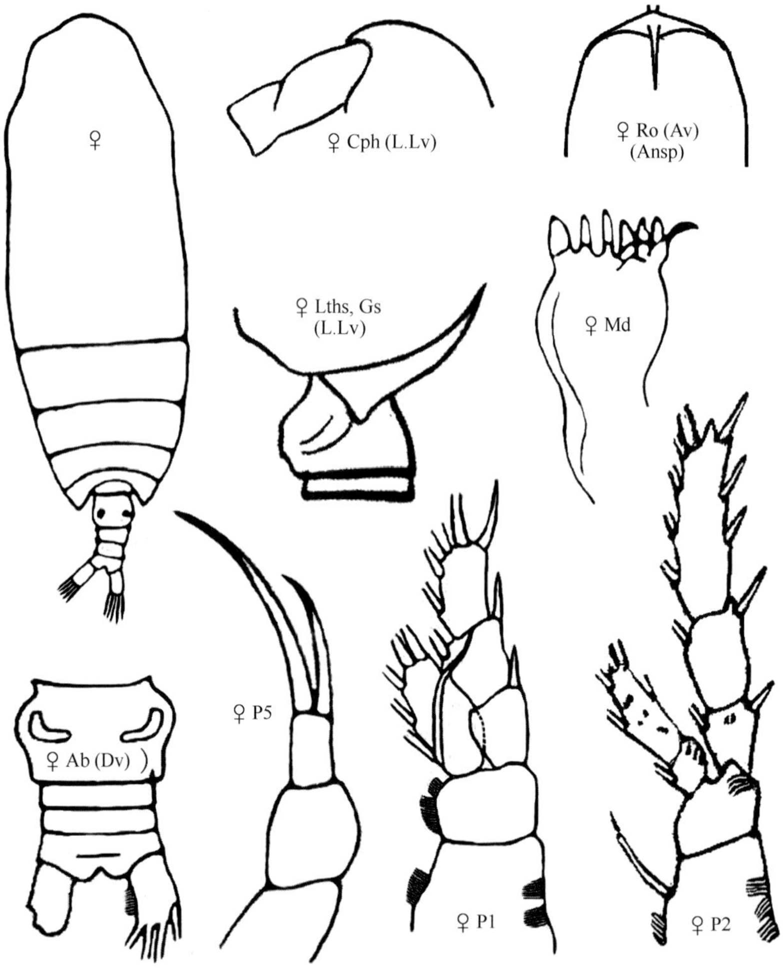

图 218 冷镰水蚤 *Drepanopsis frigidus*
[仿 Tanaka, 1956b; Vervoort, 1951 (♀Ro, Ansp)]

(218) 冷镰水蚤 *Drepanopsis frigidus* Wolfenden, 1911 (图 218)

[*Farrania oblonga* Sars, 1920, 1925; *F. frigidus*: 陈清潮, 2008]

形态特征:

体长: ♀2.3~3.0 mm。**雌性:** 头胸部长卵圆形。头部与第 1 胸节愈合, 第 4、5 胸节分开。胸部后侧角突出呈钝三角形。额角呈 1 细刺状并弯向腹侧后缘(Sewell, 1929; Vervoort, 1951)或退化为 2 小刺突(Tanaka, 1956b)。生殖节宽大, 腹面突出, 其宽为长的 1.5 倍; 第 2、3 腹节很宽短并等长。尾叉长为宽的 1.5 倍。第 1 对胸足内肢单节, 外肢 3 节, 外肢第 1、2 节外末刺较短, 仅达下 1 节外缘中部。第 5 对胸足单肢型, 分 3 节, 第 1、2 节粗大, 末节短小, 末端具 2 不等长的末刺, 呈镰刀状, 内末刺长约等于本胸足 3 节长度之和。

分布: 东海, 南海; 太平洋, 印度洋, 大西洋及南大洋。深水种。

参考文献: 20, 24, 37, 44, 51, 156, 157, 159, 172, 205, 218。

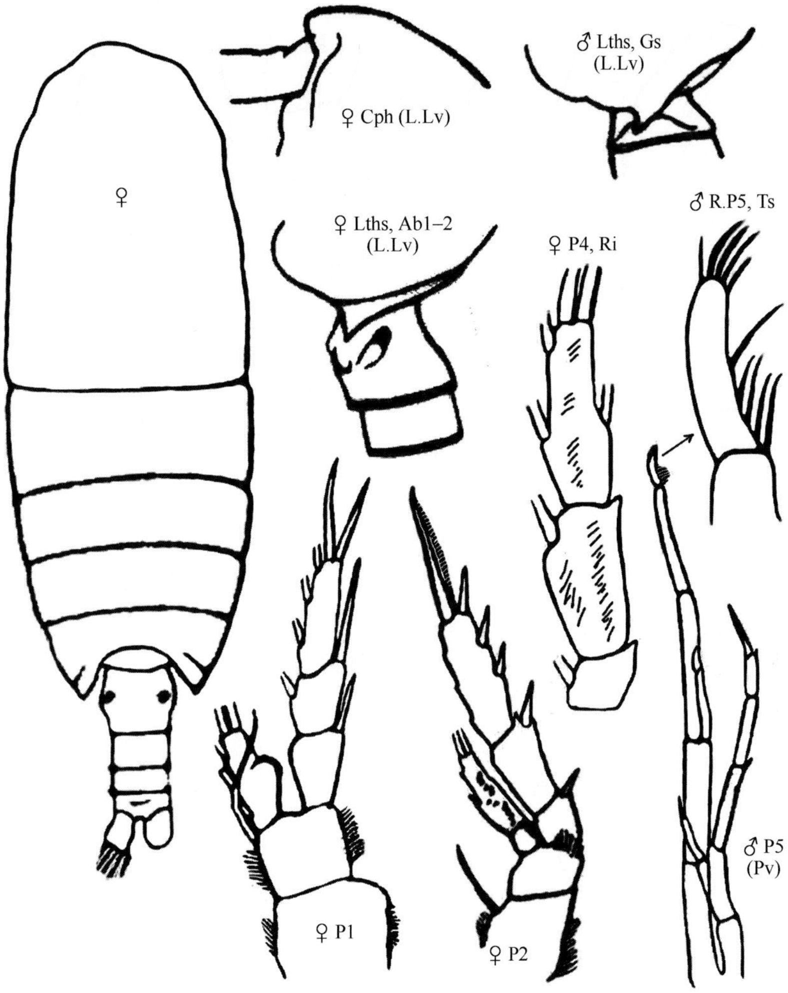

图 219 缺足镰水蚤 *Drepanopsis orbus*（仿 Tanaka，1956b）

（219）缺足镰水蚤 *Drepanopsis orbus* Tanaka，1956（图 219）

［*Farrania orbus*（Tanaka，1956）：Hirota，1995；陈清潮，2008］

形态特征：

体长：♀3.6 mm，♂3.0 mm。**雌性：**头胸部长椭圆形。头部与第 1 胸节分开，第 4、5 胸节不完全分开。胸部后侧角突出呈尖刺突。额角不存在。生殖节近方形，腹面不突出。尾叉短小近方形。第 1 对胸足内肢单节，外肢 3 节，第 1、2 节外末刺较长，均可达下一节末缘。第 5 对胸足不存在。**雄性：**体形与雌性相似。胸部后侧角尖锐，腹部分 5 节。尾叉长稍大于宽。第 1～4 对胸足与雌性相似。第 5 对胸足双肢型，外肢 3 节，内肢单节，左、右足不对称；左足较短，其第 1、2 基节较短小，仅达右足第 1 基节末部，外肢末节顶端具 1 细长刺，稍长于末节；右足较狭长，外肢末节短小，其内缘及末部均具细刺毛。

分布：东海，南海；太平洋。深水种。

参考文献：24，37，44，51，106，172。

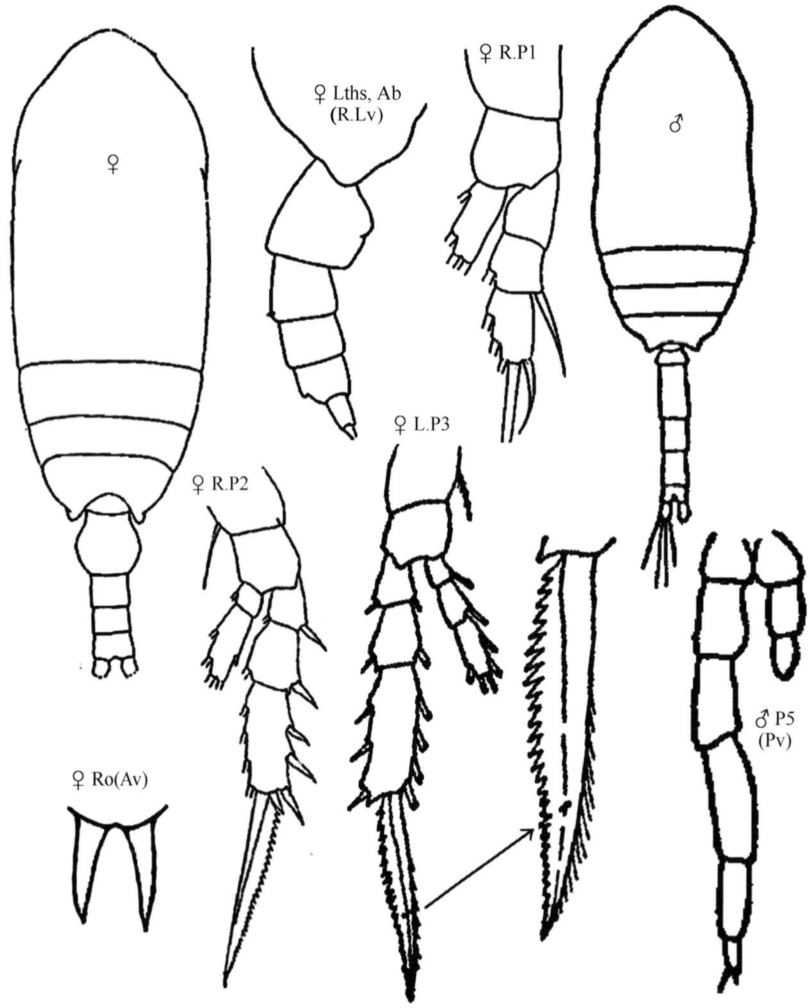

图 220　小微哲水蚤 *Microcalanus pusillus*
［仿陈清潮等，1974（♀）；Brodsky，1950（♀Ro）；Sars，1903（♂）］

（220）小微哲水蚤 *Microcalanus pusillus* Sars，1903（图 220）

形态特征：

体长：♀0.7 mm，♂0.7 mm。**雌性：**头胸部呈卵圆形。额部前端宽圆。额角刺短小，刺间穴较宽。头部与第 1 胸节愈合，第 4、5 胸节也愈合。胸部后侧角呈小突起状，侧面观较宽圆。腹部分 4 节，生殖节膨大，呈球状，腹面稍突出，其长度约为第 2 腹节的 2 倍；肛节较大，与前 1 腹节等长。尾叉短小。第 1 对胸足内肢单节；外肢 3 节，第 1 节无外末刺，第 2 节外末刺细长，超过第 3 节末端。第 2~4 对胸足外肢均分 3 节，末节的末刺长大，末刺外缘均具锯齿。第 5 对胸足消失。**雄性：**头胸部呈卵圆形。额部前端较狭而钝圆。胸部后侧角呈钝三角突。腹部狭长，分 5 节，第 2 节长为宽的 2 倍。尾叉长约为宽的 2 倍。第 5 对胸足单肢型且不对称，左足分 6 节，末节短小并具 2 不等长小末刺；右足短小，分 3 节，仅为左足的 1/3 长，末节短小呈卵圆形。

分布：东海，南海；太平洋，大西洋。暖水性外海种。

参考文献：15，24，25，37，44，67，153。

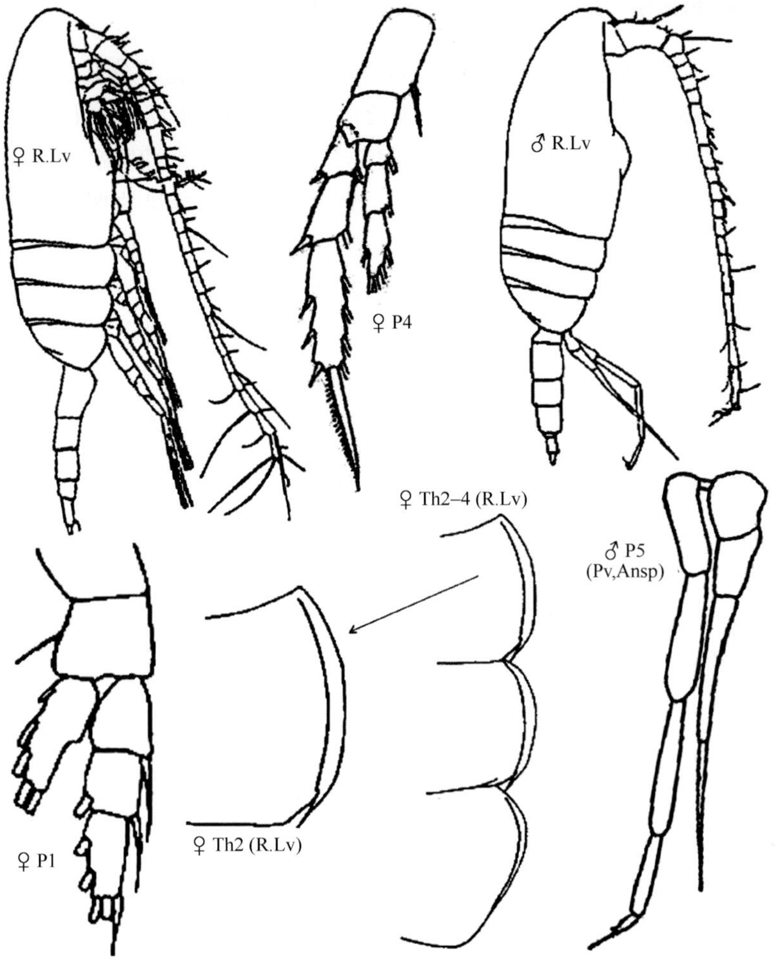

图 221　小伪哲水蚤 *Pseudocalanus minutus*
[仿 Frost, 1989 (♀; ♂); Brodsky, 1948, 1950 (♂P5; ♀P1; ♀P4)]

(221) 小伪哲水蚤 *Pseudocalanus minutus* (Kröyer, 1847) (图 221)

[*Calanus minutus* Kröyer, 1847; *Clausia elongata* Boeck, 1864, 1872; *Pseudocalanus gracilis* Sars, 1903; Mori, 1937; Brodsky, 1950; *P. elongata* (Boeck): Giesbrecht, 1892; Sars, 1903; Rose, 1933; Brodsky, 1950]

形态特征:

体长: ♀1.4~2.1 mm, ♂1.1~1.6 mm。头胸部长椭圆形。额部前端钝圆。头部与第 1 胸节愈合, 第 4、5 胸节也愈合。前 2 胸节(第 2、3 胸节)腹侧缘后端各具 1 指向后缘的刺状突。第 4 对胸足第 1 基节长约为第 2 基节的 2 倍。**雌性**: 侧面观, 额部前端较突出而钝圆。第 1 对胸足内肢单节, 外肢 3 节, 各节具 1 较长的外末刺。第 5 对胸足不存在。**雄性**: 第 5 对胸足单肢型, 不对称, 左足分 5 节, 末节很短小, 顶端具 1 长末刺, 与末节近等长, 外末角具 1 小刺突; 右足分 4 节, 第 1、2 节粗短, 末节细长呈刺状, 与第 3 节等长。

分布: 巴士海峡, 南海; 太平洋, 印度洋及大西洋。深水种。

参考文献: 24, 44, 66, 67, 82, 96, 152, 153, 172, 217。

12. 镖水蚤科 Family Diaptomidae Baird, 1850

本科大多为中型、小型桡足类(1.0~2.4 mm)。头部与第1胸节分开。额部前端钝圆或钝突。雌性第4、5胸节通常部分愈合，胸部后侧角常伸展为不同形状的翼状突起。雄性第4、5胸节大多不愈合，胸部后侧角无翼状突。雌性腹部分2~4节，雄性腹部分5节。雌性生殖节前半部通常为对称或不对称地向外扩展为刺突。雄性右第1触角呈执握肢。雌、雄性第1~4对胸足结构基本相同。雌性第5对胸足对称，外肢通常分3节，第1节粗大，第2节较短小，末端延伸为内刺突，第3节很小或完全退化为1~2刺突；内肢短小，仅1~2节。雄性第5对胸足很不对称，左足外肢分1~2节，内缘膨大，末节顶端具钳状刺或突起，内肢1~2节，呈棒状或叶状；右足外肢分3节，第2节很粗大并具1外缘刺，第3节细长而弯曲呈钩状刺，内肢仅1~2节或不存在。

本科包括59属(Boxshall et al., 2004)，全为淡水或咸淡水种。中国沿海及河口、港湾咸淡水域已知有5属6种。

属名 Genera	种数	页码
明镖水蚤属 *Heliodiaptomus* Kiefer, 1932	1	267
新镖水蚤属 *Neodiaptomus* Kiefer, 1932	2	268
蒙镖水蚤属 *Mongolodiaptomus* Kiefer, 1932	1	270
叶镖水蚤属 *Phyllodiaptomus* Kiefer, 1936	1	271
近镖水蚤属 *Tropodiaptomus* Kiefer, 1932	1	272

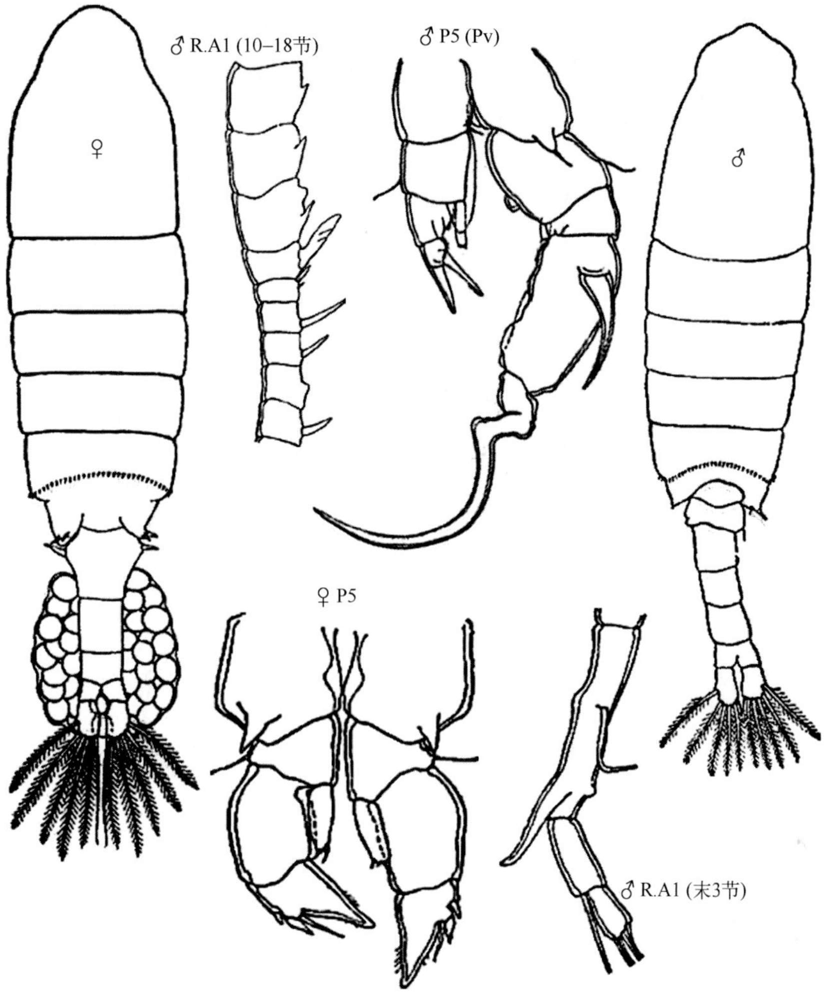

图 222　镰钩明镖水蚤 *Heliodiaptomus falxus*（仿沈嘉瑞等，1979）

（222）镰钩明镖水蚤 *Heliodiaptomus falxus* Shen & Tai，1964（图 222）

形态特征：

体长：♀1.34 mm，♂1.20 mm。背面观，第 4、5 胸节愈合部位具 1 列细刺。**雌性：**胸部后侧角突出，末端具 2 小刺。腹部分 4 节，生殖节基部两侧膨大并各具 1 粗刺，第 2 腹节长方形。第 5 对胸足对称，第 1 基节具 1 三角形外末刺，外肢第 2 节呈三角形爪状刺，外缘近端具 1 小刺，第 3 节很短小并与第 2 节分节线不明，其顶端具 1 短刺及 1 长刺毛；内肢单节，末端具 2 小刺及细毛。**雄性：**胸部后侧角不对称，呈刺状，右侧角较细长，其基部后缘另具 1 小刺。生殖节右末缘具 1 小刺。右第 1 触角倒数末第 3 节具 1 指状突。第 5 对胸足不对称，左足第 2 基节内缘具 1 片透明的长突起，外肢短小，第 1、2 节内缘隆起并具细毛，末节顶端具 2 粗大钳状刺，内肢单节而狭长；右足第 1 基节内缘具 1 圆形突起，节的后缘具 1 锥形刺突，第 2 基节内缘具 1 透明突起，外肢第 2 节近端具 1 强大外缘刺，末节基部弯曲，末部钩状刺呈镰刀状，内肢极短小。

分布：珠江口水域。咸淡水种。

参考文献：12，44，64。

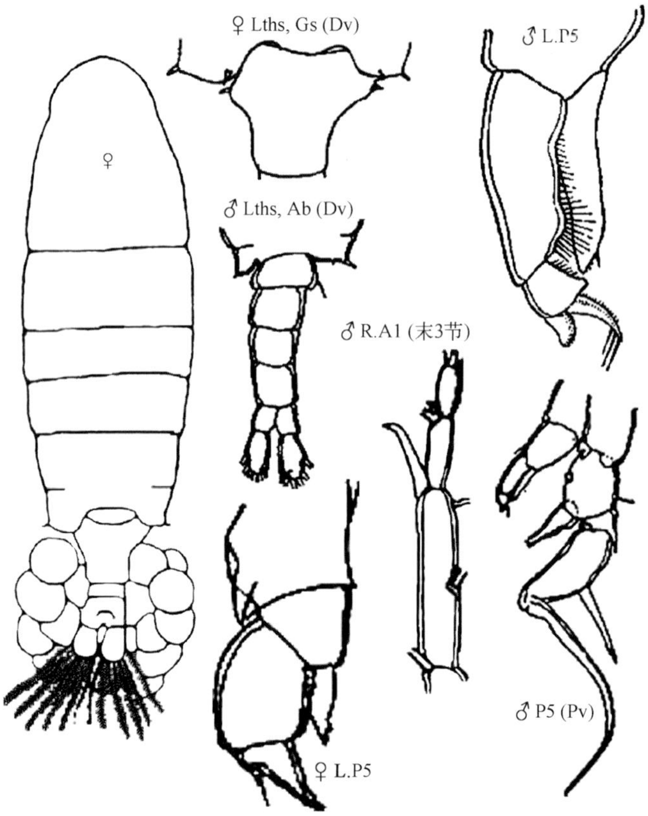

图 223　右突新镖水蚤 *Neodiaptomus schmackeri*（仿沈嘉瑞等，1979）

（223）右突新镖水蚤 *Neodiaptomus schmackeri*（Poppe & Richard，1892）（图 223）

［*Diaptomus schmackeri* Poppe & Richard，1892；*D. strigilipes* Gurney，1907；*D. handeli*，Brehm，1921；*Neodiaptomus handel*，Kiefer，1932；沈嘉瑞等，1962，1963］

形态特征：

体长：♀1.1~1.5 mm，♂1.0~1.3 mm。**雌性：**胸部两后侧角各具 1 小刺，其内侧后缘宽圆也具 1 小刺。腹部分 3 节，生殖节粗大，基部两侧隆起并各具 1 小刺，右侧突起较左侧大；第 2 腹节很宽短。第 5 对胸足短小而对称，第 1 基节外末部具 1 粗刺，外肢第 2 节呈三角形爪状刺，其内缘具细锯齿，第 3 节很小并具 2 小刺毛；内肢单节，其长度与外肢第 1 节近等长，末端尖锐，内末部具 1 小刺突。**雄性：**胸部后侧角不对称，各具 1 刺突，其基部后缘另具 1 微刺。腹部分 5 节，生殖节右侧较膨大并具 1 小刺。右第 1 触角倒数第 3 节外末角的指状突与末第 2 节等长。第 5 对胸足不对称，左足外肢内缘具细毛，第 2 节内末缘突出呈三角状，节末端具 2 不等长的钳状刺突；内肢单节而狭长，外末缘具细刺；右足第 1 基节内末角具 1 叶状突，顶端呈叉状，外末角后缘也具 1 半圆形突起，第 2 基节内缘中部具 1 小突起，外肢第 1 节短小，外末角具 1 粗刺，第 2 节狭长，外缘中部具 1 长刺，末节细长呈钩状长刺，内肢单节，呈棒槌状。

分布：湛江港水域，珠江口水域及厦门九龙江口水域。咸淡水种。

参考文献：10，12，36，44，60，64。

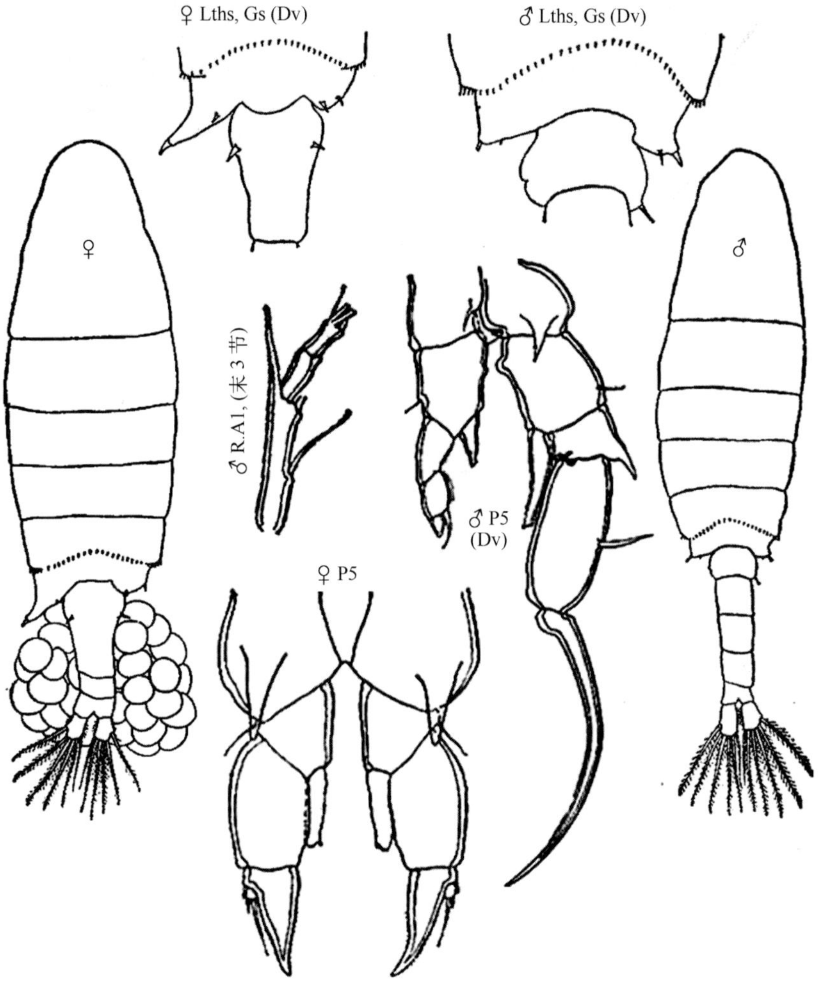

图 224 长江新镖水蚤 *Neodiaptomus yangtsekiangensis*（仿沈嘉瑞等，1979）

（224）长江新镖水蚤 *Neodiaptomus yangtsekiangensis* Mashiko，1951（图 224）

形态特征：

体长：♀1.4~1.6 mm，♂1.2~1.4 mm。第 4、5 胸节愈合处的背面有 1 列细刺，两侧残留有节痕。**雌性**：胸部后侧角不对称，左后侧角狭长，其顶端和后缘基部各具 1 小刺；右后侧角钝圆并具 2 小刺。腹部分 3 节，生殖节较长，基部两侧膨大并各具 1 小刺；第 2 腹节与肛节等长。第 5 对胸足对称，第 1 基节外末部具 1 长刺突，外肢第 2 节爪状刺粗大，内、外缘均具细齿，第 3 节很小，并具 2 不等长刺毛；内肢单节而狭长，内末角具 1 小刺突。**雄性**：胸部后侧角短小而不对称，其顶部及后缘各具 1 小刺。腹部分 5 节，生殖节右后侧缘具 1 小刺，第 4 腹节右后侧角稍突出。右第 1 触角倒数第 3 节外末角刺突的长度约为末 2 节长度之和。第 5 对胸足不对称，左足外肢内缘具细毛，末节顶端具 1 舌状突和 1 细长刺，呈钳状，内肢单节，呈锥状；右足第 1 基节背面具 1 粗刺，内末角具 1 片弧形突起，第 2 基节内缘也具 1 小突起，外肢第 1 节外末角呈锐刺状，第 2 节外缘中部具 1 小刺，末节为长的钩状刺，内肢狭长，内缘的末部具 3~4 小齿突。

分布：南海北部珠江口，鉴江口水域。咸淡水种。

参考文献：10，12，37，44。

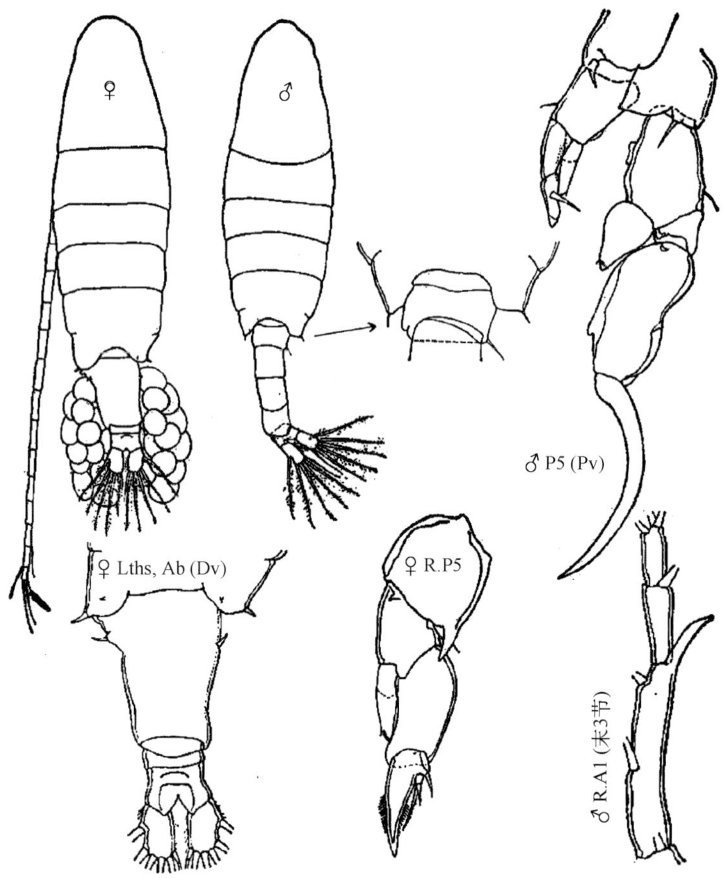

图 225 锥肢蒙镖水蚤 *Mongolodiaptomus birulai*（仿沈嘉瑞等，1979）

（225）锥肢蒙镖水蚤 *Mongolodiaptomus birulai*（Rylov，1923）（图 225）

［*Diaptomus birulai* Rylov，1923；Brehm，1930；*Mongolodiaptomus formosanus* Kiefer，1937，1938；沈嘉瑞等，1962，1963］

形态特征：

体长：♀1.1～1.5 mm，♂1.1～1.4 mm。**雌性：**胸部后侧角不对称，顶端和背部各具 1 小刺。腹部分 3 节，生殖节粗大而不对称，左侧基部突出呈三角形，节的两侧近端各具 1 刺突；第 2 腹节宽短。第 5 对胸足第 1 基节外末角具 1 粗刺，外肢第 2 节近端具 1 外缘刺，末部爪状刺较长大，内、外缘皆具细刺列，第 3 节很小并具 2 不等长小刺；内肢呈棒状，分节不明显，内末部具 1 小刺突。**雄性：**胸部后侧角较狭小，顶端各具 1 小刺。腹部分 5 节，生殖节右后侧角具 1 刺毛。第 1 触角倒数第 3 节外末角指状刺突较粗短。第 5 对胸足第 1、2 基节各具 1 小外末刺，左足第 2 基节内缘近端具 1 片状突，外肢末节较狭长，末端具 1 小钝突，内缘中部具 1 粗刺，内肢狭长，可达外肢第 2 节中部；右足第 1 基节内末部具 1 大的片状突，第 2 基节内缘具 1 片透明膜，外肢第 1 节很短小，第 2 节粗大，内缘具 1 片透明膜，外缘中部凹陷处具 1 长而弯的外缘刺，末节细长而弯曲呈钩状，内肢呈圆锥形。

分布：厦门九龙江口水域，南海北部鉴江口水域等。咸淡水种。

参考文献：10，12，36，37，44，60。

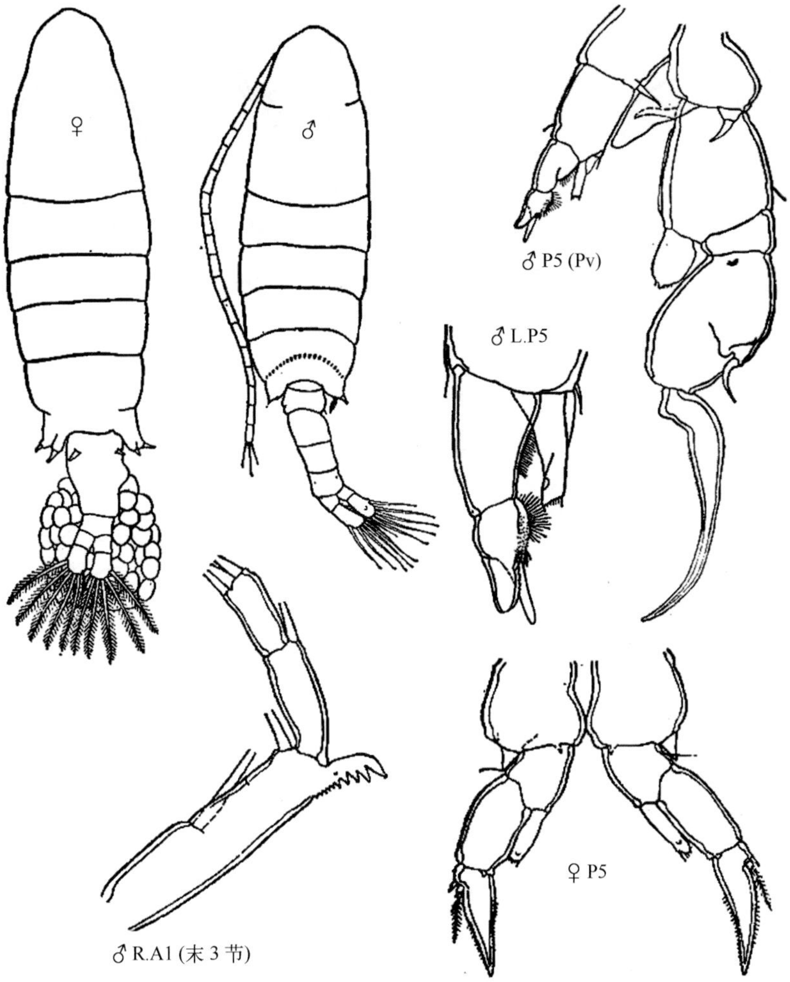

图 226　舌状叶镖水蚤 *Phyllodiaptomus tunguidus*（仿沈嘉瑞等，1979）

（226）舌状叶镖水蚤 *Phyllodiaptomus tunguidus* Shen & Tai, 1964（图 226）

形态特征：

体长：♀1.7~2.0 mm，♂1.7 mm。**雌性：**胸部后侧角向外扩展，两侧各具 2 突起，顶端均具 1 小刺。腹部分 3 节，生殖节基部背面两侧各具 1 小刺，右侧中部突出呈半圆形；第 2 腹节与肛节等长。第 5 对胸足第 1 基节外末角具 1 三角形粗刺，内末缘也具 1 小刺，外肢第 1、2 节近等长，第 2 节爪状刺内、外缘具细刺列，第 3 小节具 1 小刺及 1 长刺毛；内肢单节而狭长。**雄性：**第 4、5 胸节背面愈合部位具 1 列细刺。胸部后侧角突出，顶端具 1 小刺，左侧角内后缘具 1 微刺，右侧角内缘基部具 1 羽状小刚毛。生殖节右侧末缘具 1 小刺。右第 1 触角倒数第 3 节外末角具 1 梳状突起。第 5 对胸足不对称，左足第 1 基节具 1 内末刺，第 2 基节内末角也具 1 小刺，外肢第 1、2 节内缘隆起并具细毛，末节顶端具 1 粗刺和 1 舌状突，后者内缘具细锯齿；右足第 1 基节外末角具 1 刺，内缘具 1 片宽大的叶状突，第 2 基节内缘基部具 1 刺突，外肢第 2 节呈椭圆形，外缘中部具 1 弯曲外缘刺，末节细长而弯曲呈钩状，内肢呈圆叶状，末端具细刺。

分布：厦门湾水域，珠江口水域。咸淡水种。

参考文献：12，36，44，60，64。

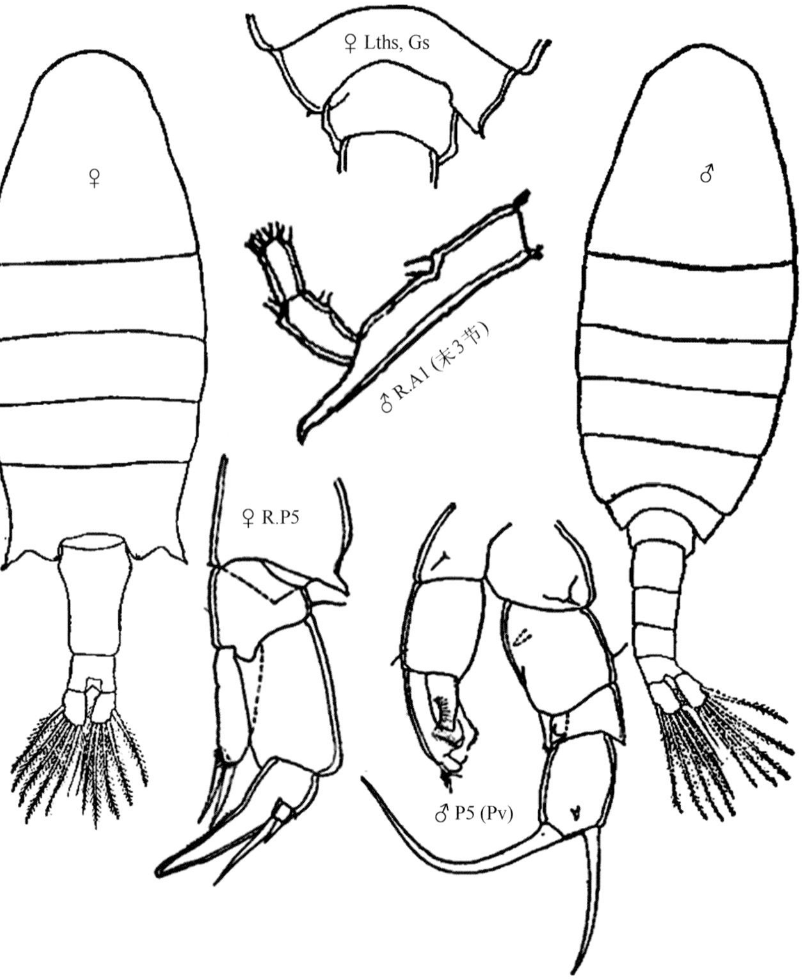

图 227 米粒近镖水蚤 *Tropodiaptomus oryzanus*（仿沈嘉瑞等，1979）

（227）米粒近镖水蚤 *Tropodiaptomus oryzanus* Kiefer，1937（图 227）

形态特征：

体长：♀1.3~1.6 mm，♂1.1~1.4 mm。**雌性：**第 4、5 胸节愈合，后侧角尖锐并向外伸展，左右对称，内侧后缘突出并具 1 微刺。腹部仅分 2 节，生殖节粗大，基部两侧稍隆起并具 1 小刺，肛节近方形。第 5 对胸足第 1 基节外末角具 1 粗刺突，外肢第 1 节粗大，第 2 节爪状刺狭长，内缘具细刺列，第 3 小节具 1 长刺和 1 小刺；内肢单节，与外肢第 1 节近等长，其末端具 2 长刺和细刺毛丛。**雄性：**第 4、5 胸节不愈合，后侧角较短小，稍不对称，顶端各具 1 小刺。腹部分 5 节，生殖节右侧末缘稍突出。第 1 触角倒数第 3 节外末角具 1 指状突。第 5 对胸足不对称，左足外肢单节，内缘隆起并具细齿列，外末部具 1 指状突和 1 刺毛，内肢粗短，末端尖锐；右足第 2 基节近端内表面具 1 刺突，外肢第 1 节外末角尖小，内末缘具 1 片状突起，第 2 节具 1 长的外末刺，其长度约为本节长的 1.5 倍，节的背面近末部具 1 小刺突，末节弯曲呈钩状刺，内肢单节而短小。

分布：南海北部鉴江口水域。咸淡水种。

参考文献：10，12，37，44。

13. 真哲水蚤科 Family Eucalanidae Giesbrecht, 1892

本科大多为中型、大型桡足类(3~6 mm)。头胸部特别长大，头部与第1胸节常愈合或分开，第4、5胸节也分开。胸部后侧角钝圆或尖锐。前额常突出或钝圆。额角基部愈合，顶端具2额角丝。腹部很短，雌性分3~4节，雄性5节，肛节常与尾叉愈合。尾叉不对称，通常左叉内缘第2尾刚毛特别长。第5对胸足退化，雌性单肢型或不存在；雄性左、右足均单肢型，或右足单肢型、左足双肢型，或右足不存在、左足单肢型。

本科原先包括 *Eucalanus*, *Rhincalanus* 及 *Mecynocera* 3属。此后，又从 *Eucalanus* 属中分出2新属：*Pareucalanus* 及 *Subeucalanus*，并将 *Rhincalanus* 及 *Mecynocera* 分别提升为科：*Rhincalanidae* 与 *Mecynoceridae*(Andronov, 1973；Geletin, 1976；Boxshall et al., 2004；陈清潮，2008等)。本书仍将 *Rhincalanus* 属保留在本科之中，仅把 *Mecynocera* 另立为科。据此，本科包括4属，大多为外海暖水性种类。中国海域已记录14种。

属名 Genera	种数	页码
真哲水蚤属 *Eucalanus* Dana, 1852	4	274
拟真哲水蚤属 *Pareucalanus* Geletin, 1976	2	278
锚哲水蚤属 *Rhincalanus* Dana, 1852	2	280
次真哲水蚤属 *Subeucalanus* Geletin, 1976	6	282

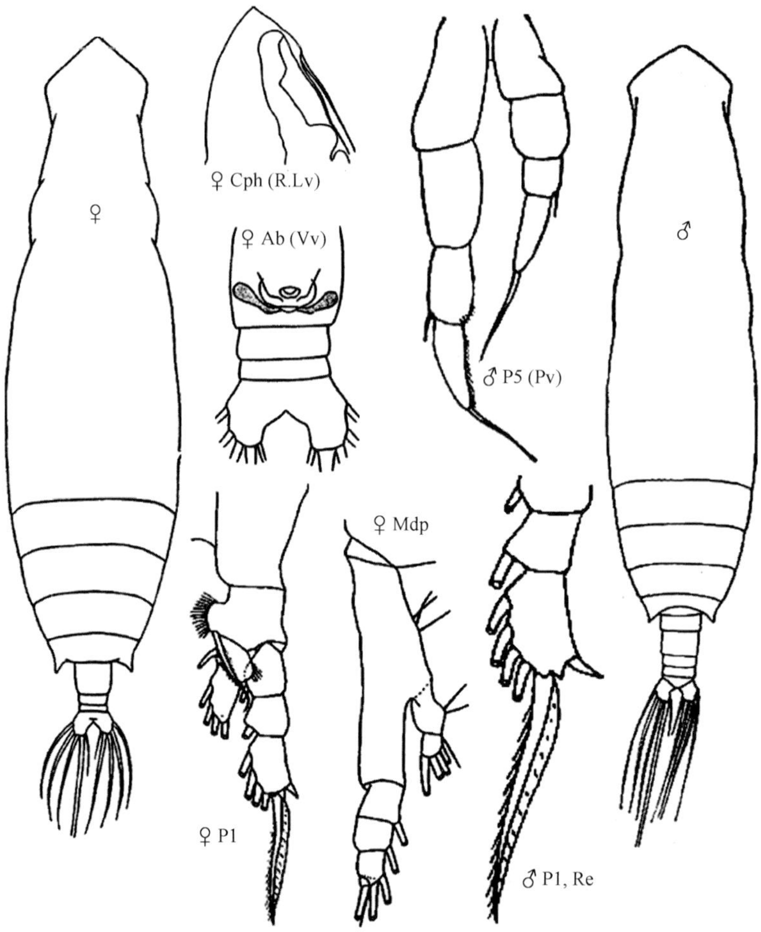

图 228 长真哲水蚤 *Eucalanus elongatus*
[仿陈清潮等, 1965 (♀), 1974 (♂); Park, 1968 (♀P1; ♀Mdp; ♂P1, Re)]

(228) 长真哲水蚤 *Eucalanus elongatus* (Dana, 1849) (图 228)

形态特征:

体长: ♀5.2~5.8 mm, ♂3.5~4.2 mm。**雌性**: 额部前端突出, 呈宽三角形, 额角丝细长。胸部后侧角尖锐, 呈刺状突, 左右对称。腹部分 4 节, 生殖节宽大, 近方形; 肛节与尾叉愈合, 左尾叉稍长大。右第 1 触角稍长于左触角。大颚须第 2 基节具 3 刺毛。第 1 对胸足第 2 基节内缘隆起并具细毛; 内、外肢第 1 节内缘皆具 1 瘤状突, 外肢末节具 1 小外末刺。第 5 对胸足不存在。**雄性**: 体形与雌性相似, 胸部后侧角较雌性狭小而尖锐。腹部分 5 节, 第 2 节稍大于后 2 节长度之和, 肛节短小, 呈三角形。第 5 对胸足单肢型且不对称, 各分 4 节, 左足较右足长大, 第 1、2 节长大, 第 3 节外末角具 1 刺毛, 末节较狭长, 其内缘具细毛, 末端具 1 长刺毛; 右足第 3 节短小, 外末角具 1 小刺毛, 末节长度约为第 3 节的 2 倍, 末端具 1 长刺毛, 其长度大于末节。

分布: 黄海至南海; 太平洋, 大西洋, 印度洋及地中海。暖水种。

参考文献: 1, 4, 5, 13, 15, 20, 21, 24, 25, 37, 44, 46, 143。

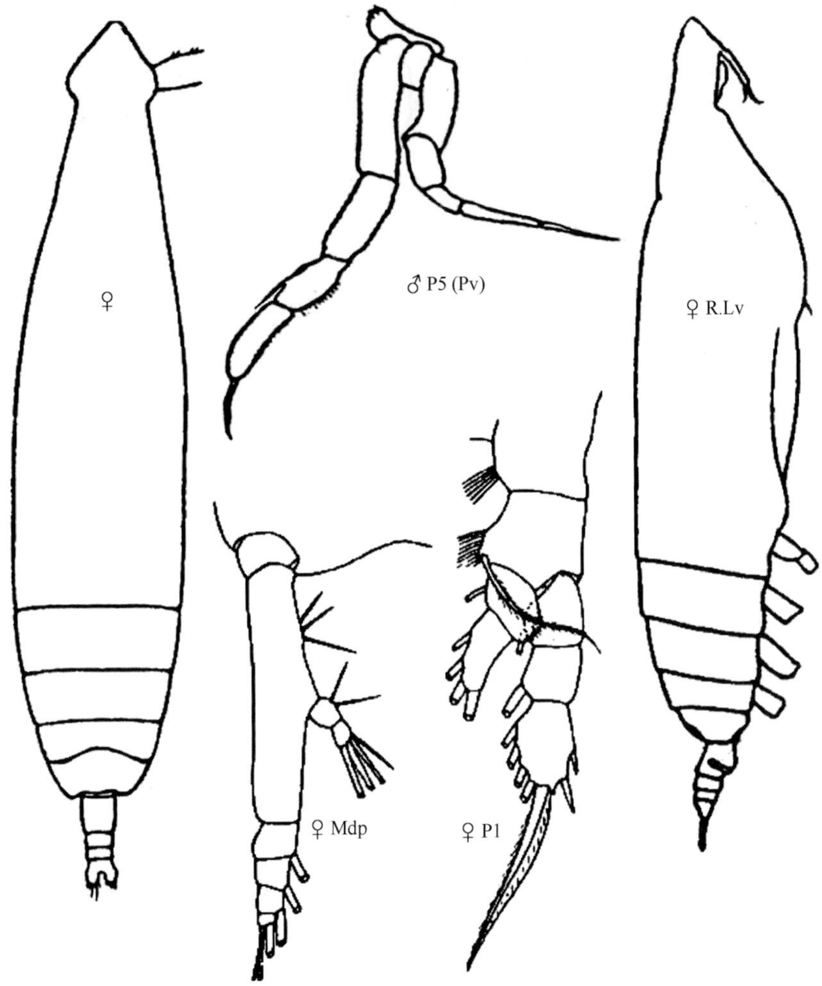

图 229　邦氏真哲水蚤 *Eucalanus bungii*
［仿 Brodsky，1950（♀；♂P5）；Park，1968（♀Mdp；♀P1）］

（229）邦氏真哲水蚤 *Eucalanus bungii* Giesbrecht，1892（图 229）

［*Eucalanus giesbrecht* Mori，1937；*E. bungii bungii* Johnson，1938；Brodsky，1950；Tanaka，1956a；Omori et al.，1967］

形态特征：

体长： ♀5.5~8.0 mm，♂4.8~5.4 mm。**雌性：** 额部前端突出，呈三角形。胸部后侧角钝圆。腹部分 4 节，肛节与尾叉愈合。大颚须第 2 基节具 3 刺毛。第 1 对胸足外肢末节具 2 外缘刺。**雄性：** 体形与雌性相似，但额部前端稍突出而宽圆，胸部后侧角钝圆。腹部分 5 节，肛节与尾叉愈合。第 5 对胸足单肢型，左、右足均较狭长而不对称，各分 4 节，左足第 3 节外末缘具 1 小刺毛，末节顶端具 1 长刺；右足末节细长，末端具 1 长刺。

分布： 东海；太平洋。温带种。

参考文献： 24，44，67，82，118，143，171。

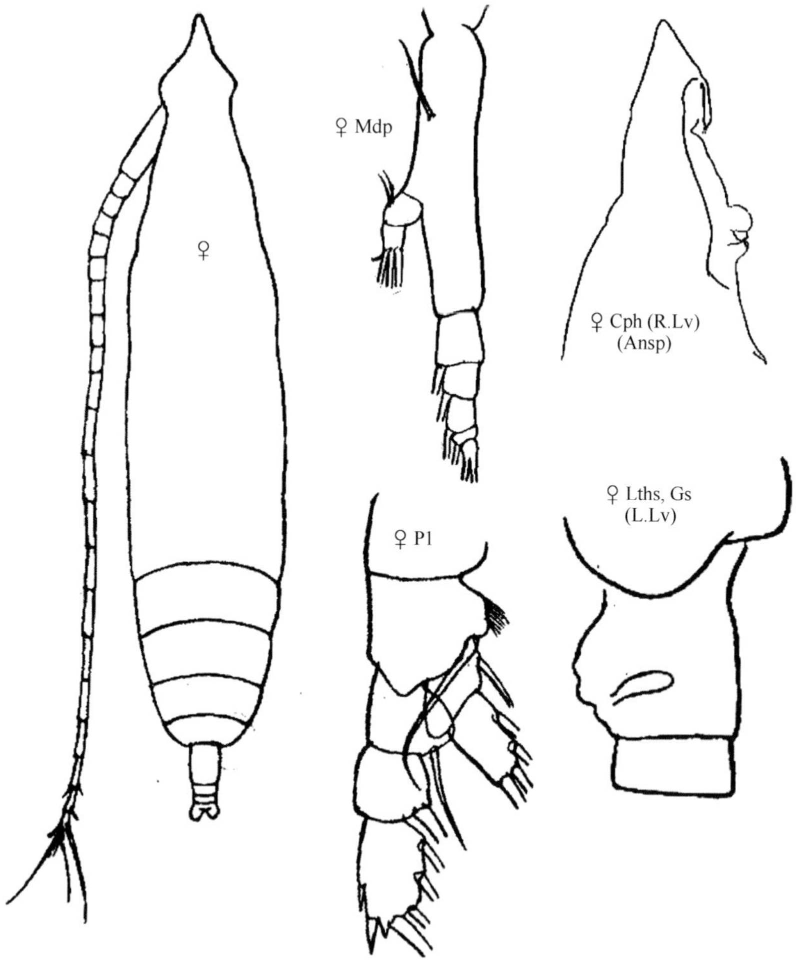

图 230 加州真哲水蚤 *Eucalanus californicus*
[仿 Tanaka，1956a（♀）；Johnson，1938（♀Cph，Ansp）]

（230）加州真哲水蚤 *Eucalanus californicus* Johnson，1938（图 230）

[*Eucalanus elongatus*：Esterly，1905（♀）；*E. bungii californicus* Johnson，1938；Brodsky，1950；Tanaka，1956a]

形态特征：

体长：♀5.7~7.0 mm。**雌性**：额部前端窄而突出，呈长菱形。胸部后侧角钝圆。腹部分 4 节，肛节与尾叉愈合。大颚须第 2 基节仅具 1 刺毛。第 1 对胸足外肢末节具 2 外缘刺。

分布：东海，南海；太平洋。温带种。

参考文献：24，44，67，82，171。

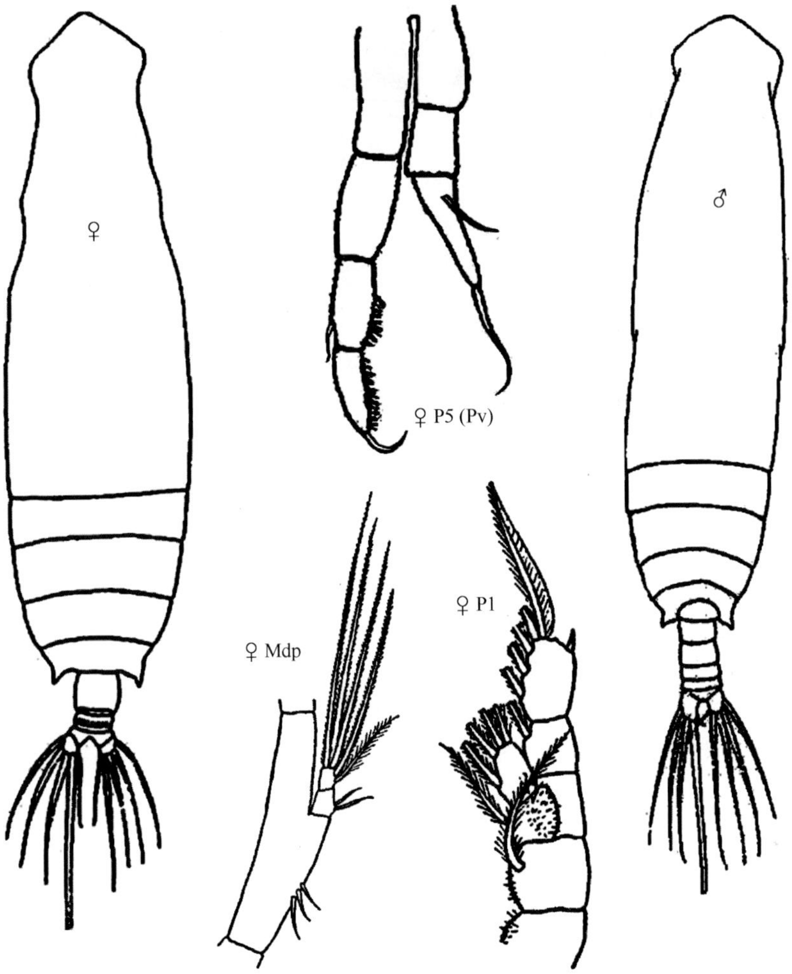

图 231 明真哲水蚤 *Eucalanus hyalinus*
[仿 Mori, 1937 (♀; ♂); Johnson, 1938 (♀P1; ♀Mdp)]

(231) 明真哲水蚤 *Eucalanus hyalinus* (Claus, 1866) (图 231)

[*Eucalanus elongatus*: Mori, 1937; *E. elongatus hyalinus* Giesbrecht, 1892; Johnson, 1938; Brodsky, 1950]

形态特征:

体长: ♀4.4~5.8 mm, ♂3.2~5.0 mm。本种体形与长真哲水蚤(*E. elongatus*)相似, 根据以下特征差异, 即可同后者加以区别: 雌性第 1 对胸足第 2 基节内缘不突出; 雄性第 5 对胸足, 左足分 4 节, 第 3、4 节内缘具细毛, 第 3 节外末缘具 1 小刺毛, 末节顶端具 1 粗刺毛; 右足仅分 3 节, 末节狭长, 其基部具 1 外缘刺毛, 顶端具 1 长刺毛。

分布: 东海, 南海; 太平洋。暖水种。

参考文献: 4, 23, 24, 44, 67, 82, 118。

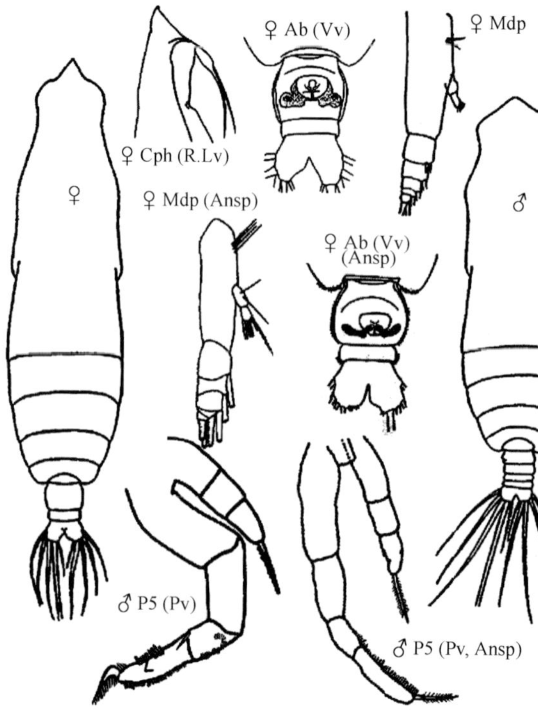

图 232 细拟真哲水蚤 *Pareucalanus attenuatus*
[仿陈清潮等，1965（♀；♂）；郑重等，1982（♀Ab，Ansp；♀Mdp）；Park，1968（♀Mdp，Ansp；♂P5，Ansp）]

（232）细拟真哲水蚤 *Pareucalanus attenuatus*（Dana，1849）（图 232）

[细真哲水蚤 *Eucalanus attenuatus*（Dana）：Sewell，1929，1947；Mori，1937；Brodsky，1950，1962；Wilson，1950；Tanaka，1956a；陈清潮等，1965；郑重等，1982]

形态特征：

体长：♀5.1～7.0 mm，♂4.3～4.5 mm。**雌性：**额部前端突出，呈三角形，侧面观呈喙状。额角基部愈合，呈柄状，顶端额丝细长。胸部后侧角钝圆。腹部分 3 节，肛节与尾叉愈合；生殖节较膨大，其宽度稍大于长度，腹面隆起，生殖孔呈半圆形。大颚须内肢仅分 2 节。**雄性：**头胸部较雌性狭小，额部前端突起较宽钝。腹部分 5 节，肛节与尾叉愈合。第 5 对胸足单肢型且不对称，左足较长大，分 4 节，第 3 节短小，末节狭长，其内缘或内、外缘具细毛，末端具 1 粗刺，刺内缘具细毛；右足短小，分 3 节，末节呈锥状，末端具 1 刺毛。

分布：黄海至南海；太平洋，印度洋及大西洋。暖水种。

参考文献：1，4，13，15，20，21，23，24，31，32，37，46，67，82，93，143，171，217。

注：Flemenger（1973）根据本种（*P. attenuatus*）前额形状及体表微小的皮孔与感觉毛的分布等个体差异，又建立 3 个新种：*P. langae*，*P. parki* 及 *P. sewelli*，是否恰当有待作进一步的探讨。据陈清潮等（1965）及郑重等（1982）的记述，本种雌性成体有大型（f. major）和小型（f. minor）之分。东海、南海均有出现大型标本，其主要特征是：①个体较大（5.25～5.90 mm）；②额部前端稍尖；③头胸部的长度为腹部的 8.2～10.6 倍；④生殖节腹面较突出；⑤第 1 触角的第 6～11 节较小型的个体略长。

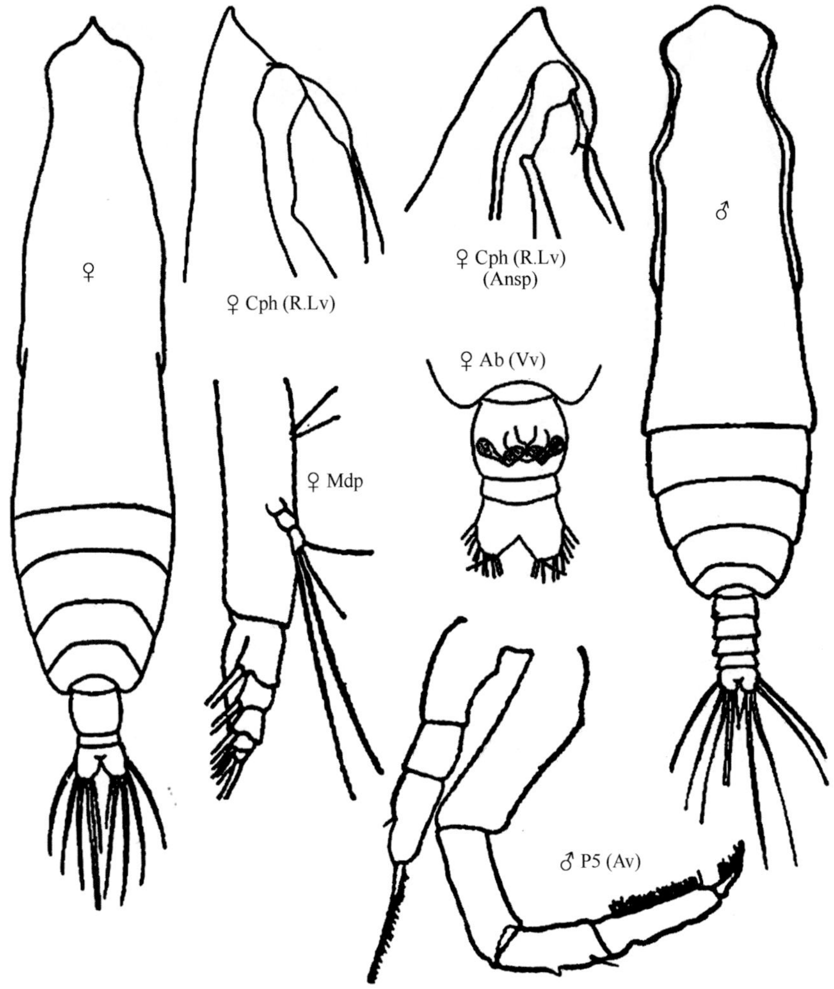

图 233 伪细拟真哲水蚤 *Pareucalanus pseudattenuatus*
[仿陈清潮等, 1965 (♀); 郑重等, 1982 (♀Mdp; ♂)]

(233) 伪细拟真哲水蚤 *Pareucalanus pseudattenuatus* Sewell, 1947 (图 233)

[伪细真哲水蚤 *Eucalanus pseudattenuatus* Sewell, 1947; Brodsky, 1962; 陈清潮等, 1956, 1974; 郑重等, 1982]

形态特征:

体长: ♀3.8~4.1 mm, ♂3.0~3.2 mm。**雌性**: 体形与细拟真哲水蚤(*P. attenuatus*)相似, 但个体较小, 额部前端突起也较小而尖锐。胸部后侧角钝圆。腹部分 3 节, 肛节与尾叉愈合; 生殖节两侧较膨大, 其宽度稍大于长度; 侧面观, 生殖节腹面膨大呈半圆形。大颚须内肢短小并分 3 节, 这是与细拟真哲水蚤的主要区别。**雄性**: 体形与雌性相似, 但额部前端突起较低而宽圆。腹部分 5 节, 肛节与尾叉愈合。第 5 对胸足单肢型且不对称, 左足狭长并分 4 节, 第 3 节外缘中部具 1 小突起(有的个体较不明显)及外末缘具 1 小刺毛, 末节狭长, 内缘具细毛, 末端具 1 粗刺; 右足分 3 节, 末节长于第 2 节并具 1 长末刺。

分布: 东海至南海; 西太平洋, 印度洋。暖水种。

参考文献: 5, 13, 15, 18, 20, 25, 31, 37, 44, 46, 48, 68, 161。

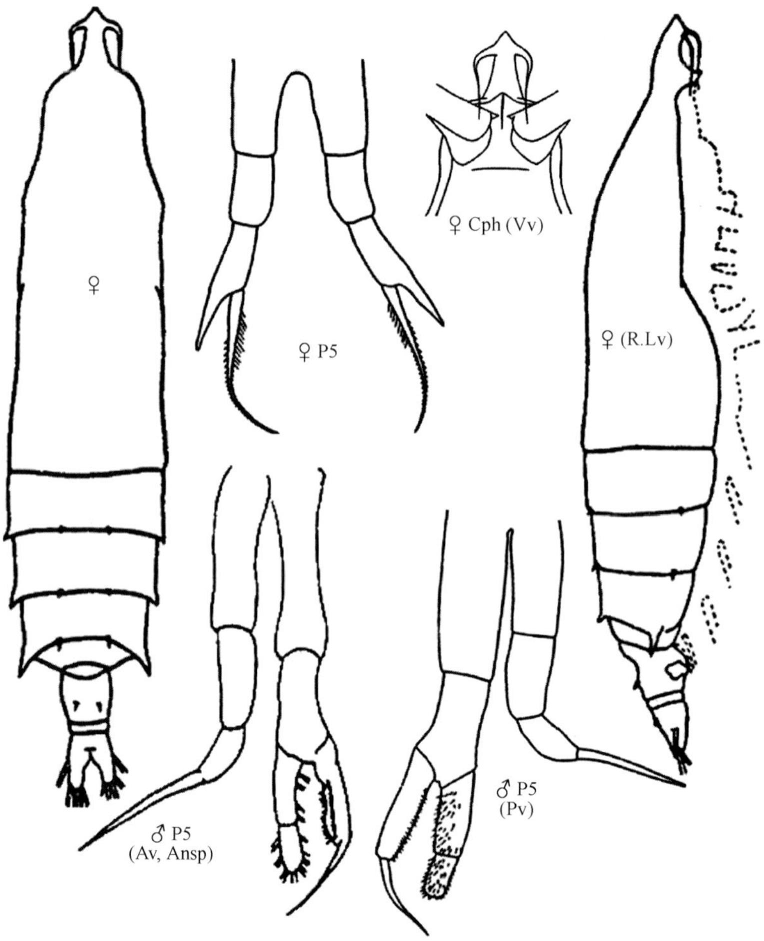

图 234 彩额锚哲水蚤 *Rhincalanus rostrifrons*
[仿陈清潮等，1965（♀；♂）；Rose，1933（♂ P5，Ansp）]

（234）彩额锚哲水蚤 *Rhincalanus rostrifrons*（Dana，1849）（图 234）

[角锚哲水蚤 *Rhincalanus cornutus* Dana，1849：Brady，1883（♀）；Giesbrecht，1892（♀，♂）；Rose，1933（♀，♂）]；Mori，1937（♀，♂）；Grice，1962（♂）；Chihara & Murano，1977（♀，♂）；Boxshall & Halsey，2004（♂）；郑重等，1965（♀，♂）；陈清潮等，1965（♀，♂）；连光山等，2012（♀，♂）]

形态特征：

体长：♀2.7~3.8 mm，♂2.4~2.9 mm。额部前端很突出，其两侧具额丝，使额部呈锚状。**雌性：**腹部分 3 节，生殖节长大，背面近中部具 1 对小刺，肛节与尾叉愈合，左尾叉较长。第 5 对胸足单肢型且对称，均分 3 节，各节较狭长，末节外末角延伸为粗刺突，内末部具 1 长刺毛，其内、外缘具细刺毛。**雄性：**腹部分 5 节。第 5 对胸足不对称，左足双肢型，外肢单节而狭长，可达内肢末节中部，其内缘具细毛，末刺细长并超过内肢末端，内肢分 2 节，表面具细刺毛；右足单肢型，分 3 节，第 1、2 节较狭长，末节短小并具 1 长末刺。

分布：黄海至南海；太平洋，印度洋及大西洋。热带种。

参考文献：1，4，5，13，15，18，20，21，24，25，27，32，37，44，46，72，79，82，97，99，118，152，158，171。

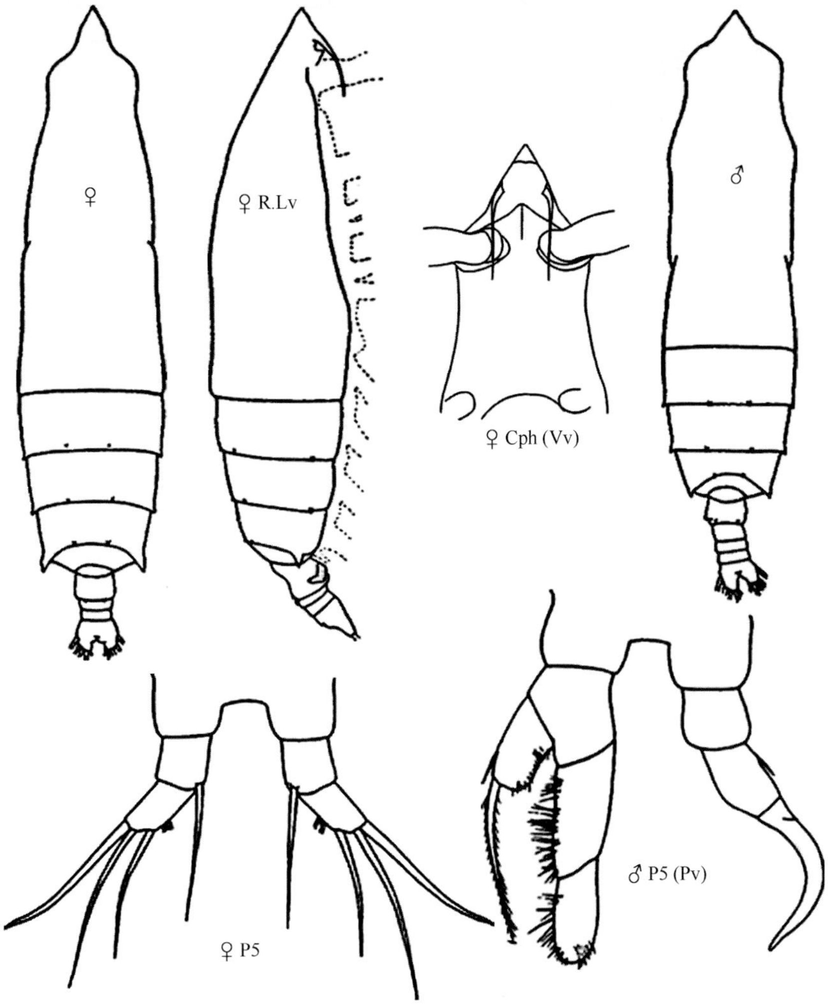

图 235 鼻锚哲水蚤 *Rhincalanus nasutus*（仿陈清潮等，1965）

（235）鼻锚哲水蚤 *Rhincalanus nasutus* Giesbrecht，1888（图 235）

［*Rhincalanus gigas*：A. Scott，1909］

形态特征：

体长：♀3.0~5.1 mm，♂2.7~3.8 mm。额部前端突出呈锥状。额丝细长，位于突起腹面。**雌性**：第 5 对胸足单肢型且对称，各分 3 节，各节粗短，第 2 节内末缘具 1 长刺毛，末节顶端具 3 长刺毛。**雄性**：第 5 对胸足不对称，左足双肢型，基节宽短，外肢单节而粗短，其外末缘具 1 小刺毛，末刺细长，达不到内肢末端，内肢分 2 节，内缘具细刺毛；右足单肢型且分 3 节，第 1、2 节宽短，第 3 节较狭长，外缘中部具 1 小刺毛，节末端具 1 粗大的钩状刺突。

分布：黄海至南海；太平洋，印度洋及大西洋。热带种。

参考文献：1，4，5，13，15，18，20，21，24，25，27，31，32，44，46，67，118，152，158，171。

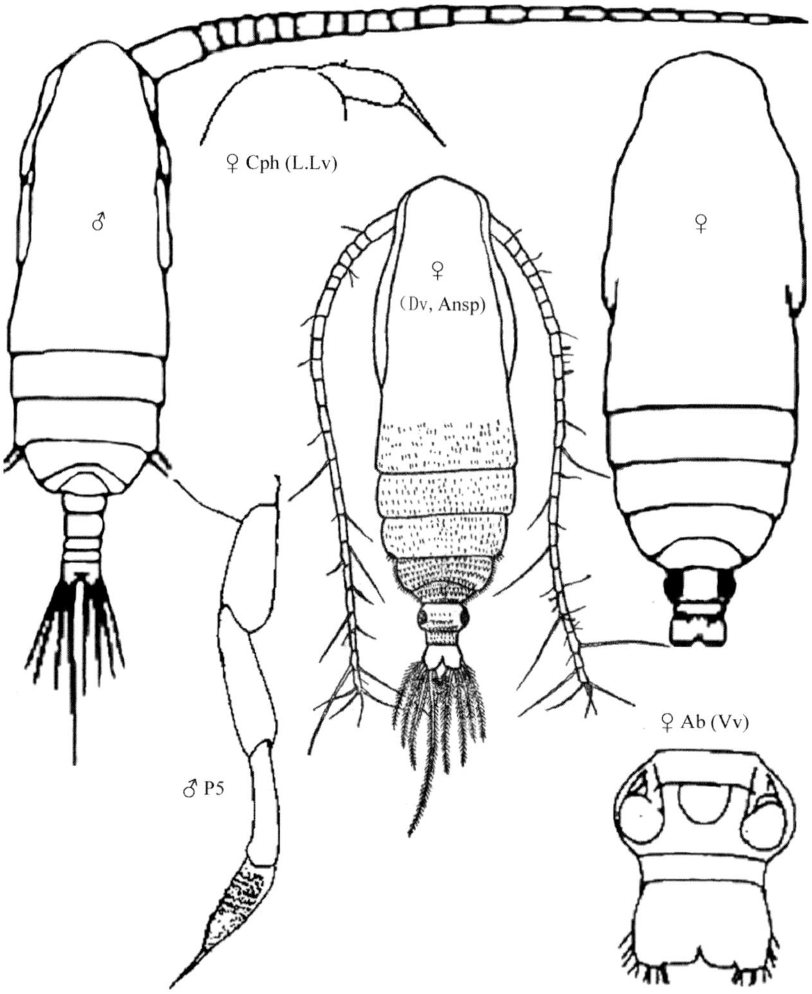

图 236 强次真哲水蚤 *Subeucalanus crassus*
[仿陈清潮等，1965(♀；♂)；郑重等，1965(♀Dv，Ansp)]

(236) 强次真哲水蚤 *Subeucalanus crassus* (Giesbrecht, 1888) (图 236)

[强真哲水蚤 *Eucalanus crassus* Giesbrecht，1888，1892；A. Scott，1909；Mori，1937；Tanaka，1956a；Brodsky，1962；Chihara et al.，1997；陈清潮等，1965；郑重等，1965；*E. oculanus* Marukawa，1921；Brodsky，1948，1950]

形态特征：

体长： ♀3. 2～3. 8 mm，♂3. 2～3. 5 mm。身体肥胖，体表密布细毛。额部前端宽圆，额角基部粗短，额丝也较短。胸部后侧角钝圆。**雌性：** 腹部分 3 节，生殖节膨大，其宽度大于长度；第 2 腹节宽短，肛节与尾叉愈合，尾叉末端较截平或不截平，且近对称。第 5 对胸足不存在。**雄性：** 腹部分 5 节，第 2 节较宽大，肛节与尾叉愈合。第 5 对胸足不对称，左足单肢型，分 4 节，第 1～3 节较狭长，末节较短小，其表面具细密毛，末端具 1 长末刺；右足不存在。

分布： 东海至南海；太平洋，印度洋及大西洋。热带种。

参考文献： 1，4，5，13，15，18，20，21，24，25，27，31～33，36，44，46，66～68，118，158，171。

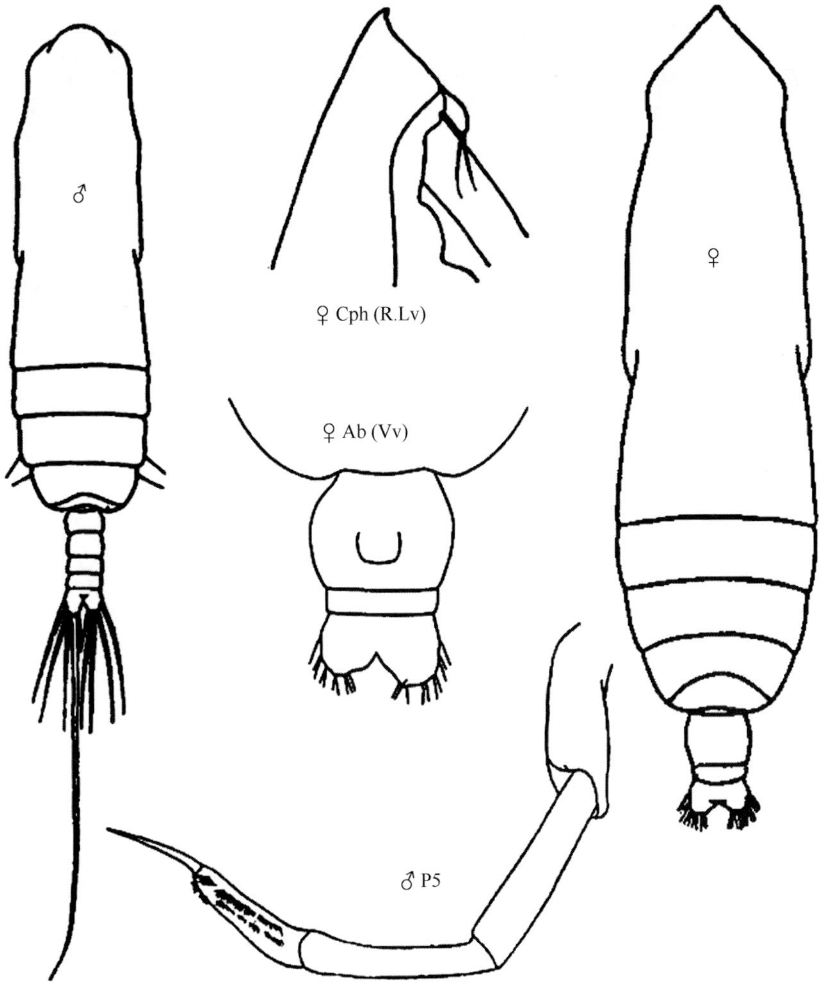

图 237 尖额次真哲水蚤 *Subeucalanus mucronatus*
[仿陈清潮等，1965（♀；♂）；郑重等，1982（♀Cph）]

(237) 尖额次真哲水蚤 *Subeucalanus mucronatus* (Giesbrecht, 1888)（图 237）

[尖额真哲水蚤 *Eucalanus mucronatus* Giesbrecht, 1892; A. Scott, 1909; Mori, 1937; Wilson, 1950; Tanaka, 1956a; Chihara et al., 1997; 陈清潮等, 1965, 1974; 郑重等, 1982]

形态特征：

体长： ♀2.9~3.2 mm，♂2.7~3.0 mm。**雌性：** 额部前端突出而尖锐，呈三角形，侧面观，顶端呈小钩状。腹部分 3 节，生殖节较膨大，其宽大于长；肛节与尾叉愈合，左尾叉稍长于右尾叉。第 5 对胸足不存在。**雄性：** 头胸部较雌性狭长。额部前端较宽圆，第 5 对胸足不对称，左足单肢型，分 4 节，第 2、3 节狭长，末节较短，表面具细毛丛，末刺较本节短；右足不存在。

分布： 黄海至南海；太平洋，印度洋及大西洋。热带种。

参考文献： 4, 5, 13, 15, 25, 27, 31, 44, 46, 48, 82, 118, 158, 171。

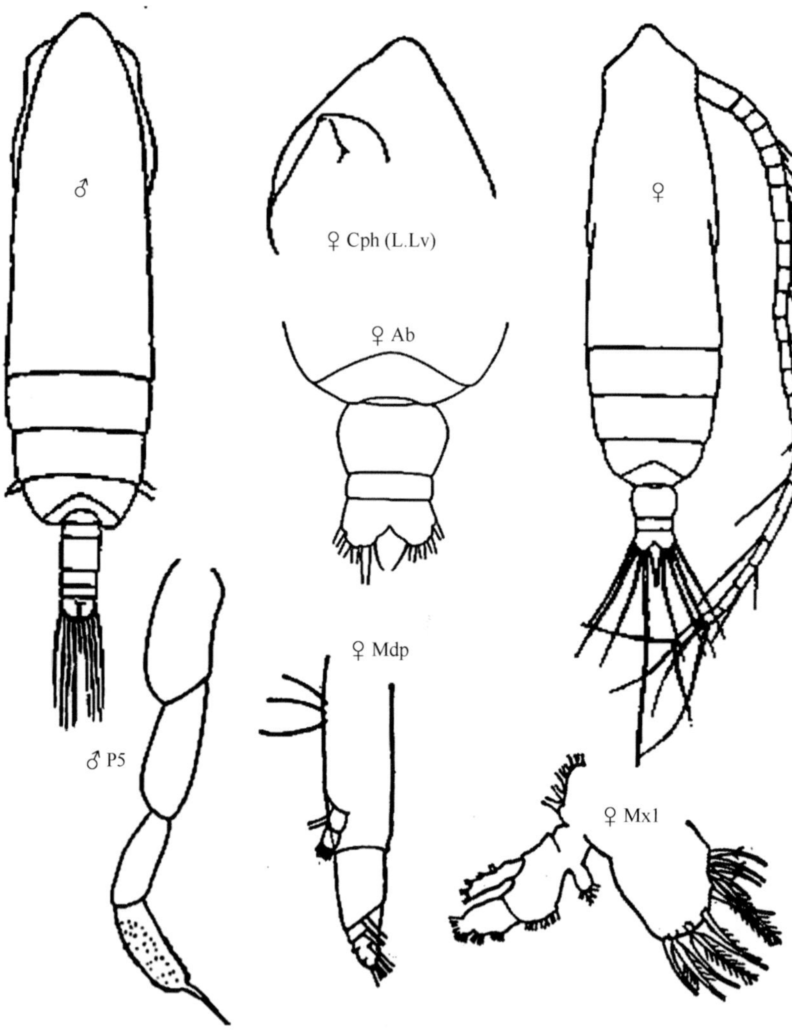

图 238 帽形次真哲水蚤 *Subeucalanus pileatus*
[仿陈清潮等, 1974 (♀; ♂); 郑重等, 1982 (♀Mdp; ♀Mx1)]

(238) 帽形次真哲水蚤 *Subeucalanus pileatus* (Giesbrecht, 1888) (图 238)

[帽形真哲水蚤 *Eucalanus pileatus* Giesbrecht, 1892; A. Scott, 1909; Tanaka, 1935, 1956a; Wilson, 1950; 陈清潮等, 1974; 郑重等, 1982; *E. monachus*: Dakin et al., 1940]

形态特征:

体长: ♀1.9~2.3 mm, ♂1.8~2.2 mm。**雌性**: 额部前端突出, 背面观或侧面观皆呈钝三角形。额角基部愈合, 呈长柄状, 额丝较柄部短。腹部分 3 节, 生殖节较膨大, 近基部最宽大, 其宽度大于长度; 肛节与尾叉愈合。尾叉宽短且近对称。第 1 小颚第 3 小叶具 4 刚毛, 第 2 基节内末缘具 5 刚毛。第 5 对胸足不存在。**雄性**: 头部前端突出而钝圆。腹部分 5 节, 第 2 节宽度大于长度, 其长度大于后 2 节长度之和; 肛节与尾叉愈合。第 5 对胸足不对称, 左足单肢型并分 4 节, 第 3、4 节近等长, 末端刺约为末节长的 1/2; 右足不存在。

分布: 东海至南海; 太平洋, 印度洋及大西洋。热带种。

参考文献: 4, 5, 15, 24, 31~33, 36, 44, 46, 48, 158, 171, 217。

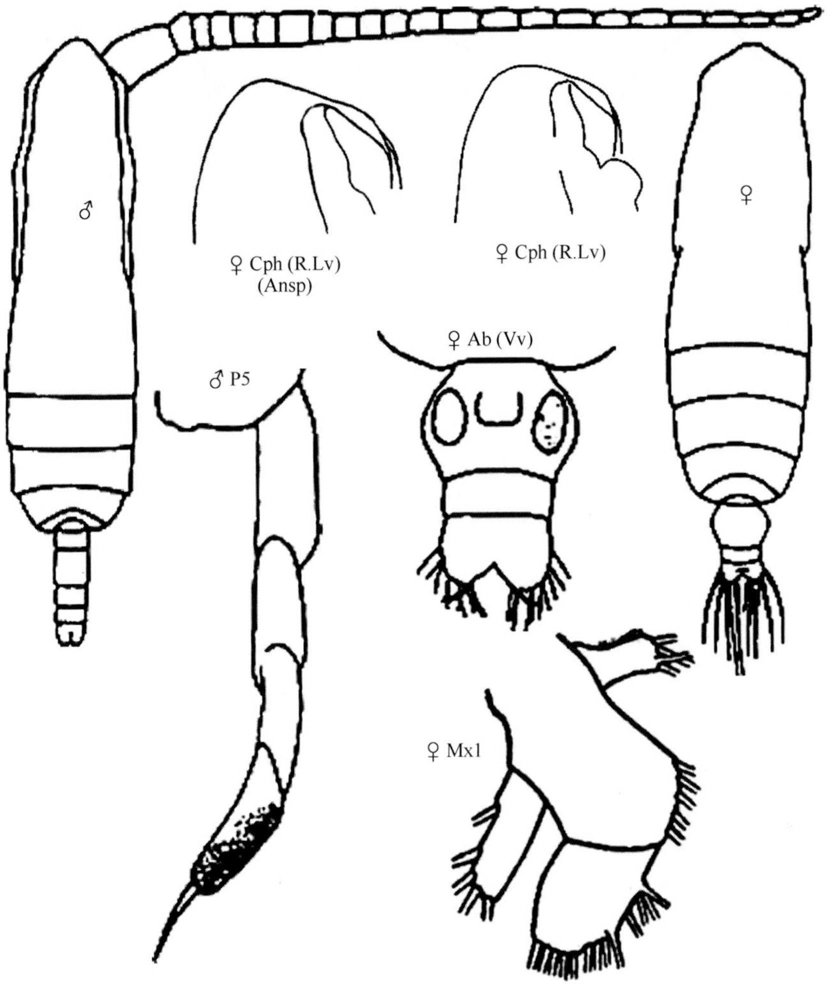

图 239 亚强次真哲水蚤 *Subeucalanus subcrassus*（仿陈清潮等，1965）

（239）亚强次真哲水蚤 *Subeucalanus subcrassus*（Giesbrecht，1888）（图 239）

［亚强真哲水蚤 *Eucalanus subcrassus* Giesbrecht，1888，1892；A. Scott，1909；Tanaka，1935，1956a；Mori，1937；Wilson，1950；Brodsky，1962；Chihara et al.，1997；郑重等，1965；陈清潮等，1965］

形态特征：

体长： ♀2.0~2.9 mm，♂1.9~2.6 mm。**雌性：** 额部前端稍突出，呈低而钝三角形，侧面观钝圆。额角基部愈合，呈长柄状，额丝细短。腹部分3节，生殖节近球形，宽大于长；肛节与尾叉愈合。第1小颚第3小叶具4刚毛，第2基节内末缘具5刚毛。第5对胸足不存在。**雄性：** 额部前端较钝圆。腹部分5节，第2节最长大，近方形。第1小颚结构与雌性相似。第5对胸足不对称，左足单肢型并分4节，末节较狭长，外末部及表面均具细毛，末端刺较本节短；右足不存在。

分布： 东海至南海；太平洋，印度洋及大西洋。热带种。

参考文献： 4，5，13，15，18，20，21，25，31~33，44，46，82，118，158，171。

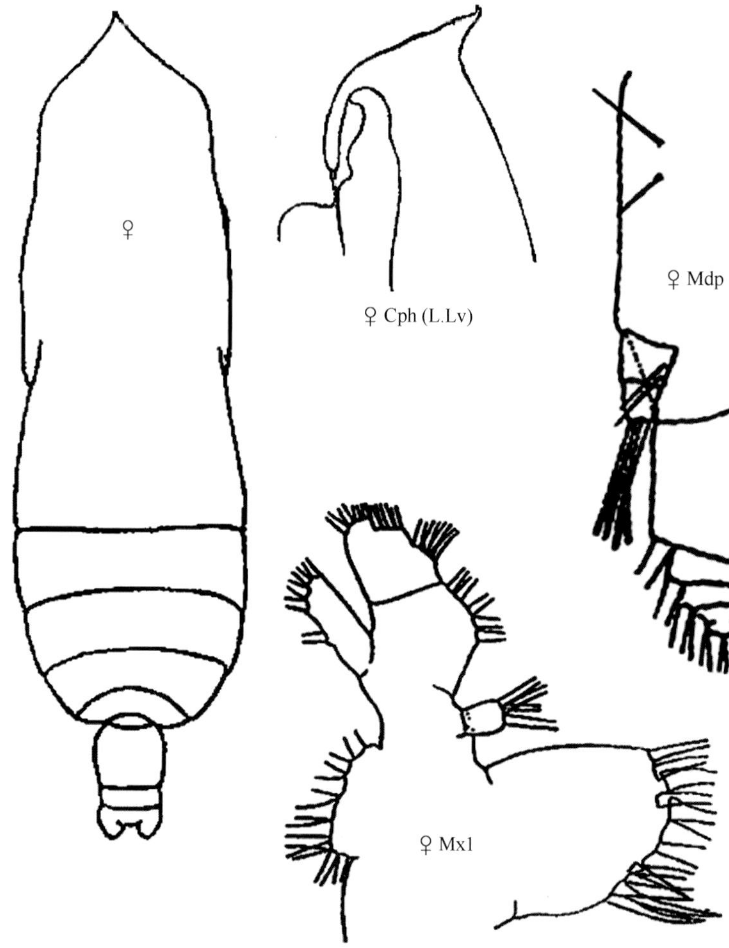

图 240　刺额次真哲水蚤 *Subeucalanus dentatus*（仿连光山等，1984）

（240）刺额次真哲水蚤 *Subeucalanus dentatus*（A. Scott，1909）（图 240）

［刺额真哲水蚤 *Eucalanus dentatus* A. Scott，1909；连光山等，1984］

形态特征：

体长：♀1. 8~2. 6 mm。**雌性**：额部前端尖锐，呈刺状；侧面观，前额刺状突稍指向背侧。腹部较宽短，分 3 节，生殖节近方形；肛节与尾叉愈合。尾叉短小。大颚须第 2 基节基部具 2 刺毛，内肢分 2 节，位于第 2 基节内末部。第 1 小颚第 3 小叶具 4 刚毛，第 2 基节内末缘具 5 刚毛。第 5 对胸足不存在。

分布：南海；马来群岛，西太平洋热带水域。热带种。

参考文献：38，44，158。

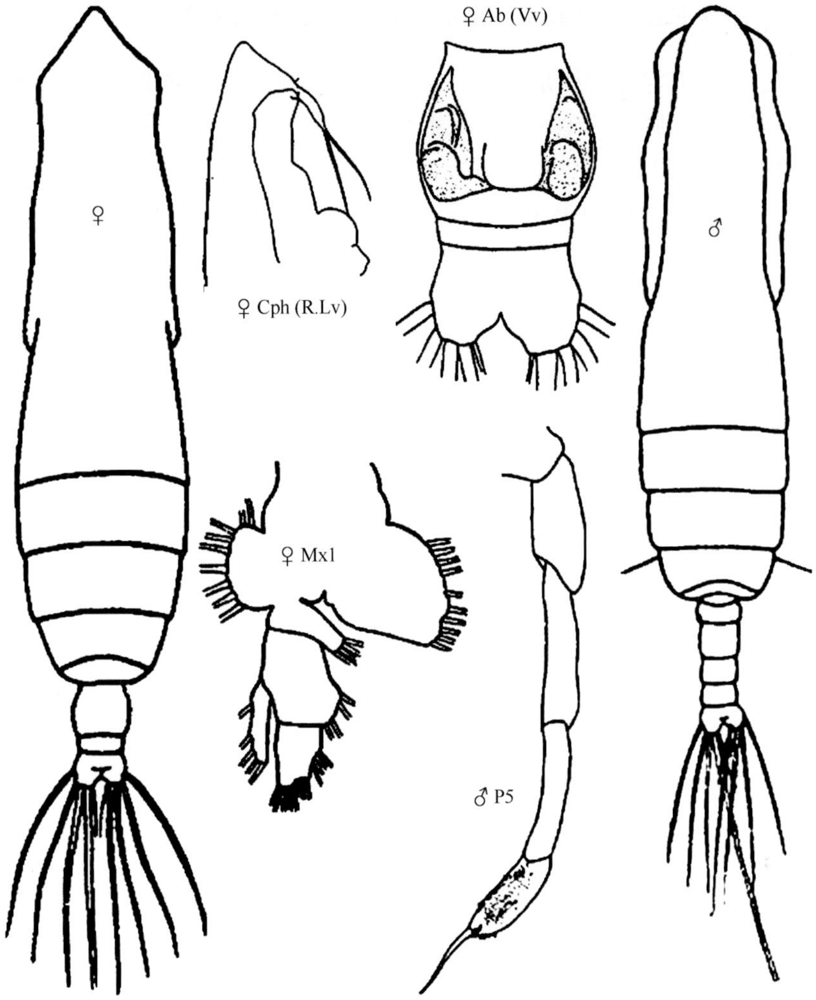

图 241 狭额次真哲水蚤 *Subeucalanus subtenuis*
[仿陈清潮等，1965（♀；♂）；郑重等，1965（♀Mx1）]

（241）狭额次真哲水蚤 *Subeucalanus subtenuis*（Giesbrecht，1888）（图 241）

[狭额真哲水蚤 *Eucalanus subtenuis* Giesbrecht，1888，1892；A. Scott，1909；Mori，1937；Wilson，1950；Tanaka，1956a；Brodsky，1962；Chihara et al.，1997；陈清潮等，1965；郑重等，1965]

形态特征：

体长：♀2.4~3.3 mm，♂2.6~3.1 mm。**雌性**：额部前端显著突出，呈三角形，其顶端呈锥状而不尖锐。额角丝细长。腹部分 3 节，生殖节两侧稍膨大，其长大于宽；肛节与尾叉愈合，左尾叉稍长于右尾叉。第 1 小颚第 3 小叶和第 2 基节内缘各具 4 刚毛。第 5 对胸足不存在。**雄性**：额部较钝圆。腹部分 5 节，第 2 节较长大，近方形。第 1 小颚结构与雌性相似。第 5 对胸足不对称，左足单肢型并分 4 节，第 1 节较粗短，第 2、3 节较狭长并近等长，末节较粗短，内缘及表面具细毛，末刺与末节近等长；右足不存在。

分布：黄海至南海；太平洋，印度洋及大西洋。热带种。

参考文献：1，3~5，13，15，18，20，21，24，27，31，44，46，82，118，158，171。

14. 真刺水蚤科 Family Euchaetidae Giesbrecht, 1892

本科为中型、大型海洋浮游桡足类(2.5~12 mm)。额部前端突出，具1尖刺突或小钝突。额角不分叉，大多为指向腹侧的单刺突。头部与第1胸节分开或不完全愈合，第4、5胸节愈合，胸部后侧角钝圆或具突起。雌性腹部分4节，生殖节长大，腹面常具突起；肛节及尾叉较短小。尾叉左右对称，尾叉内侧第1或2尾刚毛最长。雄性腹部分5节。第1对胸足内肢1节，外肢：雌性2节，雄性3节。第2~4对胸足外肢均分3节，内肢分别为1、3、3节。雌性第5对胸足不存在。雄性第5对胸足很发达，左足外肢分3节，结构较复杂，内肢退化，呈小突起状；右足外肢分2节，内肢1节，呈长棒状。

本科包括2属。中国海域均有分布，已记录39种。

属名 Genera	种数	页码
真刺水蚤属 *Euchaeta* Philippi, 1843	11	289
拟真刺水蚤属 *Paraeuchaeta* A. Scott, 1909	28	300

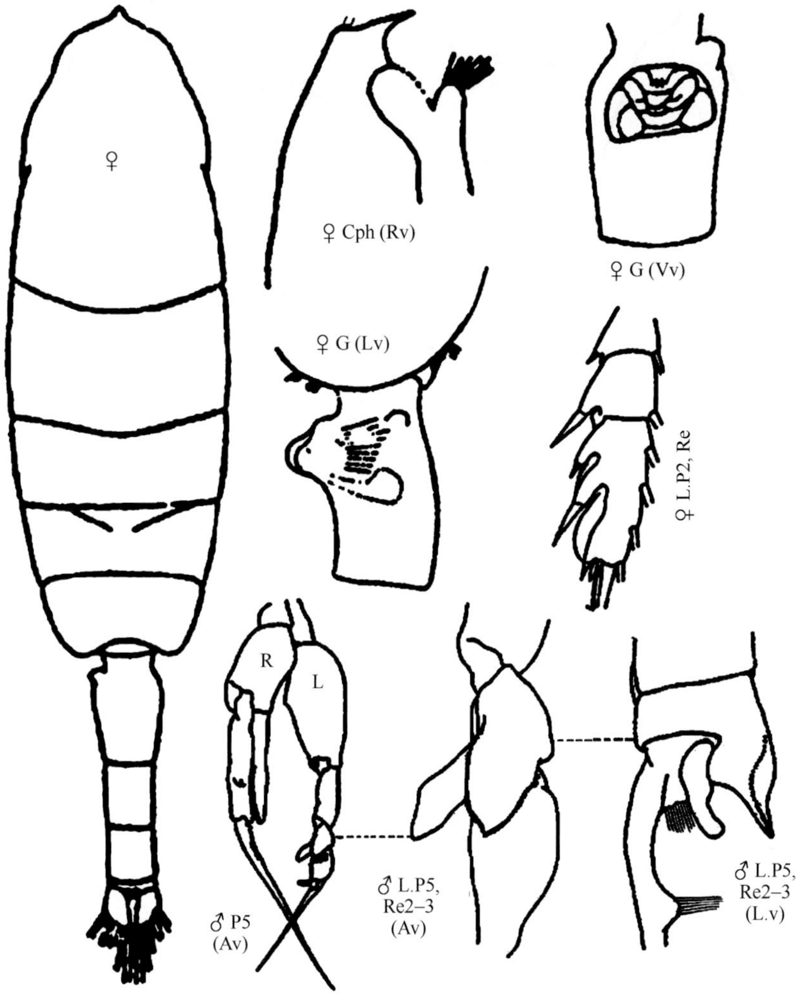

图 242　尖真刺水蚤 *Euchaeta acuta*
［仿连光山，钱宏林，1984（♀）；Park，1995（♂ P5）］

（242）尖真刺水蚤 *Euchaeta acuta* Giesbrecht，1892（图 242）

［*Paraeuchaeta acuta*：Bradford，1983］

形态特征：

体长：♀3.4~4.3 mm，♂3.4~4.1 mm。**雌性**：背面观前额突起短小。头部与第1胸节分开。胸部后侧角宽圆，左右对称。腹部生殖节不对称，左侧近基部具1瘤状突；腹面生殖孔两侧各具1不对称的大突起，右侧突较高，左侧突较宽。第2对胸足外肢第2节外末刺较短，末端仅达第3节第1外缘刺的近基部，第3节第2外缘刺也达不到第3外缘刺的基部。**雄性**：前额突起较小，额角弯向腹侧。胸部后侧角较狭而钝圆，左右对称。第5对胸足不对称，左足第2基节粗大，内缘近中部具1小突起，外肢第2节具1椭圆形齿板，其两侧缘具细锯齿，末端尖锐，其基部内缘另具1片膜状突，第3节基部及末刺基部各具1带细毛的突起；右足外肢第1节近末端1/3处具1齿状突。

分布：东海至南海；太平洋，印度洋及大西洋。暖水种。

参考文献：4，24，37，38，44，62，77，97，106，150，152，158。

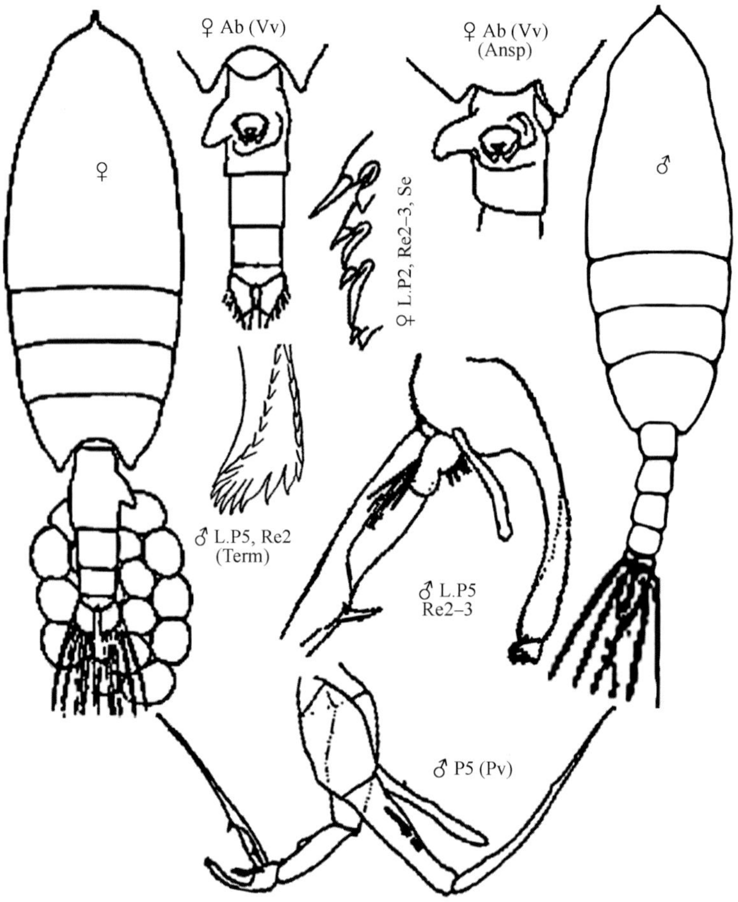

图 243 精致真刺水蚤 *Euchaeta concinna*
［仿陈清潮等，1965（♀；♂）；郑重等，1965（♂ L. P5，Re2，Term）］

（243）精致真刺水蚤 *Euchaeta concinna* Dana，1849（图 243）

［*Euchaeta concimilis* Farran，1936；*Paraeuchaeta concinna*：Chihara et al.，1997；Bradford，1983］

形态特征：

体长： ♀2. 4~3. 8 mm，♂2. 2~3. 2 mm。**雌性：** 前额刺突较长。头部与第 1 胸节愈合。胸部后侧角突出，呈钝三角形，左侧突较右侧稍长大。腹部生殖节长大，其右侧中部具 1 喙状突起，其顶端稍弯向后方。第 2 对胸足外肢第 2 节外末刺较长，可达第 3 节第 1 外缘刺中部，末节 3 外缘刺短小，近等长。**雄性：** 体形与雌性近似，但胸部后侧角突起较小。生殖节不对称，左侧中部及右侧后部较突出。第 5 对胸足不对称，左足外肢第 2 节外缘齿板狭长，其两侧缘具粗齿列，末端齿较长大呈爪状，齿板基部内缘具 1 棒状突，可达齿板中部，第 3 节呈长刺状；右足外肢第 1 节近内缘具 1 列小刺，第 2 节呈长刺状，内缘具 2 小齿突。

分布： 黄海至南海；太平洋，印度洋。暖水种。

参考文献： 1，4，5，13，16，21，24，31 ~ 33，44，46，51，77，82，97，118，150，158，217。

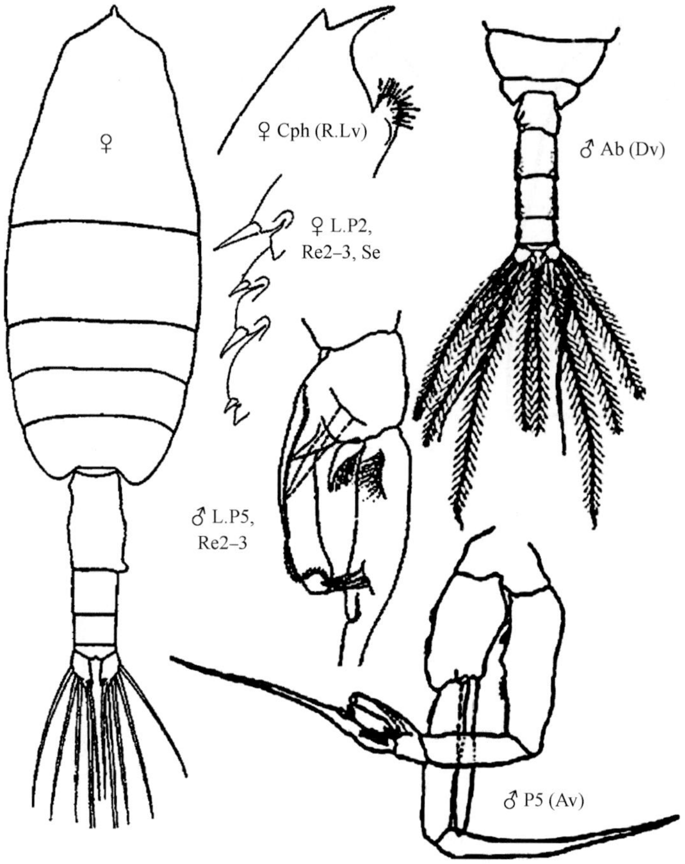

图 244　印度真刺水蚤 *Euchaeta indica*（仿陈清潮等，1965，1974）

（244）印度真刺水蚤 *Euchaeta indica* Wolfenden，1905（图 244）

［吴氏真刺水蚤、三角真刺水蚤 *Euchaeta wolfendeni* A. Scott，1909；Mori，1937；Tanaka，1958；Tanaka et al，1968；Brodsky，1962；Wilson，1950；Park，1995；陈清潮等，1965，1974；郑重等，1982］

形态特征：

体长：♀2. 2~3. 0 mm，♂2. 2~2. 9 mm。**雌性：**体表密布细毛。额部呈三角形，前额突起粗短，额角刺粗大而稍弯曲。头部与第 1 胸节分开。胸部后侧角钝圆且对称。腹部生殖节不对称，其长度稍大于后 3 节长度之和，右侧末缘具 1 小结节状突起。第 2 对胸足外肢第 2 节外末刺仅达末节第 1 外缘刺基部，末节第 2 外缘刺达不到本节外末刺的中部。**雄性：**体表密布细毛。胸部后侧角短小而突出。腹部分 5 节，生殖节左侧缘具 1 小突起。第 5 对胸足不对称，左足外肢第 2 节具 1 狭长的齿板，末端稍弯曲或分叉，边缘均具锯齿，在齿板基部内侧具 1 长刺和 1 三角刺及 1 爪状刺突，第 3 节呈长刺状，基部粗大，内缘 1/4 处具 4 枚针刺及 1 指状突，内肢消失；右足外肢第 2 节呈长刺状，内缘光滑，内肢狭长。

分布：东海至南海；太平洋，印度洋及大西洋。暖水种。

参考文献：5，13，16，20，24，27，31，33，44，46，48，51，77，118，150，158，177，191，217。

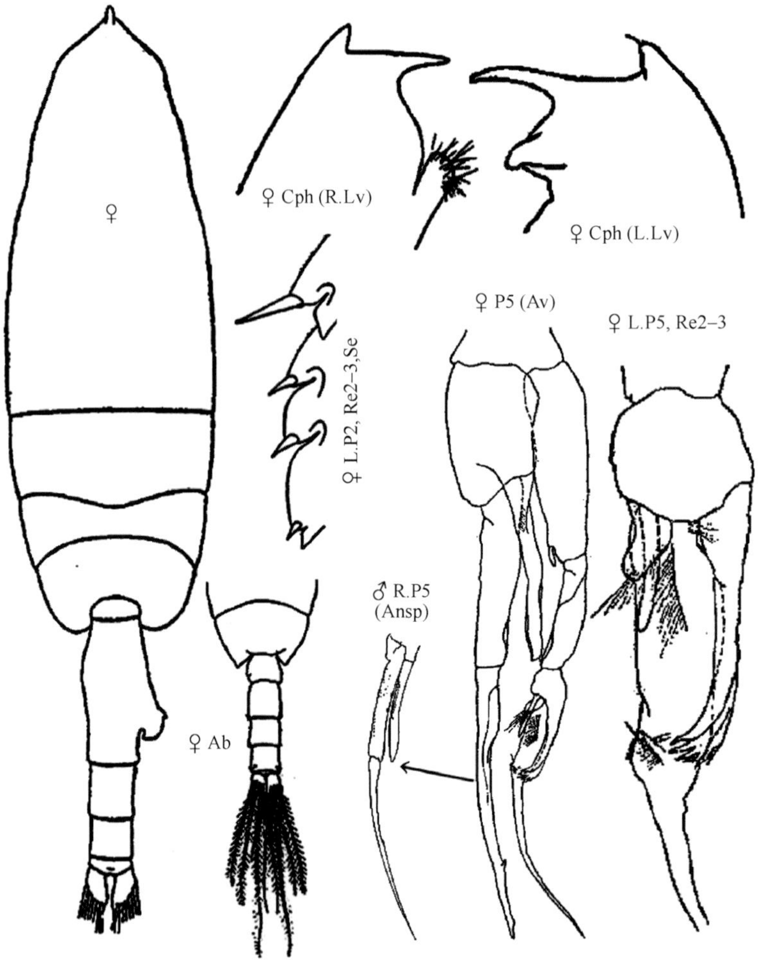

图 245　长角真刺水蚤 *Euchaeta longicornis*

[仿陈清潮等，1965，1974（♀；♂）；Park，1995(♂ R. P5，Ansp)]

（245）长角真刺水蚤 *Euchaeta longicornis* Giesbrecht，1888（图 245）

[*Paraeuchaeta longicornis*：Chihara et al.，1997；Bradford，1983]

形态特征：

体长：♀2.5~3.3 mm，♂2.5~3.0 mm。**雌性：**额部呈三角形，前额突起粗短，额角刺指向腹侧。头部与第 1 胸节愈合，第 4、5 胸节也愈合。胸部后侧角宽圆且对称。腹部生殖节长而不对称，右后缘近 2/3 处具 1 片状突起，本节稍长于后 3 节长度之和。第 2 对胸足外肢第 2 节外末刺较长，可达末节第 1 外缘刺基部；末节外缘刺均较短小，其第 1、2 外缘刺近等长。**雄性：**额角刺较雌性狭长。胸部后侧角呈三角形，左侧角较尖锐。第 5 对胸足不对称，左足第 2 基节具 1 退化小内肢，外肢第 2 节具 1 狭长铲状齿板，其边缘具锯齿，末缘具锐刺，第 3 节基部粗大并在近端 1/3 处具 2~3 根针刺；右足外肢第 2 节末部内缘具 1 钩状刺，节末端细长呈刺状(Park，1995)或较粗短而斜截(陈清潮等，1974)，内肢狭长。

分布：东海至南海；太平洋，印度洋。暖水种。

参考文献：1，4，5，13，16，21，24，31~33，44，46，51，77，82，118，150，177，191。

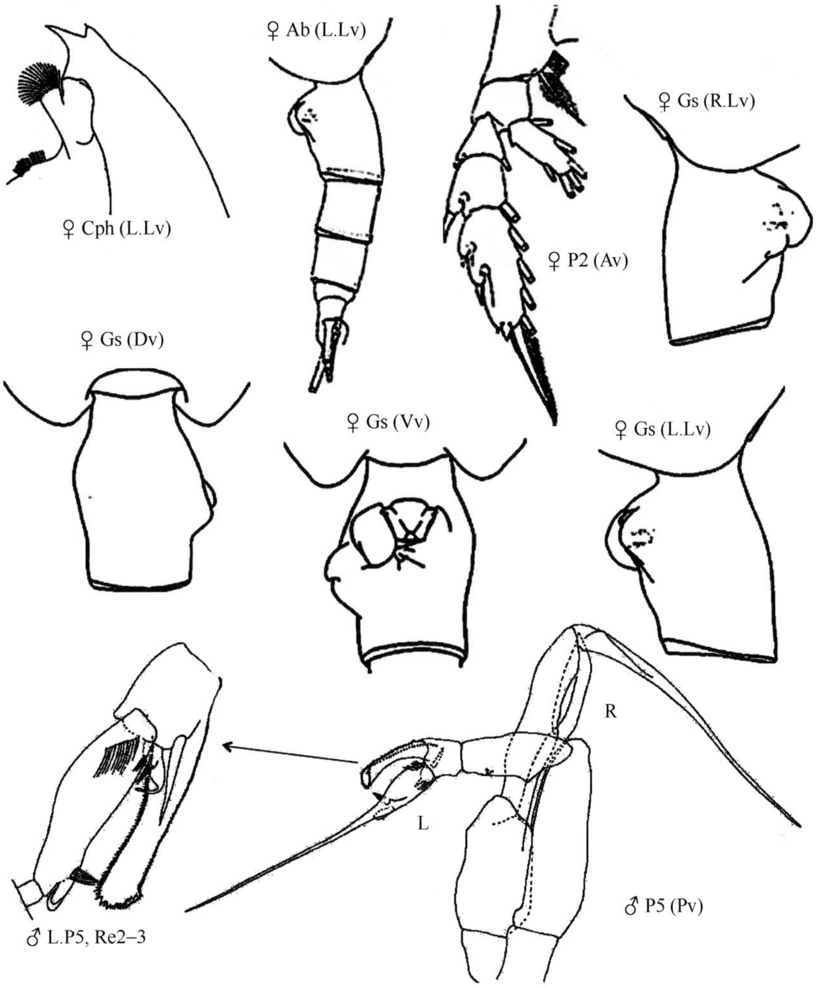

图 246　小海真刺水蚤 *Euchaeta marinella*
[仿 Park, 1995 (♀); Bradford, 1983 (♂ P5)]

(246) 小海真刺水蚤 *Euchaeta marinella* Bradford, 1974 (图 246)

形态特征:

体长: ♀2.9~3.0 mm, ♂2.3~2.6 mm。**雌性**: 前额突出, 额角刺粗大并指向斜前方。胸部后侧角钝圆。腹部生殖节粗大, 左侧中部稍膨大, 右侧中部具 1 宽大的瘤状突; 生殖节腹面的生殖突发达, 右侧突较大而宽圆, 左侧突较低且分前、后 2 小叶, 其后小叶紧贴右侧突。第 2 对胸足外肢第 2 节外末刺较短, 达不到末节第 1 外缘刺基部, 末节第 2 外缘刺短小, 仅达到末节外末部的中部。**雄性**: 左第 5 胸足外肢第 2 节铲状齿板狭长, 末端较宽圆并具细齿, 两侧具粗齿, 齿板基部内侧具 1 长刺及 1 钩状刺突, 末节长刺突基部具 1 短小指状突及 1 丛细刺毛。

分布: 南海; 太平洋。暖水种。

参考文献: 23, 44, 77, 150。

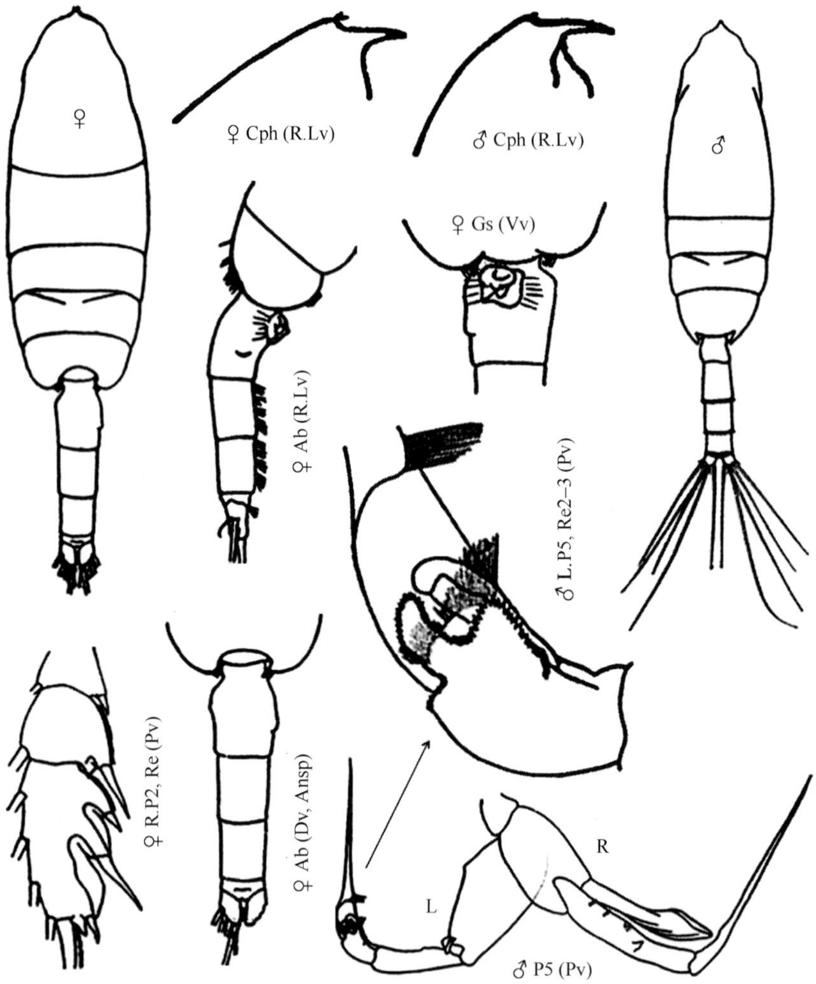

图 247 中型真刺水蚤 *Euchaeta media*（仿连光山等，1978b）

(247) 中型真刺水蚤 *Euchaeta media* Giesbrecht, 1888 (图 247)

[*Euchaeta acuta pacifica* Esterly, 1911; Brodsky, 1950; *E. diegensis* Esterly, 1911; *Paraeuchaeta media*: Chihara et al., 1997; Bradford, 1983]

形态特征：

体长：♀3.3~4.6 mm，♂3.3~4.2 mm。**雌性**：胸部后侧角钝圆，其内缘具细毛。腹部生殖节不对称，左侧近基部隆起，右侧近中部具 1 稍下垂的瘤状突，侧面观瘤状突后缘呈弯月形。第 2 对胸足外肢第 2 节外末刺较长，可达末节第 1 外缘刺近末端；末节第 2 外缘刺最长，可达第 3 外缘刺中部。**雄性**：胸部后侧角突出呈钝三角形。第 5 对胸足不对称，左足内肢退化为 1 小指状突，外肢分 3 节，第 2 节粗短，具 1 宽大而分叉的齿板，近内缘 1 叉较宽短呈三角形，近外缘 1 叉较狭长而稍弯曲，齿板边缘均具锯齿，末节呈长刺状；右足外肢分 2 节，第 1 节粗大，外缘近中部具 1 三角形小突起，末节为长刺，内肢单节，近末端较宽大。

分布：东海至南海；太平洋，印度洋及大西洋。暖水种。

参考文献：4，5，16，24，28，31，37，44，50，51，67，77，82，87，118，143，150，152，158。

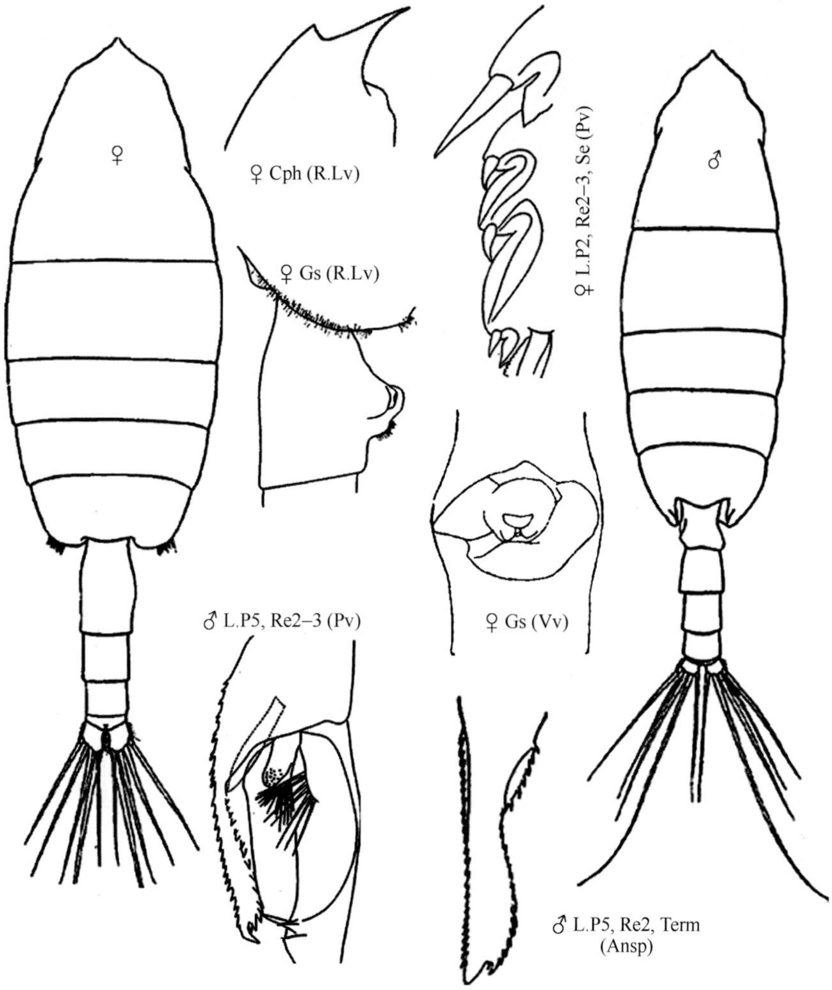

图 248 平滑真刺水蚤 *Euchaeta plana*
[仿陈清潮等，1965（♀；♂）；郑重等，1965（♂LP5，Re2，Term）]

（248）平滑真刺水蚤 *Euchaeta plana* Mori，1937（图 248）

[*Euchaeta murrayi* Sewell，1947；*Paraeuchaeta plana*：Chihara et al.，1997]

形态特征：

体长：♀2.9~3.6 mm，♂2.8~3.2 mm。**雌性**：胸部后侧角钝圆，其两侧及腹缘皆具细毛。腹部生殖节长大而稍不对称，右侧缘中部稍膨大；生殖突腹面观显著不对称，右侧突后缘具1深缺刻。第2对胸足外肢第2节外末刺长达第3节第1外缘刺基部，末节3外缘刺均短小。**雄性**：头胸部较狭小。胸部后侧角钝突，左侧突较右侧稍长。生殖节两侧不对称，左缘中部稍膨大。左第5胸足外肢第2节具1狭长的铲状齿板，其两侧及末端均具锯齿，其中外末缘具1较大的爪状齿。

分布：黄海至南海；太平洋，印度洋。暖水种。

参考文献：1，5，13，16，18，24，31~33，44，46，48，51，52，82，118，150，177，191。

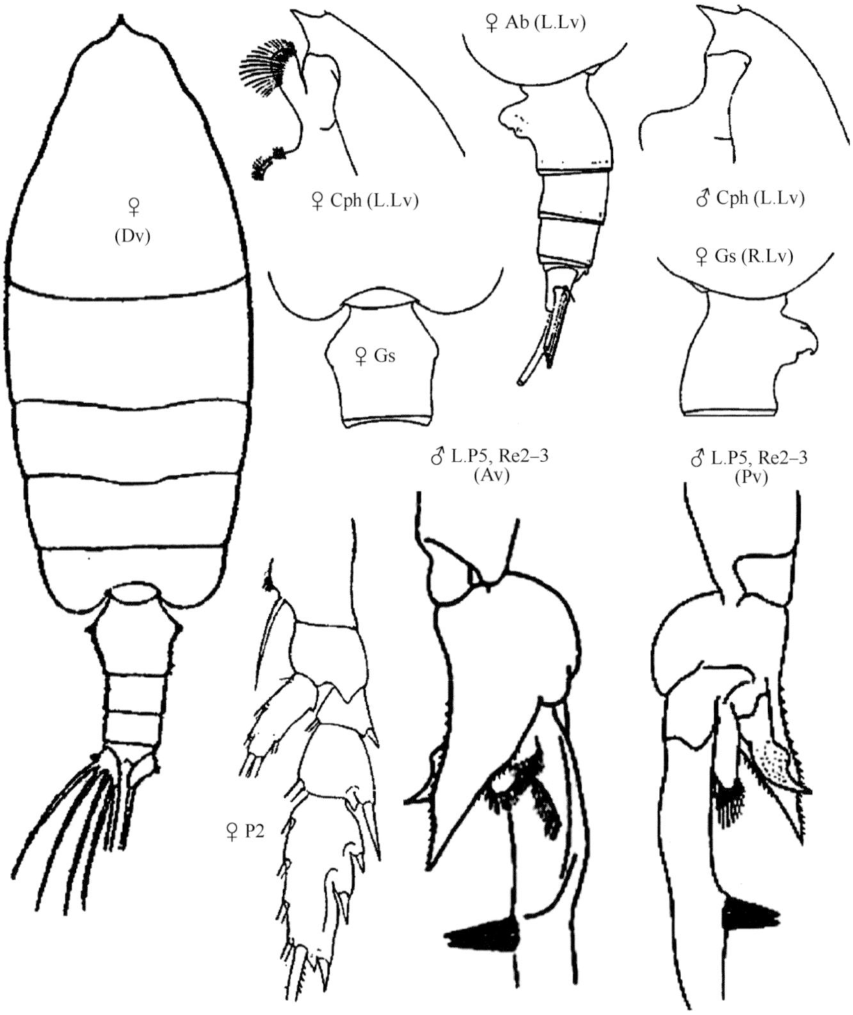

图 249　细毛真刺水蚤 *Euchaeta pubera*

[仿 Park，1995（♀；♂）；Tanaka，1958（♀Dv）]

（249）细毛真刺水蚤 *Euchaeta pubera* Sars，1907（图 249）

[*Paraeuchaeta pubera*（Sars，1907）：Bradford，1983]

形态特征：

体长： ♀3. 8 ~ 4. 2 mm，♂2. 9 ~ 3. 5 mm。体表密布细毛，额角粗短而尖锐，呈三角形。**雌性：** 头胸部较宽大。胸部后侧角宽圆。腹部较粗短，第 2、3 节宽短并等长；生殖节长为后 2 腹节的长度之和，背面观近对称，两侧近基部皆隆起；腹面生殖突不对称，右侧突顶端具 1 钩状突。第 2 对胸足外肢第 2 节外末刺可达第 3 节第 1 外缘刺中部，末节 3 外缘刺均短小。**雄性：** 左第 5 胸足外肢第 2 节具 1 狭三角形齿板，其外侧缘具细锯齿，末端为尖刺突，内侧缘中部具少数细齿，齿板内侧基部具 1 粗短的尖刺突和 1 粗指状突。

分布： 南海；太平洋，印度洋及大西洋。深水种。

参考文献： 44，77，150，152，157，177，217。

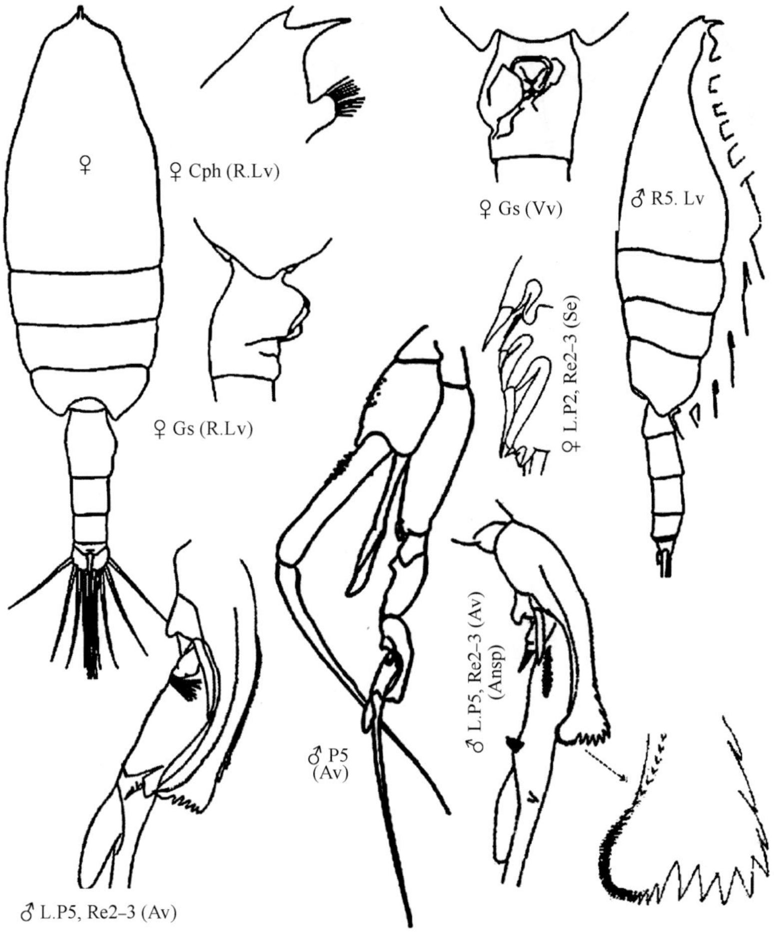

图 250　窄缝真刺水蚤 *Euchaeta rimana*
[仿陈清潮等，1965（♀；♂）；Park，1995（♂ L. P5，Ansp）]

（250）窄缝真刺水蚤 *Euchaeta rimana* Bradford，1974（图 250）

[海洋真刺水蚤 *Euchaeta marina*：A. Scott，1909；Mori，1937；Tanaka，1958，1968；Brodsky，1950，1962；Wilson，1950；陈清潮等，1965；郑重等，1965]

形态特征：

体长：♀3.4~4.3 mm，♂3.1~4.1 mm。体表遍生细毛。**雌性：**前额突出，额角粗大而尖锐。胸部后侧角钝突而稍不对称，右侧角较左侧突出。腹部生殖节较粗短而不对称，右侧中部具 1 大突起，右末缘也较突出，此两突起之间稍为凹陷；腹面生殖突也不对称，右突较狭，顶端宽圆，左突较宽大，顶端分 2 叶，左、右突后部之间的空隙较狭窄。第 2 对胸足外肢第 2 节外末刺可达末节第 1 外缘刺基部，外肢第 3 节第 2 外缘刺长达第 3 外缘刺末端。**雄性：**第 5 对胸足不对称，左足末节长刺突基部内侧具 1 粗大的指状突，第 2 节具 1 狭长的铲状齿板，其末端宽大并分 2 叶，外叶具粗锯齿，内末叶具细锯齿；右足第 1 基节和外肢第 1 节外缘近端具小刺丛。

分布：渤海至南海；太平洋，印度洋及大西洋。暖水种。

参考文献：1，4，5，13，16，18，20，21，24，25，31，44，46，48，67，68，77，150，158，177，191，217。

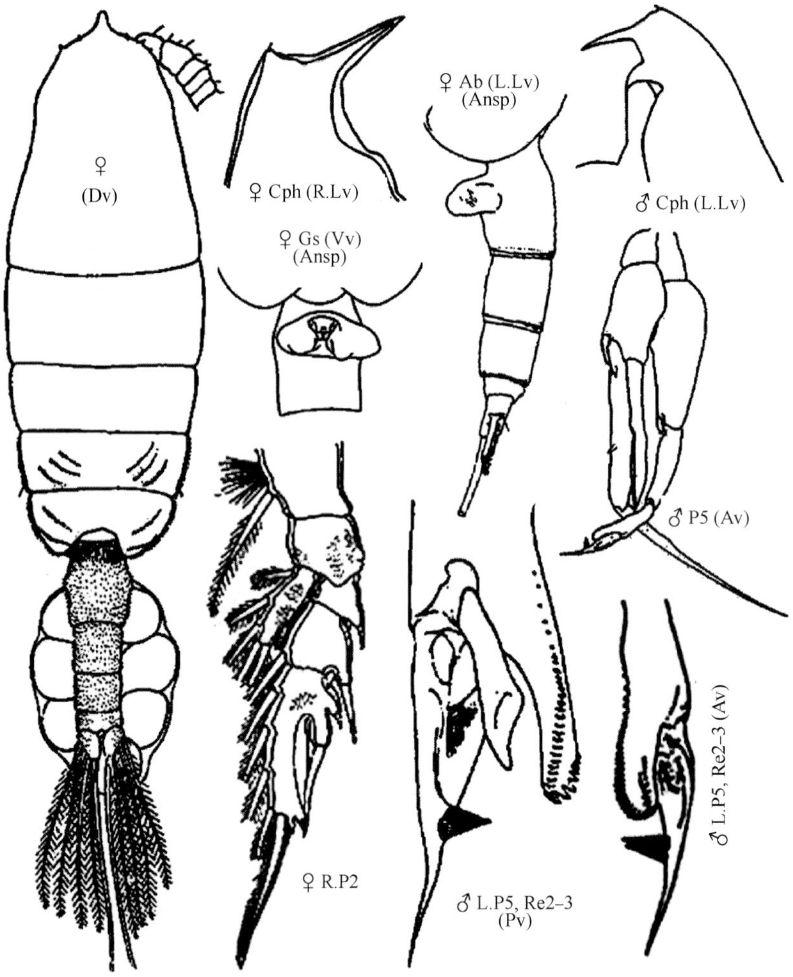

图 251 长刺真刺水蚤 *Euchaeta spinosa*

[仿陈清潮等，1974（♀Dv；♀Cph；♀R. P2）；Park，1995（♀Ab，Ansp；♂）]

（251）长刺真刺水蚤 *Euchaeta spinosa* Giesbrecht，1892（图 251）

[*Paraeuchaeta spinosa*：Chihara et al.，1997；Bradford，1983]

形态特征：

体长：♀5.8~7.2 mm，♂5.6~6.9 mm。**雌性**：前额突出，额角粗大。胸部后侧角宽圆并具细毛。腹部粗大，表面具细毛，生殖节约等于后 2 腹节长度之和，其左、右两侧中部均突出，背面观近对称，侧面观或腹面观生殖突很不对称，左侧突较长于右侧突。第 2 对胸足外肢第 2 节外末刺长大，超过末节第 1 外缘刺的末端，第 3 节第 2 外缘刺更为长大，超过第 3 外缘刺末端。**雄性**：前额突起较低，额角刺细长并弯向腹侧。胸部后侧角突出，侧面观呈钝三角状。第 5 对胸足不对称，左足外肢第 2 节具 1 匙状齿板，其内缘基部具 1 长棒状突起，末端尖，呈爪状，第 3 节较短小，约与第 2 节（含齿板）等长，其基部粗大，末部呈刺状，近中部具 1 丛细刺毛；右足外肢第 1 节外缘近中部具 1 小刺突。

分布：东海至南海；太平洋，印度洋及大西洋。暖水种。

参考文献：6，16，20，24，25，37，44，51，77，82，106，150，152，177，217。

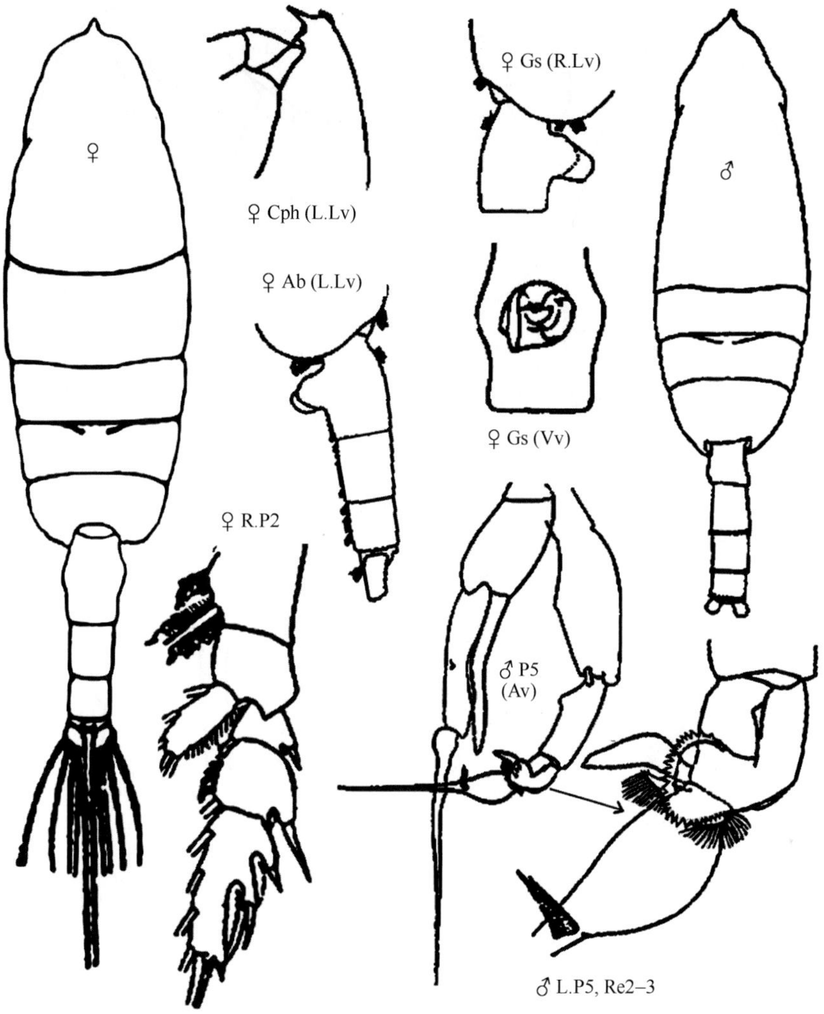

图 252 瘦真刺水蚤 *Euchaeta tenuis*（仿连光山，钱宏林，1984）

（252）瘦真刺水蚤 *Euchaeta tenuis* Esterly, 1906（图 252）

［*Euchaeta solida* Esterly, 1911］

形态特征：

体长： ♀4.9~6.1 mm，♂4.6~5.2 mm。**雌性：** 前额突起较大，额角也粗大。胸部后侧角宽圆。腹部较狭长，生殖节背面观近对称，其腹面显著突出，生殖孔两侧各具 1 大而不对称的片状突起，右侧突较长大。第 2 对胸足外肢第 2 节外末刺长达第 3 节第 1 外缘刺末端，末节第 2 外缘刺较短，仅达其后末部约 2/3 处。**雄性：** 第 5 对胸足不对称，左足外肢第 1 节内缘基部具 1 小突起，第 2 节外缘具 1 铲状齿板，其末端宽圆并弯向内侧，边缘具粗锯齿，齿板基部具 1 粗大指状突并超过齿板末端，内肢退化呈小突起状；右足外肢第 1 节外缘中部具 1 小刺突。

分布： 东海至南海；太平洋，印度洋。暖水种。

参考文献： 6，16，24，25，37，38，44，86，87，99，150，158。

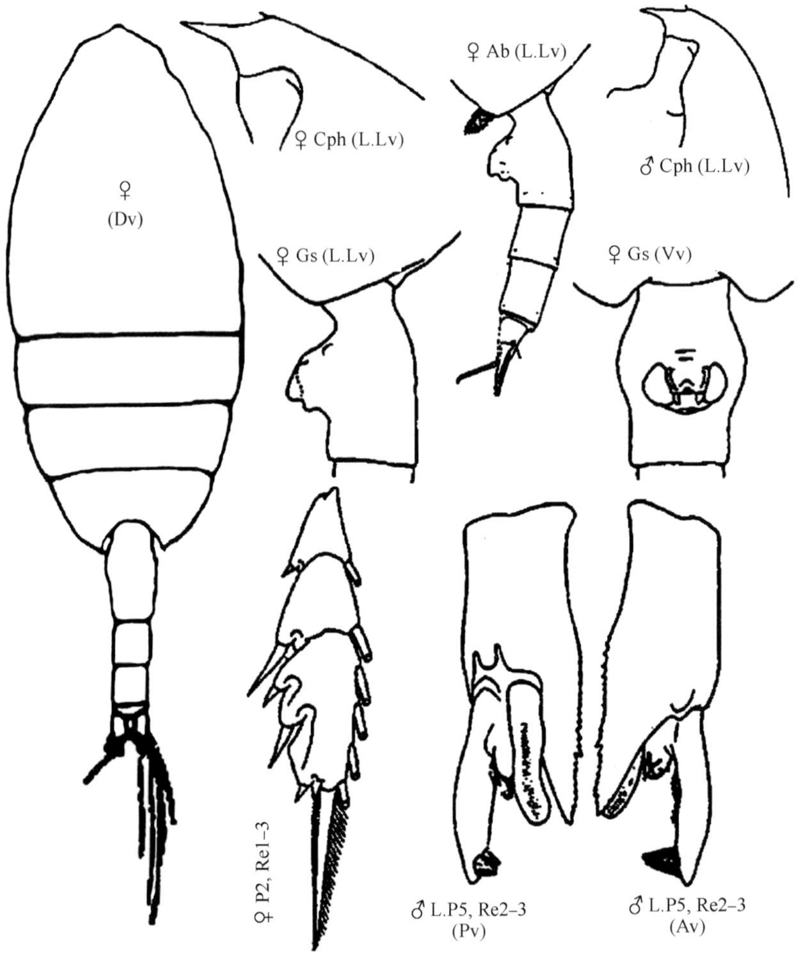

图 253 赤道拟真刺水蚤 *Paraeuchaeta aequatorialis*
[仿 Tanaka，1958（♀Dv）；Park，1995（♀；♂）]

（253）赤道拟真刺水蚤 *Paraeuchaeta aequatorialis* Tanaka，1958（图 253）

[*Euchaeta scott*：Wolfenden，1911；*E. aequatorialis*：Park，1978]

形态特征：

体长：♀4.5~5.6 mm，♂4.0~4.9 mm。**雌性：**头胸部粗大。胸部后侧角突出呈钝三角形并具 1 丛细毛。前额稍突出，额角粗大。腹部生殖节长大而对称，其两侧中部较膨大；侧面观背面近中部稍隆起，生殖突后缘突出呈瘤状，腹面显著膨大而突出，左、右生殖突近对称。第 2 对胸足外肢第 2 节外末刺长达第 3 节第 1 外缘刺近末端，末节第 2 外缘刺较短，达不到末节顶端。**雄性：**前额较钝圆，额角较细小并弯向腹面。第 5 对胸足不对称，左足外肢第 2 节具 1 锥形齿板，其内缘具不规则的锯齿，除了中部具 1 大锯齿外，其余均为小锯齿，齿板基部指状突呈蠕状，其顶端钝圆并与齿板等长，第 3 节较粗大，较长于齿板，末内缘具 1 丛细刺毛；右足外肢第 1 节外缘具 1 小刺突。

分布：东海，南海；太平洋，印度洋及大西洋。深水种。

参考文献：24，44，106，150，177，191，218。

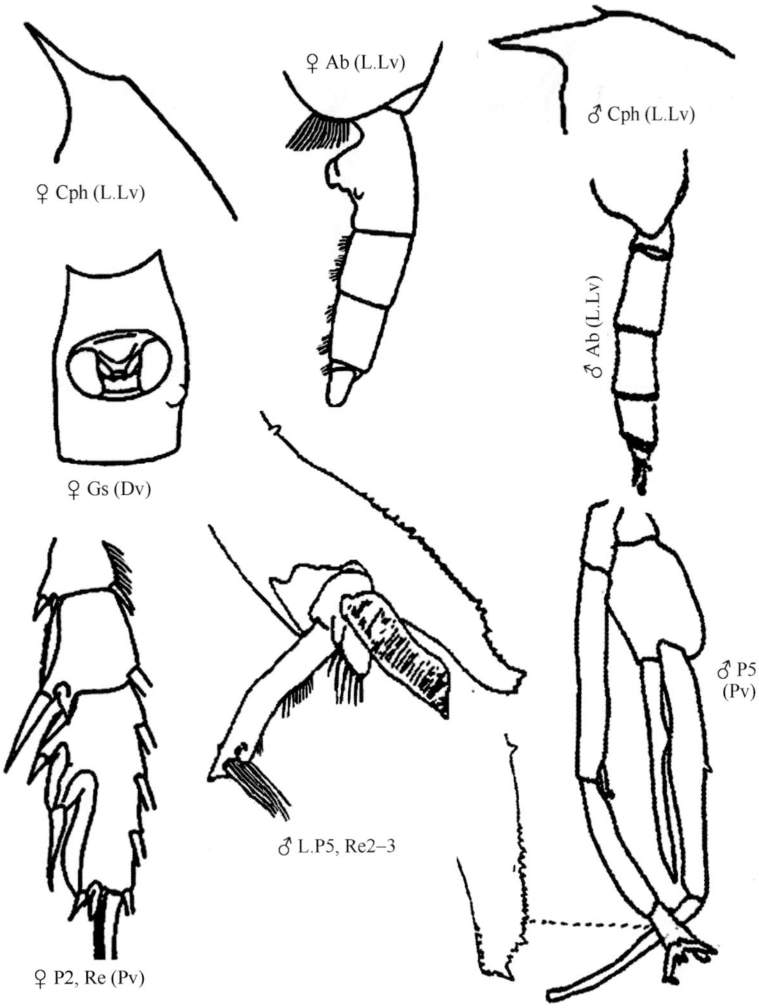

图 254　须拟真刺水蚤 *Paraeuchaeta barbata*

［仿连光山，钱宏林，1984（♀）；Sars，1925（♂P5）；Park，1978（♂L. P5，Re2–3）］

（254）须拟真刺水蚤 *Paraeuchaeta barbata*（Brady，1883）（图 254）

［*Euchaeta barbata* Brady，1883；*E. farrani* With，1915；Park，1978；*Paraeuchaeta sarsi*：A. Scott，1909；*P. farrani*：Farran，1929］

形态特征：

体长：♀6.2~11.8 mm，♂6.1~9.5 mm。**雌性**：前额突起较低，额角粗大。胸部后侧角宽圆并具 1 丛细毛。腹部生殖节长大而不对称，左侧近生殖突基部具 1 小突起，腹面观该小突起位于左侧缘，生殖孔两侧各具 1 宽大生殖突；第 2~4 腹节腹面具细毛。第 2 对胸足外肢第 2 节外末刺长达第 3 节第 1 外缘刺末端，末节第 2 外缘刺长达第 3 外缘刺的近基部。**雄性**：额角粗短并弯向腹面。胸部后侧角突出，左侧突较长于右侧。第 5 对胸足不对称，左足外肢第 2 节内缘近基部具 1 粗齿突，内末部的齿板较狭长，末部稍弯曲，顶端具 1 粗齿突呈喙状，齿板基部内缘粗指状突末端尖锐；右足外肢第 1 节外缘中部具 1 小刺突。

分布：东海，南海；太平洋，印度洋，大西洋及南大洋。深水种。

参考文献：23，38，44，67，77，89，106，150，152，157，158，161，177，191，217。

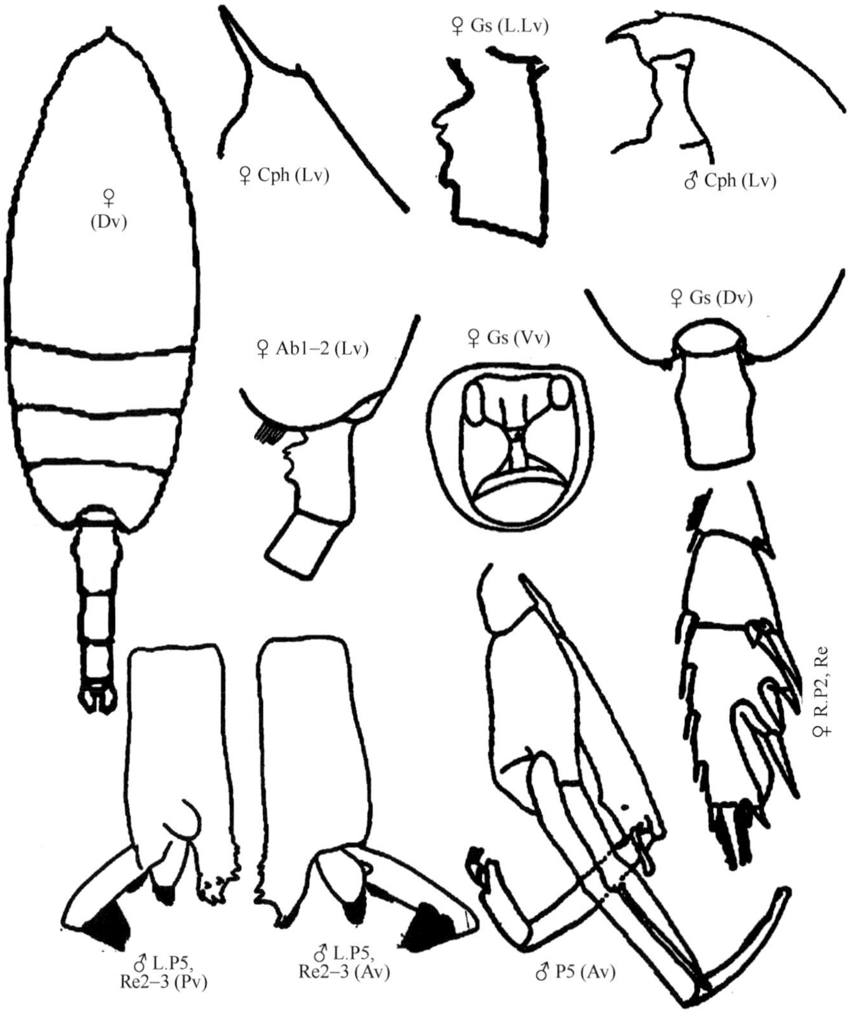

图 255 双突拟真刺水蚤 *Paraeuchaeta bisinuata*

［仿连光山，钱宏林，1984（♀）；Tanaka，1958（♀Dv）；Park，1995（♂）］

（255）双突拟真刺水蚤 *Paraeuchaeta bisinuata*（Sars，1907）（图 255）

形态特征：

体长：♀5.2~6.0 mm，♂4.3~5.2 mm。**雌性：**前额突起较小，额角较细长，直指前方。胸部后侧角宽圆并具 1 丛细毛。背面观，生殖节较粗短，左右对称，两侧近中部膨大；侧面观，生殖节腹面突起较宽而低，生殖孔两侧各具 1 片生殖突，其顶端分 2 叶，前叶较狭长，后叶较宽短，生殖孔后缘也具 1 宽大生殖突。第 2 对胸足外肢第 2 节外末刺长达末节第 1 外缘刺末端，末节第 2 外缘刺长达第 3 外缘刺基部。**雄性：**侧面观，前额较宽圆，额角较短小并向后弯曲。第 5 对胸足不对称，左足具 1 退化小内肢，外肢第 2 节齿板较宽短，顶端稍凹陷并具粗锯齿，呈爪状，齿板基部指状突很短小而圆，末节呈棒状，内末缘具细长刺毛丛；右足内肢外缘近中部具 1 瘤状突。

分布：东海，南海；太平洋，印度洋及大西洋。深水种。

参考文献：24，38，44，77，106，150，152，157，158，161，177，191。

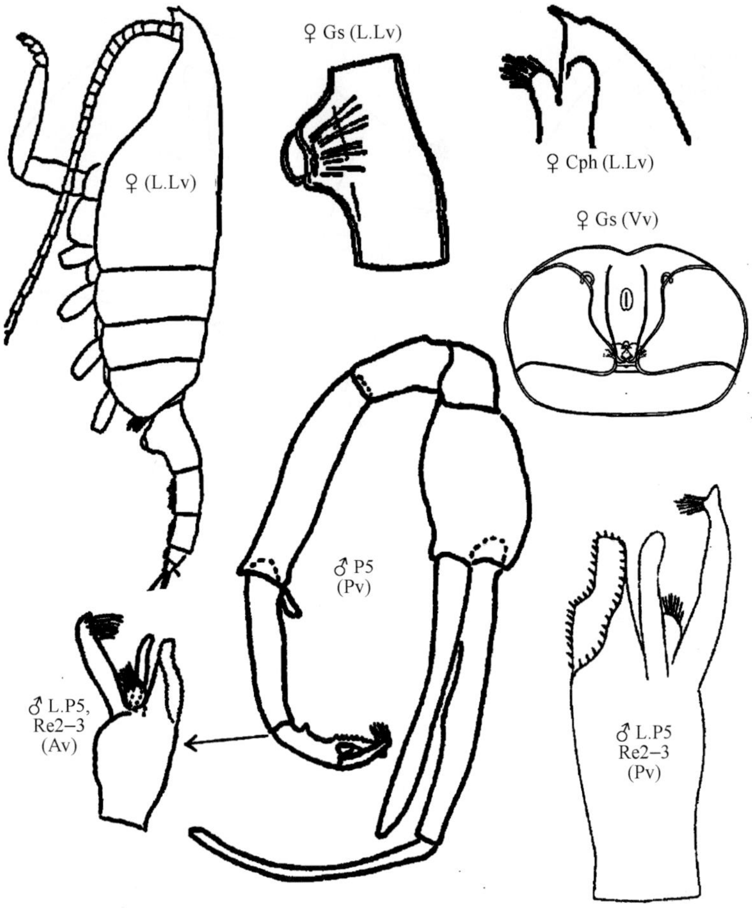

图 256 伯氏拟真刺水蚤 *Paraeuchaeta bradyi*

[仿 Sars, 1925 (♀L. Lv; ♀Gs, L. Lv); Østvedt, 1955 (♂P5)①; With, 1915 (♀Gs, Vv)②; Mauchline, 1999(♂L. P5, Re2-3, Pv)③]

(256) 伯氏拟真刺水蚤 *Paraeuchaeta bradyi* (With, 1915) (图 256)

[*Euchaeta bradyi* With, 1915]

形态特征:

体长: ♀8.0 mm, ♂(暂缺)。**雌性:** 侧面观,前额具小突起,额角粗短而尖锐。胸部后侧角钝圆并具1丛细毛。生殖节腹面突出,生殖孔两侧突起宽大而对称,其顶端突出而宽圆。**雄性:** 左第5胸足外肢第2节内缘近基部具1大齿突,末部铲状齿板的基部粗大,末部狭长,顶端宽圆,两侧缘均具小锯齿,其基部指状突与齿板近等长,顶端钝圆,末节顶端呈三角形并具1丛细长刺毛。

分布: 南海;太平洋,大西洋。深水种。

参考文献: 150, 152, 157, 217。

① Østvedt O J. 1955. Zooplankton investigation from weather ship M in the norwegian sea, 1948—1949 [J]. Proc. Nat. Acad. Sci. U. S. A., 104(11): 4243-4244.

②With C. 1915. Copepoda. I. Calanoida Amphascandria[J]. Dan. Ingolf-Exped., 3(4): 1-260.

③Mauchline J. 1999. ICES Ident[J]. Leafl. Plankton, 182: 4(Fig. 3: 14b).

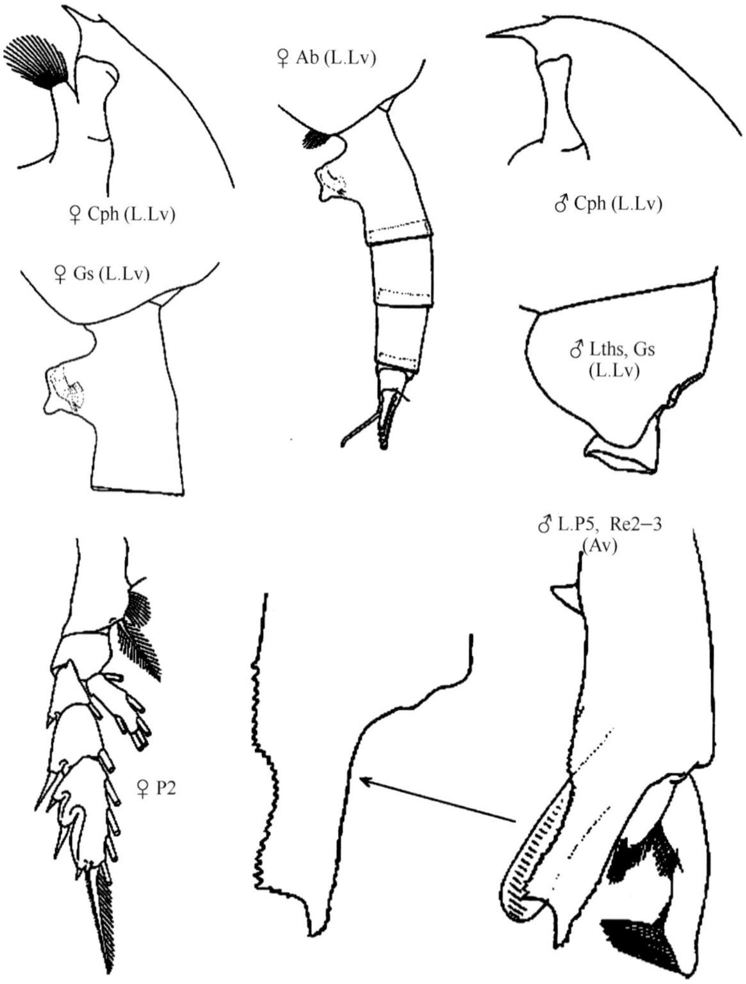

图 257　秃拟真刺水蚤 *Paraeuchaeta calva*（仿 Park，1995）

（257）秃拟真刺水蚤 *Paraeuchaeta calva* Tanaka，1958（图 257）

［*Euchaeta calva*：Park，1975；*Paraeuchaeta comosa* Tanaka，1958（♂）；*P. californica*：Tanaka & Omori，1968（♀）；陈清潮，2008；连光山等，2012；*P. polita* Tanaka & Omori，1968（♀）；*P. simulantis* Tanaka & Omori，1968（♀）］

形态特征：

体长：♀7.4~8.5 mm，♂6.8~7.9 mm。**雌性**：额角较狭长而强直。胸部后侧角宽圆并具1丛细毛。侧面观，生殖突腹面显著凹陷，其后缘突出形成1大瘤状突。第2对胸足外肢第2节外末刺较长，可达末节第1外缘刺末端，末节第2外缘刺内缘凹痕较浅，仅达第2内缘刚毛基部，其刺较短，达不到本节末缘。**雄性**：额角狭长并弯向腹面。侧面观，胸部后侧角突出而钝圆，其背后缘中部具1小齿突。左第5胸足外肢第2节内缘近中部具1粗齿突，末部齿板宽大，两侧缘具锯齿，末端宽平或稍凹，外末部具1粗指状突，其基部内缘无锯齿，齿板基部指状突粗大，顶端钝圆，并与齿板等长。

分布：东海，南海；太平洋，印度洋及大西洋。深水种。

参考文献：24，44，106，150，177，191。

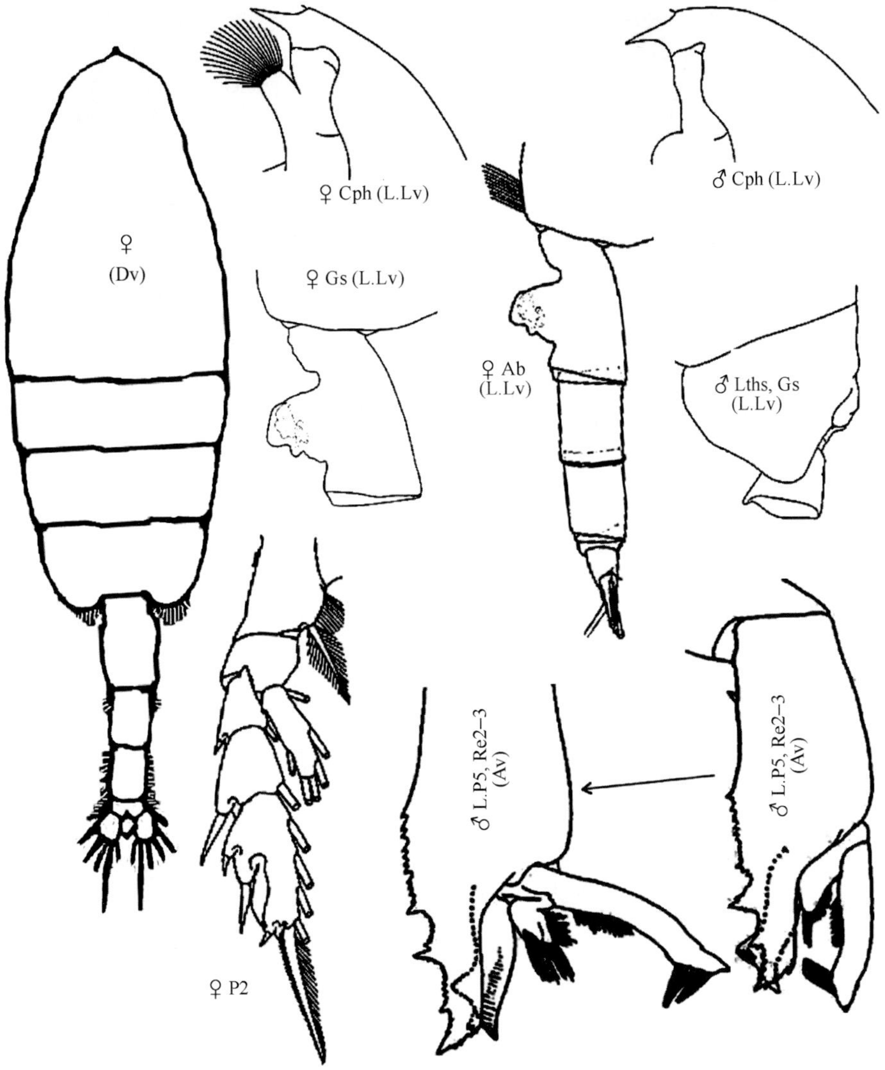

图 258 困拟真刺水蚤 *Paraeuchaeta confusa*
[仿 Tanaka，1958（♀Dv）；Park，1995（♀；♂）]

（258）困拟真刺水蚤 *Paraeuchaeta confusa* Tanaka，1958（图 258）

形态特征：

体长：♀6.6~7.9 mm，♂6.0~7.0 mm。**雌性**：侧面观，额部前端突起低，额角粗大。胸部后侧角宽圆并具 1 丛细毛。侧面观，生殖突腹面膨大而宽平，其基部生殖孔后缘突出呈瘤状。第 2 对胸足外肢第 2 节外末刺长达末节第 1 外缘刺中部，末节第 2 外缘刺长达本节末缘。**雄性**：额角粗大并弯向腹面。胸部后侧角突出，侧面观呈钝三角形。左第 5 胸足外肢第 2 节内缘近基部具 1 小齿突，末部齿板狭长，顶端呈爪状，其外缘无锯齿，内缘具锯齿和 3 三角形粗齿突，齿板基部指状突顶端尖锐，内末缘突出呈钝三角形。

分布：东海，南海；太平洋，大西洋。深水种。

参考文献：24，44，106，150，177，191。

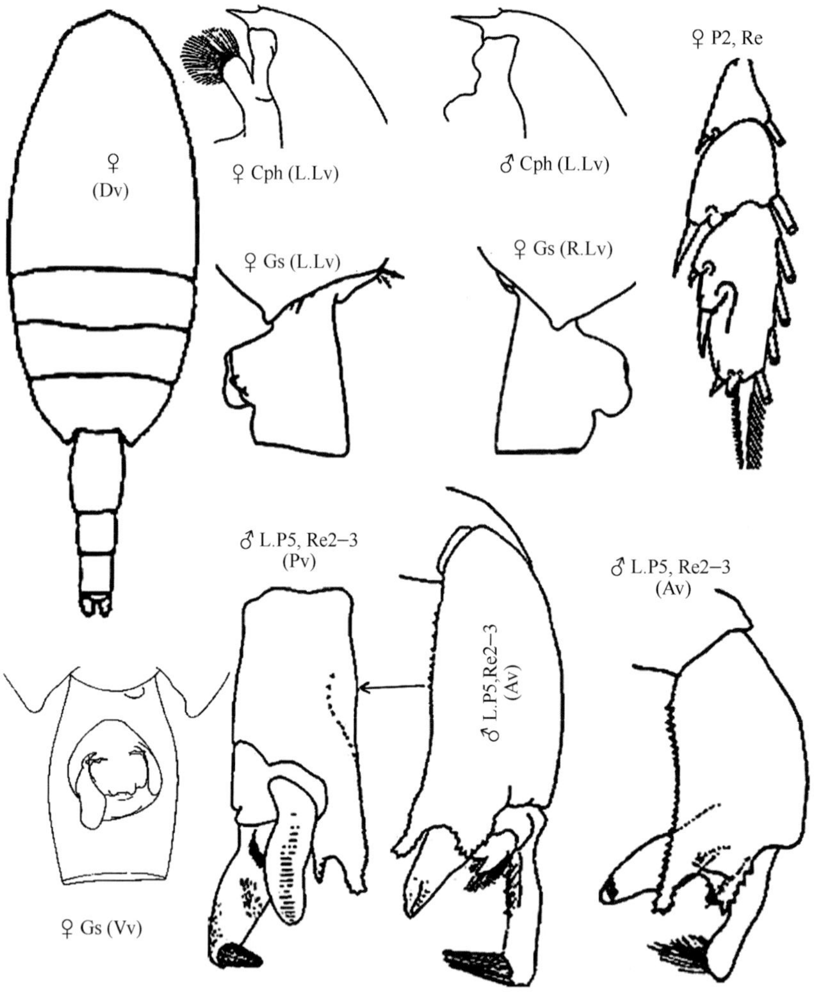

图 259 长拟真刺水蚤 *Paraeuchaeta elongata*
[仿 Tanaka，1958（♀Dv）；Park，1995（♀；♂）]

（259）长拟真刺水蚤 *Paraeuchaeta elongata*（Esterly，1913）（图 259）

[*Euchaeta elongata* Esterly，1913；*E. japonica*：Mori，1937；*Paraeuchaeta japonica*：Brodsky，1950；*P. erebi*：Wilson，1950]

形态特征：

体长：♀6.0~7.6 mm，♂5.9~6.4 mm。**雌性**：前额突起很小，额角粗大而尖锐，指向腹侧。胸部后侧角呈钝三角形，左右对称；侧面观，其末端呈小瘤状突。腹部较短小，生殖节呈长椭圆形，并等于后 2 腹节长度之和；腹面生殖突较宽而低，左右不对称，右侧突较宽大，其后缘突出而宽圆。第 2 对胸足外肢第 2 节外末刺长达末节第 1 外缘刺近末端，末节第 2 外缘刺较短，仅达其后末部 2/3 处。**雄性**：第 5 对胸足左足外肢第 2 节末部的齿板较宽短，顶端分叉，其外叶较狭长，外缘锯齿列延伸至本节近基部，内叶较宽短呈三角形，齿板基部指状突粗大并超过外叶末端。

分布：东海，南海；太平洋。深水种。

参考文献：24，44，67，106，150，177，191，217。

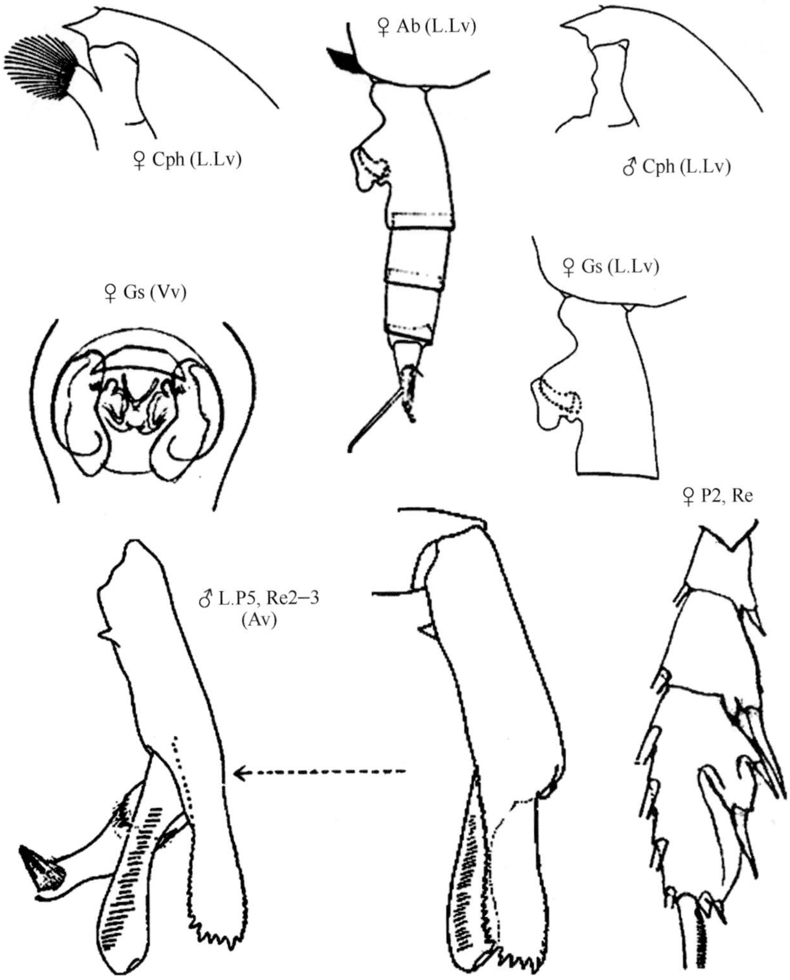

图 260 突拟真刺水蚤 *Paraeuchaeta eminens*
[仿 Tanaka et al., 1968 (♀Gs, Vv; ♀P2, Re); Park, 1995 (♀; ♂)]

(260) 突拟真刺水蚤 *Paraeuchaeta eminens* Tanaka & Omori, 1968 (图 260)

[*Euchaeta eminens*: Park, 1978]

形态特征:

体长: ♀5.8~6.6 mm, ♂5.6 mm。前额稍突出, 额角粗短而尖锐, 基部宽大呈三角形并指向腹侧。**雌性**: 胸部后侧角宽圆并具 1 丛细毛。腹部较狭长, 生殖节左右对称; 侧面观, 腹面生殖突宽大, 其后缘显著突出呈耳状, 其基部生殖孔后缘也具 1 小突起。第 2 对胸足外肢第 2 节外末刺长达末节第 1 外缘刺末端; 末节第 2 外缘刺较短, 仅达其后末部 2/3 处, 刺的基部内缘的深凹痕可达第 1 外缘刺基部。**雄性**: 左第 5 胸足外肢第 2 节内缘近基部具 1 粗齿, 齿板末部较宽大呈铲状, 其顶端具粗锯齿, 两侧缘具细锯齿, 齿板基部指状突末部很膨大呈棒槌状。

分布: 东海, 南海; 太平洋。深水种。

参考文献: 24, 44, 106, 150, 191。

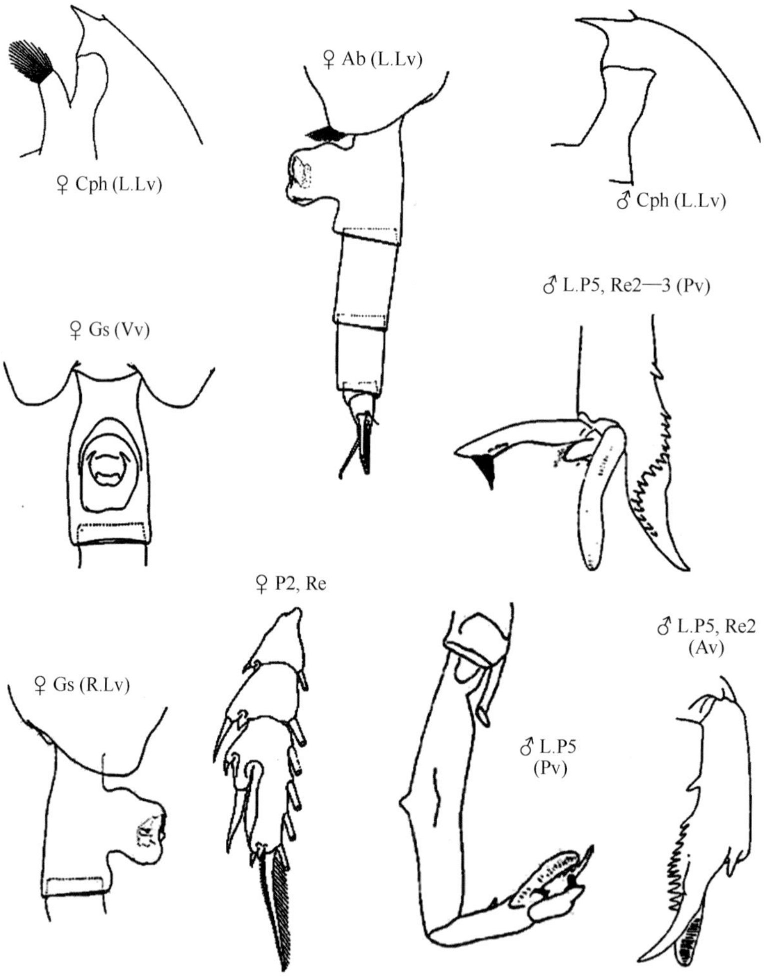

图 261 瘦拟真刺水蚤 *Paraeuchaeta gracilis*（仿 Park，1995）

（261）瘦拟真刺水蚤 *Paraeuchaeta gracilis*（Sars，1905）（图 261）

［*Euchaeta gracilis* Sars，1905；Park，1975；*E. quadrata* Farran，1908；Wolfenden，1911］

形态特征：

体长：♀6.4~6.9 mm，♂5.2~6.0 mm。**雌性：**背面观，前额具小突起；侧面观，额部较狭，额角粗短而尖锐。胸部后侧角钝圆并具 1 丛细毛。生殖节左右对称，生殖突较高，近圆柱状，稍不对称；侧面观，生殖突顶端宽大而微凹，前缘近基部稍隆起，顶端后缘突出而钝圆，右侧突较宽大。第 2 对胸足外肢第 2 节外末刺长达末节第 1 外缘刺中部，末节第 2 外缘刺长达本节顶端。**雄性：**侧面观，前额较宽大，额角较粗短而尖锐并弯向腹侧。左第 5 胸足外肢第 1 节外缘中部具 1 三角形突起，第 2 节内缘中部具 1 粗齿突，齿板末端延伸为爪状长刺并向内弯曲，齿板中部较宽大，并仅 1 侧具锯齿。

分布：巴士海峡，南海；太平洋，印度洋及大西洋。深水种。

参考文献：44，150，152，157，217，218。

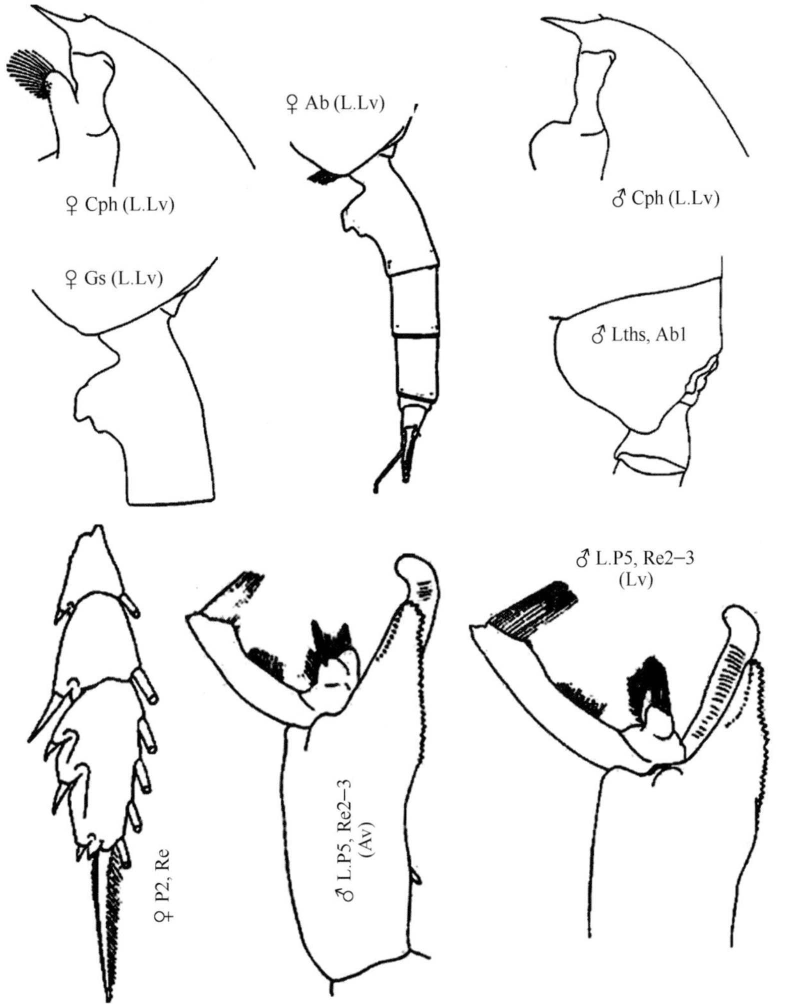

图 262 瘦尾拟真刺水蚤 *Paraeuchaeta gracilicauda*（仿 Park，1995）

（262）瘦尾拟真刺水蚤 *Paraeuchaeta gracilicauda* A. Scott，1909（图 262）

［*Euchaeta gracilicauda*：Park，1975］

形态特征：

体长：♀6. 2~7. 9 mm，♂6. 2~6. 5 mm。**雌性：**侧面观，前额较狭，额角较细长并指向斜前方。胸部后侧角宽圆并具 1 丛细毛。腹部较狭长，生殖节长等于后 2 腹节长度之和；侧面观，生殖节腹面突起宽大，生殖突顶端较平，后缘突起呈锥状，其基部生殖孔后缘也突起呈台阶状。第 2 对胸足外肢第 2 节外末刺长达末节第 1 外缘刺基部，末节第 2 外缘刺较短，仅达其后末部 1/2 处。**雄性：**前额较宽圆，额角较粗大并弯向腹侧。胸部后侧角突出，侧面观呈钝三角形。左第 5 胸足外肢第 2 节内缘近基部具 1 小齿突，节的末部齿板粗短呈钝三角形，边缘具细锯齿，齿板基部指状突狭长，其末端弯曲并较齿板更长。

分布：南海；太平洋，大西洋。深水种。

参考文献：24，44，150，158。

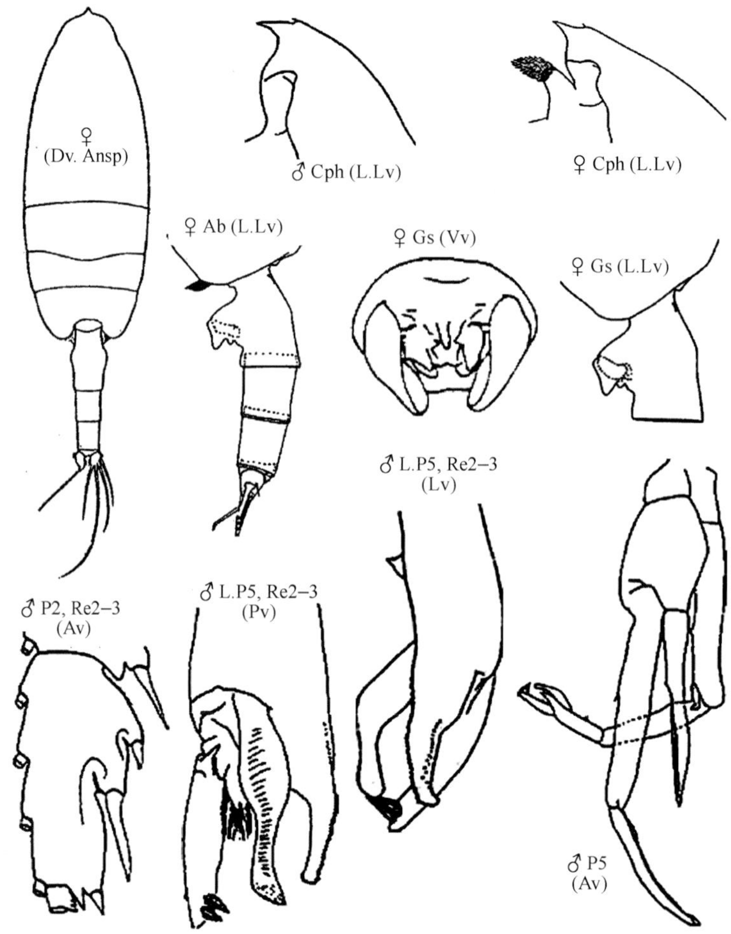

图 263 亨氏拟真刺水蚤 *Paraeuchaeta hansenii*
[仿 Park, 1978 (♂), 1995 (♀); Tanaka, 1958 (♀Dv; ♀Gs, Vv)]

(263) 亨氏拟真刺水蚤 *Paraeuchaeta hansenii* (With, 1915) (图 263)

[*Paraeuchaeta withi* Sewell, 1947 (♂); Tanaka et al., 1968 (♂);
Euchaeta hansenii With, 1915; Park, 1975, 1978; *E. sarsi*: With, 1915 (♂)]

形态特征：

体长：♀8.1~9.7 mm，♂8.1~8.9 mm。额角粗短而尖锐，呈三角状。**雌性：**胸部后侧角突出而钝圆并具1丛细毛。腹部较粗短，生殖节长为后2腹节长度之和，背面观，近基部两侧较膨大而对称；侧面观，生殖节背缘近中部稍隆起；腹面生殖突较高，顶端较平，后缘显著突出呈耳状，基部生殖孔后缘突出呈瘤状；腹面观，左、右生殖突结构对称。第2对胸足外肢第2节外末刺较短，仅达末节第1外缘刺基部，末节第2外缘刺较长，可达本节末部。**雄性：**第5对胸足不对称，左足外肢第2节内缘近端具1小齿突，末部齿板狭长，基部粗大，末部渐狭并稍向外弯曲，顶端钝圆，边缘具细锯齿，齿板基部指状突基部膨大，末部狭长并稍弯曲呈匙状；右足外肢第1节外缘中部具1小刺突。

分布：东海，南海；太平洋，印度洋及大西洋。深水种。

参考文献：24，44，77，106，150，152，157，161，177，191，217。

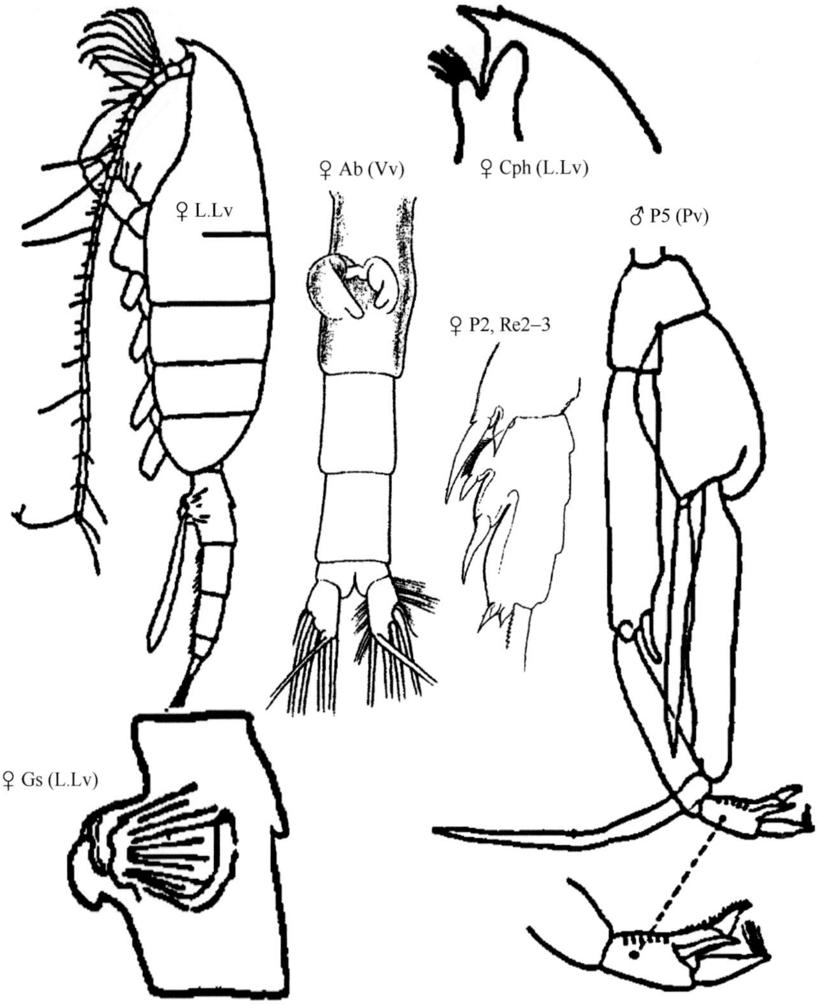

图 264 钝拟真刺水蚤 *Paraeuchaeta hebes*
[仿 Sars，1925；Rose，1933（♀；♂）；Giesbrecht，1892（♀Ab；♀P2，Re2–3）]

（264）钝拟真刺水蚤 *Paraeuchaeta hebes*（Giesbrecht，1888）（图 264）

[*Euchaeta hebes* Giesbrecht，1888，1892；Rose，1933；Wilson，1950；连光山等，2012]

形态特征：

体长：♀2.9~3.0 mm，♂2.8 mm。**雌性**：侧面观，前额具小突起，额角粗大而强直。胸部后侧角宽圆。腹面观，右侧生殖突较膨大，左侧突较狭小；侧面观，生殖节背侧近中部具 1 瘤状突，生殖突顶端宽圆呈半圆形，其下缘突出呈锥状；第 2~4 腹节腹缘具细毛。第 2 对胸足外肢第 2 节外末刺较长，超过末节第 1 外缘刺末端，末节第 2 外缘刺仅达节末部 2/3 处。**雄性**：左第 5 胸足外肢第 2 节粗短，其基部内缘具粗齿列，末部齿板较短，顶端尖锐，内缘具细齿，齿板基部具 1 长指状突，末部狭尖并较长于齿板，第 3 节粗短呈锥状，末端具一束长刺毛。

分布：南海东部菲律宾群岛海域；太平洋，印度洋及大西洋。深水种。

参考文献：44，97，152，157，217。

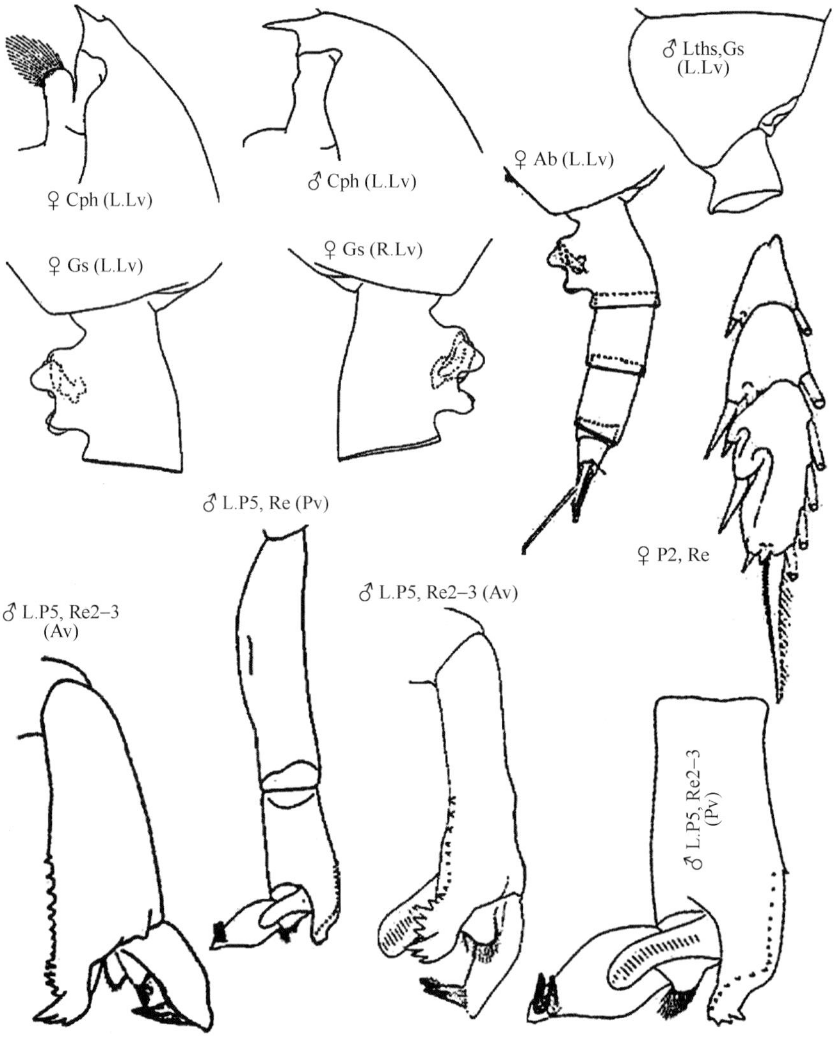

图 265　缺刻拟真刺水蚤 *Paraeuchaeta incisa*（仿 Park，1995）

（265）缺刻拟真刺水蚤 *Paraeuchaeta incisa*（Sars，1905）（图 265）

［*Euchaeta incisa* Sars，1905；Park，1975］

形态特征：

体长：♀5.5~5.8 mm，♂5.3 mm。**雌性：**侧面观，前额较窄，突起较高，额角粗短而尖锐，指向前方。胸部后侧角宽大呈钝三角形。腹部粗短，生殖节腹面突起较低而宽，侧面观，生殖突分前、后 2 叶，中间为深凹口。第 2 对胸足外肢第 2 节外末刺较长并超过末节第 1 外缘刺末端，末节第 2 外缘刺与第 2 节外末刺近等长，仅达其后末部 2/3 处，其基部内侧具深缺刻。**雄性：**前额较雌性宽大，突起较低，额角较粗大并指向腹侧。胸部后侧角突出，侧面观钝圆。左第 5 胸足外肢第 2 节齿板较短，仅内缘具锯齿，顶端稍弯曲并具粗锯齿，呈爪状，齿板基部的指状突顶端钝圆呈蠕状，末节粗短，内末缘具 1 丛细长刺毛。

分布：南海东北部及东部；菲律宾群岛海域，太平洋及大西洋。深水种。

参考文献：44，150，157，217。

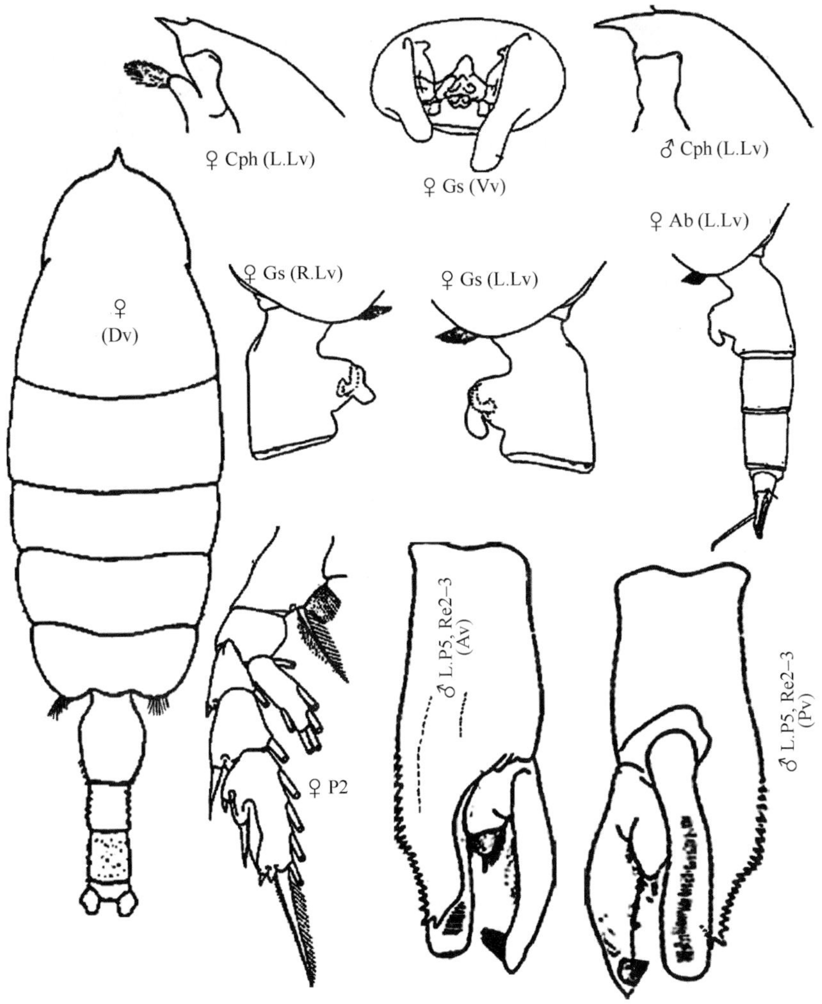

图 266　调研拟真刺水蚤 *Paraeuchaeta investigatoris*

[仿 Park, 1995 (♀; ♂); A. Scott, 1909 (♀Dv); Sewell, 1947 (♀Gs, Vv)]

(266) 调研拟真刺水蚤 *Paraeuchaeta investigatoris* Sewell, 1929 (图 266)

[*Paraeuchaeta californica*: A. Scott, 1909]

形态特征：

体长：♀5.8～7.0 mm，♂5.4～6.5 mm。**雌性：**侧面观，前额较狭，突起较高，额角粗短。胸部后侧角宽圆并具 1 丛细毛。侧面观，生殖节背侧近基部隆起呈瘤状；腹面观，左右生殖突不对称，左侧突较长而宽大；侧面观，顶端宽圆，后缘突出呈舌状；第 2、3 腹节表面具细刺毛。第 2 对胸足外肢第 2 节外末刺较长并超过末节第 1 外缘刺末端，末节第 2 外缘刺较短，仅达其后末部 2/3 处。**雄性：**侧面观，前额较宽圆，突起不明显，额角较狭长并指向腹侧。左第 5 胸足外肢第 2 节齿板粗大，仅内缘具粗锯齿，外侧缘无锯齿，齿板末端狭小并分叉，呈粗齿状，齿板基部指状突末端宽圆并超过齿板顶端。

分布：东海，南海；太平洋，印度洋及大西洋。深水种。

参考文献：24，44，106，150，159，177，191。

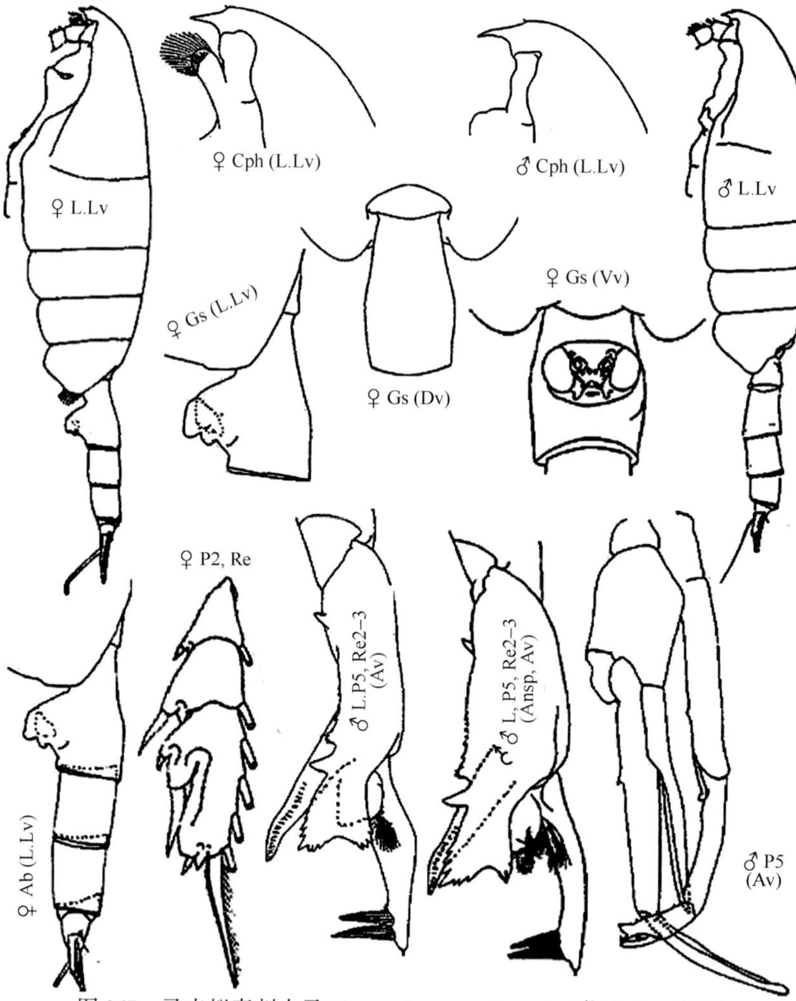

图 267 马来拟真刺水蚤 *Paraeuchaeta malayensis*（仿 Park，1995）

（267）马来拟真刺水蚤 *Paraeuchaeta malayensis* Sewell，1929（图 267）

［*Paraeuchaeta barbata*：A. Scott，1909］

形态特征：

体长：♀6. 0~7. 3 mm，♂6. 0~6. 8 mm。**雌性**：前额突起低，额角粗短而尖锐，指向腹侧。胸部后侧角较突出而钝圆，并具 1 丛细毛。背面观，生殖节左右对称；腹面观，生殖突呈卵圆形，左右对称；侧面观，生殖突高，两侧各具 1 片状突，其顶端宽圆，后缘突出近卵圆形，其基部生殖孔后缘突出呈瘤状；生殖节左侧近生殖突基部后缘具 1 小脊状突。第 2 对胸足外肢第 2 节外末刺仅达末节第 1 外缘刺基部，末节第 2 外缘刺粗大，长达本节末缘，其内缘基部具 1 深缺刻，可达第 1 外缘刺基部。**雄性**：侧面观，前额较宽，突起不明显，额角狭长而稍弯曲，并指向腹侧。胸部后侧角突出呈钝三角形。第 5 对胸足不对称，左足外肢第 2 节内缘近基部具 1 粗齿突，齿板末部宽大，顶端分 2 叶，内叶较长而宽大，齿板内缘中部也具 1 大齿突，齿板基部指状突狭长而尖，第 3 外肢节较长，齿板仅达到其内缘中部；右足外肢第 1 节外缘中部具 1 小齿突。

分布：东海，南海；太平洋，印度洋。深水种。

参考文献：24，25，44，106，150，158，177，191。

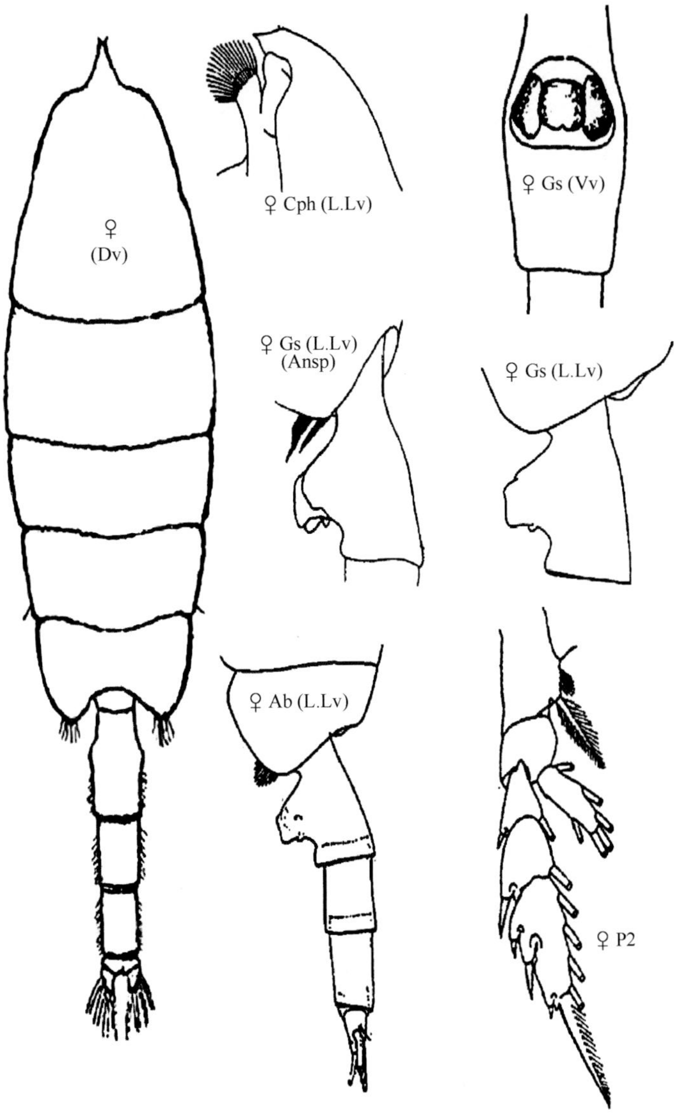

图 268 邻近拟真刺水蚤 *Paraeuchaeta propinqua*
[仿 Park, 1995 (♀); A. Scott, 1909 (♀Dv); Esterly, 1906 (♀Gs, Vv; ♀Gs, L. Lv, Ansp)]

(268) 邻近拟真刺水蚤 *Paraeuchaeta propinqua* (Esterly, 1906) (图 268)

[*Euchaeta propinqua* Esterly, 1906]

形态特征：

体长：♀9.0~10.0 mm。**雌性：**背面观，前额很突出，呈锥状；侧面观，额部较狭，额角粗短，呈三角形。胸部后侧角突出而钝圆，并具1丛细毛。生殖节左右对称，侧面观，腹面生殖突较高而宽大，其后缘基部显著凹陷，顶端较宽平，生殖孔后缘突出呈小瘤状。第2对胸足外肢第2节外末刺长达末节第1外缘刺基部，末节第2外缘刺较短，仅达其后末部2/3处。

分布：南海东南部；马来群岛海域，太平洋。深水种。

参考文献：44，86，150，158。

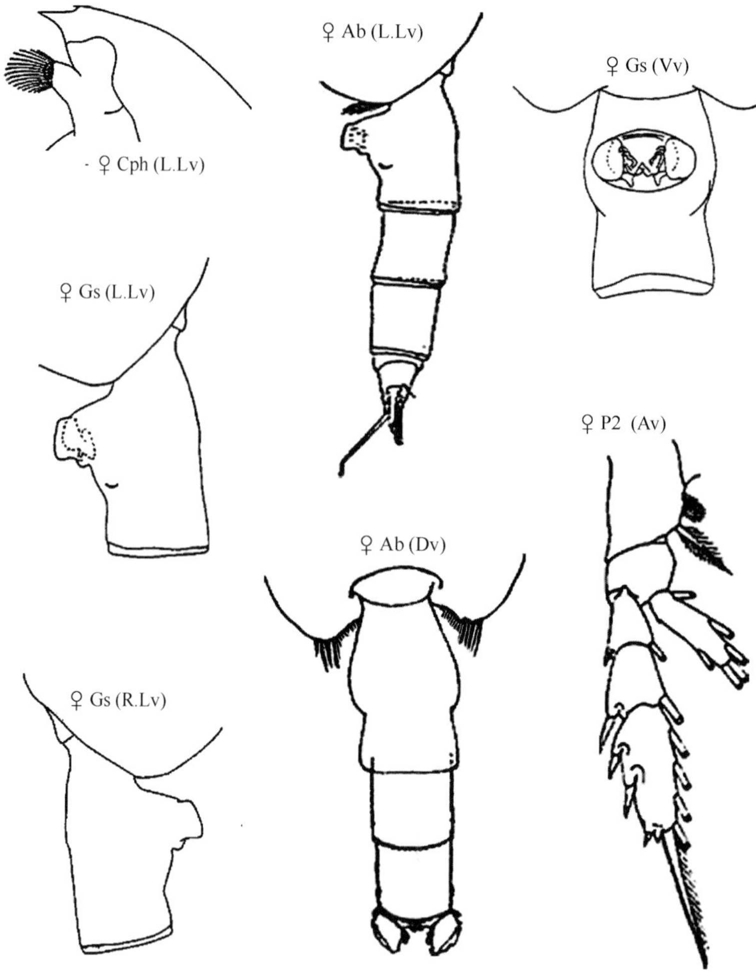

图 269 精明拟真刺水蚤 *Paraeuchaeta prudens*
[仿 Park，1995（♀）；Tanaka & Omori，1968（♀Ab，Dv）]

（269）精明拟真刺水蚤 *Paraeuchaeta prudens* Tanaka & Omori，1968（图 269）

形态特征：

体长： ♀7.3~7.9 mm。**雌性：** 侧面观，前额突起较低，额角粗短呈三角形。胸部后侧角突出而宽圆，并具 1 丛细毛。生殖节较长，背面观，左右对称，两侧中部膨大，近末端 1/3 处显著收缩；侧面观，生殖节左侧腹缘近生殖突基部具 1 小脊状突，生殖突较高，顶端宽平，其后缘稍突出，生殖突基部的生殖孔后缘突出呈瘤状。第 2 对胸足外肢第 2 节外末刺可达末节第 1 外缘刺基部，末节第 2 外缘刺短小，仅达其后末部 2/3 处。

分布： 东海，南海；太平洋，大西洋。深水种。

参考文献： 24，44，106，150，191。

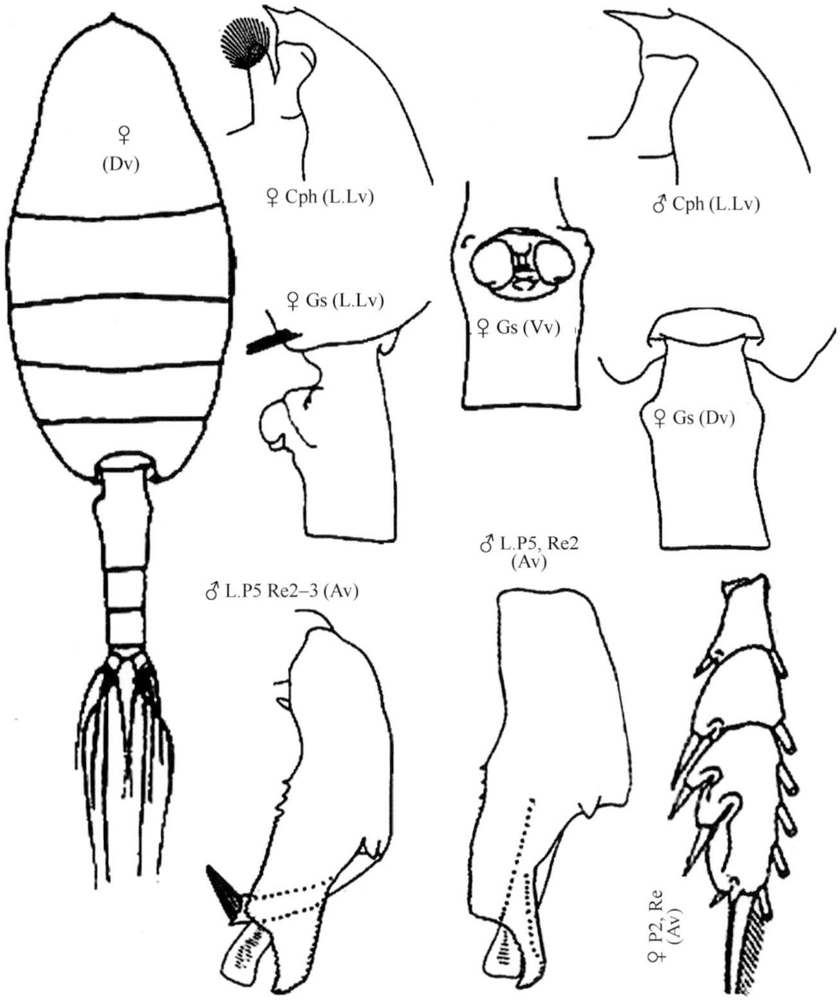

图 270 红拟真刺水蚤 *Paraeuchaeta rubra*

[仿 Park, 1995 (♀; ♂); Tanaka, 1958 (♀Dv; ♀Gs, L. Lv; ♀Gs, Vv)]

(270) 红拟真刺水蚤 *Paraeuchaeta rubra* Brodsky, 1950 (图 270)

[*Paraeuchaeta crassa* Tanaka, 1958]

形态特征：

体长： ♀6.8~7.6 mm，♂6.0~6.8 mm。**雌性：** 前额突起较小，侧面观，额角粗短而尖锐。胸部后侧角突出而钝圆并具 1 丛细毛。生殖节较长，其长度大于后 2 腹节长度之和，左右不对称，左侧近基部 1/3 处显著突出呈瘤状，右侧稍膨大；侧面观，生殖突较高而粗大，其顶端宽圆，后缘显著突出呈舌状。第 2 对胸足外肢第 2 节外末刺略超末节第 1 外缘刺基部，末节第 2 外缘刺达到本节近末端。**雄性：** 额角较粗大并指向腹侧。左第 5 胸足外肢第 2 节内缘近端具 1 粗齿突，末部铲状齿板基部宽大，内末缘凹陷，末部稍弯曲呈锥状，内外缘均具细齿，齿板基部指状突狭长，末端截平，第 3 节也狭长，两者均与齿板等长。

分布： 东海，南海；太平洋。深水种。

参考文献： 24，44，67，106，150，177，191。

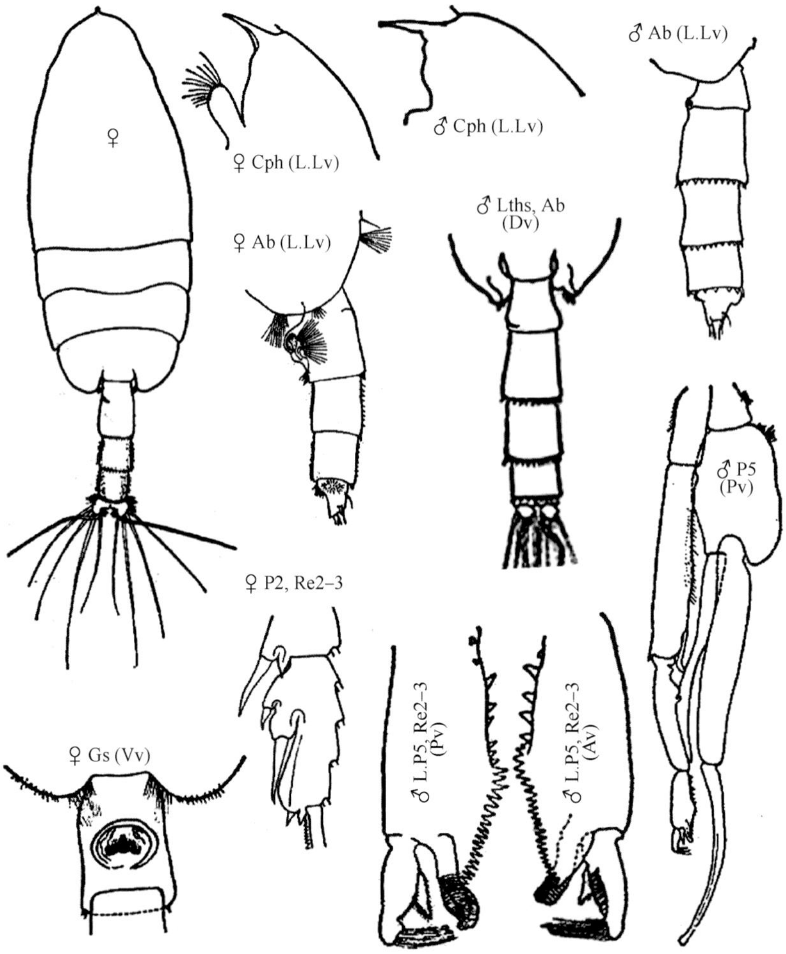

图 271　芦氏拟真刺水蚤 *Paraeuchaeta russelli*（仿郑重等，1982）

（271）芦氏拟真刺水蚤 *Paraeuchaeta russelli*（Farran，1936）（图 271）

［*Euchaeta diatomarui* Mori，1937］

形态特征：

体长：♀3.1~4.2 mm，♂3.1~3.7 mm。**雌性：**前额突起小，额角较细长而尖。胸部后侧角宽圆，侧面观其腹侧后缘具 2 丛细毛，背侧缘也具 1 丛细毛。生殖节长大，左右近对称，腹面末缘具 1 丛细毛，左侧近基部背侧缘具 1 痕纹线；生殖突较低，顶端分前、后 2 叶，生殖节及 2~3 腹节遍生细毛，后缘具小齿列。尾叉宽短而对称，内侧第 2 尾刚毛基部弯曲，较其他尾刚毛长。第 2 对胸足外肢第 2 节外末刺长达末节第 1 外缘刺末端，末节第 2 外缘刺长达本节末端。**雄性：**前额较突出，额角细长并弯向腹面。胸部后侧角突出，侧面观钝圆。生殖节背面近基部具 1 小突起，左侧末缘也具 1 小钝突。左第 5 胸足内肢短小，末端弯曲呈钩状；外肢第 1 节内缘近端具 1 瘤状突，第 2 节内缘末部齿板宽短呈三角状，约为本节长的 1/3，其外缘光滑，仅内缘具梳状齿，齿板基部指状突与末节近等长，末节粗短，顶端钝圆，内末缘具 1 束长刺毛。

分布：黄海至南海；太平洋，印度洋。暖水种。

参考文献：1，4，5，13，21，24，25，31，33，44，46，48，106，118，150，177。

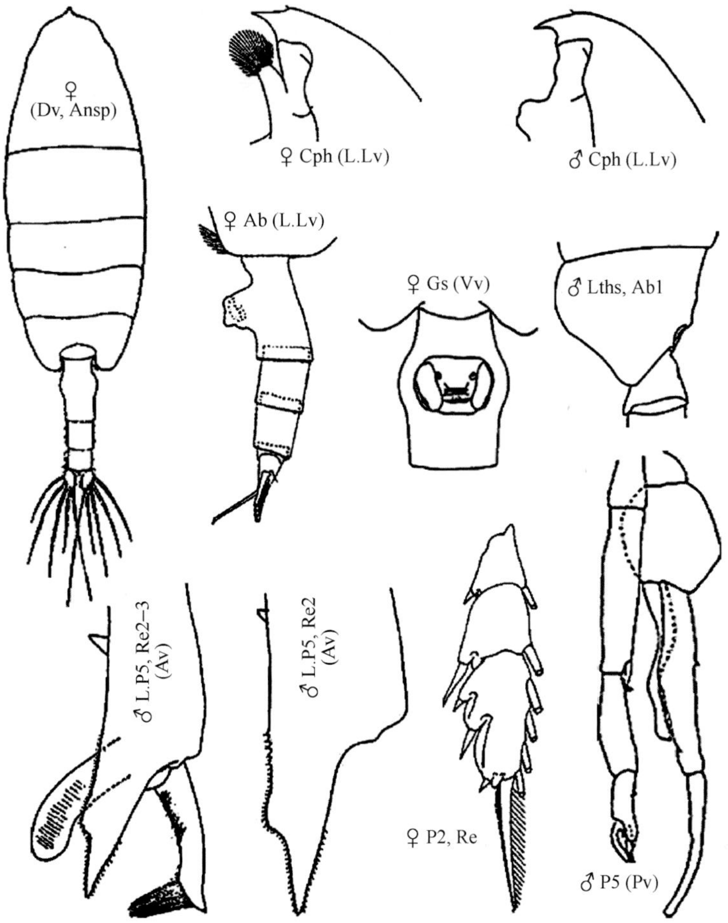

图 272 萨氏拟真刺水蚤 *Paraeuchaeta sarsi*

[仿 Park, 1995 (♀; ♂); Tanaka, 1958 (♀Dv, Ansp); Bradford et al., 1983 (♂P5)]

(272) 萨氏拟真刺水蚤 *Paraeuchaeta sarsi* (Farran, 1908) (图 272)

[*Paraeuchaeta dentate* A. Scott, 1909]

形态特征：

体长：♀7.8~11.3 mm，♂6.9~9.4 mm。**雌性：**额角粗短而尖锐。胸部后侧角钝圆并具 1 丛细毛。背面观，生殖节近中部两侧膨大而对称，第 2~3 腹节表面具细毛；侧面观，生殖节腹面突起高而宽大；生殖突顶端稍凹，其后缘突出，基部生殖孔后缘也稍突出呈瘤状。第 2 对胸足外肢第 2 节外末刺较长，可达末节第 1 外缘刺近末端，末节第 2 外缘刺较短，长度略超过末部 1/2 处，其内缘基部缺刻较浅。**雄性：**额角较细长并弯向腹面。胸部后侧角突出而不对称，侧面观，左侧角较右侧长，呈钝三角形，背末缘具 1 小突起。第 5 对胸足不对称，左足外肢第 2 节内缘近基部具 1 大齿突，末部齿板粗大，其内缘笔直，基部近长方形，末部呈匕首状刺突，两侧具细齿，齿板基部指状突与齿板近等长，末端钝圆，第 3 节较狭长，末端尖，内末缘具 1 束长刺毛；右足外肢第 1 节外缘近中部具 1 小刺突，末节顶端钝圆呈棒状。

分布：东海，南海；太平洋，印度洋及大西洋。深水种。

参考文献：24，44，77，106，150，152，157，158，161，177，191，217。

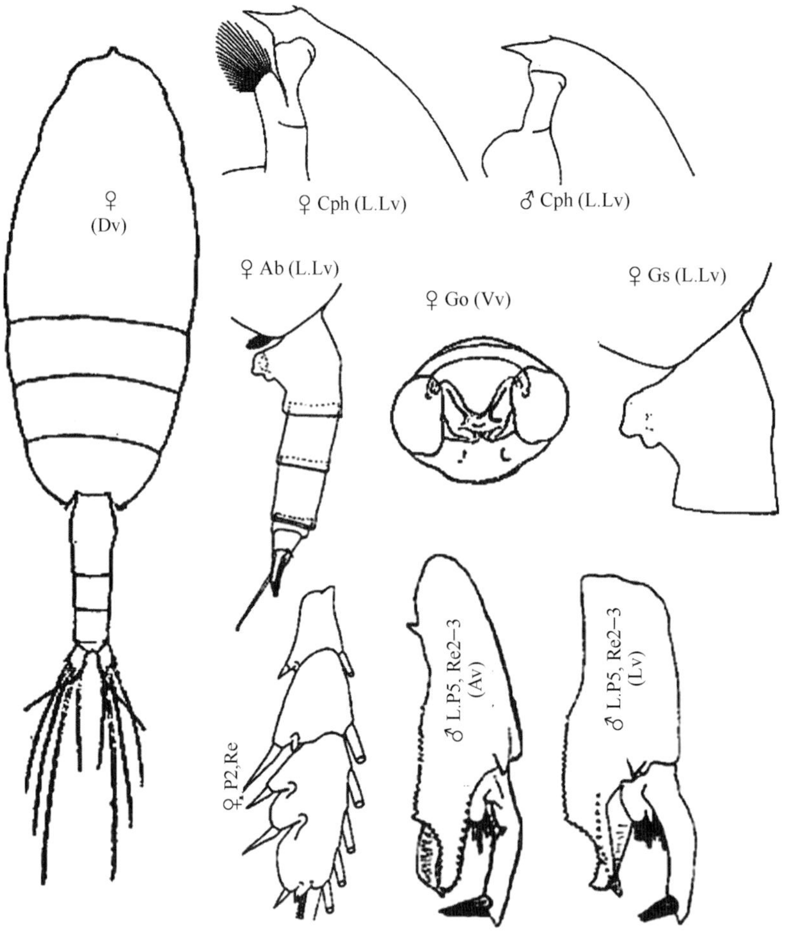

图 273 斯氏拟真刺水蚤 *Paraeuchaeta scotti*
[仿 Park, 1995 (♀; ♂); Tanaka, 1958 (♀Dv; ♀Go, Vv)]

(273) 斯氏拟真刺水蚤 *Paraeuchaeta scotti* (Farran, 1908) (图 273)

[*Euchaeta scotti* Farran, 1908]

形态特征：

体长：♀5.0~6.6 mm, ♂4.8~6.0 mm。**雌性：**前额具小突起，额角粗大。胸部后侧角突出，侧面观呈宽三角状。腹部较粗短，背面观，生殖节稍不对称，右侧中部稍膨大，侧面观，生殖节背侧中前部显著隆起，生殖突较高而基部宽大，顶端较平，末后缘突出，其基部生殖孔后缘也显著突出呈瘤状。第 2 对胸足外肢第 1 节外末刺达不到末节第 1 外缘刺末端，末节第 2 外缘刺较短仅达节末部 2/3 处。**雄性：**前额突起小，额角粗大。左第 5 胸足外肢第 2 节内缘近端具 1 齿突，齿板基部宽大，末部狭长而顶端不形成刺状突，仅内末缘向内突出呈喙状，基部指状突与齿板等长，末端向外斜尖，末节狭长，末端钝尖。

分布：东海，南海；太平洋，印度洋及大西洋。深水种。

参考文献：23, 44, 106, 150, 152, 177, 217。

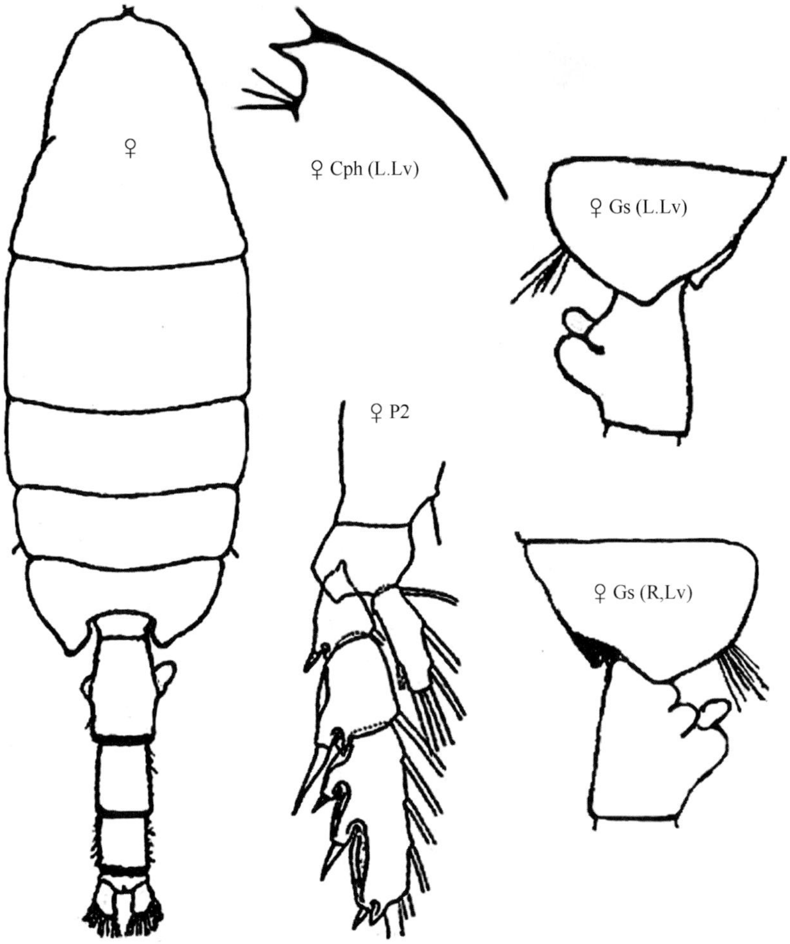

图 274　锡博戛拟真刺水蚤 *Paraeuchaeta sibogae*（仿 A. Scott，1909）

（274）锡博戛拟真刺水蚤 *Paraeuchaeta sibogae* A. Scott，1909（图 274）

形态特征：

体长：♀5.0 mm。**雌性**：前额稍突出，额角粗短。背面观，头部与第 1 胸节分开，其两侧中部收缩。胸部后侧角不对称，左侧较右侧突出，侧腹缘各具 1 丛细毛。背面观，生殖节两侧可见不对称的生殖突，右侧突较左侧长大；侧面观，其末端均分 2 叶，后叶较宽大，生殖孔前缘也具 1 大突起；第 2 腹节较长，约等于第 3、4 腹节长度之和。尾叉长为宽的 2 倍。第 2 对胸足外肢第 2 节外末刺较长，超过末节第 1 外缘刺末端，末节第 2 外缘刺较短，仅达本节外缘末部 1/2 处。

分布：南海东南部；马来群岛海域，太平洋。深水种。

参考文献：44，158。

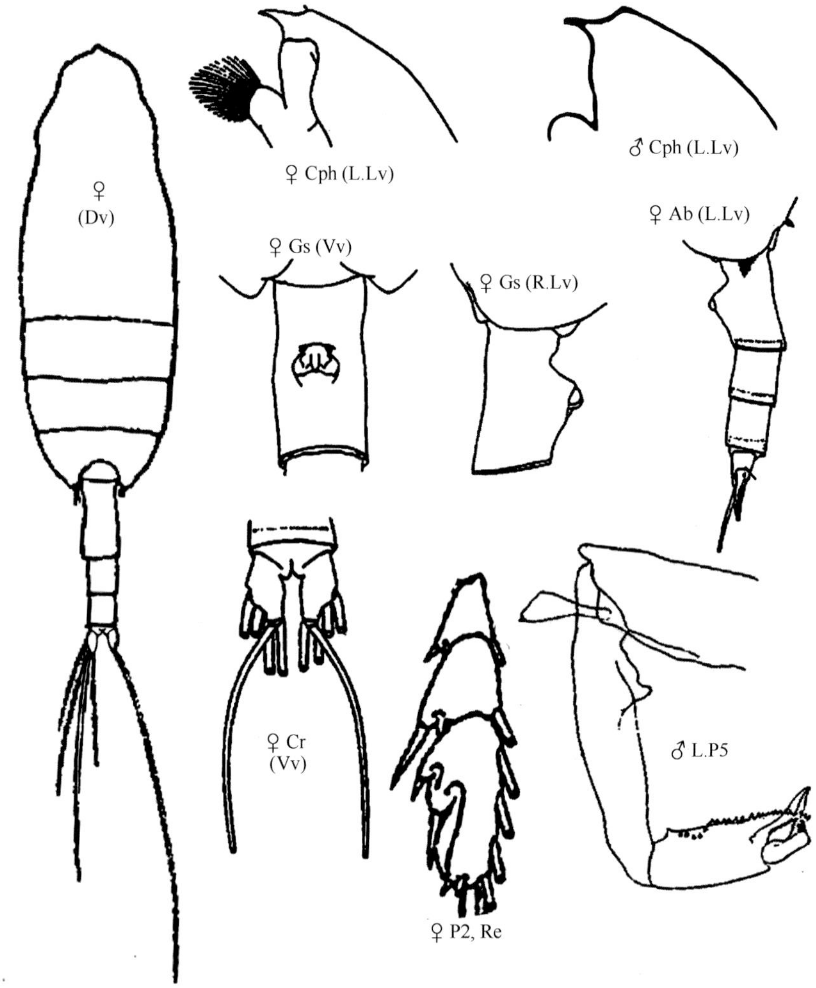

图 275 简拟真刺水蚤 *Paraeuchaeta simplex*
［仿 Park，1995（♀）；Tanaka，1958（♀Dv；♂）］

（275）简拟真刺水蚤 *Paraeuchaeta simplex* Tanaka，1958（图 275）

［*Euchaeta flava*：Mori，1937］

形态特征：

体长： ♀3.0~3.8 mm，♂2.8~3.0 mm。**雌性：** 前额具小突起，额角粗大并稍弯。胸部后侧角突出，侧面观宽圆，其后缘及背侧各具 1 丛细毛。生殖节狭长，腹面生殖突近对称；背面观，近端 2 侧稍收缩；侧面观，背缘中部稍下弯，生殖突较低呈三角形，其前缘基部具深凹，后缘斜向本节末端；生殖突顶端突出呈瘤状。尾叉内末部狭长并具 1 向外弯曲尾刚毛。第 2 对胸足外肢第 2 节外末刺长达末节第 1 外缘刺近末端；末节第 2 外缘刺较短，达不到本节末端。**雄性：** 前额突起较高，额角较短小。左第 5 胸足内肢单节，末部宽大呈截刀状；外肢第 1 节内缘近端具 1 三角形突起，第 2 节粗短，内末部齿板较狭长而尖锐，其长度约为基部节长的 1/2，内缘具细锯齿，齿板基部指状突末端呈尖锥状，末节粗短呈梨形。

分布： 黄海至南海；太平洋。深水种。

参考文献： 24，44，106，118，150，177，191。

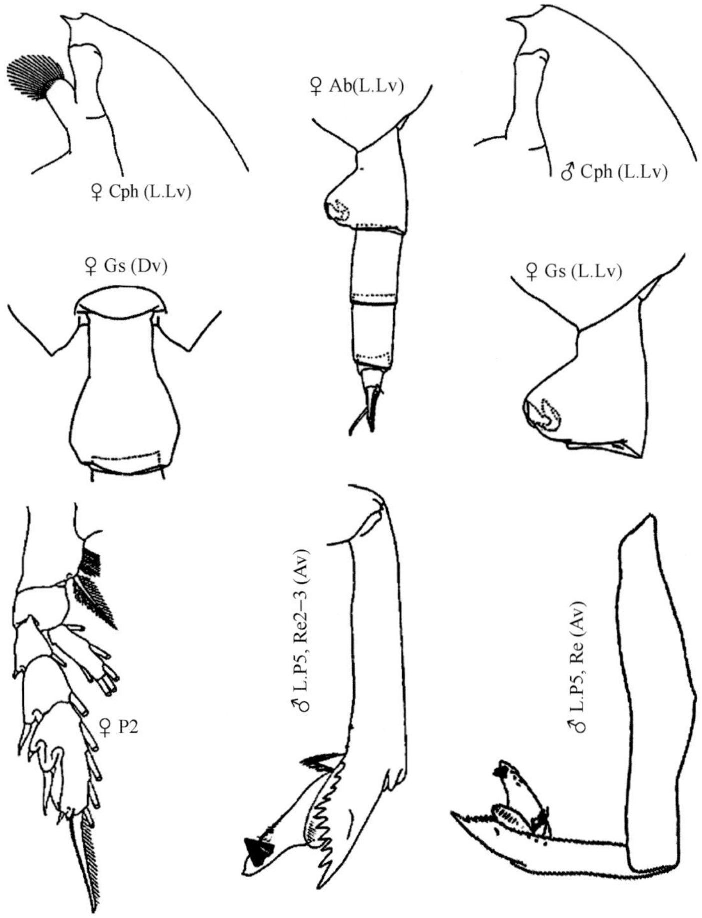

图 276 伸拟真刺水蚤 *Paraeuchaeta tonsa*（仿 Park，1995）

（276）伸拟真刺水蚤 *Paraeuchaeta tonsa*（Giesbrecht，1895）（图 276）

［*Euchaeta tonsa* Giesbrecht，1895；Esterly，1906（♀）；Park，1978；*E. spinifera* Esterly，1906（♂）；A. Scott，1909（♂）］

形态特征：

体长：♀5.6~6.7 mm，♂5.1~5.9 mm。**雌性：**前额较突出，额角较短小。胸部后侧角宽短而尖锐，呈宽三角形，仅达生殖节近端 1/4 处，其后缘无细毛丛。腹部生殖节粗大，背面观，其后半部两侧很膨大呈梨形；侧面观，生殖突位于生殖节后部，其前缘倾斜并与体轴呈 45°角；后缘无突起并垂直于体轴，左、右生殖突较低，均为单叶，顶端钝圆。第 2 对胸足外肢第 2 节外末刺仅达末节第 1 外缘刺中部，末节第 2 外缘刺可达第 3 外缘刺基部。**雄性：**前额较突出，额角较短小而尖锐，并指向腹侧。胸部后侧角稍不对称，左侧角较长于右侧角；侧面观，两侧背后缘各具 1 小齿突。左第 5 胸足外肢第 1 节外缘中部具 1 小瘤状突，第 2 节末部齿板较狭长呈梳状，内缘具粗锯齿，外缘笔直而光滑，顶端为长刺突，齿板基部指状突粗短，末端钝圆并明显较短于齿板，末节粗短呈锥状。

分布：南海；太平洋，印度洋及大西洋。深水种。

参考文献：24，44，86，150，152，158，217。

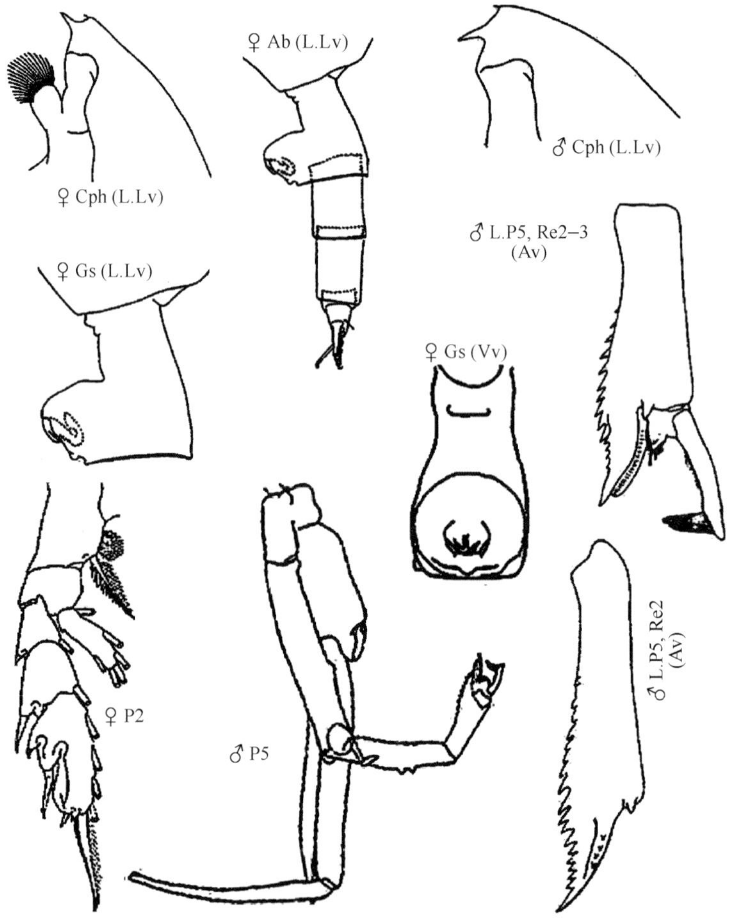

图 277 瘤拟真刺水蚤 *Paraeuchaeta tuberculata*

[仿 Park，1995（♀；♂）；Fontaine，1967；Chihara et al.，1997（♀Gs，Vv）]

（277）瘤拟真刺水蚤 *Paraeuchaeta tuberculata* A. Scott，1909（图 277）

[*Paraeuchaeta tonsa*：A. Scott，1909（♀）；Sewell，1947；Tanaka，1958；*P. scaphula*：Tanaka & Omori，1968；连光山等，1994，2008；*Euchaeta scaphula* Fortaine，1967]

形态特征：

体长：♀5.8~7.4 mm，♂5.5~6.2 mm。**雌性**：前额突起较高，额角粗短而尖锐。胸部后侧角呈宽三角形，其后缘无细毛丛。生殖节粗大，背面观或腹面观，其后半部两侧膨大呈球状，左右对称，前半部较狭小；侧面观，生殖突很膨大，位于生殖节后部，其前缘与本节近垂直，顶端宽圆，后缘倾斜；生殖孔后缘具 1 小瘤状突。第 2 对胸足外肢第 2 节外末刺达末节第 1 外缘刺基部，末节第 2 外缘刺可达第 3 外缘刺中部。**雄性**：前额较宽大，突起较高，额角粗短而尖锐，并指向腹面。左第 5 胸足外肢第 1 节外缘具 2 小瘤状突，第 2 节较宽短，其末部齿板呈锥状，顶端为 1 粗刺突，可达末节中部，其内缘粗锯齿 14~17 枚，外缘仅具 3~4 小齿，齿板基部指状突较粗大，末端钝圆并与齿板近等长。

分布：东海，南海；太平洋，印度洋。深水种。

参考文献：24，25，37，44，106，150，158，177，191。

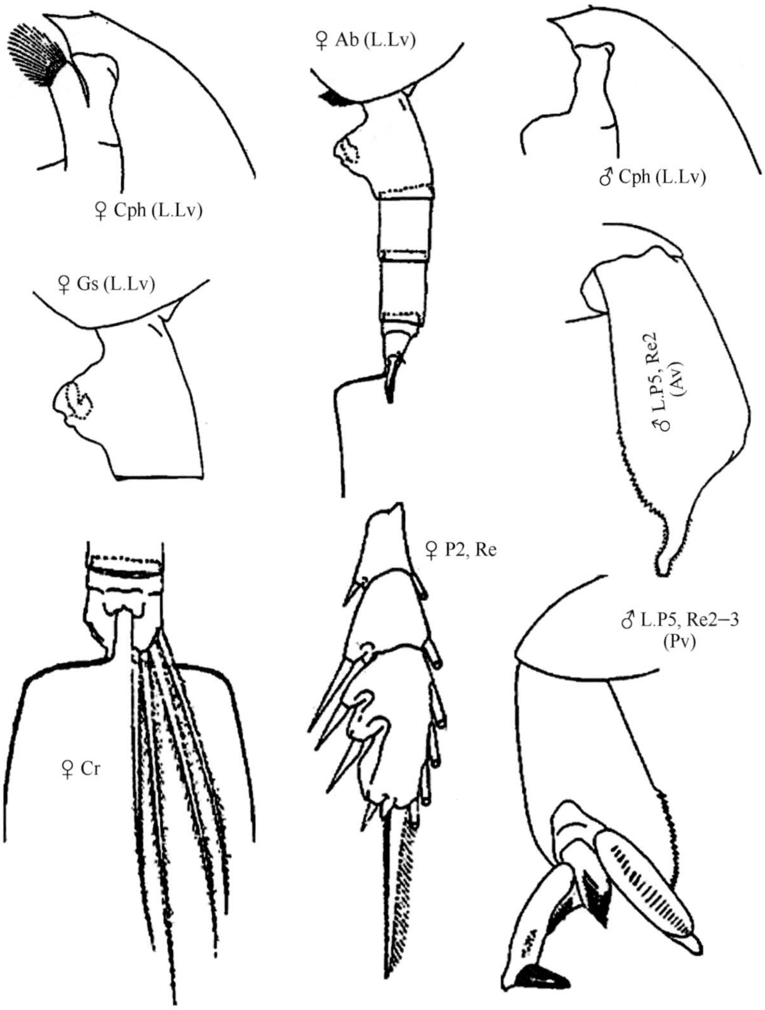

图 278 隆拟真刺水蚤 *Paraeuchaeta tumidula*（仿 Park，1995）

（278）隆拟真刺水蚤 *Paraeuchaeta tumidula*（Sars，1905）（图 278）

［*Paraeuchaeta pseudotumidula* Brodsky，1950；*Euchaeta tumidula* Sars，1905；*E. biconvexa* Park，1978］

形态特征：

体长：♀4.0~4.8 mm，♂3.9~4.2 mm。**雌性：**前额突起低，额角粗短而尖锐。胸部后侧角宽圆并具 1 丛细毛。生殖节粗短，其腹面生殖突较低而宽，呈钝三角形；生殖孔两侧生殖突对称，均分 2 叶，前叶较高而宽圆，后叶短小呈瘤状。尾叉内末角突出并各具 1 折向外侧又弯向后的特殊刚毛。第 2 对胸足外肢外缘刺较发达，第 2 节外末刺狭长，可达末节第 1 外缘刺近末端；末节第 2 外缘刺仅达第 3 外缘刺基部。**雄性：**前额较宽圆，额角粗短呈三角形。左第 5 胸足外肢第 2 节粗大，齿板末部延伸为长 S 形突起，顶端钝圆，两侧具细齿，突起基部内缘至本节近中部具粗锯齿，齿板基部指状突粗大，末端钝圆并与齿板近等长。

分布：南海；太平洋，大西洋。深水种。

参考文献：24，44，150，157，217。

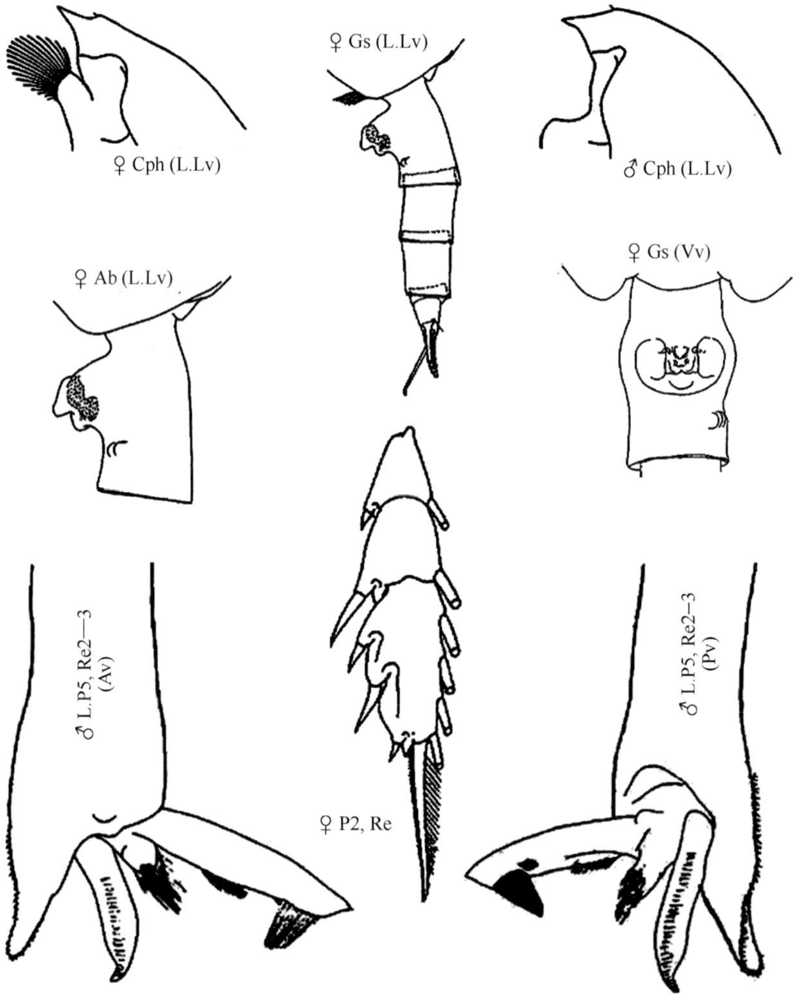

图 279 锥拟真刺水蚤 *Paraeuchaeta vorax*（仿 Park，1995）

（279）锥拟真刺水蚤 *Paraeuchaeta vorax*（Grice & Hülsemann，1968）（图 279）

［*Paraeuchaeta striata* Tanaka & Omori，1968；*Euchaeta vorax* Grice & Hülsemann，1968］

形态特征：

体长：♀6. 9~7. 8 mm，♂6. 7 mm。**雌性：**侧面观，前额较窄，额角短小。胸部后侧角背面观钝圆，侧面观呈宽三角形并具 1 丛细毛。生殖节长约为后 2 腹节长度之和；生殖节两侧中部膨大，生殖突左右对称；侧面观，生殖突较高而宽大，顶端较平而后缘显著突出，其基部生殖孔后缘也具 1 大突起；生殖节左侧近后腹缘具 1 脊状突。第 2 对胸足外肢第 2 节外缘刺长达末节第 1 外缘刺中部，末节第 2 外缘刺较短，仅达本节末部 2/3 处。**雄性：**侧面观，前额较宽圆，突起很小，额角粗短呈三角形，指向腹面。左第 5 胸足外肢第 2 节齿板呈长三角形，顶端钝，两侧具细齿，基部指状突与齿板等长，其顶端为弯曲的尖突，呈爪状。

分布：东海，南海；太平洋，印度洋及大西洋。深水种。

参考文献：24，44，101，150，191。

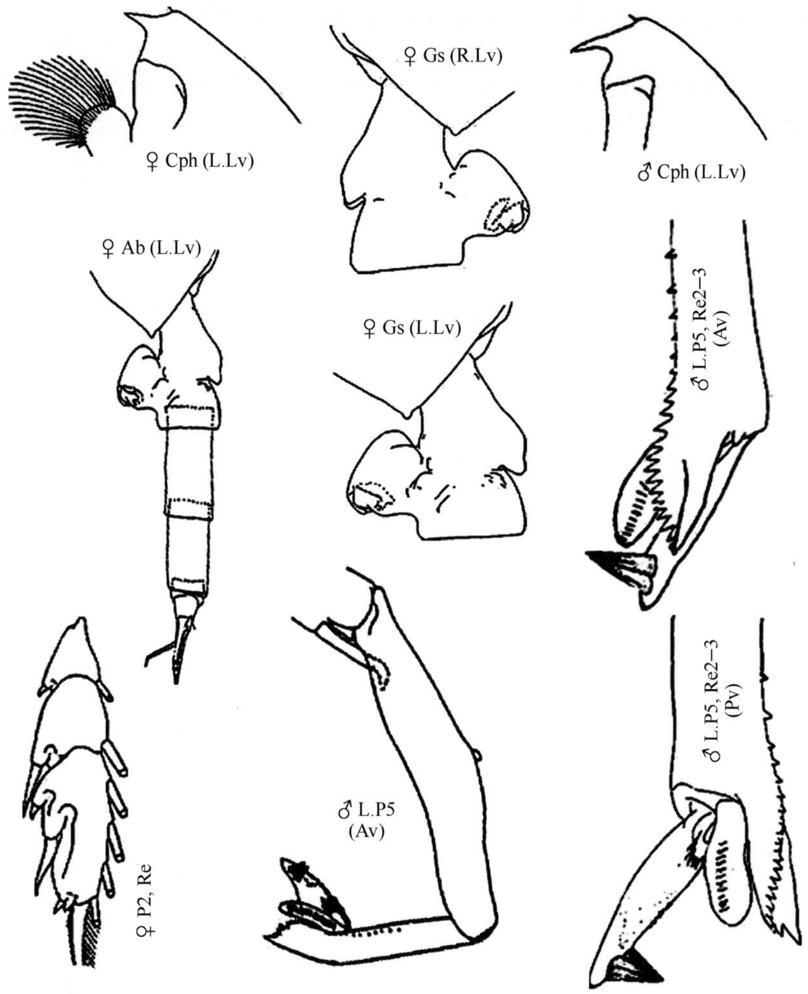

图 280　韦氏拟真刺水蚤 *Paraeuchaeta weberi*（仿 Park，1995）

（280）韦氏拟真刺水蚤 *Paraeuchaeta weberi* A. Scott，1909（图 280）

［*Euchaeta weberi*：Grice & Hülsemann，1968；Park，1978］

形态特征：

体长：♀6. 7~8. 0 mm，♂6. 0~6. 8 mm。**雌性：**背面观，前额较宽并具小突起，胸部后侧角尖小；侧面观，额角粗短而尖锐，胸部后侧角呈宽三角形。生殖节粗大，左右不对称，背部具 2 大突起，其中 1 个位于背侧中部的突起较高而后缘突出，另 1 个较宽大的突起横跨生殖节背末部两侧，左侧较突出，右侧较宽圆；侧面观，生殖节腹面生殖突前缘很突出，后缘较平呈锥状。第 2 对胸足外肢第 2 节外末刺长达末节第 1 外缘刺末端，末节第 2 外缘刺可达末节近末端。**雄性：**侧面观，前额较狭而突出，额角较细长指向腹侧并稍向后弯。左第 5 胸足内肢短小呈匙状；外肢第 1 节外缘中部具 1 小锥状突，第 2 节内末部齿板较宽大，内缘具锯齿，外缘光滑，其顶端具 1 刺状突。

分布：东海，南海；太平洋，印度洋。深水种。

参考文献：23，24，44，62，101，106，158，159。

15. 异肢水蚤科 Family Heterorhabdidae Sars, 1902

本科为中型、大型海洋浮游桡足类(2.0~10 mm)。身体粗壮，前额狭小并具小突起，额角末端具1对细额丝。头部与第1胸节分开，第4、5胸节愈合。胸部后侧角钝圆或突出。腹部狭长，雌性分4节，雄性分5节。尾叉不对称，左叉较长并常与肛节愈合，其左内侧第2尾刚毛特别长。雌性第1触角分25节，雄性左第1触角呈执握肢。大颚具3~4齿。第2小颚分节较少，末端各节常具粗刺毛。颚足分7节，第1节内缘中部常具1长刺毛，内末缘具3小刺毛。雌性第5对胸足为游泳肢型，内、外肢均分3节，外肢第2节内缘刺很长。雄性第5对胸足内、外肢也分3节，左、右足不对称，右足第2基节及外肢第2节内缘常具形状随种而异的大突起，外肢末节常呈弯曲的爪状并具内缘小刚毛及末部长刚毛；左足第2基节内缘也具或不具小突起，外肢第3节延伸为刺状，其近端或基部内、外缘具小刺。

本科包括8属。中国海域已记录6属27种。

属名 Genera	种数	页码
双刺水蚤属 *Disseta* Giesbrecht, 1889	2	329
半肢水蚤属 *Hemirhabdus* Wolfenden, 1911	1	331
异肢水蚤属 *Heterorhabdus* Giesbrecht, 1892	14	332
异刺水蚤属 *Heterostylites* Sars, 1920	3	346
中肢水蚤属 *Mesorhabdus* Sars, 1905	4	349
拟异肢水蚤属 *Paraheterorhabdus* Brodsky, 1950	3	353

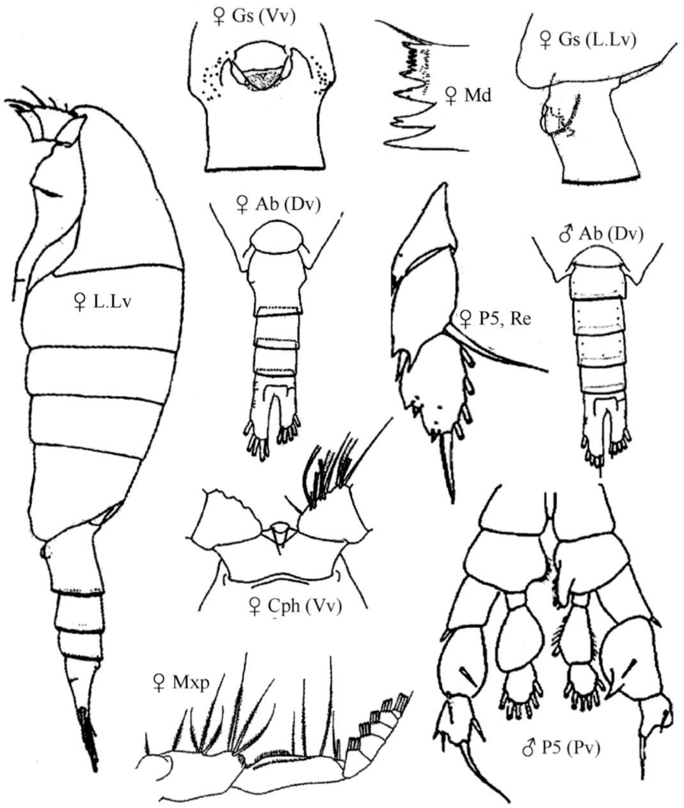

图 281　帕氏双刺水蚤 *Disseta palumbii*
[仿 Park, 2000 (♀; ♂); Sars, 1924 (♂ P5, Pv)]

(281) 帕氏双刺水蚤 *Disseta palumbii* Giesbrecht, 1889 (图 281)

[*Disseta palumboi*: Giesbrecht & Schmeil, 1898; A. Scott, 1909; Sars, 1925; Rose, 1933; Sewell, 1932, 1947; Brodsky, 1950; Wilson, 1950; Tanaka, 1964a; Chihara et al., 1997; 连光山等, 1994, 2008, 2012; 林玉辉等, 1988; *D. grandis* Esterly, 1906; *D. atlantica* Wolfenden, 1911; *Heterorhabdus grandis* Wolfenden, 1904, 1905]

形态特征:

体长: ♀6.6~7.8 mm, ♂6.4~7.1 mm。**雌性**: 前额钝圆并具1小突起。1对额角丝细短。胸部后侧角突出, 背面观呈锥形, 左侧角稍长于右侧角, 侧面观钝圆。生殖节两侧膨大, 背面观稍不对称, 左侧缘具1瘤状突; 侧面观, 生殖突较低并位于生殖节前端。尾叉与肛节愈合, 左尾叉稍长于右尾叉。大颚齿板较宽, 具3个粗大腹齿, 背齿宽短并在顶端具许多细齿。第5对胸足外肢第2节内缘刺细长, 约与末节等长。**雄性**: 胸部后侧角呈三角形, 近对称。第5对胸足不对称, 左足第2基节内缘也具1宽短突起, 外肢末节宽短并具1长末刺, 约为末节长的1.5倍, 节的内缘具1粗刺, 外末缘具2小刺; 右足第2基节内缘具1狭长突起, 可达内肢第1节末端, 外肢第2节内缘膨大并具1粗刺突, 末节短小, 具1长末刺, 节的外缘隆起并具1小刺。

分布: 东海, 南海; 太平洋, 印度洋及大西洋。深水种。

参考文献: 24, 37, 44, 51, 82, 106, 151, 157, 158, 183, 217, 218。

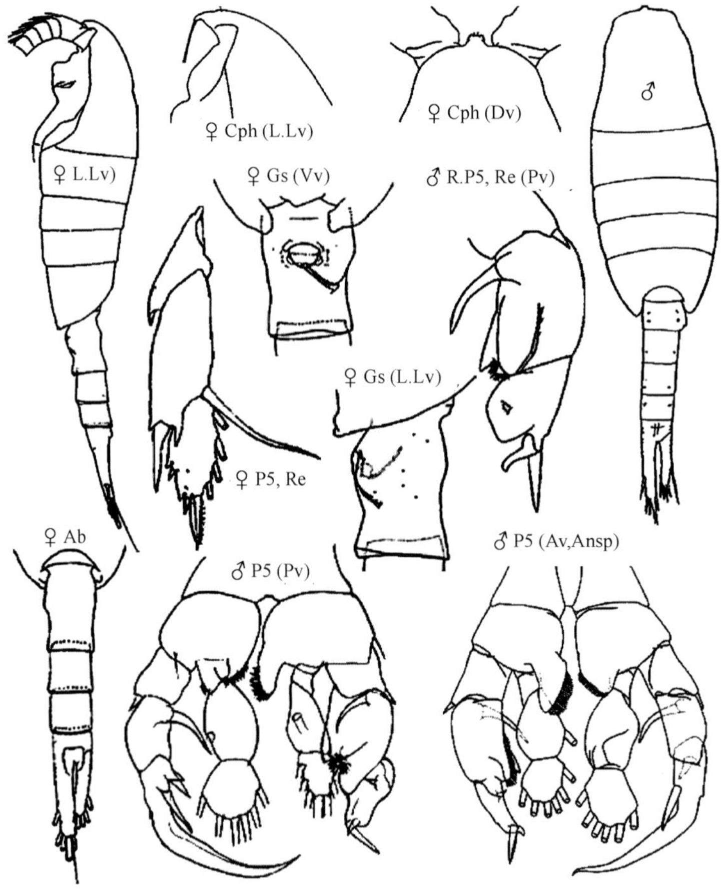

图 282 岩双刺水蚤 *Disseta scopularis*
[仿 Park, 2000 (♀; ♂ P5, Ansp); Tanaka, 1964a (♂)]

(282) 岩双刺水蚤 *Disseta scopularis* (Brady, 1883) (图 282)

[*Leuckartia scopularis* Brady, 1883; *Disseta maxima* Esterly, 1911; Brodsky, 1950; Wilson, 1950]

形态特征：

体长： ♀8.7~11.0 mm，♂8.5~10.0 mm。**雌性：** 背面观，前额小突起顶端较平。额角基部粗大并具 2 细长额丝。胸部后侧角突出并紧靠生殖节基部，末端尖锐并指向腹侧。腹部狭长，生殖节稍不对称；背面观，左侧稍膨大；侧面观，生殖节背面近基部较隆起，腹面生殖突较宽而低，左侧近中部腹缘具 1 深缺刻。尾叉狭长而不对称，左尾叉长约为右尾叉的 1.3 倍。第 5 对胸足外肢第 2 节内缘刺狭长，超过末节顶端，其外缘刺也较长，可达本节近末端。**雄性：** 第 5 对胸足不对称，左足第 2 基节内缘突较宽短，外肢第 2 节近端内缘具 1 弯曲的粗刺，末节狭长呈镰刀状，近端内缘具 2 不等长粗刺，外缘具 1 小齿突；右足第 2 基节内末缘突起粗大并超过内肢第 1 节，外肢第 2 节粗大，近端内缘具 1 弯曲的粗刺，内末角突出，其顶端具 1 大齿突和 1 小羽状突，末节宽短，内缘突出呈方形，表面具 1 小刺，末端具 1 粗刺和 1 S 形指状突。

分布： 东海，南海；太平洋。深水种。

参考文献： 24，44，67，87，106，151，158，183，217。

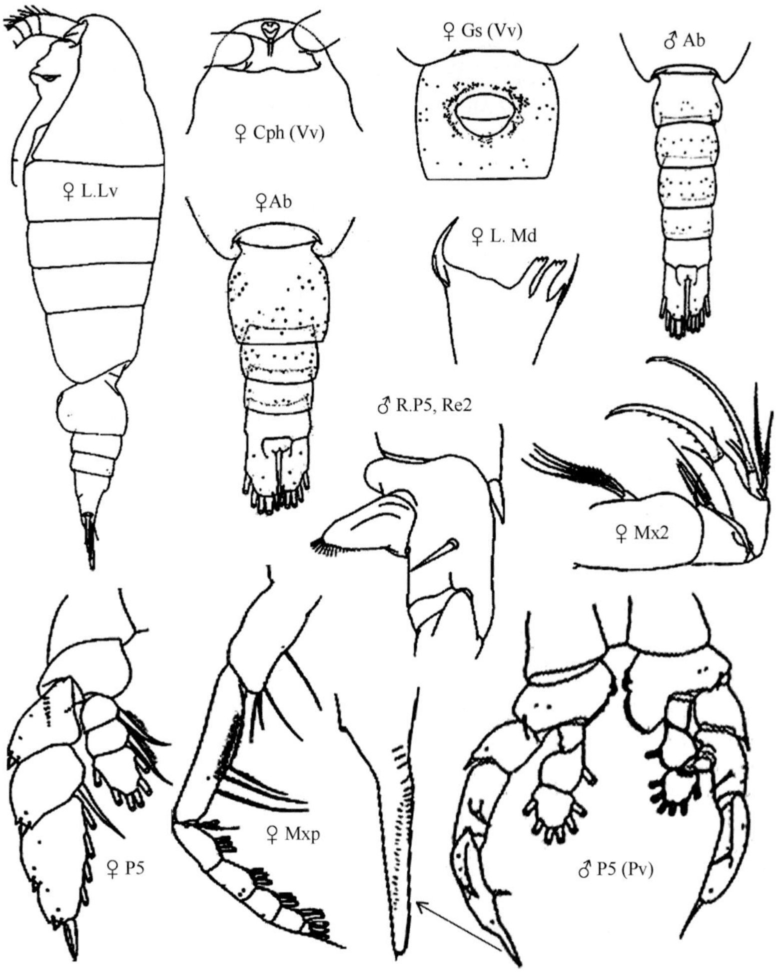

图 283　格氏半肢水蚤 *Hemirhabdus grimaldii*（仿 Park，2000）

（283）格氏半肢水蚤 *Hemirhabdus grimaldii*（Richard，1893）（图 283）

［*Heterochaeta grimaldii* Richard，1893；*Heterorhabdus grimaldii*：Farran，1908］

形态特征：

体长：♀8.4~11.0 mm，♂8.3~10.3 mm。**雌性**：胸部后侧角钝圆。腹部粗短，分 4 节，表面密布小皮孔(气孔)；生殖节两侧稍膨大，其长与宽近相等；侧面观，生殖节背、腹面近圆形，背侧基部深凹陷。尾叉宽短，左尾叉较右尾叉长而宽，并与肛节愈合。左大颚齿板具 1 腹齿及 2 个叉状背齿。第 2 小颚第 2 小叶不存在，末 2 小叶各具 1 镰刀状长刺，其内缘具小锯齿。颚足第 1 基节内缘中部仅具 1 小刺毛，内末缘具 3 小刺毛。第 5 对胸足外肢粗大，第 2 节内缘刺较短，仅达末节近中部。**雄性**：腹部较狭长，分 5 节，表面密布小皮孔。第 5 对胸足不对称，左足第 2 基节内缘稍膨大而宽圆，外肢第 3 节狭长，末端延伸为粗刺突，其顶端具 1 微刺，本节内、外缘近中部各具 1 小刺；右足第 2 基节内缘突宽大而钝圆，长达内肢第 1 节末缘，外肢第 2 节内缘基部具 1 小瘤状突，中部具 1 近三角形大突起，其顶端钝并具细毛，末节狭长并具 1 较短末端刺。

分布：东海，南海；太平洋，印度洋及大西洋。深水种。

参考文献：44，106，151，183，217。

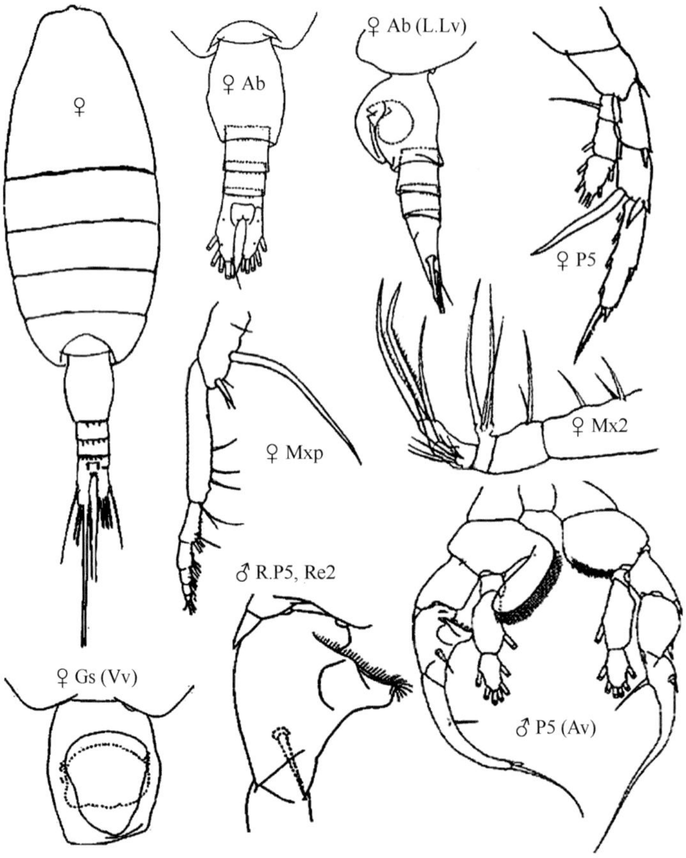

图 284　深异肢水蚤 *Heterorhabdus abyssalis*
[仿 Tanaka，1964（♀）；Park，2000（♀Ab；♀Gs；♂P5）]

（284）深异肢水蚤 *Heterorhabdus abyssalis*（Giesbrecht，1889）（图 284）

[*Heterochaeta abyssalis* Giesbrecht，1889，1892；*Heterorhabdus dubius* Tanaka，1953；*H. devius* Tanaka，1953]

形态特征：

体长：♀2.1~3.7 mm，♂2.3~3.2 mm。**雌性：**生殖节粗大，其长度大于后 3 腹节长度之和；背面观，左右稍不对称，右侧宽圆，左侧中部微凹；侧面观，背中部稍隆起，腹面生殖突很膨大，呈半圆形，顶部为可开、闭的生殖盖，向后可达本节近末端。第 2 小颚末部(第 5、6 小叶)具 2 镰刀状长刺和 1 短刺。颚足第 1 节内缘中部具 1 显著弯曲的长刺，可达第 2 节末端。第 5 对胸足外肢第 2 节内缘刺粗大，与末节等长。**雄性：**第 5 对胸足不对称，左足第 2 基节内缘较膨大，近半圆，边缘具细毛，外肢第 2 节外末角不突出，并具 1 小外末刺，末节呈长刺状，其基部粗大，内、外缘各具小刺；右足第 2 基节棒状内缘突显著向后弯折，末端钝圆，外缘具细毛，外肢第 2 节内缘中部具锥状突，其顶端稍截平，前缘具细毛，末节狭长而弯曲，近中部具 1 小外缘刺，外末刺细长而短于末节。

分布：东海，南海；太平洋，印度洋及大西洋。深水种。

参考文献：4，24，37，44，51，82，97，106，151，183，217。

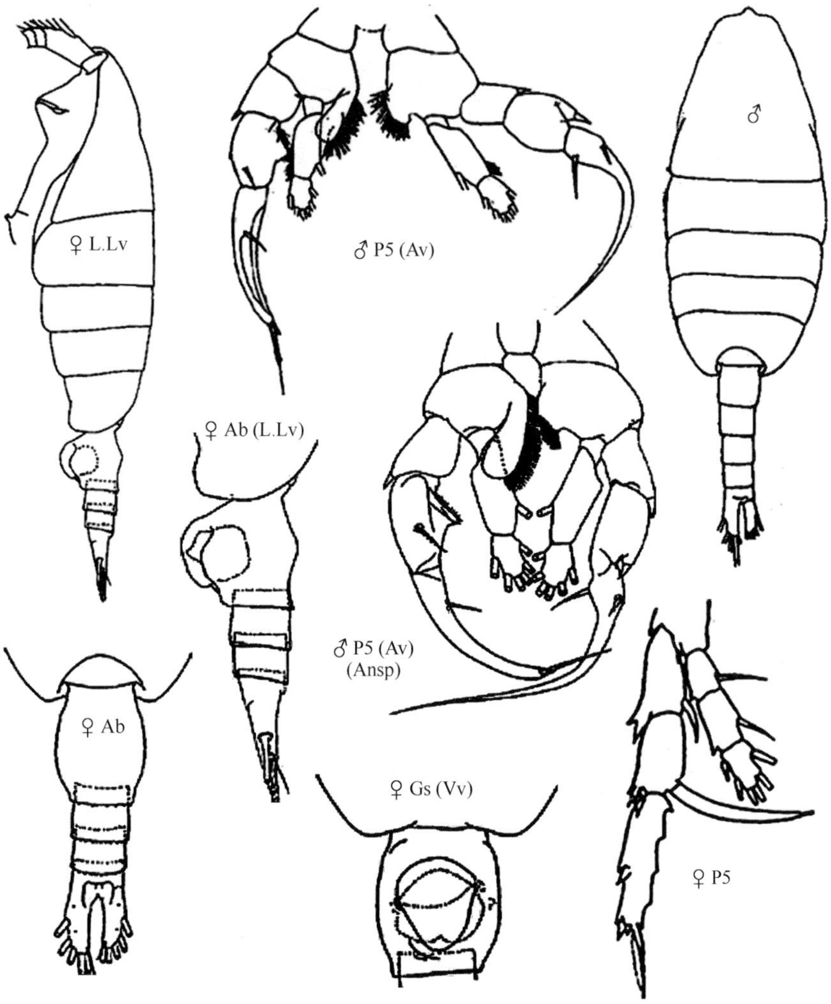

图 285 克氏异肢水蚤 *Heterorhabdus clausii*
[仿 Park, 2000 (♀; ♂ P5, Ansp); 连光山等, 1984 (♂)]

(285) 克氏异肢水蚤 *Heterorhabdus clausii* (Giesbrecht, 1889) (图 285)

[*Heterochaeta clausii* Giesbrecht, 1889, 1892]

形态特征:

体长: ♀2.3~2.6 mm, ♂2.2~2.4 mm。**雌性**: 背面观, 生殖节近椭圆形, 稍不对称, 左侧较膨大; 侧面观, 生殖节背中部隆起, 腹面生殖突高而宽圆, 顶端覆盖 1 片长而弯曲的生殖盖。第 5 对胸足外肢第 2 节内末刺长而粗大, 与末节等长。**雄性**: 第 5 对胸足不对称, 左足第 2 基节内缘突宽短, 近半圆形, 其边缘具细毛, 外肢第 2 节外末角较突出并具 1 外末刺, 末节基部膨大, 末部延伸为长刺突, 本节近端内、外缘各具 1 小刺; 右足第 2 基节内缘具 1 棒槌状大突起, 向后弯折, 其外缘具细毛, 末端较宽圆, 外肢第 2 节内缘也具 1 三角形钝突, 其前缘具细毛, 末节狭长而弯曲, 内缘近端具 1 小内缘刺, 近末端具 1 长外末刺。

分布: 台湾东北部海域, 南海; 太平洋, 印度洋及大西洋。深水种。

参考文献: 4, 24, 37, 38, 44, 51, 97, 151, 158, 217。

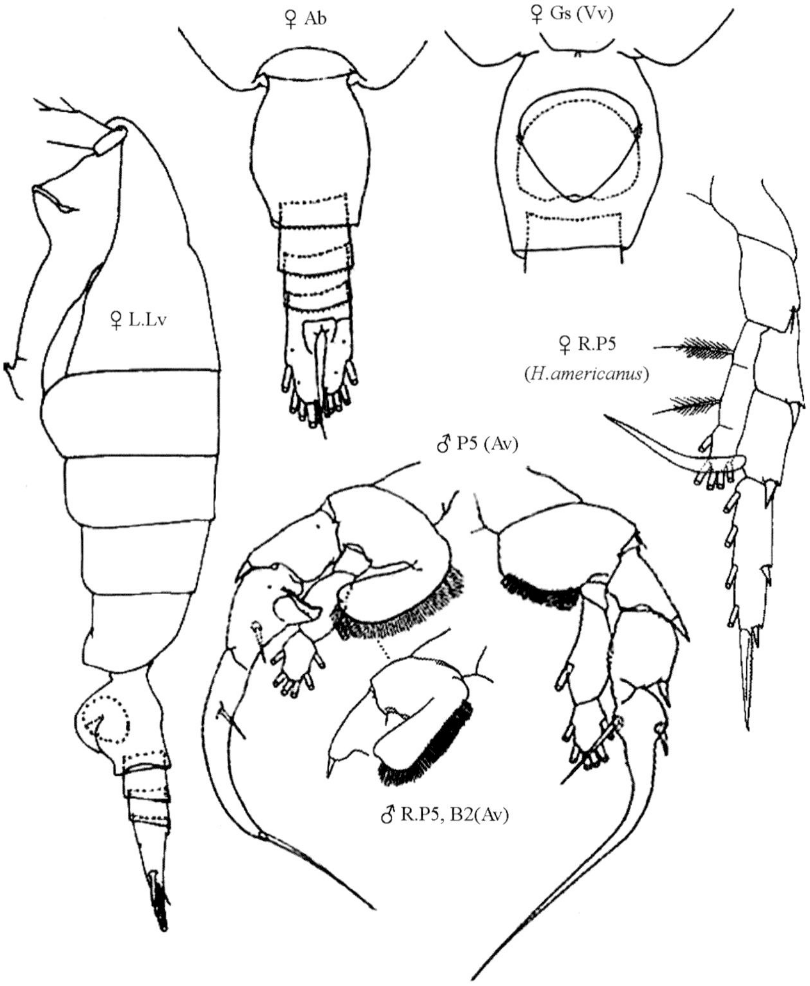

图 286　股异肢水蚤 *Heterorhabdus cohibilis*（仿 Park，2000）

（286）股异肢水蚤 *Heterorhabdus cohibilis* Park，2000（图 286）

形态特征：

体长：♀2. 8~3. 6 mm，♂2. 7~3. 3 mm。**雌性**：侧面观，额部宽圆，额角基部呈锥状并弯向腹面，顶端具 2 细额丝。背面观或腹面观，生殖节呈椭圆形，稍不对称，左侧较膨大，其边缘稍呈波纹形，生殖盖呈扇形，其宽度稍大于长度；侧面观，背中部隆起，腹面生殖突宽大，呈半圆形。第 1~5 对胸足结构与 *H. americanus* 相似（Park，2000，第 128 页至第 130 页）。**雄性**：第 5 对胸足不对称，左足第 2 基节内缘稍膨大而宽圆，并具细毛，外肢第 2 节外末角不突出，外末刺与第 1 节外末刺等长，末节呈长刺状，基部粗大并具 1 较长的内刺和 1 小外刺；右足第 2 基节内缘棒槌状内突向后弯折，其外缘具细毛，末端较膨大而钝平，外肢第 1、2 节近端前表面各具 1 皮孔，第 2 节内缘近端具 1 较大的锥状突，其前缘基部与本节近垂直，第 3 节狭长而弯曲，约为第 2 节长的 2 倍，近端约 1/3 处具 1 外缘刺，末端刺约为末节长的 2/3。

分布：东海，南海；马来群岛海域，太平洋。深水种。

参考文献：24，44，151。

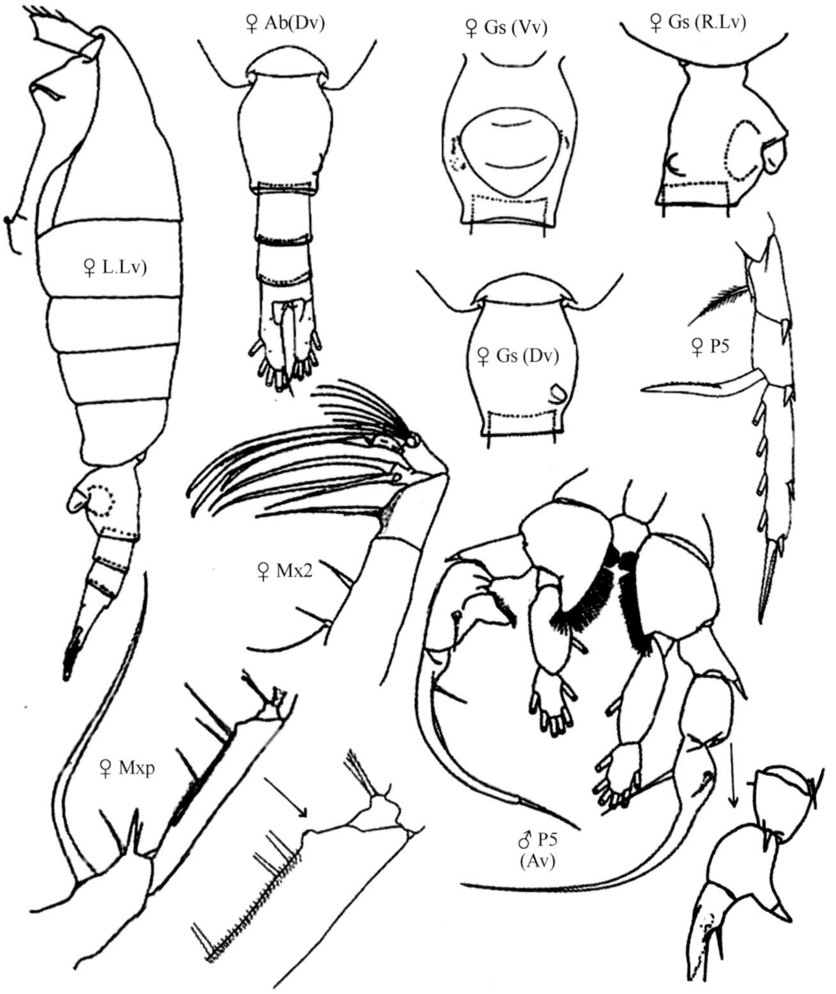

图 287 管异肢水蚤 *Heterorhabdus fistulosus*（仿 Park，2000）

（287）管异肢水蚤 *Heterorhabdus fistulosus* Tanaka，1964（图 287）

形态特征：

体长：♀2.8～3.6 mm，♂2.7～3.3 mm。**雌性**：侧面观，前额钝圆，额角基部呈锥状，顶端具 2 细额角丝。胸部后侧角宽圆。腹部第 1～3 节后缘具细刺；背面观，生殖节两侧宽圆，右侧近背末部具 1 小瘤状突；侧面观，背中部稍隆起，腹面生殖突宽圆，生殖盖较宽短。第 2 小颚末端(第 5、6 小叶)具 2 镰刀状长刺及 1 较短刺。颚足第 1 节内缘中部具 1 显著弯曲的长刺，第 2 节内末缘具 1 小瘤状突。第 5 对胸足外肢第 2 节内缘刺较短于末节。**雄性**：第 5 对胸足不对称，左足第 2 基节内缘具细毛，其内末角稍突出，左内肢显著长于右内肢，外肢第 2 节外末部很突出，顶端具 1 小外末刺，末节基部粗大，末部延伸为弯曲的细长刺，近端具 1 细长内缘刺和 1 短小外缘刺；右足第 2 基节内末部具 1 锥状大突起，其外缘具细毛，外肢第 2 节内缘近基部也具 1 锥状突起，其前缘基部隆起并具细毛，末节狭长而弯曲，近端具 1 小刺，外末部具 1 细长刺。

分布：东海黑潮流区；太平洋。深水种。

参考文献：44，82，106，151，183。

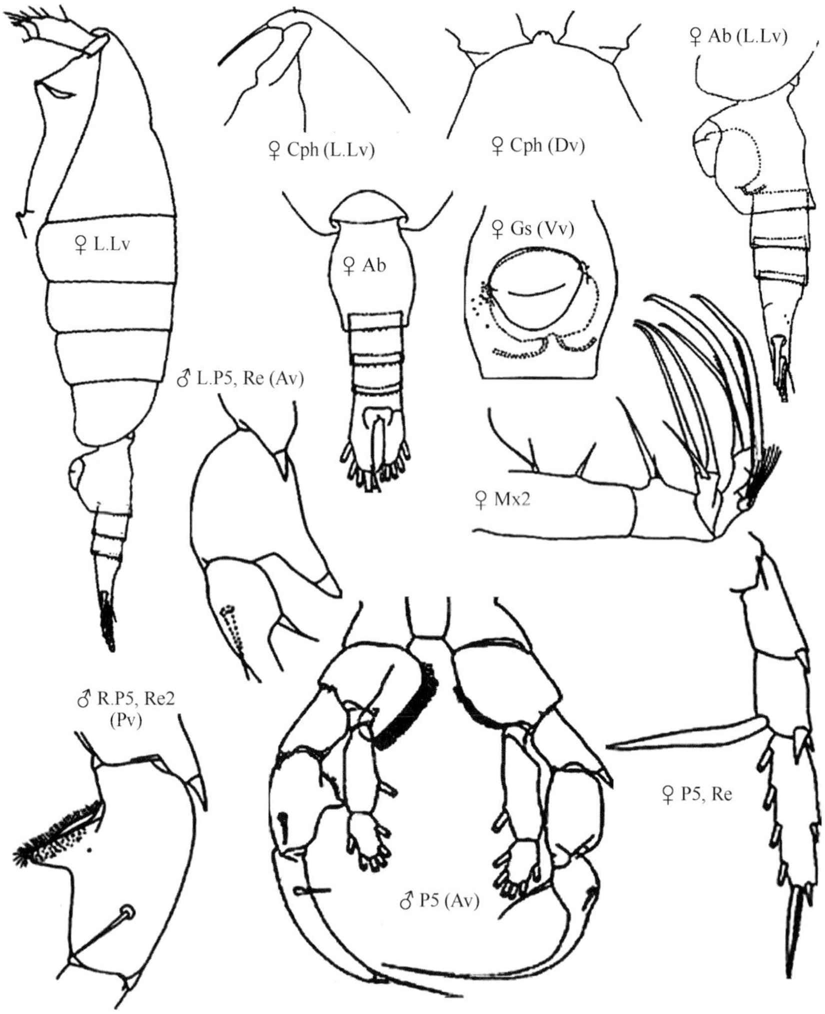

图 288　住囊异肢水蚤 *Heterorhabdus oikoumenikis*（仿 Park，2000）

（288）住囊异肢水蚤 *Heterorhabdus oikoumenikis* Park，2000（图 288）

形态特征：

体长：♀2.6~3.5 mm，♂2.4~3.3 mm。**雌性：**背面观，前额宽圆，中部具 1 钝圆小突起；侧面观，前额宽圆，其腹面额角基部呈锥状，顶端具 2 细长额角丝。背面观，生殖节两侧稍不对称，左侧缘较膨大；侧面观，生殖节背中部稍隆起，生殖突较宽圆；腹面观，生殖盖较短，歪斜而不对称，宽稍大于长。第 2 小颚第 5、6 小叶具 2 镰刀状长刺和 1 较短的刺。第 5 对胸足外肢第 2 节内缘刺粗大并与末节近等长。**雄性：**第 5 对胸足不对称，左足第 2 基节内缘稍膨大并具细毛，外肢第 2 节外末角突出呈锥状，其顶端具 1 粗短小刺，仅为基部突起长的 1/2，末节基部粗大并具 1 细长内缘刺和 1 小外缘刺，节末部为细长而弯曲的长刺；右足第 2 基节内缘突粗大并向后弯折，末端宽圆并长于本节，突起外缘具细毛，外肢第 2 节内缘中部具 1 锥状突，其前缘斜切呈 45°角，边缘具细毛，后缘平直，末节弯曲，近端具 1 小外缘刺，末部外末刺约为末节长的 1/2。

分布：东海，南海；马来群岛海域，太平洋，印度洋及大西洋。深水种。

参考文献：24，44，151。

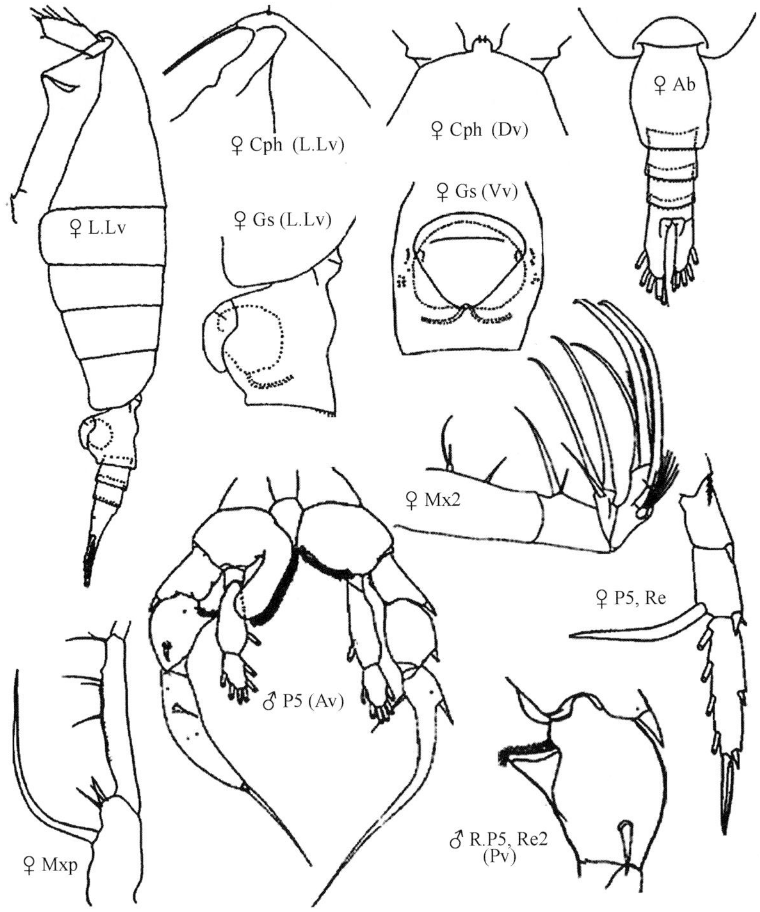

图 289 太平洋异肢水蚤 *Heterorhabdus pacificus*（仿 Park，2000）

(289) 太平洋异肢水蚤 *Heterorhabdus pacificus* Brodsky，1950(图 289)

[*Heterorhabdus vicinus* Tanaka，1953]

形态特征：

体长：♀2.9~3.8 mm，♂2.9~3.9 mm。**雌性：**背面观，前额宽圆，中部具1近方形突起；侧面观，前额钝圆，额角基部呈锥状，顶端具2细长额角丝。背面观，生殖节不对称，左侧中部较膨大，右后侧缘较突出，第2腹节基部较狭，后缘较宽；侧面观，生殖节背中部隆起，腹侧生殖突高而宽圆，生殖盖向后超过其顶端。第2小颚第5、6小叶具2镰刀状长刺和1较短刺。颚足第1节中部具1显著弯折的长刺。第5对胸足外肢第2节内缘刺粗大，与末节等长。**雄性：**第5对胸足不对称，左足第2基节内缘稍膨大并具细毛，外肢第2节外末角宽圆并具1小刺，末节基部粗大并具1长内缘刺和1小外缘刺，节的末部延伸为细长而弯曲刺突；右足第2基节内缘具1弯向后的棒槌状大突起，其外缘具细毛，末端宽圆，外肢第2节内缘近基部具1三角形突起，前缘具细毛，末节较粗大，近端具1小外缘刺，末部具1细长外末刺，约与末节等长。

分布：东海，南海；太平洋，印度洋及大西洋。深水种。

参考文献：24，44，67，82，106，151，183。

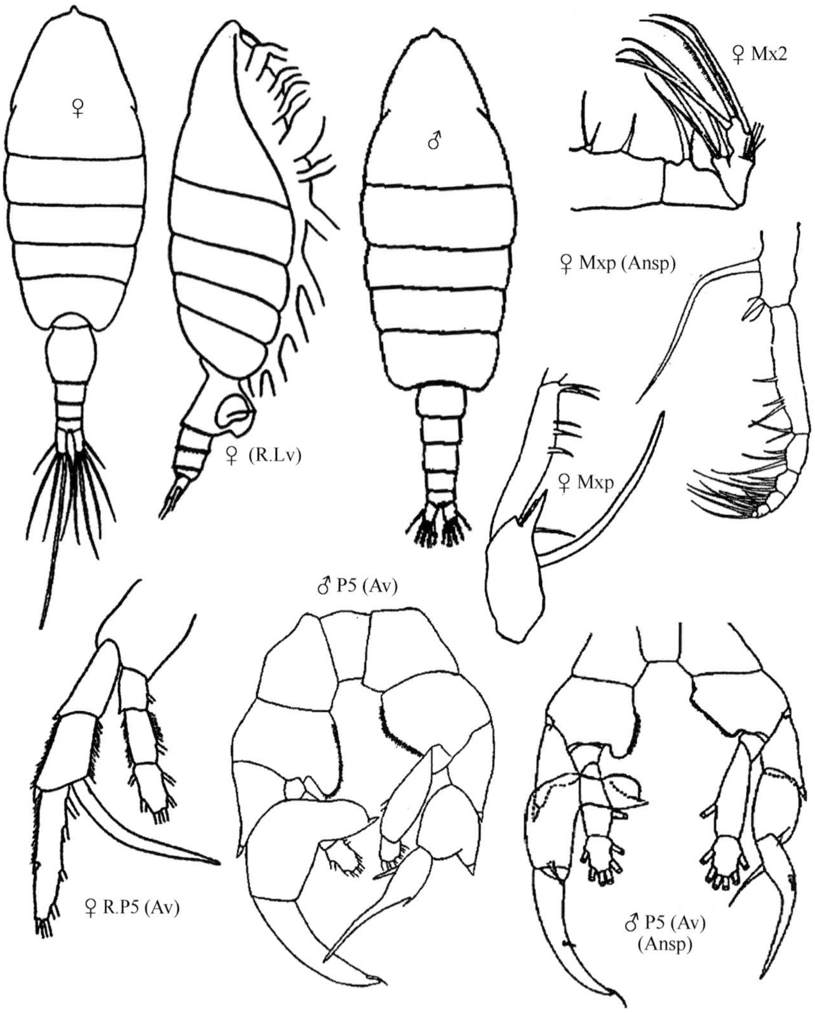

图 290 乳状异肢水蚤 *Heterorhabdus papilliger*

[仿陈清潮等，1965（♀；♂）；郑重等，1982（♀Mx2；♀Mxp，Ansp）；Park，2000（♂P5，Ansp）]

（290）乳状异肢水蚤 *Heterorhabdus papilliger*（Claus，1863）（图 290）

[*Heterochaeta papilliger* Claus，1863；Giesbrecht，1892]

形态特征：

体长：♀1.7~2.7 mm，♂1.6~2.6 mm。**雌性：**前额宽圆，中部具 1 小突起。额角丝短小。胸部后侧角钝圆。生殖节两侧膨大而对称，腹面显著突出而宽圆，第 1~3 节末缘具细刺。第 2 小颚末部(第 5、6 小叶)具 3 等长的镰刀状长刺。颚足第 1 节内缘中部具 1 长而弯曲的长刺，内末部具 1 粗刺和 2 细刺毛。第 5 对胸足外肢第 2 节内缘刺粗大，其长度超过末节。**雄性：**第 5 对胸足不对称，左足第 2 基节内缘稍膨大并具细毛，外肢第 2 节外末部具小锥状突，其顶端具小刺，末节较短呈粗刺状，近端内、外缘各具 1 小刺；右足第 2 基节内缘突较宽短，呈锥状，外肢第 2 节内缘基部具 1 粗大突起，末端较膨大，上末部呈半圆形并具细刺毛，下末缘具 1 小刺突，末节较粗短，其末端具 1 短小内末刺。

分布：东海至南海；太平洋，印度洋及大西洋。暖水种。

参考文献：4，5，13，20，24，25，31，37，44，46，48，51，67，118，151，183，217。

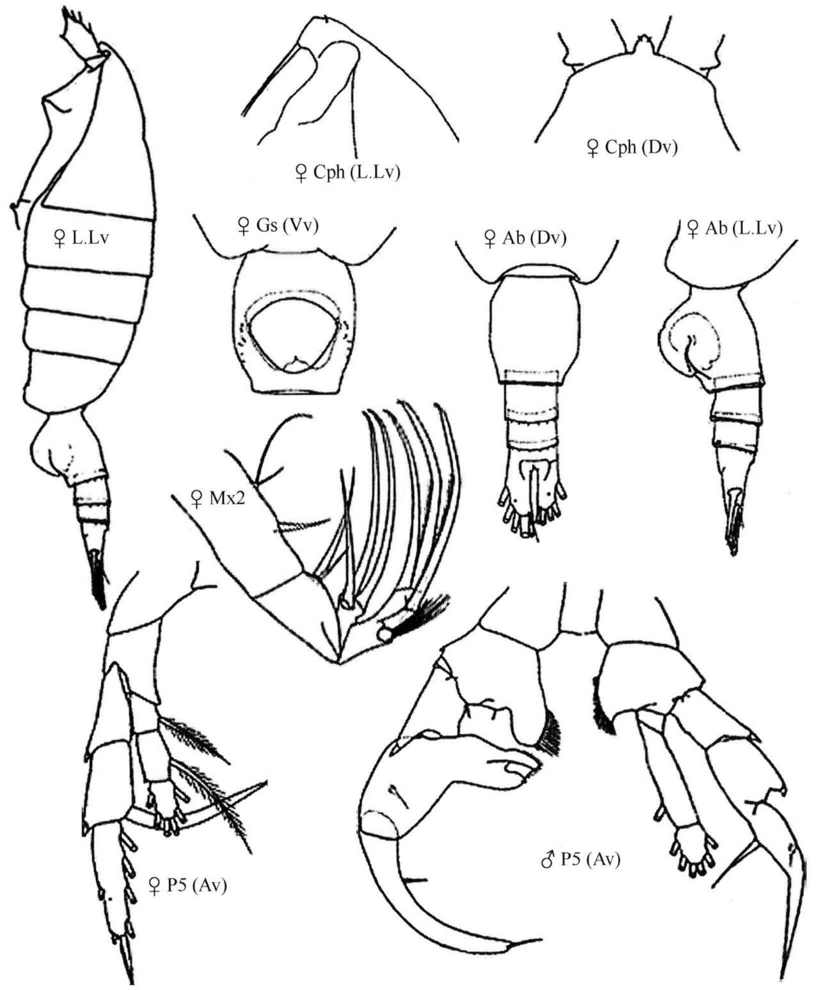

图 291　前宽异肢水蚤 *Heterorhabdus prolatus*（仿 Park，2000）

（291）前宽异肢水蚤 *Heterorhabdus prolatus* Park，2000（图 291）

［*Heterorhabdus papilliger*：Grice，1962（♂）］

形态特征：

体长：♀1.8~2.1 mm，♂1.8~2.1 mm。**雌性：**背面观，前额宽圆，中部具 1 锥状小突起；侧面观，前额呈三角形并向腹面突出，其顶端具 2 细长额角丝。背面观，生殖节两侧稍不对称，右侧缘较膨大，第 1~3 节后缘具小刺；侧面观，生殖节背侧圆滑，腹面生殖突宽圆，生殖盖宽度稍大于长。第 2 小颚第 5、6 小叶具 3 近等长的镰刀状长刺。第 5 对胸足外肢第 2 节内缘刺长于末节。**雄性：**第 5 对胸足不对称，左足第 2 基节内缘突出呈钩状，外缘具细毛，内末角尖锐，外肢第 2 节外末角突出，顶端具 1 小刺，末节粗短呈刺状，近端具 1 较长内缘刺和 1 小外缘刺；右足第 2 基节内缘突较粗大，可达外肢第 1 节末部，其外缘具细毛，末端宽圆，外肢第 2 节基部内缘突较狭长，前末部稍突出并具细毛，末端近中部具 1 小齿突，末节粗大而弯曲，近端具 1 小内刺，末端也具 1 小外末刺。

分布：南海；马来群岛海域，太平洋及印度洋。深水种。

参考文献：24，44，99，151。

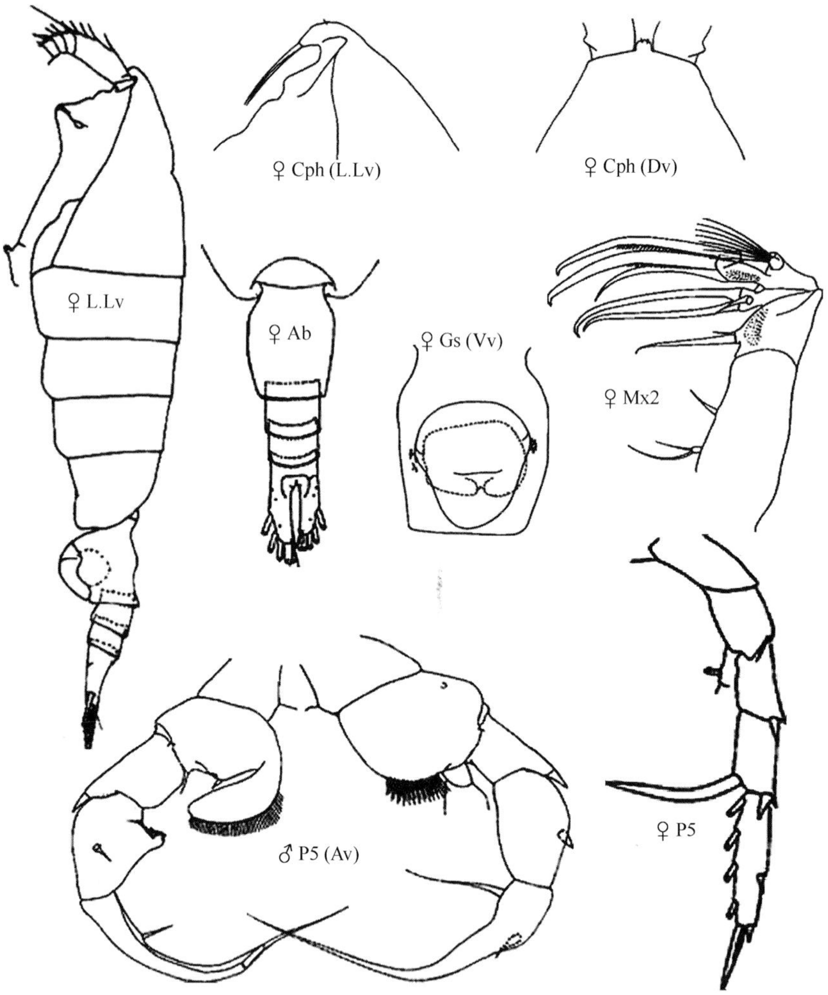

图 292 小刺异肢水蚤 *Heterorhabdus spinosus*（仿 Park，2000）

（292）小刺异肢水蚤 *Heterorhabdus spinosus* Bradford，1971（图 292）

形态特征：

体长：♀3.8~4.4 mm，♂3.3~3.8 mm。**雌性：**背面观，前额宽而稍截平，中部具 1 小钝突；侧面观，前额宽圆，其腹面突出呈锥状，顶端具 2 细长额角丝。背面观，生殖节两侧稍膨大，近端部较宽；侧面观，生殖节背中部隆起，腹面生殖突宽圆，生殖盖较长并覆盖至生殖节末缘，其长度大于宽度。第 2 小颚第 5、6 小叶具 2 镰刀状长刺及 1 小刺。第 5 对胸足外肢第 2 节内缘刺与末节等长。**雄性：**第 5 对胸足不对称，左足第 2 基节内缘较膨大，外末缘具细毛，外肢第 2 节较粗大，外缘中部较膨大并具 1 小外缘刺，末节基部粗大，具 1 长内缘刺及 1 小外缘刺，节的末部延伸为长刺突；右足第 2 基节内缘突较长并向后显著弯折呈钩状，其外缘宽圆并具细毛，内缘较平直呈半月形，外肢第 2 节内缘突较小，呈钝三角形，其前缘具细毛，末节长而弯曲，近中部具 1 小刺，外末刺较长约为末节长的 2/3。

分布：南海；太平洋，大西洋及南大洋海域。深水种。

参考文献：24，44，76，151。

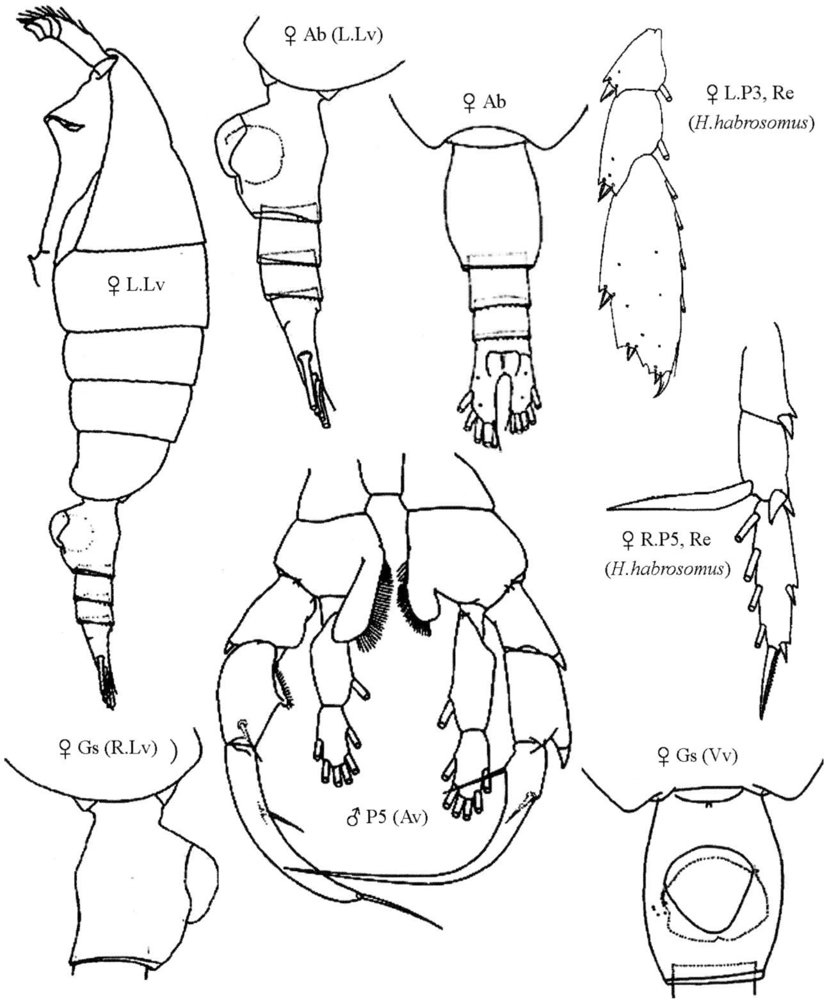

图 293 小瘤异肢水蚤 *Heterorhabdus tuberculus*（仿 Park，2000）

（293）小瘤异肢水蚤 *Heterorhabdus tuberculus* Park，2000（图 293）

形态特征：

体长：♀2.2~2.8 mm，♂2.2~2.7 mm。**雌性：**背面观，生殖节稍不对称，左侧较膨大，右侧末缘较突出，第 1~3 节腹节后缘具小刺；侧面观，生殖节背中部较隆起，腹面生殖突较高，顶端宽圆，左、右侧突不对称，左侧突较高而钝圆，右侧突较低平，生殖盖较短；腹面观，生殖孔盖近对称而稍歪斜，其右侧缘具 10 皮孔，左侧仅具 1 皮孔。第 1~5 对胸足结构与 *H. habrosomus* 相似（Park，2000，第 122 页至第 124 页，图 85）。**雄性：**第 5 对胸足不对称，左足第 2 基节内缘也具 1 粗短指状突，外缘稍弯曲并具细毛，顶端钝圆或稍截平，外肢第 2 节外末角突出呈锥状，顶端具小刺，末节呈长刺状，基部较粗大并具 1 长内缘刺和 1 短外缘刺；右足第 2 基节内缘突呈长棒槌状，直指后方，其外缘具细毛，外肢第 2 节内缘具 1 三角形小突起，其前缘具细毛，末节近端具 1 小外缘刺，外末刺较长约为末节长的 1/2。

分布：东海，南海；马来群岛海域，太平洋及印度洋。深水种。

参考文献：24，44，151。

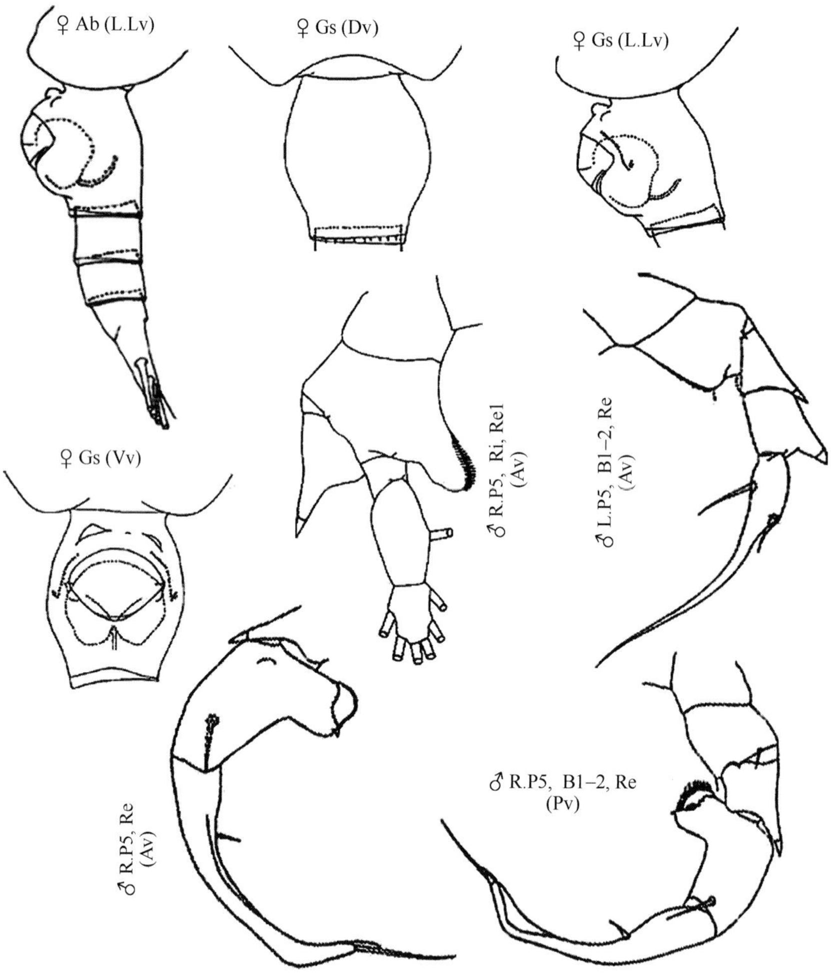

图 294 节僵异肢水蚤 *Heterorhabdus ankylocolus*（仿 Park，2000）

（294）节僵异肢水蚤 *Heterorhabdus ankylocolus* Park，2000（图 294）

形态特征：

体长：♀2. 8~3. 2 mm，♂2. 7~2. 9 mm。**雌性：**前额中部具 1 小刺突。腹部第 1~3 节后缘具细刺列，生殖节两侧较膨大；侧面观，背中部稍隆起，腹面生殖突膨大，近半圆形；腹面观，其前缘基部两侧具 2 不对称片状突，右侧突较大于左侧突。第 5 对胸足结构相似于刺额异肢水蚤（*H. spinifrons*），但颚足第 1 节内缘长刺较短，仅达第 2 节末端 1/3 处。**雄性：**第 5 对胸足不对称，左足第 2 基节内末缘稍突出而宽圆，外肢第 2 节外末角很突出呈锥状，顶端 1 小刺突短于基部锥状突，末节基部粗大，内、外缘各具 1 刺毛，节的末部为长刺；右足第 2 基节内缘突较粗大，末端可达内肢第 2 节近端 1/3 处，外缘具细毛，外肢第 2 节内缘基部具 1 近方形的大突起，顶端近中部具 1 小齿突，前末角突出呈瘤状并具细毛，末节狭长，近中部具 1 小外缘刺，近末端约 1/5 处显著向内弯曲，末端具 1 外末刺。

分布：南海；马来群岛海域，太平洋及印度洋。深水种。

参考文献：24，44，151。

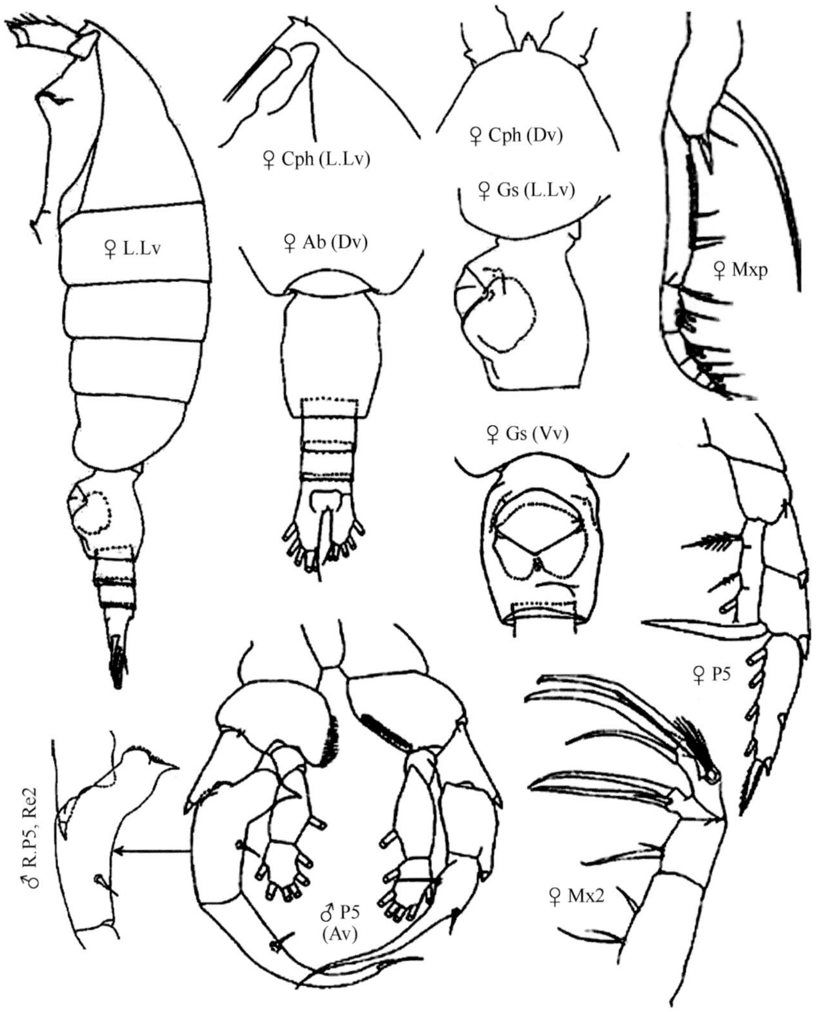

图 295 淡异肢水蚤 *Heterorhabdus insukae*（仿 Park，2000）

（295）淡异肢水蚤 *Heterorhabdus insukae* Park，2000（图 295）

形态特征：

体长： ♀2.1~2.6 mm，♂2.1~2.5 mm。**雌性：** 侧面观，前额具 1 尖锐的小刺突，额角基部呈锥状，顶端具 2 细长额角丝。生殖节较长，显著大于后 3 腹节长度之和，两侧稍不对称并呈波纹状；侧面观，生殖节背部宽圆，腹部生殖突较低而宽大，前缘基部两侧无片状突，生殖盖较宽短。第 2 小颚末端（第 5、6 小叶）具 2 镰刀状长刺及 1 短刺。颚足第 1 基节内缘中部具 1 稍弯的粗长刺。第 5 对胸足外肢第 2 节内缘刺稍短于末节。**雄性：** 前额也具 1 小刺突。第 5 对胸足不对称，左足第 2 基节内缘稍膨大并具细毛，外肢第 2 节外末部具 1 长的锥状突，其顶端具 1 小刺，末节内缘刺较长于外缘刺，节的末部延伸为长刺突；右足第 2 基节内末部突起较粗短呈锥状，仅达内肢第 1 节末端，其外缘具细毛，外肢第 2 节较狭长，其内缘基部具 1 指向内侧的长大突起，其顶端具 1 喙状刺突及 1 带细毛的瘤状突，末节狭长而弯曲，近中部具 1 小外缘刺，末部具 1 较短的外末刺。

分布： 东海，南海；太平洋，印度洋及大西洋。深水种。

参考文献： 24，44，151。

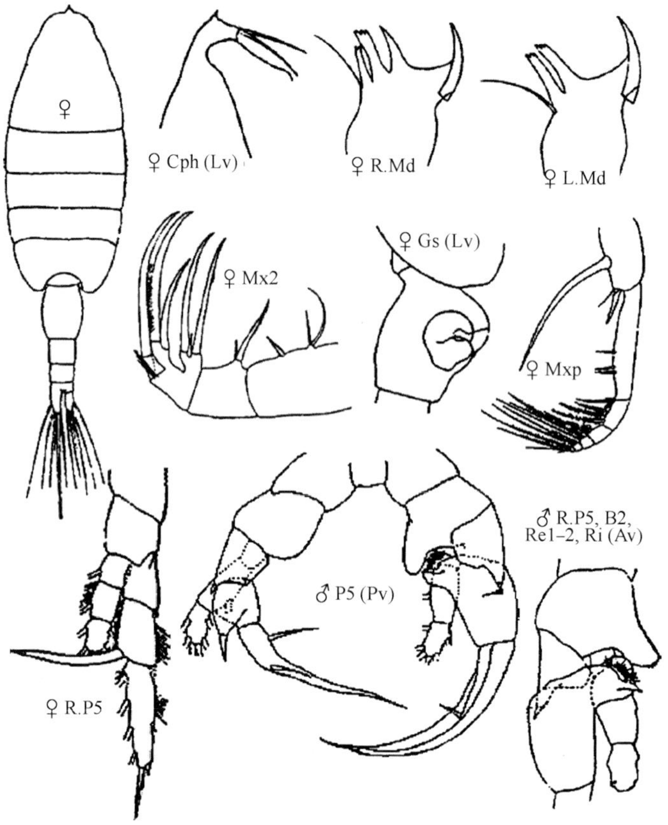

图 296 刺额异肢水蚤 *Heterorhabdus spinifrons*（仿连光山，钱宏林，1984）

(296) 刺额异肢水蚤 *Heterorhabdus spinifrons* (Claus, 1863) (图 296)

[*Heterochaeta spinifrons* Claus, 1863 (♂); Giesbrecht, 1892]

形态特征：

体长：♀2.5~4.0 mm，♂2.2~3.8 mm。**雌性**：前额具 1 尖锐的小刺突。侧面观，额角短小，其顶端具 2 细长额角丝。生殖节两侧稍膨大而近对称；侧面观，生殖突较宽圆，前缘基部两侧无片状突，顶端生殖盖较宽短。大颚齿粗短，背、腹齿的间距宽大，左、右大颚各具 1 腹齿并相似；左大颚具 2 等长背齿，顶端均分 3 叉；右大颚具 3 背齿，其中第 1 背齿顶端分 2 叉，第 2 背齿分 3 叉，第 3 背齿无分叉。第 2 小颚末部(第 5、6 小叶)具 2 镰刀状长刺和 1 小刺。颚足第 1 节内缘长刺可达第 2 节末端。第 5 对胸足外肢第 2 节内缘刺与末节等长。**雄性**：前额也具小刺突。第 5 对胸足不对称，左足第 2 基节内缘稍膨大并具细毛，外肢第 2 节外末角突出呈锥状，并具 1 较长的外末刺，末节基部粗大，内、外缘各具 1 刺，末部延伸为长刺；右足第 2 基节内缘突较粗短，外缘具细毛，末端钝圆，仅达内肢第 1 节末端，外肢第 2 节内缘突宽大，其末端分前、后 2 半圆形小叶，前叶具细毛，后叶较宽大，并具 1 小刺突，末节狭长而弯曲，其中部具 1 小刺，末部具 1 外末刺。

分布：东海，南海；太平洋，印度洋及大西洋。深水种。

参考文献：4，6，20，24，37，38，44，50，51，67，151，157，158，183，217。

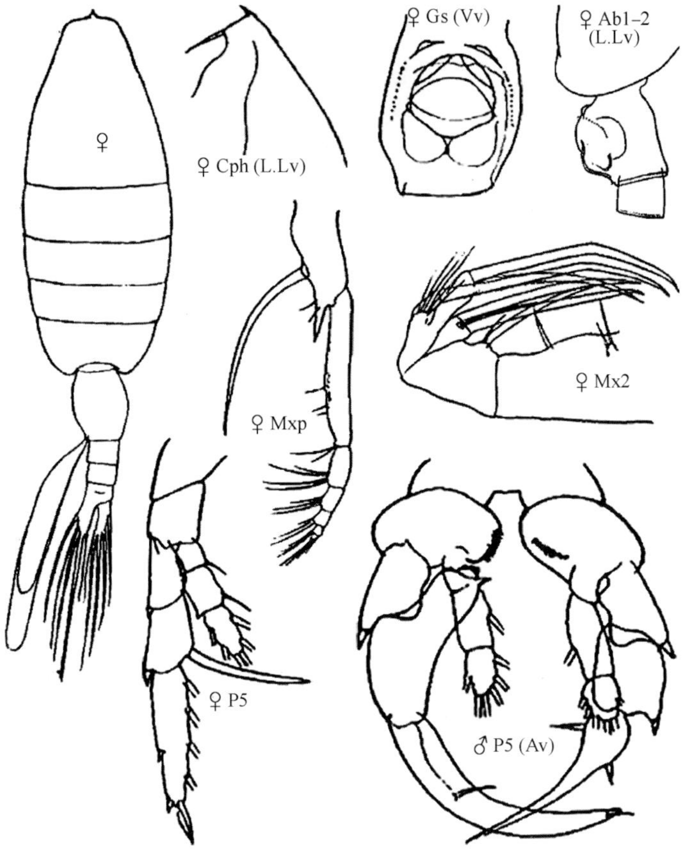

图 297 亚刺额异肢水蚤 *Heterorhabdus subspinifrons*（仿 Tanaka，1964）

(297) 亚刺额异肢水蚤 *Heterorhabdus subspinifrons* Tanaka，1964（图 297）

形态特征：

体长：♀2. 6～3. 2 mm，♂2. 6～3. 2 mm。**雌性：**前额中部具 1 尖锐小刺突，额角短小并具 2 细小额角丝。背面观，生殖节两侧较膨大而对称，其长度较大于后 3 腹节长度之和；生殖节腹面生殖突宽大，达到本节末缘，其前缘两侧基部各具 1 低而宽圆的片状突。第 2 小颚末部（第 5、6 小叶）具 2 镰刀状长刺和 1 较短的刺。颚足第 1 节内缘中部 1 长刺可达第 2 节末端。第 5 对胸足外肢第 2 节内缘刺较短于末节。**雄性：**前额也具 1 尖锐小刺突。第 5 对胸足不对称，左足第 2 基节内缘稍膨大并具细毛，外肢第 2 节外末角突出并具 1 小刺，末节较短，其基部膨大，内、外缘各具 1 小刺，末部刺突较粗短；右足第 2 基节内缘突较宽短并具细毛，外肢第 2 节内缘突粗大并可达第 1 节基部，末端具 1 小刺及 1 宽圆突起，末节近中部具 1 小外缘刺，末端具 1 短小外末刺。

分布：东海，南海；太平洋，印度洋及大西洋。深水种。

参考文献：24，44，151，183。

注：根据 Tanaka（1964）的绘图，本种雄性右第 5 胸足第 2 基节内缘突很宽短。但 Park（2000）的绘图及记述，却认为右第 5 胸足第 2 基节内缘具 1 长指状突，是否有误或存在个体差异，有待进一步的调查研究。

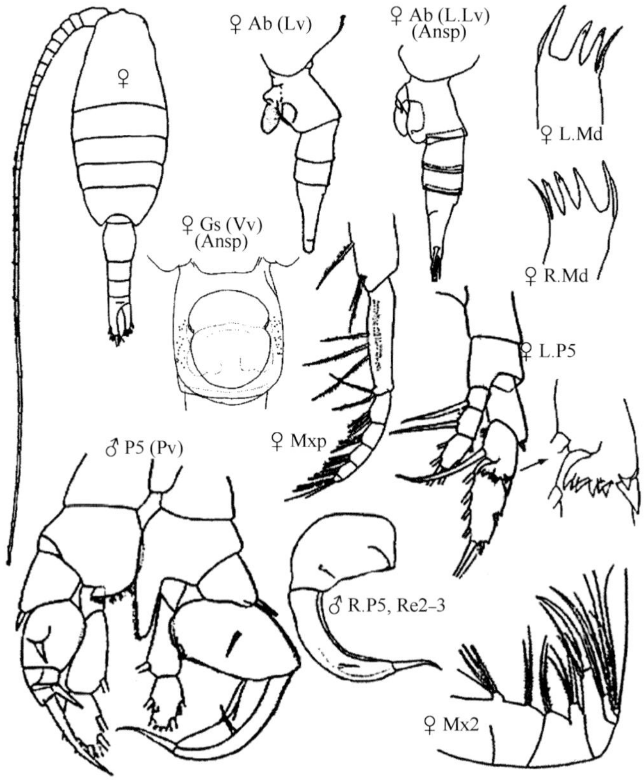

图 298　长角异刺水蚤 *Heterostylites longicornis*
［仿连光山等，1984（♀；♂）；Park，2000（♀Ab，Ansp；♀Gs，Vv）］

（298）长角异刺水蚤 *Heterostylites longicornis*（Giesbrecht，1889）（图 298）

［*Heterochaeta longicornis* Giesbrecht，1889，1892；*Heterorhabdus longicornis*：Esterly，1905；A. Scott，1909］

形态特征：

体长：♀2. 5~3. 8 mm，♂2. 6~3. 5 mm。**雌性**：前额宽圆，中部具 1 小钝突，其腹面具 2 额角丝。生殖节两侧稍膨大，其长度等于后 2 腹节长度之和；侧面观，生殖突较低，其后缘稍突出，生殖盖宽大；腹面观，近卵圆形，两侧显著凹陷。第 1 触角末 5~7 节超过尾叉末端。第 2 小颚第 1 小叶发达并具 4 刺毛，第 5 小叶粗大，并与第 6 小叶各具 1 带锯齿的镰刀状长刺及 2 小刺，末叶外侧基部具 1 丛细长刚毛。颚足第 1 节内缘中部仅具 1 小刚毛，内末缘具 3 小刚毛。第 5 对胸足外肢第 2 节前表面近外缘刺基部具 1 片梳状齿板，其齿数 6~8 枚；本节内缘刺长大，与末节等长。**雄性**：第 5 对胸足不对称，左足第 2 基节内缘突宽短，其外缘具细毛，外肢粗短，第 2 节内缘膨大，末节很短小，内、外缘各具 1 短刺，末端刺短于外肢第 1、2 节长度之和；右足第 2 基节内末缘具 1 长指状突，可达到或超过内肢第 2 节中部，外肢第 2 节很宽大，其宽度大于长度，内缘显著突出呈宽圆或近方形大突起，其下末角具 1 小齿突及细毛，末节较粗大而弯曲，近末部 1/3 处具 1 小外缘刺，末端具 1 粗刺，约为末节长的 1/3。

分布：东海，南海；太平洋，印度洋及大西洋。深水种。

参考文献：4，24，37，38，44，51，67，106，151，157，158，183，217。

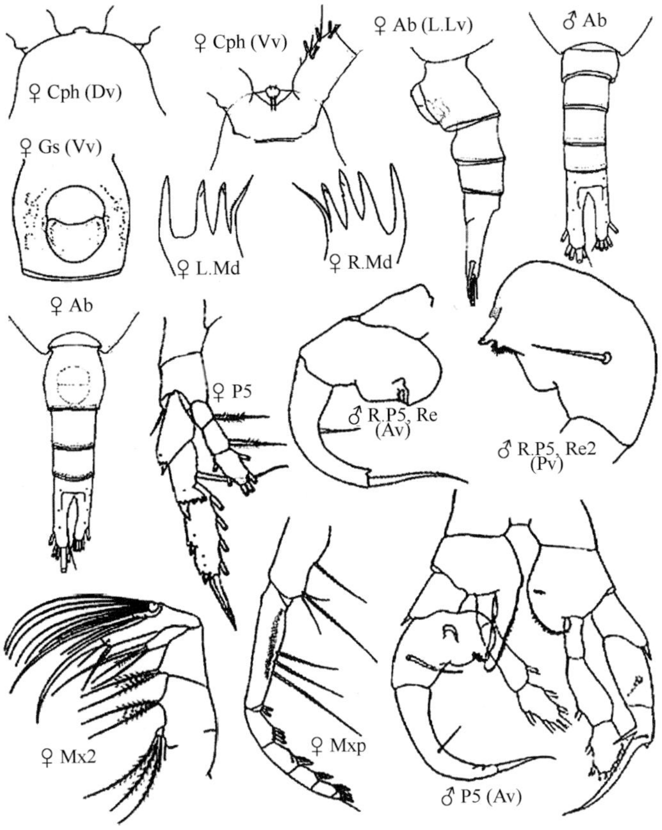

图 299 大型异刺水蚤 *Heterostylites major*

[仿 Park，2000（♀；♂）；Tanaka，1964（♂ P5，Av）]

（299）大型异刺水蚤 *Heterostylites major*（Dahl，1894）（图 299）

[*Heterochaeta major* Dahl，1894]

形态特征：

体长：♀4.0~5.2 mm，♂4.1~5.4 mm。**雌性：**背面观，前额宽圆，中部具 1 小钝突，其腹面具 2 短额角丝。胸部后侧角钝突。生殖节长大于宽，两侧较膨大，其长度小于后 2 腹节长度之和；侧面观，腹面生殖突较低而平；腹面观，生殖盖较狭小，其宽度仅为本节宽度的 1/2；第 2 腹节背缘凹陷，腹缘显著突出。第 1 触角末 7~9 节超过尾叉。大颚齿板、第 2 小颚及颚足与长角异刺水蚤（*H. longicornis*）相似。第 5 对胸足内肢第 1~2 节各具 1 羽状刚毛，内肢仅达外肢第 2 节末缘齿板末端，齿板的齿数较少(3~7 枚)，本节内缘刺细长并与末节等长。**雄性：**第 5 对胸足不对称，左足第 2 基节内缘突粗短并具细毛，外肢较狭长，末节短小，末端刺长约为外肢第 1、2 节长度之和；右足第 2 基节内缘突狭长并超过内肢第 2 节中部，其外缘具细毛，外肢第 2 节内缘突较长而宽圆，其后缘中部具 1 钝圆突起，内缘中部具 1 小角状突和 1 锥形大突起，后者顶端分为 2 叉。

分布：东海，南海；太平洋，印度洋及大西洋。深水种。

参考文献：44，67，82，106，151，157，183，217。

注：本种(*H. major*)与长角异刺水蚤(*H. longicornis*)较相似。但两种仍有明显特征差异：前者的个体明显较大；雌性生殖节腹面生殖盖较狭小，仅为生殖节宽度的 1/2；雄性右第 5 胸足外肢第 2 节内缘突较长并具叉状突。

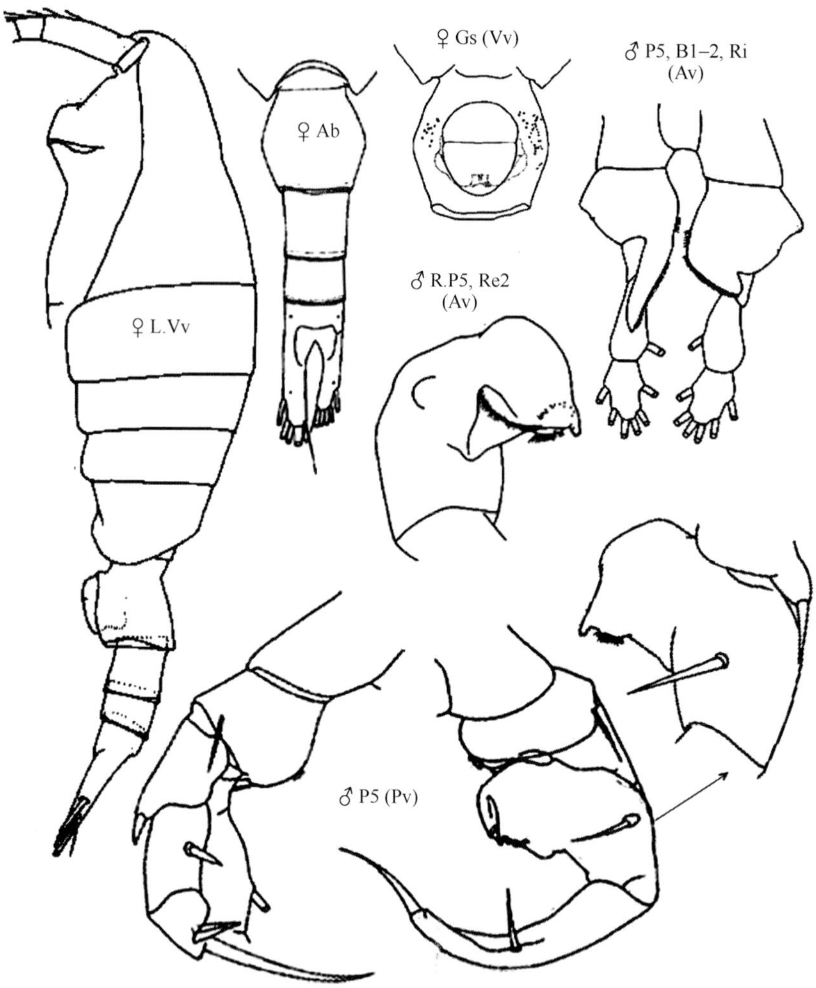

图 300 次大异刺水蚤 *Heterostylites submajor*（仿 Park，2000）

（300）次大异刺水蚤 *Heterostylites submajor* Park，2000（图 300）

形态特征：

体长：♀4. 8~5. 5 mm，♂4. 6~5. 1 mm。**雌性：**背面观，胸部后侧角突出呈三角状。生殖节宽短，两侧膨大呈球状，长等于宽并小于后 2 腹节长度之和；侧面观，生殖突较低而宽平，第 2 腹节腹缘不突出，背缘较平而直。除了第 2 触角、大颚及第 1 小颚的长刚毛无明显呈羽状之外，其余头部附肢及第 1~5 对胸足结构均与大型异刺水蚤（*H. major*）相似。**雄性：**第 5 对胸足不对称，左足第 2 基节内缘突膨大，后末缘突起粗短，外缘具细毛，外肢末节粗短呈三角状，末端刺与外肢第 1、2 节长度之和近等长；右足第 2 基节内缘突狭长并超过内肢第 2 节中部，外缘具细毛，末端较钝尖，外肢第 2 节内缘突宽大，后缘中部具 1 小钝突，内末角较突出，顶端具 1 带细齿的小突起，呈钩状，前面观，内缘突前表面中后部具 1 三角形脊状突和 1 条长弧形的细毛带。

分布：东海，南海；太平洋，印度洋及大西洋。深水种。

参考文献：24，44，151。

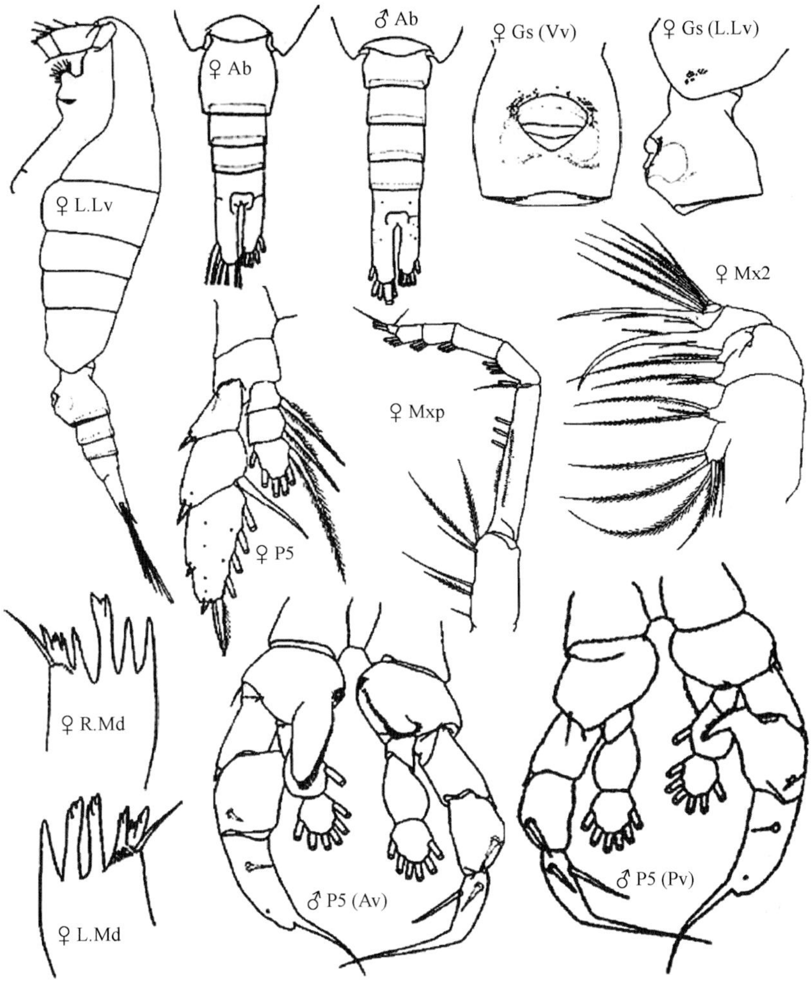

图 301　窄中肢水蚤 *Mesorhabdus angustus*（仿 Park，2000）

（301）窄中肢水蚤 *Mesorhabdus angustus* Sars，1907（图 301）

形态特征：

体长：♀5.8~8.8 mm，♂6.7~8.5 mm。**雌性：**背面观，胸部后侧角呈钝三角形。生殖节宽短，两侧较膨大，后缘具细刺；侧面观，生殖节腹面生殖突较宽大，后侧突较高而钝圆；生殖盖短小，腹面观呈钝三角形。第 2 小颚粗短，第 1 小叶具 4 长刚毛和 2 小刚毛，第 5、6 小叶各具 1 爪状长刺。颚足第 1 节内缘第 1~3 小叶分别具 1、2、3 小刚毛。第 5 对胸足外肢第 2 节内缘刺达不到末节顶端，约为第 3 节末刺长的 1.5 倍，末节末端刺粗短仅为末节长的 1/2。**雄性：**第 5 对胸足不对称，左足第 2 基节内缘突宽短，外缘具细毛，末端突出而截平，呈片状，外肢第 2~3 节外缘刺等长，末节内缘刺长为外缘刺的 2 倍，本节末部延伸为长刺突并向内弯折；右足第 2 基节内缘突粗大而笔直，可达内肢第 2 节近末端，其外缘具细毛，外肢第 2 节内缘近端具钩状长刺突，其前缘具细毛，末节粗短并与末端刺等长。

分布：南海；太平洋，印度洋及大西洋。深水种。

参考文献：24，44，151，157，159，161，217。

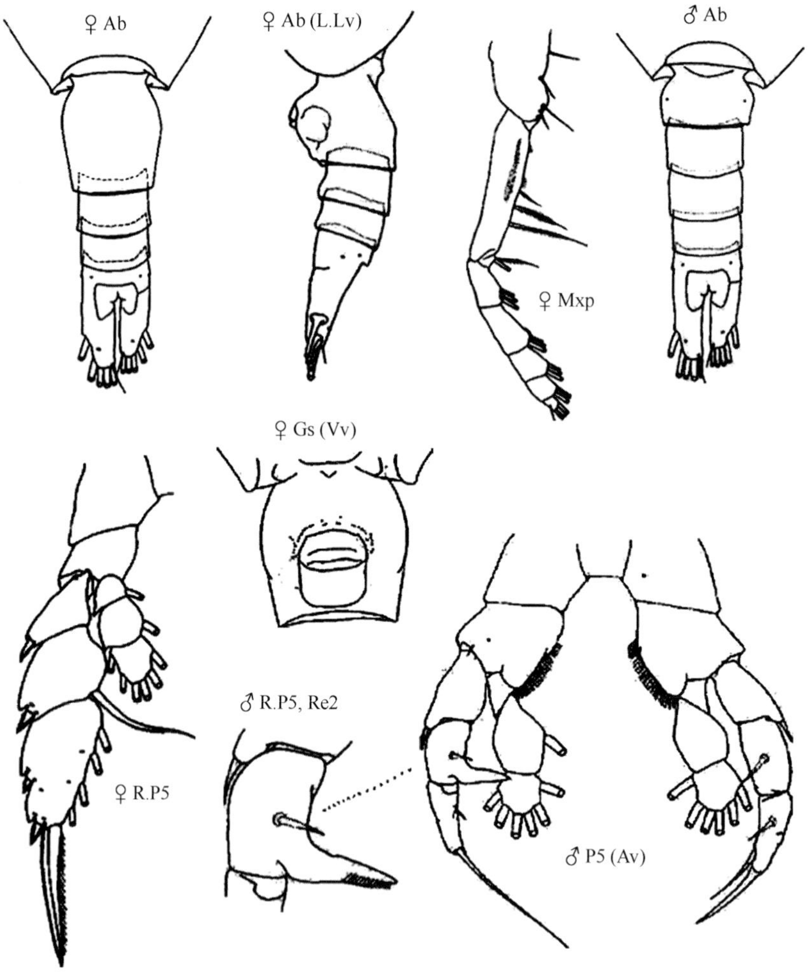

图 302 瘦中肢水蚤 *Mesorhabdus gracilis*（仿 Park，2000）

（302）瘦中肢水蚤 *Mesorhabdus gracilis* Sars，1907（图 302）

形态特征：

体长：♀4.8~5.6 mm，♂4.9 mm。**雌性**：背面观，胸部后侧角呈三角形。生殖节粗大，两侧较膨大，近端 1/3 处最宽，腹部各节后缘无小刺；侧面观，生殖节背末缘 1/3 处隆起呈瘤状，生殖突宽圆；腹面观，生殖盖宽大呈方形，可达生殖节近末缘。第 2 小颚第 1 小叶具 3 长刚毛和 2 小刚毛。颚足第 1 节内缘第 1~3 小叶刚毛数分别为 1、1、2。第 5 对胸足外肢第 3 节末端刺长大，较长于本节并长于第 2 节内缘刺。**雄性**：第 5 对胸足不对称，左足第 2 基节内缘突粗短，外缘稍膨大并具细毛，末端钝圆，外肢第 1~3 节外缘刺较细长，末节内缘刺长为末刺的 2/3；右足第 2 基节内缘突粗短，外缘较平直并具细毛，末端宽圆，外肢第 2 节内末缘具 1 狭长刺突，其末部向外弯折，后缘平直，顶端尖锐并具 1 列细毛，第 3 节末端刺细长约为本节长的 2 倍。

分布：南海；太平洋，印度洋及大西洋。深水种。

参考文献：24，44，51，151，157。

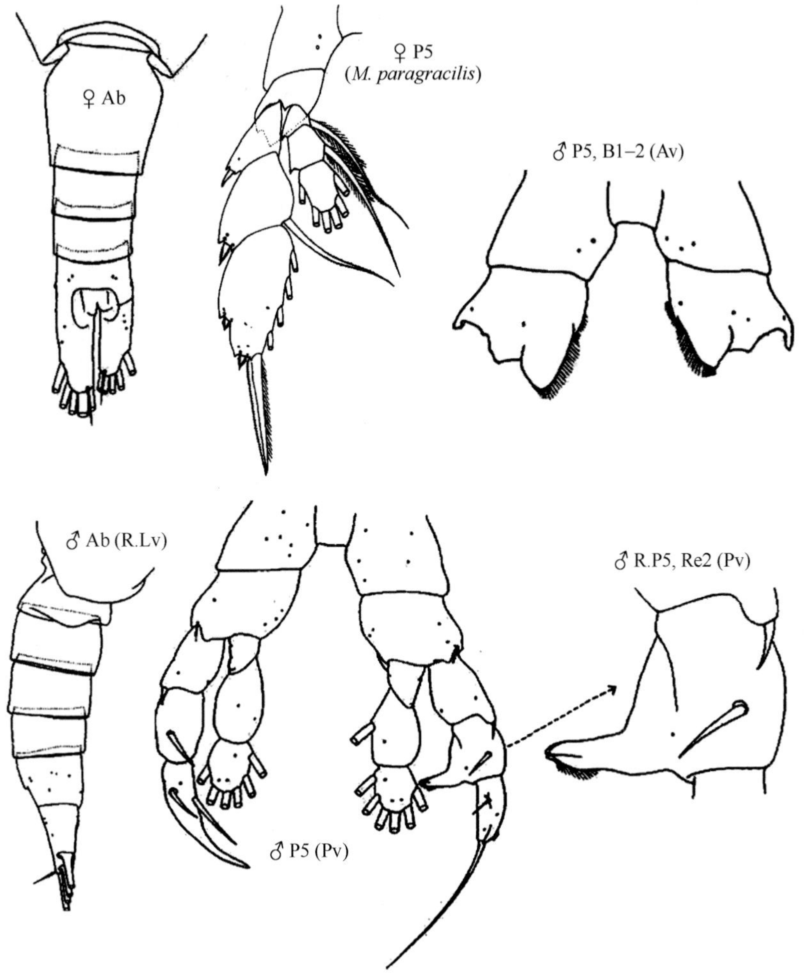

图 303　显中肢水蚤 *Mesorhabdus poriphorus*（仿 Park，2000）

（303）显中肢水蚤 *Mesorhabdus poriphorus* Park，2000（图 303）

形态特征：

体长：♀5.3~5.8 mm，♂5.4~5.5mm。**雌性：**背面观，胸部后侧角较宽钝，末端稍向外撇。生殖节粗大，近端1/3处最宽大，其长为第2腹节长的2倍，第3腹节与肛节近等长。第2小颚第1小叶具2刚毛，但其中1根很小或不存在，第2小叶具2刚毛。颚足第1节内缘1~3小叶刚毛数分别为1、2、2。第1~5对胸足结构与拟瘦中肢水蚤(*M. paragracilis*)相似(Park，2000，第35页，图16)。**雄性：**第5对胸足不对称，左足第2基节内末缘突起粗短，末端较钝尖，外肢第3节末端延伸为粗刺突，内缘刺细长并超过末刺中部；右足第2基节内末缘也具1粗短突起，末端较宽圆，外肢第2节较粗短，内末部具1锥状大突起，前缘基部很宽大，后缘较平直，稍呈波浪状，突起末部稍膨大并在中间具1缺刻线，下缘具细毛，第3节末端刺细长，约为末节长度的2.5倍。

分布：南海；太平洋，大西洋。深水种。

参考文献：24，44，151。

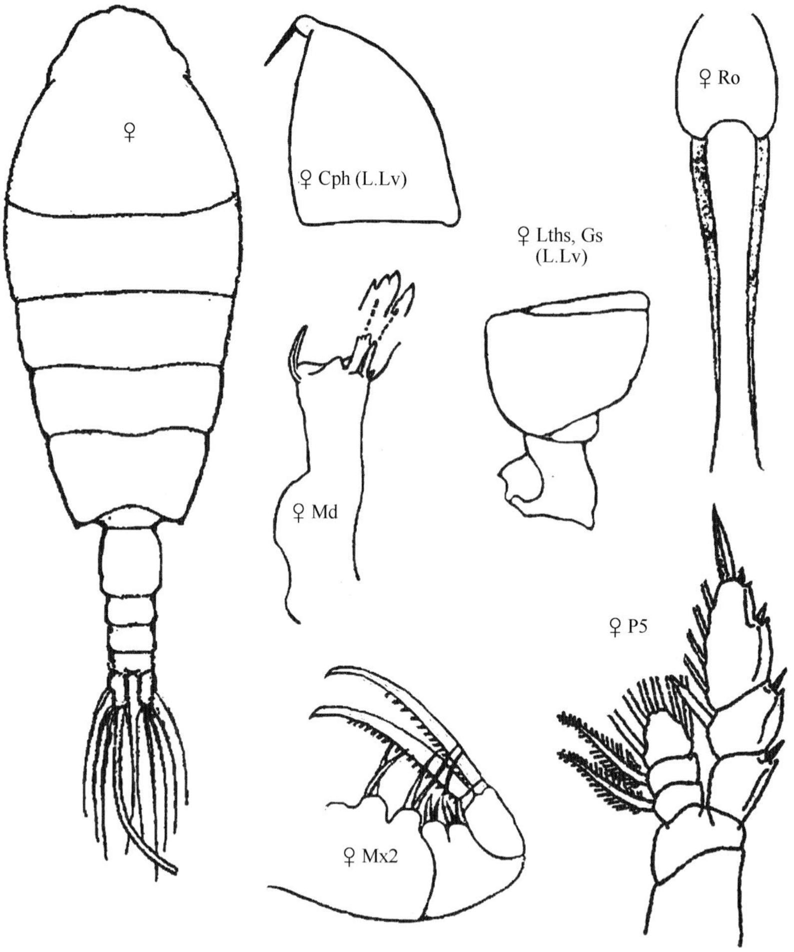

图 304　截中肢水蚤 *Mesorhabdus truncatus*（仿 A. Scott，1909）

（304）截中肢水蚤 *Mesorhabdus truncatus* A. Scott，1909（图 304）

形态特征：

体长：♀7.0 mm。**雌性：**头胸部粗大，背面观，最宽大处位于第 1 胸节。前额宽圆，中部具 1 小突。胸部后侧角宽大而稍截平，其外侧末缘具小突，侧面观宽圆。生殖节粗大，长、宽近相等，腹面生殖突高而宽大，中部凹陷，前叶较高，后叶较宽而低。第 2～4 腹节宽短，各节近等长。尾叉粗短近对称，并与肛节分开，其长度为宽度的 2 倍。额角粗短呈瘤状，其顶端凹陷呈叉状并具 2 细长额角丝。第 2 小颚末端具 2 镰刀状粗刺，其内缘具细锯齿。第 5 对胸足各节较粗短，外肢第 2 节具 1 粗短内缘刺，其末端达不到末节中部，内肢第 1、2 节各具 1 羽状长刺毛。

分布：南海东南部；马来群岛海域，太平洋。深水种。

参考文献：44，158。

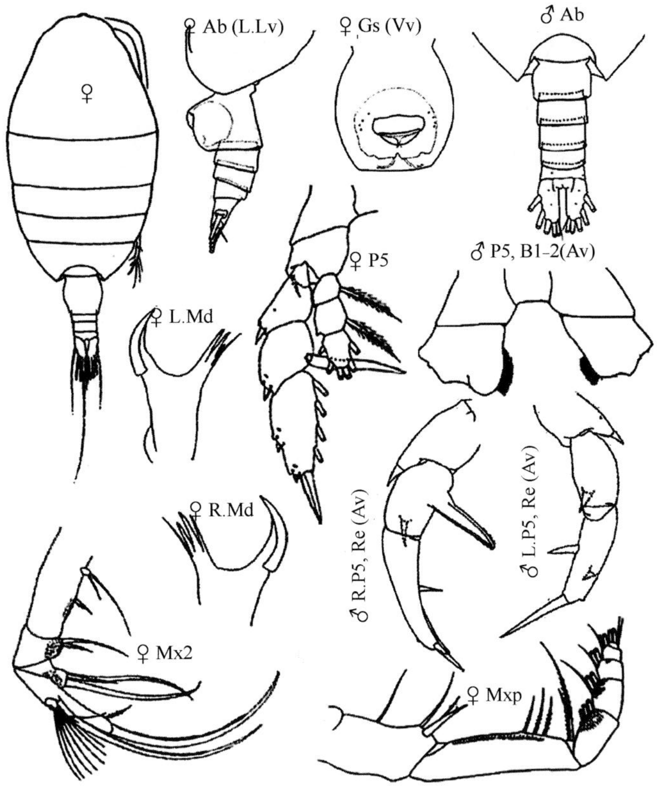

图 305 密拟异肢水蚤 *Paraheterorhabdus compactus*（仿 Park，2000）

（305）密拟异肢水蚤 *Paraheterorhabdus compactus*（Sars，1900）（图 305）

［*Heterochaeta compacta* Sars，1900；*Heterorhabdus compactus*：Sars，1925；Brodsky，1950；Hirota，1995；Park，1970；Tanaka，1953，1964；林玉辉等，1988；连光山等，1994，2008；陈清潮，2003，2008］

形态特征：

体长：♀2.2~3.3 mm，♂2.1~3.2 mm。**雌性：**头胸部粗短呈卵圆形。前额宽圆，中部具1小突起。额角短小并具2短额角丝。胸部后侧角呈三角形。腹部粗短，生殖节两侧膨大近球形；侧面观，生殖突高而宽大，后侧叶宽圆，生殖盖宽短。尾叉近等长并与肛节分开，其长为宽的2倍。第1触角较短，仅达前体部近末端。左、右大颚的腹齿粗大并相似。第2小颚第5、6小叶各具1带锯齿的长刺。颚足第1节内缘中部仅具1细刺毛，内末缘具1粗刺和2细刺毛。第5对胸足外肢第2节内缘刺粗大并与末节近等长，内肢第1~2节内末角各具1小齿突。**雄性：**胸部后侧角呈钝三角形。腹部各节宽短。尾叉与肛节分开，左叉稍长于右叉。第5对胸足不对称，左足第2基节内缘平直并具细毛，外肢末节粗短，外缘刺短小，内缘刺较粗大，末端刺长为末节的2/3以上；右足第2基节内缘突粗短仅达内肢第1节中部，其末端宽圆，外缘具细毛，外肢第2节内缘近端具1长刺突，其末部具细毛，顶端钝尖，末节粗大，中部具1小内缘刺，近末端具1粗短外末刺。

分布：南海；太平洋，印度洋及大西洋。深水种。

参考文献：23，24，37，44，51，67，106，151，157，183。

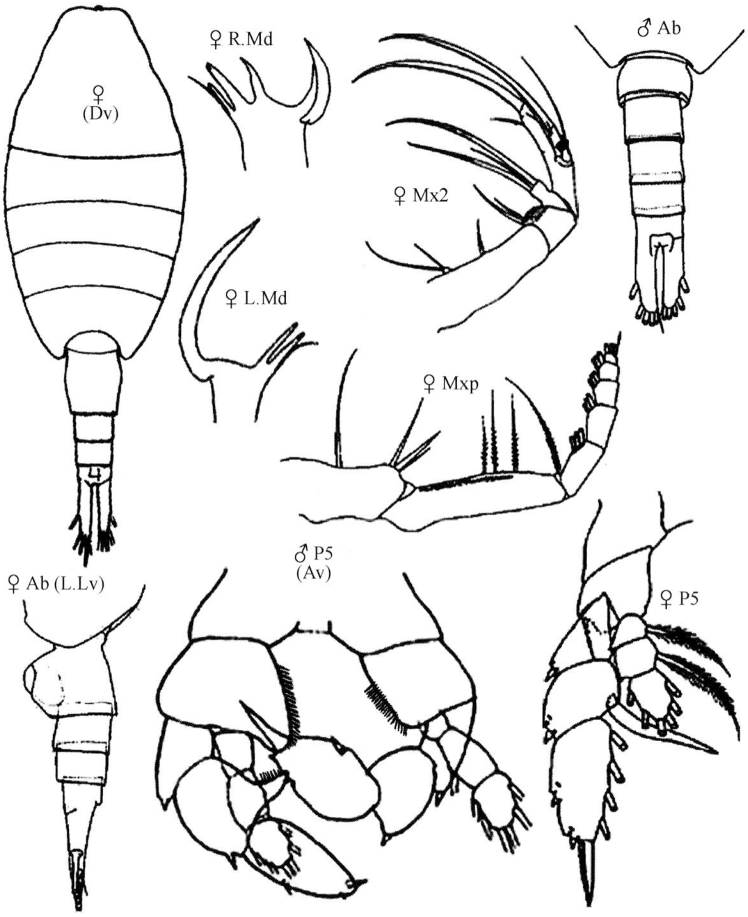

图 306　粗拟异肢水蚤 *Paraheterorhabdus robustus*
［仿 Park，2000（♀；♂）；Tanaka，1964（♀Dv；♂P5）］

（306）粗拟异肢水蚤 *Paraheterorhabdus robustus*（Farran，1908）（图 306）

［*Heterorhabdus robustus* Farran，1908，1929；Sars，1925；Wilson，1950；Tanaka，1953，1964；Hirota，1995］

形态特征：

体长：♀2.9~4.8 mm，♂2.9~4.9 mm。**雌性：**头胸部较粗大。背面观，前额稍截平，中部具 1 小突起，并向腹面突出呈锥状额角，其顶端具 2 细额角丝。胸部后侧角呈钝三角形。生殖节两侧稍膨大，其长等于宽；侧面观，生殖突宽大，其后侧突宽圆；腹面观，生殖盖宽度大于长度。尾叉狭长，左叉较长于右叉。左大颚的腹齿很细长而弯曲，右大颚腹齿粗短。第 2 小颚第 5、6 小叶各具 1 镰刀状长刺。颚足第 1 节外缘中部及第 2 节外缘基部各具 1 钝突。第 5 对胸足外肢第 2 节内缘刺与末节等长。**雄性：**第 5 对胸足不对称，左足第 2 基节内缘平直而不突出，并具细毛；外肢末节粗短，末端刺约为末节长的 1/2，其内缘刺较大，外缘刺很小；右足第 2 基节内缘突粗短，内缘具细毛，末端钝圆，达到内肢第 1 节近末端，外肢第 2 节内缘突呈粗齿状，仅为本节长的 1/2，末端钝尖，前缘具细毛，末节粗短，末端刺很短小并与外缘刺近等长。

分布：东海，南海；太平洋，大西洋。深水种。

参考文献：44，106，151，157，183，217。

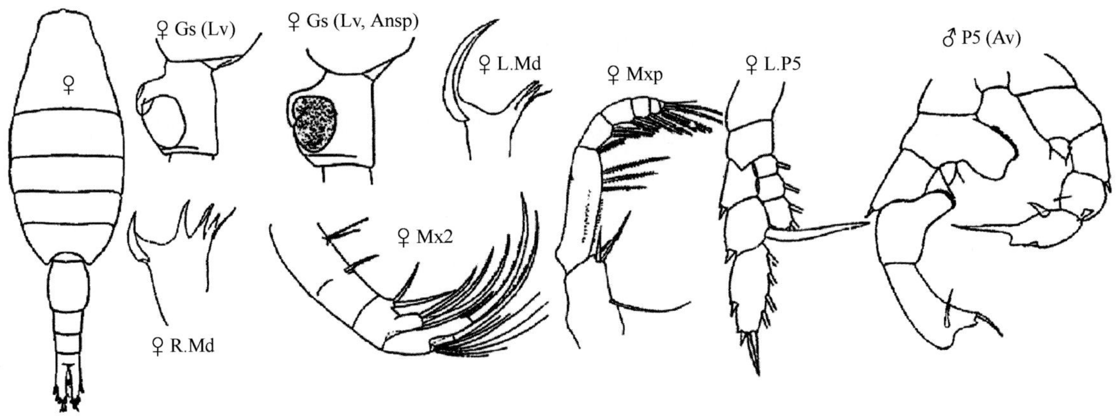

图 307 蛇拟异肢水蚤 *Paraheterorhabdus vipera*（仿连光山，钱宏林，1984）

（307）蛇拟异肢水蚤 *Paraheterorhabdus vipera*（Giesbrecht，1889）（图 307）

［*Heterochaeta vipera* Giesbrecht，1889（♀），1892（♀，♂）；
Heterorhabdus vipera：Sewell，1932；Rose，1933；
Tanaka，1953，1964；Park，1970；连光山，钱宏林，1984（♀，♂）］

形态特征：

体长：♀2.2~3.2 mm，♂2.4~3.7 mm。**雌性：**背面观，前额较截平，中央具 1 小突起并向腹面延伸为较长的额角，其顶端具 2 细长额丝。胸部后侧角突出呈钝三角形。生殖节两侧缘稍膨大，其长度大于宽度；侧面观，生殖突较宽大，其前缘较高而后缘较低。尾叉狭长，稍不对称。左大颚具 1 强大而弯曲的腹齿及 2 枚较小背齿，背、腹齿的间距宽大；右大颚具 1 较粗短腹齿及 3 枚背齿。第 2 颚足第 5、6 小叶各具 1 带细锯齿的镰刀状长刺。颚足第 1 节外缘中部及第 2 节外缘基部各具 1 小钝突。第 5 对胸足对称，外肢第 2 节内缘刺的长度大于末节。**雄性：**第 5 对胸足不对称，左足第 2 基节内缘不膨大，外肢第 3 节粗短呈卵圆形，内、外缘各具 1 小刺，顶端具 1 三角形突起及 1 长刺；右足第 2 基节内缘突宽大呈长方形，顶端微凹，前缘具细毛，外肢第 2 节内缘基部也具 1 铲状大突起，边缘具细毛，第 3 节末部膨大呈叉状，外末角宽圆，基部具 1 小刺，内末角突出并具 1 小末刺及 1 小突起。

分布：东海，南海；太平洋，印度洋及大西洋。深水种。

参考文献：6，20，24，37，38，44，51，97，106，151，152，183。

注：Park（2000）将 Giesbrecht（1892）所记述与绘图的本种 *P. vipera*［=*H. vipera*］雄性个体更改为 *P. medianus*［=*H. medianus*］Park，1970 的雄性个体，而把 *H. tenuis* Tanaka，1964 的雄性个体作为本种 *P. vipera* 的雄性个体。上述更改是否正确有待深入探讨。据连光山等（1984）对西太平洋热带水域浮游桡足类的调查研究，鉴定了（1978 年 4 月至 1979 年 7 月间）该海域所采集的本种桡足类（=*H. vipera*）雌、雄性标本（13♀，11♂），并作形态描述及绘图（♀，♂），与 Giesbrecht（1892）、Rose（1933）等学者的描述与绘图相同。故我们认为 Giesbrecht（1892）所记述及绘图的本种（=*H. vipera*）雄性个体是正确的，不应改变其种级名称，而把它作为 *H. medianus* Park，1970 的雄性个体是不恰当的。

16. 光水蚤科 Family Lucicutiidae Sars, 1902

本科为中型、大型桡足类(体长 1.5~10 mm)。头胸部呈卵圆形或长椭圆形。前额钝圆,额角短小或分叉,其末端常具额角丝或缺。头部两侧常具角状突起或缺。头部与第 1 胸节分开,第 4、5 胸节愈合,胸部后侧角钝圆或稍突出。腹部较狭长,雌性分 4 节,雄性分 5 节。尾叉较长。第 1 触角分 24~25 节,雄性左第 1 触角呈执握肢。第 1~4 对胸足内、外肢常各分 3 节,少数第 1 对胸足内肢仅分 2 节。第 1 对胸足第 2 基节内末角具 1 小瘤状突,其顶端常较截平并具 1 小刺毛。第 5 对胸足双肢型,雌性外肢分 3 节,内肢分 2~3 节,外肢第 2 节内末部具 1 内末刺;雄性第 5 对胸足不对称,左足内、外肢均为 3 节,第 2 基节内缘常具 1 突起,右足外肢 2 节,弯曲呈螯状,内肢常 2 节或少数 3 节。

本科仅有 1 属。中国海域已记录 18 种。

属名 Genera	种数	页码
光水蚤属 *Lucicutia* Giesbrecht, 1898	18	··············· 357

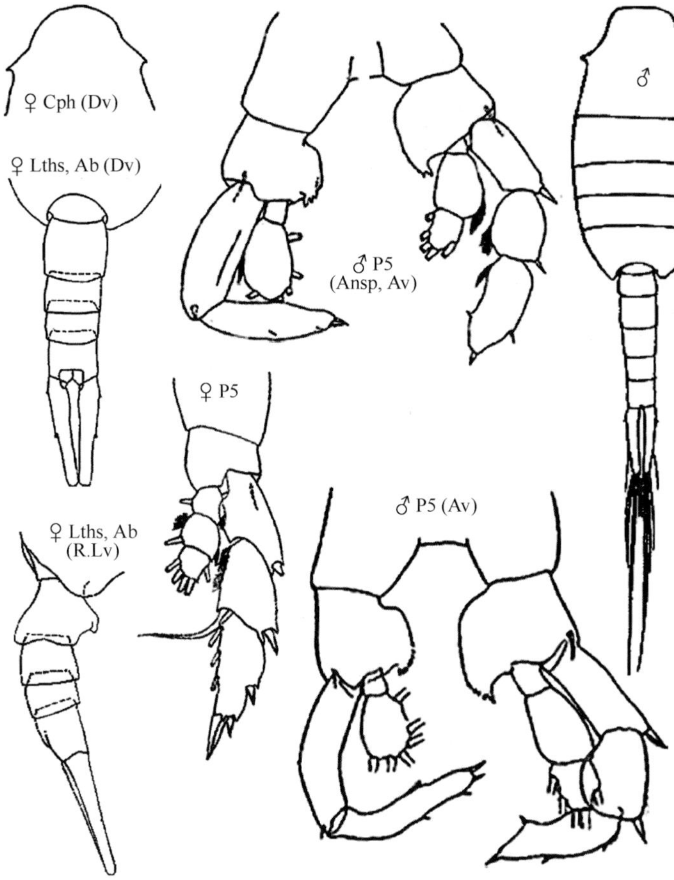

图 308 耳光水蚤 *Lucicutia aurita*
[仿 Hulseman, 1966 (♀; ♂P5, Ansp); Tanaka, 1963 (♂)]

(308) 耳光水蚤 *Lucicutia aurita* Cleve, 1904 (图 308)

[*Lucicutia maxima*: A. Scott, 1909 (♂); Sewell, 1932; Tanaka, 1963 (♂)]

形态特征:

体长: ♀7.3~8.7 mm, ♂7.1~8.4 mm。**雌性:** 前额宽圆，头部两侧各具 1 角状突起，胸部后侧角钝圆。额角基部呈卵圆形，顶端具 2 粗刺突。腹部狭长，生殖节近方形，腹面中部突出。尾叉狭长，约为其基部宽的 5.5 倍。第 1 对胸足内、外肢均分 3 节，第 2 基节内末缘具 1 瘤状突，其顶端具 1 小刺毛。第 5 对胸足内、外肢均分 3 节，外肢第 2 节内末刺细长，约与末节等长，末节顶端末刺粗短，约为末节长的 1/2。**雄性:** 头胸部与雌性相近似，唯前额较宽平，腹部较狭长。尾叉长约为基部宽的 6 倍，约为各腹节长度之和的 1/2。第 5 对胸足不对称，左足第 2 基节内末缘突出呈锥状，其内末缘具 2 粗齿和 4 小齿，内、外肢均分 3 节；右足第 2 基节内缘膨大，内末缘约具 9 小齿，内、外肢均分 2 节，外肢弯曲呈螯状，末节具 2 外缘刺、1 内缘刺及 2 末端刺。

分布: 东海，南海；太平洋，印度洋及大西洋。深水种。

参考文献: 23, 24, 44, 106, 107, 158, 182。

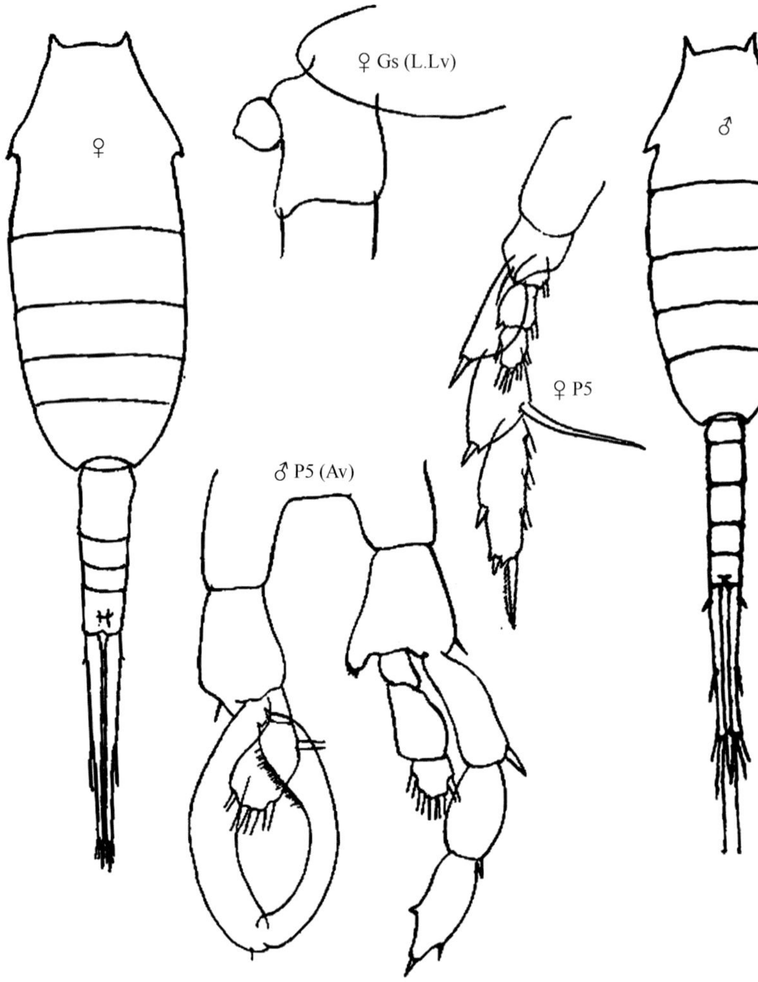

图 309　双角光水蚤 *Lucicutia bicornuta*
[仿 Tanaka，1963 (♀ ; ♂)；A. Scott，1909 (♂)]

(309) 双角光水蚤 *Lucicutia bicornuta* Wolfenden，1905 (图 309)

[*Lucicutia aurita* Sars，1905]

形态特征：

体长： ♀6.8~8.4 mm，♂6.9~8.0 mm。**雌性：** 前额中部宽平，其两侧角各具 1 角状突，头部两侧缘中部也各具 1 钩状突。侧面观，生殖节腹面生殖突位于前半部，呈瘤状，腹面后末缘突出。尾叉细长，其长约为基部宽的 11 倍。第 1 对胸足内、外肢均分 3 节。第 5 对胸足外肢第 2 节内末刺狭长，约与末节等长，第 3 节末端刺长约为末节长的 1/2。**雄性：** 头胸部与雌性相似。尾叉很细长，约与腹部等长。第 5 对胸足不对称，左足第 2 基节内末部具 1 粗短突起，其末端约具 4 小齿突，外肢末节内、外缘及末端各具 1 小刺，内肢分 3 节；右足第 2 基节内缘光滑无突起，外肢第1、2节狭长而弯曲呈螯状，末节的末部膨大呈棒槌状，其末端具 1~2 小刺，内肢仅分 2 节。

分布： 东海，南海；太平洋，印度洋及大西洋。深水种。

参考文献： 24，27，37，44，76，106，158，182。

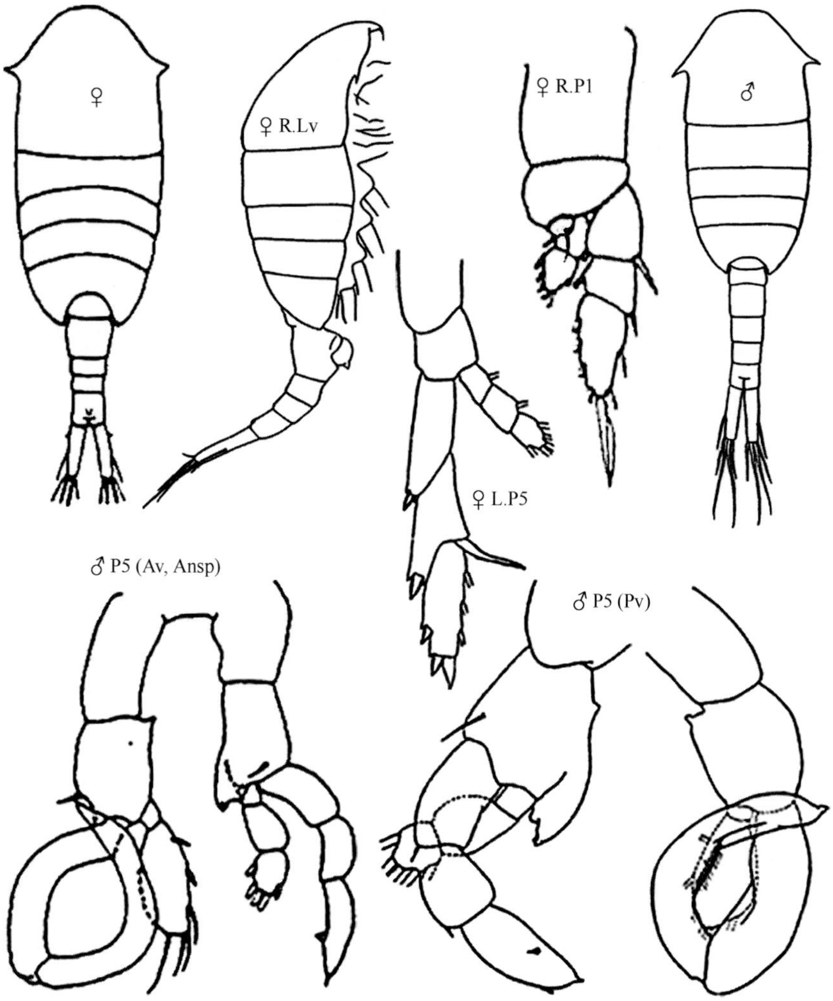

图 310 克氏光水蚤 *Lucicutia clausi*
[仿陈清潮等，1965（♀；♂）；Tanaka，1963（♂ P5，Av，Ansp）]

（310）克氏光水蚤 *Lucicutia clausi*（Giesbrecht，1889）（图 310）

[*Leuckartia clausi* Giesbrecht，1889，1892]

形态特征：

体长：♀1.6~2.1 mm，♂1.6~1.9 mm。**雌性：**前额宽圆，头部两侧各具 1 角状突起。额角短小，末端具细额丝。生殖节宽短，腹面生殖突呈球状。尾叉长为宽的 3~4 倍。第 1 对胸足第 2 基节内末部具 1 瘤状突，其末端具 1 小刺毛，内肢分 2 节。第 5 对胸足外肢第 2 节内末刺稍大于末节长的 1/2，末节的末端刺粗短，小于末节长的 1/3。**雄性：**头胸部与雌性相似。尾叉狭长，其长为宽的 4~5 倍。第 5 对胸足不对称，左足第 2 基节内末部大突起的近末端具 3 小齿，内、外肢均分 3 节，外肢末节内、外缘及末端各具 1 小刺；右足第 2 基节内缘基部具 1 小突起，外肢第 1、2 节狭长而弯曲呈螯状，第 2 节末端尖锐并具 1 小齿突，内肢分 2 节。

分布：东海至南海；太平洋，印度洋及大西洋。暖水广布种。

参考文献：13，20，24，31，37，44，46，76，97，106，158，182，217。

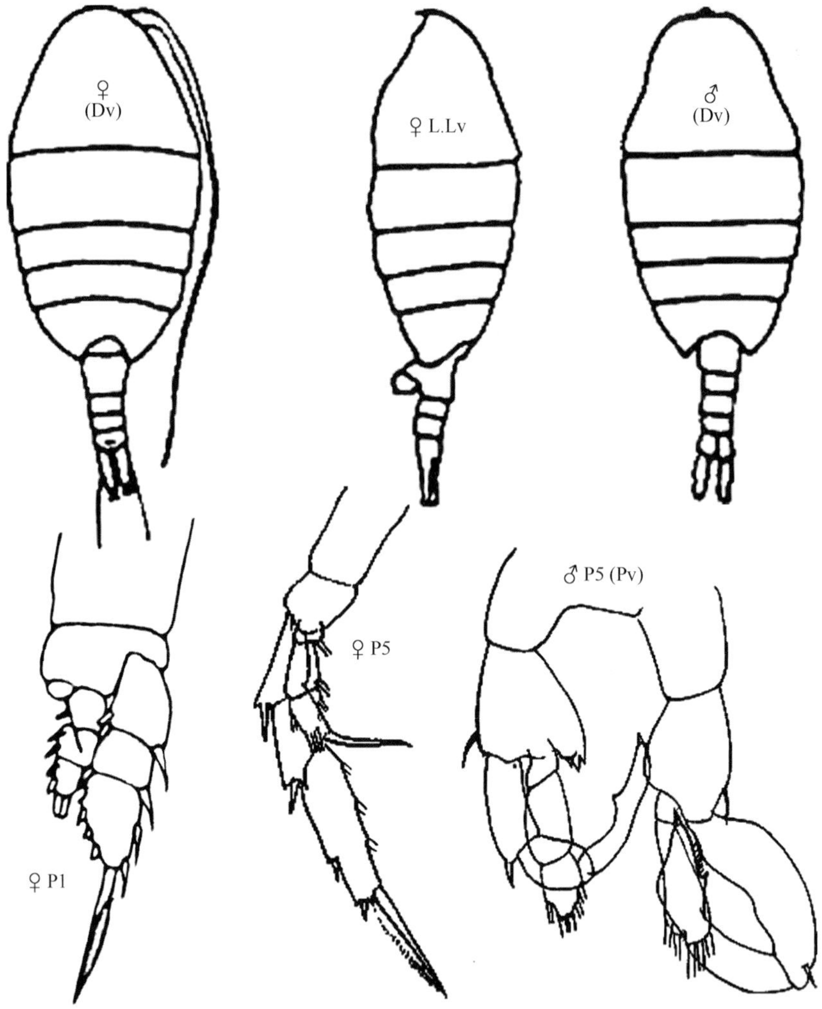

图 311 短光水蚤 *Lucicutia curta*
[仿 Tanaka, 1963 (♀Dv; ♀P1; ♀P5; ♂P5); Brodsky, 1950 (♀L. Lv; ♂Dv)]

(311) 短光水蚤 *Lucicutia curta* Farran, 1905 (图 311)

[*Lucicutia longiserrata*: Sars, 1925; *L. ellipsoidalis* Brodsky, 1950]

形态特征:

体长: ♀1.9~2.6 mm, ♂1.8~2.4 mm。头胸部呈卵圆形。前额宽圆，头部两侧无刺突。第 1 对胸足内肢分 3 节。**雌性**: 生殖节粗短，长稍小于宽，腹面生殖突呈球状。尾叉稍不对称，长约为宽的 3 倍。第 1 对胸足第 2 基节内末部具 1 小突起，其末端具 1 小刺毛。第 5 对胸足外肢第 2 节内末刺约为末节长的 1/2，末节的末刺较长，稍短于末节。**雄性**: 尾叉长约为宽的 4 倍。第 5 对胸足不对称，左足第 2 基节内末部具 1 粗突起，其末端具 3~4 小齿，内、外肢均分 3 节；右足第 2 基节内缘较宽圆，内、外肢均分 2 节，外肢呈螯状。

分布: 东海，南海；太平洋，印度洋及大西洋。深水种。

参考文献: 20, 24, 37, 44, 51, 76, 106, 107, 182, 217。

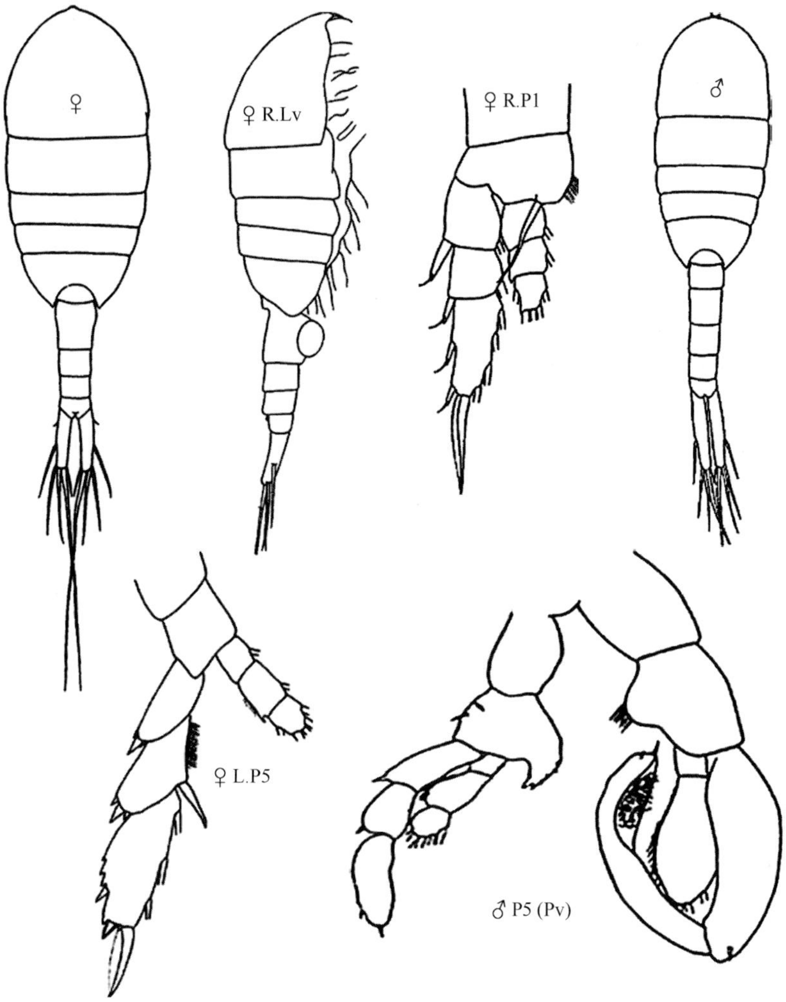

图 312 黄角光水蚤 *Lucicutia flavicornis*（仿陈清潮等，1965）

（312）黄角光水蚤 *Lucicutia flavicornis*（Claus，1863）（图 312）

［*Leuckartia flavicornis* Claus，1863；Brady，1883；Giesbrecht，1892］

形态特征：

体长：♀1.3~2.2 mm，♂1.3~1.7 mm。头胸部呈长椭圆形。前额钝圆，中部具 1 小突起，额角丝短小。头部两侧无角状突。胸部后侧角具小钝突，左右对称。尾叉长为宽的 5~6 倍。第 1 对胸足内肢分 3 节。**雌性：**生殖节长大，基部两侧稍膨大，长度稍大于宽度，其腹面突出呈球状。第 5 对胸足外肢第 2 节内缘具细毛，内末刺短小，末节外缘中部具 2~3 小锯齿和 1 小外缘刺，末端刺约为末节长度的 1/2；内肢第 2 节内末角具 1 小刺突。**雄性：**第 5 对胸足不对称，左足第 2 基节内末部具 1 粗大的钩状突，其内缘具 48 小齿，内、外肢各分 3 节，外肢末节外缘及末端各具 1 小刺，内肢第 2 节外缘隆起并具细毛；右足第 2 基节内缘隆起并具细毛，内、外肢各分 2 节，外肢第 1、2 节狭长并弯曲呈螯状，第 2 节内缘近末部具细刺毛，末端具 1~2 小刺。

分布：黄海至南海；太平洋，印度洋及大西洋。暖水广布种。

参考文献：1，5，13，18，20，21，24，31~33，44，46，76，106，158，182，217。

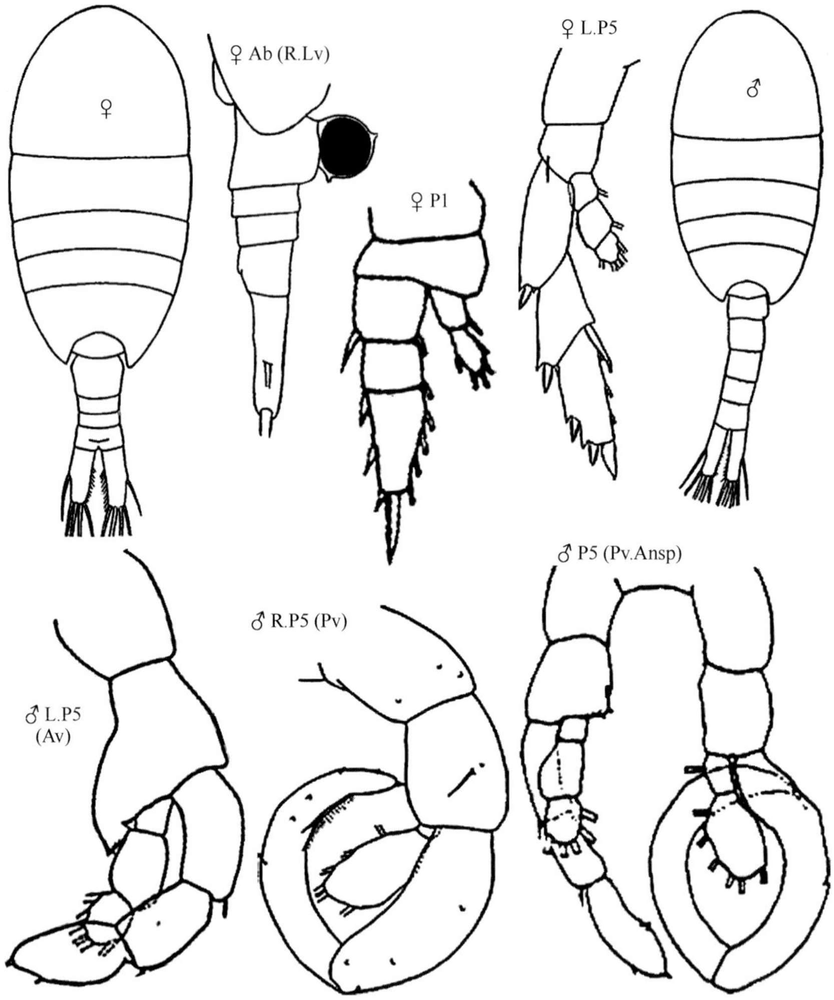

图 313 高斯光水蚤 *Lucicutia gaussae*
[仿陈清潮等, 1965 (♀; ♂); Chihara et al. , 1995 (♂ P5, Ansp)]

(313) 高斯光水蚤 *Lucicutia gaussae* Grice, 1963 (图 313)

[*Lucicutia ovalis* Wolfenden, 1911; Rose, 1933; Mori, 1937; Wilson, 1950; Grice, 1962; Tanaka, 1963; 陈清潮等, 1965; 郑重等, 1965]

形态特征:

体长: ♀1.3~1.6 mm, ♂1.2~1.5 mm。头胸部卵圆形。前额宽圆, 无小突起。头部两侧无刺突。第1对胸足内肢仅分2节。尾叉较粗短, 长为宽的3~4倍。**雌性:** 腹部较粗短, 生殖节宽大, 其宽度稍大于长度, 腹面生殖突呈球状。第5对胸足外肢第2节内末刺短小, 稍短于末节长度的1/2, 末节的末刺粗短, 约为末节长的1/3。**雄性:** 第5对胸足不对称, 左足第2基节内末部突起粗大, 其末端具2~4小齿突, 外肢末节内、外缘及末端各具1小刺; 右足第2基节内缘光滑而不膨大, 内、外肢均分2节, 外肢第1、2节狭长而弯曲呈螯状, 末节顶端具1小刺。

分布: 东海至南海; 太平洋, 印度洋及大西洋。热带种。

参考文献: 13, 18, 23, 24, 31~33, 44, 46, 106, 107, 182, 217。

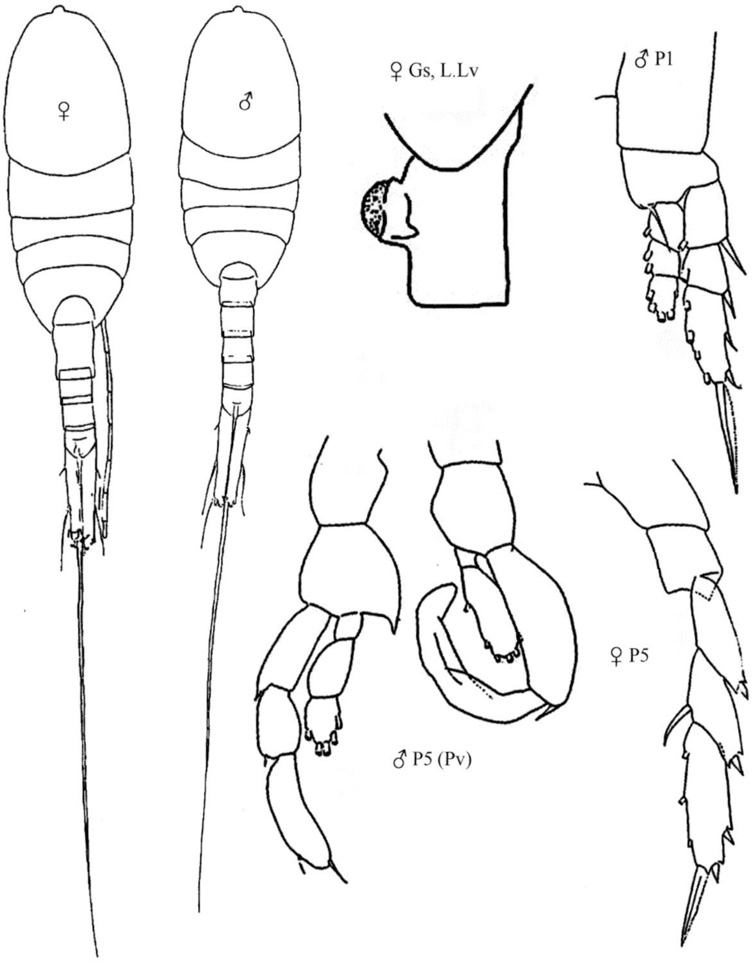

图 314 双光水蚤 *Lucicutia gemina*（仿 Bradford，1999b）

(314) 双光水蚤 *Lucicutia gemina* Farran, 1926 (图 314)

形态特征：

体长： ♀1.4~1.9 mm，♂1.3~1.7 mm。头部两侧无突起。第 1 对胸足内肢分 3 节。**雌性：** 腹部生殖节较狭长而对称，两侧不膨大，其腹面近端生殖突较小，肛节与第 3 腹节等长。尾叉长大，长为宽的 5~6 倍，左、右尾叉平行并相靠近。第 1 对胸足第 2 基节内末部具 1 小钝突，其顶端具 1 小刺毛。第 5 对胸足外肢第 2 节内末刺很短小，仅达末节第 1 内缘刚毛近基部，末节的末端刺较长，约为末节长的 1/2。**雄性：** 第 5 对胸足不对称，左足第 2 基节内末角具 1 尖锐的钩状突，内、外肢均分 3 节；右足第 2 基节内缘稍膨大而光滑，内、外肢各分 2 节，外肢呈螯状。

分布： 东海，南海；太平洋，印度洋及大西洋。热带种。

参考文献： 4，20，23，24，44，51，76，107，152。

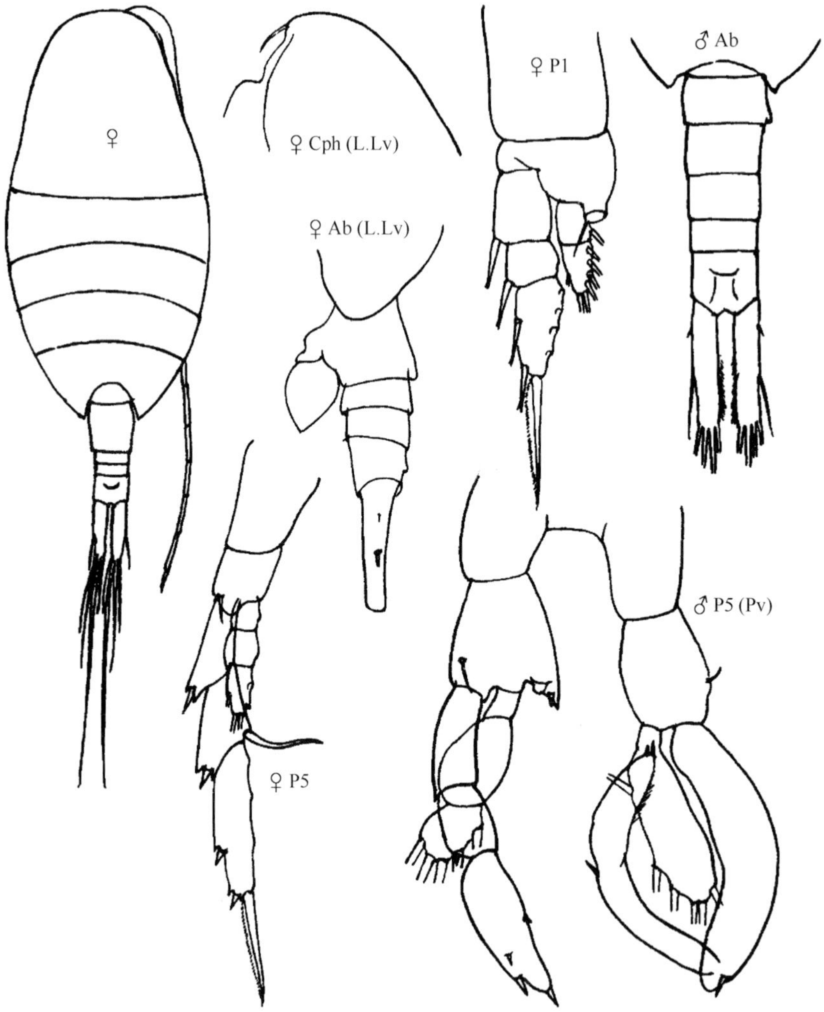

图 315 长齿光水蚤 *Lucicutia longiserrata*（仿 Tanaka，1963）

（315）长齿光水蚤 *Lucicutia longiserrata*（Giesbrecht，1889）（图 315）

［*Leuckartia longiserrata* Giesbrecht，1889，1892］

形态特征：

体长：♀2.0~3.0 mm，♂1.9~2.5 mm。头胸部卵圆形。前额宽圆，额角丝细长。头部两侧无突起。第 1 触角较短，末 1~2 节超过尾叉末端。第 1 对胸足内肢仅分 2 节。**雌性：**生殖节长大，等于第 2~4 腹节长度之和，其腹面具 1 大而尖的瘤状突。尾叉长约为宽的 4 倍。第 1 对胸足第 2 基节内末缘具 1 小瘤状突，其顶端具 1 小刺毛。第 5 对胸足外肢第 2 节内末刺细长，可达末节中部，末节的末端刺细长，稍短于末节。**雄性：**尾叉长约为宽的 5 倍。第 5 对胸足不对称，左足第 2 基节内末部显著突出，其末端具 2 小齿突和 1 小刺毛，内侧近内肢基部另具 1 小圆突；右足第 2 基节内缘稍膨大，内、外肢均分 2 节，外肢弯曲呈螯状。

分布：东海，南海；太平洋，印度洋及大西洋。深水种。

参考文献：24，37，44，51，76，107，182，217。

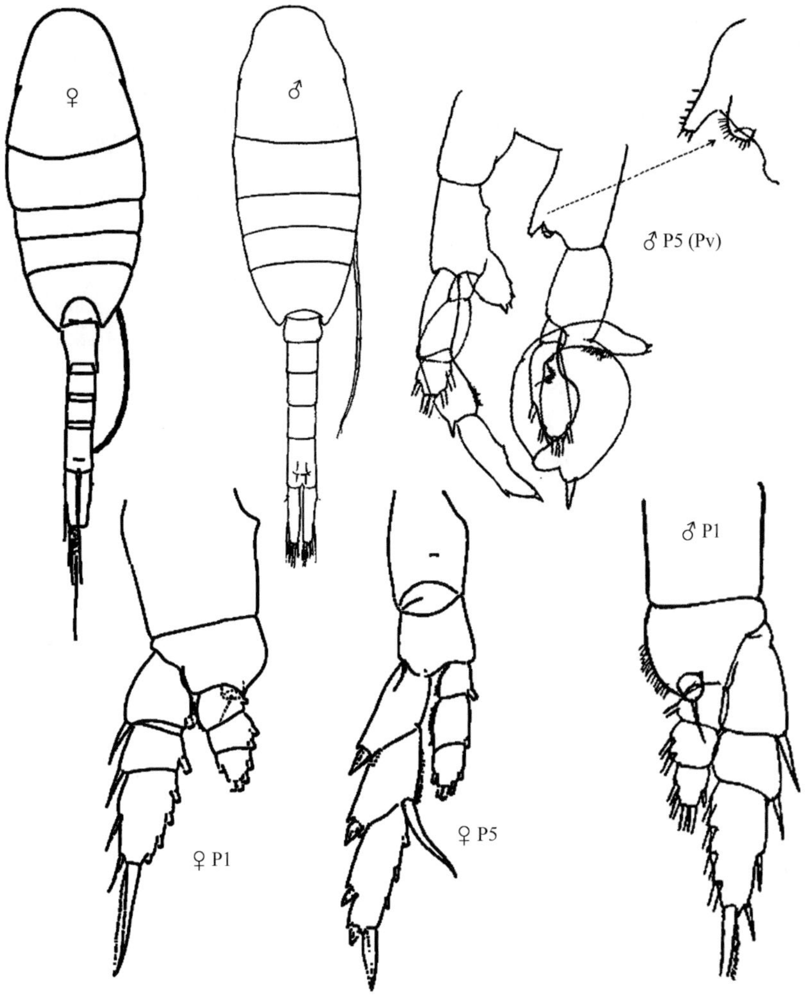

图 316　明亮光水蚤 *Lucicutia lucida*
［仿 Bradford-Grieve，1999b（♀）；Tanaka，1963（♂）］

(316) 明亮光水蚤 *Lucicutia lucida* Farran, 1908 (图 316)

［non *L. lucida sensu* Sars，1925］

形态特征：

体长： ♀3.5 mm，♂3.3~3.5 mm。头胸部长椭圆形。前额宽圆。头部两侧无刺突。腹部狭长，肛节与尾叉近等长，尾叉长为宽的 4~4.5 倍。第 1 触角较短，向后仅达肛节中部(♀)或第 4 腹节末端(♂)。第 1 对胸足内、外肢均分 3 节，第 2 基节内末部具 1 小瘤状突，其顶端具 1 小刺毛。**雌性：** 第 5 对胸足外肢第 2 节内末刺较长，可达末节近端 2/3 处，末端刺较短，约为末节长的 1/2。**雄性：** 第 5 对胸足不对称，左足第 2 基节内末部具 1 粗大突起，其外缘具 4 小刺，本节的近基部内缘也具 1 小突起，内、外肢各分 3 节；右足第 1 基节内末部具 1 粗刺突，其边缘具小刺，并在其内侧基部具 1 密布细毛的瘤状突，第 2 基节内缘不膨大，内、外肢各分 2 节，外肢呈螯状，第 1 节具 1 较粗的外末刺，第 2 节内缘中部也具 1 小瘤状突。

分布： 南海；太平洋，印度洋及大西洋。深水种。

参考文献： 24，44，76，106，107，182，217。

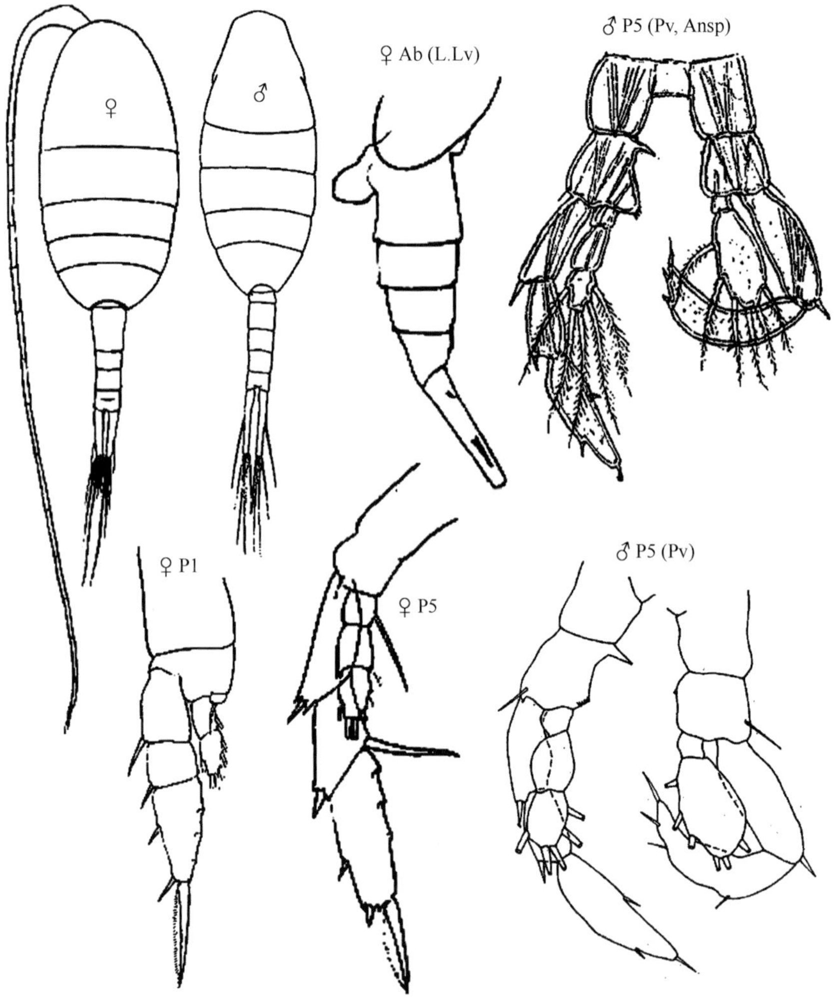

图 317 粗光水蚤 *Lucicutia macrocera*
[仿 Tanaka，1963（♀）；Bradford，1999b（♂）；Sars，1925（♂ P5，Ansp）]

（317）粗光水蚤 *Lucicutia macrocera* Sars，1920（图 317）

[*Lucicutia magna*：Wilson，1932（♂ only）]

形态特征：

体长：♀ 3.3~4.1 mm，♂ 3.0~4.3 mm。**雌性：**头胸部卵圆形。前额宽圆。生殖节较粗短，等于第 2~3 腹节长度之和，其腹面基部生殖突呈圆锥状。尾叉长约为宽的 6 倍。第 1 触角较长，6~7 节超过尾叉末端。第 1 对胸足内肢分 2 节，第 2 基节内末部具 1 小瘤状突，其顶端具 1 小刺。第 5 对胸足外肢第 2 节内末刺细长，稍大于末节长度的 1/2，末节的末端刺粗大，约为末节长度的 2/3。**雄性：**尾叉长约为宽的 7 倍。第 1 对胸足内肢也分 2 节。第 5 对胸足不对称，左足第 2 基节内缘基部具 1 粗刺突，内末角突出或稍突出并具细齿，外肢末节狭长，约等于第 1~2 节长度之和，其内、外缘及末端各具 1 小刺；右足第 2 基节宽短呈方形，内、外肢均分 2 节，内肢末节粗大呈卵圆形，外肢呈螯状，末节具 3 外缘刺和 1 末刺。

分布：东海，南海；太平洋，印度洋及大西洋。深水种。

参考文献：44，76，106，107，157，182，217。

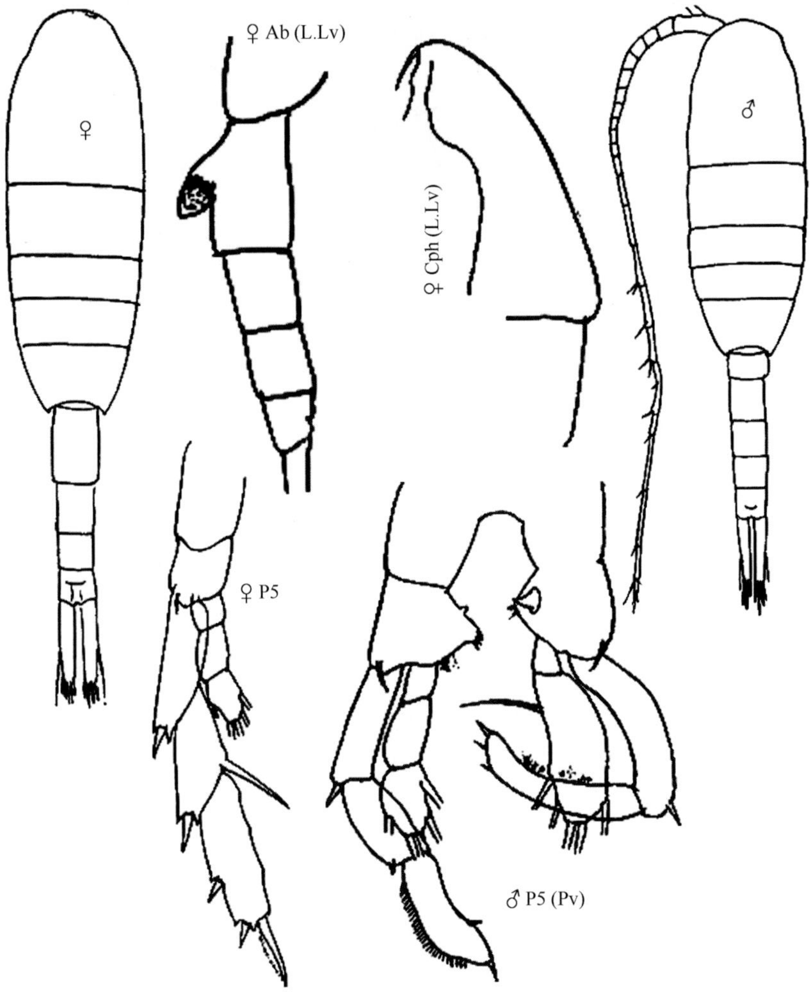

图 318　大光水蚤 *Lucicutia magna*（仿 Tanaka，1963）

（318）大光水蚤 *Lucicutia magna* Wolfenden，1903（图 318）

［*L. gracilis* Sars，1905；*L. atlantica*：Sars，1925］

形态特征：

体长：♀3.4~3.9 mm，♂3.1~3.4 mm。头胸部长椭圆形。前额宽圆。尾叉长约为宽的 5 倍。第 1 触角末 4~5 节超过尾叉末端。第 1 对胸足内肢分 2 节。**雌性**：侧面观，头节背末缘隆起。生殖节狭长呈长方形，腹面生殖突前叶呈三角形，生殖孔后缘具 1 瘤状突。第 5 对胸足外肢第 2 节内缘刺稍大于末节长的 1/2，末节的末端刺为末节长的 1/2。**雄性**：第 5 对胸足不对称，左足第 2 基节内缘中部突出呈三角形大突起，其顶端具 4 小齿，并在三角突前缘近中部也具小突起；右足第 2 基节内缘膨大，近中部具 1 粗刺突，内、外肢各分 2 节，外肢弯曲呈螯状。

分布：东海，南海；太平洋，印度洋及大西洋。深水种。

参考文献：20，23，24，37，44，51，76，106，107，182。

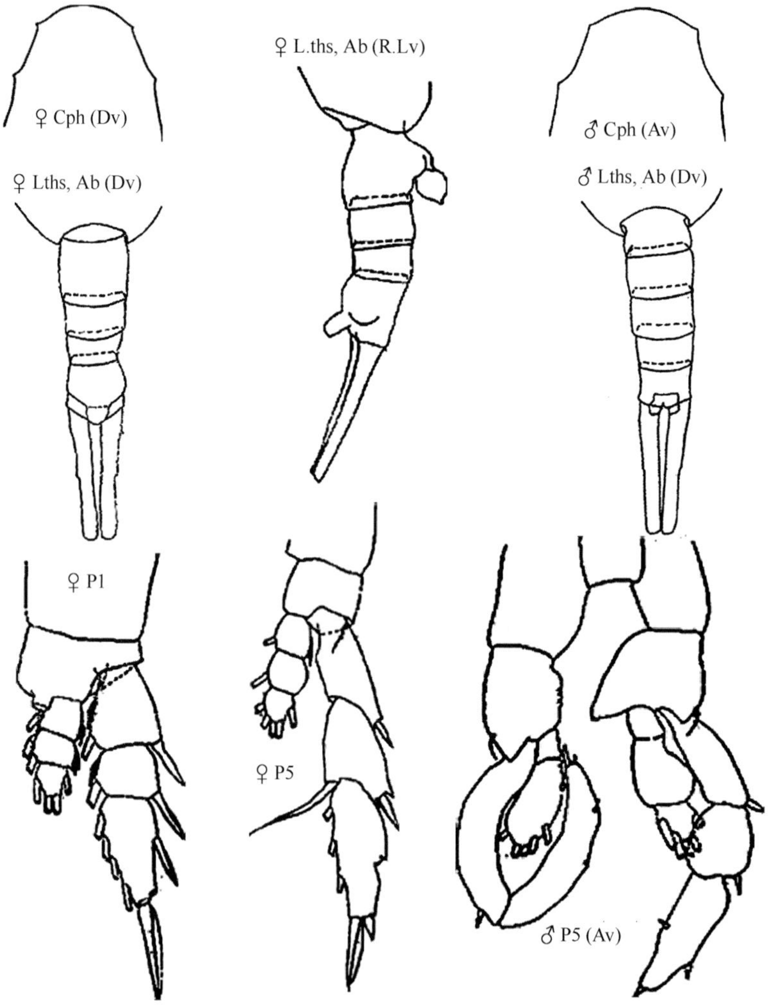

图 319 巨光水蚤 *Lucicutia maxima*（仿 Hulsemann, 1966）

(319) 巨光水蚤 *Lucicutia maxima* Steuer, 1904 (图 319)

［*Lucicutia grandis* Grice & Hulsemann, 1965］

形态特征：

体长： ♀7.8~9.3 mm，♂7.7~7.8 mm。前端宽圆。头部两侧具 2 对尖小的侧突起，其中在前额两侧角的突起很微小。尾叉长约为宽的 7 倍，约为腹部长的 2/3。第 1 对胸足内肢分 3 节，第 2 基节内末缘具 1 瘤状突。**雌性：** 背面观，生殖节宽短呈方形；肛节较粗大，约为第 2~3 腹节长度之和；侧面观，腹面生殖突宽大，其后缘具 1 球状突；肛节背末缘具 1 大肛盖，呈指状。第 5 对胸足外肢第 2 节内缘刺细长，约为末节长的 2/3。**雄性：** 肛节宽短，约与第 4 腹节等长。第 5 对胸足不对称，左足第 2 基节内末角突出呈锥状，末端具细齿；右足第 2 基节内缘平直并具微齿，内、外肢各分 2 节，外肢弯曲呈螯状。

分布： 南海；太平洋，大西洋。深水种。

参考文献： 23，24，37，44，51，107。

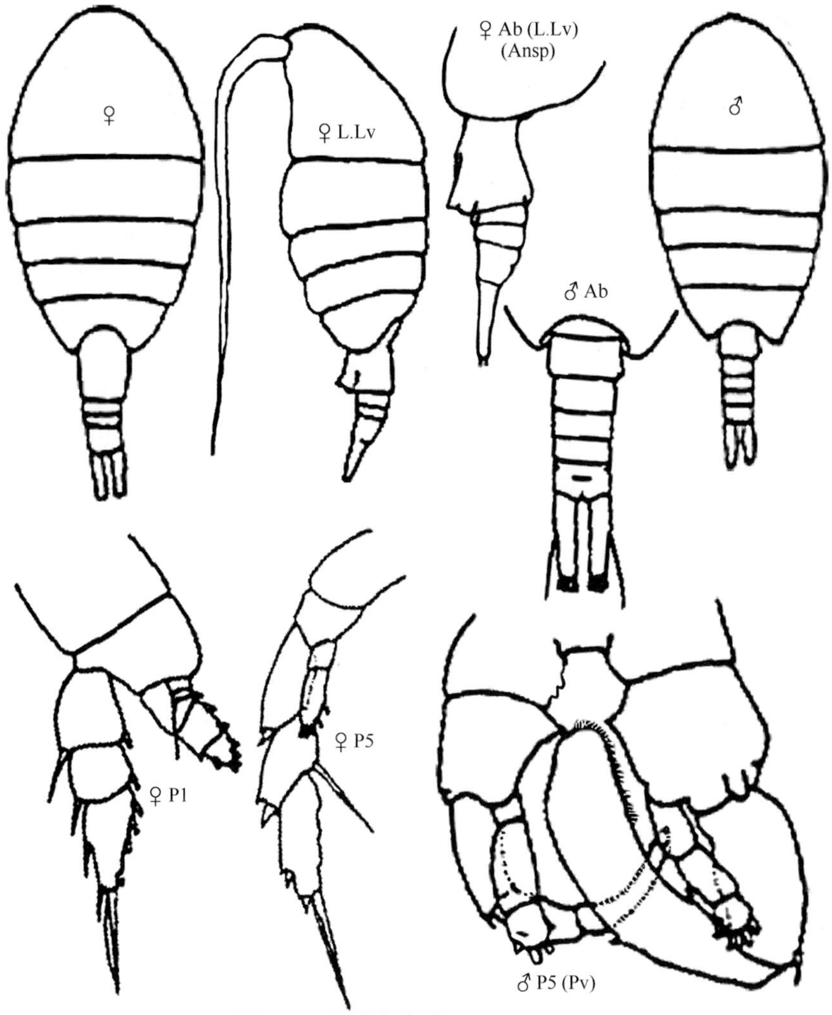

图 320 卵形光水蚤 *Lucicutia ovalis*

[仿 Tanaka, 1963 (♀P1; ♀P5; ♀Ab; ♂Ab; ♂P5;); Brodsky, 1950 (♀; ♀L. Lv; ♂)]

(320) 卵形光水蚤 *Lucicutia ovalis* (Giesbrecht, 1889) (图 320)

[*Isochaeta ovalis* Giesbrecht, 1889, 1892; Tanaka, 1963;
Lucicutia ovaliformis Brodsky, 1950]

形态特征:

体长: ♀1.5~1.8 mm, ♂1.2~1.6 mm。头胸部呈卵圆形。前额钝圆，头部两侧无突起。尾叉较短小，长约为宽的4倍。第1对胸足内、外肢均分3节。**雌性:** 生殖节粗大，背面观对称，较长于后3腹节长度之和；侧面观，其腹侧后缘具1三角形大突起。第5对胸足内肢仅分2节，外肢分3节，外肢第2节内缘刺达不到末节第3内缘刚毛基部，末节的末端刺较长，约与末节等长。**雄性:** 第5对胸足不对称，左足内、外肢各分3节，第1基节内缘较膨大并具2小齿突，第2基节内缘基部具1三角形粗刺突，外肢末节狭长呈钩状；右足内肢分3节，外肢分2节，第2基节较粗大，其内缘近端也具1小突起，外肢末节较粗大，末端宽圆，外缘膨大，其长度约为第1节长的2倍。

分布: 东海，南海；太平洋，印度洋及大西洋。深水种。

参考文献: 23, 24, 44, 51, 67, 76, 106, 107, 182。

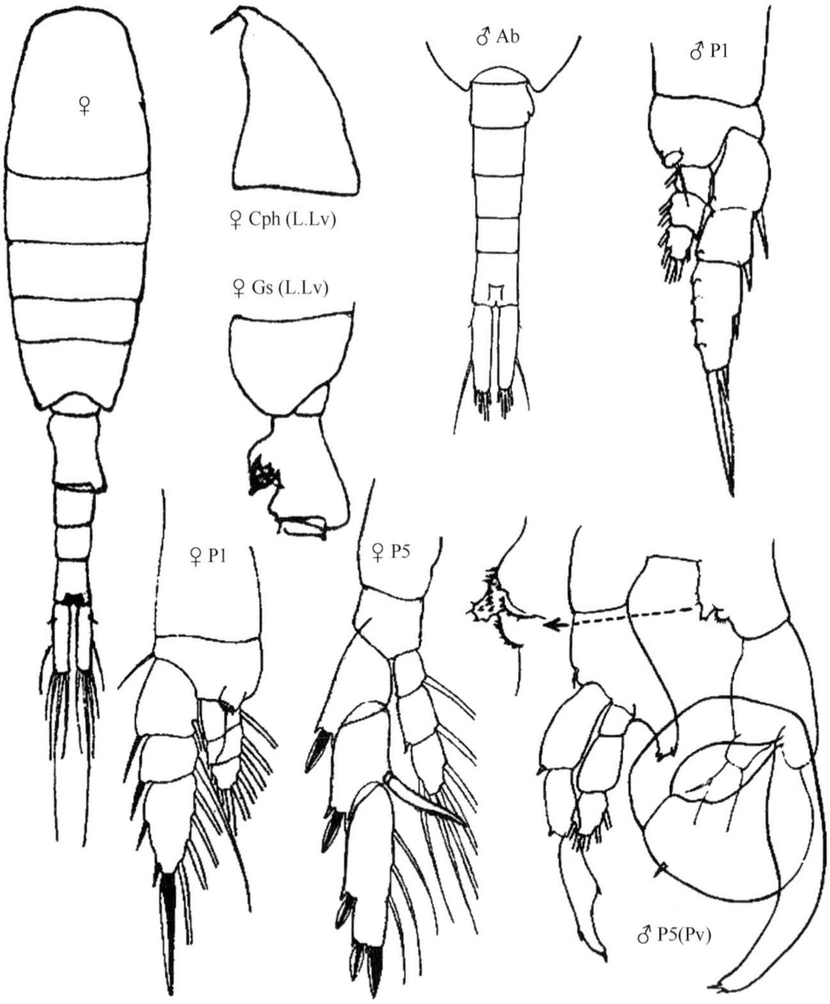

图 321　囊光水蚤 *Lucicutia pera*
［仿 A. Scott, 1909（♀）; Tanaka, 1963（♂）］

（321）囊光水蚤 *Lucicutia pera* A. Scott, 1909（图 321）

［*Lucicutia lucida*: Sars, 1925］

形态特征：

体长：♀3.6~4.0 mm，♂2.9 mm。**雌性：**头胸部长椭圆形，前额宽圆，头部两侧无突起。背面观，生殖节显著不对称，其长度等于第 2、3 腹节长度之和，右侧末缘突出，呈瘤状；侧面观，腹面近基部生殖突呈三角形，其后缘具 1 瘤状突，背末缘突出而钝圆，呈瘤状。尾叉长约为宽的 5 倍。第 1 对胸足内、外肢均分 3 节。第 5 对胸足外肢第 2 节内末刺长约为末节长的 2/3，末节的末端刺很短小，仅为末节长的 1/3。**雄性：**腹部肛节较长，约为尾叉长的 2/3。尾叉长约为宽的 4 倍。第 1 对胸足内、外肢各分 3 节。第 5 对胸足不对称，左足第 2 基节内末部突起较狭长，其末端具 3 小刺突；右足第 1 基节内缘中部隆起呈瘤状，并具 1 粗刺突，外肢第 1 节很膨大呈半圆形，其外末部具 1 小外缘刺，第 2 节很狭长并显著弯曲而折向后末缘，其长度约为第 1 节长的 2 倍，末端具 2 小刺。

分布：南海；太平洋，大西洋。深水种。

参考文献：44，106，107，157，158，182。

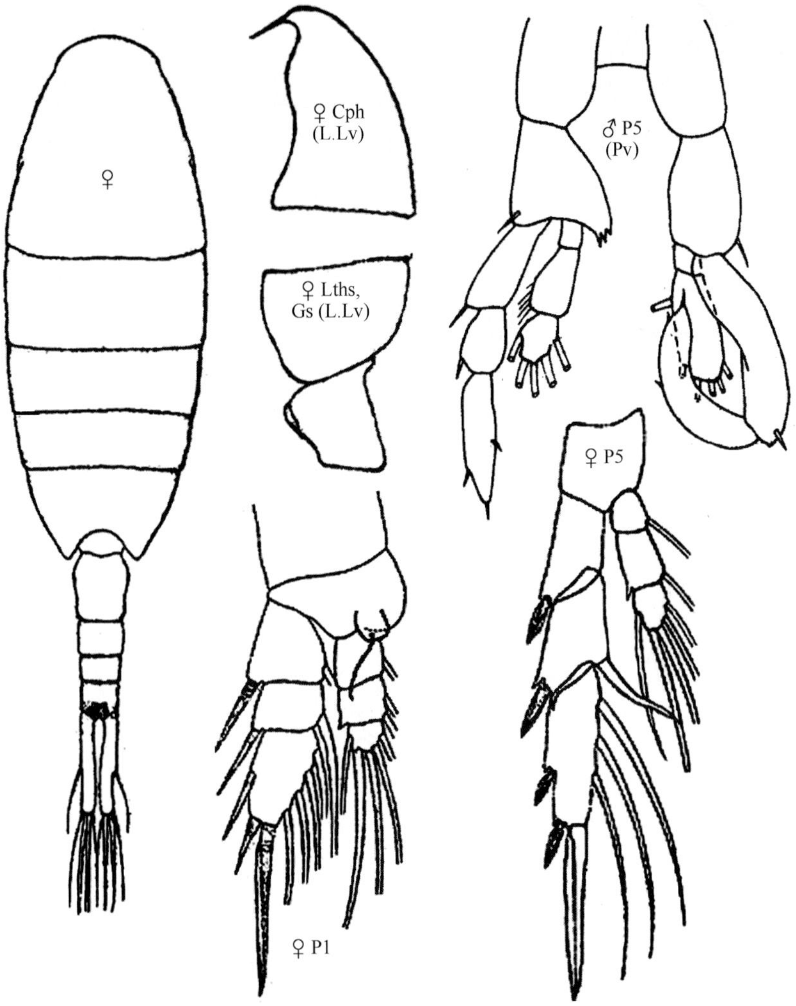

图 322　中型光水蚤 *Lucicutia intermedia*
［仿 A. Scott，1909（♀）；Hulsemann，1966（♂ P5）］

（322）中型光水蚤 *Lucicutia intermedia* Sars，1905（图 322）

［*Lucicutia philyra* A. Scott，1909；连光山等，2012］

形态特征：

体长：♀3.4~4.1 mm，♂3.5 mm。**雌性：**背面观，头胸部长椭圆形，前额宽圆，头部两侧无突起，生殖节粗短而对称，其长度稍大于宽度；侧面观，生殖节腹面生殖突较宽大而钝圆；肛节较短，近方形。尾叉长约为宽的 7 倍。第 1 对胸足内肢分 3 节，第 2 基节内末缘具 1 瘤状突及 1 小刺毛。第 5 对胸足外肢第 2 节内末刺长约为末节长的 2/3，第 3 节末端刺与末节等长。**雄性：**第 5 对胸足不对称，左足第 2 基节内末缘具 1 锥状突，其顶端具 3 小齿突；右足第 1、2 基节较狭长，内缘光滑无突起，内、外肢均分 2 节，外肢呈螯状。

分布：南海东南部；马来群岛海域，太平洋，印度洋及大西洋。深水种。

参考文献：44，107，158。

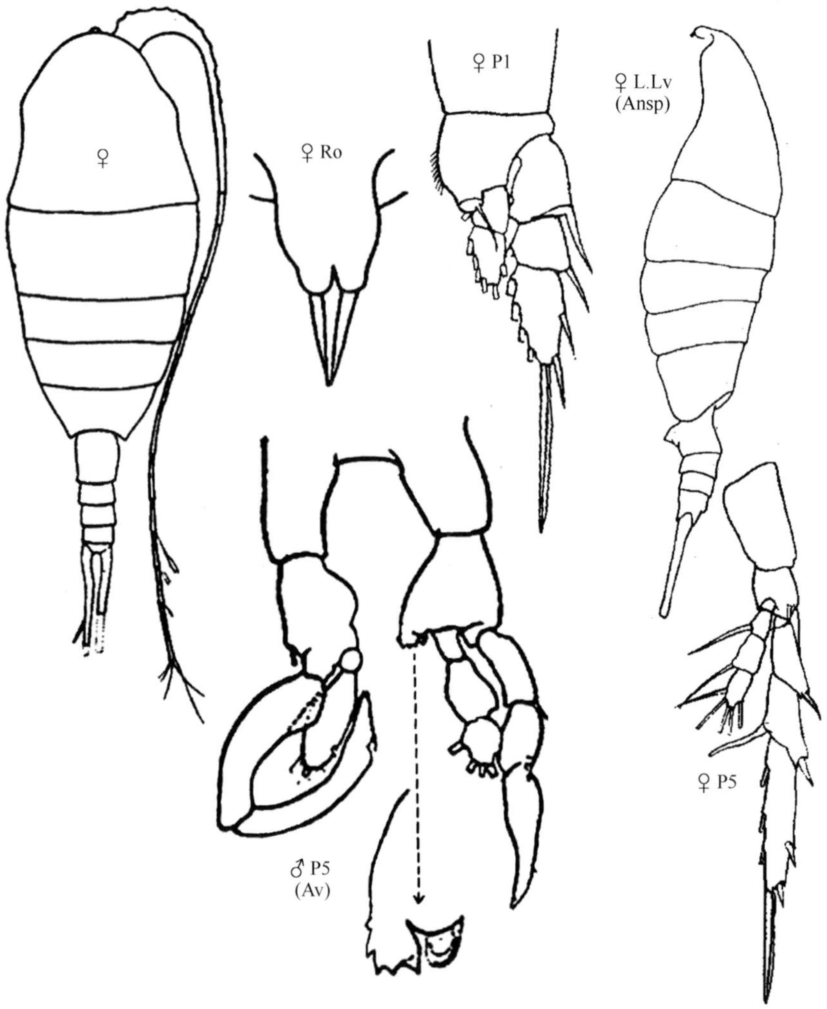

图 323 极地光水蚤 *Lucicutia polaris*

［仿 Brodsky，1950（♀；♂P5，Av）；Hulsemann，1966（♀L. Lv，Ansp）］

（323）极地光水蚤 *Lucicutia polaris* Brodsky，1950（图 323）

形态特征：

体长：♀3. 1~4. 2 mm，♂3. 3~4. 2 mm。**雌性：**头胸部呈卵圆形，前额宽圆，头部两侧无突起或稍隆起。额角呈叉状，顶端具 1 对较大额角刺。第 1 触角末 2~3 节超过尾叉。生殖节粗短并对称，腹面生殖突呈锥状。尾叉狭长，长为宽的 12~14 倍。第 1 对胸足内肢仅分 2 节，外肢 3 节。第 5 对胸足外肢第 2 节内末刺稍短于末节长度的 1/2，末节的末端刺与末节等长。**雄性：**第 1 对胸足与雌性相似。第 5 对胸足不对称，左足第 2 基节内末缘突起较粗短，末端较截平并具 3 小齿，其内侧基部也具 1 瘤状突，外肢末节狭长，其长度等于第 1、2 节长度之和；右足第 2 基节内缘中部稍隆起，内、外肢各分 2 节，外肢呈螯状。

分布：南海；太平洋，印度洋及北冰洋。深水种。

参考文献：23，44，67，107。

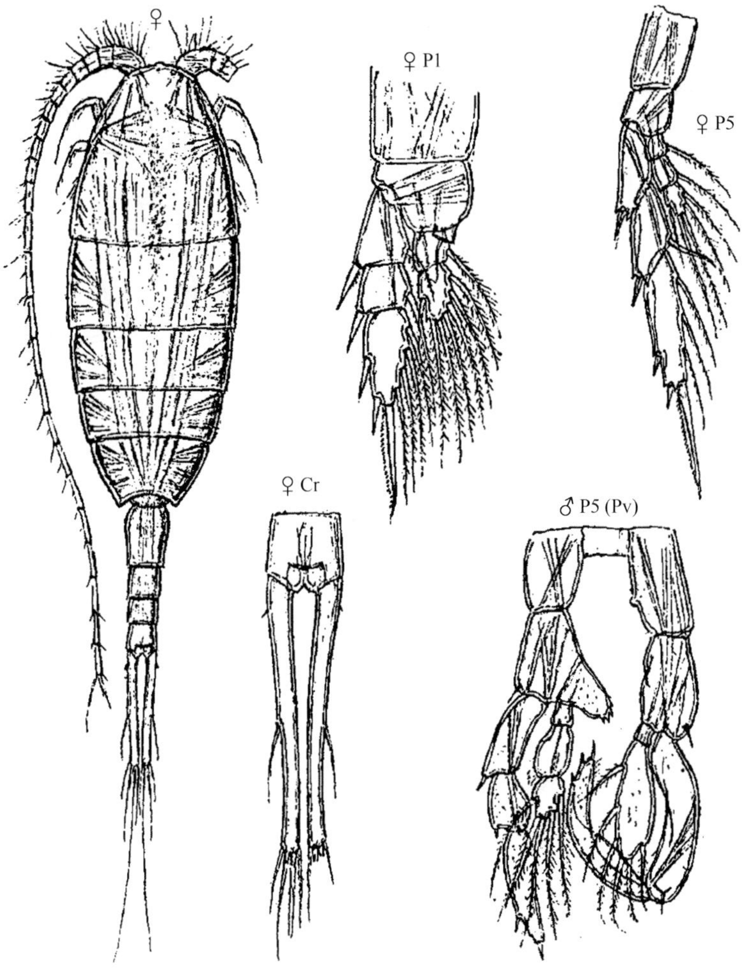

图 324 瘦尾光水蚤 *Lucicutia tenuicauda*（仿 Sars，1925）

（324）瘦尾光水蚤 *Lucicutia tenuicauda* Sars，1907（图 324）

形态特征：

体长：♀3.8~5.2 mm，♂5.0 mm。**雌性：**头胸部呈长椭圆形，前额钝圆，头部两侧无侧突。腹部狭长，生殖节左右对称，其长约为后 2 腹节长度之和，肛节宽短呈方形。尾叉长约为宽的 11 倍。第 1 触角向后仅达尾叉近中部。第 1 对胸足内肢分 2 节。第 5 对胸足外肢第 2 节内末刺较短小，约为末节长度的 1/2，末节的末端刺与末节近等长。**雄性：**第 5 对胸足不对称，左足第 2 基节内末部具 1 粗大的锥状突，其末端约具 3 小齿突；右足第 1 基节显著长于左足第 1 基节，其内缘近中部具 1 小突起，第 2 基节内缘平滑无突起，内、外肢各分 2 节，外肢呈螯状。

分布：南海；太平洋，印度洋及大西洋。深水种。

参考文献：24，44，51，107，157，217。

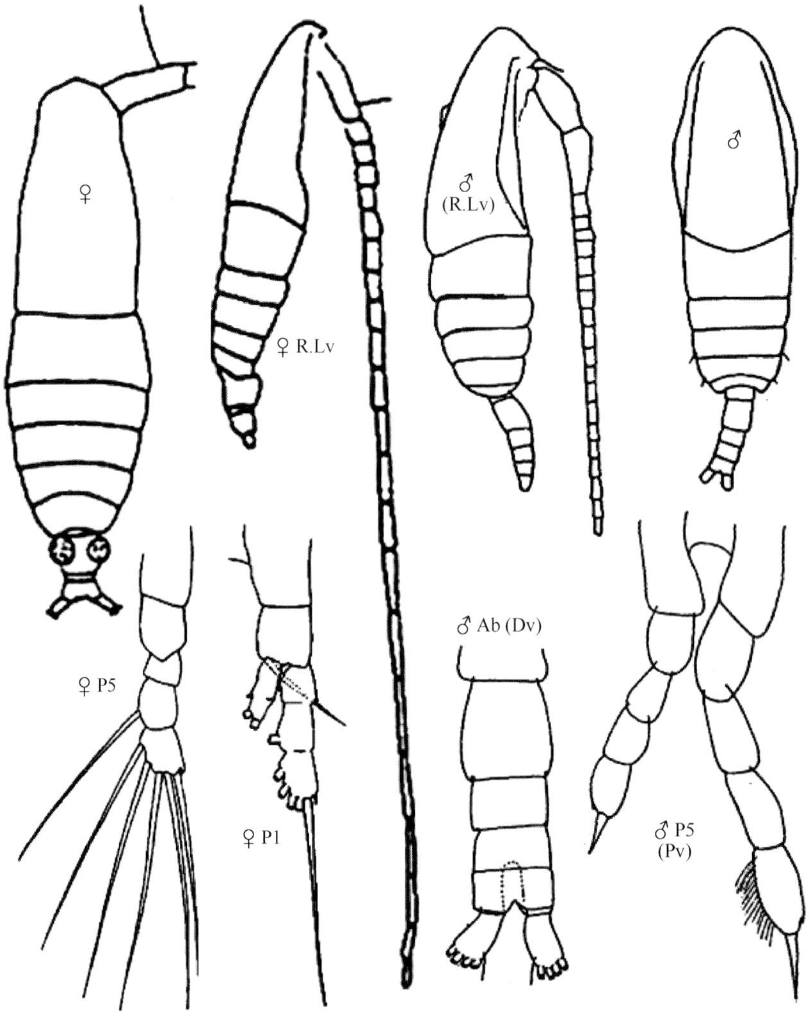

图 326 克氏长角水蚤 *Mecynocera clausi*
［仿陈清潮等，1965（♀）；Andronov，1970（♂）］

（326）克氏长角水蚤 *Mecynocera clausi* Thompson，1888（图 326）

形态特征：

体长：♀0.9~1.2 mm，♂0.9~1.1 mm。本种主要特征与本科、属的描述相同。**雌性：**腹部较短小，分 3 节，生殖节膨大呈球状，并具 1 对大的储精囊；肛节明显大于前 1 腹节。尾叉短小。第 1 触角细长，约为体长的 2 倍。第 5 对胸足单肢型并对称，分 5 节，第 1、2 节较粗大，第 3 节短小，第 4 节具 1 长内缘刚毛，末节内缘及顶端具 5 长刚毛及 1 小外末刺。**雄性：**腹部分 5 节。尾叉较宽短。第 1 触角较短，约末 2 节超过尾叉。第 5 对胸足单肢型，分 5 节，稍不对称，左足各节较短小，末节顶端也具 1 粗末刺和 1 微小的外末刺；右足较左足长，其末节较粗大，内缘具细毛，末端具 1 粗末刺和 1 微小的外末刺。

分布：渤海，黄海至南海；太平洋，印度洋及大西洋。暖水种。

参考文献：1，5，13，15，21，23，24，25，31，44，65，82，106，118，158。

18. 巨型哲水蚤科 Family Megacalanidae Sewell, 1947

本科为大型桡足类，体长大多在 7~18 mm。身体粗壮。头胸部呈长椭圆形，前额钝圆或稍突出，胸部后侧角钝圆或具小突起。头部与第 1 胸节、第 4 与第 5 胸节常分开或愈合。头部背末缘中部常具 1 小瘤状突。1 对额角丝细长而尖或圆柱状而末端钝圆。雌性腹部分 4 节，雄性 5 节。第 1 触角分 25 节，部分节愈合，雄性右第 1 触角呈执握肢或正常。第 1 对胸足内、外肢常分 3 节，仅少数第 1 对胸足外肢分 2 节。第 2~5 对胸足内、外肢均分 3 节，第 5 对胸足第 1 基节内缘无锯齿。雄性第 5 对胸足稍不对称，仅左足外肢第 2 节内末缘具 1 粗刺毛。

本科包括 3 属。中国海域均有记录，共 4 种。

属名 Genera	种数	页码
深哲水蚤属 *Bathycalanus* Sars, 1905	2	378
伯氏哲水蚤属 *Bradycalanus* A. Scott, 1909	1	380
巨型哲水蚤属 *Megacalanus* Wolfenden, 1904	1	381

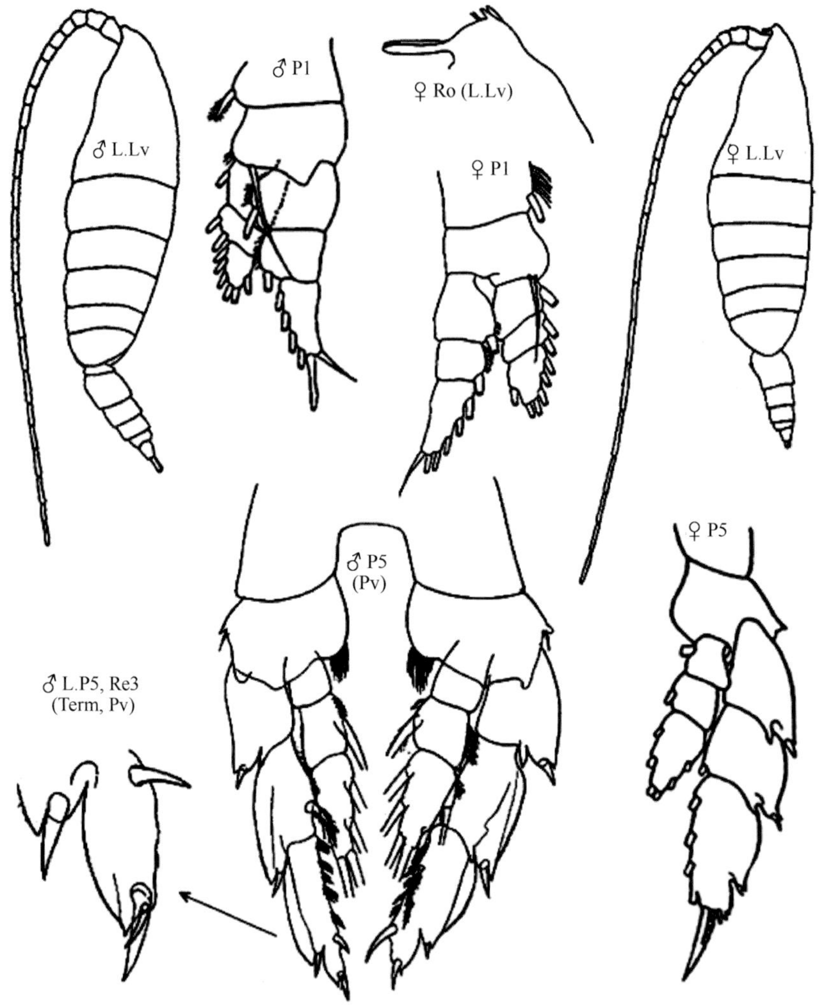

图 327　伯氏深哲水蚤 *Bathycalanus bradyi*

[仿 Wolfenden, 1911; Chihara et al., 1997 (♀L. Lv; ♀Ro; ♂L. Lv); Tanaka et al., 1967 (♂P1; ♂P5); Brodsky, 1950 (♀P5)]

(327) 伯氏深哲水蚤 *Bathycalanus bradyi* (Wolfenden, 1905) (图 327)

[*Megacalanus bradyi*: Wolfenden, 1905; *Bathycalanus maximus* Wolfenden, 1911]

形态特征:

体长: ♀8.9~13.9 mm, ♂10.0~12.0 mm。**雌性**: 额部前端突出并具 2 小刺突, 1 对额角呈棒状, 末端钝圆。腹部分 4 节。第 1~5 对胸足内、外肢均分 3 节。第 1 对胸足外肢第 1、2 节无外缘刺。第 5 对胸足第 1 基节内缘无锯齿。**雄性**: 体形与雌性相似。腹部分 5 节。第 1~4 对胸足也与雌性相似。右第 1 触角呈执握肢。第 5 对胸足稍不对称, 第 1 基节内缘无锯齿, 左足外肢第 2 节内缘近末部具 1 粗刺突, 末节内末刺较短小; 右足外肢较粗大, 第 2 节内末缘无刺突, 末节内末刺较左足的长大, 可达末节顶端。

分布: 东海黑潮流区; 太平洋, 印度洋, 大西洋及南大洋。深水种。

参考文献: 44, 67, 82, 106, 161, 190, 218。

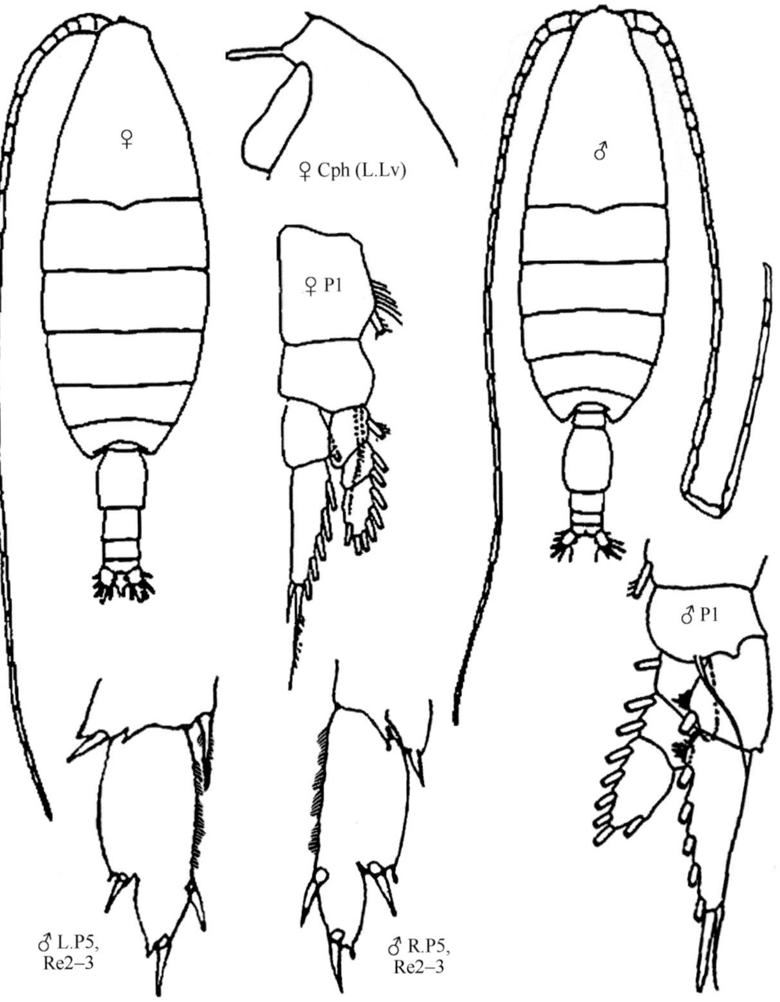

图 328 理氏深哲水蚤 *Bathycalanus richardi*
[仿 Sars, 1925 (♀; ♂); Tanaka et al., 1967 (♂ P1; ♂ P5)]

(328) 理氏深哲水蚤 *Bathycalanus richardi* Sars, 1905 (图 328)

形态特征：

体长： ♀8.3~12.0 mm，♂6.0~10.0 mm。额部前端突出并具 2 微刺，1 对额角呈棒状而不尖锐。头部背末缘中部具 1 小瘤状突。第 1 对胸足外肢仅分 2 节，内肢 3 节。第 2~5 对胸足内、外肢均分 3 节，第 5 对胸足第 1 基节内缘无锯齿。**雌性：** 腹部分 4 节，第 1 触角分 25 节。**雄性：** 腹部分 5 节。右第 1 触角呈执握肢。第 5 对胸足稍不对称，左足外肢第 2 节内末缘具 1 羽状粗刺；右足外肢第 2 节内末缘无刺突，其末节内缘刺较左足稍长。

分布： 东海黑潮流区，南海；太平洋，印度洋及大西洋。深水种。

参考文献： 44，82，106，157，190，217，218。

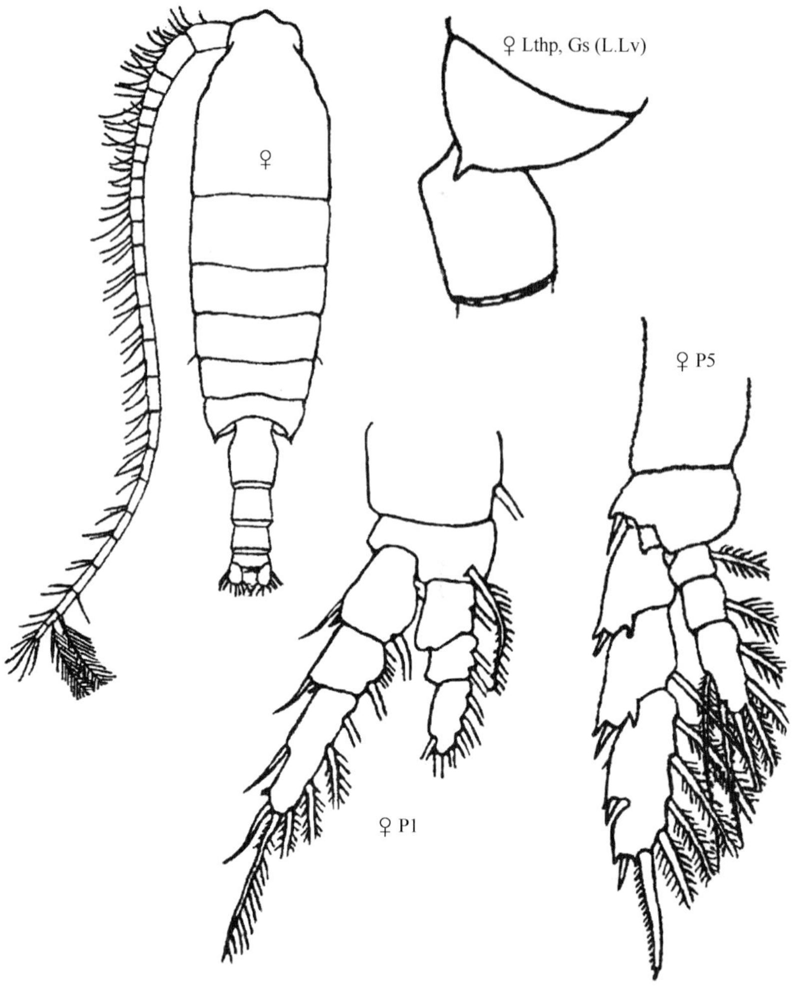

图 329 典型伯氏哲水蚤 *Bradycalanus typicus*（仿 A. Scott, 1909）

（329）典型伯氏哲水蚤 *Bradycalanus typicus* A. Scott, 1909（图 329）

［*Megacalanus typicus*（A. Scott, 1909）：Vervoort, 1946；连光山等, 2012；*M. princeps*：Wilson, 1932；Rose, 1933］

形态特征：

体长：♀9.0 mm。**雌性：**头部前端缢缩，前额中部突出呈小瘤状。头部背末缘宽圆而无突起。胸部后侧角突出而尖锐，侧面观呈小刺状。腹部分 4 节。生殖节长约为其后 2 腹节长度之和，肛节宽短。尾叉长稍大于宽。第 1 触角约末 4 节超过尾叉。第 1~5 对胸足内、外肢均分 3 节。第 1 对胸足第 2 基节无钩状刺突，外肢 3 节外缘刺毛数分别为 1、1、2。第 5 对胸足第 1 基节内缘无锯齿。

分布：南海东南部；马来群岛海域，太平洋，印度洋及大西洋。深水种。

参考文献：44，152，158，215。

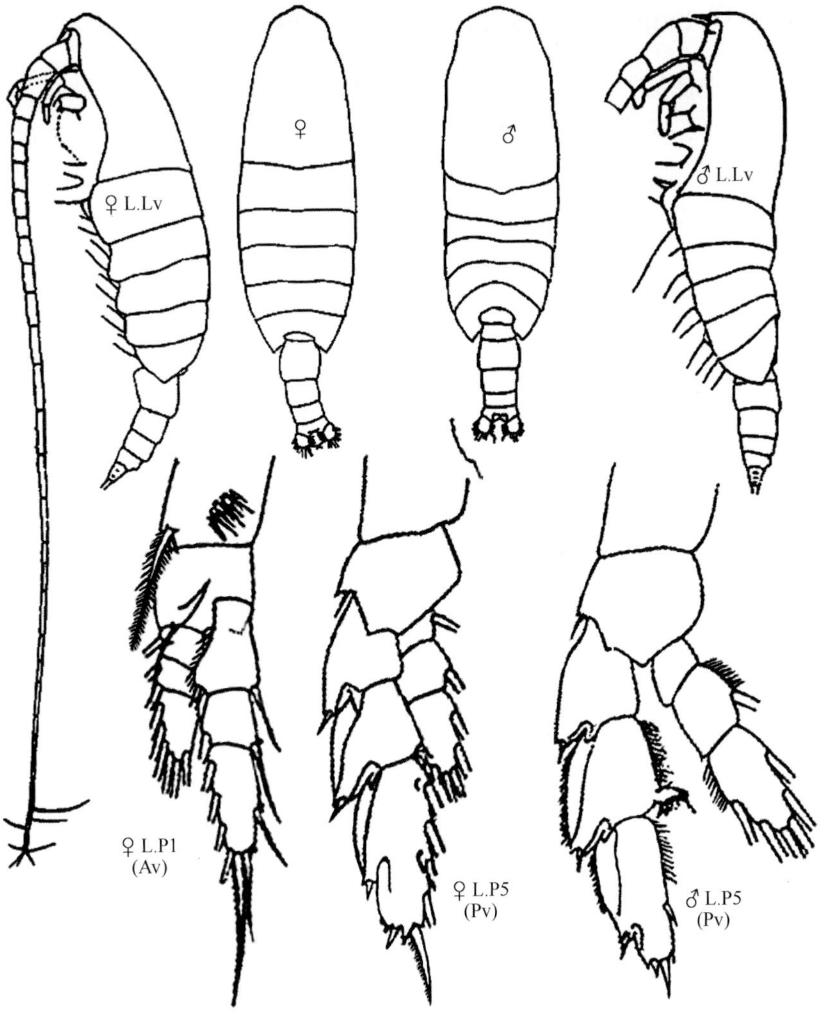

图 330 首巨型哲水蚤 *Megacalanus princeps*（仿连光山，钱宏林，1984）

（330）首巨型哲水蚤 *Megacalanus princeps* Wolfenden，1904（图 330）

［*Macrocalanus longicornis* Sars，1905；*Megacalanus longicornis* Sars，1905，1925；Sewell，1929；Rose，1933］

形态特征：

体长：♀8.8~11.5 mm，♂7.9~12.0 mm。**雌性：**头胸部呈长椭圆形，前额突出呈宽三角形，额角为 1 对粗刺突，胸部后侧角突出呈三角形。腹部分 4 节，生殖节呈方形，其腹面生殖突位于近基部。尾叉粗短。第 1 触角分 25 节，其末端约 10 节超过尾叉。第 1~5 对胸足内、外肢均分 3 节。第 1 对胸足第 1 基节前表面具 1 丛细毛，第 2 基节内末缘具 1 钩状的强刺突，外肢第 1~3 节外缘刺毛数分别为 1、1、2。第 5 对胸足第 1 基节内缘无锯齿。**雄性：**头胸部与雌性相似，唯前额较宽圆。腹部分 5 节。第 1 触角也分 25 节，不呈执握肢。第 1~4 对胸足与雌性相似。第 5 对胸足不对称，第 1 基节内缘无锯齿，左足外肢第 2 节内末缘具 1 爪状刺，其基部膨大，末端尖细，并遍生细毛。

分布：东海，南海；太平洋，印度洋及大西洋。深水种。

参考文献：24，38，44，82，106，152，157，158，159，171，190，217，218。

19. 长腹水蚤科 Family Metridinidae Sars, 1902

本科为中型、大型桡足类(2.0~10.0 mm)。头胸部呈长椭圆形，额部狭小，中央常具1小突起或钝圆。额角短小，末端具2细额角丝。头部与第1胸节常分开，第4、5胸节愈合，胸部后侧角钝圆或少数尖锐。腹部狭长，雌性分3节，雄性分5节。腹部和尾叉大多对称，少数不对称。雌性第1触角分24节，基部数节常具齿突；雄性右或左第1触角呈执握肢。第1~4对胸足内、外肢各分3节。第2对胸足内肢第1节内缘基部具深缺刻，并在缺刻上具1~3钩状刺。雌性第5对胸足单肢型且对称，分2~5节，末节具2~3末刺毛或小刺。雄性第5对胸足单肢型而不对称，分4~5节，右足较左足发达。

本科包括3属。中国海域均有记录，共17种。

属名 Genera	种数	页码
大腹水蚤属 *Gaussia* Wolfenden, 1905	1	383
长腹水蚤属 *Metridia* Boeck, 1865	9	384
乳点水蚤属 *Pleuromamma* Giesbrecht, 1889	7	393

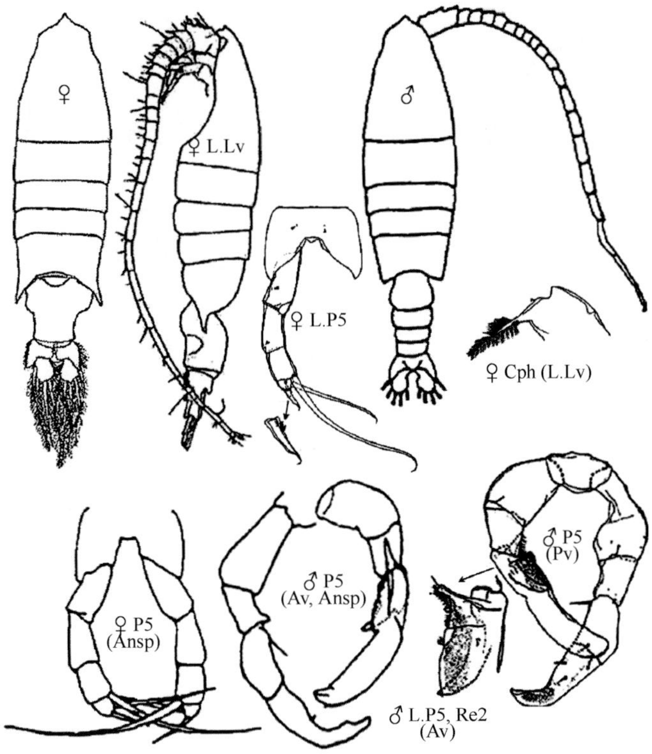

图 331 首大腹水蚤 *Gaussia princeps*

[仿 Soh & Ohtsuka et al., 1998 (♀;♂); Chihara et al., 1997 (♀P5, Ansp; ♂P5, Ansp)]

(331) 首大腹水蚤 *Gaussia princeps* (T. Scott, 1894) (图 331)

[*Pleuramamma princeps* T. Scott, 1894; *Metridia scotti* Giesbrecht, 1897; *M. atra* Esterly, 1906; *Gaussia scotti*: Wolfenden, 1911]

形态特征:

体长: ♀9.0~12.0 mm, ♂8.0~10.4 mm。前额中央突出，侧面观呈三角形突起。1 对额角丝细长呈羽状。肛节宽短，左、右后侧角显著突出呈角状，可达尾叉第 1 外缘刚毛基部。尾叉宽短。**雌性**: 胸部后侧角长而尖锐。腹部分 3 节，生殖节不对称，基部两侧膨大呈瘤状，其右侧较左侧更膨大。第 5 对胸足单肢型并分 5 节，第 4 节内末缘具 1 长刚毛，末节短小并具 1 末端刺及 1 内缘长刚毛。**雄性**: 右第 1 触角呈执握肢。胸部后侧角较短，呈三角形。腹部分 5 节。第 5 对胸足单肢型且不对称，各分 5 节，左足第 4 节内缘具细毛并具 2 不等长粗刺突，其长刺突指向内末缘，末节长大，其顶端钝圆并稍向内弯；右足第 2 节较粗大，其基部狭小而末部宽大，第 3 节短小，其内末角突出呈瘤状，第 4 节内缘近端具 1 刺毛，末节狭长，末端钝突，内缘中部具 1 小刺毛。

分布: 东海，南海；太平洋，印度洋及大西洋。深水种。

参考文献: 23, 24, 37, 44, 82, 86, 159, 162, 218。

注: Sewell(1932)认为 Esterly(1906)及 Wolfenden(1911)所述及绘图，雌性第 5 对胸足仅分 4 节，是不成熟的个体(CV 期)，第 4、5 节愈合而尚未分开，故末节具 3 刚毛。

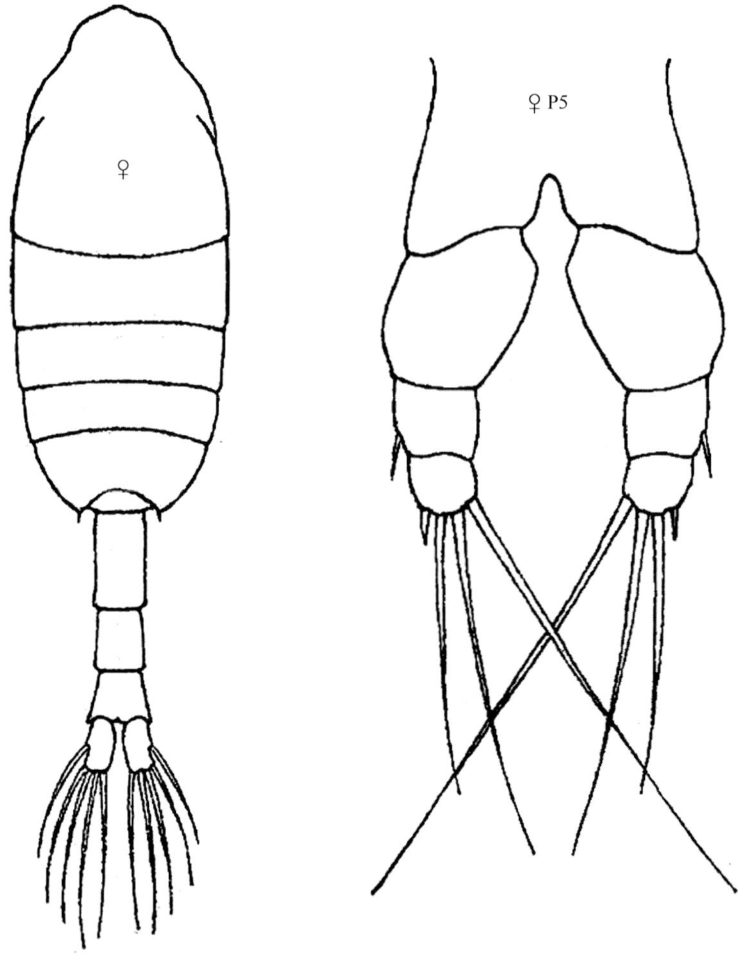

图 332 布氏长腹水蚤 *Metridia boecki*（仿 A. Scott, 1909）

（332）布氏长腹水蚤 *Metridia boecki* Giesbrecht, 1889（图 332）

形态特征：

体长：♀2.5~3.4 mm。**雌性：**头胸部呈椭圆形。前额较狭，中央稍突出。胸部后侧角尖锐呈小刺状。腹部狭长，分 3 节，生殖节长为后 2 腹节长度之和，肛节后侧角突出，呈角状，尾叉长为宽的 2 倍，并与肛节等长。第 5 对胸足单肢型，各分 4 节；第 2 节很粗大，内缘稍膨大，其长度大于末 2 节长度之和，第 3 节宽短，外末缘具 1 小刺，末节短小近半圆形，末端具 3 长刺毛和 1 小外末刺。

分布：南海东南部；马来群岛海域，太平洋，印度洋及大西洋。深水种。

参考文献：44，85，97，158。

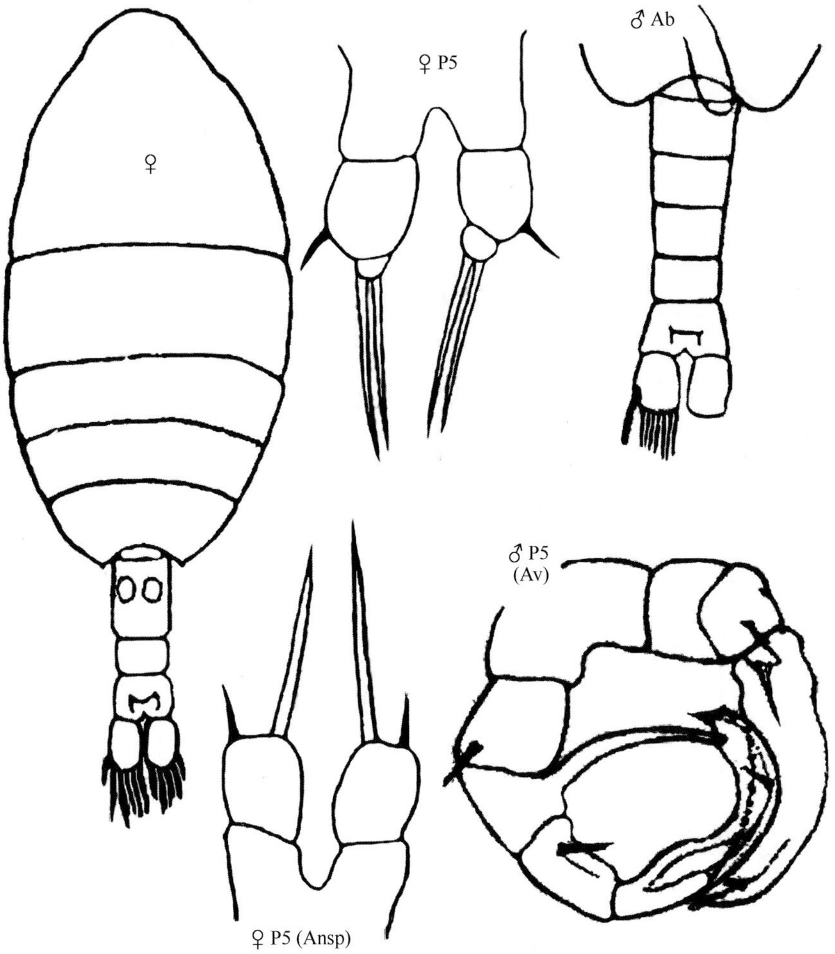

图 333　短尾长腹水蚤 *Metridia brevicauda*（仿 Tanaka，1963）

（333）短尾长腹水蚤 *Metridia brevicauda* Giesbrecht，1889（图 333）

形态特征：

体长： ♀1. 8~2. 3 mm，♂1. 5~1. 7 mm。**雌性：** 头胸部卵圆形。前额较狭而钝圆。胸部后侧角呈三角形。腹部较短小，分 3 节，生殖节等于后 2 腹节长度之和，尾叉与肛节近等长。第 5 对胸足单肢型而短小，存在个体差异，分 2 或 3 节，前者（2 节）末节粗大，并具 2 不等长刺毛；后者（3 节）末节很短小并具 2 长刺毛，第 2 节具 1 小外缘刺毛。**雄性：** 胸部后侧角较宽圆。腹部较狭长，分 5 节，各节宽短，尾叉与肛节等长。第 5 对胸足单肢型且不对称，左足分 4 节，第 3 节短小并具 1 小外缘刺，末节长大，基部具 1 较长的内缘刺，末部具 1 小外缘刺和 1 小末刺；右足分 5 节，第 2 节具 1 小外缘刺，第 3 节具 1 粗大而弯曲的内缘刺，与末节形成螯状，第 4 节近端具 1 小内缘刺，末节狭长而弯曲，内缘基部膨大，外末部具 2 小外缘刺及 1 小末刺。

分布： 东海，台湾海峡及南海；太平洋，印度洋及大西洋。深水种。

参考文献： 20，23，24，37，44，51，106，158，182。

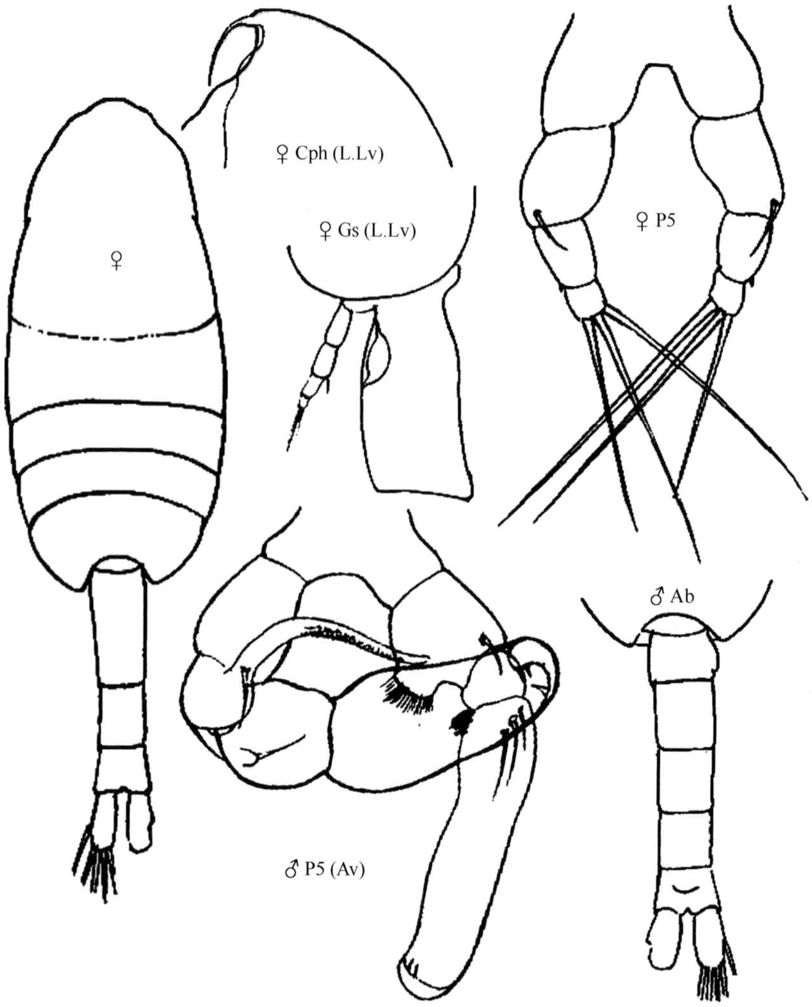

图 334 残尾长腹水蚤 *Metridia curticauda*（仿 Tanaka，1963）

（334）残尾长腹水蚤 *Metridia curticauda* Giesbrecht，1889（图 334）

形态特征：

体长：♀2. 5~3. 6 mm，♂2. 0~3. 1 mm。头胸部卵圆形。前额宽圆。背面观胸部后侧角钝突，侧面观宽圆。额角丝细长。**雌性：**腹部分 3 节，生殖节狭长，大于后 2 腹节长度之和；肛节后侧角突出呈角状。尾叉长为宽的 2 倍，并与肛节等长。第 5 对胸足单肢型并分 4 节，第 2 节具 1 外缘刺，第 3 节也具 1 微小外末刺，末节短小并具 3 长末刺毛。**雄性：**腹部狭长并分 5 节。尾叉长为宽的 2 倍，并稍长于肛节。第 5 对胸足单肢型且不对称，左足分 4 节，第 2 节内缘具宽圆大突起，顶端具细毛，外末部具 1 小外缘刺，第 3 节短小，末节狭长，其长度约为宽的 4 倍，顶端钝圆，基部近外缘具数枚细刺毛，内缘近端具细毛丛；右足分 5 节，第 3 节短小，其内缘具 1 粗大而弯曲的长刺，第 4 节粗短并具 1 小外缘刺，末节很粗大，末端宽圆。

分布：东海，南海；太平洋，印度洋及大西洋。深水种。

参考文献：23，24，44，106，182，217。

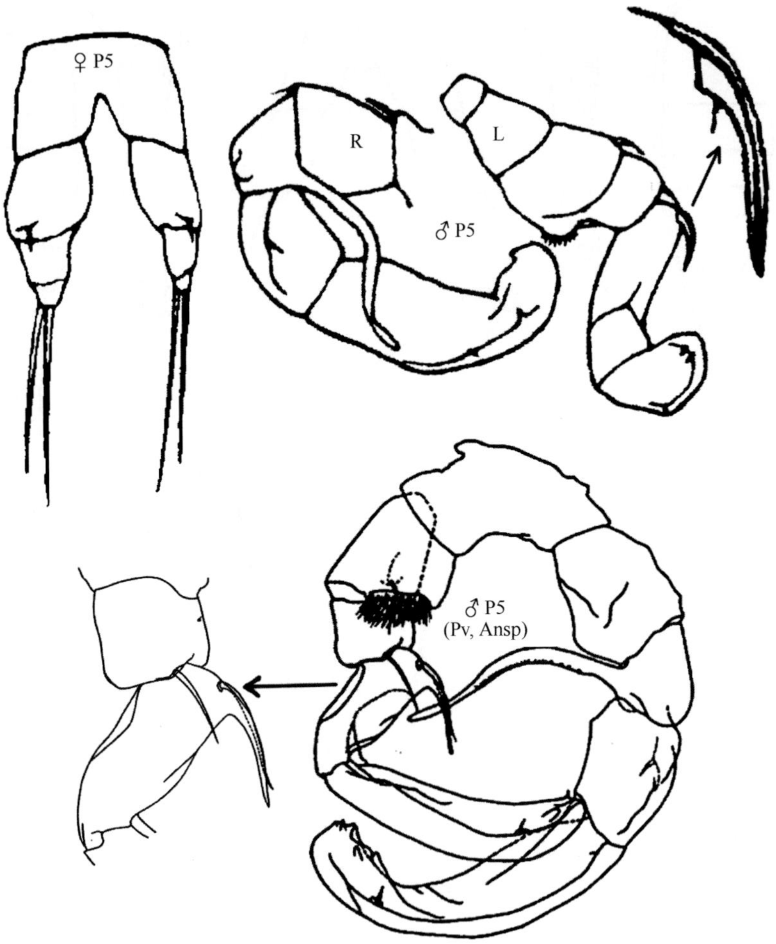

图 335　格长腹水蚤 *Metridia gurjanovae*
［仿 Brodsky, 1950（♀P5；♂P5）；Vaupel-Klein, 1970（♂P5, Ansp）］

（335）格长腹水蚤 *Metridia gurjanovae* Epstein, 1949（图 335）

形态特征：

体长：♀3.5 mm，♂3.0 mm。**雌性**：第 5 对胸足粗短，单肢型而稍不对称，各分 4 节，第 2 节粗大并具 1 小外缘刺，末节很短小，末端具 2 长末刺毛。**雄性**：第 5 对胸足单肢型且不对称，各分 5 节，左足第 2、3 节各具 1 小外末刺，第 2 节内末缘较膨大并具细刺毛，第 4 节内缘基部突出并具 2 弯曲的细长刺，末节长大，末端钝圆并具数枚小齿突；右足第 1、2 节各具 1 小外末刺，第 3 节短小并具 1 长大而弯曲的内缘刺，第 4 节宽短并具 1 小外缘刺，末节长大，末端宽圆并具 1 小突起。

分布：南海；西太平洋。深水种（中国海新记录种）。

参考文献：3，67。

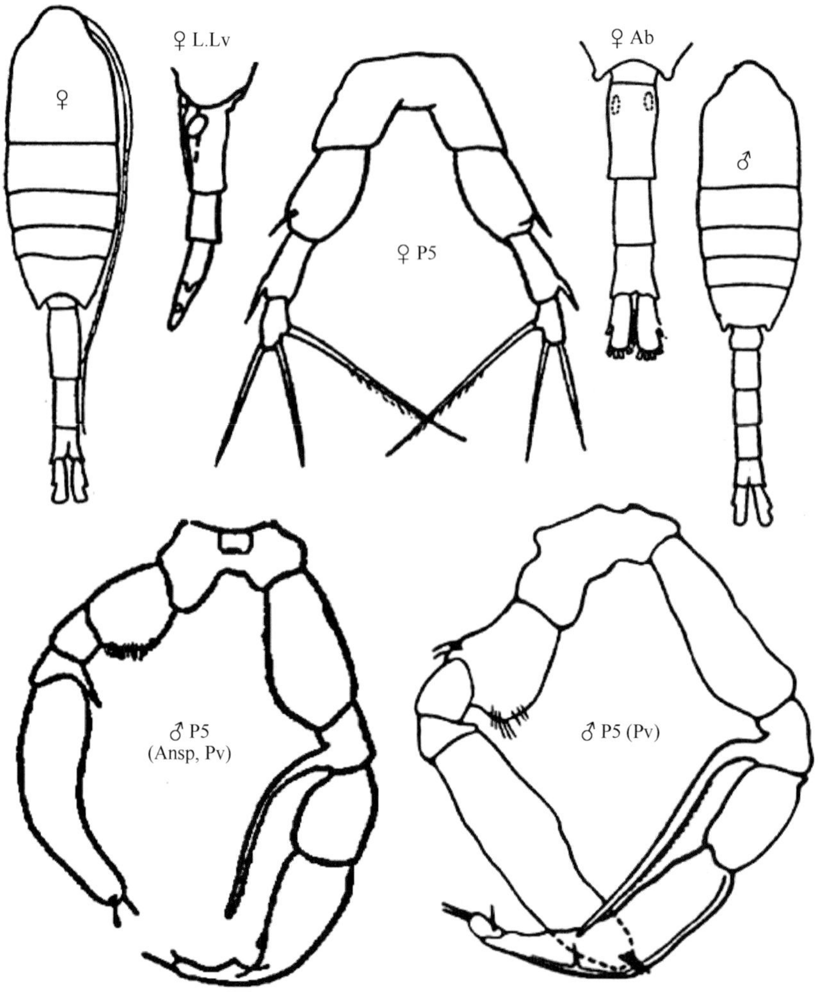

图 336　高长腹水蚤 *Metridia longa*（仿 Brodsky，1950）

（336）高长腹水蚤 *Metridia longa*（Lubbock，1854）（图 336）

［*Calanus longus* Lubbock，1854；*Metridia armata* Boeck，1864］

形态特征：

体长：♀4.1~4.5 mm，♂3.5~3.7 mm。头胸部长椭圆形，前额较狭而钝圆，胸部后侧角具小钝突，侧面观宽圆。肛节后侧角突出呈角状。尾叉长约为宽的 3 倍。**雌性**：腹部狭长，分 3 节。第 5 对胸足单肢型并分 4 节，第 2、3 节各具 1 外缘刺，末节短小，末端具 3 细长刺，其内刺最长。**雄性**：腹部狭长，分 5 节。第 5 对胸足单肢型且不对称，各分 5 节，左足第 2 节较粗大，内末缘较膨大并具细毛，第 4 节很短小，呈三角状，其内缘突出呈刺状，末节粗大，末端钝圆并具 2 小刺；右足第 2 节狭长，约为左足第 2 节长的 2 倍，第 3 节短小并具 1 细长内缘刺，其基部弯曲而末部笔直，约与末节等长，末节狭长，末端狭小并具 1 小内末刺及 2 小末刺。

分布：南海北部及东部；菲律宾群岛海域，大西洋及西北太平洋。深水种。

参考文献：44，67，217。

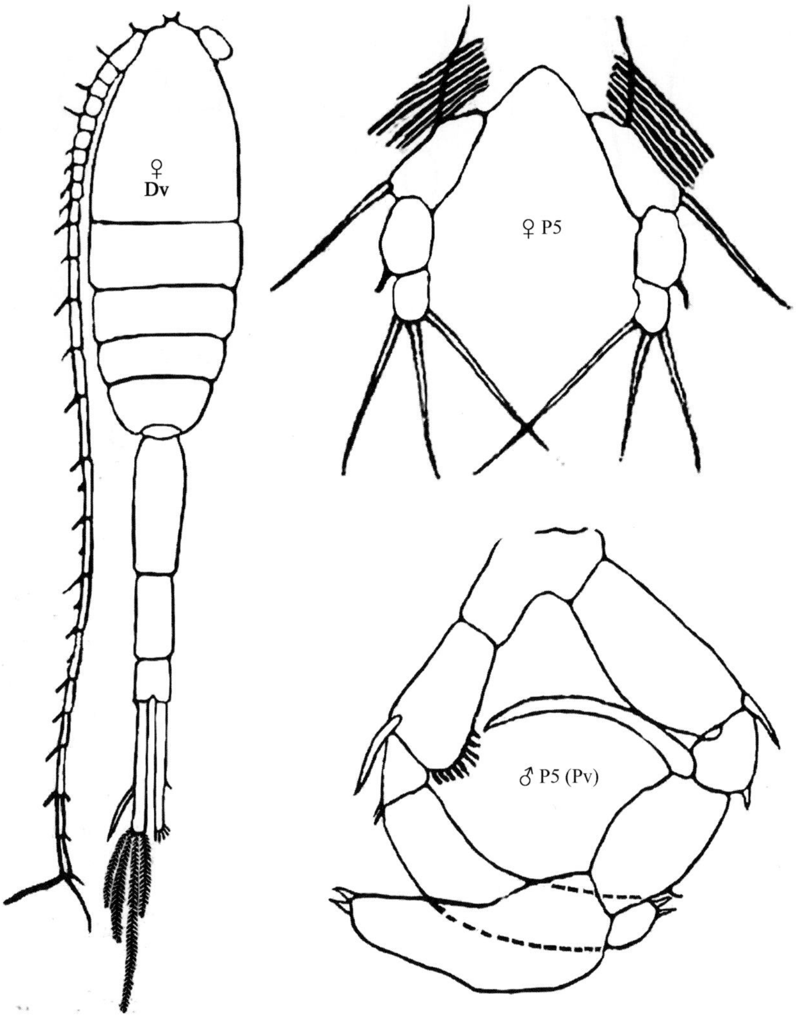

图 337 大长腹水蚤 *Metridia macrura*
[仿 Sars, 1925 (♀Dv; ♂P5); A. Scott, 1909 (♀P5)]

(337) 大长腹水蚤 *Metridia macrura* Sars, 1905 (图 337)

形态特征:

体长: ♀7.8~10.5 mm, ♂8.9~10.0 mm。**雌性**: 头胸部长椭圆形, 胸部后侧角钝圆。腹部狭长, 分 3 节, 生殖节长约等于第 2~3 节长度之和。尾叉长为宽的 10 倍, 等于肛节长的 3 倍。第 5 对胸足单肢型且对称, 各分 4 节, 第 1 节表面具 1 列细长刺毛, 第 2 节具 1 长外末刺毛, 第 3 节也具 1 小外末刺, 末节短小并具 3 长末刺毛。**雄性**: 第 5 对胸足单肢型且不对称, 左足仅分 4 节, 第 2 节内末缘突出并具细毛, 外末角也具 1 刺毛, 第 3 节很短小呈三角形, 其外末角具 1 小刺, 末节狭长, 末端钝圆并具 2 小刺; 右足分 5 节, 第 2 节粗大并具 1 小外末刺, 第 3 节短小, 具 1 小外末刺及 1 粗大而弯曲的内缘刺, 并与末 2 节呈螯状, 末节近端粗大, 末部狭小呈匙状, 顶端具 2 小刺。

分布: 东海, 南海; 太平洋, 印度洋及大西洋。深水种。

参考文献: 23, 24, 44, 51, 106, 157, 158, 190, 217。

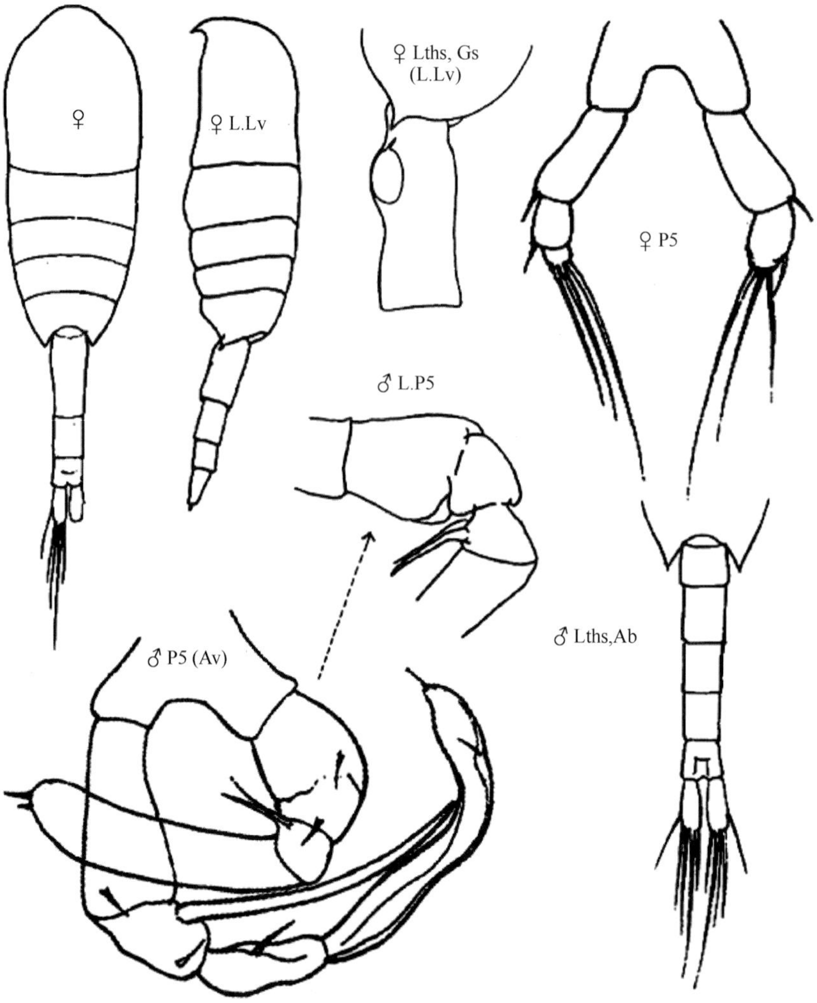

图 338 太平洋长腹水蚤 *Metridia pacifica*

[仿 Tanaka, 1963 (♀; ♂); Chihara et al. , 1997 (♀L. Lv; ♂L. P5)]

(338) 太平洋长腹水蚤 *Metridia pacifica* Brodsky, 1950 (图 338)

[*Metridia lucens*: Mori, 1937; Tanaka, 1953]

形态特征:

体长: ♀2.7~3.5 mm, ♂2.0~2.5 mm。前额钝圆, 胸部后侧角突出而尖锐, 呈三角刺状。尾叉长为宽的 2.5 倍。**雌性:** 背面观, 头部较宽大, 侧面观, 其额部较宽而平。腹部生殖节狭长, 稍长于第 2~3 腹节长度之和。第 5 对胸足分 3~4 节, 有些个体第 3、4 节愈合或不完全愈合, 末节顶端具 3 长刺毛, 第 2、3 节各具 1 小外末刺。**雄性:** 第 5 对胸足单肢型且不对称, 各分 5 节, 左足第 4 节很短小, 内缘具 2 细长刺, 末节长大, 末端钝圆并具 2 小刺; 右足第 3 节短小并具 1 强大而稍弯曲的内缘刺, 其与末节近等长, 末节狭长而弯曲并具 1 小末刺及 1 小外缘刺。

分布: 东海, 南海; 太平洋。深水种。

参考文献: 23, 24, 44, 67, 82, 106, 118, 182, 217。

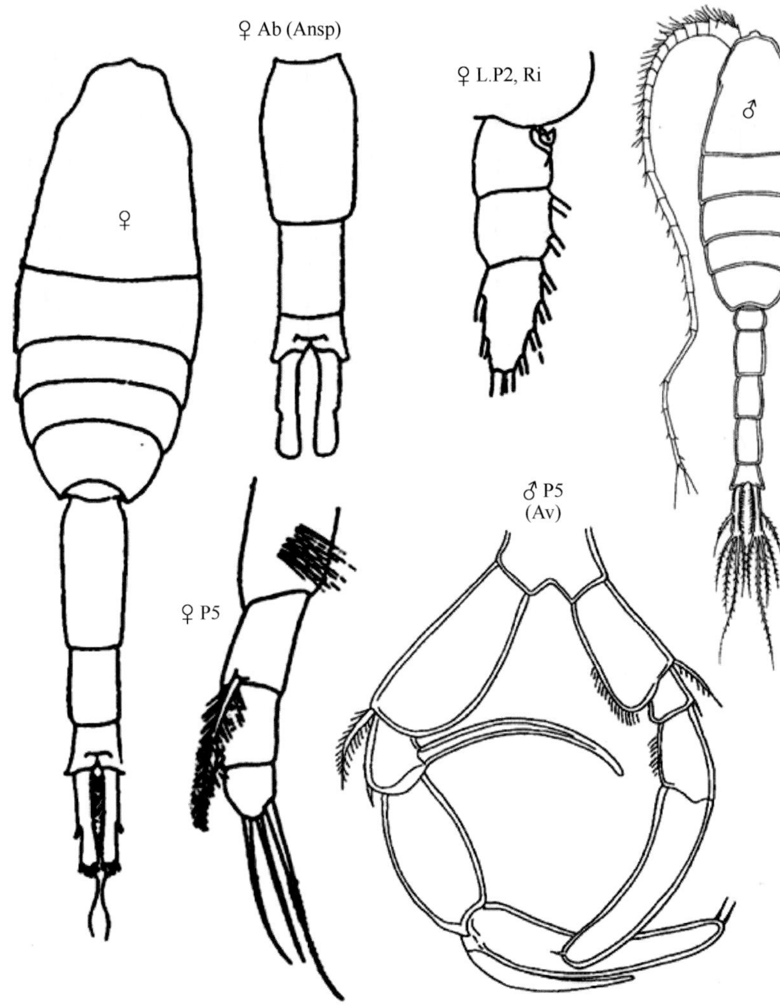

图 339　首长腹水蚤 *Metridia princeps*
[仿连光山，钱宏林，1984（♀）；Sars，1925（♂）]

（339）首长腹水蚤 *Metridia princeps* Giesbrecht，1889（图 339）

形态特征：

体长：♀7.0~8.8 mm，♂7.0~8.3 mm。头胸部呈长椭圆形。前额中央具 1 小突起，额角丝细长。胸部后侧角钝圆。腹部狭长，肛节宽短，后侧角突出呈角状。尾叉长为宽的 5~6 倍。**雌性**：腹部分 3 节，生殖节较后 2 节长度之和为长。第 5 对胸足单肢型，左右对称，各分 4 节，第 1 节表面具 1 丛长细毛，第 2 节具 1 长外缘刚毛，第 3 节具 1 小外末刺，末节较短小，末端具 3 长刺毛，其内刺毛较长。**雄性**：腹部分 5 节。第 5 对胸足单肢型且不对称，各分 5 节，左足第 2 节内末部较膨大并具细毛，外末缘具 1 长外末刺，第 3 节短小并具 1 小外末刺，第 4 节内缘具细毛，末节狭长，末端具 1~2 小刺；右足第 2 节粗大并具 1 长外末刺，第 3 节短小并具 1 小外末刺，内缘具 1 强大而弯曲的长刺突，与末 2 节呈螯状，末节狭长，其近端外缘具 1 长片状突起，本节末部狭小并具 2 小刺。

分布：东海，南海；太平洋，印度洋及大西洋。深水种。

参考文献：20，23，38，44，51，86，97，152，157，158，182，217。

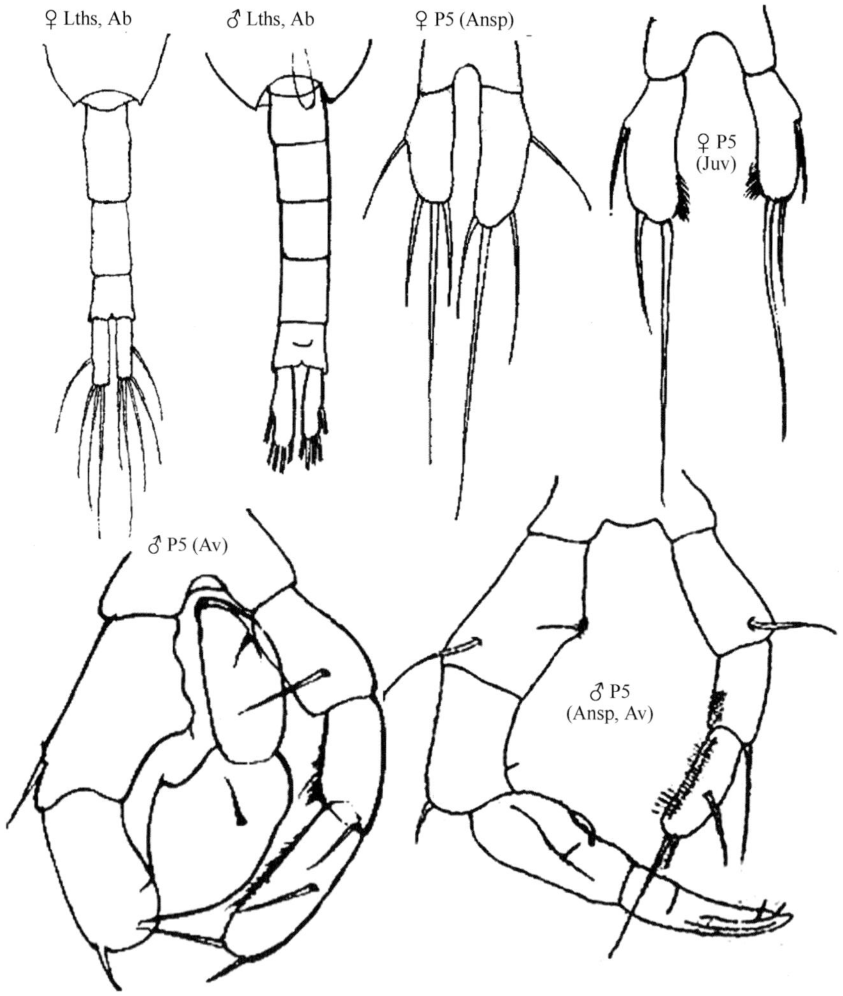

图 340 美丽长腹水蚤 *Metridia venusta*
[仿 A. Scott, 1909 (♀ Ab; ♀ P5; ♂ P5, Ansp) ; Tanaka, 1963 (♀ P5, Juv; ♂ Ab; ♂ P5)]

(340) 美丽长腹水蚤 *Metridia venusta* Giesbrecht, 1889 (图 340)

形态特征:

体长: ♀2. 7~3. 3 mm, ♂2. 5~2. 8 mm。腹部狭长, 肛节后侧角突出呈角状, 尾叉不对称, 左叉较长于右叉。**雌性:** 第 5 对胸足短小而不对称, 左足较右足粗大, 均分 2 节, 末节较长, 具 1 外缘刺毛, 末端具 3 长刺毛(不成熟个体仅具 2 长刺毛), 中间 1 刺毛较长。**雄性:** 第 5 对胸足单肢型且不对称, 左足较短小, 仅分 4 节, 末节顶端钝圆并具 2 不等长末刺毛及 1 外缘刺毛; 右足分 5 节, 第 2 节较粗大, 内缘具 1 钝三角形瘤状突, 第 4 节内缘也具 1 小齿突。

分布: 东海, 南海; 太平洋, 印度洋及大西洋。深水种。

参考文献: 6, 20, 23, 24, 44, 51, 97, 106, 157, 158, 182, 217。

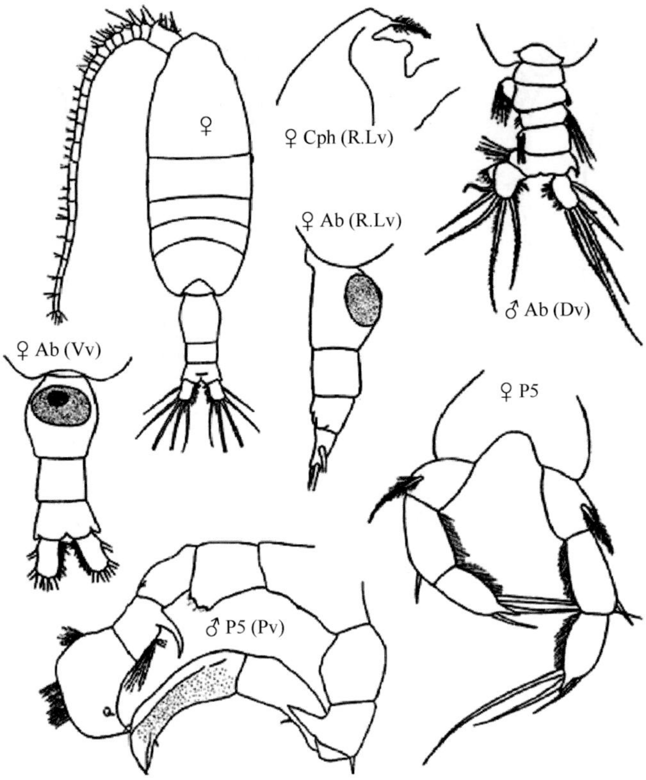

图 341　腹突乳点水蚤 *Pleuromamma abdominalis*（仿陈清潮等，1965）

(341) 腹突乳点水蚤 *Pleuromamma abdominalis* (Lubbock, 1856)（图 341）

[*Pleuromma abdominalis* Brady, 1883; Giesbrecht, 1892]

形态特征：

体长：♀2.4~4.4 mm，♂1.9~4.3 mm。**雌性**：第 1 触角第 1 节前缘具 1 弯向基部的钩状刺，第 2 节前缘刺较小而直。腹部分 3 节，生殖节较粗短，两侧较膨大，腹面突出而宽圆，肛节宽短，其后侧角呈角状突。尾叉长约为宽的 2 倍。第 5 对胸足单肢型且对称，分 4 节，第 2 节具 1 羽状外缘刚毛，第 3 节具 1 小外末刺，末节顶端延伸为刺突，并具 3 不等长的刺毛，其内刺毛最长。**雄性**：腹部分 5 节且不对称，第 2 节左侧缘具 1 顶端密生长毛的大突起，第 3 节左侧缘和右末部均具细长毛，第 4 节左缘基部具 1 小突起；肛节宽短，右缘具 1 尖刺突，左缘钝圆并具细毛。尾叉不对称，左叉较宽大，其外缘基部第 1 尾刚毛的基部膨大，末部弯曲。第 5 对胸足单肢型且不对称，各分 5 节，左足第 2 节内末部具突起及细毛，第 4 节内缘基部具 1 钩状刺，末节宽大，其顶端向内弯曲呈喙状并具 2 小刺；右足第 3 节内末刺强大，呈锥状，外末刺细小，末节狭长并稍弯曲，末端具 2 小刺。

分布：东海，南海；太平洋，印度洋及大西洋。大洋广布种。

参考文献：1，5，13，20，21，23，24，31，44，48，51，67，97，106，152，158，217。

注：Steuer(1932)将本种分为 *typica*、*endentata* 和 *abyssalis* 3 个型。据陈清潮等(1965)和郑重等(1982)的研究，东海和南海的标本都属于 *typica* 型，其主要特征是：①雌性第 1 触角第 1、2 节上缘刺稍向基部弯曲；②雄性腹部不对称。

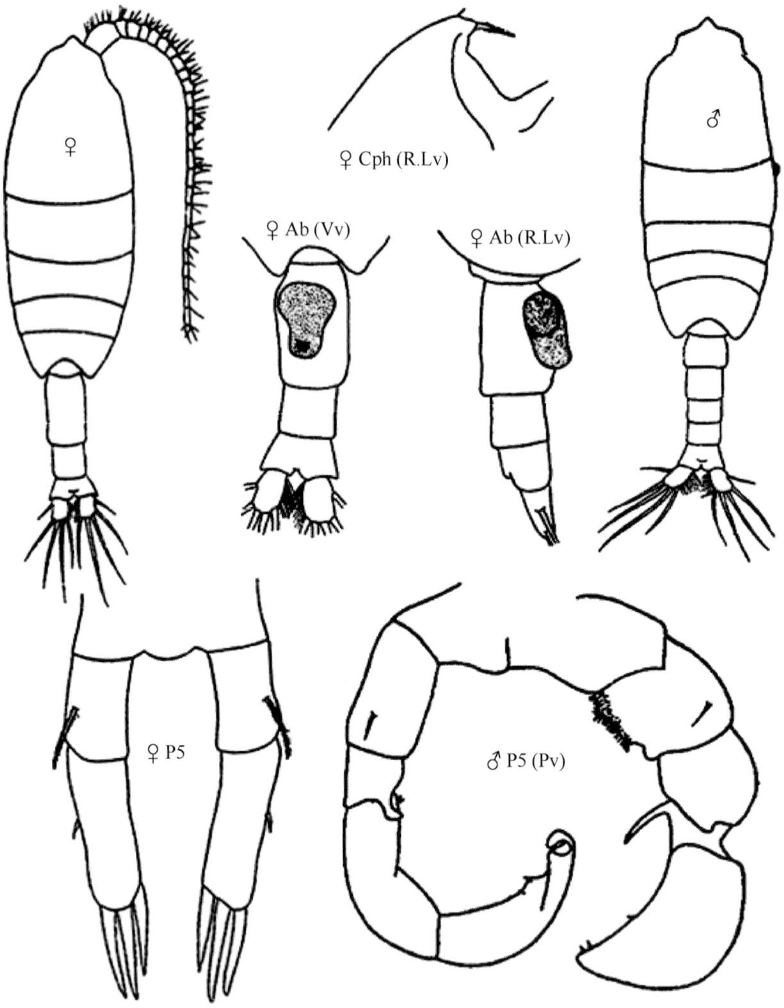

图 342 北方乳点水蚤 *Pleuromamma borealis*（仿陈清潮等，1965）

（342）北方乳点水蚤 *Pleuromamma borealis*（Dahl，1893）（图 342）

形态特征：

体长：♀1. 7~2. 5 mm，♂1. 5~2. 1 mm。**雌性**：第 1 触角第 1 节无粗刺突。腹部生殖节长大，其长约为宽的 2 倍并超过后 2 节长度之和，腹面观其纳精囊呈倒梨形；肛节宽短，后侧角呈小刺突。尾叉短小而对称。第 5 对胸足单肢型且对称，各分 3 节，第 2 节较短并具 1 外缘刺毛，末节长大，其外缘中部具 1 小刺，末端具 3 不等长的粗长刺，以中刺较长。**雄性**：腹部分 5 节，左右对称。第 5 对胸足单肢型且不对称，各分 5 节，左足第 2 节呈长方形并具 1 小外末刺，第 3 节短小，内末角具 1 粗刺突，第 4、5 节较狭长，末节内缘具 2 小刺，节的末端较截平；右足第 2 节内缘突较宽圆并具细毛，第 4 节短小，其内缘具 1 细长刺突，其末部无小齿，末节宽大，末部狭小并稍弯曲，其内缘中部具 1 小刺，内末部具 2 小刺。

分布：东海，南海；太平洋，印度洋及大西洋。大洋广布种。

参考文献：5，13，23，24，25，27，31，44，46，51，67，152，217。

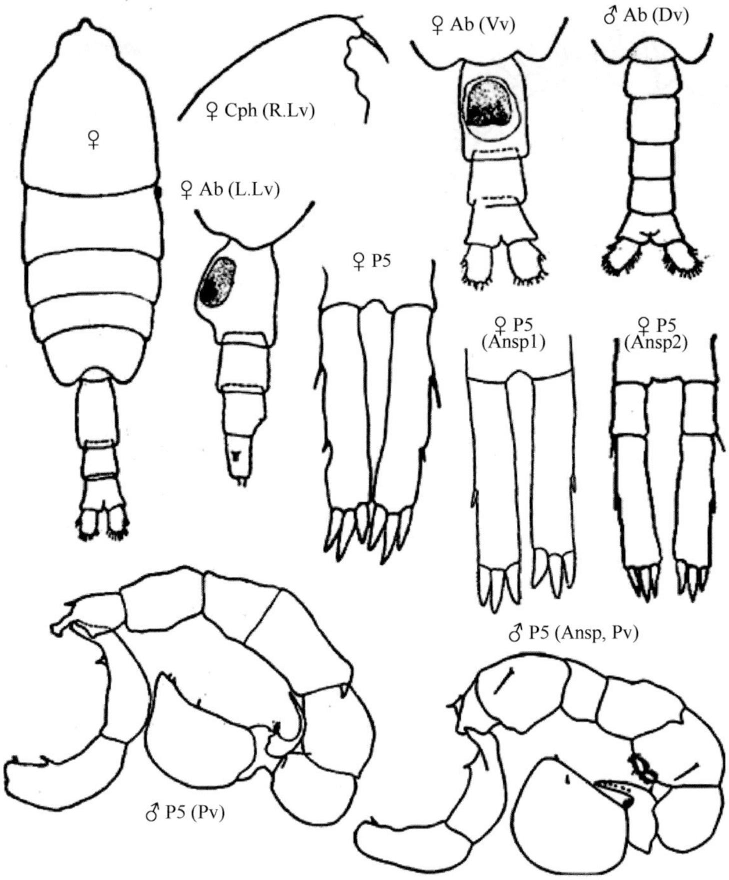

图 343 瘦乳点水蚤 *Pleuromamma gracilis*
[仿郑重等，1982（♀；♂）；陈清潮等，1965（♀P5，Ansp1；♂P5，Ansp）]

（343）瘦乳点水蚤 *Pleuromamma gracilis*（Claus，1863）（图 343）

[*Pleuromma abdominalis* Brady，1883（Part）；*P. gracilis* Giesbrecht，1892]

形态特征：

体长：♀1.6~2.6 mm，♂1.5~2.3 mm。**雌性：**第 1 触角第 1~4 节无刺突。Steuer（1932）将本种雌性成体分为 *Minima*、*Maxima* 和 *Piseki* 3 个型，在中国海均有分布，其中 *Piseki* 型是 *P. piseki* Farran，1929 的异名（图 344），故仅含前两个型。两者体形相似，腹部生殖节长大，其长度稍大于后 2 节长度之和，腹面观纳精囊近圆形，侧面观卵圆形。尾叉短小而对称。第 5 对胸足单肢型且对称，*Minima* 型分 2 节，*Maxima* 型分 3 节，末节均狭长并具 1~2 小外缘刺，末端均具 3 近等长而粗短的刺。**雄性：**腹部分 5 节，左右对称。第 5 对胸足单肢型且不对称，各分 5 节，左足第 3 节短小，末中部延伸为 1 指状突，第 4、5 节狭长，分别具 1、2 内缘刺；右足第 4 节短小，内缘具 1 钩状刺突，其大小有个体差异，有的较粗短并在刺突上具较显著的小齿，有的刺突较细长而无小齿，末节宽大，末端较狭，稍向内弯并具 1~2 小刺。

分布：黄海至南海；太平洋，印度洋及大西洋。大洋广布种。

参考文献：1，5，13，20，21，23，24，25，31，32，44，46，51，67，79，97，106，118，152，158，182，217。

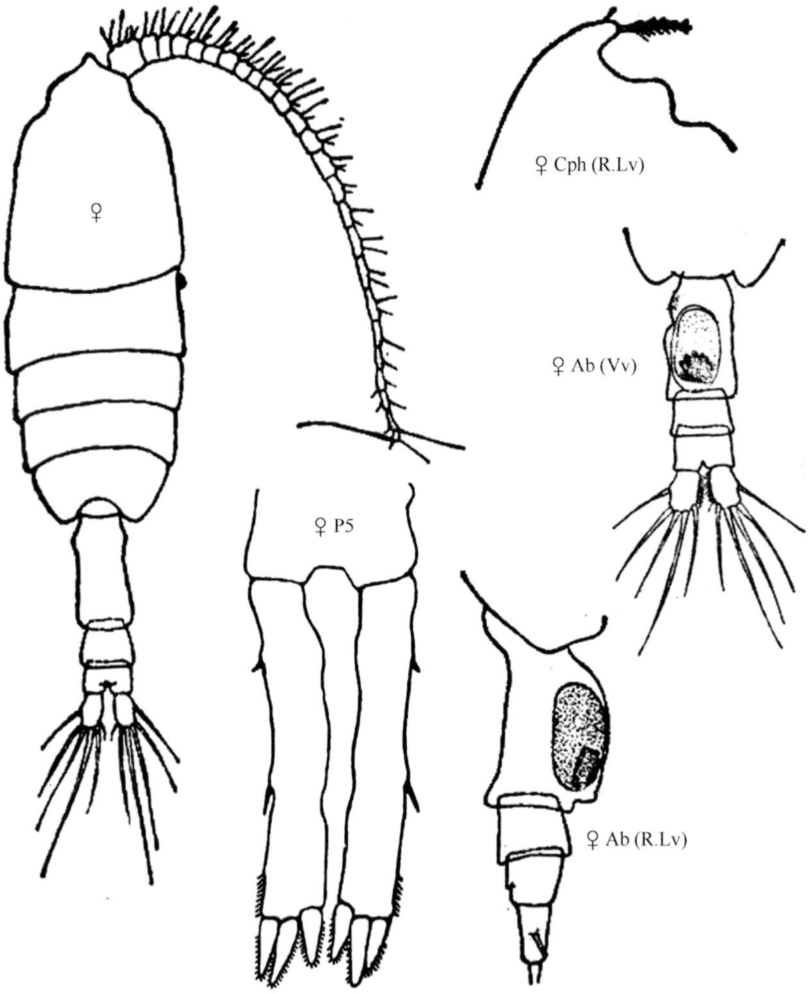

图 344 皮氏乳点水蚤 *Pleuromamma piseki*（仿郑重等，1982）

（344）皮氏乳点水蚤 *Pleuromamma piseki* Farran，1929（图 344）

［*Pleuromamma gracilis* f. *piseki*：Steuer，1932；陈清潮等，1965；郑重等，1982］

形态特征：

体长：♀1.7~2.2 mm。**雌性：**第 1 触角第 1~4 节无刺突。腹部生殖节较长大，稍不对称，其长度显著大于后 2 节之和，近端两侧稍突出，右侧基部具细毛，近中部或后侧缘稍凹陷，纳精囊较大，呈长椭圆形；肛节短小，两侧缘平行。尾叉对称，长约为宽的 1.5 倍。第 5 对胸足分 2 节，末节狭长，其长度为宽的 5~6 倍，外缘具 2 小外缘刺，顶端具 3 粗短的末刺，其长度稍大于或等于末节的宽度。

分布：东海，南海；太平洋，印度洋及大西洋。大洋广布种。

参考文献：13，23，24，44，46，89，106，152，182，217。

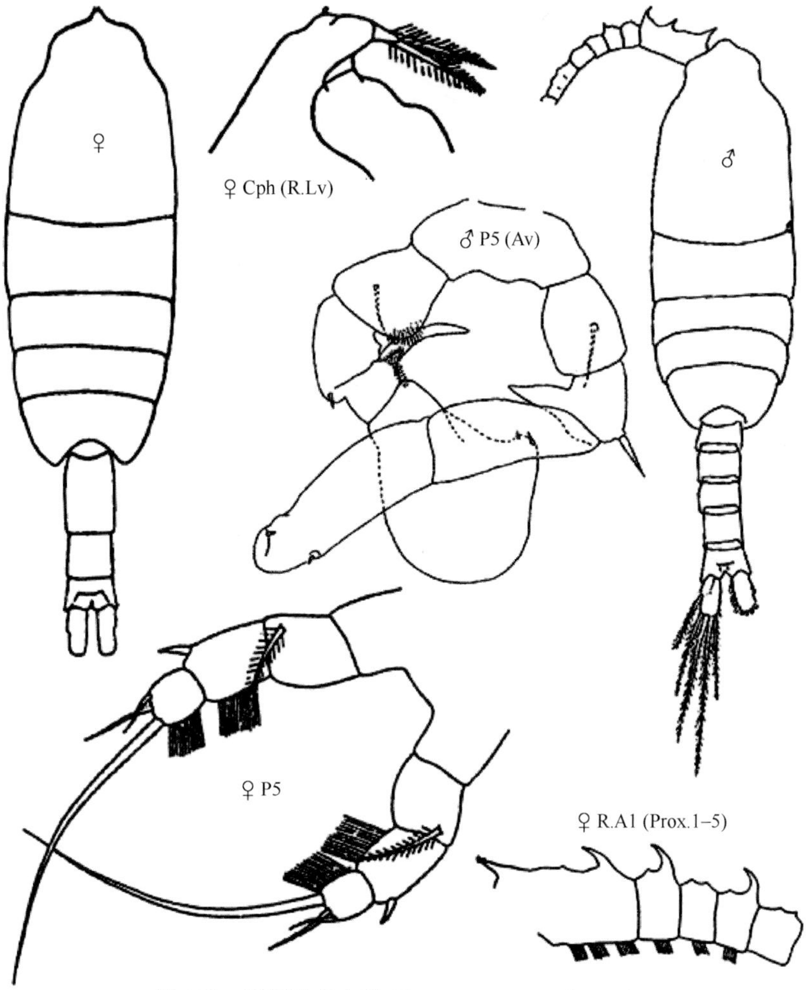

图 345　四刺乳点水蚤 *Pleuromamma quadrungulata*
[仿连光山，钱宏林，1984（♀）；Bradford-Grieve，1999（♂）]

（345）四刺乳点水蚤 *Pleuromamma quadrungulata*（Dahl，1893）（图 345）

形态特征：

体长：♀3.5~5.0 mm，♂3.1~4.5 mm。**雌性：**生殖节长大，约等于后 2 节长度之和，其腹面稍突出；肛节宽短，左、右后侧角突出而对称。尾叉长为宽的 2 倍。第 1 触角第 1~4 节前缘常具 4 弯曲钩状刺，其中第 1 节前缘常具 2 钩状刺(但也有少数具 3 钩状刺)，第 2、4 节各具 1 钩状刺，并在第 1~4 节后缘具细毛。第 5 对胸足单肢型且对称，各分 4 节，第 2 节具 1 羽状外末缘刚毛，第 3 节具 1 小外末刺，末节短小并具 3 不等长的末刺毛，内侧刺毛最长大。**雄性：**腹部左右对称。第 1 触角基部前缘常具 4 钩状刺，其中第 1、2 节愈合，并具 3 钩状刺，第 4 节也具 1 小钩状刺，但也有少数第 1、2 节不愈合，而第 4 节无钩状刺。第 5 对胸足单肢型且不对称，左足第 3 节较短，内缘刺突粗大，外末刺较小，第 4~5 节狭长，末节外缘近末部及近末端各具 1 小刺；右足第 2 节内末缘突宽圆并具细毛，第 4 节较短，其内缘具 1 稍弯曲的长刺突，末节宽大，其顶端向内侧弯曲呈喙状并具 2 小刺。

分布：南海；太平洋，印度洋及大西洋。大洋广布种。

参考文献：38，44，67，76，87，99，217，218。

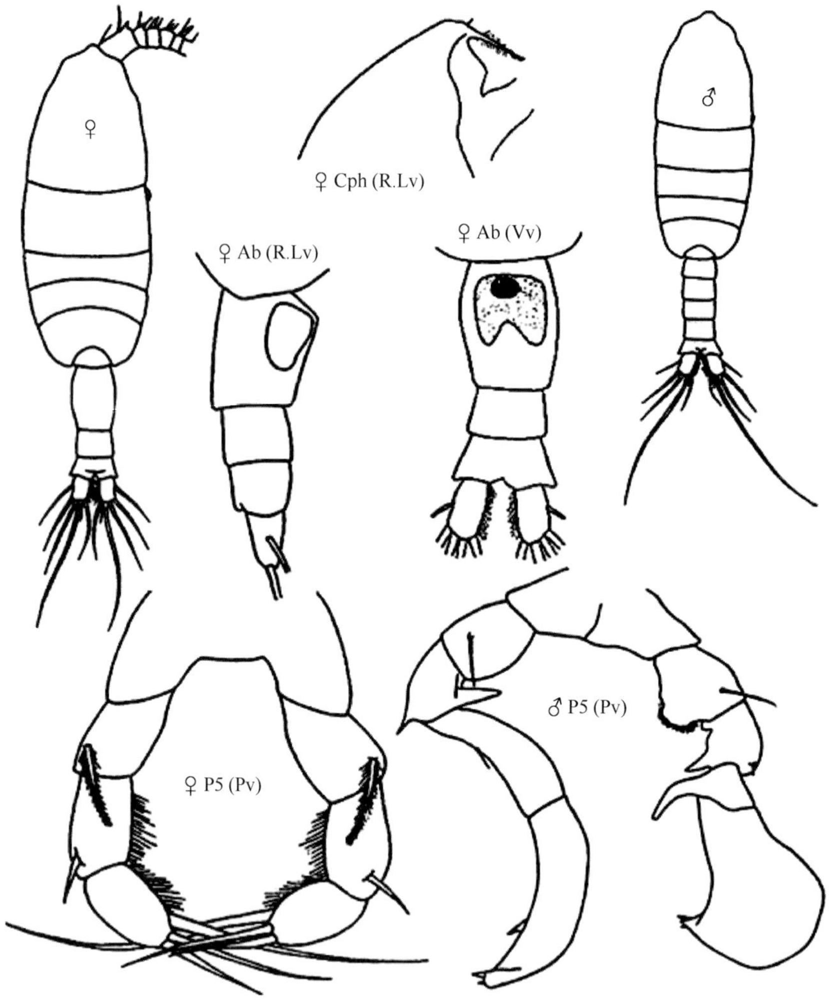

图 346 粗乳点水蚤 *Pleuromamma robusta*（仿陈清潮等，1965）

（346）粗乳点水蚤 *Pleuromamma robusta*（Dahl，1893）（图 346）

形态特征：

体长：♀2.2~4.7 mm，♂1.8~4.0 mm。**雌性：**第 1 触角第 1、2 节上缘刺不弯曲。腹部生殖节长大，近椭圆形，约与后 2 节长度之和等长，其腹面近基部较突出，肛节宽短，其后侧角对称，呈小刺突。第 5 对胸足单肢型且对称，各分 4 节，其末节粗短呈卵圆形，顶端具 3 不等长刺毛，其内刺毛最长，外刺毛最短。**雄性：**腹部狭长，左右对称，无突起。第 5 对胸足单肢型且不对称，左足第 2 节粗短，第 3 节内缘刺突粗大，外末刺小，第 4、5 节狭长，末节内缘近末部具 1 小刺，末端具 2 小刺；右足第 2 节内缘突较大并具细毛，第 3、4 节较短小，内缘均具刺突，以第 4 节内刺突较大，并呈钩状，末节后半部宽大，末端稍向内弯曲，呈喙状，并具 1 小刺。

分布：黄海至南海；太平洋，印度洋及大西洋。大洋广布种。

参考文献：1，5，13，20，23，24，25，31，32，44，46，51，106，118，152，157，217。

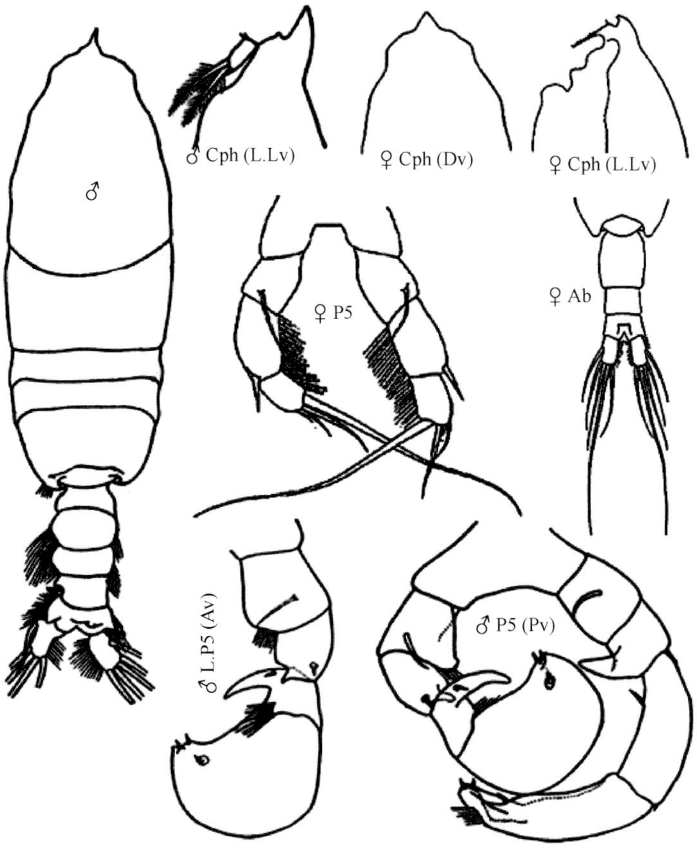

图 347　剑乳点水蚤 *Pleuromamma xiphias*
[仿陈清潮等, 1965 (♀); 连光山等, 1978 (♂)]

(347) 剑乳点水蚤 *Pleuromamma xiphias* (Giesbrecht, 1889) (图 347)

[*Pleuromma xiphias* Giesbrecht, 1892]

形态特征:

体长: ♀3.5~5.9 mm, ♂4.0~6.4 mm。**雌性:** 前额尖刺突稍弯向腹面。生殖节粗大，约等于后2节长度之和，肛节宽短。尾叉长为宽的2倍。第1触角第1节上缘具1向基部弯曲的钩状刺。第5对胸足单肢型且对称，各分4节，第3节外末缘具1小刺，第4节较短小，末端具3刺毛，内侧刺毛最长，外侧刺毛最短，约为中刺长的1/2。**雄性:** 前额尖刺突较粗大，直指前方而不弯向腹面。腹部分5节，不对称，第1节较短，第2~3节左侧较膨大而突出，两侧缘均具长细毛，第4节左侧基部及肛节左、右末缘各具1小突起和长细毛。尾叉不对称，左尾叉基部宽大，外缘第1尾叉刚毛较短，其基部较粗大而稍弯曲。第5对胸足单肢型且不对称，各分5节，左足第2节内末缘突出并具细毛，第4节内缘基部具1爪状的大刺突，内末缘具1束长毛，末节膨大，末端向内弯曲呈喙状，并具2~3小刺；右足第3节宽短，内缘具1锥状刺突，第4节狭长，内缘近基部具1小刺，末节也狭长，顶端具2小刺，内末缘也具1小刺，外末缘具细毛。

分布: 东海至南海；太平洋，印度洋及大西洋。大洋广布种。

参考文献: 1, 5, 13, 20, 21, 23, 24, 25, 31, 37, 44, 46, 48, 51, 67, 97, 118, 152, 182, 217。

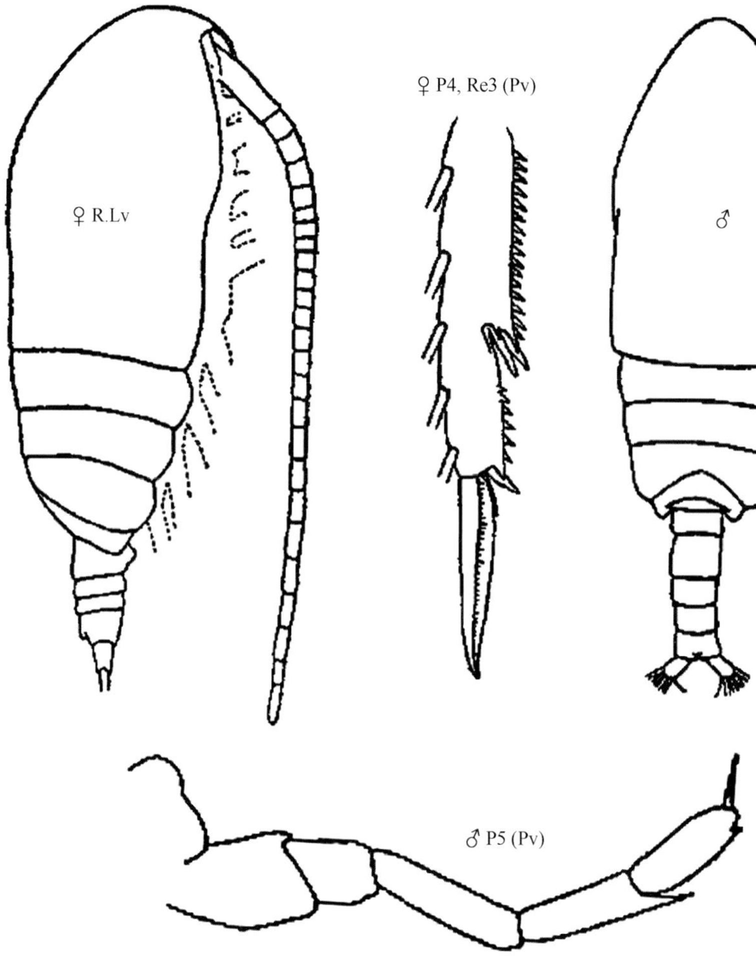

图 349 驼背隆哲水蚤 *Acrocalanus gibber*（仿陈清潮等，1965）

（349）驼背隆哲水蚤 *Acrocalanus gibber* Giesbrecht，1888（图 349）

形态特征：

体长：♀0.9~1.3 mm，♂0.9~1.4 mm。**雌性：**前额宽圆。侧面观，头部背面近中部显著隆起，末胸节后侧角较突出而钝圆。腹部生殖节宽大，其腹面显著突出。第 1 触角向后伸长，1~3 节超过尾叉。第 4 对胸足外肢第 3 节外缘末部的锯齿较粗大，齿数为 5~6 枚。第 5 对胸足消失。**雄性：**头胸部较狭长。第 5 对胸足不对称，左足单肢型，分 5 节，第 1 节粗大，第 4 节外末角的刺突较长，末节近外末缘具 1 小刺，顶端具 1 长末刺；右足消失。

分布：黄海至南海；太平洋，印度洋及大西洋。暖水种。

参考文献：5，13，15，18，20，21，23~25，31~33，44，46，97，106，118，158，172，217。

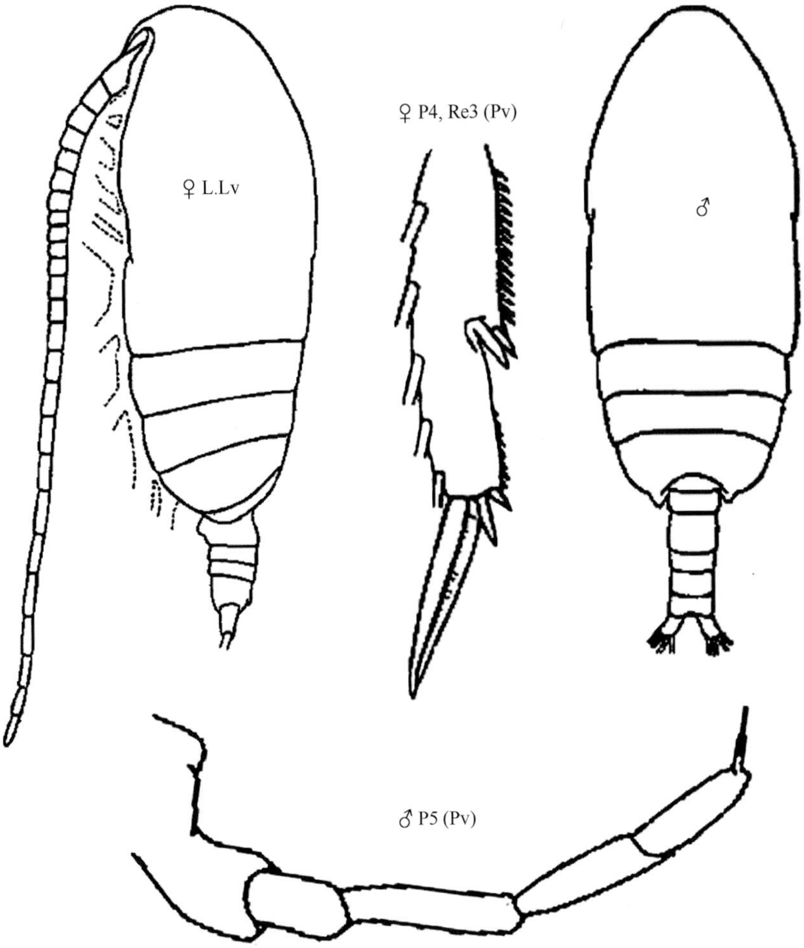

图 350 微驼隆哲水蚤 *Acrocalanus gracilis*（仿陈清潮等，1965）

（350）微驼隆哲水蚤 *Acrocalanus gracilis* Giesbrecht，1888（图 350）

形态特征：

体长：♀1.1~1.8 mm，♂1.0~1.3 mm。**雌性**：头胸部粗壮，前额宽圆。侧面观头部背面稍隆起，胸部后侧角较宽圆。腹部生殖节宽大，近方形，其腹面突出。肛节较长于前 2 节长度之和。尾叉长约为宽的 2 倍。第 1 触角约末 3 节超过尾叉。第 4 对胸足外肢第 3 节外缘末部锯齿较细，约 14 枚。第 5 对胸足消失。**雄性**：头胸部较粗短。第 5 对胸足不对称，左足分 5 节，第 4 节外末刺较短小，第 5 节外末缘无小刺，仅节的顶端具 1 长末刺；右足消失。

分布：黄海至南海；太平洋，印度洋及大西洋。暖水种。

参考文献：1，5，13，15，18，20，21，23，24，31~33，44，46，97，106，118，158，172，217。

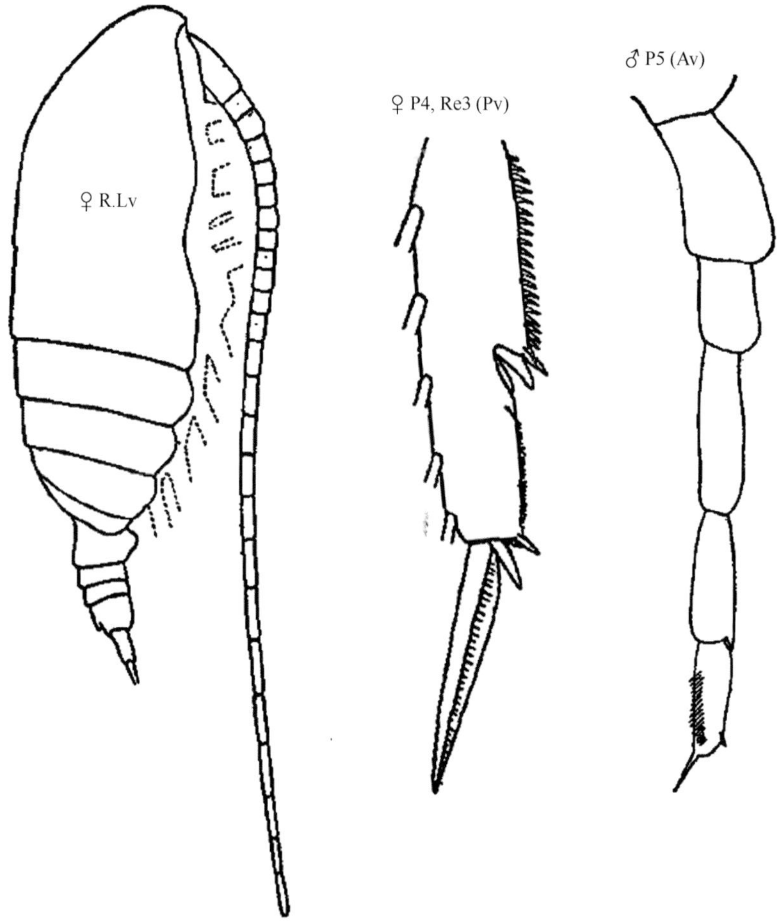

图 351 长角隆哲水蚤 *Acrocalanus longicornis*
［仿陈清潮等，1965（♀），1974（♂）］

（351）长角隆哲水蚤 *Acrocalanus longicornis* Giesbrecht，1888（图 351）

形态特征：

体长：♀1.1~1.6 mm，♂1.0~1.4 mm。**雌性：**头胸部呈长椭圆形。额角前端稍突出而钝圆。胸部后侧角较突出，侧面观头部前端狭小而稍突出，其背面逐渐向后弯曲。腹部生殖节宽稍大于长，其腹面显著突出，肛节较长于前 2 节长度之和。尾叉短小，其长约为宽的 2 倍。第 1 触角特别长，约末 5~6 节超过尾叉。第 4 对胸足外肢第 3 节外缘末部的锯齿细小而密（约 43 个），齿数明显超过其他种。第 5 对胸足消失。**雄性：**第 5 对胸足不对称，左足分 5 节，第 1 节粗大，第 2 节短小，第 4 节外末角具 1 小齿突，末节近外末缘具 1 小刺，末端刺也较驼背隆哲水蚤 *A. gibber* 和微驼隆哲水蚤 *A. gracilis* 短小，本节近内缘表面具 1 列细刺毛；右足消失。

分布：黄海至南海；太平洋，印度洋及大西洋。暖水种。

参考文献：1，5，13，15，23~25，31~33，44，46，97，106，118，158，172，217。

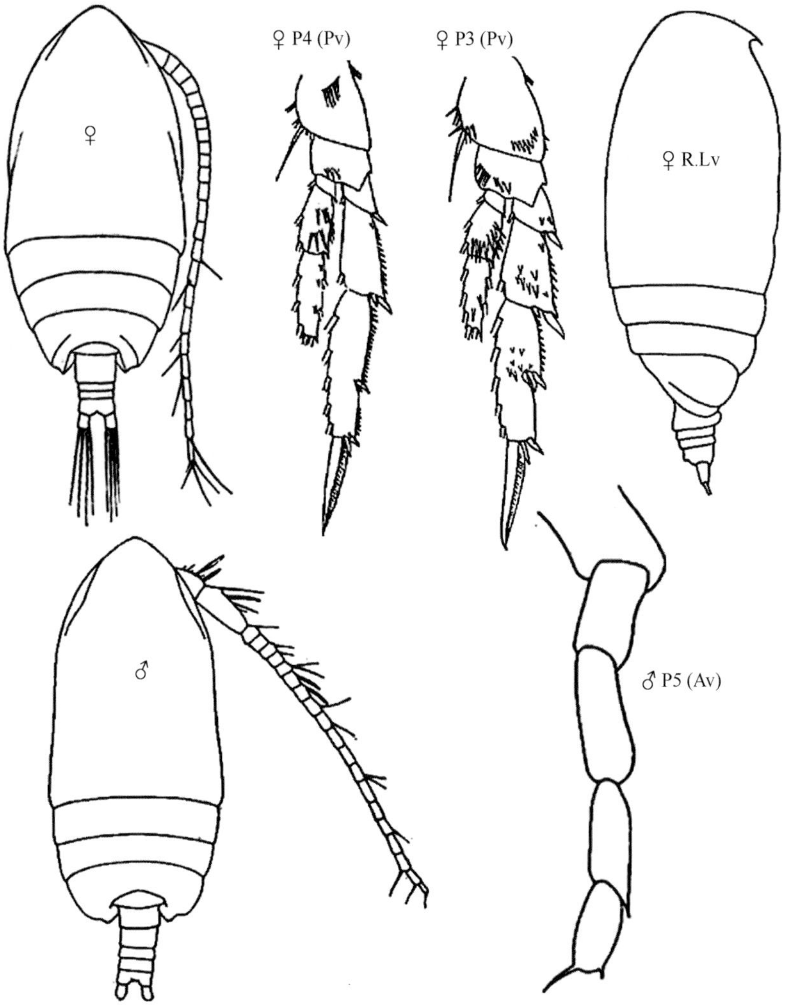

图 352 单隆哲水蚤 *Acrocalanus monachus*（仿陈清潮等，1974）

（352）单隆哲水蚤 *Acrocalanus monachus* Giesbrecht，1888（图 352）

形态特征：

体长：♀0.9～1.0 mm，♂0.8～0.9 mm。**雌性：**头胸部背面观呈长卵圆形。额部前端左右侧扁，背面观狭小而钝圆，侧面观宽大而截平。额角呈叉状，基部不愈合，第 4、5 胸节不完全愈合。胸部后侧角稍突出。腹部粗短，分 4 节，生殖节宽大，其宽度略大于长，第 2、3 节宽短并等长，肛节与前 2 节长度之和近等长。尾叉短小，长稍大于宽。第 1 触角约末 3 节超过尾叉。第 4 对胸足外肢第 3 节外缘末部具 8～12 小锯齿。第 5 对胸足消失。**雄性：**头胸部较狭小，第 4、5 胸节完全愈合。胸部后侧角稍突出。第 5 对胸足不对称，左足分 5 节，第 4 节外末角刺突尖锐，末节较粗短，外末缘具 1 小刺，末端具 1 长刺；右足消失。

分布：东海至南海；太平洋，印度洋及大西洋。暖水种。

参考文献：5，6，15，20，21，23～25，33，44，46，82，97，118，158，217。

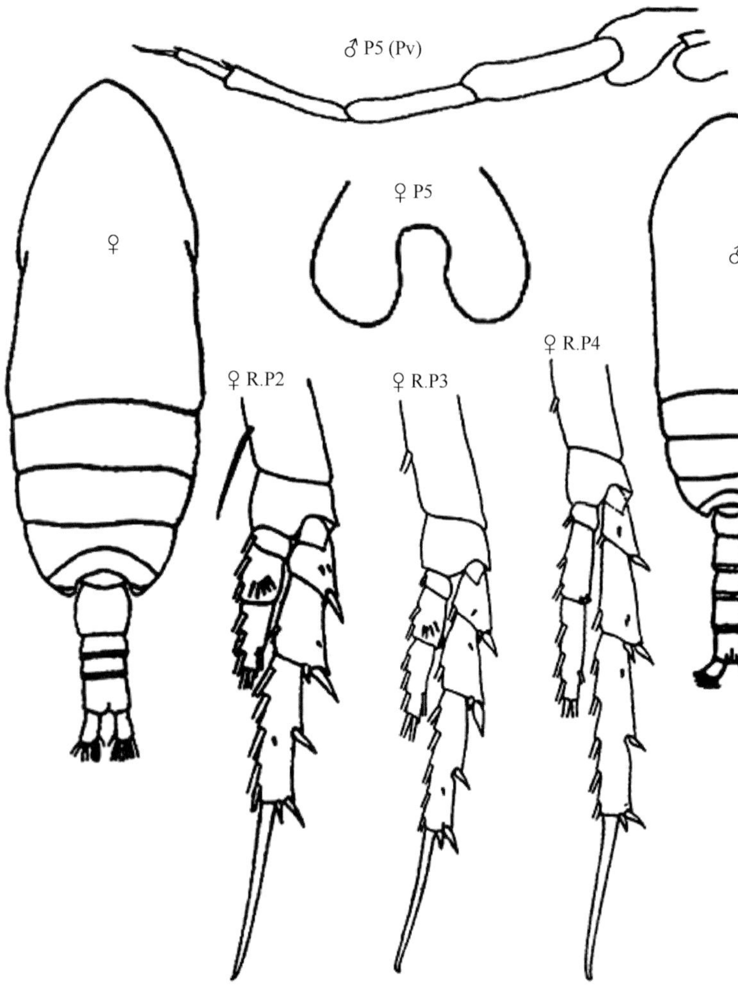

图 353 厦门矮隆水蚤 *Bestiolina amoyensis*（仿李少菁，黄加祺，1984）

（353）厦门矮隆水蚤 *Bestiolina amoyensis* Li & Huang，1984（图 353）

［*Bestiola amoyensis* Li & Huang，1984；连光山等，1994，2006，2008；陈清潮，2008］

形态特征：

体长：♀0.6～1.0 mm，♂0.8～0.9 mm。雌、雄性额角短小呈刺状，不呈细线状。**雌性：**头胸部呈长椭圆形。前额较狭而钝圆。头部与第 1 胸节愈合，第 4、5 胸节分开。胸部后侧角钝圆并具细刺毛。腹部生殖节宽大，腹面突出，其长度大于后 2 节长度之和；肛节约等于前 2 节长度之和。尾叉长约为宽的 2 倍。第 1 触角较短，仅达尾叉末端。第 2～4 对胸足外肢第 1、2、3 节背面的小刺数分别为：2、1、1，1、1、2，1、2、1；其内肢第 2 节背面也具 1 列小刺。第 5 对胸足退化，呈小叶片状，末端宽圆，左右近对称。**雄性：**第 1～4 对胸足与雌性相似。第 5 对胸足不对称，左足单肢型且细长，分 5 节，第 2 节长大，其长约为宽的 4.8 倍，第 4 节外末角具 1 小刺，末节短小，其内末角具 1 长刺，外末角具 1 小刺；右足退化，呈 1 小叶片状。

分布：东海至南海；太平洋。暖水种。

参考文献：7，24，32，33，36，37，44。

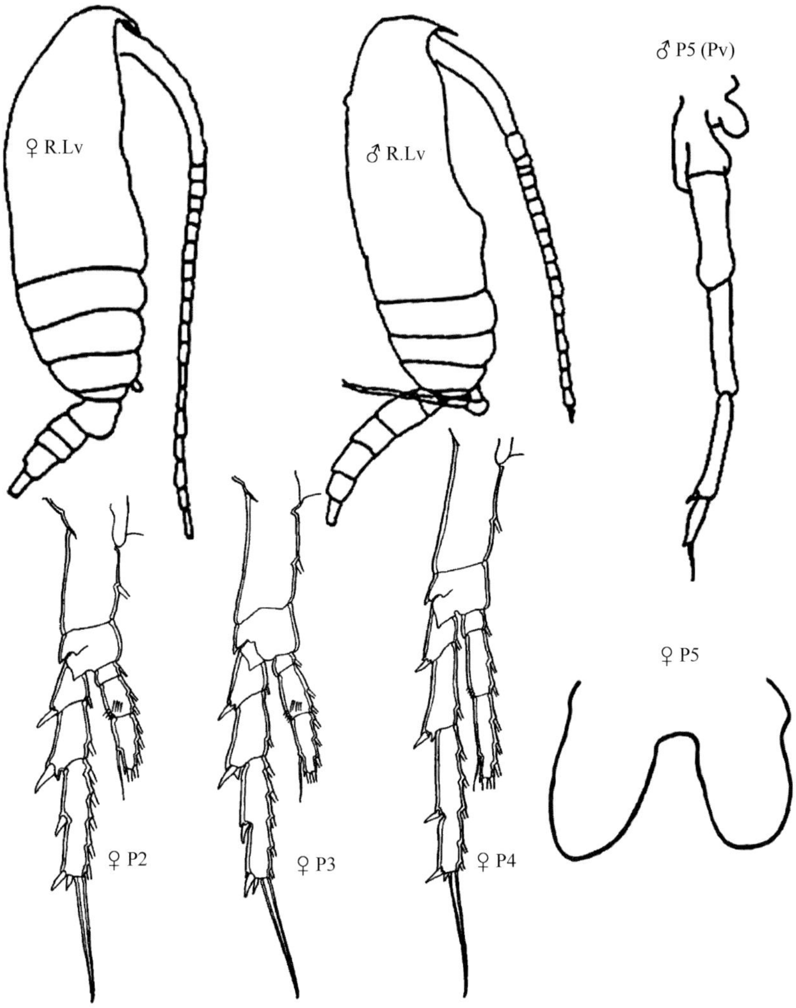

图 354　拟矮隆水蚤 *Bestiolina similis*

[仿沈嘉瑞等, 1966 (♀P2~♀P5; ♂P5); Chihara et al., 1997 (♀R. Lv; ♂R. Lv)]

(354) 拟矮隆水蚤 *Bestiolina similis* (Sewell, 1914) (图 354)

[*Acrocalanus similis* Sewell, 1914; Wellershalls, 1969; *A. sinicus* Shen & Lee, 1966; *Bestiola sinicus* (Shen & Lee, 1966): 李少菁等, 1984; 郑重等, 1992; 陈清潮, 2003, 2008; 连光山等, 1994, 2008]

形态特征:

体长: ♀0.7~1.0 mm, ♂0.7~0.9 mm。**雌性:** 头胸部呈椭圆形。前额稍突出而宽圆。胸部后侧角钝圆并无小刺毛。腹部生殖节宽大, 腹面突出, 其长度约等于后 2 节长度之和, 肛节稍短于前 2 节长度之和。尾叉长约为宽的 2 倍。第 1 触角较长, 可超过尾叉末端。第 2~4 对胸足外肢第 1~3 节背面均无小刺。第 5 对胸足退化, 呈叶片状, 稍不对称。**雄性:** 第 2~4 对胸足与雌性相似。第 5 对胸足不对称, 左足单肢型而狭长, 分 5 节, 第 2 节长约为宽的 4 倍, 第 4 节外末角具 1 粗刺突, 末节的外末角具 1 小齿突, 内末角具 1 长刺; 右足退化, 呈小叶片状。

分布: 东海, 台湾南湾及南海北部; 太平洋, 印度洋。暖水种。

参考文献: 7, 11, 24, 37, 41, 44, 82, 106, 214。

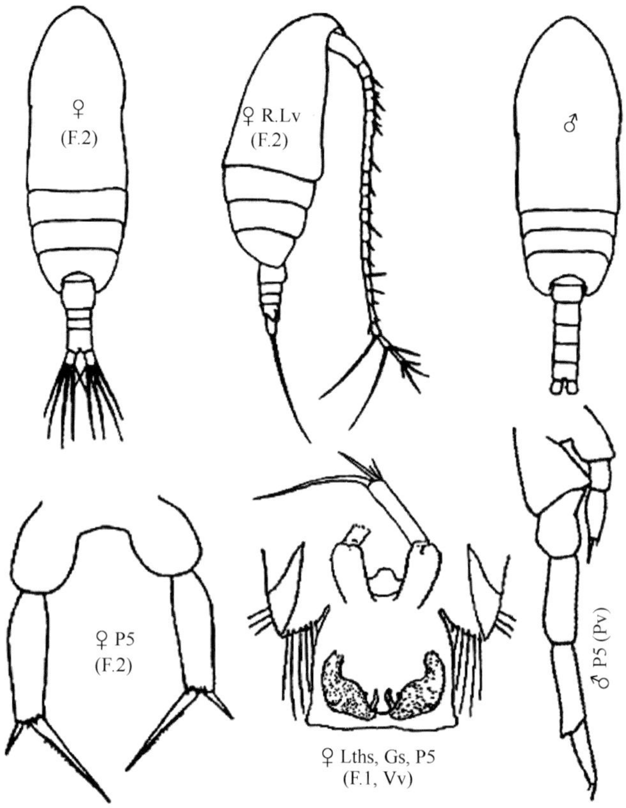

图 357　针刺拟哲水蚤 *Paracalanus aculeatus*
［仿陈清潮等，1965；Sewell，1929（♀F. 1）］

（357）针刺拟哲水蚤 *Paracalanus aculeatus* Giesbrecht，1888（图 357）

形态特征：

体长：♀0.7~1.4 mm，♂1.0~1.4 mm。**雌性**：头胸部呈长椭圆形。额角丝细长。胸部后侧角较突出而钝圆，其后缘具细长刚毛或无细毛。腹部生殖节近方形，肛节较长于前 2 节长度之和。尾叉长为宽的 2 倍。第 1 触角末 2~3 节超过尾叉，其末节长约为前 1 节的 2 倍。第 5 对胸足单肢型而稍不对称，常分 2 节（也有分 3 节的异常个体），末节狭长，其背末缘常具 2~3 小刺或 1 列细刺毛，节末端具 2 不等长末刺，外刺短小，内刺长大，其外缘具细刺或无细刺。**雄性**：第 5 对胸足单肢型且不对称，左足分 5 节，第 1 节宽大，第 2 节较短并稍弯曲，第 4 节狭长，其外末角具 1 齿突，末节较短呈锥状，并具 2 不等末刺，内刺较长；右足短小，分 3 节，末节较长并与左足末节同形，也具 2 不等长末刺，内刺长大，约为末节长的 1/2，外刺很小。

分布：黄海至南海；太平洋，印度洋及大西洋。暖水种。

参考文献：1，5，13，15，21，23~25，31~33，44，46，48，51，75，82，97，99，118，158，159，217。

注：Sewell（1929）、Grice（1962）等，将本种雌性成体分为大型（F. 1）和小型（F. 2），两者在中国海均有分布，其主要形态差异：大型的体长较大，1.0~1.4 mm，胸部后侧角具细长刚毛，第 5 对胸足末节背末缘具 1 列细刺，末内刺细长，其外缘光滑无细刺；小型的胸部后侧角无细长刚毛，第 5 对胸足末节背末缘具 2~3 小刺，末内刺长大，其外缘具 1 列小刺。

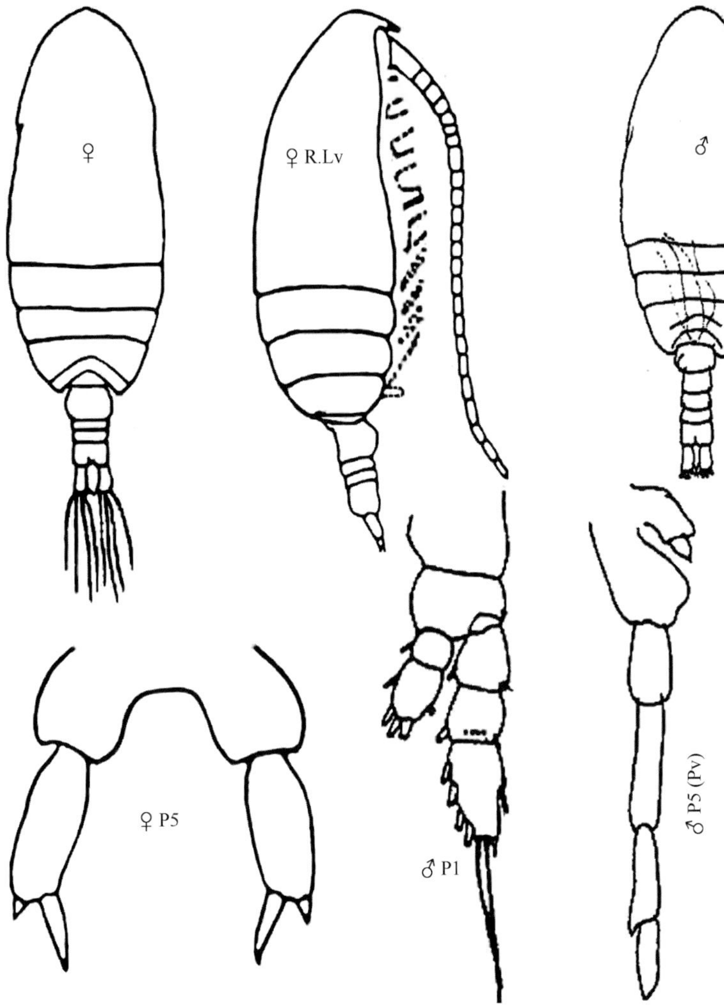

图 358 强额拟哲水蚤 *Paracalanus crassirostris*
［仿陈清潮等，1965（♀）；Hiromi，1981（♂）］

（358）强额拟哲水蚤 *Paracalanus crassirostris* Dahl，1893（图 358）

［强额孔雀哲水蚤 *Parvocalanus crassiostris*（Dahl，1893）：Andronov，1970；Hiromi，1981；Bradford，1994；石长泰等，2000；陈清潮，2003，2008］

形态特征：

体长：♀0.5~0.6 mm，♂0.4~0.6 mm。**雌性**：头胸部呈卵圆形，第4、5胸节分开。侧面观前额较狭，额角分叉而粗短，其末端钝而不呈细线状，胸部后侧角钝圆。腹部生殖节膨大，呈球状；肛节长约为前2节长度之和。尾叉长为宽的2倍多。第1触角长达尾叉末端。第5对胸足粗短而对称，各分2节，其末节粗大并具2不等长的末刺，内末刺粗大，其外缘具细齿，外末刺呈小齿突状。**雄性**：头胸部呈卵圆形，额角呈锥状，末端尖。第5对胸足单肢型且不对称，左足细长分5节，第1节末部很宽大，第4节外末角具1小齿突，末节较短，顶端具2小刺；右足很短小，分2节，末节呈圆锥状，顶端具2微刺。

分布：渤海至南海；太平洋，印度洋及大西洋。暖水种。

参考文献：4，5，13，15，18，23，24，31~33，44，46，48，75，82，104，106，159，178。

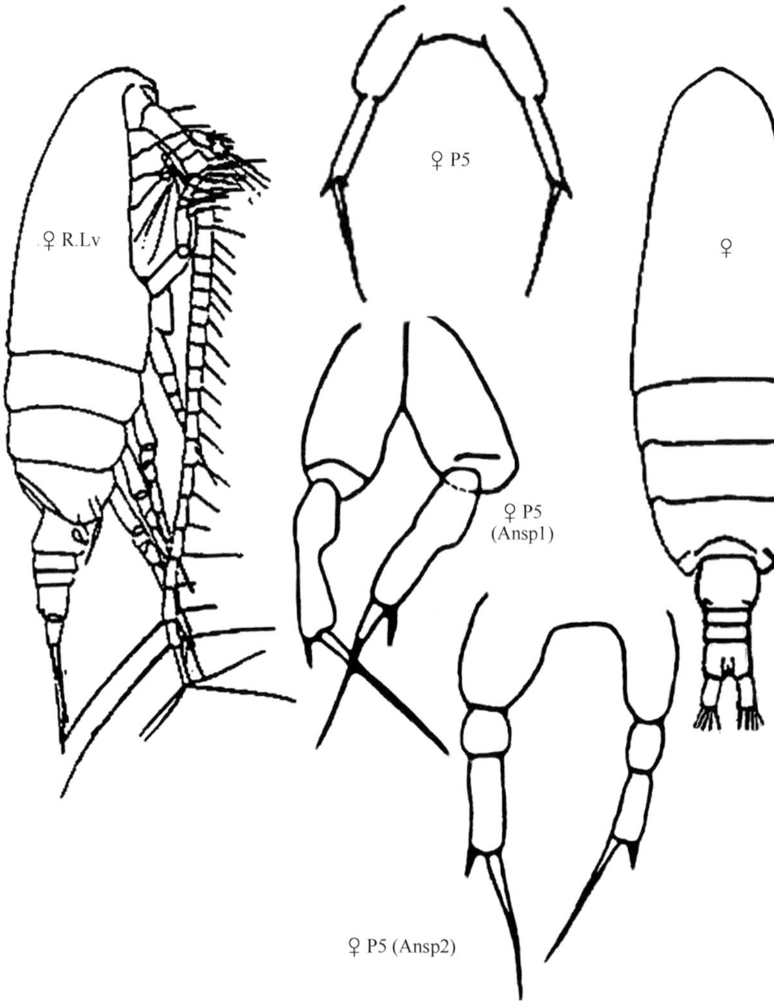

图 359　裸拟哲水蚤 *Paracalanus denudatus*

[仿 Vervoort, 1963; Chihara et al., 1997 (♀); Sewell, 1929 (♀P5, Ansp1); Tanaka, 1956 (♀P5, Ansp2)]

(359) 裸拟哲水蚤 *Paracalanus denudatus* Sewell, 1929 (图 359)

形态特征:

体长: ♀0.6~1.0 mm。**雌性:** 头胸部长椭圆形，头部较狭长，前额钝圆。额角丝细长。腹部生殖节宽大，呈球形，其宽度大于长度，肛节长约等于前 2 节长度之和。尾叉长为宽的 2 倍。第 1 触角末 2 节超过尾叉，末节较长，为前 1 节的 1.6~2 倍。第 5 对胸足分 2 节(异常个体分 3 节)，末节细长，顶端具 2 不等长末刺，内末刺细长并超过末节的长度，其内外缘无细刺列，外末刺很短小。

分布: 东海，南海；太平洋及印度洋。暖水种。

参考文献: 24, 44, 82, 106, 159, 172。

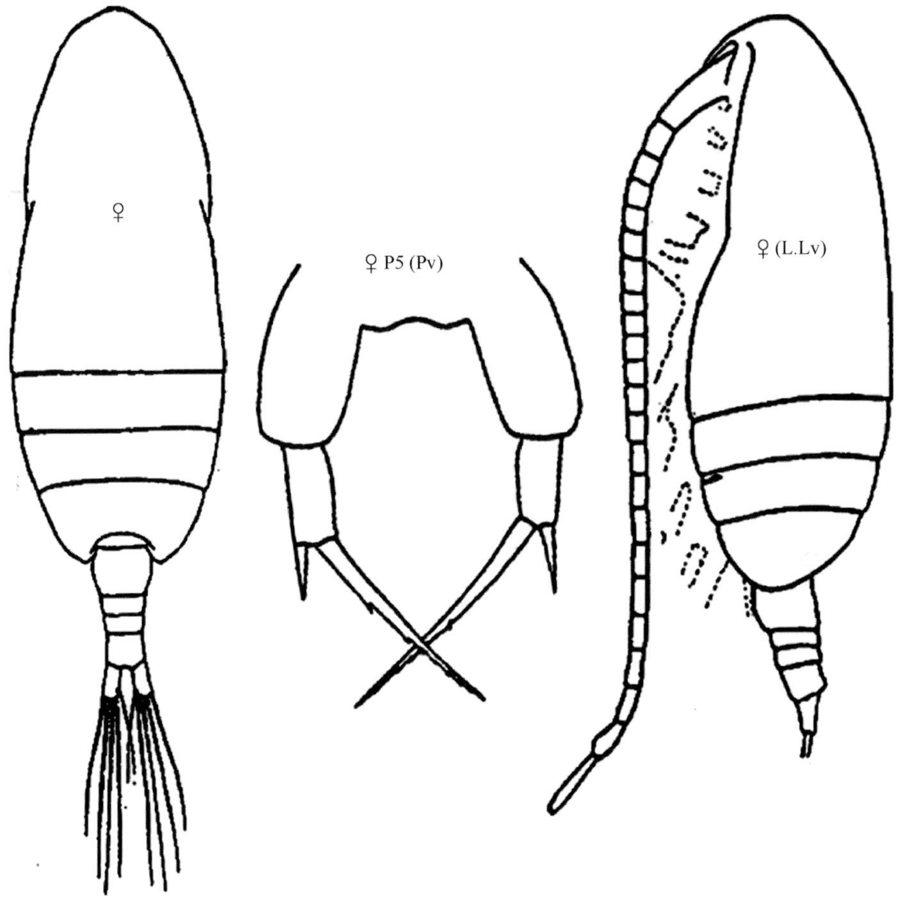

图 360 瘦拟哲水蚤 *Paracalanus gracilis*（仿陈清潮等，1965）

（360）瘦拟哲水蚤 *Paracalanus gracilis* Chen & Zhang, 1965（图 360）

形态特征：

体长：♀0.5~0.9 mm。**雌性**：头胸部呈长椭圆形。前额钝圆。额角较长，其刺间穴近三角形。胸部后侧角钝圆。腹部生殖节宽大，近球形，长度大于后 2 节长度之和，其腹面突出；肛节等于前 2 节长度之和。尾叉长为宽的 2~2.5 倍。第 1 触角末两节超过尾叉，末节长约为前 1 节的 2 倍。第 5 对胸足单肢型且对称，各分 2 节，第 2 节很短小，末端具 2 不等长的末刺，内刺长约为本节长的 2 倍，刺的外缘后半部具细齿（或细刺），外末刺短小，约为内刺长的 1/4。

分布：东海至南海；太平洋。暖水种。

参考文献：5，6，13，15，24，31~33，44，46，48，51。

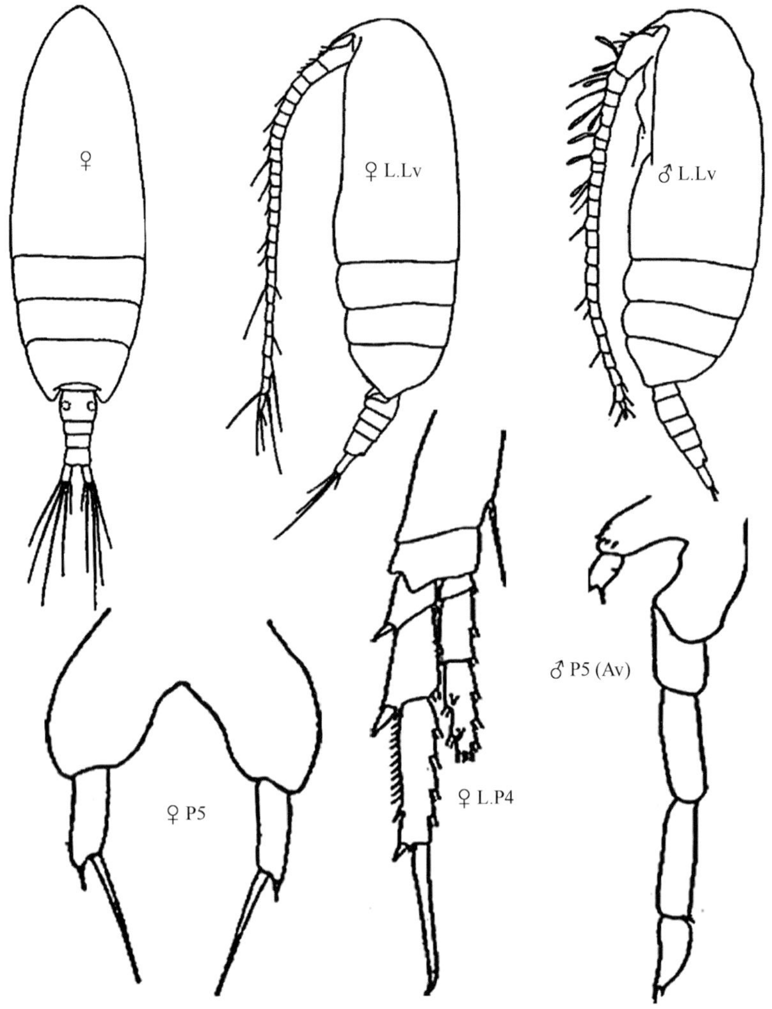

图 361　矮拟哲水蚤 *Paracalanus nanus*（仿陈清潮等，1974）

（361）矮拟哲水蚤 *Paracalanus nanus* Sars，1907（图 361）

形态特征：

体长：♀0.5~0.6 mm，♂0.5~0.6 mm。**雌性：**背面观头胸部呈长椭圆形，头部前端较狭而钝圆，胸部后侧角较突出；侧面观，头部前端较宽平，额角细长，呈弯刺状。胸部后侧角呈钝三角状，其腹侧缘具细毛。腹部生殖节宽大，其宽度略大于长度；第 1~3 腹节的末缘皆具细刺毛；肛节较短于前 2 节长度之和。尾叉长为宽的 2 倍。第 1 触角可达第 3 腹节末缘。第 5 对胸足左右对称，分 2 节，第 1 节很粗大，第 2 节短小，其长度约为宽度的 2.5 倍，末端具 2 不等长末刺，外刺很短小，内刺细长。**雄性：**侧面观，头的前部背面具 1 小瘤状突起。胸部后侧角的腹侧缘无细毛。第 5 对胸足不对称，左足狭长并分 5 节，第 1 节粗大，第 2 节较短，第 4 节狭长，其外末角具 1 小齿突，末节短小呈锥状，末端具 2 不等长小末刺；右足短小，仅分 2 节，第 1 节粗大，末部外缘具 4~5 小刺，第 2 节短小，末端具 2 不等长小刺。

分布：东海至南海；太平洋，印度洋及大西洋。热带种。

参考文献：5，15，21，24，25，37，44，152，159，178，217。

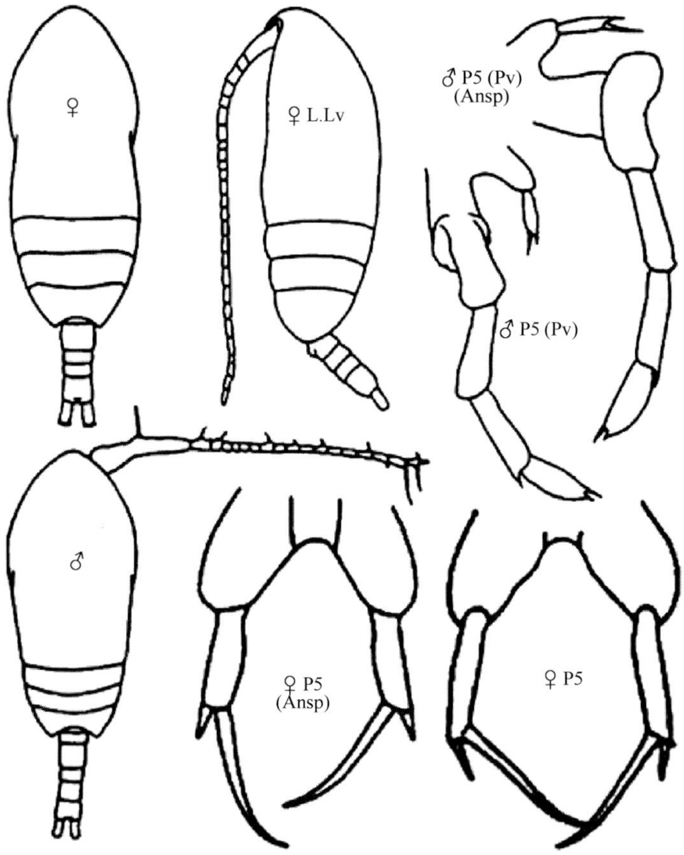

图 362　小拟哲水蚤 *Paracalanus parvus*（仿陈清潮等，1965）

（362）小拟哲水蚤 *Paracalanus parvus*（Claus，1863）（图 362）

［*Paracalanus indicus* Wolfenden，1905；Bradford，1994；
P. intermedius Shen & Bai，1956］

形态特征：

体长：♀0.7~1.0 mm，♂0.7~1.1 mm。**雌性：**头胸部呈卵圆形。前额钝圆。侧面观，额部较狭而钝圆，额角丝细长，胸部后侧角宽圆。腹部生殖节宽大而近方形，肛节长等于前 2 节长度之和。尾叉长约为宽的 2 倍。第 1 触角较短，仅达腹部末端，末节很短小，与前 1 节等长。第 5 对胸足短小且对称，分 2 节；第 1 节粗大，第 2 节长为宽的 3~4 倍，末端具 2 不等长的末刺，外刺很短小，内刺狭长并超过末节，末部稍弯曲且外缘无细刺列。**雄性：**头胸部较狭小。第 2 腹节较长大，尾叉短小。第 5 对胸足不对称，左足狭长并分 5 节，第 4 节外末角尖锐呈小刺状，末节呈长椭圆形，末端具 2 小刺；右足短小，约与左足第 1 节等长，分 2 节，第 2 节较狭长，末端具 2 不等长末刺。

分布：渤海至南海；太平洋，印度洋及大西洋。暖水沿岸广布种。

参考文献：1，5，13，15，18，21，24，25，31~33，44，46，51，82，97，106，118，172，217。

注：Tanaka（1956）据雌性的个体大小，♀P2~P4 外肢末节外缘近端的齿数多少及♀P5 末节粗细（长与宽比例）将本种分为大型（F. 1）和小型（F. 2）两个型。两者在中国海均有分布，也可视为存在个体差异。

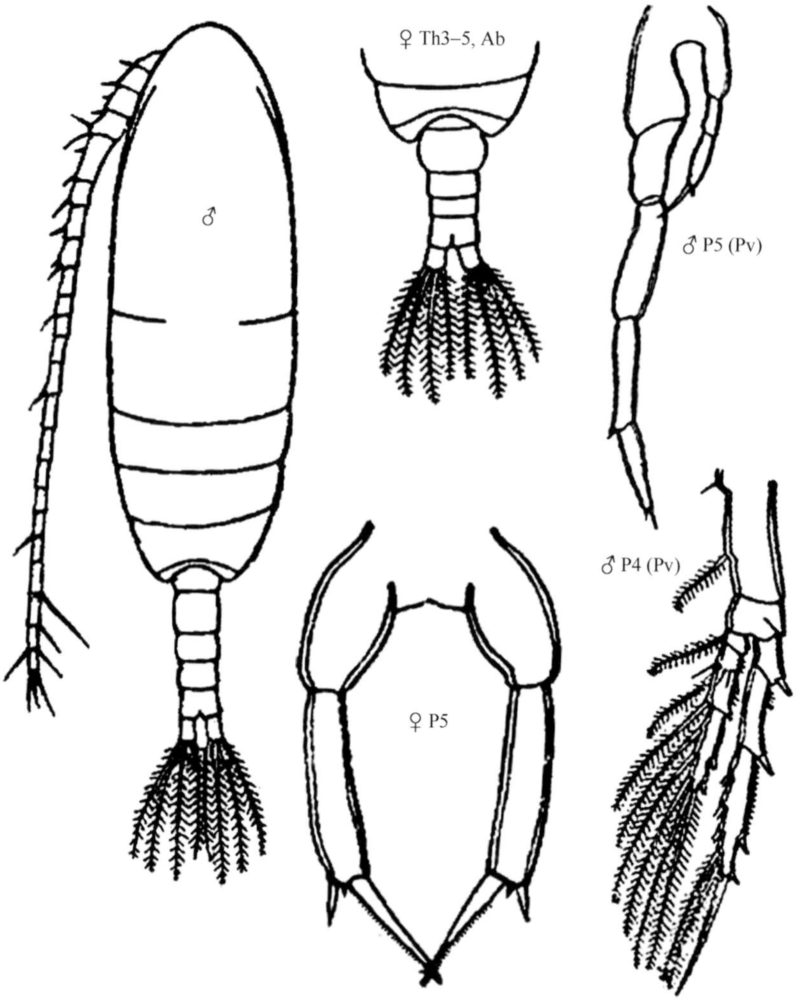

图 363　锯缘拟哲水蚤 *Paracalanus serrulus*（仿 Shen & Lee，1963）

（363）锯缘拟哲水蚤 *Paracalanus serrulus* Shen & Lee，1963（图 363）

形态特征：

体长： ♀1.02 mm，♂0.97 mm。**雌性：** 头胸部呈长椭圆形。头部与第 1 胸节不完全愈合，胸部后侧角钝圆。腹部生殖节呈球状，其长度等于后 2 节长度之和，肛节较宽大。尾叉较宽短。第 5 对胸足对称，各分 2 节，末节狭长，其长约为宽的 4 倍，末端具 2 不等长末刺，内刺长大，其外缘具细锯齿，外刺短小，并在 2 末刺之间另具 1 小齿突。**雄性：** 体形与雌性相似。第 5 对胸足单肢型且不对称，左足狭长并分 5 节，第 2 节较短，第 3、4 节近等长，第 4 节外末角具 1 小刺，末节较短并具 2 不等长的末刺，内刺为外刺长的 2 倍多；右足较瘦小，分 3 节，末节较狭长，末端具 2 不等长末刺，内刺细长，稍短于末节，外刺短小，约为内刺长的 1/4。

分布： 南海；太平洋。暖水种。

参考文献： 10，15，24，37，44。

21. 拟角水蚤科 Family Parapontellidae Giesbrecht, 1892

本科为中型、小型桡足类(1.0~1.13 mm)。头胸部呈长卵圆形。额部宽圆并具2额角丝。头部与第1胸节分开，第4、5胸节愈合，后侧角钝突或钝圆。腹部狭长，雌性分3节，雄性分4~5节。尾叉具5~6刚毛。雌性第1触角分18~19节，左右对称。雄性右第1触角呈执握肢，约分15节。大颚具发达的大颚齿和大颚须。第1~4对胸足均为双肢型，第1对胸足内、外肢均分3节，第2~4对胸足外肢3节，内肢仅2节。雌性第5对胸足单肢型或双肢型，左右对称；雄性第5对胸足单肢型且不对称，各分3节，末节顶端均具粗刺突。

本科包含2属2种。中国海域仅记录1属1种。

属名 Genera	种数	页码
新角水蚤属 *Neopontella* A. Scott, 1909	1	418

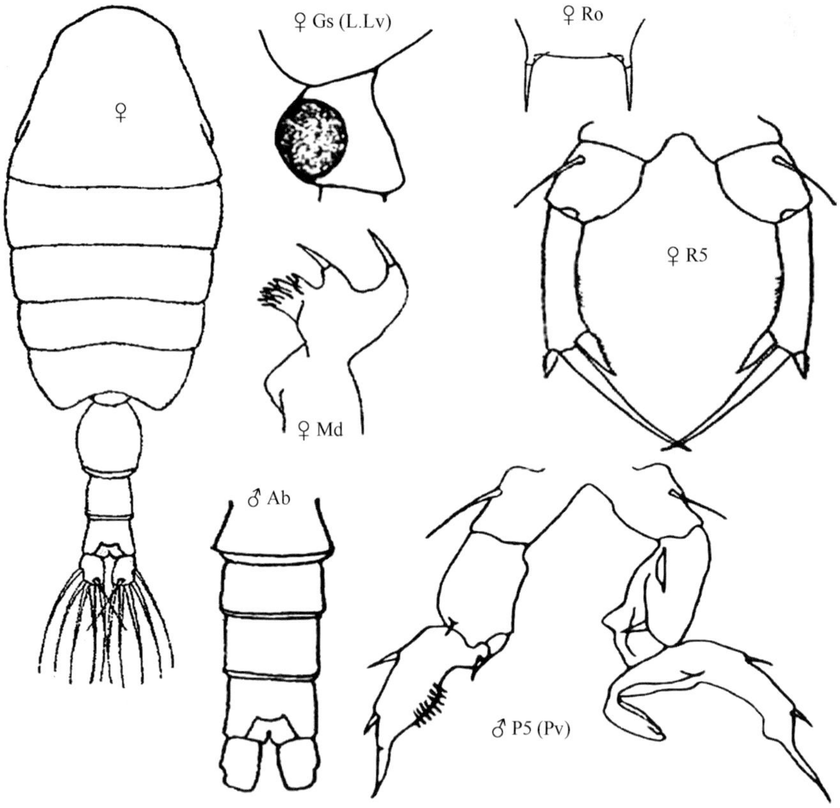

图 364 典型新角水蚤 *Neopontella typica*（仿 A. Scott，1909）

（364）典型新角水蚤 *Neopontella typica* A. Scott，1909（图 364）

形态特征：

体长：♀1. 13 mm，♂1. 0 mm。**雌性：**头胸部呈长卵圆形。前额宽圆，2 额角呈细刺状。额角间穴宽大而平。头部与第 1 胸节分开，第 4、5 胸节愈合，后侧角稍突出而钝圆。腹部分 3 节，生殖节粗大，呈椭圆形，其长度等于后 2 节长度之和；侧面观，其腹面膨大并具 1 卵圆形的大纳精囊；第 2、3 腹节近等长。尾叉长约为宽的 2 倍。第 1 对胸足内、外肢均分 3 节，第 2~4 对胸足外肢 3 节，内肢仅 2 节。第 5 对胸足单肢型且对称，各分 3 节，第 2 节粗短并具 1 外缘刚毛；第 3 节狭长，末端具 3 不等长的末刺，中刺粗大，约与末节等长，内刺粗短，约为外末刺长的 2 倍，其内缘具细毛，外刺最短小。**雄性：**腹部仅分 4 节，各节较宽短，尾叉长为宽的 2 倍。右第 1 触角呈执握肢。第 5 对胸足单肢型且不对称，各分 3 节，左足第 2 节具 1 小外末刺，末节内缘中部具细毛，基部突出并具 1 小刺，节的外缘具 2 小刺，末端为长刺突；右足第 2 节内末部具 1 小钝突及 1 小刺，末节呈螯状，内缘基部具 1 粗大而弯曲的爪状突，节的外缘具 2 小刺，末部具长刺突。

分布：东海，南海；太平洋。热带种。

参考文献：44，106，122，158。

22. 褐水蚤科 Family Phaennidae Sars, 1902

本科为中型、大型桡足类(2~10 mm)。头胸部呈长卵圆形或近圆形。前额宽圆(少数具刺突)。额角基部常呈片状，其顶端分叉为细线状或小刺突。头部与第1胸节分开，第4、5胸节愈合或分开，胸部后侧角突出。腹部较粗短，雌性分4节，雄性分5节。肛节很短小。尾叉宽短而对称。雌性第1触角分21~25节，雄性的较短，不呈执握肢。第2触角外肢分6节。第2小颚较短，其顶端常具1~2粗棘状刺毛，或具花蕾状感觉器及数根刷状感觉毛。第1~4对胸足外肢常分3节，少数第1对胸足外肢仅2节，内肢节数分别为1、2、3(少数2)、3，雌性第5对胸足常单肢型且对称，各分3节，背面常具小刺，少数第5对胸足不存在。雄性第5对胸足也单肢型且不对称，左足较右足长，并分5节，右足分3~5节。

本科包含12属，其中有些属的分类地位仍不够明确，如：娇水蚤属(*Amallophora*)、异毛水蚤属(*Heteramalla*)及杂哲水蚤属(*Mixtocalanus*)曾被置入厚壳水蚤科(Scolecithricidae)之中(Hirota, 1995; Boxshall & Halsey, 2004; 连光山等, 2012)。但A. Scott(1909), Rose (1933), Brodsky (1950), Wilson (1950), Tanaka (1960b)等又将上述3属置入褐水蚤科(Phaennidae)之中。据其形态结构特征还是置入褐水蚤科更恰当，因此本书也把这3属置入褐水蚤科中。

中国海域已记录8属16种。

属名 Genera	种数	页码
娇水蚤属 *Amallophora* T. Scott, 1893	1	420
头亮水蚤属 *Cephalophanes* Sars, 1907	1	421
角哲水蚤属 *Cornucalanus* Wolfenden, 1905	3	422
异毛水蚤属 *Heteramalla* Sars, 1907	1	425
杂哲水蚤属 *Mixtocalanus* (Farran, 1929)	1	426
突哲水蚤属 *Onchocalanus* Sars, 1905	5	427
褐水蚤属 *Phaenna* Claus, 1863	1	432
黄水蚤属 *Xanthocalanus* Giesbrecht, 1892	3	433

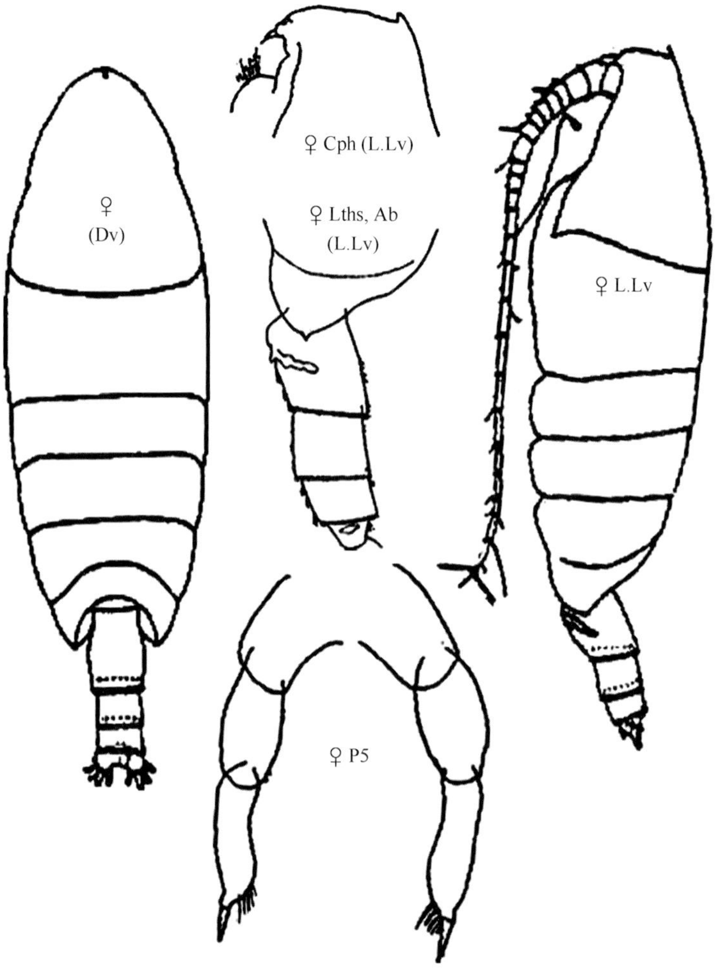

图 367 螯角哲水蚤 *Cornucalanus chelifer*
[仿 Chihara et al., 1997 (♀Dv; ♀L. Lv); Tanaka et al., 1992 (♀)]

(367) 螯角哲水蚤 *Cornucalanus chelifer* (Thompson, 1903) (图 367)

[*Scolecithrix chelifer* Thompson, 1903; Farran, 1905;
Cornucalanus magnus Wolfenden, 1911]

形态特征:

体长: ♀6.0~8.7 mm。**雌性:** 背面观，头胸部呈长卵圆形，前额钝圆并具1小刺突，胸部后侧角突出。侧面观，前额宽平，背侧前端具1小刺突，额角粗短呈叉状，胸部后侧角宽圆并在末缘具1小突起。第1触角分24节，向后仅达头胸部后缘。第5对胸足单肢型且对称，各分3节，末节较狭长，内末缘具1列细刺毛，末端仅具1粗末刺。

分布: 东海，南海；太平洋，大西洋。深水种。

参考文献: 44, 77, 82, 106, 152, 198, 217, 218。

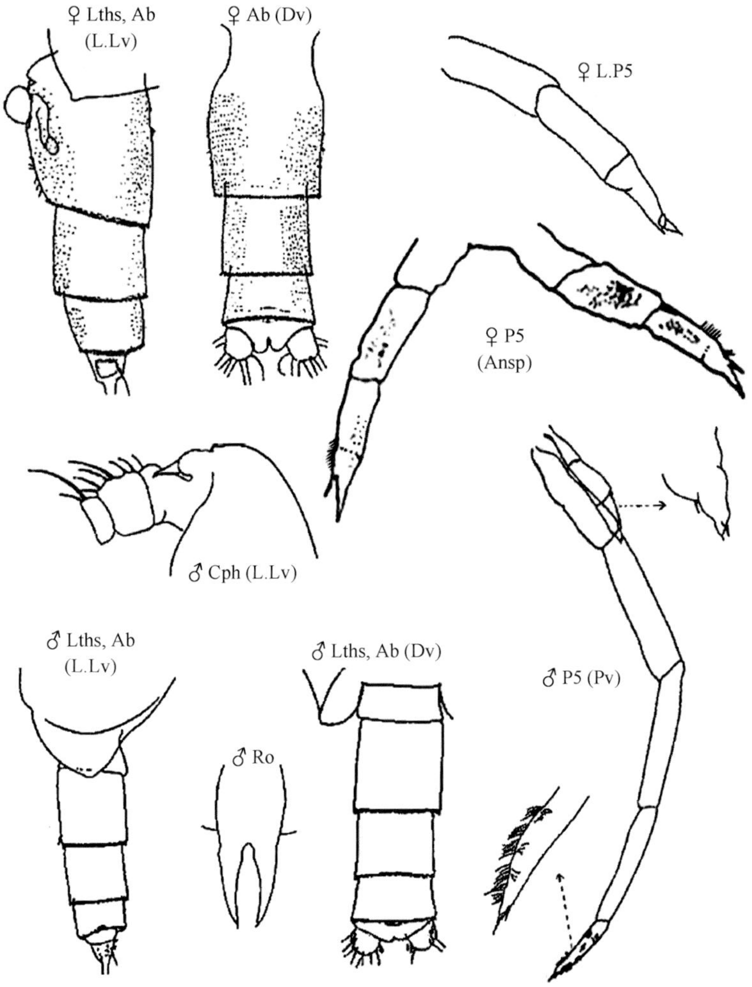

图 368 印度角哲水蚤 *Cornucalanus indicus*
[仿 Tanaka, 1992 (♀; ♂); Sewell, 1929 (♀P5, Ansp)]

(368) 印度角哲水蚤 *Cornucalanus indicus* Sewell, 1929 (图 368)

形态特征:

体长: ♀8.0~9.2 mm, ♂7.3~8.3 mm。**雌性:** 前额钝圆且无刺突。额角粗大呈叉状，末端具 1 小刺。胸部后侧角钝突，侧面观其末缘具 1 小突起。腹部分 4 节，第 1~3 节表面密布微刺毛，肛节很宽短，尾叉近方形。第 5 对胸足单肢型近对称，各分 3 节，第 2、3 节表面具细毛，末节顶端具 2 不等长末刺，内刺较粗大，外刺细小，本节近末端 1/3 处存在愈合线，其外侧具 1 丛小刺毛。但存在个体差异，Tanaka(1992)的标本，雌性第 5 对胸足第 2~3 节表面无细毛，末节较短，其近端 1/3 处具不完整的愈合线。**雄性:** 侧面观，前额宽圆并具 1 小瘤状突。额角呈叉状，末端具 1 小刺。胸部后侧角突出呈钝三角形，侧面观宽圆。第 5 对胸足单肢型且不对称，左足细长，分 5 节，第 1~4 节近等长，末节较短小，具 1 小末刺和 1 侧刺，节的表面具细毛丛；右足短小，分 3 节，仅达左足第 1 节末端，其末节顶端具 2 小刺。

分布: 东海黑潮流区；太平洋，印度洋。深水种。

参考文献: 44, 67, 106, 159, 190, 198。

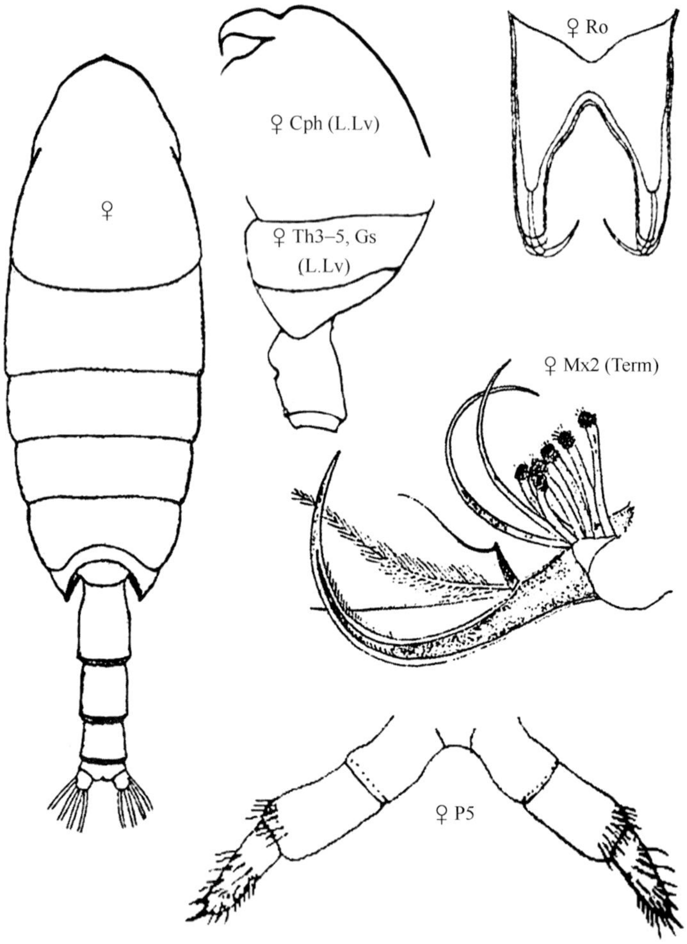

图 369 简角哲水蚤 *Cornucalanus simplex*（仿 A. Scott，1909）

（369）简角哲水蚤 *Cornucalanus simplex* Wolfenden，1905（图 369）

形态特征：

体长：♀4.0~6.3 mm。**雌性：**头胸部呈长椭圆形。前额钝圆，额角呈叉状，其末端具 1 小刺。胸部后侧角背面观突出而尖锐，侧面观钝圆。腹部较狭长，分 4 节，生殖节长约为宽的 1.5 倍，侧面观，其腹面近端较突出。第 2 小颚末端具 1 粗大钩状刺，内肢具 6 根毛笔状感觉毛。第 5 对胸足单肢型且对称，分 3 节，第 2 节末缘及末节表面均具细刺毛，末节顶端具 2 稍不等长的末刺。

分布：南海东南部；马来群岛海域，太平洋，印度洋及大西洋。深水种。

参考文献：44，157，158，159。

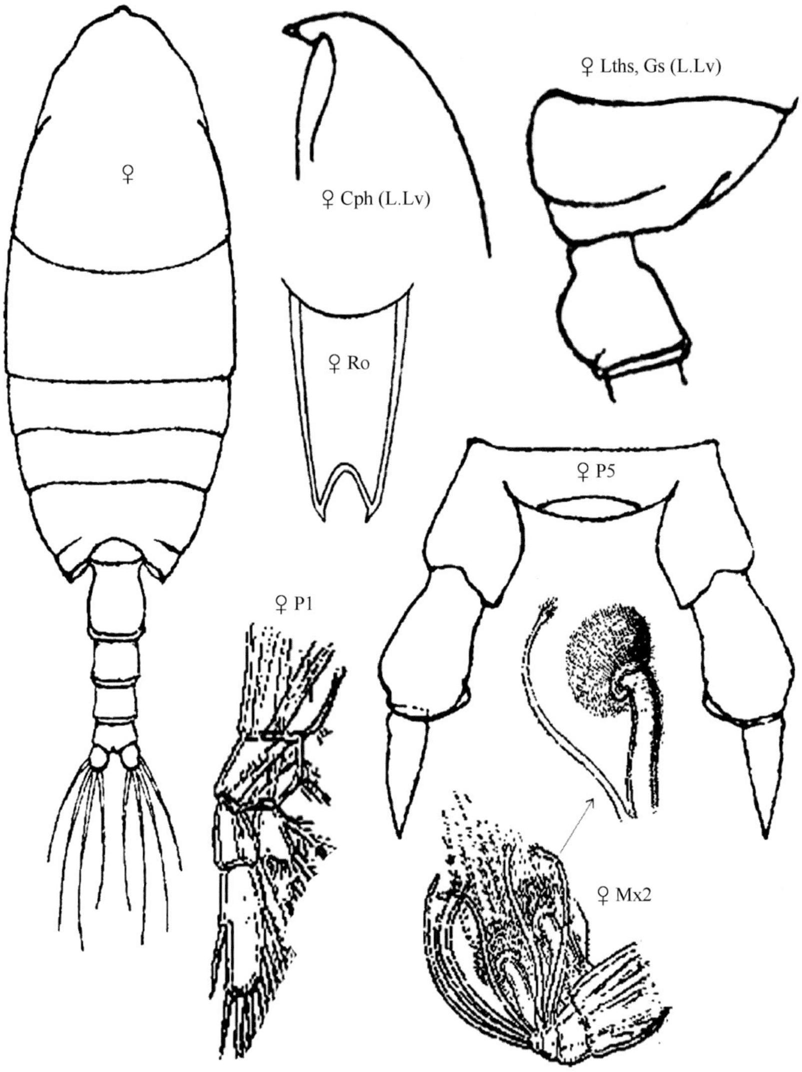

图 370 疑异毛水蚤 *Heteramalla dubia*
[仿 A. Scott, 1909 (♀); Sars, 1925 (♀Mx2; ♀P1)]

(370) 疑异毛水蚤 *Heteramalla dubia* (T. Scott, 1893) (图 370)

[*Amallophora dubia* T. Scott, 1893]

形态特征：

体长： ♀3.7~3.8 mm。**雌性：** 头胸部近卵圆形。前额具 1 小突起，额角粗短，末端呈叉状。第 4、5 胸节不完全分开。胸部后侧角具短突，侧面观钝圆。腹部生殖节长为后 2 节长度之和，尾叉呈方形并与肛节等长。第 1 触角分 24 节，仅达生殖节末缘。第 2 小颚末端具 2 发达的球状感觉器。第 1 对胸足外肢仅分 2 节，内肢单节。第 5 对胸足短小，单肢型且对称，分 3 节，第 2 节较长，其末部较膨大，内末缘稍突出，末节较短小，呈粗刺状。

分布： 南海东南部；马来群岛海域，太平洋及大西洋。深水种。

参考文献： 44, 152, 157, 158。

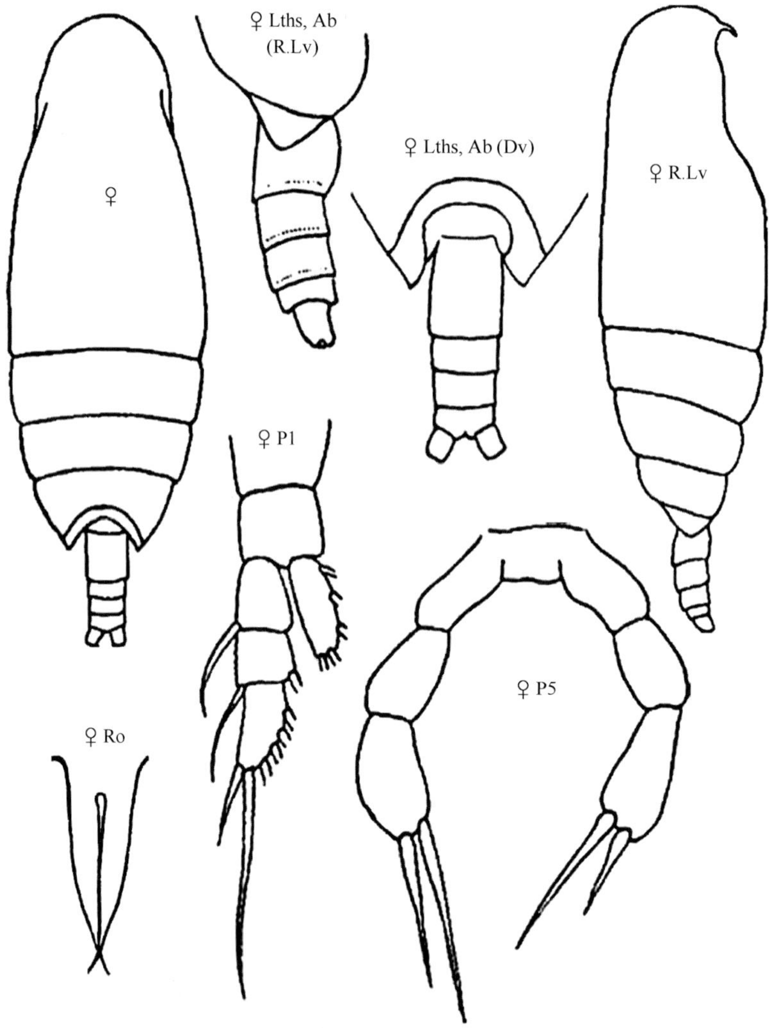

图 371　变杂哲水蚤 *Mixtocalanus altera*（仿 Farran，1929）

（371）变杂哲水蚤 *Mixtocalanus altera*（Farran，1929）（图 371）

［*Amallophora altera* Farran，1929；*Scolecithricella altera*（Farran，1929）；林玉辉等，1988b；连光山等，1994，2008］

形态特征：

体长：♀2.7~2.8 mm。**雌性：**头胸部长卵圆形。前额宽圆。额角分叉，呈长的粗刺状。头部与第 1 胸节愈合，第 4、5 胸节分开。胸部后侧角突出，呈三角状。腹部分 4 节，生殖节长等于后 3 节长度之和。尾叉宽短，呈方形。第 1 触角可达末胸节。第 1 对胸足外肢分 3 节，各具 1 细长外缘刺毛，第 1~2 节外缘刺毛较长，均超过下一节末端；内肢 1 节，节外缘平直，无突起。第 5 对胸足单肢型近对称，各分 3 节，末节较长而宽，具 2 不等长末刺，其内刺较长于末节，外刺较短于内刺。

分布：南海；太平洋，南大洋。深水种。

参考文献：24，37，44，51，89。

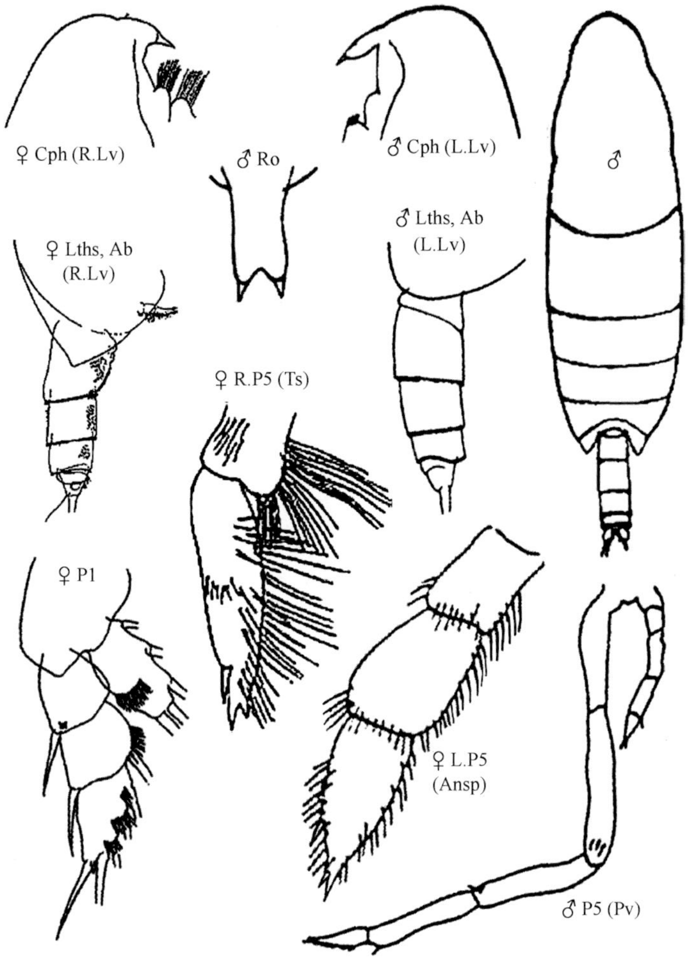

图 372　近缘突哲水蚤 *Onchocalanus affinis*
[仿 Tanaka，1960b (♂)；Tanaka & Omori，1992 (♀)]

(372) 近缘突哲水蚤 *Onchocalanus affinis* With，1915 (图 372)

[*Onchocalanus hirtipes*：A. Scott，1909 (non Sars，1905，1925)]

形态特征：

体长：♀4. 8~6. 5 mm，♂4. 1~5. 9 mm。**雌性：**侧面观，前额宽圆。额角基部粗短，末部分叉，呈刺状。胸部后侧角突出，呈钝三角形。生殖节腹面隆起较平。第 1 触角向后伸长超过生殖节末缘。第 1 对胸足外肢分 3 节，各具 1 外缘刺，外肢第 1 节外缘刺基部具 1 列小刺(3~4 根)，第 2 节内缘也具 1 列细刺毛(约 11 根)，第 3 节近内缘分别具 3 列小刺毛(分别为 3、9、7 根)；内肢 1 节，其外缘中部隆起并具细毛丛。第 5 对胸足单肢型且对称，各分 3 节，边缘具细毛，末节呈锥状，其顶端具 2 不等长的小末刺及 1 小外缘刺。**雄性：**额角基部较长而粗大，末端分叉，各具 1 短刺。第 5 对胸足单肢型且不对称，左足细长，分 5 节，第 2 节近末缘表面具 3 小刺毛，第 3~4 节分别具 1 小外末刺及 1 小内末刺，末节短小并具 2 小末刺，节的内缘具细毛；右足很短，分 5 节，稍超过左足第 1 节末缘，其末节短小呈锥状，顶端具 2 不等长小末刺。

分布：东海，南海；太平洋，印度洋及大西洋。深水种。

参考文献：24，82，106，152，157，158，161，179，198，217。

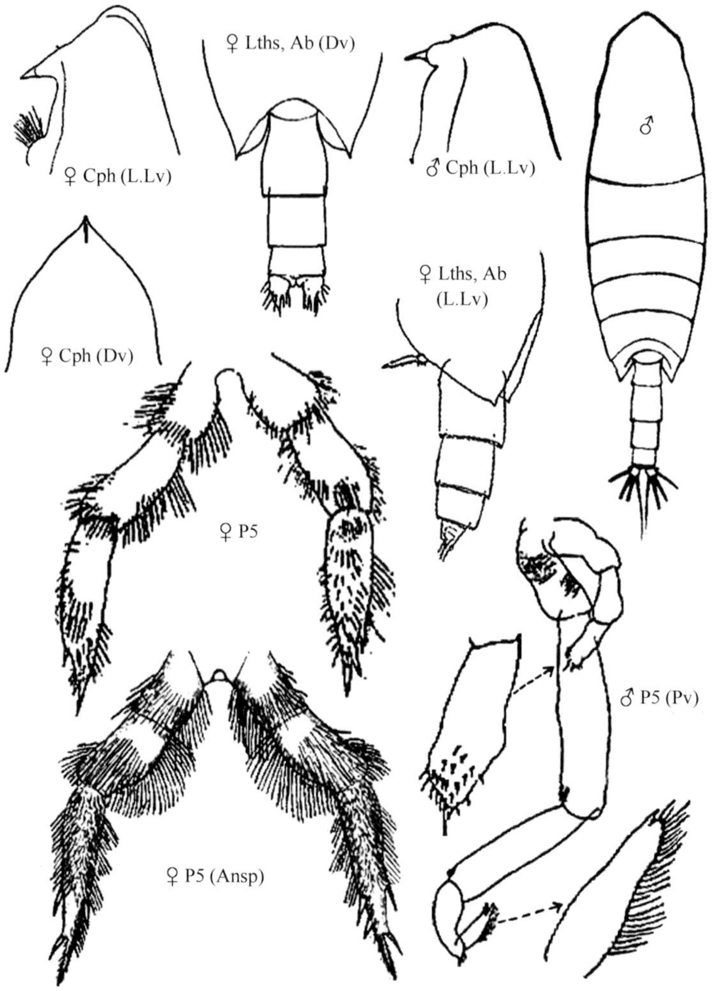

图 373 冠突哲水蚤 *Onchocalanus cristatus*
[仿 Tanaka & Omori, 1992 (♀Cph; ♀Lths, Ab; ♀P5; ♂); A. Scott, 1909 (♀P5, Ansp)]

(373) 冠突哲水蚤 *Onchocalanus cristatus* (Wolfenden, 1904) (图 373)

[*Xanthocalanus cristatus* Wolfenden, 1904]

形态特征:

体长: ♀5.0~8.2 mm, ♂5.6~6.5 mm。**雌性:** 头部前端具 1 显著的脊状突, 侧面观宽圆呈冠状, 额角刺粗大。胸部后侧角突出, 呈三角形, 末端尖锐。第 5 对胸足单肢型且对称, 分 3 节, 表面密布细刺毛, 末节较狭长, 末端具 2 不等长末刺, 节的外末缘具 1 小外缘刺, 而无内缘刺(合计 3 小刺)。但 A. Scott(1909)及 Vervoort(1950)的绘图显示, 第 5 对胸足末节内缘也具1~2小内缘刺(合计 4~5 小刺), 两者存在个体差异。**雄性:** 头部前端脊状突较雌性的低。额角刺及胸部后侧角刺突与雌性相似。第 5 对胸足单肢型且不对称, 左足细长并分 5 节, 第 2 节近外末部具 1 列小刺毛(约 7 根), 末节很短小, 外缘具细刺毛, 末端具 1 小末刺; 右足短小仅分 3 节, 末节较粗大, 末缘具 1 小末刺和细刺毛。

分布: 东海, 南海; 太平洋, 印度洋及大西洋。深水种。

参考文献: 24, 25, 77, 82, 106, 152, 157, 158, 179, 198, 217。

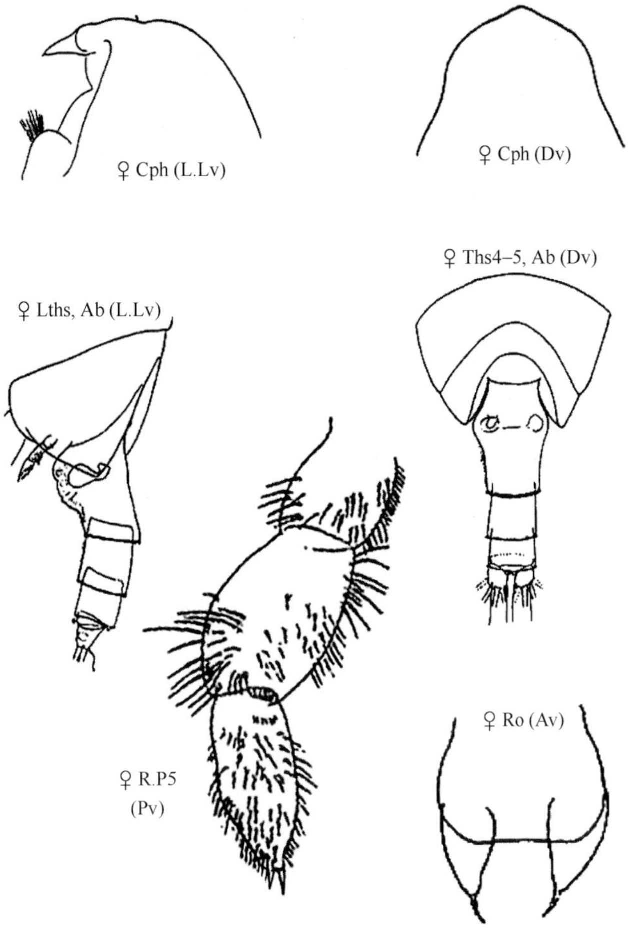

图 374　毛突哲水蚤 *Onchocalanus hirtipes*（仿 Tanaka & Omori，1992）

（374）毛突哲水蚤 *Onchocalanus hirtipes* Sars，1905（图 374）

形态特征：

体长：♀4.8~5.7 mm。**雌性：**头部前端稍突出，侧面观宽圆。额角基部粗大，末端分叉，具 1 对三角状粗刺突，其顶端各具 1 细刺。胸部后侧角突出呈钝三角形。生殖节近端 1/3 处显著隆起，侧面观，腹面生殖突膨大，顶端较宽平。第 5 对胸足单肢型，较粗短而对称，各分 3 节，各节表面均具细刺毛，仅末节顶端具 2 小末刺。

分布：东海，南海；太平洋，大西洋。深水种。

参考文献：82，106，152，157，158，198，217。

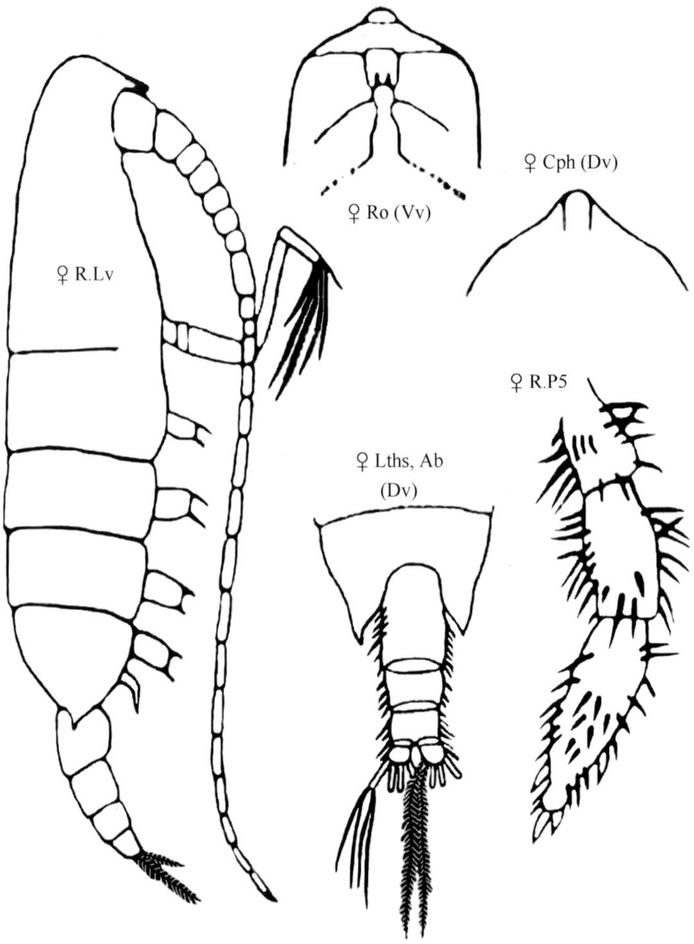

图 375　斯氏突哲水蚤 *Onchocalanus steueri*（仿 Rose，1933）

（375）斯氏突哲水蚤 *Onchocalanus steueri* Pesta，1920（图 375）

形态特征：

体长：♀6.7 mm。**雌性：**头部前端较突出，呈钝三角形。额角粗短呈叉状，具 2 短小额角刺。第 4、5 胸节愈合，后侧角尖锐，呈三角形刺突，末端超过生殖节中部。腹部分 4 节，两侧具细毛，生殖节长大于后 2 节长度之和，肛节很短小。尾叉宽短，左、右叉外末角各具 1 根特殊的尾刚毛，其经 2 次分叉成为 4 叉状的尾刚毛。第 5 对胸足单肢型且对称，分 3 节，各节表面均具细刺毛，末节长大，约为第 2 节长的 1.5 倍，其末端具 2 不等长末刺和 1 内缘刺及 1 外缘刺（合计 4 小刺）。

分布：南海东部；菲律宾群岛海域，太平洋，大西洋及地中海。深水种。

参考文献：44，152，217。

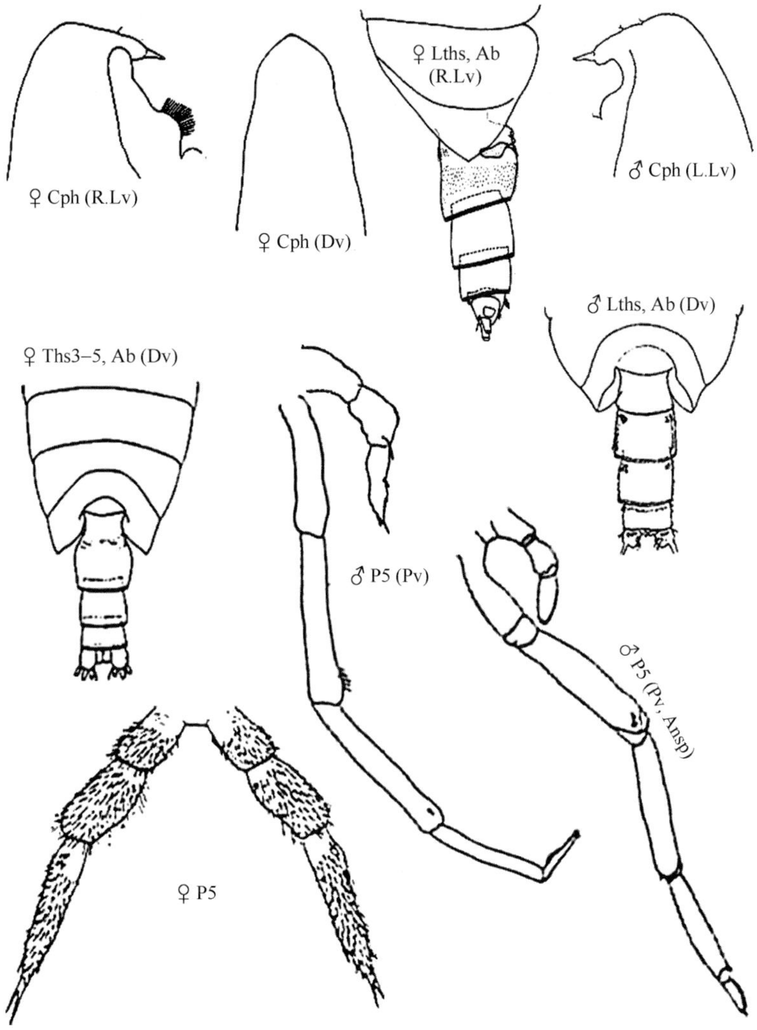

图 376 三角突哲水蚤 *Onchocalanus trigoniceps*
[仿 Tanaka et al., 1992 (♂ Cph; ♂ Lths, Ab; ♂ P5); Park, 1983b; Chihara et al., 1997 (♀ Cph; ♀ Ths3-5, Ab; ♀ Lths, Ab; ♀ P5; ♂ P5, Ansp)]

(376) 三角突哲水蚤 *Onchocalanus trigoniceps* Sars, 1925 (图 376)

形态特征:

体长: ♀6.7~8.8 mm, ♂4.9~7.0 mm。**雌性:** 头部前端突出而钝圆, 侧面观宽圆。额角呈叉状, 额角刺粗短。胸部后侧角突出呈三角形。生殖节较粗短, 腹面生殖突较宽平。第 5 对胸足单肢型, 分 3 节, 表面密布细刺毛, 末节较狭长, 约为第 1、2 节长度之和, 末节顶端具 2 不等长末刺, 节的末部各具 1 外缘刺和 1 内缘刺(但也有无内缘刺的异常个体)。**雄性:** 头胸部与雌性近似。第 5 对胸足单肢型, 不对称, 左足分 5 节, 第 2 节较长, 内末缘具 1 列细刺毛, 末节短小, 内缘具细毛, 末端呈刺状; 右足短小, 仅达左足第 1 节末端, 分 3 节, 末节较狭长, 顶端具 2 不等长的末刺, 外缘中部也具 1 小外缘刺或缺。

分布: 东海, 南海; 太平洋, 印度洋及大西洋。深水种。

参考文献: 24, 44, 77, 82, 106, 152, 179, 198, 217。

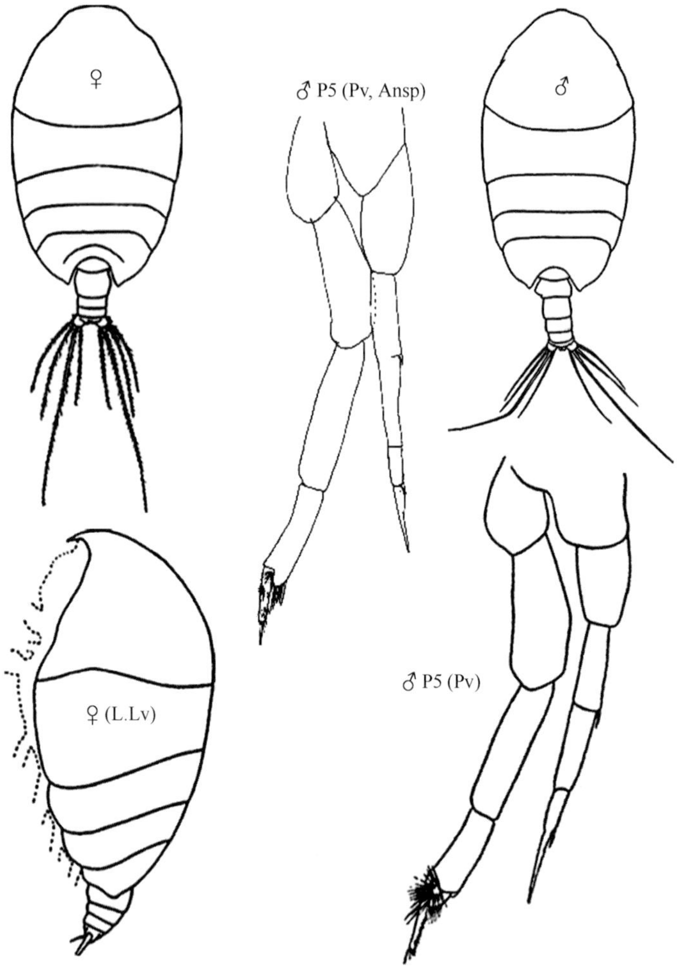

图 377 刺褐水蚤 *Phaenna spinifera*
[仿陈清潮等, 1965 (♀; ♂); Bradford et al., 1983 (♂ P5, Ansp)]

(377) 刺褐水蚤 *Phaenna spinifera* Claus, 1863 (图 377)

形态特征:

体长: ♀1.8~2.9 mm, ♂1.8~2.5 mm。头胸部近球形或卵圆形。前额宽圆, 额角呈叉状。头部与第1胸节分开, 第4、5胸节不完全分开, 胸部后侧角稍突出。**雌性:** 腹部粗短, 生殖节宽大而对称, 两侧稍膨大, 其长度大于或等于后3节之和。尾叉宽短而对称。第1触角分23~24节。第2小颚末端具1粗大爪状刺及约7根毛笔状感觉棒。第2~4对胸足内肢背面具小刺。第5对胸足不存在。**雄性:** 腹部较狭长, 第1腹节不对称, 左侧中部具1三角形隆起。左第1触角分19节, 右触角分18节。第5对胸足单肢型且不对称, 左足分5节, 第2、3节较粗大, 末节短小, 其末端具1刺突, 第4节内末缘具1~2小突起, 突起上均有细毛; 右足分5节(陈清潮等, 1965)或第3、4节愈合而仅分4节(Bradford et al., 1983; Rose, 1933), 第3节外末缘或外缘中部具1小外缘刺, 末节短小, 呈刺状, 其外缘中部也具1小刺。

分布: 东海至南海; 太平洋, 印度洋及大西洋。暖水种。

参考文献: 1, 5, 13, 20, 21, 23~25, 44, 46, 48, 77, 106, 152, 158, 179, 198, 217。

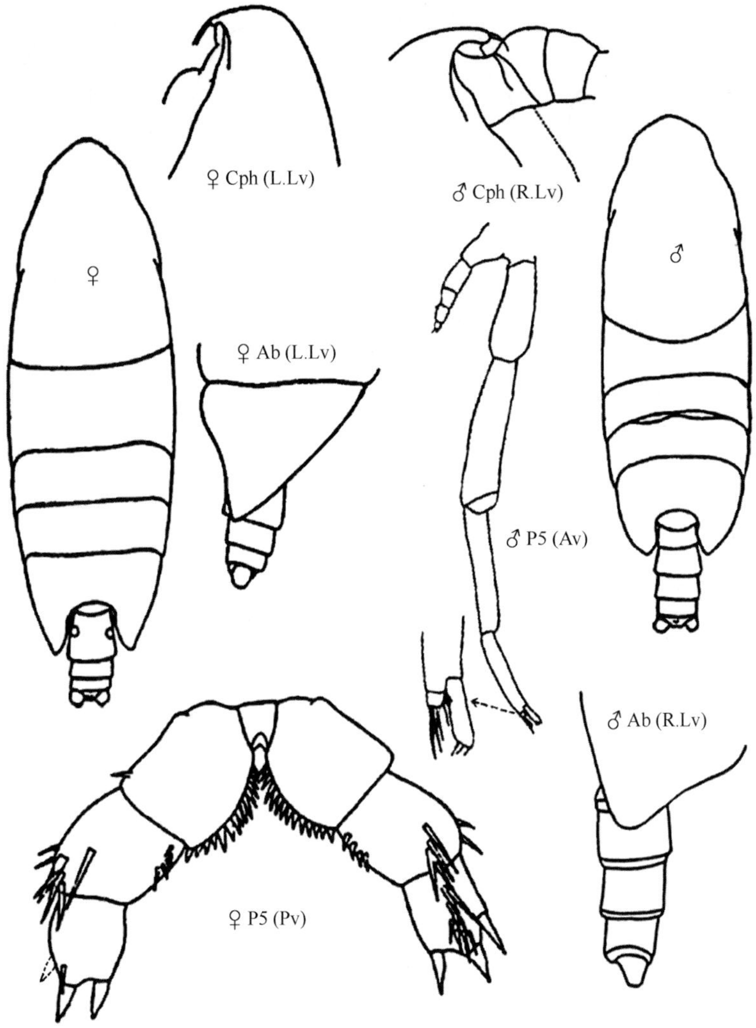

图 378 活泼黄水蚤 *Xanthocalanus agilis*（仿连光山，钱宏林，1984）

（378）活泼黄水蚤 *Xanthocalanus agilis* Giesbrecht，1892（图 378）

形态特征：

体长：♀2. 1~2. 7 mm，♂2. 1~2. 4 mm。**雌性：**头胸部呈长椭圆形。头部与第 1 胸节分开，第 4、5 胸节愈合。前额钝圆。额角刺狭长并分叉，末端额角丝细长。胸部后侧角显著突出呈钝三角形，其长达生殖节末端。腹部粗短，分 4 节，生殖节宽大，其长度大于后 3 节之和。第 5 对胸足单肢型，各分 3 节，第 1 节内缘具 1 列锯齿状内缘刺；第 2 节内缘近端也具少数内缘刺，第 2、3 节外末缘及表面具一些分散针状刺；末节顶端稍突出并具 3 近等长的粗刺。**雄性：**头胸部与雌性相似，唯胸部后侧角较钝圆，长达第 2 腹节基部 1/3 处。腹部较狭长，分 5 节，各节均宽短。第 5 对胸足单肢型且不对称，各分 5 节，左足细长，末节短小，呈指状，其内末缘具小刺毛，第 4 节内末缘具 1 小突起，其顶端及内缘具细刺毛；右足短小，第 3 节具 1 小外末刺，末节短小并具 2 小末刺。

分布：台湾海峡，南海；太平洋及大西洋。深水种。

参考文献：6，24，37，38，44，51，97，152，158。

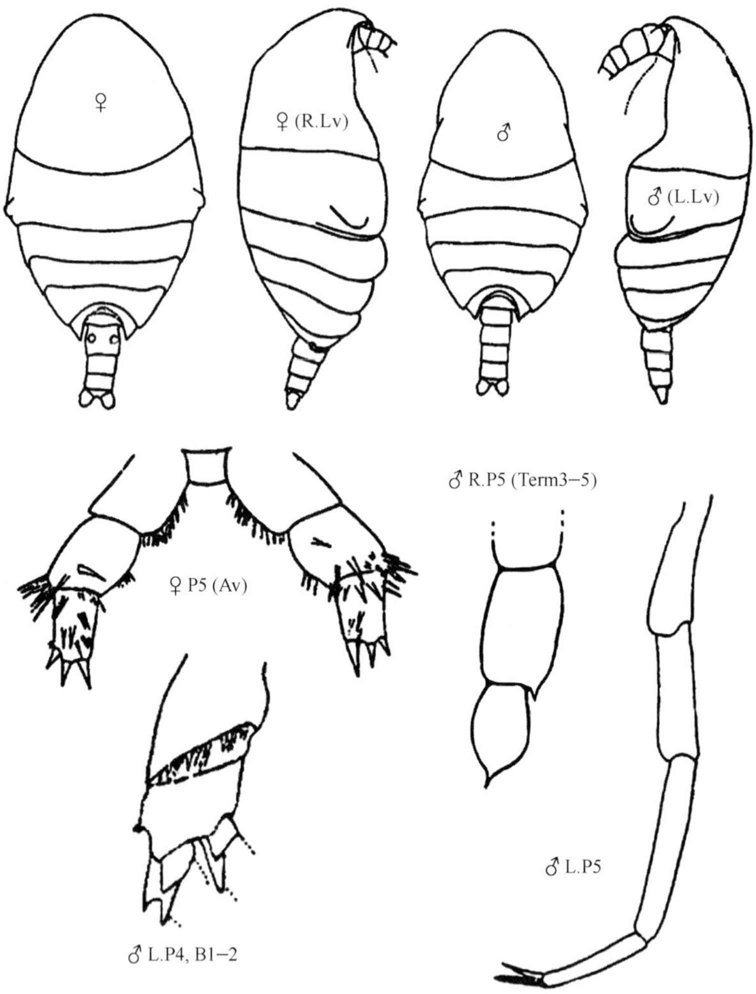

图 379 双突黄水蚤 *Xanthocalanus dilatus*（仿连光山，钱宏林，1984）

（379）双突黄水蚤 *Xanthocalanus dilatus* Grice, 1962（图 379）

形态特征：

体长：♀1.5~1.6 mm，♂1.4 mm。**雌性：**头胸部呈宽卵圆形。头部与第 1 胸节分开，第 4、5 胸节也分开。第 1 胸节两侧近末缘隆起呈瘤状。侧面观，头部背面也明显隆起。胸部后侧角突出而尖锐，可达生殖节中部，侧面观钝圆。第 3、4 对胸足第 1 基节背面末缘各具 1 列小刺。第 5 对胸足单肢型且对称，各分 3 节，第 1 节内缘具 1 列小内缘刺，第 2、3 节内缘及表面也具许多分散的小刺，末节顶端具 3 粗刺，其内末刺较大。**雄性：**体形与雌性相似，唯头部较狭，两侧近中部收缩而内凹。第 1 胸节两侧近末缘的瘤状突较雌性略小。第 1~4 对胸足与雌性相似。第 5 对胸足单肢型且不对称，各分 5 节，左足细长，末节短小呈刺状，第 4 节外末缘具 1 小突，其顶端具 1 丛细长刺毛；右足短小，第 4 节具 1 小外末刺，末节呈卵圆形，末端具 1 小刺突。

分布：南海；太平洋。热带种。

参考文献：37，38，44，51，99。

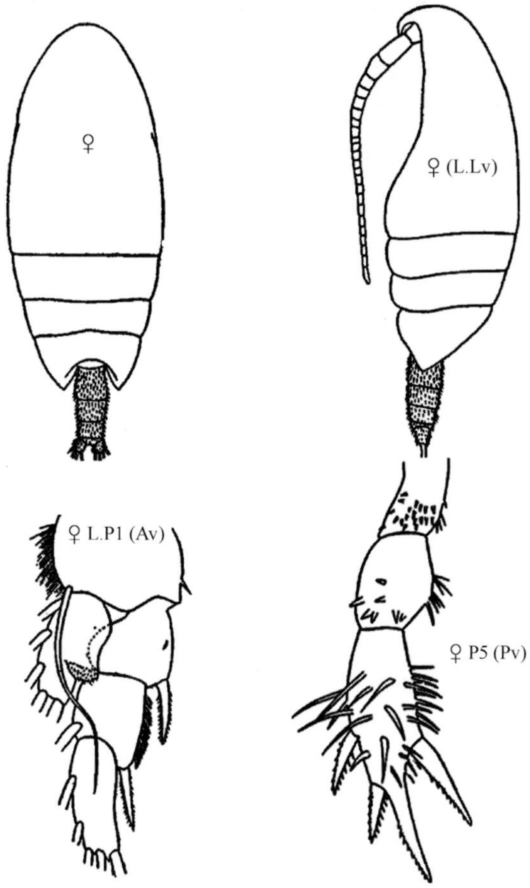

图 380 多刺黄水蚤 *Xanthocalanus multispinus*（仿陈清潮等，1965）

(380) 多刺黄水蚤 *Xanthocalanus multispinus* Chen & Zhang, 1965（图 380）

形态特征：

体长：♀1.9~2.0 mm。**雌性：**头胸部呈长卵圆形。前额宽圆，额角刺粗大。头部与第 1 胸节愈合，第 4、5 胸节也愈合。胸部后侧角突出呈三角形。腹部分 4 节，皆密布细毛。第 1 对胸足内肢单节，其外缘中部较膨大并具许多细刺毛。第 2~4 对胸足内、外肢的背面针刺较多而细，外肢外缘刺较强大，外肢末刺的外缘锯齿较粗。第 5 对胸足单肢型且对称，各分 3 节，各节背面皆具小刺，末节长约为其前 2 节长度之和，背面小刺较粗长，节的顶端具 1 强大的末刺突，外末部 2 外缘刺较粗短，内缘近末缘具 1 粗大内缘刺，并与末刺等长。

分布：东海至南海；太平洋。热带种。

参考文献：6，13，23，24，31，37，44。

23. 叶足水蚤科 Family Phyllopodidae Brodsky, 1950

[Subfamily Phyllopinae Brodsky, 1950; Family Phyllopidae Campaner, 1977; Nullosetigeridae Soh et al., 1999; Boxshall & Halsey, 2004; 陈清潮, 2008]

本科为中型、大型桡足类(2~7 mm)。头胸部椭圆形。前额宽圆。额角分叉呈刺状。头部与第1胸节分开，第4、5胸节愈合。雌性胸部后侧角钝圆而对称或突出而不对称。雌性腹部分4节，生殖节对称或不对称，雄性分5节。尾叉短小并具6刚毛。雌性第1触角分24节，仅达头胸部末端；雄性分20节，左第1触角呈执握肢。第1~4对胸足内、外肢均分3节，第1对胸足第2基节狭长。雌性第5对胸足单肢型而对称，各分5节，第2节具1长外缘刚毛，第4节具1长内缘刚毛，末节的末缘具许多小锯齿及1内末刺。雄性第5对胸足不对称，右足单肢，分4~5节，第2节具1长外缘刚毛，第4~5节较膨大并愈合或不完全愈合，呈板块状；左足双肢型，内肢单节呈片状，外肢3节，第1节较狭长并具1外缘刺，第2节很膨大，其末部渐狭呈锥状刺突，第3节延伸为狭长并能活动的刺突，其与第2节末刺突形成螯状。

本科、属名称的使用较混乱。Brodsky(1950)将尖头水蚤科(Arietellidae Sars, 1902)中的叶足水蚤属(*Phyllopus* Brady, 1883)提升为亚科：Subfamily Phyllopinae。此后，Campaner(1977)又将这个亚科提升为科：Phyllopidae(即Phyllopodidae)，并长期被采用。直至1999年，Soh等把上述已使用多年的叶足水蚤属、科作为无效名称，而分别更改为光刺水蚤属 *Nullosetigera* Soh et al., 1999与光刺水蚤科 Nullosetigeridae Soh et al., 1999。为了保持已长期使用的科、属、种的名称连续性、稳定性，以免造成混乱，本书仍采用已长期使用的叶足水蚤属 *Phyllopus* 和叶足水蚤科 Phyllopodidae 名称。

本科仅有1属，约有9种。中国海域已记录6种。

属名 Genera	种数	页码
叶足水蚤属 *Phyllopus* Brady, 1883 [光刺水蚤属 *Nullosetigera* Soh et al., 1999]	6	······················ 437

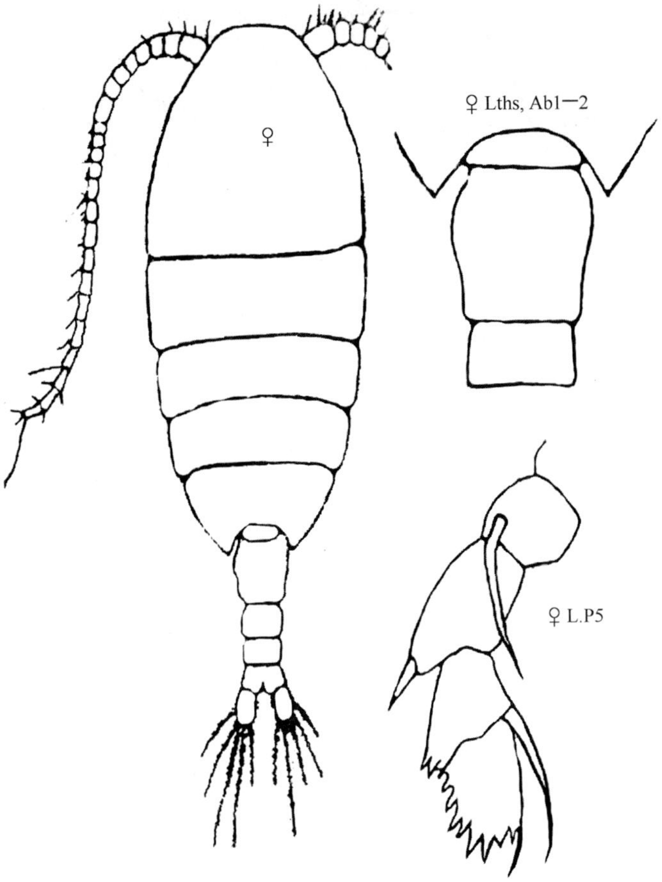

图 381　等叶足水蚤 *Phyllopus aequalis*（仿 Sars，1925）

（381）等叶足水蚤 *Phyllopus aequalis* Sars，1920（图 381）

［等光刺水蚤 *Nullosetigera aequalis*（Sars，1920）：Soh et al.，1999；陈清潮，2008］

形态特征：

体长：♀3.0 mm。**雌性：**头胸部呈椭圆形。前额宽圆。胸部后侧角突出而对称，呈三角形。腹部分 4 节，生殖节较粗短，近端两侧膨大而近对称。第 1 触角仅达第 3 胸节。第 5 对胸足单肢型而对称，各分 5 节，第 2 节外末缘刚毛较短，仅达第 4 节内末缘，第 3 节较狭长，其外末角很突出，其顶端具 1 较长的外末刺，第 4 节具 1 较短内缘刚毛，仅达末节内末刺末端，节的外末角突出并具 1 小刺，末节较宽大，外缘及末缘均具小锯齿，其外末角 2 锯齿明显较大，内末角具 1 较细长的内末刺。

分布：南海；太平洋，大西洋。深水种。

参考文献：24，44，72，152，157，163，217。

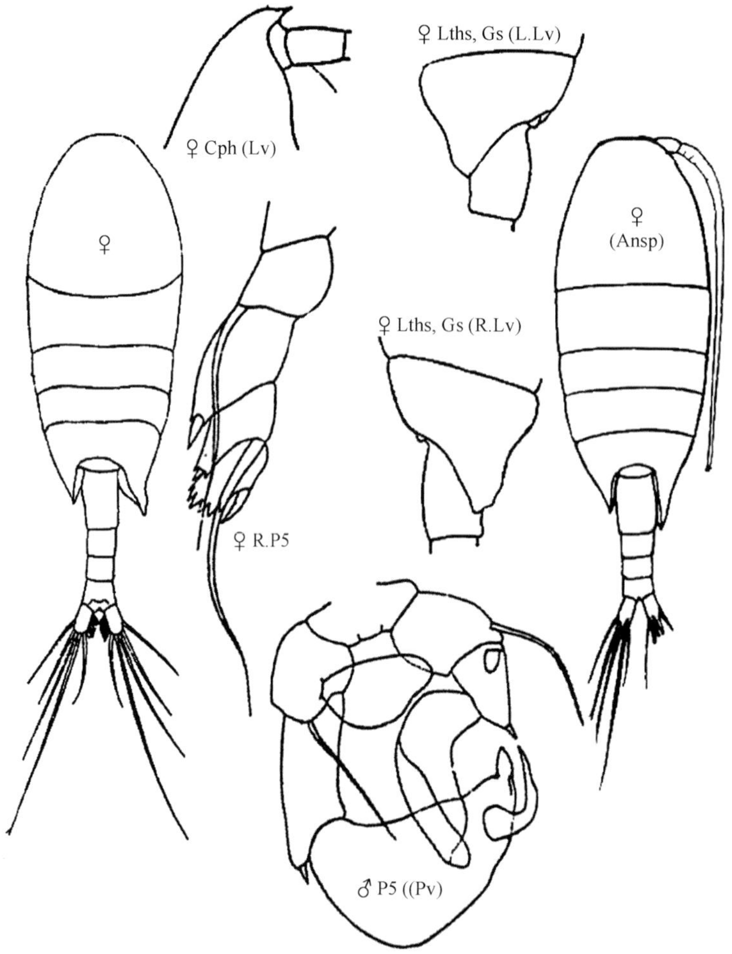

图 382　双齿叶足水蚤 *Phyllopus bidentatus*
[仿连光山，钱宏林，1984（♀；♂）；Tanaka，1964c（♀Ansp）]

（382）双齿叶足水蚤 *Phyllopus bidentatus* Brady，1883（图 382）

［双齿光刺水蚤 *Nullosetigera bidentatus*（Brady，1883）：Soh et al.，1999；Boxshall & Halsey，2004；陈清潮，2008］

形态特征：

体长：♀2.4~3.6 mm，♂2.3~2.9 mm。**雌性：**前额宽圆。胸部后侧角尖锐而不对称，右后侧角较长，其顶端可达生殖节末缘，左后侧角仅达生殖节中部；侧面观，左、右后侧角末端均斜向截平。腹部分 4 节，生殖节稍不对称，其长为后 2 节长度之和，左侧近端稍膨大，右侧缘微凹。第 5 对胸足单肢型而对称，各分 5 节，第 2 节外缘刚毛细长并超过末节顶端，第 4 节也具 1 长内末缘刚毛，末节顶端具近等长 6 锯齿，并具 1 较长内缘刺，可达或超过末节顶端。**雄性：**胸部后侧角对称，背面观尖锐，侧面观宽圆并具 1 小突起。腹部分 5 节。第 5 对胸足不对称，左足内肢单节呈叶片状，外肢第 1 节狭长并具 1 小外末刺，第 2 节外缘近端膨大，末端具 1 粗短的齿状突，末节短小而弯曲呈爪状，并与第 2 节末刺突形成螯状；右足单肢分 4 节，第 3 节外缘近基部具 1 小瘤状突，末节长而弯曲呈片状。

分布：东海黑潮流区，南海；太平洋，大西洋。深水种。

参考文献：24，38，44，72，79，82，106，152，158，163，185，217。

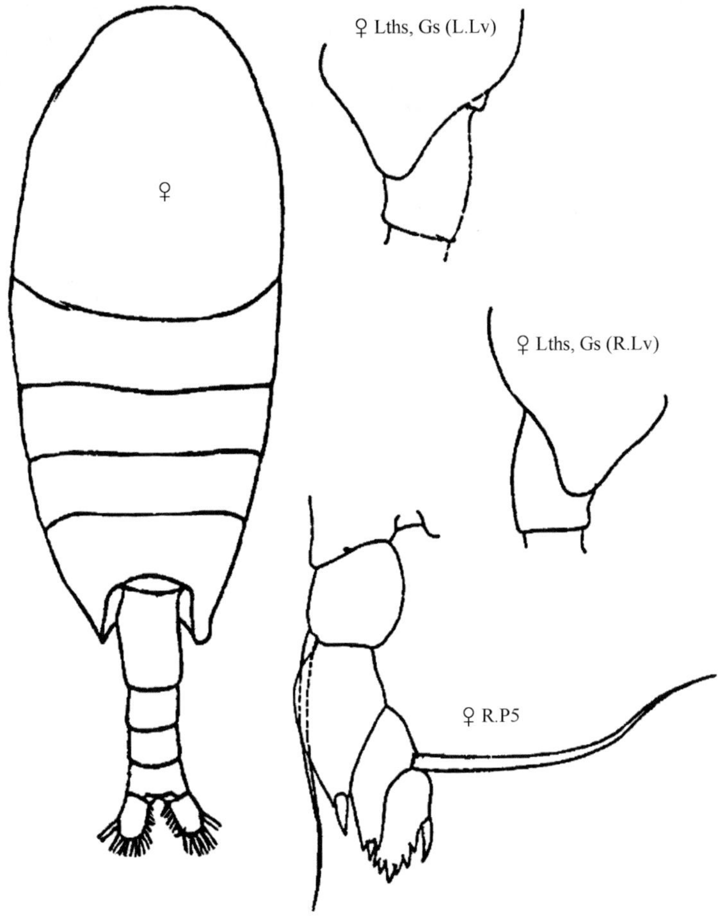

图 383 纪氏叶足水蚤 *Phyllopus giesbrechti*（仿连光山，钱宏林，1984）

（383）纪氏叶足水蚤 *Phyllopus giesbrechti* A. Scott，1909（图 383）

［*Nullosetigera giesbrechti*（A. Scott，1909）：Soh et al.，1999；
Boxshall & Halsey，2004］

形态特征：

体长：♀2.6~2.8 mm。**雌性：**头胸部呈卵圆形。前额宽圆。胸部后侧角突出而不对称，背面观，左后侧角较短而尖锐，右后侧角较长而钝；侧面观，左、右后侧角均较狭而钝突。腹部分 4 节，生殖节狭长而稍不对称，其长度大于后 2 节长度之和。尾叉较长于肛节，其长为宽的 1.5~2 倍。第 5 对胸足较粗短，单肢型且对称，各分 5 节，第 2 节粗短并具 1 长外缘刚毛，第 4 节也具 1 长内缘刚毛，第 3 节较长并具 1 外末刺，第 4、5 节宽短，末节顶端具 6 小锯齿，中齿较长，节的内末缘刺较短，不超过齿列末端。

分布：南海东部；菲律宾-马来群岛海域，太平洋。深水种。

参考文献：38，44，72，158，163，217。

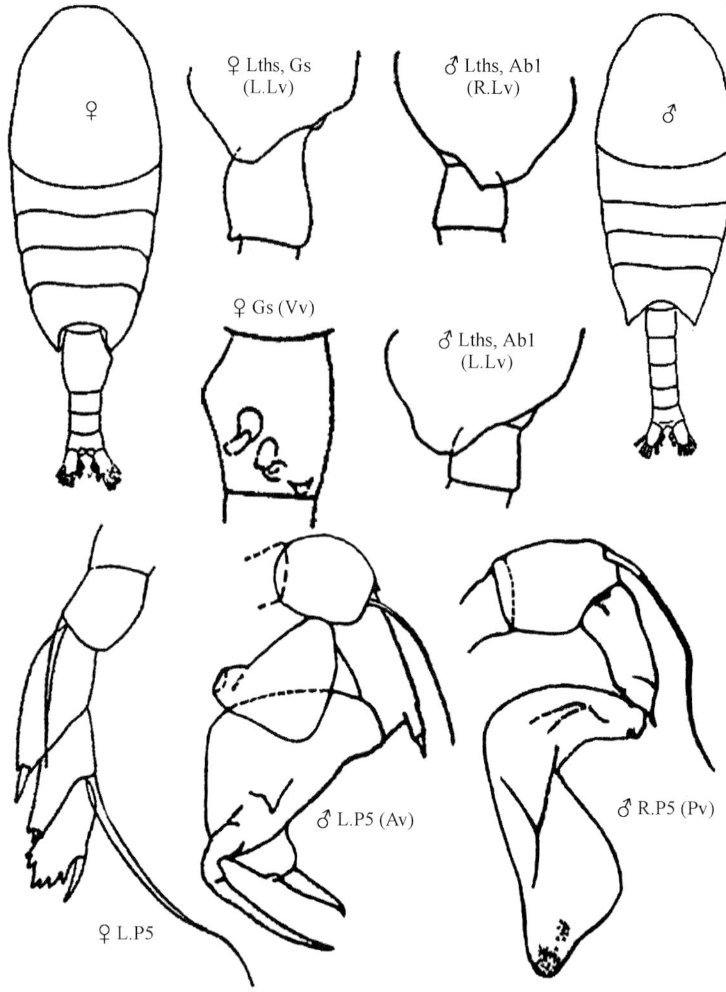

图 384 长指叶足水蚤 *Phyllopus helgae*（仿连光山，钱宏林，1984）

（384）长指叶足水蚤 *Phyllopus helgae* Farran, 1908（图 384）

［指光刺水蚤 *Nullosetigera helgae*：Soh et al.，1999；
Boxshall & Halsey，2004；陈清潮，2008］

形态特征：

体长：♀2.3~2.4 mm，♂2.4~2.5 mm。**雌性：**头胸部呈卵圆形。前额宽圆。胸部后侧角对称，背面观呈三角形，侧面观钝圆。生殖节不对称，长约为后 3 节长度之和，其右侧显著突出，腹面左侧末缘具 1 三角形小突。尾叉长约为宽的 1.5 倍。第 5 对胸足单肢型且对称，各分 5 节，第 2 节外缘刚毛较短，仅达第 4 节中部，第 4 节内末缘具 1 长刚毛，末节顶端具 6 锯齿，其外缘 2 齿离中齿较远，内缘刺较长并超过本节末端。**雄性：**胸部后侧角稍不对称，呈三角形刺突，侧面观较宽圆并在末缘具 1、2 微小突起。第 5 对胸足不对称，左足内肢单节，呈宽叶片状，外肢第 2 节粗大，其内缘很膨大，末端狭小而弯曲，并具 1 长的粗刺突，末节呈弯曲的长刺状，与前节形成螯状；右足单肢分 5 节，第 3 节基部表面具 1 小突起，第 4、5 节不完全愈合，呈长而弯曲的铲状。

分布：东海，南海；太平洋，大西洋。深水种。

参考文献：24，38，44，72，106，158，163，185，217。

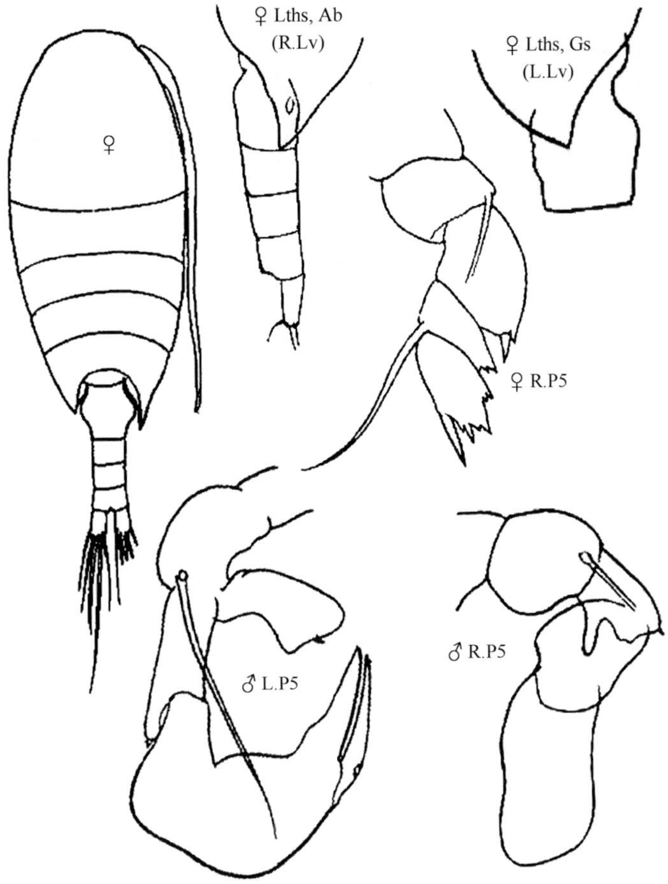

图 385 异叶足水蚤 *Phyllopus impar*（仿 Tanaka，1964c）

（385）异叶足水蚤 *Phyllopus impar* Farran，1908（图 385）

［异光刺水蚤 *Nullosetigera impar*：Soh et al.，1999；Boxshall & Halsey，2004；陈清潮，2008］

形态特征：

体长：♀2.2~3.0 mm，♂2.3~3.0 mm。**雌性：**头胸部呈卵圆形。前额宽圆。胸部后侧角突出而不对称，右侧呈长刺状，可达生殖节末缘，左侧较宽短呈三角状，仅达生殖节中部。生殖节宽短，两侧显著膨大，呈球状。侧面观，其背中部隆起。第 5 对胸足较粗短，单肢分 5 节，末节外缘具 3 对大小不等的齿突，其小齿突均位于大齿突内侧基部，内末刺粗大并超过本节末端。**雄性：**胸部后侧角突出而对称，背面观呈三角形。第 5 对胸足不对称，左足内肢单节呈长方形，其末缘中部具 1 小突起，外肢第 2 节粗大并向内弯曲，末端延伸为粗刺突，其基部与本节完全愈合，第 3 节位于第 2 节外末缘，其基部与前节分开，成可活动的长刺突，并与前节末端刺形成螯状；右足单肢分 5 节，第 3 节内缘基部具 1 较长指状突，第 4、5 节不愈合，末节粗大呈铲状。

分布：东海黑潮流区，南海；太平洋，大西洋。深水种。

参考文献：24，44，72，82，106，158，163，185，217。

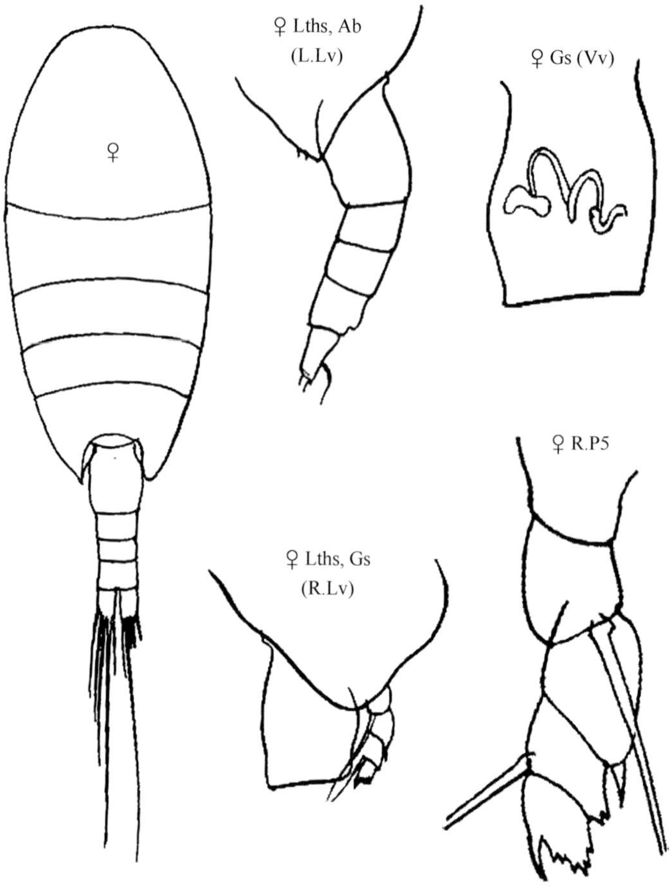

图 386 变叶足水蚤 *Phyllopus mutatus*（仿 Tanaka，1964c）

（386）变叶足水蚤 *Phyllopus mutatus* Tanaka，1964（图 386）

［变光刺水蚤 *Nullosetigera mutatus*：Soh et al.，1999；
Boxshall & Halsey，2004；陈清潮，2008］

形态特征：

体长：♀2.6~2.7 mm。**雌性**：头胸部呈卵圆形。前额钝圆。胸部后侧角突出而不对称，仅达生殖节近中部，背面观，左侧尖锐，右侧钝突；侧面观，左侧呈三角形，其腹侧末缘具 2 微刺；右侧较宽圆，末缘也具 1 微刺。生殖节不对称，其长度小于后 3 节长度之和，右侧膨大。肛节与尾叉等长。第 5 对胸足单肢型，稍不对称，左足较长于右足，各分 5 节，末节外缘具 1 列近等长的小锯齿，节的内末缘具 1 粗刺。

分布：东海黑潮流区，南海；太平洋。深水种。

参考文献：24，44，72，82，106，163，185。

24. 角水蚤科 Family Pontellidae Dana, 1853

本科大多为中型、大型桡足类(2.0~6.0 mm)。头胸部呈长椭圆形。前额宽大、钝突或呈三角形，少数具刺突。额角刺呈叉状。头部前方具腹眼1个，位于额角基部，背眼2个，常具发达的角质晶体，少数不存在。头部两侧具侧钩或不存在。头部与第1胸节分开，第4、5胸节分开或愈合，胸部后侧角钝圆或尖锐，常具不对称的刺状突。腹部较短，雌性分1~3节，雄性分4~5节。生殖节、腹节及尾叉对称或很不对称。雌性第1触角分16~24节，雄性右第1触角呈执握肢，其中部数节膨大。第1~4对胸足外肢均为3节，第1对胸足内肢为2~3节，第2~4对胸足内肢均为2节。雌性第5对胸足外肢1~2节，内肢单节或不存在；雄性第5对胸足单肢型而不对称，常分3~4节，右足末2节常呈螯状。

本科包括8属。中国海域已记录6属56种。

属名 Genera	种数	页码
畸异水蚤属 *Anomalocera* Templeton, 1837	1	444
长足水蚤属 *Calanopia* Dana, 1853	6	445
唇角水蚤属 *Labidocera* Lubbock, 1853	14	451
角水蚤属 *Pontella* Dana, 1846	18	465
小角水蚤属 *Pontellina* Dana, 1853	2	484
简角水蚤属 *Pontellopsis* Brady, 1883	15	486

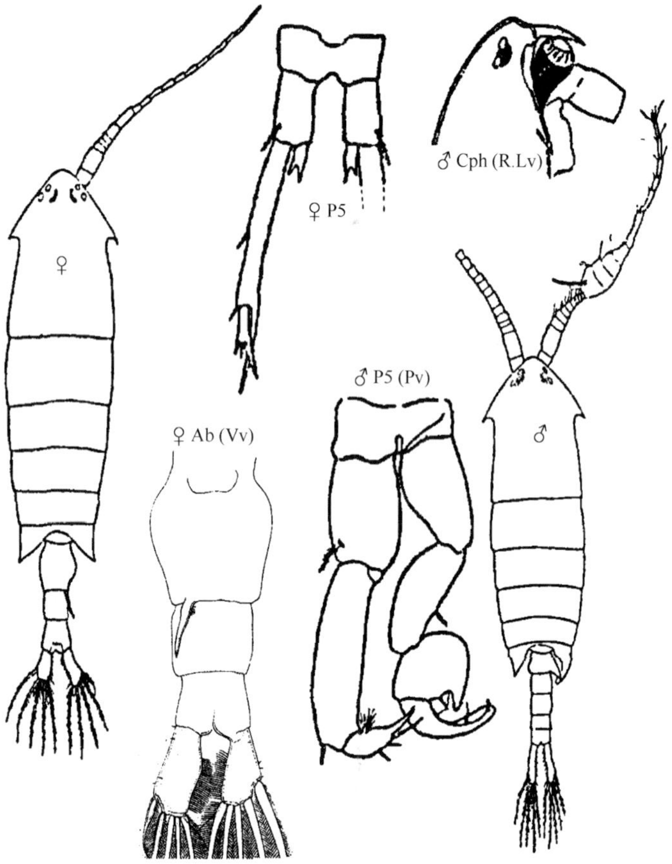

图 387 帕氏畸异水蚤 *Anomalocera patersoni*
[仿 Sars, 1903 (♀; ♂); Giesbrecht, 1892 (♀Ab, Vv)]

(387) 帕氏畸异水蚤 *Anomalocera patersoni* Templeton, 1837 (图 387)

[*Irenaeus splendidus* Goodsia, 1843; *Pontia patersoni* Kröyer, 1846]

形态特征:

体长: ♀3.2~4.1 mm, ♂3.0~4.0 mm。头胸部呈长椭圆形。头部前端突出，呈钝三角形，两侧均具侧钩，前额背面具 2 对背眼，雌性无腹眼，雄性在额角基部具 1 大腹眼。**雌性:** 胸部后侧角对称，呈三角形刺突，稍向外撇开。腹部分 3 节，生殖节粗短且不对称，右侧膨大，腹面右侧末缘具 1 长刺突。尾叉不对称，右叉较长。第 5 对胸足双肢型而对称，外肢分 2 节，第 1 节长大并具 2 外缘刺，内末缘具 1 长刺突并超过末节刺顶端，末节短小，顶端具 2 小外末刺和 1 大内末刺，后者内缘具 1 小锯齿；内肢很短小，顶端具 2 不等长刺突。**雄性:** 右第 1 触角呈执握肢，其中部很膨大。胸部后侧角不对称，左侧呈三角形刺突，右侧为向内弯的长刺突。腹部狭长，分 5 节，生殖节不对称，右侧具 1 粗大指状突。尾叉狭长并近等长。第 5 对胸足单肢型而不对称，左足分 4 节，末节很短小并具 3 外缘刺及 1 爪状末刺，内缘近端具 1 带细毛的小突起；右足分 5 节，末 2 节呈螯状，第 4 节宽大，外末缘具 1 钩状突，内末缘具 1 小刺，末节狭长并弯曲呈匙状，其内缘具 2 小刺。

分布: 东海黑潮流区，南海东部；菲律宾群岛海域，太平洋，印度洋及大西洋。暖水种。

参考文献: 44, 97, 106, 152, 153, 216, 217。

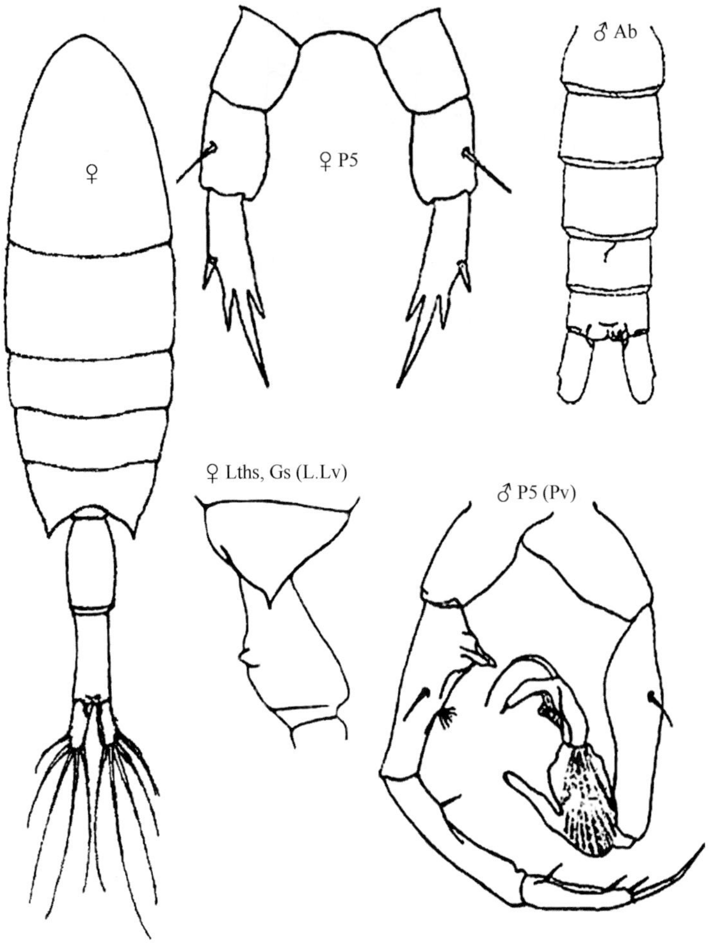

图 388 美洲长足水蚤 *Calanopia americana*（仿 A. Scott，1909）

（388）美洲长足水蚤 *Calanopia americana* Dahl，1894（图 388）

形态特征：

体长：♀1.3~1.8 mm，♂1.23 mm。**雌性：**前额钝圆。头部无侧钩。胸部后侧角较短而尖锐，左右对称。腹部分 2 节，生殖节呈长椭圆形，约与第 2 腹节等长，侧面观，其腹面具 1 小突起。第 2 腹节长约为宽的 2 倍。尾叉长约为宽的 2.5 倍。第 5 对胸足单肢型且对称，各分 3 节，末节较狭长，末端具 3 不等长末刺，其中刺最长，节的外缘近中部也具 1 外缘刺。**雄性：**头胸部与雌性相似，胸部后侧角尖锐而对称。腹部分 5 节而对称，各节均宽短。尾叉长约为宽的 2 倍。第 5 对胸足单肢型且不对称，左足较狭长，分 4 节，第 2 节内缘近端膨大而突出，呈 1 三角形齿突，第 3 节狭长，内缘近端具 1 小刺，末节较短，内缘具 2 小刺，节的末端具 1 长末刺及 1 小内末刺；右足分 4 节，第 2 节狭长，末 2 节呈螯状，第 3 节较宽短，外末缘具长指状突，其内缘基部具深缺刻，末节弯曲呈钩状，其内缘中部具 1 三角形突起，外缘中部具 1 长刺毛，节的末端较狭小并具 1 小刺。

分布：南海；太平洋，大西洋。热带种。

参考文献：44，89，158，217。

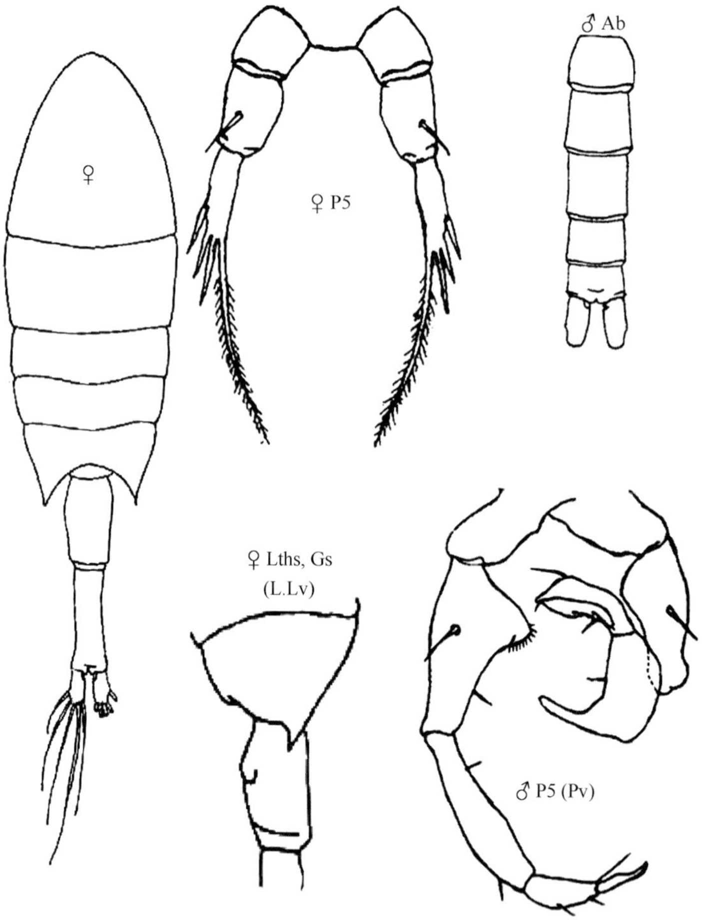

图 389 奥氏长足水蚤 *Calanopia aurivilli*（仿 A. Scott，1909）

（389）奥氏长足水蚤 *Calanopia aurivillii* Cleve，1901（图 389）

形态特征：

体长：♀1.3~1.5 mm，♂1.1~1.4 mm。**雌性：**头胸部长椭圆形。头部无侧钩。胸部后侧角尖锐，左右对称，可达生殖节近端 1/3 处。生殖节粗短，第 2 腹节较长于生殖节，其长为宽的 3 倍。尾叉长为宽的 2 倍。第 5 对胸足单肢型且对称，各分 3 节，末节狭长，其末端具 3 不等长刺，其内刺很长，内、外缘均具细毛呈羽状，节的外缘另具 1 外缘刺。**雄性：**头胸部与雌性相似。腹部分 5 节，第 2、3 节较长，近方形。尾叉长为宽 2 倍。第 5 对胸足单肢型且不对称，各分 4 节，左足狭长，第 2 节内缘近端具 1 钝三角形大突起，其边缘具细刺毛，第 3 节狭长，内缘近端及外末部各具 1 小刺，末节短小，约为前节长的 1/3，末端具 1 长粗刺和 1 细刺毛，外缘具 2 小外缘刺；右足第 2 节粗大，内缘近端膨大，第 3 节宽大，其外末缘具 1 长大指状突，并与末节呈螯状，末节粗短而弯曲，呈爪状，内缘近端及末端各具 1 小刺，外缘具 1 细长外缘刺。

分布：南海；太平洋，印度洋。热带种。

参考文献：24，44，158，159，199，217。

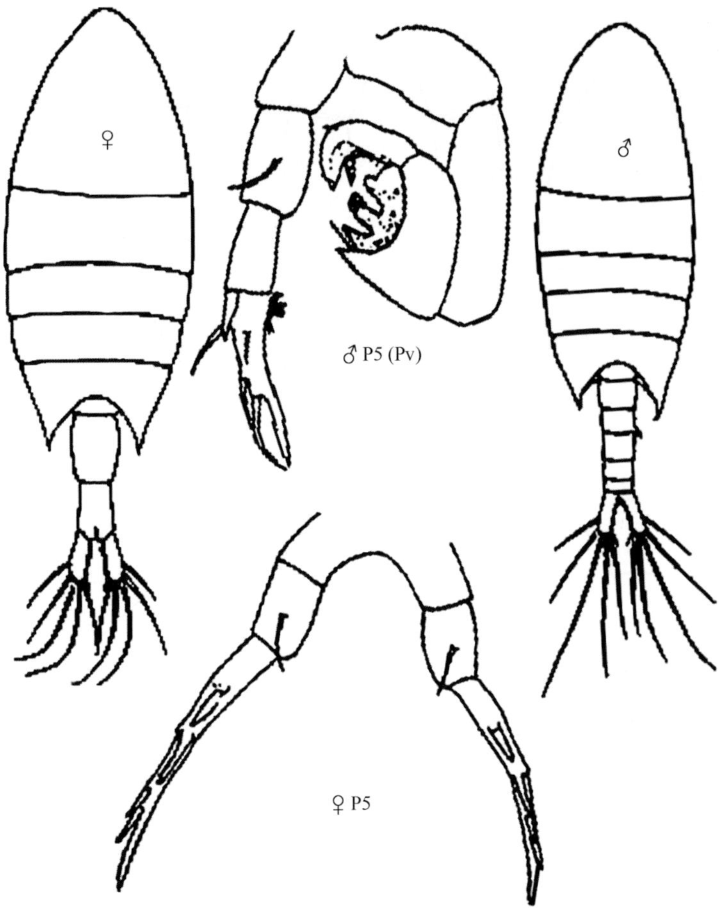

图 390 椭形长足水蚤 *Calanopia elliptica*（仿陈清潮，章淑珍，1965）

（390）椭形长足水蚤 *Calanopia elliptica*（Dana，1849）（图 390）

［*Pontella elliptica* Dana，1849］

形态特征：

体长：♀1.8~2.1 mm，♂1.6~1.8 mm。**雌性：**头胸部卵圆形。前额狭圆。头部无侧钩。胸部后侧角长而尖锐，近对称，可达生殖节中部。生殖节约与第 2 节等长。尾叉长为宽的 3 倍。第 5 对胸足单肢型且不对称，各分 4 节，左足较右足长大，左、右足第 3、4 节均具 2 外缘刺，末节顶端延伸为长刺突，其末端两侧具细锯齿。**雄性：**头胸部与雌性相似，但胸部后侧角不对称，右侧较狭长。腹部分 5 节，第 2 节右侧末缘具 1 小刺，肛节很短小。尾叉长为宽的 4 倍。右第 1 触角呈执握肢。第 5 对胸足单肢型且不对称，各分 4 节，左足第 3 节具 1 较大的外缘刺，第 4 节具 3 外缘刺，内缘近端部具细毛丛，节的表面中部也具 1 小刺，节的末端延伸为长刺突，并与第 3 外缘刺形成钳状；右足第 3 节宽大呈掌状，外末角粗大而尖锐，节的前缘具 3 粗钝齿突，末节狭小呈爪状，其内缘也具 2~3 尖齿突。

分布：东海至南海；太平洋，印度洋及大西洋。热带种。

参考文献：1，5，13，16，18，20，24，31~33，44，46，51，76，97，118，158，217。

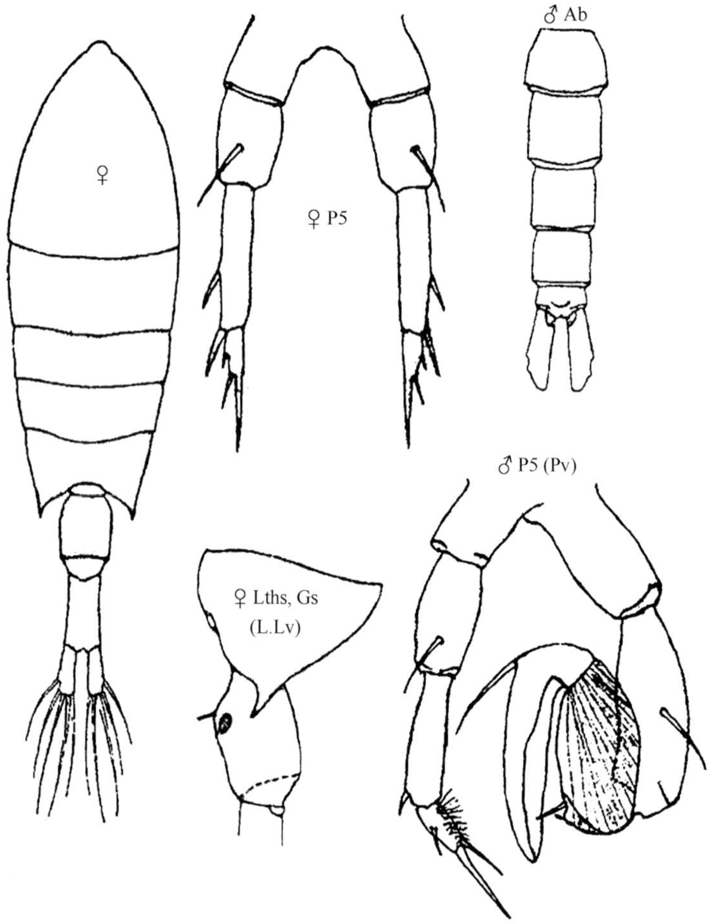

图 391 何氏长足水蚤 *Calanopia herdmani*（仿 A. Scott，1909）

（391）何氏长足水蚤 *Calanopia herdmani* A. Scott，1909（图 391）

形态特征：

体长： ♀1.8 mm，♂1.7 mm。**雌性：** 头胸部长椭圆形。前额较狭而钝突。胸部后侧角尖锐而对称。生殖节较粗大并稍长于第 2 腹节，其两侧及背面稍膨大，腹面近端具 1 小刺。第 2 腹节较狭，长约为宽的 2 倍。尾叉长约为宽的 2.5 倍。第 5 对胸足单肢型且对称，各分 4 节，第 3 节狭长并具 2 外缘刺，末节短小呈粗刺状，近端具 2 小外缘刺，末端延伸为长刺。**雄性：** 头胸部与雌性相似。腹部分 5 节，第 2、3 节较狭长，肛节很短小。尾叉长约为宽的 3 倍。右第 1 触角呈执握肢。第 5 对胸足单肢型且不对称，左足第 3 节狭长并具 1 小外末刺，末节短小，约为前节的 2/5 长，其内缘具细毛及 1 内末刺，节的外缘也具 1 小刺，末端刺长大，约为末节长的近 2 倍；右足末 2 节呈螯状，第 3 节宽大，呈椭圆形，仅外末缘具 1 粗刺突及 1 小刺，末节狭长并弯曲呈爪状，内缘无刺突，仅外缘近端具 1 长刺毛。

分布： 南海东南部；马来群岛海域，太平洋。热带种。

参考文献： 44，158。

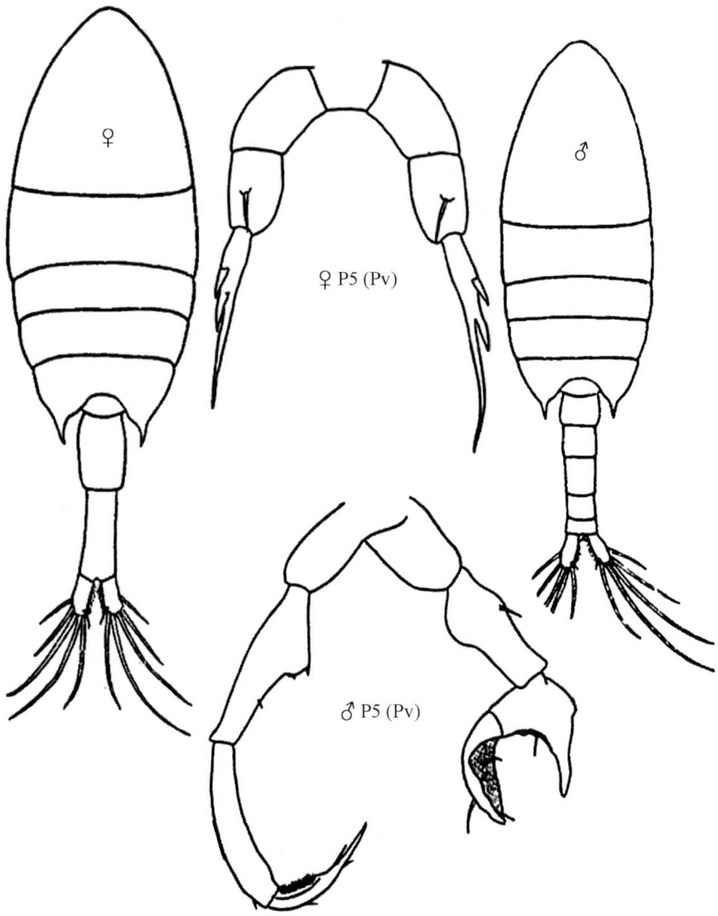

图 392　小长足水蚤 *Calanopia minor*（仿陈清潮，章淑珍，1965）

（392）小长足水蚤 *Calanopia minor* A. Scott，1902（图 392）

形态特征：

体长：♀1.2~1.4 mm，♂1.1~1.2 mm。**雌性：**头胸部卵圆形。前额狭而钝圆。胸部后侧角尖锐且对称。生殖节较粗短，第 2 腹节明显较长于生殖节。尾叉长为宽的 2 倍。第 5 对胸足单肢型且对称，各分 3 节，末节较狭长并具 2 外缘刺，节的末部延伸为长刺，其内、外缘均具细毛。**雄性：**头胸部与雌性相似。腹节分 5 节。尾叉与雌性相似。右第 1 触角呈执握肢。第 5 对胸足单肢型且不对称，各分 4 节，左足第 2 节较粗大，内缘近端具三角形大突起，其顶端具 1 小刺突，第 3 节狭长，外缘近末端具 1 小刺，末节短小，其内缘近端具细毛，外缘中部具 1 小刺，末端刺细长，其基部两侧各具 1 小刺；右足第 2 节内缘近端隆起呈瘤状，外缘中部具 1 小刺，第 3 节外末部延伸为大的指状突，其内缘中部具 1 小刺，末节狭长而弯曲，与指状突形成钳状，本节外缘具 2 小刺，内缘近末部具 1 较长刺毛。

分布：东海至南海；太平洋，印度洋及大西洋。暖水种。

参考文献：5，13，16，20，23，24，31~33，44，46，51，158，185，217。

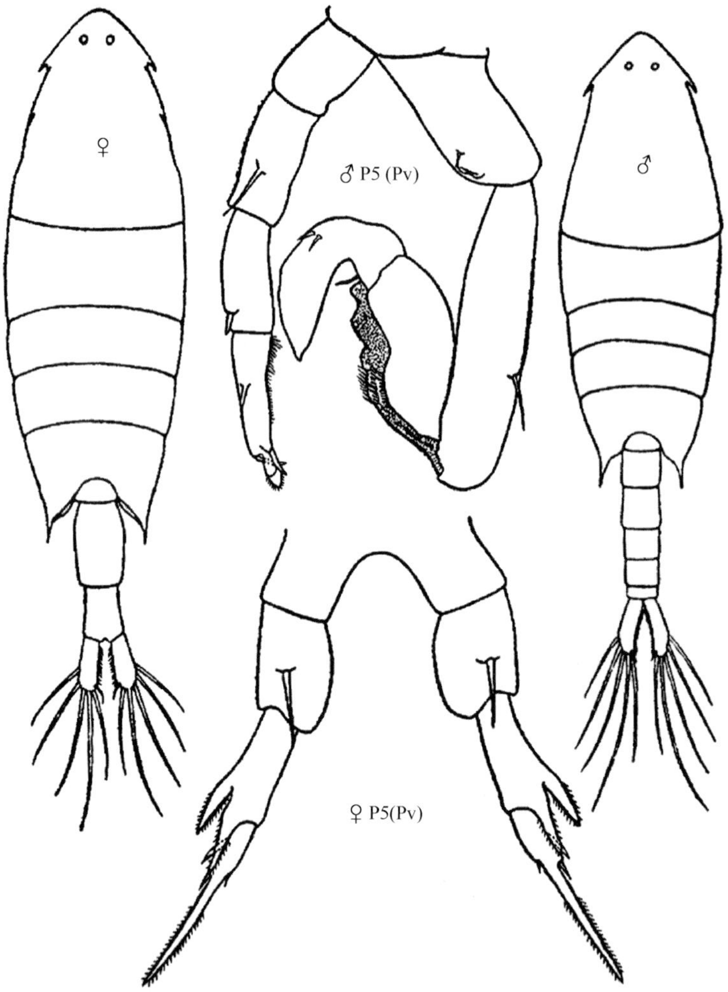

图 393　汤氏长足水蚤 *Calanopia thompsoni*（仿陈清潮，章淑珍，1965）

（393）汤氏长足水蚤 *Calanopia thompsoni* A. Scott，1909（图 393）

形态特征：

体长：♀1.8~2.0 mm，♂1.6~1.9 mm。头胸部呈椭圆形。前额呈钝三角形。头部具 1 对侧钩及 1 对小背眼。胸部后侧角对称，呈尖刺状。**雌性：**腹部分 2 节，生殖节长大，约为肛节长的 2 倍。尾叉与肛节等长。第 5 对胸足单肢型，左右对称，各分 4 节；第 3 节远端部具 2 粗的外末刺，其内、外缘具细毛；末节延伸为长刺突，其后半部内、外缘具细毛，本节基部较粗大，外缘具 2 小刺，内缘也具 1 小刺。**雄性：**腹部分 5 节，第 1、2 节近等长，肛节很短小。尾叉长约为宽的 3 倍。第 5 对胸足单肢型且不对称，各分 4 节，左足第 3 节具 1 外末刺，第 4 节外缘中部具 1 刺，内缘具细毛，末端具 1 叶状钝突，其基部具 2~3 小刺；右足第 2 节长大，第 3 节较宽短，其外缘具 2~3 个钝突及 1 丛细毛，末节基部向外弯曲呈铲状，其内缘中部具 2 并排的小刺。

分布：渤海至南海；太平洋，印度洋。暖水种。

参考文献：1，5，10，13，16，18，23，24，31~33，44，46，118，158，217。

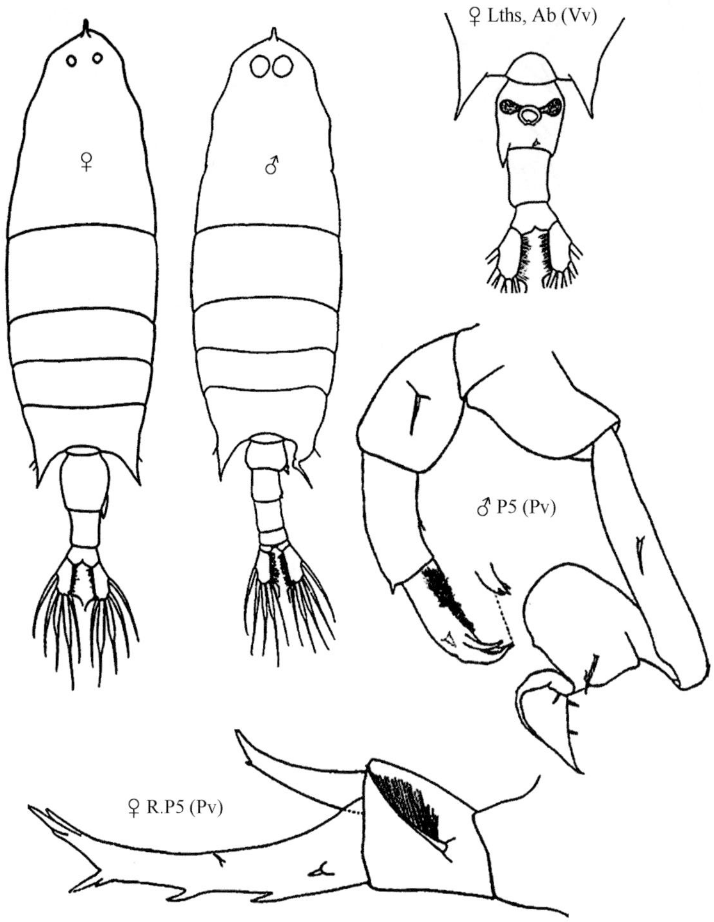

图 394 尖刺唇角水蚤 *Labidocera acuta*（仿陈清潮，章淑珍，1965）

（394）尖刺唇角水蚤 *Labidocera acuta*（Dana，1849）（图 394）

［*Pontella acuta* Dana，1849；Brady，1883；*Pontellina acuta* Dana，1855；*Labidocera acutum* Giesbrecht，1892］

形态特征：

体长：♀2.9~3.6 mm，♂2.7~3.2 mm。前额中央具 1 尖刺突。头部无侧钩，雄性 1 对背眼较雌性发达。**雌性：**胸部后侧角具长刺突，左右对称。腹部分 3 节，生殖节长大，右末缘近腹面具 1 粗刺突，腹面生殖孔左下末缘也具 1 小刺突，肛节短小。尾叉长约为宽的 2 倍，尾刚毛基部膨大。第 5 对胸足双肢型且对称，内、外肢均为单节，外肢狭长并具 3 个外缘刺及 1 小内缘刺，末端也具 3 个不等长刺突，本节近端背面中部也具 1 小刺；内肢短小，末端尖锐，外末缘具 1 小刺。**雄性：**胸部后侧角尖锐而不对称，右侧刺长并弯向右后方。腹部分 5 节，生殖节不对称，右外末角具 2 小刺突。第 5 对胸足单肢型且不对称，左足第 3 节内缘中部具 1 小刺，外末缘也具 1 小刺，末节内缘具细毛，外缘近中部具 1 小刺，节的末端具 3 长刺突；右足第 2 节狭长，第 3 节宽短，内缘隆起而宽圆，外缘基部具 1 小突，末节短小呈爪状，并具 2 小外缘刺，节的末部尖小并弯向外侧，与前节形成螯状。

分布：黄海至南海；太平洋，印度洋及大西洋。暖水沿岸种。

参考文献：1，5，13，16，20，23，24，31~33，36，44，46，51，68，97，118，158，217。

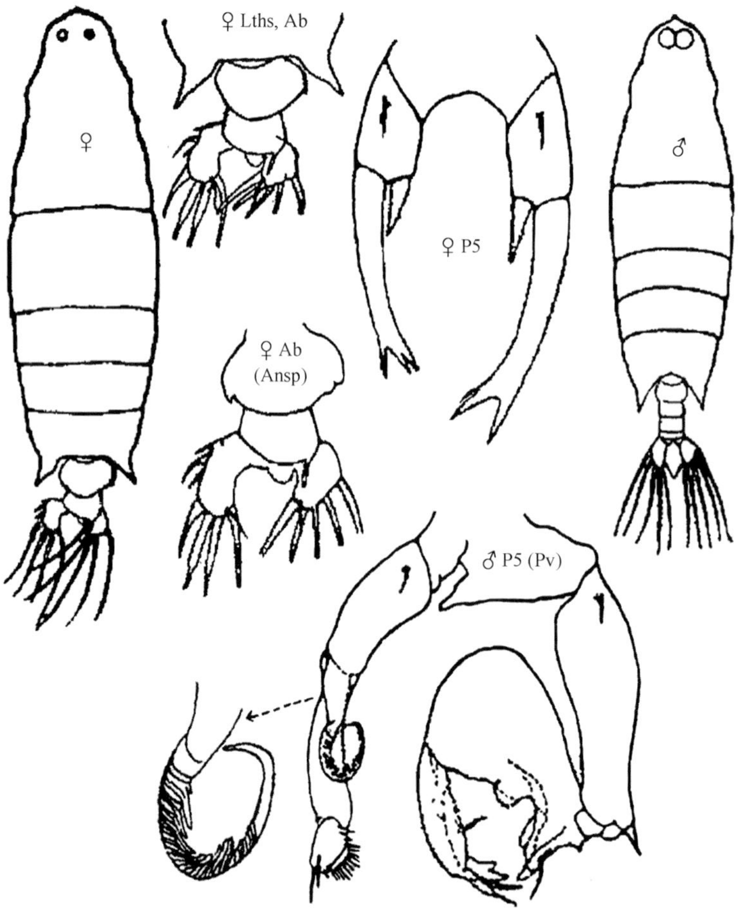

图 395 锐唇角水蚤 *Labidocera acutifrons*（仿郑重等，1982）

（395）锐唇角水蚤 *Labidocera acutifrons*（Dana，1849）（图 395）

［*Pontella acutifrons* Dana，1849；Brady，1883；*Pontellina acutifrons* Dana，1855；*Pontia edwardsii* Kröyer，1849］

形态特征：

体长：♀3. 2~4. 2 mm，♂3. 3~4. 1 mm。前额中央具 1 小突起。头部具 1 对背眼，无侧钩。**雌性：**胸部后侧角尖锐而对称，其向外撇开呈翼状，可达生殖节末缘。腹部宽短并分 3 节，生殖节宽大而稍不对称，两侧或仅右侧中部具 1 小突起，第 2 节右背末缘具 1 小刺突，肛节短小，中部向后隆起。尾叉宽短而不对称，左叉较狭长并稍弯曲，右叉较宽短。第 5 对胸足双肢型，稍不对称，右足较长大；左、右足结构相似，内肢短小，末端尖锐，外肢长大，末端具不等长 3 刺突，其中内侧 2 刺的基部愈合。**雄性：**胸部后侧角尖锐且对称，可达第 2 腹部末缘。第 5 对胸足单肢型且不对称，各分 4 节，左足第 2 节末端具 1 细长而弯曲的鞭状刺突，其内缘中部具许多细条状突，末节短小，内侧隆起并具细毛，末端具 2 不等长小刺，近背末缘也具 1 小刺；右足第 2 节长大，外末角具 1 刺突，第 3 节膨大，内缘隆起近圆形，外缘中部具 1 钝突，外缘基部具 1 粗刺突，其外缘具 1 刺毛，末节较狭长而弯曲，与前节形成螯状，节的外缘中部具 1 小刺，节末端分 2 叉，其基部指状突上具 2 小刺。

分布：东海至南海；太平洋，印度洋及大西洋。暖水性大洋表层种。

参考文献：24，37，44，46，48，76，79，82，97，106，152，185，217。

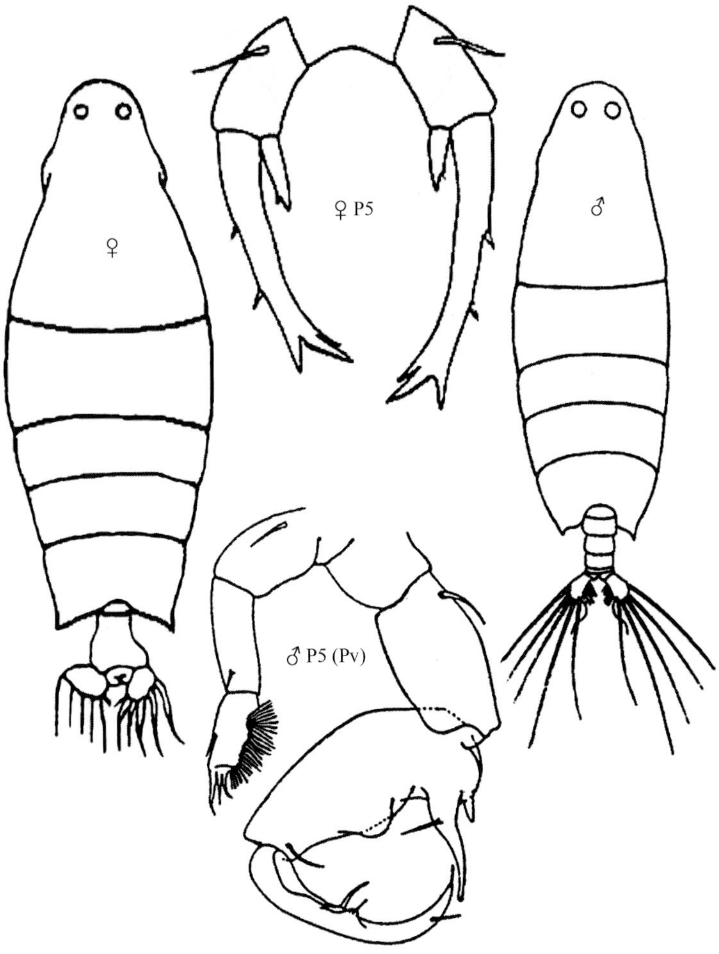

图 396 巴塔唇角水蚤 *Labidocera bataviae*
[仿 A. Scott, 1909 (♀); 连光山, 钱宏林, 1984 (♂)]

(396) 巴塔唇角水蚤 *Labidocera bataviae* A. Scott, 1909 (图 396)

形态特征:

体长: ♀2.1~2.4 mm, ♂1.7~2.0 mm。头部前端宽圆, 无侧钩, 具 1 对背眼。**雌性:** 头胸部卵圆形, 中部很宽大。胸部后侧角对称, 呈三角形。腹部粗短, 仅分 2 节, 生殖节粗大且不对称, 其后半部很膨大, 右侧末缘显著突出。尾叉宽短而不对称, 左叉指向外侧, 其宽度约为右叉的 2 倍。第 5 对胸足双肢型, 近对称, 内、外肢均单节, 外肢狭长并具 2 小外缘刺, 末端具 3 不等长刺突; 内肢短小, 顶端分叉。**雄性:** 头胸部呈长椭圆形。胸部后侧角尖小而不对称, 右侧刺较左侧刺长大。第 5 对胸足单肢型且不对称, 左足末节粗短, 具 1 小外缘刺和 3 不等长的末刺, 近内缘表面具细毛; 右足末 2 节呈螯状, 第 3 节长大, 外缘基部具 2 不等长刺突, 在长刺突基部具 1 小刺毛, 节的外缘中部具 1 钝突, 末节狭长而弯曲呈爪状, 内缘中部具 1 三角形突起和 2 小刺毛, 节的外末部和末端也各具 1 小刺毛。

分布: 东海至南海; 太平洋, 印度洋。热带沿岸表层种。

参考文献: 6, 23, 24, 37, 38, 44, 158, 159。

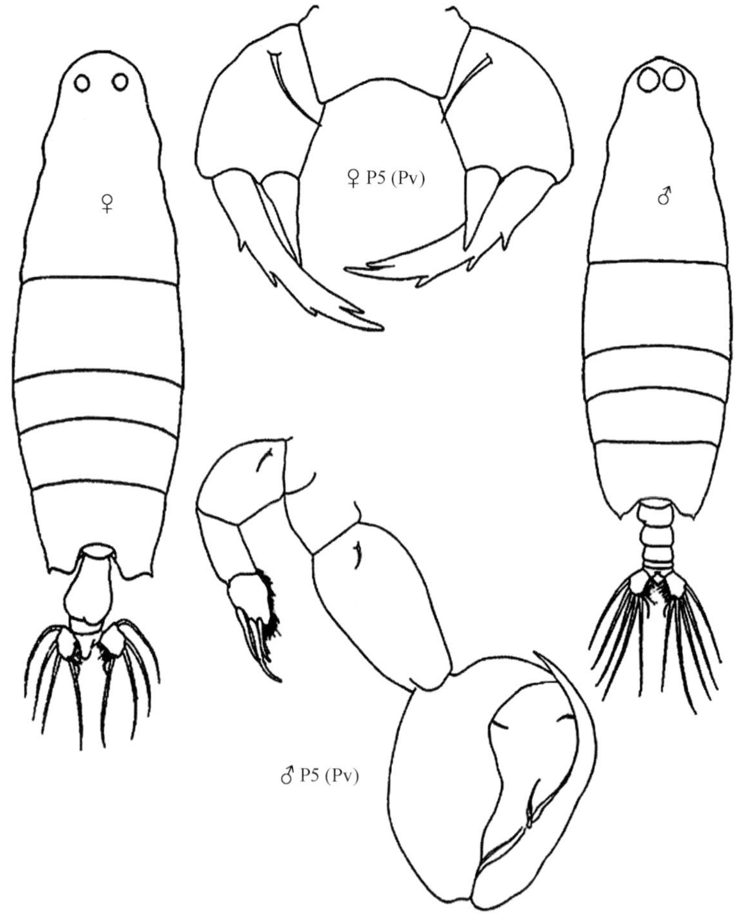

图 397　后截唇角水蚤 *Labidocera detruncata*（仿陈清潮，章淑珍，1965）

（397）后截唇角水蚤 *Labidocera detruncata*（Dana，1849）（图 397）

［*Pontella detruncata* Dana，1849；Brady，1883；*Pontellina detruncata* Dana，1855］

形态特征：

体长：♀2.3～2.8 mm，♂2.2～2.6 mm。头部前端宽圆，无侧钩，具 1 对背眼。**雌性：**胸部后侧角具小刺突，其内缘具钝突，稍不对称。腹部分 3 节，生殖节粗大，背面隆起，左、右侧末缘均突出；第 2～3 节短小；肛节背末缘向后伸长为 1 垂片，可达尾叉末端。尾叉宽短，右叉较宽大。第 5 对胸足双肢型且对称，第 2 基节很宽大，近方形；内肢短小，末端尖锐；外肢较长，具 3 小外缘刺和 2 不等长的末刺。**雄性：**胸部后侧角对称，末端具 1 小刺突。第 5 对胸足单肢型且不对称，左足末节粗短呈钝三角形，内缘具细毛，外末部具不等长的 4 刺突；右足第 3 节长大，外缘基部具 1 大锥状突，其内缘基部具 1 小刺，末节为狭长而弯曲的爪状刺突，与前节形成螯状，其内缘具 2 小刺。

分布：东海至南海；太平洋，印度洋及大西洋。热带大洋表层种。

参考文献：1，5，6，13，16，20，23～25，31，44，46，51，79，97，99，118，158，217。

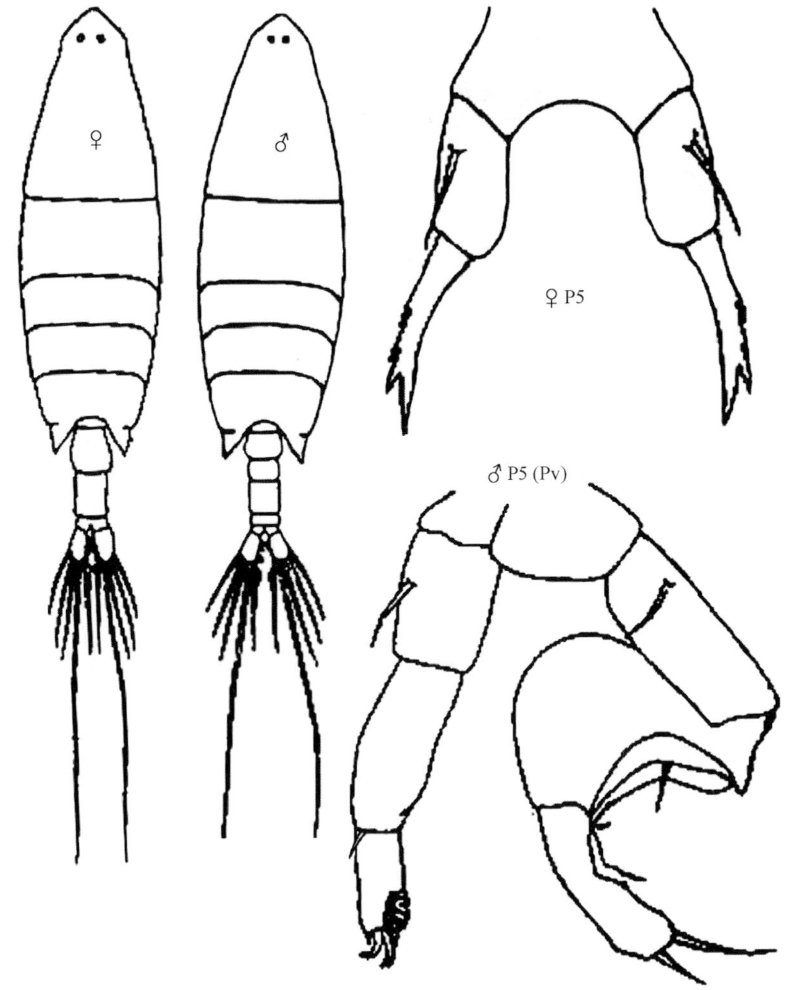

图 398 真刺唇角水蚤 *Labidocera euchaeta*（仿陈清潮，章淑珍，1965）

（398）真刺唇角水蚤 *Labidocera euchaeta* Giesbrecht，1889（图 398）

形态特征：

体长：♀2.0~2.9 mm，♂2.3~2.5 mm。头胸部呈椭圆形。前额较狭小，呈钝三角形。头部背眼较小，无侧钩。胸部后侧角呈三角形。**雌性：**腹部分 3 节，第 1~2 节长大，肛节短小。尾叉稍不对称，右叉较宽大，呈卵圆形，内侧第 3 尾刚毛很长。第 5 对胸足单肢型且对称，共分 3 节，末节狭长，具 3 小外缘刺，末端为粗刺突。**雄性：**腹部分 5 节，第 3 节最长大，肛节短小。尾叉近对称。第 5 对胸足单肢型且不对称，左足第 3 节长大并具 1 小外末刺，末节粗短，呈长方形，内末部背面具细毛，顶端具 3 小刺突；右足第 3 节宽大，内缘膨大并呈半圆形，外缘中部稍凹并具 1 小刺，末节较粗短并与前节形成螯状，其外缘具 2 小刺，末端钝圆并具 2 不等长末刺。

分布：渤海至南海；太平洋，印度洋。暖水沿岸表层种。

参考文献：1，5，6，9，10，13，16，23，24，31~33，46，82，97，118，217。

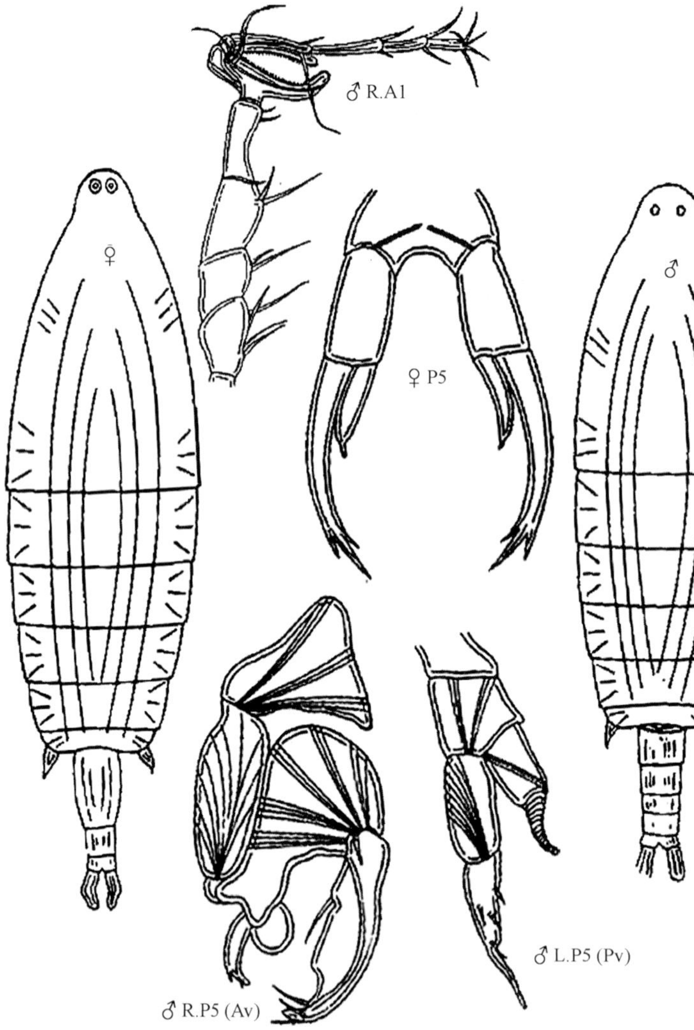

图 399 异常唇角水蚤 *Labidocera insolita*（仿 Wilson，1950）

（399）异常唇角水蚤 *Labidocera insolita* Wilson，1950（图 399）

形态特征：

体长： ♀2.5~3.0 mm，♂2.3~2.5 mm。头胸部长椭圆形。前额较狭而圆。头部无侧钩，背眼较小。头部与第 1 胸节分开，第 4、5 胸节也分开，末胸节后侧角具尖刺突，左右对称。**雌性：** 腹部分 3 节，生殖节长大，约等于第 2~3 腹节及尾叉长度之和，第 2 腹节为肛节长的 2 倍。尾叉狭小并向内弯曲。第 5 对胸足双肢型而对称；内肢单节而尖锐，并与第 2 基节等长；外肢狭长而弯曲，约为内肢长的 2 倍，其末端具 3 刺突，中刺较长。**雄性：** 腹部分 5 节。尾叉长约为宽的 3 倍。第 5 对胸足不对称，左足双肢型，外肢分 2 节，末节表面具分散的小刺和 1 狭长的末刺，内肢较短小，也分 2 节，末节弯曲呈爪状，其表面具螺纹形隆线；右足单肢型，第 3 节宽大，其内缘膨大呈半圆形，外末角具 1 弯指状突，其基部具 1 瘤状突，末节基部粗大并具 1 外缘刺毛，末部弯曲呈爪状，与前节形成螯状，近末端具 3 小刺毛。

分布： 南海东南部海域；太平洋。热带种。

参考文献： 44，217。

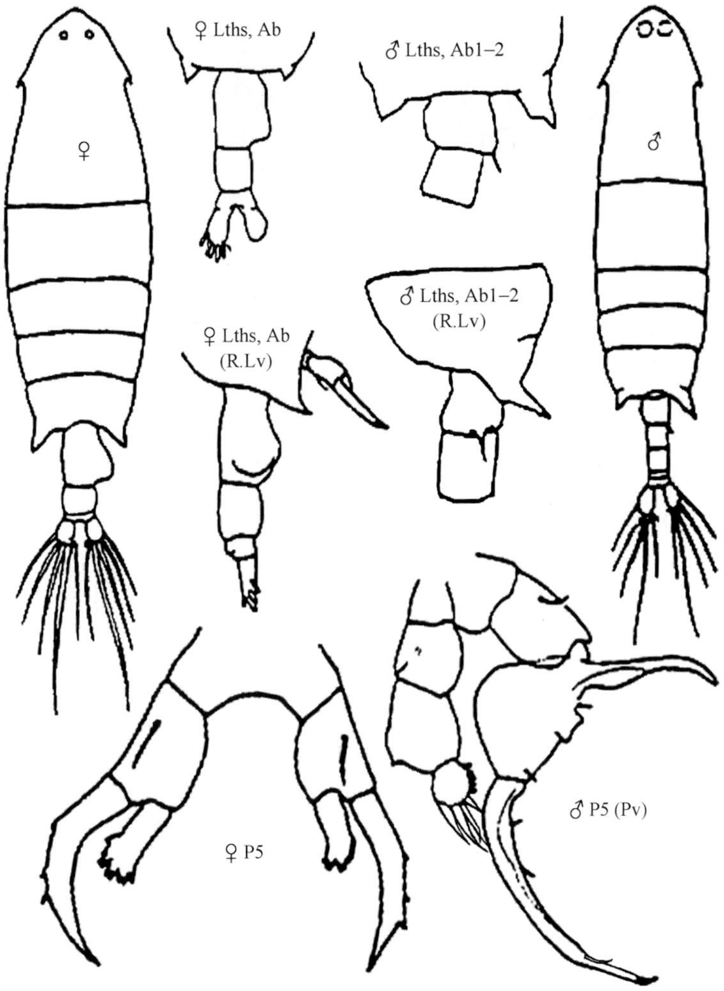

图 400 日本唇角水蚤 *Labidocera japonica*

[仿 Mori, 1935, 1937 (♀; ♂); Fleminger, 1982; Chihara et al., 1997 (♀Lths, Ab; ♂Lths, Ab1–2)]

(400) 日本唇角水蚤 *Labidocera japonica* Mori, 1935 (图 400)

形态特征:

体长: ♀1.7～2.1 mm, ♂1.5～1.9 mm。头部前端较突出，呈宽钝三角形，具侧钩。**雌性:** 胸部后侧角具尖刺突，左右近对称。腹部分 3 节，生殖节右侧膨大，肛节很短小。尾叉宽短而对称。第 5 对胸足双肢型，稍不对称，外肢弯曲并常具 3 小外缘刺突，节的末端为长刺突；内肢宽短呈长方形，末端均具许多小齿突，左内肢较长于右内肢。**雄性:** 胸部后侧角尖锐而不对称，右侧角刺突长于左侧角，左、右侧角长刺突背中部具 1 小钝突。腹部分 5 节，生殖节右侧末缘突出并具 1 小刺。第 5 对胸足单肢型且不对称，左足第 3 节粗短，其外末部突出并具 1 小齿突，末节短小，内缘具细毛，末端具 3 不等长刺突和 2 细刚毛；右足第 3 节内缘膨大，外缘基部具 1 细长指状刺突，节的外缘近中部具 1 宽平的齿状突，末节为细长而弯曲的爪状刺，约为第 2 节长的 3 倍，并与前节形成螯状。

分布: 东海；太平洋。沿岸表层种。

参考文献: 24, 44, 66, 67, 82, 106, 117, 118, 185。

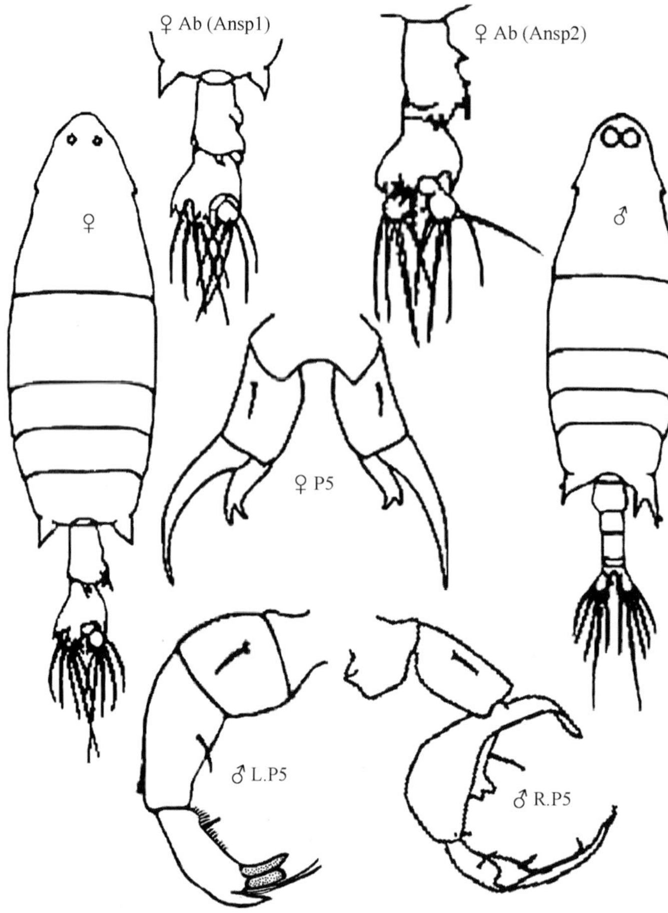

图 401 科氏唇角水蚤 *Labidocera kröyeri*（仿陈清潮，章淑珍，1965）

（401）科氏唇角水蚤 *Labidocera kröyeri*（Brady，1883）（图 401）

［*Pontella kröyeri* Brady，1883］

形态特征：

体长：♀2.2~2.8 mm，♂2.0~2.4 mm。头部前端钝圆，具侧钩。**雌性：**胸部后侧角呈三角形翼状突，左右对称。腹部分 3 节，生殖节不对称，右侧缘具数个突起和小刺，背末缘中部也具分叉的小刺突，第 2 节较宽大，也不对称，背末缘向后延伸并部分遮盖在肛节与尾叉之上，节的右侧末缘具 1 粗刺，背末缘中部及左末缘均具分 2~3 叉的刺突，肛节短小并被前节突起所遮盖。尾叉短小，近方形。第 5 对胸足双肢型且对称，长刺状的外肢呈爪状，约为内肢长的 2 倍；内肢短小，末端分 2 叉。**雄性：**胸部后侧角不对称，右侧角具不等长的叉状刺突，其外刺较长，可达第 2 腹节末部。腹部分 5 节，生殖节较宽大，左侧缘较突出。尾叉短小而对称。第 5 对胸足单肢型且不对称，左足末节内缘具细毛，外末角具 1 爪状刺突，内末部具 4 刺突，其中 2 根粗短并带细齿，另 2 根较细长；右足第 3 节外缘基部长指状突与细长、弯曲的末节形成螯状，本节外缘中部具 2 小突起和 1 小刺，末节近端部较粗大，末部细长呈刺状，外缘具 3 小刺。

分布：东海至南海；太平洋，印度洋及大西洋。热带大洋表层种。

参考文献：1，5，6，13，16，23，24，31，33，44，46，51，76，79，82，97，118，152，158，185，217。

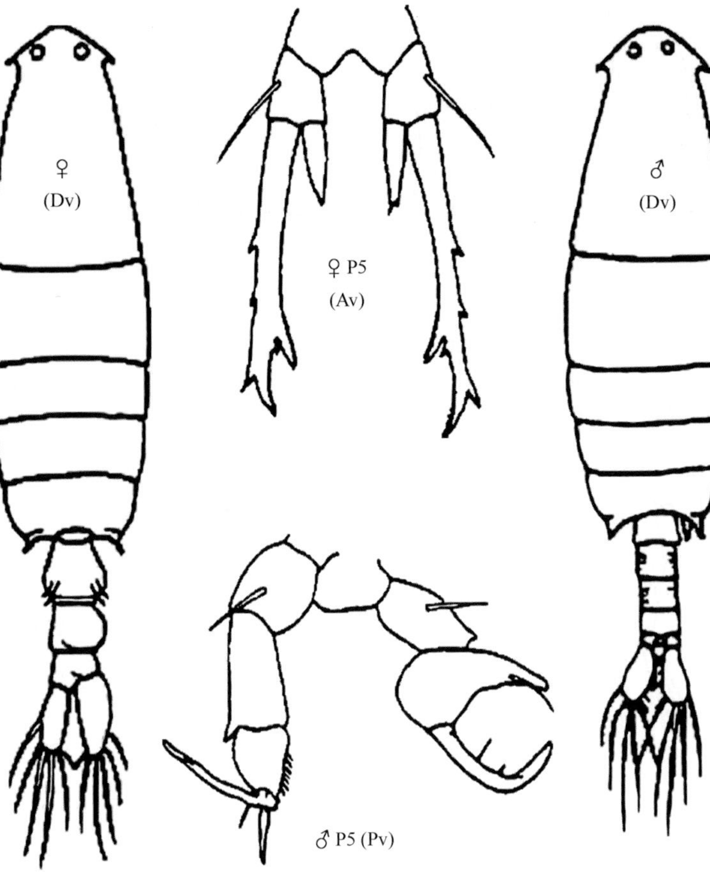

图 402 小齿唇角水蚤 *Labidocera laevidentata*
[仿 A. Scott, 1909 (♀Dv; ♀P5; ♂P5); Brady, 1883 (♂Dv)]

(402) 小齿唇角水蚤 *Labidocera laevidentata* (Brady, 1883) (图 402)

[*Pontella laevidentata* Brady, 1883]

形态特征:

体长: ♀2.0~2.4 mm, ♂1.6~1.7 mm。头部前端宽圆，具 1 对背眼，侧钩较靠近头部前方，接近背眼的两侧。**雌性:** 胸部后侧角对称，具 1 向外撇开的小刺突。腹部分 3 节，生殖节左右对称，背末缘具 1 对小刺突；第 2 节右背末缘突出呈瘤状；肛节不对称，左侧较长于右侧。尾叉不对称，右叉显著较长大。第 5 对胸足双肢型，稍不对称，右足较左足粗短，外肢均具 3 小外缘刺突，内缘近末端也具 2 个大小显著不同的刺突；内肢短小，末端稍分叉。**雄性:** 胸部后侧角较短小而不对称，右侧具 2 小刺突，左侧仅具 1 刺突。腹部分 5 节，第 2~3 节表面具细毛。尾叉较长而对称。第 5 对胸足单肢型且不对称，左足第 3 节长大，外末角具 1 小刺突，末节短小，内缘具细毛，末端具 1 向外撇的长刺，其基部另具 2 不等长小刺；右足第 3 节宽大，外缘基部具 1 粗指状突，其内缘具 1 小刺毛，末节细长而弯曲呈爪状，与前节形成螯状，其内缘具 2 小刺毛。

分布: 台湾海峡，南海；太平洋，印度洋。热带沿海及大洋表层种。

参考文献: 5, 20, 23, 24, 44, 50, 51, 76, 79, 82, 158, 217。

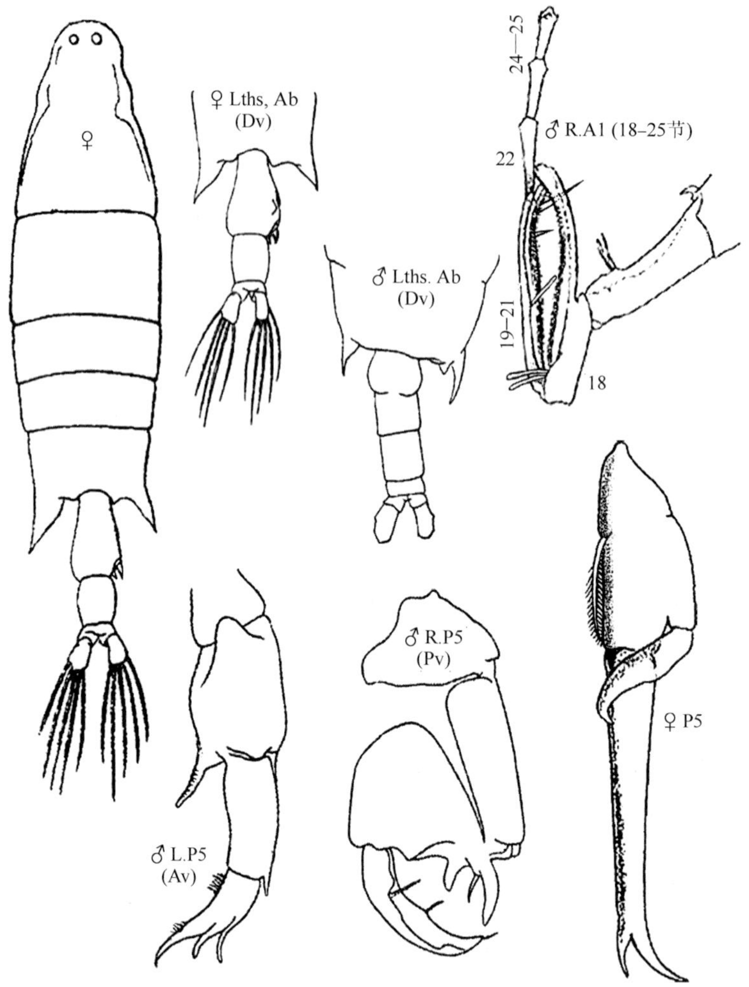

图 403 芦氏唇角水蚤 *Labidocera lubbockii*（仿 Giesbrecht，1892）

（403）芦氏唇角水蚤 *Labidocera lubbockii* Giesbrecht，1889（图 403）

形态特征：

体长：（不详）。**雌性：**头部前端宽圆，无侧钩。胸部后侧角刺突粗大而不对称，左侧刺较右侧刺长大。腹部生殖节长大，右侧末缘膨大并具 2 小刺突。尾叉稍不对称，左叉较粗大。第 5 对胸足双肢型，第 1、2 基节愈合，外缘具 1 羽状长刚毛，外肢狭长，末端具 2 不等长刺突，内刺突约为外刺突长的 2 倍，并向内弯曲；内肢短小，末端显著弯曲呈爪状。**雄性：**胸部后侧角刺突不对称，左侧刺较粗短，右侧刺较长，内缘基部另具 1 三角形突起。腹部分 5 节，生殖节宽短，两侧较膨大，近对称。尾叉稍不对称，左叉较粗大。右第 1 触角呈执握肢，末端第 18 节具 1 狭长栉齿板，并与末部形成钳状。第 5 对胸足单肢型且不对称，左足第 2 节粗大，内末缘具 1 长指状突，第 3 节具 1 小外末刺，末节内缘近端具细毛，末端延伸为爪状长刺突，节的外缘具 2 小刺突；右足末 2 节呈螯状，第 3 节外缘基部具 1 长指状突，其内缘基部具 1 小刺和 1 短指状突，末节狭长而弯曲呈爪状，具 2 小外缘刺和 1 末刺。

分布：东海，南海；太平洋，大西洋。热带种。

参考文献：44，97，106，217。

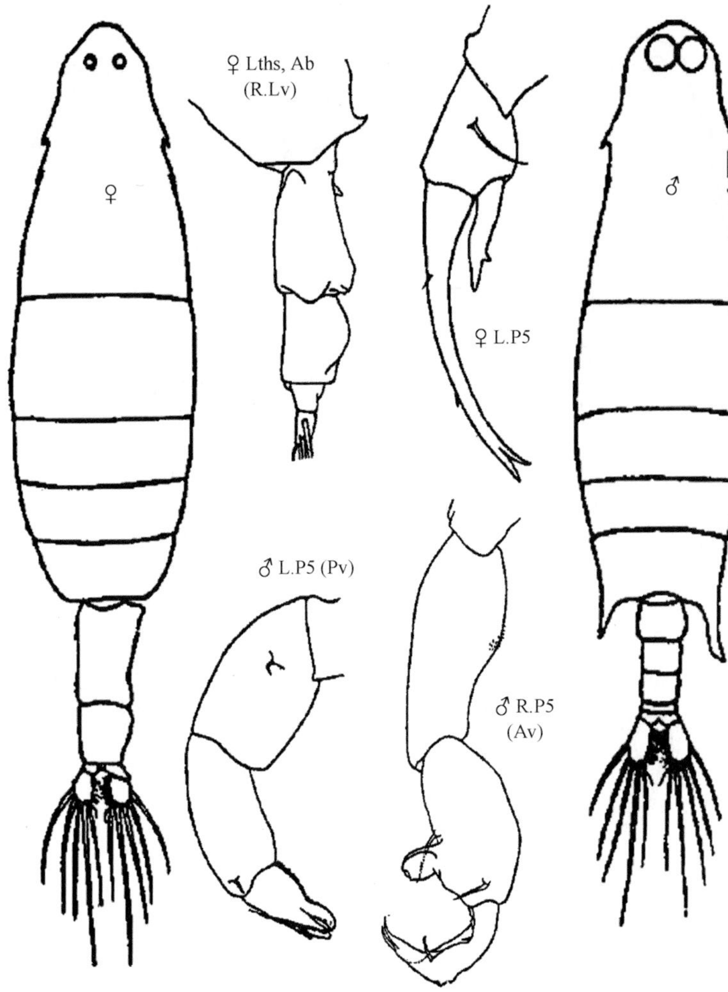

图 404 小唇角水蚤 *Labidocera minuta*（仿陈清潮，章淑珍，1965）

（404）小唇角水蚤 *Labidocera minuta*（Giesbrecht，1889）（图 404）

［*Labidocera minutum* Giesbrecht，1889，1892］

形态特征：

体长：♀2.0~2.3 mm，♂1.4~2.0 mm。头部具侧钩。**雌性：**前额狭圆。胸部后侧角背面观钝圆，侧面观腹侧末缘具 1 小刺突。腹部分 3 节，不对称，生殖节近长方形，右侧基部膨大，右末缘较突出，侧面观，生殖节腹面基部具 1 小刺突；第 2 节右侧较突出；肛节短小，右末部较突出。尾叉宽短，稍不对称。第 5 对胸足双肢型并对称，外肢细长，外缘具 1 小刺突，末端分 2 叉；内肢短小，末端也分叉。**雄性：**前额较宽圆。胸部后侧角尖锐，不对称，右侧刺较长大，可达第 2 腹节末缘。腹部分 5 节，生殖节较宽大，第 4、5 节短小。尾叉对称。第 5 对胸足单肢型且不对称，左足末节短小呈锥形，内缘具细毛，末端具 3~4 小指状突；右足第 3 节较宽大，外缘中部具 1 耳状突和 1 小刺，末节狭长而弯曲，与前节形成螯状，其外缘具 2~3 小刺，末端具 2 小刺。

分布：东海至南海；太平洋，印度洋。热带种。

参考文献：1，5，13，16，20，23~25，31~33，44，46，51，76，82，97，106，158，185，217。

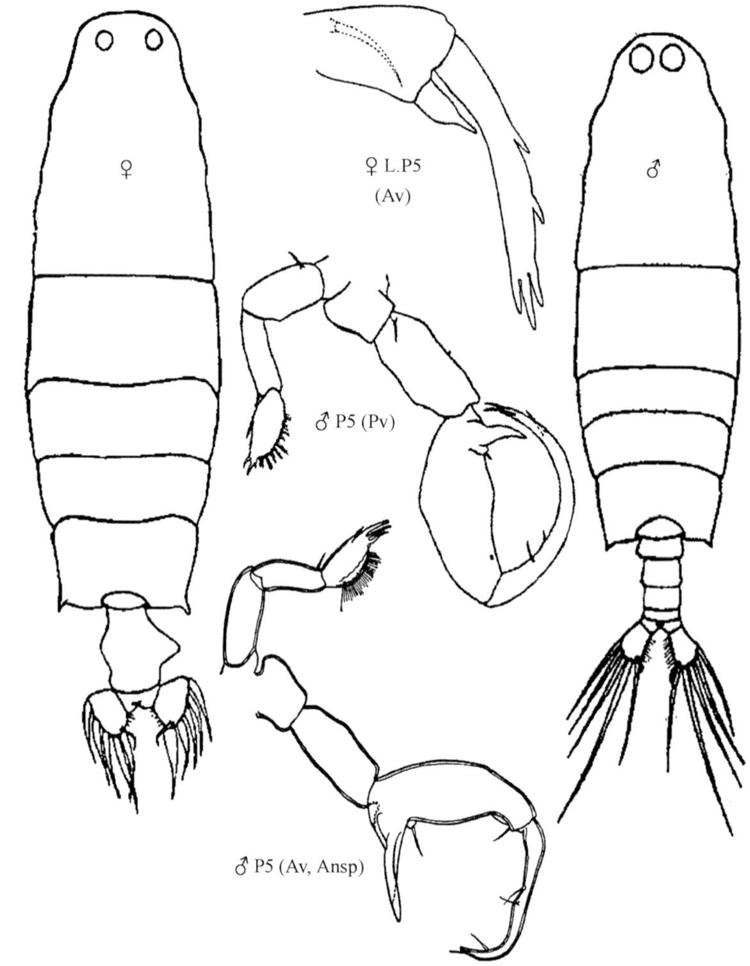

图 405 孔雀唇角水蚤 *Labidocera pavo*
[仿陈清潮，章淑珍，1965（♀；♂）；郑重等，1965（♂ P5，Ansp）]

（405）孔雀唇角水蚤 *Labidocera pavo* Giesbrecht，1889（图 405）

[*Labidocera madurae* A. Scott，1909]

形态特征：

体长：♀2.0～2.5 mm，♂1.7～2.1 mm。头部前端宽圆，无侧钩。**雌性：**胸部后侧角尖锐，近对称。腹部很粗短，分 2 节，生殖节宽大且不对称，右侧中部具钝三角形突起，肛节很短。尾叉稍不对称，位于肛节两侧，其宽度大于长度，尾刚毛粗短，基部膨大。第 5 对胸足双肢型且对称，外肢长大，具 2 外缘刺，末端具 3 刺突；内肢短小，末端尖锐。**雄性：**胸部后侧角较小，腹部和尾叉均对称。第 5 对胸足单肢型且不对称，均分 4 节，左足第 3 节狭长并具 1 外末刺，末节呈椭圆形，内缘具细毛，末端具 3 刺突，外缘具 1 小刺；右足第 3 节较狭长，外缘基部具 1 粗大的指状突，其基部及外末缘各具 1 小刺，末节细长并向外弯曲，与前节形成螯状，其外缘具 3 小刺，近末端也具 1 小刺。

分布：渤海至南海；太平洋，印度洋。暖水沿岸种。

参考文献：10，13，16，23～25，27，32，33，44，46，51，82，97，118，158，217。

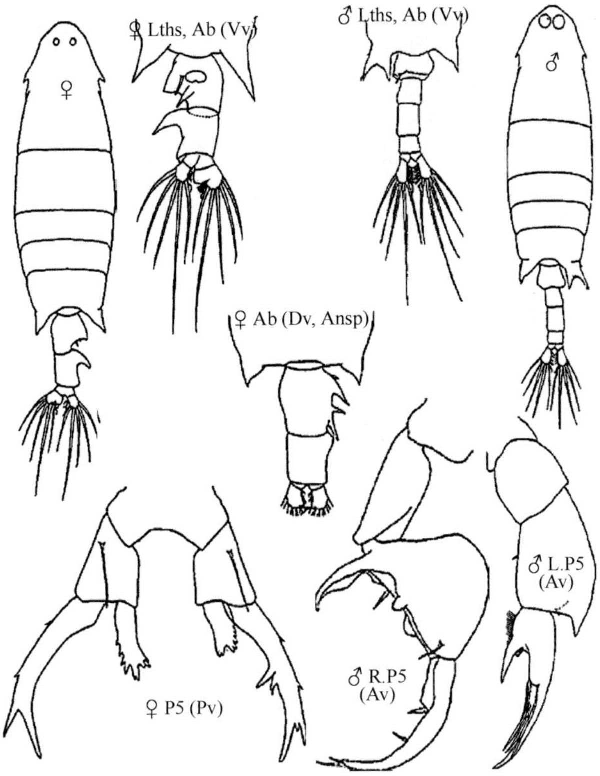

图 406　圆唇角水蚤 *Labidocera rotunda*（仿陈清潮，章淑珍，1965）

（406）圆唇角水蚤 *Labidocera rotunda* Mori，1929（图 406）

［*Labidocera bipinnata* Tanaka，1936，1964c；Mori，1937；Brodsky，1948，1950；沈嘉瑞等，1956，1963；郑重等，1965；陈清潮等，1965，2003；连光山等，1994，2008］

形态特征：

体长：♀2.0~2.7 mm，♂1.8~2.5 mm。头部前端钝圆，具侧钩。**雌性**：胸部后侧角尖锐而对称，呈三角形刺突。腹部分 3 节，不对称；生殖节右侧具三角形突起，腹面具 2 小刺；第 2 节右侧基部具 1 喙状突；肛节短小。尾叉不对称，左尾叉内缘突出呈半圆形。第 5 对胸足双肢型且不对称，左足外肢较长，外缘具 2 小刺，内缘光滑，末端分 2 叉，其内刺较粗大，内肢外缘及末端具锯齿状突起；右足外肢外缘也具 2 小刺，末端分 3 叉，其中刺最小，本节内缘中部刺突存在个体差异，常具 2 小刺或具 1 粗刺和 3 小刺，内肢稍短于左足内肢，末端及外缘也具小锯齿。**雄性**：胸部后侧角不对称，右后侧角较大并分 2 叉，两刺间距较宽，近背面具 1 小刺。生殖节不对称，右侧末缘较突出，其腹面具 1 小刺。尾叉对称。第 5 对胸足单肢型且不对称，左足第 3 节外末部具 1 粗刺突，末节内缘近基部具细毛及 1 粗刺突，末端具 4 长刺；右足第 3 节内缘很膨大，外缘基部具 1 粗爪状刺突，后部具 2~3 小突起和小刺毛，末节狭长而弯曲，与前节形成螯状，其外缘及末端各具 2 小刺。

分布：渤海至南海；太平洋，印度洋。暖水性近岸种。

参考文献：1，5，6，9，10，13，16，20，24，31~33，37，44，46，51，66，67，82，106，115，118。

注：雌性腹部存在个体差异，有的生殖节右侧仅具 3 尖刺突及 1 小刺，第 2 腹节右侧基部突起不发达，仅稍突出；尾叉对称，左尾叉不膨大。

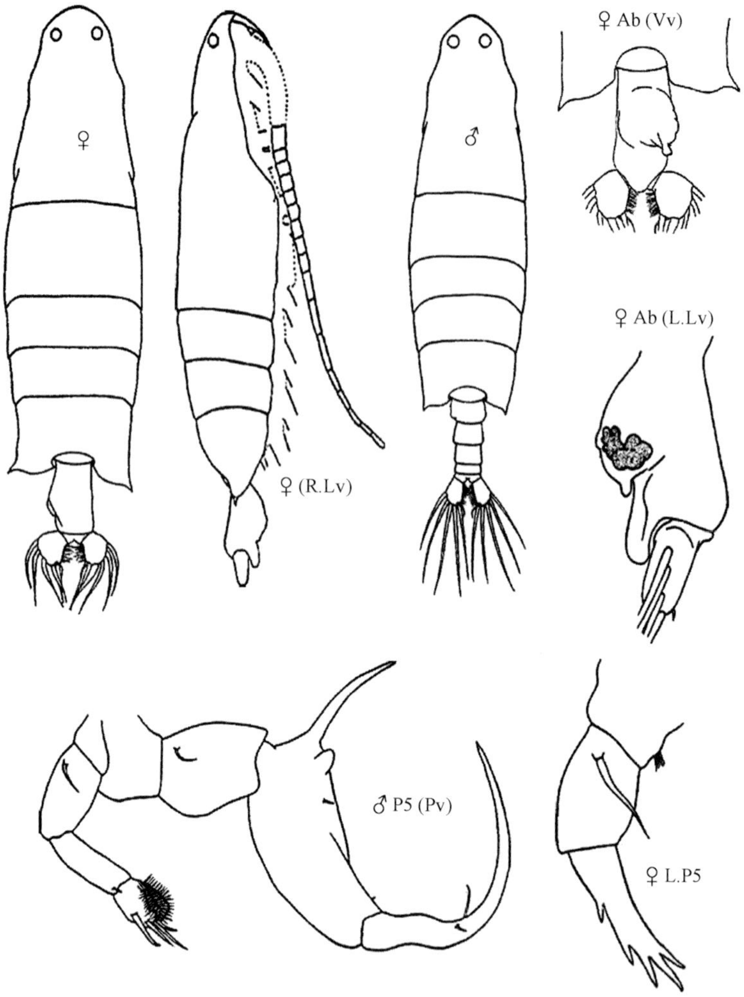

图 407 左突唇角水蚤 *Labidocera sinilobata*（仿陈清潮，章淑珍，1965）

（407）左突唇角水蚤 *Labidocera sinilobata* Shen & Lee，1963（图 407）

形态特征：

体长：♀2.3～2.7 mm，♂1.9～2.3 mm。头部前端宽圆，无侧钩。**雌性：**胸部后侧角尖锐，右侧刺较长。腹部分 2 节，生殖节长大，不对称，左侧中部膨大，其下方具 1 指向后方的小突起，腹面末缘具 1 大瘤状突，肛节短小。尾叉宽短而对称，呈卵圆形，尾刚毛粗短，基部较膨大。第 5 对胸足单肢型且对称，末节狭长，具 2 外缘刺和 3 末刺。**雄性：**胸部后侧角较小，右侧刺较长。腹部生殖节较宽大，左末缘具 1 小突起，第 2、3 节近方形，肛节短小。尾叉宽短并对称。第 5 对胸足单肢型且不对称，左足第 3 节较狭长，末节粗短，内末缘具片状突和细毛丛，外末部具 4 刺突；右足第 3 节宽大，外缘基部具 1 长刺，其内缘基部具 1 小瘤状突，末节细长而弯曲，与前节形成螯状，其内缘中部具 2 小刺。

分布：渤海，东海及南海；太平洋。暖水沿岸种。

参考文献：10，13，16，23～25，31，37，44，46，61。

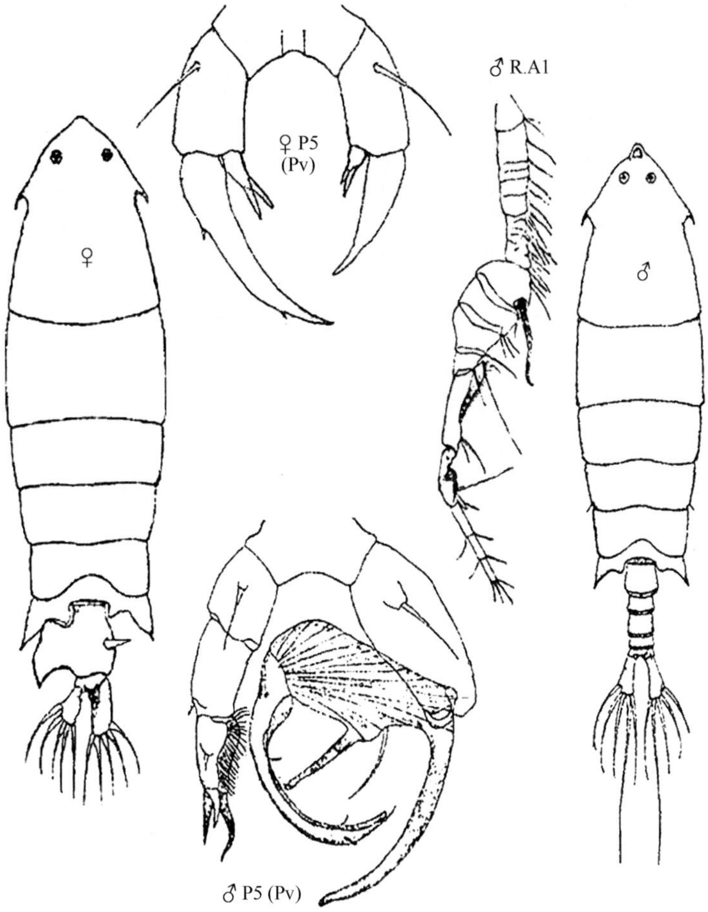

图 408　翅角水蚤 *Pontella alata*（仿 A. Scott，1909）

（408）翅角水蚤 *Pontella alata* A. Scott，1909（图 408）

［*Pontella cerami* A. Scott，1909（♂）；Wilson，1950］

形态特征：

体长：♀3.6 mm，♂3.5 mm。头部前端突出，呈钝三角形，具背眼和侧钩。头节与第 1 胸节分开，第 4、5 胸节也分开。**雌性：**头部无腹眼。胸部后侧角粗大而不对称，稍向外撇开，左侧刺较长于右侧刺。腹部分 2 节，生殖节粗大而不对称，具 1 宽大的翅状突起，其外末缘尖锐；右侧中部近背面具 1 小刺突，肛节短小。尾叉不对称，右叉较长而宽。第 5 对胸足双肢型且不对称，左足内、外肢均较右足长，其外肢外缘具 2 小刺突，末端呈长刺突，内肢末端分 2 叉；右足外肢粗短，末端呈长刺突，外缘光滑，内肢短小，末端也分 2 叉。**雄性：**头部具 1 大腹眼，位于额角基部。胸部后侧角刺较小而对称。腹部分 5 节，生殖节宽大，约为第 2 节长的 2 倍，第 3 节较长，呈方形。尾叉狭长，近对称。右第 1 触角呈执握肢。第 5 对胸足单肢型且不对称，左足末节短小，末端具 3 不等长末刺，本节内缘具细毛，中部表面具 1 小刺；右足第 3 节宽大，外缘基部具 1 长刺突，外缘中部也具 1 粗刺和 1 刺毛，末节狭长而弯曲，与前节形成螯状，其内缘具 2 小刺，末端也具 1 小刺。

分布：南海；太平洋。热带种。

参考文献：24，44，132，158，217。

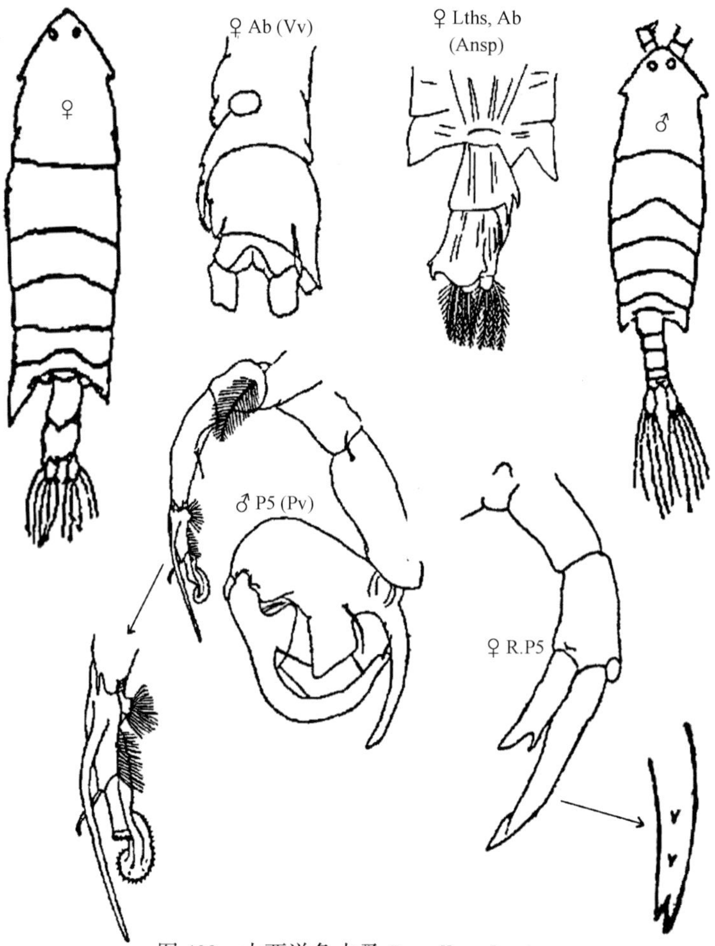

图 409　大西洋角水蚤 *Pontella atlantica*

[仿 Giesbrecht，1892；Rose，1933（♀；♂）；Wilson，1950（♀Lths，Ab，Ansp）]

（409）大西洋角水蚤 *Pontella atlantica*（Milne-Edwards，1840）（图 409）

[*Pontia atlantia* Milne-Edwards，1840]

形态特征：

体长：♀5.8～5.9 mm，♂5.5～5.7 mm。头部前端突出，呈钝三角形，具背眼和侧钩。**雌性：**胸部后侧角刺突不对称，存在个体差异，左侧刺长大或粗短，可达生殖节末端，右侧刺粗短，呈三角状。腹部分 3 节，不对称，第 1、2 节背末缘突出；生殖节腹面右侧末缘具 2 小刺突和 1 长刺突；第 2 节左侧末缘或腹侧末缘也具 1 粗刺突。肛节及尾叉均短小，近对称。第 5 对胸足双肢型，对称，外肢末端为叉状刺突，近末部表面具 2 小外缘刺；内肢短小，末端分叉。**雄性：**胸部后侧角较短而尖锐，近对称。腹部生殖节较宽大，近方形。尾叉左右对称。第 5 对胸足单肢型，不对称，左足末节粗短，外缘基部具 1 细长刺突，外末部也具 1 小刺毛，节末端具 1 弯曲的片状锯齿板，节的内缘具细毛；右足第 3 节宽大，外缘基部具 1 长大钩状突，外缘中部具 1 刀片状大突起和 1 刺毛，末节近端外缘具 1 三角形突起和 2 刺毛，节的末部狭长并弯曲，与前节形成螯状。

分布：东海，南海；太平洋，大西洋。暖水种。

参考文献：23，24，44，97，106，152，217。

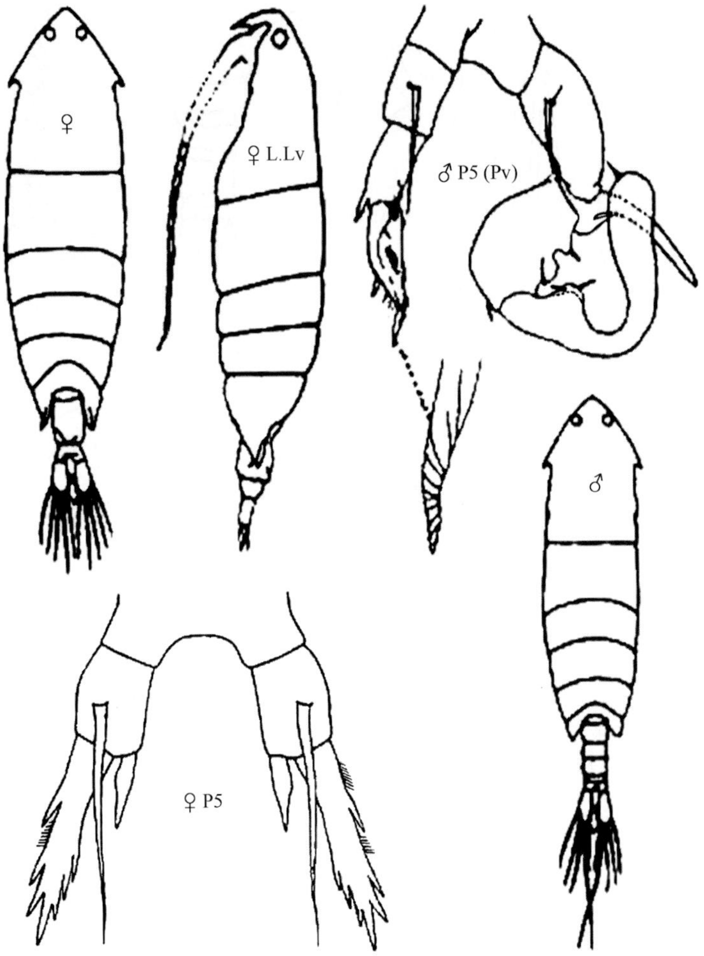

图 410　叉刺角水蚤 *Pontella chierchiae*（仿陈清潮，章淑珍，1965）

（410）叉刺角水蚤 *Pontella chierchiae* Giesbrecht，1889（图 410）

［*Pontella bifurcata* Tanaka，1936（♀）；*P. forcipata* Tanaka，1936（♂）］

形态特征：

体长：♀3.4~3.6 mm，♂2.8~3.1 mm。头部前端呈三角形，具侧钩和背、腹眼。**雌性：**胸部后侧角刺突长达或超过生殖节中部，末端分叉，稍不对称，左外侧刺突末部稍弯向下方。腹部分 2 节，生殖节背末缘中部具 1 小突起，肛节短小。尾叉末部较宽于基部，右叉稍长于左叉。第 5 对胸足双肢型，对称，外肢的内、外缘各具 3 小刺，末刺较长大；内肢短小，呈锥形。**雄性：**胸部后侧角刺突不分叉。腹部分 5 节，近对称。尾叉呈长方形并对称。第 5 对胸足单肢型且不对称，左足末节较粗短，内缘具细毛，外末部具 2 小刺，末刺突长大，末部具螺旋形隆线或细毛；右足第 3 节外缘基部具 1 长刺突，外缘中部具 3 不规则的小瘤状突，末节长大而弯曲，与前节形成螯状，其外缘基部具 2 钝突，其上各具 1 小刺，末部膨大而钝圆呈棒槌状，末端具 1 小刺。

分布：渤海至南海；太平洋，大西洋。暖水性表层种。

参考文献：5，13，16，23，24，28，31~33，44，46，48，82，97，106，168，185，217。

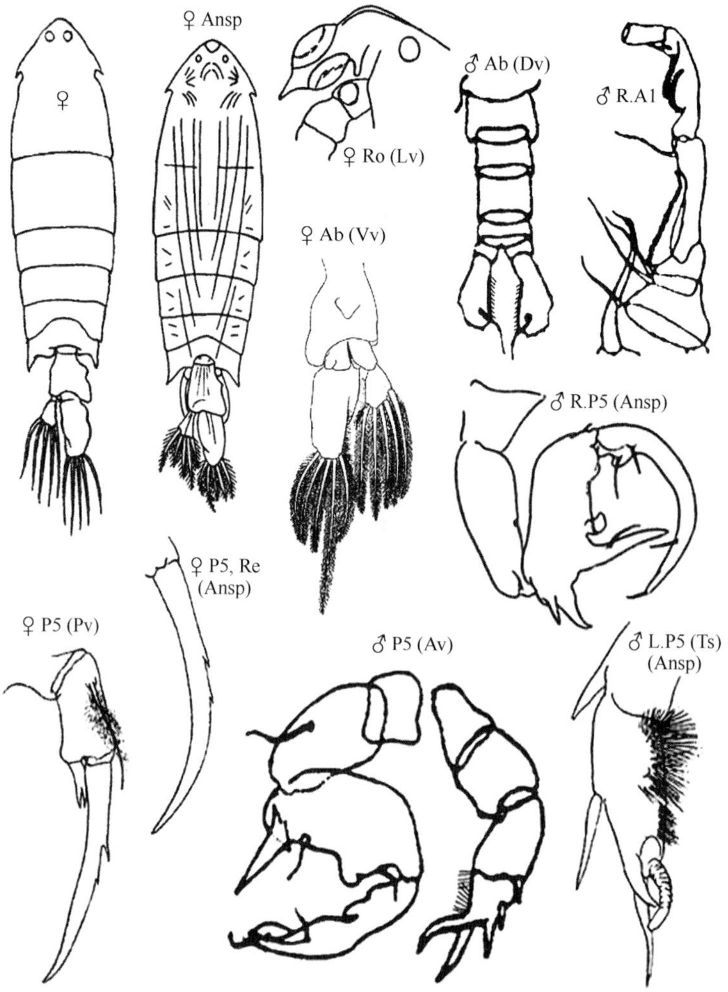

图 411　丹氏角水蚤 *Pontella danae* [仿 Giesbrecht, 1892 (♀; ♀Ab; ♀P5; ♂P5, Ansp); Wilson, 1950 (♀Ansp; ♀Ro); Silas et al., 1973 (♂Ab; ♂A1; ♂P5)]

(411) 丹氏角水蚤 *Pontella danae* Giesbrecht, 1889 (图 411)

形态特征：

体长： ♀3.3～3.4 mm，♂2.8～3.0 mm。**雌性：** 头部前端呈钝三角形，具背、腹眼及侧钩。胸部后侧角为尖刺突，稍不对称。腹部分 2 节，生殖节不对称，背面隆起并向后覆盖肛节，其右侧较膨大，侧末缘突出。尾叉显著不对称，右叉粗大，长约为宽的 2 倍，左叉短小，仅为右叉长的 1/3。第 5 对胸足双肢型，内、外肢均为单节，外肢狭长呈刺状，外缘具 2 小刺；内肢很短小，末端分叉。**雄性：** 腹部分 5 节。尾叉长大，右叉稍长于左叉。第 5 对胸足单肢型且不对称，左足末节粗短，内缘具细毛，外缘中部具 1 刺，末端具 3 不等长末刺，以中刺最长；右足末 2 节呈螯状，其结构存在个体差异，第 3 节外缘基部具 1 或 2 不等长粗刺，近中部具 1 长刺突及 1 钝突，或仅具 1 钝突，末节狭长而弯曲，外缘基部具 1 钝突和 2 细刺，近末部和顶端也各具 1 细刺，但也有末节较粗大而不弯曲的个体。

分布： 东海至南海；太平洋，印度洋。暖水沿岸表层种。

参考文献： 23, 24, 44, 48, 61, 97, 106, 158, 217。

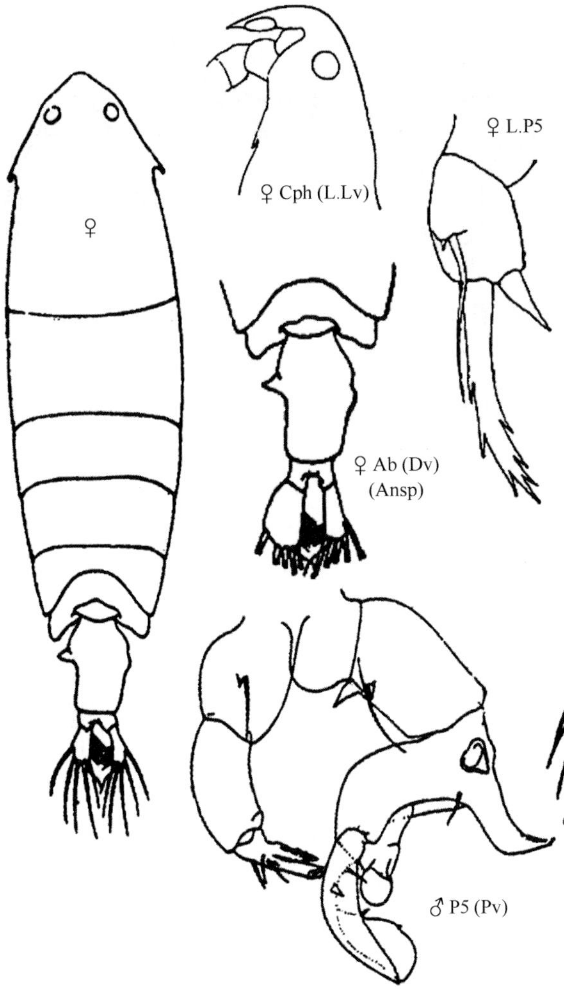

图 412　齿尾角水蚤 *Pontella denticauda*（仿连光山，钱宏林，1984）

（412）齿尾角水蚤 *Pontella denticauda* A. Scott，1909（图 412）

形态特征：

体长：♀2. 9～3. 3 mm，♂2. 7～2. 9 mm。头部前端呈钝三角形，具背、腹眼及侧钩。**雌性：**胸部后侧角对称而钝突。腹部分 2 节，生殖节长大而不对称，左侧近基部具 1 齿状突。尾叉不对称，左叉较宽大。第 5 对胸足双肢型且对称，第 2 基节外缘长刚毛基部具 1 小刺或缺，外肢狭长，内、外缘各具 3 小刺突，末端刺较长；内肢短小，呈尖锥状或顶端稍分叉。**雄性：**胸部后侧角对称，宽短而钝。腹部分 5 节，生殖节宽短，左侧较突出，第 3 节近方形。尾叉对称，长约为宽的 2. 5 倍。第 5 对胸足单肢型且不对称，第 2 节长刚毛基部各具 1 小刺，左足末节短小，顶端具 2 不等长刺突，内刺突较短而尖，并具细毛，外刺突较长呈指状，外缘近基部具 3 小刺毛；右足第 2 节内缘基部具 1 锥状突，第 3 节外缘基部具 1 强大的指状突，其末端向外弯曲，基部具 1 小瘤状突和 1 小刺毛，节的外缘近末端也具 1 大突起，顶端宽圆，末节较粗短，末端膨大而弯曲呈匙状，边缘具 4 小刺，此节与前节形成螯状。

分布：东海，南海；太平洋，印度洋。热带表层种。

参考文献：23，24，37，38，44，51，82，158，159，217。

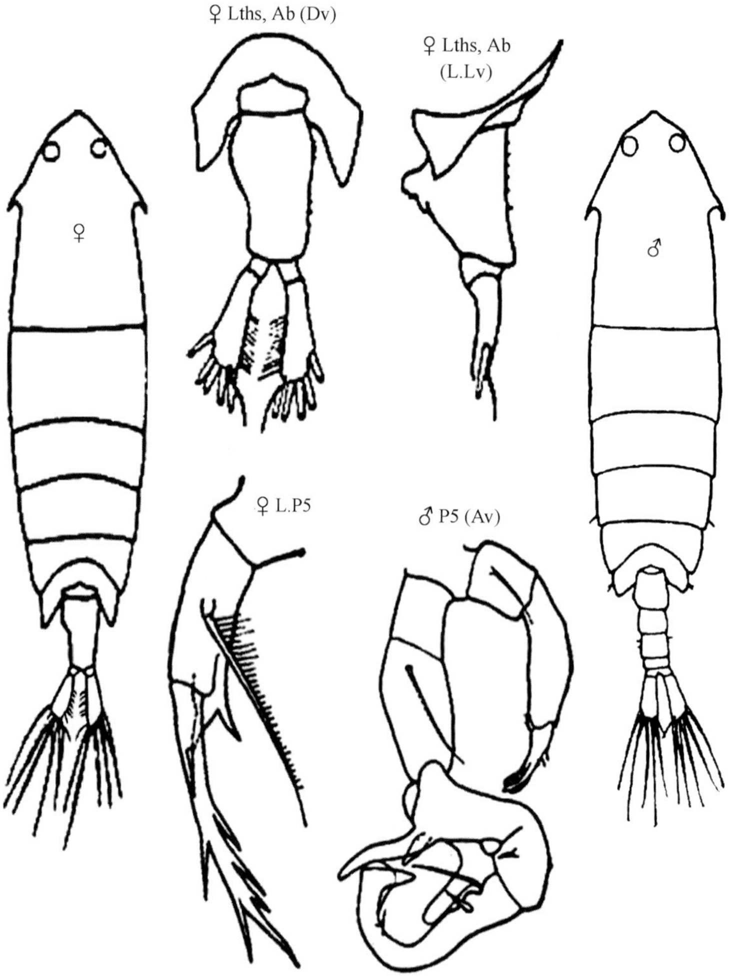

图 413（1） 阔节角水蚤(甲型)*Pontella fera*（F. 1）
［仿郑重等，1982（甲型）］

(413)(1)阔节角水蚤(甲型)*Pontella fera* Dana，1849（F. 1）［图 413（1）］

［*Pontella fera*：Giesbrecht，1892（♀，♂）；Wilson，1950（♂）］

形态特征：

体长(甲型)：♀2. 8~3. 1 mm，♂2. 6~3. 1 mm。**雌性：**胸部后侧角具较长的钝突，右侧角较左侧角长，可达生殖节中部。腹部分 2 节，生殖节长大而不对称，左侧缘前半部膨大，侧面观其背面平而无隆起，腹面生殖突膨大，呈钝三角形；肛节短小。尾叉狭长而近对称。第 5 对胸足双肢型且对称，外肢狭长，内、外缘各具 3 刺，末端尖锐呈刺状；内肢短小，其基部与基节愈合，末端分 2 叉。**雄性：**胸部后侧角短小。腹部分 5 节。尾叉与雌性相似，近对称。第 5 对胸足单肢型且不对称，左足末节短小，外缘具 3 小刺毛，末端具 3 片状突；右足第 3 节较宽大而弯曲，外缘基部背、腹缘具 2 突起，背突长大呈刺状，并具横隆线，腹突短小呈指状，第 3 节中部另具 1 长大的棒状突，末节狭长而弯曲呈钩状，与前节形成螯状，节的末端具 1 锥状突和 1 小刺突，外缘基部也具 2 不等刺毛。

分布：东海至南海；太平洋，印度洋及大西洋。热带表层种。

参考文献：1，5，13，16，20，23，24，31，44，46，51，82，97，106，158，217。

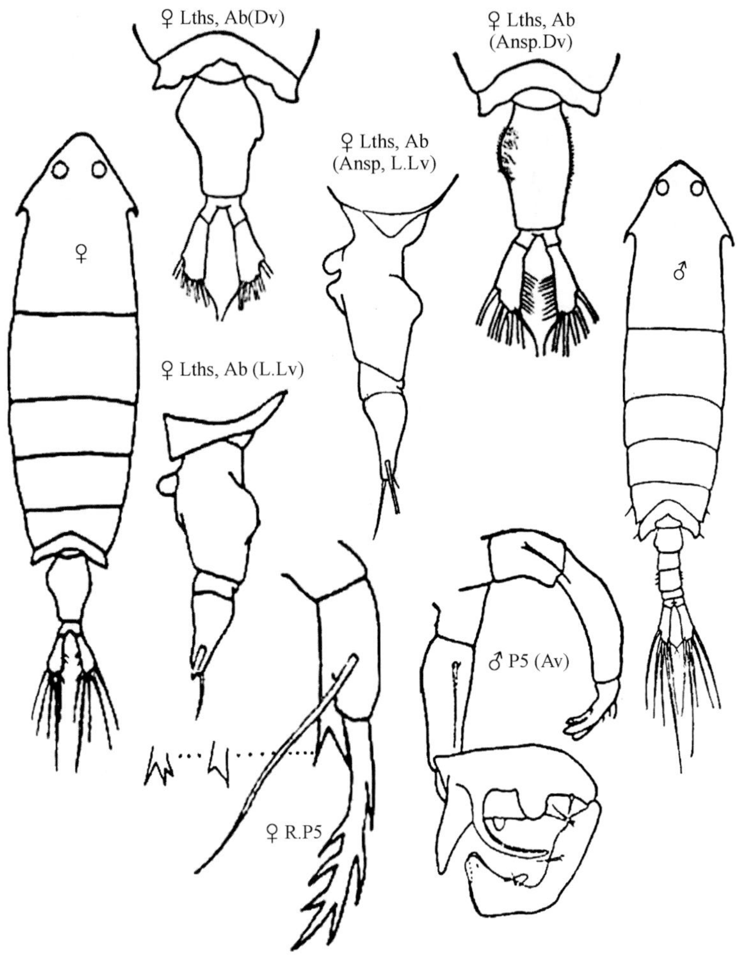

图 413（2） 阔节角水蚤（乙型）*Pontella fera*（F. 2）
［仿郑重等，1982（乙型）］

(413)(2)阔节角水蚤(乙型)*Pontella fera* Dana，1849（F. 2）［图 413（2）］

［*Pontella fera*：Tanaka，1964c（♀，♂）；陈清潮等，1965（♀，♂）］

形态特征：

体长(乙型)：♀3.0~3.2 mm，♂2.8~3.0 mm。体形与甲型基本相似，但有如下特征差异。**雌性：**胸部后侧角较短小，仅达生殖节基部，近对称。腹部分 2 节，生殖节长大而不对称，两侧前半部或中部膨大，左侧隆起较大于右侧；侧面观，其背面中部具 1 半圆形大突起，腹面基部具 1 指状突或 2 突起。尾叉不对称，左叉基部显著侧扁，侧面观宽大，右叉正常。第 5 对胸足内肢末端常分 2~3 叉或少数不分叉，外肢与甲型相似。**雄性：**第 5 对胸足单肢型且不对称，左足结构与甲型相似；右足末 2 节呈螯状，第 3 节宽大，外缘基部的背、腹侧具 2 大突起，背突较粗短，呈粗指状，腹突细长而弯曲，呈刺状，其内末缘具旋形横隆线，外缘近中部另具 2 小钝突，其中位于腹侧的突起较大，呈半圆形，末节狭长而弯曲呈爪状，末端较宽大并具 2 粗短的片状突，内末部另具 1 小突起。

分布：东海至南海；太平洋，印度洋及大西洋。热带表层种。

参考文献：1，5，13，16，20，23，24，28，31，44，46，51，82，97，106，158，185，217。

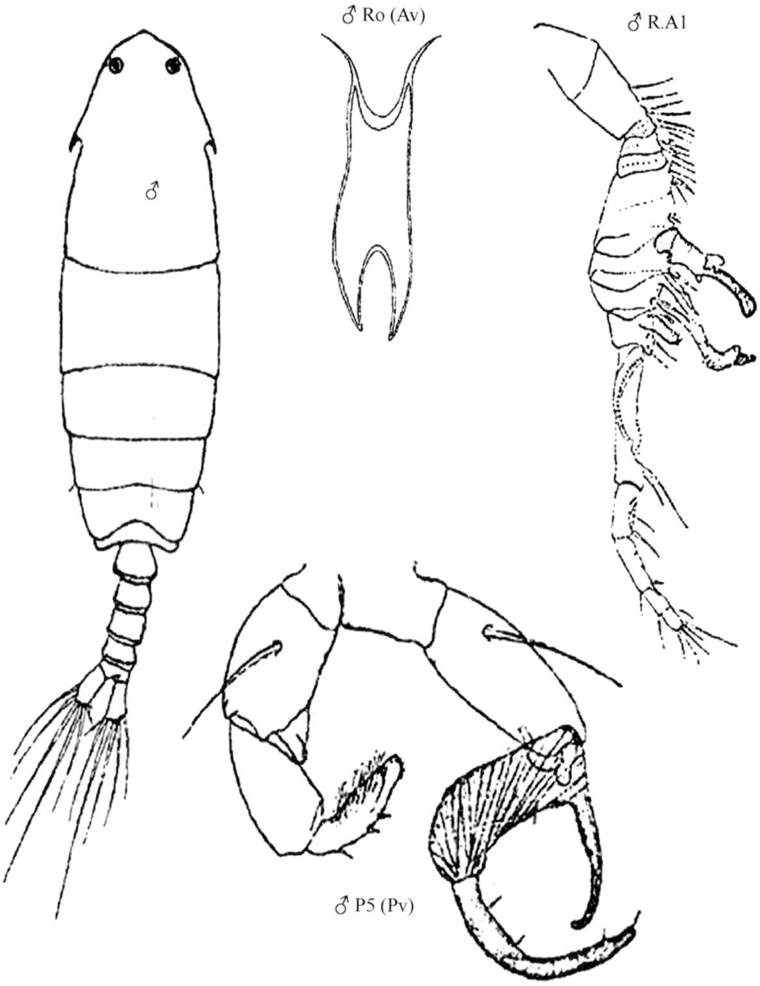

图 414 叉状角水蚤 *Pontella forficula*（仿 A. Scott，1909）

（414）叉状角水蚤 *Pontella forficula* A. Scott，1909（图 414）

形态特征：

体长：♂3. 1 mm。**雄性：**头部前端呈钝三角形，具侧钩和背眼，无腹眼。额角呈叉状刺，稍不对称。胸部后侧角短小而钝圆，对称。腹部分 5 节，生殖节较宽大。尾叉对称。右第 1 触角呈执握肢，中部膨大并具 2 长叉状刺突和 1 小指状突，末端倒数第 5 节狭长，并具弯曲的锯齿板。第 5 对胸足单肢型且不对称，左足末节内缘具细毛，外缘具 3 小刺，节的顶端钝圆无末端刺突；右足末 2 节呈螯状，第 3 节外缘基部具 1 狭长的爪状突，其末部弯曲，节的外缘中部无突起，末节狭长并弯曲，外缘具 3 小刺及 1 小末刺。

分布：南海东南部；马来群岛海域，太平洋。热带种。

参考文献：44，158。

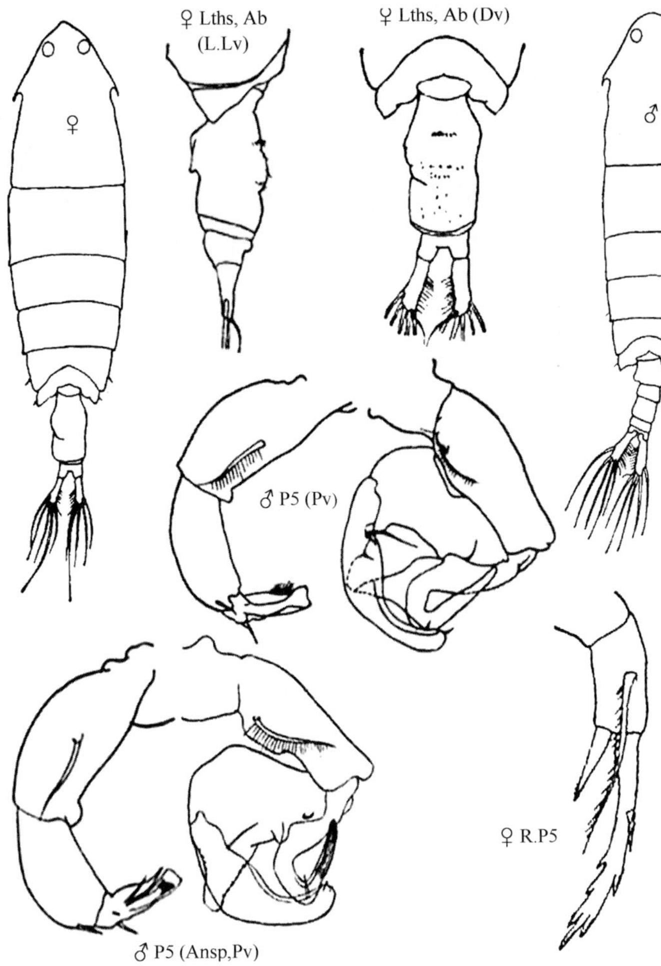

图 415　克氏角水蚤 *Pontella kieferi*

［仿郑重等，1982；Tanaka，1964（♂P5，Ansp）］

（415）克氏角水蚤 *Pontella kieferi* Pesta，1933（图 415）

［*Pontella barbata*：Tanaka，1936］

形态特征：

体长：♀3.1~3.3 mm，♂3.0~3.1 mm。**雌性：**胸部后侧角呈锥形小钝突，左右对称。腹部分 2 节，生殖节长大，两侧隆起而不对称，背面具稀疏小毛。尾叉细长而对称。第 5 对胸足左右对称，外肢细长，内、外缘各具 3 小刺突，末端呈刺状；内肢短小，末端尖锐。**雄性：**胸部后侧角短小而尖锐，左右对称。腹部分 5 节，生殖节较宽大，左侧末缘较突出；第 3 腹节与生殖节近等长。尾叉较长大且对称。第 5 对胸足不对称，左足末节具 1 粗大的舌状突和 1 带细毛而稍弯的粗刺突，节的近端表面另具 3 不等长的小刺毛；右足第 3 节宽大，外缘基部具 1 显著弯折成直角的长刺突，其末部表面具横纹线，节的外末部也具 1 三角形大突起，末节基部较膨大，末部稍弯曲，与前节形成螯状，其基部具 1 长刺毛和 2 小刺毛，近末端内缘和末端各具 1 小刺。

分布：东海至南海；太平洋。热带种。

参考文献：23，24，37，44，46，48，51，106，168，185。

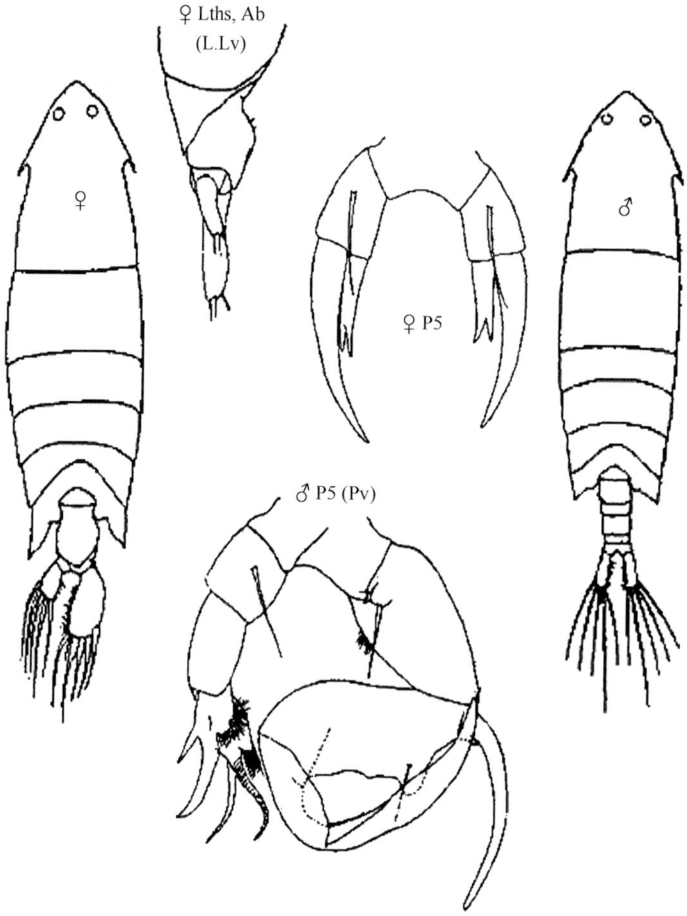

图 416 宽尾角水蚤 *Pontella latifurca*（仿陈清潮，章淑珍，1965）

（416）宽尾角水蚤 *Pontella latifurca* Chen & Zhang, 1965（图 416）

［*Pontella danae*：郑重等，1965（♀）］

形态特征：

体长：♀3.5~3.6 mm，♂2.7~2.8 mm。**雌性：**胸部后侧角粗大而不对称，呈长三角形，左侧角较右侧角长大。腹部分 2 节，生殖节粗短，呈球状，背面隆起，肛节短小。尾叉显著不对称，右叉很粗大，约为左叉长的 2 倍，尾刚毛也不对称，右叉尾刚毛基部膨大。第 5 对胸足双肢型且近对称，外肢具很微小的外缘刺，末端为单刺突，不分叉；内肢长为外肢的 1/2，末端呈叉状。**雄性：**胸部后侧角短小而尖锐，右侧刺较左侧的略长。腹部分 5 节，生殖节左末缘稍突出，肛节较大于第 4 节。尾叉左右对称，其长为宽的 2.5 倍。第 5 对胸足不对称，左足末节宽短，外缘近中部具 1 小刺突，外末缘具 1 长刺突，内末缘具 1 叶状突起，其表面具细毛，本节末端也具 2 长刺突，内刺表面具横纹线；右足第 3 节长大，外缘基部具 1 弯曲长刺，内缘中部具 1 小瘤状突，末节狭长而弯曲，呈爪状，与前节形成螯状，其末端外缘具 1 小刺。

分布：渤海，东海，南海；太平洋。暖水种。

参考文献：13，14，23，24，32，36，37，44，46，61。

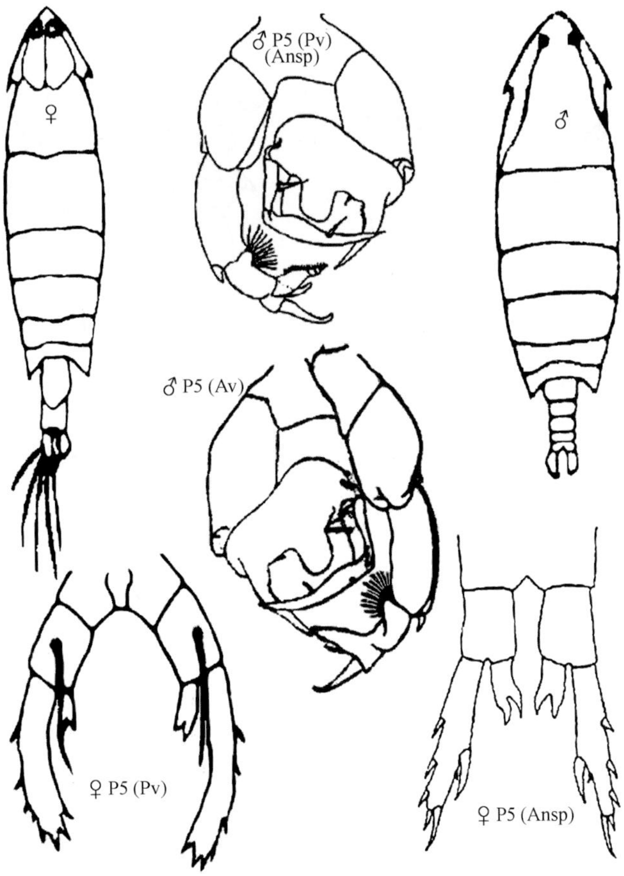

图 417　洛氏角水蚤 *Pontella lobiancoi*

[仿 Giesbrecht, 1892; Rose, 1933 (♀; ♂); Wilson, 1950 (♀P5, Ansp; ♂P5, Ansp)]

(417) 洛氏角水蚤 *Pontella lobiancoi* (Canu, 1888) (图 417)

[*Pontellina lobiancoi* Canu, 1888]

形态特征：

体长： ♀4.0~4.2 mm，♂3.3~3.8 mm。**雌性：** 胸部后侧角近对称，呈三角形，仅达生殖节中部。腹部分 3 节，生殖节较长大，背末缘突出，并稍覆盖第 2 腹节，肛节很短小。尾叉也短小并对称。第 5 对胸足双肢型且对称，外肢较粗大，具 3~4 小外缘刺和 2 不等长的末刺，但 1 内缘刺着生位置及大小有个体差异，即有的在内缘近末部具 1 小内缘刺，也有在内缘近中部具 1 较粗大的内缘刺及 1 小刺(Wilson, 1950: ♀P5, Ansp)；内肢短小，末端分叉。**雄性：** 胸部后侧角呈三角形，可达生殖节末缘。腹部分 5 节，生殖节较宽大，左侧末缘具 1 小突起，第 2、3 节近等长。尾叉短小而对称。第 5 对胸足单肢型且不对称，左足末节短小，内缘基部突出并具细毛丛，末端具 3 刺突，中刺突最短小，内刺突较粗大并与外末刺突等长呈钳状；右足第 3 节宽大，外缘基部具 1 粗刺突，内缘中部具 1 宽舌状突起及 1 小刺，末节狭长并显著向外弯折，末部细尖，内缘具 2 小刺，末节与前节形成螯状。

分布： 东海；太平洋，大西洋。暖水种。

参考文献： 44, 97, 106, 152, 217。

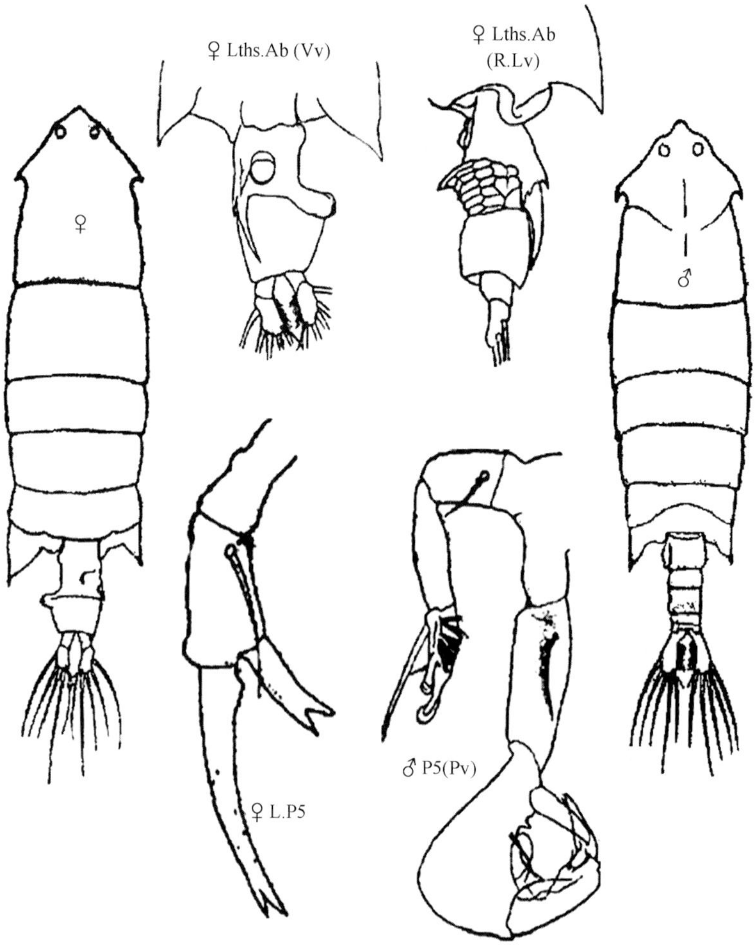

图 418 前角水蚤 *Pontella princeps*（仿郑重等，1982）

（418）前角水蚤 *Pontella princeps* Dana，1846（图 418）

形态特征：

体长：♀5. 0~5. 6 mm，♂5. 0~5. 6 mm。**雌性：**胸部后侧角尖锐而不对称，左侧角较长大。腹部分 3 节，不对称；生殖节左侧末角具 1 瘤状突，右侧背末部具 1 喙状刺突，腹面右侧末角具 1 长刺突，可达第 2 节近末端；第 2 节宽大，末端截平；肛节短小且不明显。尾叉短小近对称。第 5 对胸足双肢型且对称，外肢背面具 4 微刺突，末端分叉；内肢短小，末端也分叉。**雄性：**胸部后侧角尖锐，近对称，可达生殖节末端。腹部分 5 节，生殖节较宽大，左侧稍突出。尾叉较雌性长大，左右对称。第 5 对胸足单肢型且不对称，左足末节短小，外缘基部及末部分别具 1 长刺毛和 1 小刺毛，末端具 2 不等长的指状突，其顶端较宽大并具细锯齿，节的表面具细长毛；右足第 3 节末部宽圆，外缘基部具 1 粗大指状突，外缘中部具 1 半圆形大突起和 1 小齿突，其基部具 1 长刺毛，末节较粗短，末部弯曲成粗大爪状刺突，与前节的指状突等长并形成螯状，节的内缘近端较膨大并具 1 刺毛。

分布：东海，南海；太平洋，印度洋。热带表层种。

参考文献：23，24，37，44，46，48，82，97，106，158，185，217。

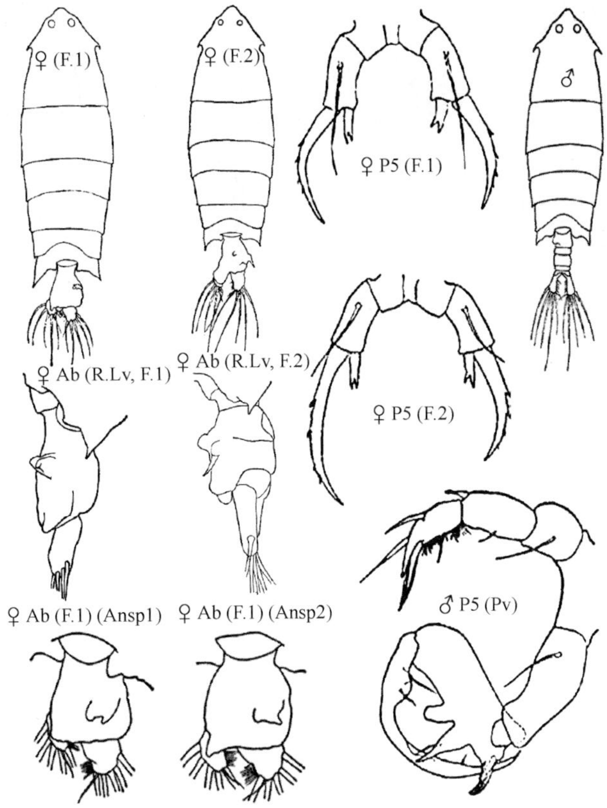

图 419　腹斧角水蚤 *Pontella securifer*（仿郑重等，1982）

（419）腹斧角水蚤 *Pontella securifer* Brady，1883（图 419）

形态特征：

体长：♀(甲型 F. 1)3. 9~4. 3 mm，♀(乙型 F. 2)4. 0~4. 6 mm，♂3. 4~3. 8 mm。**雌性：**本种雌性有明显个体差异，可分为甲、乙两型。甲型(F. 1)：头胸部后侧角刺突较长，不对称，左侧角长大，可达生殖节中部。腹部分 2 节，生殖宽大，呈斧状，左末缘突出并部分覆盖左尾叉背面，右缘近背面也具 1 小指突；肛节短小，被生殖节覆盖。尾叉不对称，右叉较粗大。第 5 对胸足双肢型且对称，外肢外缘具 4 小刺突，内缘光滑，末端呈刺状；内肢短小，末端分叉，呈刺状。乙型(F. 2)：胸部后侧角较短小，近对称。生殖节左末缘向后延伸为宽大突起，并覆盖左尾叉大部分，右缘中部具 1 刺突，背面也具 1 小钝突；肛节短小，被生殖节覆盖。尾叉不对称，右叉较长大。第 5 对胸足不对称，左足外肢较右足外肢狭长大，其余特征与甲型相似。**雄性：**胸部后侧角刺突较短小而对称。腹部分 5 节，生殖节左侧末缘稍突出。尾叉对称。第 5 对胸足不对称，左足末节较短小，末端延伸为长刺突，节的内缘具细毛和 1 小内刺，内末部具 1 叶状长刺，外缘具不等长 2 外缘刺；右足第 3 节长大，外缘基部具 1 爪状刺突，其内末部具横纹线，刺突基部另具 1 小刺，外缘中部具 2 突起，其中 1 个长大呈刺状，其内缘中部具 1 细刺，另 1 个较粗短呈长方形，末节狭长并弯曲呈钩状，与前节形成螯状，节的内缘近基部隆起并具 2 小刺，近末部也具 1 小刺。

分布：东海至南海；太平洋，印度洋及大西洋。暖水性大洋表层种。

参考文献：1，6，13，16，20，23，24，31，44，46，48，76，79，82，97，158，185，217。

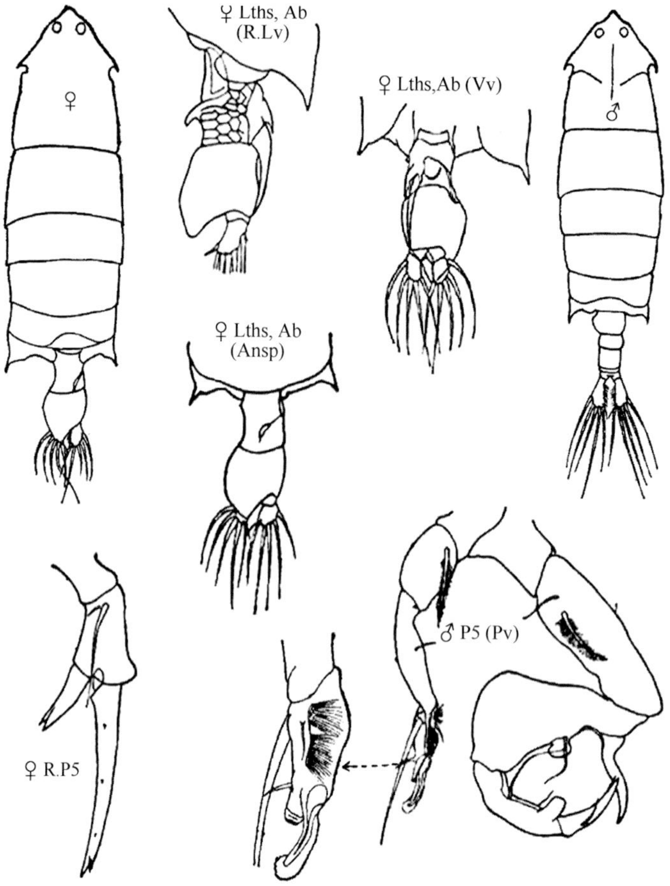

图 420 中华角水蚤 *Pontella sinica*（仿郑重等，1982）

（420）中华角水蚤 *Pontella sinica* Chen & Zhang，1965（图 420）

［*Pontella princeps*：Sewell，1932（♀，♂）］

形态特征：

体长：♀5.20~5.9 mm，♂4.9~5.5 mm。**雌性：**头胸部后侧角尖锐，不对称，其内侧具瘤状突；左侧角稍长于右侧角。腹部不对称，分 3 节，生殖节右侧缘背面具 1 粗突起，侧面观呈钩状，右缘中部腹侧具 3 个大小不等的刺突，其中长大的中央刺可达第 2 腹节末端；第 2 腹节很膨大，背面隆起，末部渐狭呈锥形，并覆盖在左尾叉上；肛节短小，被前 1 节所覆盖。尾叉宽短而对称。第 5 对胸足双肢型且对称，外肢背面具 3~4 微刺，内缘光滑，末端为叉状刺突，两叉之间具 1 小齿突；内肢短小，其长度小于或等于外肢的 1/2，末端也分叉。**雄性：**胸部后侧角较雌性短小，左右对称。腹部分 5 节，生殖节较宽大而不对称，左侧中部膨大，第 3 节也较长大，呈方形，第 4、5 节很短小。尾叉对称。第 5 对胸足单肢型且不对称，左足末节外缘基部及末部分别具 1 长刺和 1 小刺，末端具 2 不等长并带细锯齿的指状突，内缘近端也具 1 小刺，节的后表面具 1 列细长毛；右足末 2 节呈螯状，第 3 节宽大，外缘基部具 1 镰刀状刺突，外缘中部具 1 瘤状突和 1 刺毛，末节狭长而弯曲呈钩状，内缘基部具 1 细长刺毛，中部具 1 片状突和 1 小刺毛，近末端也具 2 小刺毛。

分布：东海至南海；太平洋，印度洋。热带种。

参考文献：6，13，16，20，23~25，44，46，48，51，159。

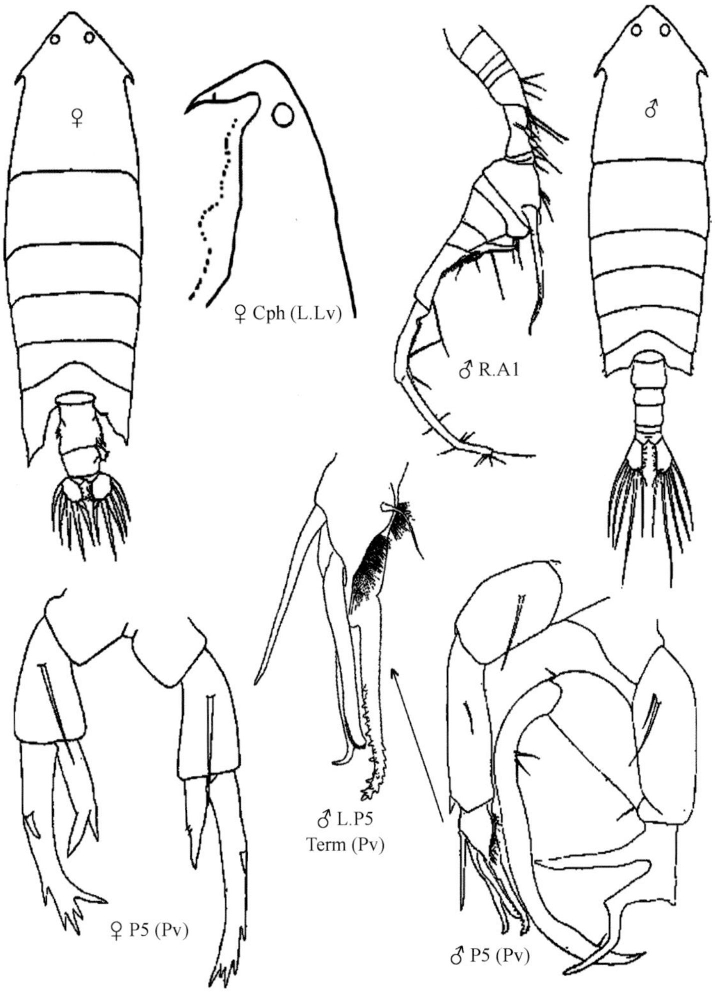

图 421 刺尾角水蚤 *Pontella spinicauda*（仿陈清潮，章淑珍，1965）

（421）刺尾角水蚤 *Pontella spinicauda* Mori，1937（图 421）

形态特征：

体长：♀ 4. 8~5. 4 mm，♂ 4. 2~4. 8 mm。**雌性：**胸部后侧角不对称，为尖锐的翼状刺突，左侧刺较右侧长大并超过生殖节末缘。腹部分 3 节，不对称，第 1、2 节均膨大；生殖节左侧具 2 小刺，右侧末缘具 3 小刺；第 2 节右侧基部具 1 宽大突起，末端约具 3 小刺；肛节很短小。尾叉宽短，呈椭圆形，左右对称，尾刚毛粗短，其基部膨大。第 5 对胸足双肢型且不对称，外肢均具 2 小外缘刺，内缘光滑，末端具 4 不等长的刺突，左末刺较粗大；左内肢末端具 2 不等长的刺突，右内肢呈锥状突，其内缘近中部具 2 微刺。**雄性：**胸部后侧角刺较短小，近对称。腹部分 5 节。尾叉较雌性的狭长并对称，尾刚毛正常。第 5 对胸足单肢型且不对称，左足第 3 节较狭长，外末角具 1 小刺，末节短小，外缘具 1 长刺，内缘具细毛，近端另具 1 小刺毛，节末端具 3 长刺突，其内刺突的末部弯曲并具细锯齿；右足末 2 节呈螯状，第 3 节外缘基部具 2 长刺突，其外刺突呈 S 形，末节细长并弯曲呈刺状，其内缘近端与末部具数根小刺毛，末端也具 1 小刺。

分布：渤海至南海；太平洋。暖水种。

参考文献：13，23，24，28，31，32，44，46，48，106，118。

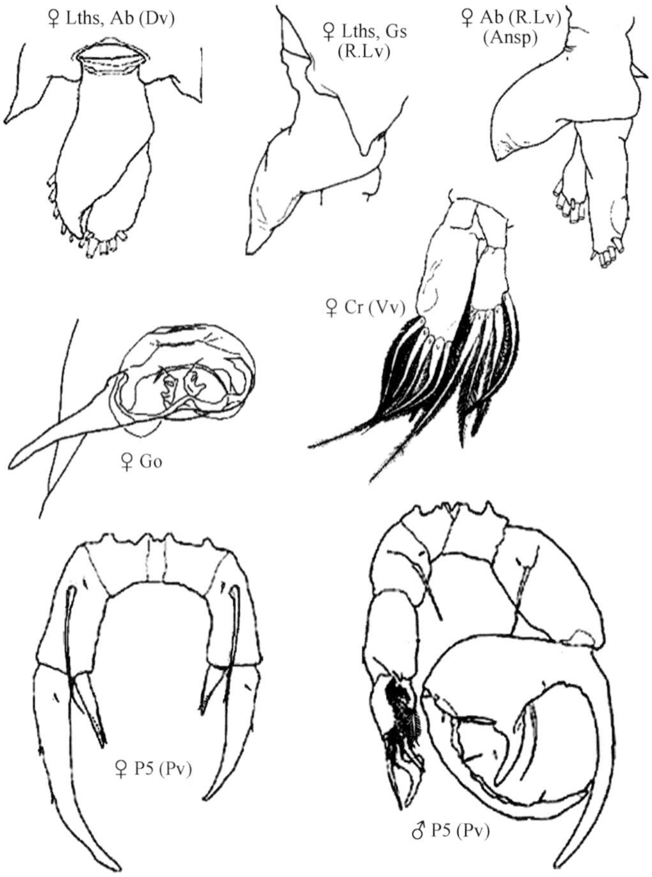

图 422　近直角水蚤 *Pontella surrecta*（仿 Ohtsuka et al.，1987a）

（422）近直角水蚤 *Pontella surrecta* Wilson，1950（图 422）

形态特征：

体长：♀3.6 mm，♂3.4 mm。**雌性：**胸部后侧角为尖锐的翼状刺突，左侧刺较右侧刺长大。腹部分 2 节，生殖节长大，背末缘膨大并显著隆起，呈粗大锥状突，背面观，锥状突完全覆盖左尾叉；侧面观，其末部狭小并弯折向后方或粗大而较笔直；腹面观，生殖孔盖右侧具 1 长刺突，肛节很短小并被生殖节覆盖。尾叉不对称，左叉短小，右叉粗大，其长约为宽的 2 倍，尾刚毛基部粗大。第 5 对胸足双肢型且稍不对称，左足较长于右足，左足外肢外缘具 2 微刺突；右足外肢外缘也具 1 或 2 微刺突；左右足内肢末端均分叉。**雄性：**胸部后侧角短小，近对称。第 5 对胸足单肢型且不对称，左足末节粗短，末端具 3 刺突，中刺突粗大而弯曲呈抹刀状，其外缘具细锯齿，节的后表面具细长毛，内缘中部也具 1 细刺毛；右足第 3 节外缘基部具 1 弯曲的长刺，中部具 1 粗短的爪状刺和 1 刺毛，末节狭长而弯曲，与前节形成螯状，其内缘具 3 小刺毛，末端钝尖并具 1 小刺毛。

分布：东海，南海；太平洋。热带种。

参考文献：24，44，132，217。

注：Ohtsuka 等（1987a）认为 Wilson（1950）所描述的新种 *Pontella surrecta*（♂）雄性个体有误，应是 *P. elephas* Brady，1883 的雄性个体的同物异名。本书也采用 Ohtsuka 等（1987a）所描绘的本种雄性形态图。

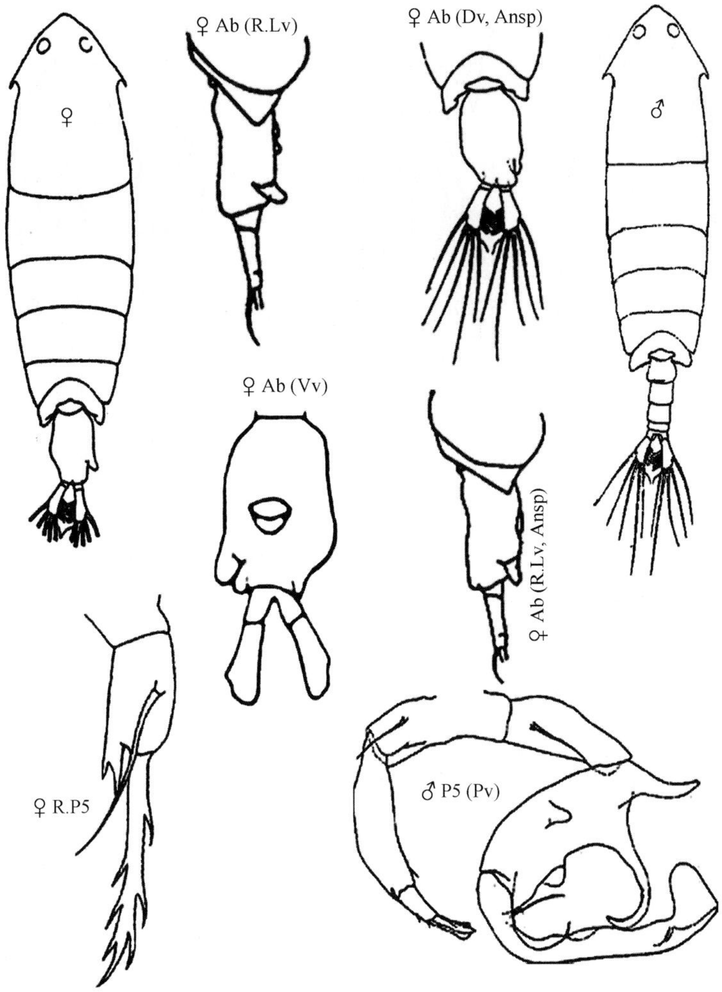

图 423　右突角水蚤 *Pontella tenuiremis*（仿连光山，钱宏林，1984）

（423）右突角水蚤 *Pontella tenuiremis* Giesbrecht，1889（图 423）

形态特征：

体长：♀2. 8~3. 1 mm，♂2. 7~2. 9 mm。**雌性：**胸部后侧角短小，呈钝三角形，近对称。腹部分 2 节，生殖节长大，不对称，左侧稍膨大，右侧近末缘具 1 小指状突；肛节短小。尾叉较狭长而对称。第 5 对胸足双肢型且对称，内肢短小，其基部与基节愈合，末端为双叉的刺突；外肢狭长，内、外缘各具 3 小刺，末端尖锐呈刺状。**雄性：**胸部后侧角呈钝三角形，稍不对称，左侧角较右侧稍长。腹部分 5 节，生殖节较宽大，左侧末缘稍突出。尾叉较狭长而对称。第 5 对胸足单肢型且不对称，左足末节短小，末端具 3 不等长的指状突，外末缘具 2 小刺；右足第 3 节外缘基部具 1 粗大的指状突，其内侧近基部具 1 狭长的钩状刺突，其内末缘具横隆线，本节外缘近末部具 1 半圆形突起，近内缘表面也具 1 小钝突，末节狭长而弯曲，末端具 1 宽大而弯曲的舌状突，与前节形成螯状。

分布：南海；太平洋，印度洋。热带种。

参考文献：38，44，97，99，199，216，217。

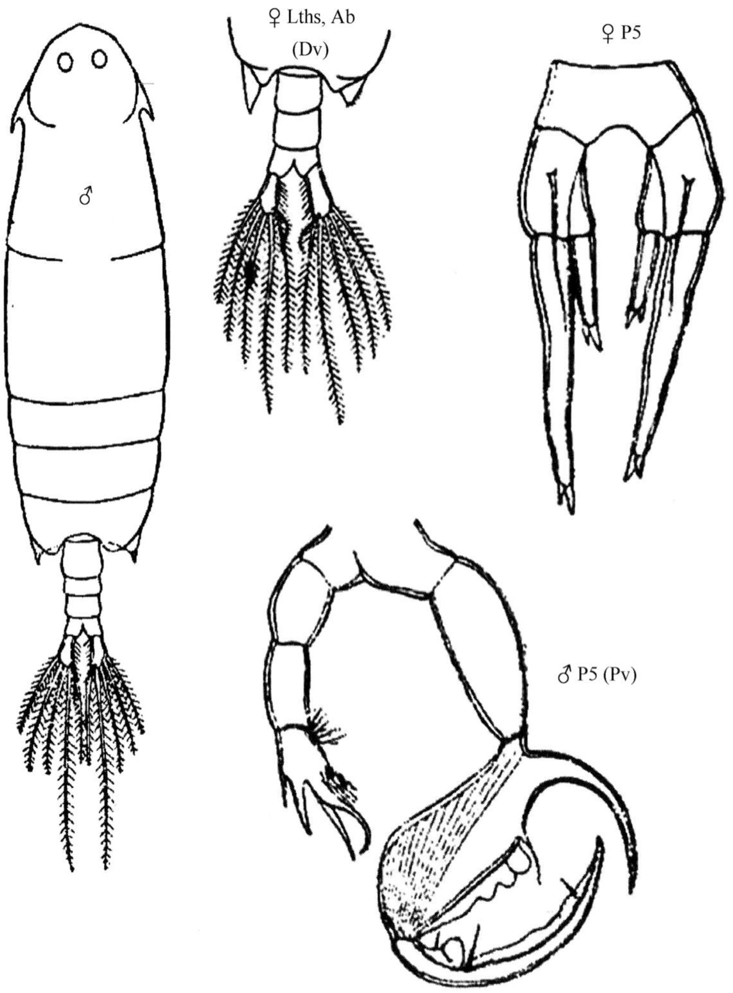

图 424 三指角水蚤 *Pontella tridactyla*（仿沈嘉瑞，李茯香，1963）

（424）三指角水蚤 *Pontella tridactyla* Shen & Lee，1963（图 424）

形态特征：

体长：♀2. 14 mm，♂2. 08 mm。**雌性：**胸部后侧角不对称，左侧角较长而尖锐。腹部分 3 节，生殖节较短小(应是第 V 期桡足幼体)，肛节和尾叉均稍不对称，右尾叉较左尾叉长大。第 5 对胸足双肢型且稍不对称，左足内、外肢均较长于右足，内、外肢均单节、较窄长，末部渐窄小，末端各具 2 小刺突，内刺突均较长大。**雄性：**胸部后侧角尖小，近对称。腹部分 4 节(应是第Ⅴ期桡足幼体)，生殖节近方形，左右对称。尾叉较短小而对称。右第 1 触角呈执握肢。第 5 对胸足单肢型且不对称，左足末节粗短呈掌状，其外末缘具 1 小刺，末端具 3 不等长刺突，中刺最长，末部弯曲，两侧缘具细锯齿，此节内缘基部及末部各具 1 丛细毛；右足第 3 节外缘基部具 1 长大的钩状刺突，外缘中部具 3~4 枚齿状突和 1 小刺毛，末节狭长而弯曲呈爪状，与前节形成螯状，其内缘基部具 1 粗齿突和 1 小刺毛，近末端也具 1 小刺毛。

分布：台湾海峡南部，南海；太平洋。热带种。

参考文献：6，10，16，24，37，44。

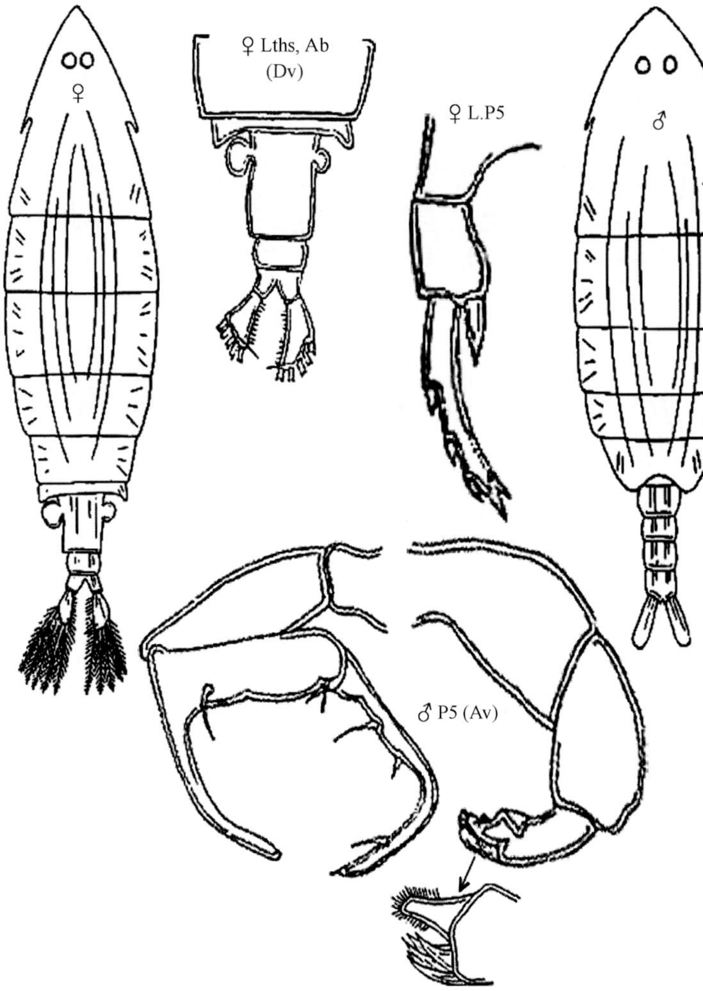

图 425　强壮角水蚤 *Pontella valida*（仿 Wilson，1950）

（425）强壮角水蚤 *Pontella valida* Dana，1855（图 425）

形态特征：

体长：♀3.2 mm，♂3.0 mm。**雌性：**头部前端很突出呈三角形。1 对背眼相靠近，眼间距很小。胸部后侧角短小而尖锐。腹部分 3 节，生殖节呈长方形，其长为后 2 节长度之和的 1.5 倍，其基部两侧各具 1 瘤状突，左侧突较大。尾叉近对称，长约为宽的 2 倍。第 5 对胸足双肢型且对称，外肢长约为内肢长的 3 倍，外肢具 3 小外缘刺，末端具 2 不等长末刺；内肢呈锥状，末端尖锐而不分叉。**雄性：**额部前端较钝圆。第 4、5 胸节愈合，其后侧角钝圆。腹部分 4 节，各节近等长、等宽。尾叉较狭长，其长为宽的 3 倍。右第 1 触角呈执握肢。第 5 对胸足单肢型且不对称，左足末节短小，末端具 3 刺突，其内刺突较粗大并具细毛；右足末 2 节呈螯状，第 3 节呈长方形，外缘基部具 1 镰刀状长刺突，节的外缘近端及末端各具 1 小刺毛，末节狭长而弯曲，其内缘具 3 小刺毛，末端尖锐。

分布：南海北部，东部海域；太平洋。热带种。

参考文献：44，217。

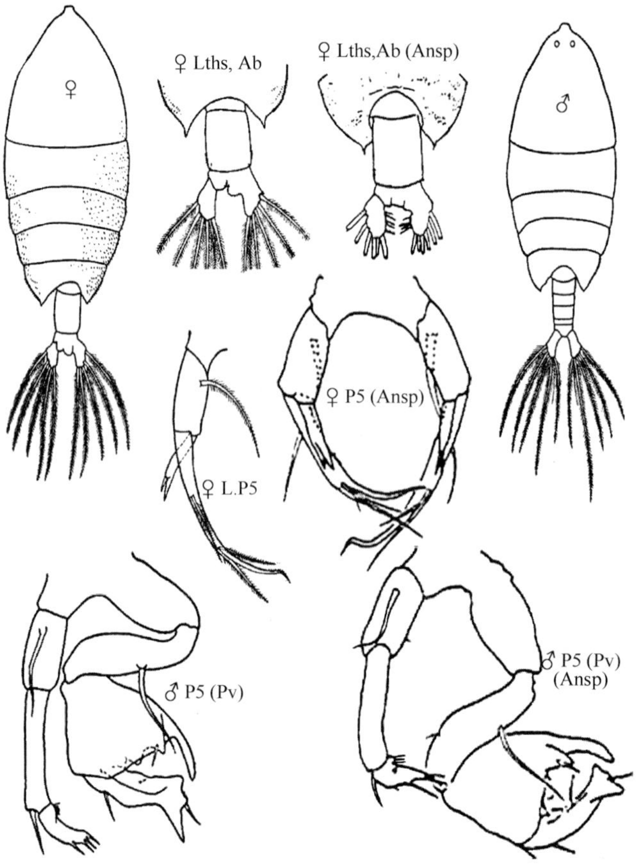

图 426 莫氏小角水蚤 *Pontellina morii*

[仿郑重等, 1965 (♀; ♂); Fleminger et al., 1974 (♀Ab, Ansp; ♀P5, Ansp; ♂P5, Ansp)]

(426) 莫氏小角水蚤 *Pontellina morii* Fleminger & Hulsemann, 1974 (图 426)

[*Pontellina plumata*: Mori, 1937 (♀, ♂); Dakin et al., 1940 (♀); 郑重等, 1965 (♀, ♂); 陈清潮等, 1965 (♀)]

形态特征:

体长: ♀1.4~1.9 mm, ♂1.3~1.7 mm。**雌性:** 头胸部呈卵圆形, 前额中央具钝突。胸部后侧角基部宽大, 末端具短小的尖刺突, 近对称, 向后达不到生殖节中部。腹部分 2 节, 生殖节长大, 前侧缘具细刺毛。尾叉粗短, 不对称, 右叉与肛节愈合。第 5 对胸足双肢型且对称, 内肢末端分叉; 外肢较粗大, 为内肢长的 1.2~1.8 倍, 外缘中部具 1 细长刚毛, 末端具 3~4 不等长末刺, 内刺较长大而弯曲。**雄性:** 胸部后侧角末端刺突较雌性更为短小。腹部分 5 节。尾叉较雌性狭长并对称。右第 1 触角呈执握肢。第 5 对胸足单肢型且不对称, 左足第 3 节狭长并具 1 外末刺, 末节短小, 具 1 小外缘刺, 内缘基部具 1 密生细毛的小突起, 节的末端具 3 小刺; 右足末 2 节呈螯状, 第 3 节宽大略呈三角形, 外缘中部具 1 长指状突, 其内侧基部及中部具 3 个三角形突起, 前者较大并具 1 小刺, 末节粗短, 末端较宽平, 内末角延伸为三角形刺状突, 其基部具 1 小刺, 节的内、外缘近端也各具 1~2 小刺毛。

分布: 东海, 南海; 太平洋, 印度洋。暖水种。

参考文献: 13, 23, 24, 44, 46, 82, 94, 118。

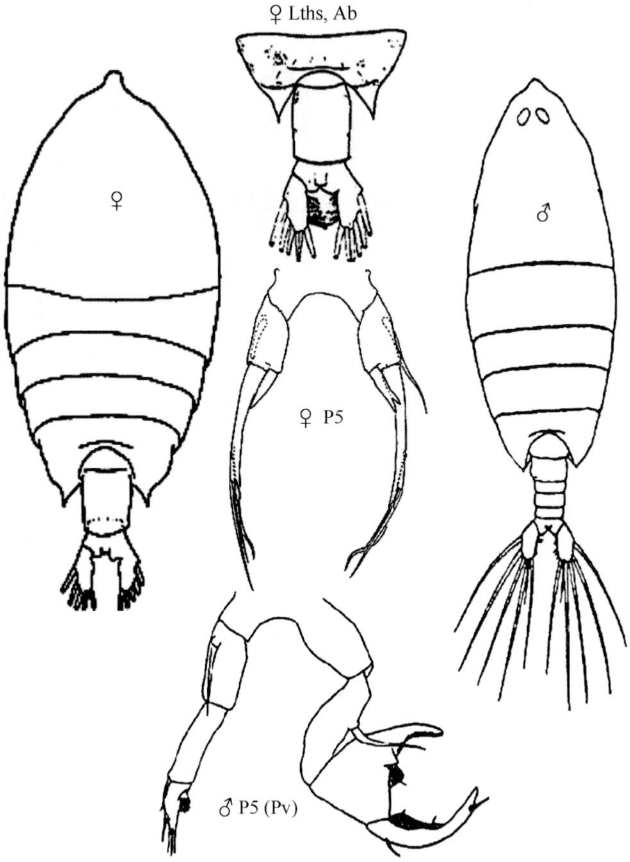

图 427　羽小角水蚤 *Pontellina plumata*
[仿陈清潮，章淑珍，1965（♂）；Fleminger et al.，1974（♀）]

（427）羽小角水蚤 *Pontellina plumata*（Dana，1849）（图 427）

[*Pontella plumata* Dana，1849；Brady，1883；*Pontellopsis aegualis* Mori，1932（♂）]

形态特征：

体长：♀1.4~1.9 mm，♂1.3~1.9 mm。**雌性：**胸部后侧角刺突较长而对称，呈锥形，向后可达或超过生殖节中部。腹部分 2 节，生殖节两侧近端具细毛丛，末缘也具 1 列细毛。尾叉较狭长而不对称，右叉与肛节愈合。第 5 对胸足双肢型且对称，外肢较细长，为内肢长的 2~3 倍，其内缘光滑，外缘近末部具 1 外缘刺，节末端具 3 不等长末刺；内肢短小，末端分叉。**雄性：**胸部后侧角的刺突较短小而对称。腹部分 5 节，生殖节左侧末缘较突出。尾叉较狭长而对称。第 5 对胸足单肢型且不对称，左足第 3 节较莫氏小角水蚤（*P. morii*）的同一节短，其外末角具 1 细刺，末节短小呈锥形，并具 1 小外缘刺，内缘近端具 1 带细毛的瘤状突，节的末端具 3 近等长末刺；右足末 2 节呈螯状，第 3 节外缘中部具 1 粗指状突，其内缘近基部具 2 瘤状突和 1 小刺毛，末节狭长而弯曲，末端尖锐，外缘近端较膨大并具 3 小刺，内缘近端及末部各具 1 小刺。

分布：东海至南海；太平洋，印度洋及大西洋。暖水种。

参考文献：1，5，13，16，18，20，23，24，25，31，44，46，51，94，106，116，158，217。

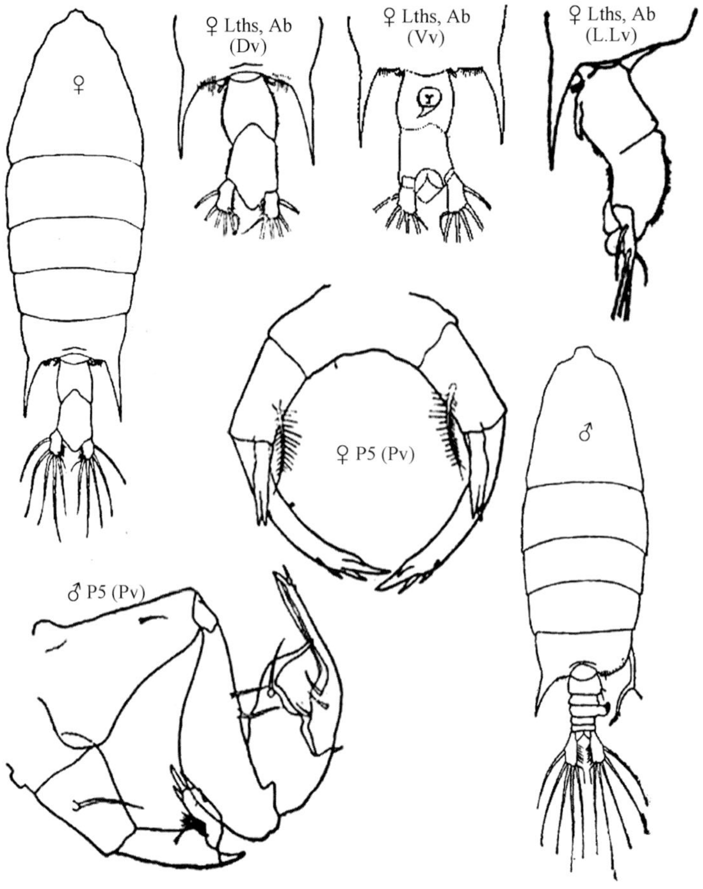

图 428 武装简角水蚤 *Pontellopsis armatus*（仿郑重等，1982）

（428）武装简角水蚤 *Pontellopsis armatus*（Giesbrecht，1889）（图 428）

［*Monops armatus* Giesbrecht，1889，1892］

形态特征：

体长：♀2. 4~2. 8 mm，♂1. 9~2. 1 mm。**雌性：**胸部后侧角为长大刺突，可达肛节中部。腹部分 2 节，稍不对称，腹面部分愈合，生殖孔后缘具 1 三角形小突起，肛节长大，其背面前、后缘中部均较突出。尾叉短小稍不对称，左叉稍长大。第 5 对胸足双肢型且对称，外肢狭长并具 3 小外缘刺，末端也具 3 不等长的末刺，以中刺最长大；内肢短小，约为外肢长的1/2，末端分叉。**雄性：**胸部后侧角刺长且不对称，右侧刺很细长并稍向内弯，末端可达到肛节，其外缘中部具 1 小刺。腹部分 5 节，第 1 节右末缘具 1~2 小刺，第 3 节右侧缘具 1 长突起，其顶端遍生微刺。尾叉较雌性长大而对称，末部较宽大。右第 1 触角为执握肢。第 5 对胸足单肢型且不对称，左足第 3 节外刺突粗短，末节短小，基部背面具细毛，外缘中部具 1 小刺，内缘近中部具 1 小突，末端具 3 末刺，中刺较粗大；右足末 2 节呈螯状，第 3 节宽大，其外缘中部 1 指状突较短而弯曲，其内缘基部具 1 刺毛，末节狭长而稍弯曲，末端尖锐，其内缘基部较膨大并具 2 小刺，外末部也具 1~2 小刺。

分布：东海至南海；太平洋，印度洋。热带种。

参考文献：6，13，20，23，24，44，46，51，97，106，158，217。

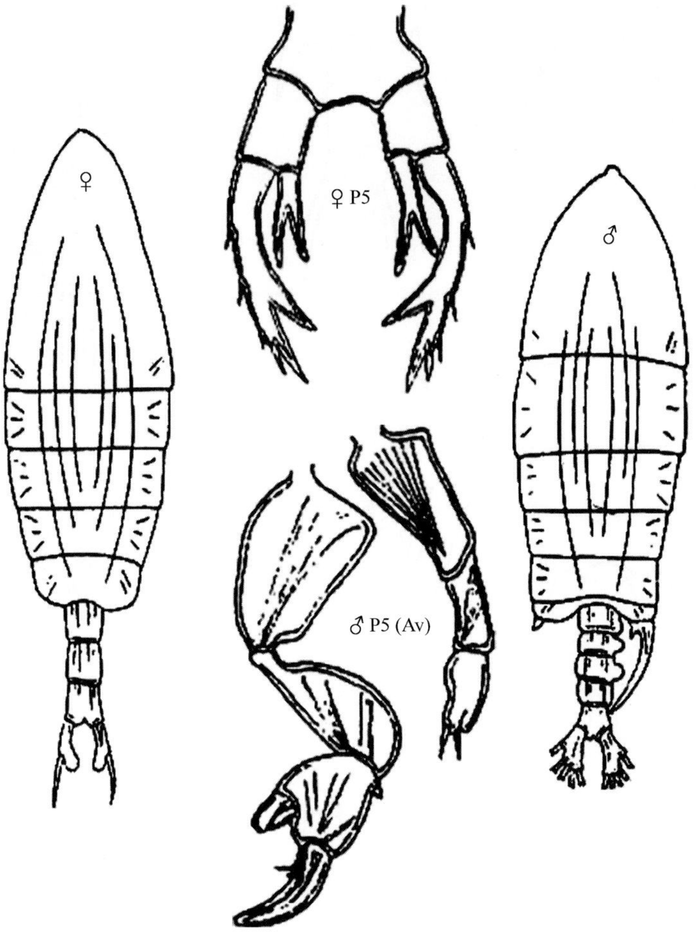

图 429　双突简角水蚤 *Pontellopsis bitumida*（仿 Wilson，1950）

（429）双突简角水蚤 *Pontellopsis bitumida* Wilson，1950（图 429）

形态特征：

体长：♀1. 8 mm，♂1. 5 mm。**雌性：**头部前端较狭而钝圆。胸部后侧角宽圆而无刺突。腹部分 3 节，各节近等长、等宽。尾叉较狭长而对称，并大于肛节的长度。第 5 对胸足双肢型且对称，外肢狭长，约为内肢长的 2 倍，其外缘具 4 小刺突，内缘及末端各具 1 粗刺突；内肢短小，末端具 2 不等长的粗刺突，其长度约为内肢长的 1/2。**雄性：**头胸部较雌性宽大，前额具 1 小钝突。第 4、5 胸节分开，末胸节后侧角很不对称，左侧角为短小的指状突，并向外撇，右侧角具 1 长镰刀状刺突，向后可达肛节，其内侧基部具 1 小刺突。腹部分 5 节，肛节较长，前 4 节较宽短而近等长，第 2、3 节右侧各具 1 钝圆的瘤状突。尾叉较雌性宽大，并较长于肛节。第 5 对胸足单肢型且不对称，左足末节粗短，末端具 2 末刺突；右足末 2 节呈螯状，其结构较简单，第 3 节较宽短，其外末缘具 1 粗短的指状突，末节较狭长而稍弯曲呈爪状，其外缘近端具 1 小刺。

分布：南海北部及东部海域；太平洋。热带种。

参考文献：44，217。

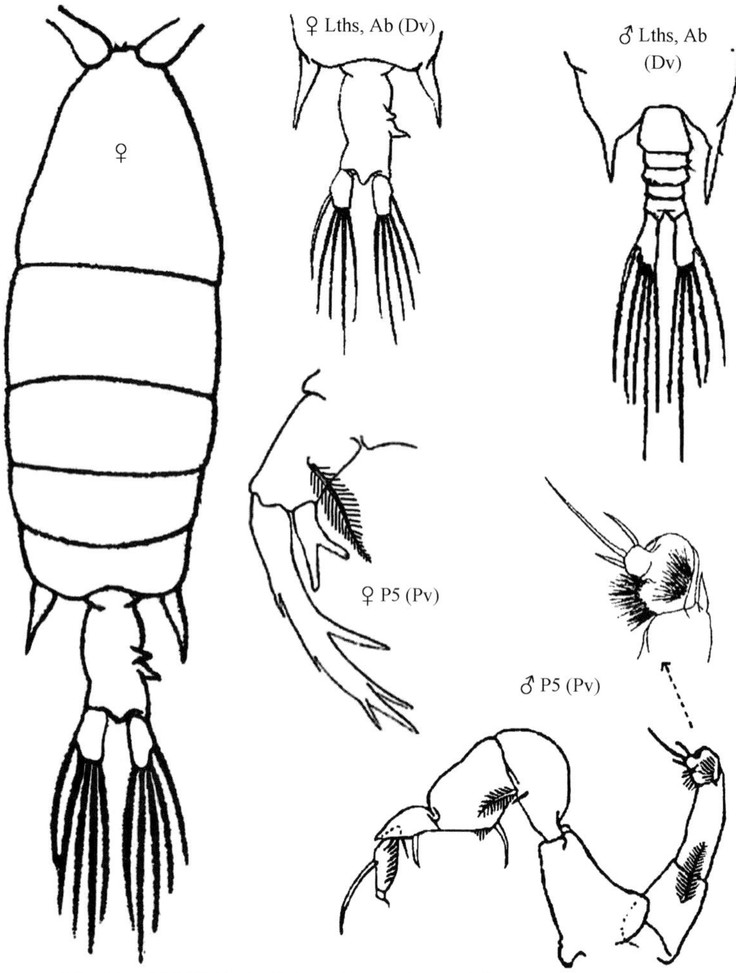

图 430　短突简角水蚤 *Pontellopsis brevis*（仿 Giesbrecht，1892）

（430）短突简角水蚤 *Pontellopsis brevis*（Giesbrecht，1889）（图 430）

［*Monops brevis* Giesbrecht，1889，1892］

形态特征：

体长：♀2.0~2.6 mm，♂2.0~2.2 mm。**雌性：**胸部后侧角刺突狭长，稍不对称，右侧刺较长于左侧刺。腹部长大，仅单节，其右侧缘中部具 2 不等长的小刺突，背末缘中部稍突出。尾叉长约为宽的 2 倍，稍不对称。第 5 对胸足双肢型且对称，外肢狭长，外缘具 2 小刺，内缘近中部具 1 粗刺突，节末端具 3 不等长末刺，中刺较长大；内肢短小，约为外肢长的 1/3，其末端分叉。**雄性：**胸部后侧角刺突狭长而不对称，右侧刺突显著长于左侧刺突，向后可达肛节。腹部分 5 节，生殖节长大，右侧末缘较突出，第 2、3 节右侧缘稍突出，并具微刺毛。尾叉较狭长而对称。第 5 对胸足单肢型且不对称，左足较短小，第 3 节具 1 粗短外末刺，末节宽短呈球状，其内缘和背面均具细毛丛，末端突出呈瘤状，并具 3 不等长末刺，中刺细长；右足末 2 节不呈螯状，第 3 节较粗大，外缘中部膨大，具 1 小突起和 1 细刺，末节较狭长而稍弯曲，外缘近端具 2 小刺，内缘近末部具 1 长刺，末节顶端钝突并具 1 小刺。

分布：南海东部海域；太平洋。热带种。

参考文献：44，97，217。

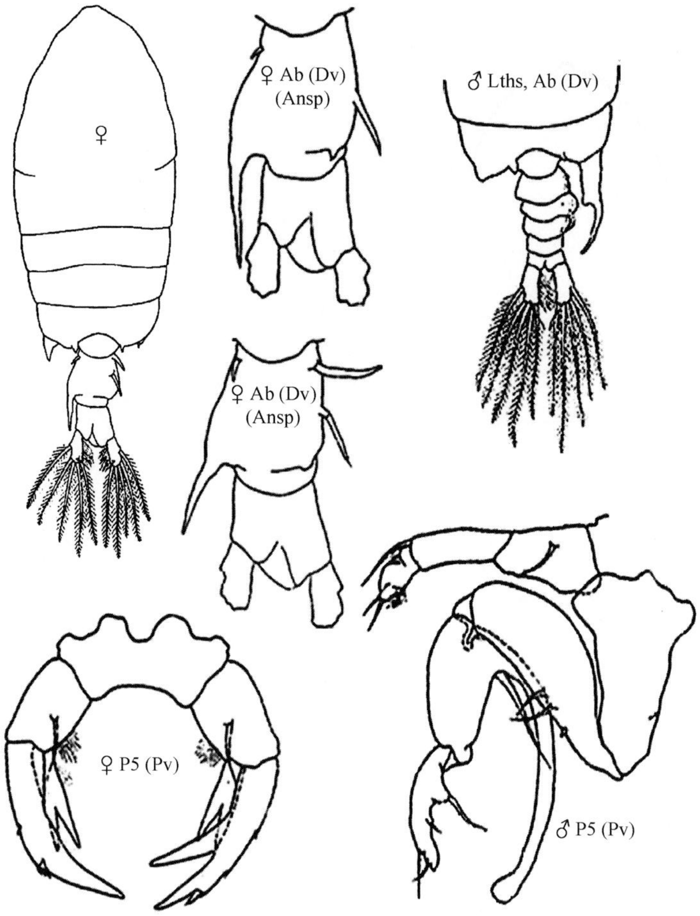

图 431　扩指简角水蚤 *Pontellopsis inflatodigitata*（仿陈清潮，沈嘉瑞，1974）

（431）扩指简角水蚤 *Pontellopsis inflatodigitata* Chen & Shen，1974（图 431）

形态特征：

体长：♀1.7~2.0 mm，♂1.5~1.7 mm。**雌性：**胸部后侧角不对称，左侧角粗短，呈三角形，右侧角呈小齿状，后缘近腹部两侧也各具 1 小齿突。腹部分 2 节，生殖节宽大，背面隆起，左侧缘基部具 1 短刺，后末缘具 1 长刺，可达肛节末缘或尾叉中部，右侧缘也具 1~2 细刺；肛节右侧末部较长于左侧。尾叉粗短近对称。第 5 对胸足外肢不对称，右外肢内缘具 1 粗刺突，外缘具 3 小齿突，左外肢内缘无刺突，外缘具 2 小齿突；内肢约为外肢长的 1/2，末端均分两叉。**雄性：**胸部后侧角很不对称，左侧角呈钝三角形，右侧角狭长，呈镰刀状，后半部狭小而弯曲，与其粗大的基部等长。腹部分 5 节，生殖节右侧缘具 1 小齿突，第 2、3 节右侧均突出并密生细毛。尾叉对称。第 5 对胸足单肢型且不对称，左足第 3 节长约为宽的 3.5 倍，其外末角具 1 长刺毛，末节粗短，其内、外缘均具细毛丛，末部具 1 小钝突，其顶端具 2 细刺毛；右足第 2 节长大，外缘近端具 1 小齿突和 2 刺毛，第 3 节粗短，外缘基部具 1 长而弯曲的指状突，其末端膨大，内缘基部具 1 长刺毛，末节较狭长而稍弯曲，与前节形成螯状，外缘近端具 1 大钝突及 1 长刺毛，中部也具 1 小突起及 1 小刺毛，内缘末部具 2 细刺毛。

分布：东海至南海；太平洋。热带种。

参考文献：5，16，24，37，44。

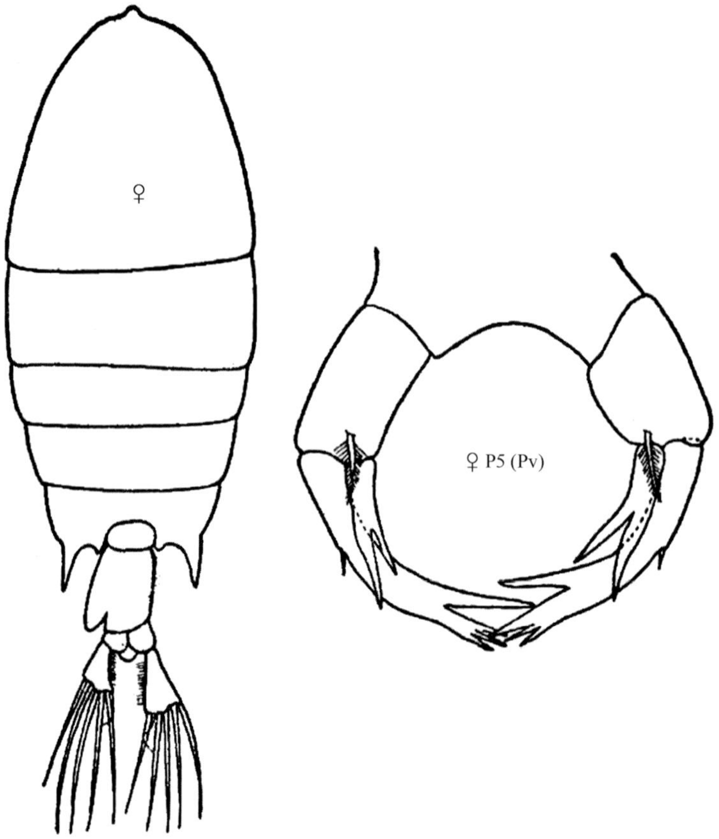

图 432　克氏简角水蚤 *Pontellopsis krameri*（仿郑重等，1965）

（432）克氏简角水蚤 *Pontellopsis krameri*（Giesbrecht，1896）（图 432）

［*Monops krameri* Giesbrecht，1896］

形态特征：

体长：♀2. 1 mm。**雌性：**胸部后侧角具尖锐刺突，左右近对称。腹部分 2 节，生殖节长大而不对称，左侧末缘显著突出，呈瘤状，肛节宽短，末端中部具 1 半圆形突起。尾叉不对称，其基部狭小，末端宽大，右叉约为左叉长的 2 倍。第 5 对胸足双肢型且稍不对称，内肢短小，末端均分两叉，右足内肢稍长于左足内肢；外肢的外缘中部各具 1 小刺，内缘近末部各具 1 粗大的内刺突，而以左足内刺突稍长些，外肢末端具不等长的 3 末刺，右足以内末刺最长大，左足则以中刺较长。

分布：东海至南海；太平洋，印度洋。热带种。

参考文献：5，6，16，23，24，31，44，46，51，158，159，199。

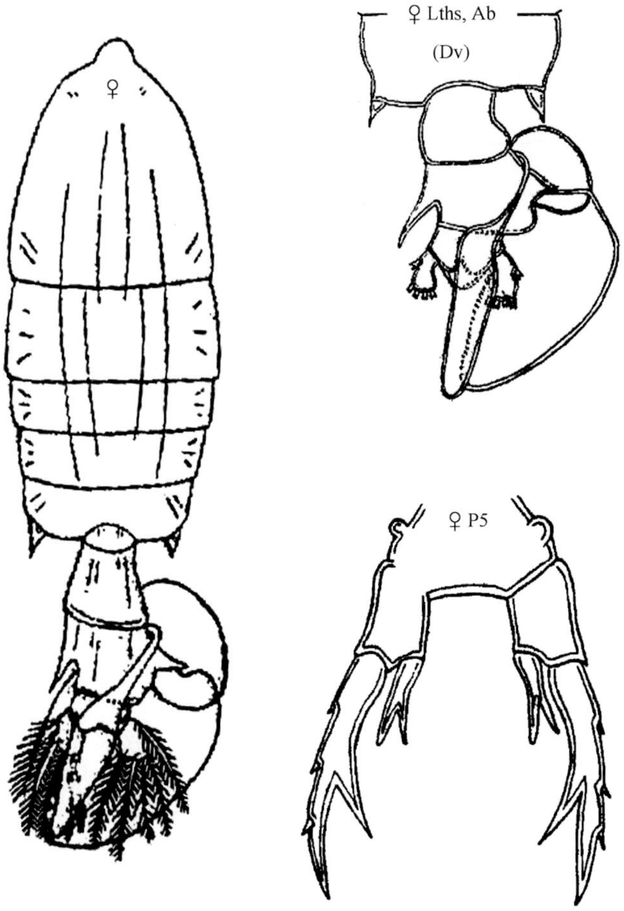

图 433 叶简角水蚤 *Pontellopsis laminata*（仿 Wilson，1950）

（433）叶简角水蚤 *Pontellopsis laminata* Wilson，1950（图 433）

形态特征：

体长： ♀2.0 mm。**雌性：** 胸部后侧角较短小而不对称，呈三角形，左侧角较大。腹部分 3 节，生殖节后部较宽大，约等于其长度，第 2 节与生殖节近等长，但较生殖节宽大，其两侧缘各具 1 刺突，左侧刺较狭长并指向后方，可达肛节末部，右侧刺较粗短并指向外侧，肛节宽短。尾叉也粗短，稍不对称。生殖节腹面常具 2 椭圆形片状附属物及 1 纳精束。第 5 对胸足双肢型，近对称，内肢短小，约为外肢长的 1/2，其末端分叉；外肢内缘近中部具 1 粗刺突，外缘具 3 小外缘刺，末端为长的粗刺突。

分布： 南海；太平洋。热带种。

参考文献： 24，44，217。

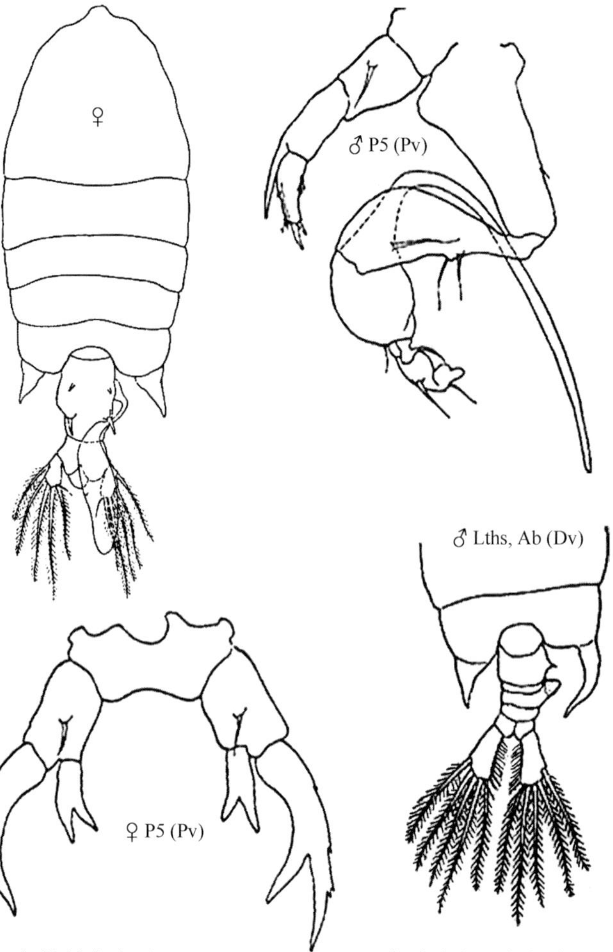

图 434　长指简角水蚤 *Pontellopsis macronyx*（仿陈清潮，沈嘉瑞，1974）

（434）长指简角水蚤 *Pontellopsis macronyx* A. Scott，1909（图 434）

形态特征：

体长：♀1.8~2.1 mm，♂1.6~1.8 mm。**雌性：**胸部后侧角尖锐，呈三角形而稍不对称或对称，右侧角稍长于左侧角。腹部分 2 节，生殖节左侧中部膨大，背面近基部及近末端各具 1 对刺突，前者很短小，后者较长大；肛节右侧缘稍长于左侧。尾叉粗短近对称。第 5 对胸足双肢型且不对称，右足外肢内缘具 1 大刺突，而左足外肢较短，内缘无刺突，两外肢均具 3 小外缘刺，在外末刺的内侧另具 1 小齿突；左、右足内肢对称，末端分叉。**雄性：**胸部后侧角不对称，左侧角呈三角形，右侧角狭长而弯曲，呈钩状，可达第 4 腹节。腹部分 5 节，生殖节右侧具 1 三角突，其顶端具 1 小刺，第 3 节右侧具 1 瘤状突，其顶端具密细刺毛。尾叉较雌性的狭长，近对称。第 5 对胸足单肢型且不对称，左足第 3 节外末角具 1 长刺，末节外缘中部具 1 小刺，内缘近端具 1 丛细毛，末端具 3 末刺，中刺最长；右足第 3 节宽短，其基部向外伸出 1 细长而弯曲的长刺，末节短小，内缘具 2 刺毛，外缘也具 1 刺毛和 1 小突起，节的末端呈指状突。

分布：台湾海峡至南海；太平洋，印度洋。热带沿岸种。

参考文献：5，6，16，23，24，44，46，51，158。

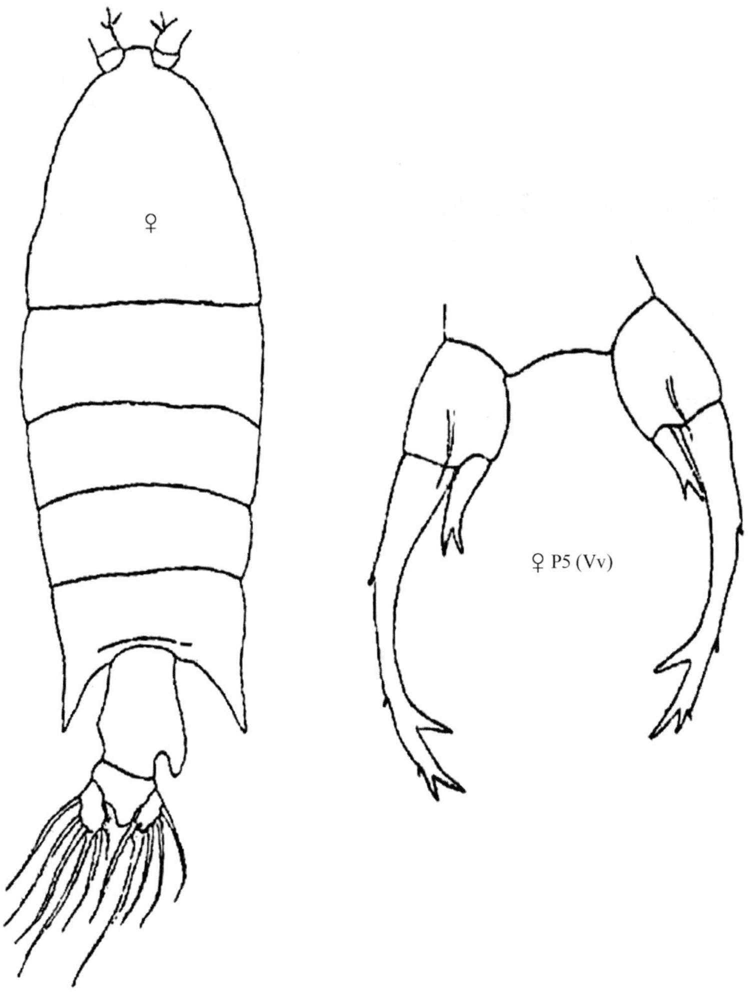

图 435 清晰筒角水蚤 *Pontellopsis perspicax*（仿 Mori，1937）

（435）清晰筒角水蚤 *Pontellopsis perspicax*（Dana，1849）（图 435）

[*Pontella perspicax* Dana，1849；*Pontellina perspicax* Dana，1853，1855；*P. regalis*：Tanaka，1964c（♀）；*Monops perspicax* Giesbrecht，1892]

形态特征：

体长：♀1.9 mm。**雌性：**前额中央具 1 小钝突，胸部后侧角刺突较长大，近对称，末端超过生殖节中部。腹部分 2 节，不对称，生殖节左侧缘稍突出，右侧缘中部具 1 粗指状突，指向右后方，可达生殖节末缘；肛节背末缘中部突出，呈钝三角形，可达右尾叉末端。左尾叉较长大，右尾叉宽短。第 5 对胸足近对称，内肢短小，约为外肢长的 1/3，其末端分叉；外肢狭长，外缘具 3 小外缘刺，内缘近末端具 1 粗刺突，节的顶端具 2 不等长末刺，内末刺较粗大。

分布：黄海东南部，南海；太平洋，印度洋及大西洋。热带种。

参考文献：44，97，118，158，185，217。

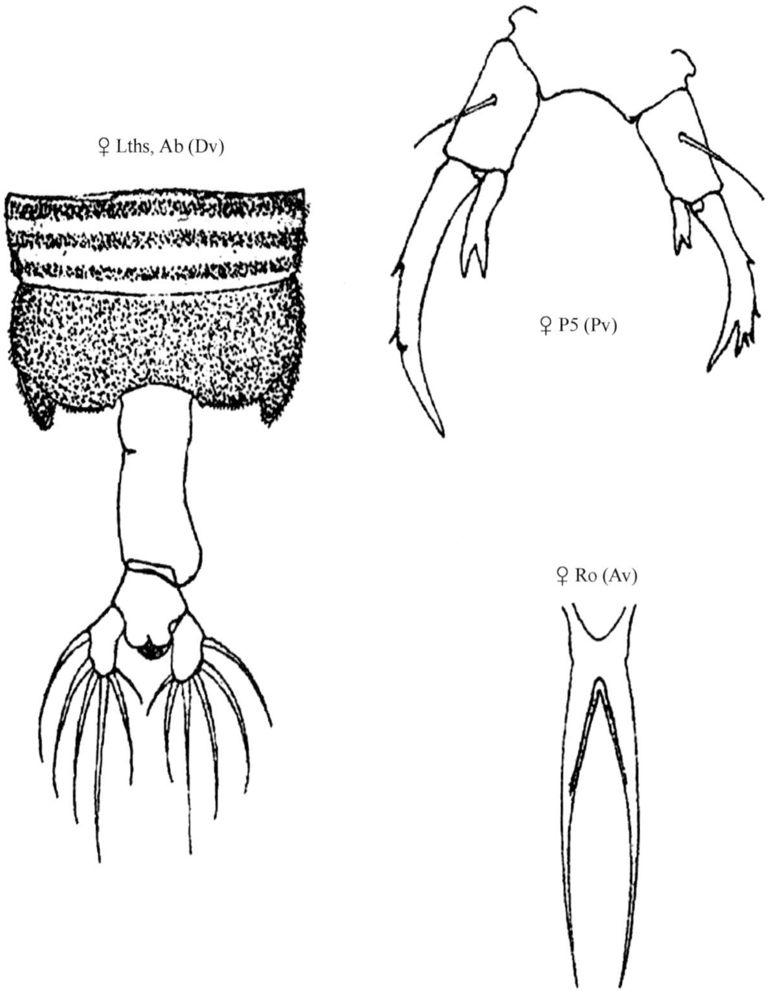

图 436　多毛筒角水蚤 *Pontellopsis pexa*（仿 A. Scott，1909）

（436）多毛筒角水蚤 *Pontellopsis pexa* A. Scott，1909（图 436）

形态特征：

体长：♀2.2 mm。**雌性：**头节和第 1~3 胸节表面均具狭的细毛带，末胸节表面覆盖密细毛，后侧角粗短而钝圆，稍不对称。其内末缘宽平。腹部分 2 节，生殖节长大，不对称，其长度约为肛节长的 2.5 倍，其右侧末缘显著突出，呈瘤状；肛节较短小，近对称。尾叉稍不对称，左叉较狭长，右叉较粗短。1 对额角丝细长。第 5 对胸足双肢型且不对称，左足外肢狭长呈刺状，无内缘刺突，仅具 2 小外缘刺，内肢较长，末端分叉；右足内、外肢较左足为短，其外肢内末缘具 1 粗刺突，外缘具 2 小外缘刺，节的末端具 3 小刺突，以内末刺较长大，内肢短小，仅为右足内肢长的 1/2，末端分叉。

分布：南海东南部；马来群岛海域，太平洋。热带沿岸种。

参考文献：44，158。

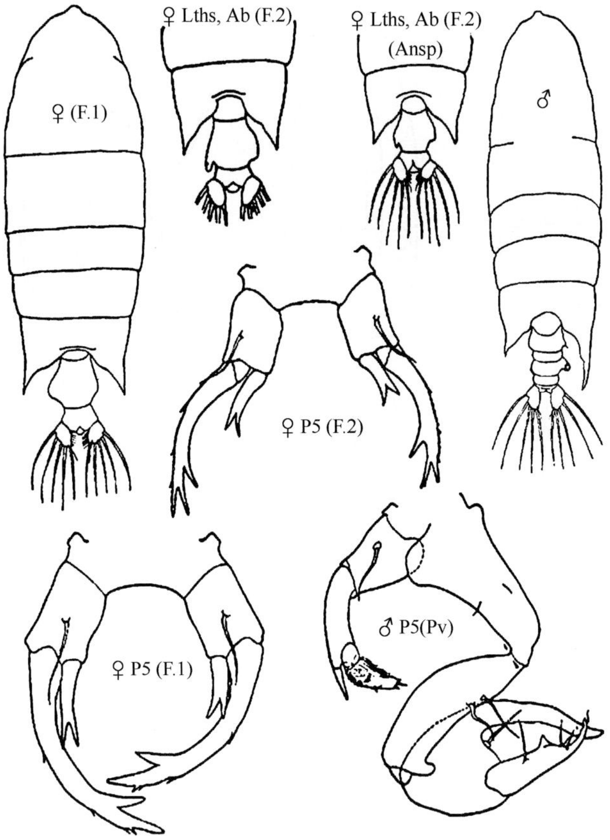

图 437 皇简角水蚤 *Pontellopsis regalis*（仿郑重等，1982）

（437）皇简角水蚤 *Pontellopsis regalis*（Dana，1849）（图 437）

［*Pontellina regalis* Dana，1855；*Monops regalis* Giesbrecht，1892；*Pontellopsis villosa*：Tanaka，1964c（♀）］

形态特征：

体长：♀甲型(F. 1)3. 3~3. 6 mm，乙型(F. 2)2. 7~2. 9 mm；♂2. 7~3. 4 mm。**雌性：**胸部后侧角具三角形刺状突，近对称，可达生殖节近末端。腹部分 2 节，生殖节不对称，可分为甲、乙两型：甲型(F. 1)左侧缘中部具钝三角形突起，右侧缘稍隆起；乙型左侧缘近末端具小指状突，右侧缘较突出。肛节宽短，尾叉也粗短，近对称。第 5 对胸足双肢型，稍不对称，左足稍长于右足，内肢短小，末端分叉；外肢长约为内肢的 3 倍，外缘具 4 小外缘刺，其中近末端 2 小刺很靠近，内缘近末端具 1 粗刺突，外肢末端形态也存在个体差异，甲型(F. 1)外肢末端不分叉，仅具 1 长刺突，乙型(F. 2)外肢末端分 2 叉。**雄性：**胸部后侧角尖刺突不对称，左侧角呈尖三角形，右侧角为长刺状，可达尾叉基部。腹部分 5 节，生殖节右侧缘突出并具 1 小刺，第 3 节右侧缘具大瘤状突，并具密细毛，左侧末缘也具细毛。第 5 对胸足单肢型且不对称，左足短小，第 3 节狭长并具 1 长外末刺，末节表面具密细毛，并具 1 小外缘刺，末端具 3 小刺；右足第 3 节宽大，外缘具 1 狭长指状突，其内缘基部具 1 刺毛，末节粗短，末部尖小而弯曲，与前节形成螯状，其外缘中部具 1 三角形突起和 3 刺毛，近末端也具 1 小刺毛。

分布：黄海至南海；太平洋，印度洋及大西洋。暖水种。

参考文献：1，6，13，16，20，23~25，31，44，46，51，82，97，106，158，185，217。

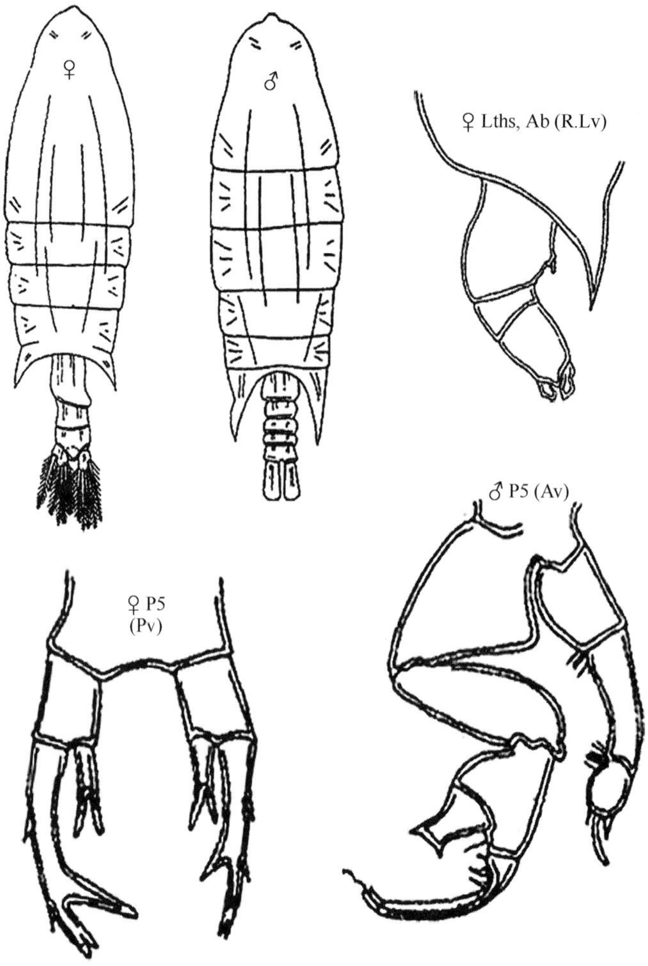

图 438 弯腹简角水蚤 *Pontellopsis sinuata*（仿 Wilson，1950）

（438）弯腹简角水蚤 *Pontellopsis sinuata* Wilson，1950（图 438）

形态特征：

体长：♀4. 2 mm，♂3. 8 mm。**雌性：**胸部后侧角近对称，呈三角形刺突，稍向外撇开，向后可达生殖节末端。腹部分 3 节，较狭长而不对称，背面观，生殖节右侧末缘突出并弯向右下方，第 2、3 节宽短，肛节背末缘中部突出；侧面观，腹部弯曲，背侧呈半圆形，生殖节腹面中部隆起并具 1 小刺突。尾叉粗短，稍不对称，左叉较宽大。第 5 对胸足双肢型且稍不对称，外肢约为内肢长的 2 倍，内肢末端分 2 叉，叉长约与其基部等长，左足外肢较长大，具 2 小外缘刺，节的末端分叉，内缘近末端具 1 长刺突；右足外肢与左足相似，但其内缘刺显著小于左足外肢的内缘刺。**雄性：**胸部后侧角刺突长大，近对称，可达到肛节基部。腹部分 5 节，近对称，生殖节长约等于后 2 节长度之和。尾叉呈长方形，长约为宽的 2 倍。第 5 对胸足单肢型且不对称，左足第 3 节狭长，末节粗短，两节内缘近端各具 1 丛细毛，末节顶端具 3 不等长末刺，以中刺较长而弯曲；右足第 3 节宽短，外末缘具 1 粗短的锥状突，顶端截平，其内、外末角均具 1 小刺，末节狭长稍弯曲，末端具 2 小刺突及 1 细刺毛，外缘近端具 3 小刺。

分布：南海东部海域；太平洋。热带种。

参考文献：44，217。

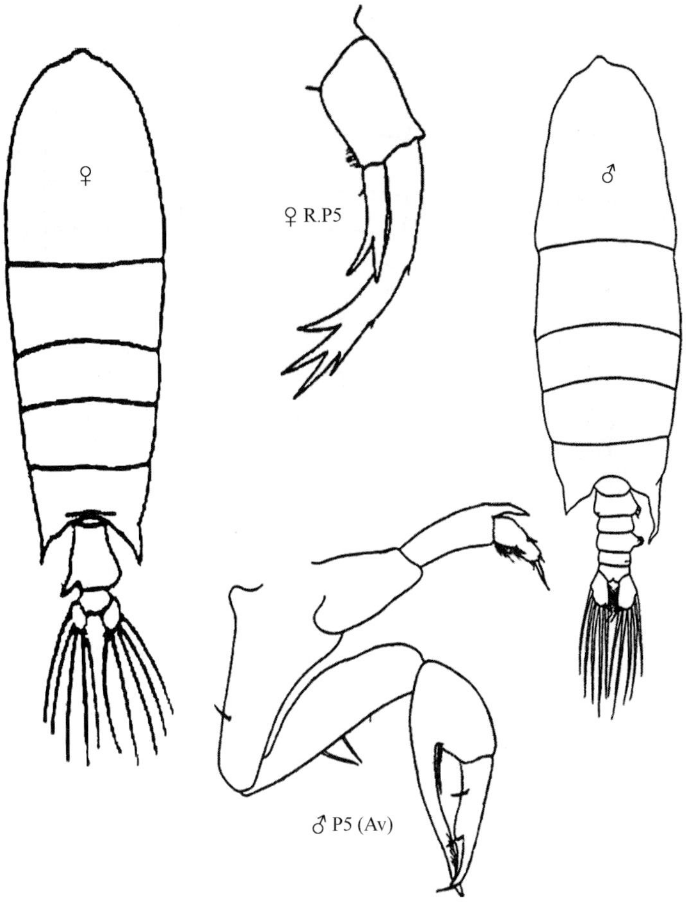

图 439 勇简角水蚤 *Pontellopsis strenua*
[仿 Giesbrecht, 1892 (♀); 陈清潮等, 1965 (♂)]

(439) 勇简角水蚤 *Pontellopsis strenua* (Dana, 1849) (图 439)

[*Pontella strenua* Dana, 1849; *Pontellina strenua* Dana, 1855; *Monops strenua* Giesbrecht, 1892]

形态特征:

体长: ♀2.8 mm, ♂2.4~2.9 mm。**雌性:** 头胸部呈长椭圆形。胸部后侧角刺突可达生殖节中部, 近对称。腹部分 2 节, 生殖节左侧末缘具 1 锥状刺突, 右侧末部膨大, 肛节短小。尾叉宽短而对称。第 5 对胸足双肢型且近对称, 外肢约为内肢长的 2 倍, 外缘具 3 小刺, 顶端具 2 长末刺, 内缘近末端具粗内缘刺; 内肢末端分叉。**雄性:** 胸部后侧角不对称, 左侧角粗短, 呈三角形, 右侧角刺突狭长、稍弯曲, 仅达第 3 腹节。腹部分 5 节, 生殖节右侧末缘突出并具 2 小刺, 第 3 节右侧缘具显著的瘤状突, 其上具密细毛。尾叉宽短而对称。第 5 对胸足单肢型且不对称, 左足第 3 节具 1 粗大外末刺, 末节短小, 外缘中部具 1 小刺, 内缘基部具细毛丛, 末端具 3 不等长小刺, 以中刺较长; 右足末 2 节呈螯状, 第 3 节粗短, 外缘基部具 1 狭长而较直的指状突, 其内缘基部具 1 刺毛, 末节狭长, 末端尖锐并具 1 小刺毛, 节的外缘也具 2 刺毛。

分布: 东海至南海; 太平洋, 印度洋。热带种。

参考文献: 6, 13, 20, 23, 24, 44, 46, 51, 82, 97, 106, 158, 217。

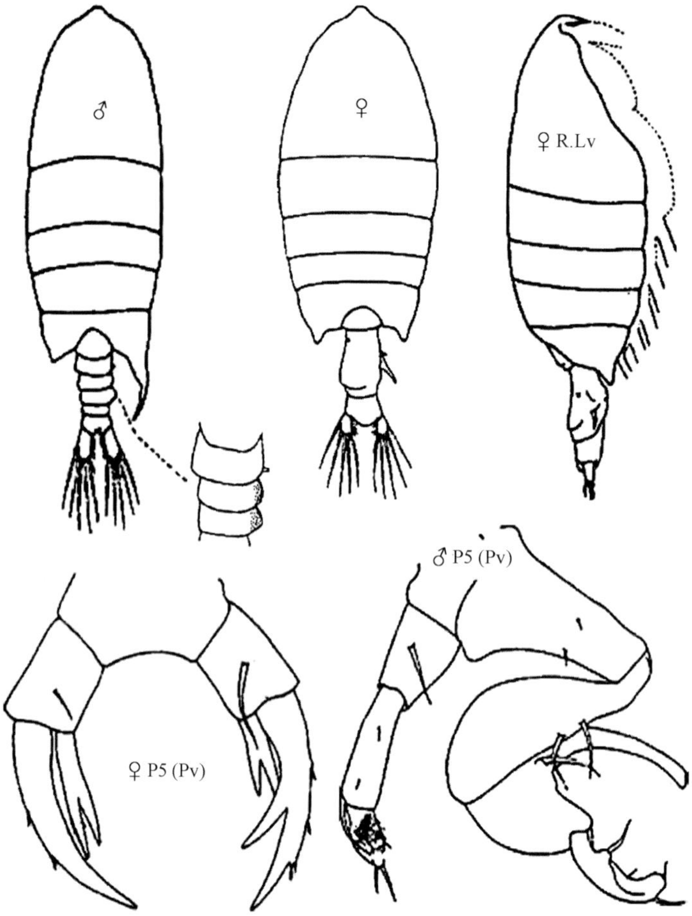

图 440 瘦尾简角水蚤 *Pontellopsis tenuicauda*（仿陈清潮，章淑珍，1965）

（440）瘦尾简角水蚤 *Pontellopsis tenuicauda*（Giesbrecht，1889）（图 440）

[*Monops tenuicauda* Giesbrecht，1889，1892]

形态特征：

体长：♀1.6~2.3 mm，♂1.4~1.7 mm。**雌性：**头胸部宽短。胸部后侧角为小钝突并对称。腹部分 2 节，生殖节长大，不对称，左侧末缘近背面隆起，左侧近基部具 1 小齿突，右侧缘中部具 2 小刺，其前刺短小，后刺较长并指向后方；肛节宽短，稍不对称，其背末缘呈弧形突起。尾叉短小而对称。第 5 对胸足双肢型且不对称，左足外肢内缘平滑，外缘中部具 2 小刺，末端为 1 粗刺突，左内肢较右内肢狭长，末端分叉；右足外肢内缘中部具 1 粗刺突，外缘具 4 小刺，末端为尖刺突，右内肢较短，末端也分叉。**雄性：**头胸部较雌性狭小。胸部后侧角不对称，左侧角短而钝，右侧角为长刺突，末部稍向内弯，可达肛节。腹部分 5 节，生殖节右侧缘具 1 小突起，第 2、3 节右侧缘均隆起并具密细毛。尾叉对称，长约为宽的 2 倍。第 5 对胸足不对称，左足第 3 节狭长并具 1 细长外末刺，末节短小，表面具细毛，末端具不等长的 2~3小刺；右足末 2 节呈螯状，第 3 节粗短，外缘基部具 1 细长棒状突，其内缘基部具 1 长刺毛，末节短小呈匙状，外缘基部具 1 缺刻，外缘及末端各具 2 不等长的小刺。

分布：渤海至南海；太平洋，印度洋。暖水沿岸种。

参考文献：1，5，6，9，13，16，20，23，24，31~33，44，46，82，97，118。

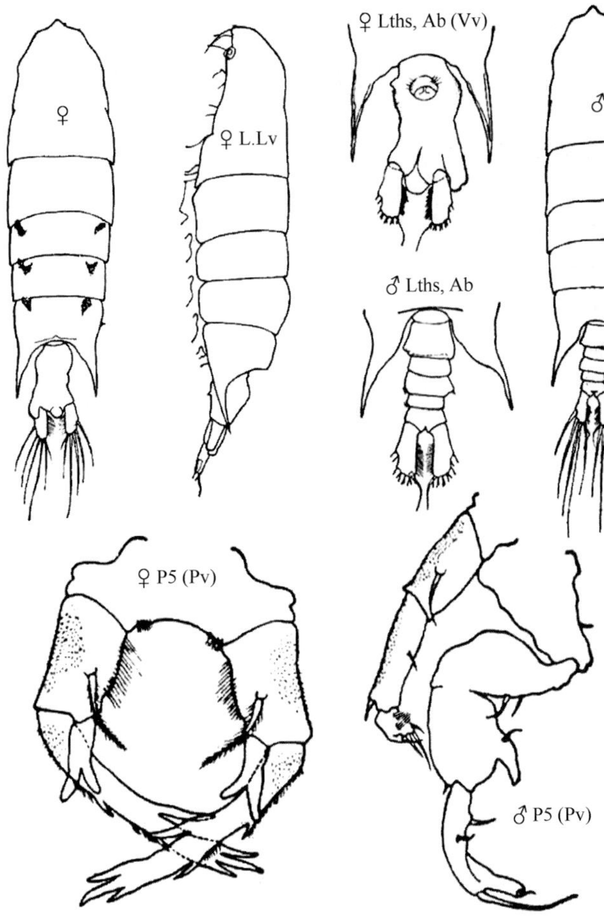

图 441 粗毛简角水蚤 *Pontellopsis villosa*（仿郑重等，1982）

（441）粗毛简角水蚤 *Pontellopsis villosa* Brady，1883（图 441）

［*Monops villosa* Giesbrecht，1892］

形态特征：

体长：♀2.0~2.8 mm，♂2.1~2.5 mm。头胸部呈长椭圆形。胸部后侧角刺突狭长而近对称，雌性后侧角刺可达生殖节末端，雄性可达肛节。**雌性：**腹部仅单节而不对称，表面具密细毛，两侧近端稍隆起，左侧末缘具 1 指状突，可达尾叉中部，背末缘中部具 1 半圆形突起，腹面观，本节的右侧近端也具 1 小齿突。尾叉较狭长而近对称。第 5 对胸足双肢型且近对称，表面具密细毛；外肢狭长，外缘具 2 小刺，内缘中部常具 1 长粗刺（个别标本具 2 刺），末端具 3 不等长的末刺，以中刺较长；内肢短小，末端分 2 叉。**雄性：**腹部分 5 节，第 3 节右侧缘具 1 小突起。尾叉近对称。第 5 对胸足单肢型且不对称，左足外肢第 3 节狭长并具 1 小外末刺，末节短小，近端内缘及背面具细毛，外末部具 1 小刺毛，末端具 3 不等长的末刺，以中刺最长；右足第 3 节宽大，外缘中部指状突粗短，其基部具 1 小刺，末节狭长而弯曲，外缘基部具 2 小刺，内缘近末部具 1 细长刺毛，节的末部呈指状，末端具 1 小刺毛，末节与前节形成钳状。

分布：东海至南海；太平洋，印度洋及大西洋。热带种。

参考文献：1，5，6，13，16，23~25，44，46，51，82，97，106，158，185，217。

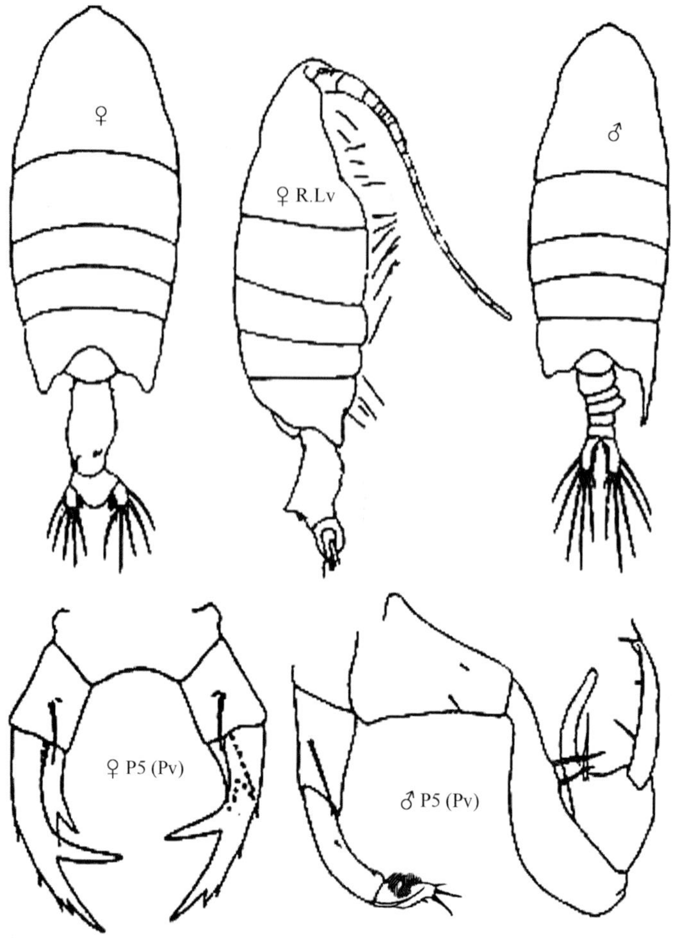

图 442 钝简角水蚤 *Pontellopsis yamadae*（仿陈清潮，章淑珍，1965）

（442）钝简角水蚤 *Pontellopsis yamadae* Mori，1937（图 442）

形态特征：

体长： ♀2.2~2.9 mm，♂2.1~2.5 mm。**雌性：** 头胸部呈卵圆形。胸部后侧角粗短而钝，近对称。腹部分 2 节，生殖节长大而不对称，基部两侧各具 1 小齿突，背面近末缘两侧也具 2 不等长小刺突，左侧刺较长；肛节宽短，背末缘中部具 1 半圆形大突起。尾叉宽短，近对称。第 5 对胸足双肢型，稍不对称，内肢短小，末端分 2 叉；外肢长大，外缘具 4 小外缘刺，外肢内缘中部粗刺突存在个体差异，右足内缘中部仅具 1 粗刺突，左足内缘具 1~2 粗刺突。**雄性：** 胸部后侧角不对称，左侧角短钝，右侧角为狭长的刺突，可达第 4 腹节。腹部分 5 节，第 1 节右侧缘具 1~2 小刺，第 2~3 节右侧缘均具密生细毛的小瘤状突。尾叉较狭长而对称，长约为宽的 2 倍。第 5 对胸足单肢型且不对称，左足第 3 节狭长并具 1 细长的外末刺，末节短小，内缘及表面具细刺毛，外缘具 1 小刺，末端具 2~3 小刺；右足末 2 节呈螯状，第 3 节宽短，外缘基部具 1 稍弯曲的指状突，其内缘基部具 1 细刺毛，末节为狭长的粗刺突，其外缘和顶端各具 2 小刺。

分布： 渤海至南海；太平洋，印度洋。暖水沿岸种。

参考文献： 1，5，6，13，20，24，28，31~33，44，46，82，106，118，185。

25. 伪剑水蚤科 Family Pseudocyclopidae Giesbrecht, 1893

本科为沿岸近底层性小型桡足类(体长不超过 1.0 mm)，头胸部呈卵圆形，腹部较粗短，头部与第 1 胸节分开或愈合，第 4、5 胸节分开或愈合。雌性腹部分 4 节，雄性分 5 节。肛节短小，常被前 1 腹节所覆盖。额角为尖锐的单刺突。第 1 触角粗短，仅达头部或第 1 胸节末端。雄性右第 1 触角呈执握肢。第 1~4 对胸足内、外肢均分 3 节。雌性第 5 对胸足对称，外肢分 3 节，内肢分 1~3 节。雄性第 5 对胸足不对称，第 1、2 基节分开或愈合，外肢分 1~2 节，内肢仅 1 节，结构复杂，左足外肢末节常具片状突，内肢具 5 刚毛；右足外肢末节常具 2~3 粗大而弯曲的爪状刺突及 2~3 附属物，内肢呈叶状或钩状。

本科仅有 1 属，已知约 33 种。中国海域仅记录 3 种。

属名 Genera	种数	页码
伪剑水蚤属 *Pseudocyclops* Brady, 1872	3	502

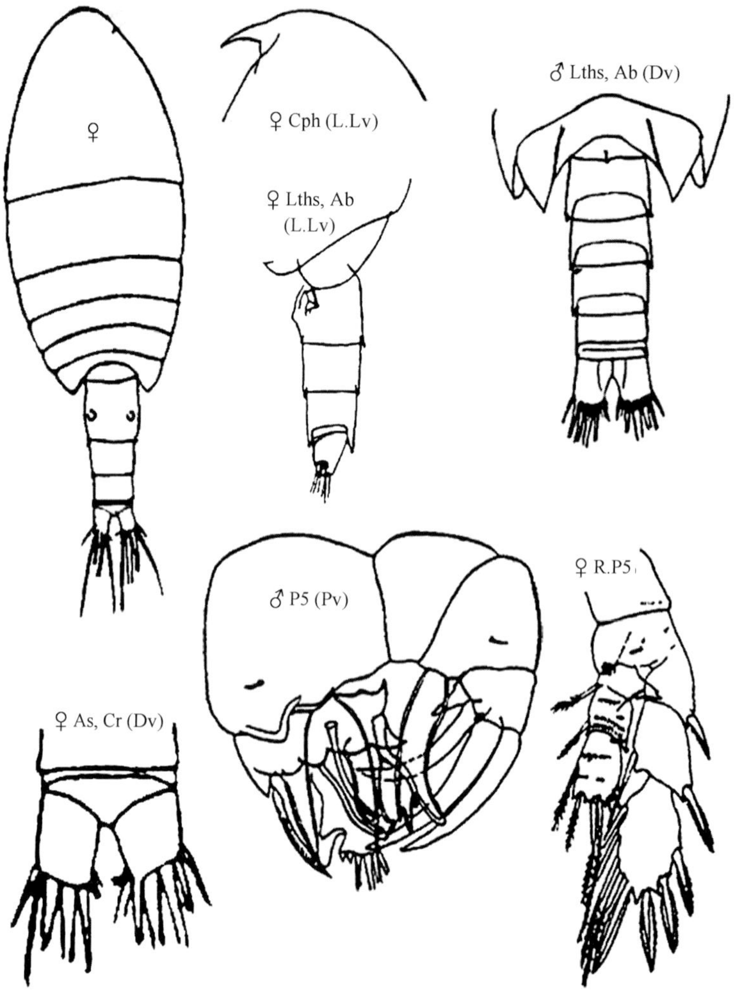

图 443 澳洲伪剑水蚤 *Pseudocyclops australis*（仿 Tanaka，1966a）

（443）澳洲伪剑水蚤 *Pseudocyclops australis* Nicholls，1944（图 443）

形态特征：

体长： ♀0.8 mm，♂0.7 mm。**雌性：** 头胸部卵圆形。头部与第 1 胸节分开，第 4、5 胸节也分开。胸部后侧角钝圆。额角粗大而尖锐。腹部分 4 节，生殖节近方形，其腹面稍突出。第 1 触角 18 节，向后达不到头部末端。第 5 对胸足内、外肢均分 3 节，内肢第 1 节外缘突出呈粗刺突，顶端稍分叉，第 2、3 节表面具密细刺毛，末节顶端宽平，具 2 内缘刚毛和 2 末长刚毛；外肢末节长大，具 3 叶状外缘刺和 1 内末刺。**雄性：** 背面观，第 4、5 胸节后缘呈刺状。腹部分 5 节。右第 1 触角呈执握肢，分 18 节，第 16 节前末缘具 1 长刺突。第 5 对胸足不对称，左足第 1、2 基节愈合，右足分开；左足外肢单节，结构复杂，具 1 粗大外缘刺、1 大突起及 2 爪状突，内肢粗大仅 1 节，末端具 4 刚毛及 2 小刺突；右足外肢短小，仅 1 节，末缘具 3 粗大爪状刺和 1 短内刺，内肢单节而狭长，末端具 3 不等长的刺突。

分布： 东海；日本九州西北部沿海，太平洋。沿岸近底层性种。

参考文献： 44，188。

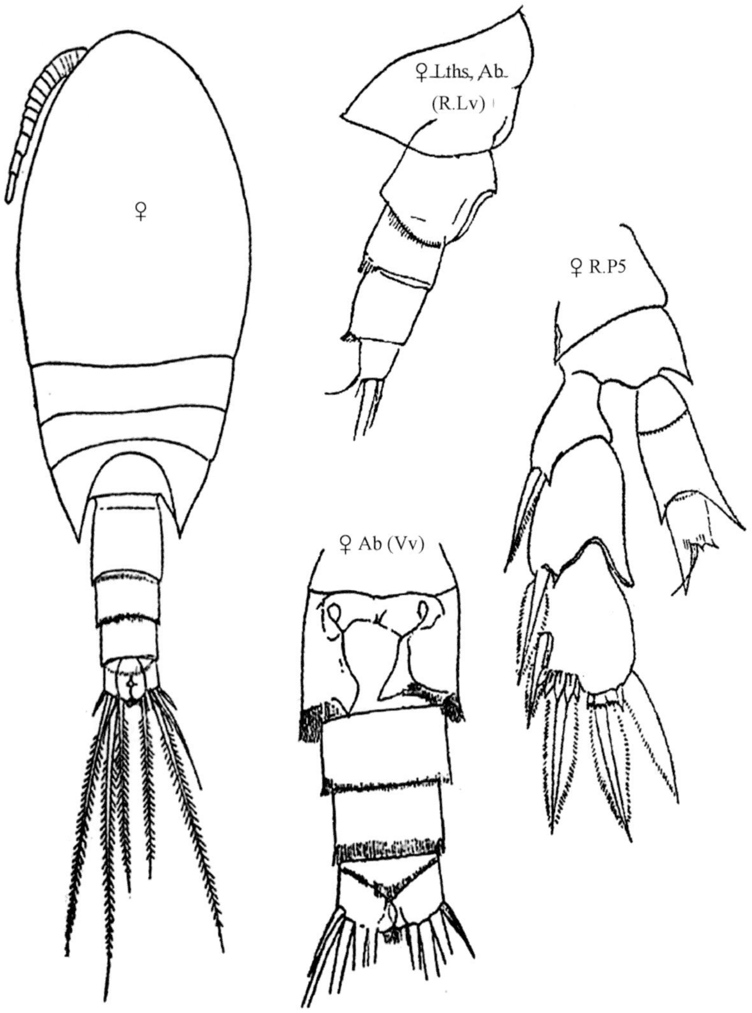

图 444 隐伪剑水蚤 *Pseudocyclops latens*（仿 Gurney，1927）

（444）隐伪剑水蚤［隐伪剑小水蚤］*Pseudocyclops latens* Gurney，1927（图 444）

形态特征：

体长：♀0. 6 mm。**雌性：**头胸部卵圆形。头部与第 1 胸节愈合，第 4、5 胸节也愈合。胸部后侧角突出，背面观尖锐，侧面观宽圆。腹部分 4 节，第 1～3 节末缘均具细刺毛，生殖节近方形，其腹面具 1 对生殖孔，近后缘具 1 对尖的片状突；肛节很短小，并与尾叉部分愈合。尾叉宽短，左、右叉内末缘各具 1 半圆形片状突，其末部相重叠。第 5 对胸足内、外肢均分 3 节，对称，第 2 基节内末角尖锐，外肢粗大，内缘无刚毛，第 2 节内末角具 1 粗指状突，末节具 3 粗大叶状刺及 1 内末刺，其中第 2、3 叶状刺基部各具 1 列特殊的小片状突；内肢短小，内、外缘均无刚毛，第 2 节内末角具 1 长刺突，可达末节顶端，末节短小，外末角具 1 长刺突，约与末节等长，节的末端中部具 1 细刺毛，内末角具 2 小刺突。

分布：台湾海峡，厦门湾海域；印度洋。沿岸近底层性种。

参考文献：36，102。

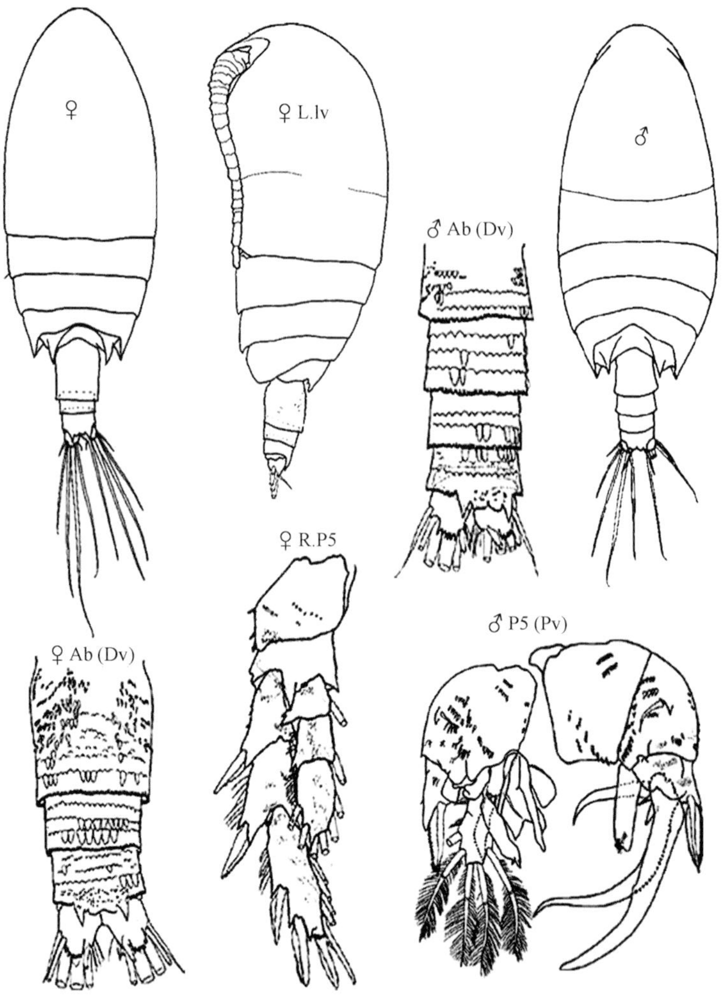

图 445 鳞伪剑水蚤 *Pseudocyclops lepidotus*（仿 Barr & Ohtsuka，1989）

（445）鳞伪剑水蚤 *Pseudocyclops lepidotus* Barr & Ohtsuka，1989（图 445）

形态特征：

体长：♀0. 9 mm，♂0. 7 mm。**雌性：**头胸部呈卵圆形。头部与第 1 胸节不完全愈合，前额向腹面突出形成 1 尖的额角刺。第 4、5 胸节分开，背面观第 4、5 胸节后侧缘均呈刺状；侧面观，第 5 胸节背末刺内侧基部具 1 小刺毛。腹部分 4 节，其表面均覆盖许多横向排列的鳞片状物；第 3 节覆盖在肛节之上，其背末缘具 1 对尖刺突，可达到尾叉中部，突起之间具细锯齿。尾叉粗短，背末缘呈锯齿状。第 5 对胸足内、外肢均分 3 节，外肢末节具 2 外缘刺、1 末刺及 1 内末刺；内肢第 1、2 节外侧末缘突出呈叉状突。**雄性：**头胸部与雌性相似，腹部分 5 节，表面覆盖鳞片状物，其肛节和尾叉均与雌性相似。右第 1 触角呈执握肢。第 5 对胸足双肢型且不对称，左足第 1、2 基节愈合，右足分开；左足外肢分 2 节，第 1 节外末缘具 1 粗刺突，第 2 节具形状各异的 4 叶状突，内肢粗大，仅 1 节并具 5 羽状刚毛；右足外肢仅 1 节，外末角具 1 叶状刺，内末部具 3 弯曲大刺突及 2 小刺，内肢 1 节，细长呈棒状，末部具细刺毛。

分布：东海；日本九州西部沿海，太平洋。沿岸近底层性种。

参考文献：44，69。

26. 伪镖水蚤科 Family Pseudodiaptomidae Sars, 1902

本科为中型、小型桡足类(体长1~2 mm),头胸部呈椭圆形,前额宽圆或狭尖,腹部狭长,头部与第1胸节分开或愈合,第4、5胸节愈合。胸部后侧角钝圆或尖锐。雌性腹部分4节,生殖节常不对称,腹面突出,常具刺突。雄性腹部分5节。尾叉较狭长,具6刚毛。雌性第1触角分20~25节,雄性右第1触角呈执握肢。第1~4对胸足内、外肢均分3节。雌性第5对胸足大多为单肢型,对称,分4~5节(仅 *Achidiaptomus* 属具1节的内肢)。雄性第5对胸足不对称,双肢型或单肢型,其外肢分2~3节,内肢1节或不存在。

本科大多数为沿岸低盐种,少数为咸淡水种,广泛分布于热带、亚热带和温带海域的沿岸、内湾、河口及淡水水域。Walter(1986, 1989)及 Boxshall 和 Halsey(2004)等已把本科中的许水蚤属(*Schmackeria* Poppe & Richard, 1890)合并入伪镖水蚤属(*Pseudodiaptomus* Herrick, 1884)之中,现在本科仅包括3属(75种):*Achidiaptomus* Madhupratap & Haridas, 1978(1种)、*Calanipeda* Krichagin, 1873(1种)及 *Pseudodiaptomus* Herrick, 1884(73种)。中国海域仅记录1属26种。

属名 Genera	种数	页码
伪镖水蚤属 *Pseudodiaptomus* Herrick, 1884	26	506

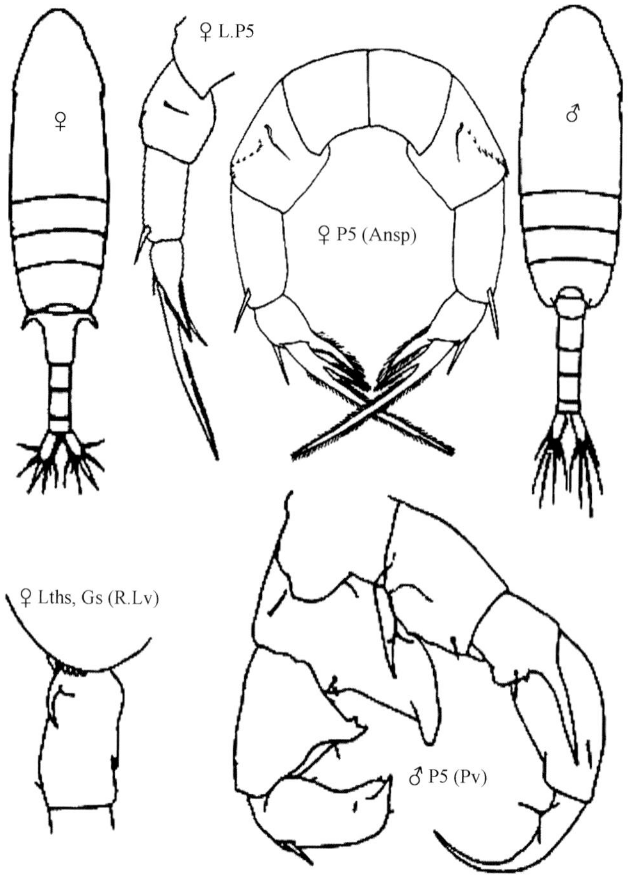

图 446　安氏伪镖水蚤 *Pseudodiaptomus annandalei*
[仿陈清潮等, 1965（♀; ♂）; Walter, 1987（♀P5, Ansp）]

（446）安氏伪镖水蚤 *Pseudodiaptomus annandalei* Sewell, 1919（图 446）

[双齿许水蚤 *Schmackeria dubia*（Kiefer, 1936）: 陈清潮等, 1965; 沈嘉瑞等, 1979; 连光山等, 1994, 2006, 2008; *Pseudodiaptomus dubia* Kiefer, 1936]

形态特征:

体长: ♀1.1～1.3 mm, ♂1.0～1.1 mm。**雌性:** 头部与第 1 胸节愈合。胸部后侧角钝圆，末缘均具 1 列小齿。腹部生殖节基部两侧各具 1 钩状刺突，腹面生殖孔后缘具 1 倒钩刺。尾叉长约为宽的 2.5 倍，外侧第 3 尾刚毛基部膨大。第 5 对胸足单肢型且对称，第 3 节长大并具 1 外末刺，第 4 节宽短，内末角延伸为羽状粗刺，外末缘也具 1 小刺，末节狭长呈刺状，其长度约为前节长的 4 倍，其内缘基部也具 1 小刺。**雄性:** 胸部后侧角钝圆，背末缘具 1 对小刺突。尾刚毛较长，基部不膨大。第 5 对胸足不对称，左足无内肢，第 2 节内缘突起很宽大，顶端钝尖呈喙状，第 3 节内缘具三角形突起，顶端具 2 小齿突，末节近长方形，外缘近端具 1 刺，内末缘具 1 小齿突；右足第 2 基节内缘具 1 粗刺状的内肢，近末端具 1 小刺毛，外肢第 1 节外末刺长达下 1 节近末端，内缘突出并具 1 刺毛，第 2 节粗大，末节狭长而弯曲呈爪状，其内缘基部隆起并具 1 小刺。

分布: 东海至南海；西太平洋，印度洋。咸淡水种。

参考文献: 12, 13, 24, 32, 36, 37, 44, 48, 80, 210。

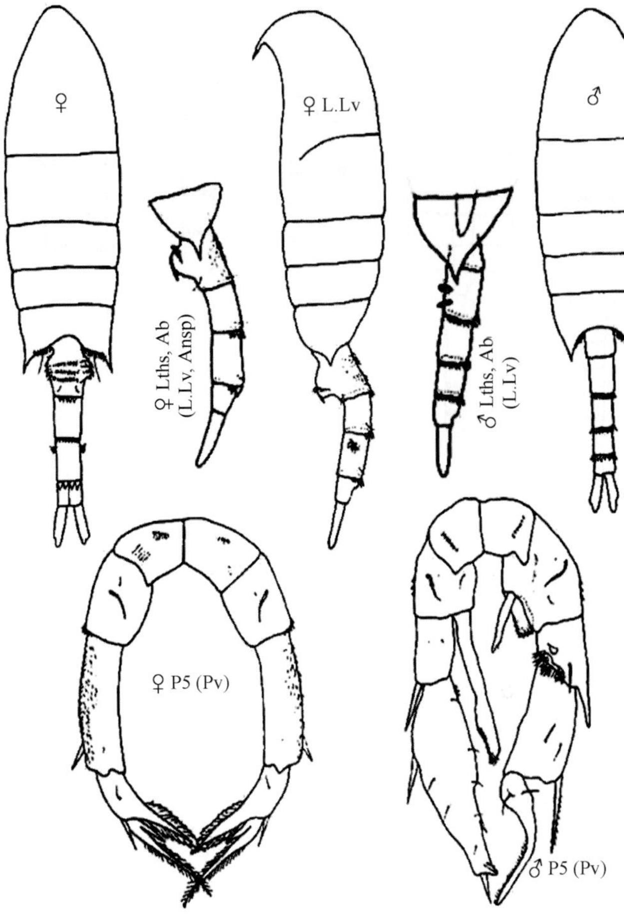

图 447 阿拉伯伪镖水蚤 *Pseudodiaptomus arabicus*（仿 Walter，1998）

（447）阿拉伯伪镖水蚤 *Pseudodiaptomus arabicus* Walter，1998（图 447）

形态特征：

体长：♀1.4~1.5 mm，♂1.3~1.4 mm。头部与第 1 胸节分开。胸部后侧角刺突较狭长。**雌性：**腹部生殖节不对称，右侧显著隆起并密布细刺毛，背面也具 3 列细毛及 2 末缘小刚毛，腹面生殖突膨大并具小钩刺，第 1~3 腹节背末缘具小锯齿列。第 5 对胸足单肢型且对称，第 2 节外末缘具 5~8 细刺，第 3 节外侧表面具细刺毛及 1 外末刺，第 4 节内末角延伸为带锯齿的叶状刺，外末缘具 1 小刺，末节细长呈刺状，其内缘基部具 1 小刺突。**雄性：**第 2~4 腹节末缘具小齿列。第 5 对胸足不对称，左足外肢第 1 节外末刺仅达末节近端 1/4 处，末节粗大，中后部渐狭，末端截平并具 1 末刺，内末角突出，外缘中部具 1 外缘刺，内肢狭长呈棒状，可达外肢末节中部，其末部较粗大而稍弯曲，并具细毛；右足外肢第 1 节外末刺粗短，仅为第 2 节长的 1/3，第 2 节外末刺细长，可达末节中部，末节弯曲呈爪状，基部膨大，内、外缘各具 1 小刺，内肢短小并分 2 叉，内叉呈刺状，外叉粗短，顶端钝圆并具细刺毛。

分布：渤海至南海；西太平洋，印度洋。沿岸种。

参考文献：24，44，212。

注：本种的形态特征与海洋伪镖水蚤（*P. marinus* Sato，1913）较近似，但仍有明显的差异，根据雌性腹部（♀Ab）及雌、雄性第 5 对胸足（♀P5，♂P5）即可区分开。

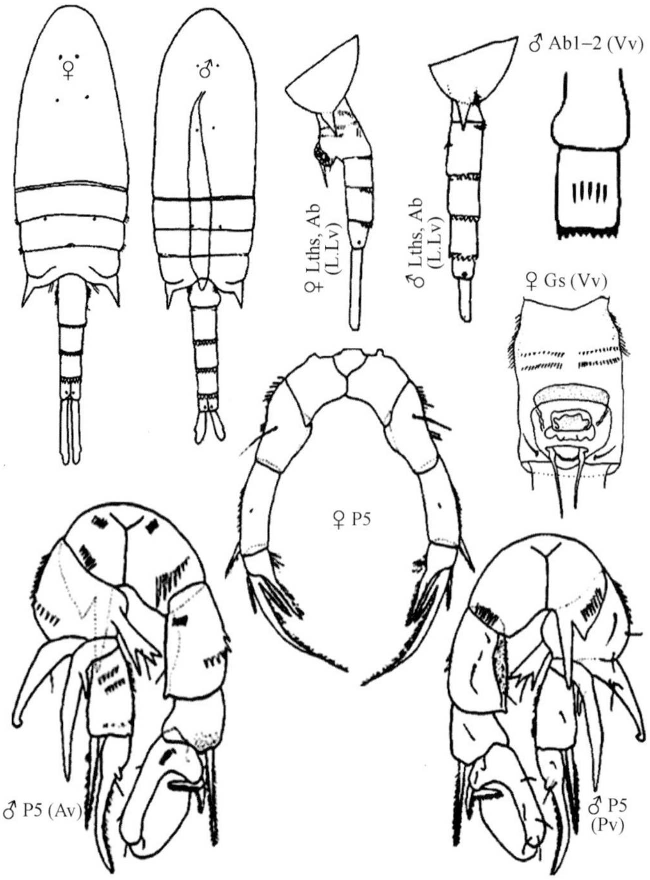

图 448　奥氏伪镖水蚤 *Pseudodiaptomus aurivilli*（仿 Walter，1984）

（448）奥氏伪镖水蚤 *Pseudodiaptomus aurivilli* Cleve，1901（图 448）

形态特征：

体长：♀1.2~1.3 mm，♂0.9~1.0 mm。头部与第 1 胸节愈合，第 4、5 胸节不完全愈合。头胸部背面具 3 对小皮孔，肛节背末缘也具 1 对皮孔。**雌性：**第 2、3 胸节侧末缘均具细毛丛。胸部后侧角长达生殖节中部。生殖节基部两侧具细毛，腹面生殖突膨大，其后缘具 1 对长刺突。尾叉长为宽的 7 倍。第 5 对胸足单肢型且对称，第 1 节内末角尖，第 2 节内、外缘基部较膨大，第 3 节外缘具细刺毛及 1 外末刺，第 4 节内缘基部具 1 丛细毛，内末角延伸为粗刺突，外末角具 1 小刺，末节细长呈刺状，其内缘基部另具 1 小刺。**雄性：**生殖节右侧较突出，第 2 腹节腹面具 1 列小刺。第 5 对胸足不对称，左足单肢型，第 2 节内末角尖锐并具 1 小刺毛，第 3 节具 1 羽状长外末刺，末节呈卵圆形，表面具 6 小刺毛，外缘近端具 2 羽状粗刺；右足双肢型，第 1 基节内缘具 2 刺突，中刺突长大，可达外肢第 2 节基部，末刺突呈三角形，第 2 基节具 1 粗大外末刺，其末端弯曲呈小钩状，内肢短小，末端分三叉并具 1 小刺毛，外肢第 1 节很短并具 1 长大外末刺，其内缘基部也具 1 小刺，第 2 节具 1 羽状长外末刺，末节狭长呈爪状，基部粗大，内缘近端具 1 小突起及 1 小刺毛。

分布：南海；西太平洋，印度洋。沿岸种。

参考文献：24，44，58，208，213。

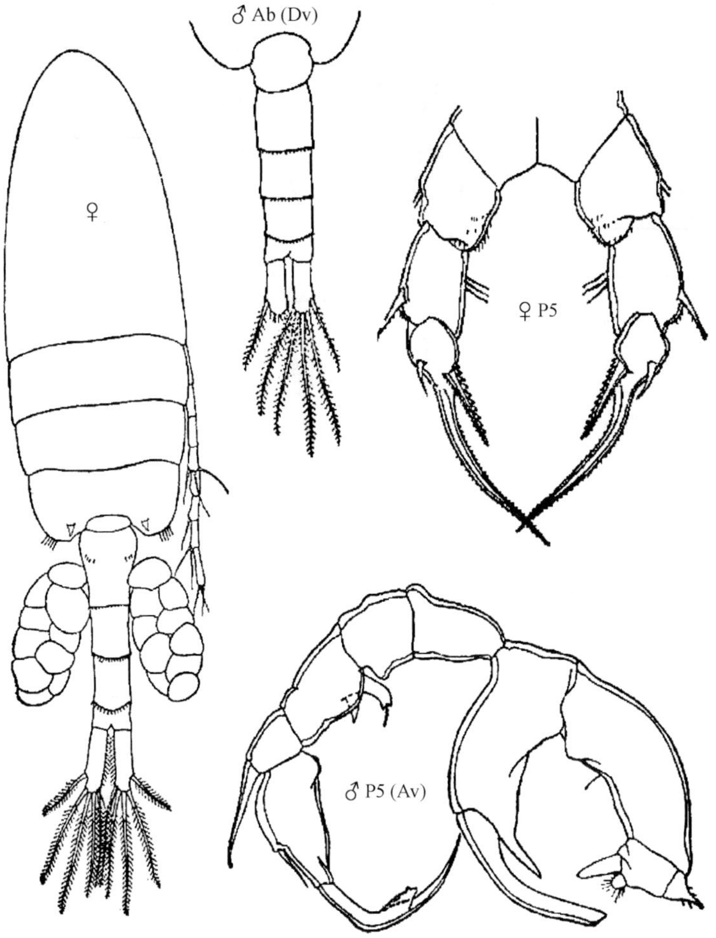

图 449 灯泡伪镖水蚤 *Pseudodiaptomus bulbosus*（仿沈嘉瑞等，1964，1979）

（449）灯泡伪镖水蚤 *Pseudodiaptomus bulbosus*（Shen & Tai，1964）（图 449）

［灯泡许水蚤 *Schmackeria bulbosa* Shen & Tai，1964］

形态特征：

体长：♀1.3 mm，♂0.9 mm。**雌性**：胸部后侧角钝圆并具 1 列细毛，其背末部具 1 三角形刺突。生殖节近基部背面两侧各具 1 列小刺，第 1~3 节背末缘均具细齿列。尾叉长约为宽的 3 倍。第 5 对胸足单肢型且对称，分 4 节，第 2 节外末缘具 2 小刺，内缘具细刺毛，第 3 节具 1 外末刺，内缘中部具 3 细刺毛，末节粗短，外缘刺细小，内末刺粗大，末刺细长呈爪状，为内刺长的 2 倍多。**雄性**：胸部后侧角钝圆。腹部第 2~4 节后缘具细齿列。第 5 对胸足不对称，左足第 2 节内缘突宽大，其末端具 1 镰刀状大突起及 1 小爪状刺，第 3 节内缘基部具 1 小钝突和 1 小刺毛，第 4 节宽短，外缘具 1 三角形刺突，末端具 1 密生细毛的灯泡状突起，内末缘具 1 粗指状突，与前节形成螯状；右足第 2 基节内缘近端具 1 小棒状内肢，其末端具 1 小刺毛，基部下方另具 1 角状突，外肢第 1 节短小，并具 1 长外末刺，第 2 节内基角隆起，节的外缘中部具 1 细刺毛，末节为狭长的钩状刺，其内缘中部具 1 小突起。

分布：南海北部；西太平洋。咸淡水种。

参考文献：12，14，24，44。

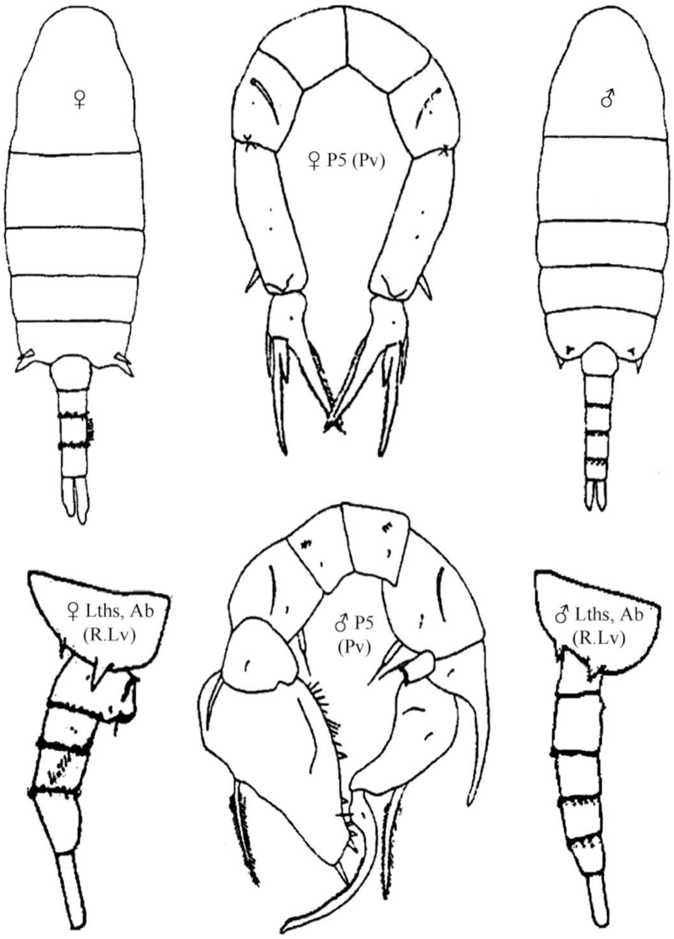

图 450 波氏伪镖水蚤 *Pseudodiaptomus burckhardti*（仿 Walter，1986）

（450）波氏伪镖水蚤 *Pseudodiaptomus burckhardti* Sewell，1932（图 450）

形态特征：

体长：♀1.47～1.53 mm，♂1.1～1.2 mm。前额宽圆。头部与第 1 胸节分开。**雌性：**胸部后侧角呈翼状，其基部背面各具 1 小刺突。生殖节较宽短，第 3 腹节右侧缘具 1 列细刺毛，肛节与生殖节近等长。尾叉不对称，右叉长为宽的 4.5 倍，明显长于左叉。第 5 对胸足单肢型且对称，第 2 节背末缘及第 3 节近端各具 1 小突起，第 3 节背末缘也具 1 较大瘤状突，外末角具 1 小刺，第 4 节具 1 小外末刺，内末角延伸为长大的叶状刺，与末节等长，末节细长呈刺状，其内缘基部具 1 小刺突。**雄性：**胸部后侧角较短小，其背末缘也具 1 小刺突。生殖节宽短，右侧较膨大，第 2 节腹面近端具 1 小突起。尾叉长为宽的 3 倍。第 5 对胸足不对称，左、右足第 2 基节内缘各具 1 小指状内肢，顶端具 1 小刺毛；左足外肢第 1 节具 1 外末刺，内缘突出呈瘤状，末节粗大呈锥形，外缘中部具 1 羽状刚毛，内缘近端具细毛，内末部具 4 小刺突，顶端具 1 小末刺；右足外肢第 1 节具 1 长大外末刺和 1 粗短内突，其末端平并具细刺毛及 1 长刺毛，第 2 节内缘凹陷，近外末缘具 1 羽状长刺，末节狭长并弯曲呈镰刀状，内缘基部隆起并具 2 小刺毛。

分布：南海；西太平洋，印度洋。沿岸种。

参考文献：24，44，159，209。

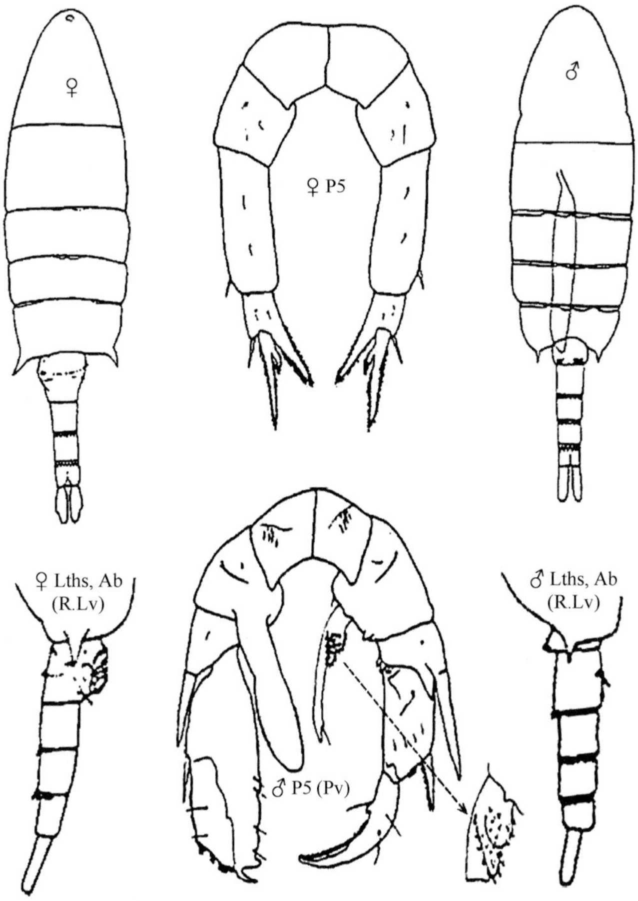

图 451　卡斯伪镖水蚤 *Pseudodiaptomus caritus*（仿 Walter，1986）

（451）卡斯伪镖水蚤 *Pseudodiaptomus caritus* Walter，1986（图 451）

形态特征：

体长：♀1.2～1.3 mm，♂1.0～1.1 mm。头部与第 1 胸节分开，前额较狭而钝圆。**雌性：**胸部后侧角尖锐而不对称，左侧角较长大。生殖节左侧较膨大并具细刺毛，背面也具 2 列细刺毛，其末缘无小刺列，仅第 2～3 腹节背末缘具小刺列。尾叉长为宽的 3 倍。第 5 对胸足单肢型且对称，第 1 节内末角呈钝三角形，第 3 节具 1 小外末刺，第 4 节也具 1 小外末刺，内末角延伸为带细锯齿的粗刺突，末节呈刺状，其内缘基部具 1 小刺突。**雄性：**胸部后侧角较尖小。第 1～4 腹节背末缘均具小刺列，第 2 节腹面也具小刺列。第 5 对胸足双肢型且不对称，第 1 基节内末缘具三角形钝突，左足内肢粗大呈抹刀形，长达外肢末节中部，外肢第 1 节短小，具 1 长外末刺，第 2 节长大呈椭圆形，内缘及表面具 6 小刺毛，外缘中部具 1 小外缘刺，外末缘具细毛丛，末端具 1 小钩刺，内末角具 1 小突起；右足内肢狭长，末端尖并具小缺刻和小刺毛，其内缘基部具 1 带微刺的叉状突，外肢第 1 节具长大的外末刺，其内缘基部具 1 三角形刺突，节的内末缘具细齿，第 2 节基部表面具 1 瘤状突及 1 细刺毛，外末缘具 1 粗刺，末节狭长呈镰刀状，表面具 2 小刺毛，内缘近端具 1 小突起及 1 小刺毛。

分布：南海；西太平洋。沿岸种。

参考文献：44，209。

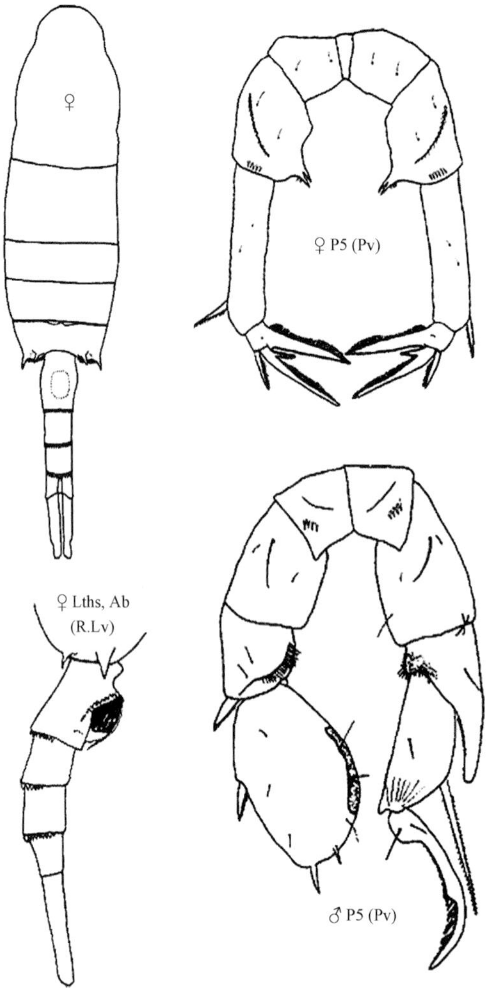

图 452 克氏伪镖水蚤 *Pseudodiaptomus clevei*（仿 Walter，1987）

（452）克氏伪镖水蚤 *Pseudodiaptomus clevei* A. Scott，1909（图 452）

形态特征：

体长：♀1.8~2.2 mm，♂1.5~1.8 mm。头部前端两侧缢缩，前额较宽圆。胸部后侧角短小而尖锐。**雌性：**胸部后侧角背面具 1 对小背刺。生殖节腹面具暗黑色生殖突，生殖孔后缘具 1 对小刺突。尾叉长为宽的 6 倍。第 5 对胸足单肢型且对称，第 2 节粗大，背末缘具 4~5 小刺，其内末角突出呈叉状刺突，第 3 节狭长并具 1 小外末刺，第 4 节为羽状长刺突，与刺状的末节等长，其外末角具 1 小刺，末节狭长呈刺状，其内缘基部另具 1 小刺突。**雄性：**尾叉长为宽的 5 倍。第 5 对胸足单肢型且不对称，左足第 3 节具 1 粗短外末刺，近内缘表面具 1 列细毛，末节粗大呈卵圆形，外缘刺粗短，节的末端具 2 不等长的小末刺，节的内缘及表面具 6 小刺毛；右足第 3 节内末缘突出呈瘤状，密生细刺毛，外末角延伸为锥状粗刺突，第 4 节外缘具 1 长羽状刺，第 5 节狭长，末部较细而弯曲呈镰刀状，内缘具细刺毛，基部呈球状并具 2 细刺毛。

分布：南海；西太平洋，印度洋。沿岸种。

参考文献：44，158，209，210。

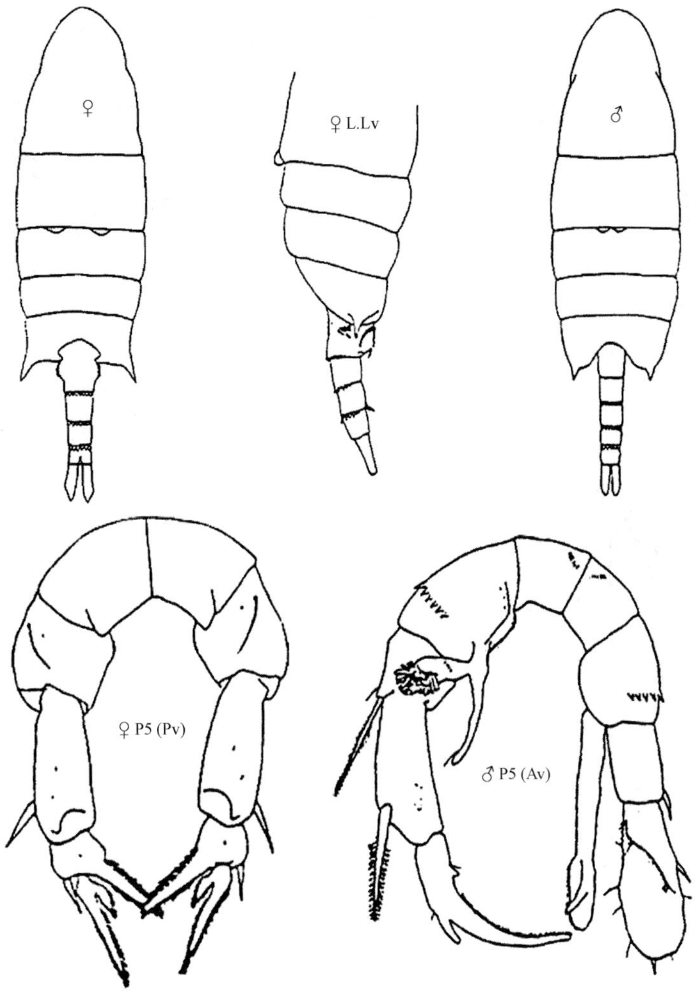

图 453 指突伪镖水蚤 *Pseudodiaptomus diadelus*（仿 Walter，1986）

（453）指突伪镖水蚤 *Pseudodiaptomus diadelus* Walter，1986（图 453）

形态特征：

体长：♀1.4~1.6 mm，♂1.0~1.3 mm。**雌性：**第 1 胸节背末缘具 1 对小背突。胸部后侧角刺突呈翼状，对称。生殖节两侧膨大并具细刺毛，腹面生殖突具 1 对小刺突。尾叉长为宽的 4 倍。第 5 对胸足第 1 节内末角具钝突，第 2 节宽短，其内基角突出而钝圆，第 3 节具 1 小外末刺，第 4 节内末角具 1 羽状长刺突，与末节近等长，外末角具 1 小刺，末节狭长呈刺状，其内缘基部具 1 小刺突。**雄性：**第 1 胸节也具 1 对小背突。胸部后侧角尖小。尾叉长为宽的 3.5 倍。第 5 对胸足双肢型且不对称，左足内肢狭长，末端粗大呈棒槌状，其表面具 1 小指状突，外肢第 1 节具 1 小外末刺，末节呈长椭圆形并具 1 小外缘刺和 1 小末刺，节的内缘及后表面具些小刺毛；右足外肢第 1 节表面覆盖许多鳞片状附属物，外末角具 1 长羽状刺，第 2 节长大，外末缘也具 1 羽状刺，末节狭长呈镰刀状，其外缘中部具 1 小指状突及 1 小刺毛，内缘近端也具 1 小齿突及 1 小刺毛，右足内肢分 2 叉，其内叉狭长呈棒状，顶端具 1 小刺毛，外叉粗短并在内缘具 1 小突起。

分布：南海；西太平洋。沿岸种。

参考文献：44，209。

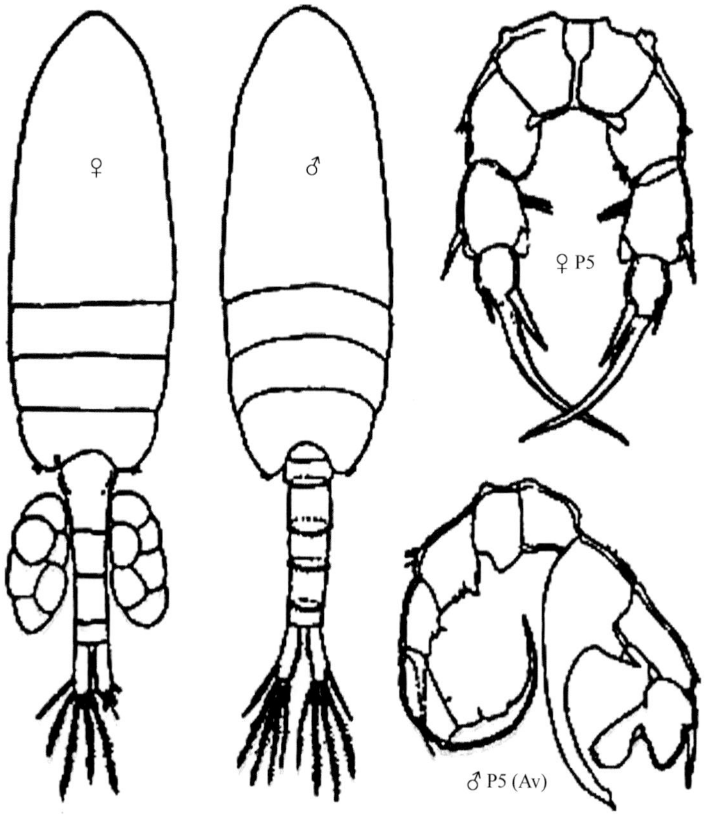

图 454 球状伪镖水蚤 *Pseudodiaptomus forbesi*（仿沈嘉瑞等，1979）

（454）球状伪镖水蚤 *Pseudodiaptomus forbesi*（Poppe & Richard，1890）（图 454）

［球状许水蚤 *Schmackeria forbesi* Poppe & Richard，1890；沈嘉瑞等，1962，1963，1979；连光山等，1994，2006，2008］

形态特征：

体长：♀1.2~1.4 mm，♂1.1~1.2 mm。头部与第 1 胸节愈合，胸部后侧角宽圆，并具 1 列小刺毛。尾叉长为宽的 3 倍。**雌性：**末胸节近背末缘具 1 对小刺突，后缘各具 1 小片状突。生殖节基部较膨大并具细刺毛。第 5 对胸足单肢型且对称，第 3 节粗短，与第 2 节近等长，其内末角具 1 钝突，内缘中部约具 3 细刺毛，外末缘具 1 粗刺；第 4 节短小，具 1 小外缘刺，内末角具 1 粗刺；末节为狭长而弯曲的长刺，其内侧基部也具 1 小刺。**雄性：**胸部背末缘无小刺突。腹部生殖节宽短，左侧缘具 1 小突起。第 5 对胸足单肢型且不对称，左足第 2 节外缘具小刺列，内缘具 1 镰刀状长刺突，末端尖，外缘基部具 1 锥状刺突，末节粗短，末端钝三角形，外缘中部具 1 粗刺，内缘中部伸出 1 球状大突起；右足第 2 节内缘具 2 小突起，外末缘具细刺毛，第 3 节内缘也具 1 小突及 1 小刺毛，节末端具 1 长刺，第 4 节内、外缘各具 1 小刺毛，末节狭长，末部弯曲呈钩状刺，内缘近端具 2 小突起，其上各具 1 小刺毛。

分布：东海至南海；西太平洋。咸淡水种。

参考文献：10，12，24，36，37，44，60。

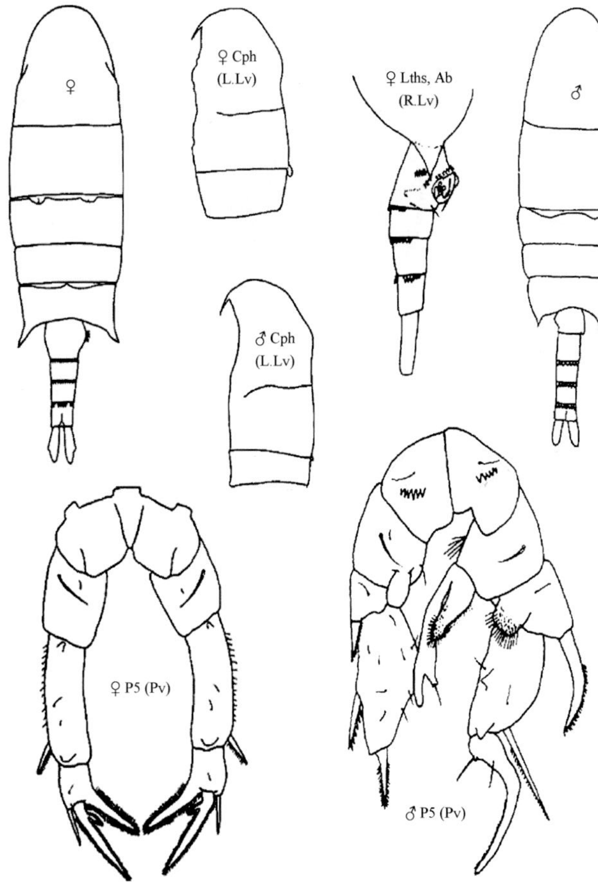

图 455　格氏伪镖水蚤 *Pseudodiaptomus galleti*（仿 Walter，1987）

（455）格氏伪镖水蚤 *Pseudodiaptomus galleti*（Rose，1957）（图 455）

[*Mazellina galleti* Rose，1957]

形态特征：

体长： ♀1.2~1.3 mm，♂1.0~1.1 mm。头部与第 1 胸节分开。头部背面显著隆起呈瘤状。第 1 胸节背末缘具 1 对瘤状突。胸部后侧角尖锐。**雌性：** 胸部后侧角呈翼状，右侧角较粗大。腹部生殖节不对称，右侧缘膨大并具细刺毛，生殖突也具 1 对小刺，第 3 节背末缘中部仅具 4 小刺。尾叉长约为宽的 3.5 倍。第 5 对胸足单肢型而对称，第 3 节长大，外缘具细刺毛，近端及末端表面各具 1 小突起，外末角具 1 刺；第 4 节具 1 外末刺，内末角延伸为羽状粗刺突；末节为粗刺突，其内缘基部也具 1 小刺突。**雄性：** 胸部后侧角较短小。腹部生殖节左侧较膨大，右侧末缘较突出。尾叉长为宽的 2.5 倍。第 5 对胸足不对称，左足第 2 基节内末角具 1 退化内肢，呈卵圆形，外肢第 1 节短小，具 1 粗短外末刺，末节粗大，外缘中部和末端各具 1 粗刺，表面具 9 小刺毛；右足第 2 基节内缘基部具细毛，中部具 1 分叉的内肢，外叉粗短呈指状，末部具细毛，内叉狭长，末端又分不等长的 2 叉，短叉的顶端具 1 小刺毛，外肢第 1 节内缘基部具 1 密生细毛的大瘤状突，外末角具 1 弯曲的粗刺，第 2 节内缘中部及末部表面各具 1 小突起，外末缘具 1 长刺，末节呈镰刀状，内缘基部具 1 小瘤状突和 2 小刺毛。

分布： 东海，南海；西太平洋。沿岸种。

参考文献： 44，82，209，210。

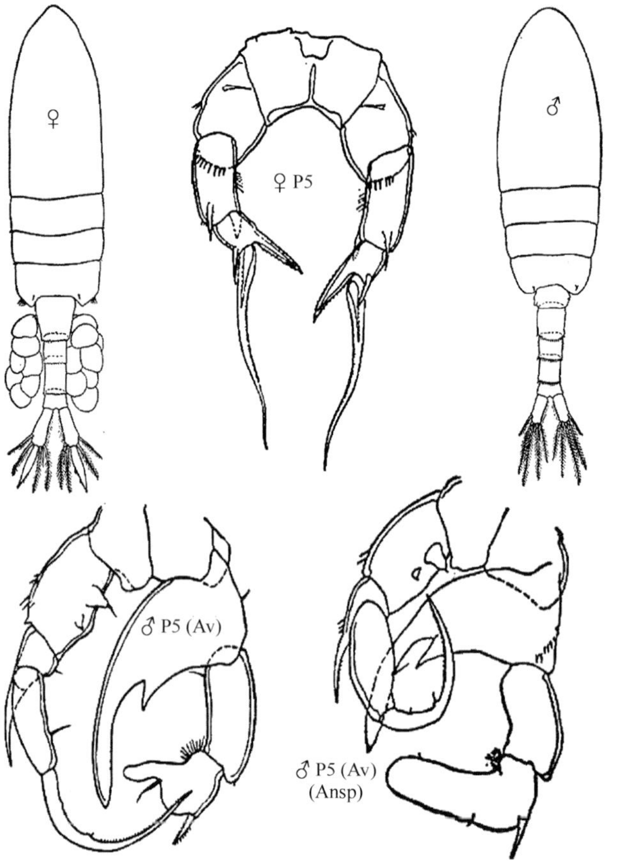

图 456 指状伪镖水蚤 *Pseudodiaptomus inopinus*（仿沈嘉瑞等，1979）

（456）指状伪镖水蚤 *Pseudodiaptomus inopinus* Burckhardt，1913（图 456）

［*Pseudodiaptomus japonicus* Kikuchi，1928；指状许水蚤 *Schmackeria inopinus*（Burckhardt，1913）：沈嘉瑞等，1963；陈清潮等，1965；连光山等，1978，1994，2008］

形态特征：

体长：♀1. 3~1. 5 mm，♂1. 2~1. 4 mm。**雌性：**头部与第 1 胸节愈合，胸部后侧角稍突出，后侧缘约具 5 小刺毛，背末缘具 1 对小刺突。腹部生殖节基部较宽大。尾叉长约为宽的 3 倍，居中 1 根尾刚毛显著膨大。第 5 对胸足单肢型且对称，第 3 节具 1 外末刺，内末角具 1 钝刺突，第 4 节内末角具 1 粗刺突，外末缘具 1 小刺；末节细长呈刺状，其内缘基部也具 1 小刺。**雄性：**胸部后侧角钝圆且无小刺毛，仅背末缘具 1 对小刺突。尾刚毛正常而不膨大。第 5 对胸足单肢型且不对称，可分为 2 个型。标准型：左第 5 胸足第 2 节内缘镰刀状突起的内缘中部具 1 三角形锐刺，末节粗短，具 1 小外缘刺，内缘基部具细毛丛，中部伸出 1 指状突起；右第 5 胸足第 2 节内缘具 2 小突起，近端的突起较大，其顶端具 1 小刺毛，第 3 节具 1 长外末刺及 1 小内缘刺毛，第 4 节较狭长并且 1 小内缘刺毛，末节为细长而弯曲的钩状刺。袜型：左第 5 胸足末节长大并弯曲呈袜筒状，其余特征与标准型相似。

分布：渤海至南海；西太平洋。咸淡水种。

参考文献：10，12，13，24，28，31，37，44，48，82。

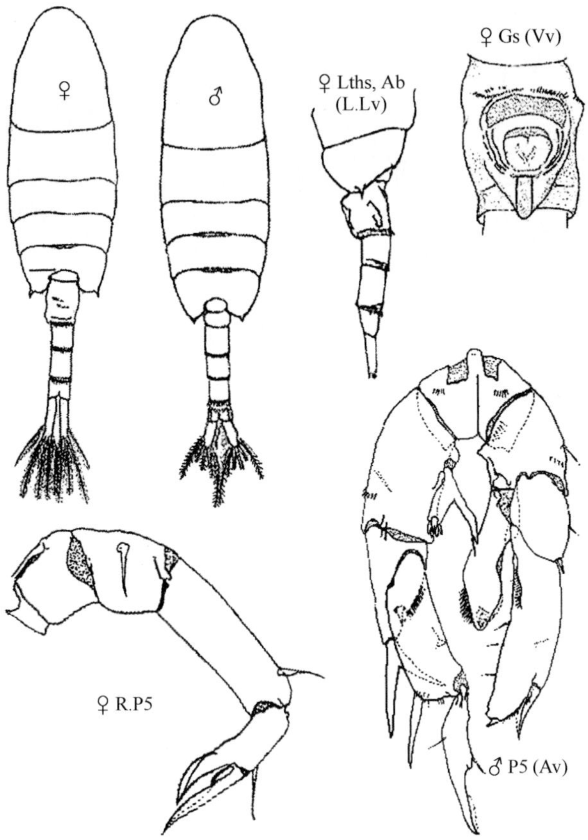

图 457 石垣伪镖水蚤 *Pseudodiaptomus ishigakiensis*（仿 Nishida，1985b）

（457）石垣伪镖水蚤 *Pseudodiaptomus ishigakiensis* Nishida，1985（图 457）

形态特征：

体长：♀1. 2～1. 3 mm，♂1. 0～1. 1 mm。**雌性：**前额宽圆，胸部后侧角刺突很短小、对称。腹部生殖节稍不对称，左侧末缘较突出，背面具些细刺毛，腹面观生殖突左侧近端具 1 小突起，生殖突近后缘两侧具 1 对小刺毛，第 1～3 腹节末缘皆具细锯齿。尾叉长为宽的 4 倍。第 5 对胸足单肢型且对称；第 2 节外末缘无小刺突；第 3 节较粗大，长约为宽的 3 倍，并具 1 外末刺；第 4 节也具 1 外末刺，内末角具 1 稍弯曲的粗刺突，其边缘具细锯齿；末节呈刺状，其内缘末半部及基部均具细锯齿，无小刺突。**雄性：**头胸部与雌性相似。腹部第 2～4 节末缘具细锯齿。第 5 对胸足双肢型且不对称，左足内肢粗大呈棒槌状，末端表面及两侧均具细刺毛，外肢第 1 节外末刺很短小，外缘中部也具 1 小刺毛，第 2 节长大，外缘刺较长并超过本节末端，末端具 1 小刺突，内缘具 3 小刺毛；右足外肢第 1 节外末角具 1V 形叉状刺，第 2 节外末缘具 1 长刺，末节呈爪状，内、外缘近中部各具 1 小刺毛，内肢分 2 叉，内叉狭长而尖，末端具 1 小刺毛，外叉粗短，末端具 5 小钝刺。

分布：东海，台湾东北部琉球群岛海域；西太平洋。沿岸种。

参考文献：44，82，106，122。

注：本种（*P. ishigakiensis*）与海洋伪镖水蚤（*P. marinus*）较近似，但根据雌性、雄性末胸节后侧角刺状突及第 5 对胸足形态特征即可区别之。

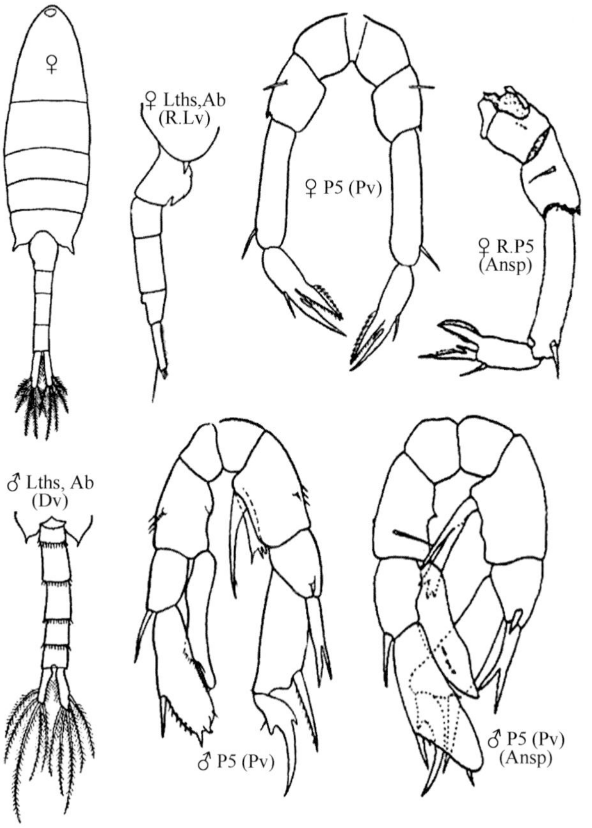

图 458 海洋伪镖水蚤 *Pseudodiaptomus marinus*

[仿郑重等, 1965 (♀; ♂); Chihara et al. , 1997 (Ansp: ♀RP5; ♂P5)]

(458) 海洋伪镖水蚤 *Pseudodiaptomus marinus* Sato, 1913 (图 458)

形态特征:

体长: ♀1.3~1.6 mm, ♂1.0~1.3 mm。**雌性:** 头胸部后侧角刺突较粗大, 呈喙状。生殖节基部较膨大, 左侧近末缘稍凹陷, 腹面膨大, 生殖突后缘具 1 对三角形小突起, 其末端向后弯成倒钩刺。尾叉长约为宽的 4 倍。第 5 对胸足单肢型且对称, 第 2 节外末角具数根小刺; 第 3 节长约为宽的 4 倍, 并具 1 外末刺; 第 4 节也具 1 外末刺, 内末角具 1 带锯齿的叶状刺; 末节细长呈刺状, 其内缘基部也具 1 小刺突。**雄性:** 头胸部与雌性相似, 唯胸部后侧角较短小。第 5 对胸足双肢型且不对称, 左足第 2 基节内缘近中部具 1 小突起, 内肢单节而长大, 超过外肢末节中部, 其末端狭小并具细刺毛, 外肢第 1 节具 1 长外末刺, 末节粗大, 具 1 外缘刺及 1~2 小末刺, 并在外缘刺与末刺之间具细刺列, 外缘刺较短, 达不到本节末端; 右足内肢分 2 叉, 其外叉较粗大, 末端具 2~4 小刺突, 内叉细长呈刺状, 外肢第 1 节外末角具 1 小刺和 1 Y 形的叉状刺, 其末端 2 叉较短且不等长, 第 2 节长大并具 1 长外末刺, 末节短小呈爪状, 内、外缘近端各具 1 小齿突。

分布: 渤海至南海; 西太平洋, 印度洋。沿岸种。

参考文献: 1, 10, 13, 18, 23, 32, 33, 36, 37, 44, 46, 48, 82, 106, 188。

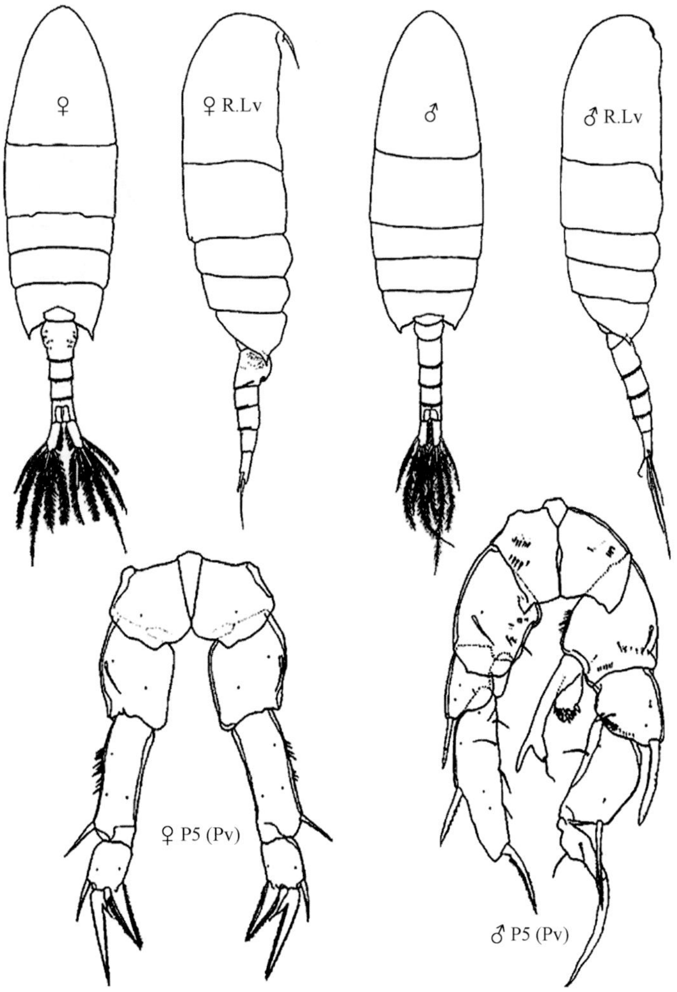

图 459 日本伪镖水蚤 *Pseudodiaptomus nihonkaiensis*（仿 Soh et al.，2001）

（459）日本伪镖水蚤 *Pseudodiaptomus nihonkaiensis* Hirakawa，1983（图 459）

［*Pseudodiaptomus cornutus*：Tanaka，1966］

形态特征：

体长：♀1.1～1.3 mm，♂0.9～1.3 mm。**雌性：**头部与第 1 胸节分开。第 1 胸节背末缘具 1 对小突起。胸部后侧角呈三角形刺突，可达生殖节中部。生殖节近对称，近端两侧膨大并具细刺毛，生殖突后缘具 1 对小刺突。第 5 对胸足单肢型且对称，第 3 节外缘具细刺毛及 1 外末刺；第 4 节粗短，内末角具 1 粗刺突，边缘具细刺，外末角也具 1 小刺；末节细长呈刺状，其内缘基部具 1 小刺突。**雄性：**第 1 胸节背末缘无小突起。胸部后侧角尖小。第 5 对胸足双肢型且不对称，左足内肢退化成小叶状，外肢第 1 节具 1 外末刺，末节长大并具 1 外缘刺、1 末刺及 4 小内缘刺毛；右足内肢分 2 枝，外枝粗短呈叶状突，末端密生小刺，内枝细长呈叉状，粗指状的外叉顶端具 1 小刺毛，外肢第 1 节内缘具细毛及 1 粗大外末刺，第 2 节具 1 内缘刺毛和 1 细长外末刺，末节呈镰刀状，基部膨大并具 2 小刺毛。

分布：东海；西太平洋，印度洋。沿岸种。

参考文献：44，82，103，165，188。

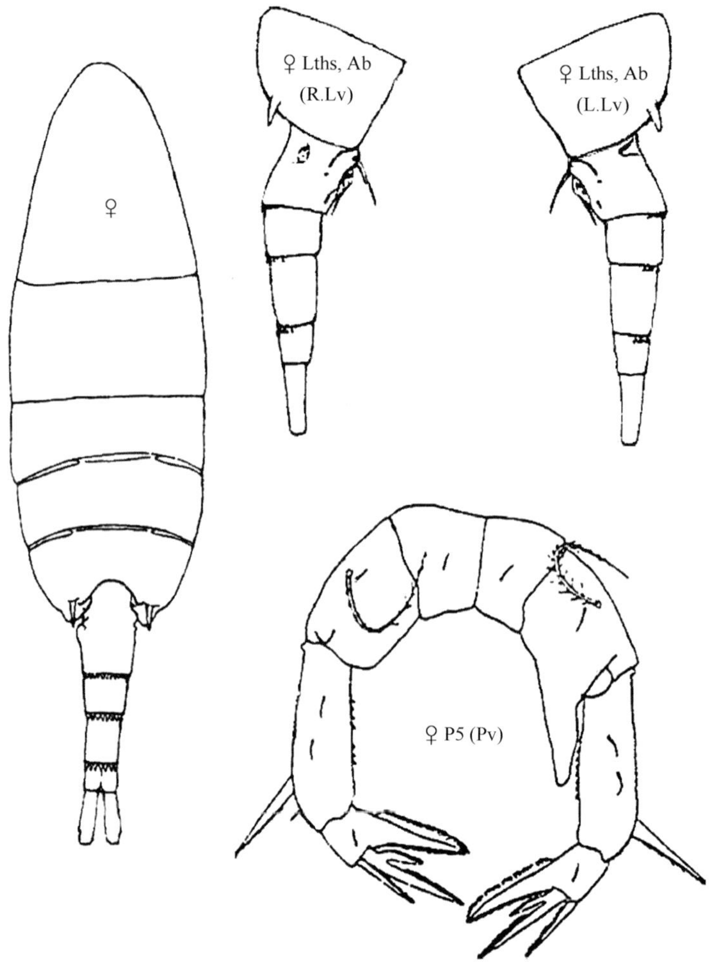

图 460 饰伪镖水蚤 *Pseudodiaptomus ornatus*（仿 Walter，1986）

（460）饰伪镖水蚤 *Pseudodiaptomus ornatus*（Rose，1957）（图 460）

［*Mazellina ornatus* Rose，1957］

形态特征：

体长：♀2.1~2.3 mm。**雌性：**头部与第 1 胸节分开，前额钝圆。胸部后侧角钝突，近对称，两侧近背末缘各具 1 背刺突。背面观，生殖节前端深插入末胸节中部，两侧基部均具小瘤状突，左侧较膨大，并在前侧缘至背面具 U 形凹陷；腹面生殖突前缘具 1 对大刺，生殖孔后缘具 1 对小刺。尾叉长为宽的 3 倍。第 5 对胸足单肢型且不对称，左足第 2 节内末角宽圆而不突出，第 3~5 节形态与右足相似；右足第 2 节内末角延伸为 1 长大的锥形突起，向后伸长超过第 3 节中部，第 3 节内缘具小刺列，外末部具 1 粗刺，第 4 节内末角延伸为内缘带锯齿的强刺突，与末节近等长，外末角也具 1 长刺，约为末节长的 2/3，末节细长呈刺状，其内缘基部也具 1 小刺突。

分布：南海；西太平洋。沿岸种。

参考文献：44，209。

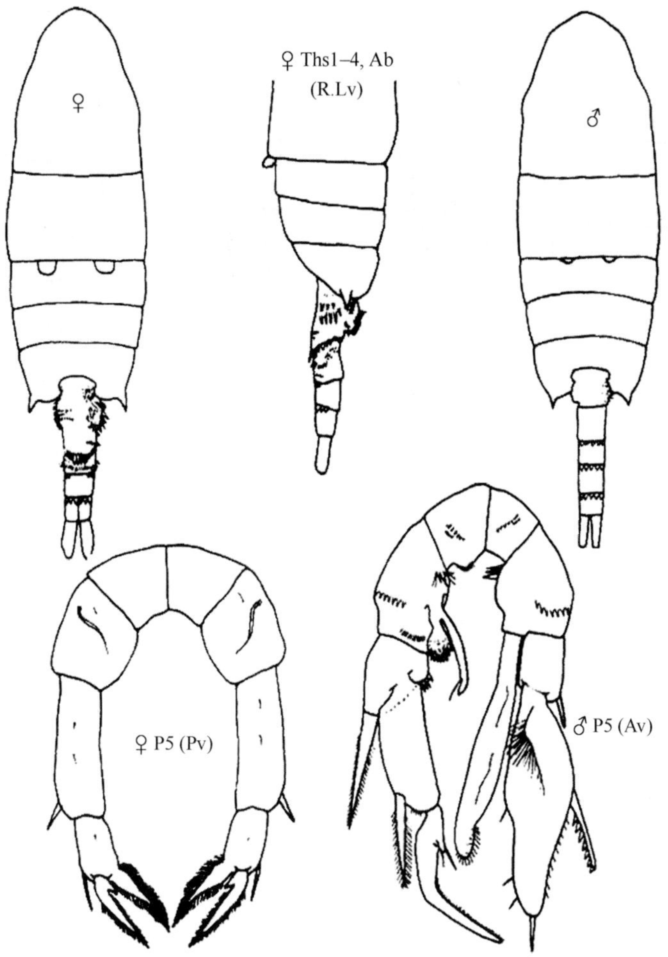

图 461　太平洋伪镖水蚤 *Pseudodiaptomus pacificus*（仿 Walter，1986）

（461）太平洋伪镖水蚤 *Pseudodiaptomus pacificus* Walter，1986（图 461）

形态特征：

体长：♀0.98~1.00 mm，♂0.80~0.84 mm。头部与第 1 胸节分开。第 1 胸节背末缘具 1 对背突。胸部后侧角尖小。第 1 腹节前端深插入末胸节背中部。尾叉长为宽的 3 倍。**雌性：**生殖节不对称，右侧具突起，两侧及背面均具细刺毛，背末缘具小刺列，腹面生殖突具密细毛；第 2 腹节两侧及背面也具细刺毛。第 5 对胸足单肢型且对称；第 3 节长大并具 1 小外末刺；第 4 节外末刺细小，内末角具 1 羽状大刺突，约与末节等长；末节长刺突内缘基部具 1 小刺突。**雄性：**生殖节右侧缘具细毛；第 3 节腹面具小刺列。第 5 对胸足双肢型且不对称，左足第 2 基节内缘基部具 3 小刺，内末角具 1 长棒状的内肢，其末端外缘具细毛，外肢第 1 节外末刺短小，末节近端前表面具 1 列细刺毛，外缘中部具 1 带锯齿粗刺，末刺短小；右足第 1 基节内缘中部突出，内末角尖锐，第 2 基节内缘近端具 1 丛小刺，中部具分叉的内肢，其外叉粗短，末部呈球状并密生小刺毛，内叉狭长呈棒状，近末端具 1 小刺毛，外肢第 1 节内缘具 1 带小刺的瘤状突起，外末刺长大，第 2 节也具 1 外末刺，末节呈爪状，内缘近端突起上具 2 小刺。

分布：南海；西太平洋。沿岸种。

参考文献：23，24，44，209，210。

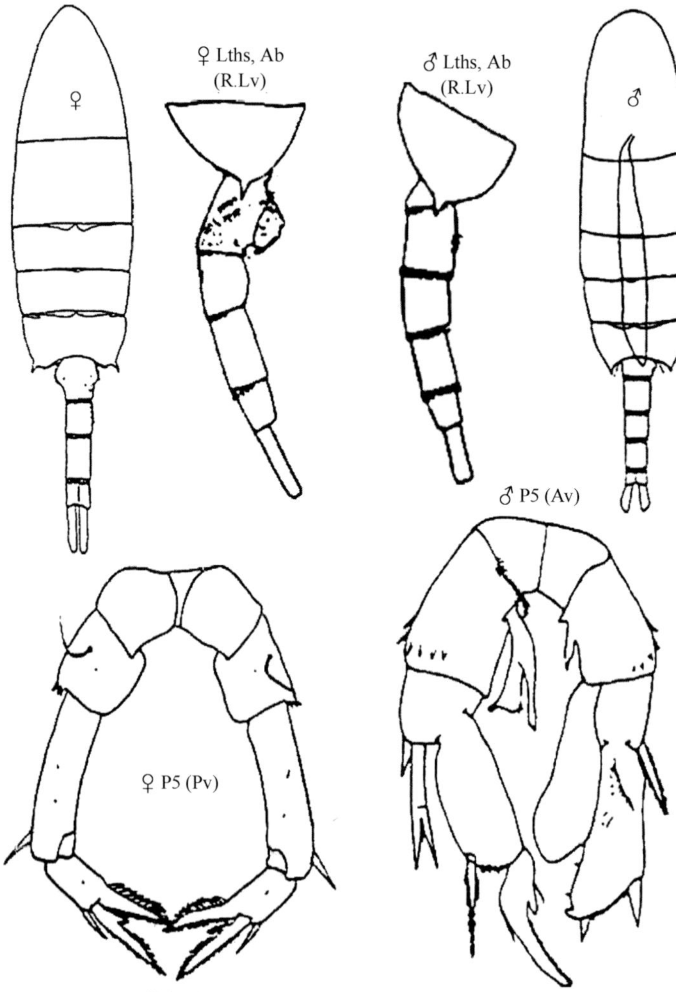

图 462 菲律宾伪镖水蚤 *Pseudodiaptomus philippinensis*（仿 Walter，1986）

（462）菲律宾伪镖水蚤 *Pseudodiaptomus philippinensis* Walter，1986（图 462）

形态特征：

体长：♀1.1~1.3 mm，♂0.9~1.0 mm。**雌性：**头部与第 1 胸节分开。胸部后侧角尖小。生殖节呈球状，两侧及背面均具细毛，腹面生殖突膨大，仅具 1 对小生殖瓣突。尾叉长约为宽的 5 倍。第 5 对胸足单肢型且对称；第 1 节内末角尖锐；第 2 节外末角具 2~3 小刺突；第 3 节长约为宽的 3 倍，并具 1 小外末刺；第 4 节内末角延伸为带锯齿的叶状刺，约与末节等长；末节呈刺状，其内缘基部也具 1 小刺。**雄性：**胸部后侧角刺短小。生殖节右侧具 1 小突起，第 2 节腹面具 5 小刺毛。尾叉长为宽的 3 倍。第 5 对胸足不对称，左足第 2 基节内缘具 1 长刺突和 1 三角形齿突，内肢粗大，末端宽圆呈棒槌状，外肢第 1 节具 1 长外末刺，第 2 节长大，具 1 外缘刺和 1 小末刺，内末角具 1 小突起；右足第 2 基节内缘基部突出并具 1 丛细毛，内肢分 2 叉，外叉较粗短，顶端具 2 小突起，内叉较细长，顶端具 1 小刺毛，外肢第 1 节外末角具 1 短刺和 1 Y 形叉状长刺，其顶端 2 叉刺等长，第 2 节后表面具 1 三角形小刺突，外末缘具 1 长羽状刺，末节呈爪状，内缘近基部具 1 小突起和 1 细毛。

分布：南海；西太平洋。沿岸种。

参考文献：44，209。

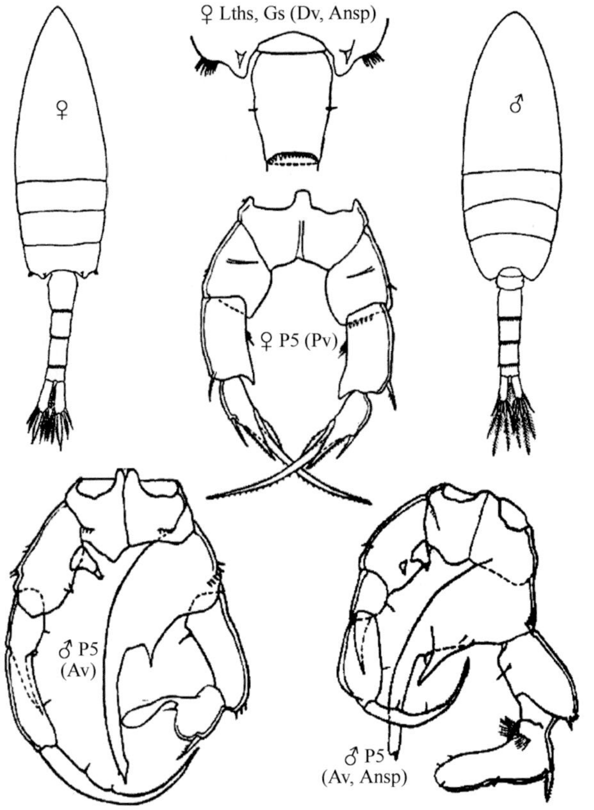

图 463　火腿伪镖水蚤 *Pseudodiaptomus poplesia*（仿沈嘉瑞等，1979）

（463）火腿伪镖水蚤 *Pseudodiaptomus poplesia*（Shen，1955）（图 463）

［火腿许水蚤 *Schmackeria poplesia* Shen，1955；沈嘉瑞等，1979；陈清潮等，1965；连光山等，1978，1994，2006，2008］

形态特征：

体长：♀1.2~1.5 mm（小型），2.0~2.2 mm（大型）；♂1.2~1.9 mm。**雌性：**额部前端较狭尖，呈锥形。胸部后侧角稍突出，背末缘具1对小齿突，后侧缘具细刺毛。生殖节前端两侧稍隆起并具细毛（小型），或生殖节近长方形，中部两侧各具1刺毛（大型）。尾叉长为宽的3倍，居中1根尾刚毛膨大或不膨大。第5对胸足第2节近外末缘及后缘均具小刺列；第3节具1外末刺，内缘中部具数根刺毛，内末角具1三角形钝突起；第4节短小，具1外末刺，内末缘延伸为粗刺突；末节细长呈刺状，其内侧基部也具1小刺。**雄性：**胸部后侧角钝圆，无小齿突及刺毛。生殖节左侧缘具细刺毛及1小突起。尾刚毛不膨大。第5对胸足单肢型且不对称，分为2个型。标准型：左第5胸足第2节内缘镰刀状突起的末端尖锐，其内缘中部具1粗刺突，末节粗短，具1小外缘刺，内末缘具1火腿状突起，其基部狭长，末部膨大；右第5胸足第2节内缘近端具尖锥形突起，中部另具1小齿突，第3节具1外末刺和1小内缘刺毛，末节细长呈钩状，内缘近端具2小突起，其顶端各具1小刺。袜型：左第5胸足第2节内缘镰刀状突起的顶端较钝并具1小刺突，第4节长大，基部弯曲，末部宽圆呈袜状，近端内缘具细毛及1外缘刺；右第5胸足结构与标准型相似。

分布：渤海至南海；西太平洋。沿岸咸淡水种。

参考文献：1，8，12，13，24，28，31，32，36，37，44，48。

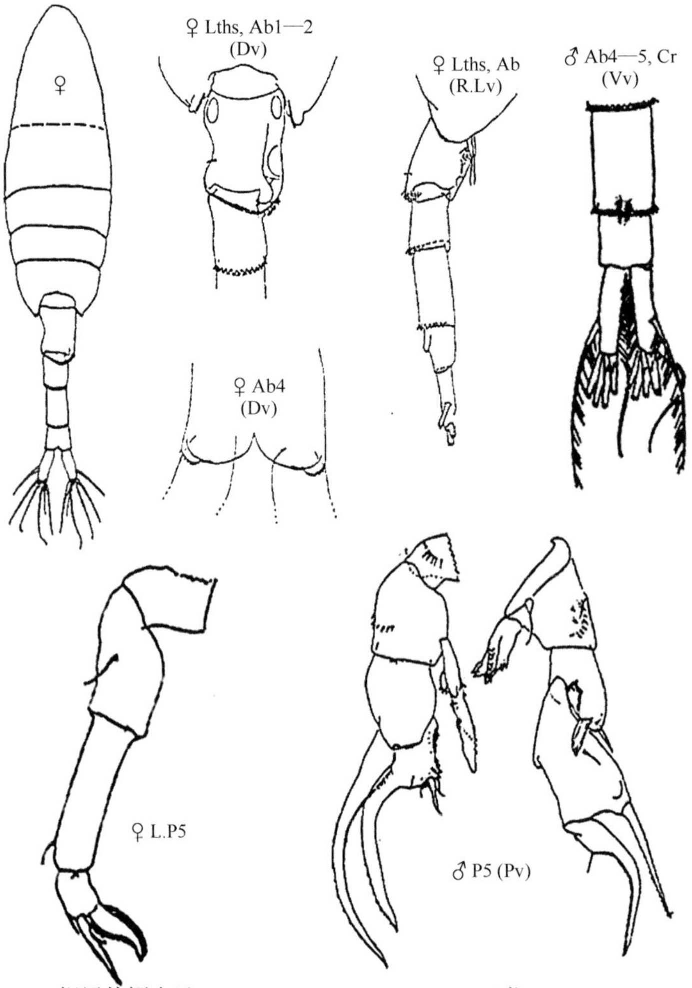

图 464 锯尾伪镖水蚤 *Pseudodiaptomus serricaudatus*（仿 Wellershaus，1969）

（464）锯尾伪镖水蚤 *Pseudodiaptomus serricaudatus*（T. Scott，1893）（图 464）

［*Pseudodiaptomus nudus* Tanaka，1960a］

形态特征：

体长：♀1.1～1.4 mm，♂1.1～1.2 mm。**雌性：**头部与第 1 胸节分开。胸部后侧角钝突，右侧角较长于左侧，突起内缘具细毛。腹部生殖节不对称，左侧中部凹陷，右侧背末缘膨大而突出，并具小刺丛；肛节背末缘突出并覆盖尾叉基部背面，其两侧外末角各具 1 片带锯齿的半圆形突起。第 5 对胸足单肢型且对称；第 3 节长大并具 1 小外末刺；第 4 节粗短，具 1 小外末刺，内末角具 1 粗大而弯曲的叶状刺，与末节等长；末节短小呈刺状，其内缘基部另具 1 小刺突。**雄性：**第 5 对胸足双肢型且不对称，左足内肢狭长呈棒状，表面具细刺毛，外肢第 1 节具 1 长大而弯曲的外末刺，与末节近等长，末节基部粗大，其外末角延伸为钩状刺突，内末角隆起并具 2 小刺和细刺毛；右足第 2 基节内缘基部具 1 粗短内肢，其末部具多枚小刺突，外肢第 1 节外末缘具 1 粗刺突和 1 小外末刺，第 2 节内缘中部突出，外末角具 1 长刺，末节呈爪状，内缘基部隆起并具 1 小刺毛。

分布：南海；西太平洋，印度洋。沿岸种。

参考文献：24，44，178，214。

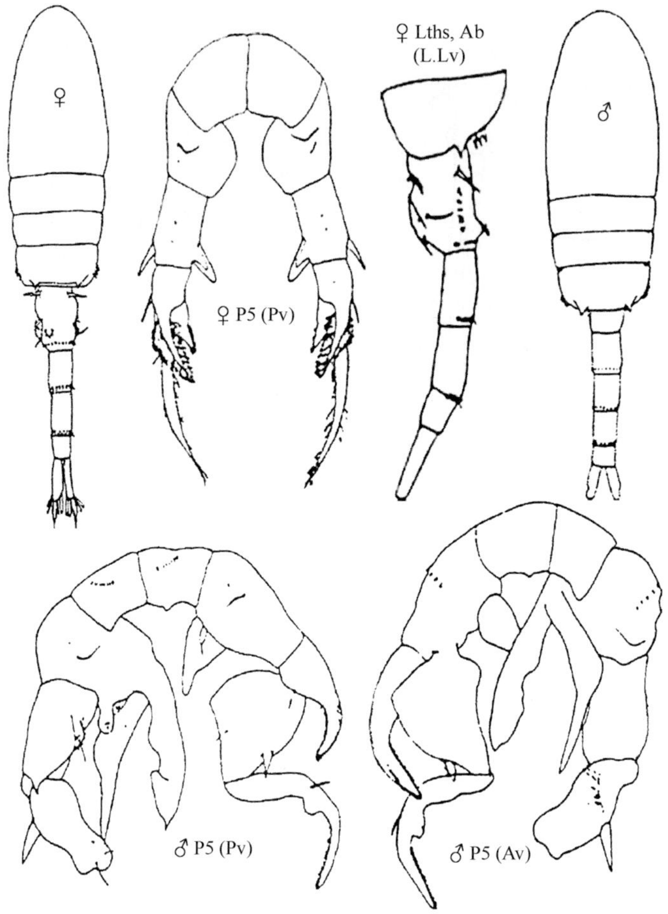

图 465　史氏伪镖水蚤 *Pseudodiaptomus smithi*（仿 Walter，1986）

（465）史氏伪镖水蚤 *Pseudodiaptomus smithi*（Wright，1928）（图 465）

形态特征：

体长：♀1.1 mm，♂0.9 mm。头部与第 1 胸节愈合。末胸节后侧角宽圆，两侧末缘具细毛，背末缘具 1 对小背刺突。**雌性：**生殖节前端较膨大，两侧各具 1 小刺，节的后部两侧具小瘤状突及细刺，腹面生殖孔后缘具 1 对小刺。尾叉长为宽的 6 倍，左叉较右叉宽大，居中 1 尾刚毛膨大。第 5 对胸足单肢型且对称；第 2 节内缘显著隆起；第 3 节具 1 小外末刺，其内末角尖锐呈粗刺状，其表面覆盖透明膜；第 4 节末端延伸为带锯齿的叶状刺，并具 1 小外末刺；末节为长的羽状刺，约为前节长的 2 倍，其内侧基部具 1 锥形的粗刺突。**雄性：**尾叉长为宽的 3 倍。第 5 对胸足双肢型且不对称，左足第 2 基节内缘具长大的叉状内肢，其内叉较粗大，顶端尖锐，内缘基部具 1 拇指状突，外叉狭长，末半部呈长刺状，外肢第 1 节内缘具 1 瘤状突及 1 小刺毛，第 2 节具 1 粗大外缘刺，节的末端较截平并具数根小刺毛；右足第 2 基节内缘近端具 1 小刺突和大锥形的内肢，外肢第 1 节外末角延伸为粗大的爪状刺，其基部具 1 小刺毛，第 2 节近端宽大而末端狭小，并具 1 小外末刺，末节弯曲呈钩状，内缘中部具 1 瘤状突，外缘具 1 小刺毛。

分布：南海；西太平洋。沿岸种。

参考文献：44，209。

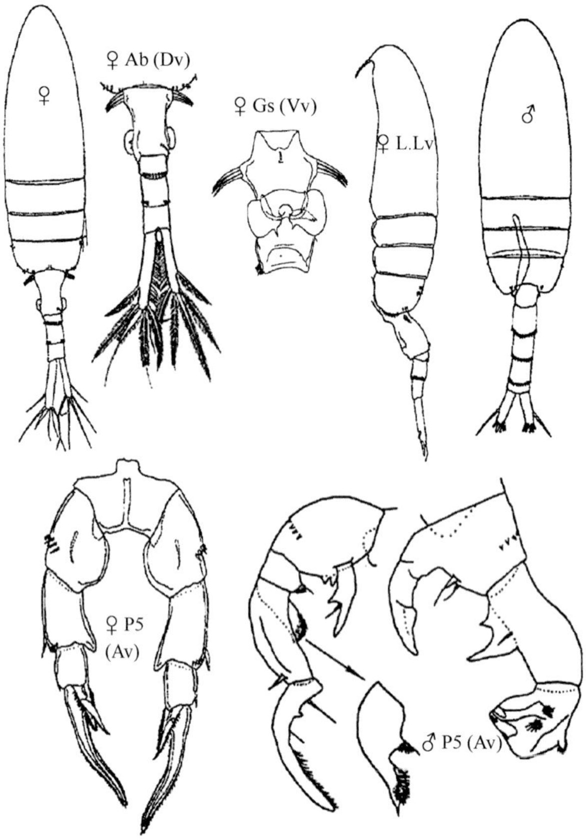

图 466 特氏伪镖水蚤 *Pseudodiaptomus terazakii*（仿 Walter et al.，2006）

（466）特氏伪镖水蚤 *Pseudodiaptomus terazakii* Walter, Ohtsuka & Castillo, 2006（图 466）

形态特征：

体长：♀1.1~1.3 mm，♂0.9~1.1 mm。**雌性：**胸部后侧角宽圆并具 1 列小刺。腹部稍不对称，生殖节前端膨大，两侧各具 3 根横向长刺，节的左侧末缘较突出，右侧背末缘具 1 斜列小刺，腹面具 1 对半圆形的耳状生殖突瓣，其内末缘具 1 小刺突；肛节左侧末缘较突出。尾叉不对称，左叉较右叉长而粗，居中 1 尾刚毛基部膨大。第 5 对胸足左足较长于右足，第 2 节内缘膨大，外缘表面具 1 横列小刺；第 3 节内末角具三角形突起，外末角具 1 列小刺及 1 外末刺；第 4 节内末角具 1 带锯齿的粗刺及 1 外末刺；末节基部膨大，末部为带细锯齿的长刺，其内缘基部具 1 小刺突。**雄性：**胸部后侧角宽圆并具 1 对小背刺突及 2 对小侧刺。第 5 对胸足不对称，左足内肢基部与第 2 基节愈合成粗大而弯曲的内肢，末端呈三角形突，节的内缘具 2 小突起，其顶端各具 1 小刺毛，外肢第 1 节内缘具 1 锥形大刺突，其基部前侧具 1 小齿突或缺，末节宽短，末端截平，表面具 2 丛细毛，外缘具 1 小瘤状突；右足第 2 基节内缘具 2 小突起及叉状内肢，在末端 2 叉之间具 1 小刺毛，外肢第 1 节内缘小突起上具细刺毛，外末缘大突起末端尖并具细毛丛，第 2 节具 1 小外末刺，末节呈钩状，内缘末半部具细刺毛，近端具 1 小齿突及 2 细刺毛。

分布：南海；西太平洋。沿岸种。

参考文献：44，213。

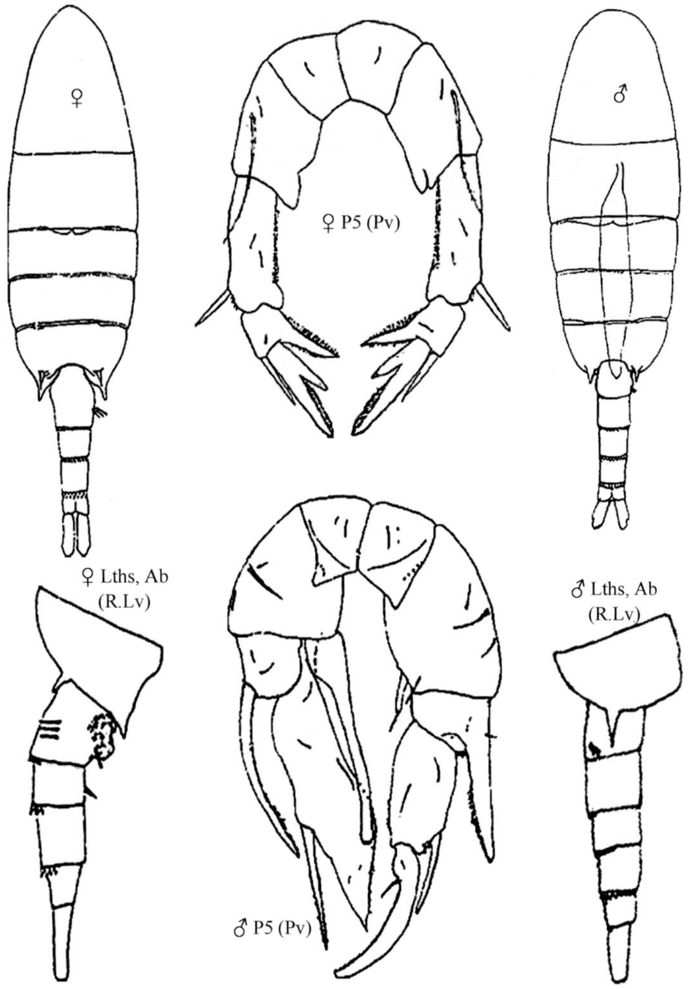

图 467 三刺伪镖水蚤 *Pseudodiaptomus trispinosus*（仿 Walter，1986）

（467）三刺伪镖水蚤 *Pseudodiaptomus trispinosus* Walter，1986（图 467）

形态特征：

体长： ♀2.4 mm，♂1.9 mm。**雌性：** 头部与第 1 胸节分开。胸部后侧角呈刺状，其背面具 1 对小背刺，左右对称。腹部生殖节不对称，左侧基部较膨大，右侧近中部具并列 3 小刺，第 2 腹节腹面也具 1 列小刺毛。尾叉长为宽的 3 倍。第 5 对胸足稍不对称，左足第 2 节内末角为钝三角形突，右足第 2 节内末角为叉状突；左、右足第 4 节内末角具 1 羽状粗刺突，外末刺较细长；末节为粗短的羽状刺，其内缘基部具 1 小指状刺。**雄性：** 胸部后侧角钝圆，其背面也具 1 对小背刺。生殖节稍不对称，右侧具小瘤状突，并在其后侧具并列 3 小刺。第 5 对胸足不对称，第 1 基节内末角尖锐，左足内肢细长呈棒状，可达外肢末端 1/3 处，其基部粗大，末端钝圆并具细刺毛，外肢第 1 节具 1 细长而弯曲外末刺，第 2 节长大，末端狭尖，外缘中部具 1 长羽状刺；右足内肢很短小，顶端具 1 小刺毛，外肢第 1 节具 1 强大外末刺，其内缘具细刺列，基部具细毛，第 2 节也具 1 细长外末刺，末节呈镰刀状，内缘基部稍隆起并具 1 小刺毛。

分布： 南海；西太平洋。沿岸种。

参考文献： 24，44，209。

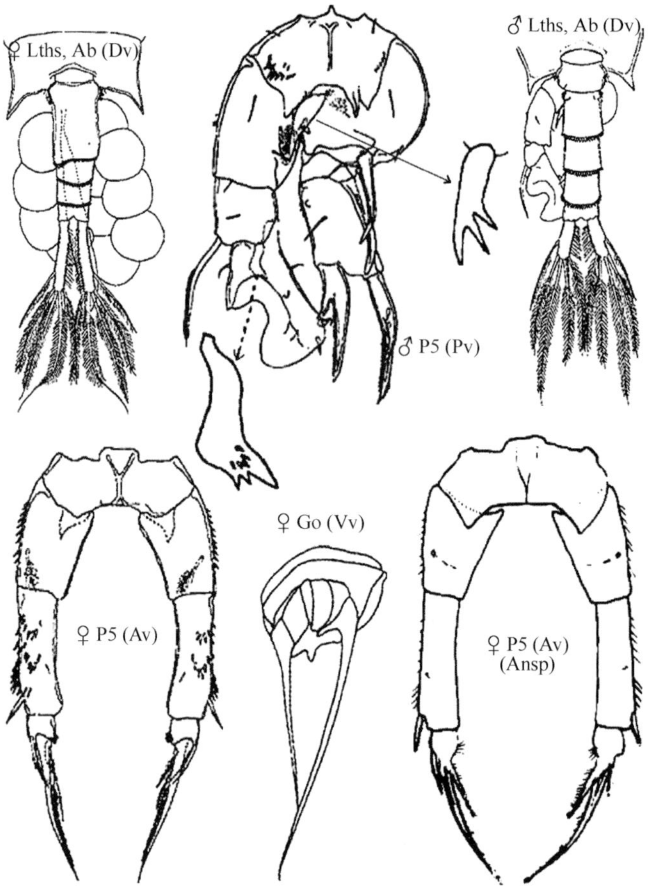

图 468 双刺伪镖水蚤 *Pseudodiaptomus bispinosus*

[仿 Walter et al., 2006 (♀; ♂); Walter, 1984 (♀P5, Ansp)]

(468) 双刺伪镖水蚤 *Pseudodiaptomus bispinosus* Walter, 1984 (图 468)

形态特征:

体长: ♀1.2~1.3 mm, ♂0.9~1.0 mm。**雌性:** 胸部后侧角尖锐，呈翼状，稍不对称。生殖节长大，基部两侧隆起并具细毛，左侧背末缘显著突出，腹面生殖孔后缘具 1 对长刺突，左刺突较长于右刺突。尾叉不对称，右叉稍长于左叉。第 5 对胸足单肢型且对称；第 1 节内末角突出；第 2 节外缘具细刺列，内缘基部具角状突；第 3 节外缘及表面具细刺毛及 1 外末刺；第 4 节具 1 小外末刺，内末角延伸为长刺突；末节细长呈羽状刺，其内缘基部也具 1 小刺。**雄性:** 胸部后侧角短小、对称。生殖节两侧膨大并具细刺毛。第 5 对胸足不对称，左足单肢型，第 1 节表面具小刺丛，内末角尖锐，第 3 节具 1 细长外末刺，末节前表面基部具 1 铲状突，其末端具小刺丛，本节外缘中部具深缺刻，近端突起的顶端具 1 小齿突，节末端宽圆，内末角也具 1 小齿突；右足第 1 基节内末角呈叉状，具 2 大的尖三角突，第 2 基节外缘膨大，具 1 粗大外末刺及短小内肢，其末端具 3 等长小刺突，外肢第 1 节具 1 长大外末刺，第 2 节末部较宽大，外末角具 1 长刺突，与末节近等长，其内缘中部具 2 小刺，末节狭长呈爪状，内缘基部具 1 小钩状突及 1 小刺毛。

分布: 南海；西太平洋。沿岸种。

参考文献: 44, 208, 213。

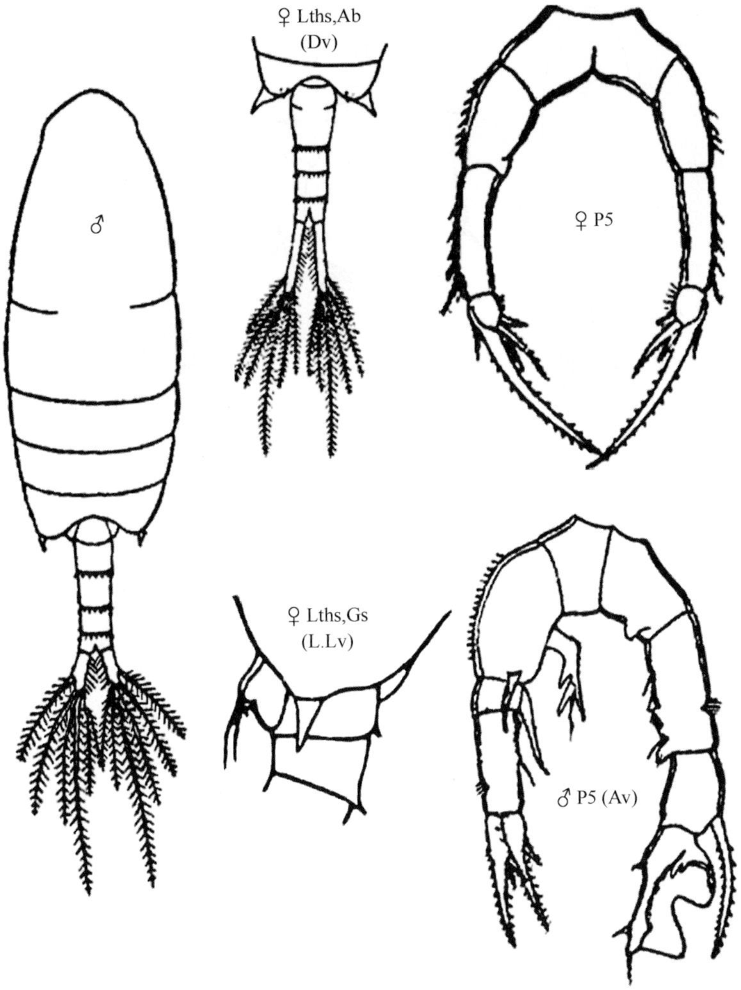

图 469　缺刻伪镖水蚤 *Pseudodiaptomus incisus*（仿沈嘉瑞等，1963）

（469）缺刻伪镖水蚤 *Pseudodiaptomus incisus* Shen & Lee，1963（图 469）

形态特征：

体长：♀1.2 mm，♂0.9 mm。**雌性：**胸部后侧角具三角形刺突。腹部生殖节腹面突出并具 2 细长刺。尾叉长约为宽的 8 倍。第 5 对胸足单肢型且对称，第 2、3 节外缘均具细刺毛，第 3 节具 1 外末刺；第 4 节短小，内末角具 2 不等小刺，外末角也具 1 小刺；末节狭长呈刺状，其内缘基部也具 1 小刺。**雄性：**胸部后侧角较雌性的尖小。尾叉较短小，长为宽的 2.5 倍。第 5 对胸足不对称，右足双肢型，左足单肢型；左足第 1 节内末缘具 1 小突起，第 2 节长大，内末缘具 1 小指状突，第 3 节外末部具 1 长刺，可达末节近末端，末节长大，呈叶片状，其外缘中部具 1 三角形大缺刻，末端截平，内缘具 2 小刺，内末角也具 1 刺；右足第 2 基节粗大，外缘具细刺列，内缘具 1 弯曲的内肢，其末端分 3 叉，并在等长的末 2 叉之间具 1 细毛，节的内末角另具 1 粗刺，外肢第 1 节短小，内缘具 1 长刺，第 2 节长大，内缘具 1 小刺毛，末节具 2 根近等长的爪状刺，基部粗大，内缘近端各具 1 小刺。

分布：台湾海峡，南海；西太平洋。沿岸种。

参考文献：10，24，33，37，44。

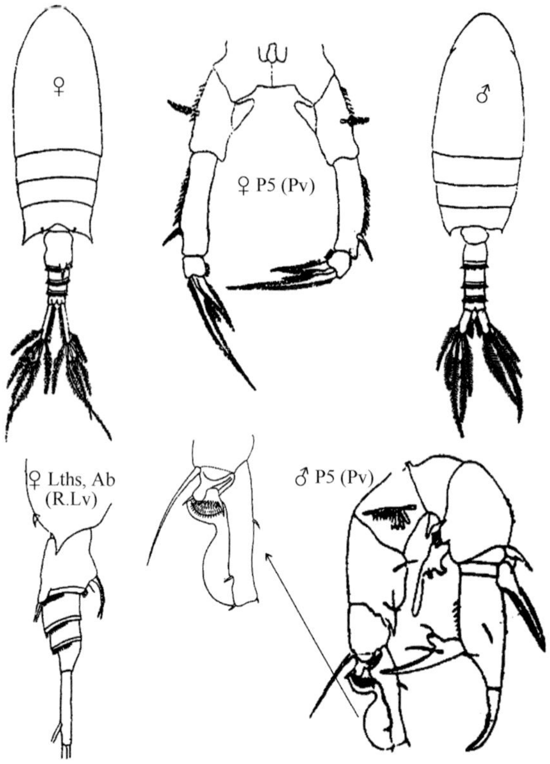

图 470　刷状伪镖水蚤 *Pseudodiaptomus penicillus*（仿李少菁，黄加祺，1984）

（470）刷状伪镖水蚤 *Pseudodiaptomus penicillus* Li & Huang，1984（图 470）

形态特征：

体长：♀1.1~1.2 mm，♂0.8~1.0 mm。**雌性：**头部与第 1 胸节愈合。胸部后侧角尖锐呈翼状，其背末缘具 1 对小背刺。生殖节不对称，右侧背末缘突起上具并列的 2~4 小刺，腹面生殖突上具 2 钩状长刺。尾叉长为宽的 6 倍。第 5 对胸足单肢型且对称，第 2 节外缘具细刺列及 1 羽状刚毛，内缘基部具 1 粗大角状突；第 3 节长约为宽的 3 倍，其外缘具 1 小刺列，近末缘具 1 外缘刺；第 4 节内缘具细刺毛，内末角具 1 粗大的羽状刺；末节为狭长的羽状刺，其内缘近基部也具 1 小刺。**雄性：**胸部后侧角较雌性短小。第 2~4 腹节后缘具小齿列。尾叉长为宽的 2.5 倍。第 5 对胸足不对称，后面观，左足单肢型，第 1 节背面具 1 列掌状刺突，第 2 节内末部较膨大并具 1 粗刺突，第 3 节具 1 细长外末刺，末节长大呈片状，基部外缘有 1 片具细刺毛的刷状突，外缘近中部具 1 深缺刻，本节内缘、末缘及表面共具 4 小刺；右足第 1 基节内缘具 1 锥形刺突，第 2 基节外缘具细刺列及 1 小外末刺，内缘基部瘤状突上丛生小钝刺，内肢短小，末部具不等长的 3 叉状刺突，末叉狭长呈指状，外肢第 1 节宽短并具 1 强大的外缘刺，第 2 节粗大，外末缘具 1 镰刀状粗刺，末节呈爪状，内缘基部具 1 小指状突，其顶端及基部各具 1 小刺毛。

分布：台湾海峡至南海北部；西太平洋。沿岸种。

参考文献：7，33，36，37，44，61，213。

注：Walter 等（2006）建议把本种（*P. penicillus* Li & Huang，1984）作为三钩伪镖水蚤（*P. trihamatus* Wright，1937）的同种异名。经比较，两种之间尚存在明显特征差异，故我们仍把本种作为有效种。

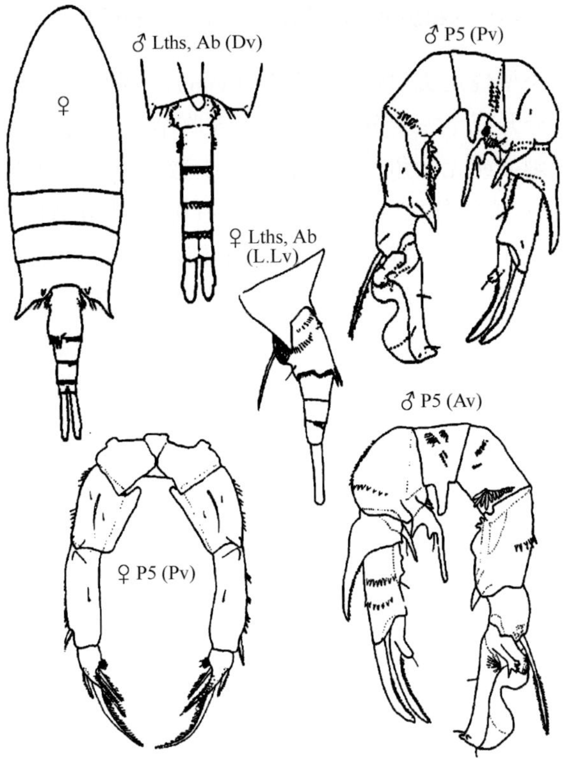

图 471 三钩伪镖水蚤 *Pseudodiaptomus trihamatus*（仿 Walter，1984）

（471）三钩伪镖水蚤 *Pseudodiaptomus trihamatus* Wright，1937（图 471）

［*Mazellina galleti* Rose，1957（仅雌性=*P. trihamatus*）］

形态特征：

体长：♀1.2~1.3 mm，♂0.9~1.0 mm。**雌性：**头部与第 1 胸节愈合，胸部后侧角刺突呈翼状，内缘基部各具 2 细刺毛，背末缘具 1 对小刺突。生殖节不对称，基部两侧稍隆起并具细刺毛，左侧背末缘突起上具并列 2 粗刺，腹面生殖突具 2 长刺。尾叉长为宽的 6 倍。第 5 对胸足单肢型且对称，第 1 节具三角形内末角；第 2 节内缘基部具 1 粗大角状突，节的外末缘及第 3 节近端表面各具 1 相向的角状突；第 4 节基部内缘具 1 丛细毛，并具 1 外缘刺，节的末端延伸为粗刺突；末节细长呈羽状刺，其内缘基部也具 1 细刺。**雄性：**胸部后侧角短小，内缘基部也各具 2 细刺毛。生殖节两侧隆起并具细刺毛，第 2 腹节前侧缘及第 2、3 节腹面均具细刺毛。第 5 对胸足不对称，后面观，左足第 1、2 节内末缘各具 1 粗大爪状刺突，第 2 节内缘另具不规则突起，第 3 节具 1 狭长外刺突，末节外缘基部具 1 耳状突，外缘中部具 1 深缺刻，内末角具 1 小齿突；右足第 1 基节内缘中部具 1 长刺突，内末角呈三角形，第 2 基节末缘中部具 1 狭长而弯曲的刺突，内缘突起上丛生小钝刺，内肢末端具 3 指状突，在中突与长末突之间具 1 小刺毛，外肢第 1 节具 1 长大外末刺，第 2 节内缘近端具 2 小突起，外末角具 1 强大外末刺，末节呈爪状，内缘基部具 1 小指状突，其顶端具 1 小刺毛。前面观，左第 5 胸足末节基部表面具 1 掌状突及 1 丛细毛。

分布：东海，南海；西太平洋，印度洋。沿岸种。

参考文献：24，44，82，208。

27. 脊纹水蚤科 Family Ridgewayiidae Wilson，1958

本科为沿岸近底层性小型桡足类(体长小于 1.0 mm)。背面观，头胸部呈卵圆形。少数相当侧扁。头部与第 1 胸节分开或不完全分开。第 4、5 胸节分开或愈合。侧面观，胸部后侧角圆。额角具 1 对带额角丝刺突或无额角丝的单刺突，少数顶端分叉为尖或钝突。雌性腹部分 4 节，雄性分 5 节。雌性第 1 触角分 22~27 节，雄性右第 1 触角呈执握肢，分 20~23 节。第 1~4 对胸足内、外肢大多分 3 节，少数第 1 对胸足内肢仅 1~2 节。雌性第 5 对胸足双肢型且对称，外肢分 3 节，第 3 节基部狭小并位于第 2 节内缘中部；内肢 1~3 节。雄性第 5 对胸足双肢型且不对称，外肢分 2~3 节，内肢分 1~3 节。

本科包括 8 属 25 种。中国海域仅记录 2 属 4 种，均为沿海近底层性浮游种类。

属名 Genera	种数	页码
扁哲水蚤属 *Placocalanus* Ohtsuka，Fosshagen & Soh，1996	3	533
脊纹水蚤属 *Ridgewayia* Thompson & A. Scott，1903	1	536

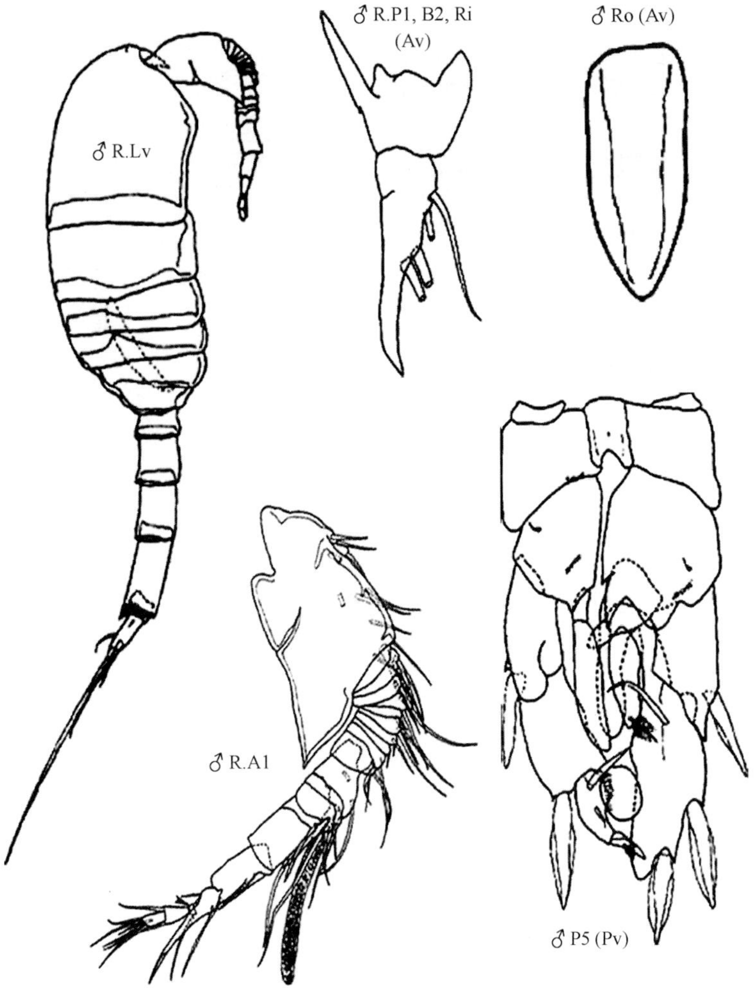

图 472　短脚扁哲水蚤 *Placocalanus brevipes*（仿 Ohtsuka et al.，1996）

（472）短脚扁哲水蚤 *Placocalanus brevipes* Ohtsuka，Fosshagen & Soh，1996（图 472）

形态特征：

体长：♂0.38~0.39 mm。**雄性：**头胸部侧扁。侧面观，胸部后侧宽圆。额角为粗大单刺突，末端钝圆，基部可活动。第 1 触角第 1 节（愈合节）宽大而扁平，后末缘扩展为三角形尖刺突。腹部分 5 节，肛节短小并完全被前 1 节覆盖。尾叉粗短。第 1 对胸足第 2 基节具 1 强大而直的刺突，其边缘无锯齿，内缘基部具 1 钩状钝突；内肢 1 节，末端尖锐，基部外缘残留愈合线，内缘具不等长 4 刚毛。第 5 对胸足双肢型且不对称，左足外肢分 3 节，第 2 节具 1 粗大叶状外末刺和 1 球状内末突，末节短小而弯曲，基部膨大并具 2 不等长内缘刺毛和 1 粗末刺，内肢分 2 节且无刺毛，第 1 节短小，第 2 节长大，可达外肢第 2 节末端；右足第 2 基节内末角具 2 尖刺突，外肢分 2 节，第 1 节具 1 大外末突和 1 外缘刺，第 2 节长大，并具 2 叶状外缘刺，近端后表面具 1 刚毛，内缘基部具 1 粗大 U 形突，内肢分 2 节，第 1 节基部粗大，末部延伸为长柱状突起，并超过末节顶端，第 2 节较粗短，其顶端具 1 羽状刚毛。

分布：东海；冲绳群岛海域，西太平洋。沿海近底层性种。

参考文献：44，131。

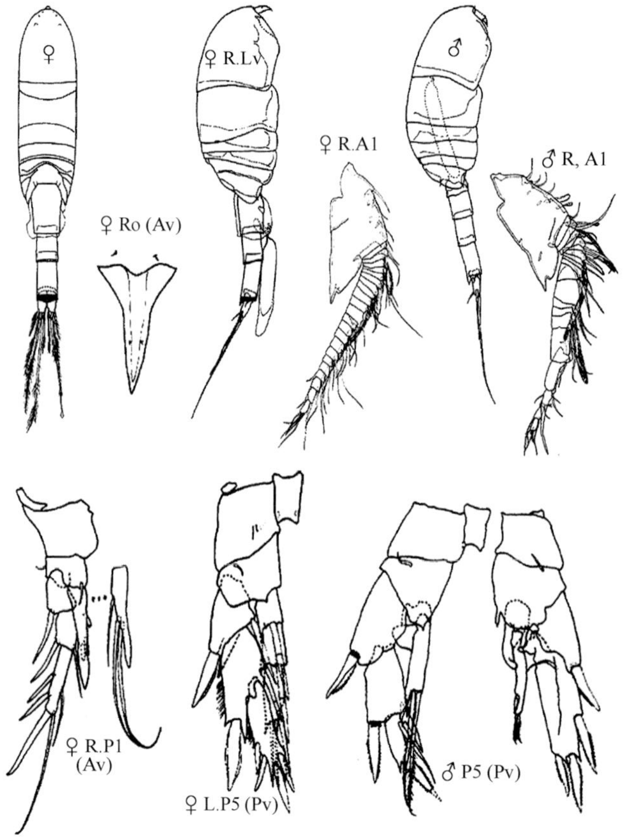

图 473　无刺扁哲水蚤 *Placocalanus inermis*（仿 Ohtsuka et al.，1996）

（473）无刺扁哲水蚤 *Placocalanus inermis* Ohtsuka, Fosshagen & Soh, 1996（图 473）

形态特征：

体长：♀0.45~0.48 mm，♂0.49 mm。头胸部侧扁。侧面观，胸部后侧角较突出而钝圆。额角狭小而尖锐，基部可活动。第 1 触角第 1 节（愈合节）宽大而扁平，后末缘扩展为三角形尖刺突，其内侧缘具 1 瘤状突。**雌性：**腹部分 4 节，生殖节基部较宽大，第 3 节与生殖节近等长，其末缘具条纹状的突缘；肛节完全插入前 1 节末部。尾叉宽短，长稍大于宽。第 1 对胸足第 2 基节无刺突，仅具 1 小内末刺毛，内肢单节呈粗刺状，内缘中部具 3 不等长刚毛；外肢分 3 节，末节较狭长并具 2 内缘刚毛。第 5 对胸足内、外肢均分 3 节，内肢第 1、2 节内末角各具 1 刺状刚毛，第 3 节具 1 刺状内缘刚毛及 2 末刚毛；外肢第 3 节较短小，并具 2 外缘刺、1 末刺及 1 内缘刺。**雄性：**右第 1 触角呈执握肢。第 5 对胸足双肢型且不对称，左足内肢分 2 节，第 1 节短小，无刚毛，第 2 节狭长，内缘基部具 1 叶状突，末端具 1 小刺突及 2 近等长刚毛，外肢分 3 节，第 2 节内末角具叉状刺，末节内缘具 2 不等长刺毛，外缘中部具 1 小刺突；右足第 2 基节内末缘具 1 小刺突，内肢分 2 节，第 1 节无刺毛，内末部突出而弯曲，末节狭长，具 1 小外缘刺及 2 等长末刚毛，外肢分 2 节，第 2 节内缘基部具 1 锥状大突起，近端表面具 1 刚毛，并具 1 外缘刺及 2 末刺。

分布：东海；冲绳群岛海域，西太平洋。沿海近底层性种。

参考文献：44，131。

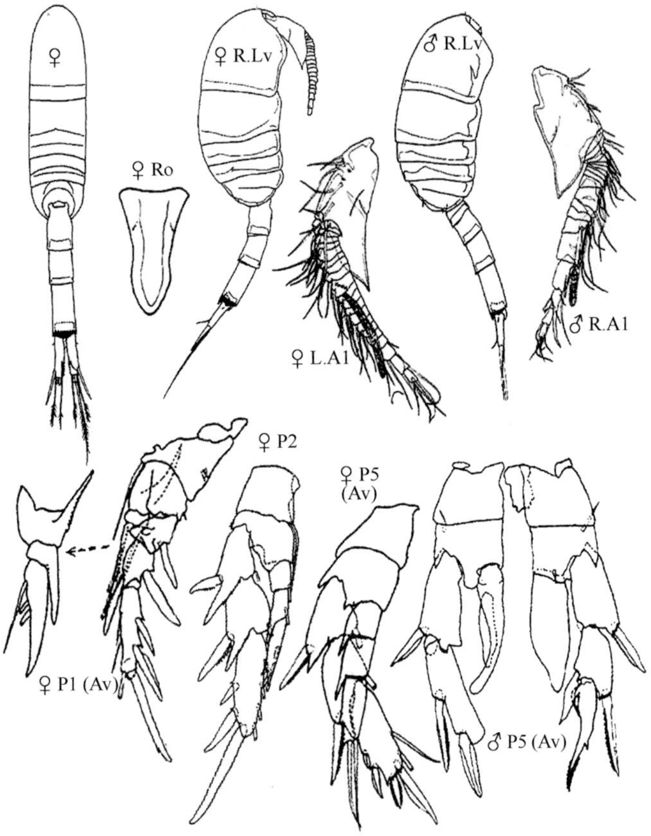

图 474　长尾扁哲水蚤 *Placocalanus longicauda*（仿 Ohtsuka et al.，1996）

（474）长尾扁哲水蚤 *Placocalanus longicauda* Ohtsuka, Fosshagen & Soh, 1996（图 474）

形态特征：

体长：♀0.46~0.48 mm，♂0.44 mm。头胸部显著侧扁。头部与第 1 胸节分开，第 4、5 胸节不完全愈合。侧面观，胸部后侧角宽圆。额角粗短，其基部可活动，顶端钝圆，两侧中部稍凹陷。第 1 触角第 1 节（愈合节）粗大而扁平，后末缘扩展为三角形尖刺突。**雌性：**腹部分 4 节，第 2 节与生殖节等长，第 3 节最长，其末端具条纹状突缘，覆盖在肛节之上。尾叉长大而对称，长为宽的 4 倍。第 1 对胸足第 2 基节具 1 强大而直的刺突，其外缘具细锯齿，内肢分 2 节，第 1 节具 1 长外末刺突，可达第 2 节中部，第 2 节呈刺状，内缘近端具 3 刚毛；外肢分 3 节。第 2 对胸足外肢第 1 节外末角刺突长于外末刺。第 5 对胸足双肢型且对称，第 2 基节外末角突出呈刺状，内肢第 1、2 节无内缘刚毛，第 3 节具 2 等长末刚毛。**雄性：**腹部分 5 节，第 4 节最长，肛节最短并被前 1 节覆盖。右第 1 触角呈执握肢。第 5 对胸足双肢型且不对称，左、右足第 2 基节外末角呈刺状；左足内肢单节，粗大而钝突，外肢分 3 节，第 2 节具 1 外末刺及 1 抹刀形内刺，末节呈刺状，基部粗大，末部具细锯齿，外缘中部具 1 小刺突；右足内肢分 2 节，第 1 节狭长呈棒状，第 2 节呈抹刀状，位于第 1 节近基部，外肢分 2 节，第 1 节具 1 外末刺，第 2 节末端截平并具 2 外缘刺。

分布：东海；冲绳群岛海域，西太平洋。沿海近底层性种。

参考文献：44，131。

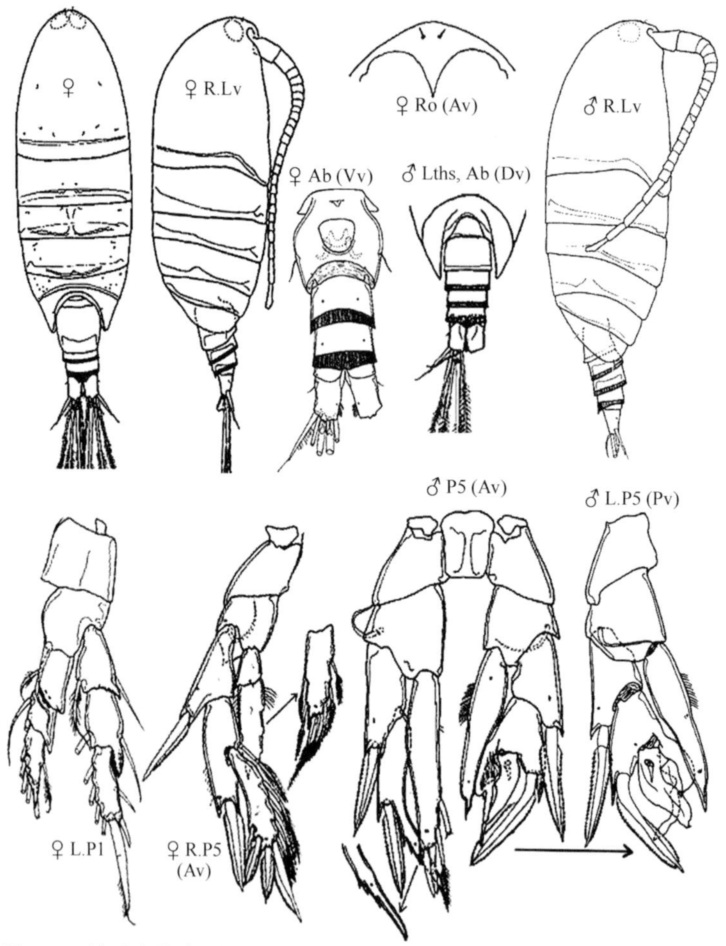

图 475 博氏脊纹水蚤 *Ridgewayia boxshalli*（仿 Barthelemy et al.，1998）

(475) 博氏脊纹水蚤 *Ridgewayia boxshalli* Barthelemy, Ohtsuka & Cuoc, 1998 (图 475)

形态特征：

体长：♀0.71~0.91 mm，♂0.67~0.85 mm。**雌性：**身体粗壮。头部与第 1 胸节分开，第 4、5 胸节也分开。额角尖锐且无额角丝。胸部后侧角对称，呈钝锥形，侧面观，宽圆，可达生殖节中部。腹部分 4 节，生殖节中部膨大，腹面两侧各具 1 感觉毛。尾叉对称，长为宽的 1.5 倍。第 1 触角分 25 节。第 1~4 对胸足内、外肢均分 3 节。第 1 对胸足第 2 基节内末角具 1 长而弯曲的刚毛，外肢第 2 节外末缘具 1 带锯齿粗刺突及 1 外缘刚毛。第 5 对胸足外肢分 3 节，内肢仅 2 节；外肢第 1 节外末角突出并具 1 长外末刺，第 2 节叶状外末刺长大并超过末节顶端，末节基部狭小，末部较粗大，着生在前 1 节内缘中部。**雄性：**体形与雌性相似。腹部分 5 节。右第 1 触角呈执握肢，分 22 节。第 5 对胸足双肢型且不对称，左足外肢 3 节，第 1 节具 1 长外末刺并超过内肢末端，第 2 节具 1 弯曲外末刺及 1 长大的内缘突，其末端具 1 长刺突并超过末节顶端，末节粗短呈爪状，内肢单节，末端尖锐，内缘中部具细毛；右足外肢仅 2 节，第 1 节外缘刺长大，超过末节外缘刺基部，末节狭长而弯曲，末端呈尖刺突，具 1 长外缘刺及 3 小外末缘刺，内肢单节而长大，具 2 羽状内缘刚毛及 2 末端刺。

分布：东海；琉球群岛海域，西太平洋。沿海近底层性种。

参考文献：44，70。

28. 厚壳水蚤科 Family Scolecithricidae [Scolecitrichidae] Giesbrecht, 1892

本科多数为中型、大型桡足类(体长一般为 2.0~6.9 mm，少数仅为 1.0~1.9 mm)。头部与第 1 胸节常愈合，第 4、5 胸节也常愈合。前额钝圆或具脊状突。额角分叉，末端常具额丝或小刺突。胸部后侧角常钝圆，少数尖锐或具刺突。腹部短小，雌性分 4 节，雄性分 5 节。尾叉短小。第 1 触角分 19~23 节。第 2 小颚常具蠕虫状或刷状感觉毛(棒)。各对胸足后表面常具小刺。第 1~4 对胸足内肢/外肢节数分别为：1/3、2/3、3/3、3/3。雌性第 5 对胸足短小，单肢型且对称，常分 2~3 节或完全消失。雄性第 5 对胸足常双肢型，左、右不对称。

本科包括 26 属 148 种(Boxshall & Halsey, 2004)，其中有些种、属的分类地位尚有疑问，有待深入探讨。中国海域仅记录 10 属 60 种，大多数为外海性中、深层种。

属名 Genera	种数	页码
兰德氏水蚤属 *Landrumius* Park, 1983	1	538
额脊水蚤属 *Lophothrix* Giesbrecht, 1895	3	539
麦壳水蚤属 *Macandrewella* A. Scott, 1909	4	542
新厚壳水蚤属 *Neoscolecithrix* Canu, 1896	1	546
异尾水蚤属 *Racovitzanus* Giesbrecht, 1902	1	547
舟哲水蚤属 *Scaphocalanus* Sars, 1900	9	548
小厚壳水蚤属 *Scolecithricella* Sars, 1903	25	557
厚壳水蚤属 *Scolecithrix* Brady, 1883	3	582
厚哲水蚤属 *Scolecocalanus* Farran, 1936	1	585
暗哲水蚤属 *Scottocalanus* Sars, 1905	12	586

注： Bowman 和 Abele (1982)将本科已被长期普遍使用的原拼写科名“Scolecithricidae Giesbrecht, 1892”改为“Scolecitrichidae Giesbrecht, 1892”(Boxshall & Halsey, 2004)。为了保持拉丁学名使用的稳定性，本书仍采用原拼写科名。

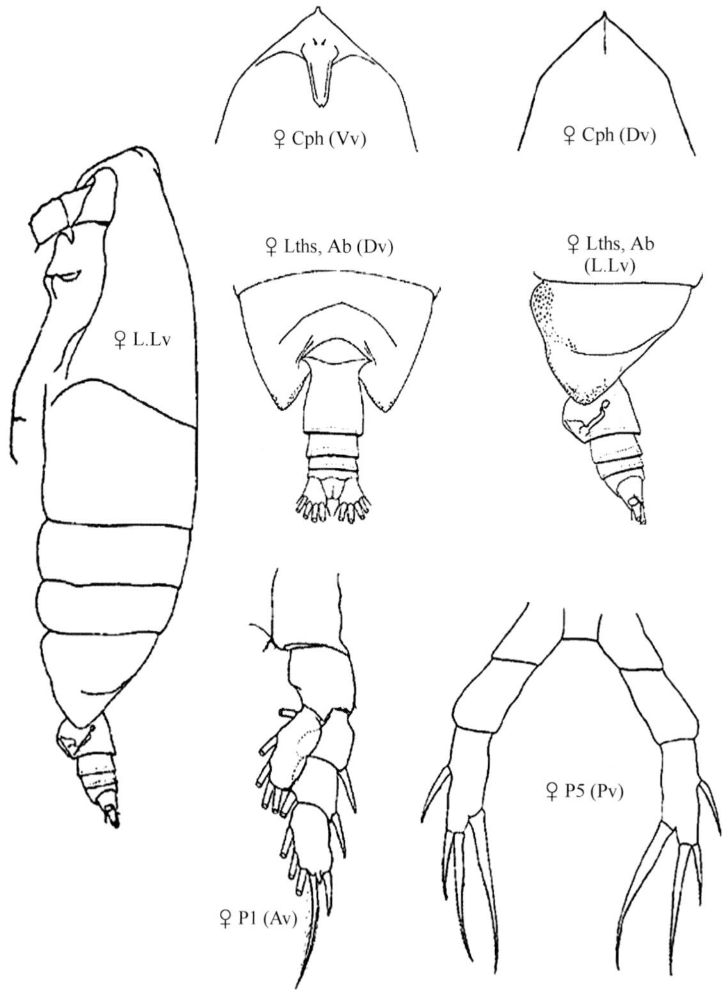

图 476　巨型兰德氏水蚤 *Landrumius gigas*（仿 Park，1983a）

（476）巨型兰德氏水蚤 *Landrumius gigas*（A. Scott，1909）（图 476）

［*Brachycalanus gigas* A. Scott，1909；*Lophothrix gigas*：Vervoort，1965；Grice & Hülsemann，1968；*L. thorsoni* Björnberg，1975］

形态特征：

体长：♀7.6~8.7 mm。**雌性：**头部前端具低的脊状突。背面观，前额突出呈三角形；侧面观，前额脊状突较低而宽圆。额角粗大呈柱状，其顶端具 2 小刺突。头部与第 1 胸节分开，第 4、5 胸节不完全分开。胸部后侧角突出呈钝三角形，向后可达生殖节中部。腹部分 4 节，生殖节粗大，稍长于后 3 节长度之和，其腹面生殖突膨大。尾叉宽短并位于肛节两侧缘。第 1 对胸足外肢分 3 节，各具 1 外缘刺，近等长，内肢单节。第 5 对胸足单肢型且对称，分 3 节，末节具 4 长刺毛，其中 2 外缘刺较短，内缘刺最长，为末节长的 1.5~2 倍，末刺较短于内缘刺，约为外缘刺长的 2 倍。

分布：南海东南部；马来群岛海域，太平洋及南大洋。深水种。

参考文献：44，101，148，158。

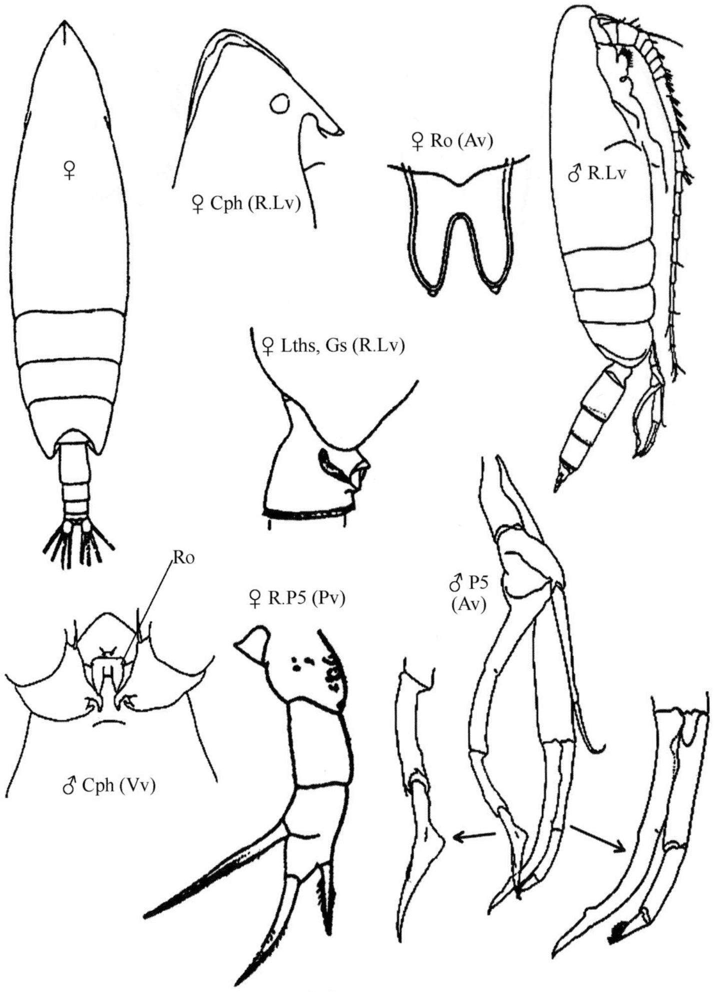

图 477 高额脊水蚤 *Lophothrix frontalis*
[仿连光山，钱宏林，1984（♀）；Park，1983（♂）]

（477）高额脊水蚤 *Lophothrix frontalis* Giesbrecht，1895（图 477）

形态特征：

体长：♀5.8~7.3 mm，♂5.4~6.0 mm。**雌性：**头部前端较狭而突出，呈三角形，其背面中央具较高的额脊，侧面观呈盔状。额角粗大呈叉状，其顶端各具 1 小突起。末胸节后侧角突出而钝圆。生殖节长大，其腹面突出。第 5 对胸足单肢型，左右对称，分 3 节，第 1 节后表面具细刺毛；末节内缘刺长等于本足末 2 节长度之和，并为末刺长的 1.5 倍，外缘刺短小，约为末刺长的 1/2，为内缘刺长的 1/3。**雄性：**前额突出呈钝三角形，背面无中央脊状突，额角分叉，末端钝尖。第 4、5 胸节不愈合。侧面观，胸部后侧角宽圆，背面观为钝三角形。第 5 对胸足双肢型且不对称，左足第 1、2 基节均长大，外肢分 3 节，末节短小呈锥状，其内缘及末端均具细毛，内肢单节，稍长于外肢，末端狭尖呈刺状；右足第 2 基节膨大，内肢分 2 节，细长呈刺状，较长于左足第 2 基节，外肢分 3 节，第 2 节外末缘具 1 小刺，末节呈镰刀状，其内缘近中部突出呈三角形，末部狭长呈刺状。

分布：东海，南海；太平洋，印度洋及大西洋。深水种。

参考文献：20，24，25，38，44，51，148，158，180，217。

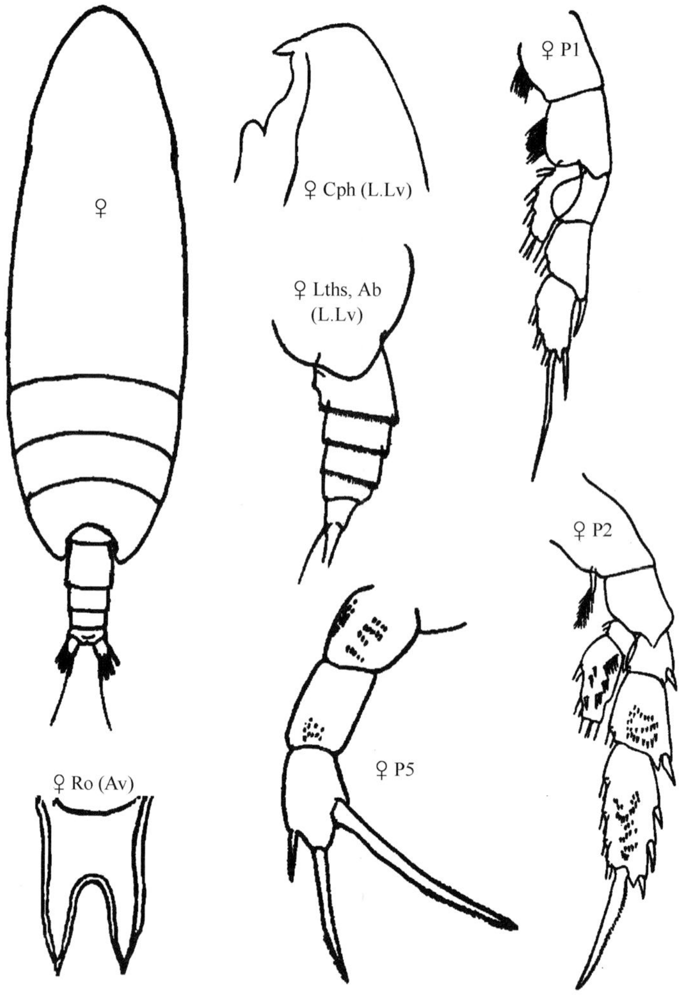

图 478 平额脊水蚤 *Lophothrix humilifrons*
[仿 Tanaka，1961（♀）；Sars，1925（♀Ro）]

（478）平额脊水蚤 *Lophothrix humilifrons* Sars，1905（图 478）

形态特征：

体长：♀5.5~7.3 mm。**雌性：**头胸部呈椭圆形，头部无中央脊状突。背面观，前额钝圆，侧面观较扁平而宽圆。额角粗短呈叉状，末端尖锐。胸部后侧角较狭而钝圆，可达生殖节中部。腹部分 4 节，生殖节呈方形，其长度等于后 2 腹节长度之和，腹面生殖突较低；第 1~3 腹节末缘具细刺毛。尾叉呈方形。第 5 对胸足单肢型，左右对称，分 3 节，与高额脊水蚤（*L. frontalis*）雌性第 5 对胸足相似，第 1~2 节前表面具微刺毛，末节内缘刺细长，约为本足末 2 节长度之和的 1.5 倍，也为末刺长的 1.5 倍，外缘刺短小，仅为末刺长的 1/3，为内缘刺长的 1/4。

分布：东海，南海东部；菲律宾群岛海域，太平洋，印度洋及大西洋。深水种。

参考文献：44，106，157，161，180，217。

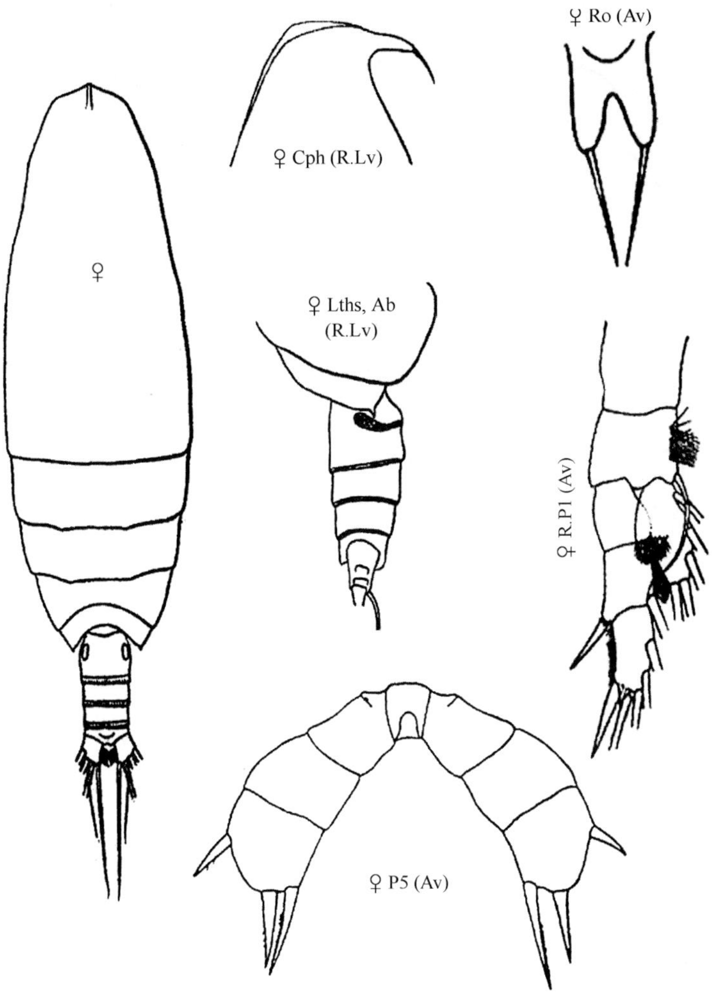

图 479 低额脊水蚤 *Lophothrix latipes*（仿连光山，林金美，1978）

（479）低额脊水蚤 *Lophothrix latipes*（T. Scott，1894）（图 479）

［美丽黄水蚤 *Xanthocalanus pulcher* Esterly，1911；Brodsky，1950；连光山等，1978；陈清潮等，2008；*Scolecithrix angusta* Esterly，1911；*S. acutus* Wolfenden，1911；*S. latipes* T. Scott，1894］

形态特征：

体长：♀2.3~3.4 mm。**雌性：**头胸部呈长椭圆形。额部前端较宽大，中部稍突出，其背中央具 1 长而低的脊状突。侧面观，前额较平，脊状突较低。额角粗短并分叉，其顶端各具 1 长额丝。第 4、5 胸节分开。末胸节后侧角短小而尖锐，侧面观呈小齿状突。腹部分 4 节，生殖节近方形，腹面稍突出，其长度约等于后 2 节之和，第 2、3 节宽短并等长，其长约为宽的 1/2。尾叉长等于宽，并较长于肛节。第 1 触角分 24 节，向后伸展可达第 2 腹节末端。第 5 对胸足单肢型且对称，各分 3 节，末 2 节较宽大，末节具 3 粗刺，外缘刺短小，末刺较长，约与末节等长，内末刺最长，约为外缘刺长的 2 倍。

分布：东海，南海；太平洋，印度洋及大西洋。深水种。

参考文献：6，24，31，44，51，67，87，148，217，218。

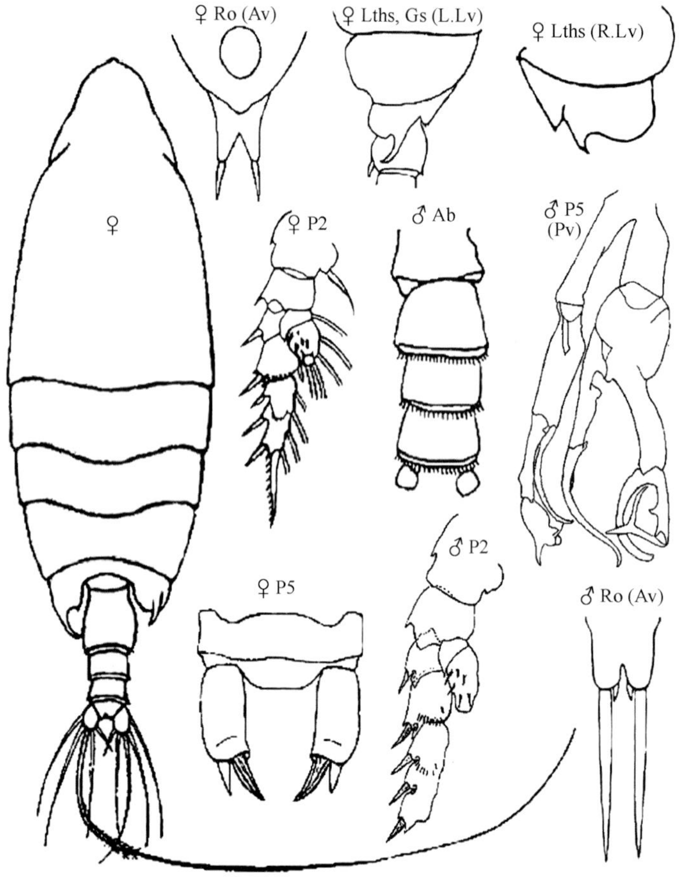

图 480　双刺麦壳水蚤 *Macandrewella joanae*（仿 A. Scott，1909）

（480）双刺麦壳水蚤 *Macandrewella joanae* A. Scott，1909（图 480）

形态特征：

体长： ♀3.6 mm，♂3.4 mm。**雌性：** 头胸部呈卵圆形。前额较狭并稍突出。额角基部具 1 圆形晶状体。额角分叉，基部粗大，顶端具 1 额刺。末胸节后侧角刺不对称，各具 1 弯刺突。侧面观，左侧末刺较狭长并达生殖节近末部，右侧末刺较粗短，仅达生殖节中部；在两侧末刺基部背面各具 1 小齿突。腹部分 4 节，生殖节稍不对称，右侧稍膨大，腹面具 1 突起。生殖节长等于后 3 节长度之和，尾叉粗短，近方形，左叉第 3 尾刚毛特别长。第 5 对胸足很短小，单肢型且对称，仅 1 节，呈圆柱状，末端具 2 粗刺，内末刺较长，约为外末刺长的 2 倍。**雄性：** 头胸部与雌性相似，但末胸节后侧角对称，并具小刺突。腹部分 5 节。额角分叉，其顶端额角丝显著长于雌性，并在基部内末角各具 1 小刺突。第 5 对胸足不对称，呈螯状，左足第 1~2 基节狭长，内肢单节呈镰刀状，可达外肢末端，末部内缘具细锯齿，外肢分 2 节，末节粗短，末端具 1 丛细毛及 1 内末刺和 1 粗大外末刺；右足内肢单节，狭长而弯曲，可达外肢末端，内缘具 3 瘤状突，外肢分 3 节，第 1 节内缘基部具 1 小突起，第 2 节内缘基部突出呈强大而弯曲的爪状突，节的内缘中部具 1 粗短齿突，第 3 节末端分叉呈 Y 形刺突。

分布： 南海；太平洋。热带种。

参考文献： 20，24，44，51，158。

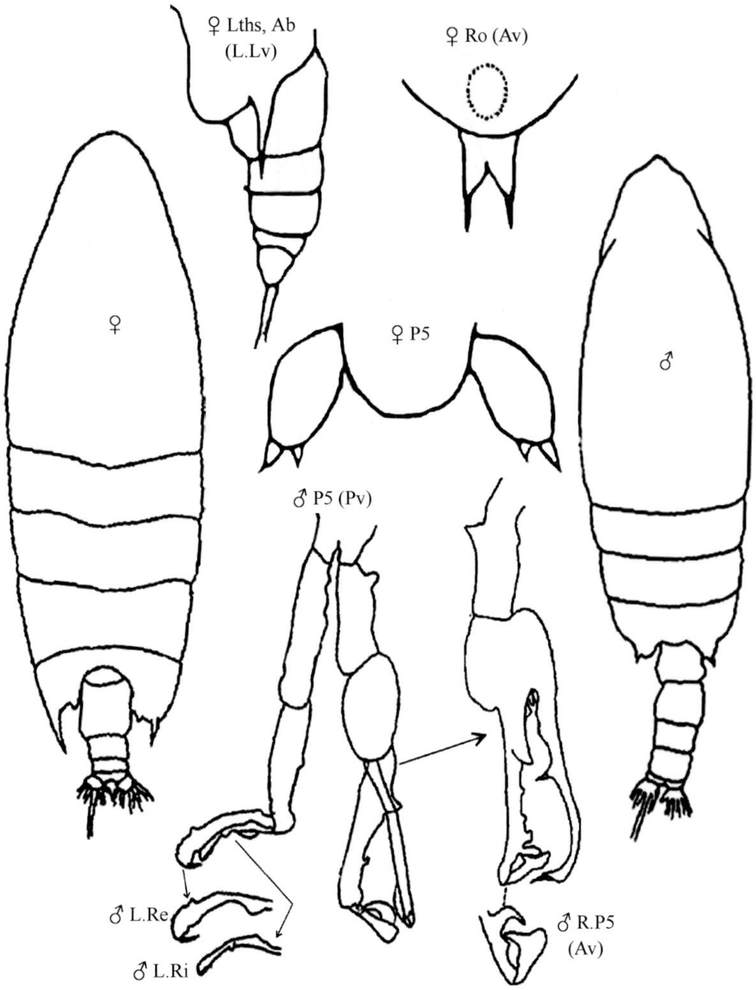

图 481 小突麦壳水蚤 *Macandrewella tuberculata*（仿陈清潮，1987）

（481）小突麦壳水蚤 *Macandrewella tuberculata* Chen，1987（图 481）

形态特征：

体长：♀3. 4 mm，♂3. 4 mm。**雌性：**前额钝圆。额角分叉呈刺状。前额中央近额角基部具1圆形晶状体。末胸节后额角尖锐而不对称，左后侧刺较右后侧刺长，向后可达第2腹节中部。腹部分4节，生殖节不对称，左侧较突出，生殖节长约为后3节长度之和。尾叉宽短且对称。第5对胸足很短小且对称，呈卵圆形，仅1节，顶端具2小末刺，外刺较内刺长而粗。**雄性：**胸部后侧角刺较短小而不对称，右后侧角刺较长于左后侧角刺。腹部分5节。第5对胸足呈执握状，双肢型，不对称，左足第1、2基节狭长，外肢分2节，第1节外缘近末端具1小突起，第2节短小呈钩刺状，内肢1节狭长呈镰刀状，其内缘末部具细刺；右足第1基节外缘近基部具1小突起，第2基节粗大，外肢分2节，第1节内缘具数个小瘤状突，第2节粗短，末端呈钩状，内肢较细长，其内缘基部与中部各具1刺突，末端尖锐呈刺状。

分布：南海；太平洋。热带种。

参考文献：19，20，23，24，37，44。

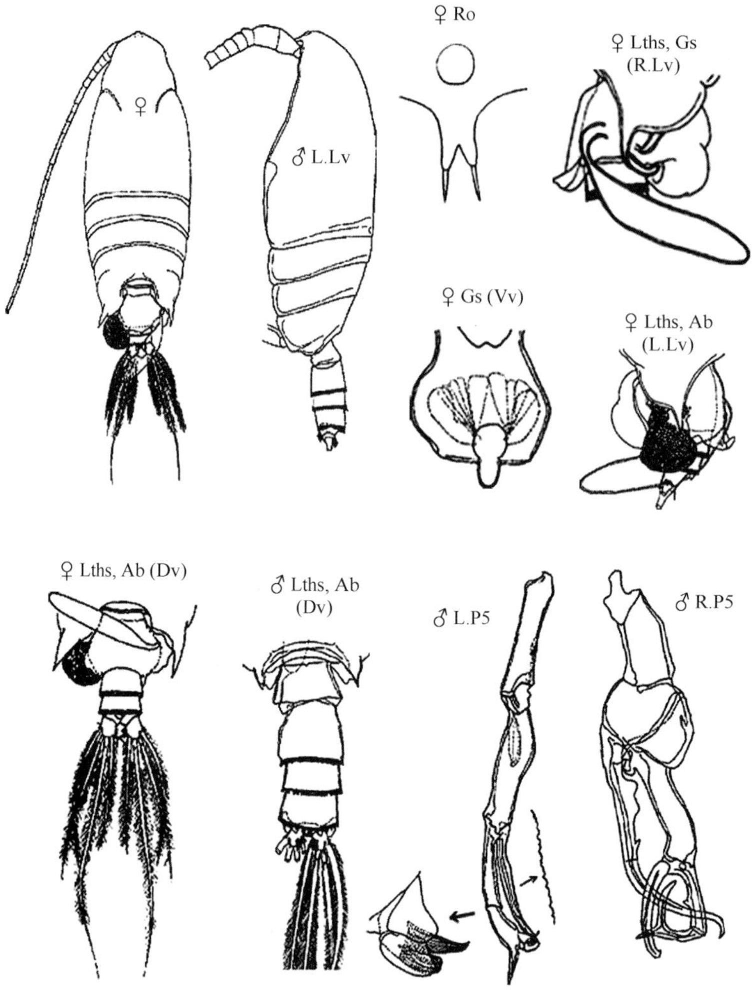

图 482 沃氏麦壳水蚤 *Macandrewella omorii*（仿 Ohtsuka et al.，2002）

（482）沃氏麦壳水蚤 *Macandrewella omorii* Ohtsuka，Nishida & Nakaguchi，2002（图 482）

形态特征.

体长：♀3.3～3.9 mm，♂3.4～3.6 mm。**雌性：**前额具 1 圆形晶状体，位于叉状额角基部。胸部后侧角为单刺突，稍不对称，向后均超过生殖节末缘；右侧刺直指后方，末端弯向腹面；左侧刺较粗大并向外撇开。腹部粗短，分 4 节，生殖节膨大呈球状，腹面近后缘生殖孔盖呈舌状，可达第 2 腹节中部，肛节很短小。尾叉近方形，左、右叉尾刚毛对称。第 5 对胸足不存在。**雄性：**胸部后侧角单刺突不对称，右侧刺较大于左侧刺。腹部生殖节较不对称，第 2 腹节左侧较右侧膨大。尾叉短小并对称。第 5 对胸足不对称，左足第 1、2 基节等长，第 2 基节内缘近端较膨大，外肢分 2 节，末节具 1 长外末刺，末端具 2 个条纹状突起及 2 片锥形突，内肢单节呈棒状，内缘具细锯齿；右足内肢狭长并弯曲，其内缘基部具 1 锥状突，中部具 1 小齿突，在两突起之间另具 2 个相连的钝突，外肢分 3 节，第 1 节粗大，内缘基部具 1 瘤状突，第 2 节短小，内缘基部具 1 钩状突，节的内缘中部具 1 三角形齿突，第 3 节顶端分叉并弯曲，呈 Y 形刺突。

分布：东海；琉球群岛海域，太平洋。沿海近底层性种。

参考文献：44，136。

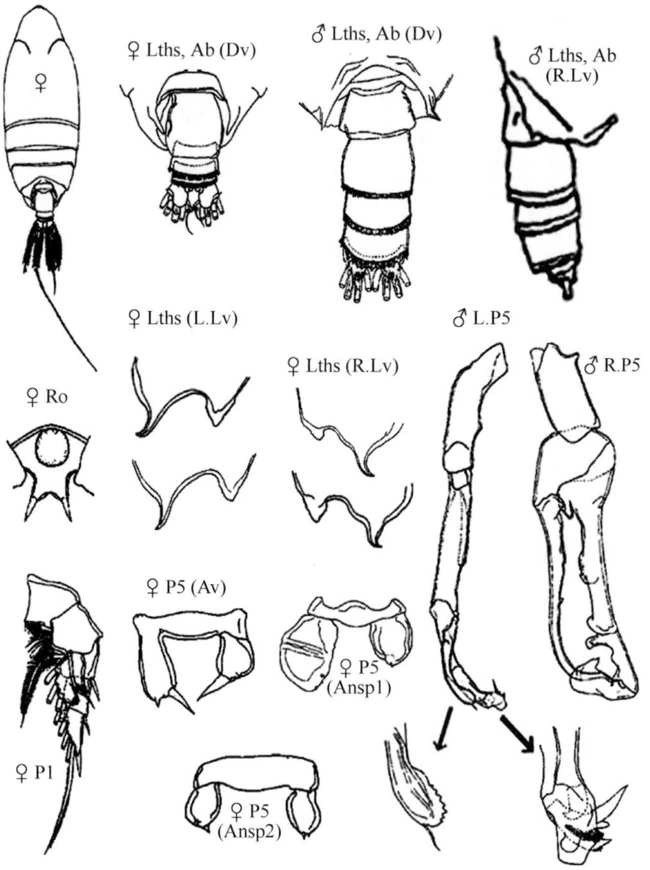

图 483　暗麦壳水蚤 *Macandrewella stygiana*（仿 Ohtsuka et al.，2002）

（483）暗麦壳水蚤 *Macandrewella stygiana* Ohtsuka，Nishida & Nakaguchi，2002（图 483）

形态特征：

体长：♀3.2~3.8 mm，♂3.3~3.8 mm。**雌性：**前额稍突出并具 1 圆形晶状体，位于额角基部。额角呈叉状，顶端具 1 对小额角刺。末胸节后侧角不对称，各具 1 对刺突，背刺突粗短呈片状，其边缘具锯齿；左侧腹刺突较长于右侧腹刺突，末部弯曲，可达生殖节末缘。腹部分 4 节，生殖节不对称，左侧前背面隆起，右侧背末缘也隆起。尾叉宽短，左叉第 3 尾刚毛特别长。第 5 对胸足不对称，分 1~2 节，具 1 共同的基节板，模式标本：左足第 2 节短小并与基节分开，右足较长并与基节愈合，左、右足末端均具 1 长内末刺及 1 小外末刺突。副模标本特征有变化：左、右足均分 2 节，左、右足对称或不对称，末端仅具 2~3 小突起。**雄性：**额角与雌性相似。胸部后侧角为单刺突，稍不对称，右侧突向外撇开。腹部分 5 节，生殖节稍不对称，右侧具 2 瘤状突和 1 背突。第 5 对胸足不对称，左足第 1、2 基节等长，外肢分 2 节，第 2 节末端具 3 不等长刺突，内肢单节呈棒槌状，内末缘具锯齿列，末端具 1 小刺毛；右足呈螯状，第 1 基节外缘基部具 1 三角突起，外肢第 1 节狭长，内缘具 3 瘤状突，第 2 节短小，内缘也具 3 小突起，其基部突起较大，顶端截平，末节呈叶状，顶端向内弯曲呈喙状，内肢单节狭长而弯曲，其基部和中部各具 1 突起。

分布：东海；琉球群岛海域，太平洋。沿海近底层性种。

参考文献：44，136。

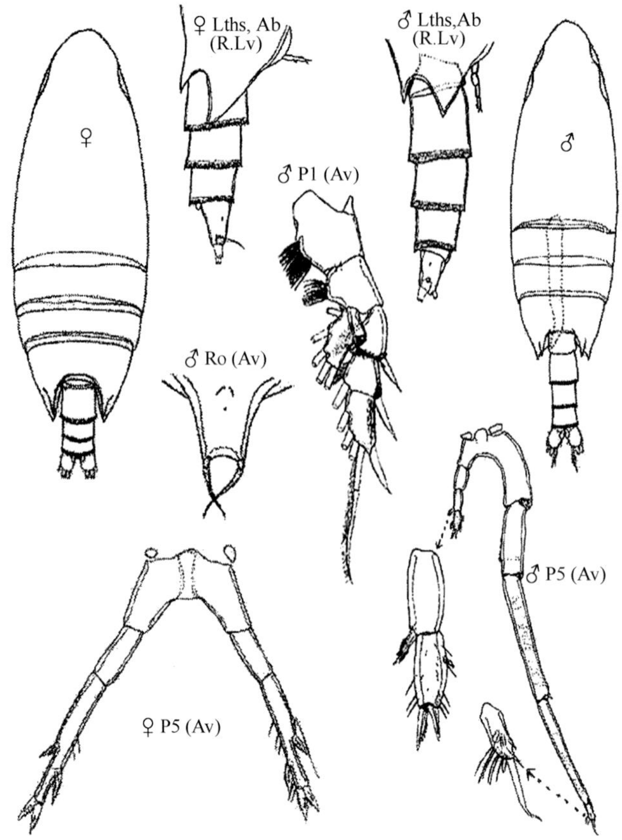

图 484　日本新厚壳水蚤 *Neoscolecithrix japonica*（仿 Ohtsuka et al.，2003）

（484）日本新厚壳水蚤 *Neoscolecithrix japonica* Ohtsuka, Boxshall & Fosshagen，2003（图 484）

［双齿卵毛水蚤 *Oöthrix bidentata*（Copepodid V）：陈清潮等，1965（第 V 期桡足幼体）；连光山等，1994，2008］

形态特征：

体长：♀3.2~3.3 mm，♂3.3~3.4 mm。**雌性：**头胸部呈卵圆形。前额钝圆。额角向腹面突出，顶端具 2 额角丝。胸部后侧角各具 1 对尖刺突，腹侧刺突较背侧刺突长大，可达生殖节末端。腹部分 4 节，第 1~3 节后缘具细刺毛。生殖节近方形，约等于后 2 节长度之和，肛节短小，全被前 1 腹节遮盖。第 5 对胸足单肢型且不对称，均分 3 节，右足末节较长，约为左足末节长的 1.2 倍，左、右足末节内、外缘常具细刺毛，并各具 1 外缘刺、1 内缘刺及 2 近等长的末刺。**雄性：**头胸部与雌性相似，但较狭长。胸部后侧角也具 1 对尖针突，左右对称，腹侧刺较长大，可达第 2 腹节近端 1/3 处。额角与雌性相似。腹部分 5 节，肛节很短小并被前 1 腹节所遮盖。第 5 对胸足单肢型且不对称，左足狭长并分 5 节，第 3 节长为末 2 节长度之和，其外末角具 1 小刺突，末节很短小，外末缘具 2 小刺，顶端具 1 长刺，内末缘具细毛丛；右足短小，分 4 节，仅达左足第 2 节近中部，第 3 节具 1 外末刺，末节内外缘具细刺毛，顶端具 2 近等长末刺。

分布：东海，南海；太平洋。沿海近底层性种。

参考文献：5，13，24，37，44，128。

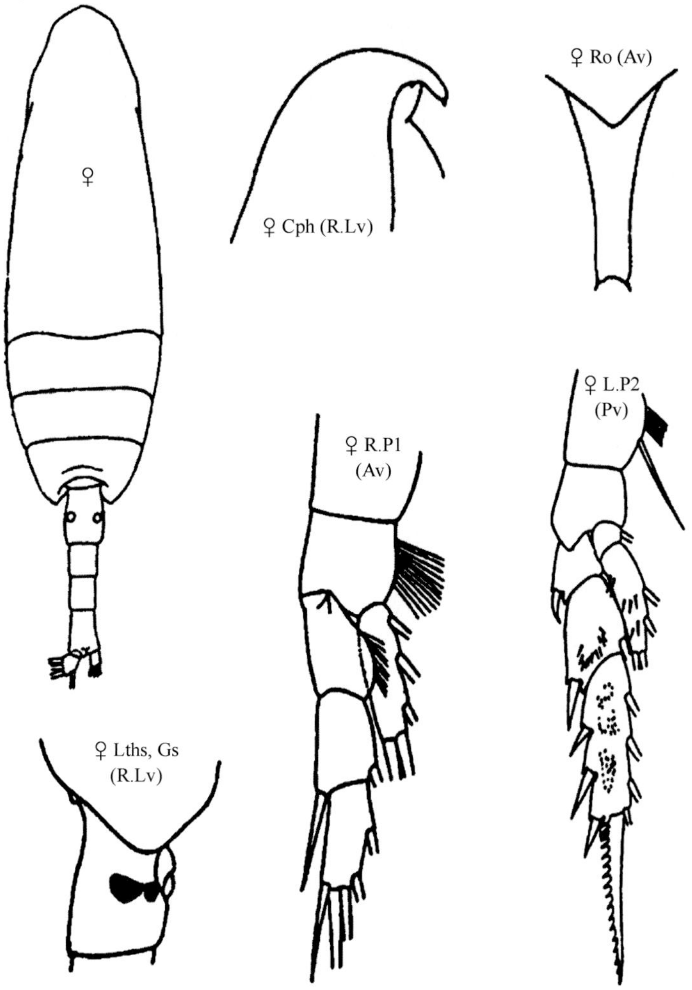

图 485　平滑异尾水蚤 *Racovitzanus levis*（仿连光山，钱宏林，1984）

（485）平滑异尾水蚤 *Racovitzanus levis* Tanaka，1961（图 485）

形态特征：

体长：♀1.9~2.0 mm。**雌性：**头胸部呈长椭圆形。头部与第 1 胸节愈合，第 4、5 胸节不完全愈合。前额宽圆，额角呈圆柱状，顶端稍分叉并具 2 小刺。胸部后侧角钝突，侧面观较宽圆。腹部分 4 节，生殖节最长，肛节次之，第 2、3 节较短并等长。尾叉不对称，左叉较粗大并向外撇开，远较右叉为长，其第 2 内缘刚毛特别长。第 1~4 对胸足内/外肢节数分别为 1/3、2/3、3/3、3/3。第 1 对胸足外肢第 1 节无外缘刺，第 2 节具 1 长外末刺可达末节顶端。第 2 对胸足外肢第 1 节具 1 小而弯曲的外末刺，外肢第 2、3 节及内肢第 2 节后表面均具小刺丛。第 5 对胸足完全退化而不存在。

分布：台湾海峡南部，南海；太平洋。深水种。

参考文献：6，20，24，37，38，44，51，180。

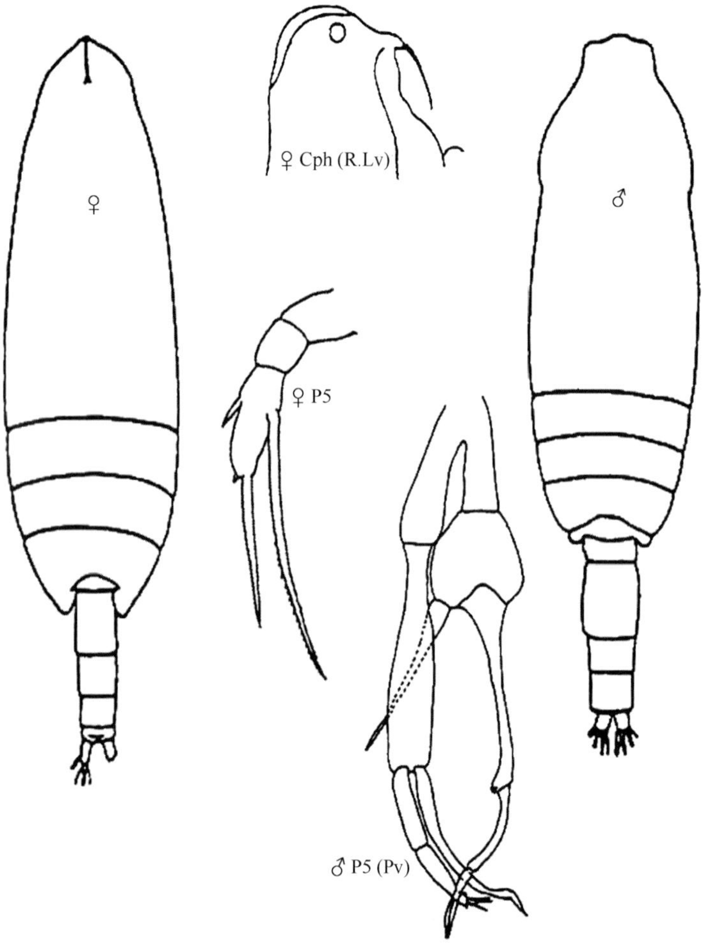

图 486 近缘舟哲水蚤 *Scaphocalanus affinis*
[仿 Tanaka, 1961 (♀); Bradford, 1983 (♂)]

(486) 近缘舟哲水蚤 *Scaphocalanus affinis* (Sars, 1905) (图 486)

[*Amallophora affinis* Sars, 1905; *A. gracilis* Wolfenden, 1911]

形态特征:

体长: ♀3.6~5.4 mm, ♂3.5~5.0 mm。**雌性:** 前额中央具脊状突, 侧面观宽圆。额角顶端具 1 对额角丝。胸部后侧角突出呈钝三角形。腹部分 4 节, 生殖节小于后 2 腹节长度之和。尾叉长为宽的近 2 倍。第 5 对胸足单肢型, 分 3 节, 末节具 4 不等长刺, 内缘刺长为末节长的 2 倍, 末刺较长于末节, 2 外缘刺很短小。**雄性:** 头部前端收缩, 额部截平, 无脊状突, 额角与雌性相似。第 4、5 胸节分开, 后侧角钝圆。腹部分 5 节, 第 2 节长大, 等于后 2 节长度之和。第 5 对胸足双肢型且不对称, 左足内肢分 2 节, 稍长于外肢, 其末节很尖小, 外肢分 3 节, 末节很短小, 内缘具细毛, 顶端具 3 小刺毛; 右足内肢单节, 长达外肢第 1 节末缘, 内肢基部具 1 小突起, 外肢分 3 节。

分布: 东海, 南海; 太平洋, 印度洋, 大西洋及南大洋。深水种。

参考文献: 44, 77, 106, 157, 169, 180, 217, 218。

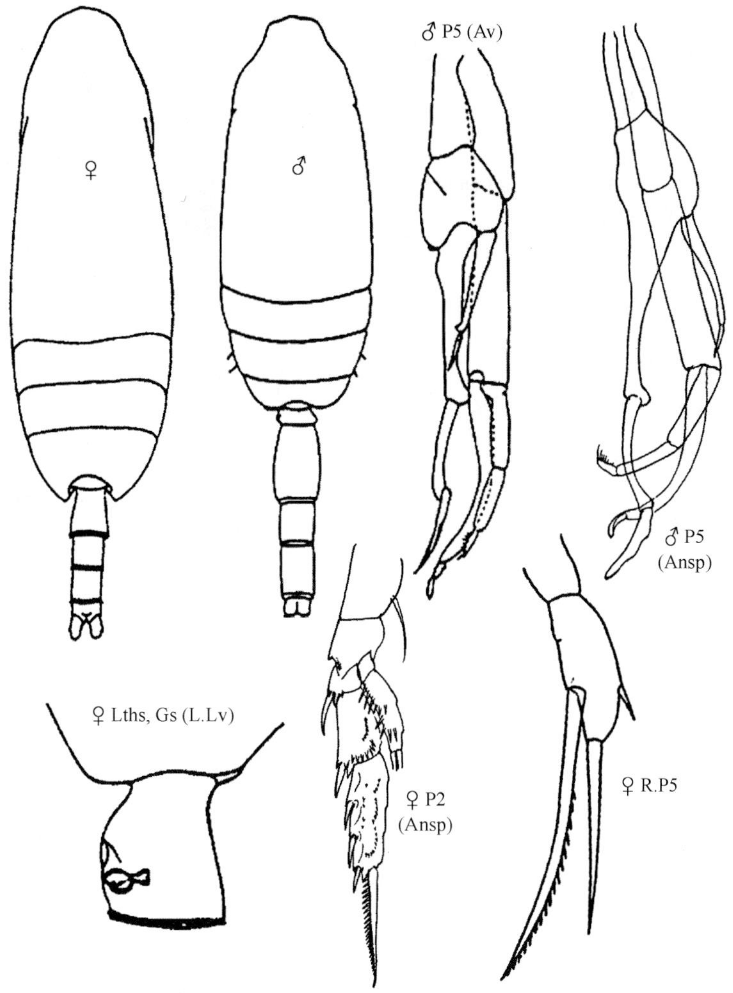

图 487　短角舟哲水蚤 *Scaphocalanus brevicornis*
[仿连光山，钱宏林，1984（♀）；Tanaka，1937（♂），1961（♀P2，Ansp；♂P5，Ansp）]

（487）短角舟哲水蚤 *Scaphocalanus brevicornis* Sars，1900（图 487）

[*Amallophora brevicornis* Sars，1903；*Scaphocalanus minuta* Tanaka，1937（♂）；Brodsky，1950]

形态特征：

体长：♀1.9~2.8 mm，♂2.2~3.0 mm。**雌性：**前额宽圆。胸部后侧角突出，侧面观宽圆。额角基部粗短，顶端具1对细长额角丝。腹部分4节，第1~3节后缘具细刺毛，生殖节腹面稍突出。第2对胸足外肢第1节外缘刺长而弯曲，其末端超过外肢第2节中部。第5对胸足分2节，末节具3不等长刺，内缘刺长约为末刺的1.5倍，其外缘具1列粗锯齿，齿数15~17枚，末刺稍长于末节，外缘刺短，位于外缘远端1/3处。**雄性：**头部前端收缩而钝圆。额角与雌性相似。胸部后侧角宽。腹部分5节，第2节小于后2节长度之和。第5对胸足不对称，左足外肢分3节，末节短小，内缘具细毛，内肢分2节，较长于外肢，末节短小而弯曲；右足内肢分2节，达不到外肢第1节末端，外肢分3节，末节呈小刀状。

分布：东海，南海；太平洋，大西洋，南大洋及北冰洋。深水种。

参考文献：20，24，38，44，51，67，106，153，169，178，180，217。

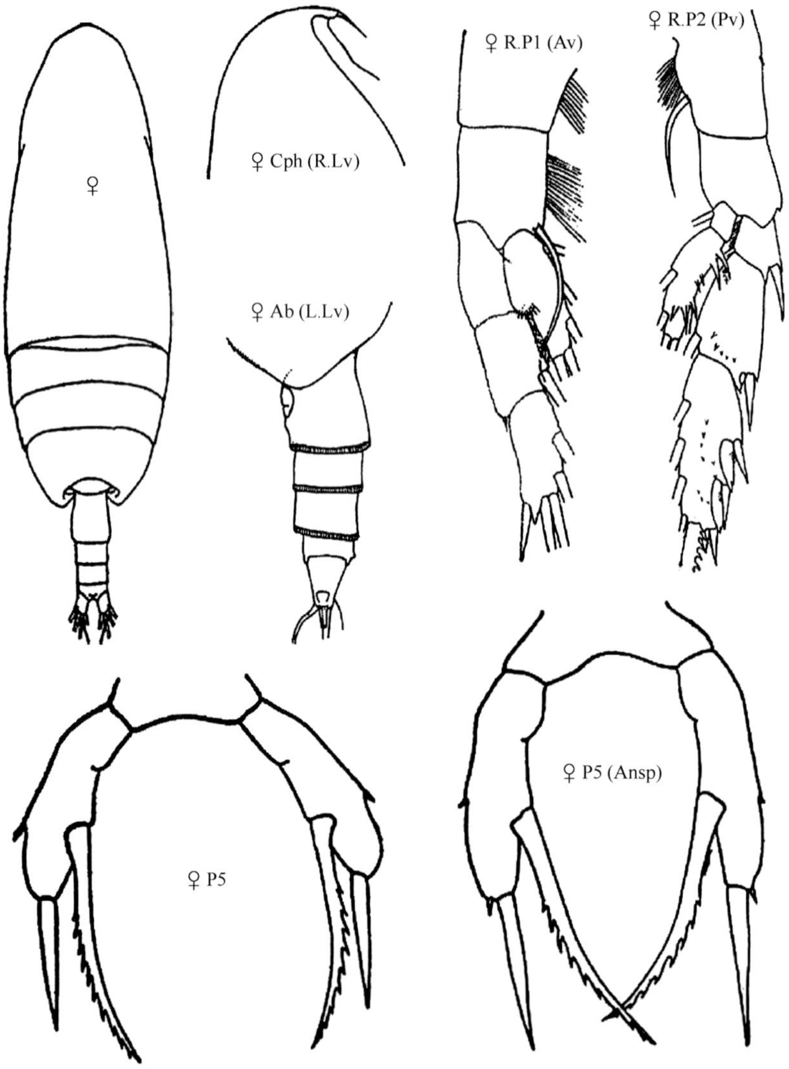

图 488　锯齿舟哲水蚤 *Scaphocalanus echinatus*（仿连光山，林金美，1978）

（488）锯齿舟哲水蚤 *Scaphocalanus echinatus* Farran，1905（图 488）

形态特征：

体长：♀1.7~2.5 mm。**雌性：**前额稍突出，侧面观宽圆。额角丝细长。胸部后侧角钝突，侧面观钝圆。腹部分 4 节，第 1~3 节末缘具细刺毛；生殖节长大，腹面稍突出。尾叉长为宽的 1.5~2 倍。第 5 对胸足单肢型且对称，分 2 节，第 2 节具 1~2 小外缘刺，内缘刺长大，为末刺长的 1.5~2 倍，其外缘具 8~10 粗锯齿。第 5 对胸足结构有个体差异，有些个体具退化的内肢，呈瘤状，内缘刺较短，达不到末刺顶端（Tanaka，1961）。

分布：东海，南海；太平洋，大西洋。深水种。

参考文献：6，31，48，51，106，180，217。

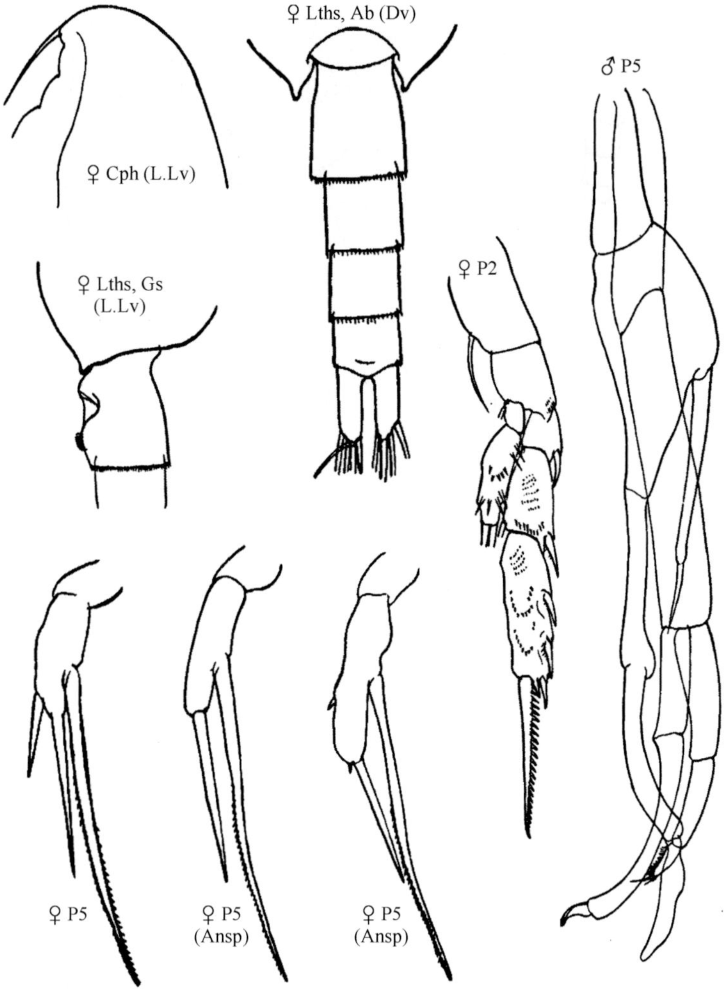

图 489 瘦长舟哲水蚤 *Scaphocalanus elongatus*（仿 Tanaka，1961）

（489）瘦长舟哲水蚤 *Scaphocalanus elongatus* A. Scott，1909（图 489）

［*Scaphocalanus brevicornis*：Brodsky，1950（♂）］

形态特征：

体长：♀2.4~3.1 mm，♂2.6~2.9 mm。**雌性：**前额宽圆。额角丝细长。胸部后侧角突出呈三角形，顶端具 1 小突起。腹部分 4 节，第 1~3 节末缘具细刺毛；生殖节长等于宽，腹面不突出，而具 1 小凹陷，生殖孔后缘具 1 丛细毛。尾叉长约为宽的 2.5 倍。第 5 对胸足单肢型，分 2 节，末节具 3 刺，其内缘刺为末刺长的 2 倍，外缘刺短小，仅为末刺长的 1/2。但有些个体的末节仅具 1 内缘刺和 1 末刺，而无外缘刺；有的末节具 4 刺，其中 2 外缘刺很短小。**雄性：**第 5 对胸足不对称，左足内、外肢均分 3 节，内肢第 1 节与第 2 节连接处较膨大而突出，末节尖小呈爪状；右足内肢细长，分 2 节，可达左足第 2 基节末端，外肢分 3 节，末节呈小刀状。

分布：东海，南海；太平洋，印度洋。深水种。

参考文献：67，106，158，159，180。

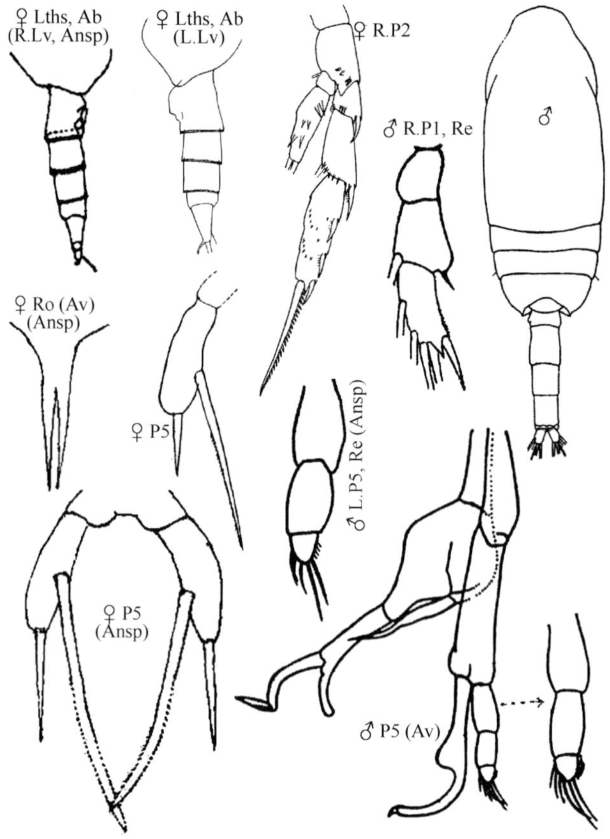

图 490 长叉舟哲水蚤 *Scaphocalanus longifurca*

[仿 Tanaka, 1961 (♀Lths, Ab, L. Lv; ♀P5); Park, 1970 (♀Ro; ♀Lths, Ab, R. Lv; ♀P5, Ansp); 连光山等, 1978 (♂)]

(490) 长叉舟哲水蚤 *Scaphocalanus longifurca* (Giesbrecht, 1888) (图 490)

[*Scolecithrix longifurca* Giesbrecht, 1892; *Scolecithricella longifurca*: A. Scott, 1909; *Scaphocalanus glacialis*: Tanaka, 1953 (♂); *S. tempolaris*: Tanaka, 1953 (♂)]

形态特征:

体长: ♀1.5~1.9 mm, ♂1.3~1.4 mm。**雌性:** 额角丝细长。侧面观，胸部后侧角呈钝三角形。生殖节长约为后 2 腹节长度之和，其腹面突出或稍突出。尾叉长为宽的 2 倍。第 2 对胸足外肢第 1 节外缘刺稍弯曲，可达外肢第 2 节中部。第 5 对胸足单肢型，分 2 节，末节常具 2 长刺，但有个体差异，内缘刺长为末刺长的 2~3 倍，其边缘具细锯齿，末刺稍短于末节或仅为末节长的 1/2，少数在末刺基部外侧另具 1 小刺突。**雄性:** 腹部生殖节较短而不对称，左侧近末缘具 1 小瘤状突；第 3、4 腹节近等长。第 1 触角较短，仅达末胸节后缘。第 5 对胸足不对称，左足内肢分 2 节，第 1 节内缘中部膨大呈瘤状，末部弯曲呈镰刀状，末节很短小，外肢分 3 节，末节宽短而钝圆，顶端至内缘具 5~6 长刺毛，外缘具细毛；右足内肢单节呈长刺状，其末端稍超过外肢第 1 节中部，外肢分 3 节，第 1 节内末缘具 1 长指状突，可达第 2 节近末缘，与弯曲的第 2 节形成螯状，末节短小，顶端尖锐。

分布: 东海，南海；太平洋，印度洋及大西洋。深水种。

参考文献: 24, 31, 51, 97, 106, 144, 158, 170, 180。

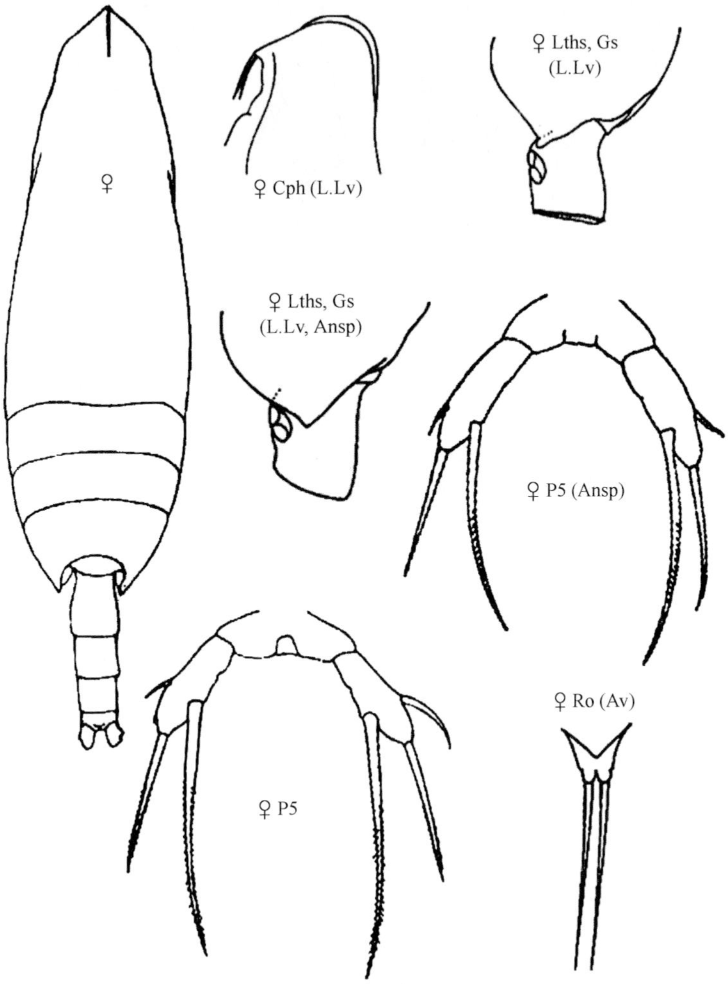

图 491 大型舟哲水蚤 *Scaphocalanus magnus*（仿连光山，钱宏林，1984）

（491）大型舟哲水蚤 *Scaphocalanus magnus*（T. Scott，1894）（图 491）

［*Amallophora magna* T. Scott，1894；Sars，1903；*Scolecithrix magna*：Esterly，1905］

形态特征：

体长：♀3.4～5.6 mm。**雌性：**前额呈三角形，其背中央具额脊，呈盔状。额角丝细长。胸部后侧角突出呈三角形。其顶端常具小钝突。生殖节腹面稍突出或不突出。第 5 对胸足单肢型并分 2 节，末节外缘刺短小，不达或超过末节顶端，内缘刺最长，为末节长的 2～2.5 倍，末刺长约为末节的 1.3 倍或等长。

分布：东海，南海；太平洋，印度洋及大西洋。深水种。

参考文献：20，24，38，44，51，67，106，153，158，159，180，217。

注：Sewell（1947）将本种雌性个体分为大（F. major）、小（F. minor）两个型，两者平均体长分别为 4.97 mm 与 3.55 mm。除了体长差异较大之外，其余特征差异不显著，均在上述变化范围之内。两型在西太平洋热带海域及南海均有分布。

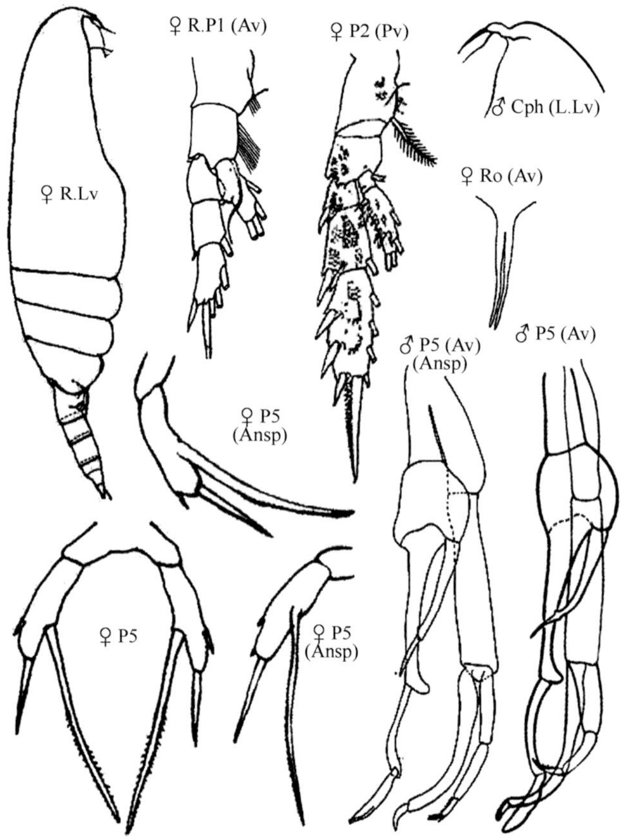

图 492 巨舟哲水蚤 *Scaphocalanus major*

［仿 Park, 1970（♀）; Tanaka, 1961（♀P5, Ansp; ♂P5）; Bradford et al., 1983（♂P5, Ansp）］

（492）巨舟哲水蚤 *Scaphocalanus major*（T. Scott, 1894）（图 492）

［*Amallophora media* Sars, 1907; *Scolecithrix major* T. Scott, 1894; *S. gracilipes* Farran, 1908; *Scaphocalanus medius* Sars, 1925; Sewell, 1929; Brodsky, 1950; Wilson, 1950; 陈清潮, 2008］

形态特征：

体长：♀2.1~3.1 mm，♂1.8~2.8 mm。**雌性：**前额背面观宽圆，侧面观狭圆，额角丝细长。胸部后侧角呈钝三角形。生殖节腹面稍突出，其腹面末缘至生殖孔具细毛，生殖节及第2~3腹节末缘也具细刺毛。尾叉长为宽的2倍。第2对胸足外肢第1节外缘刺较短，达不到外肢第2节中部。第5对胸足分2节，末节常具3不等长刺，内缘刺细长，约为末刺长的2倍，其边缘具细刺；末刺较短于末节或等长；外缘刺很短小，常具1根，有少数具2根或无外缘刺。**雄性：**头部前端较狭圆。额角丝细长。第4、5胸节分开，末胸节后侧角稍突出。腹部分5节，第2腹节小于后2节长度之和，第3、4腹节等长。尾叉长约为宽的1.4倍。第5对胸足不对称，左足内肢分2节，基部较粗大，末节短小呈爪状，外肢分3节，末节短小，其顶端约具3细刺毛，节内缘具细毛；右足内肢分2节，仅达左足第2基节末缘，外肢第1节内末缘膨大而突出，第2节稍弯曲，末节呈小刀状。

分布：东海，南海；太平洋，印度洋及大西洋。深水种。

参考文献：24，44，51，67，77，106，144，157，158，159，180，217。

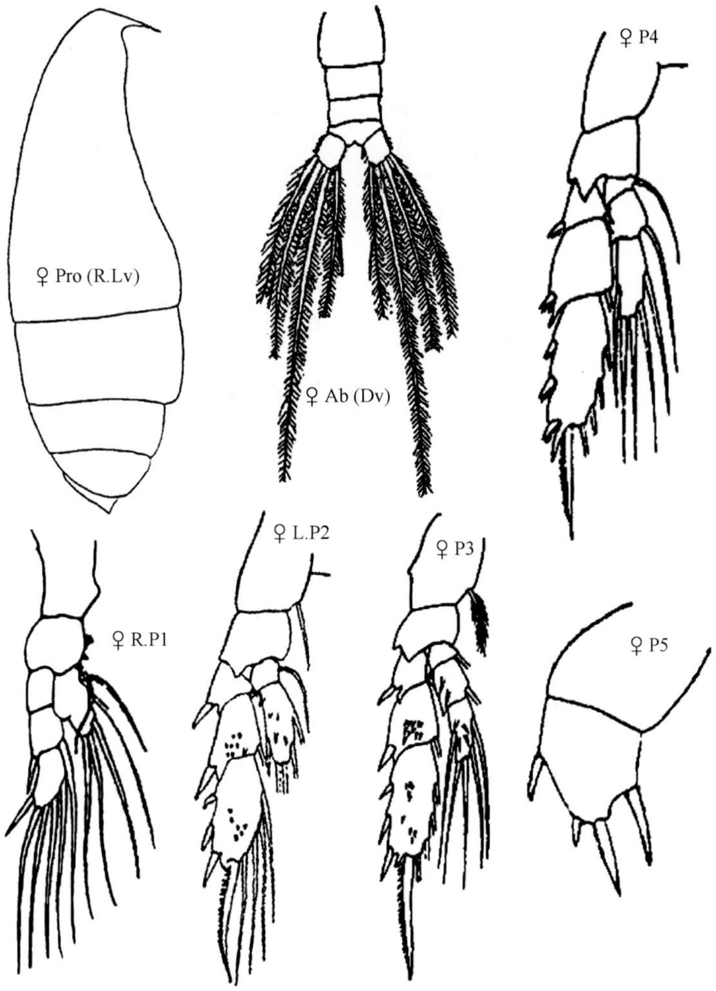

图 493 太平洋舟哲水蚤 *Scaphocalanus pacificus*（仿 Mori，1937）

（493）太平洋舟哲水蚤 *Scaphocalanus pacificus* Mori，1932（图 493）

形态特征：

体长：♀2.6 mm。**雌性：**前额钝圆，无中央脊状突，额角分叉，顶端具细长额丝。胸部后侧角突出呈三角形。腹部分 4 节，生殖节等于后 2 节长度之和，肛节宽短。尾叉呈方形。第 1 触角仅达头胸部末端。第 1 对胸足第 2 基节内缘具细毛，外肢第 1 节无外缘刺，第 2 节外缘刺长达末节外缘刺基部。第 2 对胸足外肢第 1 节外缘刺粗短，达不到第 2 节中部。第 4 对胸足内、外肢各节后表面均无小刺。第 5 对胸足粗短，仅分 2 节，末节较短于第 1 节，并具 4 粗刺，其末端具 2 不等长末刺，外末刺最短小，仅为内末刺长的 1/3，内缘刺与内末刺等长，外缘刺约为外末刺长的 2 倍。

分布：台湾东部近海；西北太平洋。

参考文献：44，77，106，116，118。

注：Bradford 等（1983）把本种列为低额脊水蚤 *Lophothrix latipes*（T. Scott，1893）的同种异名。但本种前额无中央脊状突，第 4 对胸足内、外肢后表面无小刺，第 5 对胸足仅分 2 节，两者存在明显的特征差异。故本书仍把本种作为有效种。

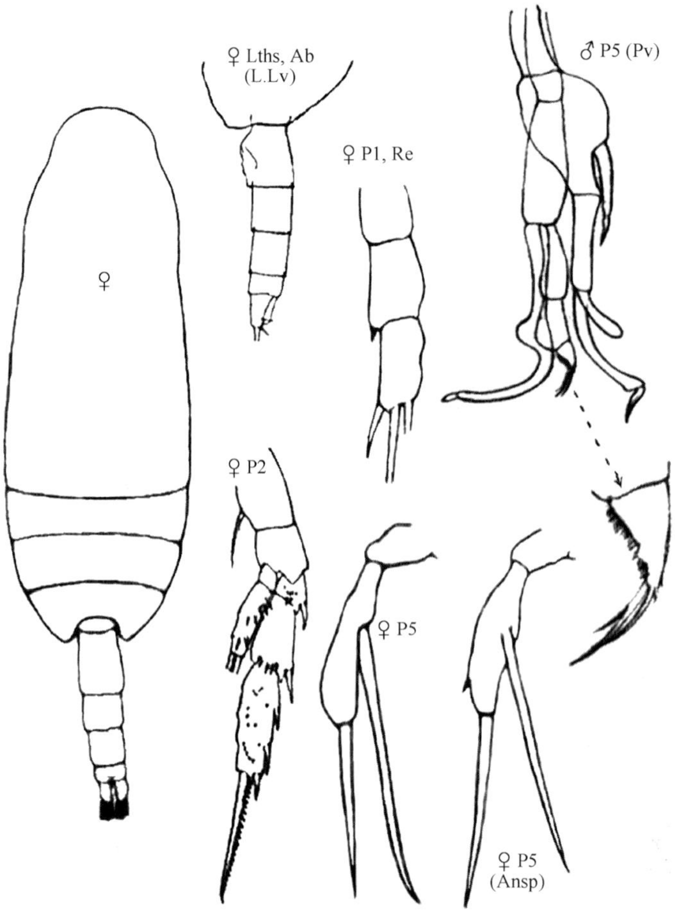

图 494 亚短角舟哲水蚤 *Scaphocalanus subbrevicornis*（仿 Tanaka，1961）

（494）亚短角舟哲水蚤 *Scaphocalanus subbrevicornis*（Wolfenden，1911）（图 494）

[*Amallophora subbrevicornis* Wolfenden，1911（♀）；*Scolecithrix gracialis*：Wolfenden，1911（♂）；*Scaphocalanus gracilicauda* Tanaka，1937（♂）；Brodsky，1950（♂）；*S. macropes* Tanaka，1953]

形态特征：

体长：♀1.8~2.1 mm，♂1.7~1.8 mm。**雌性：**前额宽圆。额角丝细长。胸部后侧角稍突出呈钝三角形，侧面观宽圆。生殖节小于第 2、3 腹节长度之和。尾叉长为宽的 2~2.5 倍。第 2 对胸足外肢第 1 节外缘刺较短，仅达外肢第 2 节近端 1/3 处。第 5 对胸足分 2 节，末节狭长并具 2 长刺，末刺较长于末节，内缘刺长约为末节长的 1.8 倍，其外缘具细刺，但也有少数另具 1~2 小外缘刺。**雄性：**第 3 腹节常长于第 4 节。第 1 触角可达第 3 腹节末端。第 5 对胸足不对称，左足内肢第 1 节长大而弯曲，其外缘中部膨大呈瘤状，末节很短小，外肢分 3 节，第 2 节末部较膨大呈棒槌状，末节短小呈锥形，顶端具 2~3 硬刺毛，内缘具细毛；右足内肢仅 1 节呈刺状，末端稍超过外肢第 1 节中部，外肢第 1 节内末缘具 1 棒状突，长达第 2 节中部，末节短小呈爪状。

分布：东海，南海；太平洋，南大洋海域。深水种。

参考文献：44，67，77，106，109，170，180，217，218。

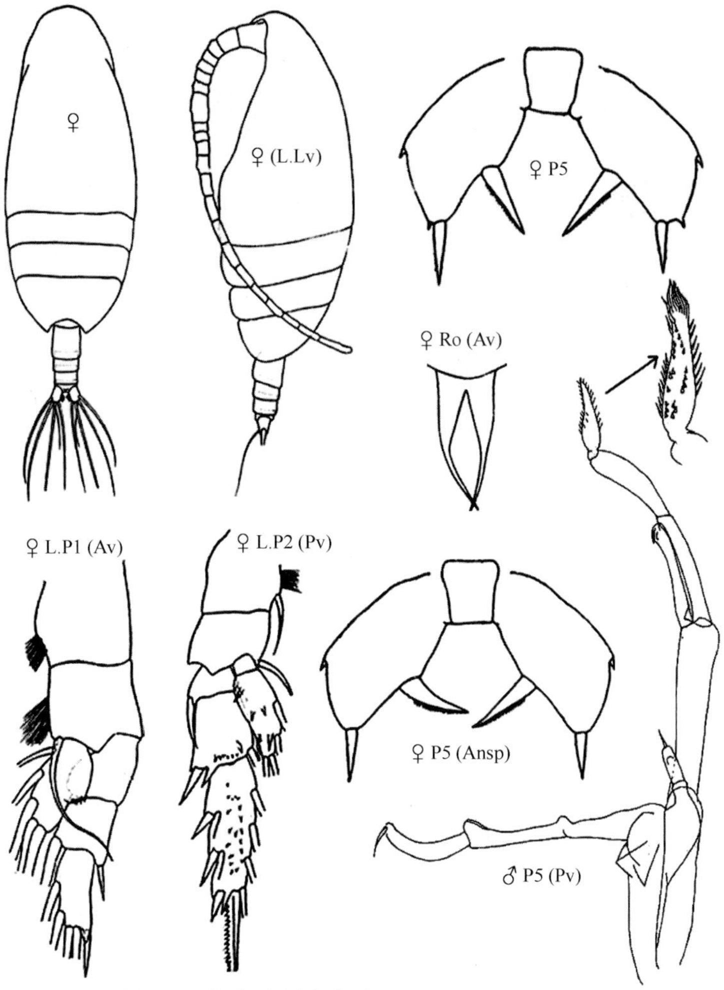

图 495　深海小厚壳水蚤 *Scolecithricella abyssalis*
[仿连光山，林金美，1978（♀）；Bradford，1983（♂）]

（495）深海小厚壳水蚤 *Scolecithricella abyssalis*（Giesbrecht，1892）（图 495）

[*Scolecithrix abyssalis* Giesbrecht，1892；*S. dubia* Giesbrecht，1892（♂）；
Scolecithricella dubia：Tanaka，1937（♂）]

形态特征：

体长：♀1.7~2.2 mm，♂1.5~2.3 mm。**雌性：**前额钝圆。额角分叉，基部粗大，额角丝细长。背面观，胸部后侧角钝突，侧面观宽圆。腹部分 4 节，生殖节长约为第 2 节的 3 倍，第 2、3 节近等长。尾叉长约为宽的 1.5 倍。第 1 触角分 22 节，向后可达尾叉末端。第 2 对胸足外肢第 1 节具 1 弯的外缘刺，可达第 2 节近末缘。第 5 对胸足单节，呈叶片状，其末部呈三角形，内缘刺粗大，为末刺长的 1.2~2 倍，外缘刺为小刺突，末刺较短，其基部外侧常具 1 小刺突，但有的不具此小刺突。**雄性：**第 5 对胸足不对称，左足内肢 1 节，末端钝圆并具细刺毛，外肢分 3 节，末节呈抹刀形，其表面及内、外缘均具小刺毛；右足内肢短小而单节，末端具 1 小刺毛，外肢分 3 节，第 1、2 节稍愈合，末节稍弯曲并具 1 末端小刺毛。

分布：东海至南海，台湾东部海域；太平洋，印度洋及大西洋。深水种。

参考文献：6，20，24，25，31，44，48，51，67，77，97，106，158，169，181，217。

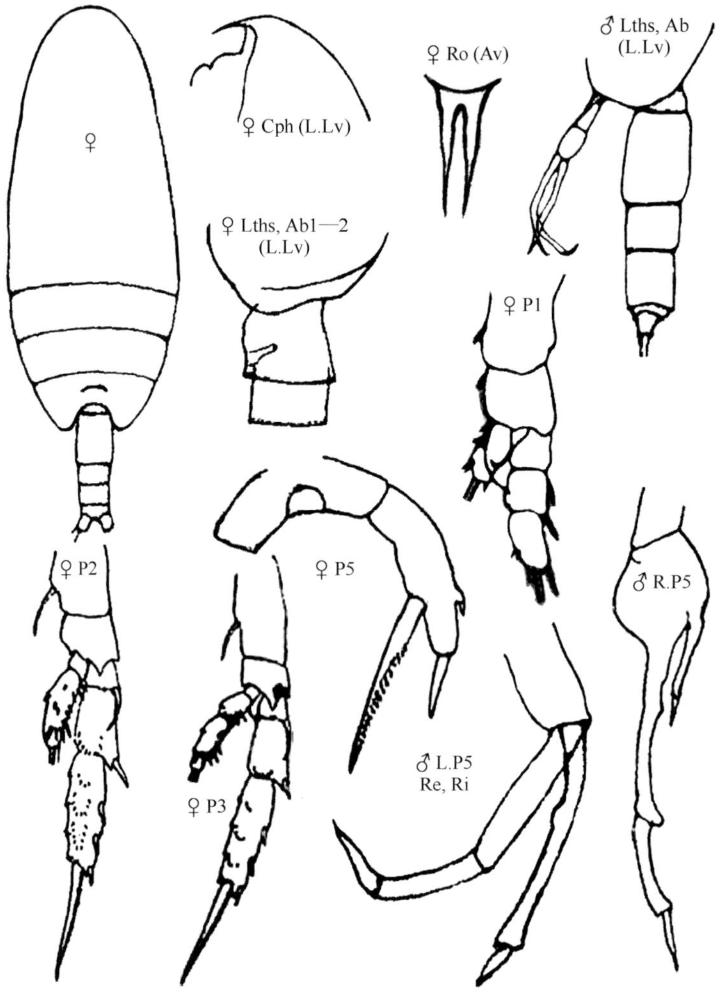

图 496 弓小厚壳水蚤 *Scolecithricella arcuata*（仿 Tanaka，1962）

（496）弓小厚壳水蚤 *Scolecithricella arcuata* Sars，1920（图 496）

[*Amallothrix arcuata* Sars，1925；Sewell，1929，1947；Wilson，1950；陈清潮，2008]

形态特征：

体长：♀2.3~2.5 mm，♂2.9~3.0 mm。**雌性：**前额宽圆。额角分叉，基部粗大，顶端额角丝呈刺状。胸部后侧角稍突出而钝圆，侧面观宽圆。生殖节长等于后 2 节长度之和，第 2 节与第 3 节等长。尾叉长等于宽。第 2、3 对胸足外肢第 1 节均具 1 弯曲外缘刺，其末端超过第 2 节中部。第 5 对胸足分 2 节，末节狭长并具 1 强大内缘刺，约与末节等长，其外缘具小刺列，末刺较短，仅为内缘刺长的 1/3，其外缘也具微刺，外缘刺很短小，位于近末端 1/4 处，有的个体在末刺基部外侧另具 1 微刺。**雄性：**侧面观，胸部后侧角很宽圆，其腹侧缘稍突出。额角与雌性相似。第 5 对胸足不对称，左足内肢分 2 节，其内缘近端约 1/3 处具 1 三角形突起，末节短小呈刺状，外肢分 3 节并显著长于内肢，末节短小，其顶端及内缘具细刺毛；右足内肢短小呈刺状，外肢第 1 节与基节愈合，末节短小呈刺状，约为第 2 节长的 1/2。

分布：东海，南海；太平洋，印度洋及大西洋。深水种。

参考文献：24，44，51，106，157，159，161，181，217。

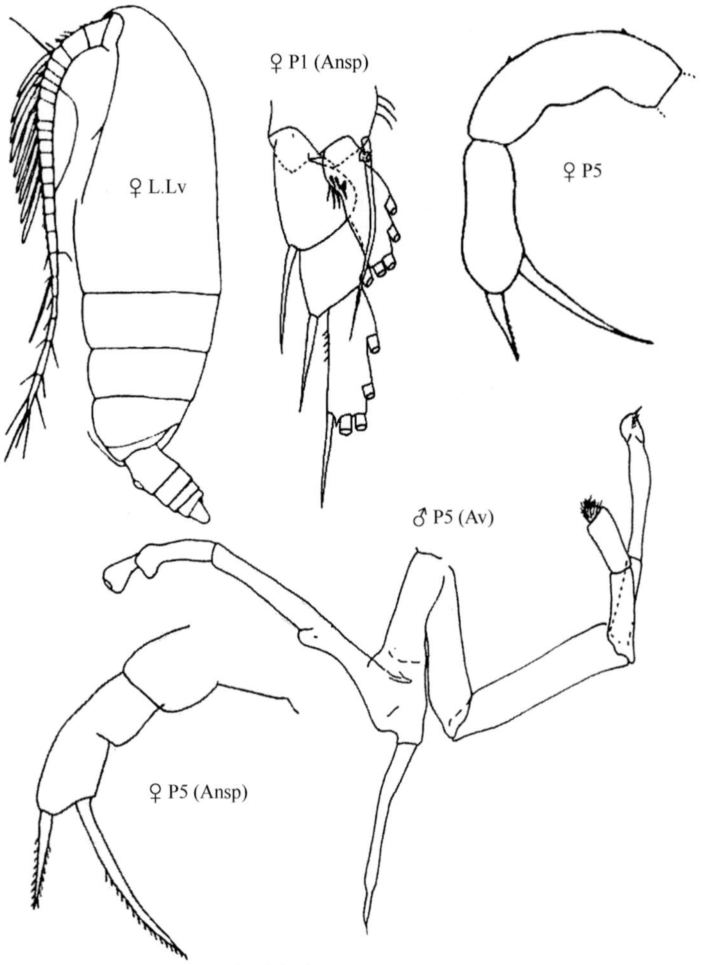

图 497 金小厚壳水蚤 *Scolecithricella auropecten*
[仿 Park, 1968 (♀); Bradford et al., 1983 (♂ P5, Ansp; ♀ P1; ♀ P5)]

(497) 金小厚壳水蚤 *Scolecithricella auropecten* (Giesbrecht, 1892) (图 497)

[*Scolecithrix auropecten* Giesbrecht, 1892; *Archescolecithrix auropecten* (Giesbrecht, 1892): 陈清潮, 2008; *Amallothrix auropecten* (Giesbrecht, 1892): Bradford et al., 1983]

形态特征：

体长： ♀2.1~2.5 mm，♂2.2~2.5 mm。**雌性：** 背面观，前额宽圆。胸部后侧角突出，侧面观钝圆。腹部粗短，仅为头胸部长的 1/5。第 1 触角 23 节，可达第 4 腹节。第 1 对胸足外肢分 3 节，各具 1 长外末刺，第 1 节外末刺长达第 3 节近端 1/3 处，第 2 节外末刺可达末节末端。第 5 对胸足末 2 节愈合，末节具 2 粗刺，内缘刺长为末刺的 2 倍以上。**雄性：** 体形与雌性相似。第 4、5 胸节分开。第 1 触角 19 节，可达第 4 腹节。第 5 对胸足不对称，左足内肢分 2 节，显著长于外肢，其末端钝圆并具 1 列细刺毛，外肢分 3 节，末节很短小，呈半圆形并覆盖细刺毛；右足第 2 基节稍膨大，外肢分 3 节，末节粗短，其顶端膨大而宽圆，内肢狭长，末部较尖细，可达外肢第 1 节基部。

分布： 南海；太平洋，印度洋及大西洋。深水种。

参考文献： 20，24，44，51，77，97，143，158，217。

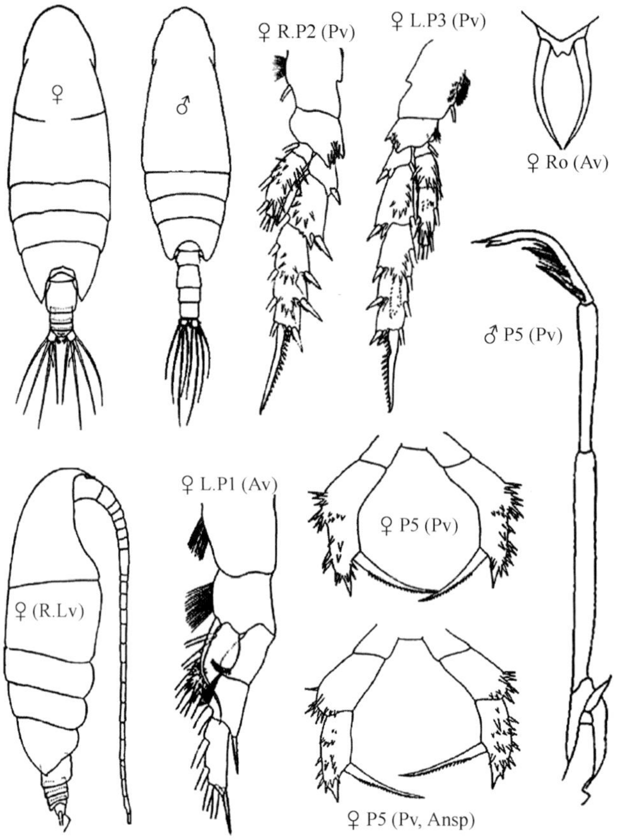

图 498　栉小厚壳水蚤 *Scolecithricella ctenopus* [仿连光山等，1978（♀）；陈清潮等，1965（♂）]

（498）栉小厚壳水蚤 *Scolecithricella ctenopus*（Giesbrecht，1888）（图 498）

[*Scolecithrix ctenopus* Giesbrecht，1888，1892；T. Scott，1894；Farran，1936；陈清潮，2003；*Scolecithricella longicornis*：A. Scott，1909（♀）；连光山等，2012；*S. spinipedata* Mori，1937；*Scolecithrichopsis ctenopus*：Vyskvartzeva，2000；陈清潮，2008]

形态特征：

体长：♀1.5~1.6 mm，♂1.5~1.9 mm。**雌性：**前额钝圆。头部与第 1 胸节愈合并可见愈合线。胸部后侧角突出并超过生殖节中部，其末端为尖锐小刺突。额角基部宽短，并具 2 细长额丝。腹部生殖节粗大，长约等于宽，并大于后 3 节长度之和。尾叉短小呈方形。第 2、3 对胸足第 1 基节外缘中部均具 1 深缺刻，呈小齿状，第 3 对胸足外肢末端刺近基部外缘明显凹陷而弯曲。第 5 对胸足单肢型且对称，但存在个体差异，常分为 2 节，末节外缘中部膨大呈瘤状，末端延伸为锐刺，自外缘瘤状突至末端后表面密生小刺丛，其内末缘具 1 长大内缘刺，其外缘具 1 列细刺；但也有少数第 5 对胸足分为 3 节，末 2 节近等长，其余特征与前者相似。**雄性：**胸部后侧角钝圆。第 5 对胸足单肢型且不对称，左足很细长，分为 4 节，末节狭长并弯曲，其内缘具 1 列梳状长刺毛，末端具不等长 2 小末刺，其外末刺较长而弯曲；右足很短小，分 3 节，末节呈刺状，仅达左足第 1 节末缘。

分布：东海，南海；太平洋，印度洋，地中海及红海。暖水种。

参考文献：1，5，6，13，23，24，31，44，48，97，99，106，118，158，159，181，206。

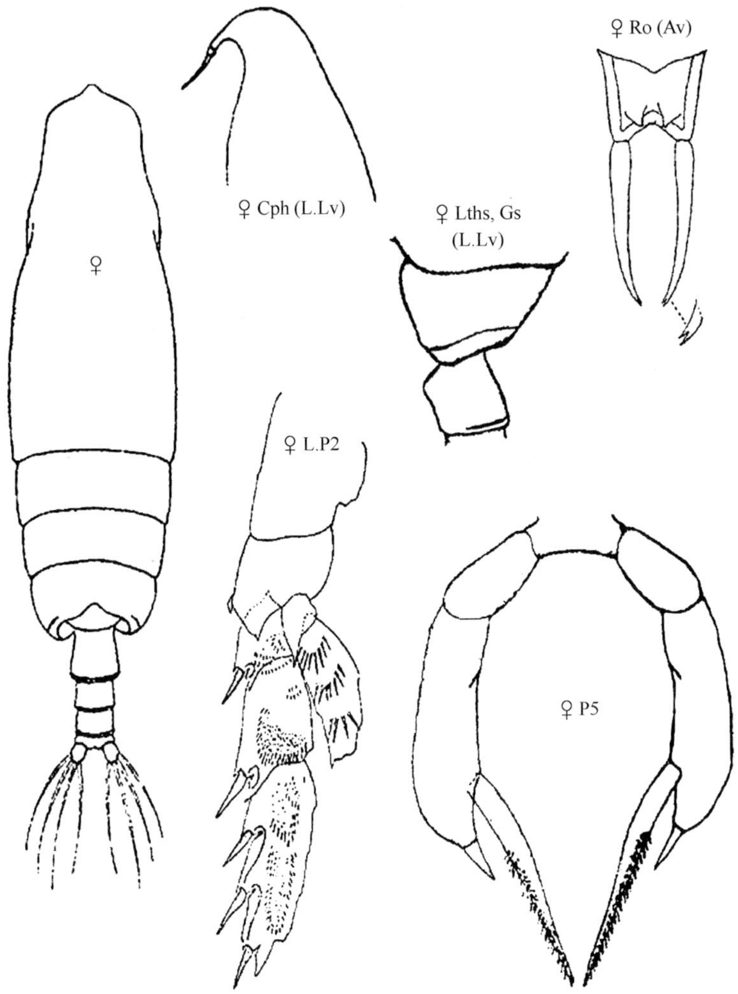

图 499 短尾小厚壳水蚤 *Scolecithricella curticauda*（仿 A. Scott，1909）

（499）短尾小厚壳水蚤 *Scolecithricella curticauda* A. Scott，1909（图 499）

［*Amallothrix curticauda*（A. Scott，1909）：Rose，1933］

形态特征：

体长：♀5.7~6.0 mm。**雌性：**头胸部狭长，头部与第 1 胸节愈合，第 4、5 胸节也愈合，但仍可见愈合线。背面观，前额中部稍突出，胸部后侧角钝圆；侧面观，前额宽圆，其背侧稍凹陷，胸部后侧角较突出而狭圆。额角基部粗大，顶端具 2 长而粗的额丝，其末端均分叉。腹部生殖节长为后 2 节长度之和，其腹面基部较突出；第 2、3 腹节等长。尾叉短小呈方形。第 2 对胸足内肢分 2 节，第 2 节后表面具 3 横列小刺。第 5 对胸足较狭长，单肢型，分 2 节，末节为第 1 节长的 2 倍，其内缘近末端具 1 长内缘刺，其长度与末节等长，刺的外缘具细刺毛，本节末部较狭小，并具 1 粗短末刺，其长度仅为内缘刺长的 1/5。

分布：南海东南部；马来群岛海域，太平洋及大西洋。暖水种。

参考文献：44，152，158。

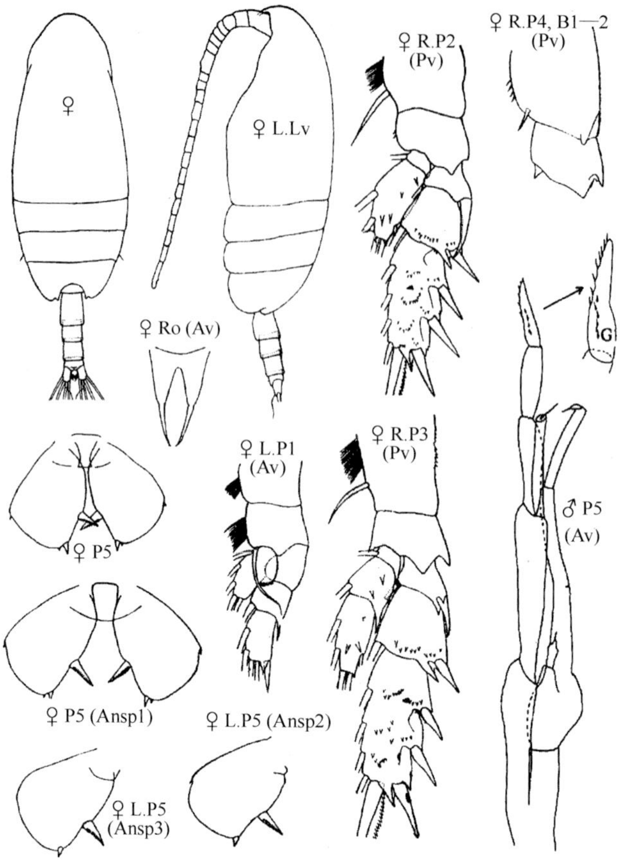

图 500 叶足小厚壳水蚤 *Scolecithricella dentata*
［仿连光山，林金美，1978（♀）；Bradford，1983（♂ P5）］

（500）叶足小厚壳水蚤 *Scolecithricella dentata*（Giesbrecht，1892）（图 500）

［*Scolecithrix dentata* Giesbrecht，1892；Farran，1905，1908］

形态特征：

体长：♀1.3~2.1 mm，♂1.3~1.9 mm。**雌性：**头胸部呈卵圆形。前额宽圆，额角基部粗大，顶端额丝细长。背面观，胸部后侧角钝圆，其内侧具 1 小突起；侧面观宽圆，近背面具 1 缺刻；生殖节腹面不膨大。尾叉短小，长稍大于宽。第 2 对胸足第 1 基节外缘中部稍凹陷，第 2 基节内缘具 2~3 小刺，外肢第 1 节具 1 长而弯曲的外末刺，可达第 2 节末缘。第 3 对胸足第 1 基节外缘具 1 列小锯齿。第 4 对胸足第 1 基节内缘具 3~4 小刺，外末缘具 1 钝突。第 5 对胸足单节并对称，末端宽圆呈叶片状，内缘中部具 1 粗大内缘刺，末刺短小，其基部外侧另具 1 小刺，外缘刺很短小。但第 5 对胸足刺数有变化，有些标本末刺基部外侧的小刺不存在或外缘刺也不存在。**雄性：**第 5 对胸足不对称，左足内肢单节，可达外肢第 1 节末缘，顶端具 1 小刺毛，外肢分 3 节，末节呈指状并具 1 列小刺毛；右足内肢单节而短小，仅达外肢第 1 节中部，末端具 1 小刺，外肢分 3 节，末节顶端具 1 小末刺。

分布：东海，南海；太平洋，印度洋及大西洋。深水种。

参考文献：5，6，24，31，44，50，51，77，97，106，181，217。

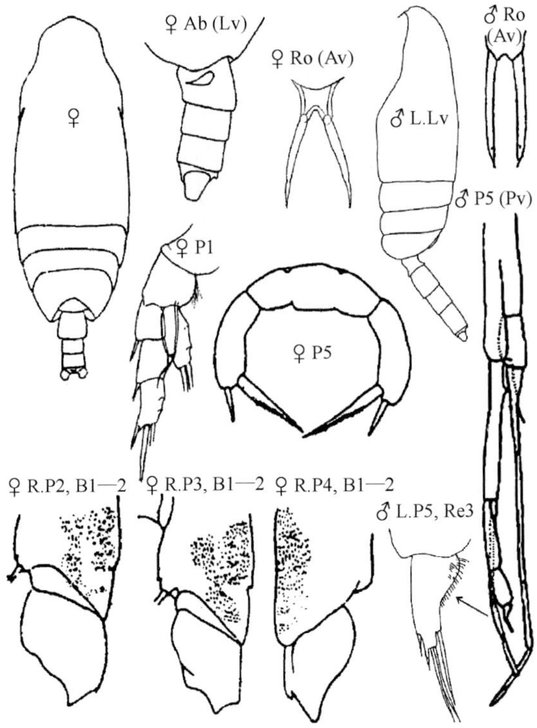

图 501　缘凹小厚壳水蚤 *Scolecithricella emarginata*

［仿连光山等，1984（♀）；Bradford et al.，1983（♂）；Tanaka，1962（♀P1；♀Ro；♂Ro）］

（501）缘凹小厚壳水蚤 *Scolecithricella emarginata*（Farran，1905）（图 501）

［微凹小厚壳水蚤 *Scolecithricella emarginata*：连光山等，1984；缘小厚壳水蚤 *S. emarginata*：陈清潮，2003，2008；*Scolecithrix emarginata* Farran，1905，1926；*S. inornata* Farran，1906；*Scolecithricella obtusifrons*：A. Scott，1909（♀）；Sars，1925（♂）；Rose，1933（♂）；*Amallothrix emarginata*：Farran，1905；Sars，1925（♀）；Rose，1933（♀）；Sewell，1947；Bradford et al.，1983；*A. inornata*：Brodsky，1950；*Scaphocalanus obtusifrons*：Wilson，1932；*Pseudoamallothrix emarginata*（Farran，1905）：陈清潮，2008］

形态特征：

体长：♀3.4~5.6 mm，♂3.8~4.3 mm。**雌性：**头部较狭小，前额稍突出。胸部后侧角钝突，侧面观宽圆并具小凹陷。额角基部粗短，并具2长大额丝，末端尖锐。生殖节稍膨大，等于后2腹节长度之和。尾叉呈方形。第1对胸足外肢第1、2节外末刺均短小，仅达下1节外缘中部。第2~4对胸足第1基节后表面密生微刺毛。第2~3对胸足第1基节内、外缘均具小齿突。第5对胸足分2节且对称，第2节长约为宽的3倍，内外缘中部均微凹，内缘刺粗大，约与末节等长，外缘具细毛，末刺短小并靠近内缘刺，其长度不及内缘刺长的1/2。**雄性：**身体较雌性狭长。额角与雌性相似，但在额丝近末端处具1小刺突，顶端尖锐。第5对胸足特别细长且不对称，左足内肢细长并分2节，第1节超过外肢末端，外肢分3节，末节短小呈锥状，顶端具细刺毛；右足第2基节较粗短，内肢单节而短小，末端呈刺状，外肢很细长，分3节。

分布：东海，南海；太平洋，印度洋及大西洋。深水种。

参考文献：23，24，38，44，67，77，82，106，152，157，158，161，181，215。

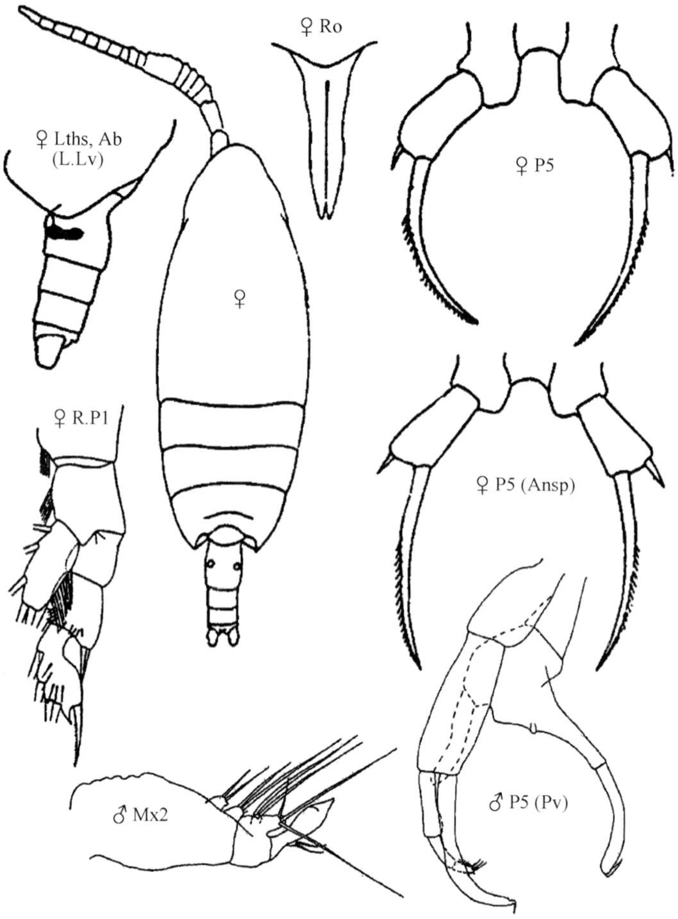

图 502 法氏小厚壳水蚤 *Scolecithricella fowleri*
[仿连光山，钱宏林，1984（♀）；Bradford et al.，1983（♂）]

（502）法氏小厚壳水蚤 *Scolecithricella fowleri*（Farran，1926）（图 502）

[*Scolecithrix fowleri* Farran，1926；Rose，1933]

形态特征：

体长：♀1.6~2.0 mm，♂1.6 mm。**雌性：**前额钝圆。额角粗大并分叉，左、右叉紧靠一起，末端钝尖。胸部后侧角突出，侧面观宽圆。生殖节近方形，约等于后 3 节长度之和，其腹面稍膨大。第 1 触角分 17 节，第 7 节最长大。第 1 对胸足外肢第 1 节无外缘刺，第 2、3 节较宽短，近末端表面具小刺列；内肢单节，外缘具 1 列长刺毛。第 5 对胸足左右对称，分 2 节，第 1 节宽短，其内缘膨大，末节狭长，末端钝圆或稍截平，内末刺强大，长为末节的 2 倍，其外缘具 1 列小刺，外末刺很短小。**雄性：**第 2 小颚退化，仅具 4 小叶及 1 末端感觉棒，呈锥状。第 5 对胸足较粗短，左足内肢单节，狭长而弯曲，并与第 2 基节等长，其顶端具 1 小刺，外肢分 3 节，末节短小，内缘及末端具细刺毛；右足内肢 1 节，狭长呈棒状，稍超过左足第 2 基节末端，外肢第 1 节基部粗大，内缘具 1 小瘤状突，第 2 节向内弯曲，与左足形成钳状，其顶端具 1 向外撇的小钩状刺突。

分布：南海；太平洋，印度洋及大西洋。热带种。

参考文献：24，37，38，44，51，77，152。

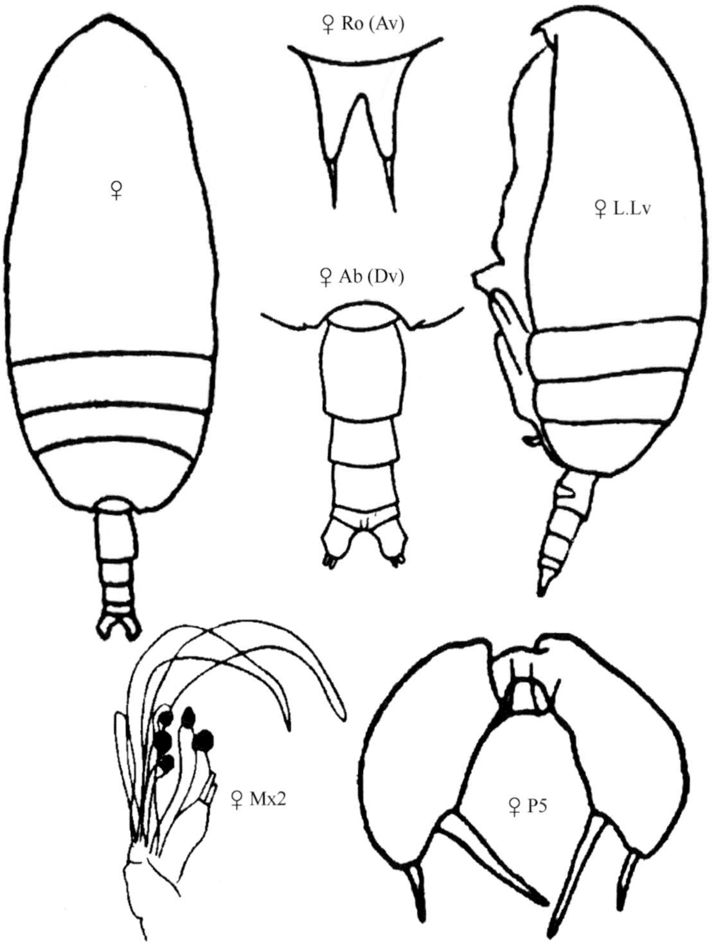

图 503 球状小厚壳水蚤 *Scolecithricella globulosa*（仿 Brodsky，1950）

（503）球状小厚壳水蚤 *Scolecithricella globulosa* Brodsky，1950（图 503）

［*Scolecithricella abyssalis*：Tanaka，1937（♀）］

形态特征：

体长：♀1.8 mm。**雌性：**头胸部卵圆形。前额钝圆。背面观胸部后侧角钝圆，并在内侧具 1 小突起，侧面观宽圆。额角呈叉状，基部粗大，顶端各具 1 短额丝。腹部分 4 节，生殖节长等于后 2 节长度之和，其腹面稍膨大，肛节宽短。尾叉长稍大于宽。第 2 小颚末节具 3 条长蠕状感觉丝及 5 条毛笔状感觉棒。第 5 对胸足单节，左右对称，末端较狭而钝圆，内缘刺粗大，约为末刺长的 2 倍。

分布：南海；太平洋。深水种。

参考文献：24，44，67，169。

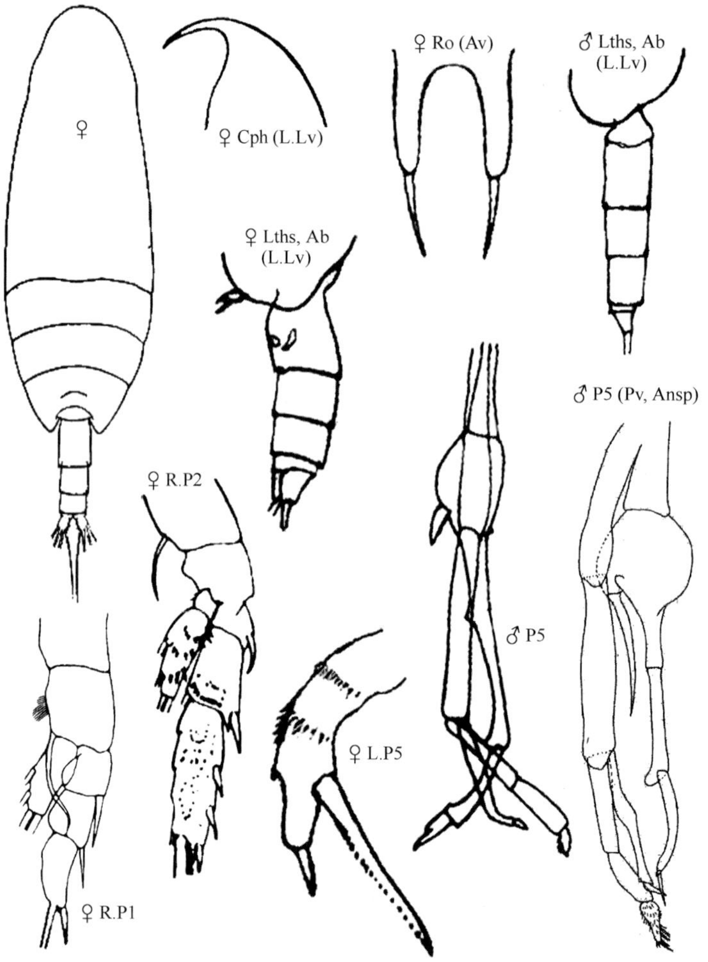

图 504 瘦小厚壳水蚤 *Scolecithricella gracilis*
[仿 Tanaka, 1962 (♀; ♂); Bradford et al. , 1983 (♂ P5, Ansp)]

(504) 瘦小厚壳水蚤 *Scolecithricella gracilis* Sars, 1905 (图 504)

[*Amallothrix gracilis* Sars, 1925; Sewell, 1947; Wilson, 1950; Bradford et al. , 1983; 陈清潮, 2008; *Scolecithrix globiceps* Farran, 1908]

形态特征:

体长: ♀4.0~4.3 mm, ♂4.1 mm。**雌性:** 背面观，胸部后侧角钝突。侧面观前额宽圆，后侧角稍突出而宽圆。额角分叉，基部粗大，末端额角丝细而尖。腹部分 4 节，前 3 节末缘均具细刺毛，生殖节等于后 2 节长度之和。第 1 对胸足外肢分 3 节，内肢单节，外肢第 1 节具 1 外缘刺，可达外肢第 2 节末缘。第 2 对胸足外肢第 1 节具 1 弯曲外缘刺，仅达第 2 节中部。第 5 对胸足单节而狭长，其表面具 2 列小刺，并具 1 长大内缘刺，约与本节等长，其外缘具细锯齿，末刺短小，约为内缘刺长的 1/4，外缘刺很小，位于本节近末端 1/4 处。**雄性:** 头胸部较雌性狭。额角相当短小。第 5 对胸足长达尾叉末端，左足外肢分 3 节，末节呈小叶状并具细刺毛，内肢分 2 节，末节很短小，顶端具 1 小刺；右足外肢第 1 节内缘近中部具 1 三角形突起或缺，第 2 节外末缘也具 1 小三角形突，末节短小呈尖刺状，内肢单节，粗短或细长呈刺状。

分布: 东海，南海；太平洋，印度洋及大西洋。深水种。

参考文献: 24, 44, 77, 106, 152, 157, 158, 161, 181, 217。

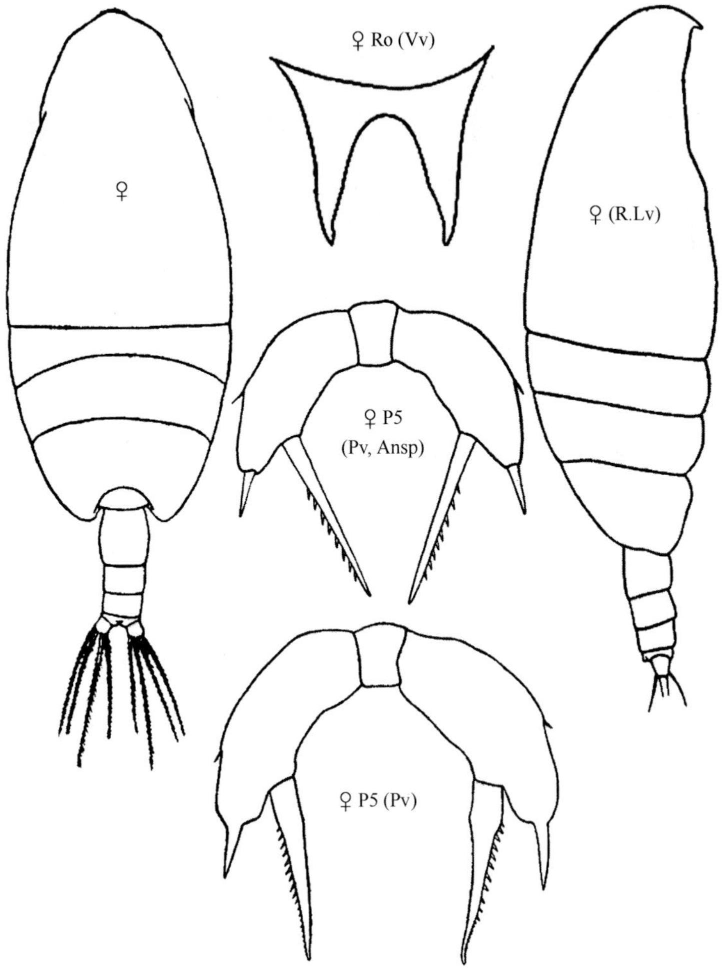

图 505　长刺小厚壳水蚤 *Scolecithricella longispinosa*
[仿陈清潮等，1965（♀）；郑重等，1965（♀P5，Ansp）]

（505）长刺小厚壳水蚤 *Scolecithricella longispinosa* Chen & Zhang，1965（图 505）

[小型拟蠕毛镖水蚤 *Scolecithricella minor*：郑重等，1965（♀）]

形态特征：

体长：♀1.1~1.2 mm。**雌性：**头胸部呈长卵圆形。前额钝圆。额角刺粗短，顶端钝尖。胸部后侧角较钝突，侧面观较宽圆。腹部分 4 节，生殖节长约等于后 2 节长度之和。尾叉短小，其宽稍大于长。第 1 触角分 22 节，向后伸展仅达末胸节末端。第 1 对胸足外肢分 3 节，第 1 节稍向内突出，内肢单节。第 5 对胸足单节较狭长，其外缘近中部具 1 小外缘刺，内缘近末端 1/3 处具 1 强大内缘刺，其外缘具细齿列，右足内缘刺的基部较左足的稍粗大或相似，末刺短小，为内刺长的 1/4~1/3。

分布：黄海至南海南部；太平洋。暖水种。

参考文献：2~6，13，18，24，25，31~33，37，44，46，48，51。

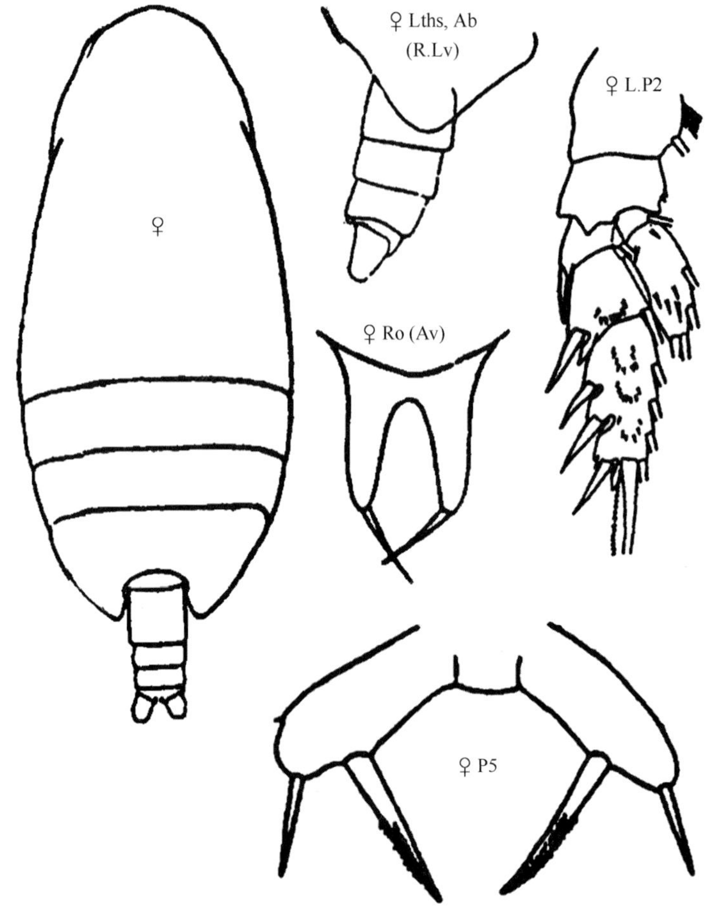

图 506　缘刺小厚壳水蚤 *Scolecithricella marginata*（仿连光山，钱宏林，1984）

（506）缘刺小厚壳水蚤 *Scolecithricella marginata*（Giesbrecht，1888）（图 506）

［*Scolecithrix marginata* Giesbrecht，1888，1892］

形态特征：

体长：♀1.0~1.1 mm。**雌性：**头胸部呈卵圆形。前额宽圆。背面观胸部后侧角突出，呈钝三角形，达生殖节中部，侧面观钝圆。额角呈叉状，基部粗大，顶端具 1 细长额角丝。生殖节长、宽近相等，腹面稍膨大。第 2 对胸足第 2 基节内缘具 2 小刺及细毛列，外肢第 1 节外末刺达不到第 2 节外末刺基部；第 2 节外末刺长达第 3 节第 1 外缘刺的中部；第 3 节第 1 外缘刺较短，第 2、3 外缘刺较长，约与第 2 节外缘刺等长。第 5 对胸足单节并对称，内缘刺粗大，约与本节等长，刺的外缘具 2 列细刺毛，末刺较细小，约为内缘刺长的 1/2，外缘刺很微小或缺如。

分布：台湾南部近海，南海；太平洋，大西洋。暖水种。

参考文献：38，42，44，97，99，158，216。

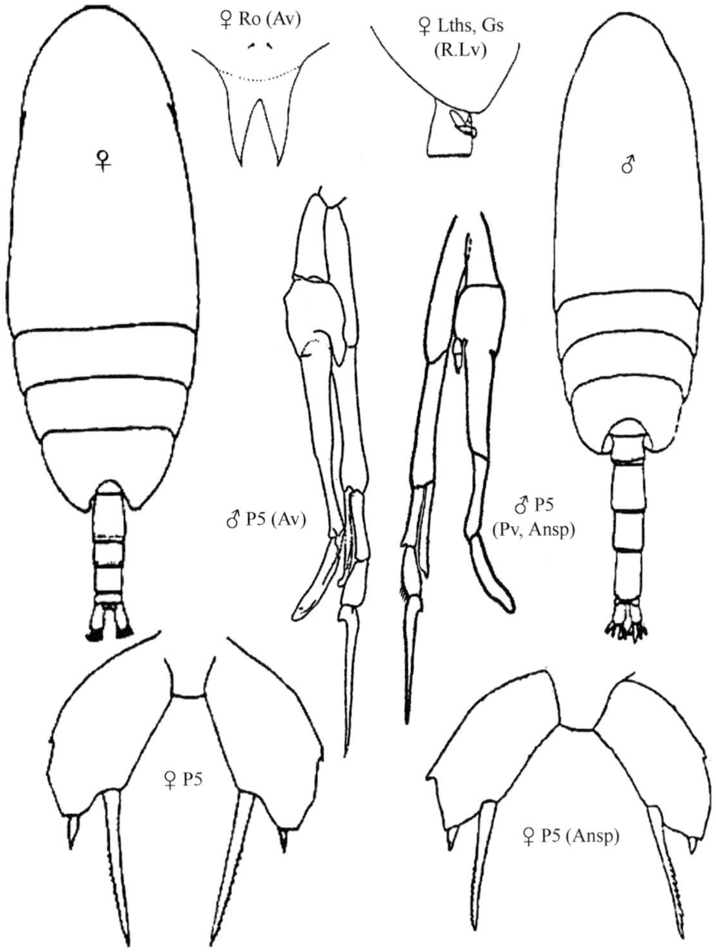

图 507　小型小厚壳水蚤 *Scolecithricella minor*

[仿 Park, 1980; Chihara et al., 1997 (♀; ♂); Brodsky, 1948, 1950 (♀P5, Ansp);
郑重等, 1965 (♂P5, Ansp)]

(507) 小型小厚壳水蚤 *Scolecithricella minor* (Brady, 1883) (图 507)

[*Scolecithrix minor* Brady, 1883]

形态特征：

体长： ♀1.1~1.5 mm，♂1.2~1.5 mm。**雌性：** 前额钝圆。胸部后侧角突出，背面观呈钝三角形，侧面观较宽圆。额角分叉，呈长三角形，顶端尖锐。腹部较狭长。第2对胸足外肢第1节具1长外末刺，伸长并超过第2外肢节末缘。第5对胸足单节，形状有变化，呈卵圆形或长椭圆形，长约为宽的2倍，具1长内缘刺，与本节近等长，末端刺短小，外缘刺很微小，呈小齿状突。**雄性：** 身体较雌性狭长。胸部后侧角较宽圆。第5对胸足双肢型，左右不对称，右足较短于左足，左足内肢单节呈棒状，可达外肢第2节中部，外肢第3节狭长而尖锐呈刺刀状，其基部较膨大，长度大于外肢第1、2节长度之和；右足内肢很短小呈小突起状，外肢第1、2节愈合或分开，第3节稍弯曲呈长棒状，末端钝圆，本节内表面具隆起的脊状突。

分布： 黄海至南海；太平洋，印度洋及大西洋。中、深层种。

参考文献： 2, 4~6, 24, 25, 44, 46, 48, 66, 67, 77, 79, 82, 106, 118。

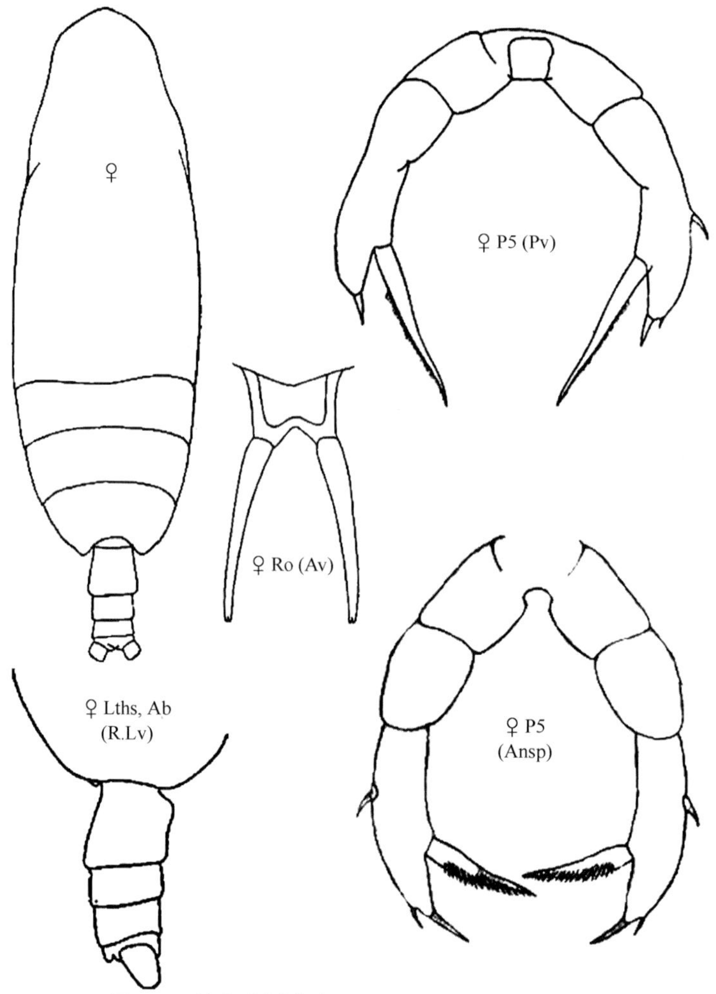

图 508 钝角小厚壳水蚤 *Scolecithricella obtusifrons*
[仿连光山，钱宏林，1984（♀）；A. Scott，1909（♀P5，Ansp）]

（508）钝角小厚壳水蚤 *Scolecithricella obtusifrons*（Sars，1905）（图 508）

[*Amallophora obtusifrons* Sars，1905；*Amallothrix obtusifrons* Sars，1925；Rose，1933；Wilson，1950；*Scolecithricella tydemani* A. Scott，1909]

形态特征：

体长：♀5.4~5.7 mm。**雌性：**身体粗壮，头胸部呈长椭圆形。额角丝粗大，位于基部突起上，顶端稍分叉。胸部后侧角钝突，侧面观宽圆并微凹。腹部粗短并分 4 节，生殖节长、宽近相等，其腹面基部稍突出。尾叉宽短。第 5 对胸足单肢型，分 2 节，与 Sars（1925）及 Rose（1933）的标本相似，其末节长大，长约为宽的 3.5 倍，内缘近中部稍凹陷，并存在分节的痕线，近末端 1/3 处具 1 强大内缘刺，约为末节长的 3/4，外缘具细刺列，末刺短小，其基部外侧常另具 1 小刺，外缘近中部也常具 1 小外缘刺，但左足存在明显差异，其末节仅具 1 内缘刺及 1 末刺。

分布：南海；太平洋，大西洋。深水种。

参考文献：38，44，152，157，158，217。

注：A. Scott（1909）的雌性标本第 5 对胸足单肢型并分 3 节，末 2 节不愈合，末节均具 4 刺，存在明显个体差异。

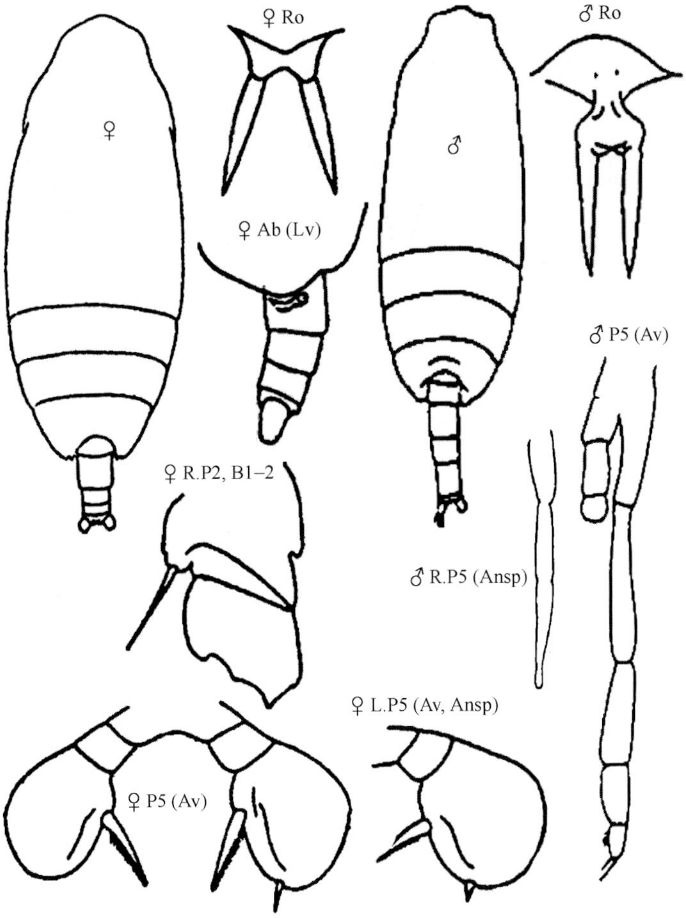

图 509 卵形小厚壳水蚤 *Scolecithricella ovata*
[仿连光山，钱宏林，1984（♀）；Tanaka，1962（♂）]

（509）卵形小厚壳水蚤 *Scolecithricella ovata*（Farran，1905）（图 509）

[*Scolecithrix ovata* Farran，1905]

形态特征：

体长：♀1.7~2.4 mm，♂1.4~1.8 mm。**雌性：**头胸部呈卵圆形。胸部后侧角背面观钝突，侧面观稍截平并具 1 小凹陷。额角刺粗大，位于分叉而粗短的基部小突起上，生殖节长、宽近相等，腹面稍膨大。第 1 对胸足外肢第 1 节具 1 外缘刺。第 2 对胸足第 1 基节外缘具 1 深缺刻，膨大的内缘突起末缘也具 1 小缺刻及 1 粗刚毛。第 5 对胸足单肢型呈桨状，常分 3 节，末节宽圆呈卵圆形或球形，内缘近中部具 1 粗大内缘刺，右足内末缘也具 1 小内末刺，但刺的大小及刺数有变化，有的左足或右足的内末刺不存在，也有的末 2 节愈合为 1 节（Park，1968）。**雄性：**头部前端较狭，前额较截平，中部稍突出。胸部后侧角侧面观宽圆。额角基部突起呈匙状，顶端具 2 平行额角刺。第 5 对胸足单肢型且不对称，左足很长并分 5 节，第 2 节长为第 3、4 节长度之和，末节短小，顶端具 2 小刺，节的内缘具细毛；右足很短，分 3~4 节，末节短小呈圆形，但也有的末节较长呈棒状。

分布：东海，台湾海峡及南海；太平洋，大西洋及南大洋。深水种。

参考文献：2，6，24，38，44，51，67，106，143，152，157，170，181，215，217。

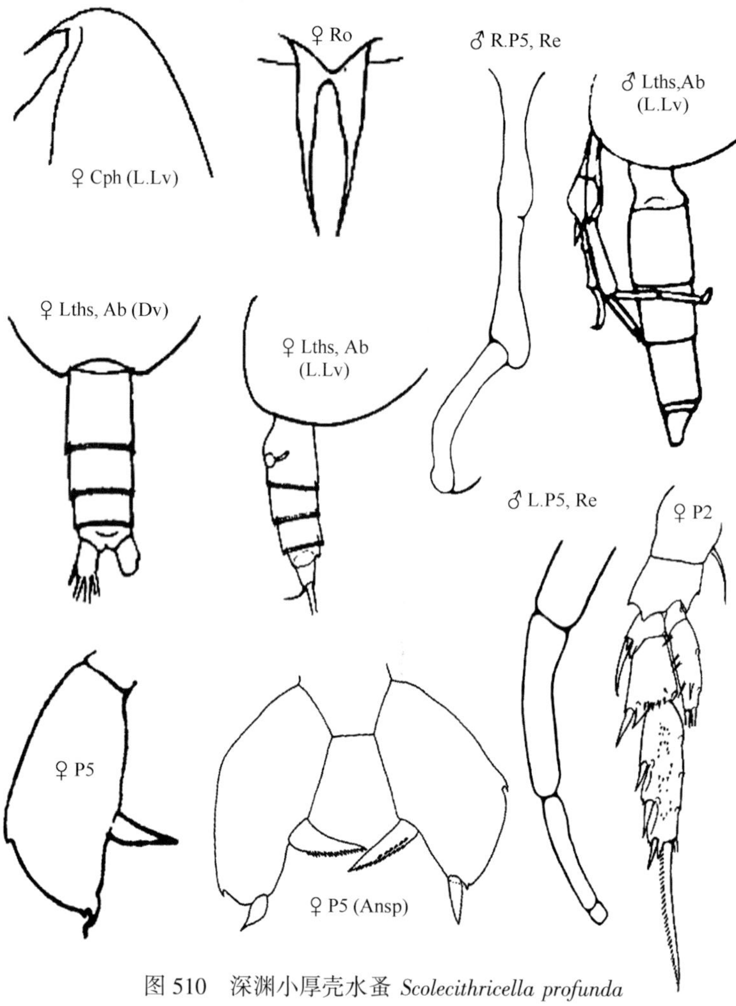

图 510 深渊小厚壳水蚤 *Scolecithricella profunda*
[仿 Tanaka, 1962; Bradford et al. , 1983 (♀P5, Ansp)]

(510) 深渊小厚壳水蚤 *Scolecithricella profunda* (Giesbrecht, 1892) (图 510)

[*Scolecithrix profunda* Giesbrecht, 1892]

形态特征:

体长: ♀1. 8~2. 0 mm, ♂2. 2~2. 3 mm。**雌性:** 侧面观前额狭圆, 胸部后侧角宽圆。额角基部粗大, 末部渐狭而细尖。生殖节长等于宽。尾叉长约为宽的 1. 5 倍。第 1 对胸足外肢第 1 节无外缘刺。第 2 对胸足外肢第 1 节外缘刺长并稍弯曲, 达不到外肢第 2 节末缘。第 5 对胸足单节而宽大, 内缘刺粗短并与节内缘垂直, 其外缘具细刺毛, 末刺很短小, 节的外缘具 1 小齿突或缺。**雄性:** 体形与雌性相似。第 5 对胸足不对称, 左足外肢 3 节, 末节短小, 其顶端具 1 小片状突, 内肢单节呈棒状; 右足内肢很短小呈刺状, 外肢 3 节, 末节弯曲, 顶端钝圆并具 1 小钩刺。

分布: 东海, 南海东南部; 马来群岛海域, 太平洋, 地中海及南大洋。深水种。

参考文献: 44, 77, 97, 106, 158, 181。

注: 本种与深海小厚壳水蚤(*S. abyssalis*)相似, 但仍存在特征差异, 尤其是雌、雄性第 5 对胸足更为明显。据 Bradford 等(1983)记载, Rose(1942)及 Vervoort(1956b)认为本种是 *S. abyssalis* 的同种异名, 有待深入探讨。Tanaka(1962), Bradford 等(1983)及本书仍把本种作为有效种。

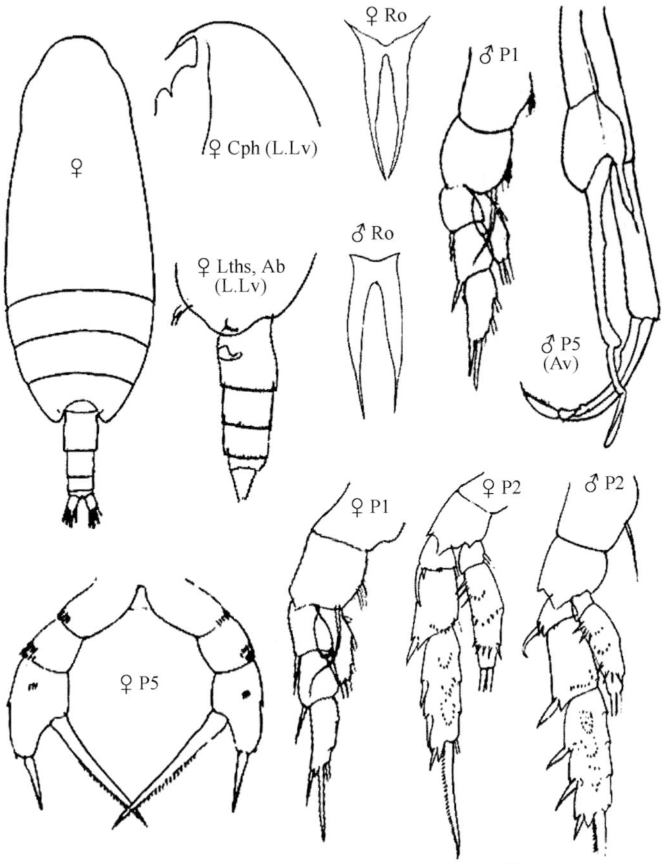

图 511 邻近小厚壳水蚤 *Scolecithricella propinqua*（仿 Tanaka，1962）

(511) 邻近小厚壳水蚤 *Scolecithricella propinqua* Sars，1920（图 511）

[*Amallothrix propinqua* Sars，1920；Rose，1933；
Wilson，1950；*Scolecithrix propinqua* Sars，1925]

形态特征：

体长：♀2.3~3.0 mm，♂3.0 mm。**雌性：**身体粗壮。前额狭圆，侧面观宽圆。额角分 2 叉，基部粗大，末部细长而尖。胸部后侧角钝突，侧面观钝圆，其背部稍凹。生殖节长等于宽。尾叉长稍大于宽。第 1 对胸足外肢第 1 节具 1 外缘刺，达不到外肢第 2 节末缘，第 2 对胸足外肢第 1 节具 1 弯曲的长外缘刺，仅达外肢第 2 节中部。第 5 对胸足单肢型，分 3 节，各节后表面均具 1 丛细毛，末节具 1 强大内缘刺，约为末节长的 2 倍，其外缘具细刺列，末刺较短小，约为内缘刺长的 1/3，末刺基部外缘另具 1 小刺，末节外缘中部具 1 小外缘刺。**雄性：**额角刺较雌性粗大。第 1 对胸足外肢第 1 节外缘刺较短小，仅达第 2 节中部。第 2 对胸足外肢第 1 节外缘刺末端显著弯曲呈钩状。第 5 对胸足不对称，左足内肢单节而狭长，顶端具 1 小刺，外肢 2 节，末节短小呈指状，内缘具细毛，顶端具 1 小刺；右足内肢单节而短小，约为外肢第 1 节长的 1/3，其顶端具 1 小刺，外肢 3 节，末 2 节较短并近等长。

分布：东海，南海东部；菲律宾群岛海域，太平洋及大西洋。深水种。

参考文献：44，106，152，157，181，217。

注：雌性第 5 对胸足节数有变化，Sars（1925）、Rose（1933）及 Wilson（1950）所记述的标本第 5 对胸足仅分 2 节（末 2 节愈合）。

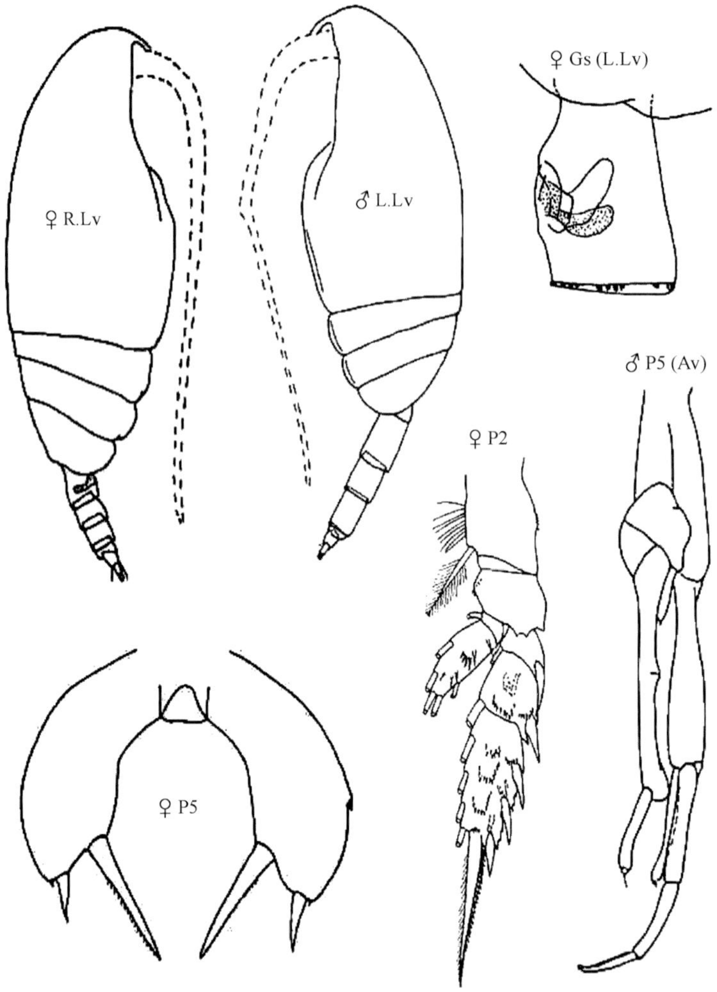

图 512　西玛小厚壳水蚤 *Scolecithricella shizosoma*（仿 Bradford，1983）

（512）西玛小厚壳水蚤 *Scolecithricella shizosoma* Park，1980（图 512）

形态特征：

体长：♀1. 7~2. 2 mm，♂2. 1~2. 3 mm。**雌性：**侧面观前额宽圆。胸部后侧角宽圆，近背侧具 1 缺刻。第 1 触角可达第 2 腹节末缘。第 2 对胸足第 1 基节外缘具 1 列小刺，第 2 基节内缘也具些小刺；外肢第 1 节外缘刺达不到第 2 节末缘。第 5 对胸足单节，较狭长而弯曲，内缘近末端 1/3 处具 1 强大内缘刺，其外缘具小刺列，末刺短小，仅为内缘刺长的 1/3，其基部外侧也常具 1 微刺，本节外缘近中部常具 1 小外缘刺或缺。**雄性：**第 1 触角可达腹部第 3 节末缘。第 5 对胸足不对称，左足外肢 3 节，末节较狭长而笔直，呈棒状，内肢单节，末端具 1 微刺；右足外肢第 1~2 节愈合，其内缘中部稍隆起并残留愈合线，节的内末缘膨大，末节呈棒状，顶端具 1 小刺突，内肢单节而短小，顶端尖锐。

分布：东海，台湾东北部海域；太平洋，南大洋。

参考文献：4，77。

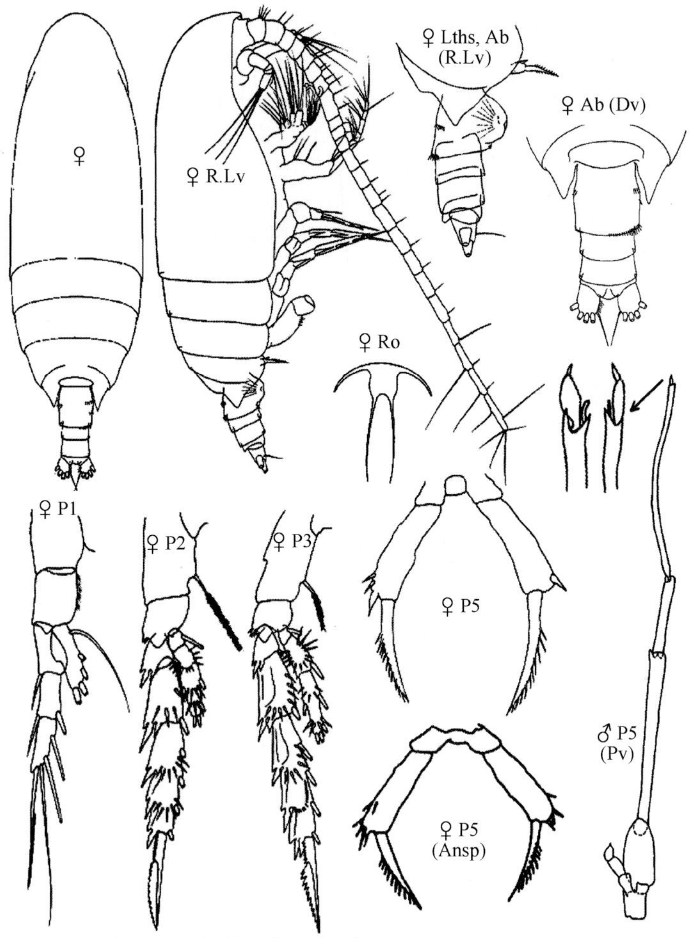

图 513 细足小厚壳水蚤 *Scolecithricella tenuipes*

[仿 Vervoort, 1965 (♀); Vyshkvartzeva, 2000 (♀P5, Ansp; ♂P5)]

(513) 细足小厚壳水蚤 *Scolecithricella tenuipes* (T. Scott, 1894) (图 513)

[*Scolecithrix tenuipes* T. Scott, 1894; Thompson & A. Scott, 1903]

形态特征：

体长：(缺资料)。**雌性：**头部与第 1 胸节愈合，第 4、5 胸节不完全愈合。背面观，前额宽圆，胸部后侧角尖锐，可达生殖节中部；侧面观，胸部后侧角呈三角形，其基部背侧具 1 缺刻。额角基部粗短，顶端具 2 细长额角丝。腹部生殖节长、宽近相等，两侧近中部具细刺毛丛，节的末缘也具 1 列细毛，其腹面很膨大，呈半圆形。尾叉宽短。第 1 对胸足外肢第 1 节具 1 长外缘刺，可达第 2 节近末缘。第 2 对胸足外肢第 1 节外缘刺很短小，仅达第 2 节近端 1/4 处。第 3 对胸足第 1 基节外缘中部具 1 缺刻。第 5 对胸足单肢型，分 2 节，末节狭长而直，长为宽的 3 倍多，内末缘具 1 强大内末刺，其外缘具 1 列小刺，节的外末缘常具 1 小外末刺及一些细刺或缺如。**雄性：**第 5 对胸足单肢型且不对称，左足很细长，分 4 节，末节很短小呈刺状，边缘无细刺毛，仅顶端具 1 小刺突；右足退化，很短小，仅分 3 节，末节呈椭圆形，顶端尖锐。

分布：南海东南部；马来群岛海域，太平洋，印度洋及大西洋。深水种。

参考文献：158，199，206，207。

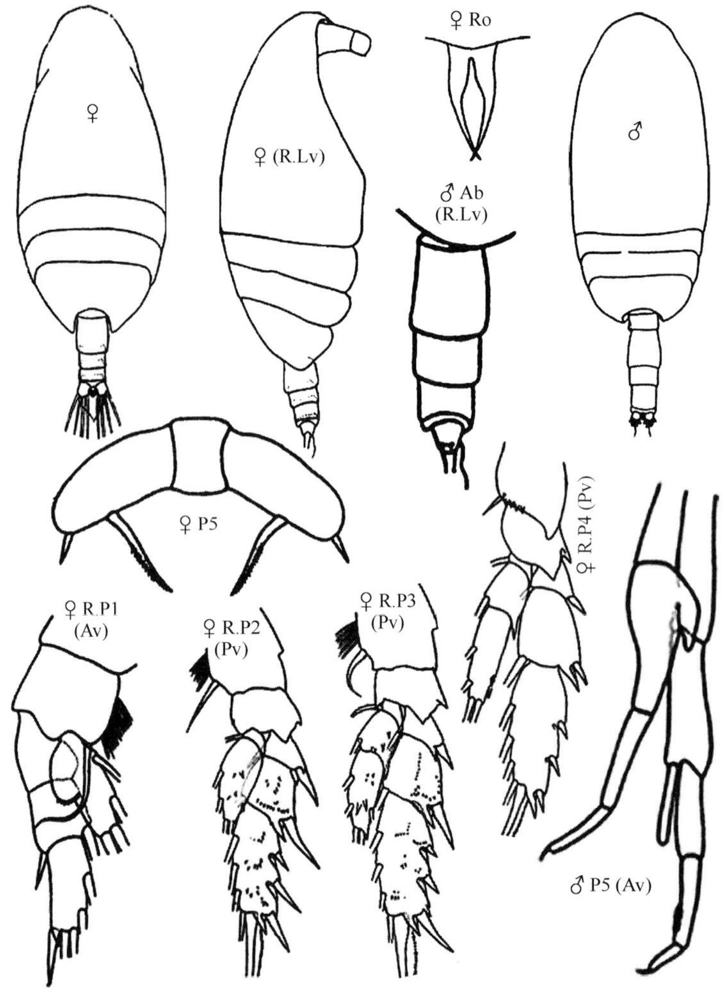

图 514 细刺小厚壳水蚤 *Scolecithricella tenuiserrata*（仿连光山，林金美，1978）

（514）细刺小厚壳水蚤 *Scolecithricella tenuiserrata*（Giesbrecht，1892）（图 514）

［*Scolecithrix tenuiserrata* Giesbrecht，1892；*Scolecithricella orientalis* Mori，1937］

形态特征：

体长：♀1.0~1.2 mm，♂1.0~1.3 mm。**雌性：**头部前端渐狭，额部钝圆。额角呈叉状，基部粗大，末端额角丝细长。背面观胸部后侧角突出，呈钝三角形，侧面观宽圆。生殖节宽大，呈方形。第 1 对胸足外肢第 1 节无外缘刺。第 2 对胸足第 1 基节外缘中部具 1 缺刻，外肢第 1 节外缘刺较短，第 2 节外缘刺很长大，可达第 3 节第 2 外缘刺基部。第 3 对胸足第 1 基节外缘也具 1 缺刻。第 4 对胸足第 1 基节外末角突出，内末缘具 1 列小刺突。第 5 对胸足单节而对称，节长为宽的 2 倍，末端宽圆并具 1 短末刺，内缘刺细长而稍弯曲，末部外缘具细刺列。**雄性：**头胸部呈椭圆形，前额宽圆。胸部后侧角钝圆。第 5 对胸足不对称，左足内肢单节呈棒状，较短于外肢第 1 节，外肢分 3 节，第 2 节内缘具细毛，第 3 节短小，顶端具 1 小刺；右足内肢很短小，仅具 1 小突起，外肢第 1、2 节长大，末节为 1 小刺。

分布：东海，南海；太平洋，印度洋及大西洋。深水种。

参考文献：2，6，24，31，33，37，41，44，51，97，106，118，181。

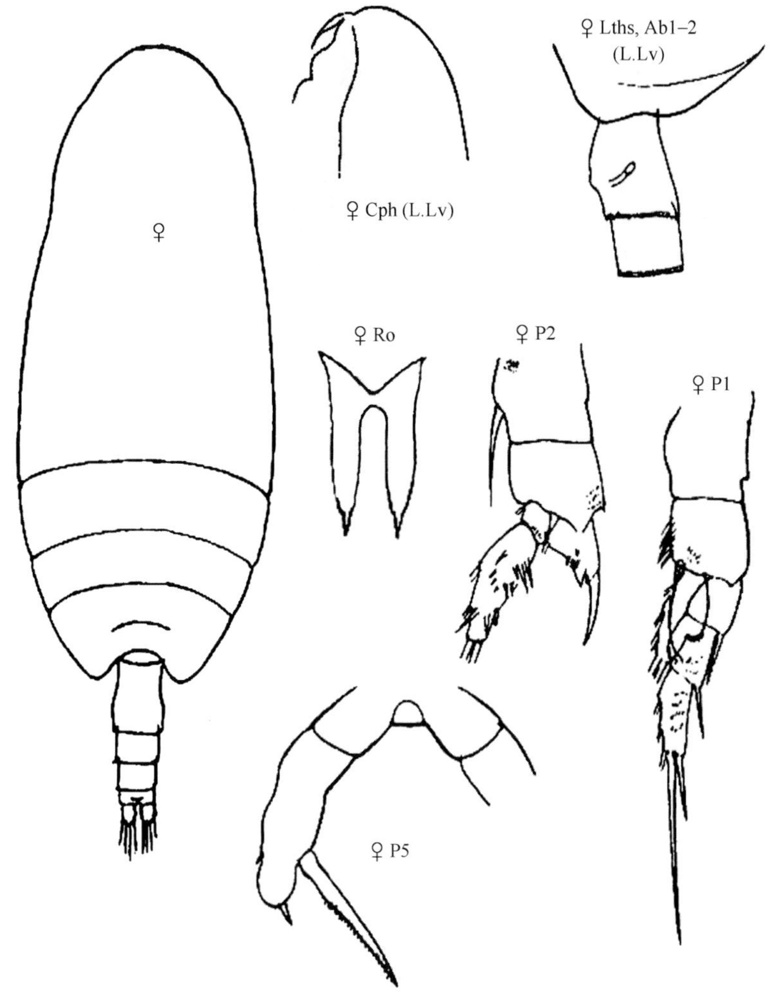

图 515 弱小厚壳水蚤 *Scolecithricella timida*（仿 Tanaka，1962）

（515）弱小厚壳水蚤 *Scolecithricella timida* Tanaka，1962（图 515）

形态特征：

体长：♀1.5~1.7 mm。**雌性：**头胸部呈卵圆形。口部两侧稍膨大。前额宽圆。第 4、5 胸节不完全愈合。胸部后侧角稍突出而钝圆。额角分叉呈粗刺状，顶端尖锐。腹部分 4 节，第 1~3 节末缘均具细刺列，生殖节腹面稍膨大。尾叉短小，呈方形。第 1 对胸足第 1 基节近外末缘具 1 小突起，第 2 基节内末缘表面近内肢基部具 1 丛微刺，外肢第 1 节具 1 外缘刺，外肢第 2、3 节后表面具小刺列。第 2 对胸足第 1 基节外缘也具 1 小突起，内缘近基部表面具 1 丛微刺，外肢第 1 节具 1 长而稍弯曲的外缘刺。第 5 对胸足分 2 节，末节较狭长，内缘近末端 1/3 处具 1 粗大内缘刺，并与末节等长，末节的末端宽圆并具 1 小末刺，外缘刺很微小并位于与内缘刺相对应的位置。

分布：东海，南海；太平洋。深水种。

参考文献：20，24，44，51，106，181。

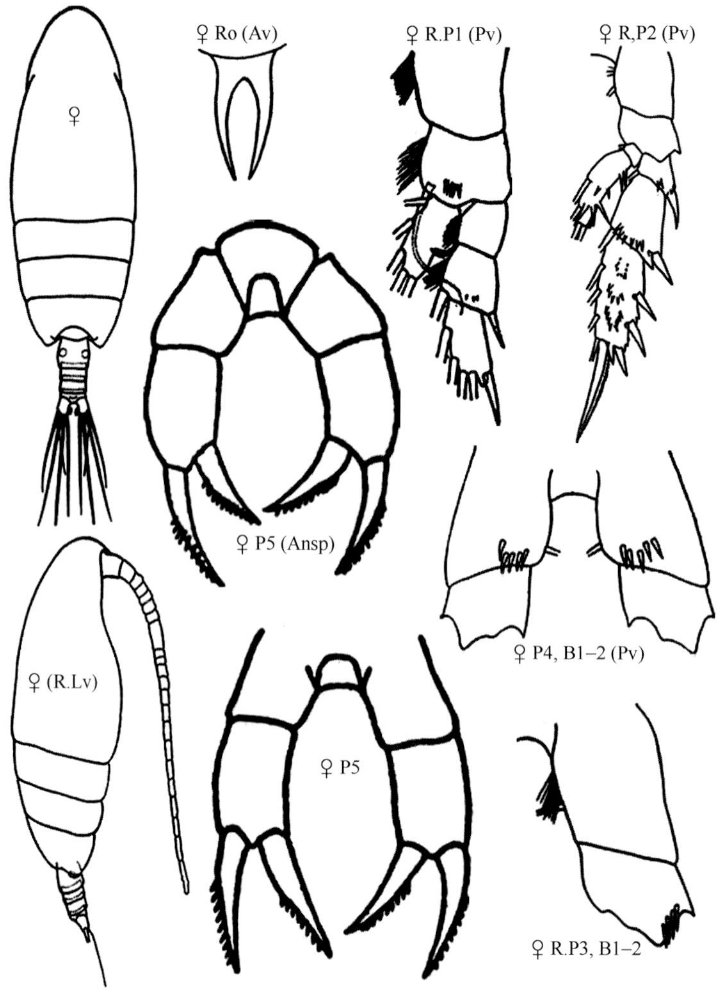

图 516　热带小厚壳水蚤 *Scolecithricella tropica*（仿连光山，林金美，1978）

（516）热带小厚壳水蚤 *Scolecithricella tropica* Grice，1962（图 516）

［*Scolecithricella beata* Tanaka，1962］

形态特征：

体长：♀1.1～1.3 mm。**雌性：**头胸部呈椭圆形。前额钝圆。额角呈叉状，额角丝细长。胸部后侧角钝突，侧面观近背侧具 1 缺刻。腹部分 4 节，生殖节宽大，长约等于后 2 节长度之和，第 2、3 节近等长。尾叉长为宽的 1.5 倍。第 1 对胸足第 2 基节后表面近内肢基部具 1 列 4～5 小刺，外肢第 1 节无外缘刺。第 2 对胸足第 1 基节外缘稍凹，外肢第 1 节具 1 长而稍弯的外缘刺，仅达第 2 节中部，本节后表面近末缘具 2～3 小刺。第 3 对胸足第 2 基节后表面近外肢第 1 节基部具 1 列 3～4 小刺。第 4 对胸足第 1 基节后表面近内末缘也具 1 列 3～5 小刺。第 5 对胸足分 2 节并对称，第 2 节呈长方形，末端常具 2 近等长的粗刺，刺外缘具 1 列细刺。但少数标本右或左第 5 胸足末节顶端具 3 近等长的粗刺，而另 1 侧仅具 2 粗刺。

分布：东海，南海；太平洋，印度洋。热带性外海种。

参考文献：16，24，31，44，50，51，99，106，181。

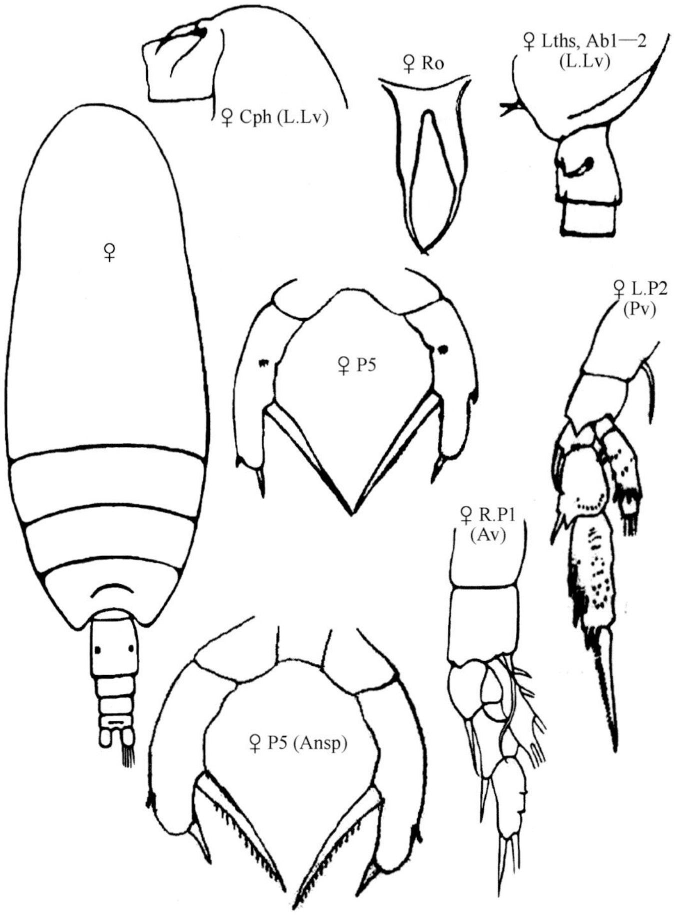

图 517 强小厚壳水蚤 *Scolecithricella valens*
[仿 Tanaka, 1962 (♀); Park, 1970 (♀ P5, Ansp)]

(517) 强小厚壳水蚤 *Scolecithricella valens* (Farran, 1926) (图 517)

[*Amallothrix valens* Farran, 1926; Rose, 1933; *A. valida* (Farran): Sars, 1925; *A. paravalida* Brodsky, 1950; *Scolecithix valens* Farran, 1926; *Scolecithricella paravalida* (Brodsky): Tanaka, 1962]

形态特征:

体长: ♀2.5~2.7 mm。**雌性:** 头胸部呈长卵圆形。前额宽圆。额角分叉，基部粗大，末部细长并与基部等长。第 4、5 胸节不完全愈合。胸部后侧角钝突，侧面观钝圆。腹部较粗短，第 1~3 节末缘具细刺毛，生殖节大于后 2 节长度之和。尾叉长约为宽的 1.7 倍。第 1 触角较长，可超过尾叉末端。第 1 对胸足外肢第 1 节外缘刺细长，可达第 2 节末缘。第 2 对胸足外肢第 1 节外缘刺较长而弯曲，其末端可达第 2 节末缘 1/3 处。第 5 对胸足分 2 节，末节狭长，其内缘近中部具 1 粗大内缘刺，与末节近等长，其外缘具细锯齿，末刺短小，约为内缘刺长的 1/5，外缘刺很小，位于与内缘刺相对应位置或位于外末缘靠近末刺之处，末节后表面近端 1/3 处常具数根小刺，或脱落而缺如。

分布: 东海，南海；太平洋，印度洋及大西洋。深水种。

参考文献: 20, 24, 44, 51, 67, 106, 144, 152, 157, 181。

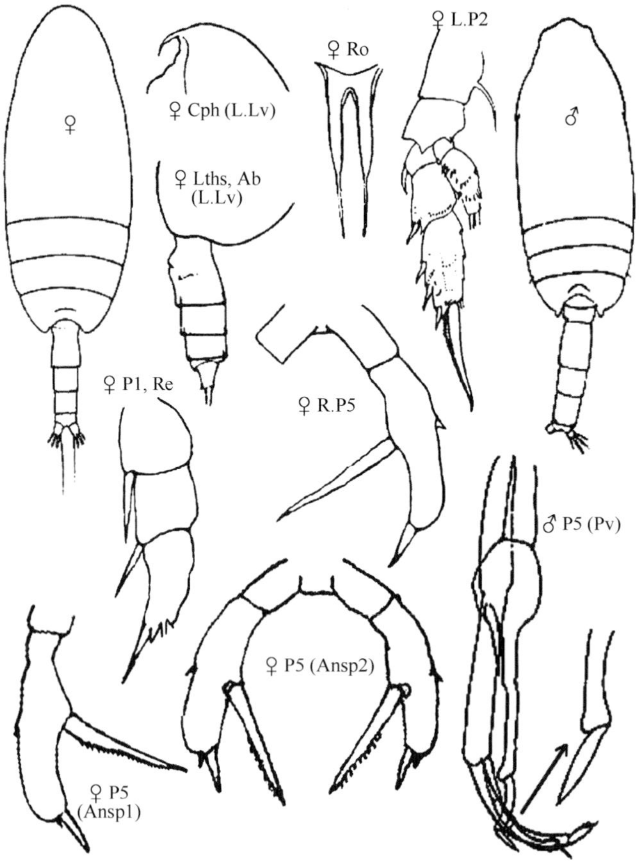

图 518 健小厚壳水蚤 *Scolecithricella valida*

［仿 Tanaka，1962（♀；♂）；Park，1980；Chihara et al.，1997（♀P5，Ansp2）］

（518）健小厚壳水蚤 *Scolecithricella valida*（Farran，1908）（图 518）

［*Scolecithrix valida* Farran，1908；*Amallothrix valida*：Sewell，1929；Rose，1933；Brodsky，1950］

形态特征：

体长：♀2.7~4.4 mm，♂4.0~4.6 mm。**雌性：**本种与强小厚壳水蚤（*S. valens*）较相似，但仍存在以下特征差异：身体较粗大，腹部较狭长。额角分叉，其基部粗大，末部额丝较短于基部，顶端稍分叉。生殖节较短于后 2 腹节长度之和。尾叉长仅为宽的 1.2 倍。第 1 触角较短，仅达第 2 腹节中部。第 1 对胸足外肢第 1 节外缘刺长达第 2 节末缘，并与第 2 节外缘刺等长。第 2 对胸足外肢第 1 节外缘刺较短而弯，仅达外肢第 2 节中部。第 5 对胸足分 2 节，末节内缘中部具 1 粗大内缘刺，并短于末节，其外缘具细齿列，外缘近中部具 1 小外缘刺，末刺短小，约为内缘刺长的 1/3，其基部外侧常具 1 微刺或缺如。**雄性：**背面观，头部前端渐狭，前额稍突出，胸部后侧角具 1 小突起。第 5 对胸足双肢型且不对称，左足外肢末节短小，内缘具细刺毛，顶端具 1 小刺，内肢可达外肢第 2 节末缘，其顶端也具 1 小刺；右足内肢短小，顶端具 1 小刺，外肢末节也短小，呈矛刺状。

分布：东海，南海东南部；马来群岛海域，太平洋，印度洋及大西洋。深水种。

参考文献：44，67，82，106，144，158，159，181。

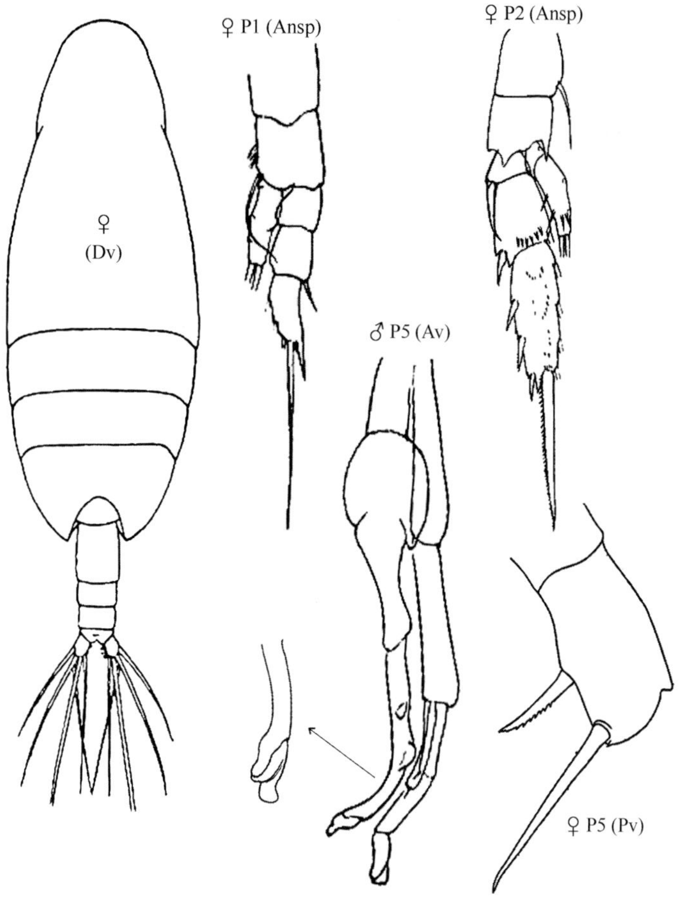

图 519　带小厚壳水蚤 *Scolecithricella vittata*
［仿陈清潮等，1965（♀Dv；♀P5）；Tanaka，1962（♀P1；♀P2；♂P5）］

（519）带小厚壳水蚤 *Scolecithricella vittata*（Giesbrecht，1892）（图 519）

［活泼小厚壳水蚤 *Scolecithricella vittata*：连光山等，1978，1984，1994，2008；*Scolecithrix vittata* Giesbrecht，1892］

形态特征：

体长： ♀1.6~2.0 mm，♂1.6~1.7 mm。**雌性：** 头胸部呈椭圆形。前额钝圆。背面观胸部后侧角突出，侧面观宽圆。额角丝细长。腹部生殖节较长，第 2、3 腹节近等长。尾叉长稍大于宽。第 1 对胸足外肢第 1 节无外末刺。第 2 对胸足外肢第 1 节具 1 长而弯的外末刺，可达第 2 节末缘。第 5 对胸足单节并对称，呈长方形，其内缘中部具 1 粗刺，刺的外缘具 1 列小锯齿，内末缘具 1 长末刺，为内缘刺长的 2~3 倍，其基部外侧另具 1 微刺，本节外末缘具 1 小齿突。**雄性：** 体形与雌性相似。第 5 对胸足不对称，左足内肢较短，单节呈棒状，其末端具 1 小刺，外肢分 3 节，末节短小，其末端钝平，外末缘具 1 不完整的片状突；右足内肢很短小，呈瘤状，外肢第 2 节内缘具 2 瘤状突，末节顶端具 1 芽状突。

分布： 东海，南海；太平洋，印度洋及大西洋。深水种。

参考文献： 1，5，6，13，20，23，24，31，37，38，44，50，51，97，106，181。

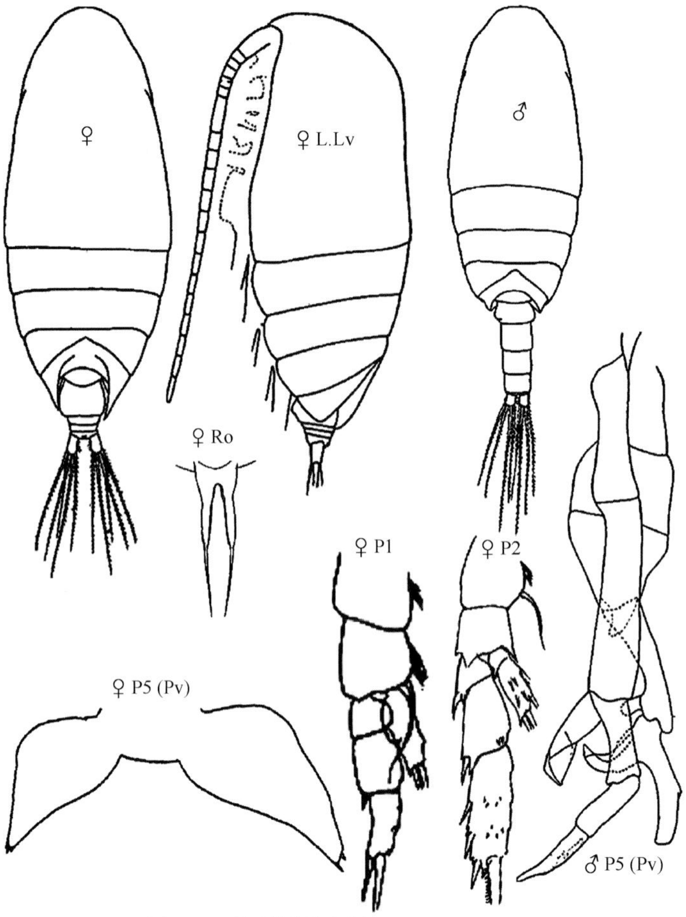

图 520　伯氏厚壳水蚤 *Scolecithrix bradyi*

［仿陈清潮等，1965（♀；♂）；Tanaka，1962（♀Ro；♀P1；♀P2，Ansp）］

（520）伯氏厚壳水蚤 *Scolecithrix bradyi* Giesbrecht，1888（图 520）

［伯氏小厚壳水蚤 *Scolecithricella bradyi*：A. Scott，1909；Mori，1937；Wilson，1942，1950；Tanaka，1953，1962；陈清潮等，1965，2008；连光山等，1978，1984，1994，2008］

形态特征：

体长：♀1.3~1.4 mm，♂1.3~1.5 mm。**雌性：**头胸部呈卵圆形。头部背面稍隆起。额角丝细长。第 4、5 胸节分开。胸部后侧角突出而不对称，背面观呈粗刺状，侧面观钝圆，右侧角较长，可达生殖节末缘。腹部粗短，生殖节宽大而不对称，左侧较膨大。尾叉长约为宽的 2 倍。第 1 对胸足外肢第 1 节无外缘刺。第 2 对胸足外肢第 1 节外缘刺短小，达不到外肢第 2 节中部。第 5 对胸足单节，呈片状，短小而不对称，右足较粗大并长于左足，末端狭小并各具 2~3 小刺。**雄性：**胸部后侧角呈小突起状。腹部第 1 节宽短而不对称，左侧中部具 1 小突起。第 5 对胸足不对称，左足第 2 基节狭长，内肢单节，呈叶状，其背中部具 1 纵列小刺，外肢分 3 节，末节末部狭小呈锥状；右足内肢退化为小突起，外肢第 1 节较狭长，其内末缘具 1 小指状突，末节为分叉的片状突，其外叉较长大，内叉弯曲呈钩状。

分布：东海，南海；太平洋，印度洋及大西洋。暖水种。

参考文献：1，5，6，13，20，21，23，24，25，31，32，44，48，51，77，106，158，181，217。

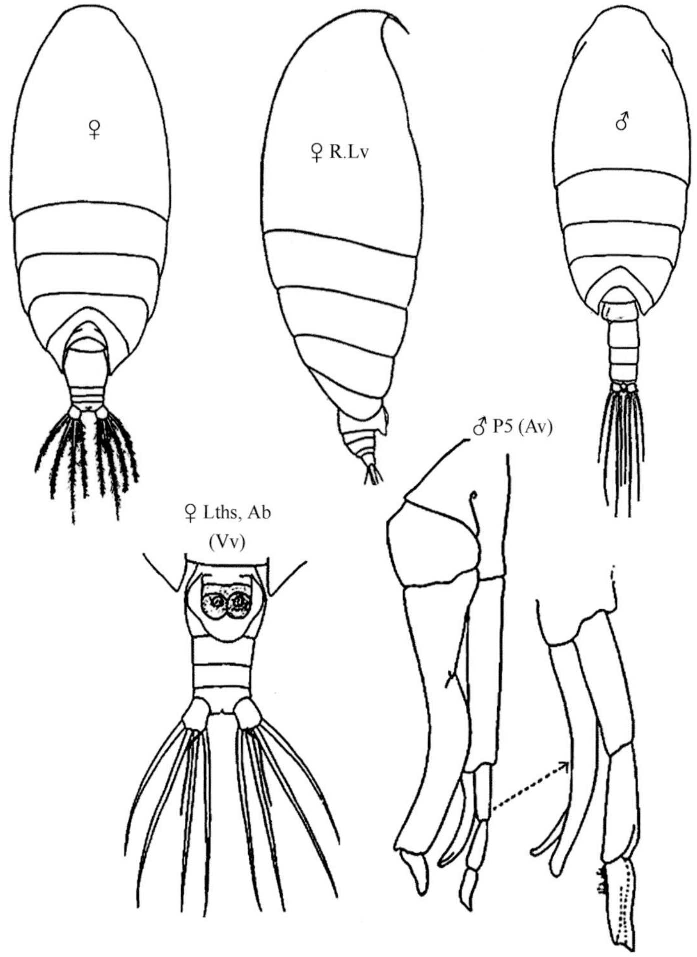

图 521 丹氏厚壳水蚤 *Scolecithrix danae*（仿陈清潮，章淑珍，1965）

（521）丹氏厚壳水蚤 *Scolecithrix danae*（Lubbock，1856）（图 521）

［*Undina danae* Lubbock，1856］

形态特征：

体长：♀1.8~2.5 mm，♂1.9~2.4 mm。头胸部呈卵圆形。前额宽圆，额角丝细长。第 4、5 胸节分开。**雌性：**背面观胸部后侧角突出而尖锐，侧面观宽圆，其末端可达生殖节中部。腹部粗短，生殖节宽大，其腹面显著膨大，生殖突发达，呈铲状大突起，并向后覆盖第 2 腹节之上。第 1 对胸足外肢第 1、2 节各具 1 小外缘刺。第 5 对胸足不存在。**雄性：**胸部后侧角稍突出。第 5 对胸足不对称，左足双肢型，第 2 基节狭长，可达右足外肢约 2/3 处，外肢分 3 节，第 1、2 节近等长，末节较短，其内缘基部具细毛，顶端分叉或不分叉，内肢单节，长达外肢第 2 节末缘，其末端也分叉或不分叉；右足单肢型，内肢不存在，外肢分 2 节，第 1 节近端凹陷处前表面具 1 小齿突(Park，1983a)，末节短小呈锥状，约为第 1 节长的 1/6，其内末缘具细齿。

分布：黄海，东海，南海；太平洋，印度洋及大西洋。暖水种。

参考文献：1，5，6，13，18，20，21，23，24，31，32，44，46，51，68，79，97，106，118，148，152，158，181，217。

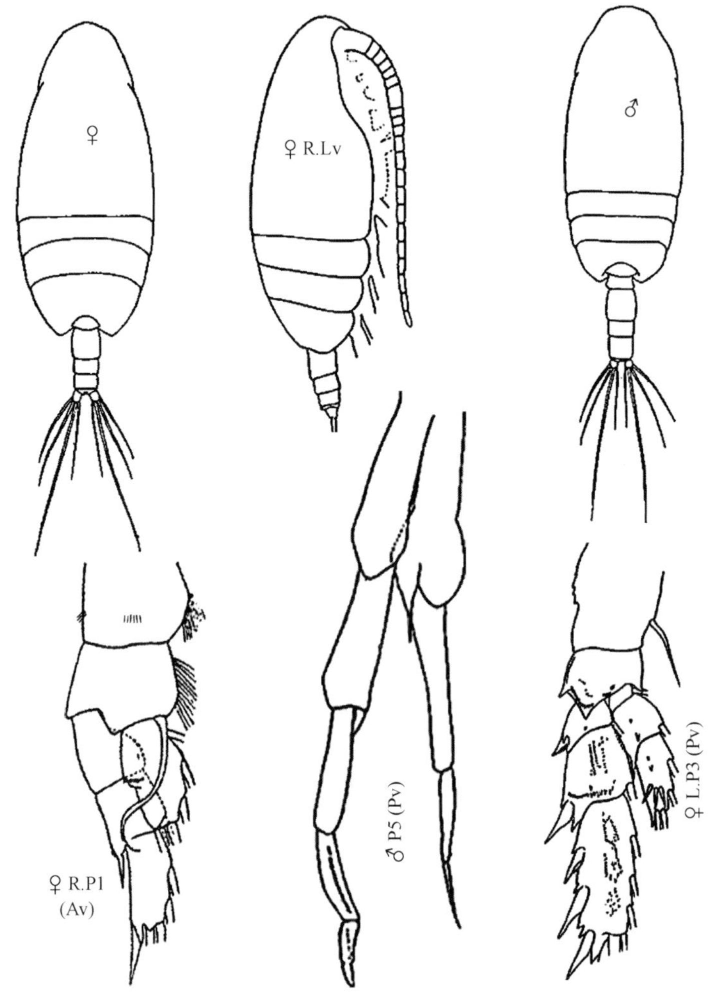

图 522 缘齿厚壳水蚤 *Scolecithrix nicobarica*（仿陈清潮，章淑珍，1965）

（522）缘齿厚壳水蚤 *Scolecithrix nicobarica* Sewell，1929（图 522）

［*Scolecithricella nicobarica*：Farran，1936］

形态特征：

体长：♀1.1~1.5 mm，♂1.1~1.5 mm。**雌性：**头胸部呈卵圆形。前额钝圆。额角刺较粗短，末端细尖。胸部后侧角钝圆。腹部生殖节较长，约等于后 2 腹节长度之和，其腹面无突起，肛节短小。尾叉近方形。第 1 对胸足第 1 基节近中部表面具 1 横列小刺，外肢第 1 节无外末刺。第 2、3 对胸足第 1 基节外缘近端半部具细锯齿。第 2~4 对胸足后表面遍生小刺。第 5 对胸足不存在。**雄性：**头胸部与雌性相似。第 1~4 对胸足也与雌性相似。第 5 对胸足不对称，左足第 1~2 基节均狭长，内肢很短呈小突起状，外肢分 3 节，末节短小呈锥形，内缘具细刺；右足内肢粗短，基部呈三角形，顶端呈刺状，外肢分 3 节，第 1 节狭长并大于末 2 节长度之和，末节细长呈刺状。

分布：黄海，东海，南海；太平洋，印度洋。暖水种。

参考文献：5，6，13，23，24，25，31~33，44，46，50~52，106，159，170，181。

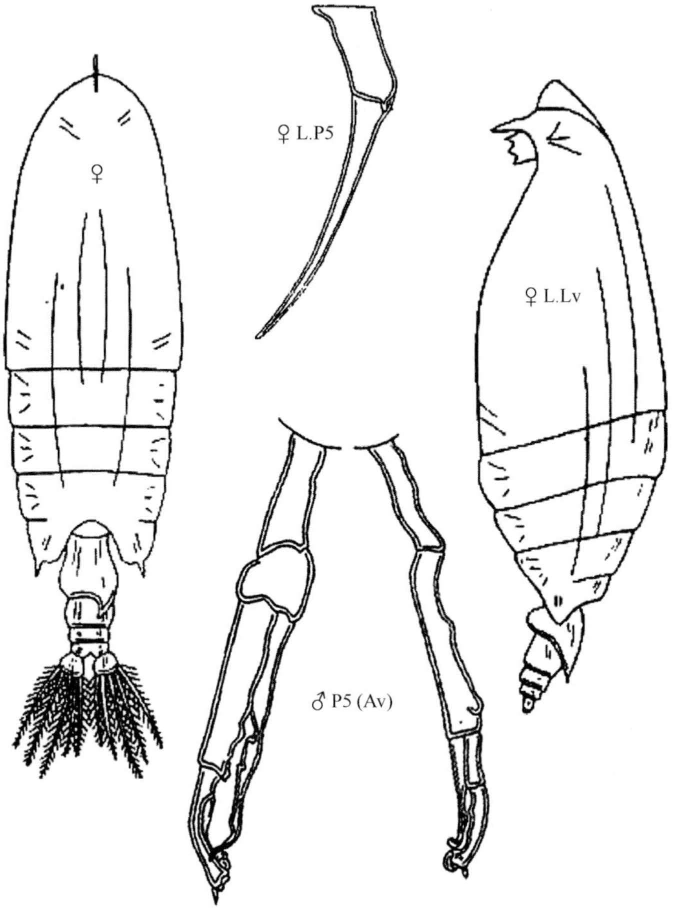

图 523 刺厚哲水蚤 *Scolecocalanus spinifer*（仿 Wilson，1950）

（523）刺厚哲水蚤 *Scolecocalanus spinifer* Wilson，1950（图 523）

形态特征：

体长：♀4. 4 mm，♂4. 3 mm。**雌性：**头部前端具 1 较高的盔状额脊，背面观呈刺状，侧面观呈钝三角形。第 4、5 胸节部分愈合，后侧角突出，背面观呈刺状，侧面观呈钝三角形，向后可达生殖节中部。腹部分 4 节，生殖节粗大而不对称，其右背末缘向后突出呈尖刺突，可达第 2 腹节近末缘。尾叉宽短，其宽度大于长。第 1～4 对胸足外肢均分 3 节，内肢节数分别为 1、2、3、3。第 5 对胸足仅左足存在，右足不存在，左足单肢型并分 2 节，第 1 节前表面外末缘具 1 瘤状突，末节呈长刺状，稍弯曲，其长度约为第 1 节长的 3 倍。**雄性：**头胸部与雌性相似。第 4、5 胸节分开，后侧角钝圆并近腹侧具 1 小而弯的刺突。第 1～4 对胸足与雌性相似。第 5 对胸足双肢型且不对称，左足与右足近等长，第 1、2 基节狭长，内肢单节，与外肢近等长，其末端弯曲呈杓状，外肢分 2 节，末节顶端膨大并具 2～3 小刺突；右足第 2 基节膨大，内肢单节而狭长，末端细尖，可达外肢近末端，外肢分 2 节，第 1 节长为第 2 节的 2 倍，末节末部较膨大，内末缘具 3 圆滑片状突，末节顶端具 1 小刺。

分布：南海；太平洋。暖水种。

参考文献：24，44，217。

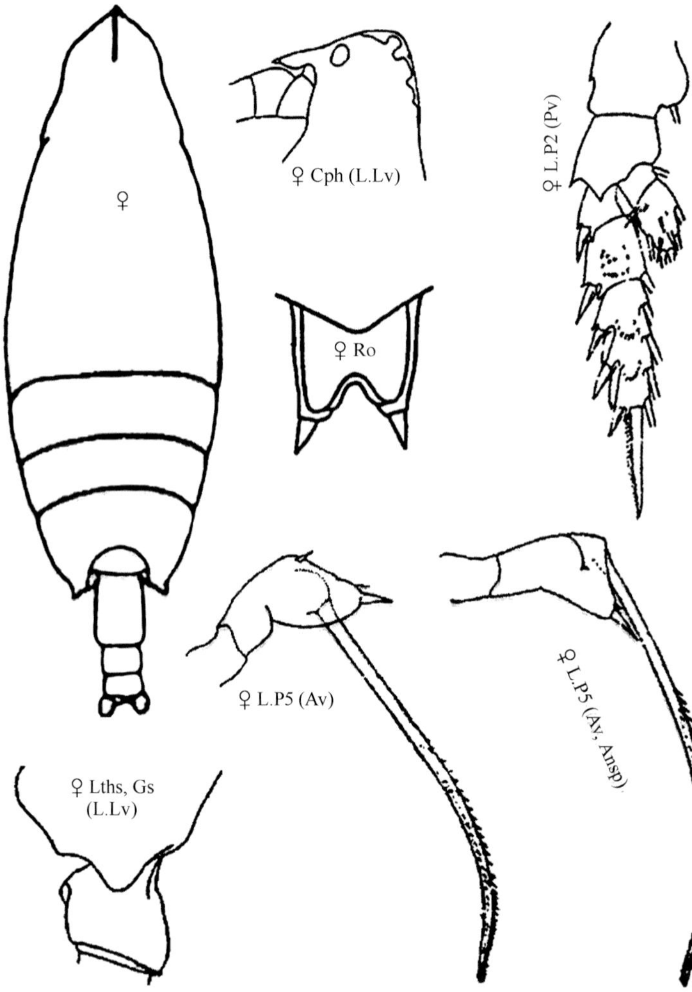

图 524 澳暗哲水蚤 *Scottocalanus australis*（仿连光山，钱宏林，1984）

（524）澳暗哲水蚤 *Scottocalanus australis* Farran, 1936（图 524）

［澳洲小胖水蚤 *Scottocalanus australis*：连光山等，1984；澳藏哲水蚤：陈清潮，2008］

形态特征：

体长：♀3.6~3.9 mm。**雌性：**头部前端较窄，前额呈三角形，其背中央具 1 额脊，侧面观较宽圆。胸部后侧角突出，背面观呈三角形，侧面观较狭而钝圆。额角呈叉状，刺间隙较宽，其基部较粗短，顶端具 1 短刺突。生殖节长约为宽的 1.5 倍，其腹面基部具 1 小突起。第 2 对胸足第 1 基节外缘具 1 小齿突，内缘膨大。第 5 对胸足对称，分 2 节，末节内缘弯曲，顶端具 1 较长末刺，其基部外侧另具 1 小刺，外末刺细长，为末节长的 3~4 倍，刺顶端稍分叉；末节外缘近中部常另具 1 小外缘刺或缺。

分布：东海，南海；太平洋。深水种。

参考文献：24，38，44，51，106，180。

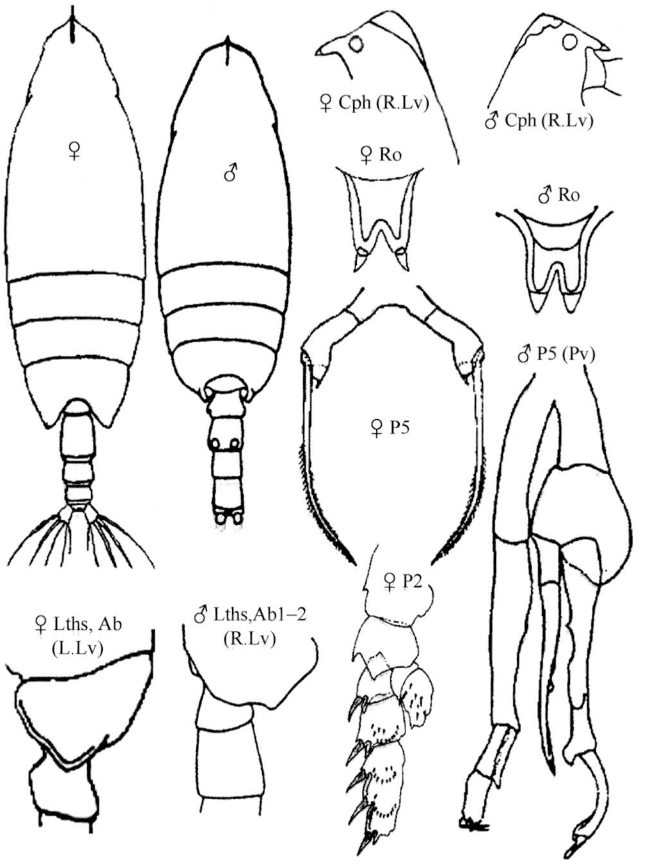

图 525 法氏暗哲水蚤 *Scottocalanus farrani*
[仿 A. Scott，1909（♀）；连光山等，1984（♂）]

（525）法氏暗哲水蚤 *Scottocalanus farrani* A. Scott，1909（图 525）

[法氏小胖水蚤 *Scottocalanus farrani*：连光山，钱宏林，1984；
华藏哲水蚤 *S. farrani*：陈清潮，2008]

形态特征：

体长：♀3.5 mm，♂3.5 mm。**雌性：**前额突出，背中央具1高额脊，侧面观较钝圆。额角刺较短，其基部粗大，顶刺长等于刺间隙深度。胸部后侧角突出，背面观呈钝三角形，侧面观宽圆。生殖节长大，约等于后3节长度之和，其腹面稍膨大。尾叉宽短，近方形。第2对胸足第1基节外缘具1齿突，内缘膨大。第5对胸足分2节，左右足对称，末节内缘中部显著弯曲，末部膨大，其外末缘具1长刺，约为末节长的3倍，刺的后半部内、外缘均具细刺列；末端刺很短小。**雄性：**前额背中央额脊较雌性的低，侧面观呈直角形。额角刺较粗短，呈钝三角形，其长度约为刺间隙深度的1/2。背面观，胸部后侧角呈小突起状，侧面观宽圆，近腹侧具1小钝突。第5对胸足不对称，左足外肢分2节，近等长，末节较粗大，其顶端具2长的弯刺毛及复杂的小突起，内肢单节，其长度稍超过外肢第1节末端；右足外肢第1节内缘具1粗齿突和1大钝突，内末缘具1锥状大突起，第2节弯曲，末节短小呈指状，内肢细长，分2节，第1节粗短，末节内缘中部具1小齿突，末部呈尖叶状并超过外肢第1节末端。

分布：南海；太平洋及印度洋。深水种。

参考文献：24，25，38，44，99，158，159，217。

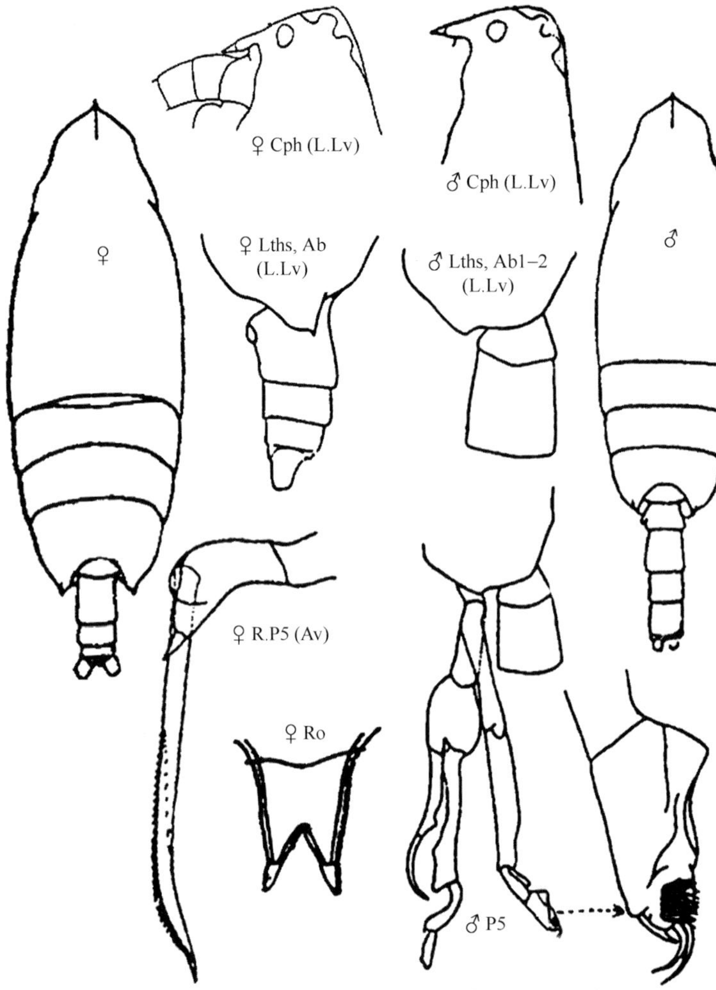

图 526　海伦暗哲水蚤 *Scottocalanus helenae*（仿连光山，钱宏林，1984）

（526）海伦暗哲水蚤 *Scottocalanus helenae*（Lubbock，1856）（图 526）

［海伦小胖水蚤 *Scottocalanus helenae*：连光山等，1984；海伦藏哲水蚤 *S. helenae*：陈清潮，2008；*S. securifrons*：T. Scott，1894（♂）；*Undina helenae* Lubbock，1856（♂）］

形态特征：

体长：♀3.2～4.5 mm，♂3.7～4.8 mm。**雌性：**前额具 1 高的额脊，侧面观呈钝三角形。额角刺稍短于刺间隙深度。胸部后侧角突出呈三角形，顶端尖锐。生殖节呈长方形，其腹面基部突出。尾叉呈方形。第 5 对胸足对称，分 2 节，第 2 节内缘弯曲，外缘中部膨大，并具 1 长外末刺，为末节长的 3 倍多，其末部具 2 列细刺，末节顶端具 1 小末刺。**雄性：**前额脊状突较雌性低，侧面观宽圆。胸部后侧角具钝突，侧面观宽圆，腹侧缘具 1 小突起。第 5 对胸足不对称，左足内肢单节而短小，达不到外肢第 1 节末端，外肢分 2 节，近等长，末节内缘很膨大，基部具 1 三角形大突起，节末端具 2 长而弯的刺毛及 1 丛细刺毛和 1 小刺突；右足外肢分 3 节，第 1 节内缘末部较膨大，第 2 节短而弯曲，末节呈指状，内肢狭长分 2 节，末节弯曲，顶端约达外肢第 2 节中部。

分布：东海，南海；太平洋，印度洋及大西洋。深水种。

参考文献：6，24，25，29，38，44，51，77，106，118，158，159，180，217。

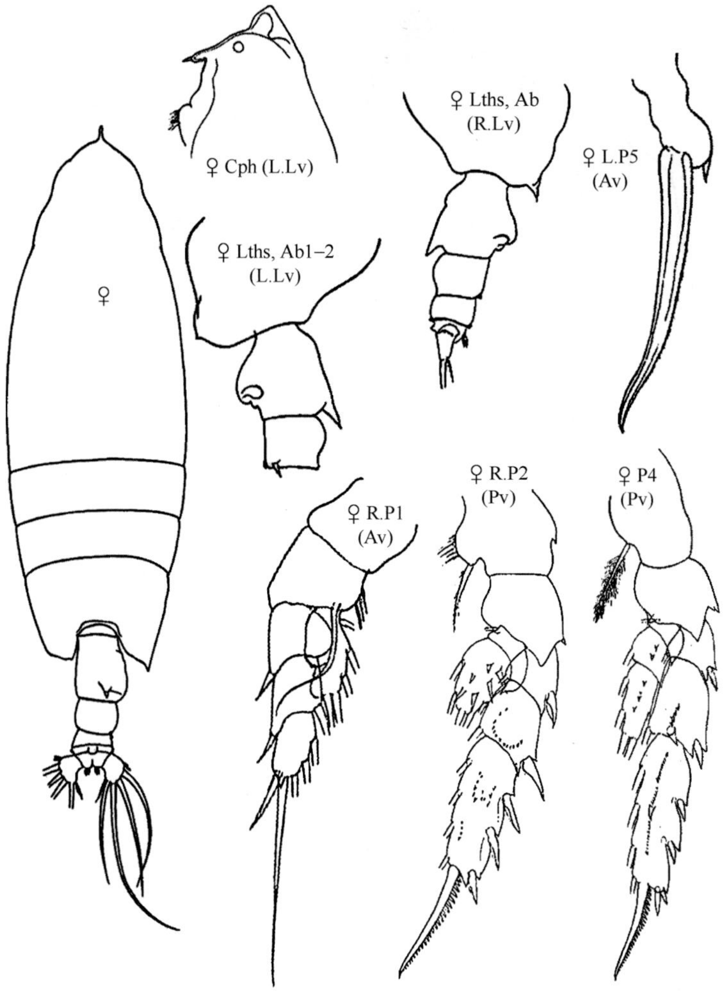

图 527　珍稀暗哲水蚤 *Scottocalanus infrequens*（仿 Tanaka，1969）

（527）珍稀暗哲水蚤 *Scottocalanus infrequens* Tanaka，1969（图 527）

形态特征：

体长：♀4.8 mm。**雌性：**身体粗壮，头胸部呈长卵圆形。前额中央具 1 高额脊，侧面观呈三角形。额角呈叉状，顶端尖小。胸部后侧角不对称，背面观，右侧角长而尖锐，可达生殖节中部；左侧角宽圆，内末缘具 1 小突起。生殖节长大而不对称，约等于后 3 节长度之和，其右侧缘膨大，近背末缘具 1 尖刺突，腹面生殖突膨大；侧面观，第 2 腹节背面隆起，左侧末缘近腹侧具 1 小刺及 1 丛细毛，第 3 腹节末缘具细刺列，肛节末缘具细毛。尾叉长等于宽。第 1 对胸足外肢 3 节，各具 1 外末刺，第 1 节内缘膨大。第 2 对胸足第 1 基节外缘具 1 小刺突，内缘显著隆起。第 4 对胸足外肢第 2、3 节后表面均具 1 纵列小刺。第 5 对胸足不对称，左足单节，内末缘具 1 强大内末刺，约为本节长的 2.5 倍，本节顶端另具 1 小刺；右足不存在(可能是个体异常现象)。

分布：南海东部；菲律宾群岛海域，太平洋。热带种。

参考文献：44，189。

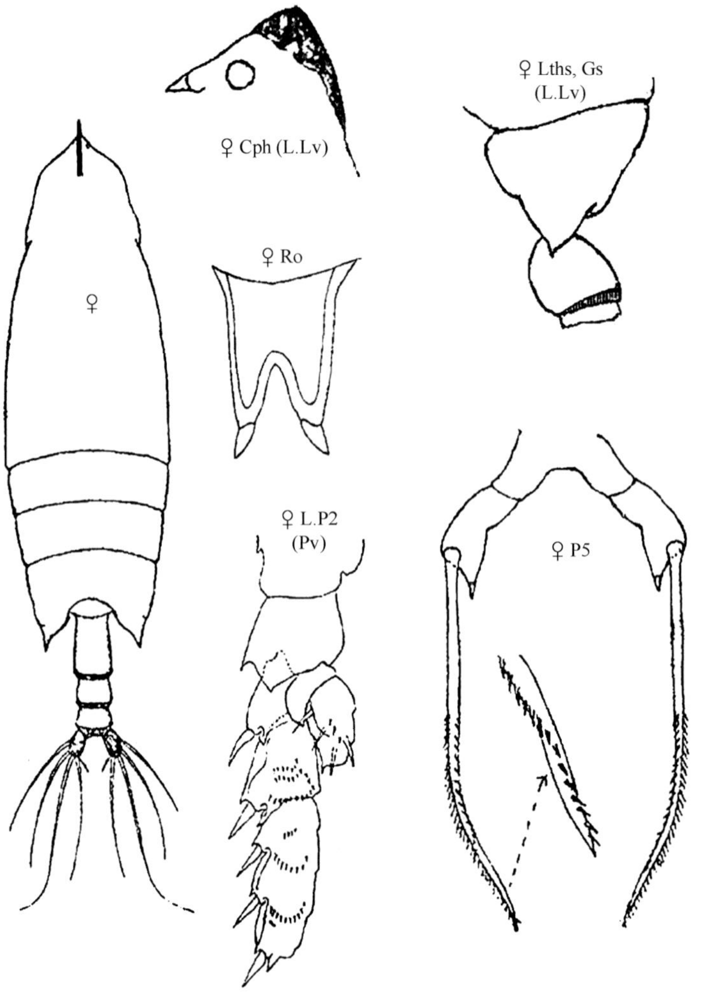

图 528 长刺暗哲水蚤 *Scottocalanus longispinus*（仿 A. Scott，1909）

（528）长刺暗哲水蚤 *Scottocalanus longispinus* A. Scott，1909（图 528）

形态特征：

体长：♀4.8 mm。**雌性：**身体粗壮。头胸部呈长椭圆形。前额中央具 1 高额脊，侧面观呈宽三角形。额角粗短，顶端具小刺突，其长为刺间隙深度的 1/2。胸部后侧角突出，呈长三角形刺突，顶端可达生殖节中部。生殖节长于后 3 腹节长度之和，背面观呈长方形，长约为宽的 2 倍，侧面观其背、腹面较隆起；肛节很短小。尾叉长大于宽，约与第 2 腹节等长。第 2 对胸足第 1 基节外缘具 1 小齿突，内缘膨大而突出。第 5 对胸足对称，分 2 节，末节内缘中部稍凹陷，末部膨大，顶端具 1 小末刺，外末缘具 1 细长外末刺，约为末节长的 4 倍，其后半部边缘具 2 列细刺，末端不分叉。

分布：南海东部；菲律宾-马来群岛海域，太平洋。深水种。

参考文献：44，158，217。

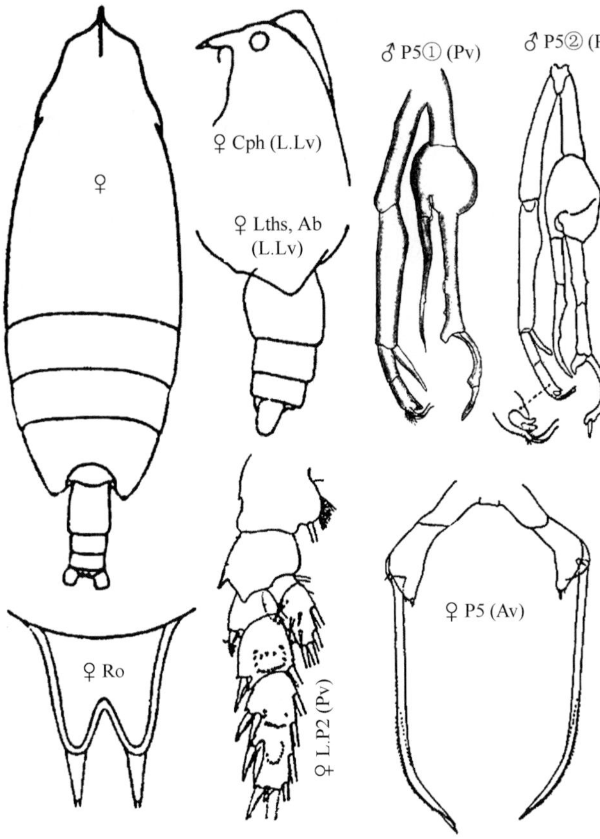

图 529　叉角暗哲水蚤 *Scottocalanus persecans*（Giesbrecht，1895）
［仿连光山等，1984（♀）；A. Scott，1909（♂ P5①）；Sars，1925（♂ P5②）］

（529）叉角暗哲水蚤 *Scottocalanus persecans*（Giesbrecht，1895）（图 529）

［叉角小胖水蚤 *Scottocalanus persecans*：连光山等，1984；叉藏哲水蚤 *S. persecans*：陈清潮，2003，2008；*Scolecithrix persecans* Giesbrecht，1895；Esterly，1905］

形态特征：

体长：♀4. 0~5. 8 mm，♂4. 4~5. 3 mm。**雌性：**前额较狭而突出，背中央具 1 三角形的高额脊。额角刺较长，约与基部突起等长，刺的顶端分叉。胸部后侧角钝突，侧面观较宽圆。生殖节呈长方形，其腹面稍膨大。尾叉宽短呈方形。第 2 对胸足第 1 基节外缘具 1 小齿突，内缘很膨大。第 5 对胸足近对称，分 2 节，末节内缘弯曲，外缘中部膨大，内末缘具 1 小末刺，其基部外侧也具 1 细刺，外末缘具 1 长棒状的外末刺，其长度约为末节长的 3. 6 倍，末半部边缘具细刺列，刺顶端稍分叉，外末刺基部另具 1 微刺。**雄性：**前额具 1 高额脊。额角刺末端分叉。侧面观，胸部后侧角宽圆，其腹侧具 1 凹陷及 1 小突起。第 5 对胸足不对称，左足外肢分 2 节并近等长，呈圆柱状，末节内末缘具小刺突，外末缘具 2 弯曲长刺毛及 1 丛细毛，内肢单节呈刺状或棒状，末端超过外肢第 1 节或达第 2 节近末端；右足外肢分 3~4 节，第 1、2 节愈合或分开，第 1 或第 2 节内末缘具 1 喙状突起，第 2 或第 3 节较短而弯，末节短小呈指状，内肢分 2 节，末节呈长刺状。

分布：东海，南海；太平洋，印度洋及大西洋。深水种。

参考文献：20，24，38，44，51，67，152，157，158，217。

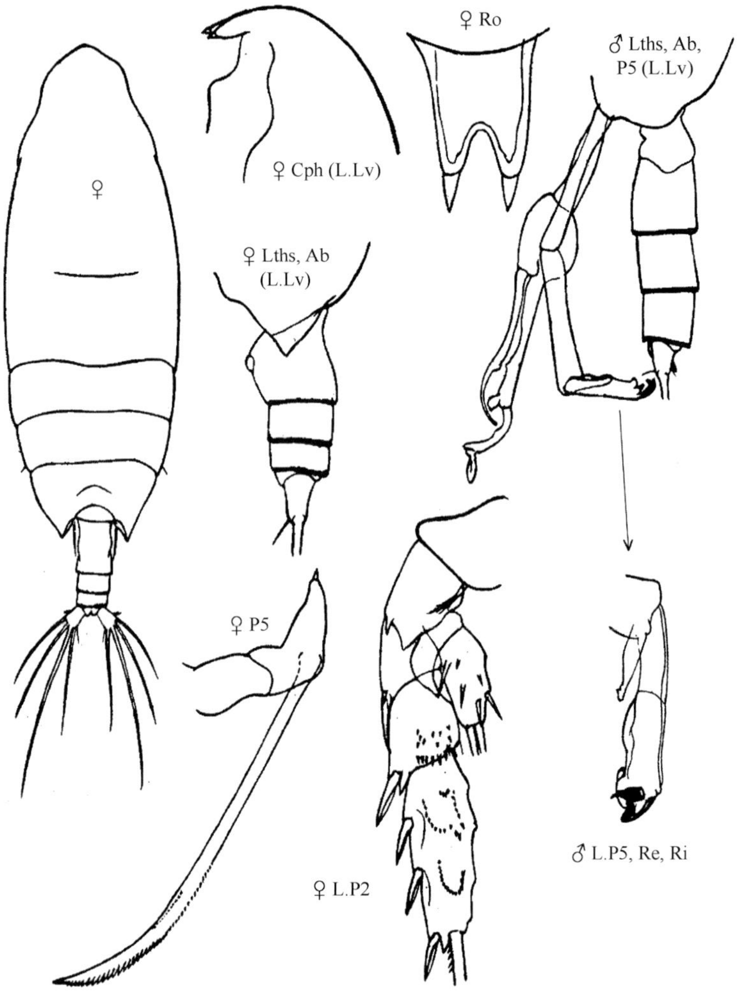

图 530 圆暗哲水蚤 *Scottocalanus rotundatus*（仿 Tanaka，1961）

（530）圆暗哲水蚤 *Scottocalanus rotundatus* Tanaka，1961（图 530）

［圆藏哲水蚤 *Scottocalanus rotundatus*：陈清潮，2008］

形态特征：

体长：♀4. 1 mm，♂4. 4 mm。**雌性：**前额背中央无脊状突。侧面观，前额宽圆。额角刺粗短，约与刺间隙深度相等。头部与第 1 胸节不完全愈合，第 4、5 胸节也不完全愈合。胸部后侧角突出而尖锐，呈三角形。生殖节粗大，背面观，其末部 1/3 较窄缩；侧面观，其腹面膨大并具 1 小突起。尾叉粗短，呈方形。第 5 对胸足对称，分 2 节，末节近端 1/3 处向内弯曲，末部狭小而尖，并具 1 小末刺，外缘中部具 1 长外缘刺，约为末节长的 4 倍，刺的外末缘具细锯齿。**雄性：**前额与雌性相似。胸部后侧角狭圆，侧面观宽圆，其腹侧缘较膨大。第 5 对胸足不对称，左足外肢分 2 节，末节较粗大，末端具 1 丛硬刺毛及 2 弯刺，内末缘具 1 小突起，内肢单节呈棒状，可达外肢第 1 节末端；右足内肢狭长，末端弯曲并达到外肢第 2 节中部，外肢第 1 节内末缘具 1 瘤状突，第 2 节稍弯曲，末节短小呈指状。

分布：南海；太平洋。深水种。

参考文献：24，44，51，106，180，189。

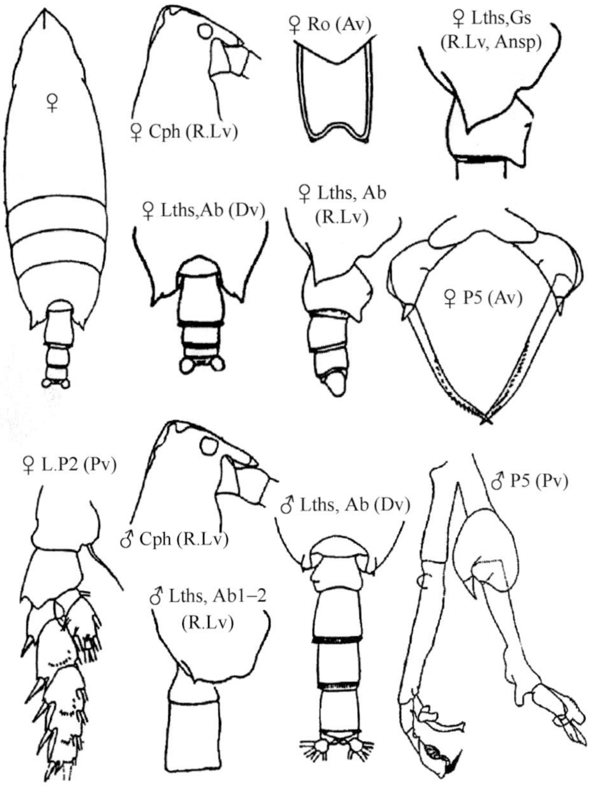

图 531 斧暗哲水蚤 *Scottocalanus securifrons*（仿连光山，钱宏林，1984）

（531）斧暗哲水蚤 *Scottocalanus securifrons*（T. Scott, 1893）（图 531）

［异肢小胖水蚤 *Scottocalanus securifrons*：连光山，钱宏林，1984；斧藏哲水蚤 *S. securifrons*：陈清潮，2008；*Scolecithrix securifrons* T. Scott，1893；*Lophothrix securifrons*：Wolfenden，1904；*Scottocalanus acutus* Sars，1905］

形态特征：

体长：♀4. 1~4. 9 mm，♂4. 7~5. 3 mm。**雌性：**前额具 1 较高额脊。胸部后侧角粗大而尖锐，呈翼状，侧面观其腹缘具 1 缺刻。额角粗短并分叉，顶端仅具 1 小突起。生殖节腹面膨大，其末缘具瘤状突，向后稍覆盖第 2 腹节。第 5 对胸足不对称，分 2 节，左足末节的长外末刺较右足的粗大，其长约为末节的 2. 5 倍，刺的末半部边缘具细刺列，末节内末缘具 1 小末刺［与连光山等（1984）、A. Scott（1909）、Tanaka（1961）及 Grice（1962）的描述和绘图一致］。**雄性：**前额与雌性相似。胸部后侧角具 1 小刺突。第 5 对胸足不对称，左足第 2 基节外缘基部具 1 大瘤状突，外肢分 2 节，末节顶端具 1 刷状或叶状突，内缘基部具 1 小齿突，近末缘具 1 卵形大突起，内肢单节，末端呈钩状，近端具 2 钝突；右足内肢短小呈刺状，外肢分 2 节，第 1 节内末部膨大并具 2 瘤状突，第 2 节末端具 2 钝叶状突，节的内缘中部也具 1 较长叶状突。

分布：东海，南海；太平洋，印度洋及大西洋。深水种。

参考文献：6，20，24，25，38，44，51，62，67，77，99，148，157，158，169，180，217。

注：Park（1983）的雌性标本第 5 对胸足分 2 节，但左、右足末节的长外末刺近对称。Sars（1925）的雌性标本第 5 对胸足却分 3 节，末节的长外末刺也对称，而且顶端稍分叉，并在小末刺基部另具 1 微刺。这些特征差异是否为观察之误或标本存在个体差异，有待进一步探讨。

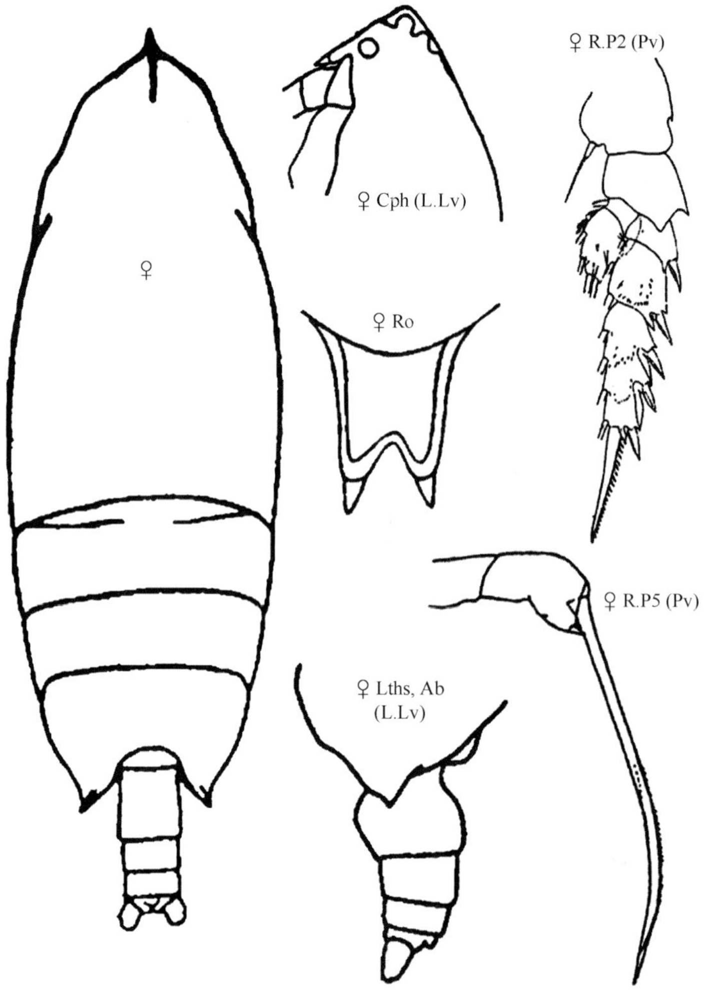

图 532 静暗哲水蚤 *Scottocalanus sedatus*（仿连光山，钱宏林，1984）

（532）静暗哲水蚤 *Scottocalanus sedatus* Farran, 1936（图 532）

［平静小胖水蚤 *Scottocalanus sedatus*：连光山等，1984；
小藏哲水蚤 *S. sedatus*：陈清潮，2008］

形态特征：

体长：♀3.1~3.4 mm。**雌性：**头胸部呈卵圆形，前额具高额脊，侧面观呈三角形。额角刺较短小。胸部后侧角尖锐，较长并向外撇，长达生殖节中部，侧面观呈三角形。生殖节长稍大于宽，约等于后 3 腹节长度之和，其腹面膨大。尾叉短小呈方形。第 2 对胸足第 1 基节外缘具 1 小齿突，内缘很膨大。第 5 对胸足对称，分 2 节，末节内缘弯曲，末部较膨大，顶端具 1 稍指向外侧的小末刺，外缘近末端具 1 棒状的外末刺，其长度约为末节长的 4 倍，刺的后半部边缘具细刺列。

分布：台湾海峡南部及台湾南湾海域，南海；太平洋。热带种。

参考文献：6，24，38，41，44，99。

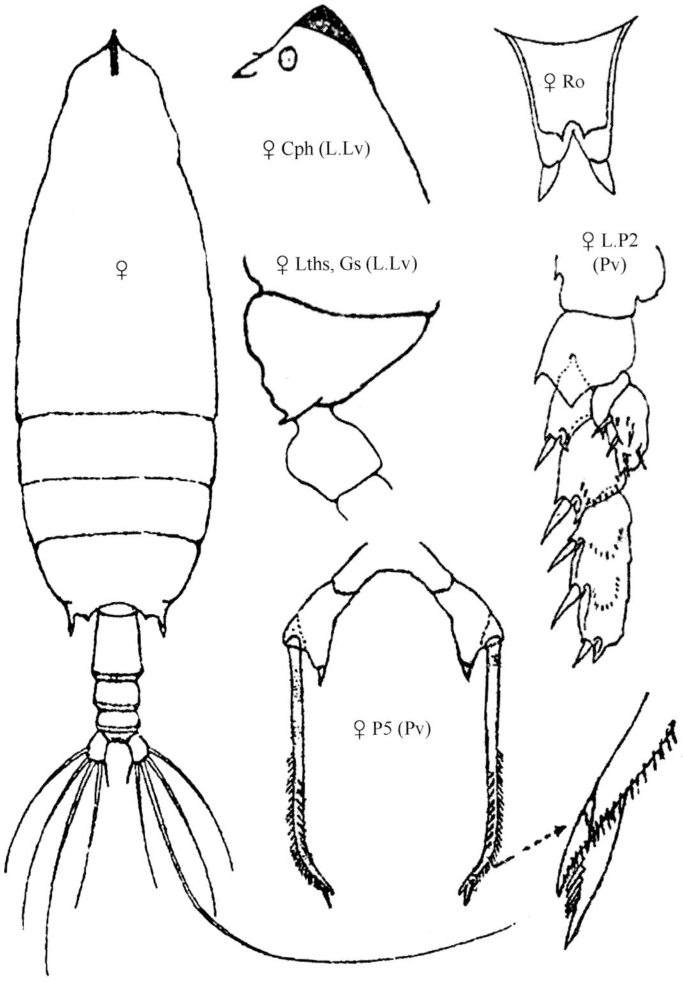

图 533 毛暗哲水蚤 *Scottocalanus setosus*（仿 A. Scott，1909）

（533）毛暗哲水蚤 *Scottocalanus setosus* A. Scott，1909（图 533）

形态特征：

体长：♀3.3 mm。**雌性：**前额较狭并具 1 较高额脊，侧面观呈三角形。胸部后侧角较短小，呈细刺状，仅达生殖节近端 1/3 处，侧面观尖小并弯向腹侧。额角刺短小而尖锐，其长度等于刺间隙凹陷的深度。生殖节稍长于后 3 腹节长度之和，腹面隆起而宽圆。尾叉长大于宽，并等于第 2 腹节的长度，右叉第 3 尾刚毛特别长，为左叉同一尾刚毛长的 2 倍以上。第 5 对胸足对称，分 2 节，末节内缘稍弯曲，外缘中部膨大，末部狭小并具 1 小末刺，外末刺约为末节长的 3.5 倍，其末端明显分叉，外末刺的后半部边缘具细刺列。

分布：南海东南部；菲律宾-马来群岛海域，太平洋。深水种。

参考文献：44，158，217。

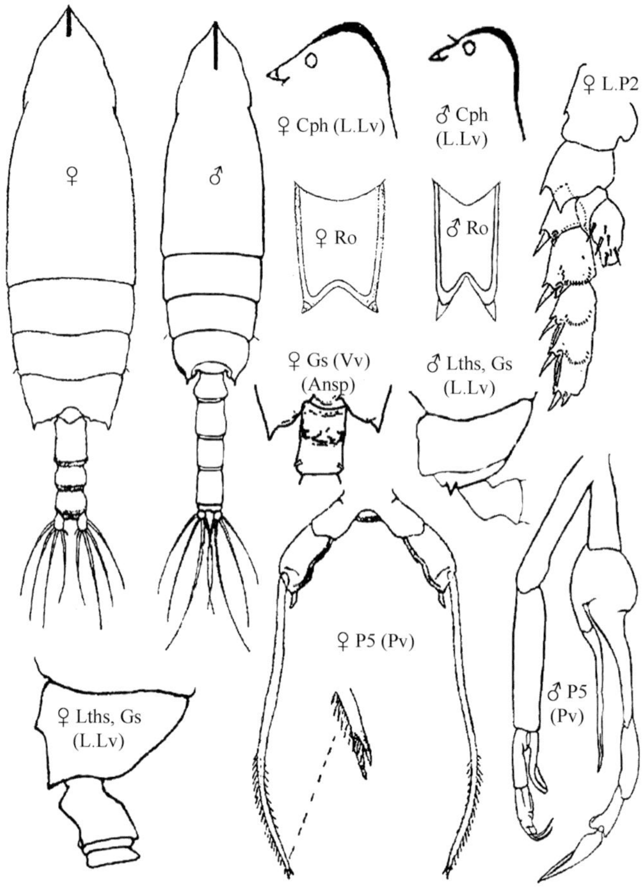

图 534 汤氏暗哲水蚤 *Scottocalanus thomasi*
［仿 A. Scott, 1909（♀；♂）；Mulyadi, 1998（♀Gs, Vv）］

（534）汤氏暗哲水蚤 *Scottocalanus thomasi* A. Scott, 1909（图 534）

［汤氏小胖水蚤 *Scottocalanus thomasi*：陈柏云，1982；连光山等，1994，2008；统氏藏哲水蚤 *S. thomasi*：陈清潮，2003，2008］

形态特征：

体长：♀5.8 mm，♂6.0 mm。**雌性：**体形粗壮，前额呈狭三角形，额脊较低，侧面观宽圆呈盔状。胸部后侧角较宽短而尖锐，侧面观呈三角形，腹侧中部具 1 钝突。额角粗短，末端刺短小，刺间隙宽而浅。生殖节约为后 3 腹节长度之和；侧面观，其腹面近端显著突出，背面凹陷；腹面观，近末端两侧具 1 对小刺。尾叉近方形。第 5 对胸足对称并分 2 节，末节内缘稍凹，其外末刺较细长，约为末节长度的 5 倍，其末半部具 2 列细刺，顶端呈叉状，内末刺很短小。**雄性：**前额与雌性相似。胸部后侧角较狭小而尖锐。额角较狭长，刺间隙较深，末端刺较粗大。第 5 对胸足不对称，左足外肢呈柱状，分 2 节并近等长，末节顶端具 2 弯刺毛及 1 丛细毛，内肢单节呈杓状，稍长于外肢第 1 节；右足外肢分 3 节，末节狭长而尖，呈叶状，内肢呈长刺状，可达外肢第 1 节末端。

分布：南海；太平洋，印度洋及大西洋。深水种。

参考文献：24，25，37，44，158，217。

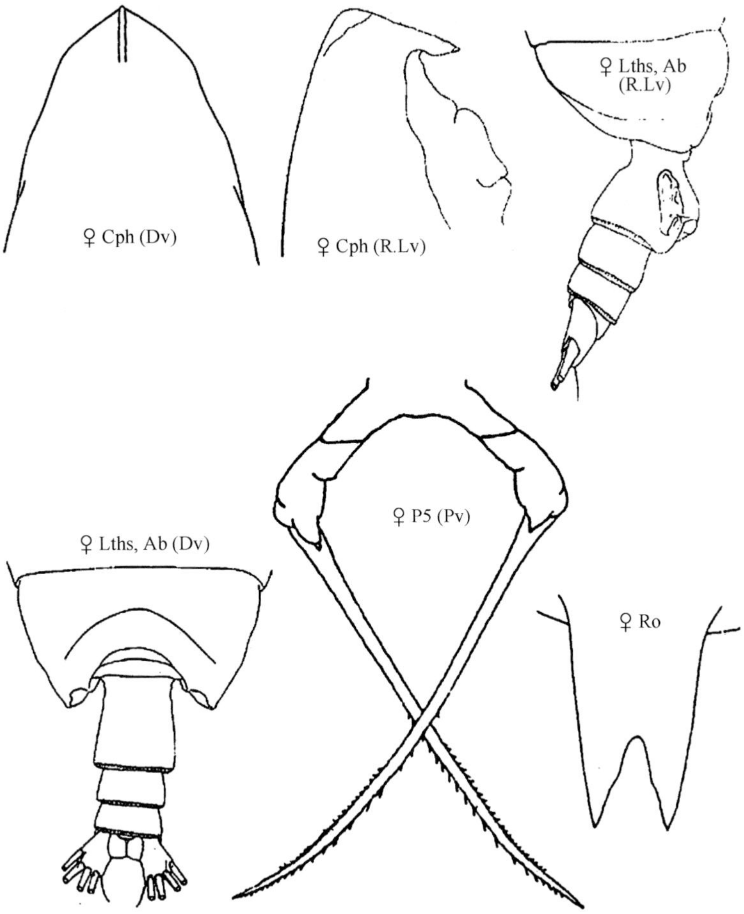

图 535　多氏暗哲水蚤 *Scottocalanus thorii*（仿 Park，1983）

（535）多氏暗哲水蚤 *Scottocalanus thorii* With，1915（图 535）

［多氏藏哲水蚤 *Scottocalanus thorii*：陈清潮，2003，2008］

形态特征：

体长：♀4.6~5.0 mm。**雌性：**前额具 1 低额脊，侧面观呈钝三角形。额角分为 2 大叉刺，末端具 1 微小突起。第 4、5 胸节不完全愈合，背部分开。侧面观，胸部后侧角宽圆，并在其中部具 1 小缺刻；背面观呈钝三角形，可达生殖节近端 1/3 处。侧面观，生殖节腹面膨大而突出，其背、腹宽度大于本节的长度。尾叉长稍大于宽。第 5 对胸足对称并分 2 节，第 2 节内缘稍弯曲，末部较膨大，末端具 1 小末刺，外末刺细长并较笔直，约为末节长度的 5 倍，其末半部内、外缘均具细刺列，内缘 1 列较细密，外缘 1 列较稀疏。

分布：南海；太平洋，大西洋。深水种。

参考文献：23，24，44，148。

29. 刺哲水蚤科 Family Spinocalanidae Vervoort, 1951

本科为中型、小型桡足类(1.0~2.6 mm)。身体粗壮,呈长椭圆形。前额钝圆(少数具额脊)。头部与第1胸节分开或部分愈合,其两侧常具侧沟,第4、5胸节分开或部分愈合。雄性头部背末缘向后扩展并部分覆盖在第1胸节之上。胸部后侧角常钝突(少数尖锐)。雌性腹部分4节,雄性分5节。额角尖锐呈叉状或仅具1圆锥形突起,或为双叶状突或不存在额角。雌性第1触角23~24节;雄性第1触角无膝状节。颚足分6~7节,第1、2基节外缘表面常具1横列长刺毛。第1~4对胸足内、外肢表面常具细刺列,外肢/内肢节数分别为3/1、3/2~1、3/3~2、3/3。雌性第5对胸足不存在。雄性第5对胸足不对称,左、右足常双肢型,外肢2~3节,内肢1~2节,或左、右足均单肢型,左足5节,右足2~4节。

本科包括13属55种(Boxshall et al., 2004)。中国海域仅记录3属9种。

属名 Genera	种数	页码
仿哲水蚤属 *Mimocalanus* Farran, 1908	1	599
异足水蚤属 *Monacilla* Sars, 1905	2	600
刺哲水蚤属 *Spinocalanus* Giesbrecht, 1888	6	602

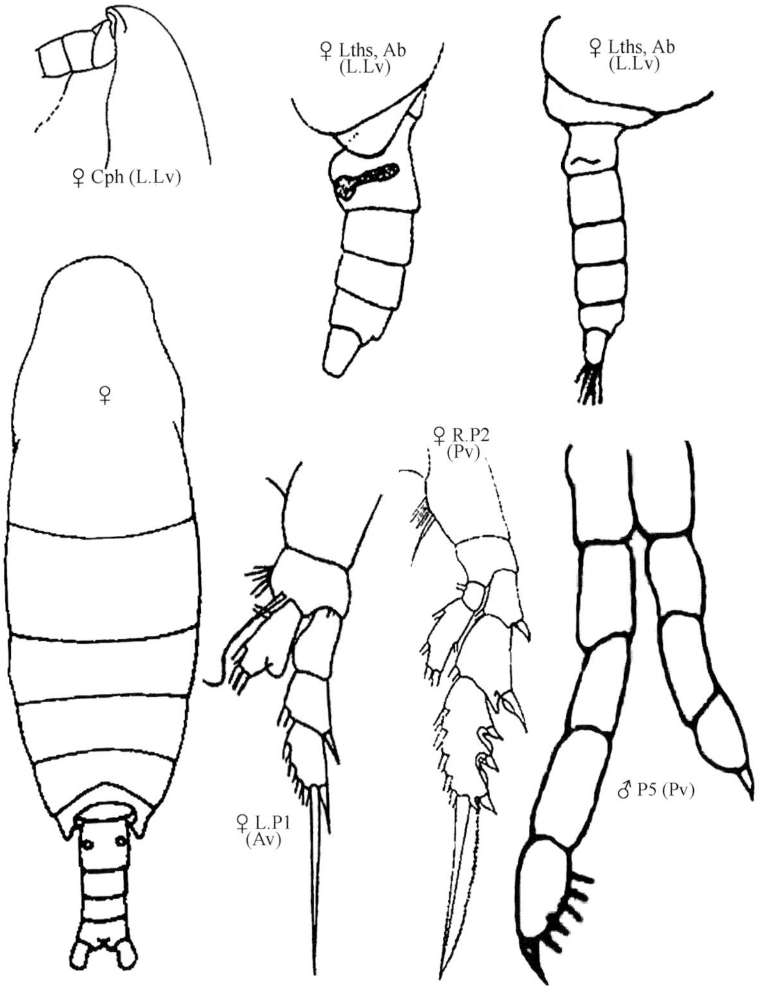

图 536　刀仿哲水蚤 *Mimocalanus cultrifer*
[仿连光山，钱宏林，1984（♀）；Tanaka，1956b（♂）]

（536）刀仿哲水蚤 *Mimocalanus cultrifer* Farran，1908（图 536）

形态特征：

体长：♀1.3~1.5 mm，♂1.3 mm。**雌性：**前额宽圆，不具额角。头部与第 1 胸节分开，其两侧具侧沟；第 4、5 胸节也分开。末胸节后侧角突出而短钝，侧面观较狭圆。腹部分 4 节，生殖节呈方形，腹面膨大，其长等于后 2 腹节长度之和。尾叉短小，约与肛节等长。第 1~4 对胸足内、外肢后表面皆无小刺。第 1 对胸足外肢第 1 节无外缘刺，内肢单节，其外缘具 1 大瘤状突。第 2 对胸足内肢分 2 节，外肢第 2 节外末刺最长，可达末节第 1 外缘刺末端。第 2~4 对胸足外肢第 3 节末端刺特别长而宽大，呈刀状，外缘具细锯齿。第 5 对胸足不存在。**雄性：**体形与雌性相似。腹部分 5 节。第 5 对胸足单肢型且不对称，左足较长，分 5 节，末节内缘具细毛，顶端具 1 小末刺；右足较短，分 4 节，末节短小并具 1 小末刺。

分布：东海，南海；太平洋，印度洋及大西洋。深水种。

参考文献：3，6，24，38，44，51，106，152，172。

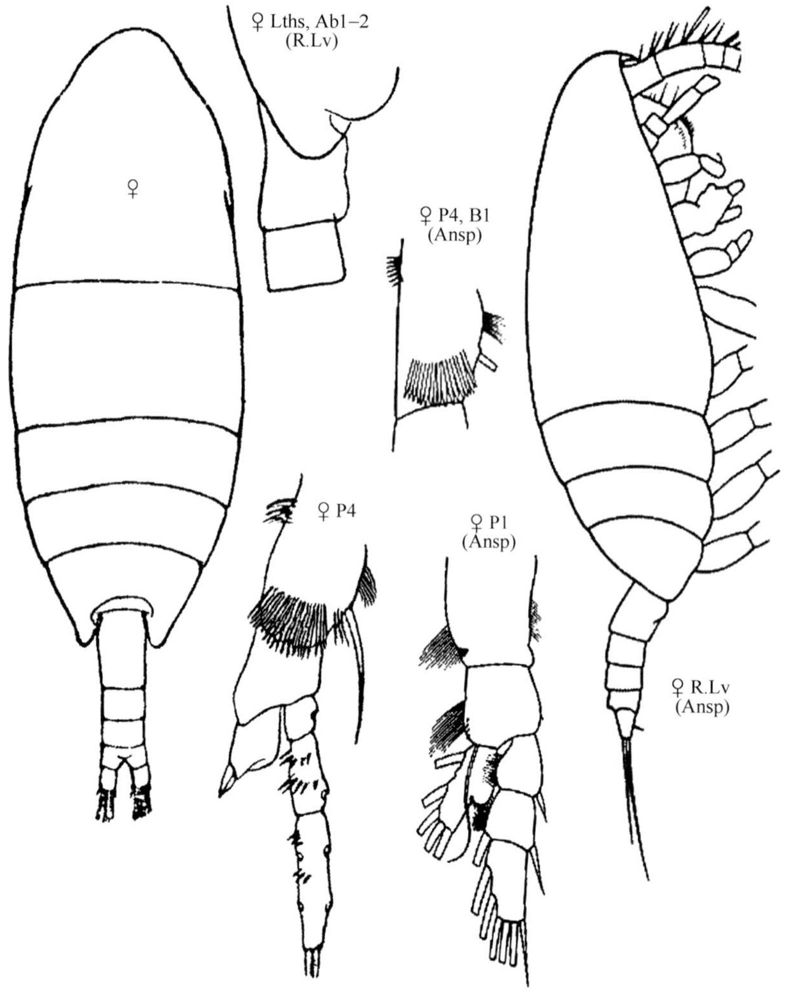

图 537 瘦异足水蚤 *Monacilla gracilis*
[仿 Tanaka, 1956b（♀）；Wolfenden, 1911（♀Ansp）]

（537）瘦异足水蚤 *Monacilla gracilis*（Wolfenden, 1911）（图 537）

[*Oxycalanus gracilis* Wolfenden, 1911]

形态特征：

体长： ♀1.8~2.3 mm。**雌性：** 头胸部呈卵圆形。前额狭圆。胸部后侧角较狭而突出，可达生殖节近端 1/3 处，侧面观宽圆。腹部分 4 节，生殖节较长并对称，其长为宽的 1.5 倍，腹面不突出。第 1 对胸足外肢分 3 节，第 1 节也具 1 外末刺，内肢单节。第 2 对胸足内肢 2 节，外肢 3 节。第 4 对胸足对称，第 1 基节后表面近末缘具 1 横列针状细刺毛。第 5 对胸足不存在。

分布： 东海，南海；太平洋，大西洋。深水种。

参考文献： 24，44，106，172，218。

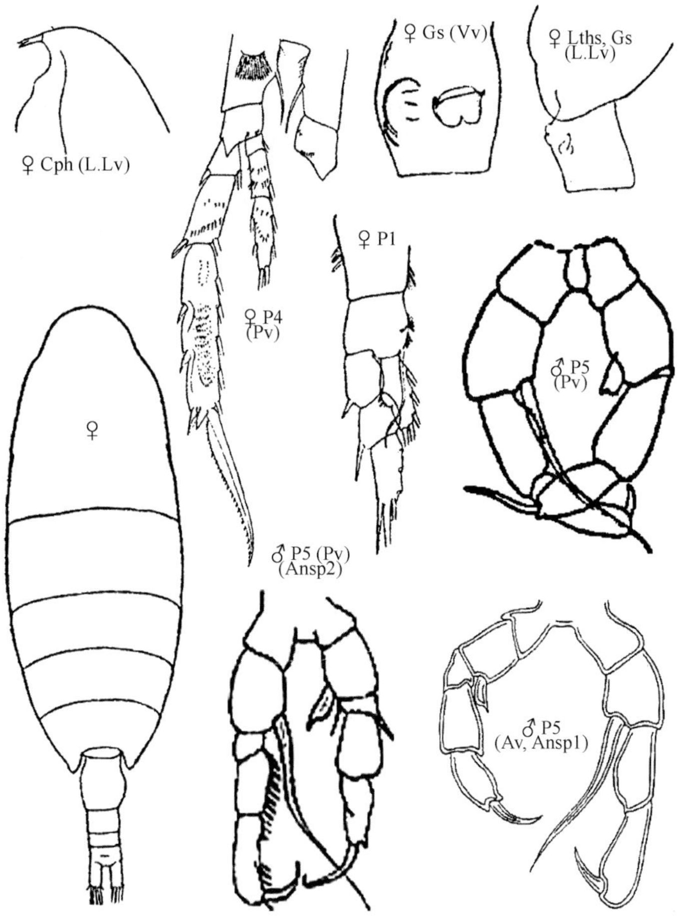

图 538 典型异足水蚤 *Monacilla typica*

[仿 Tanaka，1956b（♀）；Sars，1925（♂ P5）；Wilson，1950（♂ P5，Ansp1）；A. Scott，1909（♂ P5，Ansp2）]

（538）典型异足水蚤 *Monacilla typica* Sars，1905（图 538）

[*Monacilla dubia* A. Scott，1909（♂）；*Oxycalanus spinifer* Farran，1908；*O. semispinus* A. Scott，1909（♀）]

形态特征：

体长：♀2.3~2.4 mm，♂1.9~2.3 mm。**雌性：**头胸部呈长卵圆形。前额宽圆，额角分叉，呈刺状。头部与第 1 胸节分开，第 4、5 胸节愈合。胸部后侧角突出而钝圆，稍不对称。腹部分 4 节，生殖节不对称，右侧较膨大并在腹侧缘具 1 突起。尾叉长约为宽的 2 倍。第 1 对胸足外肢 3 节，第 1 节具 1 小外末刺，内肢 1 节。第 4 对胸足内、外肢均分 3 节，稍不对称，仅左足第 1 基节近中部后表面具 1 横列针状细刺毛。第 5 对胸足不存在。**雄性：**前额较狭而稍突出。额角较短呈瘤状。腹部分 5 节。第 5 对胸足双肢型且不对称，左足外肢分 2~3 节，末节顶端具 1 粗爪状刺，内肢单节呈长刺状，稍长于外肢；右足外肢分 2~3 节，末节顶端具 1 长粗刺，内肢很短小呈叶状，其内末缘突出而尖锐。

分布：东海，南海；太平洋，印度洋及大西洋。深水种。

参考文献：24，44，51，106，152，157，158，172，217。

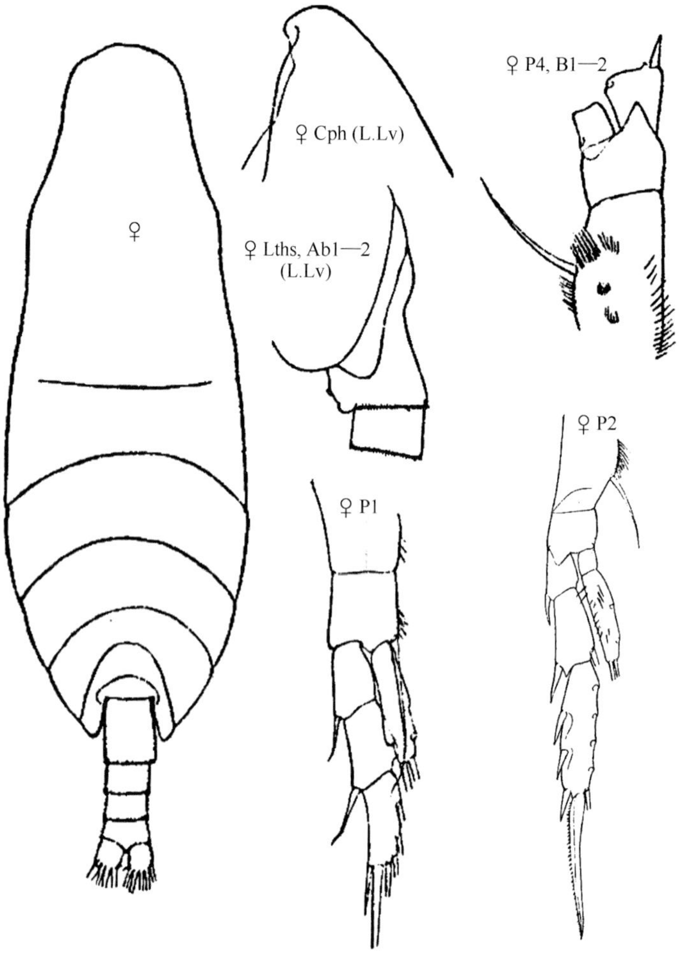

图 539 窄头刺哲水蚤 *Spinocalanus angusticeps*（仿 Tanaka，1956b）

（539）窄头刺哲水蚤 *Spinocalanus angusticeps* Sars，1920（图 539）

形态特征：

体长：♀2.1~2.3 mm。**雌性：**头部前端较扁。背面观，两侧紧缩，前额宽圆；侧面观，头部较窄，顶端较钝平，无额角。头部与第 1 胸节不完全分开，第 4、5 胸节分开。胸部后侧角突出而钝圆，可达生殖节中部，胸部腹侧缘表面光滑无细刺毛。生殖节腹面突出呈方形，第 1~3 腹节末缘具细刺列。尾叉宽短。颚足第 1~2 基节表面不具横列梳状刺。第 1 对胸足内肢较狭长，仅 1 节，其外缘近末端具 1 小突起。第 2 对胸足内肢较长，分 2 节，可达外肢第 2 节末端，仅内肢第 2 节后表面具小刺，外肢各节后表面均无小刺。第 4 对胸足第 1 基节内缘近中部表面及外缘基部表面均具小刺列。第 5 对胸足不存在。

分布：东海，南海；太平洋，大西洋。深水种。

参考文献：24，44，51，106，156，157，172。

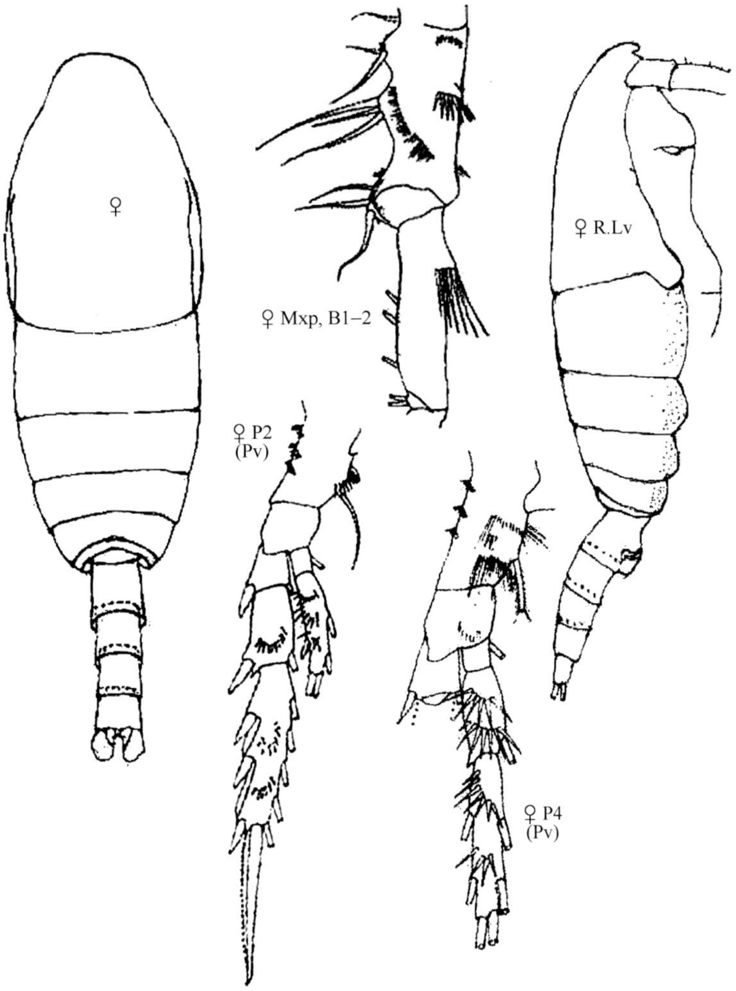

图 540　粗刺哲水蚤 *Spinocalanus horridus*（仿 Park，1970）

（540）粗刺哲水蚤 *Spinocalanus horridus* Wolfenden，1911（图 540）

形态特征：

体长：♀2. 3~2. 4 mm。**雌性：**头胸部呈长椭圆形。前额宽圆，额角不存在。头部与第 1 胸节分开，第 4、5 胸节也分开。胸部后侧角宽圆。各胸节腹侧缘表面均覆盖微小刺毛。腹部分 4 节，生殖节腹面膨大。颚足第 1、2 基节外表面各具 1 横列梳状刺毛；第 2 基节的梳状刺毛较长，约为本节长的 1/3；第 1 基节内末缘突起较宽圆，顶端具 2 细刺毛及 1 较粗而弯曲的刺毛。第 1 对胸足外肢 3 节，内肢单节。第 2 对胸足内肢较长并分 2 节，其末端超过外肢第 2 节末缘；内肢第 2 节及外肢第 2、3 节后表面均具小刺列。第 4 对胸足第 1 基节内、外缘及后表面也具小刺列。第 5 对胸足不存在。

分布：南海；太平洋，大西洋。深水种。

参考文献：20，24，44，51，144，218。

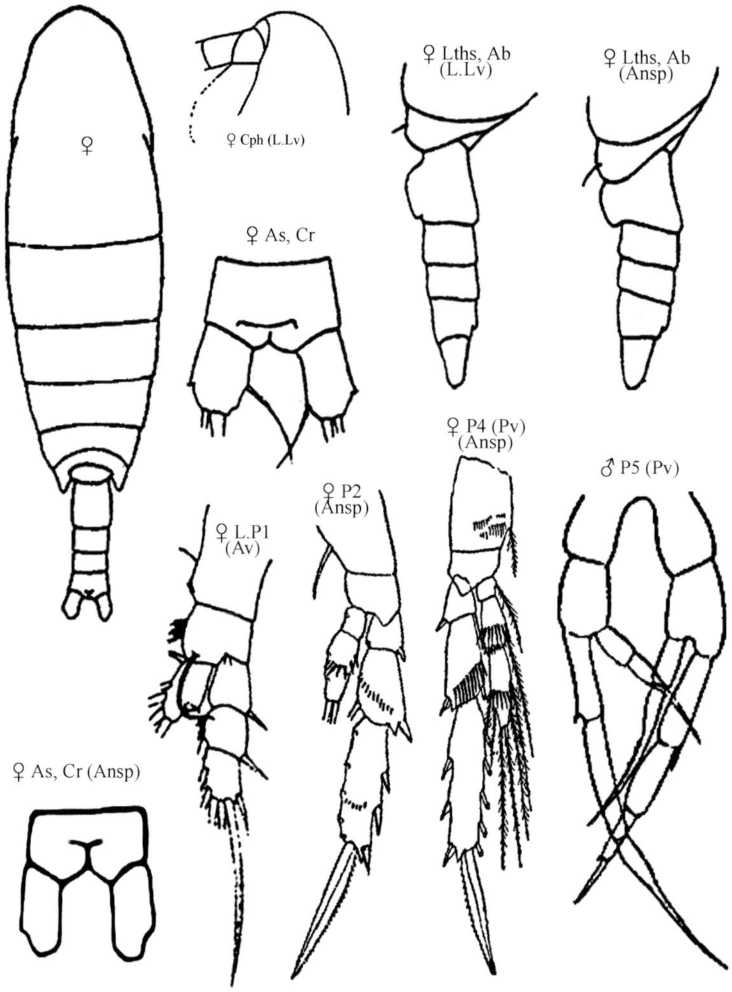

图 541　大型刺哲水蚤 *Spinocalanus magnus*
[仿连光山，钱宏林，1984（♀）；Sars，1925（♀P4）；Tanaka，1956b（♀P2；♂P5）]

（541）大型刺哲水蚤 *Spinocalanus magnus* Wolfenden，1904（图 541）

形态特征：

体长：♀2.2~3.0 mm，♂2.1 mm。**雌性：**头胸部长椭圆形。前额宽圆，无额角。胸部侧缘表面无细刺毛。末胸节后侧角突出而钝圆，向后可达生殖节近中部。腹部分 4 节，生殖节长大于宽，其腹面膨大。尾叉长约为宽 1.5 倍，左、右叉对称或稍不对称，左叉较宽大。颚足第 1~2 基节无梳状刺列。第 1 对胸足第 2 基节内缘具细刺毛丛，内肢单节，外肢分 3 节。第 2 对胸足内肢 2 节，外肢 3 节，外肢第 2、3 节及内肢第 2 节后表面各具 1 列小刺。第 4 对胸足第 1 基节及外肢第 2 节和内肢第 2、3 节后表面各具 1 列梳状刺。第 5 对胸足不存在。**雄性：**胸部后侧角较宽圆。腹部分 5 节，第 2 腹节长约为第 3 节的 1.5 倍。第 1~4 对胸足与雌性相似。第 5 对胸足双肢型，外肢 3 节，内肢 2 节；左、右足稍不对称，内、外肢末节顶端各具 1 细长末刺；左足外肢较长于右足外肢，右足内肢较长于左足内肢。

分布：东海，南海中部与南部；太平洋，印度洋及大西洋。深水种。

参考文献：20，24，38，44，51，67，106，157，172，217。

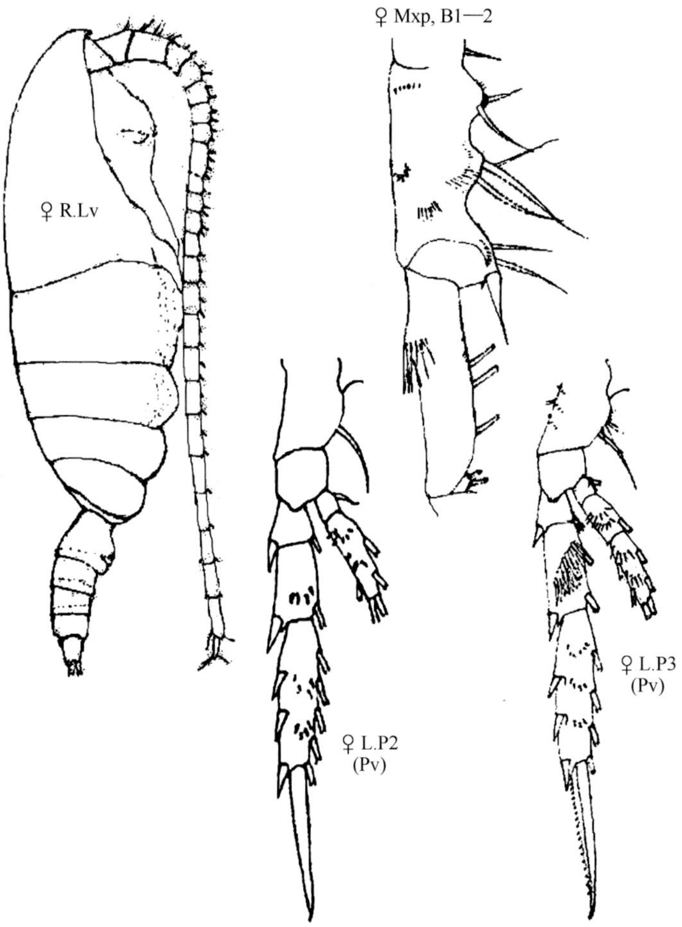

图 542 寡毛刺哲水蚤 *Spinocalanus oligospinosus*（仿 Park，1970）

（542）寡毛刺哲水蚤 *Spinocalanus oligospinosus* Park，1970（图 542）

形态特征：

体长： ♀1.4~1.5 mm。**雌性：** 侧面观前额狭窄，无额角。仅第 1 胸节或第 1~2 胸节侧腹缘表面具不明显的细小刺毛。胸部后侧角宽圆。腹部生殖节宽短，腹面较膨大。颚足第 1~2 基节各具 1 列梳状刺；第 1 基节的梳状刺较短小，节的内末缘突起宽大，顶端具 2 细刺毛及 1 粗刺；第 2 基节梳状刺长大，约为本节长的 1/4。第 2 对胸足内肢 2 节，长达外肢第 2 节末端。第 3、4 对胸足内、外肢均分 3 节。第 5 对胸足不存在。

分布： 南海；太平洋，大西洋。深水种。

参考文献： 24，37，44，51，144。

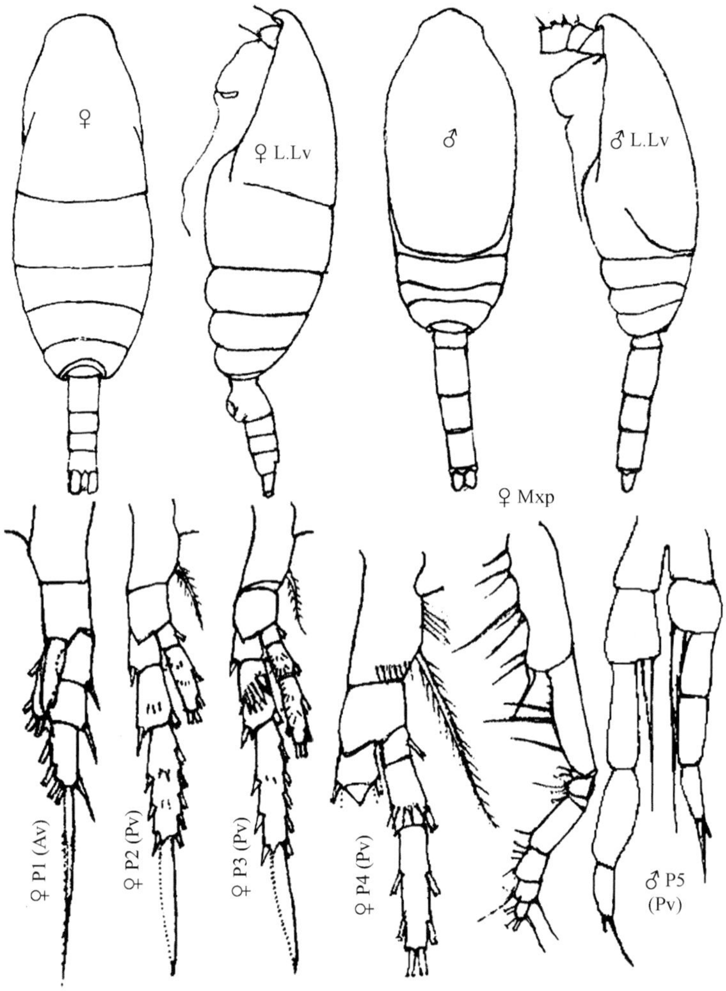

图 543　拟深刺哲水蚤 *Spinocalanus parabyssalis*（仿 Park，1970）

（543）拟深刺哲水蚤 *Spinocalanus parabyssalis* Park，1970（图 543）

形态特征：

体长：♀0.9~1.0 mm，♂0.9 mm。**雌性：**身体较小。前额无额角。胸部侧腹缘表面无细小刺毛。末胸节后侧角不突出而宽圆。腹部生殖节呈方形，其长度约为后 2 腹节长度之和。尾叉与肛节近等长。颚足第 1~2 基节表面均无梳状刺列。第 2 对胸足内肢第 2 节无外缘刚毛。第 3 对胸足外肢第 2 节后表面具 1 横列尖叶状粗刺。第 5 对胸足不存在。**雄性：**头部背末缘向后扩展并覆盖第 1 胸节。胸部后侧角宽圆。第 2 腹节长约为第 3 腹节的 1.5 倍。第 5 对胸足双肢型，外肢 3 节，内肢单节而细长；左、右足稍不对称；左足较长大，右足外肢较短，仅达左足外肢第 2 节中部；右足内肢较长于左足内肢并达到本足末节顶端；左、右足外肢末节顶端均具 1 长刺及 1 小刺。

分布：台湾南湾，南海；太平洋，大西洋。深水种。

参考文献：41，44，144。

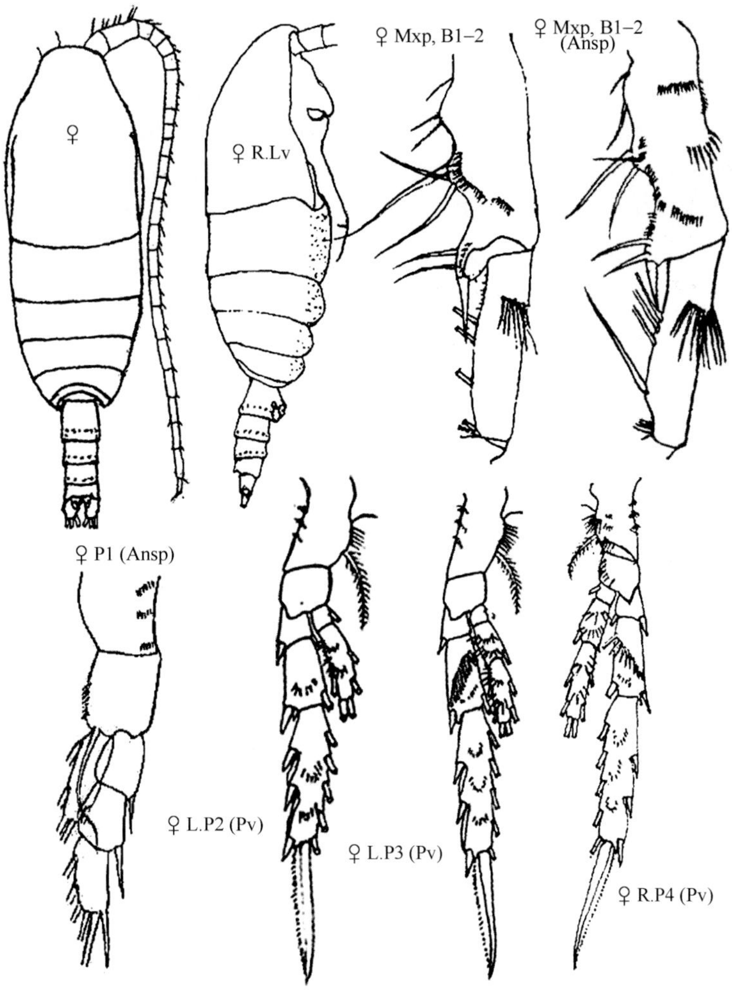

图 544　多毛刺哲水蚤 *Spinocalanus spinosus*
［仿 Park，1970；Tanaka，1956b（♀Mxp，Ansp）］

（544）多毛刺哲水蚤 *Spinocalanus spinosus* Farran，1908（图 544）

形态特征：

体长：♀1.8~2.5 mm。**雌性：**前额无额角。胸部侧腹缘表面覆盖细小皮刺毛。胸部后侧角不突出而宽圆。腹部生殖节呈方形，腹面膨大，第 2、3 腹节等长，尾叉与肛节近等长。颚足第 2 基节具 1 横列梳状长刺毛；第 1 基节无梳状刺毛（Park，1970）或仅在外缘中部具 1 列小刺毛（Tanaka，1956），本节内末缘突起较狭，顶端具 2 细刺毛及 1 粗刺。第 1 对胸足外肢第 1 外缘刺较第 2 外缘刺短小得多，第 2、3 外缘刺近等长。第 2 对胸足内肢 2 节，末节达到外肢第 2 节末端。第 3、4 对胸足外肢第 2 节均具 1 斜列梳状刺。第 5 对胸足不存在。

分布：东海，南海；太平洋，印度洋及大西洋。深水种。

参考文献：24，51，106，144，172。

30. 冠水蚤科 Family Stephidae Sars, 1902

本科为小型桡足类(0.6~1.9 mm)。头胸部粗短，呈椭圆形。头部与第1胸节常愈合或分开，第4、5胸节也部分或完全愈合。胸部后侧角钝圆。雌性腹部分3~4节，生殖节对称或不对称。雄性腹部分5节。尾叉短小，对称或不对称，尾刚毛4~6根。额角不存在或为钝圆瘤状突所替代。第1触角分24~25节，雌、雄性相似并对称。第1~4对胸足外、内肢节数分别为3/1、3/2、3/3、3/3。雌性第5对胸足单肢型，分3节，左、右足基节愈合成横向基节板，末节常具小刺列或锯齿。雄性第5对胸足发达，单肢型且不对称，右足常分3~4节，末节顶端常呈刺状；左足分5节，第4节较长大或膨大，末节常呈匙状，第4、5节常具突起。

本科包括3属35种。中国海域仅记录1属3种。

属名 Genera	种数	页码
冠水蚤属 *Stephos* T. Scott, 1892	3	609

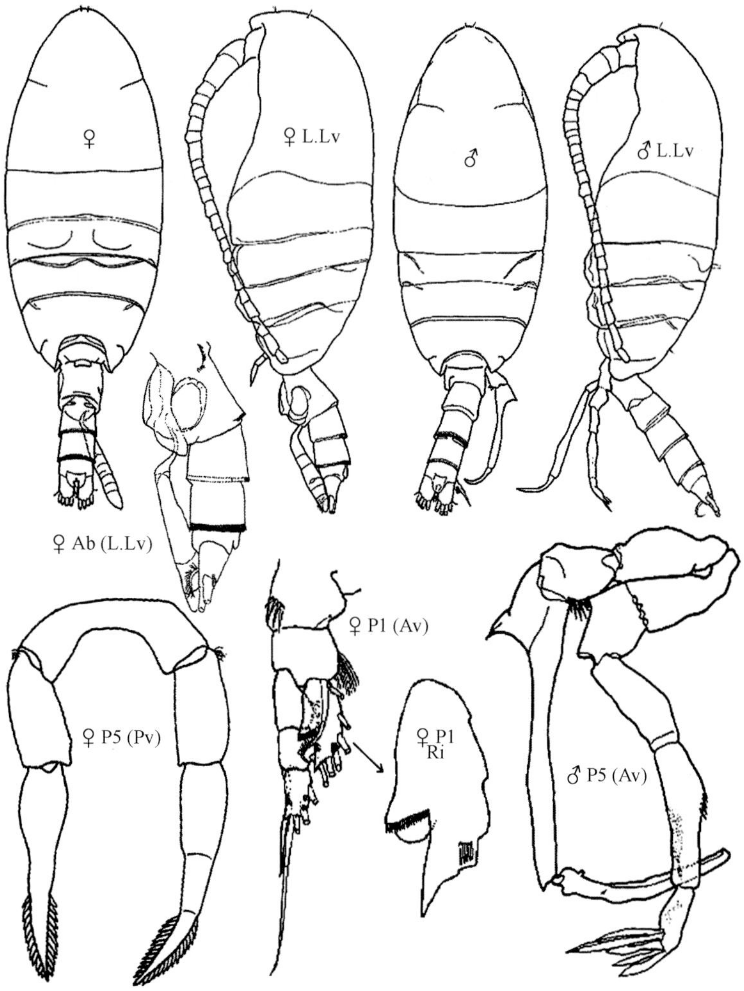

图 545 太平洋冠水蚤 *Stephos pacificus*（仿 Ohtsuka et al.，1987c）

（545）太平洋冠水蚤 *Stephos pacificus* Ohtsuka & Hiromi，1987（图 545）

形态特征：

体长：♀0.7 mm，♂0.6 mm。**雌性：**前额钝圆，胸部后侧角突出而对称。腹部分 4 节，生殖节对称，近端两侧面各具 1 弯形排列的小刺列，无额角。第 1 触角 24 节，第 12~23 节各具 1 小片状突。第 1 对胸足内肢单节，其外缘喙状突上具 1 列细刺，节末端呈刺状，近内末缘也具 1 列小刺。第 5 对胸足单肢型，分 3 节，第 2 节外缘近端具 1 丛细毛，末节狭长呈粗刺状，末部 1/3 处内、外缘均具锯齿，右足末节近中部及末 1/3 处各具 1 细横纹线。**雄性：**第 1 触角第 1 节具 1 很粗大的感觉棒。腹部分 5 节，生殖节不对称，左侧较膨大，第 2 腹节腹面近末缘具 1 小突起。第 5 对胸足单肢型且不对称，左足分 5 节，第 2 节内缘中部突出，第 4 节外缘稍膨大并具 1 列小刺毛，末节顶端具 5 叶状刺；右足分 4 节，第 2 节内缘具 1 列小刺毛，第 3 节狭长，近端 1/4 处外缘膨大并具 1 粗刺突，末节狭长而稍弯曲，其内缘近端具 1 微小突起。

分布：东海；日本九州沿岸水域，太平洋。沿岸近底层性种。

参考文献：44，82，134。

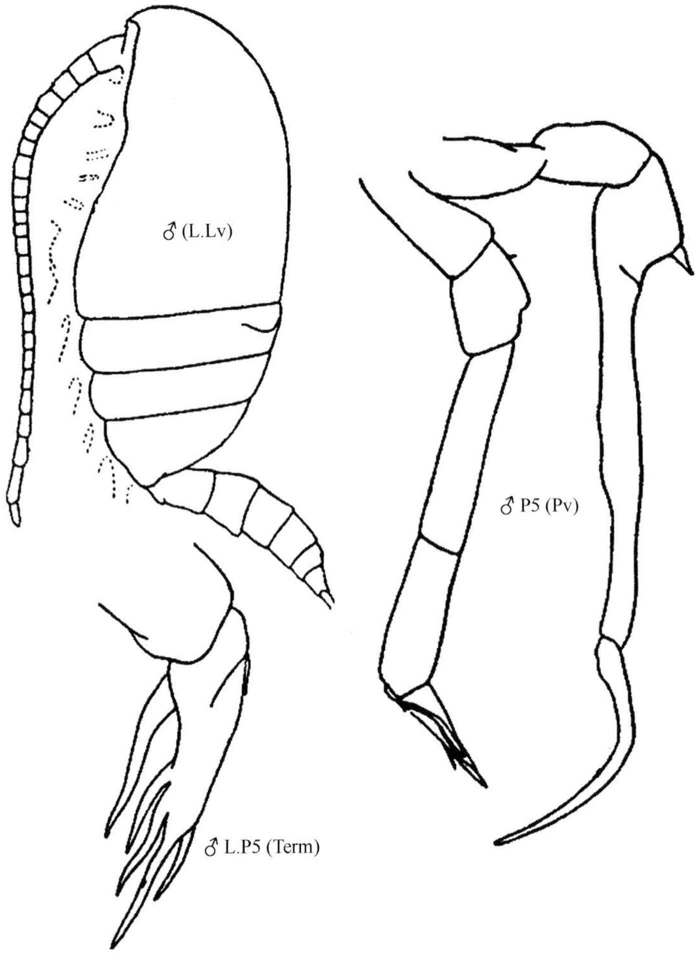

图 546　五刺冠水蚤 *Stephos pentacanthos*（仿陈清潮，章淑珍，1965）

（546）五刺冠水蚤 *Stephos pentacanthos* Chen & Zhang，1965（图 546）

形态特征：

体长：♂0. 8 mm。**雄性：**头胸部粗短，呈卵圆形。头部与第 1 胸节愈合，第 4、5 胸节也愈合。前额宽圆。胸部后侧角突出而钝圆。腹部分 5 节；第 2 节腹面末缘具 1 小突起。第 1 触角不呈执握肢，分 25 节。第 5 对胸足单肢型且不对称，左足分 5 节，第 2 节内缘具 1 小突起，第 3、4 节狭长呈棒状，末节粗短，末端具 4 长刺突，内缘基部也具 1 长刺突，可达本节末端；右足分 4 节，第 3 节很狭长，近端 1/5 处外缘膨大并具 1 粗刺突，末节向内弯曲呈爪状。

分布：东海，厦门湾及南海；太平洋。沿岸近底层性种。

参考文献：13，24，37，44，48。

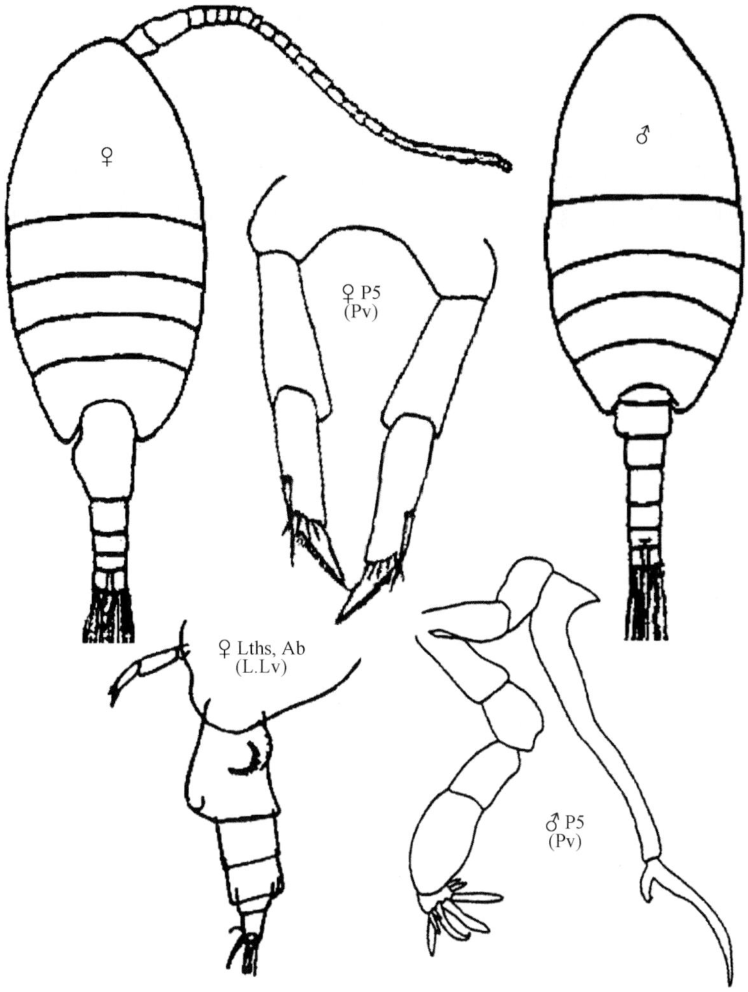

图 547　福冈冠水蚤 *Stephos tsuyazakiensis*（仿 Tanaka，1966a）

（547）福冈冠水蚤 *Stephos tsuyazakiensis* Tanaka，1966（图 547）

形态特征：

体长：♀0.8 mm，♂0.7 mm。**雌性：**前额钝圆。胸部后侧角突出而不对称，末端钝圆，左侧角较狭长，可达生殖节近中部。腹部分 4 节，生殖节长大而不对称，其长度大于后 3 节长度之和，左侧中部膨大，其表面具小刺列；腹面后部膨大。第 5 对胸足单肢型且对称，分 3 节，第 2 节内末缘稍突出，末节顶端呈刺状，内末缘稍弯曲，近末端 1/3 处具 1 斜列小刺，外缘近中部具 1 刺毛。**雄性：**体形与雌性相似。胸部后侧角稍不对称，左侧角较突出。腹部分 5 节，生殖节宽短，其左侧较突出。第 5 对胸足单肢型且不对称，左足分 5 节，第 4 节膨大，末节短小，顶端具 4 长刺突和 4 小刺突；右足分 4 节，第 3 节很狭长，外缘基部具 1 三角形刺突，末节呈爪状，其内缘基部具 1 小指状突。

分布：东海；日本九州西北部沿岸水域，太平洋。沿岸近底层性种。

参考文献：44，82，188。

31. 宽水蚤科 Family Temoridae Giesbrecht, 1892

本科为小型桡足类(0.6~1.5 mm)。头胸部粗短或较狭长。头部与第1胸节分开，第4、5胸节也分开或愈合。前额钝圆，常具2额角丝。胸部后侧角钝圆或为刺状突。雌性腹部分3~4节，雄性分5节。尾叉大多较狭长，少数短小。雌性第1触角分24~25节，雄性右第1触角呈执握肢。第1~4对胸足外肢分3节，内肢分1~3节。第5对胸足单肢型，雌性分3~4节，对称或不对称；雄性分3~5节，不对称，左足常呈钳状。

本科包括5属：①*Epischura* Forbes, 1882；②*Eurytemora* Giesbrecht, 1881；③*Heterocope* Sars, 1863；④*Temora* Baird, 1850；⑤*Temoropia* T. Scott, 1894。仅其中②④⑤三属为海洋种类。Schulz(1986)及Boxshall和Halsey(2004)把*Temoropia*属移入Morales和Iliffe(1996)建立的新科"Fosshageniidae"之中，是否恰当，有待探讨。我们仍把*Temoropia*属保留在Temoridae科之中，以保持种、属名称的稳定。中国海域记录3属7种。

属名 Genera	种数	页码
真宽水蚤属 *Eurytemora* Giesbrecht, 1881	3	613
宽水蚤属 *Temora* Baird, 1850	3	616
拟宽水蚤属 *Temoropia* T. Scott, 1894	1	619

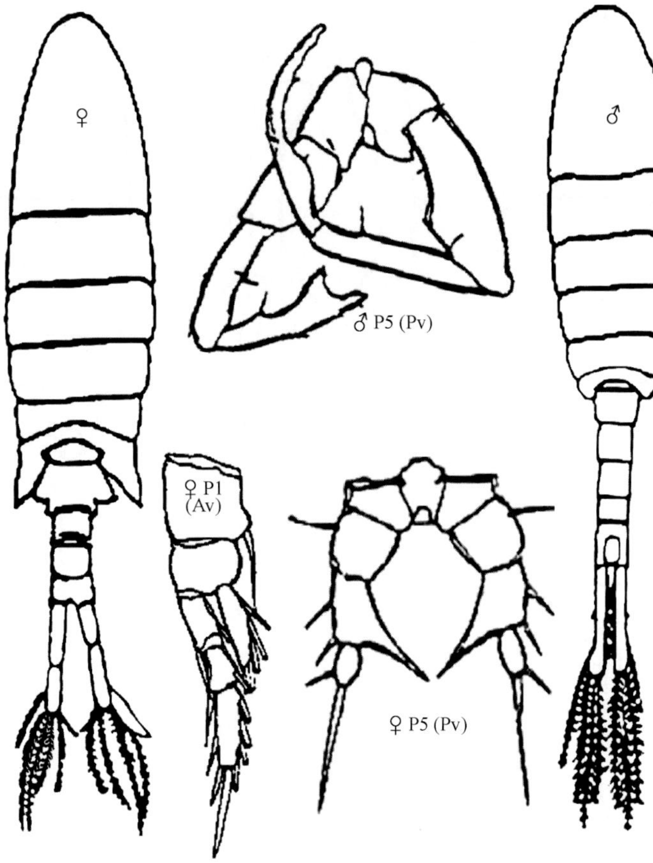

图 548 近缘真宽水蚤 *Eurytemora affinis*（仿 Chihara et al.，1997）

（548）近缘真宽水蚤 *Eurytemora affinis*（Poppe，1880）（图 548）

［*Temora affinis* Poppe，1880；*Temorella affinis* Claus，1881］

形态特征：

体长：♀ 1.3～1.6 mm，♂ 1.2～1.6 mm。头部与第 1 胸节分开，第 4、5 胸节也分开。**雌性：**末胸节后侧角突出呈三角形翼状突。腹部生殖节宽大，左、右侧各具 1 三角形突起并对称。尾叉狭长，稍长于第 2、3 腹节长度之和，其表面覆盖细刺毛。第 5 对胸足单肢型并分 4 节，近对称；第 3 节具 2 外缘刺，内末角具 1 粗刺突，其边缘无锯齿，顶端超过末节；末节短小，具 1 小外末刺及 1 长末刺。**雄性：**胸部后侧角钝圆。腹部分 5 节，第 4 节最短。尾叉狭长，约为第 3～5 腹节长度之和。右第 1 触角呈执握肢。第 5 对胸足单肢型且不对称，各分 4 节，左足第 2 节较粗短，第 3、4 节近等长，末节末端较粗大，并具 2 突起，呈叉状，其顶端均具 1 小刺毛；右足第 2、3 节等长，前者内末缘膨大，后者近内末部具 1 刺毛，末节弯曲呈长爪状，其内缘近端较膨大。

分布：渤海；太平洋，大西洋。沿岸咸淡水种。

参考文献：24，44，82，152，215。

注：据 Wilson（1932）的记述及绘图，雌性第 5 对胸足第 3 节外缘具 3 小外缘刺；雄性第 5 对胸足右足分 5 节。是否存在个体差异或观察有误，有待深入调查研究。

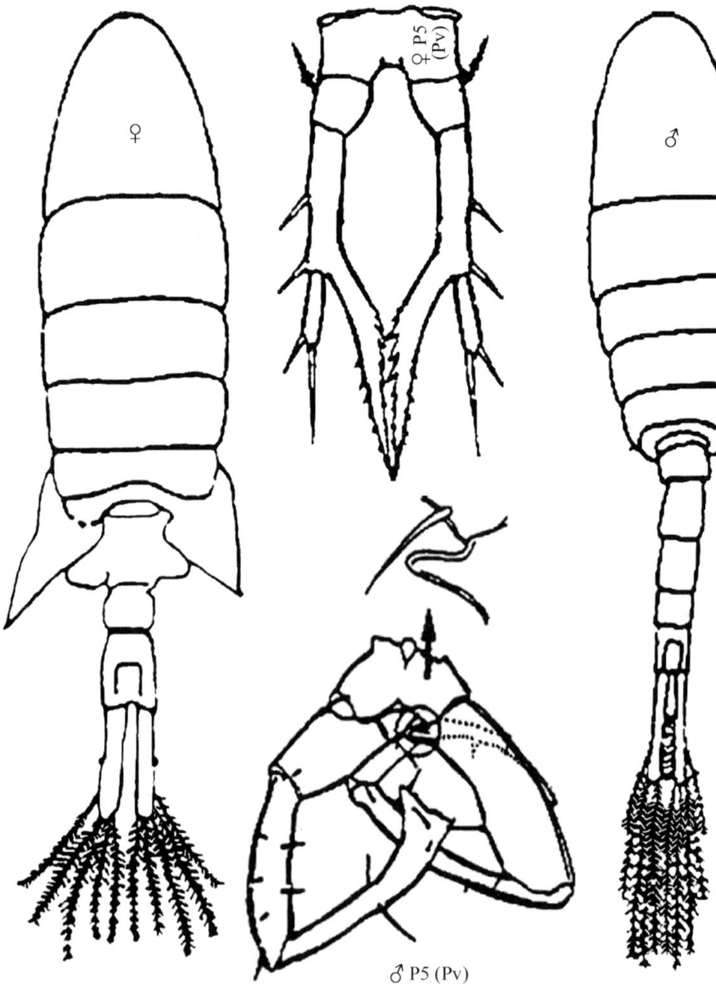

图 549　哈氏真宽水蚤 *Eurytemora herdmani*（仿 Chihara & Murano，1997）

（549）哈氏真宽水蚤 *Eurytemora herdmani* Thompson & A. Scott，1897（图 549）

形态特征：

体长：♀1.3~1.6 mm，♂1.2~1.5 mm。**雌性：**胸部后侧角很发达，呈三角形翼状突，左右不对称，左侧角较狭长，可达第 2 腹部末缘，右侧角较粗短，仅达生殖节末缘。腹部分 3 节，生殖节后部两侧很突出，呈瘤状，左侧突较粗大，第 2 腹节短小呈方形，肛节长大。尾叉狭长，稍短于第 2、3 腹节长度之和。第 5 对胸足单肢型且对称，各分 4 节，第 2 节宽短，第 3 节狭长并具 2 外缘刺毛，内末角延伸为长刺突，约为本节长的 1.5 倍，其内、外缘具小锯齿，末节狭小并具 2 末刺，其内末刺长为外末刺的 2 倍。**雄性：**胸部后侧角钝圆。腹部分 5 节。尾叉狭长，小于第 3~5 腹节长度之和。第 5 对胸足单肢型且不对称，左足分 4 节，第 2 节粗短，末节狭长，末端宽大稍截平并具 2 钝突，内末角粗刺突顶端具 1 小刺毛，外末角突起呈直角状；右足分 4~5 节，第 2 节内缘基部具 1 指状突，末节细长而弯曲呈长爪状。

分布：东海，台湾东北部及东部海域；北太平洋，北大西洋。沿岸咸淡水种。

参考文献：44，67，82，106，118，166，170，215。

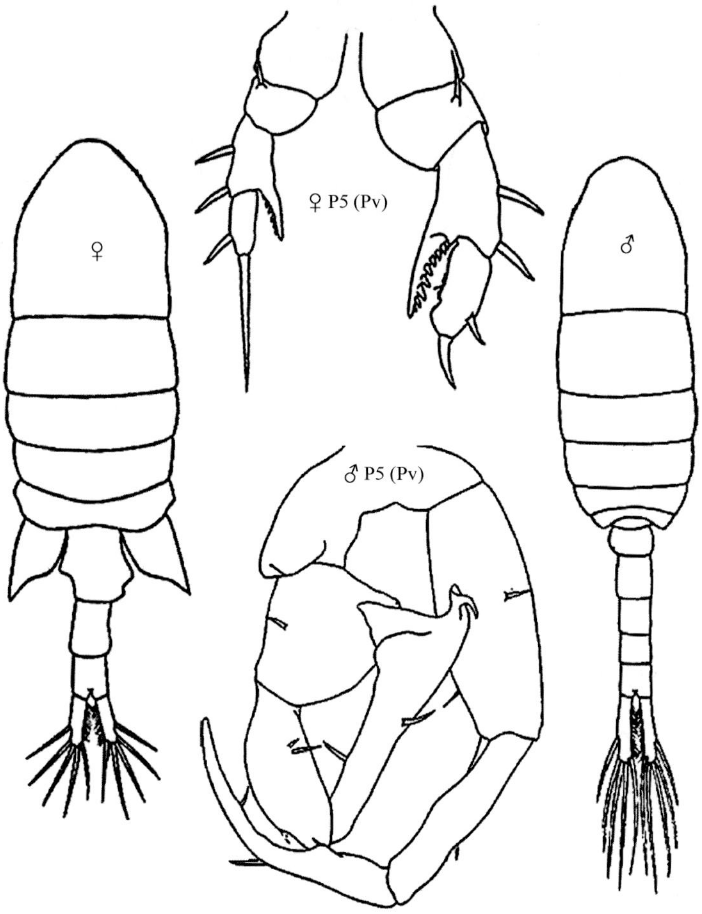

图 550　太平洋真宽水蚤 *Eurytemora pacifica*（仿陈清潮，章淑珍，1965）

（550）太平洋真宽水蚤 *Eurytemora pacifica* Sato，1913（图 550）

［*Eurytemora johanseni* Willey，1920］

形态特征：

体长：♀1.1～1.3 mm，♂0.9～1.1 mm。**雌性：**胸部后侧角发达，呈三角形翼状突，近对称，可达生殖节末端。腹部分 3 节，生殖节两侧中部突出而不对称。尾叉较短，其长为宽的 3 倍，约与肛节等长。第 5 对胸足单肢型且不对称，均分 4 节，左足较短小，第 3 节也具 2 外缘刺，内末刺较右足短小，其外缘齿较少，第 4 节短小，具 1 小外缘刺，末端刺很细长，约为右足末刺长的 2.5 倍；右足较长大，第 2 节宽短，第 3 节长大并具 2 外缘刺，内末刺粗大，其外缘具粗锯齿，末节明显较左足末节大，并具 1 小外缘刺及 1 粗短末刺。**雄性：**尾叉较短，约等于第 4、5 腹节长度之和。右第 1 触角呈执握肢。第 5 对胸足单肢型且不对称，各分 4 节，左足第 1 节背末缘具 1 瘤状突，第 2 节内缘显著突出呈三角形，末节长大，内外缘各具 1 小刺，内末部具三角形大突起，末端小突起上具 1 倒钩刺；右足第 2 节粗大，第 3 节细长，末节呈爪状，其基部较粗大，内缘具 2 小刺，外缘中部具 1 小刺。

分布：渤海至南海；西北太平洋。沿岸咸淡水种。

参考文献：13，23，24，37，44，66，67。

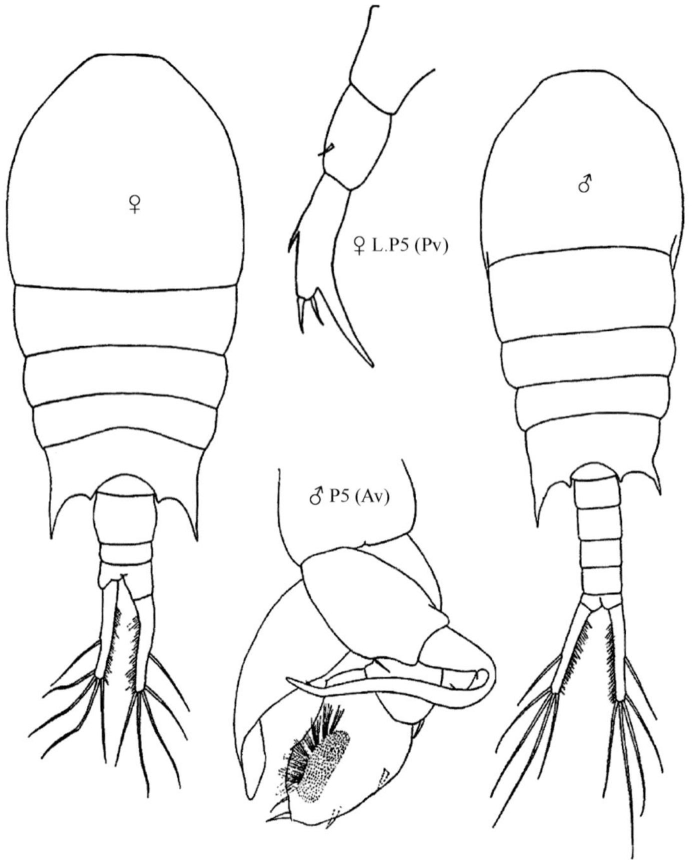

图 551 异尾宽水蚤 *Temora discaudata*（仿陈清潮，章淑珍，1965）

（551）异尾宽水蚤 *Temora discaudata* Giesbrecht，1889（图 551）

［柱形宽水蚤 *Temora stylifera* sensu Mori，1937；Tanaka，1963；郑重等，1965；陈清潮等，1965，2003，2008；连光山等，1978，1994，2008］

形态特征：

体长：♀1.4～2.1 mm，♂1.3～1.9 mm。**雌性：**头胸部粗壮。前额宽圆。胸部后侧角延伸为长刺突，左右对称并可达生殖节末端。腹部生殖节宽大呈方形，肛节和尾叉均不对称，右侧较左侧稍长。第 5 对胸足单肢型且对称，各分 3 节，第 2 节具 1 小外缘刺毛，末节外缘中部具 1 小刺，末端具 2 小末刺和 1 强大的内末刺。**雄性：**胸部后侧角尖锐而不对称，左侧刺较右侧长大。腹部分 5 节，各节均宽短，肛节和尾叉对称。尾叉长为宽的 7～8 倍。右第 1 触角呈执握肢。第 5 对胸足单肢型且不对称，左足分 4 节，呈钳状，第 2 节内缘具宽大片状突，其末部弯曲并可达末节顶端，第 3 节短小并具 1 外缘刺，末节宽大呈叶状，具 4 外缘刺及 1 小丛内缘细刺毛；右足仅分 3 节，末节细长而弯曲，呈钩状。

分布：黄海至南海南部；太平洋，印度洋。广盐性暖水种（暖水广布种）。

参考文献：1，5，6，13，20，21，24，25，27，31～33，44，46，48，82，112，118，158，217。

注：日本学者已对本种作过系统的桡足幼体培养研究，已证实 Mori（1937）、郑重等（1965）及陈清潮等（1965）所记述的柱形宽水蚤 *T. stylifera* 及其形态特征图正是异尾宽水蚤 *T. discaudata* 的第 V 期桡足幼体。详见 Kotori 和 Hamaoka（1979）及 Chihara 和 Murano（1997）的论述。

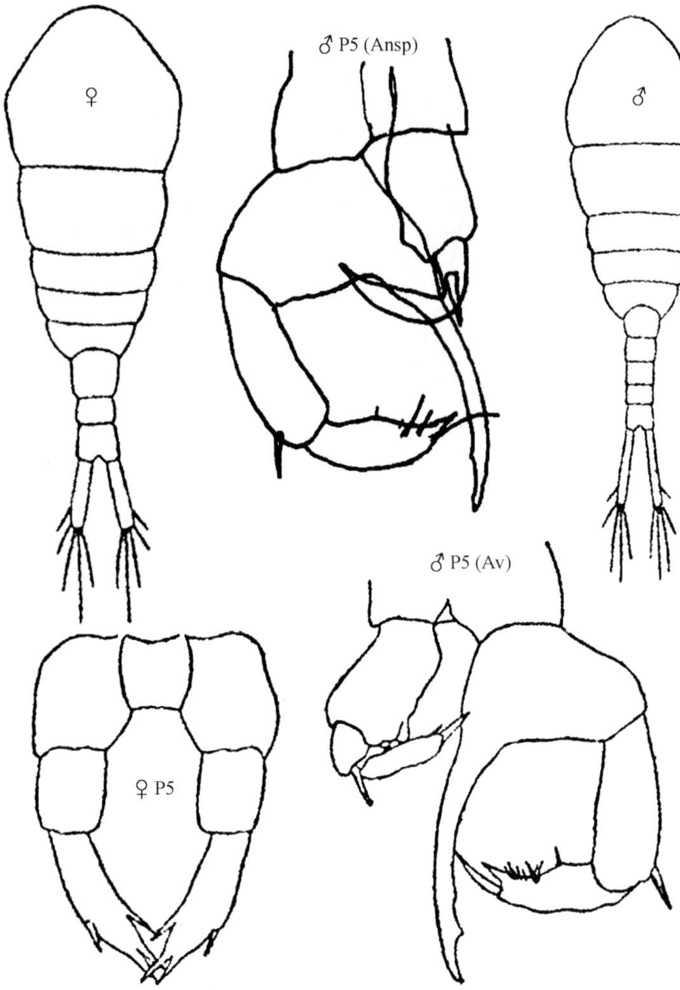

图 552　长角宽水蚤 *Temora longicornis*
[仿 Wilson，1932(♀；♂)；Sars，1903 (♂ P5，Ansp)]

（552）长角宽水蚤 *Temora longicornis*（Müller，1785）（图 552）

[*Cyclops longicornis* Müller，1785]

形态特征：

体长：♀1.0~1.5 mm，♂1.0~1.4 mm。**雌性：**前额宽圆。头部两侧中部膨大。胸部后侧角较宽圆。腹部生殖节和肛节均呈方形并近等长，第 2 腹节最短。尾叉较粗短，左右对称，长约为宽的 6 倍。第 5 对胸足单肢型且对称，各分 3 节；末节近末部内外缘各具 1 小刺，节末端具 2 近等长的末刺。**雄性：**头胸部与雌性相似。胸部后侧角钝圆。腹部分 5 节，生殖节与肛节近等长，呈方形。尾叉较细长，长约为宽的 8 倍。第 5 对胸足单肢型且不对称，左足呈钳状，第 2 节宽大，内缘基部长刺突较直，外缘近末部具 1 小突起，第 3 节较长大并具 1 小外末刺，末节较短小，内缘具 3 小刺及 1 丛细刺毛，节末端具 1 粗刺突及 1 长刺毛；右足短小，第 2 节粗大，末节狭长并在基部向内弯曲呈钩状，近基部后表面具 1 粗刺，节末端具 1 粗短爪状刺。

分布：东海，南海；太平洋，印度洋及大西洋。暖水沿岸种。

参考文献：106，152，153，215，217。

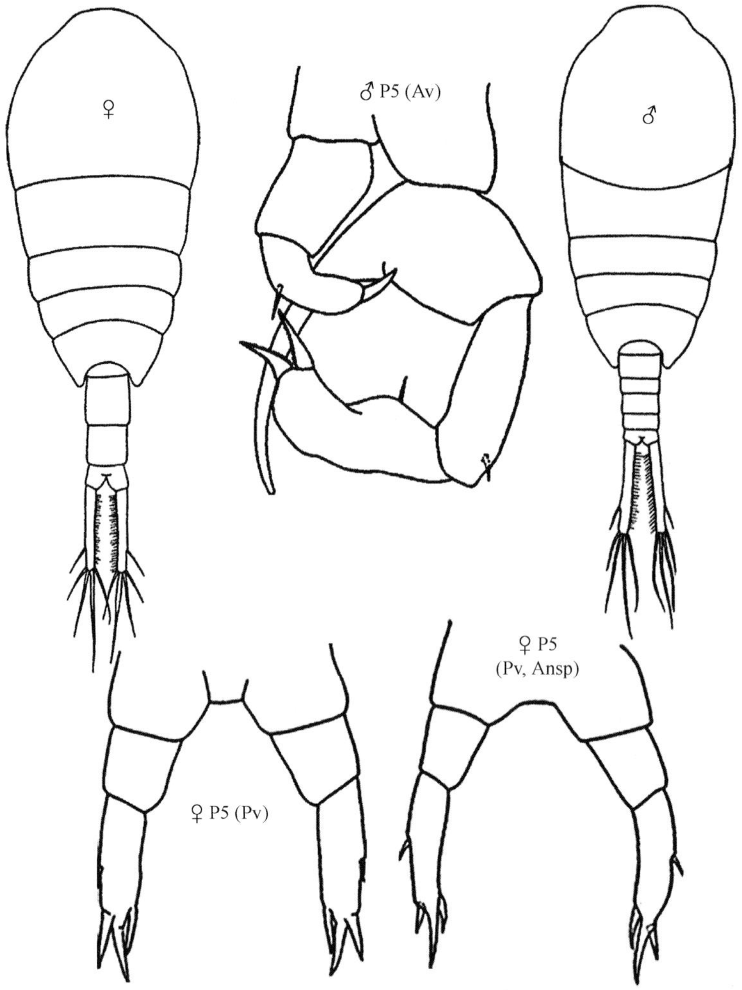

图 553 锥形宽水蚤 *Temora turbinata*

[仿陈清潮等，1965；郑重等，1965（♀P5，Ansp）]

（553）锥形宽水蚤 *Temora turbinata*（Dana，1849）（图 553）

[*Calanus turbinatus* Dana，1885]

形态特征：

体长：♀1.1~1.7 mm，♂1.0~1.5 mm。**雌性：**头胸部粗壮。前额宽圆，胸部后侧角钝圆而对称。生殖节较长大，肛节宽短且对称，约为第 2 腹节长的 1/2。尾叉狭长近对称，其长为宽的 7~8 倍。第 5 对胸足单肢型且对称，各分 3 节，末节外缘近中部具 1 小外缘刺毛，末端具 3 不等长末刺，以中刺较长。**雄性：**头胸部与雌性相似。腹部各节均宽短。尾叉细长而对称。右第 1 触角呈执握肢。第 5 对胸足单肢型且不对称，左足分 4 节，第 2 节宽大，内缘基部具 1 细长而弯曲的爪状长刺突，与末节形成钳状，第 3 节较狭长，外末缘后表面具 1 小刺，末节内缘稍膨大并具 1 小刺，末节顶端钝圆并具 2 粗刺；右足短小，仅分 3 节，末节弯曲呈爪状，外缘具 1 小刺，末端具 1 粗刺。

分布：黄海至南海；太平洋，印度洋及大西洋。暖水沿岸种。

参考文献：1，2，5，6，10，13，18，21，24，25，31~33，44，46，48，51，158，217。

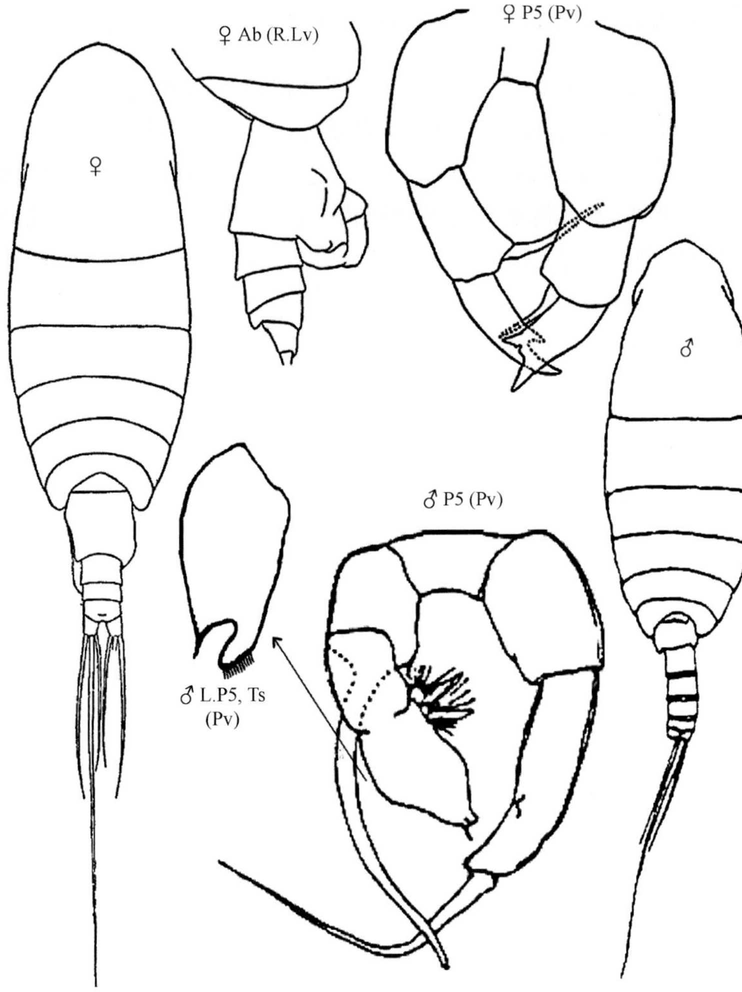

图 554 腹突拟宽水蚤 *Temoropia mayumbaensis*
［仿陈清潮等，1965（♀）；Chihara et al.，1997（♂）；Rose，1933（♂ L. P5，Ts）］

（554）腹突拟宽水蚤 *Temoropia mayumbaensis* T. Scott，1894（图 554）

形态特征：

体长：♀0.7~1.0 mm，♂0.9 mm。**雌性：**胸部后侧角短钝，侧面观宽圆。腹部分 4 节，生殖节长大，背面观稍不对称，其腹面显著突出。尾叉短小近方形。第 1 对胸足外肢 3 节，内肢 2 节。第 2~4 对胸足内、外肢均分 3 节。第 5 对胸足单肢型且不对称，各分 3 节，左足第 1 节较右足的狭小，第 2 节较右足的狭长，其内末刺也较右足的稍长，末节也较狭长，末端具 2 不等长齿突；右足第 1 节很宽大，第 2 节宽短并具 1 粗短内末刺，末节较粗短，末端具 2 齿状突。**雄性：**头胸部及第 1~4 对胸足与雌性相似。腹部分 5 节，生殖节较宽大，肛节与尾叉宽短。第 5 对胸足单肢型且不对称，左足第 2 节内末缘具 1 细长而弯曲的刺突，第 3、4 节分节不明显，末节宽大，其内缘基部具 1 丛细刺毛，节末端具 1 深凹陷；右足第 3 节较长大，末节细长而弯曲，呈钩状刺。

分布：东海至南海；太平洋，印度洋及大西洋。暖水沿岸种。

参考文献：13，16，20，24，31，33，37，44，82，152，158，199。

32. 羚水蚤科 Family Tharybidae Sars, 1902

本科为中型、小型桡足类(1.2~3.0 mm)。头胸部粗短。前额钝圆。头部与第1胸节、第4与第5胸节愈合或分开。胸部后侧角钝圆。雌性腹部分4节，雄性5节。尾叉短小。额角分叉并常具1对额角丝。雌性第1触角分23~24节，左右对称；雄性第1触角与雌性相似，左右对称，不形成执握肢。第1~4对胸足双肢型，外肢3节较宽；内肢较狭，节数分别为1、2、3、3。雌性第5对胸足单肢型，分2~3节，第1节基部愈合成横向宽板节，末节顶端常具2~4末刺或退化。雄性第5对胸足不对称，左足双肢型，外肢分3节，内肢1~2节；右足双肢型或单肢型，内肢分1~2节或不存在，外肢分2节并弯曲或呈执握肢。

本科含3属30种，大多是中、深层或近底层性种。中国海域仅记录1属1种。

属名 Genera	种数	页码
小波水蚤属 *Undinella* Sars, 1900	1	621

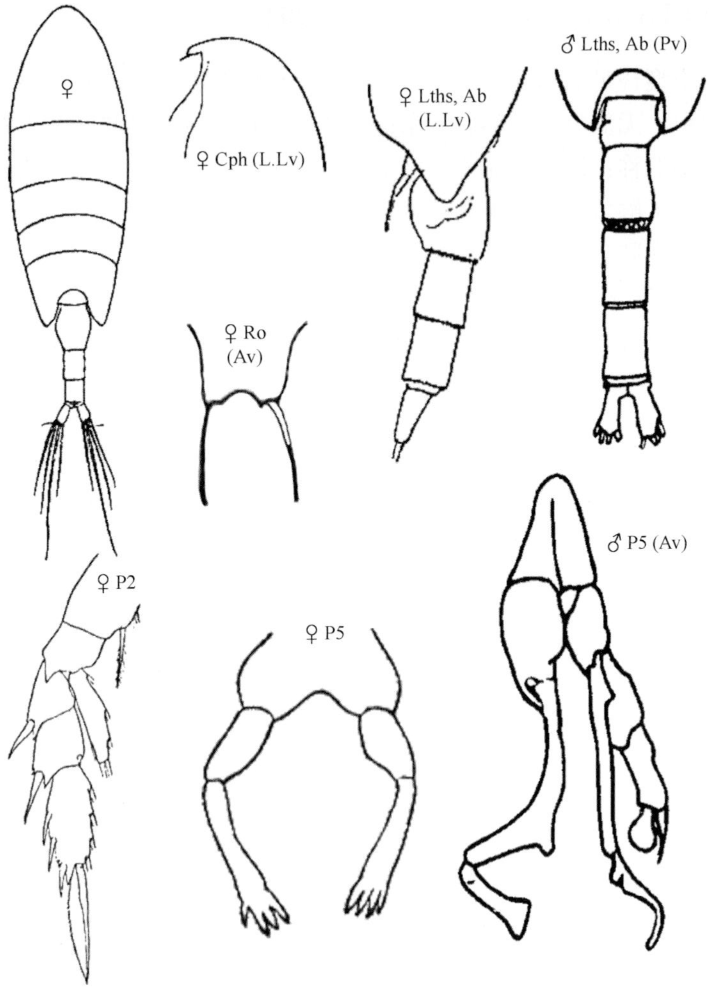

图 555 椭圆小波水蚤 *Undinella oblonga*
[仿 Tanaka, 1960b (♀); Brodsky, 1950 (♂)]

(555) 椭圆小波水蚤 *Undinella oblonga* Sars, 1900 (图 555)

形态特征：

体长：♀2.6~3.0 mm，♂2.4~2.5 mm。**雌性：**头胸部卵圆形。前额较狭而钝突。头部与第 1 胸节分开，第 4、5 胸节愈合。胸部后侧角突出呈钝三角形，可达生殖节近中部。腹部分 4 节，生殖节两侧膨大，其长等于宽，腹面突出而宽圆；肛节很短小。尾叉长约为宽的 2 倍。额角基部粗大并稍分叉，顶端各具 1 细长额角丝。第 5 对胸足单肢型且近对称，各分 3 节，末节较狭长，顶端具近等长的 4 末刺。**雄性：**腹部分 5 节，生殖节右侧缘突出呈瘤状。第 5 对胸足不对称，左足外肢分 3 节，第 2 节内末缘具 1 倒梨形大突起，其末端膨大而宽圆，末节短小呈锥状，内肢细长分 2 节，第 1 节外缘近基部具 1 三角形突起，末节弯曲呈爪状；右足第 2 基节很膨大，内肢不存在，外肢分 2 节，第 1 节弯曲，其内末缘 1/3 处具 1 锥形大钝突，末节粗短，顶端宽大呈截刀形，并与前节形成钳状。

分布：南海中部海域；太平洋，大西洋。深水种(中国海新记录种)。

参考文献：3，67，82，179。

33. 歪水蚤科 Family Tortanidae Sars, 1902

本科为中型、小型桡足类(1~3 mm)。头部与第1胸节分开，第4、5胸节愈合或分开。前额宽圆或呈钝三角形。无额角。胸部后侧角钝圆或突出而尖锐呈刺状，常不对称。雌性腹部分2~3节，生殖节常不对称；雄性分5节。尾叉常与肛节愈合，对称或不对称。雌性第1触角分12~17节。雄性右第1触角呈执握触角，其中部数节较膨大，膝状节常具细齿板。第1~4对胸足外肢均分3节，内肢常分2节，少数分3节。第5对胸足单肢型且不对称，雌性分2~3节，其末节常呈镰刀形，少数呈叶片形；雄性左足常分4节，右足分3节，其末2节呈螯状。

本科只有1属32种，大多为暖水性近岸种。中国海域已记录25种。

属名 Genera	种数	页码
歪水蚤属 *Tortanus* Giesbrecht, 1898	25	623

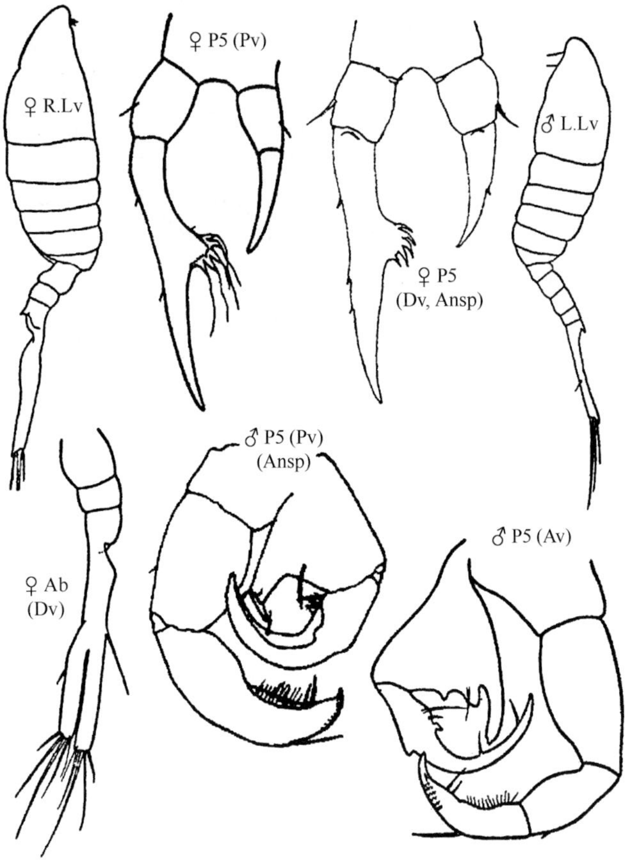

图 556　须歪水蚤 *Tortanus barbatus*
[仿郑重等，1965（♀R. Lv；♀Ab；♀P5；♂L. Lv；♂P5）；A. Scott，1909（♀P5，Ansp）；Bradford，1999b（♂P5，Ansp）]

（556）须歪水蚤 *Tortanus barbatus*（Brady，1883）（图 556）

[*Corynura barbatus* Brady，1883；*C. denticulata* Giesbrecht，1889，1892；*Tortanus denticulatus* Giesbrecht & Schmeil，1898（non *T. denticulatus* Shen & Lee，1963）]

形态特征：

体长：♀1.5~2.1 mm，♂1.2 mm。**雌性：**前额呈钝三角形。头部与第 1 胸节、第 4 与第 5 胸节均分开。胸部后侧角钝圆且对称。腹部分 3 节，生殖节较粗大，为第 2 腹节长的 2 倍多，左右对称；肛节狭长并与尾叉愈合，近端背面至右侧显著凹陷，其右侧近末缘具 1 长刚毛或不存在。尾叉狭长而稍不对称，右叉稍长于左叉，左叉近端具 1 小刚毛。第 5 对胸足单肢型且不对称，均分 3 节，末端呈刺状，左足较长，末节内缘中部具 1 大瘤状突，其上具 1 列小齿突（约 5 枚），齿突大小有变化，呈小刺状或刺末端延伸为须毛状；右足较短小，末节内缘光滑无齿突。**雄性：**腹部分 5 节，肛节与尾叉愈合，稍不对称，外缘中部各具 1 小刺毛。第 5 对胸足单肢型且不对称，左足分 3~4 节，末节外缘具 1 长刚毛，末端呈爪状，内缘及外末缘具细刺毛；右足分 3 节，第 2 节很宽大，内缘具 1 三角形大内突，顶端具 1 指状突，与末节形成螯状，内缘另具 2 小突起（或缺）及 1 小刺毛，末节狭长而弯曲呈钩状，内缘具 1 小齿突和 4 小刺毛。

分布：台湾海峡，厦门湾，南海；太平洋，印度洋。暖水沿岸种。

参考文献：23，24，32，33，36，44，46，50，76，79，158，217。

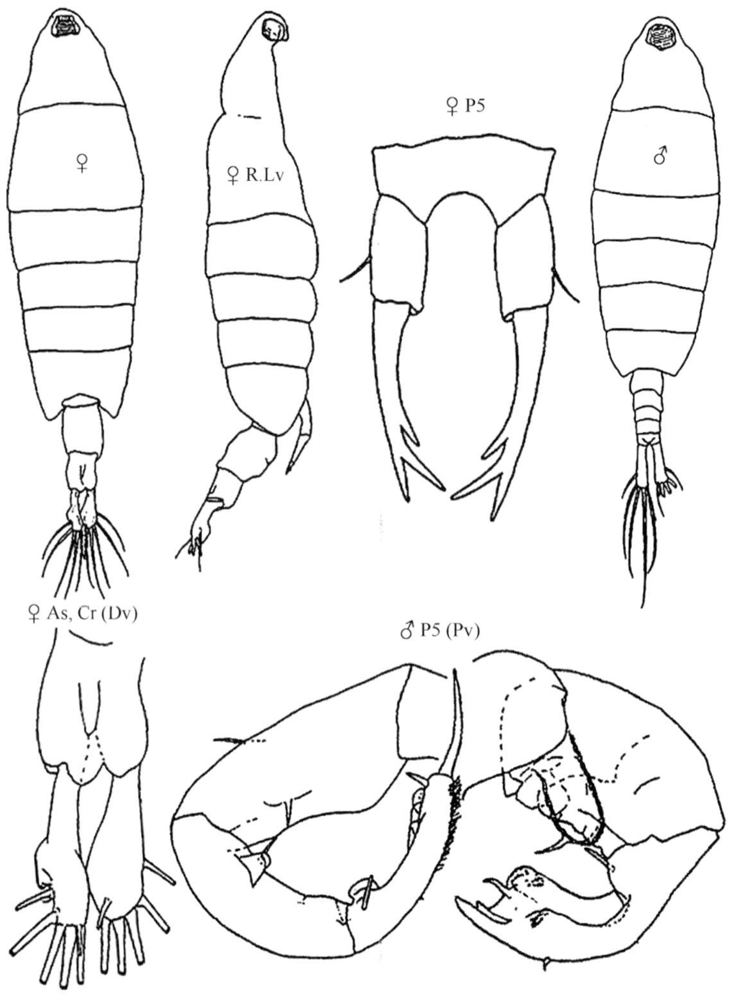

图 557 博歪水蚤 *Tortanus bonjol*（仿 Othman，1987）

（557）博歪水蚤 *Tortanus bonjol* Othman，1987（图 557）

形态特征：

体长：♀2.4～2.6 mm，♂1.6 mm。**雌性：**前额较狭而钝圆。头部与第 1 胸节分开，第 4 胸节与第 5 胸节愈合。胸部后侧角钝圆且对称。腹部分 2 节，生殖节对称，稍长于肛节，肛节稍不对称，左侧缘较膨大。尾叉很不对称，右叉末部膨大而钝圆，呈棒槌形，左叉外缘近尾刚毛处具 1 显著瘤状突。第 5 对胸足单肢型且对称，分 3 节，末节稍向内弯曲，末端具 3 不等长刺突，中刺最长，约为外末刺长的 1.3 倍。**雄性：**胸部后侧角较宽圆而对称。腹部分 5 节且对称。尾叉对称，长为宽的 3.5 倍。第 5 对胸足单肢型且不对称，左足分 4 节，第 2 节粗大，内缘近端较膨大，近末端 1/3 处的内外缘各具 1 小刺毛，第 3 节内缘近基部具 1 小钝突及 1 刺毛，末节顶端具 1 长末刺，外末部具细毛，内缘近端具 1 叶状突及 1 刺毛，内末缘也具一列半圆叶状小突及 1 小刺；右足分 3 节，呈螯状，第 2 节粗大，内缘近基部具 1 粗指状突，其顶端具 1 小刺，末节弯曲，内缘基部突出并具 1 刺毛，内末缘具 1 舌状突及 1 小刺，外末角突出呈爪状。

分布：南海南部；西太平洋。暖水沿岸种。

参考文献：44，135，142。

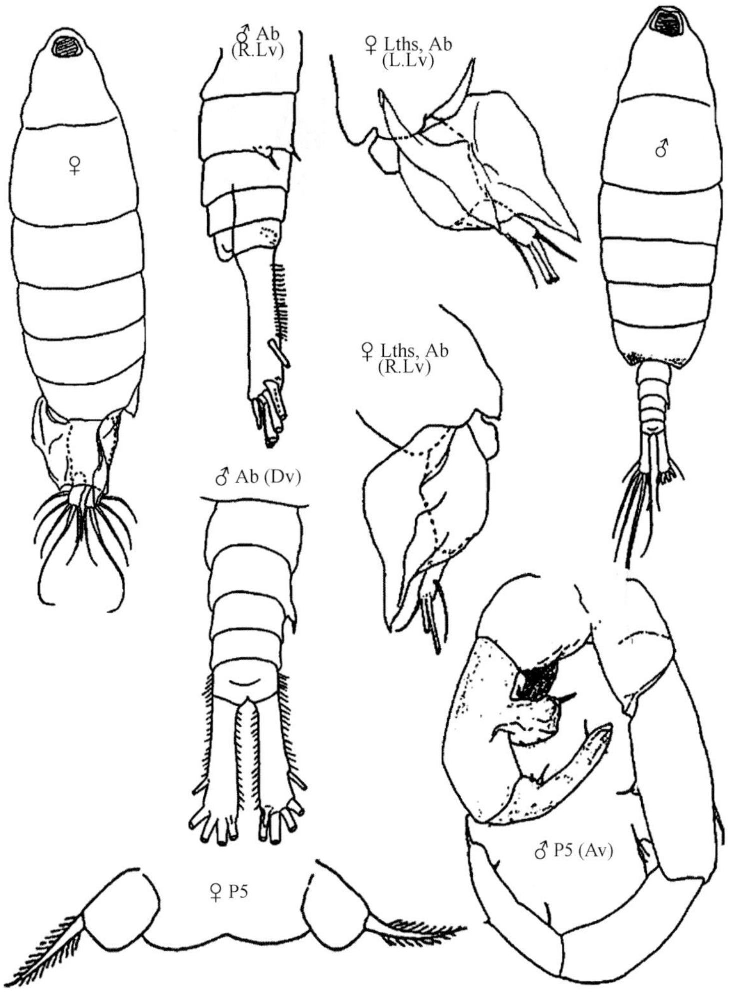

图 558 鲍氏歪水蚤 *Tortanus bowmani*（仿 Othman，1987）

（558）鲍氏歪水蚤 *Tortanus bowmani* Othman，1987（图 558）

形态特征：

体长：♀1.8~2.0 mm，♂1.6 mm。**雌性：**前额较狭而钝圆。胸部后侧角不对称，背面观，左侧角较宽圆，右侧角尖锐；侧面观，左后侧角分 2 叶，背侧叶宽圆，腹侧叶呈钝三角形，右后侧角呈尖三角形。腹部分 2 节，生殖节稍不对称，左侧中部较膨大；肛节与尾叉愈合。尾叉长约为宽的 2.3 倍，近对称，右叉内缘中部稍凹陷。第 5 对胸足对称，仅分 2 节，末节短小呈叶状，近方形，其外末缘具 1 羽状长刚毛。**雄性：**胸部后侧角钝圆而对称。腹部分 5 节，第 2 节右侧末缘具 2 不等长小刺突，其中近腹侧 1 刺突较小。尾叉近对称，长为宽的 3 倍。第 5 对胸足单肢型且不对称，左足分 4 节，第 2 节内缘中部具 1 小突起，其顶端具 1 小刺，本节外缘也具 1 小外缘刚毛，第 3 节内缘基部具 1 锥形突，其上具 1 小刺毛，末节具 1 小外缘刺及 1 末端刺，节的内缘具 2 不等长小刺；右足分 3 节，第 1 节内末缘具 1 钝突，第 2 节内缘中部具 1 大拇指状突起，其末端及基部前表面各具 1 小刺，末节呈爪状，内缘近端具 2 不等长刺毛，近末端也具 1 刺毛。

分布：南海南部；西太平洋。暖水沿岸种。

参考文献：44，135，142。

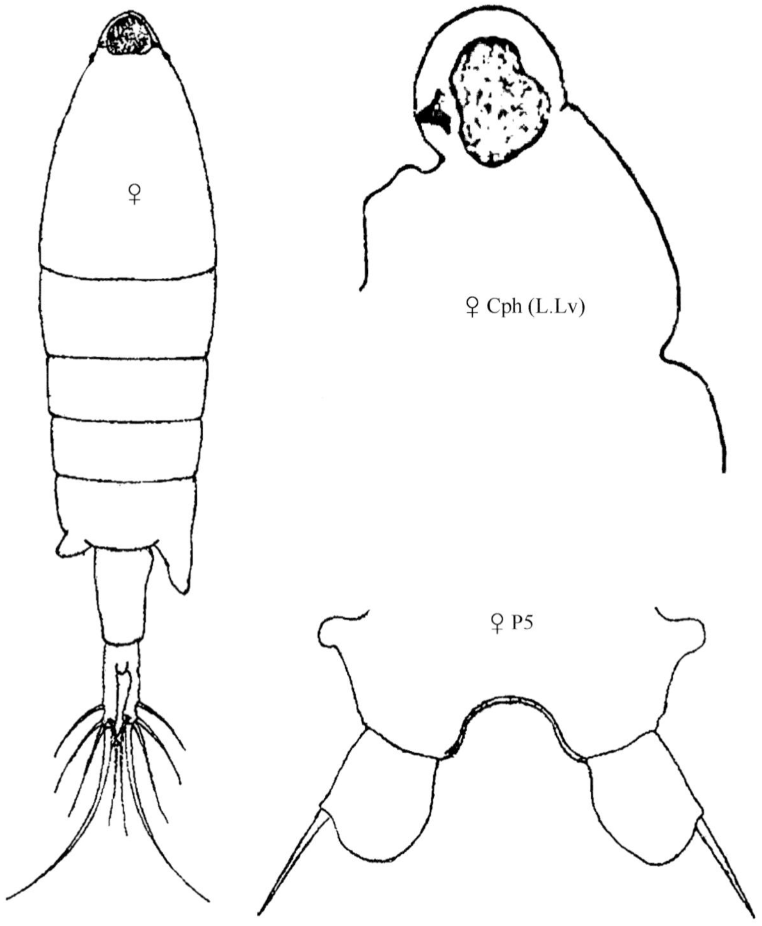

图 559　短足歪水蚤 *Tortanus brevipes*（仿 A. Scott，1909）

（559）短足歪水蚤 *Tortanus brevipes* A. Scott，1909（图 559）

形态特征：

体长：♀2.3 mm。**雌性**：前额较狭而钝突，侧面观呈圆形，并在单眼下方具 1 三角形刺突。头部与第 1 胸节分开，第 4、5 胸节愈合。胸部后侧角不对称，右侧角粗大呈翼状，可达生殖节中部；左侧角短小并向外撇开。腹部分 2 节，生殖节长大而稍不对称，其长度大于肛节与尾叉长度之和；肛节与尾叉愈合。尾叉不对称，内侧第 2 尾刚毛长大，左叉较粗大，约为肛节长的 2 倍，右叉较狭小。第 5 对胸足很短小，分 2 节，末节宽短，呈卵圆形，稍不对称，其外末缘各具 1 长刺，基节板内缘中部显著凹陷呈半圆形。

分布：南海南部；马来群岛海域，西太平洋。暖水沿岸种。

参考文献：44，135，158。

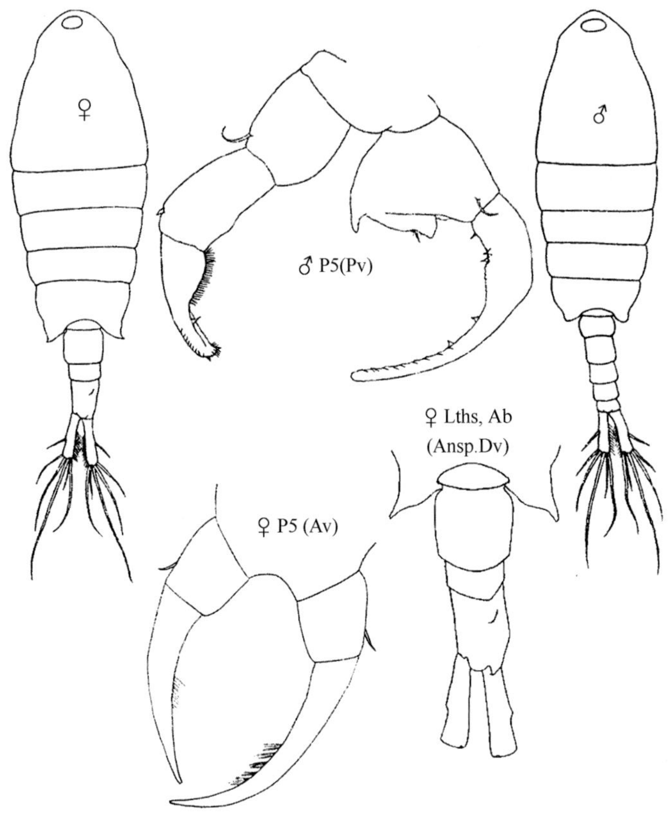

图 560 捷氏歪水蚤 *Tortanus derjugini*
[仿陈清潮，章淑珍，1965；Ohtsuka et al.，1995（♀Ab，Ansp）]

（560）捷氏歪水蚤［特氏歪水蚤］*Tortanus derjugini* Smirnov，1935（图 560）

形态特征：

体长： ♀1.7~2.4 mm，♂1.4~2.2 mm。**雌性：** 前额钝圆，胸部后侧角刺突呈翼状，稍不对称并存在个体差异（Ohtsuka et al.，1995）。腹部分 3 节，生殖节近方形，肛节最长，稍不对称，其右侧近端背面常具 1 低的小背突。尾叉稍不对称，右叉较长于左叉。第 1 对胸足内、外肢皆分 3 节。第 2~4 对胸足内肢分 2 节，外肢分 3 节。第 5 对胸足单肢型且稍不对称，均分 3 节，左足较长于右足，内缘中部具细毛。**雄性：** 胸部后侧角钝圆。腹部分 5 节，第 2 节较长大，腹侧末缘常具数根小刺毛。肛节与尾叉稍不对称，右尾叉较长于左叉。第 5 对胸足单肢型且不对称，左足分 4 节，末节后半部较狭小而弯曲，内缘及末端各具 1 小刺，内缘近端及末部均具细毛丛，外末缘具 7~12 条横隆纹线；右足分 3 节，第 2 节很宽大，内末缘具 1 尖齿突，末中部具 1 宽三角形突，末节狭长而弯曲，内缘具 5 小刺及 13~16 个脊状突。

分布： 渤海至南海；西太平洋。咸淡水种。

参考文献： 1，5，6，13，17，24，28，31，32，36，44，46，48，139，141。

注： 据郑重等（1965，1992）、Ohtsuka 等（1995）的研究及著者大量观察厦门湾的雌性标本，均是第 1 对胸足内肢分 3 节，雌性左第 5 胸足长于右第 5 胸足，而陈清潮等（1965）的描述是第 1 对胸足内肢分 2 节，雌性右第 5 胸足长于左第 5 胸足，后者可能观察有误。

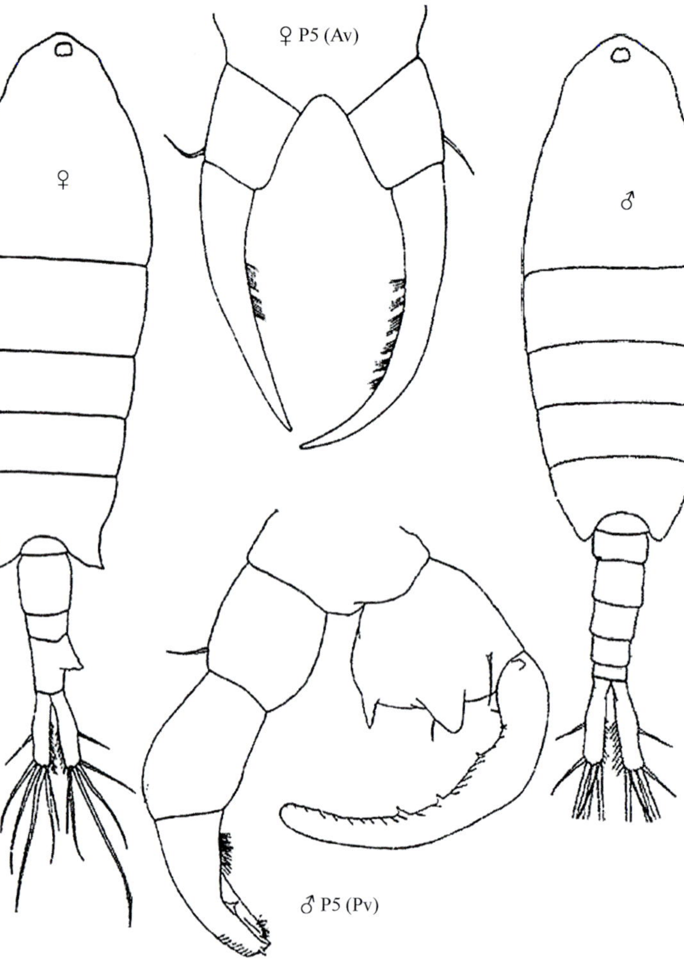

图 561　右突歪水蚤 *Tortanus dextrilobatus*（仿陈清潮，章淑珍，1965）

（561）右突歪水蚤 *Tortanus dextrilobatus* Chen & Zhang，1965（图 561）

形态特征：

体长：♀1. 7~2. 3 mm，♂1. 5~2. 1 mm。**雌性：**胸部后侧角突出，呈三角形翼状突，近对称。腹部分 3 节，不对称；生殖节呈方形，第 2 节宽短，其右侧背末缘稍突出；肛节较长，其右侧前部具 1 三角形或拇指形大突起。尾叉较宽大，其长约为宽的 4 倍，右叉稍长于左叉。第 5 对胸足单肢型，均分 3 节，稍不对称，左足末节较长于右足，两者内缘均具细毛。**雄性：**胸部后侧角较短而钝。腹部分 5 节，第 2 节较长大，肛节很宽短。右尾叉稍长于左叉。第 5 对胸足单肢型且不对称，左足分 4 节，末节较粗短，其外末缘具 9 ~ 13 条横隆纹线，末内侧也具 2 ~ 3条纵向隆纹线，内缘基部及末部具细毛，中部具 1 小刺，末端具 1 ~ 2 小刺；右足分 3 节，第 2 节很宽大，内末缘具 1 短齿突，末中部具 1 钝三角形突，末节狭长而弯曲，其内缘具 4 小刺及 19 ~ 25 条隆纹线。

分布：东海至南海；朝鲜半岛南部沿海，西太平洋。咸淡水种。

参考文献：6，13，17，24，28，32，36，44，60，137，141。

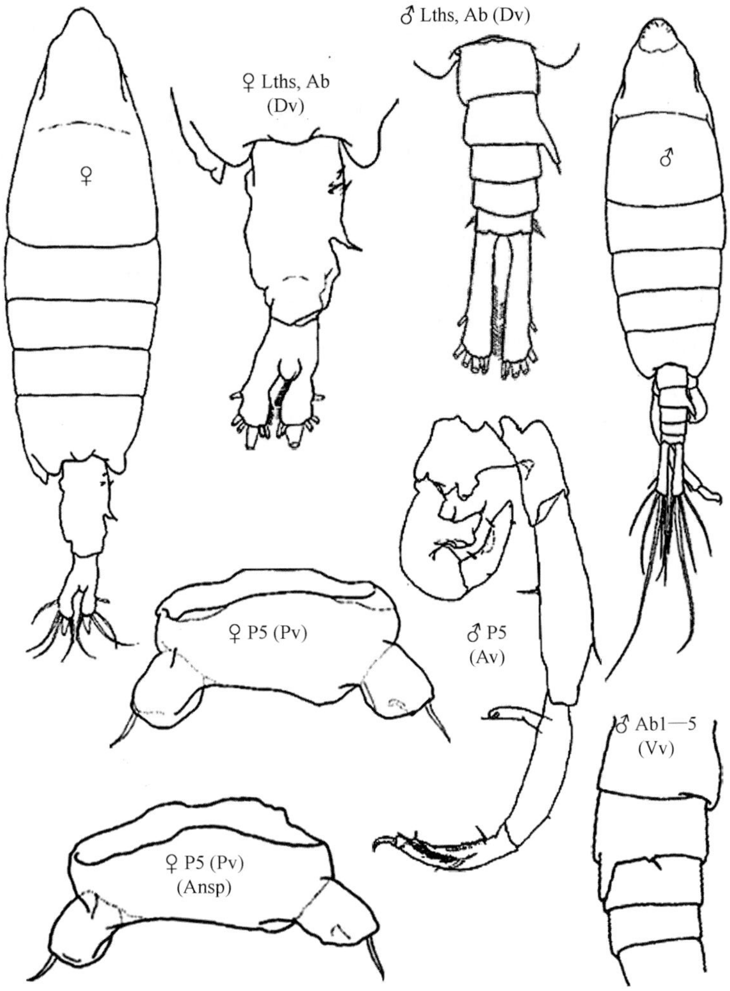

图 562 指状歪水蚤 *Tortanus digitalis*（仿 Ohtsuka & Kimoto，1989）

（562）指状歪水蚤 *Tortanus digitalis* Ohtsuka & Kimoto，1989（图 562）

形态特征：

体长：♀2.7~2.8 mm，♂1.8~2.0 mm。**雌性：**前额窄小而突出，呈钝三角形。胸部后侧角不对称，背面观，左侧具 1 宽圆背突和 1 叶状腹侧突，右侧角较短而钝。腹部分 2 节，不对称，生殖节右侧近端具 2 小背侧刺及 1 小腹侧刺，中部具 1 爪状大刺突，左侧凹凸不平，后部较膨大。肛节与尾叉愈合，尾叉粗短而不对称，左叉稍长于右叉。第 5 对胸足很短小，仅分 2 节，稍不对称，左、右足基节愈合成宽大的间板，末节短小呈叶片状，外末缘各具 1 小刺毛。**雄性：**胸部后侧角钝圆而对称。第 2 腹节右侧背末缘具 1 长刺突，达到第 3 腹节近末缘，腹侧末缘中部另具 1 小刺突。第 5 对胸足不对称，左足第 2 节约为第 1 节长的 2 倍，其内、外缘各具 1 小刺，第 3 节内缘近端具 1 长指状突，约为本节长的 1/2，其顶端具 1 小刺，末节向内弯曲并具 1 钩状末刺；右足第 1 节内缘具 1 三角形钝突，第 2 节内缘中部具 1 粗大突起，其顶端及基部各具 1 小刺，本节末部宽大并向内弯曲，末节钝尖，内缘中部稍凹陷并具 2 小刺毛。

分布：东海；琉球群岛海域，西北太平洋。暖水沿岸种。

参考文献：44，82，135，137。

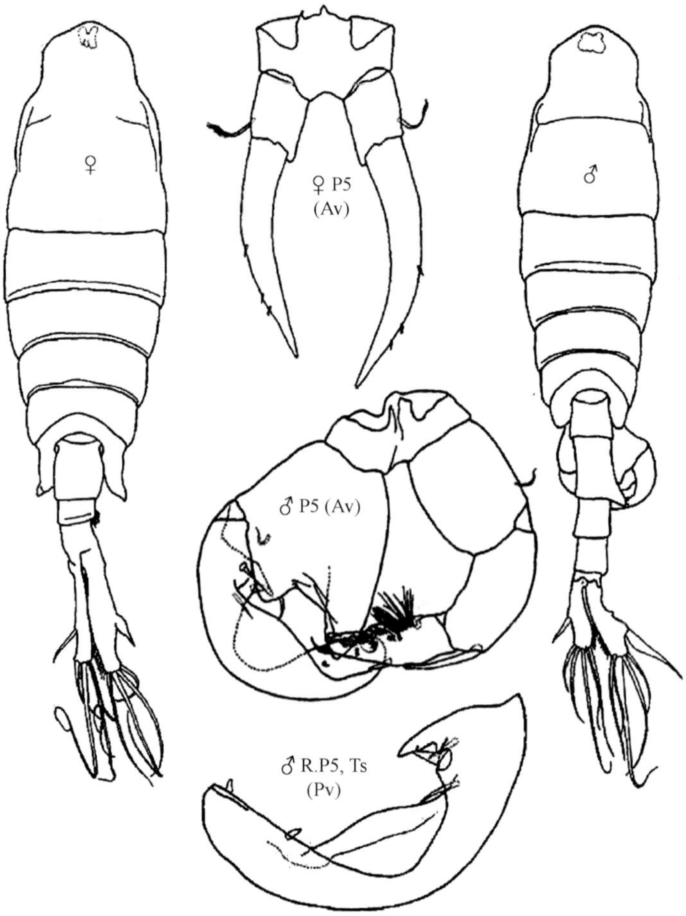

图 563 异尾歪水蚤 *Tortanus discaudatus*（仿 Ohtsuka & Reid，1998）

（563）异尾歪水蚤 *Tortanus discaudatus*（Thompson & A. Scott，1897）（图 563）

[*Corynura discaudata* Thompson & A. Scott，1897]

形态特征：

体长：♀1.8~3.1 mm，♂1.4~2.5 mm。**雌性：**末胸节后侧角很突出，背面观，狭长而尖锐，不对称，向后可达生殖节末缘；侧面观，末端弯向腹面。腹部分 3 节，生殖节近方形，第 2 节右侧末缘具 1 丛细毛；肛节与尾叉愈合而不对称。右尾叉较粗大并较长于左尾叉，其外缘近中部具 1 粗大的尖刺突；左尾叉也具 1 小外缘刺毛。第 5 对胸足不对称，各分 3 节，末节稍弯曲而尖锐，左足较长于右足，外缘各具 3 小刺。**雄性：**末胸节后侧角钝圆而对称，可达生殖节末端 1/3 处。腹部分 5 节，第 2 腹节长大，右侧末缘突出呈喙状，顶端具 2 小刺毛；肛节与尾叉分开。尾叉不对称，右叉较粗大并向外弯曲，外末部具 1 粗刺状长刚毛。第 5 对胸足不对称，左足第 3 节外末缘具 1 强大的长刺毛，末节内缘具细毛，外缘中部具 1 小刺，末端具 1 小刺毛；右足第 2 节宽大，内末缘具 1 粗大指状突及 1 三角形突起，末节向内弯曲呈匙状，内缘基部具 1 叉状刺及 1 小刺、2 小刺毛，末部具 2 小刺突。

分布：黄海；日本海，北太平洋及西北大西洋近海。冷水性沿岸种。

参考文献：44，82，106，133，137。

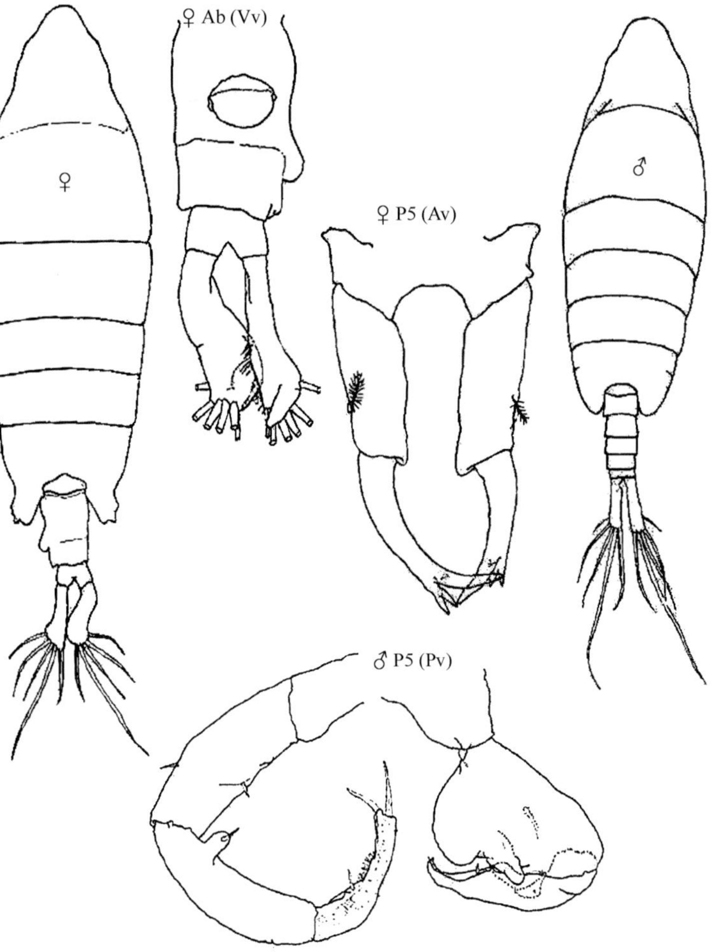

图 564　弯尾歪水蚤 *Tortanus erabuensis*（仿 Ohtsuka et al.，1987）

（564）弯尾歪水蚤 *Tortanus erabuensis* Ohtsuka，Fukuura & Go，1987（图 564）

形态特征：

体长：♀2.4 mm，♂2.0~2.2 mm。**雌性：**前额较窄而突出，呈钝三角形。胸部后侧角突出并向外撇开，可达生殖节中部，末端稍不对称，均具不规则小突起。腹部分 3 节，生殖节与第 2 腹节均不对称，左侧末缘突出。尾叉不对称，左叉较长于右叉，其腹面近末端具 1 瘤状突；右叉基部向内弯曲，末部较左叉宽大。第 1~4 对胸足内肢均分 2 节，外肢分 3 节。第 5 对胸足单肢型，分 3 节，右足稍长于左足，左、右足第 2 节长大，约与末节等长，其内末角突出，外缘近中部各具 1 羽状刚毛，末节向内弯曲，末端呈粗指状突，其基部具 1 小刺突及 1 叉状外末刺。**雄性：**胸部后侧角突出而钝圆，左右对称。腹部分 5 节。右尾叉较长于左尾叉。第 1~4 对胸足与雌性相似。第 5 对胸足不对称，左足第 2、3 节近等长，第 3 节内缘近基部具 1 乳头状突，其顶端具 1 小刺，末节顶端具 2 带锯齿的长刺，节的前表面具 2 列细毛，内缘近中部具 1 小刺；右足第 1 节粗短，第 2 节内缘膨大，中部隆起并具 1 粗短囊状突，末节较狭长，内缘具 2 宽的片状突，节末端向内弯曲呈爪状。

分布：东海；冲绳-琉球群岛海域，西太平洋。暖水沿岸种。

参考文献：44，82，133，135，137。

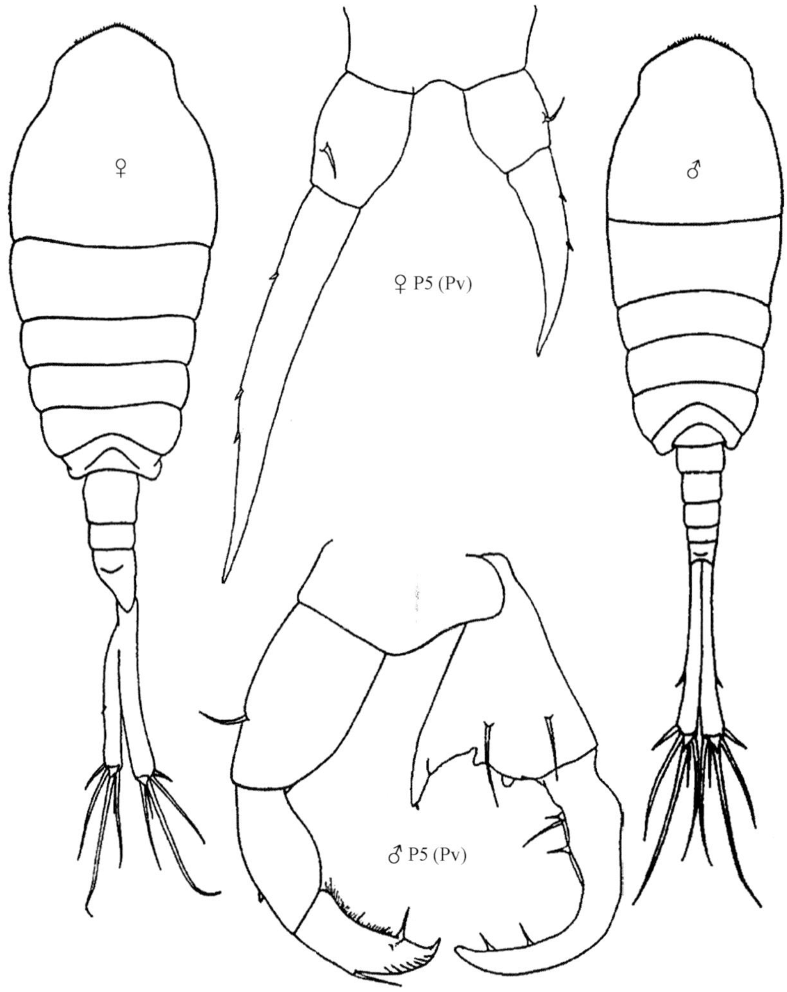

图 565 钳形歪水蚤 *Tortanus forcipatus*（仿陈清潮，章淑珍，1965）

（565）钳形歪水蚤 *Tortanus forcipatus*（Giesbrecht，1889）（图 565）

［*Corynura forcipata* Giesbrecht，1889，1892］

形态特征：

体长：♀1.2~2.0 mm，♂1.0~1.1 mm。**雌性：**头胸部前半部宽大，近前端紧缩。前额宽圆。第 4、5 胸节分开，胸部后侧角钝圆而对称。腹部生殖节呈方形，肛节与尾叉愈合并显著不对称，背末缘具 1 片状突。尾叉狭长，左叉基部重叠在右叉下方，右叉较粗大。第 5 对胸足不对称，各分 3 节，末端尖锐呈刺状，左足末节约为右足末节长的 2 倍，外缘具 3 小刺，右足末节外缘也具 2 小刺。**雄性：**体形与雌性相似。腹部分 5 节。尾叉细长，末部较粗大，其长度约为基部宽度的 14 倍。第 5 对胸足单肢型且不对称，左足分 4 节，末节稍弯曲，顶端尖锐，外缘具 1 长刺毛，达不到节的末端，约为末节长的 1/3，内缘具细毛及 1 小刺；右足分 3 节，第 2 节呈三角形，内缘中部具 1 爪状刺突，其外侧基部具 1 小突起，内缘后末部也具 2 小突，末节弯曲呈钩状，基部较膨大，内缘具 4~5 小刺，外缘基部稍突出。

分布：渤海至南海；太平洋，印度洋。暖水沿岸种。

参考文献：1，2，5，6，13，17，24，28，31~33，36，44，46，97，137，217。

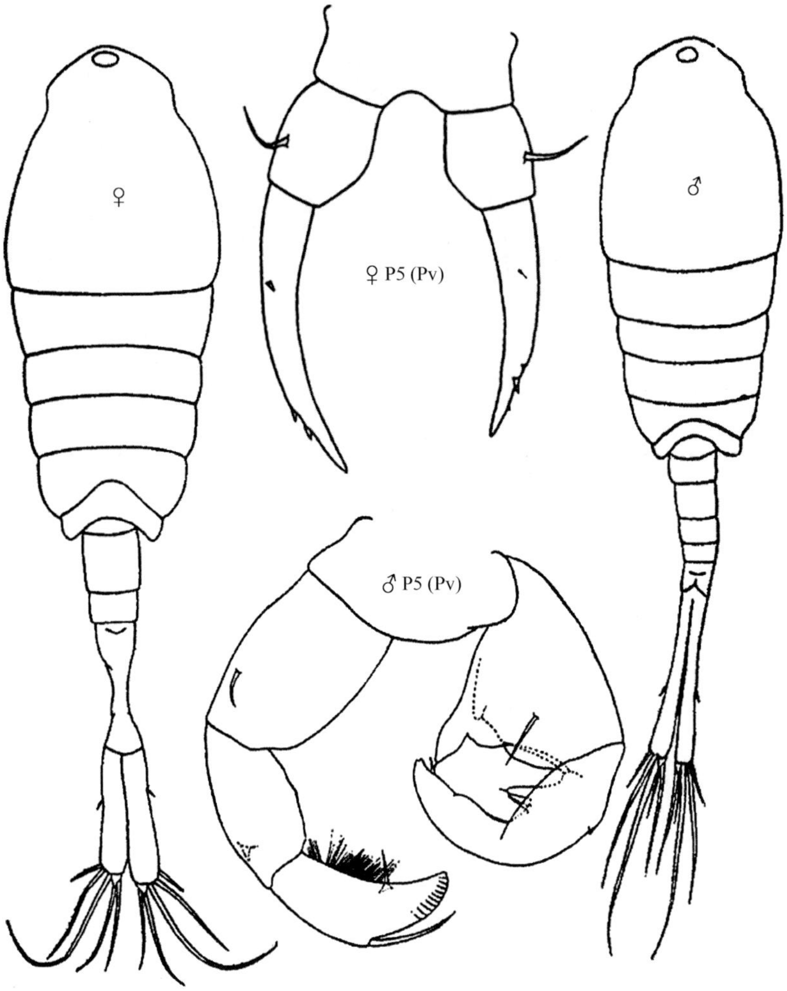

图 566 瘦歪水蚤 *Tortanus gracilis*（仿陈清潮，章淑珍，1965）

（566）瘦歪水蚤 *Tortanus gracilis*（Brady，1883）（图 566）

［*Corynura gracilis* Brady，1883；Giesbrecht，1892］

形态特征：

体长：♀1.6~1.8 mm，♂1.4 mm。**雌性：**头胸部前半部较宽大，近前端显著紧缩，前额宽圆。胸部后侧角钝圆而对称。腹部分 3 节，生殖节近方形，肛节狭长，中部窄小，背面基部具 1 小突起。尾叉长大，右叉稍长于左叉，背末缘各具 1 三角形小刺突。第 1 对胸足内肢分 2 节。第 5 对胸足左足较右足长大，末节外缘各具 3 小刺，末端尖锐呈刺状。**雄性：**体形与雌性相似。腹部分 5 节，尾叉细长，其长度约为基部宽的 12 倍。第 5 对胸足不对称，左足末节较粗大，外缘中部具 1 长刺，可达节的近末端，约为末节长的 1/2，节内缘具细毛及 1 小刺，节末端钝突；右足第 2 节内缘具 1 指状刺突，末节较粗短而弯曲，并与第 2 节形成螯状，内缘近基部也具 1 较大的刺状突，内末部具 1 小刺，外缘近端具 1 小齿突。

分布：渤海至南海；西太平洋，印度洋。暖水沿岸种。

参考文献：2，5，6，13，17，20，24，31，33，36，44，46，48，79，97，133，137，158，217。

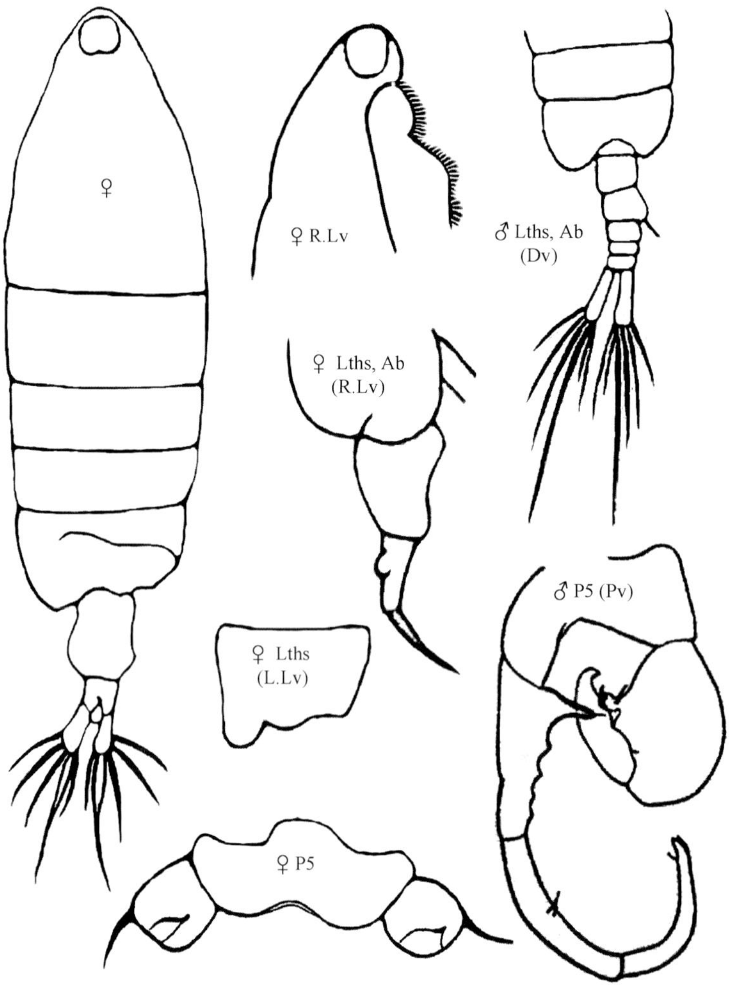

图 567 长足歪水蚤 *Tortanus longipes*（仿 Tanaka，1965a）

（567）长足歪水蚤 *Tortanus longipes* Brodsky，1948（图 567）

形态特征：

体长： ♀2.3~2.6 mm，♂2.0~2.5 mm。**雌性：** 前额较窄而钝圆。胸部后侧角很不对称，左侧角较突出而钝圆，侧面观呈波纹状叶状突，右侧角宽圆。腹部分 2 节，生殖节不对称，左侧较膨大；肛节与尾叉愈合。尾叉不对称，内侧第 2 尾刚毛基部粗大，左叉较宽大。第 5 对胸足很短小，近对称，仅分 2 节，末节呈圆叶状并具 1 小外缘刚毛，稍短于末节，末节后表面中部具 1 小瘤状突。**雄性：** 胸部后侧角钝圆而稍不对称，左侧角较长于右侧。腹部分 5 节，第 2 节右侧末缘具 1 小刺突。第 5 对胸足不对称，左足很狭长，分 4 节，第 2 节内缘具波纹状小突起，基部具 1 长刺突，其顶端具 1 小刺毛，第 3、4 节向内弯曲呈钩状，前者内缘中部具 1 小突起及 1 微刺，后者近末端具 2 小刺毛；右足分 3 节，第 2 节很膨大，外缘呈半圆形，内缘中部具 1 圆形突起及 2 小刺，末节短小，顶端尖锐而弯曲呈爪状，内缘具 2 小刺毛。

分布： 东海；冲绳-琉球群岛海域，朝鲜海峡及西北太平洋。暖水沿岸种。

参考文献： 44，66，67，82，106，133，135，186。

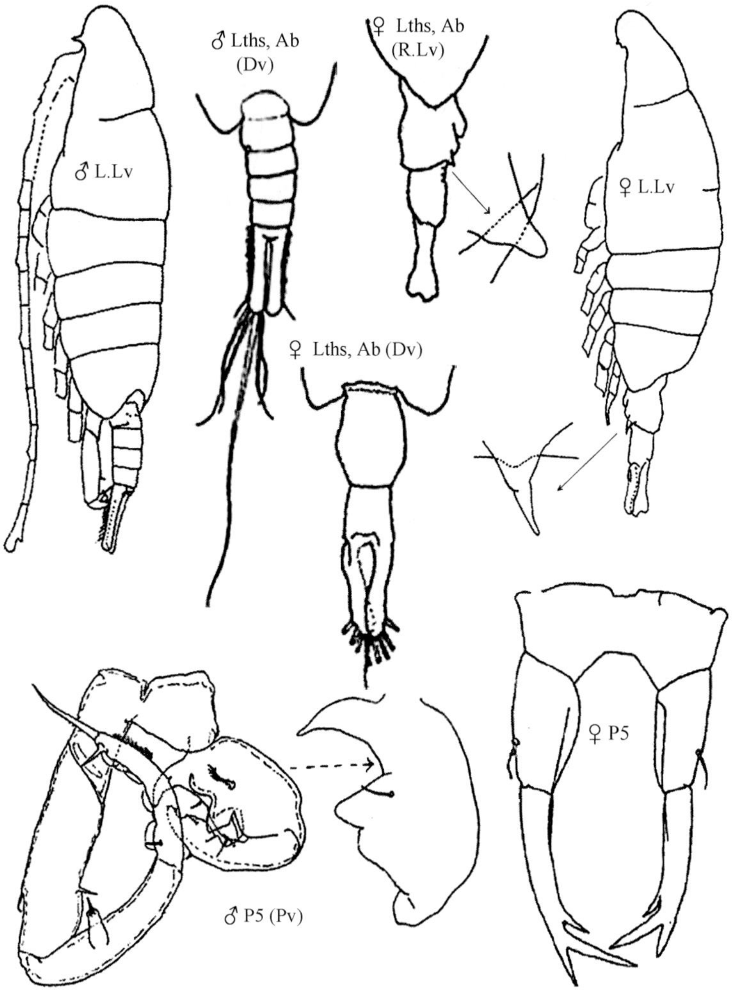

图 568　冠毛歪水蚤 *Tortanus lophus*（仿 Bowman，1971）

（568）冠毛歪水蚤 *Tortanus lophus* Bowman，1971（图 568）

形态特征：

体长：♀2. 4~2. 5 mm，♂2. 1~2. 2 mm。**雌性：**胸部后侧角钝圆并对称。腹部分 2 节，生殖节腹面两侧末缘各具 1 突起，左腹侧突较右侧突更长而尖锐；肛节与尾叉愈合且不对称。右尾叉较左叉稍宽，其内缘隆起呈脊状而侧扁。第 5 对胸足稍向内弯曲，末节顶端具 3 刺突，中刺最长，约为外末刺长的 2 倍，内末刺较外末刺更短。**雄性：**胸部后侧角钝圆而对称。第 5 对胸足不对称，左足分 4 节，第 3 节内缘近端具 1 小指状突，其顶端具 1 小刺毛，末节狭长而弯曲，内缘具数枚半圆叶状突起，顶端具 1 长末刺及 1 小内末刺；右足分 3 节，第 2 节内缘基部具 1 尖锐长刺突，中部具 1 较短而钝的三角形突，末节顶端狭小呈指状突。

分布：南海；西太平洋。暖水沿岸种。

参考文献：24，44，74，135。

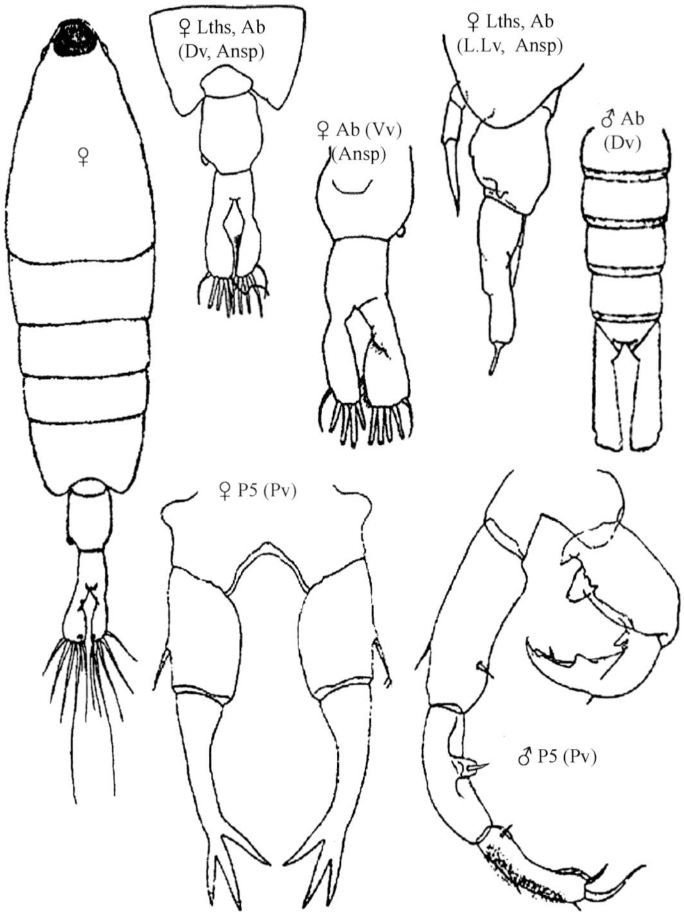

图 569 小突歪水蚤 *Tortanus murrayi*

［仿 A. Scott，1909（♀；♂）；Bowman，1971（♀Ab，Ansp）］

（569）小突歪水蚤 *Tortanus murrayi* A. Scott，1909（图 569）

形态特征：

体长：♀2.5~2.7 mm，♂2.3 mm。**雌性：**胸部后侧角钝圆且对称。腹部分 2 节，生殖节左侧末缘具 1 小钝突；肛节与尾叉愈合且不对称。左尾叉较右尾叉宽大，其腹面近中部具凹陷。第 5 对胸足各分 3 节，近等长，但右足末节较左足末节稍粗，末节顶端各具 3 粗刺，中刺较长，内、外末刺近等长。**雄性：**腹部分 5 节，各节无突起而对称。第 5 对胸足单肢型且不对称，左足分 4 节，第 3 节内缘中部具 1 小突起，其顶端具 1 小刺，末节与前节等长，末端宽圆而不尖锐，并具 3 不等长末刺，中刺长约为内末刺长的 3 倍，外末刺很微小，节的外缘具细刺毛及 1 小外缘刺，内缘近端也具 1 小刺；右足分 3 节，呈螯状，并较左足短得多，第 2 节粗大，内缘具 2 粗齿突，其基部 1 齿突较短小，末节弯曲呈爪状，内缘具 2 小突起及 1 小刺。

分布：南海；西太平洋。暖水沿岸种。

参考文献：17，23，24，44，74，133，135，158。

注：Bowman（1971）将 Wilson（1950）记述的 *Tortanus murrayi* 订正为 *Tortanus scaphus* Bowman，1971。

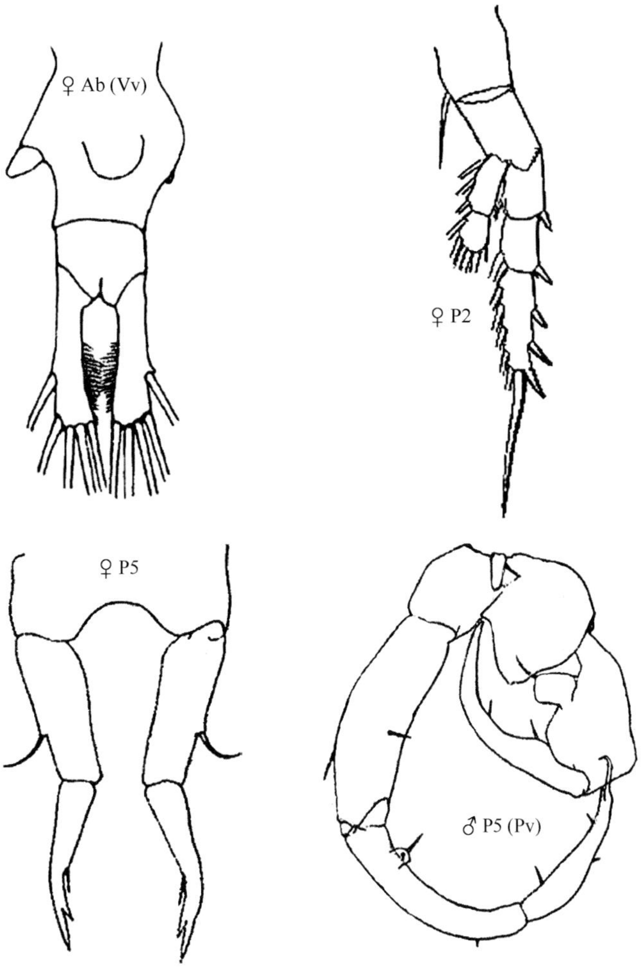

图 570 直尾歪水蚤 *Tortanus recticauda*（仿 Giesbrecht，1892）

（570）直尾歪水蚤 *Tortanus recticauda*（Giesbrecht，1889）（图 570）

［*Corynura recticauda* Giesbrecht，1889，1892］

形态特征：

体长：（暂缺）。**雌性：**胸部后侧角钝圆，近对称，可达生殖节近端 1/3 处。腹部分 2 节，生殖节不对称，右侧中部具 1 粗大的指状突，左侧膨大而宽圆；肛节与尾叉分开。尾叉笔直而对称，长约为基部宽的 5 倍。第 5 对胸足近对称，各分 3 节，近等长，第 2 节外末缘 1/3 处具 1 细刚毛，末节稍弯曲，内缘近中部各具 1 小刺毛，节末端具不等长 2 刺突，末刺突约为内末刺长的 2 倍。**雄性：**第 5 对胸足不对称，左足分 4 节，第 3 节内缘近端 1/4 处具 1 小钝突，其顶端具 1 小刺，末节顶端具 1 钩状长刺及 1 小内末刺突，节的内外缘分别具 2 内缘刺及 1 外缘刺；右足第 1 节宽短，内缘膨大呈三角形，第 2 节内缘近中部具 1 长方形突起，其前末角具 1 细刺毛，节的内末部膨大而宽圆，末节狭长而弯曲呈爪状，内缘具 2 小刺。

分布：南海东部；菲律宾群岛海域，太平洋，印度洋及大西洋。暖水沿岸种。

参考文献：44，97，135，217。

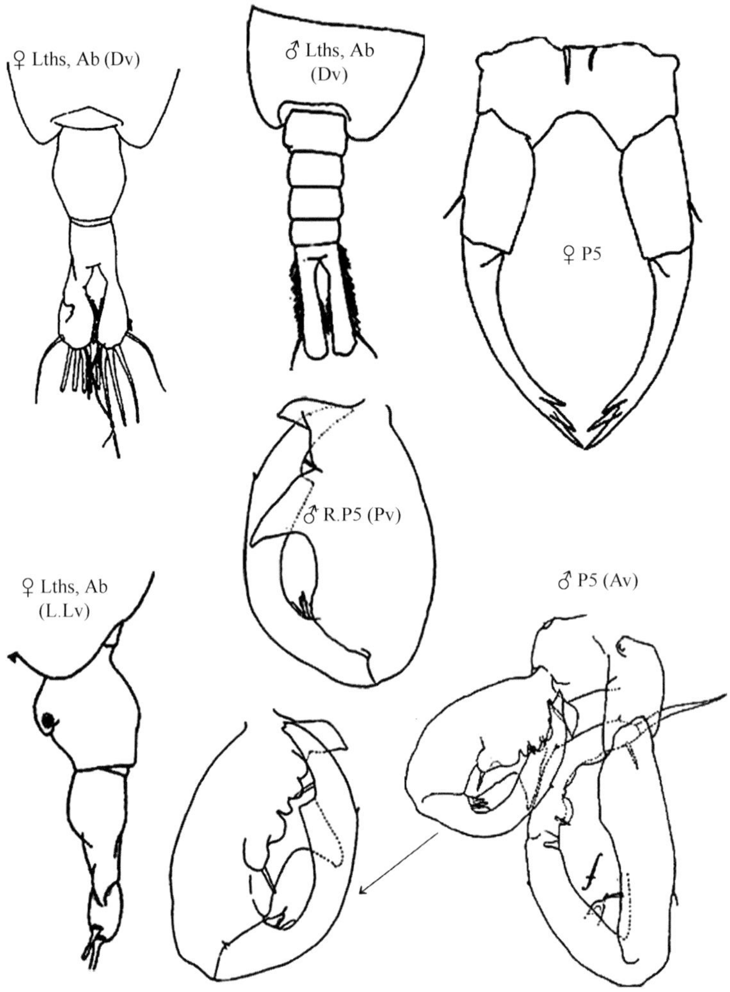

图 573　杓状歪水蚤 *Tortanus scaphus*（仿 Bowman，1971）

（573）杓状歪水蚤 *Tortanus scaphus* Bowman，1971（图 573）

［*Tortanus murrayi*：Wilson，1950］

形态特征：

体长：♀2. 6~2. 8 mm，♂2. 2~2. 4 mm。**雌性：**胸部后侧角钝圆且对称。腹部生殖节也对称，左右侧圆滑无突起。肛节与尾叉愈合。尾叉呈棒槌状，左叉较右叉稍宽，其外缘近中部及基部各具 1 凹陷。第 5 对胸足近对称，末节狭长并向内弯曲，末端具 3 不等长刺突，其外末刺最长，内末刺最短。**雄性：**胸部后侧角钝圆而对称。腹部也对称，无突起。肛节与尾叉愈合，左右对称。第 5 对胸足不对称，左足分 4 节，第 3、4 节近等长并向内弯曲，第 3 节内缘近端具 1 小突起，其顶端具 1 小刺，末节顶端具 1 粗大的长末刺及 1 小内末刺，节的内缘也具 1 列圆叶状突，其中近端 1 突起较高；右足分 3 节，呈螯状，第 2 节粗大，内缘具 2 三角形大突起，中部 1 个较大，并在突起基部前表面具数枚相连的叶状突，末 1 叶突最大并具 1 刺毛，末节狭长而弯曲呈爪状，内缘基部具 1 小刺突，近末端 1/3 处隆起呈三角形。

分布：南海；西太平洋。暖水沿岸种。

参考文献：17，23，24，37，44，74，135，217。

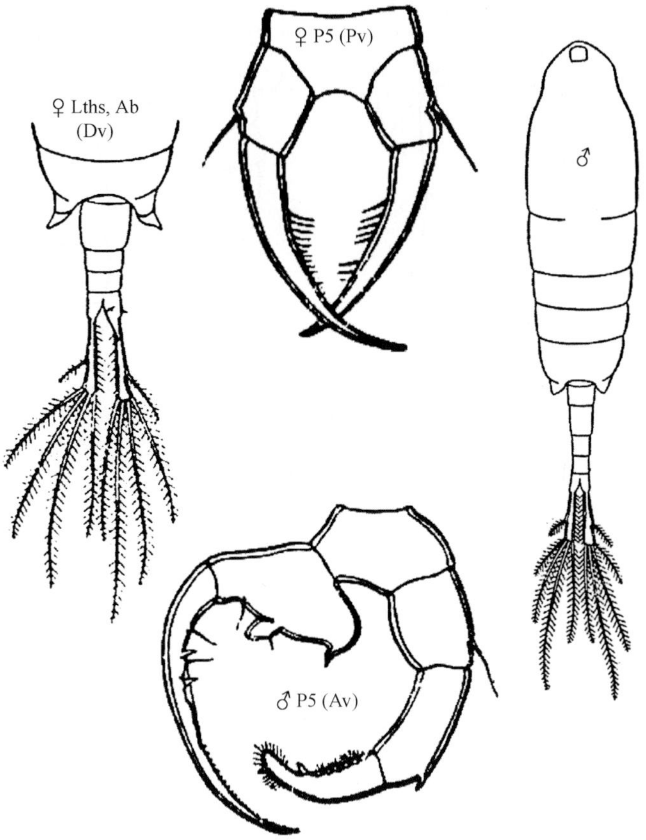

图 574　沈氏歪水蚤 *Tortanus sheni*（仿沈嘉瑞，李茯香，1963）

（574）沈氏歪水蚤 *Tortanus sheni*（Shen & Lee，1963）（图 574）

［锯齿歪水蚤 *Tortanus denticulatus* Shen & Lee，1963（non *T. denticulatus*，Giesbrecht & Schmeil，1898）；Ohtsuka et al.，1987；陈清潮，1983；连光山等，1994，2008；*T. sheni* Hulsemann，1988；Ohtsuka et al.，1992，1998；陈清潮，2008］

形态特征：

体长：♀1.5~1.8 mm，♂1.5~1.6 mm。**雌性：**胸部后侧角尖锐，呈三角形翼状突，稍不对称。腹部分 4 节，生殖节近方形，肛节与尾叉愈合，右尾叉稍长于左尾叉。第 5 对胸足单肢型呈爪状，分 3 节，左足稍长于右足，内缘中部均具细刺毛。**雄性：**胸部后侧角较短小，呈钝三角形。腹部分 5 节，肛节与尾叉愈合，右尾叉稍长于左尾叉。第 5 对胸足单肢型且不对称，左足分 4 节，第 3 节外末缘具 1 小刺突，末节稍弯曲，末部渐窄并具细刺毛，其外末部具 1 小刺，内缘近端具 6~7 小突起及细毛，近末部具 1 小刺；右足分 3 节，第 2 节内缘突出，顶端钝圆，内末角具 1 刺状突，内末缘中部具 1 拇指状突，末节狭长而弯曲呈爪状，内缘近端具小刺及刚毛各 2 根，末半部具细锯齿。

分布：东海，南海。咸淡水种。

参考文献：10，17，24，37，44，108，137，141，142。

注：本属其他种雌性个体的腹部仅分 2~3 节，而本种（*T. sheni*）雌性腹部分 4 节，可能观察有误或存在个体差异，有待进一步探讨。

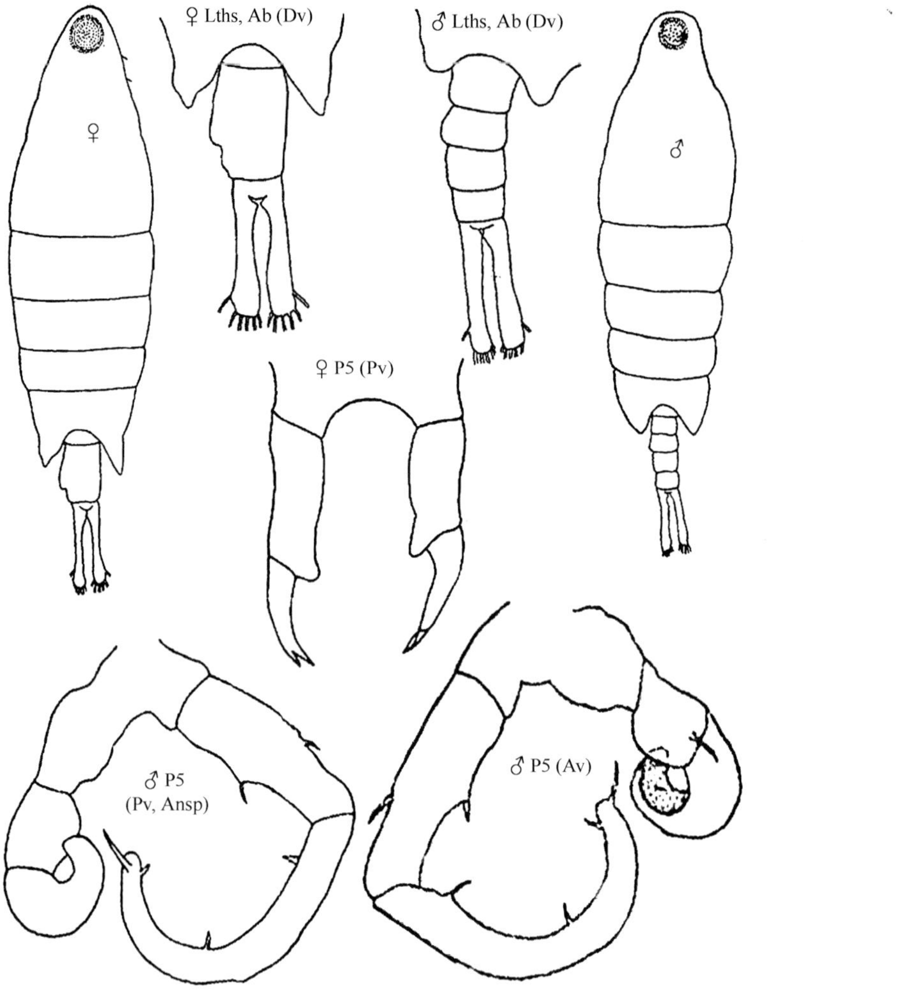

图 575 中华歪水蚤 *Tortanus sinicus*（仿陈清潮，1983）

（575）中华歪水蚤 *Tortanus sinicus* Chen，1983（图 575）

形态特征：

体长：♀2.2~2.3 mm，♂2.0~2.1 mm。**雌性：**前额突出呈钝三角形。胸部后侧角刺突呈翼状，稍不对称，右后侧角较左后侧角稍长，可达生殖节中部。腹部分 2 节，生殖节左侧近中部隆起呈瘤状，右侧平直。肛节与尾叉愈合，尾叉长约为基部宽度的 6 倍，近对称。第 1~4 对胸足内肢分 2 节，外肢分 3 节。第 5 对胸足单肢型，分 3 节，稍不对称，左足较右足长，左、右足第 2 节长大，其内末缘具 1 粗突起，末节短小并向内弯曲，顶端具双叉刺突。**雄性：**头部前端狭小而钝圆。胸部后侧角较短而钝。腹部分 5 节，第 2 节左侧缘较突出，肛节与尾叉愈合，尾叉较狭长而对称。第 5 对胸足左右均分 3 节，左足第 1、2 节粗短，内缘稍膨大，末节显著弯曲呈爪状，内缘中部具 1 小刺；右足第 2 节内、外缘各具 1 小刺，末节狭长并向内弯曲呈钩状，其内缘具 3 小刺，外末部具 1 长刺。

分布：南海。热带沿岸种。

参考文献：17，24，44，135。

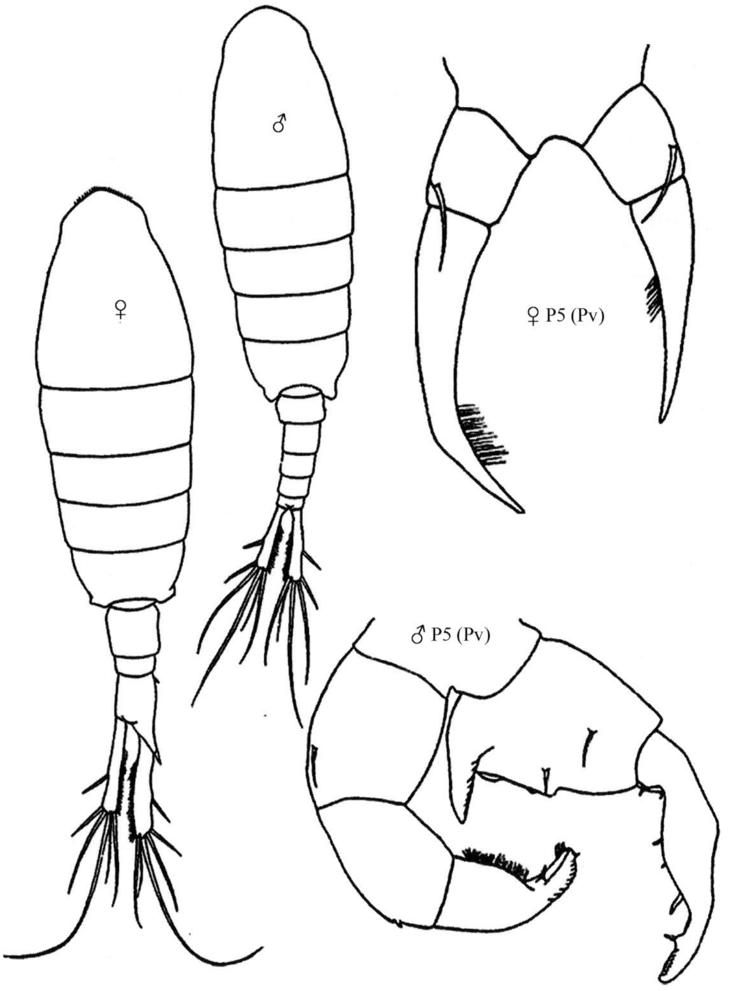

图 576　刺尾歪水蚤 *Tortanus spinicaudatus*（仿陈清潮等，1965）

（576）刺尾歪水蚤 *Tortanus spinicaudatus* Shen & Bai，1956（图 576）

形态特征：

体长：♀1.4~2.2 mm，♂1.3~1.8 mm。**雌性：**前额宽圆。第4、5胸节愈合。胸部后侧角短小而对称，呈三角形小刺突。腹部分3节，生殖节近方形，肛节不对称，右侧缘近基部具1小刺，右侧末缘向后延伸为1长刺突。尾叉不对称，右叉较粗大并超过左叉末端。第5对胸足单肢型，分3节，顶端尖锐并向内稍弯，左足较右足长大，近内末缘具细毛，右足末节内缘中部也具细毛。**雄性：**体形与雌性相似。腹部分5节，尾叉近对称，其长约为基部宽的8倍。第5对胸足不对称，左足分4节，末节近端粗大，内缘具细毛，末半部狭小，内缘具1小刺，外末部具许多横隆线及1小刺，内末缘具1丛细毛；右足分3节，第2节内缘基部具1粗指状突，其内缘具横隆线，本节内缘中部也具1小钝突及1小刺毛，末节内缘中部膨大并具5小刺。

分布：渤海至南海北部沿岸水域。咸淡水种。

参考文献：1，2，6，9，13，17，24，28，31，44，46，137，139，141。

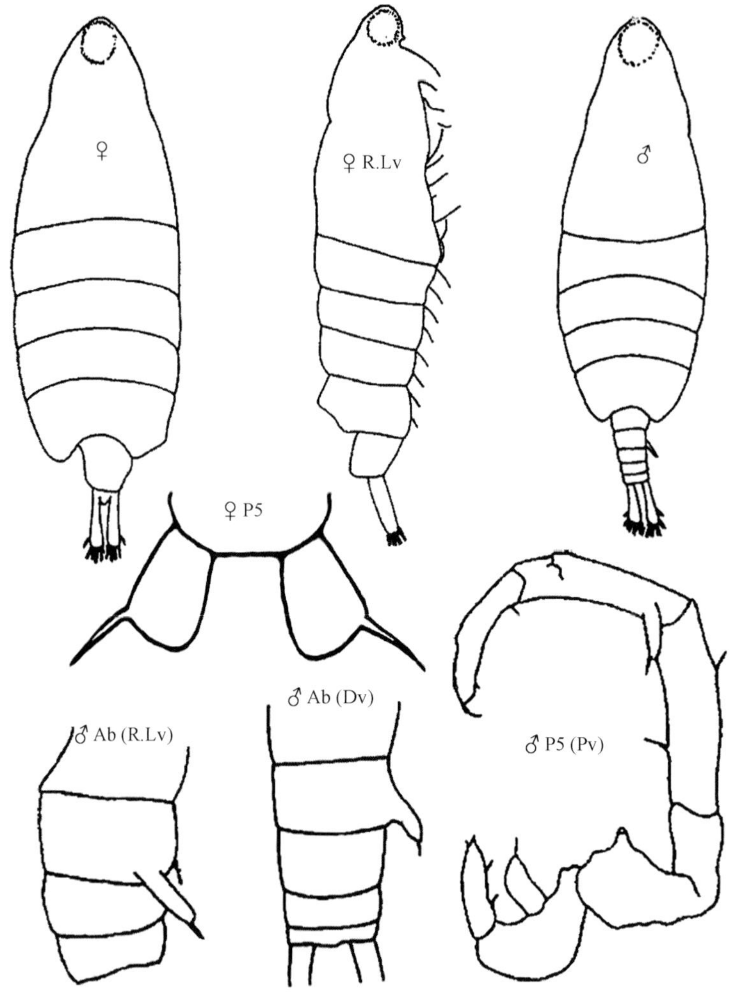

图 577 台湾歪水蚤 *Tortanus taiwanicus*（仿 Chen & Hwang，1999）

（577）台湾歪水蚤 *Tortanus taiwanicus* Chen & Hwang，1999（图 577）

形态特征：

体长：♀2.0~2.1 mm，♂1.6~1.8 mm。**雌性：**前额突出而钝圆。第 4、5 胸节愈合，其背中部隆起。胸部后侧角不对称，左侧角较突出而钝圆，右侧角宽平。腹部分 2 节，生殖节宽短而不对称，右侧缘膨大。肛节与尾叉愈合，尾叉较短而对称。第 1~4 对胸足内肢均分 2 节，外肢 3 节。第 5 对胸足退化，仅分 2 节，左、右足第 1 节愈合成基间板，末节呈方形的叶片状，其外末缘具 1 小刺毛。**雄性：**胸部后侧角钝圆而对称。腹部分 5 节，第 2 节右侧末缘具 2 不等大的刺突，其顶端均具 1 微刺毛，背侧刺较粗大，腹侧刺很小。尾叉近对称。第 5 对胸足不对称，左足狭长，分 4 节，第 2 节约为第 1 节长的 3 倍，其内、外缘各具 1 小刺，第 3 节内缘近基部具 1 指状突，约为本节长的 1/3，节的背末缘 1/4 处也具 1 小突起，末节狭长而弯曲，具 2 小内缘刺毛，末端具 1 弯曲的小末刺；右足呈螯状，第 1 节内末部较膨大并具 1 小钝突，第 2 节内缘中部具 1 大叶状突，其顶端具 1 小刺毛，末节呈粗指状，末端尖，内缘具 2 小刺。

分布：台湾东部沿岸水域及南海；太平洋。暖水沿岸种。

参考文献：24，44，81。

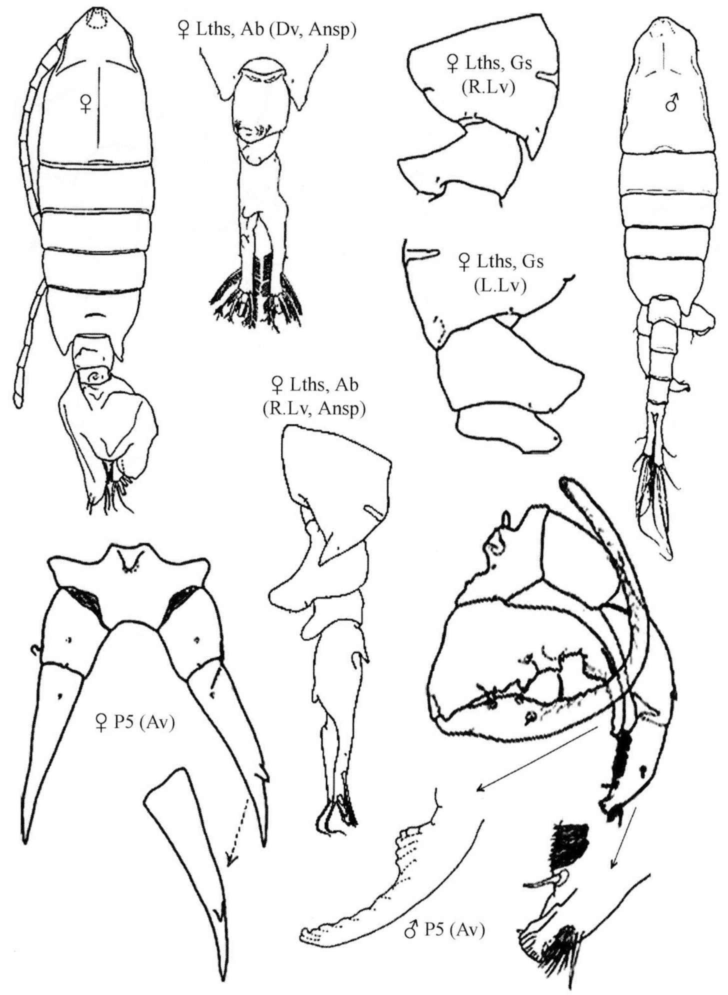

图 578 末突歪水蚤 *Tortanus terminalis*（仿 Ohtsuka et al.，1998）

（578）末突歪水蚤 *Tortanus terminalis* Ohtsuka & Reid, 1998（图 578）

形态特征：

体长：♀1.9~2.1 mm，♂1.9~2.1 mm。**雌性：**前额钝圆。胸部后侧角不对称，右后侧角较长而尖锐，可达生殖节中部。腹部分 3 节，生殖节背末缘具 1 大背突，第 2 节背末缘也具 1 较小的背突；肛节与尾叉愈合，右侧缘弯曲，左侧缘平直，肛盖较突出。尾叉不对称，右尾叉基部粗大并稍长于左尾叉；右侧面观，肛节腹侧近基部具 1 指向后的尖刺突，右尾叉较狭长，左尾叉中部较膨大。第 5 对胸足分 3 节，末端尖锐而不对称，左足稍长于右足，并在外缘近末端1/3处具 1 小刺突。**雄性：**胸部后侧角也不对称，右侧角较长于左侧角。腹部分 5 节，生殖节左侧末缘稍突出。肛节与尾叉不完全愈合，右尾叉较长于左尾叉。第 5 对胸足不对称，左足末节较粗短，内缘具 6 丛细毛及 2 小刺，外末缘具 1 外末刺及 1 丛刺毛，顶端钝并具细隆纹线及 1 小齿突；右足很强大，呈钳状，第 2 节内缘突出成长大而弯曲的粗刺突，其外缘具 3 突起，末部外缘具小脊状突，末节很狭长而弯曲，并较长于左足，内缘具小脊状突及 6 小刺毛。

分布：东海；日本南部沿岸海域，琉球群岛海域及西北太平洋。暖水沿岸种。

参考文献：44，137。

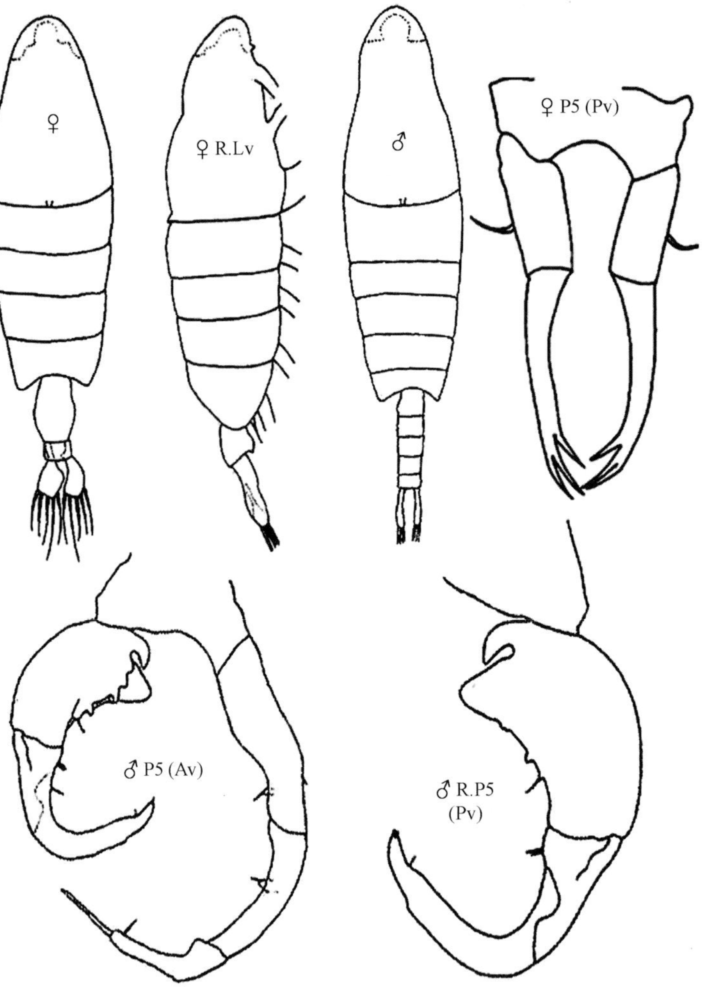

图 579 膨大歪水蚤 *Tortanus tumidus*（仿陈清潮等，2003）

（579）膨大歪水蚤 *Tortanus tumidus* Chen，Hwang & Yin，2003（图 579）

体长：♀2.7~2.8 mm，♂2.3~2.4 mm。**雌性**：前额钝圆。头部背末缘中部具 1 小突起。胸部后侧角钝圆并对称。腹部仅分 2 节，生殖节左侧较膨大。肛节与尾叉愈合，尾叉粗短且不对称，呈匙形，左尾叉较右尾叉宽大。第 1~4 对胸足内肢均分 2 节，外肢分 3 节。第 5 对胸足单肢型，分 3 节，左足稍长于右足，末节顶端均具 3 刺，中刺较长。**雄性**：腹部分 5 节，近对称。尾叉较狭长，近对称。第 5 对胸足单肢型且不对称，左足狭长，分 4 节，第 2 节内缘近末端 1/4 处具 1 小刺突，第 3 节内缘近中部具 1 小指状突，末节弯曲，内缘基部具 1 钝突，末端具 1 长而直的末刺及 1 小内末刺；右足分 3 节，呈螯状，第 2 节宽大，内缘基部具 1 弯曲的小爪状突，近中部具 1 大的钝三角形突，其基部至内末部另具约 5 枚小突起，末节弯曲呈钩状，内缘具数根小刺，末端钝并具微刺。

分布：南海；太平洋。热带性沿岸种。

参考文献：22，24，44。

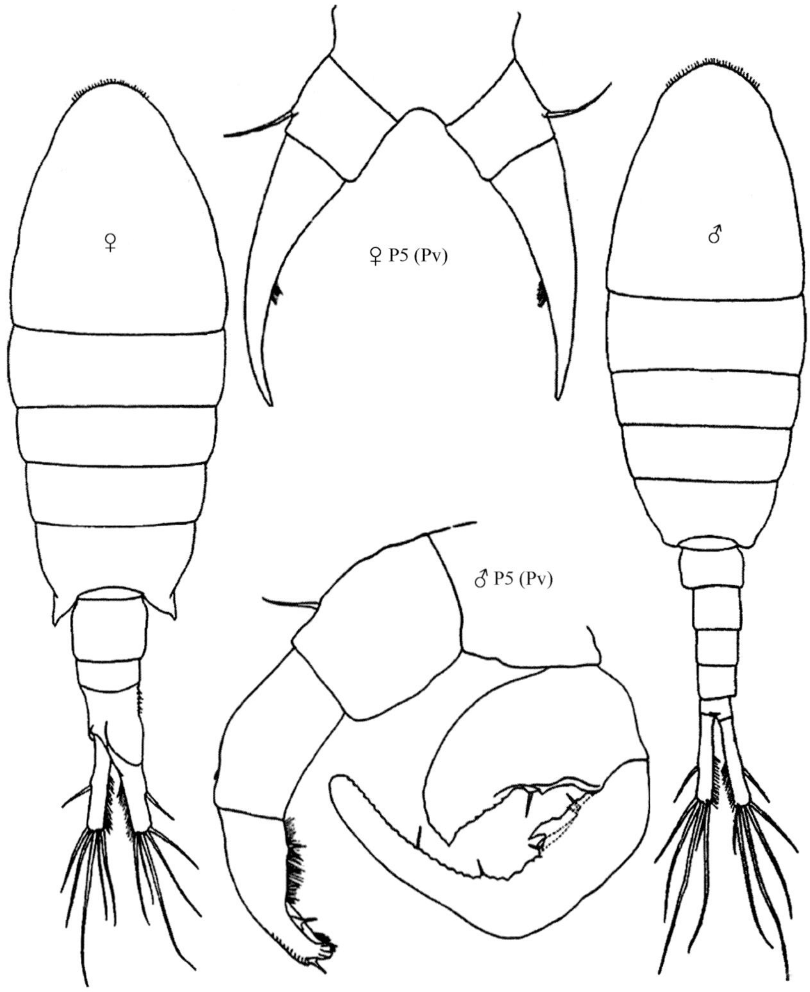

图 580 虫肢歪水蚤 *Tortanus vermiculus*（仿陈清潮，章淑珍，1965）

（580）虫肢歪水蚤 *Tortanus vermiculus* Shen，1955（图 580）

形态特征：

体长：♀1. 9~2. 4 mm，♂1. 9~2. 3 mm。**雌性：**头胸部较宽大。前额宽圆。第4、5 胸节愈合。胸部后侧角具三角形刺突，左侧刺稍长于右侧刺。腹部分 3 节，生殖节近方形；肛节不对称，其右侧末缘向后伸长而宽大，右侧缘基部约具 5 小锯齿。尾叉不对称，右叉较粗大，其末端稍超过左叉。第 1 对胸足内肢分 3 节。第 5 对胸足单肢型，分 3 节，左足较长于右足，末节内缘近中部具细毛。**雄性：**胸部后侧角钝圆而对称。腹部分 5 节，生殖节较宽大，肛节短小。尾叉较短，右叉末端稍超过左叉。第 5 对胸足不对称，左足分 4 节，末节基部粗大，末部狭小，内缘具细毛及 2 小刺，外末部具约 8 条横隆纹线，节的内末缘具数枚小齿突，外末缘具 1 小刺；右足分 3 节，第 2 节内缘具 1 宽大突起，顶端呈三角形，外缘中部具 1 小刺，外末部及内末部均具小脊状纹，末节狭长而弯曲，内缘基部具 1 片状突及 2 小刺，末部另具 2~3 小刺，内末部也具小脊状纹。

分布：渤海，黄海至南海北部沿岸水域。咸淡水种。

参考文献：1，2，8，13，17，24，28，31，44，48，52，137，141。

·海洋生物多样性著作系列·

中国海洋浮游桡足类多样性

下　册

连光山　王彦国　孙柔鑫　黄将修　编著

海洋出版社

2018年·北京

Study of Marine Biodiversity

Species Diversity of Marine Planktonic Copepods in China's Seas

Vol. 2

By

Lian Guangshan, Wang Yanguo, Sun Rouxin, Hwang Jiangshiou

China Ocean Press

2018 · Beijing

目　次

上　册

一、桡足类基本形态特征 …… 1
(一)桡足类外部形态特征简述 …… 1
(二)桡足类形态结构名称缩写与符号 …… 2
(三)桡足类形态特征示意图(9 目) …… 3

二、桡足类研究简史及其分类系统 …… 5

三、中国海洋浮游桡足类种类组成 …… 7
(一)海洋桡足类(Copepoda)分目检索表(9 目) …… 7
(二)种类名录 …… 8

四、种类特征描述与形态图 …… 34
Ⅰ　宽足水蚤目　Order Platycopioida Fosshagen & Iliffe, 1985 …… 34
1. 宽足水蚤科　Family Platycopiidae Sars, 1911 …… 34
宽足水蚤属　*Platycopia* Sars, 1911 …… 35
Ⅱ　哲水蚤目　Order Calanoida Sars, 1903 …… 37
2. 纺锤水蚤科　Family Acartiidae Sars, 1900 …… 37
纺锤水蚤属　*Acartia* Dana, 1846 …… 38
异水蚤属　*Acartiella* Sewell, 1914 …… 55
3. 鹰嘴水蚤科　Family Aetideidae Giesbrecht, 1892 …… 56
小鹰嘴水蚤属　*Aetideopsis* Sars, 1903 …… 57
鹰嘴水蚤属　*Aetideus* Brady, 1883 [=*Euaetideus*] …… 60
伯刺水蚤属　*Bradyetes* Farran, 1905 …… 64
刺额水蚤属　*Bradyidius* Giesbrecht, 1897 [=*Undinopsis*] …… 65
小袖水蚤属　*Chiridiella* Sars, 1907 …… 67
袖水蚤属　*Chiridius* Giesbrecht, 1892 …… 68
手水蚤属　*Chirundina* Giesbrecht, 1895 …… 72
小手水蚤属　*Chirundinella* Tanaka, 1957 …… 74

真胖水蚤属 *Euchirella* Giesbrecht, 1888 …… 75
枪水蚤属 *Gaetanus* Giesbrecht, 1888 …… 93
小盾水蚤属 *Gaidiopsis* A. Scott, 1909 …… 102
盾水蚤属 *Gaidius* Giesbrecht, 1895 …… 103
泥水蚤属 *Lutamator* Bradford, 1969 …… 107
拟多毛水蚤属 *Paracomantenna* Campaner, 1978 …… 108
伪胖水蚤属 *Pseudochirella* Sars, 1920 …… 109
伪真刺水蚤属 *Pseudeuchaeta* Sars, 1905 …… 115
波刺水蚤属 *Undeuchaeta* Giesbrecht, 1888 …… 116
小强水蚤属 *Valdiviella* Steuer, 1904 …… 120
4. 尖头水蚤科 Family Arietellidae Sars, 1902 …… 122
尖头水蚤属 *Arietellus* Giesbrecht, 1892 …… 123
后哲水蚤属 *Metacalanus* Cleve, 1901 …… 130
拟亮羽水蚤属 *Paraugaptilus* Wolfenden, 1904 …… 132
拟隐水蚤属 *Paramisophria* T. Scott, 1897 …… 134
5. 亮羽水蚤科 Family Augaptilidae Sars, 1905 …… 136
亮羽水蚤属 *Augaptilus* Giesbrecht, 1889 …… 137
刺亮羽水蚤属 *Centraugaptilus* Sars, 1920 …… 141
真亮羽水蚤属 *Euaugaptilus* Sars, 1920 …… 144
海羽水蚤属 *Haloptilus* Giesbrecht, 1898 …… 160
角羽水蚤属 *Pontoptilus* Sars, 1905 …… 176
伪亮羽水蚤属 *Pseudaugaptilus* Sars, 1907 …… 177
伪海羽水蚤属 *Pseudhaloptilus* Wolfenden, 1911［厚羽水蚤属 *Pachyptilus* Sars, 1920］…… 178
6. 深角水蚤科 Family Bathypontiidae Brodsky, 1950 …… 181
深角水蚤属 *Bathypontia* Sars, 1905 …… 182
小宽水蚤属 *Temorites* Sars, 1900 …… 188
7. 哲水蚤科 Family Calanidae Dana, 1846 …… 189
哲水蚤属 *Calanus* Leach, 1816 …… 190
似哲水蚤属 *Calanoides* Brady, 1883 …… 192
刺哲水蚤属 *Canthocalanus* A. Scott, 1909 …… 194
宇哲水蚤属 *Cosmocalanus* Bradford & Jillett, 1974 …… 195
间哲水蚤属 *Mesocalanus* Bradford & Jillett, 1974 …… 196
小哲水蚤属 *Nannocalanus* Sars, 1925 …… 197
新哲水蚤属 *Neocalanus* Sars, 1925 …… 198
波水蚤属 *Undinula* A. Scott, 1909 …… 202
8. 丽哲水蚤科 Family Calocalanidae Bernard, 1958 …… 203

丽哲水蚤属 *Calocalanus* Giesbrecht, 1888 …… 204

9. 平头水蚤科 Family Candaciidae Giesbrecht, 1892 …… 211

平头水蚤属 *Candacia* Dana, 1846 …… 212

拟平头水蚤属 *Paracandacia* Grice, 1963 …… 226

10. 胸刺水蚤科 Family Centropagidae Giesbrecht, 1892 …… 230

胸刺水蚤属 *Centropages* Kröyer, 1848 …… 231

华哲水蚤属 *Sinocalanus* Burckhardt, 1913 …… 244

11. 基齿哲水蚤科 Family Clausocalanidae Giesbrecht, 1892 …… 248

基齿哲水蚤属 *Clausocalanus* Giesbrecht, 1888 …… 249

栉哲水蚤属 *Ctenocalanus* Giesbrecht, 1888 …… 261

镰水蚤属 *Drepanopsis* Brady, 1883 …… 262

微哲水蚤属 *Microcalanus* Sars, 1901 …… 264

伪哲水蚤属 *Pseudocalanus* Boeck, 1873 …… 265

12. 镖水蚤科 Family Diaptomidae Baird, 1850 …… 266

明镖水蚤属 *Heliodiaptomus* Kiefer, 1932 …… 267

新镖水蚤属 *Neodiaptomus* Kiefer, 1932 …… 268

蒙镖水蚤属 *Mongolodiaptomus* Kiefer, 1932 …… 270

叶镖水蚤属 *Phyllodiaptomus* Kiefer, 1936 …… 271

近镖水蚤属 *Tropodiaptomus* Kiefer, 1932 …… 272

13. 真哲水蚤科 Family Eucalanidae Giesbrecht, 1892 …… 273

真哲水蚤属 *Eucalanus* Dana, 1852 …… 274

拟真哲水蚤属 *Pareucalanus* Geletin, 1976 …… 278

锚哲水蚤属 *Rhincalanus* Dana, 1852 …… 280

次真哲水蚤属 *Subeucalanus* Geletin, 1976 …… 282

14. 真刺水蚤科 Family Euchaetidae Giesbrecht, 1892 …… 288

真刺水蚤属 *Euchaeta* Philippi, 1843 …… 289

拟真刺水蚤属 *Paraeuchaeta* A. Scott, 1909 …… 300

15. 异肢水蚤科 Family Heterorhabdidae Sars, 1902 …… 328

双刺水蚤属 *Disseta* Giesbrecht, 1889 …… 329

半肢水蚤属 *Hemirhabdus* Wolfenden, 1911 …… 331

异肢水蚤属 *Heterorhabdus* Giesbrecht, 1892 …… 332

异刺水蚤属 *Heterostylites* Sars, 1920 …… 346

中肢水蚤属 *Mesorhabdus* Sars, 1905 …… 349

拟异肢水蚤属 *Paraheterorhabdus* Brodsky, 1950 …… 353

16. 光水蚤科 Family Lucicutiidae Sars, 1902 …… 356

光水蚤属 *Lucicutia* Giesbrecht, 1898 …… 357

17. 长角水蚤科 Family Mecynoceridae Andronov, 1973 …… 375

长角水蚤属 *Mecynocera* Thompson, 1888 ………………………………………… 376
18. 巨型哲水蚤科 Family Megacalanidae Sewell, 1947 ……………………… 377
深哲水蚤属 *Bathycalanus* Sars, 1905 ………………………………………… 378
伯氏哲水蚤属 *Bradycalanus* A. Scott, 1909 ………………………………… 380
巨型哲水蚤属 *Megacalanus* Wolfenden, 1904 ……………………………… 381
19. 长腹水蚤科 Family Metridinidae Sars, 1902 ……………………………… 382
大腹水蚤属 *Gaussia* Wolfenden, 1905 ……………………………………… 383
长腹水蚤属 *Metridia* Boeck, 1865 ………………………………………………… 384
乳点水蚤属 *Pleuromamma* Giesbrecht, 1889 ……………………………… 393
20. 拟哲水蚤科 Family Paracalanidae Giesbrecht, 1892 …………………… 400
隆哲水蚤属 *Acrocalanus* Giesbrecht, 1888 ………………………………… 401
矮隆水蚤属 *Bestiolina* [=*Bestiola*] Andronov, 1991 ………………… 406
桂水蚤属 *Delius* Andronov, 1972a ……………………………………………… 409
拟哲水蚤属 *Paracalanus* Boeck, 1864[=*Parvocalanus* Andronov, 1970] ……… 410
21. 拟角水蚤科 Family Parapontellidae Giesbrecht, 1892 ………………… 417
新角水蚤属 *Neopontella* A. Scott, 1909 …………………………………… 418
22. 褐水蚤科 Family Phaennidae Sars, 1902 ………………………………… 419
娇水蚤属 *Amallophora* T. Scott, 1893 ……………………………………… 420
头亮水蚤属 *Cephalophanes* Sars, 1907 …………………………………… 421
角哲水蚤属 *Cornucalanus* Wolfenden, 1905 ……………………………… 422
异毛水蚤属 *Heteramalla* Sars, 1907 ……………………………………… 425
杂哲水蚤属 *Mixtocalanus* (Farran, 1929) ………………………………… 426
突哲水蚤属 *Onchocalanus* Sars, 1905 ……………………………………… 427
褐水蚤属 *Phaenna* Claus, 1863 ……………………………………………… 432
黄水蚤属 *Xanthocalanus* Giesbrecht, 1892 ………………………………… 433
23. 叶足水蚤科 Family Phyllopodidae Brodsky, 1950 ……………………… 436
叶足水蚤属 *Phyllopus* Brady, 1883[光刺水蚤属 *Nullosetigera* Soh et al., 1999] ……………………………………………………………………… 437
24. 角水蚤科 Family Pontellidae Dana, 1853 ………………………………… 443
畸异水蚤属 *Anomalocera* Templeton, 1837 ………………………………… 444
长足水蚤属 *Calanopia* Dana, 1853 ………………………………………… 445
唇角水蚤属 *Labidocera* Lubbock, 1853 …………………………………… 451
角水蚤属 *Pontella* Dana, 1846 ……………………………………………… 465
小角水蚤属 *Pontellina* Dana, 1853 ………………………………………… 484
简角水蚤属 *Pontellopsis* Brady, 1883 ……………………………………… 486
25. 伪剑水蚤科 Family Pseudocyclopidae Giesbrecht, 1893 ……………… 501
伪剑水蚤属 *Pseudocyclops* Brady, 1872 …………………………………… 502

26. 伪镖水蚤科 Family Pseudodiaptomidae Sars, 1902 …… 505
伪镖水蚤属 *Pseudodiaptomus* Herrick, 1884 …… 506
27. 脊纹水蚤科 Family Ridgewayiidae Wilson, 1958 …… 532
扁哲水蚤属 *Placocalanus* Ohtsuka, Fosshagen & Soh, 1996 …… 533
脊纹水蚤属 *Ridgewayia* Thompson & A. Scott, 1903 …… 536
28. 厚壳水蚤科 Family Scolecithricidae [Scolecitrichidae] Giesbrecht, 1892 …… 537
兰德氏水蚤属 *Landrumius* Park, 1983 …… 538
额脊水蚤属 *Lophothrix* Giesbrecht, 1895 …… 539
麦壳水蚤属 *Macandrewella* A. Scott, 1909 …… 542
新厚壳水蚤属 *Neoscolecithrix* Canu, 1896 …… 546
异尾水蚤属 *Racovitzanus* Giesbrecht, 1902 …… 547
舟哲水蚤属 *Scaphocalanus* Sars, 1900 …… 548
小厚壳水蚤属 *Scolecithricella* Sars, 1903 …… 557
厚壳水蚤属 *Scolecithrix* Brady, 1883 …… 582
厚哲水蚤属 *Scolecocalanus* Farran, 1936 …… 585
暗哲水蚤属 *Scottocalanus* Sars, 1905 …… 586
29. 刺哲水蚤科 Family Spinocalanidae Vervoort, 1951 …… 598
仿哲水蚤属 *Mimocalanus* Farran, 1908 …… 599
异足水蚤属 *Monacilla* Sars, 1905 …… 600
刺哲水蚤属 *Spinocalanus* Giesbrecht, 1888 …… 602
30. 冠水蚤科 Family Stephidae Sars, 1902 …… 608
冠水蚤属 *Stephos* T. Scott, 1892 …… 609
31. 宽水蚤科 Family Temoridae Giesbrecht, 1892 …… 612
真宽水蚤属 *Eurytemora* Giesbrecht, 1881 …… 613
宽水蚤属 *Temora* Baird, 1850 …… 616
拟宽水蚤属 *Temoropia* T. Scott, 1894 …… 619
32. 羚水蚤科 Family Tharybidae Sars, 1902 …… 620
小波水蚤属 *Undinella* Sars, 1900 …… 621
33. 歪水蚤科 Family Tortanidae Sars, 1902 …… 622
歪水蚤属 *Tortanus* Giesbrecht, 1898 …… 623

下 册

Ⅲ 隐水蚤目[异水蚤目, 小虱目] Order Misophrioida Gurney, 1933 …… 649
34. 隐水蚤科 [异水蚤科, 小虱科] Family Misophriidae Brady, 1878 …… 649
仿隐水蚤属 *Misophriopsis* Boxshall, 1983 …… 650

Ⅳ 剑水蚤目 Order Cyclopoida Burmeister, 1834 …… 652
35. 剑水蚤科 Family Cyclopidae Sars, 1913 …… 652
剑水蚤属 *Cyclops* Müller, 1776 …… 653
咸剑水蚤属 *Halicyclops* Norman, 1903 …… 654
中剑水蚤属 *Mesocyclops* Sars, 1914 …… 655
温剑水蚤属 *Thermocyclops* Kiefer, 1927 …… 656
36. 镖剑水蚤科 Family Cyclopinidae Sars, 1913 …… 658
镖剑水蚤属 *Cyclopina* Claus, 1862 …… 659
37. 长腹剑水蚤科 Family Oithonidae Dana, 1853 …… 661
双长腹剑水蚤属 *Dioithona* Kiefer, 1935 …… 662
长腹剑水蚤属 *Oithona* Baird, 1843 …… 665
窄腹剑水蚤属 *Limnoithona* Burckhardt, 1913 …… 684
Ⅴ 奇水蚤目[摩门虱目] Order Mormonilloida Boxshall, 1979 …… 685
38. 奇水蚤科[摩门虱科] Family Mormonillidae Giesbrecht, 1892 …… 685
奇水蚤属 *Mormonilla* Giesbrecht, 1891 …… 686
Ⅵ 猛水蚤目 Order Harpacticoida Sars, 1903 …… 688
39. 保猛水蚤科 Family Aegisthidae Giesbrecht, 1892 …… 688
保猛水蚤属 *Aegisthus* Giesbrecht, 1891 …… 689
40. 盔头猛水蚤科[暴猛水蚤科] Family Clytemnestridae A. Scott, 1909 …… 692
盔头猛水蚤属 *Clytemnestra* Dana, 1848 …… 693
41. 长猛水蚤科[同相猛水蚤科] Family Ectinosomatidae [Ectinosomidae] Sars, 1903 …… 695
小毛猛水蚤属 *Microsetella* Brady & Robertson, 1873 …… 696
42. 谐猛水蚤科 Family Euterpinidae Brian, 1921 …… 698
谐猛水蚤属 *Euterpina* Norman, 1903 …… 699
43. 灵巧猛水蚤科 Family Metidae Sars, 1910 [Ilyopsyllidae A. Scott, 1909] …… 700
灵巧猛水蚤属 *Metis* Philippi, 1843 …… 701
44. 奇异猛水蚤科 Family Miraciidae Dana, 1846[粗毛猛水蚤科, 大星猛水蚤科 Macrosetellidae] …… 702
长毛猛水蚤属[大星猛水蚤属] *Macrosetella* A. Scott, 1909 …… 703
奇异猛水蚤属[奇嫩猛水蚤属] *Miracia* Dana, 1846 …… 704
Ⅶ 歧口水蚤目[鞘口水蚤目] Order Poecilostomatoida Thorell, 1859 …… 705
45. 大眼水蚤科[大眼剑水蚤科] Family Corycaeidae Dana, 1852 …… 705
大眼水蚤属[大眼剑水蚤属] *Corycaeus* Dana, 1849 …… 706
羽刺大眼水蚤属[羽刺大眼剑水蚤亚属] *Farranula* [=*Corycella*] Wilson, 1932 …… 730
46. 隆水蚤科[隆剑水蚤科] Family Oncaeidae Giesbrecht, 1892 …… 737

梭水蚤属[梭剑水蚤属] *Lubbockia* Claus , 1863 …… 738
隆水蚤属[隆剑水蚤属] *Oncaea* Philippi, 1843 …… 741
三锥水蚤属 *Triconia* Böttger-Schnack , 1999 …… 748
厚水蚤属[厚剑水蚤属] *Pachysoma* [=*Pachos*] Claus, 1863 …… 752
47. 伪花水蚤科 Family Pseudanthessiidae Humes & Stock, 1972 …… 754
伪花水蚤属 *Pseudanthessius* Claus, 1889 …… 755
48. 叶水蚤科[叶剑水蚤科] Family Sapphirinidae Thorell, 1860 …… 758
叶水蚤属[叶剑水蚤属] *Sapphirina* Thompson, 1929 …… 759
桨水蚤属[桨剑水蚤属] *Copilia* Dana, 1849 …… 777
心水蚤属[心剑水蚤属] *Corina* Giesbrecht, 1891[=*Vettoria* Wilson, 1924] …… 784
Ⅷ 管口水虱目[管口虱目、管口水蚤目] Order Siphonostomatoida Burmeister, 1835 …… 786
49. 角管水虱科[角剑水蚤科] Family Pontoeciellidae Giesbrecht, 1895 …… 786
角管水虱属 *Pontoeciella* Giesbrecht, 1895 …… 787
50. 棒水虱科[棒水蚤科] Family Rataniidae Giesbrecht, 1897 …… 788
棒水虱属 *Ratania* Giesbrecht, 1892 …… 789
Ⅸ 怪水蚤目 Order Monstrilloida Sars, 1903 …… 790
51. 怪水蚤科 Family Monstrillidae Dana, 1849 …… 790
舟形怪水蚤属 *Cymbasoma* Thompson, 1888
[细尾怪水蚤属 *Thaumaleus* Giesbrecht, 1892] …… 791
怪水蚤属 *Monstrilla* Dana, 1849 …… 795

参考文献 …… 807

学名索引 …… 817

Ⅲ 隐水蚤目[异水蚤目，小虱目] Order Misophrioida Gurney, 1933

本目为中型、小型桡足类。前体部与后体部之间活动关节位于第4、5胸节之间。前体部分4~5节，后体部雌性分5节，雄性6节。额角短小。雌性第1触角分16~27节，雄性左右第1触角皆呈执握肢并对称，分12~27节。第1对胸足内肢分2~3节，第1~4对胸足外肢及第2~4对胸足内肢均分3节。第5对胸足双肢型或单肢型，甚至退化为片状或不存在，外肢分1~3节，内肢1节或不存在而成为单肢型，分1~5节。第6对胸足退化呈片状，并具小刺及刚毛。

本目桡足类大多数分布于沿海浅水区、岛礁洞穴水、深海底上及深水层中。

目前已知有3科，中国海仅记录1科——隐水蚤科 Misophriidae Brady, 1878。

34. 隐水蚤科[异水蚤科，小虱科] Family Misophriidae Brady, 1878

本科为中型、小型桡足类(0.5~5.7 mm)，主要形态特征与本目特征相似。

本科包括7属(Boxshall et al., 2004)。中国海域仅记录1属2种。

属名 Genera	种类	页码
仿隐水蚤属 *Misophriopsis* Boxshall, 1983	2	650

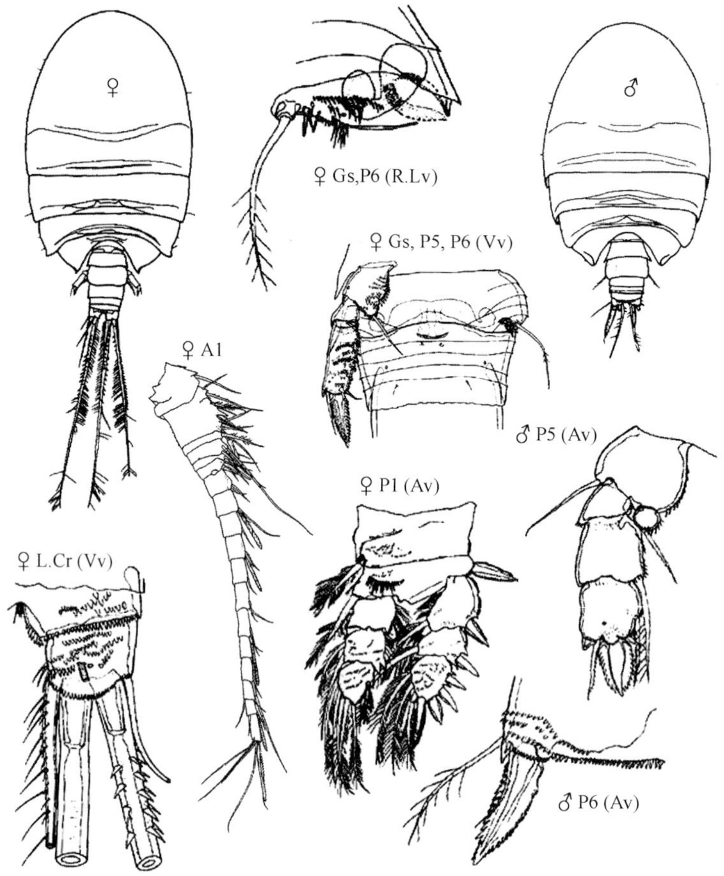

图 581　冲绳仿隐水蚤 *Misophriopsis okinawensis*（仿 Ohtsuka et al.，1992a）

（581）冲绳仿隐水蚤 *Misophriopsis okinawensis* Ohtsuka，Huys，Boxshall & Itô，1992（图 581）

形态特征：

体长：♀0.7~0.8 mm，♂0.5~0.6 mm。前体部卵圆形，分 5 节，各胸节背末缘均具数条横纹线。后体部第 1 节（即第 5 胸节）后侧角突出呈尖刺突。**雌性：**额角短小而尖锐，并弯向腹面，近末端两侧各具 1 细毛。第 3~4 胸节后侧角均尖锐且对称。后体部分 5 节。生殖节宽大。尾叉宽短。第 1 触角分 18 节。第 5 对胸足双肢型且对称，内肢退化并与基节不完全愈合成锥状内突，其顶端具 1 长刚毛，基节外末角也具 1 长刚毛；外肢分 2 节，第 1 节无刚毛，末节长大，其内缘及表面均密布细刺，末端具 1 带锯齿的叶状大末刺，其基部两侧各具 1 不等长的刺毛。第 6对胸足退化呈片状，仅具 1 长刚毛及 2 小内刺突。**雄性：**胸部后侧角呈三角形。后体部分6 节。左、右第 1 触角皆呈执握肢且对称，均分 12 节。第 5 对胸足双肢型且对称，基节外末缘具 1 长刚毛，内肢 1 节呈球形并具 1 末刺毛；外肢分 3 节，第 1 节无刚毛，第 2 节内末缘具 1 长刚毛，末节内缘中部也具 1 长刚毛，末端具 1 带锯齿的叶状大末刺，其基部两侧各具 1 不等长刚毛。第 6 对胸足退化呈片状，也具 1 带锯齿的叶状大刺及 2 细长的羽状外末刚毛。

分布：东海；冲绳群岛海域，太平洋。暖水性沿岸近底层种。

参考文献：44，82，140。

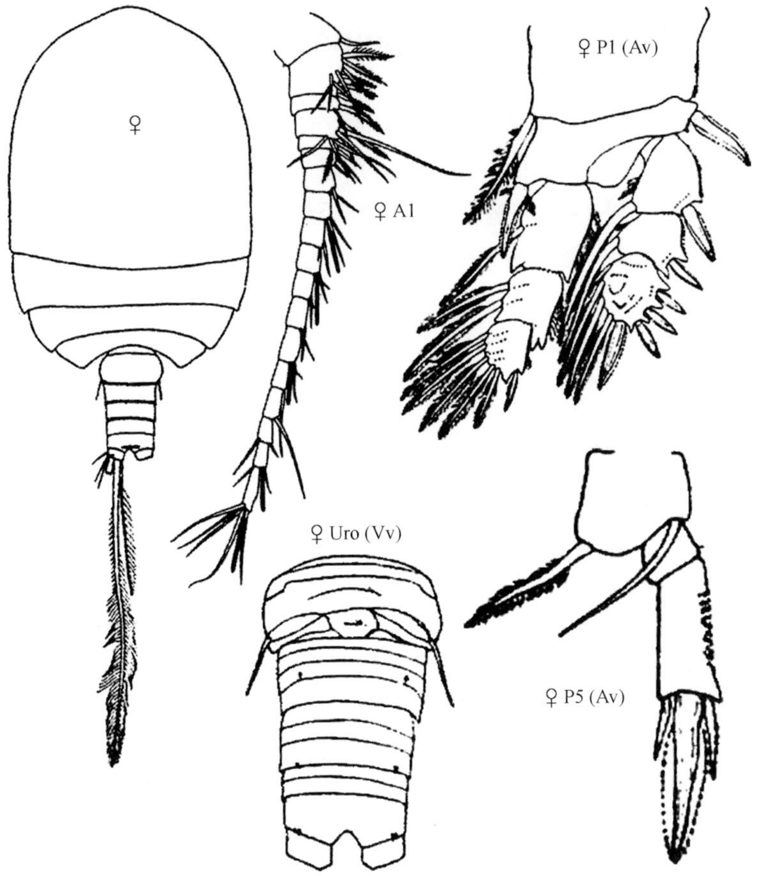

图 582　中华仿隐水蚤 *Misophriopsis sinensis*（仿 Boxshall，1986）

（582）中华仿隐水蚤 *Misophriopsis sinensis*（Boxshall，1986）（图 582）

［*Misophria sinensis* Boxshall，1986：中华异水蚤（连光山等，1994，2008）；中华小虱（陈清潮，2008）；中华隐水蚤（连光山等，2012）］

形态特征：

体长：♀3.3 mm。**雌性：**前体部与后体部之间活动关节位于第 4、5 胸节之间。前体部粗壮呈卵圆形，分 4 节，末胸节后侧角宽短呈钝三角形。额角短小。后体部分 5 节［但 Boxshall（1990）的描述及绘图是 6 节，可能有误］。尾叉宽短。第 1 触角分 18 节。第 1～4 对胸足内、外肢均分 3 节。第 5 对胸足单肢型且对称，分 3 节，内肢与基节愈合成半圆形内突，并具 1 长刚毛，外末缘也具 1 长刚毛，第 2 节内外缘均无刚毛，第 3 节狭长，其外缘表面具细毛，末端具 1 带锯齿的大叶状刺，其基部两侧各具 1 小刺毛。第 6 对胸足呈片状，仅具 1 小刚毛。

分布：南海北部香港沿岸水域；太平洋。暖水性沿岸近底层种。

参考文献：24，37，44，71，72，140。

注：本种是 Boxshall（1986）在南海北部香港水域发现的新种，当时被置入 *Misophria* Boeck，1864 属之中。但 Ohtsuka 等（1992）据本种雌性第 1 触角分 18 节及第 1～6 对胸足形态特征等，已将它移入 *Misophriopsis* Boxshall，1983 属之中（Ohtsuka et al.，1992a；Boxshall et al.，2004）。

Ⅳ 剑水蚤目 Order Cyclopoida Burmeister, 1834

本目前体部较后体部宽大，两者之间的活动关节位于第4、5胸节之间。第1触角较短，雌性的节数最多可达26节；雄性左、右第1触角皆为执握肢，且对称。第2触角外肢退化而成为单肢型，分2~4节。第1~4对胸足内、外肢通常分3节，少数仅分2节。第5对胸足单肢型且对称，雌、雄性同形，通常分1~2节或退化为小突起，仅具1~2刚毛，但也有分3~4节。雄性常具退化的第6对胸足，呈片状，具数根刺或刚毛。生殖孔及卵囊均成对。

本目含12科(Huys & Boxshall, 1991)，广泛分布于海洋、咸淡水及淡水水域，包括浮游性、底栖性、共生性及寄生性种类。中国海域仅记录3科：剑水蚤科(Cyclopidae)、镖剑水蚤科(Cyclopinidae)及长腹剑水蚤科(Oithonidae)。

35. 剑水蚤科 Family Cyclopidae Sars, 1913

前体部较宽大，头部与第1胸节分开或愈合。后体部较狭小，雌性分5节，雄性分6节。额角常弯向腹面或退化而无额角。雌性第1触角分6~21节，雄性分17节或少于17节，左右对称并呈执握肢。第2触角单肢型并分4节。大颚须退化成1小突起，并具2~3刚毛。第1~4对胸足内、外肢通常分3节，但也有少数仅分2节。第5对胸足退化，雌、雄性同形，常分1~2节，少数分3~4节，末节具1~3刺及1~2刚毛。雄性第6对胸足退化呈片状，并具3刺或刚毛。生殖孔1对。卵囊1对。

本科包括59属(Boxshall & Halsey, 2004)。中国海域仅记录4属5种。

属名 Genera	种数	页码
剑水蚤属 *Cyclops* Müller, 1776	1	653
咸剑水蚤属 *Halicyclops* Norman, 1903	1	654
中剑水蚤属 *Mesocyclops* Sars, 1914	1	655
温剑水蚤属 *Thermocyclops* Kiefer, 1927	2	656

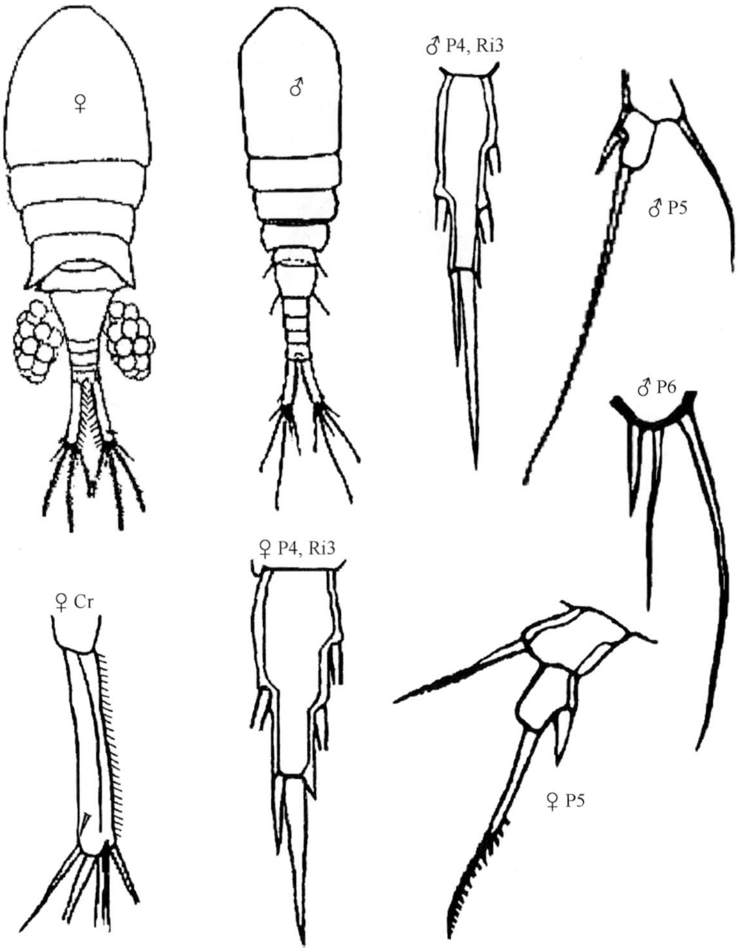

图 583　近邻剑水蚤 *Cyclops vicinus*（仿沈嘉瑞等，1979）

（583）近邻剑水蚤 *Cyclops vicinus* Uljanin，1875（图 583）

［*Cyclops vicinus vicinus* Uljanin，1875；Dussart，1969；沈嘉瑞等，1979］

形态特征：

体长：♀1.5~2.6 mm，♂1.2~1.5 mm。**雌性：**体形粗壮。头部与第 1 胸节愈合。第 4 胸节后侧角粗大而尖锐，呈翼状。第 5 胸节两侧突出，呈刺状。生殖节宽度大于长度，向后渐窄。尾叉长为宽的 6~8 倍，背面具 1 纵行隆线。第 1 触角分 17 节。第 1~4 对胸足外肢第 3 节外缘刺数分别为 2、3、3、3。第 5 对胸足分 2 节，第 1 节外末角突出并具 1 长刚毛；末节呈长方形，内缘中部具 1 粗刺，稍短于末节，节末端具 1 长刚毛。**雄性：**身体较雌性瘦小。第 4~5 胸节后侧角仅稍突出。生殖节宽度大于长度。尾叉长为宽的 5 倍多。第 5 对胸足与雌性相似。第 6 对胸足呈片状，其外侧刚毛最长，约为中间刚毛长的 1.5 倍，内侧刺毛最短，约为中间刚毛长的 1/2。

分布：厦门九龙江口水域；太平洋沿岸水域。咸淡水种。

参考文献：12，36，44，60。

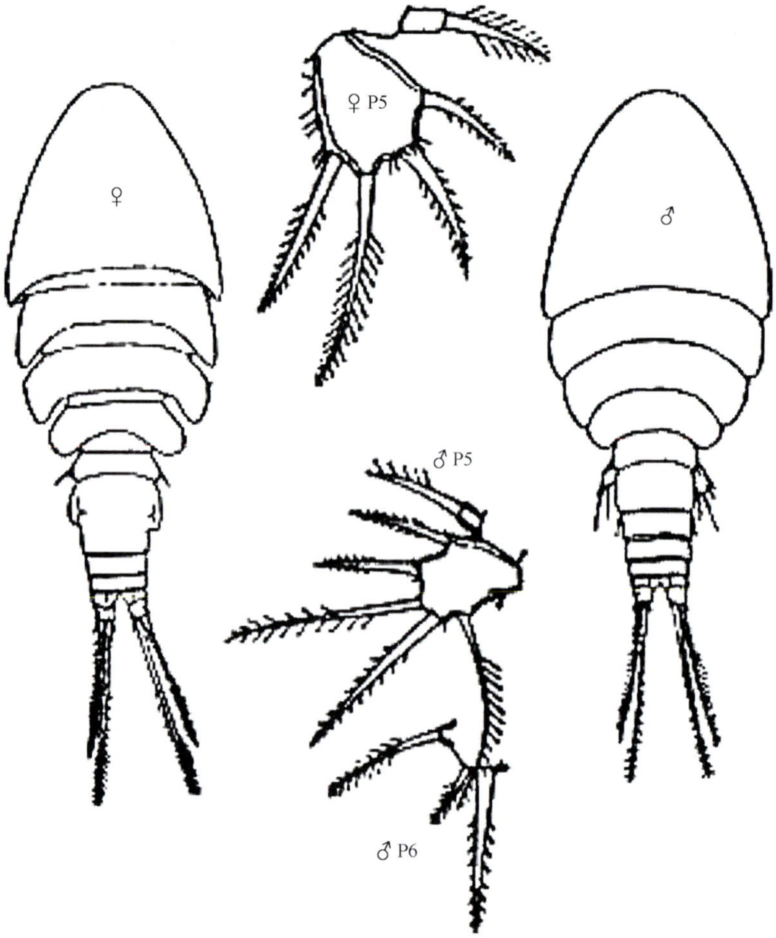

图 584 中华咸剑水蚤 *Halicyclops sinensis*（仿沈嘉瑞等，1979）

（584）中华咸剑水蚤 *Halicyclops sinensis* Kiefer，1928（图 584）

［*Cyclops*（*Halicyclopi*）*aeguoreus* Burckhardt，1913］

形态特征：

体长：♀0.5～0.7 mm，♂0.5 mm。**雌性：**前额较窄而钝圆。头部与第 1 胸节愈合，第 2～4 胸节后侧角突出而钝圆。生殖节基部膨大，两侧近中部各具 1 角状突，其背面各具 1 小刺。尾叉短小，近方形。第 1 触角粗短，仅分 6 节。第 2 触角分 3 节。第 1～4 对胸足内、外肢分 3 节。第 5 对胸足分 2 节，其基节与第 5 胸节愈合，外末角具 1 粗刺毛；末节呈叶状，末部宽大，其外末缘具 2 不等长的粗刺，节末端具 1 长刚毛，内末缘也具 1 长刺。**雄性：**体形与雌性相似。生殖节较宽短，两侧缘无突起。第 1 触角分 12 节，末 2 节之间可以弯曲呈执握肢。第 5 对胸足与雌性的相似，但末节内缘较雌性的多 1 长刚毛。第 6 对胸足呈片状，外缘具 1 长刚毛，内末缘具 1 粗大内刺，其基部外侧另具 1 小刚毛。

分布：渤海，东海，闽江口，厦门九龙江口及广东珠江口水域；太平洋沿岸水域。咸淡水种。

参考文献：12，24，36，44，60。

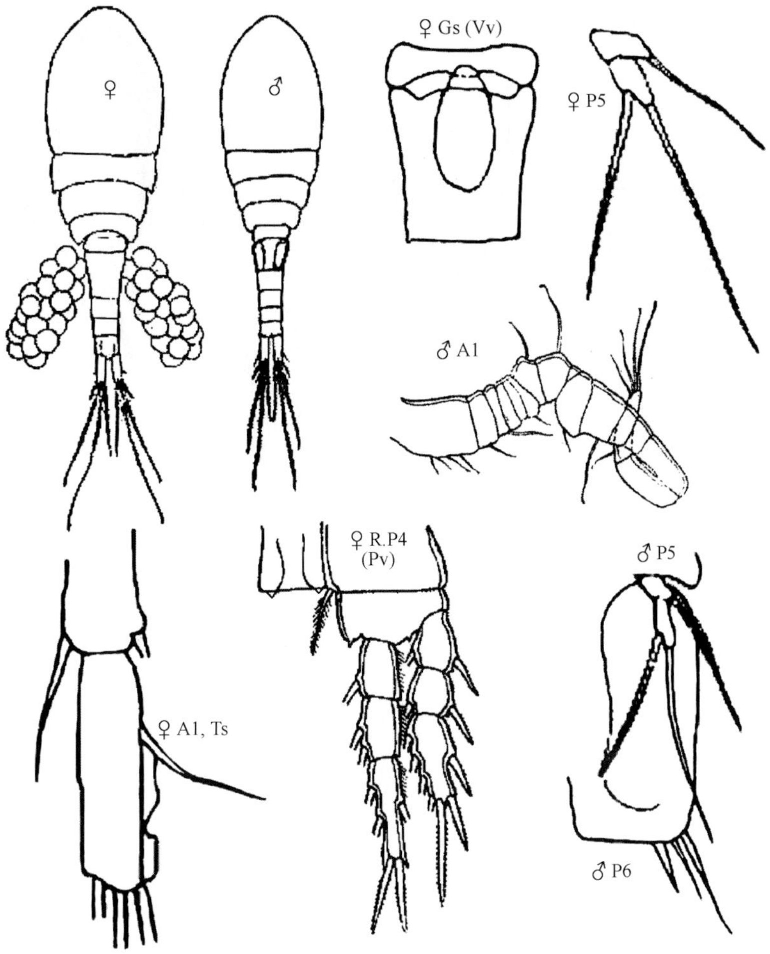

图 585　刘氏中剑水蚤 *Mesocyclops leukarti*（仿沈嘉瑞等，1979）

（585）刘氏中剑水蚤［广布中剑水蚤］*Mesocyclops leukarti*（Claus，1857）（图 585）

［*Cyclops leuckarti* Claus，1857；Gurney，1933；*Mesocyclops obsoletus* Sars，1914；*M. major* Sars，1927］

形态特征：

体长：♀0.9~1.2 mm，♂0.6~0.8 mm。**雌性：**前体部呈卵圆形。生殖节较狭长，纳精囊呈 T 形。尾叉长约为宽的 3 倍。第 1 触角分 17 节，末两节内缘具窄的透明膜及细锯齿，末节近末端 1/3 处具 1 钩状缺刻。第 1~4 对胸足内、外肢均分 3 节。第 1 对胸足第 2 基节内末缘无刚毛。第 4 对胸足基部连接板后缘两侧具三角形小齿突，内肢末节顶端具 2 近等长的末刺。第 5 对胸足分 2 节，第 1 节较宽短，外末角突出并具 1 羽状长刚毛，末节较窄长，内缘中部及末端各具 1 羽状长刚毛，前者较短于后者。**雄性：**体形较雌性瘦小。第 1 触角分 15 节，呈执握肢，第 13、14 节之间可弯曲，末节呈爪状。第 1~5 对胸足与雌性相似。第 6 对胸足内侧具 1 粗刺，外侧具 2 不等长细刚毛。

分布：广东鉴江口及厦门九龙江口水域；太平洋沿岸水域。咸淡水种。

参考文献：12，36，44，60。

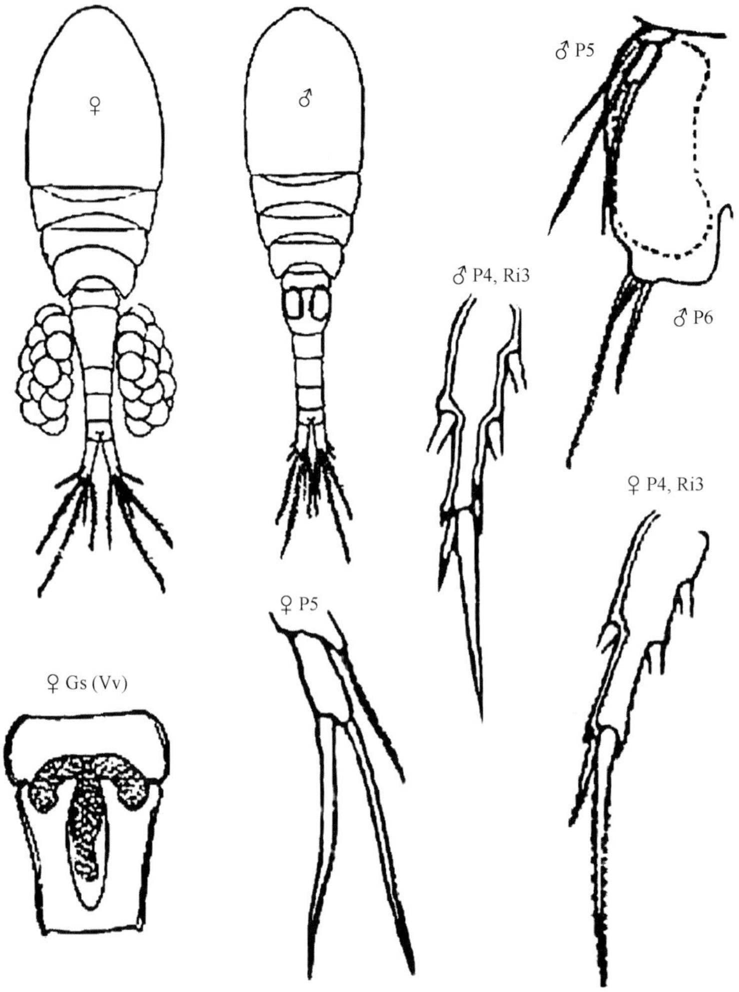

图 586　蒙古温剑水蚤 *Thermocyclops mongolicus*（仿沈嘉瑞等，1979）

（586）蒙古温剑水蚤 *Thermocyclops mongolicus* Kiefer，1937（图 586）

形态特征：

体长：♀1.0 mm，♂0.8 mm。**雌性：**前体部呈长卵圆形。第 4 胸节后侧角较突出而钝圆。生殖节较狭长，其长度约为末端宽度的 2 倍，纳精囊呈 T 形，前端两侧向后弯曲，后部呈长囊状，向后长达本节近末端。尾叉长约为宽的 3 倍。第 1 触角分 17 节。第 1~4 对胸足内、外肢均分 3 节。第 1 对胸足第 2 基节内末角具 1 羽状刚毛。第 4 对胸足内肢末节顶端具 2 不等长末刺，其内末刺长为外末刺长的 2.5~3 倍。第 5 对胸足分 2 节，第 1 节宽短，其外末角突出并具 1 羽状刚毛，第 2 节狭长，末端具等长的 1 内末刺及 1 外末刚毛。**雄性：**生殖节较宽短，其长度与宽度相等。尾叉长约为宽的 2 倍。第 1 触角分 15 节，第 13、14 节之间可弯曲，末节呈爪状。第 5 对胸足与雌性相似。第 6 对胸足呈片状，其内刺较长，约为中间小刺毛长的 2 倍，外刚毛很细长，约为内刺长的 1.8 倍。

分布：厦门九龙江口及广东珠江口水域；太平洋沿岸水域。咸淡水种。

参考文献：12，36，44，59，60。

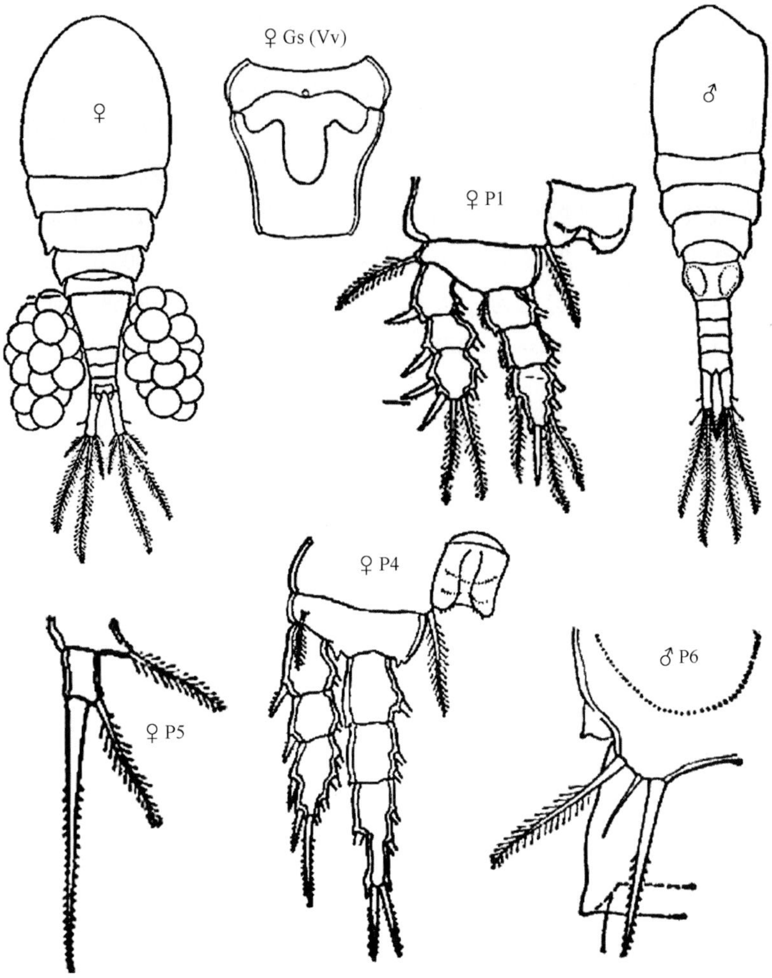

图 587　等刺温剑水蚤 *Thermocyclops kawamurai*（仿沈嘉瑞等，1979）

（587）等刺温剑水蚤 *Thermocyclops kawamurai* Kikuchi，1940（图 587）

［*Mesocyclops*（*Thermocyclops*）*kawamurai* Kikuchi，1940］

形态特征：

体长：♀0.9~1.2 mm，♂0.7 mm。**雌性：**前体部呈卵圆形。各胸节后侧角尖小。生殖节长度约等于其基部宽度。纳精囊较粗短，呈 T 形。尾叉长约为宽的 3.5 倍。第 1 触角分 17 节。第 1~4 对胸足内、外肢均分 3 节。第 1~3 对胸足基部连接板两侧各具 2 行成弧形排列的小刺。第 4 对胸足连接板腹面具 3 行排列成弧形的小刺，其内肢末节顶端具近等长的 2 末刺。第 5 对胸足分 2 节，第 1 节宽短，其外末角突出并具 1 长刚毛；第 2 节长约为宽的 1.5 倍，其外末缘具 1 长刚毛，其长度约为末刺长的 1/2，末刺长大，为末节长度的 4~5.5 倍。**雄性：**前额较宽圆。生殖节宽短，其宽度大于长度。尾叉及第 1~5 对胸足与雌性相似。第 6 对胸足具 1 细长内刺，外刚毛约与内刺等长，中间小刚毛短于内刺的 1/2。

分布：厦门杏林湾水域；西太平洋沿岸水域。咸淡水种。

参考文献：12，36，44。

36. 镖剑水蚤科 Family Cyclopinidae Sars, 1913

本科体形与剑水蚤科(Cyclopidae)较相似。前体部显著较后体部宽大。头部常与第1胸节愈合，但也有少数分开。雌性后体部分5节，雄性分6节。额角短小。雌性第1触角分6~26节；雄性左、右第1触角皆呈执握肢，第2触角分4节，外肢消失或残留1~3刚毛。大颚齿及大颚须均发达，内肢分2节；外肢分4~5节，其末端具刷状刚毛。第1~4对胸足较粗短，内、外肢常分3节，少数仅分2节，外缘刺常具透明膜，呈叶状。第5对胸足分2~4节，末节常具3~5刺或刚毛。雄性第6对胸足退化为片状突，并常具2~3刚毛。卵囊1对。

本科约含42属(Boxshall & Halsey, 2004)。中国海域仅记录1属2种。

属名 Genera	种数	页码
镖剑水蚤属 *Cyclopina* Claus, 1862	2	659

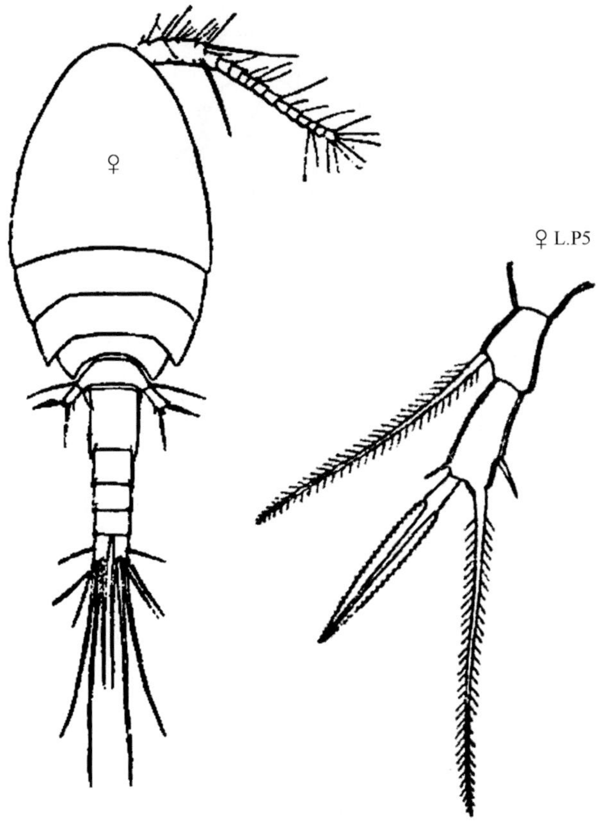

图 588 异刺镖剑水蚤 *Cyclopina heterospina*（仿沈嘉瑞等，1956）

(588) 异刺镖剑水蚤［杂刺镖剑水蚤］*Cyclopina heterospina* Shen & Bai，1956（图 588）

形态特征：

体长：♀0.5 mm，♂0.4 mm。**雌性：**前体部呈卵圆形，头部与第 1 胸节愈合。后体部分 5 节，第 5 胸节后缘较宽。生殖节呈长方形，其长度等于后 2 腹节长度之和。尾叉长约为宽的 2 倍，并与肛节等长。第 1 触角较短，约分 18 节，向后达不到头部后缘。第 2 触角单肢型，分 4 节。大颚须双肢型。第 1~4 对胸足内、外肢均分 3 节，内肢刚毛数均为 1、2、6。第 5 对胸足分 2 节，第 1 节末部较宽，外末角具 1 长羽状刚毛，第 2 节狭长，长约为宽的 3 倍，末端具 1 长叶状刺，内末角具 1 长羽状刚毛，内缘近末端 1/3 处具 1 小刺，外末角也具 1 细刺。**雄性：**体形较雌性狭小。后体部分 6 节。第 1 触角为执握肢。第 1~5 对胸足与雌性相似，但第 4 对胸足内肢的刚毛数不同，仅为 1、1、5。第 6 对胸足呈片状，末缘具 2 刚毛，内、外末角各具 1 小齿突。

分布：渤海，黄海；太平洋沿岸水域。沿岸低盐种。

参考文献：9，24，37，44。

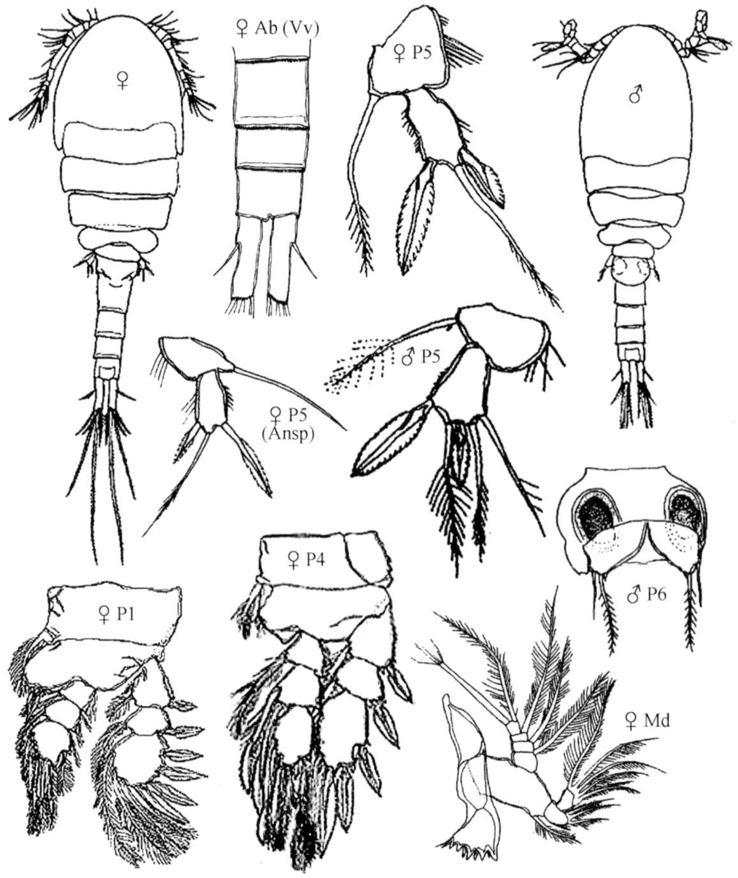

图 589 吉利镖剑水蚤 *Cyclopina kiraensis*
[仿 Hiromi，1984（♀；♂）；Ueda et al.，2001（♀P5，Ansp）]

（589）吉利镖剑水蚤 *Cyclopina kiraensis* Hiromi，1984（图 589）

形态特征：

体长：♀0.5~0.7 mm，♂0.5~0.6 mm。**雌性：**前体部椭圆形。头部与第 1 胸节分开。后体部分 5 节，生殖节基部较宽大，长度约等于后 2 腹节长度之和，具背面具 1 横向缺刻。生殖节及第 2~3 腹节末缘均具 1 列细刺毛。尾叉长约为宽的 3 倍，其末缘腹面也具 1 列细毛。第 1 触角分 10 节，可达头部末端。第 2 触角分 4 节。大颚须内肢分 2 节；外肢分 4 节，第 4 节末端具 2 长刚毛，其中 1 根的顶端具 1 丛细毛，呈刷状。第 1~4 对胸足内、外肢均分 3 节，第 1 对胸足第 2 基节内缘很膨大呈半圆形，其内末缘具 1 叶状刺。第 4 对胸足内肢第 2、3 节分别具 2、1 根末部呈叶状的长刚毛。第 5 对胸足分 2 节，第 1 节较宽短，外末角突出并具 1 长刚毛；末节长约为宽的 2 倍，内、外缘具细毛，末端稍突出并具 1 长刚毛，内、外末角各具 1 叶状刺，外刺约为内刺长的 1.5 倍。**雄性：**头部与第 1 胸节愈合。第 1 对触角为执握肢，分 14 节。第 5 对胸足与雌性相似，但末节较短，末端较宽大，内末缘另具 2 长刚毛。第 6 对胸足呈片状，末缘具 2 长刚毛及 1 微小的刺。

分布：台湾海峡南部；日本沿岸水域，西太平洋沿岸水域。沿岸低盐种。

参考文献：43，44，105，203。

37. 长腹剑水蚤科 Family Oithonidae Dana, 1853

本科为小型桡足类(0.3~2.0 mm)。身体瘦小，前体部呈纺锤形或卵圆形，后体部狭长。尾叉较短小而对称，额角呈单刺突或不存在。雌性第1触角分10~17节，并具长刚毛；雄性的较粗短，左、右均呈执握肢。第2触角单肢型，分2~4节。第1~4对胸足同形，内、外肢常分3节，少数仅分2节。第5对胸足退化，仅分1~2节，末节常呈圆柱状或小突起状，其顶端具1~2或3~4长刺毛(刚毛)，雌、雄性同形。

本科包括4属，约54种(Nishida, 1985; Boxshall et al., 2004)。中国海域仅记录3属23种。

属名 Genera	种数	页码
双长腹剑水蚤属 *Dioithona* Kiefer, 1935	3	662
长腹剑水蚤属 *Oithona* Baird, 1843	19	665
窄腹剑水蚤属 *Limnoithona* Burckhardt, 1913	1	684

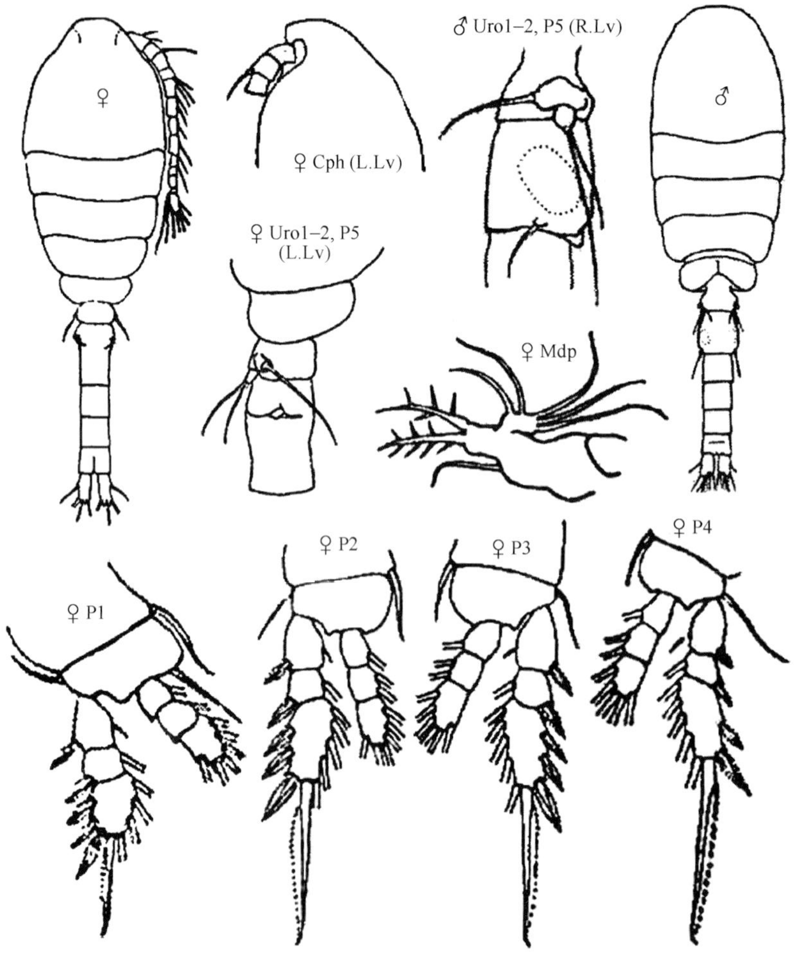

图 590 眼双长腹剑水蚤 *Dioithona oculata*
［仿 Nishida et al.，1977（♀）；Nishida，1985a（♂）］

（590）眼双长腹剑水蚤 *Dioithona oculata*（Farran，1913）（图 590）

［眼长腹剑水蚤 *Oithona oculata* Farran，1913；Nishida et al.，1977；Nishida，1985；Chihara & Murano，1997；连光山等，2012］

形态特征：

体长：♀0.6~0.8 mm，♂0.6 mm。**雌性：**前体部呈卵圆形。前额宽平，无额角。生殖节长约等于后 2 腹节长度之和。尾叉长约为宽的 2 倍，并与肛节等长。大颚（Md、Mdp）第 2 基节末端具 2 近等长粗刺，内肢具 5 细刺毛。第 1~4 对胸足外肢各节外缘刺数依次为 1、1、3，1、1、3，1、1、3，1、1、2，这 4 对胸足外肢末节末端刺均较长于末节。第 5 对胸足基部侧突上具 1 长刚毛，末节顶端具 2 不等长刚毛。**雄性：**前体部呈长椭圆形。前额较宽圆。大颚须及第 1~5 对胸足结构与雌性相似。

分布：东海，南海；太平洋，印度洋。暖水沿岸种。

参考文献：24，44，82，106，121，124。

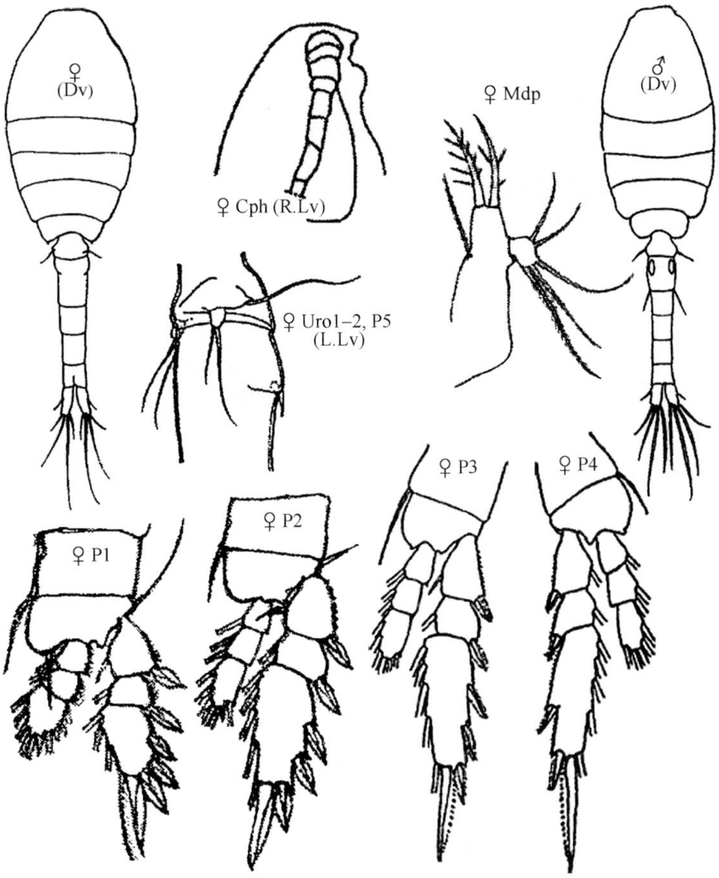

图 591　坚双长腹剑水蚤 *Dioithona rigida*

［仿陈清潮等，1974（♀Dv；♀P3；♀P4；♂Dv）；Nishida，1985（♀Cph；♀Uro1-2，P5；♀Mdp；♀P1；♀P2）］

（591）坚双长腹剑水蚤 *Dioithona rigida*（Giesbrecht，1896）（图 591）

［坚长腹剑水蚤 *Oithona rigida* Giesbrecht，1896；A. Scott，1909；Mori，1937；Nishida，1985；Chihara et al.，1997；郑重等，1965；陈清潮等，1974，2003；连光山等，1994，2008，2012；*Dioithona alia* Kiffer，1935；*D. aurea* Lindberg，1974］

形态特征：

体长：♀0.7~0.9 mm，♂0.6~0.7 mm。**雌性：**前体部呈卵圆形。前额宽平，无额角。第 4 胸节两侧后缘钝突，顶端各具 1 小刺。生殖节基部两侧稍膨大。肛节呈方形，并短于尾叉或近等长。尾叉长约为宽的 3 倍。第 1 触角较短，向后仅达第 2 胸节后端。大颚第 2 基节顶端具 2 粗刺，内肢具 5 细刚毛。第 1~4 对胸足外肢各节外缘刺数依次为 1、1、3，1、1、3，1、1、3，1、1、2，其中第 2~4 对胸足外肢末端刺均较短于外肢末节。第 5 对胸足基部侧突上具 1 长刚毛，末节顶端具 2 不等长刚毛。**雄性：**前体部与雌性相似。生殖节较长大。尾叉长约为宽的 2 倍，并与肛节等长。大颚、第 1 小颚及第 1~4 对胸足外肢外缘刺数与雌性相似。第 2~3 对胸足外肢末端刺与外肢末节等长。第 6 对胸足具 2 刺毛。

分布：东海，南海；太平洋，印度洋。暖水沿岸种。

参考文献：5，14，20，23，24，28，32，33，36，41，44，48，51，82，118，121，158。

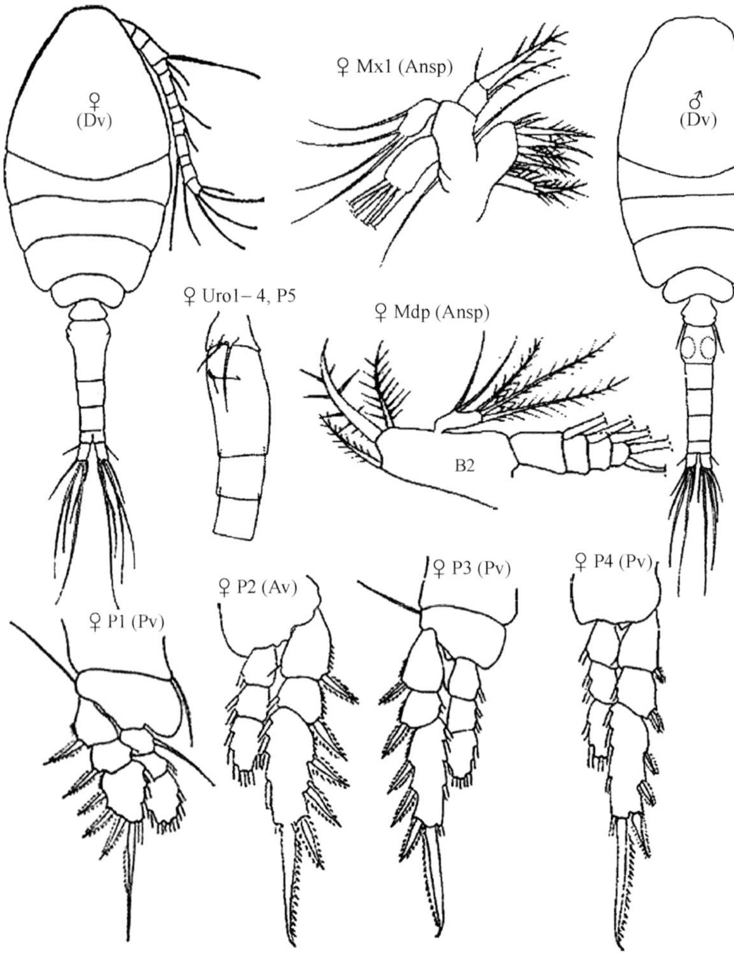

图 592 简双长腹剑水蚤 *Dioithona simplex*

［仿陈清潮等，1974（♀Dv；♀P1～♀P4；♂Dv）；Nishida，1985（♀Uro1-4，P5；♀Mx1；♀Mdp）］

（592）简双长腹剑水蚤 *Dioithona simplex*（Farran，1913）（图 592）

［简长腹水剑水蚤 *Oithona simplex* Farran，1913；Tanaka，1960；Nishida et al.，1977；Nishida，1985；陈清潮等，1974，2003；连光山等，1994，2008，2012］

形态特征：

体长：♀0.4～0.5 mm，♂0.4～0.5 mm。**雌性：**体形很小，前体部呈卵圆形，前额钝平，无额角。第 5 胸节末部较基部宽大。生殖节基部两侧较膨大。肛节宽短，长约为宽的 1/2。尾叉较长于肛节，其长约为宽的 2 倍。第 1 触角短小，向后仅达第 1 胸节后缘。大颚（Md、Mdp）第 2 基节末端具 1 粗刺及 2 细刺毛，内肢具 5 细刚毛。第 1～4 对胸足外肢 3 节外缘刺数目相同，均为 1、1、3。第 5 对胸足末端具 2 刚毛。**雄性：**前额宽平，无额角。大颚及第 1～5 对胸足结构与雌性相似（Nishida，1977，1985）。

分布：东海，南海；太平洋，印度洋。暖水广布种。

参考文献：2，5，14，23，24，32，33，36，41，44，50，51，121，124。

注：据陈清潮等（1974）描述，雄性第 1 对胸足外肢末节仅具 2 外缘刺。可能存在个体差异或观察有误，有待进一步探讨。

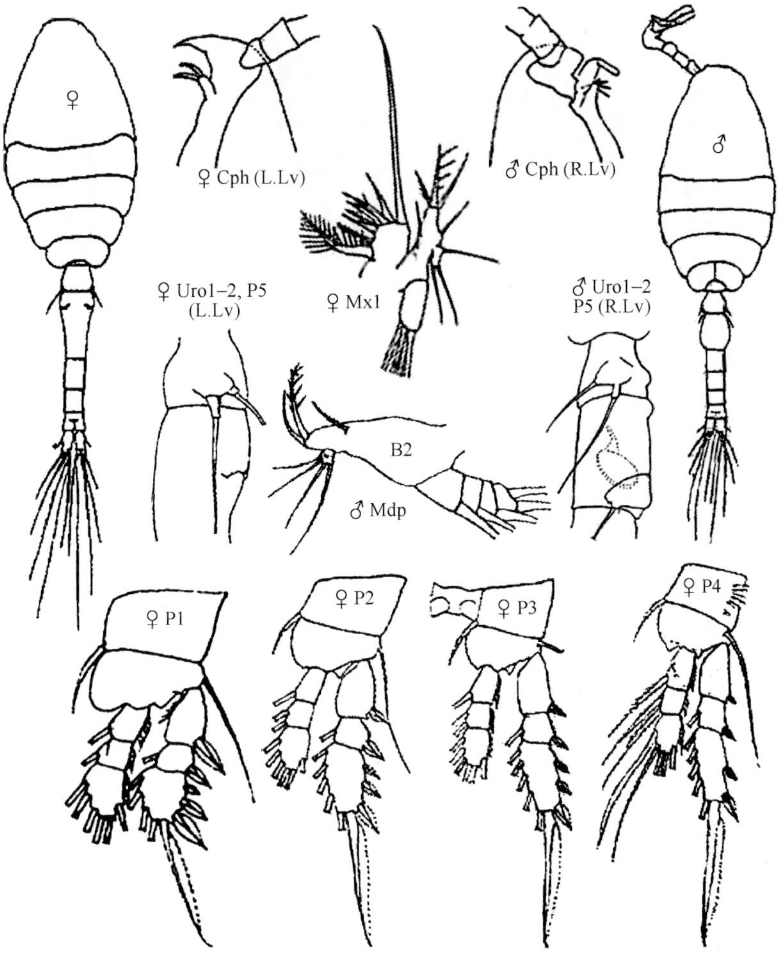

图 593 须长腹剑水蚤 *Oithona aruensis*（仿 Nishida & Ferrari，1983）

(593) 须长腹剑水蚤 *Oithona aruensis* Fruchtl，1923 (图 593)

［*Oithona brevicornis* f. *aruensis* Fruchtl，1923；
O. brevicornis f. *minor* Nishida et al.，1977；*O. brevicornis*：Uchima，1979］

形态特征：

体长：♀0.4~0.5 mm，♂0.4 mm。**雌性：**前体部呈卵圆形，额角尖并弯向腹面。背面观，前额钝圆。大颚(Md、Mdp)第2基节末端具2弯曲的粗刺，内肢具4小刺毛。第1小颚第1内叶前端具1长刺毛，约为相邻刺毛长的2.5倍，内肢具3小刺毛。第1~4对胸足外肢第1~3节外缘刺数分别为1、1、3，1、1、3，1、1、3，1、1、2，外肢第1节均无内缘刚毛。第5对胸足末端仅具1长刚毛。**雄性：**前体部与雌性相似。无额角，大颚第2基节末端具2根较细而近等长的刺毛，内肢具4小刺毛。第1小颚和第1~5对胸足结构与雌性相似。

分布：东海，南海；太平洋，印度洋。暖水沿岸种。

参考文献：24，44，82，106，123。

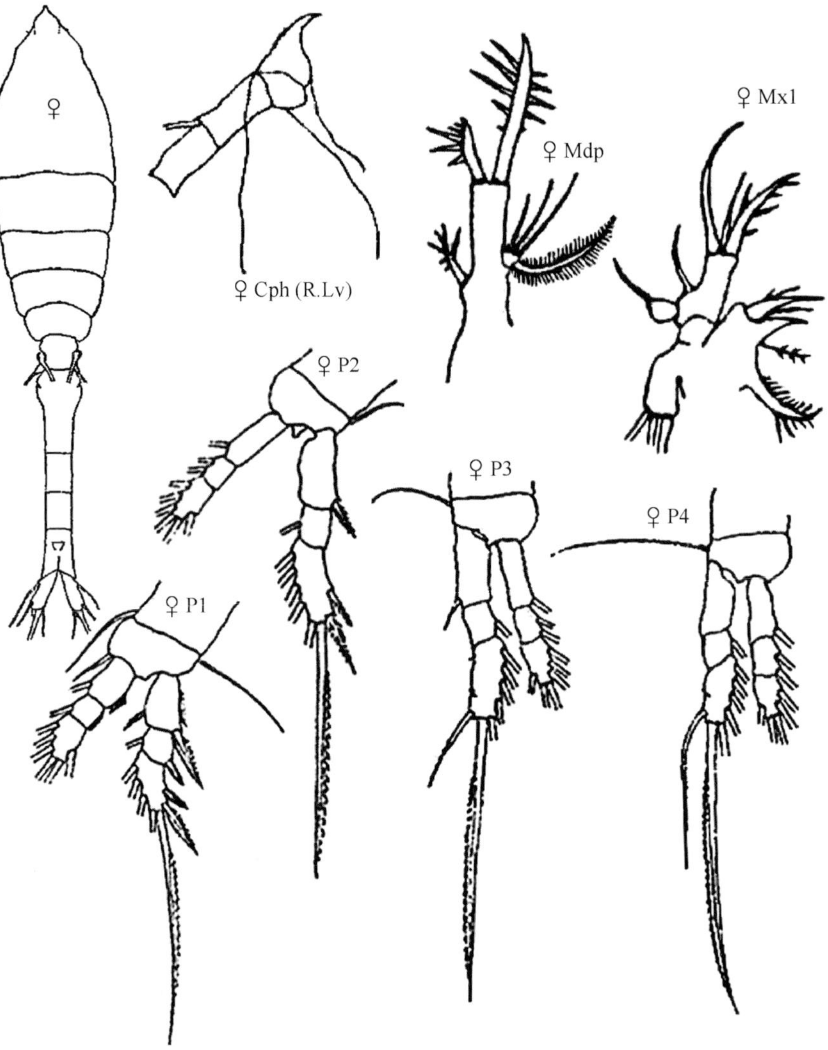

图 594 大西洋长腹剑水蚤 *Oithona atlantica*（仿 Nishida et al.，1977）

（594）大西洋长腹剑水蚤 *Oithona atlantica* Farran，1908（图 594）

［*Oithona spinirostris*：Sars，1918；*O. plumifera*：Mori，1937；陈清潮等，1974（♀）］

形态特征：

体长：♀1.0~1.4 mm。**雌性：**前体部呈纺锤形。背面观，额角尖锐；侧面观，稍弯向腹面前方。生殖节腹面近端无细毛丛。尾叉长为宽的3~4倍。大颚（Md、Mdp）第2基节末端具2不等长的粗刺，内肢具4刺毛。第1小颚内肢仅具1小刺毛。第1~4对胸足外肢第1~3节外缘刺数分别为1、1、2，1、0、2，1、0、1，0、0、1。第4对胸足外肢末节外缘刺细长，约为末刺长的2/3以上，其基部稍弯曲而末部直。第5对胸足基部侧突上及末节顶端各具1长刚毛。

分布：东海，台湾东北部海域及南海；太平洋，印度洋及大西洋。暖水广布种。

参考文献：4，14，44，82，106，118，121，124。

注：雄性特征与羽长腹剑水蚤（*O. plumifera*）雄性个体很相似，还要作详细的比较研究来识别（Nishida，1977）。

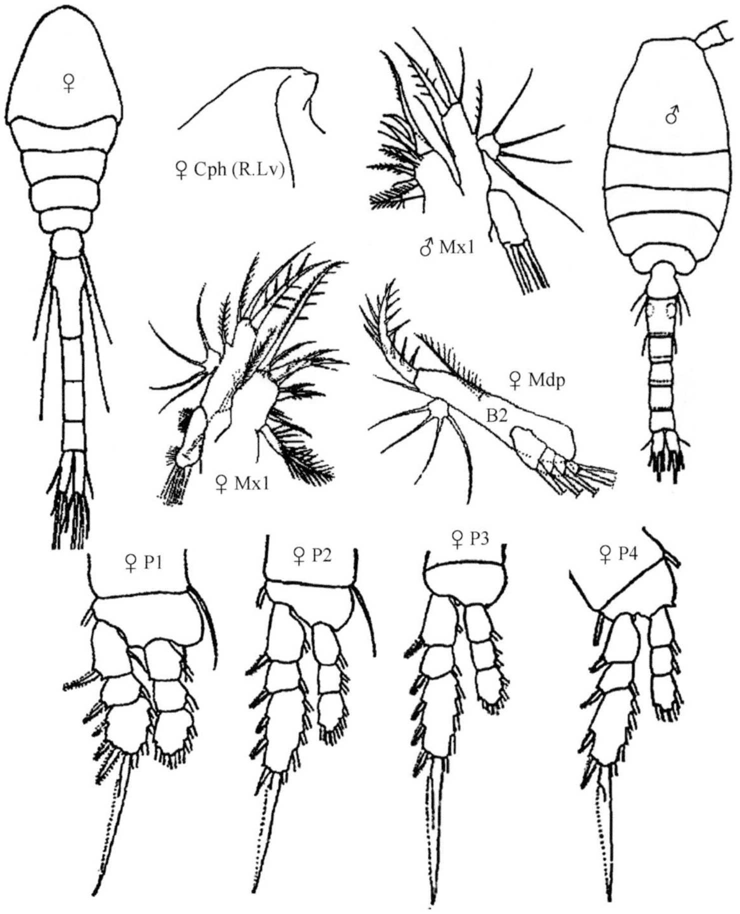

图 595　细长腹剑水蚤 *Oithona attenuata*
[仿陈清潮等，1974（♀；♀P1～♀P4）；Nishida，1985（♀Mdp；♀Mx1；♂）]

（595）细长腹剑水蚤 *Oithona attenuata* Farran，1913（图 595）

[*Oithona ovata* Lindberg，1950]

形态特征：

体长：♀0.7～0.9 mm，♂0.5～0.6 mm。**雌性：**前体部呈卵圆形。背面观，前额钝圆或稍截平，无额角。前体部较短于后体部。生殖节基部两侧稍膨大并具小突起，长为宽的 2.5～3 倍。尾叉长约为宽的 4 倍。大颚（Md、Mdp）第 2 基节末端具 1 粗大爪状刺及 1 小刺毛，内肢具 4 刺毛。第 1 小颚第 1 内叶前端 1 刺显著长于相邻其他刺，内肢也具 4 刺毛。第 1～4 对胸足外肢各节外缘刺数分别为 1、1、3，1、1、3，1、1、3，1、1、2。第 5 对胸足基部侧突上具 1 小刚毛，末节顶部具 1 长刚毛。**雄性：**前额较宽平，无额角。口部附肢及第 1～5 对胸足均与雌性相似。第 6 对胸足各具 2 近等长刚毛。

分布：黄海至南海；太平洋，印度洋及大西洋。暖水广布种。

参考文献：2，5，14，23，24，33，44，48，52，121，124。

注：本种雌性前体部存在个体差异，可分为 2 型：标准型（typical form）前体部长约为宽的 2 倍；短胖型（stocky form）仅为 1.5～1.7 倍（Nishida，1985）。

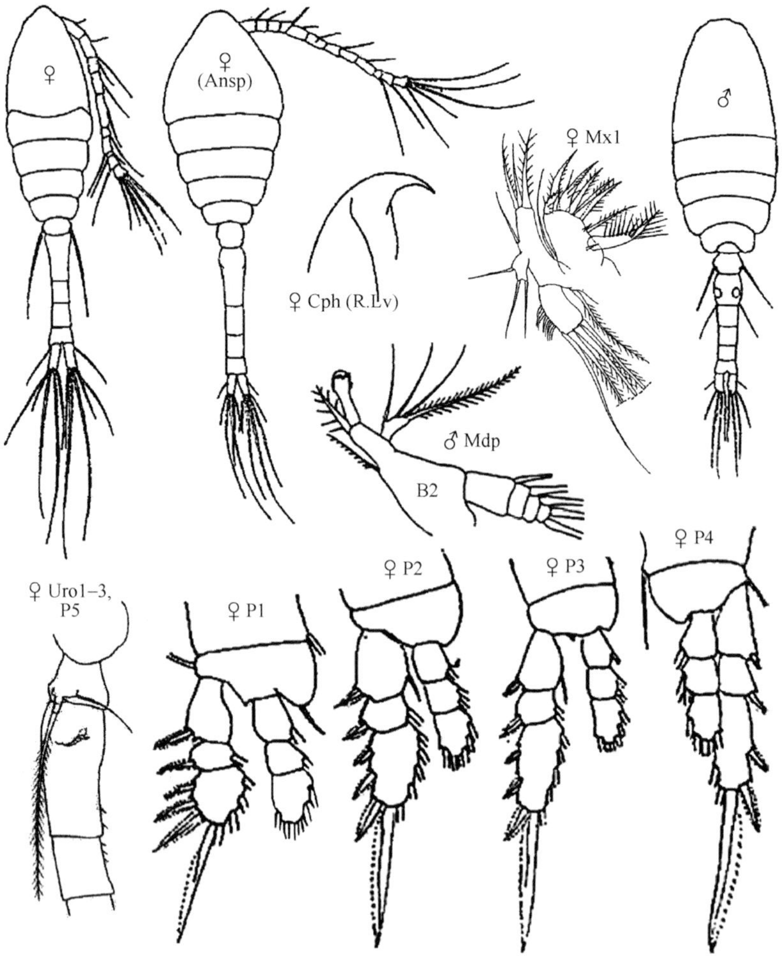

图 596 短角长腹剑水蚤 *Oithona brevicornis*

[仿陈清潮等，1974（♀；♂；♀P1~♀P4）；Nishida et al.，1983（♀Mx1），1985a（♂Mdp；♀Uro1-3，P5）]

（596）短角长腹剑水蚤 *Oithona brevicornis* Giesbrecht，1891（图 596）

[*Oithona brevicornis* f. *typica*，Nishida et al.，1977；*O. spinulosa*，Ferrari，1981]

形态特征：

体长：♀0.5~0.6 mm，♂0.5 mm。**雌性：**前体部呈长椭圆形（标准型 f. *typica*）或卵圆形（小型 f. *minor*）。额角尖锐并弯向腹面。背面观，前额稍突出而钝圆。生殖节基部较膨大。其背末部及后体部第 3 节前背面均具细刺毛列。尾叉长约为宽的 3 倍且较长于肛节。大颚第 2 基节末端具 2 粗大而弯曲的刺，内肢具 4 刺毛。第 1 小颚第 1 内叶前端 1 刺粗短而弯曲，仅为相邻刺长的 1/3~ 1/2，内肢具 3 刚毛。第 1~4 对胸足外肢第 1~3 节外缘刺数分别为 1、1、3，1、1、3，1、1、3，1、1、2。第 5 对胸足顶端具 1 长羽状刚毛，其基部小侧突上也具 1 细刚毛。**雄性：**无额角。后体部分 6 节。大颚第 2 基节末端具 2 锐刺或仅具 1 粗大而钝的指状刺突及 1 锐刺，内肢具 4 刺毛。第 1 小颚及第 1~5 对胸足结构与雌性相似。本种与须长腹剑水蚤（*O. aruensis*）较相似，但两者的第 1 小颚第 1 内叶前端刺及雄性大颚第 2 基节末端刺大小、形态差异很大。

分布：渤海至南海；太平洋，印度洋及大西洋。暖水沿岸种。

参考文献：5，14，23，24，30，32，33，44，48，52，80，123，124。

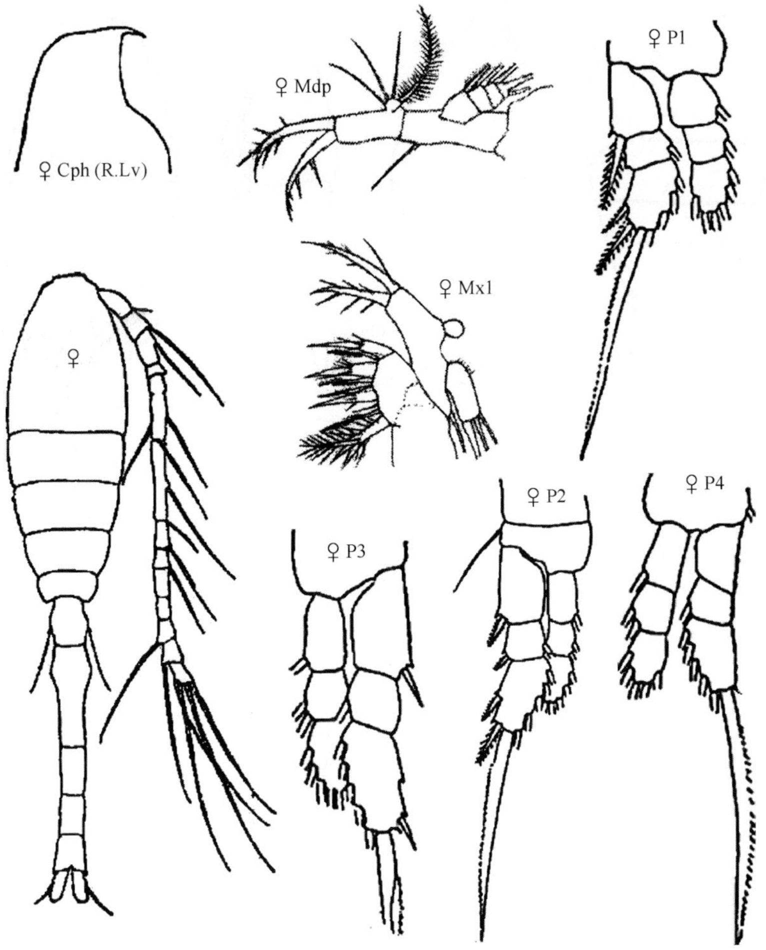

图 597　隐长腹剑水蚤 *Oithona decipiens*
［仿陈清潮等，1974（♀；♀P1～♀P4）；Nishida，1985（♀Mdp；♀Mx1）］

（597）隐长腹剑水蚤 *Oithona decipiens* Farran，1913（图 597）

形态特征：

体长：♀0.6～0.8 mm。**雌性：**前体部呈长椭圆形。前额较截平，额角尖并弯向腹面。生殖节较长于后 2 节长度之和。尾叉长为宽的 2.4～2.9 倍。大颚（Md、Mdp）第 2 基节末端具 2 近等长粗刺，内肢具 3 或 4 刺毛。第 1 小颚内肢无刺毛，外肢具 3 刚毛。第 1～4 对胸足外肢各节外缘刺数分别为 1、0、2，1、1、2，1、0、1，0、0、1。第 5 对胸足基部侧突上及末节顶端各具 1 长刚毛。

分布：黄海至南海；太平洋，印度洋及大西洋。暖水广布种。

参考文献：2，6，14，23，24，28，30，44，48，51，52，121，124。

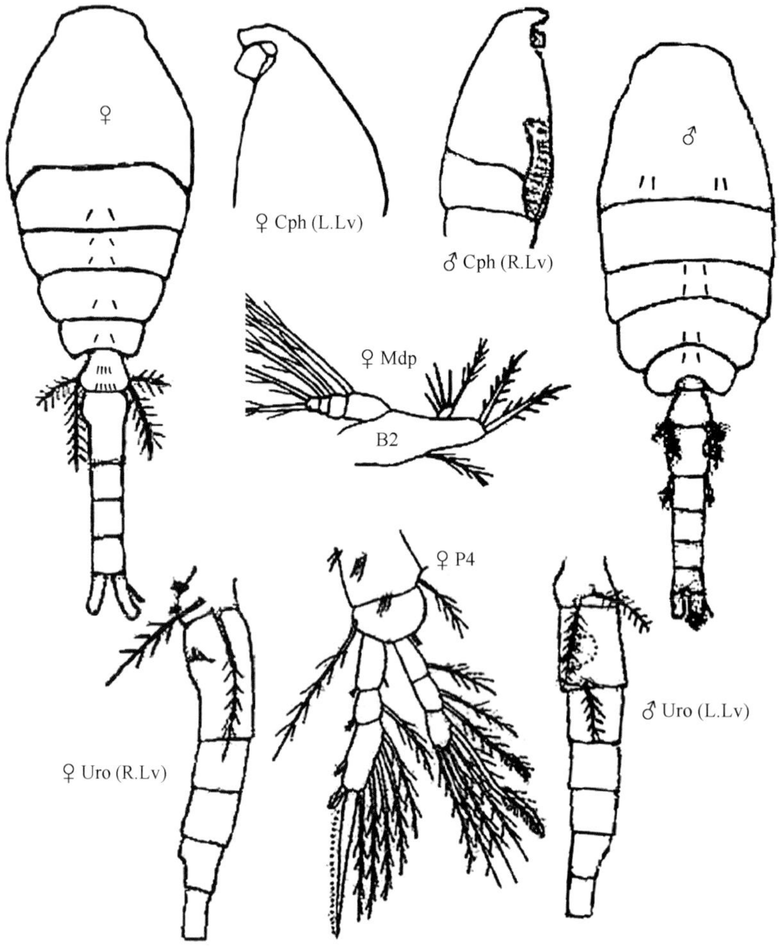

图 598 异长腹剑水蚤 *Oithona dissimilis*（仿 Ferrari，1977）

（598）异长腹剑水蚤 *Oithona dissimilis* Lingberg，1940（图 598）

［*Oithona hebes*：Wellershaus，1969］

形态特征：

体长：♀0.6~0.7 mm，♂0.6~0.7 mm。**雌性：**前体部呈卵圆形。头部前端截平，两侧稍缢缩，无额角。后体部第 1 节背面中部及末缘各具 1 丛细毛。生殖节长约等于后 2 腹节长度之和。尾叉长约为宽的 3 倍，并与肛节等长。大颚（Md、Mdp）第 2 基节末端具 2 等长的粗刺，内肢具 5 刺毛。第 1~4 对胸足外肢各节外缘刺数分别为 1、1、3，1、1、3，1、1、3，1、1、2。第 4 对胸足内肢第 2~3 节内缘各具 1 末部呈半叶状刚毛。第 5 对胸足基部及末节顶端各具 1 长羽状刚毛。**雄性：**头部前端较雌性宽大而截平。无额角。侧面观，头部腹侧后缘向后延伸为长翼状突，可达到第 1 胸节末端并重叠在它上面，其表面具许多细刺毛列（约 12 列）。大颚须及第 1~5 对胸足结构与雌性相似。

分布：东海，南海；琉球群岛海域，太平洋及印度洋。暖水广布种。

参考文献：24，44，82，90，106，121。

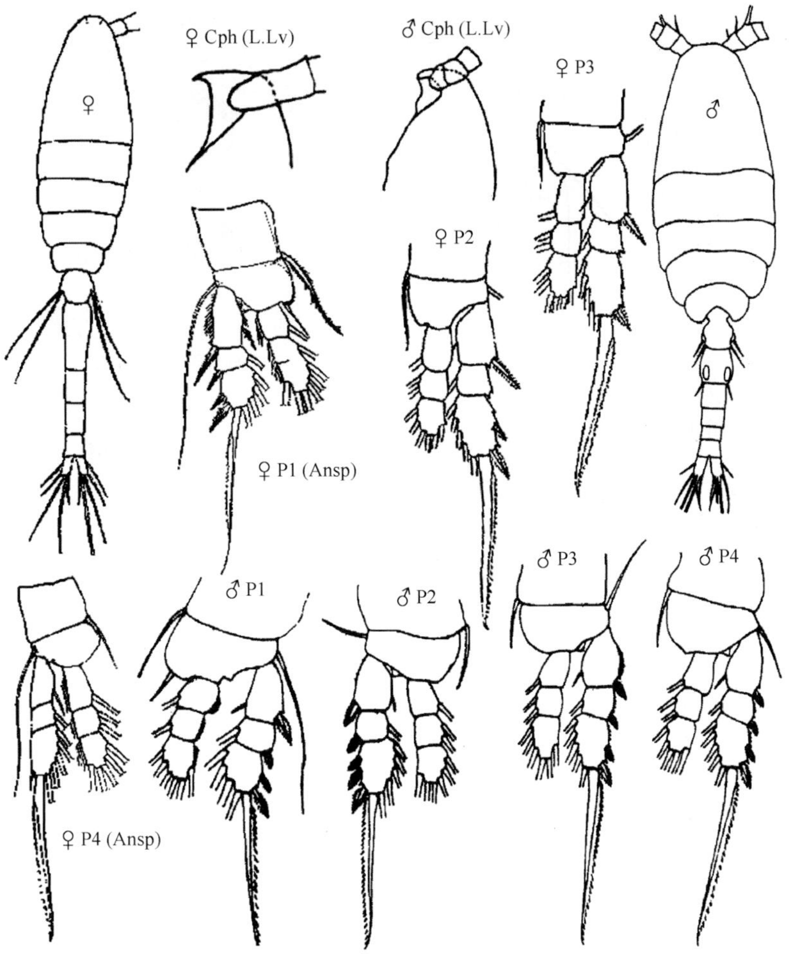

图 599 伪长腹剑水蚤 *Oithona fallax*

[仿陈清潮等，1974（♀；♀P2；♀P3）；Nishida et al.，1977（♀P1；♀P4；♂）]

（599）伪长腹剑水蚤 *Oithona fallax* Farran，1913（图 599）

形态特征：

体长：♀0.8~1.0 mm，♂0.6~0.8 mm。**雌性：**背面观，前体部呈纺锤形，前额截平。额角尖且弯向腹面，生殖节长约为后 2 节长度之和。尾叉稍短于肛节或近等长，其长度为宽的 2~2.4 倍。大颚(Md、Mdp)第 2 基节末端具 2 不等长的粗刺，内肢具 4 刺毛。第 1 小颚内肢仅具 1 小刺毛或无刺毛(Nishida，1985)。第 1~4 对胸足外肢各节外缘刺数分别为 1、1、2，1、0、2，1、0、1，0、0、1。第 5 对胸足基部侧突及末节顶端各具 1 长刚毛。**雄性：**前额较雌性宽平。无额角。尾叉长约为宽的 2 倍，并与肛节等长。大颚结构与雌性相似。第 1~4 对胸足外肢各节外缘刺数分别为 1、1、2，1、1、3，1、1、2，1、1、2。

分布：黄海至南海；太平洋，印度洋及大西洋。暖水广布种。

参考文献：2，5，14，20，23，24，30，32，33，44，48，118，121，124。

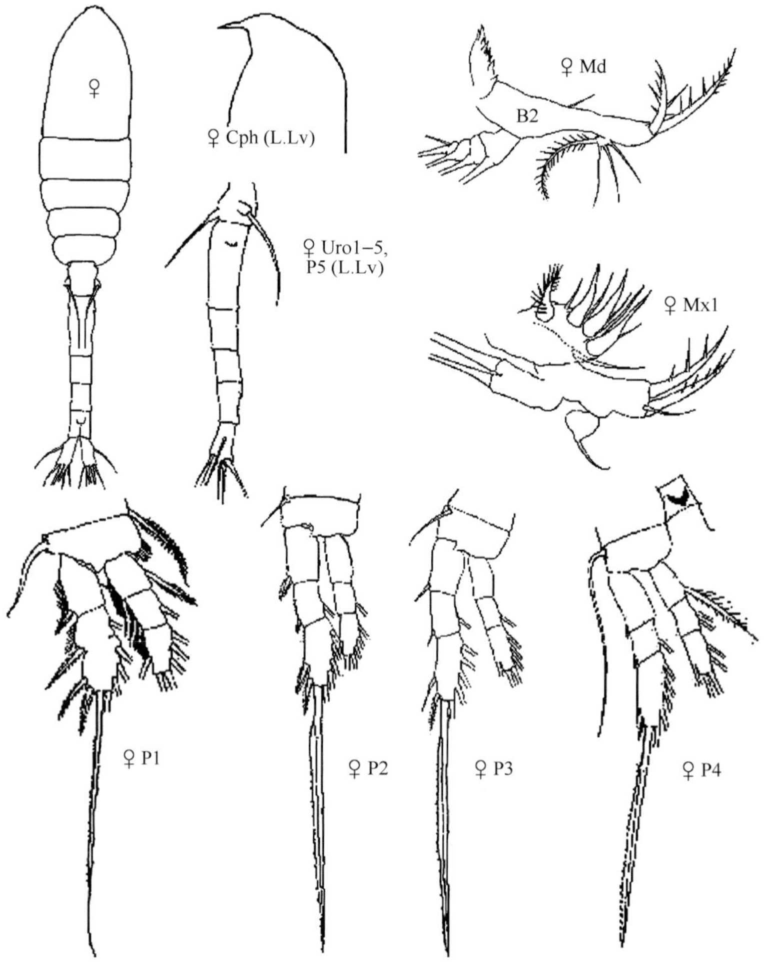

图 600　脆长腹剑水蚤 *Oithona fragilis*（仿 Nishida，1979）

（600）脆长腹剑水蚤 *Oithona fragilis* Nishida，1979（图 600）

形态特征：

体长：♀0.46~0.50 mm。**雌性：**背面观，前体部呈长椭圆形，前额钝圆。侧面观，额角尖锐并弯向腹面，其基部前缘稍隆起。生殖节较狭长，基部两侧不明显膨大，其长度与后 2 腹节长度之和近等长。尾叉长约为宽的 2 倍，并与肛节等长。大颚（Md、Mdp）第 2 基节末端具 2 不等长钩状粗刺，内肢具 4 刚毛。第 1 小颚第 2 基节末端具 2 长刺和 1 小刺毛，内肢短小呈球状，末端具 1 小刺毛，外肢末端仅具 2 粗大刚毛。第 1~4 对胸足内、外肢均分 3 节，外肢各节外缘刺数目相同，均为 1、1、2。第 1 对胸足外肢第 2 与第 3 节不完全愈合。第 4 对胸足外肢各节外缘刺均很小。

分布：东海，南海；太平洋，印度洋。暖水广布种。

参考文献：24，44，106，120，121。

注：《中国海洋生物图集 第五册》，黄宗国，林茂主编（海洋出版社，2012），其中“图 5.120 甲壳纲 桡足亚纲 剑水蚤目(3)”（连光山，王彦国，黄将修汇编）图版中所附的脆长腹剑水蚤 *Oithona fragilis* 形态图有误，把 *O. frigida*（Nishida，1985）形态图误作为 *O. fragilis* 种的图，现作订正，并改用 Nishida（1979）发现本新种（*O. fragilis* n. sp.）的原始图版。

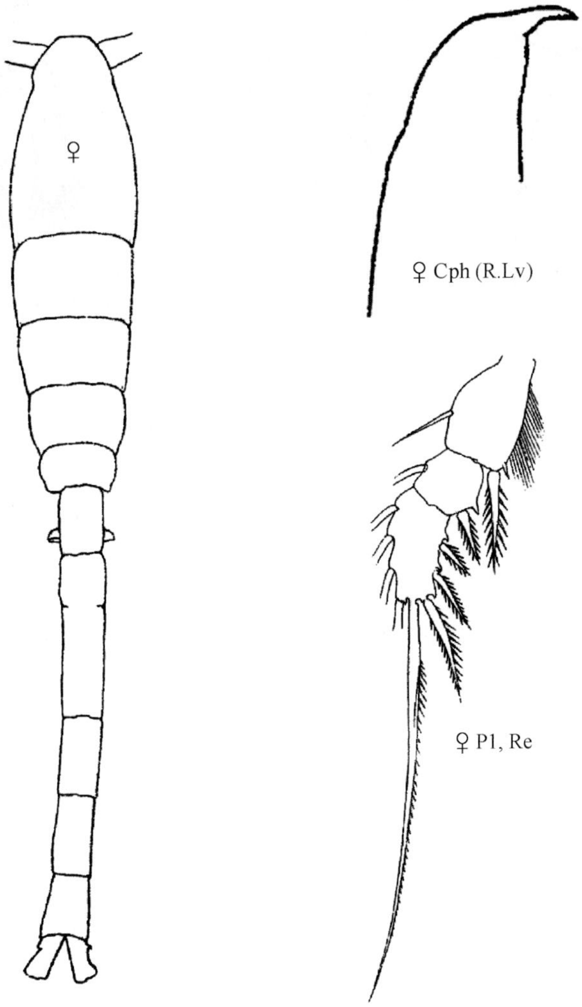

图 601　线长腹剑水蚤 *Oithona linearis*
（仿 Giesbrecht，1892；Rose，1933）

（601）线长腹剑水蚤 *Oithona linearis* Giesbrecht，1892（图 601）

形态特征：

体长： ♀1.1 mm。**雌性：** 身体很瘦长，前体部稍短于后体部。背面观，前体部长约为宽的 3.5 倍，前额宽平。额角尖锐并弯向腹面。第 5 胸节长约为宽的 1.6 倍。生殖节狭长，基部不膨大，其长约为宽的 4 倍，并与后 2 腹节长度之和等长。尾叉稍短于肛节，其长约为宽的 2 倍。第 1 对胸足外肢第 1~3 节外缘刺数分别为 1、1、3，内缘刚毛数分别为 1、1、4。第 1~4 对胸足外肢第 1 节均具 1 短小内缘刚毛。

分布： 东海，巴士海峡及南海；太平洋，大西洋。暖水广布种。

参考文献： 24，44，97，152，217。

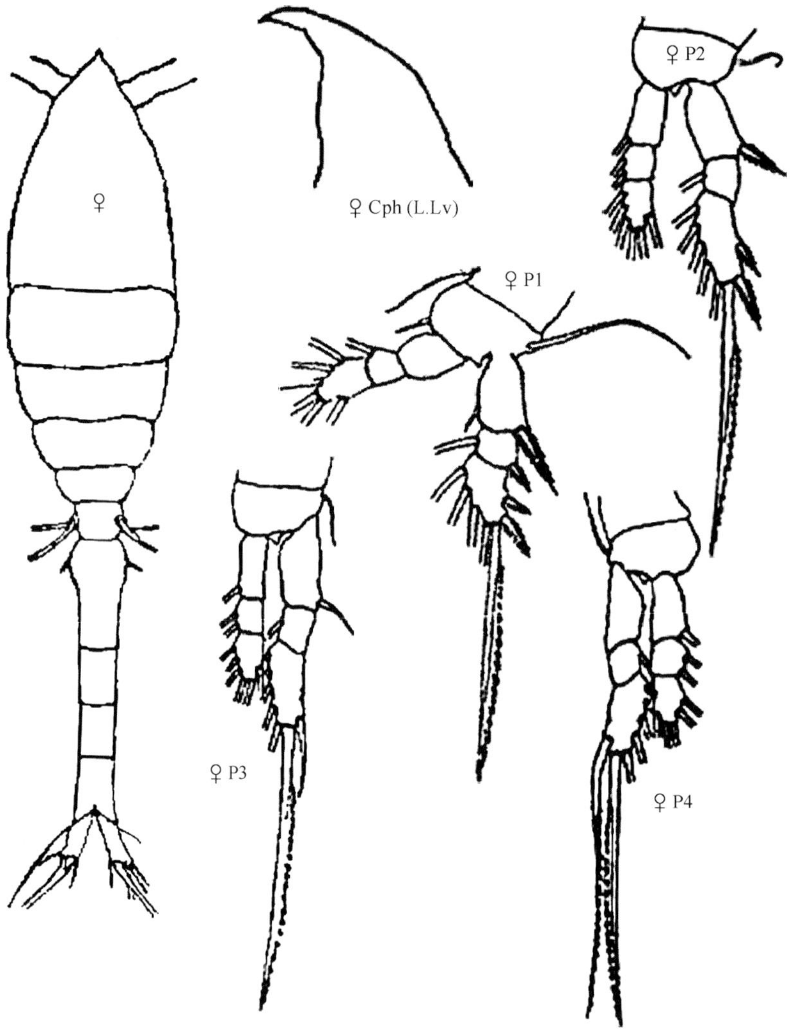

图 602 长刺长腹剑水蚤 *Oithona longispina*（仿 Nishida et al.，1977）

（602）长刺长腹剑水蚤 *Oithona longispina* Nishida et al.，1977（图 602）

形态特征：

体长：♀0.9~1.1 mm。**雌性：**背面观，前体部呈纺锤形，前额尖锐。侧面观，额角粗大并弯向腹面。生殖节长约为后 2 节长度之和，其基部膨大，腹面无细毛丛。尾叉长约为宽的 3 倍。大颚（Md、Mdp）第 2 基节末端具 2 不等长粗刺，内肢具 4 小刺毛。第 1 小颚内肢仅具 1 小刺毛。第 1~4 对胸足外肢第 1~3 节外缘刺数分别为 1、1、2，1、0、2，1、0、1，0、0、1。第 5 对胸足基部侧突上及末节顶端各具 1 长刚毛。第 4 对胸足外肢末节外缘刺很细长而直，约与末刺等长，这也是本种与大西洋长腹剑水蚤（*O. atlantica*）的主要特征差异。

分布：东海，南海；太平洋，印度洋。暖水广布种。

参考文献：2，24，41，44，50，51，106，121，124。

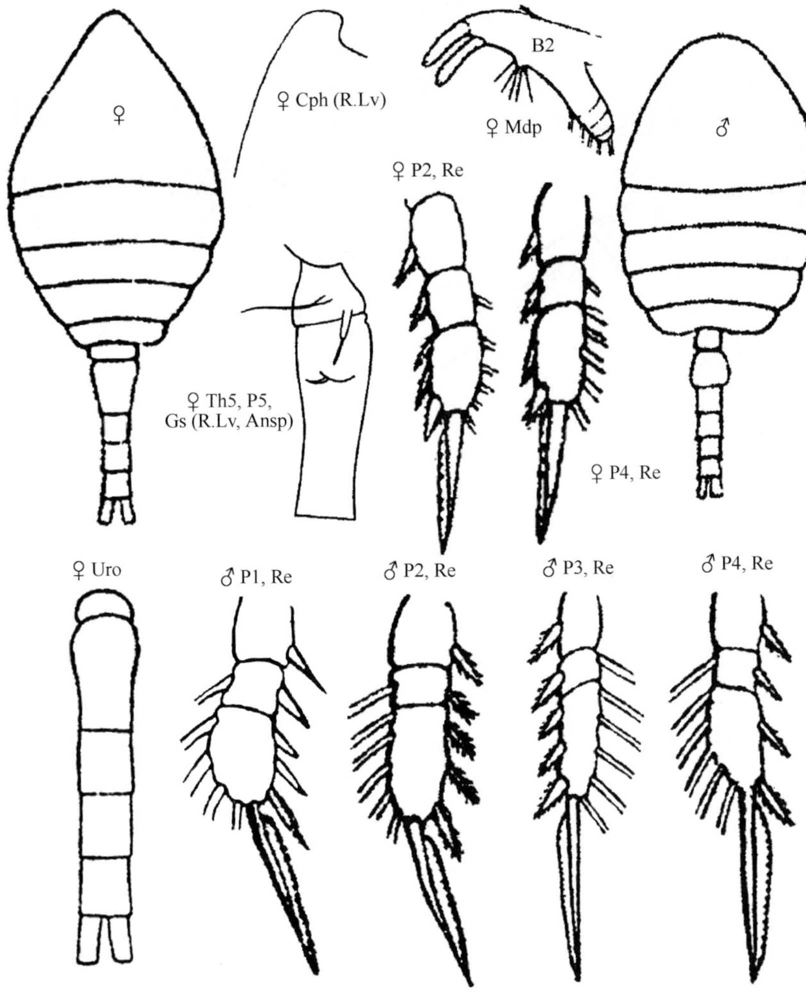

图 603 微长腹剑水蚤 *Oithona minuta*

[仿 T. Scott，1894b（♀；♂）；Shuvalov，1980（♀Th5，P5，Gs，Ansp）]

（603）微长腹剑水蚤 *Oithona minuta* T. Scott，1894（图 603）

形态特征：

体长：（暂缺）。**雌性：**背面观，前体部呈宽卵圆形，长约为宽的 1.6 倍。头部前端狭小，呈钝三角形，无额角。侧面观，前额较宽平。后体部较宽短，约为前体部长的 1/2。生殖节基部较膨大，其长度稍短于后 2 节之和，尾叉长约为宽的 3 倍，较短于肛节。大颚(Md、Mdp)第 2 基节末端具 2 近等长的指状刺突，内肢具 5 小刺毛。第 1~4 对胸足外肢各节外缘刺数分别为 1、1、3，1、1、3，1、1、1，1、1、2。第 5 对胸足末端及其基部侧突上各具 1 刚毛。**雄性：**前体部呈宽卵圆形，前额宽圆。后体部较狭长，生殖节呈球状。尾叉与肛节等长。第 1~4 对胸足外肢各节外缘刺数为 1、1、3，1、1、3，1、1、3，1、1、2。

分布：南海东南部；马来群岛海域，太平洋及印度洋。暖水广布种。

参考文献：44，158，199。

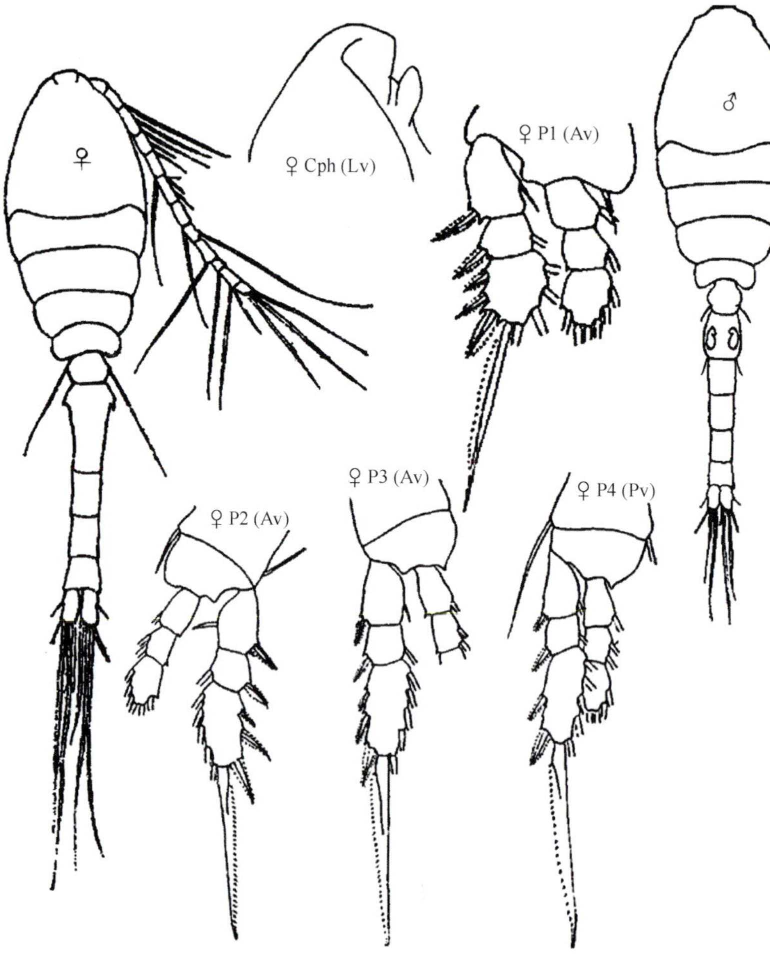

图 604　小长腹剑水蚤 *Oithona nana*（仿陈清潮等，1974）

（604）小长腹剑水蚤 *Oithona nana* Giesbrecht，1892（图 604）

［*Oithonina nana* Wilson，1932，1942，1950］

形态特征：

体长：♀0.5~0.7 mm，♂0.5~0.6 mm。**雌性：**背面观，前体部呈椭圆形，前额截平，无额角。侧面观，前额较钝圆。生殖节基部膨大，呈半圆形，两侧各具 1 小齿突，长约为宽的 2 倍。尾叉长为宽的 2.1~2.7 倍，并稍长于肛节。第 1 触角较长，向后可达第 4 胸节后端。大颚（Md、Mdp）第 2 基节顶端具 1 长爪状刺和 1 小刚毛，内肢具 4 刺毛。第 1 小颚第 1 内叶前端刺与相邻的刺等长，内肢具 4 刺毛。第 1~4 对胸足外肢各节外缘刺数分别为 1、1、3，1、1、3，1、1、3，1、1、2。第 5 对胸足末端及其基部侧突上各具 1 长刚毛。**雄性：**前体部与雌性相似。额角也不存在。尾叉长约为宽的 2 倍。大颚、小颚及第 1~5 对胸足结构均与雌性相似。

分布：黄海至南海；太平洋，印度洋及大西洋。暖水广布种。

参考文献：2，5，14，23，24，30，32，33，41，44，48，52，121，124，215~217。

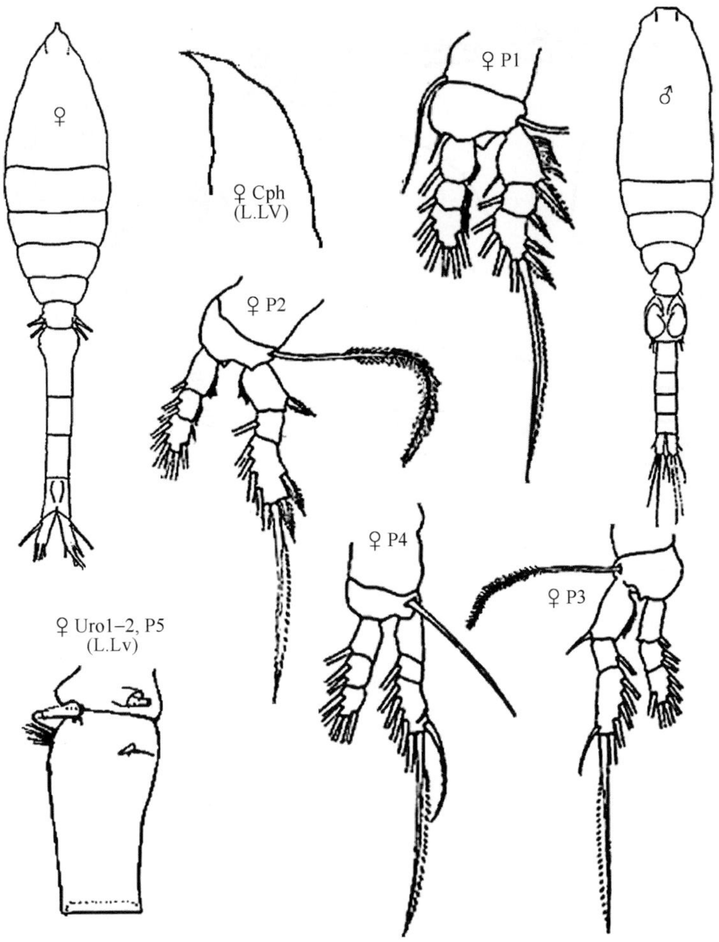

图 605 羽长腹剑水蚤 *Oithona plumifera*

[Nishida et al.，1977（♀）；陈清潮等，1974（♂）]

（605）羽长腹剑水蚤 *Oithona plumifera* Baird，1843（图 605）

形态特征：

体长：♀1.1~1.5 mm，♂0.6~1.0 mm。**雌性：**背面观，前体部呈长纺锤形。前额可见狭而尖锐的额角；侧面观，额角末部弯向前腹面。生殖节基部较膨大，其腹面前端具 1 丛细毛。尾叉长为宽的 3~4 倍，等于或稍短于肛节。大颚（Md、Mdp）第 2 基节末端具 2 不等长粗刺，内肢很小并具 3 刺毛。第 1 小颚第 1 内叶前端具 3 等长粗刺，内肢仅具 1 小刺毛或无刺毛。第 1 对胸足第 1 基节具 1 长内缘刚毛，而第 2~4 对胸足第 1 基节内缘刚毛退化。第 1~4 对胸足第 2 基节外缘常具 1 羽状长刚毛，其外肢各节外缘刺数分别为 1、1、2，1、0、2，1、0、1，0、0、1。第 4 对胸足外肢第 3 节外缘刺弯曲呈弧形，约为末刺长的 1/2。第 5 对胸足顶端及其基部侧突上各具 1 长刚毛。**雄性：**前额宽平，无额角。生殖节较宽大。尾叉长约为宽的 2.3 倍。第 1~4 对胸足外肢各节外缘刺数分别为 1、1、2，1、1、3，1、1、3，1、1、2。

分布：黄海至南海；太平洋，印度洋，大西洋及南大洋。暖水广布种。

参考文献：1，2，5，14，20，23，24，30，32，33，36，41，44，46，48，51，52，97，121，124，158。

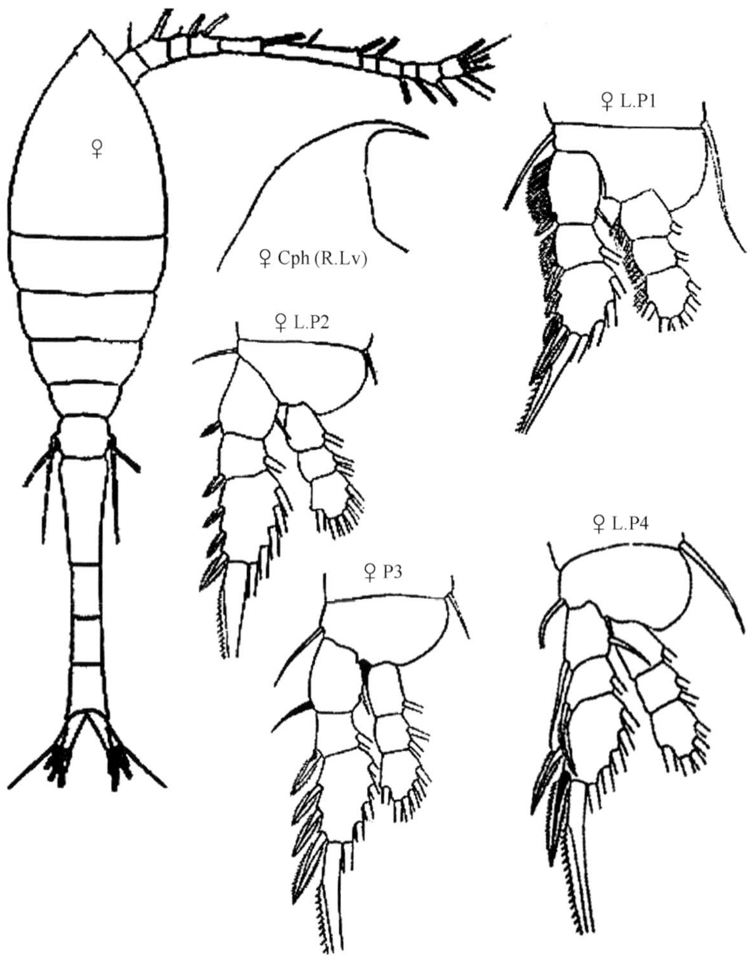

图 606 粗长腹剑水蚤 *Oithona robusta*（仿连光山，林金美，1978）

（606）粗长腹剑水蚤 *Oithona robusta* Giesbrecht，1892（图 606）

形态特征：

体长：♀1.4～1.7 mm。**雌性**：背面观，前体部呈纺锤形，前额狭小而尖锐。侧面观，额角尖长并弯向腹面。生殖节基部两侧稍膨大，其长度稍大于后 2 节长度之和。尾叉稍短于肛节，其长度约为宽度的 3 倍。第 1 触角向后伸展可达第 3 胸节后缘。大颚（Md、Mdp）第 2 基节末端具 2 近等长的粗刺，内肢具 5 不等长的刺毛。第 1 小颚内肢较发达，并具 3 刺毛。第 1～4 对胸足外肢各节外缘刺数分别为 1、1、3，1、1、3，1、1、3，1、1、2。第 4 对胸足外肢第 1、2 节外缘刺细长，前者长达或稍超过第 3 节第 1 外缘刺基部，后者长达第 3 节末端。第 5 对胸足末端及其基部侧突上各具 1 长刚毛。

分布：东海至南海；太平洋，印度洋及大西洋。暖水性外海种。

参考文献：2，24，30，41，44，50，51，82，97，106，118，121，124，152。

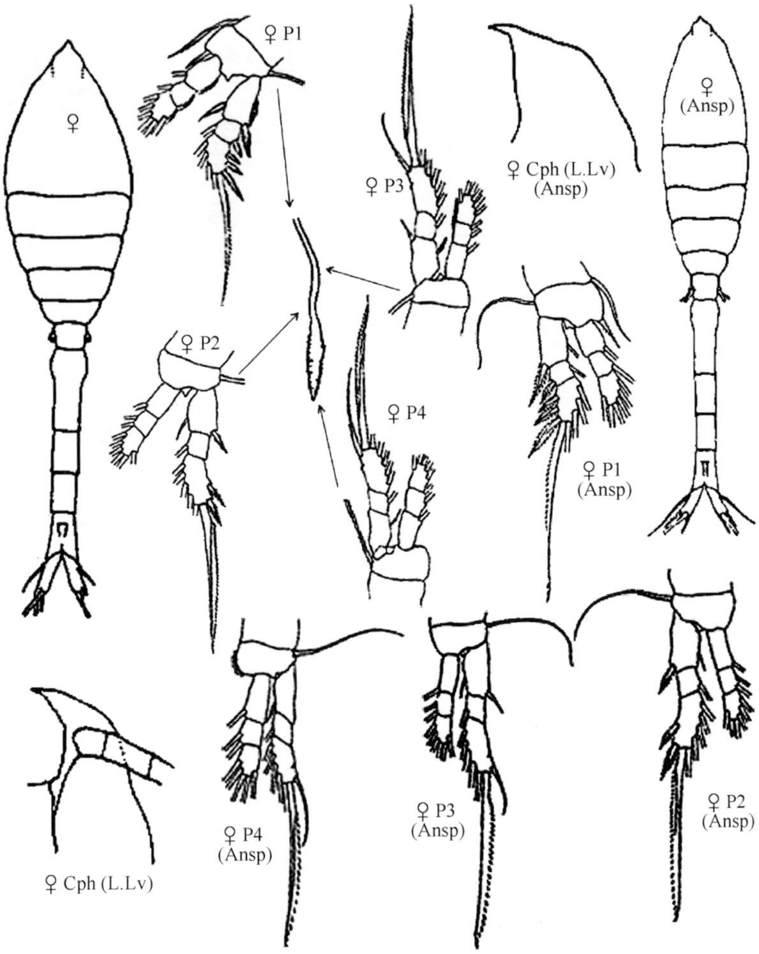

图 607　刺长腹剑水蚤 *Oithona setigera*（仿 Nishida et al.，1977）

（607）刺长腹剑水蚤 *Oithona setigera*（Dana，1849）（图 607）

［*Scribella setiger* Dana，1849；*Oithona spinirostris* Claus，1863；*O. challengeri* Brady，1883；*O. tropica* Wolfenden，1905；*O. pelagica* Farran，1908］

形态特征：

体长：♀1.2~1.9 mm。**雌性：**背面观，前体部呈长纺锤形。前额狭小而突出，形成尖锐额角；侧面观，额角弯向前腹面，呈喙状。生殖节基部稍膨大，第 2~4 腹节近等长。尾叉稍短于肛节，长约为宽的 4 倍。第 1 触角向后可达后体部第 4 节。大颚（Md、Mdp）第 2 基节具 2 不等长粗刺，内肢具 4 刺毛。第 1 小颚内肢仅具 1 小刺毛。第 1~4 对胸足外肢各节外缘刺数分别为 1、1、3，1、0、2，1、0、1，0、0、1。第 1 对胸足第 1 基节具 1 长内缘刚毛，第 2 基节具 1 粗短内缘刺。第 2~4 对胸足第 1~2 基节均无内缘刚毛或刺。依据第 1~4 对胸足第 2 基节外刺毛形态不同，可分为 2 型：①标准型（f. typica），外刺毛末部膨大呈尖棒槌状；②外海型（f. pelagica），外刺毛末部不膨大而呈长刚毛状。第 5 对胸足末端及其基部侧突上各具 1 长刚毛，刚毛末部膨大呈棒槌状或不膨大。

分布：东海至南海；太平洋，印度洋及大西洋。暖水广布种。

参考文献：1，2，5，14，20，23，24，30，32，41，44，46，48，51，79，118，121，124，152。

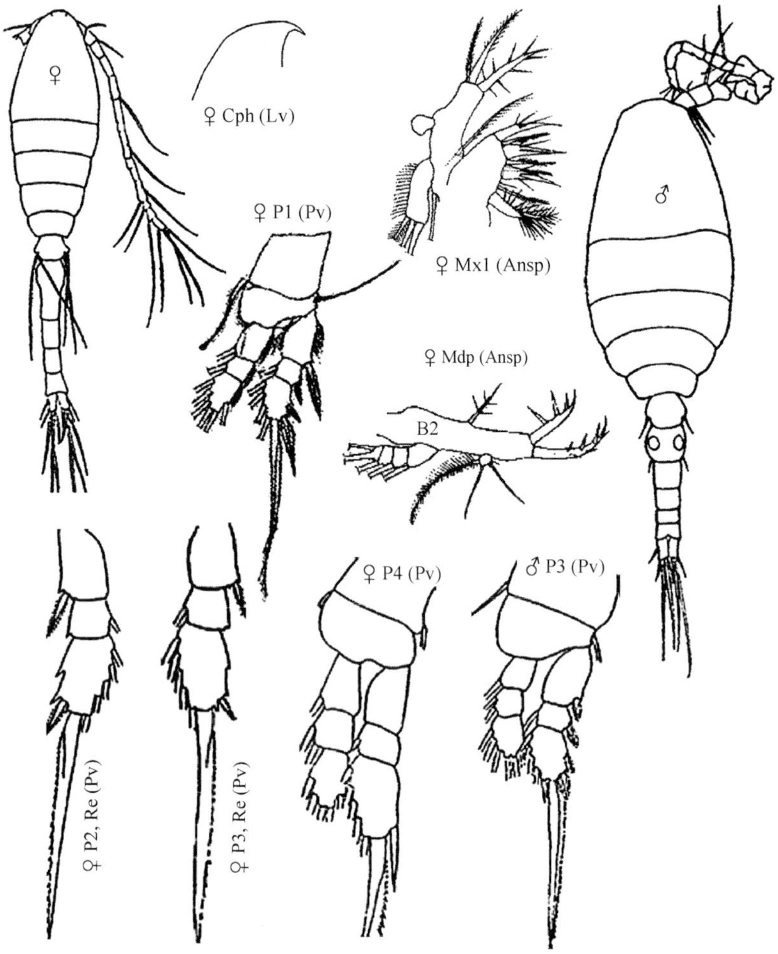

图 608　拟长腹剑水蚤 *Oithona similis*

[仿陈清潮等，1974 (♀; ♂; ♀P2~♀P4; ♂P3)；Nishida，1985 (♀Mdp; ♀Mx1; ♀P1)]

(608) 拟长腹剑水蚤 *Oithona similis* Claus，1866 (图 608)

[*Oithona spinifrons*：Brady，1878；*O. spinirostris*：Giesbrecht，1882；*O. helgolandica*：Sars，1918；Rose，1933]

形态特征：

体长：♀0.7~1.1 mm，♂0.5~0.8 mm。**雌性：**背面观，前体部呈长椭圆形，前额较狭平。侧面观，额角尖并弯向腹面。生殖节基部两侧稍膨大。尾叉稍短于肛节，其长约为宽的 2 倍。第 1 触角向后伸展可达或超过第 5 胸节。大颚(Md、Mdp)第 2 基节末端具 2 粗刺，内肢具 3~4 刺毛。第 1 小颚内肢仅具 1 小刺毛或无刺毛。第 1~4 对胸足外肢各节外缘刺数分别为 1、1、2，1、0、1，1、0、1，0、0、1。第 2~3 对胸足外肢第 3 节外缘中部具 1 小齿突。第 5 对胸足末端及其基部侧突上各具 1 长刚毛。**雄性：**前额宽平，无额角。大颚及第 1 小颚与雌性相近似。第 1~4 对胸足外肢各节外缘刺数目相同，均为 1、1、2。

分布：渤海至南海；太平洋，印度洋，大西洋及南大洋。世界广布种(广温广盐性种)。

参考文献：2，5，9，14，23，24，30，33，36，41，44，46，48，51，52，82，97，118，121，124，152，155。

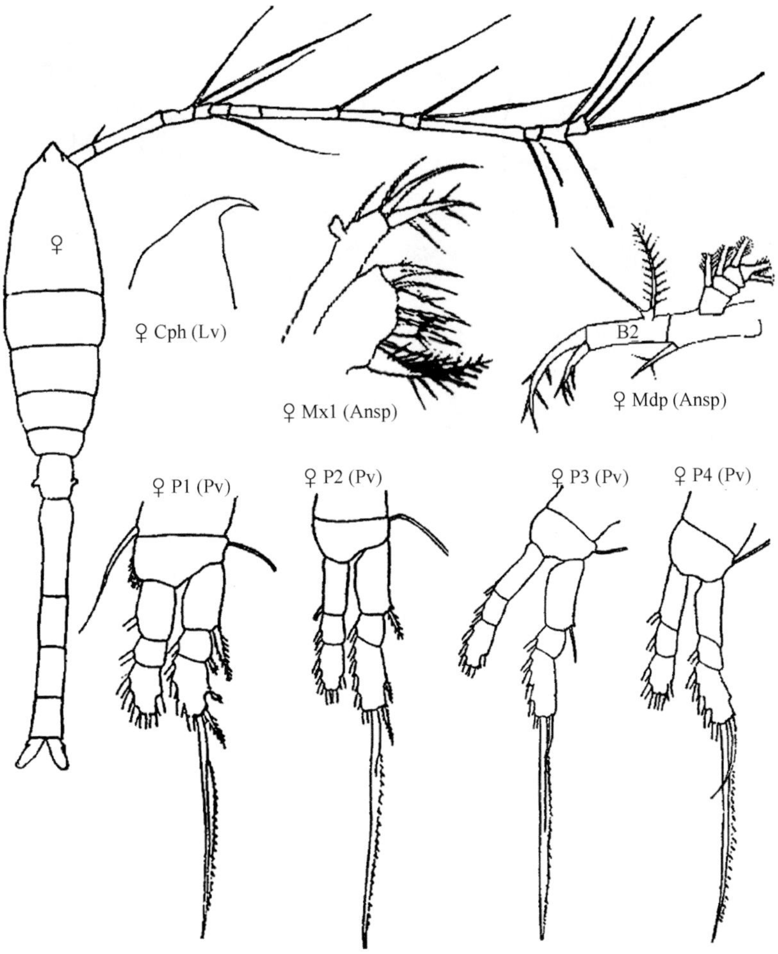

图 609　瘦长腹剑水蚤 *Oithona tenuis*

[仿陈清潮等，1974（♀；♀Cph；♀P1~♀P4）；Nishida，1985a（♀Mdp；♀Mx1）]

（609）瘦长腹剑水蚤 *Oithona tenuis* Rosendorn，1917（图 609）

形态特征：

体长：♀1.0~1.3 mm。**雌性：**背面观，前体部瘦长，呈长纺锤形，前额突出成为尖小的额角突；侧面观，额角很尖锐并弯向腹面。生殖节狭长，近基部两侧稍膨大，其长度约等于后 2 节长度之和。尾叉较短于肛节，其长为宽的 2.2~2.8 倍。第 1 触角向后伸展可达后体部第 4 节。大颚(Md、Mdp)第 2 基节末端具 2 不等长爪状刺，内肢短小，仅具 2 细刚毛。第 1 小颚内肢无刚毛，呈小突起状。第 1~4 对胸足外肢 3 节外缘刺数分别为 1、1、2，1、0、2，1、0、1，0、0、1。第 5 对胸足末端及其基部侧突上各具 1 长刚毛。

分布：东海至南海；太平洋，印度洋及大西洋。暖水广布种。

参考文献：2，5，14，20，23，24，30，41，44，48，51，82，121，124。

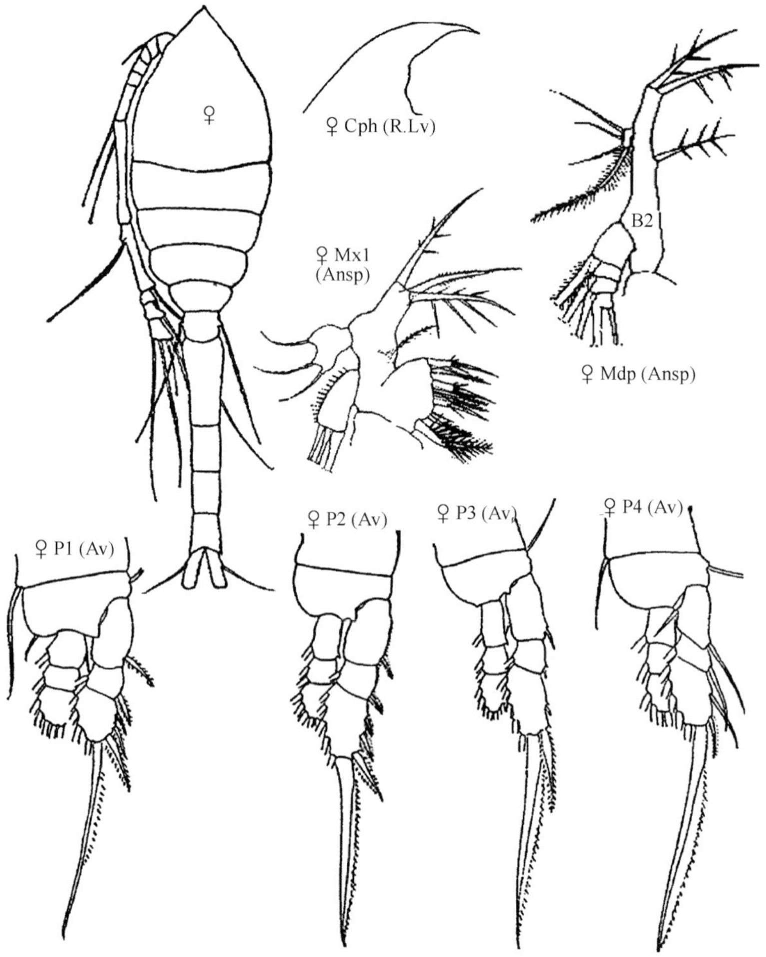

图 610 敏长腹剑水蚤 *Oithona vivida*

［仿陈清潮等，1974（♀；♀Cph；♀P1～♀P4）；Nishida，1985（♀Mdp；♀Mx1）］

（610）敏长腹剑水蚤 *Oithona vivida* Farran，1913（图 610）

形态特征：

体长：♀0.7～0.8 mm。**雌性：**背面观，前体部呈卵圆形，额角尖锐，侧面观，弯向前腹面。生殖节基部两侧稍膨大，其长度约等于后 2 节长度之和。尾叉长为宽的 3～3.5 倍，并与肛节近等长。第 1 触角向后伸展可达生殖节基部。大颚（Md、Mdp）第 2 基节末端具 2 近等长的粗刺，内肢短小并具 3～5 刺毛。第 1 小颚内肢具 2～4 刺毛。第 1～4 对胸足外肢各节外缘刺数分别为 1、1、3，1、1、3，1、1、2，1、1、2。但第 1～4 对胸足外肢第 3 节外缘刺数存在个体差异，刺数变化有 4 种格式：①3、3、2、2；② 3、3、3、2；③3、3、2、3；④2、2、2、2（详见 Nishida，1985a，p. 106，Table5）。其中，第 3 对胸足外肢第 1～2 节外缘刺及第 3 节第 1 外缘刺均微小。第 4 对胸足外肢外缘刺细长而稍弯曲。第 5 对胸足的末端具 1 长刚毛，基部侧突上具 1 小刚毛。生殖节基部两侧也各具 1 长刚毛（第 6 对胸足），可达本节末端。

分布：东海至南海；太平洋，印度洋及大西洋。暖水广布种。

参考文献：2，6，14，20，23，24，41，44，48，62，121，124。

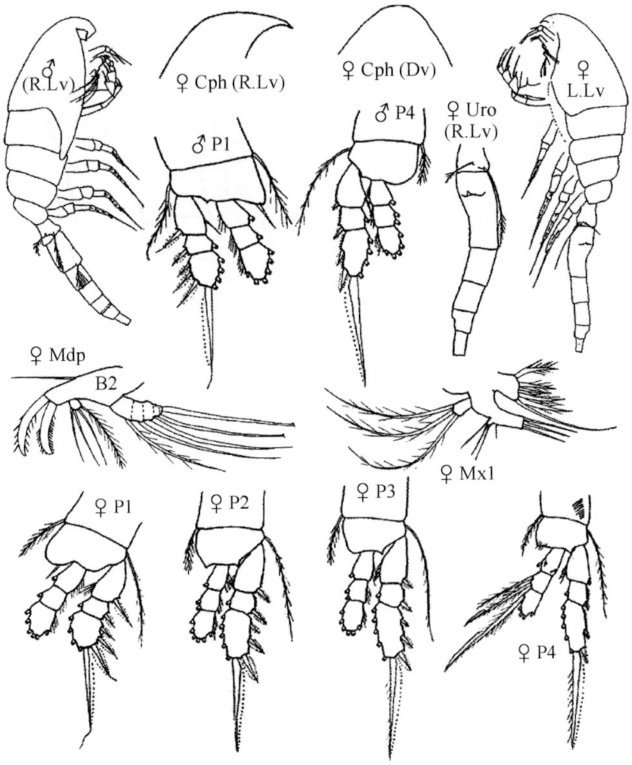

图 611 韦氏长腹剑水蚤 *Oithona wellershausi*（仿 Ferrari，1981）

（611）韦氏长腹剑水蚤 *Oithona wellershausi* Ferrari，1981（图 611）

形态特征：

体长：♀0.5 mm，♂0.4~0.5 mm。**雌性：**背面观，前额宽圆。侧面观，额角尖锐，并弯向腹面。生殖节及后体部第 3 节背面均无小刺毛列。尾叉长约为宽的 2 倍，较长于肛节。大颚(Md、Mdp)第 2 基节末端具 2 粗大而钝的钩状刺，内肢短小并具 4 刚毛。第 1 小颚第 1 内叶前端具 1 长刺毛，约为相邻刺毛长的 2 倍；内、外肢各具 3 刚毛。第 1~4 对胸足内外肢均分 3 节，外肢各节外缘刺数分别为 1、1、3，1、1、3，1、1、3，1、1、2。第 5 对胸足末端具 1 长刚毛，其基部侧突上具 1 小刚毛。**雄性：**前额宽圆，无额角。头部两腹侧末缘突出而狭长，向后伸展稍超过第 1 胸节末端。大颚第 2 基节末端 2 刺较雌性细尖，内肢具 4 刚毛。第 1 小颚及第 1~5 对胸足结构与雌性相似。

分布：南海北部珠江口海域。暖水沿岸种。

参考文献：44，91。

注：本种与短角长腹剑水蚤(*O. brevicornis*)较相似，主要特征差异如下。

特征	种名	
	O. wellershausi	*O. brevicornis*
雌性生殖节背末部及后体部第 3 节背面小刺毛列	均无小刺毛列	均具数列小刺毛
雌性尾叉长/宽比例	2 倍	3 倍
雌、雄性第 1 小颚第 1 内叶前端第 1 刺毛的大小	前端第 1 刺毛很细长，约为相邻刺毛长的 2 倍	前端第 1 刺毛粗短，仅为相邻刺毛长的 1/3~1/2

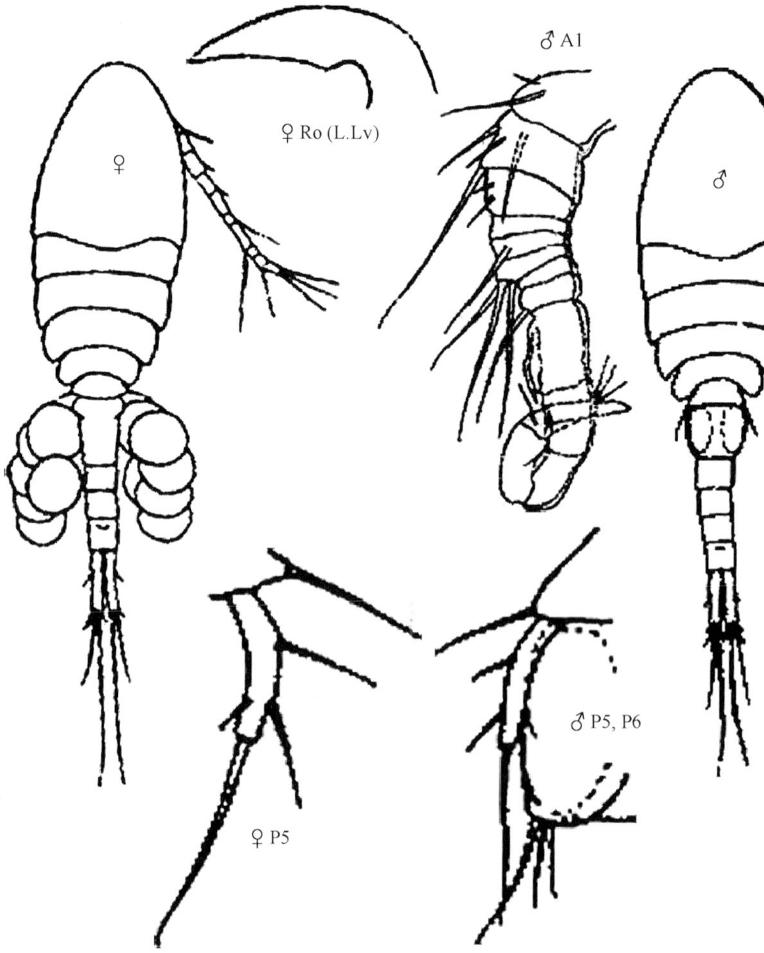

图 612　四刺窄腹剑水蚤 *Limnoithona tetraspina*（仿张崇洲，李志英，1976）

（612）四刺窄腹剑水蚤 *Limnoithona tetraspina* Zhang & Li，1976（图 612）

形态特征：

体长：♀0. 48～ 0. 53 mm，♂0. 40～0. 44 mm。**雌性：**背面观，前体部呈长椭圆形，前额钝圆。侧面观，前额宽圆，额角尖锐并弯向腹面。头部与第 1 胸节分开。第 5 胸节狭小，两侧突出并各具 1 刚毛。后体部分 5 节，生殖节长大，基部两侧较膨大。尾叉长为宽的 6 倍。第 1～4 对胸足内、外肢各分 3 节，外肢各节外缘刺数均为 1、1、3。第 5 对胸足基节与第 5 胸节愈合，末节呈圆柱形，具 2 外缘刺和 1 内缘刺，节末端具 1 长刚毛。**雄性：**前体部与雌性相似，无额角。后体部分 6 节。尾叉长为宽的 5 倍。第 1～5 对胸足结构与雌性相似。第 6 对胸足具 2 不等长刺毛，位于生殖节两侧末缘。

分布：东海，台湾海峡及南海北部沿岸水域。咸淡水种。

参考文献：24，30，36，37，44，53，61。

V 奇水蚤目［摩门虱目］Order Mormonilloida Boxshall, 1979

本目仅有奇水蚤科(Mormonillidae Giesbrecht, 1892)，奇水蚤属(*Mormonilla* Giesbrecht, 1891)。其附肢结构与哲水蚤目(Calanoida)有些相似，而其体型及前、后体部之间的活动关节位于第4胸节与第5胸节之间等，又与剑水蚤目(Cyclopoida)的长腹剑水蚤(*Oithona*)相似，但也有不同：奇水蚤属(*Mormonilla*)雌性第1触角仅分3~4节，雄性分9节；第2触角双肢型；雌性第5对胸足不存在，雄性第5对胸足退化为2小刺毛等。因此，长期以来其分类地位不够明确。直至1979年Boxshall率先把奇水蚤属、科提升为奇水蚤目"Mormonilloida Boxshall, 1979"。我们曾在西太平洋热带水域浮游桡足类调查研究(1978—1979年)中获得奇水蚤属2种雌性宝贵标本，并作了形态特征描述与绘图，在系统名录中也首次采用奇水蚤目(Mormonilloida)、奇水蚤科(Mormonillidae)及奇水蚤属(*Mormonilla*)名称(连光山，钱宏林，1984)。

38. 奇水蚤科［摩门虱科］Family Mormonillidae Giesbrecht, 1892

身体透明而瘦长呈柱状。前体部与后体部之间活动关节位于第4胸节与第5胸节之间。前体部分5节。雌性后体部分4节，雄性分5节。雌性生殖孔1个，雄性2个，均位于生殖节腹面。尾叉细长，并与后体部近等长。额角呈片状突，位于第1对触角基部之间腹面。第1对触角分节不明显，左右对称，雌性分3~4节，雄性分9节并呈执握肢。第2触角双肢型，雌性内肢3节，外肢8节；雄性内肢2节，外肢8~9节。雌性颚足分3~4节或愈合为2节；雄性颚足退化成不分节的锥状叶，并具2刚毛。第1~4对胸足双肢型，雌性外肢分2~3节，内肢分1~3节；雄性内、外肢均分3节。雌性第5对胸足不存在；雄性第5对胸足退化为2对小刺毛，位于腹面中部两侧。

本科仅有1属2种。中国海域均有记录。

属名 Genera	种数	页码
奇水蚤属 *Mormonilla* Giesbrecht, 1891	2	686

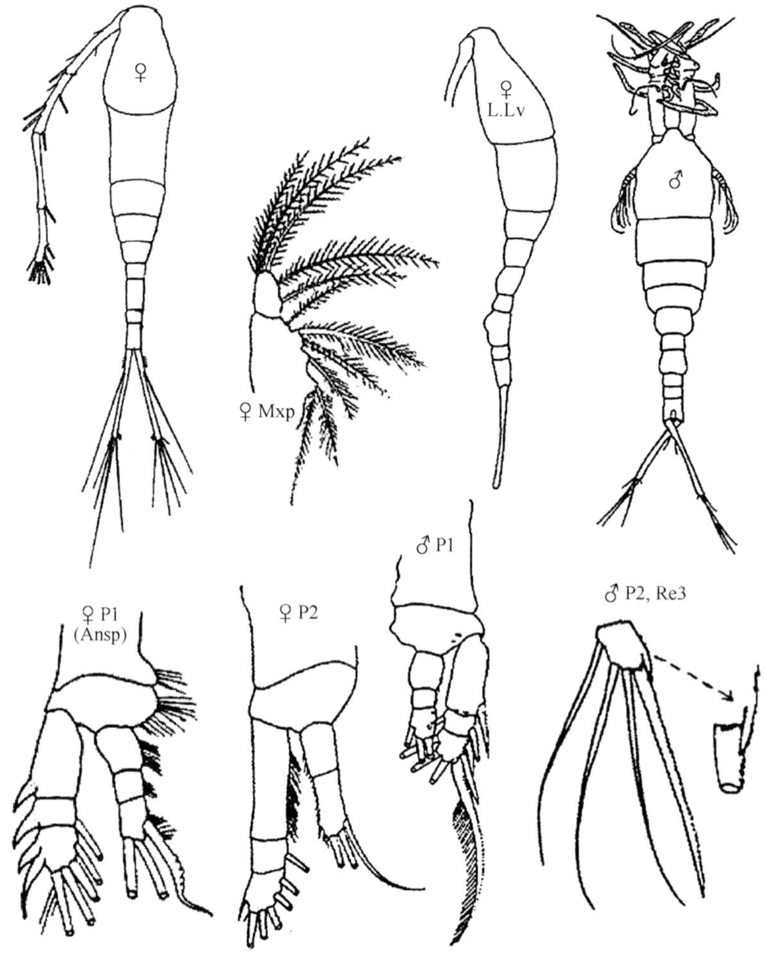

图 613 小型奇水蚤 *Mormonilla minor*
[仿连光山，钱宏林，1984（♀）；Huys et al.，1992；Chihara et al.，1997（♂；♀P1，Ansp）]

（613）小型奇水蚤［小摩门虱］*Mormonilla minor* Giesbrecht，1891（图 613）

形态特征：

体长： ♀1.04～1.57 mm，♂0.75～0.84 mm。**雌性：** 身体透明。前体部分 5 节，后体部4 节。前额宽圆。侧面观，额角短小并紧靠第 1 触角基部腹面。生殖节呈长方形，腹面生殖突膨大。尾叉细长呈棒状，约与后体部等长，其外缘长刚毛位于近端 1/6～1/4 处。第 1 触角分 4 节并具细长刚毛，近端 2 节分节不明显。颚足分节存在个体差异，分 4 节或愈合为 2 节，其末节具 5 长刚毛及 1 小刚毛。第 1～4 对胸足内肢节数常为 3、2、1、1；外肢节数为 3、3、3、2。第 1 对胸足第 1～2 基节及内肢内缘均具细刺毛。第 2 对胸足外肢第 1 节狭长，并与内肢等长，内缘具 1 列细刺毛；末 2 节短小。第 5 对胸足不存在。**雄性：** 后体部分 5 节。尾叉狭长，其外缘刚毛位于近端 1/4 处。第 1 触角呈执握肢，分 9 节，但分节不明显。第 2 触角外肢分 8 节。第1～4 对胸足内、外肢均分 3 节。第 1 对胸足内肢末节仅具 3 刚毛。第 2 对胸足外肢末节具 3 内缘刚毛，小外末刺基部与末节愈合。第 4 对胸足内肢第 2 节具 1 内缘刚毛，末节具 3 刚毛。

分布： 东海，台湾基隆及南湾海域，南海；太平洋，印度洋及大西洋。外海性中、深层种。

参考文献： 24，38，41，44，72，82，97，106，111，217。

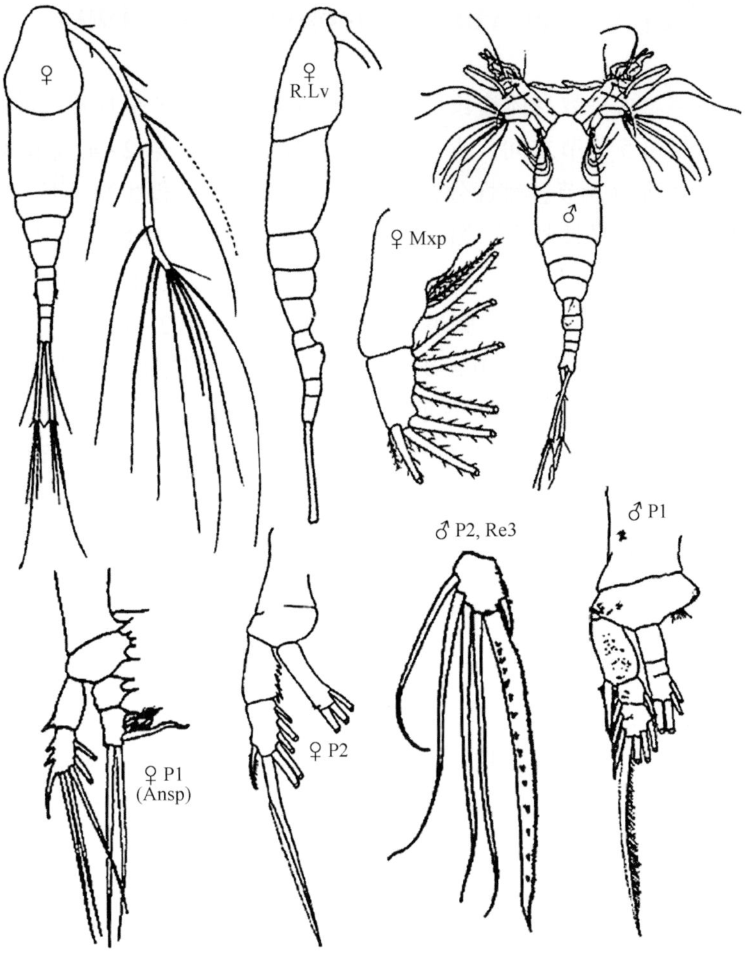

图 614 长毛奇水蚤 *Mormonilla phasma*

［仿连光山，钱宏林，1984（♀）；Hyus et al.，1992；Chihara et al.，1997（♂；♀P1，Ansp）］

（614）长毛奇水蚤 *Mormonilla phasma* Giesbrecht，1891（图 614）

形态特征：

体长：♀1.33～1.73 mm，♂0.90～1.42 mm。**雌性：**体形与小型奇水蚤（*M. minor*）相似。生殖节长大，基部较宽大。腹面生殖突膨大，顶端稍截平，尾叉细长，与后体部近等长，其外缘刚毛位于近端 1/3 处。第 1 触角分 3 节，各节均具细长刚毛。颚足分节存在个体差异，分 3 节或愈合为 2 节，其末节具 6 长刚毛及 1 小刚毛。第 1～4 对胸足内肢节数分别为 2、1、1、1；外肢均分为 2 节。第 1 对胸足第 1～2 基节及内肢内缘均具小刺突。**雄性：**尾叉外缘刚毛位于近端 1/3 处。第 1 触角呈执握肢，分 9 节，但分节不明显。第 2 触角外肢分 9 节。第 1～4 对胸足内、外肢均分 3 节。第 1 对胸足内肢末节具 4 刚毛。第 2 对胸足外肢末节具 4 内缘刚毛，小外末刺基部与末节分开。第 4 对胸足内肢第 2 节无内缘刚毛，末节具 4 刚毛。

分布：东海，台湾海峡及南海；太平洋，印度洋及大西洋。外海性中、深层种。

参考文献：24，38，41，44，72，82，97，106，111，158，217。

Ⅵ 猛水蚤目 Order Harpacticoida Sars，1903

本目为小型桡足类。大多数身体瘦长呈圆柱状，少数背腹扁平呈片状。前、后体部之间活动关节位于第4胸节与第5胸节之间。头部与第1胸节常愈合，第2~4胸节两侧末缘常突出，呈“侧甲”状。雌性后体部分5节，雄性分6节。尾叉一般短小，仅少数细长。前额突出。额角一般短小，为单刺突，少数呈长刺突。第1对触角较短而对称，雌性一般不超过8~9节；雄性不超过14节，左、右均呈执握肢。第2触角外肢常退化。颚足通常单肢型，分1~4节，末节呈爪状，少数双肢型或退化。第1对胸足内肢常呈执握肢，第2~4对胸足呈游泳型。第5对胸足常退化成单肢型，雌性常分1~2节，雄性分1~4节；少数雄性成双肢型，内肢1节，外肢1~2节。第6对胸足1节或退化为小突起状，并具1~3刺毛。

本目包括52科(Boxshall & Halsey，2004)，绝大多数分布于海洋中，营底栖性生活，仅少数分布于淡水及咸淡水中。在海洋中，浮游性猛水蚤的种类和数量均很少。

中国海域已记录猛水蚤目30科101属188种，其中浮游性常见种类仅有6科7属11种。

39. 保猛水蚤科 Family Aegisthidae Giesbrecht，1892

身体瘦长。前、后体部明显分开，前体部分5节，有些属第2~4胸节背末缘及侧缘具成对的小刺突。后体部狭小，雌性分5节，雄性分6节，有些属各节背末缘也具小刺突。生殖孔2个，位于生殖节腹面。尾叉细长，其长度变化大，从小于体长或大于甚至可达到体长的2~5倍，左、右尾叉常紧密相靠。额角基部与头部愈合，其大小及形状变化大。雌性第1触角分6~7节，雄性分7~9节。第1~4对胸足外肢均分3节，内肢大多数分2节，仅少数分3节。第5对胸足单肢型而狭长，雌性分1~2节，雄性分2~3节。雌、雄性第6对胸足分1~2节，末端具1~3刚毛。

本科包括5属。中国海域仅记录1属3种。

属名 Genera	种数	页码
保猛水蚤属 *Aegisthus* Giesbrecht，1891	3	689

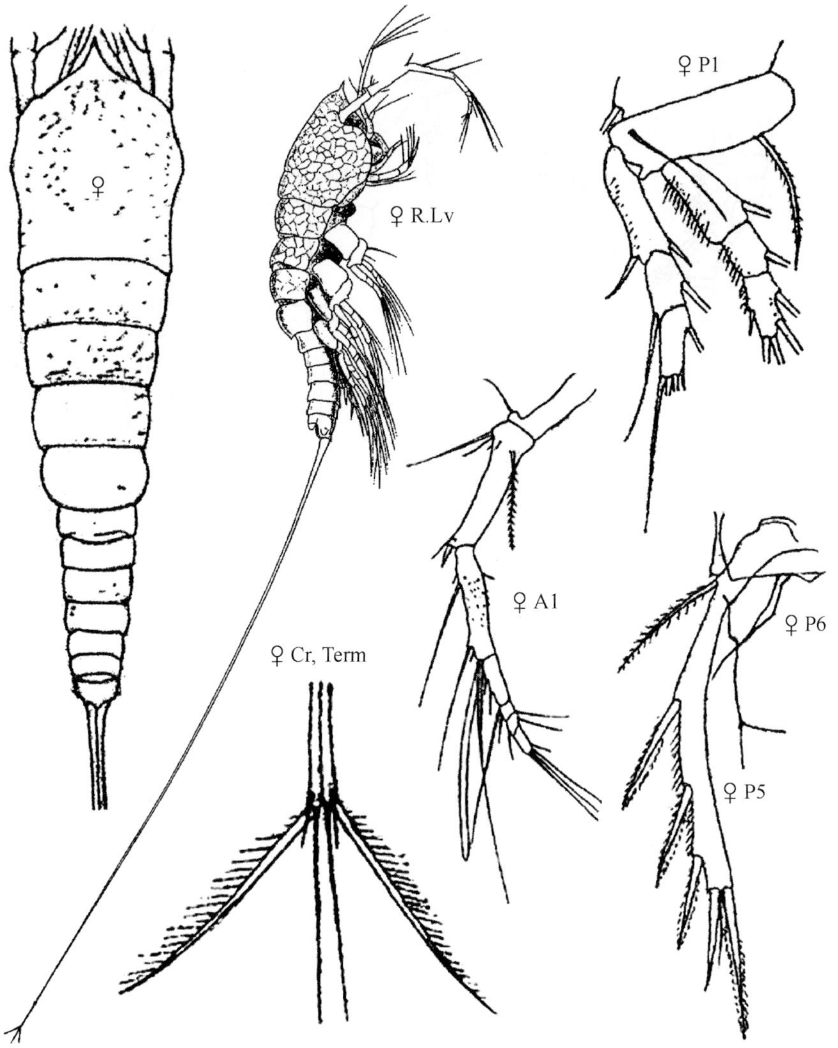

图 615 针刺保猛水蚤 *Aegisthus aculeatus*（仿 Giesbrecht，1892）

（615）针刺保猛水蚤 *Aegisthus aculeatus* Giesbrecht，1891（图 615）

形态特征：

体长：♀1.85 mm。**雌性：**头胸部较宽，向后渐窄。前额中部突出，形成粗短而尖锐的额角刺。尾叉很细长，约为体长的 2 倍，尾叉末端各具 1 羽状刚毛。第 1 对触角分 7 节，第 1 节前末缘具 1 小钝突及 1 小刚毛；末 3 节很短小。第 1 对胸足内、外肢均分 3 节。第 5 对胸足单肢型且对称，各分 2 节，第 1 节外末缘具 1 羽状刚毛；第 2 节狭长，具 3 叶状外缘刺，末端也具 2 不等长的叶状末刺，两末刺基部之间另具 1 细刚毛，内末刺长约为末节长的 1/2。第 6 对胸足细小，仅 1 节，末端仅具 1 小刚毛。

分布：东海，南海；太平洋，印度洋及大西洋。深水种。

参考文献：24，37，44，51，72，97，106，113，158。

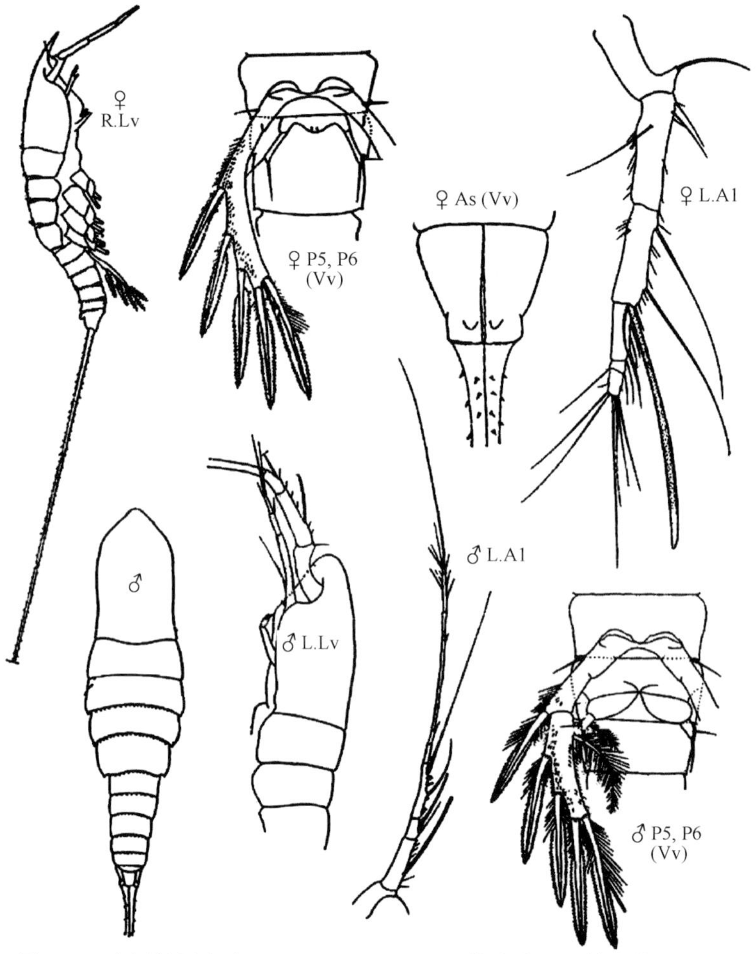

图 616 尖额保猛水蚤 *Aegisthus mucronatus*（仿连光山，钱宏林，1984）

（616）尖额保猛水蚤 *Aegisthus mucronatus* Giesbrecht，1891（图 616）

［*Aegisthus longirostris* T. Scott，1893；*A. atlanticus* Welfenden，1902；Rose，1933；*A. dubius* Sars，1916（♂）；Rose，1933（♂）］

形态特征：

体长：♀2.0~2.6 mm，♂1.1~2.1 mm。**雌性：**体形较大。额角刺长而尖锐。第 2~5 胸节及各腹节的后缘均具细齿突。尾叉特别长，为体长的 4~4.5 倍，左、右尾叉紧密相靠，表面具许多小刺。第 1 触角分 6 节，第 1 节前末缘具 1 钩状突，其顶端具 1 长刚毛；末 3 节短小。第 5 对胸足单肢型且对称，但分节不完全，第 1 节粗短，具 1 小外缘刺毛；第 2 节长大，外缘具 3 叶状刺，末端也具 2 近等长的叶状刺，两末刺基部之间具 1 细刚毛，末刺长约为末节长的 3/4。第 6 对胸足细小而对称，分 2 节，末节顶端具 2 不等长小末刺。**雄性：**体形与雌性相似，但前额钝圆，无额角刺。第 1 触角分 7 节，第 1 节外末缘的小突起与刚毛较雌性小；第 6 节很细长，为末节长的 3 倍多。第 5 对胸足单肢型且对称，分 2 节，第 1 节外缘近端具 1 小刚毛，外末缘具 1 长叶状刺；第 2 节外缘及末端各具 2 近等长的叶状刺，内缘近端具 2 不等长的羽状刚毛。第 6 对胸足短小，分 2 节，末节具 1 末刺和 1 外缘刺。

分布：东海，台湾海峡及南海；太平洋，印度洋及大西洋。深水种。

参考文献：5，24，25，37，38，44，51，72，97，106，113，152，158，161，215，217。

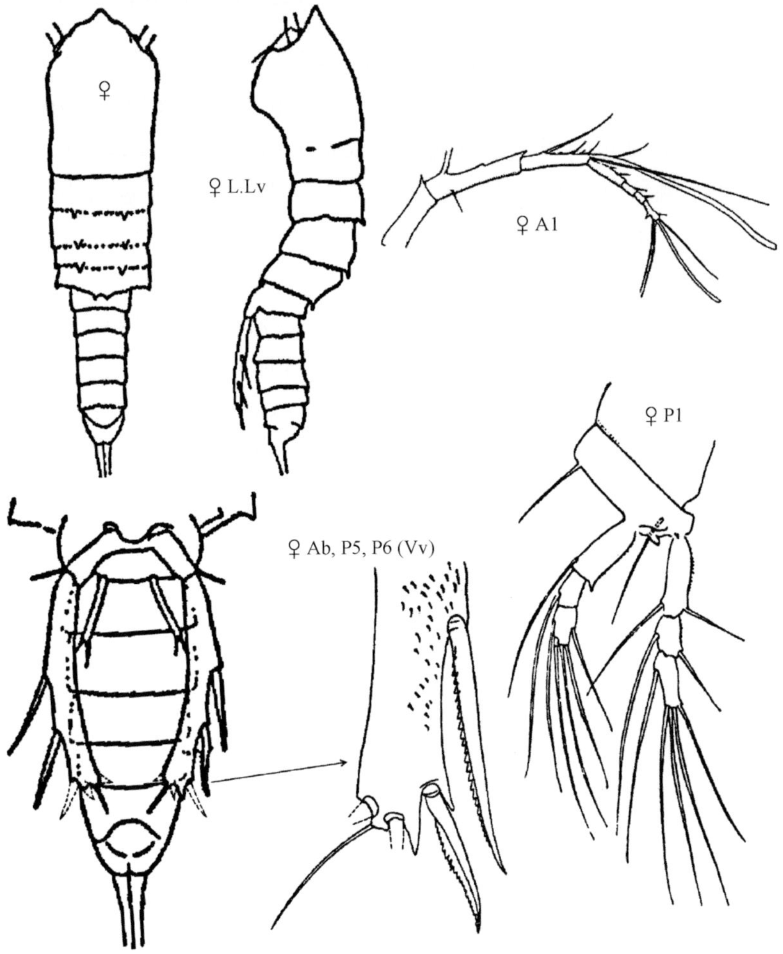

图 617 刺保猛水蚤 *Aegisthus spinulosus*（仿 Farran，1905；Rose，1933）

（617）刺保猛水蚤 *Aegisthus spinulosus* Farran，1905（图 617）

形态特征：

体长：♀1.74 mm。**雌性**：头胸部呈长方形，前额突出呈三角形额角刺。第 2~5 胸节及各腹节后缘均具小齿突。尾叉细长并较大于体长。第 1 触角分 7 节，第 1~2 节前末缘均突出呈小刺突；末 3 节短小。第 1 对胸足内、外肢分 3 节。第 5 对胸足单肢型并对称，分 2 节，第 1 节短小，仅具 1 小外末刺；第 2 节长大，外缘具 3 不等长的粗刺，近端刺较长，外末刺较短，末节顶端具 2 粗刺(已缺失)和 1 细长刺毛及 1 粗刺突。第 6 对胸足单节而细长，末端具 2 近等长小刺毛。

分布：东海，南海；太平洋，大西洋。深水种。

参考文献：24，44，72，113，152，217。

40. 盔头猛水蚤科［暴猛水蚤科］Family Clytemnestridae A. Scott, 1909

身体背腹扁平。前额突出，呈三角形额角。前体部分 4 节，头部至第 4 胸节后侧角很突出，呈翼状突。后体部呈圆柱状，雌性分 5 节，雄性分 6 节。尾叉短小。第 1 触角分 7~8 节［Boxshall 等（2004）则认为分 6~7 节，可能有误或是个体差异］，并具细长感觉棒。雄性第 1 触角呈执握触角。第 2 触角分 3 节，外肢退化，仅具 1~2 刚毛。大颚与小颚很退化，颚足发达，呈执握状，分 2 节，末端呈钩状。第 1 对胸足外肢单节，内肢分 3 节并较长于外肢。第 2~4 对胸足内、外肢均分 3 节。第 5 对胸足单肢型，分 2 节。

本科仅 1 属（8 种）——盔头猛水蚤属 *Clytemnestra* Dana, 1848，而把显猛水蚤属 *Goniopsyllus* Brady, 1883 作为前属的异名。因这两属的特征差异很小，故没必要分为 2 属，已长期被广泛采纳（郑重等，1965；陈清潮等，1974；Rose, 1933；Mori, 1937；Lang, 1948；Chihara et al., 1997 等）。但是 Huys 等（2000）及 Boxshall 等（2004）又重新启用已被废弃的属名——*Goniopsyllus* Brady, 1883（含 3 种），是否恰当有待深入探讨。我们仍把 *Goniopsyllus* 属作为异名，而不作为有效的属。

中国海域仅记录 1 属 2 种。

属名 Genera	种数	页码
盔头猛水蚤属 *Clytemnestra* Dana, 1848	2	693

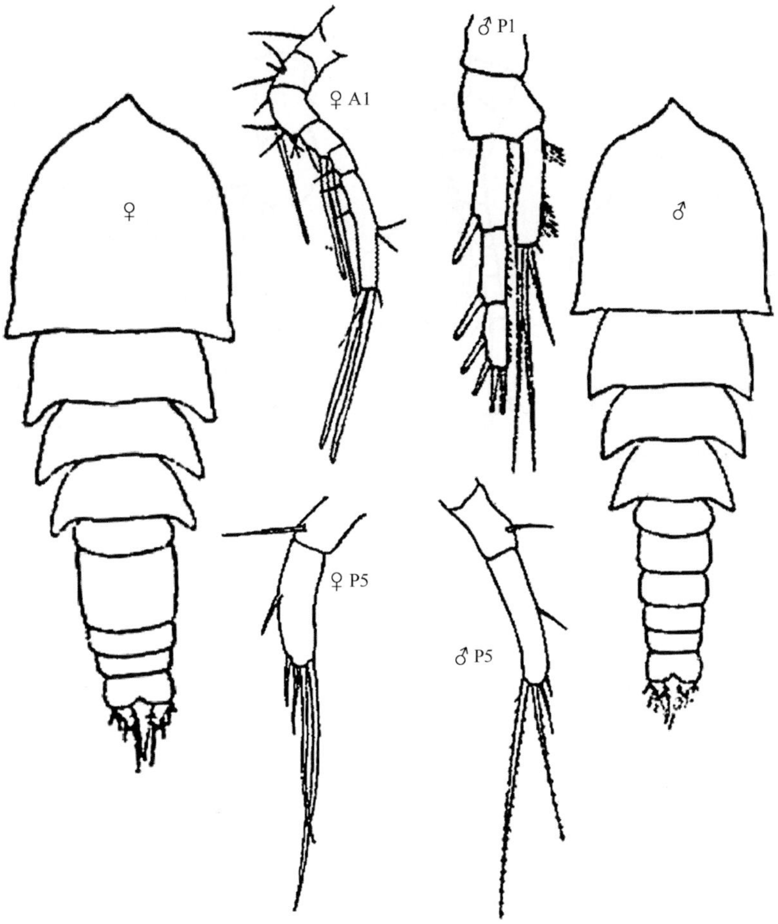

图 618 喙额盔头猛水蚤 *Clytemnestra rostrata*
[仿陈清潮等，1974（♀；♂；♀P5）；Boxshall，1979；Chihara et al.，1997（♀A1；♂P1；♂P5）]

（618）喙额盔头猛水蚤［有额暴猛水蚤］*Clytemnestra rostrata*（Brady，1883）（图 618）

［有额显猛水蚤 *Goniopsyllus rostratus* Brady，1883；Huys et al.，2000；Boxshall et al.，2004；陈清潮，2008］

形态特征：

体长：♀0.6~1.0 mm，♂0.8~0.9 mm。**雌性：**前额突出，呈三角形。头部至第 4 胸节后侧角向后突出呈翼状。后体部分 5 节。生殖节宽度稍大于长度。尾叉短小，长度稍大于宽度，末端最长的尾刚毛不呈羽状。第 1 触角分 7 节，末节长约为前 1 节的 5 倍。第 2 触角外肢退化，仅具 1 刚毛。第 1 对胸足第 2 基节无外缘刚毛，外肢单节，仅具 3 末刚毛。第 5 对胸足单肢型且对称，各分 2 节，末节较长，具 5 不等长刺毛。**雄性：**体形与雌性相似。后体部分 6 节。第 1 触角呈执握肢。第 2 触角至第 5 对胸足与雌性相似。

分布：东海至南海；太平洋，印度洋及大西洋的热带、温带区。世界广布种。

参考文献：5，14，23，24，30，32，33，37，41，44，48，72，82，113，118，152。

注：据 Boxshall 等（2004）的记述，本种（*C. rostrata*）雌性第 1 触角仅分 6 节，可能有误或存在个体差异。但据陈清潮等（1974）、Rose（1933）、Mori（1937）、Lang（1948）及 Chihara 等(1997）的记述及绘图所示，本种雌性第 1 触角均分 7 节，有待深入研究观察。

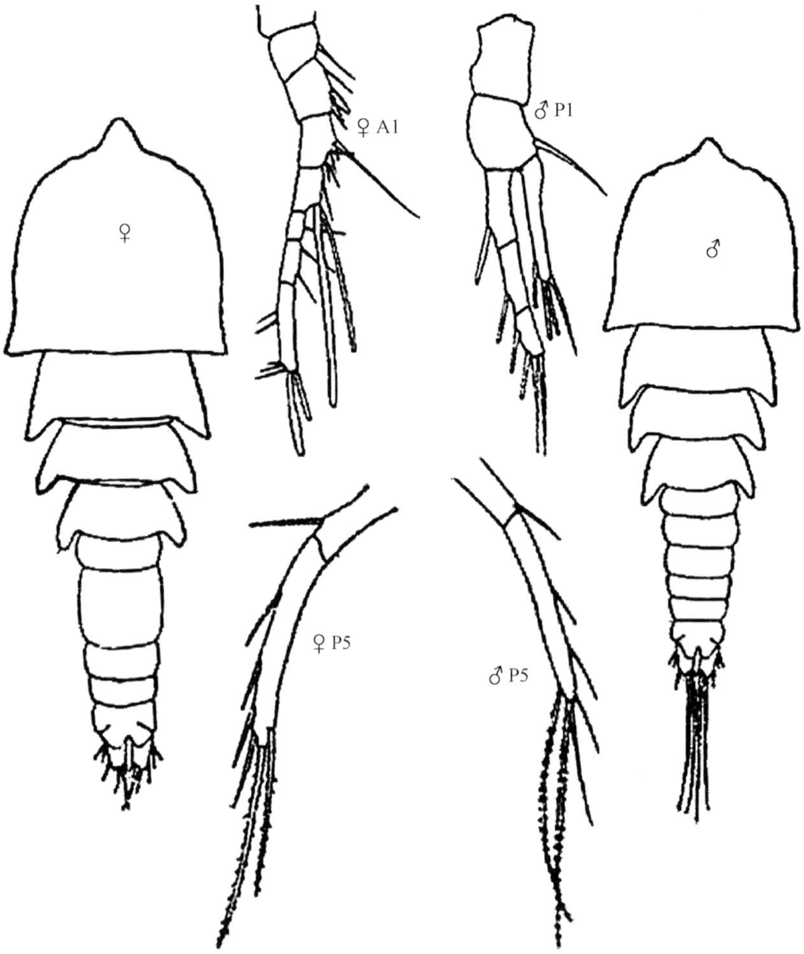

图 619 小盆盔头猛水蚤 *Clytemnestra scutellata*
[仿陈清潮等, 1974 (♀; ♂; ♀P5); Boxshall, 1979; Chihara et al., 1997 (♀A1; ♂P1; ♂P5)]

(619) 小盆盔头猛水蚤 [硬鳞暴猛水蚤] *Clytemnestra scutellata* Dana, 1848 (图 619)

形态特征:

体长: ♀0.86~1.90 mm, ♂0.80~1.30 mm。**雌性:** 前体部分 4 节。前额突出, 呈钝三角形额角。头部至第 4 胸节后侧突出呈翼状。后体部分 5 节, 生殖节近方形。尾叉长为宽的 2 倍, 其末端最长的尾刚毛呈羽状。第 1 触角分 8 节, 末节长约为前 1 节的 2 倍。第 2 触角外肢退化并具 2 刺毛。第 1 对胸足第 2 基节具 1 外缘刚毛; 外肢单节, 末端具 4 刚毛。第 5 对胸足单肢型, 分 2 节, 末节较狭长并具 6 刚毛。**雄性:** 体形与雌性相似。后体部分 6 节。尾叉末端羽状长刚毛较长于雌性。第 1 对触角均呈执握触角。第 2 触角至第 5 对胸足与雌性相似。

分布: 东海至南海; 太平洋, 印度洋及大西洋热带、温带区。世界广布种。

参考文献: 5, 14, 23, 24, 30, 32, 33, 41, 44, 48, 52, 72, 82, 113, 118, 152。

注: 据 Boxshall 等(2004) 记述, 本种 (*C. scutellata*) 雌性第 1 触角仅分 7 节, 可能有误或存在个体差异。据郑重等(1965)、陈清潮等(1974)、Rose(1933)、Mori(1937)、Boxshall(1979)及 Chihara 等(1997)的记述及绘图所示, 本种雌性第 1 触角均为 8 节。有待探讨。

41. 长猛水蚤科［同相猛水蚤科］Family Ectinosomatidae［Ectinosomidae］Sars，1903

身体瘦长，呈纺锤形或圆柱状，少数为背腹扁平。前、后体部分界常不明显。前体部分 4 节，头部与第 1 胸节愈合。后体部雌性分 5 节，雄性分 6 节。尾叉短小，左、右撇开，额角突出。第 1 触角短小，常分 5~8 节。第 2 触角双肢型，内、外肢常分 2~3 节。第 1 对胸足外肢分 3 节，内肢分 2~3 节，少数内肢呈执握状。第 2~4 对胸足内、外肢均分 3 节。第 5 对胸足呈片状，末端具粗刺毛。

本科含 20 属 226 种(Boxshall et al.，2004)，大多为浅海区底栖性种，少数为淡水、咸淡水种及深海区底栖性种。海洋浮游性种仅有 1 属 2 种，在中国海域均有记录。

属名 Genera	种数	页码
小毛猛水蚤属 *Microsetella* Brady & Robertson，1873	2	696

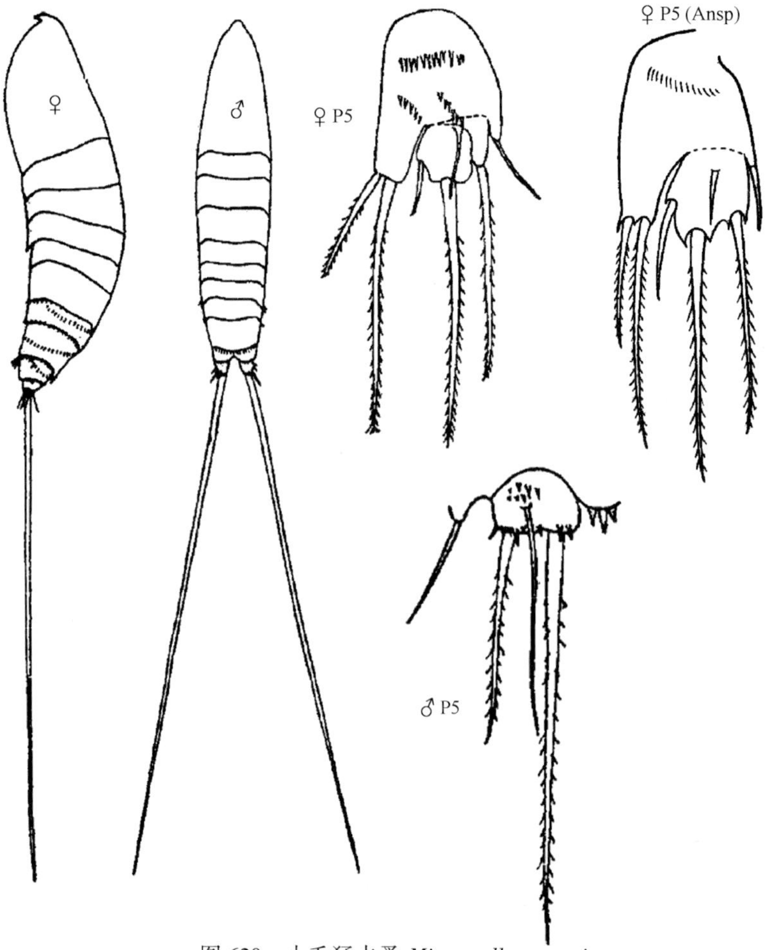

图 620 小毛猛水蚤 *Microsetella norvegica*
［仿陈清潮等，1974（♀；♂）；郑重等，1965（♀P5，Ansp）］

（620）小毛猛水蚤［挪威小星猛水蚤］*Microsetella norvegica*（Boeck，1864）（图 620）

［*Setella norvegica* Boeck，1864；*Ectinosoma atlanticum*：Brady，1883；Thompson & Scott，1897，1903；Wolfenden，1905，1911；*E. norvegica*：T. Scott，1912；*Microsetella atlantica*：Brady & Robertson，1873；Giesbrecht，1892，1895，1896，1902；Thompson，1899，1903；Brady，1918；Mori，1929］

形态特征：

体长：♀0.35~0.70 mm，♂0.33~0.66 mm。**雌性：**身体瘦长，稍侧扁。前、后体部分界不明显。前额狭小，额角弯向腹侧。尾叉短小，其长度与宽度近相等，末端长刚毛为体长的1~1.5 倍。第 5 对胸足呈片状，分 2 节，第 1 节外末角具 1 小刺，内末角向后伸长，其顶端具 2 不等长粗刺；第 2 节具 2 近等长的粗刺与 2 小刺，其中 1 小刺位于节表面中部。**雄性：**体形与雌性相似。第 1 触角呈执握肢。第 5 对胸足更退化，分 2 节，第 1 节外末角具 1 小刺，内末角短小，具 3~4 小刺突；末节宽短并具 2 不等长的粗刺和 1 细长刺。

分布：渤海至南海；太平洋，印度洋，大西洋，南大洋及北冰洋。世界广布种。

参考文献：5，14，24，30，32，33，36，41，44，48，51，52，62，97，113，115，118，152，158，178，217。

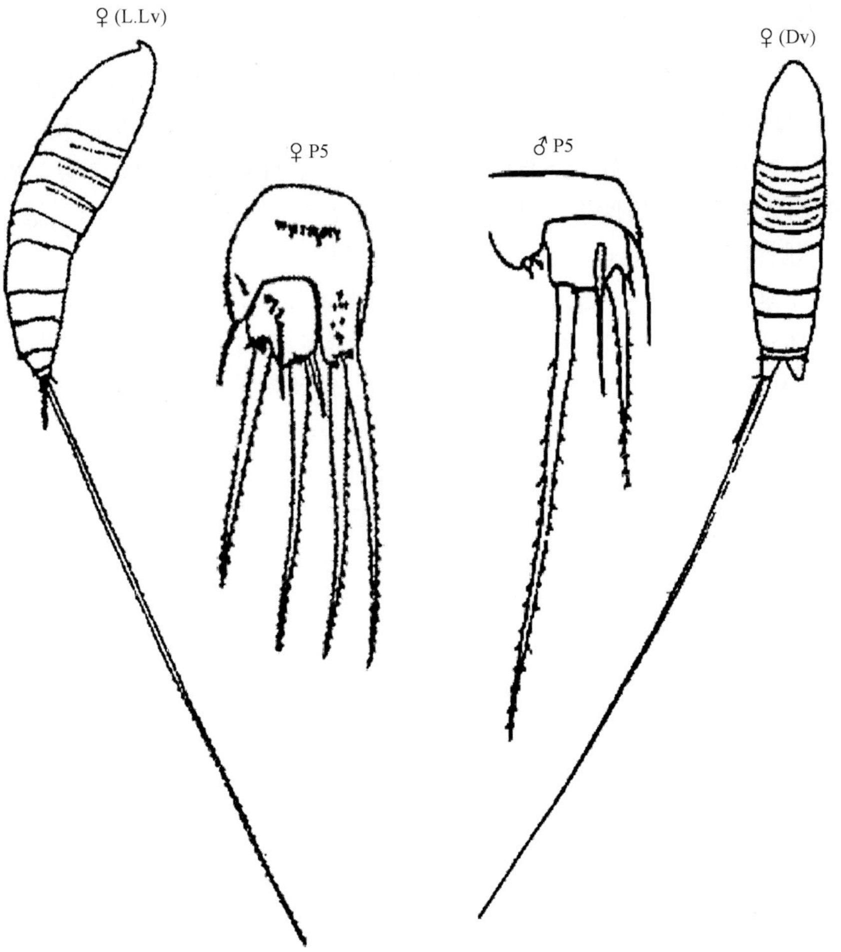

图 621 红小毛猛水蚤 *Microsetella rosea*

[仿陈清潮等，1974（♀L. Lv；♀P5）；Boxshall，1979；Chihara et al.，1997（♀Dv；♂P5）]

（621）红小毛猛水蚤 *Microsetella rosea*（Dana，1847）（图 621）

[*Harpacticus roseus* Dana，1848；*Canthocamptus roseus*：Dana，1852；*Ectinosoma roseum*：Thompson & A. Scott，1903]

形态特征：

体长： ♀0.36~1.30 mm，♂0.37~0.70 mm。体形与小毛猛水蚤(*M. norvegica*)相似，但个体较大，尾叉短小，其长度与宽度近相等，末端长刚毛约为体长的 2 倍，**雌性：**第 5 对胸足呈片状，分 2 节，第 1 节外末角具 1 小刺，内末角狭长，其顶端具 2 粗大而等长的末刺；第 2 节具 2 近等长的粗刺和 2 小刺，其中 1 小刺位于节表面中部。**雄性：**第 5 对胸足更短小，分 2 节，第 1 节外末角也具 1 小刺，内末角较突出，可达末节中部，仅具 2~3 小刺突；第 2 节近方形，具 2 不等长粗刺和 1 细长刺。

分布：渤海至南海；太平洋，印度洋，大西洋及南大洋。世界广布种。

参考文献：5，14，24，30，32，33，36，41，44，48，51，52，62，82，97，113，118，152，178，199，216，217。

42. 谐猛水蚤科 Family Euterpinidae Brian，1921

身体瘦小，呈纺锤形。前体部分4节；后体部雌性分5节，雄性6节。尾叉及尾刚毛均短小，额角尖锐，侧面观呈喙状。雌性第1触角分7节，雄性分5节并呈执握肢，末节顶端尖锐呈长爪状。第2触角内肢分2节，外肢仅1节。第1对胸足内、外肢均分2节。雌性第2~4对胸足内、外肢均分3节，而雄性第2对胸足内肢仅分2节。第5对胸足单节，呈片状，其末端具2~4粗刺。雄性第6对胸足也呈片状，末端具2粗刺。

本科仅有1属(1种)——谐猛水蚤属［真猛水蚤属］*Euterpina* Norman，1903［*Euterpe* Claus，1863；Mori，1929，1937；郑重等，1965；陈清潮等，1974］，中国海域也有记录。

注：Rose(1933)、Lang(1948)、郑重等(1965)、陈清潮等(1974)等将谐猛水蚤属(*Euterpina*)置入大吉猛水蚤科(Tachidiidae)之中。但是Chihara和Murano(1997)、Boxshall和Halsey(2004)、陈清潮(2008)、连光山等(2012)又将谐猛水蚤属置入Brian(1921)所建立的谐猛水蚤科(Euterpinidae)之中，显然更为恰当。本书也采用后者的科名。

属名 Genera	种数	页码
谐猛水蚤属 *Euterpina* Norman，1903	1	699

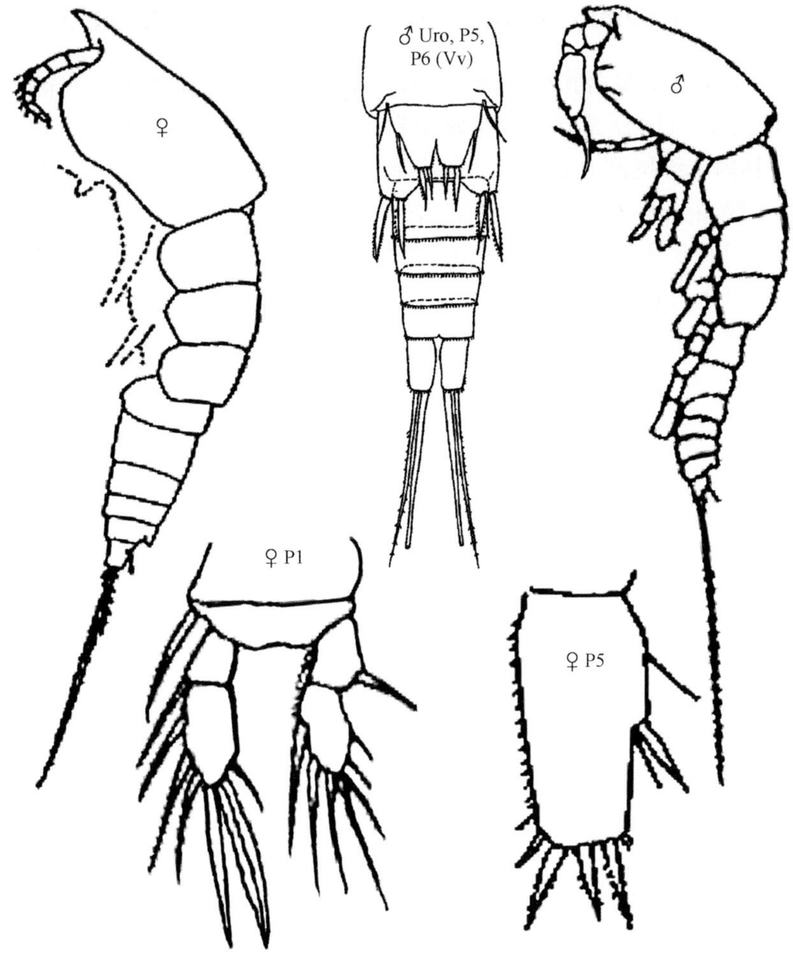

图 622 尖额谐猛水蚤 *Euterpina acutifrons*
[仿陈清潮等，1974（♀）；郑重等，1965（♀P1；♀P5）；Giesbrecht，1892（♂）]

（622）尖额谐猛水蚤 *Euterpina acutifrons*（Dana，1847）（图 622）

[*Harpacticus acutifrons*：Dana，1848，1852；*Euterpe acutifrons*：Giesbrecht，1892；Eesterly，1905；Farran，1929，1936；Mori，1929，1937；郑重等，1965；*E. gracilis*：Claus，1863；Thompson，1890；Brady，1880，1915]

形态特征：

体长：♀0.50~0.76 mm，♂0.50~0.70 mm。额角尖锐呈喙状，第 1 对胸足内、外肢均分 2 节。**雌性：**第 1 对触角分 7 节。第 2~4 对胸足内、外肢均分 3 节。第 5 对胸足单节，呈长方形，外缘近端具 1 刺毛，中部具 1 粗刺及 1 刺毛，末端具 4 粗刺，内末刺较短小。**雄性：**第 1 对触角分 5 节，呈执握肢，末端尖锐呈长爪状。第 2 对胸足内肢仅分 2 节，外肢分 3 节。第 3~4 对胸足内、外肢均分 3 节。第 5 对胸足单节，左、右足基部愈合，末部较狭小，顶端具 2 不等长粗刺，外缘基部及中部各具 1 长刺毛。第 6 对胸足短小呈片状，末端各具 2 粗刺。

分布：黄海至南海；太平洋，印度洋及大西洋。世界广布种。

参考文献：5，14，24，30，32，33，36，41，44，48，52，72，82，97，113，118，152。

43. 灵巧猛水蚤科 Family Metidae Sars, 1910［Ilyopsyllidae A. Scott, 1909］

头部宽大，向后至腹部显著狭小，前、后体部分界不明显。前体部分4节，头部与第1胸节愈合。后体部短小，雌性分5节，雄性分6节。生殖孔1对，位于腹面。尾叉短小近方形，具4~6尾刚毛，其内末缘尾刚毛很细长。额角粗大，基部与头部分开，其顶端具1对粗刺突或钝圆。雌性第1触角分5~6节，雄性6~7节。第1对胸足外肢分3节，内肢分1~3节并具2末端刺。第2~4对胸足内、外肢均分3节。第5对胸足呈片状，基部愈合，顶端常具1~4刺突，外缘近基部常具1外缘刚毛或缺。

本科有2属9种。中国海域仅记录1属1种。

属名 Genera	种数	页码
灵巧猛水蚤属 *Metis* Philippi, 1843	1	701

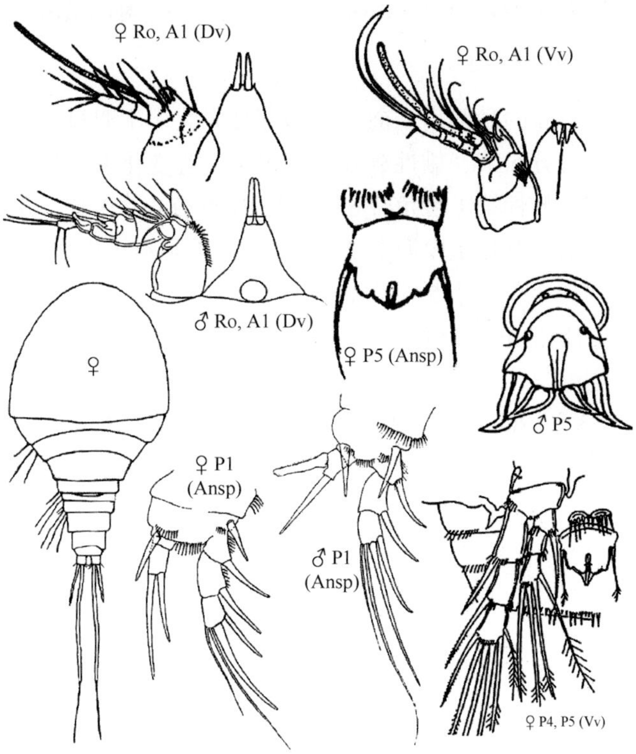

图 623 海参灵巧猛水蚤 *Metis holothuriae*
[仿 Gurney, 1927 (♀Ro, A1; ♀P4, P5; ♂Ro, A1; ♂P5); Sewell, 1940 (♀; ♀P1; ♂P1)]

(623) 海参灵巧猛水蚤 *Metis holothuriae* (Edwards, 1891) (图 623)

[*Abacola holothurie*: Edwards, 1891; *Ilypsyllus coriaceus*: Claus, 1893, 1897; *Ilyopsyllus jousseaumei* Richard, 1892; *I. affinis*: T. Scott, 1893; A. Scott, 1909; Thompson & A. Scott, 1903; *I. sarsi*: Sharpe, 1910; 捷氏灵巧猛水蚤 [珠巧猛水蚤] *Metis jousseaumei*: Gurney, 1927d; Wilson, 1932; Sewell, 1940; 连光山, 林玉辉, 2006; 连光山, 黄将修, 2008; 陈清潮, 2008; *M. sarsi*: Monard, 1928]

形态特征:

体长: ♀0.35~0.82 mm, ♂0.30~0.68 mm。**雌性:** 背面观, 前体部呈倒梨形, 分 4 节。后体部短小, 分 5 节, 尾叉短小呈方形, 末端具 2 不等长刚毛, 其内末缘长刚毛为外末缘短刚毛长度的 3~4 倍。额角粗大, 呈三角形, 顶端具 2 刺突。第 1 对触角分 5~6 节, 第 1 节或 2 节具 1 粗大突起, 第 2 或 3 节具 1 长感觉棒。第 1 对胸足内肢分 2 节, 末节顶端具 2 不等长粗刺, 其内末刺较长, 外肢分 3 节。第 2~4 对胸足内、外肢均分 3 节。第 5 对胸足呈片状, 左、右足基部愈合, 其前表面具 2 列小刺毛, 顶端各具 1 小刺突, 外缘也具 1 长刺毛。**雄性:** 体形与雌性相似, 第 1 触角分 7 节, 第 1 节粗大并具 1 大突起, 第 6 节具 1 爪状突。第 1 对胸足内肢分 2 节, 末节具 2 粗末刺, 其内末刺较粗短。第 5 对胸足呈片状, 基部愈合, 末端各具 2 不等长粗刺突, 基部表面具 1 外缘刚毛。

分布: 厦门湾, 台湾南湾及基隆港, 南海; 太平洋, 印度洋及大西洋。世界广布沿岸种。

参考文献: 24, 36, 41, 44, 72, 102, 113, 158, 160, 199, 215。

44. 奇异猛水蚤科 Family Miraciidae Dana，1846[粗毛猛水蚤科，大星猛水蚤科 Macrosetellidae]

身体狭长，呈圆柱状，有的稍侧扁。前、后体部分界大多不明显，前体部分 4 节，头部与第 1 胸节愈合。后体部雌性分 5 节，雄性分 6 节。尾叉形态变化大，最多具 7 尾刚毛。额角尖锐或缺，有的顶端具缺刻。雌性第 1 触角分 6~8 节，雄性分 6~10 节，并呈执握肢。第 1~4 对胸足外肢均分 3 节；雌性第 1 对胸足内肢分 2 节，第 2~4 对胸足内肢分 3 节；雄性第 1~2 对胸足内肢分 2 节，其余均分 3 节。第 5 对胸足单肢型，分 2 节，雌性第 1 节内小叶具 3~5 刚毛，第 2 节具 4~6 刚毛；雄性第 1 节内小叶具 2~3 刚毛，第 2 节也具 4~6 刚毛，也有第 2 节与第 1 节愈合，仅具 4 刚毛。

本科含 52 属，约 353 种(Boxshall & Halsey，2004)，其中仅有 4 属(5 种)为海洋浮游性种类，其余绝大部分种、属是海洋底栖性种，仅少数为淡水、咸淡水种及共生性种。中国海域仅记录 2 属 2 种浮游性种。

属名 Geners	种数	页码
长毛猛水蚤属［大星猛水蚤属］*Macrosetella* A. Scott，1909 ［毛猛水蚤属 *Setella* Dana，1846］	1	………… 703
奇异猛水蚤属［奇嫩猛水蚤属］*Miracia* Dana，1846	1	………… 704

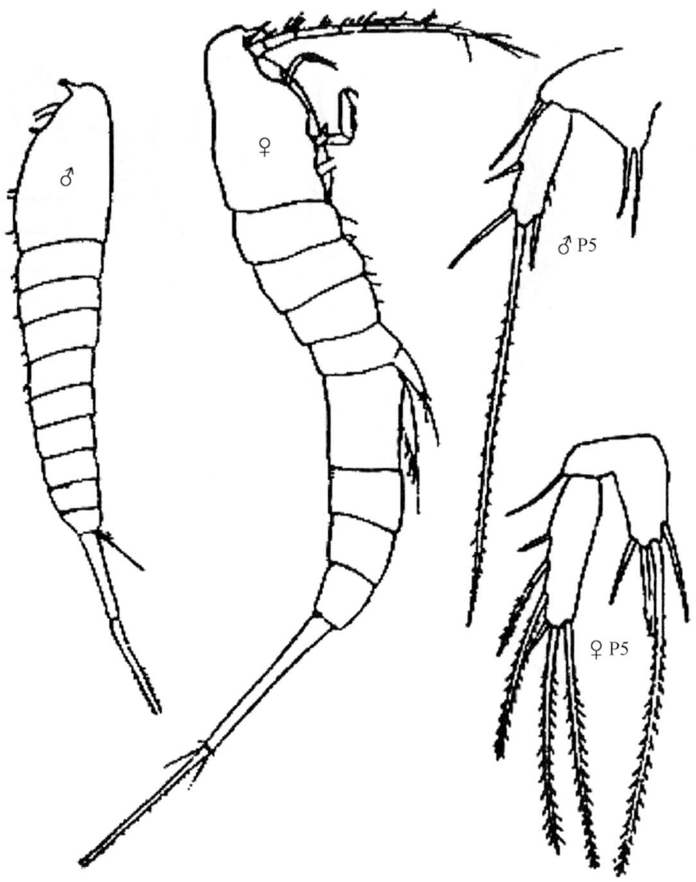

图 624 瘦长毛猛水蚤 *Macrosetella gracilis*
[仿郑重等，1965（♀；♂）；陈清潮等，1974（♀P5；♂P5）]

（624）瘦长毛猛水蚤［秀丽大星猛水蚤］*Macrosetella gracilis*（Dana，1847）（图 624）

［*Setella gracilis* Dana，1847；Brady，1883，1915；Giesbrecht，1892；Farran，1929；Mori，1929，1937；Dakin & Colefax，1940；Sewell，1947］

形态特征：

体长：♀1.1～1.5 mm，♂1.0～1.3 mm。**雌性**：身体瘦长，背面观，前额狭尖，额角粗短，呈能活动的片状。前体部分 4 节，后体部分 5 节。尾叉长约为宽的 10 倍，第 2 尾刚毛特别长，并稍大于体长。第 1 触角分 8 节。第 1 对胸足内肢分 2 节，外肢分 3 节。第 2～4 对胸足内、外肢均分 3 节。第 5 对胸足单肢型，各分 2 节，第 1 节内小叶末端具 4 刺毛，其中有 1 根很长的羽状刺毛；第 2 节具 6 刺毛，其中有 3～4 根较长的羽状刺毛。**雄性**：体形与雌性相似，后体部分 6 节。第 1 触角分 8 节，均呈执握触角，末节呈长爪状。第 1～2 对胸足内肢均分 2 节，外肢分 3 节。第 3～4 对胸足内、外肢均分 3 节。第 5 对胸足分 2 节，第 1 节内小叶较宽短，末端仅具 2 等长刺毛；第 2 节较狭长，内、外缘分别具 2 微刺及 1 粗刺，节末端具 3 刺毛，中刺毛最长并呈羽状。

分布：东海至南海；太平洋，印度洋及大西洋。世界广布种。

参考文献：1，5，14，24，25，30，32，33，36，41，44，46，48，51，118，152，158，161，215～217。

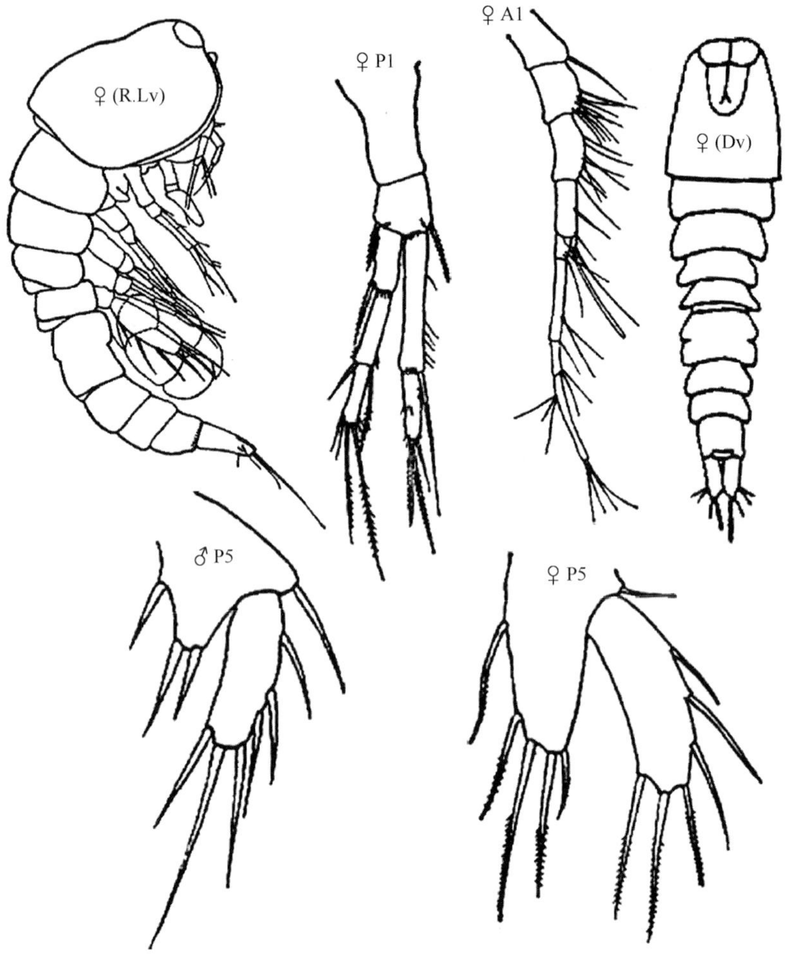

图 625　奇异猛水蚤 *Miracia efferata*

[仿郑重等，1982（♀R. Lv；♀A1；♀P1；♀P5）；Chihara et al.，1997（♀Dv；♂P5）]

（625）奇异猛水蚤［奇嫩猛水蚤］*Miracia efferata* Dana，1846（图 625）

形态特征：

体长：♀1.45~2.00 mm，♂1.3~1.65 mm。**雌性：**头部前端宽圆，具 1 对大晶体，位于头部背面前端并相靠近。后体部分 5 节，生殖节粗大，两侧中部凹陷，尾叉长约为宽的 3 倍。第 1 触角狭长并分 8 节。第 2 触角外肢 1 节，并具 2 刺毛。第 1 对胸足内肢分 2 节，外肢分 3 节。第 2~4 对胸足内、外肢均分 3 节。第 5 对胸足短小，单肢型并分 2 节，第 1 节内小叶长大，具 5 刺毛，末节狭长并具 6 刺毛。**雄性：**体形和雌性相似，第 5 对胸足较雌性短小，分 2 节，第 1 节内小叶宽短，呈三角形，仅具 3 刺毛，末节狭长，具 6 刺毛。

分布：东海至南海；太平洋，印度洋及大西洋。暖水性世界广布种。

参考文献：24，37，41，44，46，48，79，82，113，215，217。

Ⅶ 歧口水蚤目[鞘口水蚤目] Order Poecilostomatoida Thorell, 1859

本目的种类组成相当复杂。大多数为海产寄生或共生性种类，仅有6科为海产浮游性种类。此外，在沿岸海域还常出现一些暂时性或阶段性浮游生活的种类，包括某些寄生或共生性种暂时脱离宿主而在水中浮游，或在幼体阶段营浮游生活而成体营寄生或共生的种类。

据 Huys 和 Boxshall(1991)的记述，本目含46科，然而 Boxshall 和 Halsey(2004)又将歧口水蚤目(Poecilostomatoida)合并入剑水蚤目(Cyclopoida)之中。这是否恰当，有待进一步深入探讨。我们仍把歧口水蚤目作为独立、有效的目，不把它合并入剑水蚤目之中。

本目桡足类的体形变化多样。前、后体部之间的活动关节位于第4胸节与第5胸节之间。前体部4~5节，后体部1~6节。额角与头部愈合或缺。第1触角较短小，最多分8节；雄性无膝状节，不成为执握肢。第2触角单肢型，分3~4节。第1小颚退化为双叶状结构。雌、雄性颚足异形，分3~4节，末节常呈爪状。第1~4对胸足内、外肢常分3节，少数第4对胸足内肢退化为1~2小节或消失。第5对胸足单肢型，分1~2节或消失。

中国海域仅出现4科10属77种浮游性种类。

45. 大眼水蚤科[大眼剑水蚤科] Family Corycaeidae Dana, 1852

本科大多为小型桡足类(0.7~2.0 mm)。前体部呈长椭圆形，分4~5节。头部前端具1对晶体状角眼。头部与第1胸节分开或愈合。第3胸节后侧角突出呈翼状。后体部狭小，分1~3节。尾叉呈棒状。第1触角短小，分6节。第2触角分4节。顶端是1强大的爪状长刺突，呈执握状。颚足分3节，末端也具1爪状刺突。第1~3对胸足内、外肢均分3节。第4对胸足外肢分3节，内肢退化或消失，仅具1小节和1~2刚毛。第5对胸足退化，仅具2刚毛。

本科原先仅有2属：大眼[剑]水蚤属 *Corycaeus*(含6亚属)和羽刺大眼[剑]水蚤属 *Farranula* [=*Corycella*]。此后，Boxshall 和 Halsey(2004)又把6亚属提升为属。为了保持已被长期使用的学名的稳定性，我们仍采用2属6个亚属的分类系统名称。中国海域均有分布，计31种。

属名 Genera	种数	页码
大眼水蚤属[大眼剑水蚤属] *Corycaeus* Dana, 1849	24	…… 706
羽刺大眼水蚤属[羽刺大眼剑水蚤亚属] *Farranula* [=*Corycella*] Wilson, 1932	7	……… 730

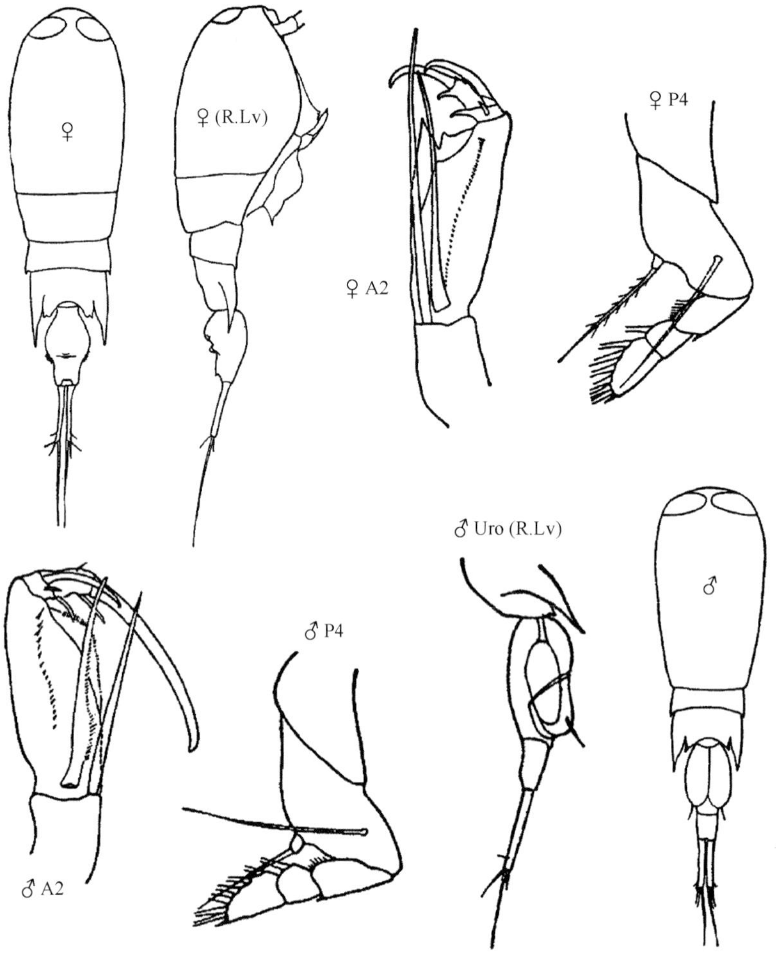

图 626 柔大眼水蚤 *Corycaeus*（*Agetus*）*flaccus*（仿郑重等，1982）

（626）柔大眼水蚤［柔大眼剑水蚤］

Corycaeus（*Agetus*）*flaccus* Giesbrecht，1891（图 626）

［*Corycaeus flaccus* Giesbrecht，1891，1892］

形态特征：

体长：♀1.56~1.67 mm，♂1.37~1.56 mm。**雌性：**头部与第 1 胸节分开。第 3、4 胸节愈合。第 3 胸节后侧角尖长，可达后体部中部。后体部单节。背面观，其两侧中部膨大，并具一些细毛；侧面观，其背面基部显著隆起，背中央具 1 小瘤状突。尾叉长约为宽的 8 倍。第 2 触角第 1、2 基节的内刺近等长，第 2 基节外缘无细刺列，内末缘具 2 锐齿。第 4 对胸足外肢第 2 节无外末刺，内肢具 1 小节及 1 长刚毛。**雄性：**前额较宽圆，角眼间距较小。第 3、4 胸节后侧角与雌性相似。后体部分 2 节，生殖节呈椭圆形，其长约为宽的 1.5 倍。肛节长仅为生殖节长的1/3。尾叉长约为宽的 7 倍。第 2 触角第 2 基节外缘无细刺列，内末缘无锐齿，仅具 1 列细刺。第 4 对胸足结构与雌性相似。

分布：东海至南海；太平洋，印度洋及大西洋。暖水种。

参考文献：4，5，14，23，24，25，30，44，48，51，62，82，118，119，152，158，176，216。

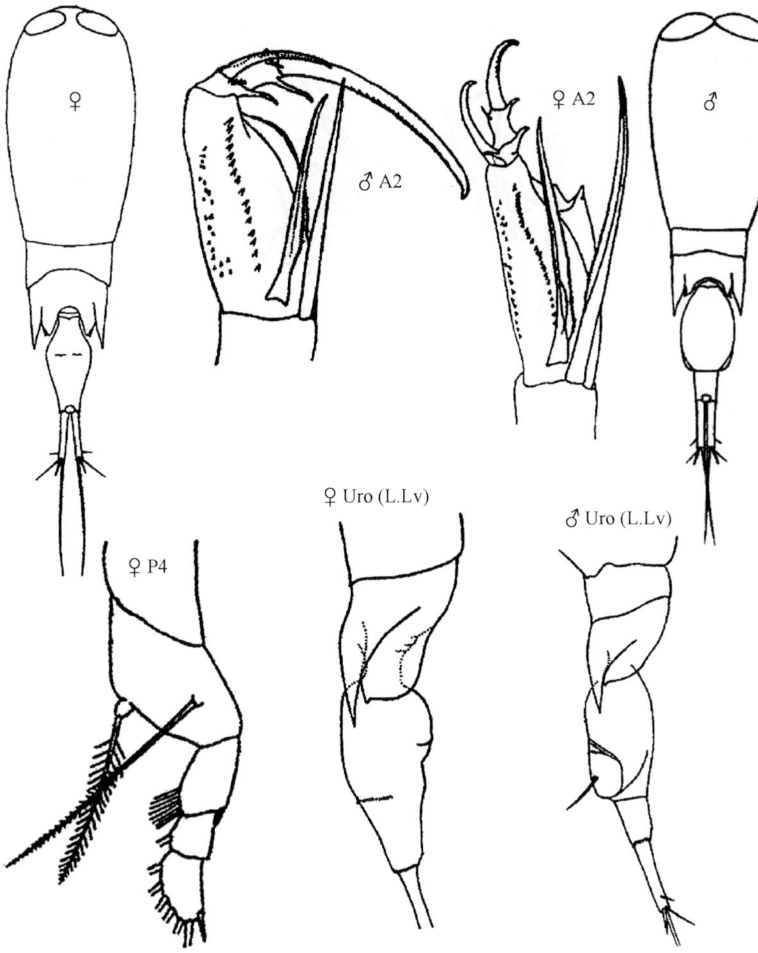

图 627 菱形大眼水蚤 *Corycaeus* (*Agetus*) *limbatus*（仿连光山，林金美，1978）

(627) 菱形大眼水蚤[菱形大眼剑水蚤] *Corycaeus* (*Agetus*) *limbatus* Brady, 1883 (图 627)

[*Corycaeus elongatus* Giesbrecht, 1892; A. Scott, 1909; *C. limbatus* Brady, 1883]

形态特征：

体长：♀1.36~1.59 mm，♂1.2~1.29 mm。**雌性：**头部与第 1 胸节愈合。第 3、4 胸节也愈合。第 3 胸节后侧角长达生殖节基部的1/3处。后体部单节，其长约为尾叉长的 2 倍。背面观，生殖节两侧中部膨大，呈长菱形；侧面观，生殖节背面近端隆起，中部稍凹陷，后部渐狭小。尾叉长约为宽的 7 倍。第 2 触角第 2 基节内末缘具 2 锐齿。第 4 对胸足外肢第 2 节无外缘刺，内肢具 1 小节和 1 长刚毛。**雄性：**前额较宽平，左、右角眼相连接。生殖节呈长椭圆形，其长约为宽的 1.6 倍。肛节呈长方形，约为生殖节长的1/3。尾叉长约为宽的 5 倍。第 2 触角第 2 基节内末缘无锐齿，仅具 1 列细刺。

分布：东海至南海；太平洋，印度洋及大西洋。暖水种。

参考文献：4，5，24，30，44，51，82，97，119，152，158，176。

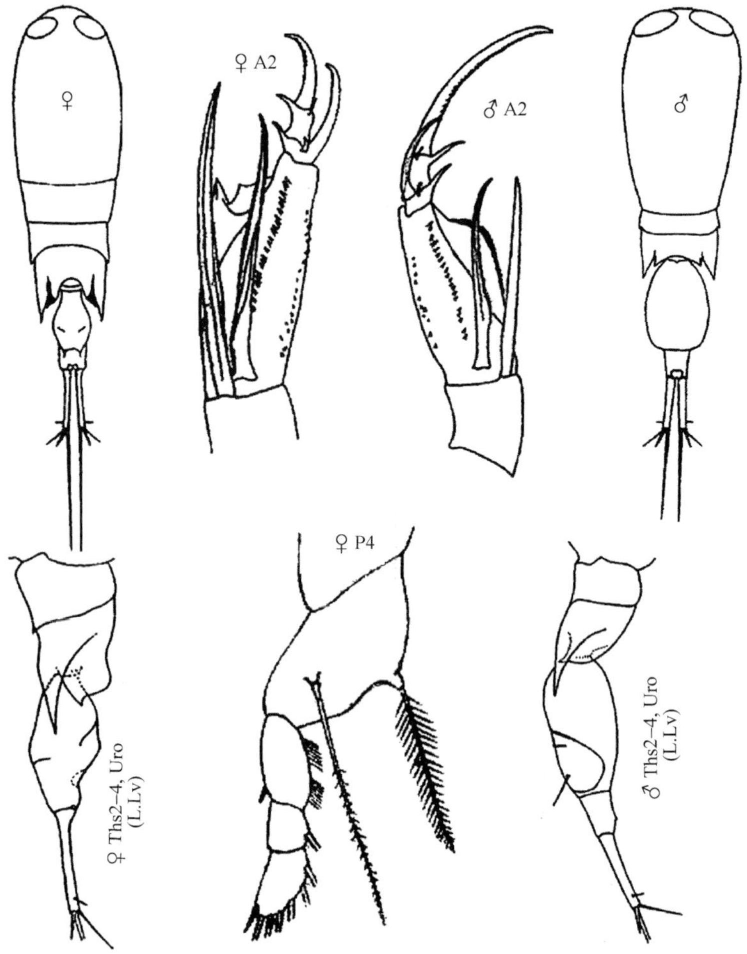

图 628 典型大眼水蚤 *Corycaeus*（*Agetus*）*typicus*（仿连光山，林金美，1978）

（628）典型大眼水蚤［典型大眼剑水蚤］*Corycaeus*（*Agetus*）*typicus*（Kröyer，1849）（图 628）

［*Agetus typicus* Kröyer，1849；*Corycaeus alatus* Giesbrecht，1892；
C. elongatus Claus，1863；Giesbrecht，1892（♂）；*C. typicus*（Kröyer，1849）］

形态特征：

体长：♀1.50~1.69 mm，♂1.40~1.54 mm。**雌性：**头部与第 1 胸节分开。第 3、4 胸节愈合。第 3 胸节后侧角长达生殖节中部。第 4 胸节后侧角较宽短而尖锐，侧面观，其背面显著隆起，并在背末缘形成近直角形的大突起，其末端截平，腹侧末缘具 1 三角形刺突。后体部单节，其长约为尾叉长的 1.3 倍。背面观，生殖节近长方形，两侧中部稍膨大，近末端 1/4 处的背面具 1 宽大的凹陷；侧面观，生殖节背部显著隆起，并在本节末端 1/4 处具 1 三角形凹陷。尾叉长约为宽的 8 倍，左、右尾叉近平行。第 2 触角第 2 基节外缘具细刺列，内末缘具 2 锐齿。第 4 对胸足外肢第 2 节无外缘刺，内肢具 1 小节和 1 长刚毛。**雄性：**头部前端较宽圆，左、右角眼间距较小。后体部分 2 节，生殖节呈宽卵圆形，其长约为宽的 1.5 倍。肛节近方形。尾叉长约为宽的 6 倍。第 2 触角第 2 基节内末缘无锐齿，仅具 1 列细刺。

分布：东海至南海；太平洋，印度洋及大西洋。暖水种。

参考文献：3，5，24，30，44，50，51，62，82，97，119，152，176。

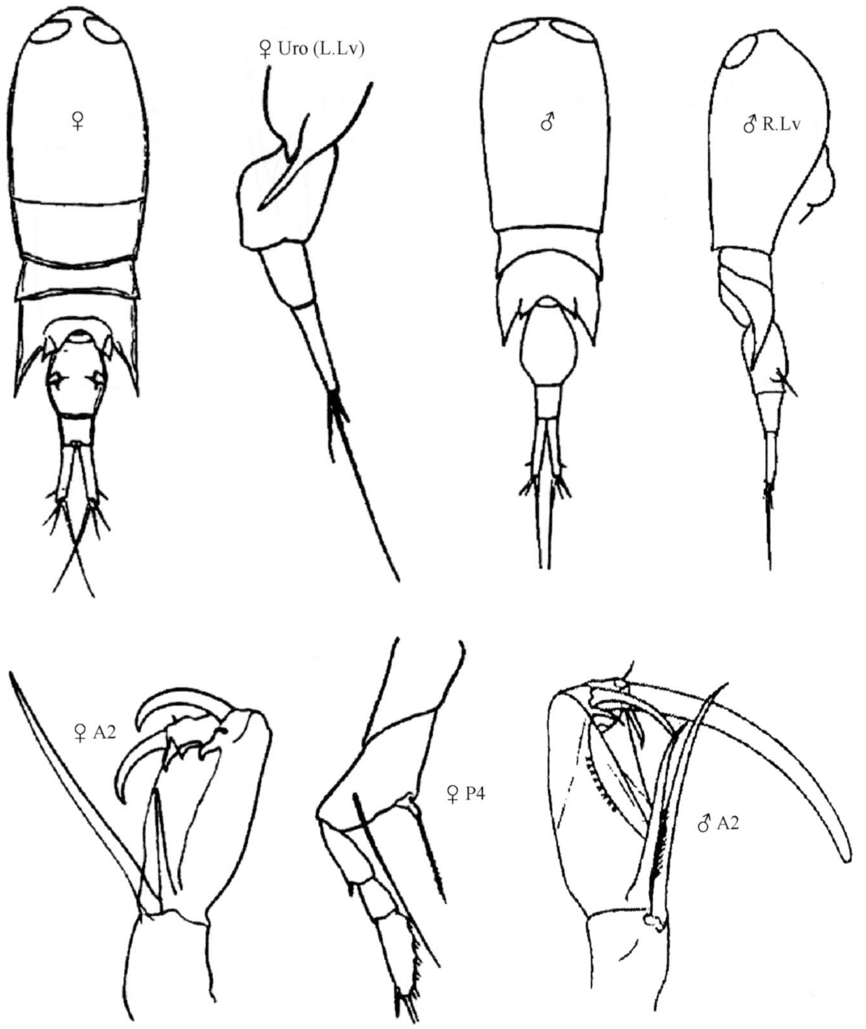

图 629 克氏大眼水蚤 *Corycaeus* (*Corycaeus*) *clausi*
[仿 Tanaka, 1957c (♀; ♂); Dahl, 1912 (♂ R. Lv; ♂ A2)]

(629) 克氏大眼水蚤 *Corycaeus* (*Corycaeus*) *clausi* F. Dahl, 1894 (图 629)

[*Corycaeus clausi* F. Dahl, 1894; *C. ovalis* Giesbrecht, 1892]

形态特征:

体长: ♀1.50~1.74 mm, ♂1.35~1.44 mm。**雌性:** 头部与第1胸节分开。第3胸节后侧角长达生殖节末部2/3处。生殖节呈卵圆形,长稍大于宽。肛节宽短,近方形。尾叉长为宽的4~5倍,约为肛节长的2倍,左、右尾叉撇开。第2触角第1基节内刺长为第2基节内刺长的2倍多,第2基节内末缘具1锐齿和1不明显的小齿突。第4对胸足内肢具1小节及1刚毛。**雄性:** 第3胸节后侧角长达生殖节近中部。生殖节呈卵圆形,其长短于肛节与尾叉长度之和。肛节长为基部宽度的1.5倍。尾叉长为宽的6倍。第2触角第2基节内末缘具1锐齿。

分布: 东海,台湾海峡;太平洋,印度洋及大西洋。暖水种。

参考文献: 24, 44, 48, 82, 97, 106, 176。

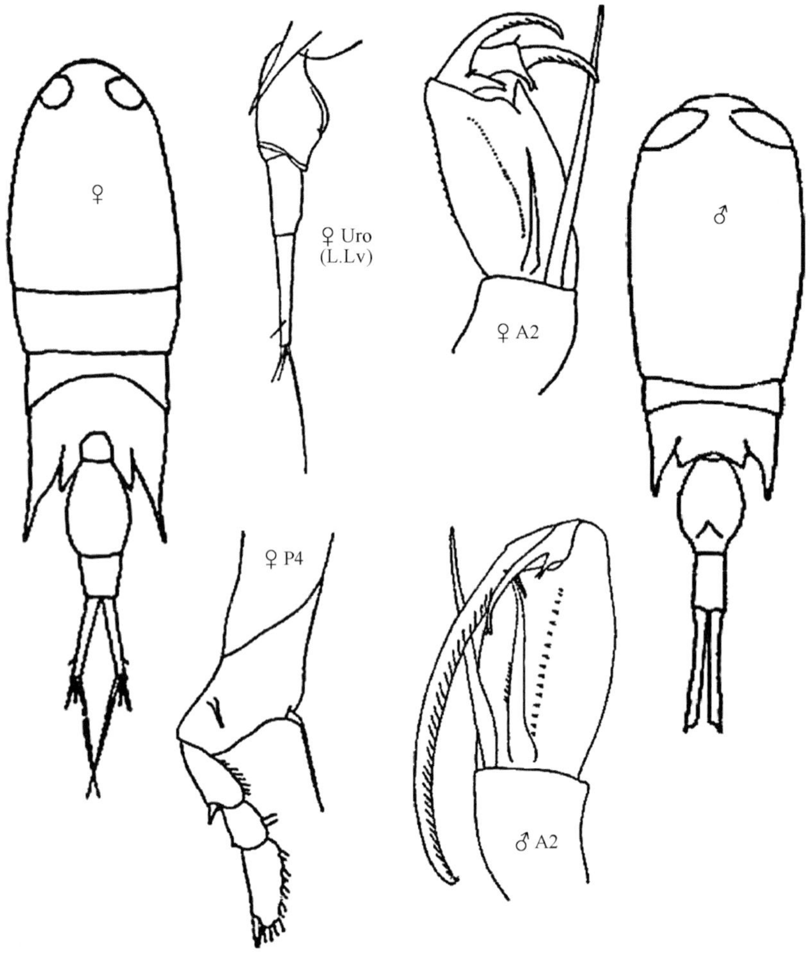

图 630 微胖大眼水蚤 *Corycaeus*（*Corycaeus*）*crassiusculus*
［仿陈清潮等，1974（♀；♂）；郑重等，1982（♀Uro，L. Lv）］

（630）微胖大眼水蚤［微胖大眼剑水蚤］*Corycaeus*（*Corycaeus*）*crassiusculus* Dana，1849（图 630）

［*Corycaeus crassiusculus* Dana，1849；*C. venustus* Dana，1849，1852；*C. danae* Giesbrecht，1891，1892；A. Scott，1909；Wilson，1932］

形态特征：

体长：♀1.44～1.89 mm，♂1.27～1.65 mm。**雌性：**头部与第 1 胸节分开。第 2 胸节后侧角尖锐。第 3、4 胸节愈合。第 3 胸节后侧角向后可达生殖节近末端。生殖节呈长卵形，背面隆起，背末缘常覆盖部分肛节。肛节基部较末部宽大。尾叉长为宽的 6～8 倍，左、右尾叉稍撇开。第 2 触角第 2 基节内末缘具 2 个大小不等的锐齿。第 4 对胸足内肢具 1 小节和 1 短刺毛。**雄性：**第 3 胸节后侧角长达生殖节近端 1/3 处。生殖节呈卵圆形，长为宽的 1.5 倍。肛节长为基部宽度的 2 倍。尾叉长为宽的 8 倍。

分布：东海至南海；太平洋，印度洋及大西洋。暖水种。

参考文献：4，5，14，23，24，25，30，33，44，48，51，62，82，97，118，119，158，176，215。

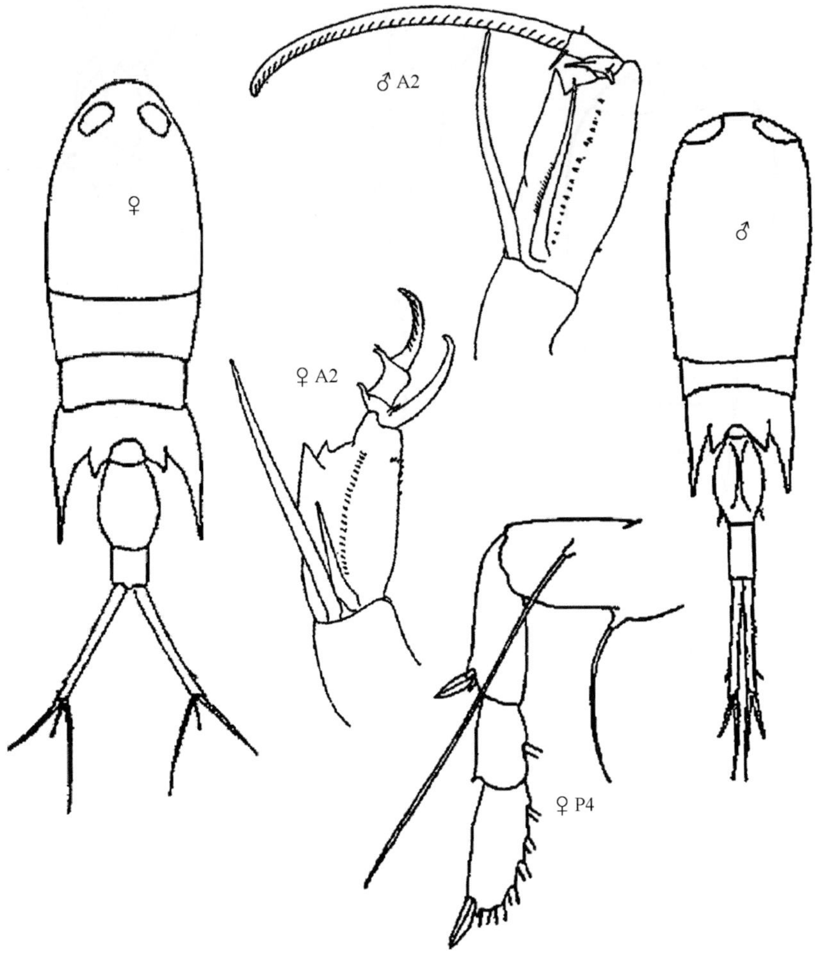

图 631 美丽大眼水蚤 *Corycaeus* (*Corycaeus*) *speciosus* (仿陈清潮等, 1974)

(631) 美丽大眼水蚤[美丽大眼剑水蚤] *Corycaeus* (*Corycaeus*) *speciosus* Dana, 1849 (图 631)

[*Corycaeus speciosus* Dana, 1849]

形态特征:

体长: ♀1.86~2.07 mm, ♂1.48~1.77 mm。**雌性:** 头部与第 1 胸节分开。第 3、4 胸节愈合。第 3 胸节后侧角长达生殖节末缘。生殖节呈长卵形, 其长度为肛节长的 2 倍多。尾叉长约为宽的 11 倍, 左、右尾叉显著撇开。第 2 触角内末缘具 2 个不等大的锐齿。第 4 对胸足内肢具 1 小节和 1 刺毛。**雄性:** 第 3 胸节后侧角向后伸展超过生殖节中部。生殖节呈卵圆形。肛节长为宽的 2~2.5 倍。尾叉细长, 其长为基部宽的 12~13 倍, 左、右尾叉不撇开。

分布: 东海至南海; 太平洋, 印度洋及大西洋。暖水种。

参考文献: 1, 4, 5, 14, 20, 23, 24, 25, 30, 32, 34, 36, 44, 48, 51, 64, 82, 97, 118, 119, 158, 176, 215~217。

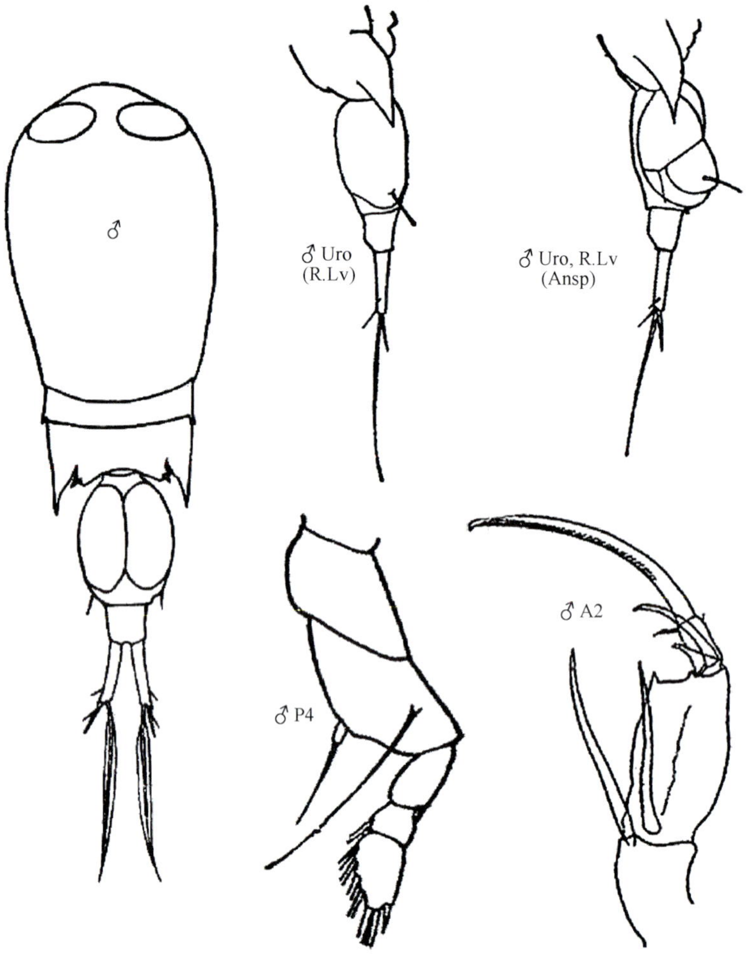

图 632 绿大眼水蚤 *Corycaeus*（*Corycaeus*）*vitreus*（仿郑重等，1982）

（632）绿大眼水蚤[绿大眼剑水蚤]*Corycaeus*（*Corycaeus*）*vitreus* Dana，1849（图 632）

[*Corycaeus vitreus* Dana，1849；*C.*（*Corycaeus*）*viretus*：Tanaka，1957；陈清潮等，1974，2003，2008；郑重等，1982；连光山等，1978，1994，2008]

形态特征：

体长：♂1.55~1.72 mm。**雄性：**身体较膨大。头部宽大并与第 1 胸节愈合。第 3、4 胸节也愈合。第 3 胸节后侧角较短，仅达生殖节基部约 1/3 处。生殖节膨大呈卵圆形，其长大于肛节与尾叉长度之和。肛节短小，基部稍宽于末部，其长度与基部宽度相等。尾叉长为基部宽度的 5~6 倍。第 2 触角第 1、2 基节 2 根大内刺近等长，第 2 基节内末缘仅具 1 锐齿。第 4 对胸足内肢具 1 小节和 1 刺毛。

分布：东海至南海；太平洋，印度洋。暖水种。

参考文献：4，6，14，23，24，25，30，33，44，48，51，62，82，119，176，217。

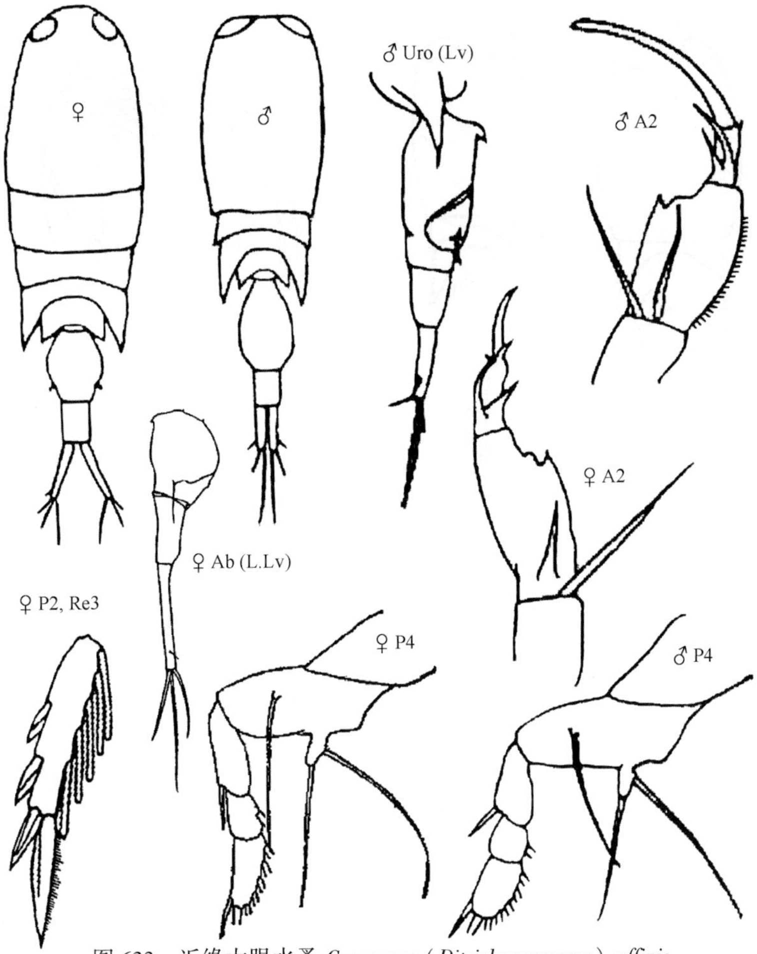

图 633　近缘大眼水蚤 *Corycaeus*（*Ditrichocorycaeus*）*affinis*
［仿陈清潮等，1974；Tanaka，1957c（♀Ab）］

(633) 近缘大眼水蚤［近缘大眼剑水蚤］*Corycaeus*（*Ditrichocorycaeus*）*affinis* Mcmurrichi，1916（图 633）

［*Corycaeus affinis* Mcmurrichi，1916；*C. japonicus* Mori，1937；沈嘉瑞等，1956；郑重等，1965］

形态特征：

体长：♀0. 75~1. 25 mm，♂0. 62~1. 00 mm。**雌性：**前体部分 5 节，第 3 胸节后侧角可达生殖节近端 1/3 或近中部。生殖节呈卵圆形，侧面观，腹面中部较膨大，基部具 1 小钩刺。肛节短小，其长为基部宽度的 1. 5 倍。尾叉长为宽的 7~9 倍。第 2 触角第 1 基节内刺长为第 2 基节内刺长的 2~3 倍，第 2 基节内末缘具 2 锐齿。第 2 对胸足外肢末端刺不弯曲。第 4 对胸足外肢第 1 节外缘刺长超过第 2 节外缘中部，内肢具 1 小节及 2 近等长刚毛。**雄性：**头部与第 1 胸节愈合，第 3、4 胸节分开。生殖节呈卵圆形，其腹面基部也具 1 小钩刺。肛节长为宽的 1. 5 倍。尾叉长为宽的 5~6 倍。第 2 触角第 2 节外缘具细齿列，内末缘也具 2 齿突。第 4 对胸足结构与雌性相似。

分布：渤海至南海；太平洋。暖温带近岸种。

参考文献：4，5，9，14，23，24，30，32，33，36，44，48，51，82，118，176。

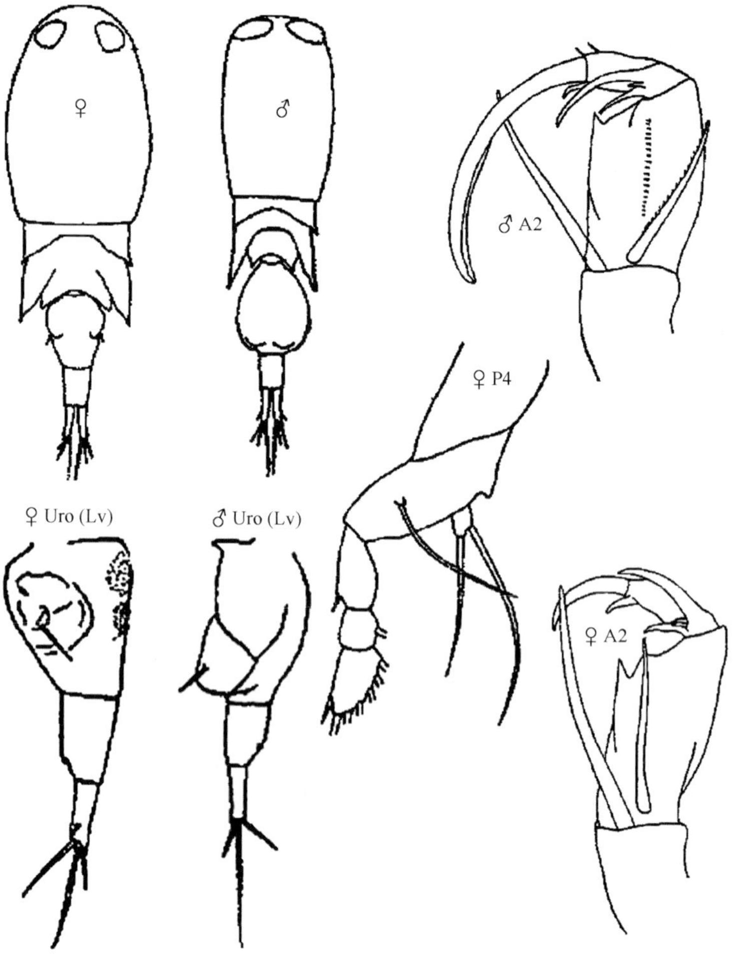

图 634 亮大眼水蚤 *Corycaeus*（*Ditrichocorycaeus*）*andrewsi*（仿陈清潮等，1974）

（634）亮大眼水蚤［亮大眼剑水蚤］*Corycaeus*（*Ditrichocorycaeus*）*andrewsi* Farran，1911（图 634）

［*Corycaeus andrewsi* Farran，1911；*C. trukicus* Mori，1937］

形态特征：

体长：♀1.00～1.07 mm，♂0.82～0.88 mm。**雌性：**第 3 胸节后侧角向后仅达生殖节基部，第 4 胸节后侧角短小。生殖节基部很宽大，侧面观，其背面隆起，腹面平直，其基部呈钝直角形，并具 2 丛微刺毛。肛节长稍大于宽。尾叉长为基部宽度的 4 倍，并稍短于肛节。第 2 触角第 2 基节内末缘具 2 锐齿。第 4 对胸足内肢具 1 小节及 2 长刺毛，并在内肢基部上方另具 1 小突起。**雄性：**第 3 胸节后侧角较雌性狭长，可达生殖基部 1/3 处。生殖节很膨大，呈圆球形，其长为宽的 1.2 倍，侧面观，其腹面基部具 1 小钩刺。肛节长为基部宽度的 1.3 倍。尾叉长为基部宽度的 4 倍，并与肛节近等长。第 2 触角第 2 基节内末缘仅具 1 锐齿。第 4 对胸足与雌性相似。

分布：东海至南海；太平洋及印度洋。暖水种。

参考文献：4，5，14，24，25，30，32，33，36，44，48，51，62，82，118，173，178，216。

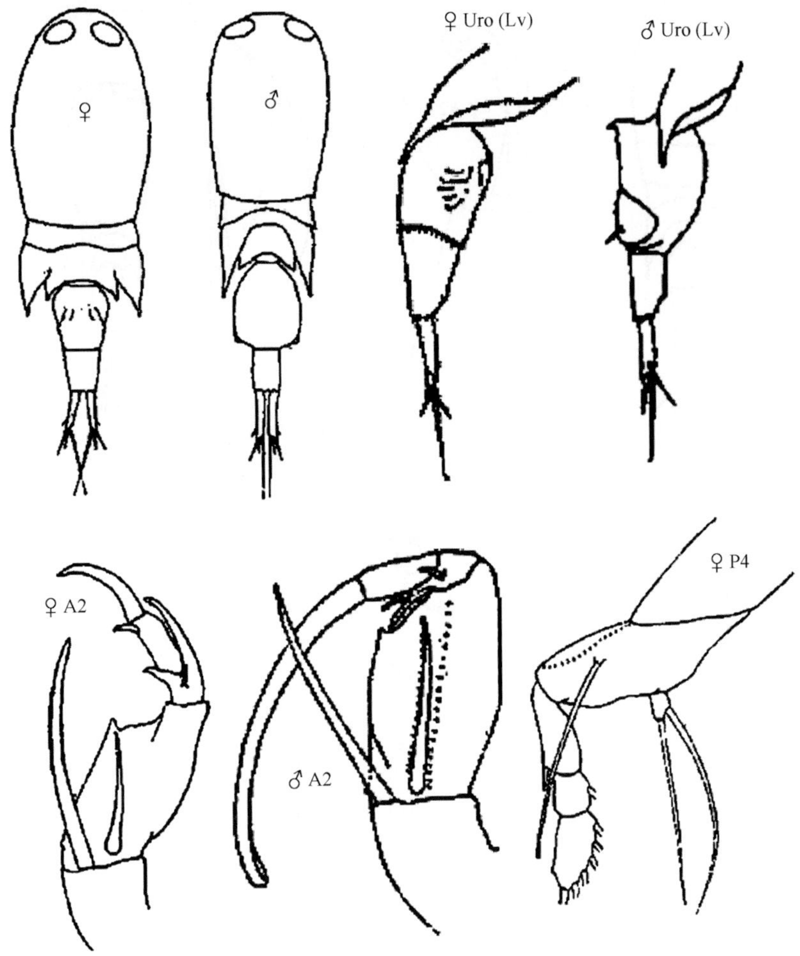

图 635　东亚大眼水蚤 *Corycaeus* (*Ditrichocorycaeus*) *asiaticus*（仿陈清潮等，1974）

(635) 东亚大眼水蚤[东亚大眼剑水蚤] *Corycaeus* (*Ditrichocorycaeus*) *asiaticus* F. Dahl，1894 (图 635)

[*Corycaeus asiaticus* F. Dahl，1894；*C. murrayi* Farran，1911]

形态特征：

体长： ♀1.15~1.26 mm，♂1.04~1.12 mm。**雌性：** 前体部较粗大。第 3 胸节较前 1 节膨大，后侧角发达而尖锐，呈翼状，长达生殖节近中部。第 4 胸节后侧角尖小。生殖节粗大，背面稍隆起，两侧中部近背面各具 1 小突起和 1 刺毛，腹面宽平，无钩刺。肛节较宽大，其长为基部宽度的 1.2 倍，并与尾叉等长。尾叉长为宽的 5 倍。第 2 触角第 2 基节内末缘仅具 1 锐齿。第 4 对胸足内肢具 1 小节及 2 长刺毛。**雄性：** 头部较宽大，第 3 胸节后侧角细长，可达生殖节基部 1/3 处。生殖节后部较宽大，其长度为宽度的 1.2 倍，腹面基部具 1 小钩刺。肛节呈长方形，长为宽的 1.5~2 倍。尾叉稍长于肛节，其长度为宽度的 6 倍。第 2 触角第 2 基节内末缘仅具 1 锐齿。第 4 对胸足与雌性相似。

分布： 东海至南海；太平洋，印度洋及大西洋。暖水种。

参考文献： 3，5，14，20，23，24，30，32，33，36，44，48，51，82，118，119，161，176，178。

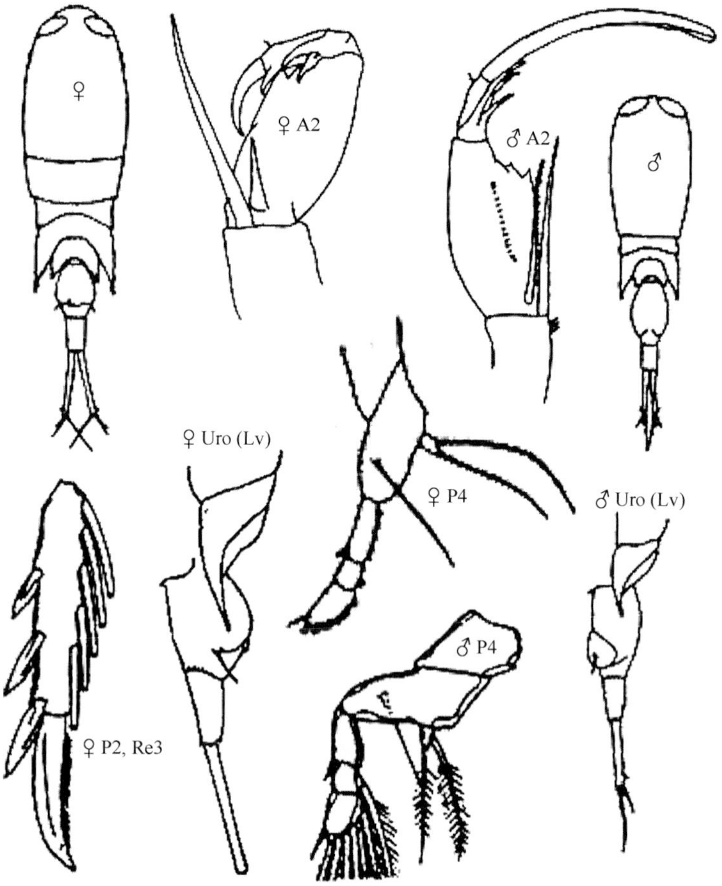

图 636 平大眼水蚤 *Corycaeus*（*Ditrichocorycaeus*）*dahli*
［仿陈清潮等，1974；Chihara et al.，1997（♀P2，Re3；♂P4）］

（636）平大眼水蚤［平大眼剑水蚤］*Corycaeus*（*Ditrichocorycaeus*）*dahli* Tanaka，1957（图 636）

［*Corycaeus dahli* Tanaka，1957；*C. tenuis*：Farran，1911；
C.（*Ditrichocorycaeus*）*lubbocki*：M. Dahl，1912；Dakin & Colefax，1940；
C.（*Ditrichocorycaeus*）*africanus*：Sewell，1947］

形态特征：

体长：♀0.85~1.21 mm，♂0.75~0.98 mm。**雌性：**第 3 胸节后侧角细长而尖锐，长达生殖节基部 2/3 处。第 4 胸节后侧角也尖锐，仅达生殖节基部 1/3 处。生殖节呈卵圆形，背面隆起，侧面观，背面中部具 1 小突起，腹面基部具 1 小钩刺。肛节长为宽的 2 倍。尾叉长为宽的 13~16 倍，左、右撇开。第 2 触角第 1 基节内刺长为第 2 基节内刺长的 3 倍，第 2 基节内末缘具 2 锐齿。第 2 对胸足外肢末端刺的末部向内弯曲，内末缘约具 6 小锯齿。第 4 对胸足外肢第 1 节外末刺很短小，达不到第 2 节外缘中部，内肢具 1 小节及 2 长刺毛。**雄性：**第 3 胸节后侧角仅达生殖节基部 1/3 处。生殖节呈卵圆形，腹面基部具 1 小钩刺。肛节长约为宽的 1.8 倍。尾叉长为宽的 8~9 倍。第 2 触角第 1、2 基节内刺近等长。第 4 对胸足与雌性的相似。

分布：黄海至南海；太平洋及印度洋。暖水种。

参考文献：4，5，23，24，25，30，32，33，36，44，48，51，52，82，161，176，178。

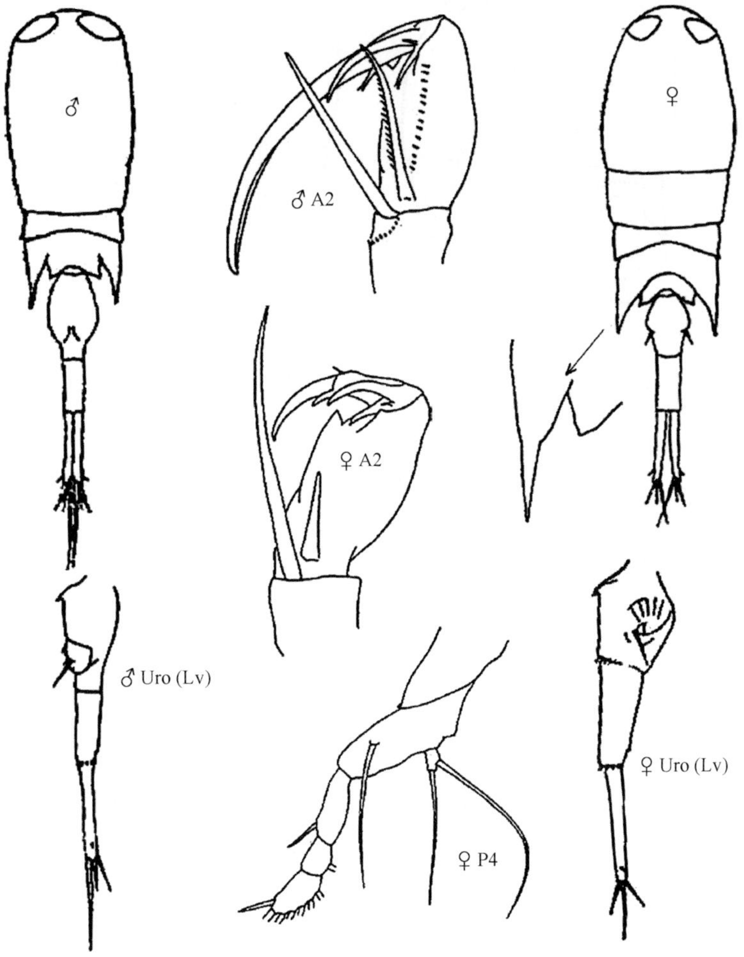

图 637 红大眼水蚤 *Corycaeus* (*Ditrichocorycaeus*) *erythraeus*（仿陈清潮等，1974）

(637) 红大眼水蚤[红大眼剑水蚤] *Corycaeus* (*Ditrichocorycaeus*) *erythraeus* Cleve, 1901 (图 637)

[*Corycaeus erythraeus* Cleve, 1901; *C. dubius* Farran, 1911; Wilson, 1942, 1950; *C.* (*Ditrichocorycaeus*) *dubius*: Tanaka, 1957]

形态特征：

体长：♀0.95~1.10 mm，♂0.84~0.88 mm。**雌性：**第 3 胸节后侧角长达生殖节中部。第 4 胸节后侧角很尖小。后体部狭长，生殖节前半部稍膨大，其长为宽的 1.3~1.5 倍，腹面基部具 1 小钩刺。肛节狭长，其长为宽的 2~2.5 倍。尾叉长为宽的 8~10 倍，左、右尾叉不撇开。第 2 触角第 1 基节内刺长约为第 2 基节内刺长的 3 倍，第 2 基节内末缘具 2 锐齿。第 4 对胸足外肢第 1 节外末刺长超过第 2 节中部，内肢具 1 小节及 2 长刺毛。**雄性：**第 3 胸节后侧角达不到生殖节中部。后体部狭长，生殖节呈长椭圆形，其长为宽的 1.7 倍，腹面基部具 1 小钩刺。肛节长为宽的 2.6 倍。尾叉长为宽的 9 倍。第 2 触角第 1、2 基节内刺近等长，第 2 基节内末缘具 2 锐齿。第 4 对胸足结构与雌性相似。

分布：东海至南海；太平洋，印度洋。暖水种。

参考文献：4，5，14，20，23，24，30，32，33，44，48，51，82，176，178，216，217。

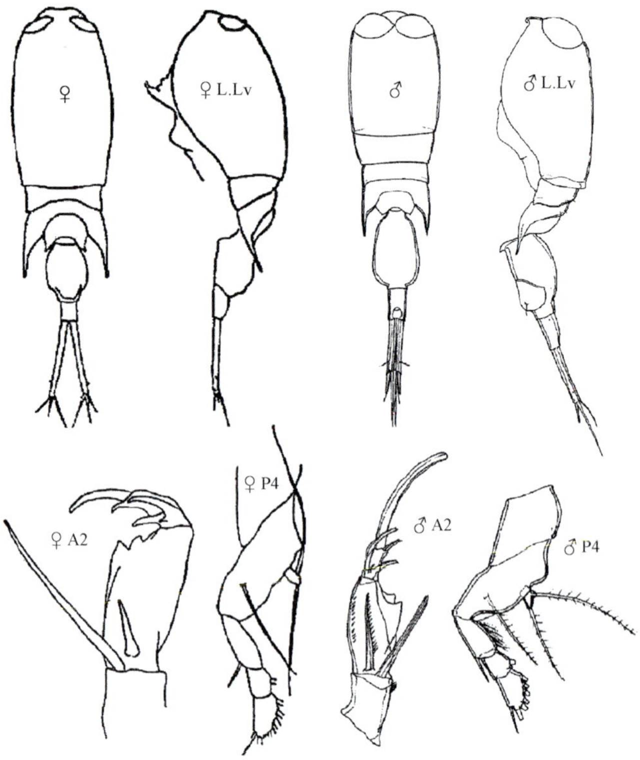

图 638 小突大眼水蚤 *Corycaeus* (*Ditrichocorycaeus*) *lubbocki*
[仿陈清潮等，1974 (♀)；Jin et al.，2013 (♂)①]

(638) 小突大眼水蚤[小突大眼剑水蚤] *Corycaeus* (*Ditrichocorycaeus*) *lubbocki* Giesbrecht，1891 (图 638)

[*Corycaeus lubbocki* Giesbrecht，1891，1892；A. Scott，1909；Wilson，1942，1950]

形态特征：

体长：♀0.75~0.95 mm，♂0.80~0.93 mm。**雌性：**第 3 胸节后侧角细长而尖锐，呈翼状，向后稍超过生殖节中部。第 4 胸节后侧角尖小。生殖节膨大呈卵圆形，其长为宽的 1.5 倍，背面末部中央具 1 钮形突起；侧面观，腹面基部无小钩刺，仅具 1 小突起。肛节短小呈长方形，其长为宽的 1.2~2 倍。尾叉细长，向左、右撇开，其长为宽的 10 倍。第 2 触角第 1 基节内刺长为第 2 基节内刺长的 3 倍多，第 2 基节内末缘具 2 锐齿。第 4 对胸足外肢第 1 节外末刺长达第 2 节外缘 2/3 处，内肢具 1 小节及 2 长刺毛。**雄性：**前额宽大，左、右角眼相连。第 3 胸节后侧角可达生殖节基部 1/3 处。第 4 胸节后侧角钝圆。生殖节粗大，长为宽的 1.5 倍，腹面基部具 1 小钩刺。肛节长为宽的 2 倍。尾叉长为宽的 8~10 倍，左、右尾叉不撇开。第 2 触角第 1、2 基节内刺近等长，第 2 基节内末缘也具 2 锐齿。第 4 对胸足与雌性的相似。

分布：东海至南海；太平洋，印度洋。暖水种。

参考文献：4，5，14，20，23，24，30，32，33，36，44，46，62，97，158，161，216，217。

① Jin H W，Dae H K，Ho Y S. 2013. Three Species of *Ditrichocorycaeus* (copepoda，Cyclopoida，Corycaeidae) from Korean Waters，with New Identification Parameters. Ocean Sci. J.，48(4)：419-437.

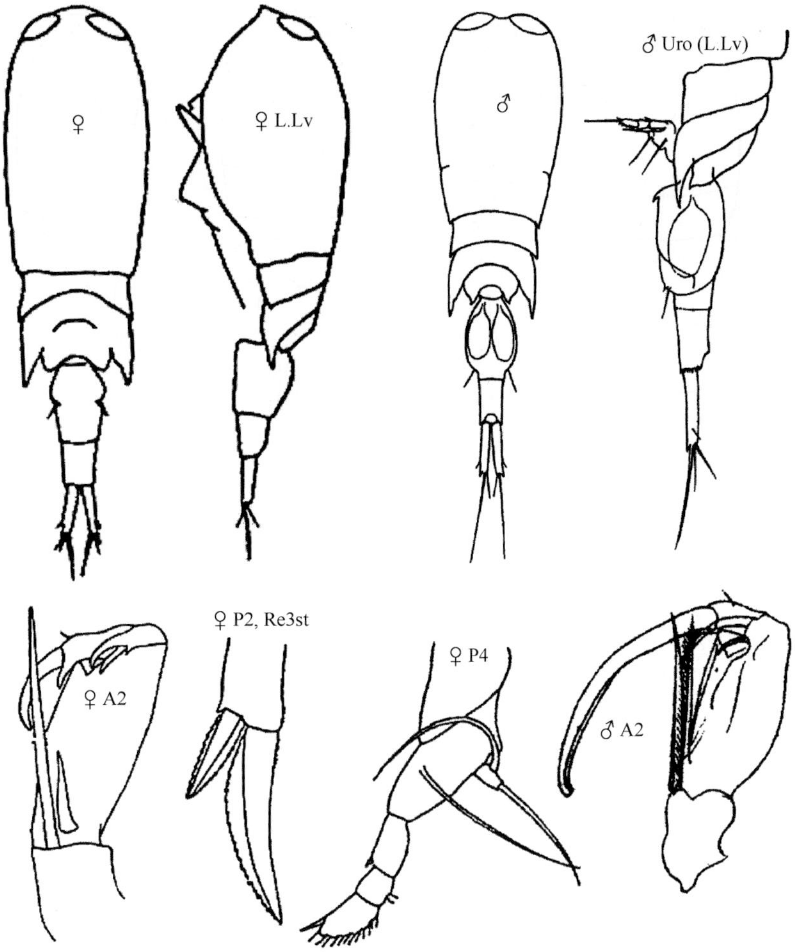

图 639　细大眼水蚤 *Corycaeus* (*Ditrichocorycaeus*) *subtilis*
[仿陈清潮等，1974 (♀)；Tanaka，1960 (♂)]

(639) 细大眼水蚤[细大眼剑水蚤] *Corycaeus* (*Ditrichocorycaeus*) *subtilis* M. Dahl，1912 (图 639)

[*Corycaeus subtilis* M. Dahl，1912；Wilson，1950]

形态特征：

体长： ♀0.72~0.80 mm，♂0.70 mm。**雌性：** 第 2 胸节后侧角尖小。第 3、4 胸节的分节线不明显。第 3 胸节后侧角仅达生殖节基部 1/3 处。第 4 胸节后侧角短小而钝圆。腹部较狭小，生殖节前半部稍宽于后半部，背面隆起，其长为宽的 1.6 倍，侧面观，其腹面基部稍突出，无钩刺。肛节基部稍宽于末部。尾叉长为宽的 4 倍。第 2 触角第 1 基节内刺长约为第 2 基节内刺长的 3 倍，第 2 基节内末缘仅具 1 锐齿。第 4 对胸足外肢第 1 节外缘刺很微小，第 2 节无外缘刺，内肢具 1 小节及 2 长刺毛。**雄性：** 前额较宽大。第 3 胸节后侧角长达生殖节基部 1/3 处。第 4 胸节后侧角短小而尖锐。生殖节呈椭圆形，长为宽的 1.7 倍，腹面基部具 1 小钩刺。肛节长为末部宽的 2 倍。尾叉长为宽的 5 倍。第 2 触角第 2 基节内末缘具 1 锐齿。

分布： 东海至南海；太平洋，印度洋。暖水种。

参考文献： 4，5，14，23，24，33，44，48，176，178，217。

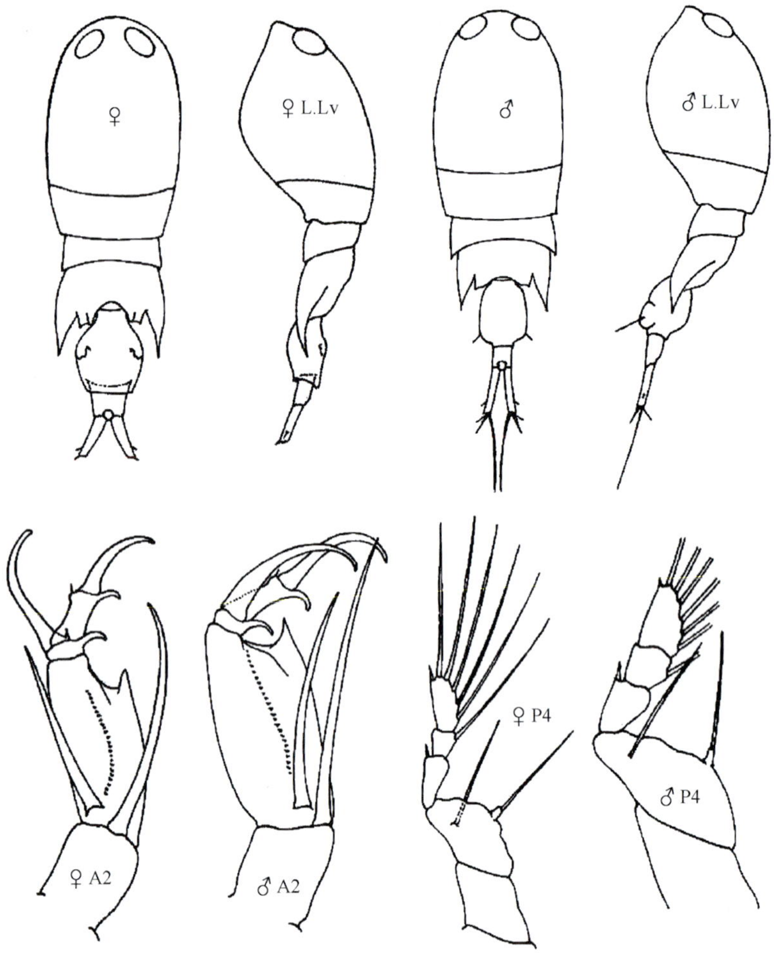

图 640 粗大眼水蚤 *Corycaeus* (*Monocorycaeus*) *robustus*(仿 Motoda, 1963)

(640) 粗大眼水蚤 *Corycaeus* (*Monocorycaeus*) *robustus* Giesbrecht, 1891 (图 640)

[*Corycaeus robustus* Giesbrecht, 1891, 1892; A. Scott, 1909; Wilson, 1942, 1950]

形态特征:

体长: ♀2.06~2.40 mm, ♂1.83~1.95 mm。**雌性:** 身体粗大。第 3 胸节后侧角长大, 呈翼状, 可达生殖节中部。第 4 胸节后侧角粗短, 其外末角尖小。生殖节特别宽大, 呈卵圆形, 长约为宽的 1.3 倍, 两侧中部各具 1 小突, 背面隆起并覆盖肛节近一半。肛节粗短, 近方形。尾叉长约为宽的 5 倍, 左、右尾叉撇开。第 2 触角第 2 基节内末角仅具 1 锐齿。第 4 对胸足内肢仅具 1 小节及 1 刺毛。**雄性:** 头胸部粗大。第 3 胸节后侧角长达不到生殖节中部。第 4 胸节后侧角短小。生殖节宽大, 长约为宽的 1.3 倍。肛节短小, 呈方形。尾叉长约为宽的 6 倍, 左、右尾叉撇开。第 2 触角与雌性相似, 末端爪较短, 并与前 1 节的爪近等长, 明显不同于本属其他种的雄体。第 4 对胸足与雌性相似。

分布: 东海至南海; 太平洋, 印度洋及大西洋。暖水种。

参考文献: 5, 14, 20, 24, 25, 30, 44, 46, 48, 51, 62, 82, 97, 119, 158, 176, 216, 217。

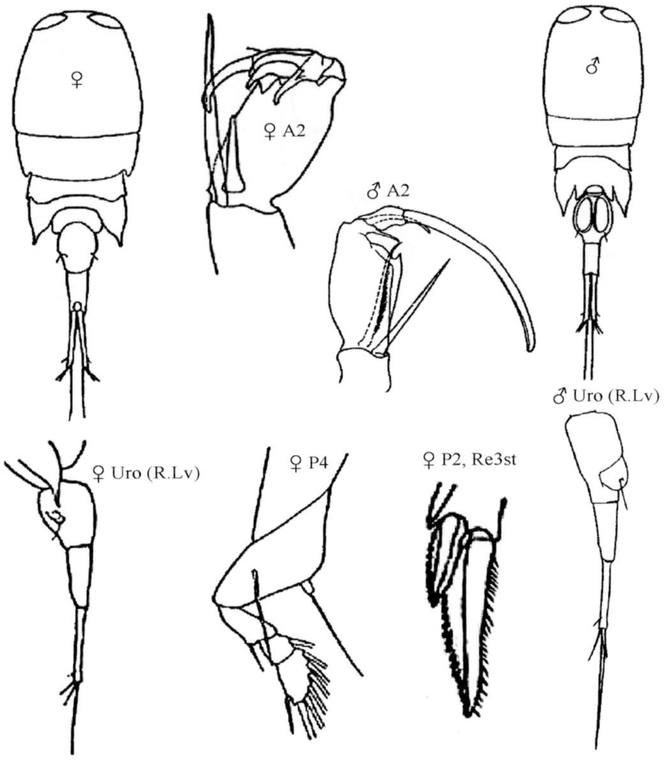

图 641　活泼大眼水蚤 *Corycaeus*（*Onychocorycaeus*）*agilis*
［仿郑重等，1982（♀）；Tanaka，1957c（♂）］

（641）活泼大眼水蚤［活泼大眼剑水蚤］*Corycaeus*（*Onychocorycaeus*）*agilis* Dana，1849（图 641）

［*Corycaeus agilis* Dana，1849；Mori，1937；Wilson，1942，1950；
C. gracilicaudatus Giesbrecht，1892；A. Scott，1909］

形态特征：

体长：♀0.75～1.16 mm，♂0.70～0.90 mm。**雌性：**前额较宽平，角眼间距较大。头部与第 1 胸节分开。第 3、4 胸节分开或愈合。第 3 胸节后侧角长达生殖节近中部。第 4 胸节后侧角短而钝圆。生殖节呈卵圆形，其长为宽的 1.3～1.4 倍。肛节狭长，其长约为基部宽度的 2 倍。尾叉细长，约为肛节长的 1.3 倍，左、右尾叉稍撇开，其长约为宽的 11 倍。第 2 触角第 1 基节内刺长为第 2 基节内刺长的 2～3 倍，第 2 基节内末缘具 2 锐齿。第 4 对胸足外肢第 1 节外末刺长达第 2 节末端，内肢仅具 1 小节及 1 长刺毛。**雄性：**第 3 胸节后侧角长达生殖节中部。第 4 胸节后侧角短小而尖锐。生殖节呈卵圆形，长约为宽的 1.5 倍，其腹面基部无钩状刺，但也有少数标本具 1 微小钩刺痕迹(Tanaka，1957)。肛节长为宽的 2.5 倍。尾叉长为宽的 10 倍。第 2 触角第 1、2 基节内刺近等长，第 2 基节内末缘具 1 锐齿。

分布：东海至南海；太平洋，印度洋及大西洋。暖水种。

参考文献：5，14，24，25，30，33，44，48，62，82，97，118，119，158，161，176，178，216，217。

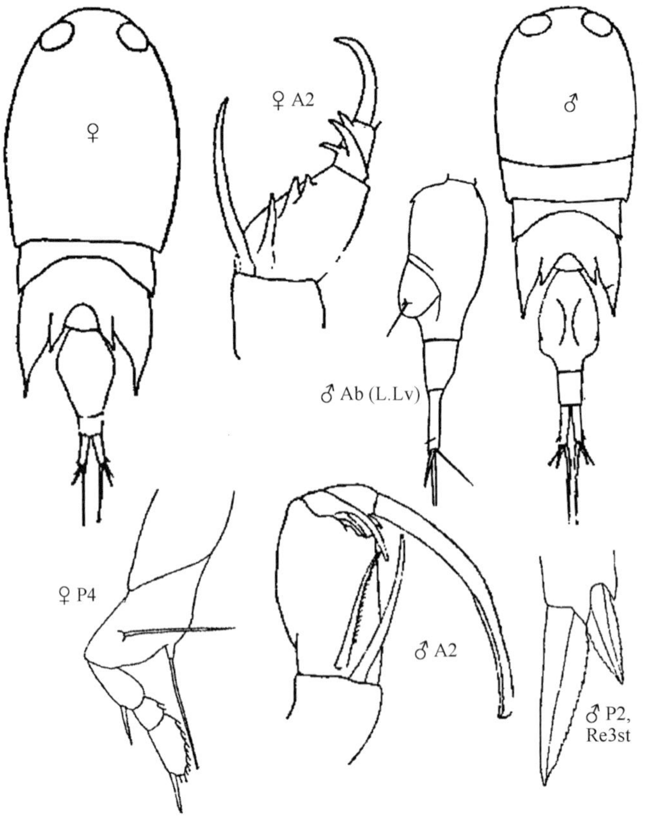

图 642 灵巧大眼水蚤 *Corycaeus* (*Onychocorycaeus*) *catus*
[仿陈清潮等，1974；Tanaka，1957c (♂ Ab)]

(642) 灵巧大眼水蚤[灵巧大眼剑水蚤] *Corycaeus* (*Onychocorycaeus*) *catus* F. Dahl，1894 (图 642)

[*Corycaeus catus* F. Dahl，1894；Wilson，1942，1950；*C. obtusus* Giesbrecht，1892；*C. latus*：Mori，1937；Motoda，1963]

形态特征：

体长：♀0.93~1.18 mm，♂0.80~0.90 mm。**雌性**：前体部粗壮。前额钝圆，角眼间距较大。头部与第1胸节愈合，第3、4胸节也愈合。第3胸节后侧角发达，可达生殖节末部1/4处。第4胸节后侧角也较狭长而尖锐，仅达生殖节基部1/4处。生殖节呈长卵圆形，其长约为宽的1.5倍，并显著长于肛节与尾叉长度之和。肛节很短小，近方形。尾叉长约为宽的4倍，并较长于肛节。第2触角第1基节内刺长约为第2基节内刺长的2.5倍，第2基节内末缘具2锐齿。第4对胸足外肢第1节外末刺较长并超过第2节末端，内肢仅具1小节及1长刺毛。**雄性**：前额较宽圆，角眼间距较大。第3胸节后侧角可达生殖节近中部。第4胸节后侧角较尖长。生殖节长约为宽的1.6倍，其腹面基部具1小钩刺。肛节长约为宽的1.5倍。尾叉长约为宽的4.5倍。第2触角第2基节内末缘仅具1锐齿。第4对胸足结构与雌性相似。

分布：黄海至南海；太平洋，印度洋及大西洋。暖水种。

参考文献：4，5，14，24，25，30，32，33，36，44，46，48，51，62，82，97，118，119，152，161，176，216，217。

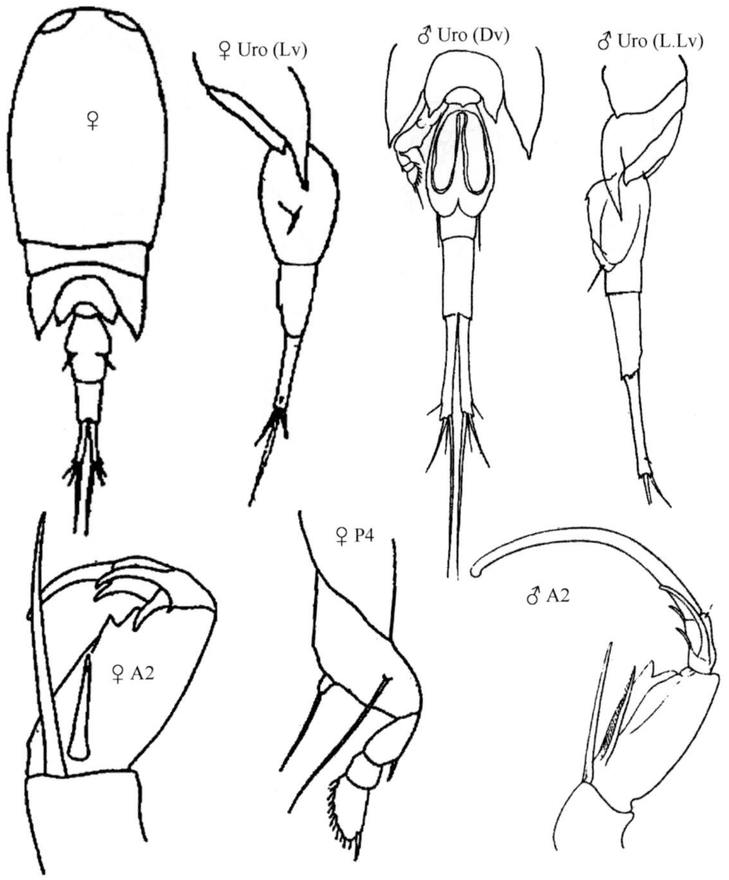

图 643 短大眼水蚤 *Corycaeus*（*Onychocorycaeus*）*giesbrechti*
［仿陈清潮等，1974（♀）；Tanaka，1960（♂ Uro）；Rose，1933（♂ A2）］

（643）短大眼水蚤［短大眼剑水蚤］*Corycaeus*（*Onychocorycaeus*）*giesbrechti* F. Dahl，1894（图 643）

［*Corycaeus giesbrechti* F. Dahl，1894；Farran，1929；Wilson，1942，1950；*C. venustus* Giesbrecht，1892；Esterly，1905］

形态特征：

体长：♀0.82~1.05 mm，♂0.84~0.90 mm。**雌性：**前体部粗壮。前额宽圆，角眼间距较大。第 3 胸节后侧角较粗短，达不到生殖节中部。第 4 胸节后侧角尖小。生殖节呈椭圆形，其长约为宽的 1.5 倍，并较短于肛节及尾叉长度之和。肛节近长方形，其长约为末端宽度的 2 倍。尾叉长约为宽的 7 倍，左、右尾叉稍撇开。第 2 触角第 1 基节内刺长约为第 2 基节内刺长的 2.5 倍，第 2 基节内末缘具 2 锐齿。第 4 对胸足外肢第 1 节外末刺较短小，达不到第 2 节末端，内肢仅具 1 小节及 1 长刺毛。**雄性：**第 3 胸节后侧角长达生殖节近中部。第 4 胸节后侧角较尖长。生殖节呈长椭圆形，长约为宽的 2 倍，其末部较狭长，呈圆柱状，本节腹面基部具 1 小钩刺。肛节长约为宽的 2.5 倍。尾叉长为宽的 9~10 倍。第 2 触角第 1 基节内刺稍长于第 2 基节内刺，第 2 基节内末缘仅具 1 锐齿。

分布：东海至南海；太平洋，印度洋及大西洋。暖水种。

参考文献：4，6，14，20，24，30，33，44，62，82，85，89，97，152，178，216，217。

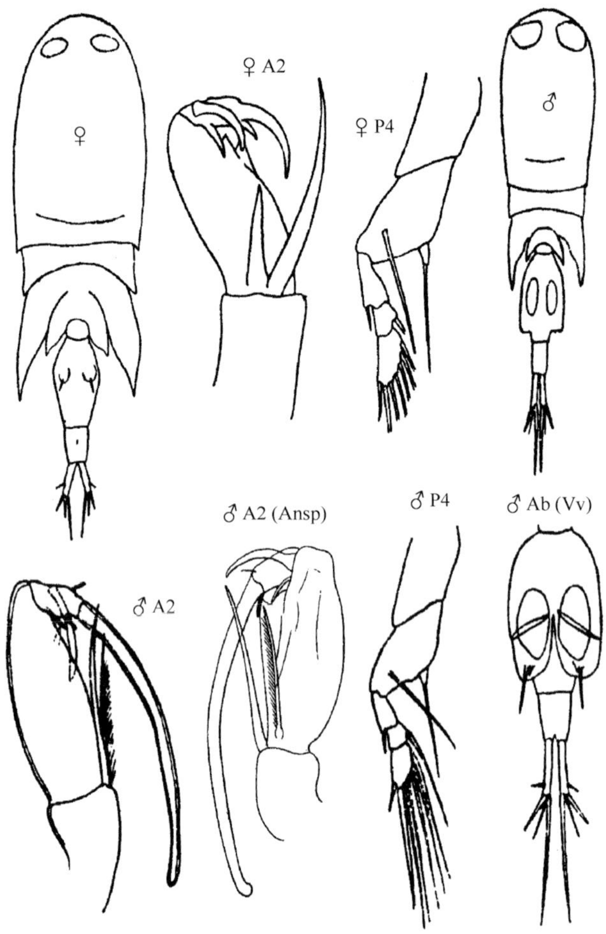

图 644 卵大眼水蚤 *Corycaeus* (*Onychocorycaeus*) *ovalis*
[仿 Mori, 1937; Rose, 1933 (♂ A2, Ansp)]

(644) 卵大眼水蚤 *Corycaeus* (*Onychocorycaeus*) *ovalis* Claus, 1863 (图 644)

[*Corycaeus ovalis* Claus, 1863; Mori, 1937; Wilson, 1950;
C. obtusus Giesbrecht, 1891 (Part)]

形态特征：

体长： ♀0.8~1.1 mm, ♂0.7~0.9 mm。**雌性：** 前体部粗壮，前额钝圆。头部与第 1 胸节愈合。第 1~2 胸节后侧角短小而尖锐。第 3、4 胸节分开，第 3 胸节后侧角较粗大，稍超过生殖节中部，第 4 胸节后侧角较粗短。生殖节呈纺锤形，长约为宽的 1.5 倍。肛节近方形。尾叉与肛节近等长，其长约为宽的 4 倍。第 2 触角第 1 基节内刺长约为第 2 基节内刺长的 2 倍，第 2 基节内末缘具 2 锐齿。第 4 对胸足外肢第 1 节外末刺长达第 2 节近末端，内肢具 1 小节及 1 长刺毛。**雄性：** 前额较宽圆。头部与第 1 胸节愈合。第 3、4 胸节分开，第 3 胸节后侧角不达生殖节中部，第 4 胸节后侧角尖小。生殖节两侧宽大，末端狭小，长为宽的 1.3~1.5 倍，其腹面基部无钩状刺突。肛节长为末端宽的 1.7~2.0 倍。尾叉长为宽的 6~7 倍。第 2 触角第 2 基节内末缘仅具 1 锐齿。第 4 对胸足结构与雌性相似。

分布： 东海至南海；太平洋，印度洋及大西洋。暖水种。

参考文献： 24, 37, 97, 106, 118, 152, 217。

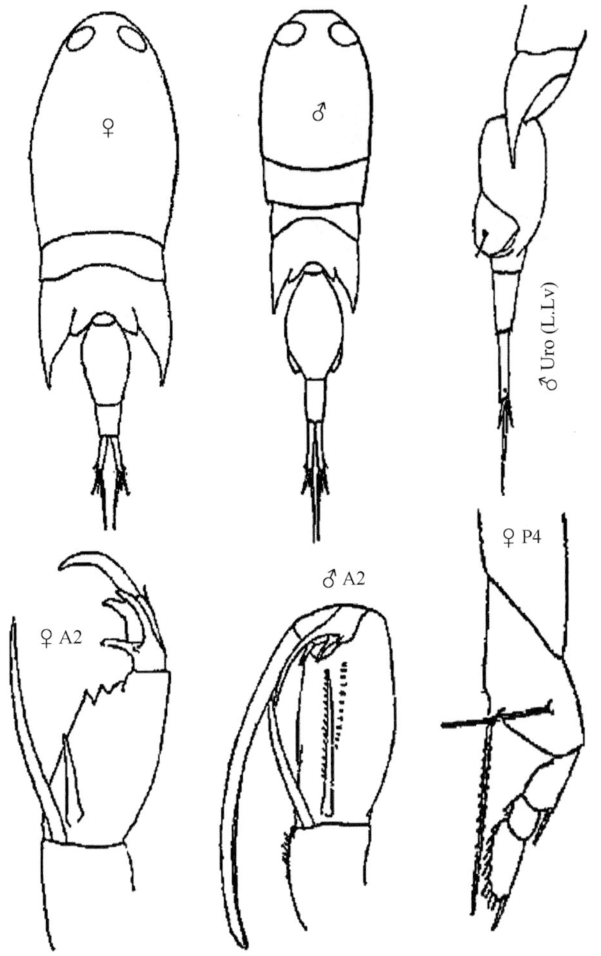

图 645 太平洋大眼水蚤 *Corycaeus* (*Onychocorycaeus*) *pacificus*（仿陈清潮等，1974）

(645) 太平洋大眼水蚤[太平洋大眼剑水蚤] *Corycaeus* (*Onychocorycaeus*) *pacificus* F. Dahl, 1894 (图 645)

[*Corycaeus pacificus* F. Dahl, 1894; Wilson, 1950; *C. catus*: Mori, 1937 (♀)]

形态特征：

体长： ♀1.07~1.21 mm，♂0.99~1.09 mm。**雌性：** 前体部较粗壮，前额钝圆。第 3 胸节后侧角呈翼状，超过生殖节中部。第 4 胸节后侧角粗短而钝。生殖节粗大呈卵圆形，其长约为宽的 1.4 倍，且较长于肛节与尾叉长度之和。肛节粗短，其长度约等于基部宽度。尾叉长约为宽的 5 倍，并较长于肛节。第 2 触角第 1 基节内刺长约为第 2 基节内刺长的 2.5 倍，第 2 基节内末缘具 2 锐齿。第 4 对胸足外肢第 1 节外末刺长达第 2 节末端，内肢具 1 小节及 1 长刺毛。**雄性：** 前额较钝平。头部与第 1 胸节分开。第 3、4 胸节愈合，第 3 胸节后侧角达不到生殖节中部；第 4 胸节后侧角尖小。生殖节呈卵圆形，长约为宽的 1.5 倍，其腹面基部无小钩刺。肛节长约为宽的 2 倍。尾叉长为宽的 6~8 倍。第 2 触角第 1、2 基节内刺近等长，第 2 基节内末缘仅具 1 锐齿。第 4 对胸足结构与雌性相似。

分布： 东海至南海；太平洋，印度洋及大西洋。暖水种。

参考文献： 4，5，14，24，30，32，33，36，44，48，51，62，82，118，176，178，216，217。

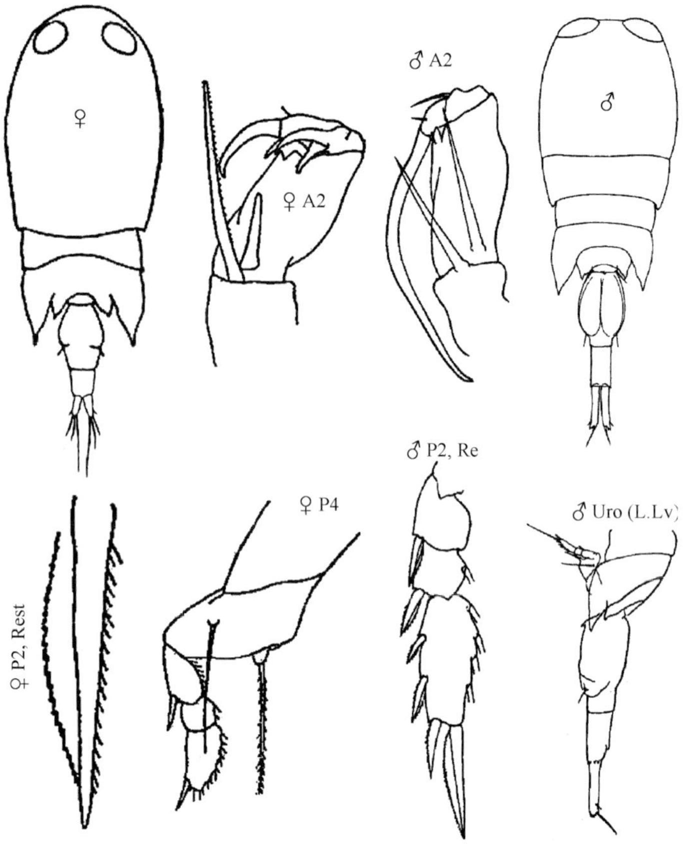

图 646 小型大眼水蚤 *Corycaeus*（*Onychocorycaeus*）*pumilus*
［仿陈清潮等，1974（♀）；Tanaka，1960（♂）］

（646）小型大眼水蚤［小型大眼剑水蚤］*Corycaeus*（*Onychocorycaeus*）*pumilus* M. Dahl，1912（图 646）

［*Corycaeus pumilus* M. Dahl，1912；Wilson，1950；*C. medius*：Gurney，1926］

形态特征：

体长：♀0.65～0.81 mm，♂0.63～0.73 mm。**雌性：**身体较粗胖。头部与第 1 胸节愈合，第 3、4 胸节也愈合。前额宽圆，角眼间距大。第 3 胸节后侧角粗大，可达生殖节中部。第 4 胸节后侧角粗短而尖锐。生殖节呈卵圆形，其长约为宽的 1.5 倍，且较长于肛节与尾叉长度之和。肛节宽短，其长度约等于基部宽度。尾叉长约为宽的 3 倍，并稍短于肛节。第 2 触角第 1 基节内刺的内缘具小刺列，内刺长约为第 2 基节内刺长的 3 倍，第 2 基节内末缘具 2 锐齿。第 2 对胸足外肢末刺的外缘齿板不延伸到末端。第 4 对胸足外肢第 1 节外末刺可达第 2 节末端，内肢仅具 1 小节及 1 长刺毛。**雄性：**头部与第 1 胸节分开，第 3、4 胸节也分开。头部呈方形，前额宽平。第 3 胸节后侧角仅达生殖节基部 1/3 处。第 4 胸节后侧角尖小。生殖节呈卵圆形，其长约为宽的 1.7 倍，腹面基部具 1 小钩刺。肛节呈长方形，长约为宽的 2 倍。尾叉长约为宽的 5 倍。第 2 触角第 1、2 基节的内刺近等长，第 2 基节内末缘仅具 1 锐齿，末刺很狭长。第 2 对胸足外肢末刺结构正常。第 4 对胸足结构与雌性相似。

分布：东海至南海；太平洋，印度洋。暖水种。

参考文献：4，5，14，24，33，44，62，82，106，161，178，216。

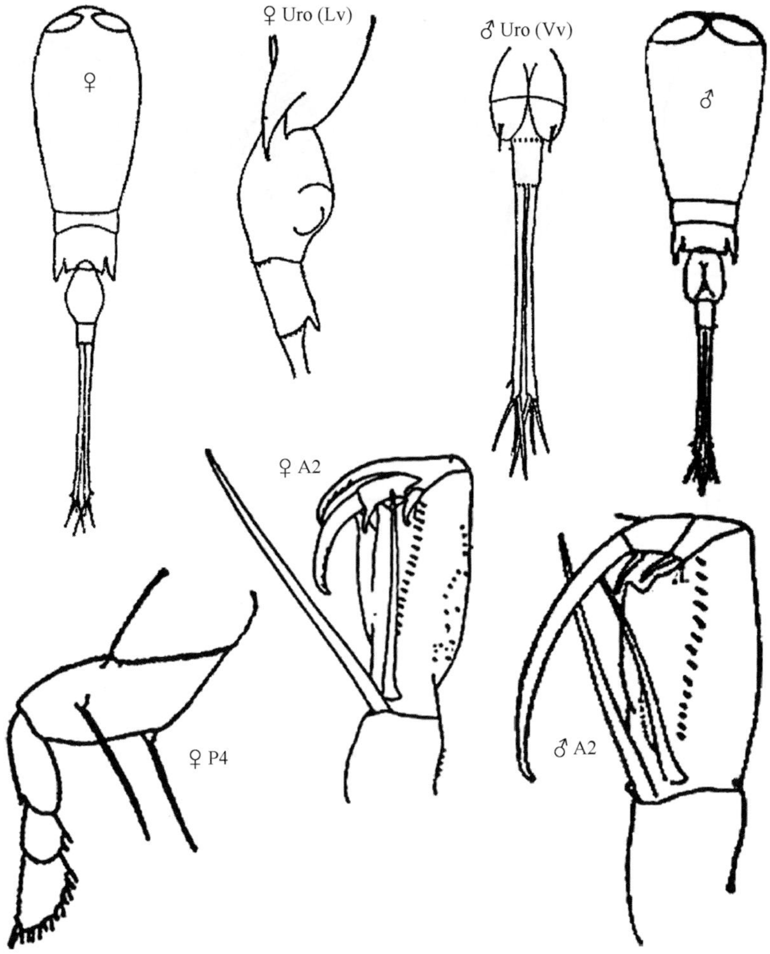

图 647 叉大眼水蚤 *Corycaeus* (*Urocorycaeus*) *furcifer* (仿陈清潮等，1974)

(647) 叉大眼水蚤[叉大眼剑水蚤]*Corycaeus* (*Urocorycaeus*) *furcifer* Claus，1863 (图 647)

[*Corycaeus furcifer* Claus，1863；Giesbrecht，1892；A. Scott，1909；Wilson，1950]

形态特征：

体长：♀1.76~2.10 mm，♂1.20~1.41 mm。**雌性：**身体瘦长。前额宽圆。第 3 胸节后侧角粗短，仅达生殖节基部 1/3 处。第 4 胸节后侧角尖小。生殖节呈卵圆形，其背面两侧中部具圆形小突起。肛节短小，其背面末缘中部具 1 或 2 小刺突。尾叉很细长，约为后体部 2 节长度之和的 2 倍，左、右尾叉不撇开，其长度约为宽度的 30 倍。第 2 触角第 1 基节内刺长约为第 2 基节内刺长的 1.5 倍，第 2 基节内末缘具 2 锐齿。第 4 对胸足内肢仅具 1 小节及 1 长刺毛。**雄性：**前体部的前半部很宽大，后半部狭小。前额宽平，角眼发达并相连。生殖节长约为宽的 1.3 倍。肛节长约为宽的 1.7 倍。尾叉很细长，约为后体部 2 节长度之和的 1.6 倍，左、右尾叉不撇开，其长约为宽的 29 倍。第 2 触角及第 4 对胸足的结构与雌性相似。

分布：东海至南海；太平洋，印度洋及大西洋。暖水种。

参考文献：4，5，14，20，24，30，44，51，62，82，97，152，158，176，217。

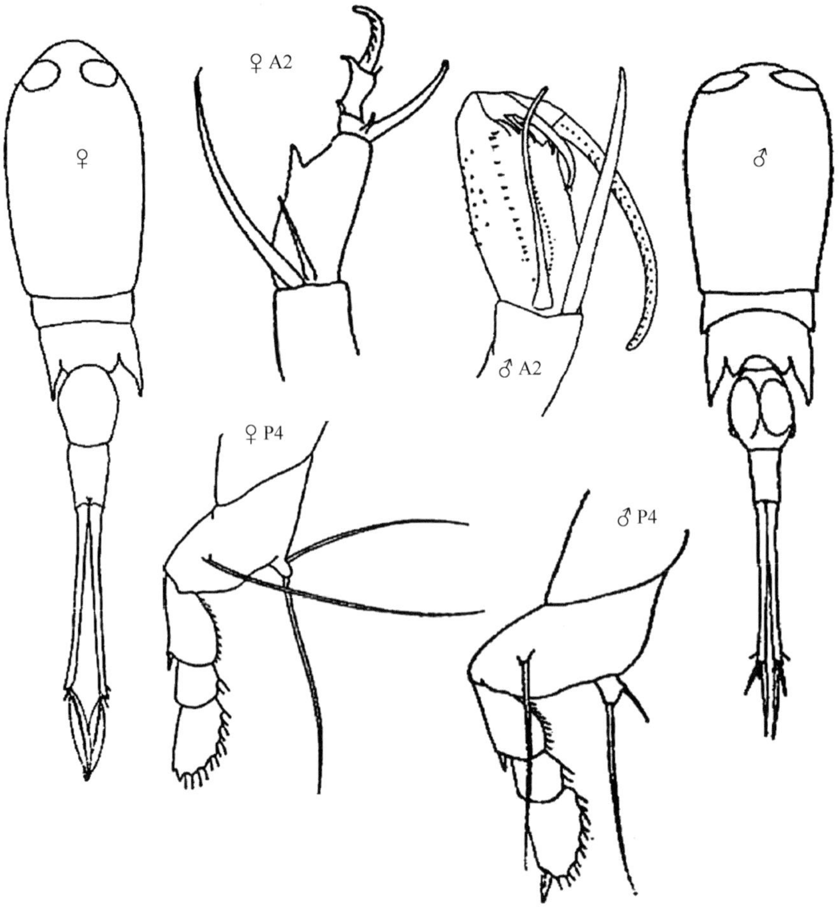

图 648 伶俐大眼水蚤 *Corycaeus*（*Urocorycaeus*）*lautus*（仿陈清潮等，1974）

（648）伶俐大眼水蚤［伶俐大眼剑水蚤］*Corycaeus*（*Urocorycaeus*）*lautus* Dana，1849（图 648）

［*Corycaeus lautus* Dana，1849；Farran，1929；Mori，1937；Wilson，1942，1950］

形态特征：

体长：♀2.61~3.05 mm，♂2.09~2.70 mm。**雌性：**前额较狭而钝突。第 3 胸节后侧角长达生殖节近中部。第 4 胸节后侧角短钝。生殖节呈卵圆形，背面隆起。肛节狭长，其背末缘具 1 小齿突。尾叉细长，左、右叉稍撇开，其长约为宽的 16 倍，并较长于后体部 2 节长度之和，末端内侧具 1 叶状刚毛。第 2 触角第 1 基节内刺长为第 2 基节内刺长的 3 倍多，第 2 基节内末缘仅具 1 锐齿。第 4 对胸足内肢具 1 小节及 2 长刺毛。**雄性：**前额宽圆，角眼间距较大。头部与第 1 胸节愈合，呈长方形。第 2 胸节后侧角尖小。第 3 胸节后侧角长达生殖节近中部。第 4 胸节后侧角短钝。生殖节呈卵圆形。肛节长约为宽的 2 倍。尾叉长约为宽的 16 倍，并较长于后体部长度。第 2 触角第 2 基节内末缘仅具 1 锐齿。第 4 对胸足内肢具 1 小节和 1 长刺毛及 1 小刺毛。

分布：东海至南海；太平洋，印度洋及大西洋。暖水种。

参考文献：4，5，14，20，24，25，30，44，46，48，51，62，82，89，118，119，176，216，217。

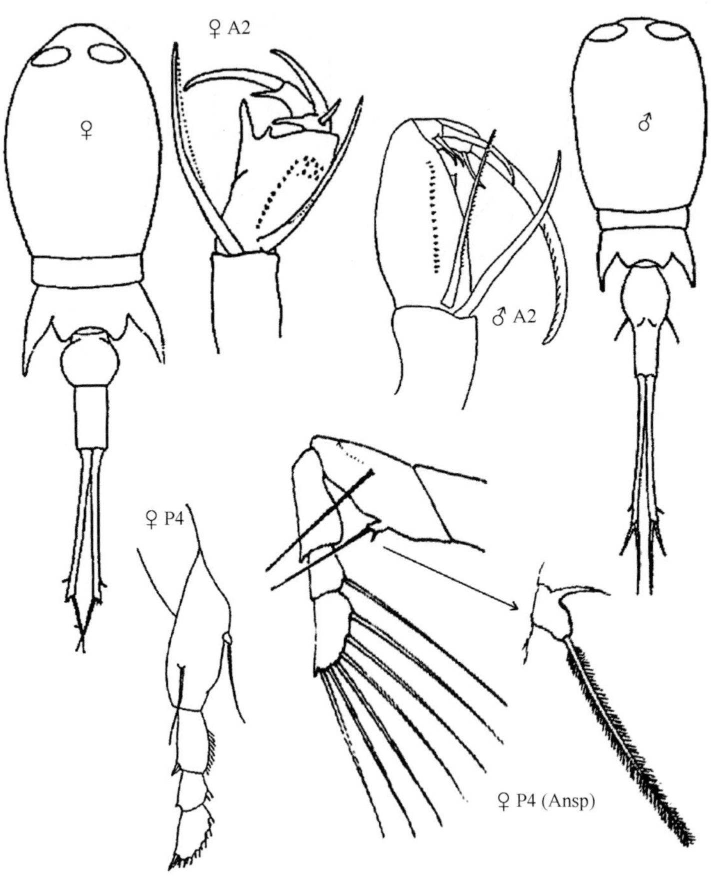

图 649 长刺大眼水蚤 *Corycaeus* (*Urocorycaeus*) *longistylis*
[仿陈清潮等，1974；Motoda，1963（♀P4，Ansp）]

（649）长刺大眼水蚤[长刺大眼剑水蚤]*Corycaeus*（*Urocorycaeus*）*longistylis* Dana，1849（图 649）

[*Corycaeus longistylis* Dana，1849；Giesbrecht，1892；A. Scott，1909；Mori，1937；Wilson，1942，1950]

形态特征：

体长：♀2.45~3.04 mm，♂2.12~2.72 mm。**雌性：**前体部较粗壮，前半部两侧较膨大，呈卵圆形。前额突出而钝圆。第 3 胸节后侧角发达，呈翼状长刺突，可达生殖节末部。第 4 胸节后侧角短小而钝圆。生殖节呈球状，背面隆起。肛节长约为宽的 2 倍。尾叉较长于后体部，其长约为基部宽度的 16 倍，末部稍撇开。第 2 触角第 1、2 基节的内刺近等长，第 2 基节内末缘具 1 长大外齿和 1 小内齿。第 4 对胸足外肢第 2 节外末缘具 1 小齿突，内肢具 1 小节和 1 长刺毛及 1 短小刺毛(或仅具 1 长刺毛)。**雄性：**头部与第 1 胸节愈合，呈长方形。前额较宽平。第 3 胸节后侧角刺突也呈翼状。第 4 胸节后侧角短钝。后体部生殖节与肛节愈合为单节，前半部呈卵圆形，后半部狭长。尾叉长约为宽的 18 倍。第 2 触角第 2 基节内末缘仅具 1 锐齿。第 4 对胸足结构与雌性相似。

分布：东海至南海；太平洋，印度洋及大西洋。暖水种。

参考文献：4，5，14，20，24，30，44，48，51，62，82，97，118，119，158，176，216，217。

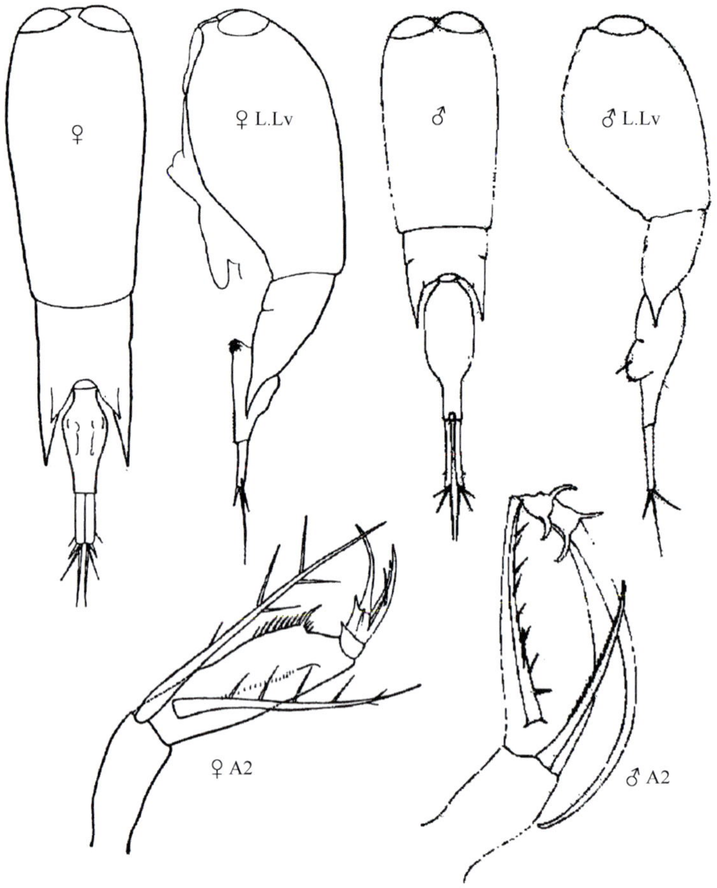

图 650 隆脊羽刺大眼水蚤 *Farranula carinata*
[仿陈清潮等，1974（♀）；Motoda，1963（♂）]

（650）隆脊羽刺大眼水蚤 *Farranula carinata*（Giesbrecht，1891）（图 650）

[隆脊大眼剑水蚤 *Corycaeus carinatus* Giesbrecht，1891，1892；Thompson & Scott，1903；A. Scott，1909；连光山等，1994，2008；*C.*（*Corycella*）*carinata*（Giesbrecht，1891）；Tanaka，1960；陈清潮等，1974，2003；郑重等，1982；*Corycella carinata*：Rose，1933；Dakin & Colefax，1940]

形态特征：

体长：♀0.77~0.92 mm，♂0.87 mm。**雌性：**前体部腹面具 1 个长大并向后的钩状突起（为本属雌性共同特征），后体部单节。前体部后侧角长达生殖节末部 1/4 处。生殖节呈长卵圆形，前半部较宽大，其长约为尾叉长的 2 倍，侧面观，其背面中部显著隆起，腹部基部突出并具细刺毛丛。尾叉长为宽的 5~7 倍。第 2 触角第 1、2 基节羽状内刺近等长，第 2 基节内末缘具细刺列，其中内末角 1 根较长大。第 4 对胸足无内肢，外肢第 1、2 节无外缘刺。**雄性：**前额角眼相连。胸部后侧角长达生殖节基部 1/3 处。生殖节长为尾叉长的 2 倍，其前、中部宽大呈椭圆形，约为末部宽度的 3 倍。尾叉长为宽的 8 倍。

分布：东海至南海；太平洋，印度洋及大西洋。暖水种。

参考文献：5，14，24，25，30，33，44，46，48，51，62，82，97，106，119，152，158，178，217。

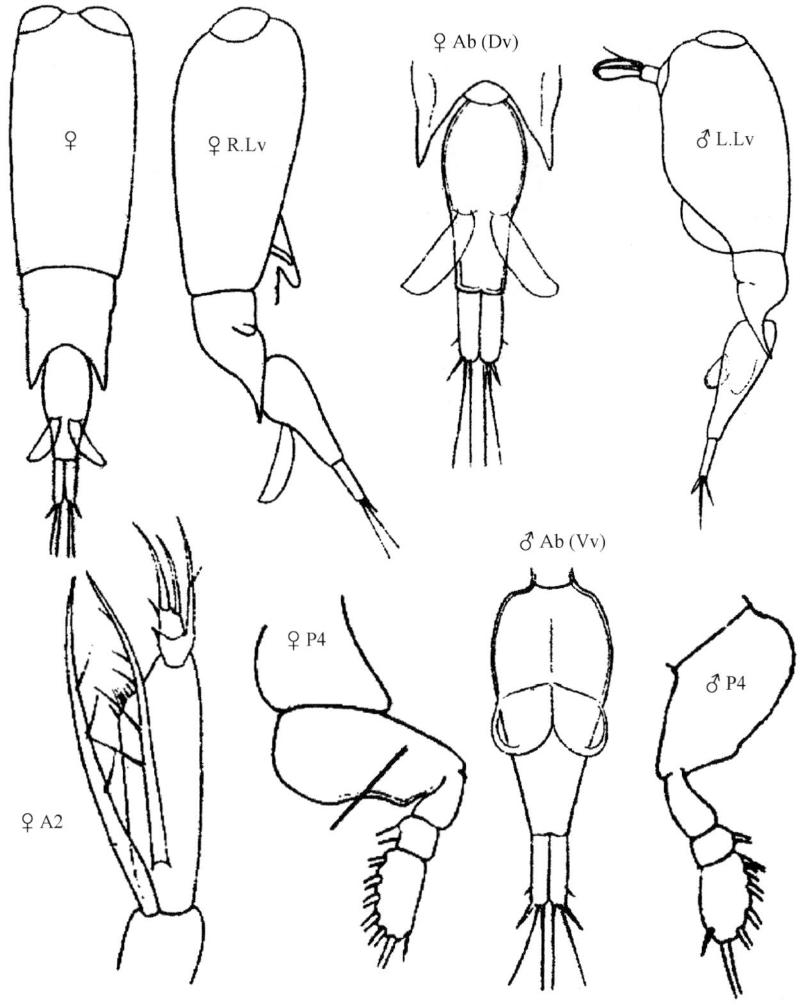

图 651　短羽刺大眼水蚤 *Farranula curta*
［仿 Farran，1911（♀）；M. Dahl，1912（♂）］

（651）短羽刺大眼水蚤 *Farranula curta*（Farran，1911）（图 651）

［*Corycella curta* Farran，1911；*Corycaeus*（*Corycella*）*curtus*：M. Dahl，1912；Farran，1936；Tanaka，1960］

形态特征：

体长：♀0.67 mm，♂(暂缺)。**雌性**：前体部腹面具 1 个长大并向后的钩状突起，后体部单节。胸部后侧角长达生殖节基部 1/3 处。生殖节呈长椭圆形，其长约为宽的 2.5 倍。尾叉长为宽的 3~4 倍。第 2 触角第 1、2 基节羽状内刺近等长，第 2 基节内末缘具 1 列细刺。第 4 对胸足无内肢，外肢第 1、2 节无外缘刺。**雄性**：侧面观，第 3 胸节后侧角长达生殖节基本 1/3 处，其背末缘隆起而宽圆。腹面观，生殖节前部宽大，后部渐狭，其长约为宽的 2 倍，约为尾叉长的 3.5 倍。尾叉较粗短，其长仅为宽的 4 倍。第 4 对胸足与雌性相似。

分布：东海，南海；太平洋，印度洋。暖水种。

参考文献：24，106，178，216，217。

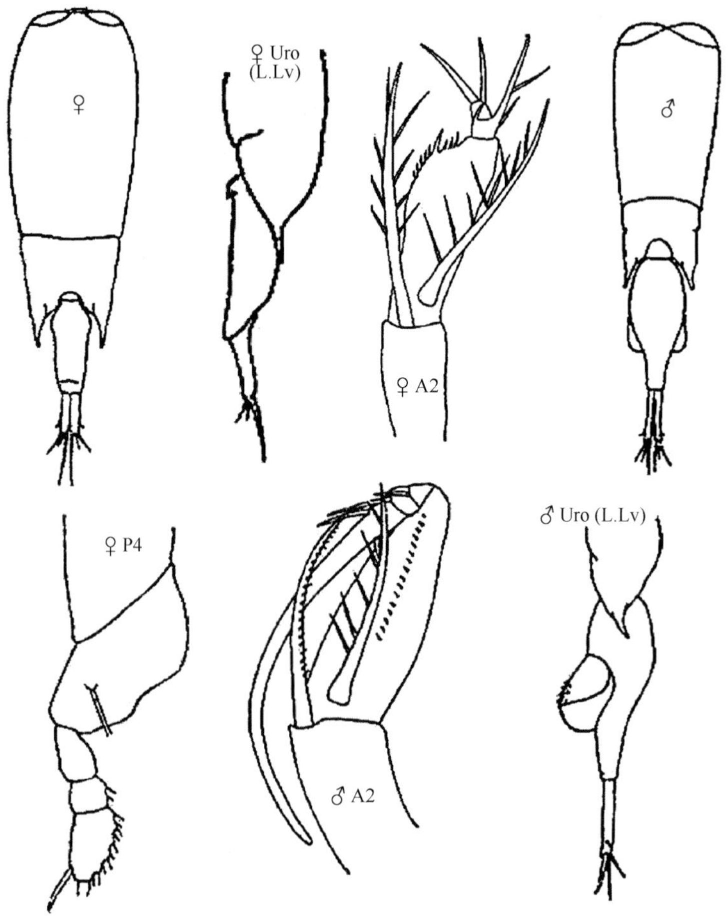

图 652 精致羽刺大眼水蚤 *Farranula concinna*（仿陈清潮等，1974）

（652）精致羽刺大眼水蚤 *Farranula concinna*（Dana，1847）（图 652）

［精致大眼剑水蚤 *Corycaeus concinnus* Dana，1847；Giesbrecht，1892；Thompson & Scott，1903；A. Scott，1909；Mori，1937；连光山等，1994，2008；*C.*（*Corycella*）*concinnus*：M. Dahl，1912；Tanaka，1957，1960；陈清潮等，1974；郑重等，1982；连光山等，1978；*Corycella concinna*：Farran，1911，1936；Dakin & Colefax，1940］

形态特征：

体长：♀0.79~1.04 mm，♂0.73~0.87 mm。**雌性：**前体部腹面具 1 长大并向后的钩状突起，后体部单节。胸部后侧角可达生殖节近中部处。生殖节狭长，基部两侧稍膨大，其长为宽的 2.3~3 倍，且为尾叉长的 2 倍多；侧面观，其腹面基部具 1 遍生细毛的隆起，背面平坦。尾叉长为宽的 4~5 倍，左、右尾叉不撇开。第 2 触角第 1、2 基节羽状内刺近等长，第 2 基节内末缘具 1 列微刺及 1 根较长细刺。第 4 对胸足无内肢。**雄性：**胸部后侧角仅达生殖节基本 1/3 处。生殖节前、中部宽大，末部狭小，其长约为尾叉长的 2.4 倍。尾叉狭长，长约为宽的 10 倍，左、右尾叉不撇开。

分布：东海至南海；太平洋，印度洋及大西洋。暖水种。

参考文献：4，5，14，24，25，30，33，44，46，48，51，62，82，97，118，119，158，176，178，199，217。

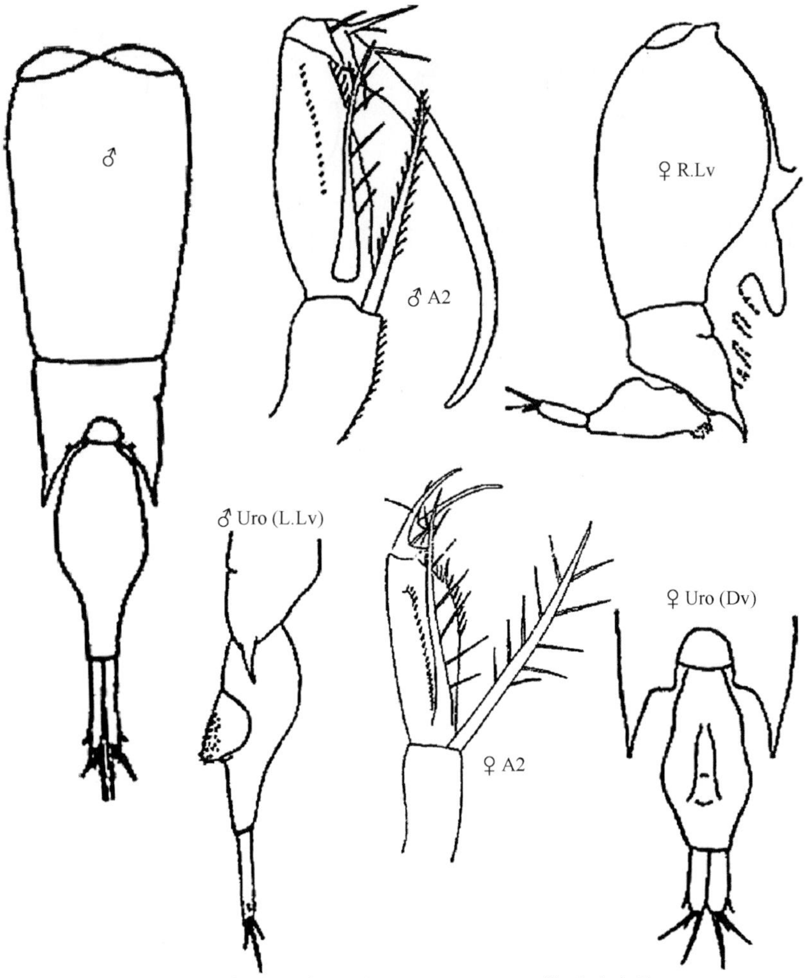

图 653 驼背羽刺大眼水蚤 *Farranula gibbula*（仿陈清潮等，1974）

（653）驼背羽刺大眼水蚤 *Farranula gibbula*（Giesbrecht，1891）（图 653）

［驼背大眼剑水蚤 *Corycaeus gibbulus* Giesbrecht，1891，1892；Thompson & Scott，1903；A. Scott，1909；Mori，1937；连光山，1994，2008；*C.*（*Corycella*）*gibbulus*：Sewell，1947；Tanaka，1957，1960；陈清潮等，1974，2003；郑重等，1982；连光山等，1978；*Corycella gibbula*：Dukin & Colefax，1940］

形态特征：

体长：♀0.85~1.03 mm，♂0.77~0.88 mm。**雌性：**侧面观，头部前端具 1 喙状突起。前体部后末部背面具 1 瘤状突，其后侧角可达生殖节中部。生殖节呈长卵形，近中部最宽，前后两端较狭小；侧面观，其后半部背面显著隆起，腹部基部具 1 密生细毛的隆起。尾叉较粗短，其长为宽的 3~4 倍。第 2 触角第 2 基节内末缘具 1 列细刺及 1 根较长的小刺。第 4 对胸足无内肢。**雄性：**前体部后侧角可达生殖节基部 1/3 处。生殖节长约为尾叉长的 2.5 倍，其末部 1/3 狭小，前、中部宽大，约为末端宽的 3 倍。尾叉长约为宽的 8 倍。

分布：东海至南海；太平洋，印度洋及大西洋。暖水种。

参考文献：4，5，14，24，25，30，33，44，46，48，51，62，82，97，106，118，119，158，161，176，178，199，217。

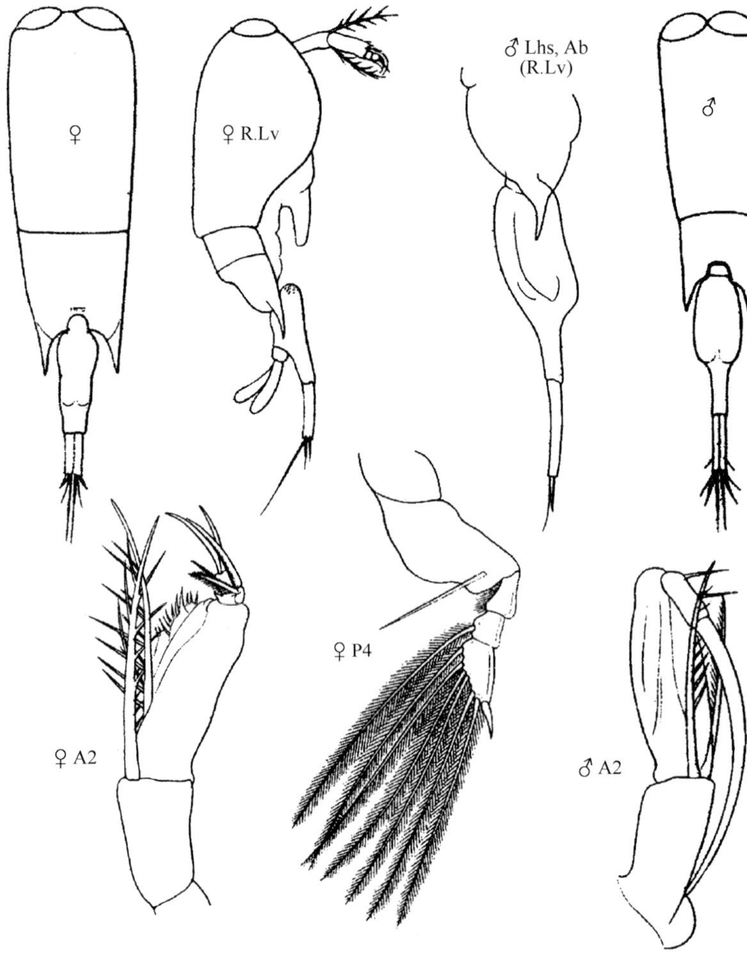

图 654　瘦羽刺大眼水蚤 *Farranula gracilis*（仿 M. Dahl，1912）

（654）瘦羽刺大眼水蚤 *Farranula gracilis*（Dana，1849）（图 654）

［*Corycaeus gracilis* Dana 1849，1855；M. Dahl，1912；
Corycella gracilis：Farran，1929］

形态特征：

体长：♀0.79~0.96 mm，♂0.66~0.96 mm。**雌性：**背面观，前体部后侧角长达生殖节基部 1/3 处；生殖节基部较宽大，其长约为宽的 2.5 倍，且约为尾叉长的 2.5 倍。尾叉长约为宽的 5 倍。侧面观，前体部背末缘稍隆起。生殖节前半部宽大，其背、腹面均平坦，近中部背末缘向后隆起，呈瘤状；腹侧前端较宽圆，并具微刺毛。第 2 触角第 2 基节内末缘具 1 列细刺及 1 根较长的小刺。第 4 对胸足无内肢。**雄性：**前额角眼发达并相连。胸部后侧角可达生殖节基部 1/3 处。生殖节长约为宽的 3 倍，并稍大于尾叉长的 2 倍，其前半部宽大，呈椭圆形，后部狭小。尾叉长约为宽的 8 倍。

分布：东海，南海；太平洋，印度洋及大西洋。暖水种。

参考文献：24，89，216，217。

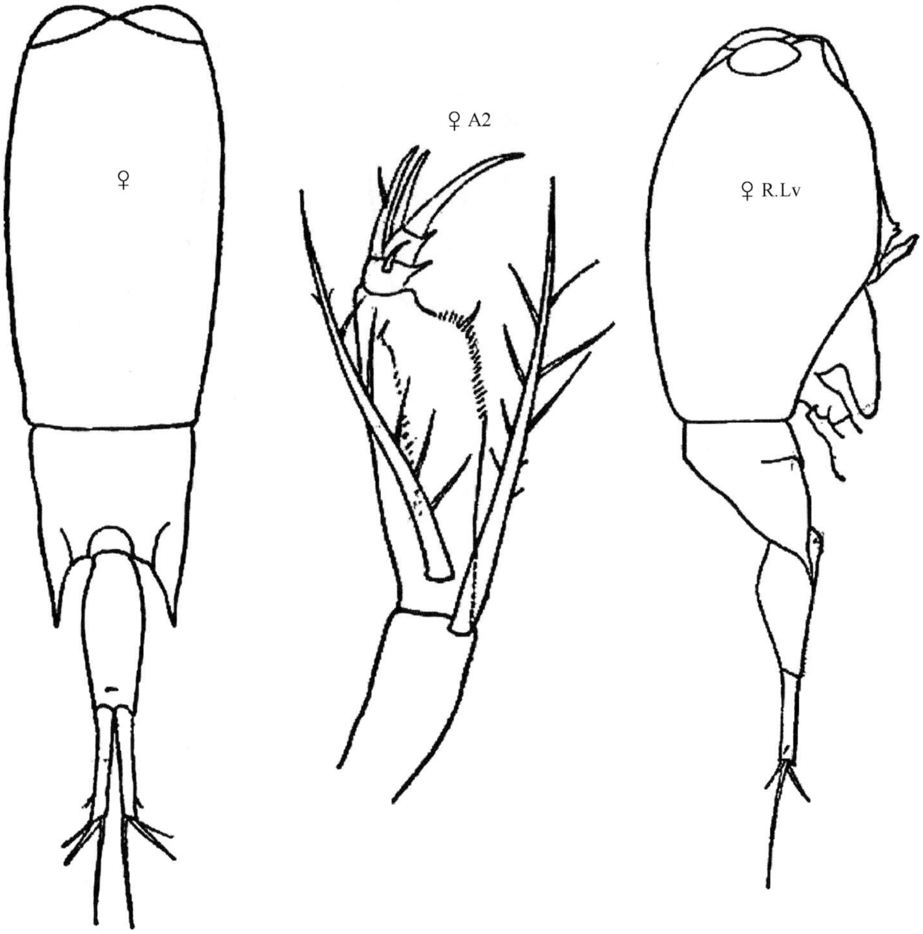

图 655 长尾羽刺大眼水蚤 *Farranula longicauda*（仿陈清潮等，1974）

（655）长尾羽刺大眼水蚤 *Farranula longicauda*（Dana，1849）（图 655）

［长尾大眼剑水蚤 *Corycaeus longicaudis*：Giesbrecht，1892；Thompson & Scott，1903；连光山等，1994，2008；*C.*（*Corycella*）*longicauda*：Tanaka，1960；陈清潮等，1974；郑重等，1982］

形态特征：

体长：♀0.92~0.94 mm。**雌性：**前体部后侧角长达生殖节中部。侧面观，前体部背末缘隆起呈瘤状。生殖节近长方形，前半部较宽于后半部，其长约为宽的 2.5 倍，腹面基部具细毛丛。尾叉长约为宽的 6 倍。第 2 触第 2 基节内末缘具 1 列细刺，其中内末角 1 根较长大。第 1 ~3 对胸足外肢第 2~3 节外缘常具细锯齿，但也有第 2~3 对胸足外肢第 2 节外缘无细锯齿的个体差异。

分布：东海至南海；太平洋，印度洋及大西洋。暖水种。

参考文献：14，24，25，41，44，46，97，178，199。

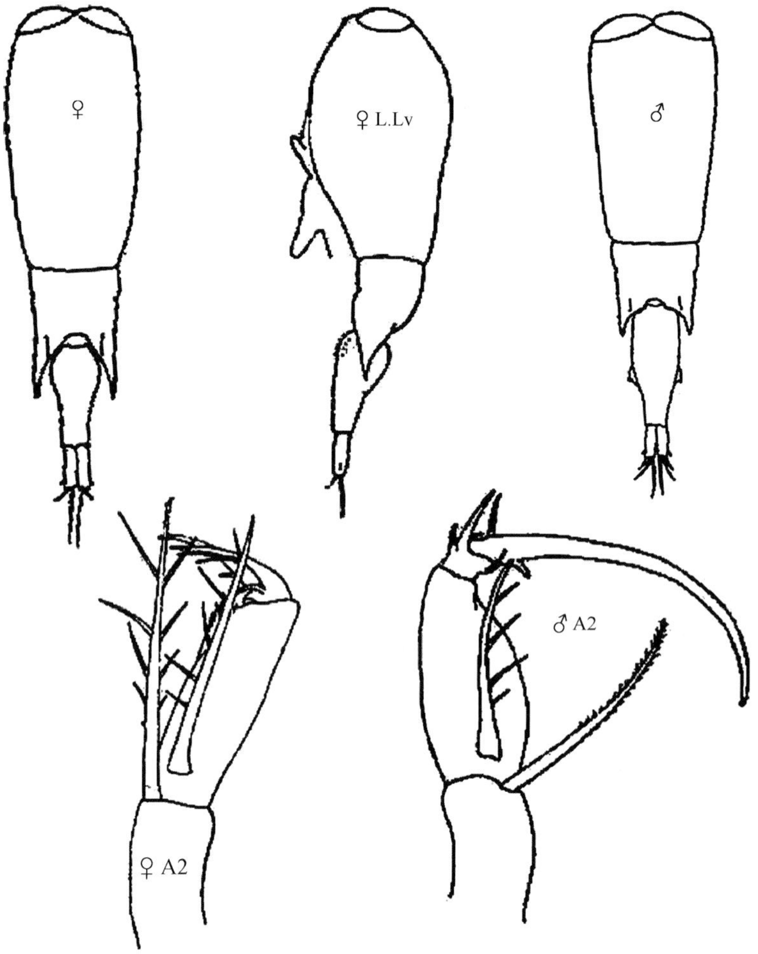

图 656　拟额羽刺大眼水蚤 *Farranula rostrata*（仿陈清潮等，1974）

（656）拟额羽刺大眼水蚤 *Farranula rostrata*（Claus，1863）（图 656）

［*Corycaeus pellucidus* Brady，1883；拟额大眼剑水蚤 *C. rostratus*：Giesbrecht，1892；Thompson & Scott，1903；Farran，1929；连光山等，1994，2008；*C.*（*Corycella*）*rostratus*：Tanaka，1957，1960；陈清潮等，1974；连光山等，1978；*Corycella rostrata*：Rose，1933；Dakin & Colefax，1940］

形态特征：

体长：♀0.72~0.85 mm，♂0.65~0.78 mm。**雌性：**角眼间距很小。前体部后侧角狭长，可达生殖节中部。生殖节前半部呈卵圆形，后半部狭长，其长约为宽的 2 倍；侧面观，其腹面基部具细毛丛。尾叉短小，其长约为宽的 3 倍。第 2 触角第 2 基节内末缘具 1 列细刺。**雄性：**角眼发达且间距很小，几乎相连。前体部后侧角短小，约达生殖节基部 1/4 处。生殖节呈长方形，前部较宽大，末部较狭，其长约为宽的 2.5 倍。尾叉长约为宽的 3 倍。

分布：东海至南海；太平洋，印度洋及大西洋。暖水种。

参考文献：2，4，5，14，24，30，44，51，79，89，97，106，118，152，158，176，178，217。

46. 隆水蚤科[隆剑水蚤科] Family Oncaeidae Giesbrecht，1892

本科为小型桡足类(0. 3~2. 4 mm)。前体部呈纺锤形或椭圆形，前额无晶状体的角眼。前体部分 5 节。后体部雌性分 4~5 节，雄性分 5~6 节。第 1 触角雌性分 4~7 节。第 2 触角无外肢，常分 3~4 节。颚足分 3~4 节，末节为强大的钩爪状刺。第 1~4 对胸足内、外肢常分 3 节。第 5 对胸足常退化为单节或小突起，并具小刺毛或不存在。

本科约包括 10 属 113 种，其中，有些属的分类地位尚有异议，如 Boxshall 和 Halsey (2004)把 *Lubbockia* Claus，1862 及 *Pseudolubbockia* Sars，1900 等属置入 Huys 和 Böttger-Schnack (1997)新建立的梭水蚤科 Lubbockidae 之中，是否恰当尚待探讨。本书仍把它们保留在隆水蚤科中。中国海域已记录 4 属 17 种。

属名 Genera	种数	页码
梭水蚤属［梭剑水蚤属］*Lubbockia* Claus，1863	3	…… 738
隆水蚤属［隆剑水蚤属］*Oncaea* Philippi，1843	8	…… 741
三锥水蚤属 *Triconia* Böttger-Schnack，1999	4	…… 748
厚水蚤属［厚剑水蚤属］*Pachysoma*［=*Pachos*］Claus，1863	2	…… 752

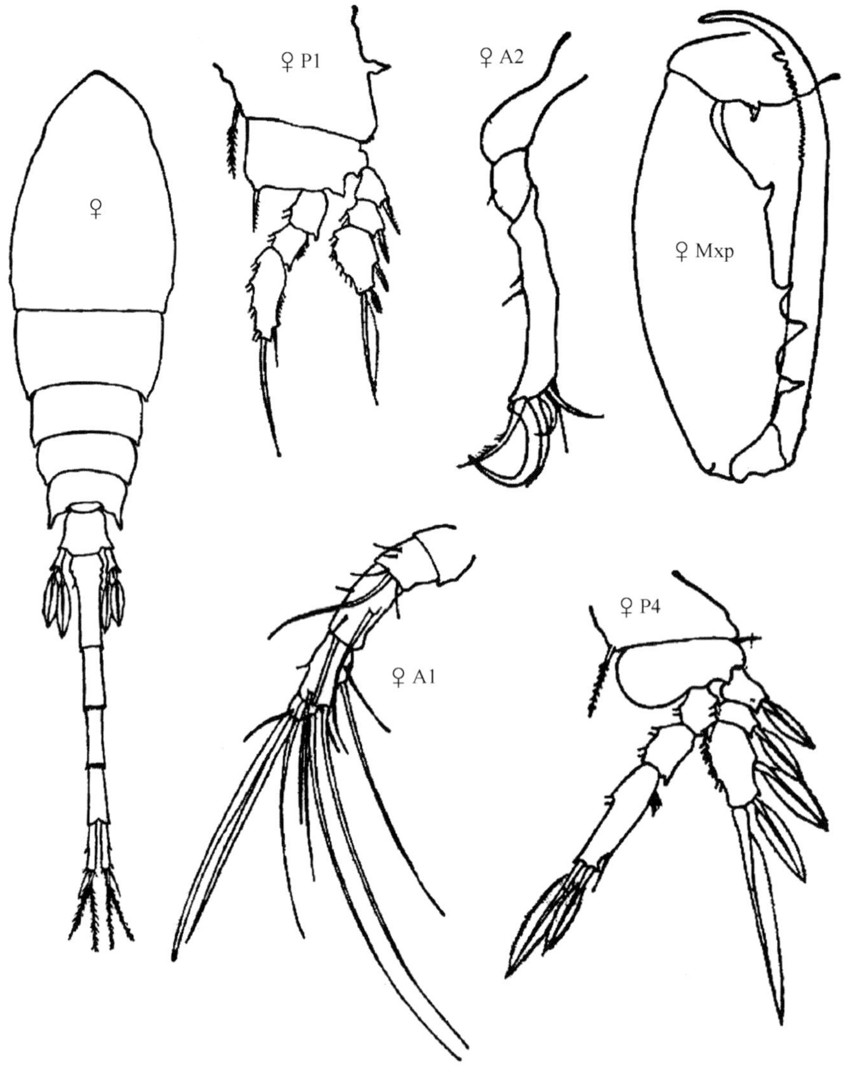

图 657 针刺梭水蚤 *Lubbockia aculeata*（仿郑重等，1982）

（657）针刺梭水蚤［针刺梭剑水蚤］*Lubbockia aculeata* Giesbrecht，1891（图 657）

形态特征：

体长：♀2. 30 ~ 2. 31 mm。**雌性：**前体部呈纺锤形，第 4 胸节后侧角长达第 5 胸节中部，后体部细长。第 5 胸节宽短，长、宽近相等。生殖节狭长，基部较膨大，并较其他各腹节长；各腹节末缘均具 1 环状小刺列，肛节与前 1 腹节近等长。尾叉细长，稍短于肛节，其长约为宽的 5 倍。第 1 触角分 5 节，末节很短小。第 2 触角末节顶端具大小不等的 5 粗刺毛和 1 细刺毛，其中 1 内侧刺很粗大并弯曲呈钩状。颚足第 2 基节膨大，内缘常具 4 齿突，第 1 基节内缘近末部也具 1 小齿突，末节为细长的爪状刺突，近末端内缘具 1 列细锯齿。第 5 对胸足单节，末端具 2 不等长叶状刺。

分布：东海至南海；太平洋，大西洋。暖水种。

参考文献：6，24，25，32，37，44，51，97，106，152，216，217。

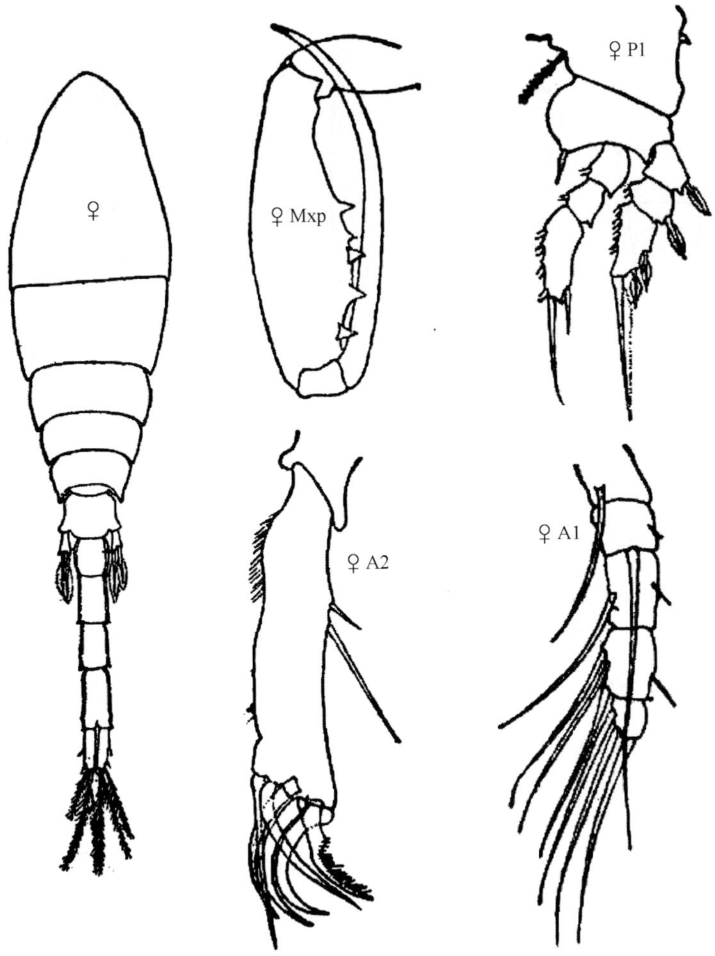

图 658　马氏梭水蚤 *Lubbockia marukawai*（仿郑重等，1982）

（658）马氏梭水蚤［马鲁梭剑水蚤］*Lubbockia marukawai* Mori，1937（图 658）

形态特征：

体长：♀1.22～1.41 mm。**雌性：**前体部呈纺锤形，第 4 胸节后侧角短小而尖锐，后体部分 5 节。第 5 胸节宽短，长稍大于宽。生殖节短小且短于后一腹节，其两侧近中部各具 1 小刺；肛节稍长于前一腹节；各腹节后侧角均具 1 小刺。尾叉长约为宽的 4 倍，且较短于肛节。第 1 触角分 5 节，末节短小。第 2 触角末节顶端具 5 钩状粗刺和 1 细刺毛。颚足第 2 基节较膨大，内缘具 5 齿突，末节细长呈爪状刺突。第 5 对胸足单节，末端具 2 不等长叶状刺，可达第 2 腹节中部。

分布：东海至南海，台湾东岸至日本黑潮暖流区。暖水种。

参考文献：6，24，37，44，48，50，106，118。

注：据 Mori（1937）描述及绘图，本种生殖节和后一腹节近等长，尾叉和肛节也近等长。

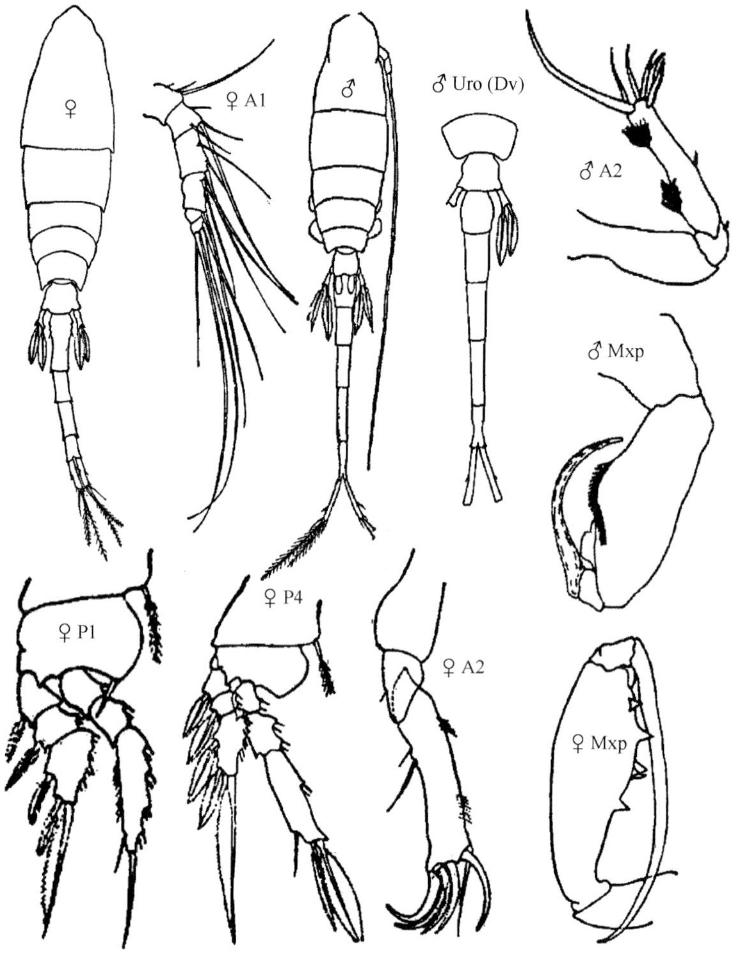

图 659 掌刺梭水蚤 *Lubbockia squillimana*
［仿郑重等，1982（♀）；Boxshall，1977；Chihara et al.，1997（♂）］

（659）掌刺梭水蚤［掌刺梭剑水蚤］*Lubbockia squillimana* Claus，1863（图 659）

形态特征：

体长：♀1.40~1.60 mm，♂1.8~2.1 mm。**雌性：**前体部呈纺锤形，第 4 胸节后侧角短小而尖锐，后体部分 5 节。第 5 胸节宽短。生殖节较长于其他腹节；各腹节末缘均无环状小刺列，但生殖节及第 2~3 腹节两侧末缘各具 1 小刺；肛节较短于其他腹节。尾叉长约为宽的 5 倍，并稍长于肛节。第 1 触角分 6 节，第 2 触角末节末端具 5 钩状粗刺和 1 细刺毛。颚足第 2 基节内缘具 5 个三角形齿突。第 5 对胸足单节，末端具 2 稍不等长叶状刺。**雄性：**第 4 胸节后侧角钝圆。后体部分 6 节。生殖节粗短。肛节两侧中部收缩而狭小。尾叉长约为宽的 7 倍，并显著长于肛节。第 1 触角末端具 1 细长刚毛，向后可达肛节后部。第 2 触角末端具 5 短刺和 1 长刺。颚足第 2 基节内缘无小齿突，仅具 1 列小刺毛。第 5 对胸足与雌性相似。

分布：渤海，东海至南海；太平洋，印度洋及大西洋。暖水种。

参考文献：5，14，20，24，30，37，44，48，51，62，64，82，97，106，118，158，216，217。

注：据陈清潮等(1974)描述，雌性颚足第 2 基节内缘仅具 3 齿突，可能有误或存在个体差异。

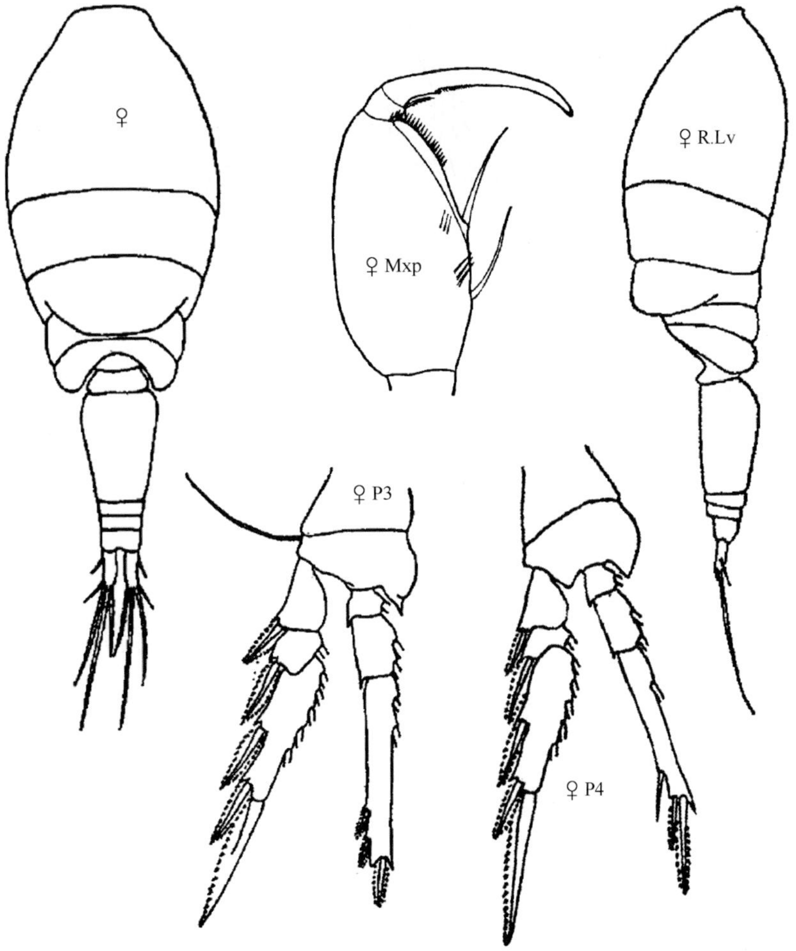

图 660　背突隆水蚤 *Oncaea clevei*
［仿陈清潮等，1974；郑重等，1982（♀Mxp）］

(660) 背突隆水蚤［背突隆剑水蚤］*Oncaea clevei* Früchtl，1923 (图 660)

形态特征：

体长：♀0.62~0.76 mm。**雌性：**前体部呈长卵圆形，前额较宽平，第 2 胸节背面具 1 显著的大突起，背面观常遮盖第 3 胸节。第 4 胸节后侧角钝圆。生殖节基部较宽大，其长约为宽的 1.4 倍。尾叉长为宽的 2.5~3 倍，且为肛节长的近 2 倍。颚足第 2 基节的 2 细长内刺近等长。第 3 对胸足内肢末节的末刺外侧具 1 舌状突。第 4 对胸足内肢末节 2 末刺之间无突起。

分布：东海至南海；太平洋，印度洋。暖水种。

参考文献：5，14，24，25，30，32，33，44，48，62，82，159，178。

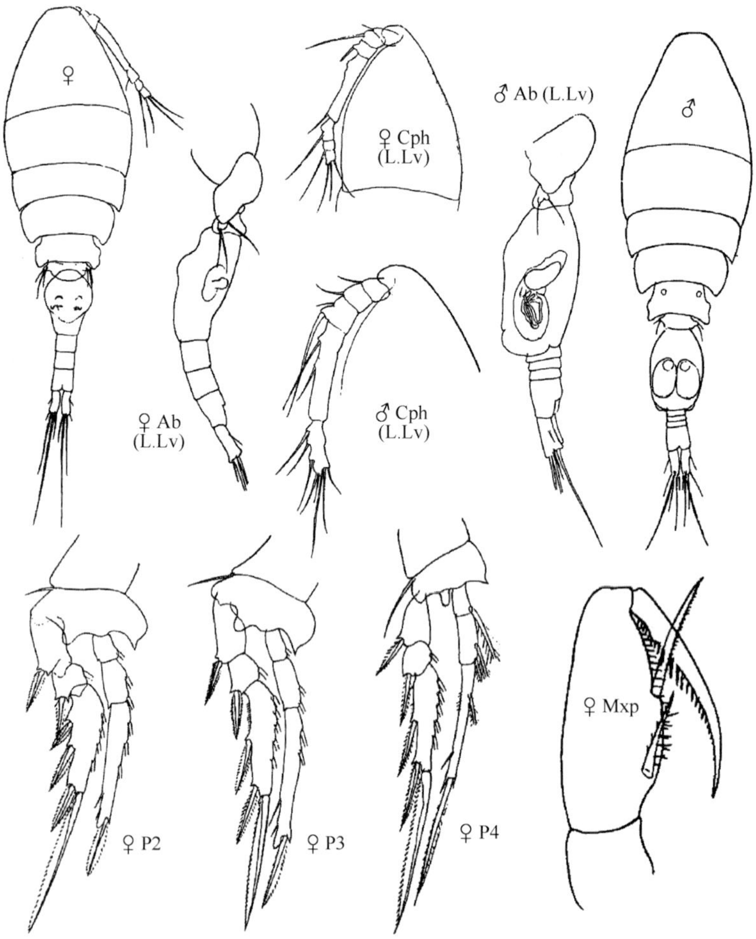

图 661 弯隆水蚤 *Oncaea curvata*（仿 Tanaka，1960）

（661）弯隆水蚤 *Oncaea curvata* Giesbrecht，1902（图 661）

形态特征：

体长：♀0.59~0.75 mm，♂0.48~0.52 mm。**雌性：**前体部呈长卵圆形，前额较宽平。第4胸节前部较狭小，后部较宽大，后侧角钝圆，侧面观，可达第5胸节中部。生殖节宽短，背面观基部两侧显著膨大，其宽约为末端宽的2.5倍，呈倒梨形；侧面观，生殖节腹面近中部隆起，呈瘤状。尾叉长约为宽的3倍，侧面观，其末端较膨大。第1触角分6节。颚足第2基节内缘具2不等长粗刺。第2、3对胸足内肢末节顶端各具1舌状突。第4对胸足内肢末节细长，仅达外肢末端，内肢末端刺与其末节等长。**雄性：**头部前端较狭小，第4胸节形状与雌性相似。后体部分6节。生殖节呈长卵圆形，长约为宽的1.5倍，侧面观，其腹面稍膨大。尾叉长约为宽的2.2倍，并与肛节等长，侧面观，其末端较膨大。第1触角分5节，末3节完全愈合。

分布：南海中部；南大洋海域。中、深层种（中国海新记录种）。

参考文献：3，89，178。

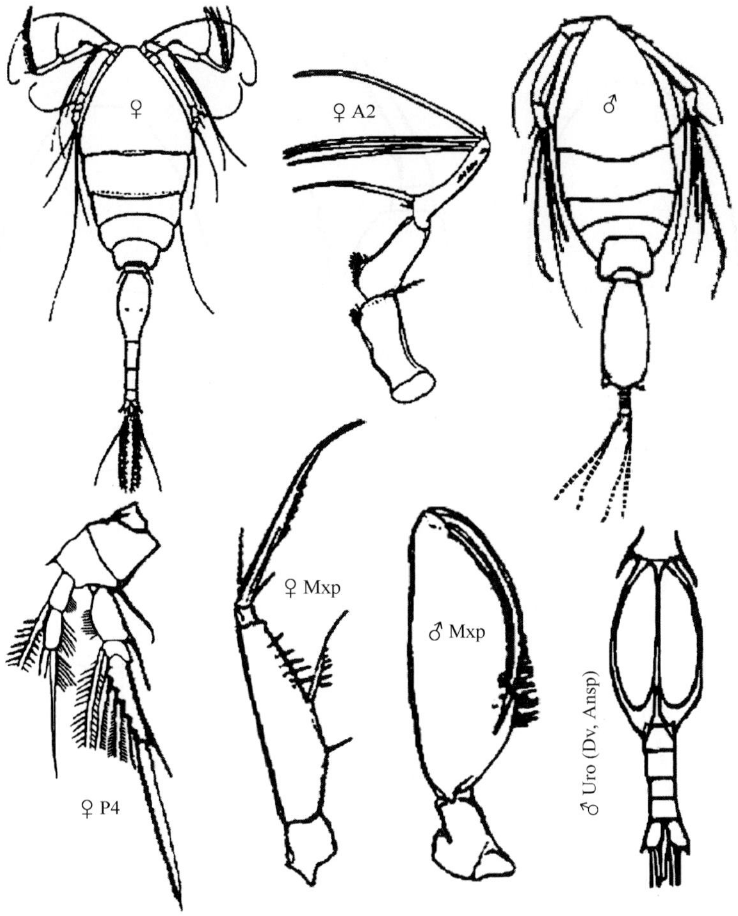

图 662 瘦隆水蚤 *Oncaea gracilis*

[仿 Chihara & Murano，1997 (♀；♂)；Rose，1933 (♂ Uro，Ansp)]

(662) 瘦隆水蚤 *Oncaea gracilis* (Dana，1852) (图 662)

[*Antaria gracilis* Dana，1852；*Conaea rapax* Giesbrecht，1891；*Conila rapax* Giesbrecht，1892；*Conaea gracilis*：A. Scott，1909；Rose，1933；Wilson，1950；Tanaka，1965b；Hirota，1995]

形态特征：

体长：♀1.0~1.15 mm，♂0.78~0.9 mm。**雌性：**前体部呈纺锤形，其长约为宽的 2 倍，前额较狭小而钝圆。前、后体部的长度比例为 61∶39。后体部狭长，生殖节长约为宽的 2 倍。肛节短小，呈方形。尾叉长约为宽的 2 倍。第 2 触角第 3 节较长于第 2 节，末端具 4 长刺毛及 1 小刺毛，外缘近端也具 1 长刺毛及 1 微刺。颚足第 2 基节较狭长，内缘中部具 1 长刺毛，约为本节长的 1/2，近端另具 1 小刺毛。第 4 对胸足外肢第 1~3 节外缘刺数分别为 1、0、1，内肢末节末端无突起。**雄性：**前体部呈纺锤形，第 4 胸节后侧角较突出而钝圆。生殖节呈长椭圆形，长约为宽的 2 倍，其左、右后侧角尖锐。尾叉长约为宽的 2 倍。第 2 触角及第 1~4 对胸足结构均与雌性相似。

分布：东海，南海；太平洋，大西洋。中、深层种。

参考文献：44，82，97，106，152，158，187，217。

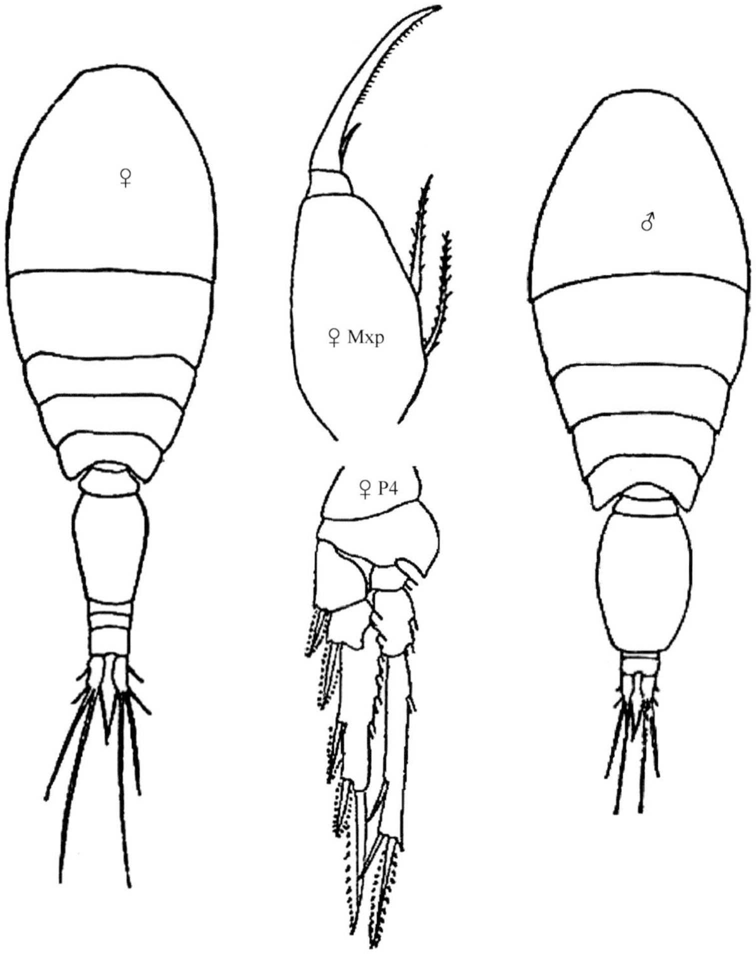

图 663 中隆水蚤 *Oncaea media*（仿陈清潮等，1974）

（663）中隆水蚤［中隆剑水蚤］*Oncaea media* Giesbrecht，1891（图 663）

形态特征：

体长：♀0.55~0.82 mm，♂0.49~0.70 mm。**雌性：**前体部呈长椭圆形，其长约为宽的 2 倍。第 4 胸节后侧角较宽短，呈钝三角形。生殖节长大，基部较宽大。尾叉长为宽的 2~3 倍，并稍长于肛节。颚足第 2 基节 2 内缘刺近等长，末节呈长爪状，内缘具小刺毛。第 4 对胸足内肢第 3 节 2 末刺之间无突起，其内刺较外刺长大。**雄性：**前体部呈卵圆形，其长为宽的 1.8~2 倍。第 4 胸节后侧角较雌性突出，并较尖锐。生殖节宽大，其后部常覆盖第 2、3 腹节，其腹面左、右侧末缘均具 1 小突起。尾叉长为宽的 1.5~2 倍。

分布：黄海至南海；太平洋，印度洋及大西洋。暖水种。

参考文献：5，14，20，24，30，32，33，44，48，51，52，82，97，106，118，152，158，178，216。

注：Sewell（1947）和 Tanaka（1960）根据本种雌、雄性体长大小，分为大型（f. *major*）和小型（f. *minor*）。但大型、小型的附肢结构等特征无明显的差别，仅是种内的个体大小差异。中国海域也有出现大、小两个型（陈清潮等，1974；郑重等，1982）。

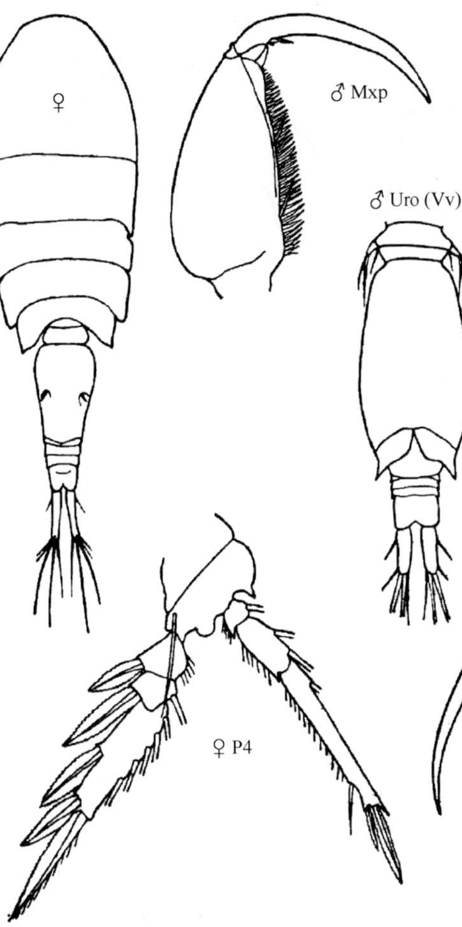

图 664 等刺隆水蚤 *Oncaea mediterranea*（仿郑重等，1982）

（664）等刺隆水蚤［等刺隆剑水蚤］*Oncaea mediterranea* Claus，1863（图 664）

形态特征：

体长：♀0.99~1.42 mm，♂0.7~1.12 mm。**雌性：**前体部呈长椭圆形，长约为宽的 2 倍，前额宽大。第 4 胸节后侧角突出而尖锐。生殖节长为宽的 1.5~1.8 倍。尾叉长为宽的 4~5 倍。颚足第 2 基节内缘具细刺毛列，2 内刺较短小，近等长。第 4 对胸足内肢末节狭长，2 末刺之间无突起，内末刺较长于外末刺。**雄性：**第 4 胸节后侧角较雌性狭长而尖锐。生殖节长大，呈长椭圆形，其腹面末端的左、右侧末角显著突出而尖锐。尾叉长为宽的 2~3 倍。颚足第 2 基节的 2 内刺较雌性的细小，近等长。

分布：黄海，东海至南海；太平洋，印度洋及大西洋。暖水种。

参考文献：5，14，24，25，30，32，33，44，50，51，62，82，97，106，152，216。

注：Chihara 和 Murano（1997）根据日本近海本种雌、雄性的体长大小及体形而分为小型（Small form）、标准型（typical form）和大型（large form）3 个型。据陈清潮等（1974）及郑重等（1982）记述的中国海的标本，应属于雌性的标准型、大型及雄性的 3 个型。

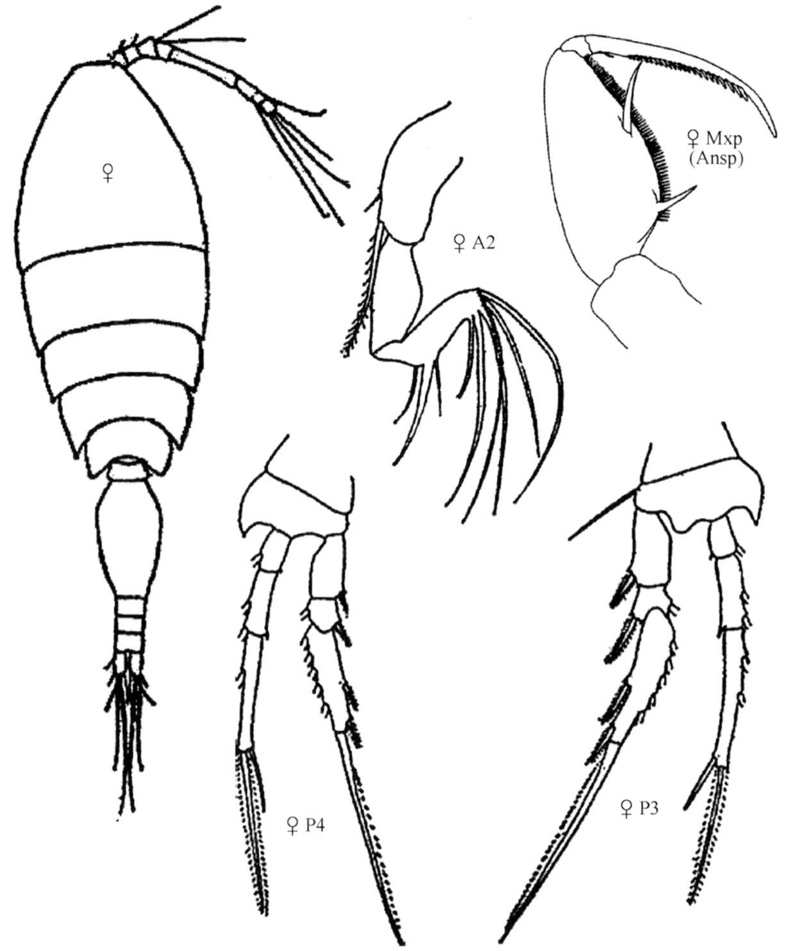

图 665 锦隆水蚤 *Oncaea ornata*

[仿陈清潮等，1974（♀）；Boxshall，1977；Chihara et al.，1997（♀Mxp，Ansp）]

（665）锦隆水蚤[锦隆剑水蚤] *Oncaea ornata* Giesbrecht，1891（图 665）

形态特征：

体长：♀0.75~1.07 mm。**雌性：**前体部呈纺锤形，其长约为宽的 2 倍。第 3 胸节后侧角尖锐，可达第 4 胸节中部。第 4 胸节后侧角较钝圆。生殖节长约为宽的 2 倍，肛节宽短。尾叉长约为宽的 2 倍，并稍长于肛节。第 2 触角末 2 节近等长，末节顶端具 6 长刺毛，外缘近端具 1 粗刺及 2~3 小刺毛。颚足第 2 基节的第 2 内缘刺较粗大，长爪状的末节内缘具小刺毛列。第 4 对胸足外肢末节的末刺较长于末节，内肢末节的内末刺也较长于末节，外末刺短小，并在 2 末刺之间无突起。

分布：东海至南海；太平洋，印度洋及大西洋。暖水种。

参考文献：14，23，24，37，44，82，97，106，152，217。

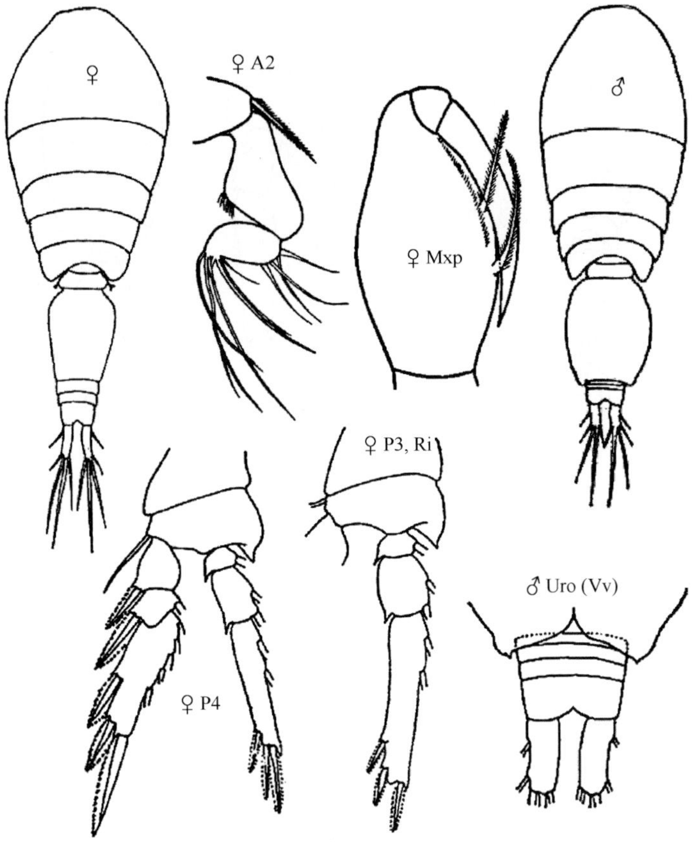

图 666 丽隆水蚤 *Oncaea venusta*
[仿陈清潮等，1974（♀；♂）；郑重等，1965（♀A2；♀Mxp）]

（666）丽隆水蚤[丽隆剑水蚤]*Oncaea venusta* Philippi，1843（图 666）

形态特征：

体长：♀0.86~1.35 mm，♂0.62~1.10 mm。**雌性：**背面观，前体部呈倒梨形，其长约为宽的 1.6 倍。最宽处位于头节后侧缘，第 4 胸节后侧角宽圆。生殖节宽大，其长为宽的 1.3~1.6 倍。尾叉长约为肛节长的 2 倍，为其宽度的 3.6~4 倍。第 2 触角第 2 节内缘凸出呈锥状，并具细毛；第 3 节外缘基部具 4 刺毛，末端具 6 长刺毛及 1 小刺毛。颚足第 2 基节 2 内缘刺细长，呈羽状且近等长。第 4 对胸足内肢末端具 2 不等长的叶状刺，其基部之间无突起。**雄性：**前体部较雌性狭长，其长约为宽的 1.8 倍。第 4 胸节后侧角较突出。后体部分 6 节，生殖节宽大，呈卵圆形，其长为宽的 1.3~1.6 倍，腹面两侧末缘各具 1 小突起。尾叉长为宽的 2.5~3 倍。

分布：黄海，东海至南海；太平洋，印度洋及大西洋。暖水种。

参考文献：1，5，14，20，24，30，32，33，44，46，48，51，62，82，89，97，106，118，152，158，161，178，216，217。

注：Farran（1929）、Sewell（1947）及 Tanaka（1960）根据本种雌性成体的体长大小及后体部各节长度的比例不同而将其分为大型（f. *typica*）和小型（f. *venella*）。作者曾观察东海、南海的标本，大、小型均有出现，其中以大型标本为主，小型标本少见。陈清潮等（1974）观察东海的标本，均属于本种的大型。

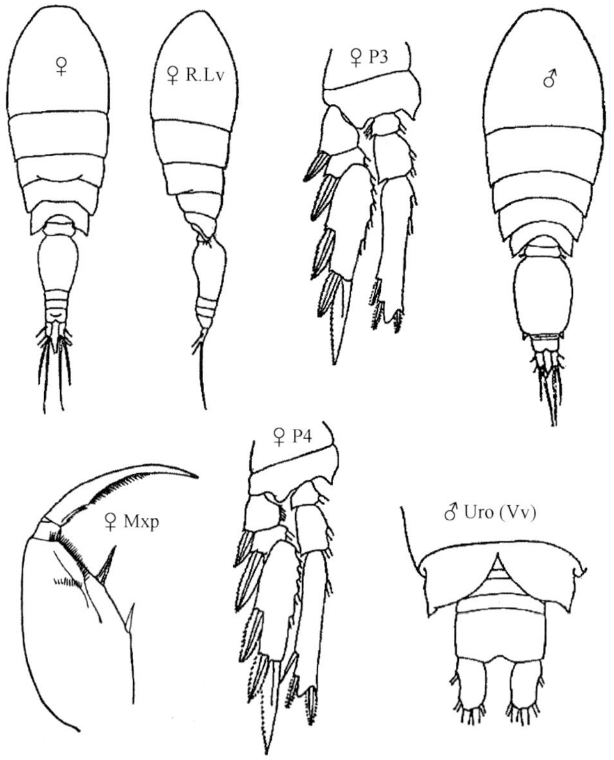

图 667　角三锥水蚤 *Triconia conifera*
[仿陈清潮等，1974（♀；♂）；郑重等，1982（♀Mxp）]

(667) 角三锥水蚤 *Triconia conifera*(Giesbrecht，1891)(图 667)

[角突隆剑水蚤(角突隆水蚤)*Oncaea conifera* Giesbrecht，1891，1892；A. Scott，1909；Farran，1929；Rose，1933；Mori，1937；Sewell，1947；Wilson，1950；Tanaka，1960；陈清潮等，1974；郑重等，1982；连光山等，1994，2008，2012]

形态特征：

体长：♀0.72~1.21 mm，♂0.66~0.76 mm。**雌性：**前体部呈长椭圆形。第 2 胸节背面中部具 1 明显钝突。第 4 胸节后侧角尖锐，稍向外伸展。生殖节基部较宽大，长为宽的 1.5~1.7 倍。尾叉长为宽的 2~3 倍，并与肛节近等长。颚足第 2 基节 2 内缘刺较短小，且不等长，爪状末节的内缘具细刺毛。第 2~4 对胸足内肢末节的 2 末刺之间具 1 舌状突。**雄性：**第 2 胸节背面中部无突起。第 4 胸节后侧角尖锐。生殖节宽大，近长方形，背末缘常遮盖第 2、3 腹节，其腹面两侧末缘突起尖锐。肛节长小于宽。尾叉长为宽的 2~2.5 倍，并稍短于肛节。

分布：东海至南海；太平洋，印度洋及大西洋。暖水广布种。

参考文献：5，14，20，24，32，33，44，48，51，62，82，89，106，118，152，158，178，217。

注：Chihara 和 Murano(1997)及 Farran(1936)根据本种雌性个体头部及第 2 胸节背面突起有、无及大小等特征差异而将其分为 3 个型：①胖型(stocky form)——第 2 胸节背面突起显著；②小型(minus form)——第 2 胸节背面突起小；③瘤型(bumped form)——第 2 胸节及头部背面均具突起。中国海的标本应属于胖型(stocky form)。这 3 个型的形态差异仍为同一种内的个体差异。

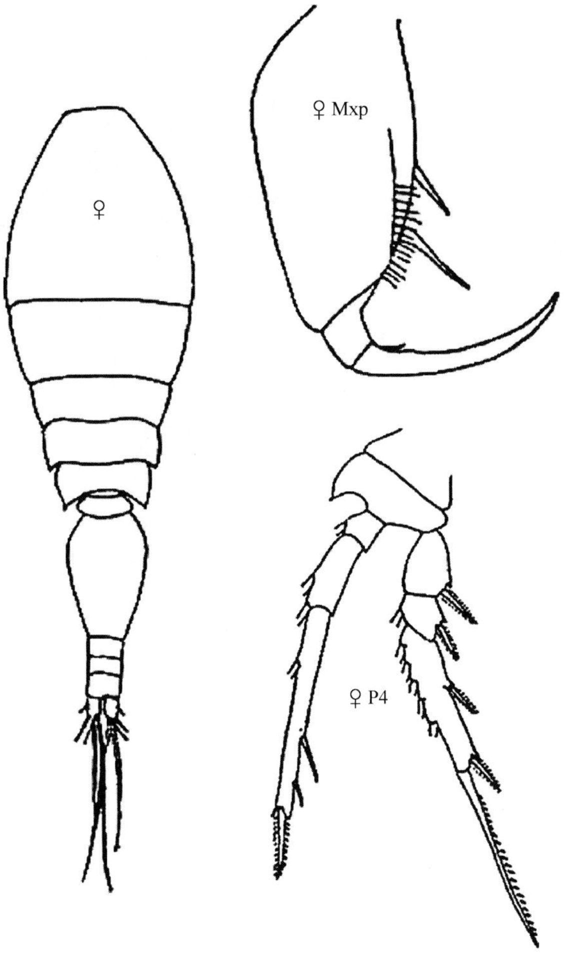

图 668　齿三锥水蚤 *Triconia dentipes*（仿陈清潮等，1974）

（668）齿三锥水蚤 *Triconia dentipes* Giesbrecht，1891（图 668）

［齿隆剑水蚤（齿隆水蚤）*Oncaea dentipes* Giesbrecht，1891，1892；Farran，1929；Rose，1933；Wilson，1942；Chihara et al.，1997；陈清潮等，1974；郑重等，1982；连光山等，1994，2008，2012］

形态特征：

体长：♀0.42～0.57 mm；♂0.36～0.57 mm。**雌性：**前体部呈长卵圆形。前额截平。第 3 胸节后侧角尖小。第 4 胸节后侧角呈三角形刺突。后体部狭长，生殖节长大，近基部宽大，末端狭小。肛节呈方形。尾叉长为宽的 1.5～1.7 倍，且较短于肛节。颚足第 2 基节 2 内刺不等长。第 4 对胸足外肢末节的末刺较长于本节，内肢末节的末端仅具 1 刺，外末角具 1 舌状突。**雄性：**前体部呈长椭圆形。第 4 胸节后侧角尖锐。生殖节呈长椭圆形，其腹面末端左、右侧末缘突起尖锐。尾叉较长于肛节，其长约为宽的 2 倍。胸足结构与雌性相似。

分布：东海至南海；太平洋，印度洋及大西洋。暖水种。

参考文献：5，14，24，25，30，33，44，48，62，82，89，97，152，216。

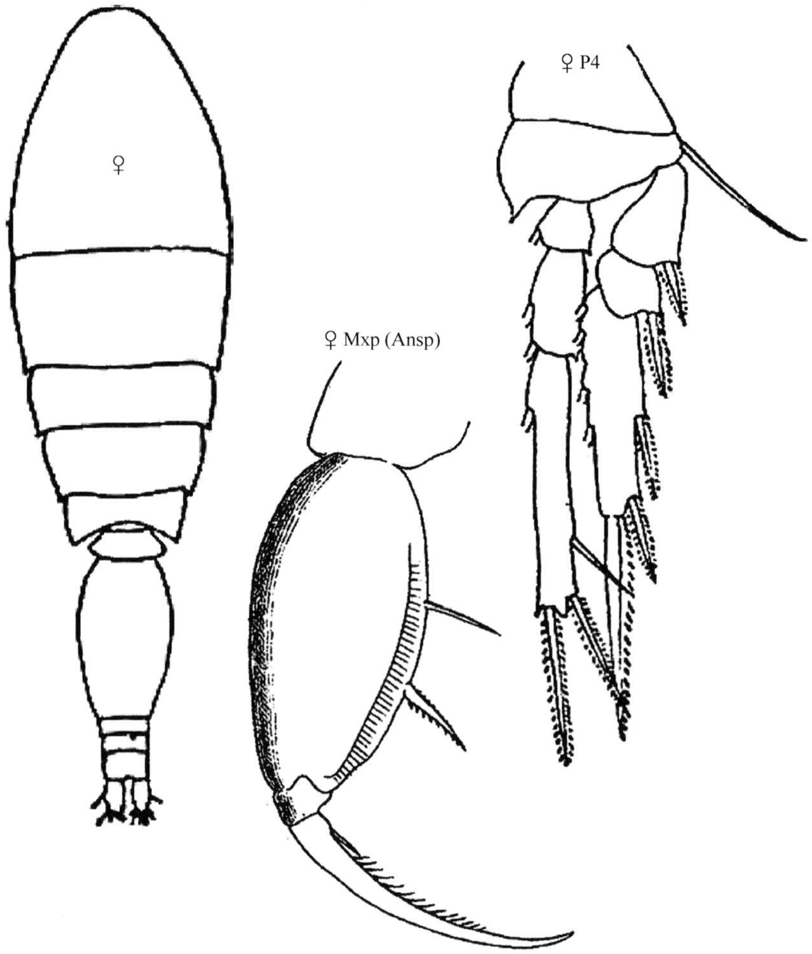

图 669 小三锥水蚤 *Triconia minuta*
[仿陈清潮等，1974（♀）；Giesbrecht，1892（♀Mxp，Ansp）]

（669）小三锥水蚤 *Triconia minuta*（Giesbrecht，1892）（图 669）

[小隆剑水蚤（小隆水蚤）*Oncaea minuta* Giesbrecht，1892；Rose，1933；Wilson，1942，1950；Chihara et al.，1997；陈清潮等，1974；连光山等，1994，2008，2012]

形态特征：

体长：♀0.46~0.58 mm。**雌性：**前体部呈纺锤形。第 4 胸节后侧角突出，呈钝三角形。生殖节呈卵圆形，其长约为宽的 1.7 倍。肛节宽短，与尾叉等长。尾叉长约为宽的2 倍。颚足第 2 基节的 2 内缘刺近等长，其第 2 内缘刺较粗大，边缘具细锯齿；末节呈粗爪状，其内缘具小刺毛。第 4 对胸足外肢末节的末刺与本节近等长，内肢末节 2 末刺之间具 1 舌状突。

分布：东海至南海；太平洋，印度洋及大西洋。暖水种。

参考文献：14，24，30，44，48，51，62，82，85，97，106，152，199，215~217。

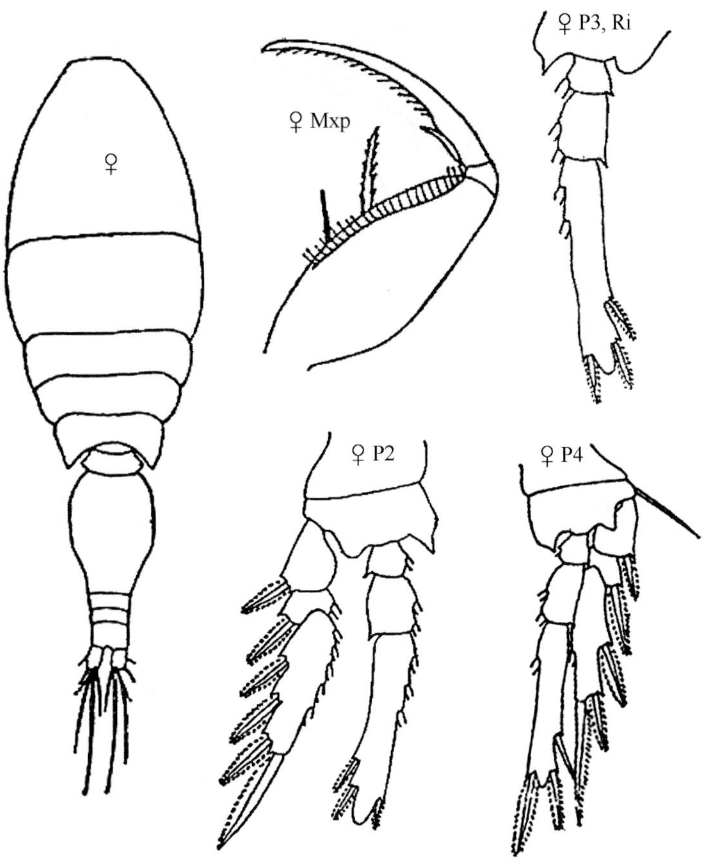

图 670 拟三锥水蚤 *Triconia similis*（仿陈清潮等，1974）

（670）拟三锥水蚤 *Triconia similis* Sars，1918（图 670）

［拟隆剑水蚤（拟隆水蚤）*Oncaea similis* Sars，1918；Rose，1933；Wilson，1942，1950；陈清潮等，1974；连光山等，1994，2008，2012］

形态特征：

体长：♀0.59~0.70 mm。**雌性：**前体部呈长椭圆形。第 4 胸节后侧角呈三角形。生殖节长约为宽的 1.6 倍，其前部膨大，后部约 1/3 明显狭小。肛节宽短。尾叉长为宽的 1.7~2 倍，并较短于肛节。颚足第 2 基节第 2 内缘刺明显较第 1 内缘刺粗大，其边缘呈锯齿状，爪状末节的内缘具细刺毛。第 2~4 对胸足内肢末节两末刺之间均具舌状突。

分布：东海至南海；太平洋，大西洋。暖水种。

参考文献：5，14，24，30，44，62，82，106，152，155，216，217。

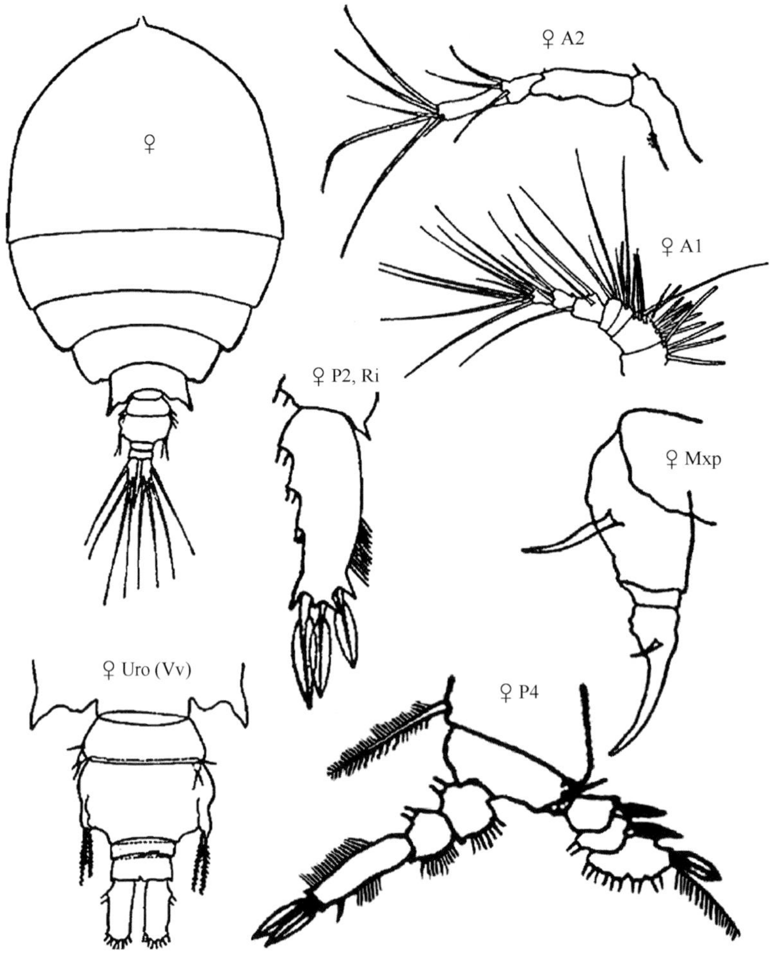

图 671 齿厚水蚤 *Pachysoma dentatum*（仿郑重等，1982）

(671) 齿厚水蚤［齿厚剑水蚤］*Pachysoma dentatum* Mori，1932（图 671）

［*Pachos dentatum*：Chihara & Murano，1997；石长泰等，2000；
Boxshall & Halsey，2004；*Pachyos dentatum*：陈清潮，2008］

形态特征：

体长：♀2. 20~2. 35 mm。**雌性：**体形与斑点厚水蚤（*P. punctatum*）相似，额角突出，前体部表面密生小刺，但第 4 胸节后侧角较狭长而尖锐，并稍向外撇开。后体部分 4 节，生殖节很宽大，其后 2 腹节狭小而宽短。尾叉长约为宽的 2. 5 倍。第 1 触角分 7 节。第 2 触角分 4 节，第 2~4 节内缘无瘤状突。颚足分 4 节，第 2 节内缘中部仅具 1 长刺，第 3 节很宽短，末节呈爪状，其内缘近基部具 1 小刺。第 2 对胸足内肢末节顶端具 3 个不等长叶状刺，以内刺较长。第 5 对胸足退化，仅具 2 刺毛。

分布：东海，台湾东岸海域及台湾海峡，南海；太平洋。暖水种。

参考文献：4，24，44，46，50，51，72，82，116，118。

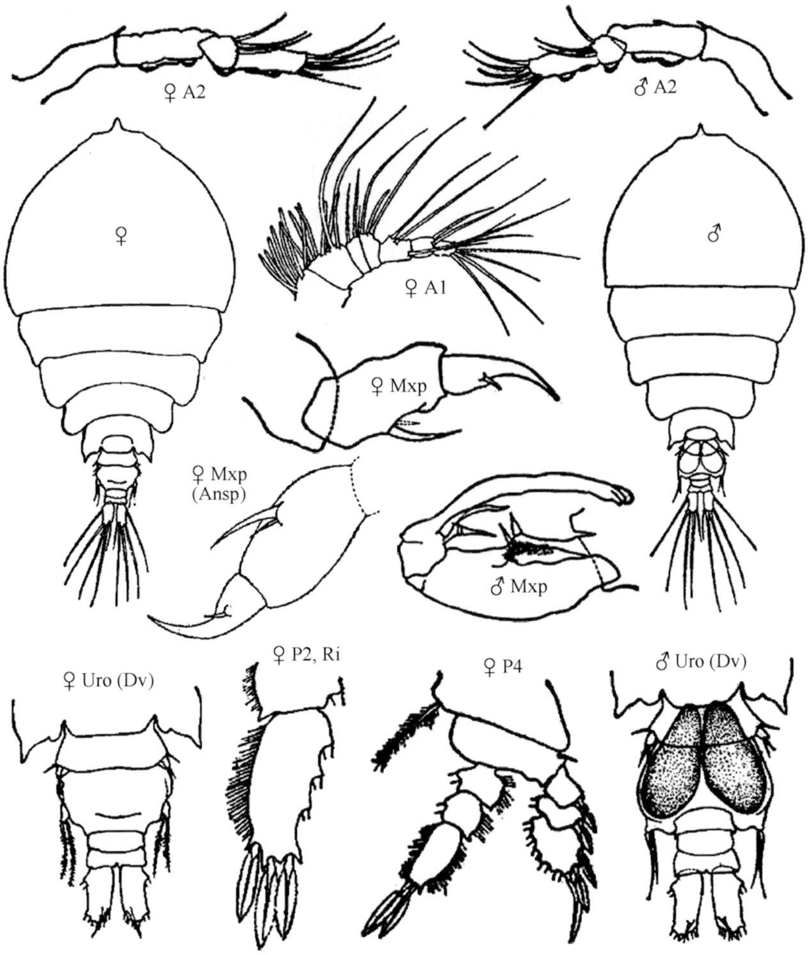

图 672　斑点厚水蚤 *Pachysoma punctatum*

［仿郑重等，1982（♀；♂）；陈清潮等，1974（♀Mxp，Ansp）］

（672）斑点厚水蚤［斑点厚剑水蚤］*Pachysoma punctatum* Claus，1863（图 672）

［*Pachos punctatum*：Pesta，1920；Rose，1933；Wilson，1942，1950；Hirota，1995；Chihara & Murano，1997；*Pachyos punctatum*：陈清潮，2008］

形态特征：

体长：♀1.83~2.30 mm，♂1.84~2.20 mm。**雌性：**前体部宽大，呈卵圆形，表面密生小刺。背面观额角呈粗刺突。第 4 胸节狭小，其后侧角短小而尖锐。后体部分 4 节，生殖节很宽大，其后 2 腹节狭小，并近等长。尾叉长为宽的 2.3~2.5 倍。第 1 触角分 7 节。第 2 触角分 4 节，第 2~4 节内缘具瘤状突，其表面具细刺毛。颚足分 3 节，第 2 节内缘中部具 1 粗刺和 1 小刺，末节呈爪状，内缘近中部具 1 小刺。第 2 对胸足内肢末节顶端的 3 个叶状刺不等长，以中刺最长。第 5 对胸足退化，仅具 2 刺毛。**雄性：**前体部形状与雌性相似。后体部分 5 节。生殖节后部较宽大，其后 3 腹节狭小而宽短。尾叉长约为宽的 2.5 倍。颚足分 4 节，呈螯状，第 2 节内缘中部具 2 小刺及细毛刺丛，末节狭长呈棒状，其基部具 2 不等长粗刺。其他附肢结构与雌性相似。

分布：东海至南海；太平洋及大西洋。暖水种。

参考文献：5，14，24，30，44，46，48，51，82，106，152，216，217。

47. 伪花水蚤科 Family Pseudanthessiidae Humes & Stock，1972

本科前、后体部分界明显。前体部呈椭圆形或卵圆形，分5节。后体部雌性分5节，雄性分6节。尾叉具5~7刚毛。第1触角分7节。第2触角单肢型，分4节。大颚末部呈刀叶状或短鞭状，其边缘具细刺(齿)列。雌性颚足分3节，第1~2节粗大，末节短小呈尖爪状。雄性颚足分4节，第3节短小，末节狭长呈长爪状。第1~3对胸足内、外肢均分3节。第4对胸足外肢3节，内肢仅1节，少数分2节，末端具2粗刺。第5对胸足退化，仅具1小节或无小节，具2~3刚毛。

本科包括5属48种(Boxshall & Halsey，2004)，大多与海洋无脊椎动物营共栖生活，但也可脱离宿主而浮游生活。我国南海及其边缘海域(菲律宾-马来群岛海域)记录1属5种，本书仅描述其中3种。

属名 Genera	种数	页码
伪花水蚤属 *Pseudanthessius* Claus，1889	3	755

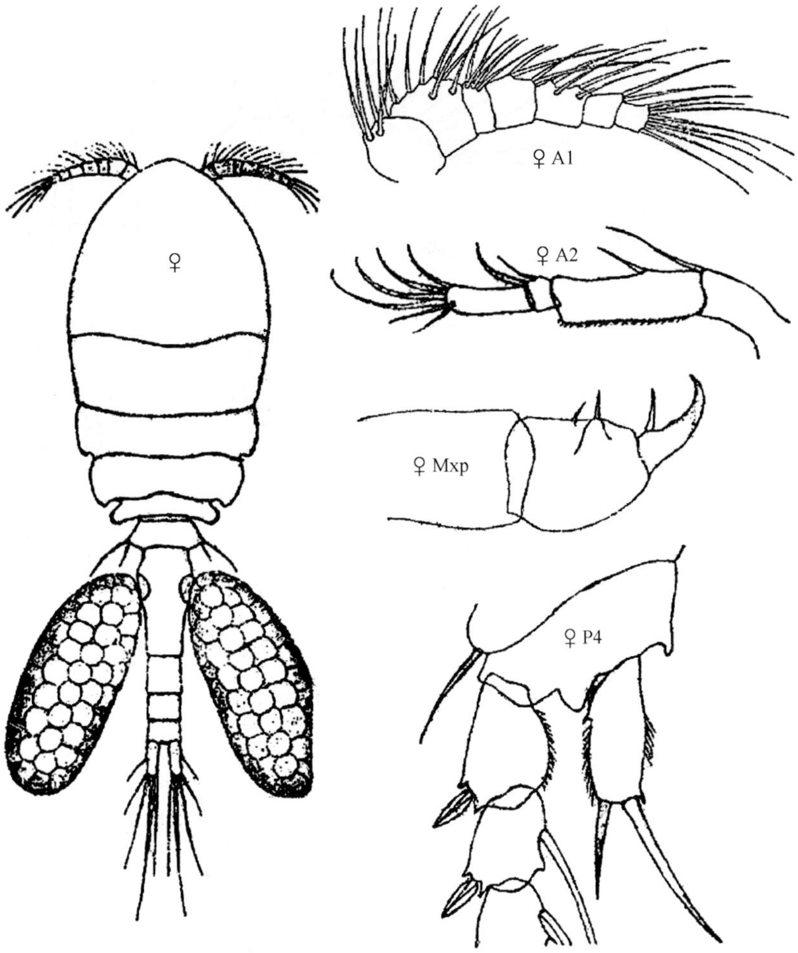

图 673 暗伪花水蚤 *Pseudanthessius obscurus*（仿 A. Scott，1909）

(673) 暗伪花水蚤[暗伪花剑水蚤] *Pseudanthessius obscurus* A. Scott，1909 (图 673)

形态特征：

体长： ♀1.15 mm。**雌性：** 前体部呈椭圆形，分 5 节。前额渐狭而钝圆。第 4 胸节狭而短小，其后侧角突出，末端钝圆，后体部狭长并分 5 节。生殖节长约为宽的 2 倍，第 2 腹节较长于第 3 腹节，第 3 与第 4 腹节近等长。尾叉约与第 2 腹节等长，具 1 外缘刚毛及 4 末端刚毛。第 1 触角较粗短，分 7 节，第 3 节最短。第 2 触角较狭长，分 4 节，末端具 3 长爪状刺及 3 细刺毛。颚足分 3 节，第 1、2 节粗大，末节短小呈弯曲的爪状刺，其基部具 1 小刺，第 2 节内缘也具 2 小刺。第 1~3 对胸足内、外肢均分 3 节。第 4 对胸足外肢 3 节；内肢仅 1 节，呈长方形，其外缘近端具 1 小齿突，本节末端具 2 不等长粗刺，内刺约为外刺长的 2 倍。第 5 对胸足退化，仅具 2 不等长刚毛。

分布： 南海东南部及广东大亚湾海域；太平洋。热带种。

参考文献： 24，33，37，44，158。

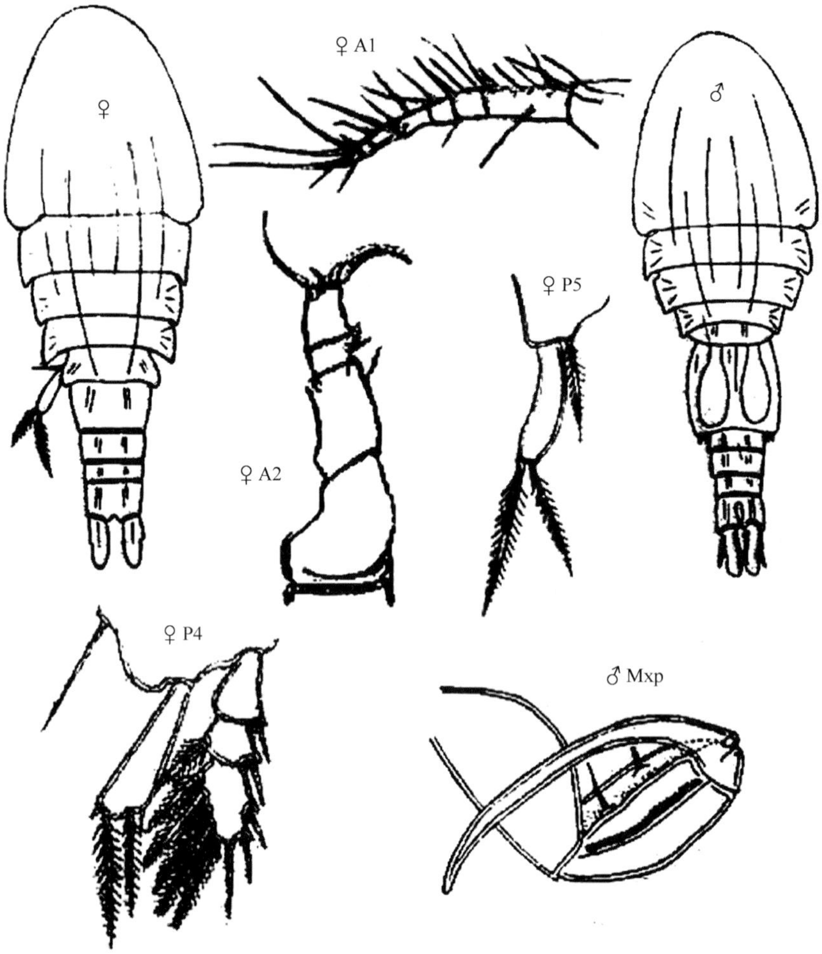

图 674　太平洋伪花水蚤 *Pseudanthessius pacificus*（仿 Wilson，1950）

（674）太平洋伪花水蚤 *Pseudanthessius pacificus* Wilson，1950（图 674）

形态特征：

体长：♀3.25 mm，♂3 mm（不含尾叉）。**雌性：**前体部呈椭圆形，分 4 节。头部与第 1 胸节愈合。第 4 胸节后侧角突出而尖锐。后体部粗大，分 5 节。生殖节宽大，其长度等于后 2 腹节长度之和；肛节长等于第 3 腹节长的 2 倍，后缘中部显著向内凹陷。尾叉长约为宽的 3 倍，外缘中部具 1 刚毛，末端具 4 刚毛。第 1 触角狭长，分 7 节。第 2 触角分 4 节，第 1 基部膨大，第 2 节呈长方形，内缘具 1 小刺，第 3 节宽短，内末缘稍突出并具 2 小刺毛，末节顶端具 1 粗大爪状刺，其基部具 2 小刺毛，外末角具 1 长刺。第 4 对胸足外肢分 3 节；内肢单节，呈长叶片状，末部较宽大，顶端具 2 不等长羽状刺。第 5 对胸足单节，狭长而稍弯曲，末端具 2 不等长羽状刺。**雄性：**前体部呈卵圆形。第 4 胸节后侧角呈三角形。后体部分 6 节，生殖节呈方形，左、右后侧角稍突出并各具 2 小刺。第 2、3、4 腹节宽短且等长。尾叉长为宽的 3 倍。颚足分 4 节，第 2 节内缘表面具 2 小刺，末节狭长并稍弯曲呈爪状，末端钝圆。

分布：南海东部海域；太平洋。热带种。

参考文献：44，217。

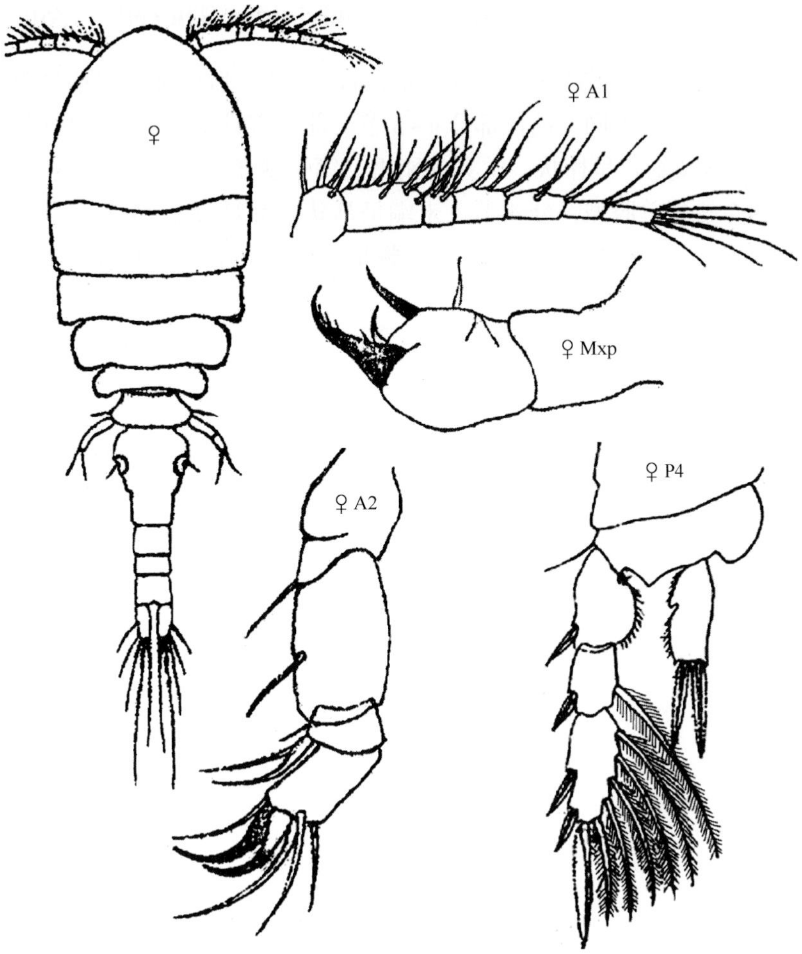

图 675 小伪花水蚤 *Pseudanthessius parvus*（仿 A. Scott，1909）

（675）小伪花水蚤［小伪花剑水蚤］*Pseudanthessius parvus* A. Scott 1909（图 675）

形态特征：

体长：♀0.9 mm。**雌性：**前体部呈椭圆形，分 5 节。前额较狭而钝圆。第 4 胸节狭小，后侧角突出且较宽圆。后体部分 5 节。生殖节呈倒梨形，基部很膨大，其长约为宽的 1.3 倍。尾叉稍长于肛节，具 1 外缘刚毛和 4 末端刚毛。第 1 触角较狭长，分 7 节。第 2 触角粗短，分 4 节，末节顶端具 2 粗而弯曲的爪状刺和 4 刺毛。颚足分 3 节，第 1、2 节粗大；末节呈粗短的爪状刺，其基部具 1 小刺；第 2 节内缘具 2 小刺。第 4 对胸足外肢分 3 节；内肢单节，外缘近中部具 1 深缺刻，其前沿形成 1 钝齿突，本节末端具 2 等长叶状刺。第 5 对胸足单节，较狭长，末端具 2 小刚毛。

分布：南海东南部及广东大亚湾海域；太平洋。热带种。

参考文献：24，33，37，41，44，158。

48. 叶水蚤科［叶剑水蚤科］Family Sapphirinidae Thorell，1860

本科大多为中型、大型浮游桡足类(1.0~9.0 mm)。前、后体部或仅前体部背腹扁平，呈叶片状，雌、雄性体形显著不同。前体部分4~5节。前额常具1对晶体状角眼。后体部分4~6节。尾叉宽扁呈片状或细长呈棒状，常具5刚毛。第1触角短小，分3~6节，雌、雄同形，雄性无膝状节。第2触角单肢型，分4节，末端呈爪状。颚足分3~4节，末节呈长爪状或钩状。第1~3对胸足内、外肢均分3节，第4对胸足外肢分3节，内肢分3节或仅有1~2节。第5对胸足退化，仅单节。

本科包括3属共27种。中国海域均有出现。

属名 Genera	种数	页码
叶水蚤属［叶剑水蚤属］*Sapphirina* Thompson，1929	17	………… 759
桨水蚤属［桨剑水蚤属］*Copilia* Dana，1849	8	…………… 777
心水蚤属［心剑水蚤属］*Corina* Giesbrecht，1891 ［= *Vettoria* Wilson，1924］	2	…………… 784

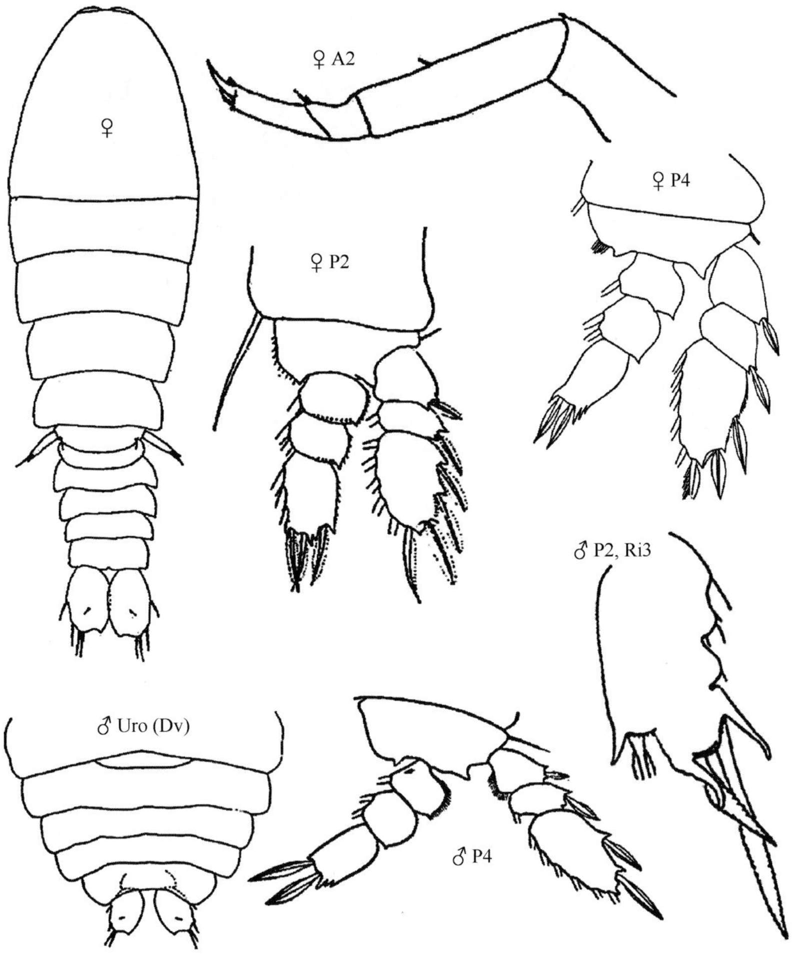

图 676 狭叶水蚤 *Sapphirina angusta*

[仿陈清潮等，1974（♀；♂）；郑重等，1965（♂ P4）；Esterly，1905（♀ P4）]

（676）狭叶水蚤［狭叶剑水蚤］*Sapphirina angusta* Dana，1849（图 676）

形态特征：

体长： ♀2.5~5.5 mm，♂3.0~6.95 mm。**雌性：** 前体部狭长。头部宽度显著小于长度。第 4 胸节后缘较平直。尾叉呈长椭圆形，其长为宽的 1.7~2 倍，内末角突起较钝，背面小刺毛位于第 1 外缘尾刚毛之后。第 1 触角分 5 节，第 2 节长度约为末 3 节长度之和。第 2 触角分 4 节，第 2 节长度显著大于后 2 节长度之和。第 4 对胸足内肢第 3 节外末缘具 3 小刺突，末端具 2 叶状刺。**雄性：** 身体宽大，前、后体部的分界不明显。头节前端宽圆，其宽度大于长度。尾叉与雌性相似。第 2 对胸足内肢第 3 节末端具 3 刺突，其外末刺短小，内末刺与中末刺近等长，两刺之间具 2 不等长叶状刺，其内末缘叶状刺长大呈矛状，末端另 1 叶状刺短小。第 4 对胸足结构与雌性相似。

分布： 东海至南海；太平洋，印度洋及大西洋。暖水种。

参考文献： 1，2，4，5，14，24，25，30，41，44，48，51，62，82，85，97，118，152，158，215~217。

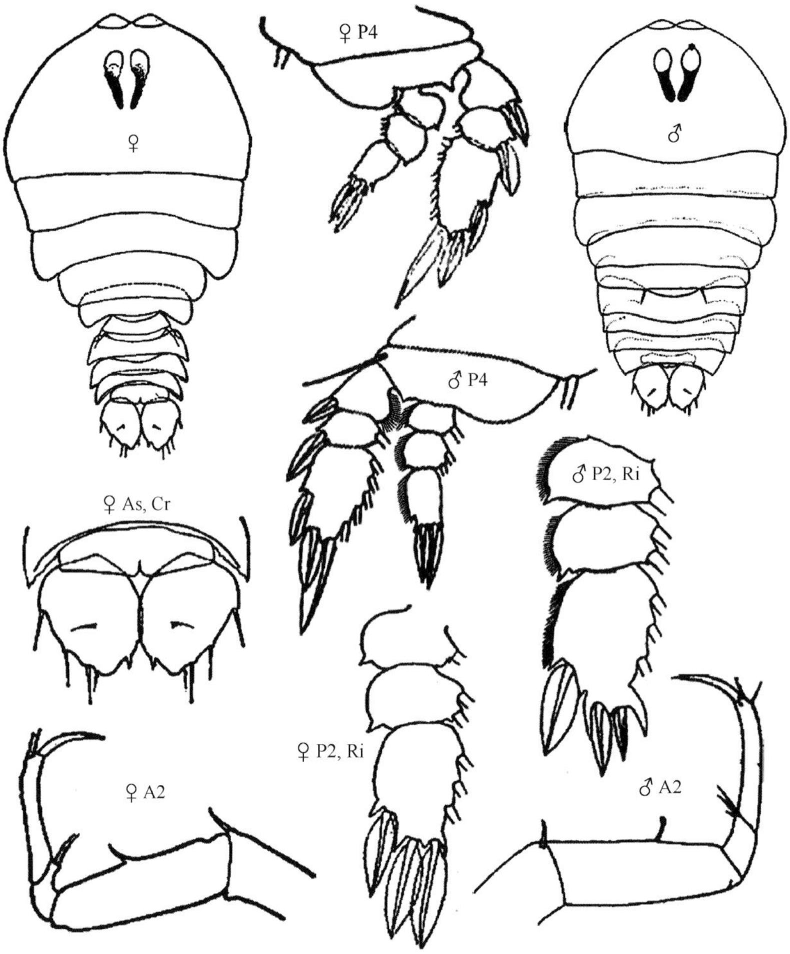

图 677 曙光叶水蚤 *Sapphirina auronitens*
[仿郑重等，1982（♀）；连光山等，1978（♂）]

（677）曙光叶水蚤 [金光叶剑水蚤；晓叶水蚤]
Sapphirina auronitens Claus，1863（图 677）

形态特征：

体长：♀1.58~2.15 mm，♂1.63~2.25 mm。**雌性：**前体部宽大，头节宽约为长的 1.6 倍。第 4 胸节狭小，后侧角突出呈翼状，末端钝圆。后体部第 3~5 节后侧角尖锐，呈翼状突。尾叉宽短呈卵圆形，长约为宽的 1.2 倍，背刺毛位于外缘第 1 尾刚毛之后，内末角尖小。第 1 触角分 5 节。第 2 触角第 2 节稍长于后 2 节长度之和，末端爪状刺约为末节长的 1/2。第 2 对胸足内肢末节顶端具 3 小刺突及 2 叶状刺。第 4 对胸足内肢较外肢短小，末节末端具 2 叶状刺。**雄性：**身体宽大，呈长椭圆形。头节宽为长的 1.5~1.7 倍。尾叉形态与雌性相似。第 2 触角与雌性也相似。第 2 对胸足内肢末节末端具 2 叶状刺及 3 刺突，其内末角刺突呈钩状，其基部外侧叶状刺不对称，仅在刺的外缘具透明膜及细锯齿；外末角刺突较直并与内刺突近等长；中刺突很短小。第 4 对胸足结构与雌性相似。

分布：东海至南海；太平洋，印度洋及大西洋。暖水种。

参考文献：2，4，24，25，30，41，44，48，51，82，97，118，152，158，215。

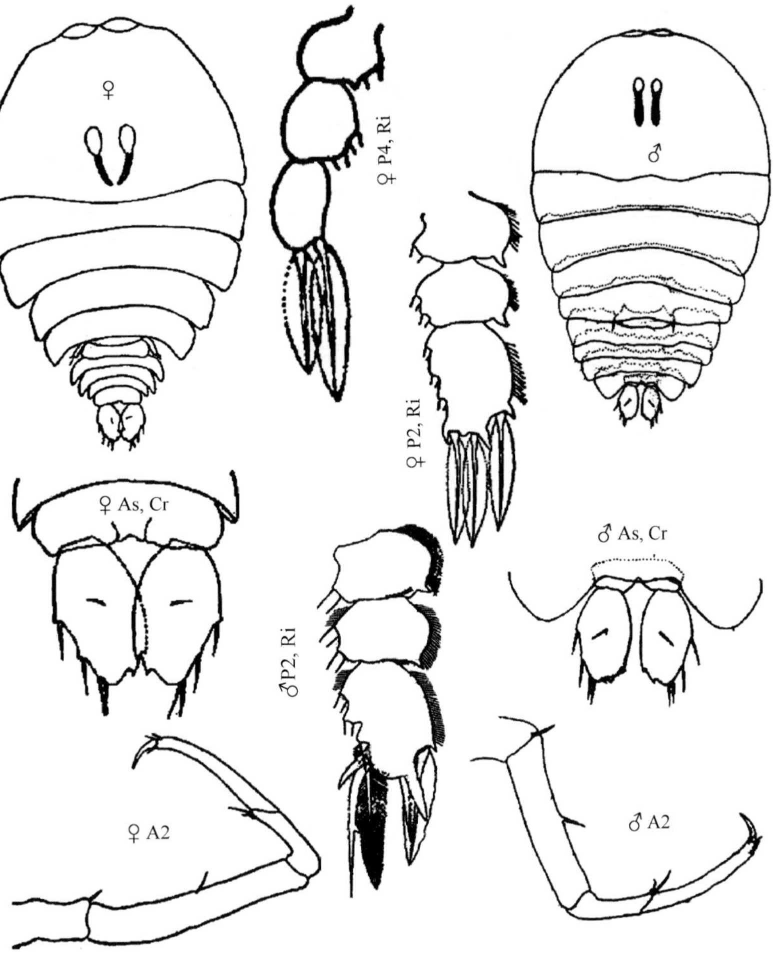

图 678 双尖叶水蚤 *Sapphirina bicuspidata*
[仿郑重等，1982（♀）；连光山等，1978（♂）]

（678）双尖叶水蚤［双齿叶剑水蚤］*Sapphirina bicuspidata* Giesbrecht，1891（图 678）

形态特征：

体长：♀2.26~3.0 mm，♂2.58~3.42 mm。**雌性：**前体部宽大，呈卵圆形，头节宽约为长的 1.4 倍。第 3、4 胸节后侧角向后延伸为翼状突。后体部短小，第 3~5 节后侧角尖锐，呈翼状突。尾叉呈椭圆形，长约为宽的 1.6 倍，其背刺毛位于外缘第 1 尾刚毛稍前些或几乎在同一水平线上；内末缘具 2 小齿突，为本种特有的特征。第 1 触角分 5 节。第 2 触角第 2 节狭长，并稍长于后 2 节长度之和，末端爪较短小，约为末节长度的 1/4。第 4 对胸足内肢短小，末端具 2 叶状刺。**雄性：**头节宽度约为长度的 1.6 倍。尾叉形态与雌性相似，其内末缘也具 2 小齿突。第 2 对胸足内肢末节的末端腹面具 2 粗刺，内刺较短，稍弯曲，外刺较长，呈指状，两刺基部之间宽圆，末端背面另具 2 特殊的长刺，内刺长度较大于末节长度，刺的外缘中部具 1 小齿突；外刺较短，长度约为内刺长的 1/2，刺的外缘具 1 列细锯齿。第 1、2 触角及第 4 对胸足结构与雌性相似。

分布：东海至南海；太平洋，印度洋及大西洋。暖水种。

参考文献：2，24，25，30，41，44，48，51，97，152，158，161。

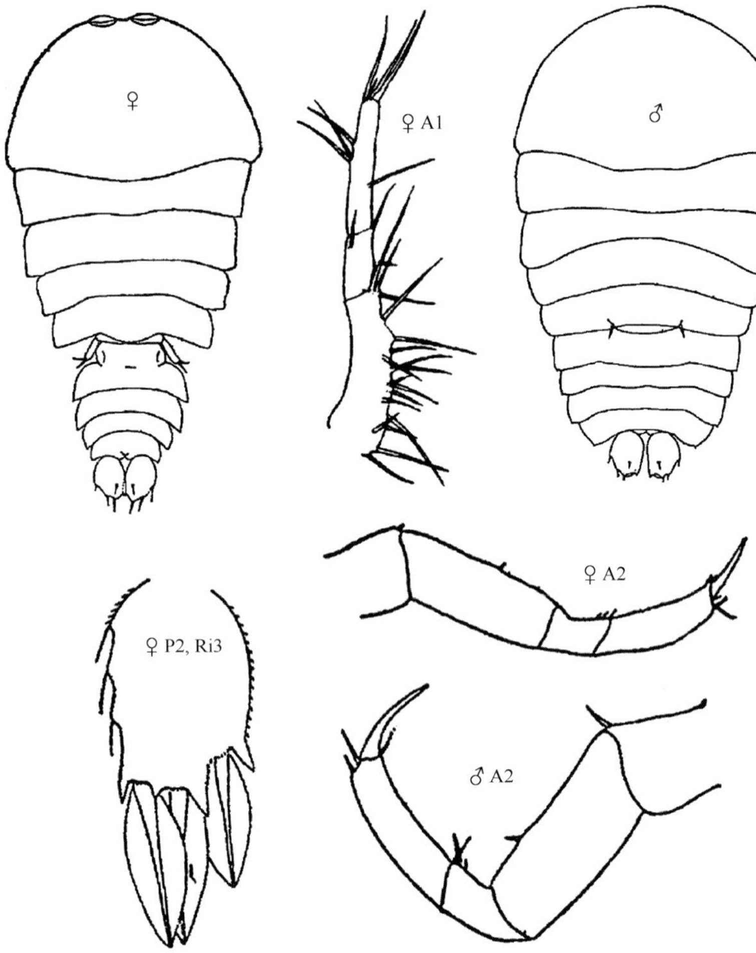

图 679　达氏叶水蚤 *Sapphirina darwinii*
［仿陈清潮等，1974（♀；♂）；郑重等，1965（♀A1）］

（679）达氏叶水蚤［达氏叶剑水蚤、叉长叶剑水蚤］
***Sapphirina darwinii* Haeckel，1864（图 679）**

形态特征：

体长：♀2.00～3.20 mm，♂2.24～3.52 mm。**雌性：**头节宽约为长的 1.5 倍。第 4 胸节背末缘中部稍隆起，后侧角呈翼状。后体部第 2、3 节分界不明显。第 3～5 腹节的后侧角尖锐，呈翼状突。尾叉呈卵圆形，其长约为宽的 1.5 倍，背刺毛位于外缘第 1 尾刚毛之后，内末角较小，向后达不到或仅达到尾叉末端。第 1 触角仅分 3 节。第 2 触角末节长约为其末刺的 2 倍。第 2 对胸足内肢末节末端具 3 小刺突及 2 叶状刺。第 4 对胸足内肢不及外肢长度的 1/2，末端具 2 叶状刺。**雄性：**身体宽大，呈长椭圆形。头节宽约为长的 1.7 倍。尾叉长约为宽的 1.4 倍。附肢结构与雌性相似。

分布：东海至南海；太平洋，印度洋及大西洋。暖水种。

参考文献：2，4，5，14，24，25，27，30，41，44，48，51，62，82，97，118，152，158，216。

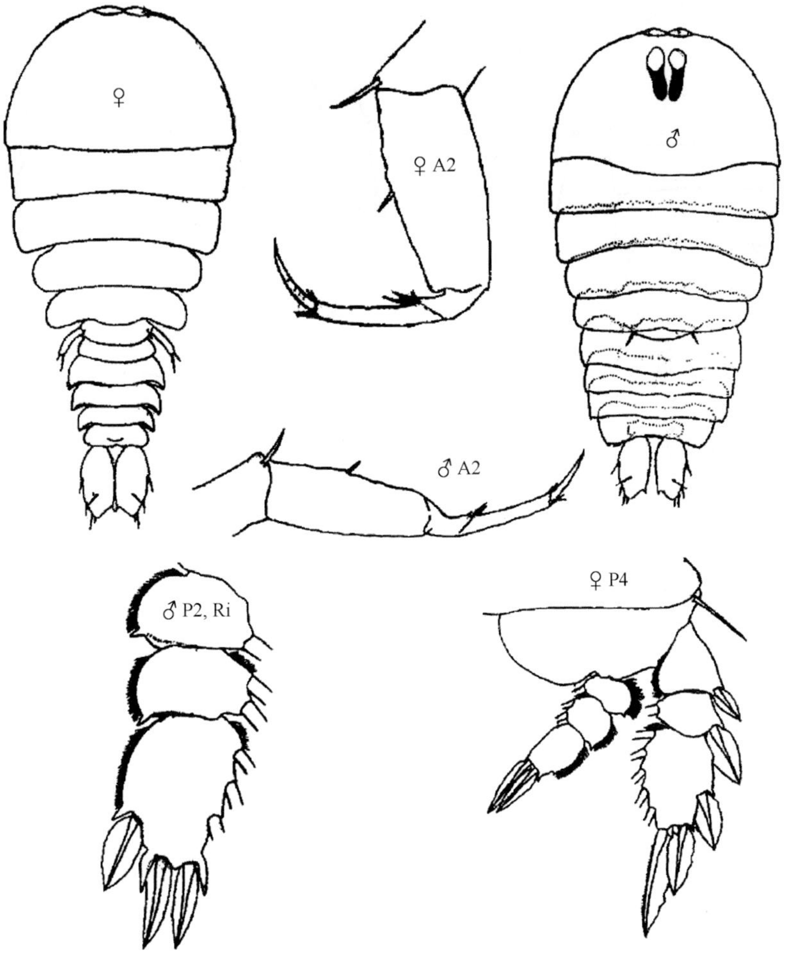

图 680　胃叶水蚤 *Sapphirina gastrica*（仿连光山等，1978）

(680) 胃叶水蚤［胃叶剑水蚤］*Sapphirina gastrica* Giesbrecht，1891（图 680）

形态特征：

体长：♀2.10~2.68 mm，♂1.95~2.68 mm。**雌性：**前额角眼明显且相靠近。头节宽约为长的 1.6 倍。第 4 胸节后缘中部稍突出，左、右后侧角钝圆而突出。后体部第 3~5 节后侧角突出而尖锐，呈翼状。尾叉呈长椭圆形，其长为宽的 2 倍以上，内末角具 1 尖齿突，背刺毛位于外缘第 1 尾刚毛之后，接近外缘第 2 尾刚毛基部。第 1 触角分 5 节。第 2 触角第 2 节较长于后 2 节长度之和，末节顶端爪状刺长大，约为末节长度的 2/3。第 4 对胸足内肢末节顶端具 2 近等长的叶状刺。**雄性：**身体呈长椭圆形。头节宽为长的 1.5~1.7 倍。前额 1 对角眼相靠近。后体部第 2~5 节后侧角具小刺突，尾叉与雌性相似。第 1 触角分 5~6 节，第 2 触角及第 2、4 对胸足结构与雌性相似。

分布：东海至南海；太平洋，印度洋及大西洋。暖水种。

参考文献：2，4，24，25，30，41，44，62，82，97，118，152。

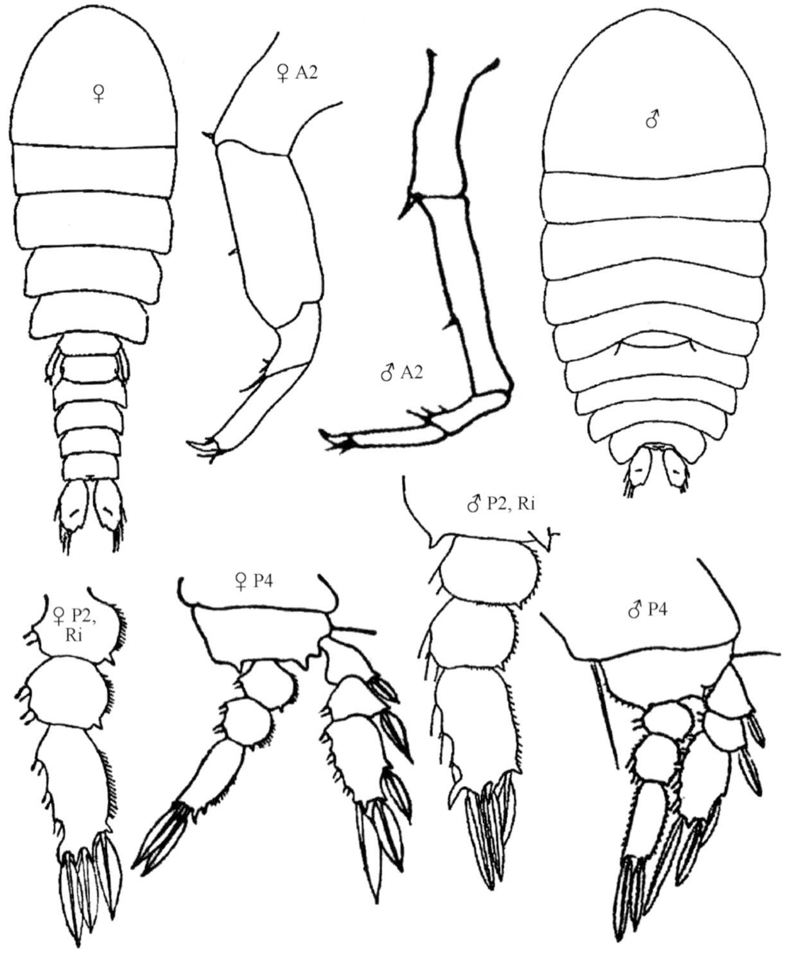

图 681　芽叶水蚤 *Sapphirina gemma*

［仿陈清潮等，1974（♀；♂）；郑重等，1982（♀P2，Ri；♀P4；♂A2）］

（681）芽叶水蚤［芽叶剑水蚤］*Sapphirina gemma Dana*，1849（图 681）

形态特征：

体长：♀1.80~2.90 mm，♂2.60~3.40 mm。**雌性：**身体狭长。背面观角眼不明显，前额狭圆，头节宽稍大于长，第 3、4 胸节后侧角较钝平。后体部狭长，分 6 节，肛节后缘钝平。尾叉呈长椭圆形，长约为宽的 2 倍，背刺毛位于外缘第 1 尾刚毛之后，内末角尖小。第 1 触角分 5 节。第 2 触角第 2 节长度约等于后 2 节长度之和，末端爪很短小。第 2 对胸足内肢末节的末端具近等长 3 小刺突及 2 叶状刺。第 4 对胸足内肢与外肢近等长，末端具 2 叶状刺。**雄性：**身体宽大，呈长椭圆形。头节前端宽圆，其宽为长的 1.1~1.2 倍。角眼不明显。后体部第 5 节(肛前节)后侧角突出而钝圆，呈翼状。尾叉形态及附肢结构与雌性相似，但第 2 对胸足内肢末节的 3 末刺突较粗大并近等长，第 2 触角较雌性细长，其第 2 节稍长于后 2 节长度之和。

分布：东海至南海；太平洋，印度洋及大西洋。暖水种。

参考文献：2，4，5，14，20，24，25，30，41，44，48，51，62，79，80，82，97，118，152，215。

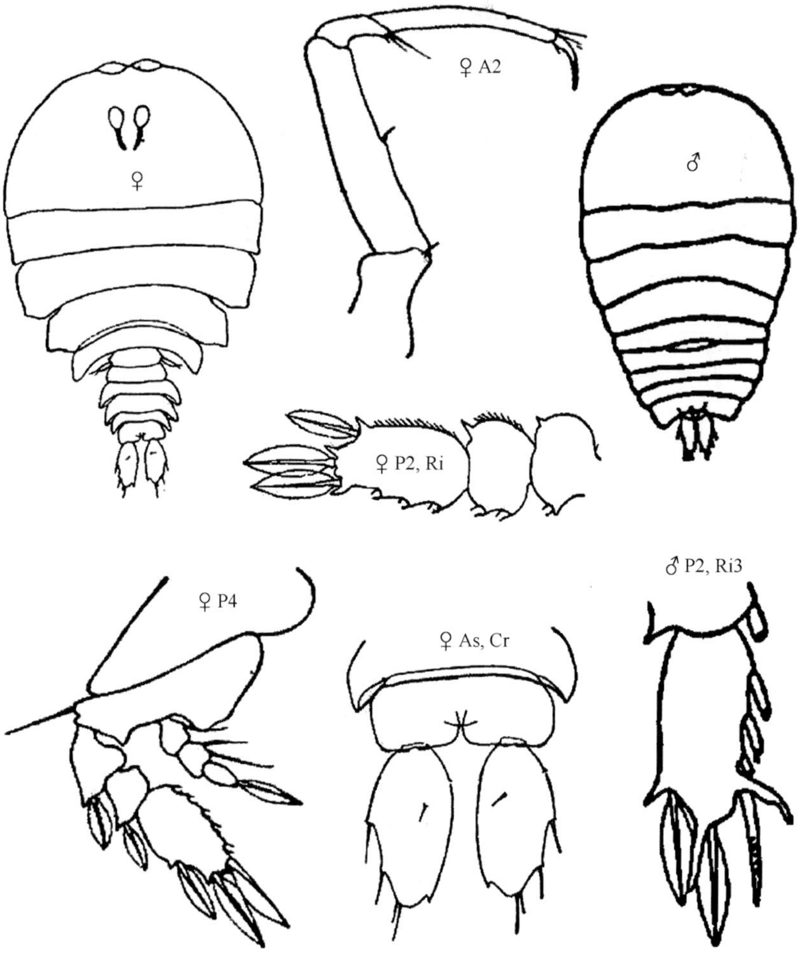

图 682　肠叶水蚤 *Sapphirina intestinata*

［仿郑重等，1982（♀）；Rose，1933（♂）］

（682）肠叶水蚤［肠叶剑水蚤］*Sapphirina intestinata* Giesbrecht，1891（图 682）

形态特征：

体长：♀1.62~2.78 mm，♂1.65~2.87 mm。**雌性：**前体部宽大，呈卵圆形。头节宽为长的 1.5~1.7 倍。第 2、3 胸节后侧角向外突出。第 4 胸节狭小，后侧角向后延伸为翼状突。后体部短小，第 3~5 节较宽大，后侧角较尖锐，并向后突出呈翼状。尾叉呈长椭圆形，长约为宽的 2 倍，背刺毛位于外缘第 1 尾刚毛之前，内末角呈小刺突。第 1 触角分 5 节，第 2 节较长于后 3 节长度之和。第 2 触角第 2 节与其后 2 节长度之和近等长，末端爪状刺约为第 4 节长度的 1/3。第 2 对胸足内、外肢近等长，内肢末节末端具 2 叶状刺。第 4 对胸足内肢短小，分 3 节，末节的末端仅具 1 叶状刺。**雄性：**身体宽大。头节宽约为长的 1.8 倍。尾叉形状与雌性相似。第 2 对胸足内肢末节的末端具不等长 3 个粗刺突，中刺突最长，外刺突最短，并在这两刺突基部内侧各具 1 叶状刺，内刺突稍弯曲呈爪状，基部前侧具 1 长刺突，其末半部表面具细刺毛。

分布：东海至南海；太平洋，印度洋及大西洋。暖水种。

参考文献：2，4，5，14，20，24，30，41，44，48，51，62，82，97，118，152，158，217，218。

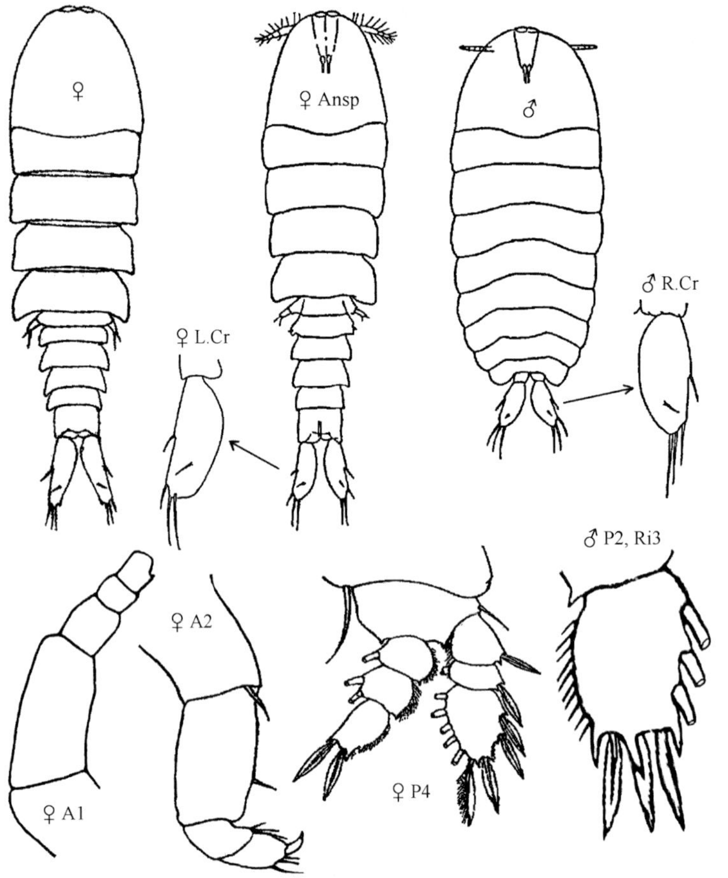

图 683 虹叶水蚤 *Sapphirina iris*
［仿 A. Scott，1909（♀）；Sars，1920（♂；♀Ansp）］

（683）虹叶水蚤 *Sapphirina iris* Dana，1849（图 683）

［*Sapphirina salpae* Claus，1859；Giesbrecht，1892；Wilson，1950；Hirota，1995；*S. gemma*：Brady，1883；*S. longifurca* A. Scott，1909；Wilson，1950］

形态特征：

体长：♀5.2~7.4 mm，♂5.4~7.5 mm。**雌性：**身体很狭长。头节长、宽近相等。前额宽圆，角眼明显并相靠近。各胸节后缘平直，第 2~4 胸节后侧角钝突。后体部分 6 节，肛节近方形，其长约为前 1 腹节长的 2 倍。尾叉狭长，其外缘平直，内缘膨大而弯曲，其长约为宽的 3 倍，背刺毛位于外缘第 1 尾刚毛之后的近末端 1/3 处，内末角很小或不明显。第 1 触角分 5 节。第 2 触角末 2 节粗短且近等长，第 2 节长为末 2 节长度之和的 1.4~1.6 倍，末端爪粗短。第 4 对胸足内肢末节的末端具近等长的 2 叶状刺。**雄性：**身体呈长椭圆形。尾叉与雌性同形，但较短。第 2 对胸足内肢末节粗短，末端具 3 粗刺突及 3 叶状刺，第 1、2 触角及第 4 对胸足结构与雌性相似。

分布：东海，台湾南湾及南海；太平洋，印度洋及大西洋。暖水种。

参考文献：2，20，24，41，44，51，97，106，152，156，158，217。

注：本种是叶水蚤属中个体最大的种，其体形及某些附肢结构与芽叶水蚤（*S. gemma*）及圆叶水蚤（*S. ovatolanceolata*）较相似，但据其个体大小及第 2 触角、尾叉形态等即可识别。

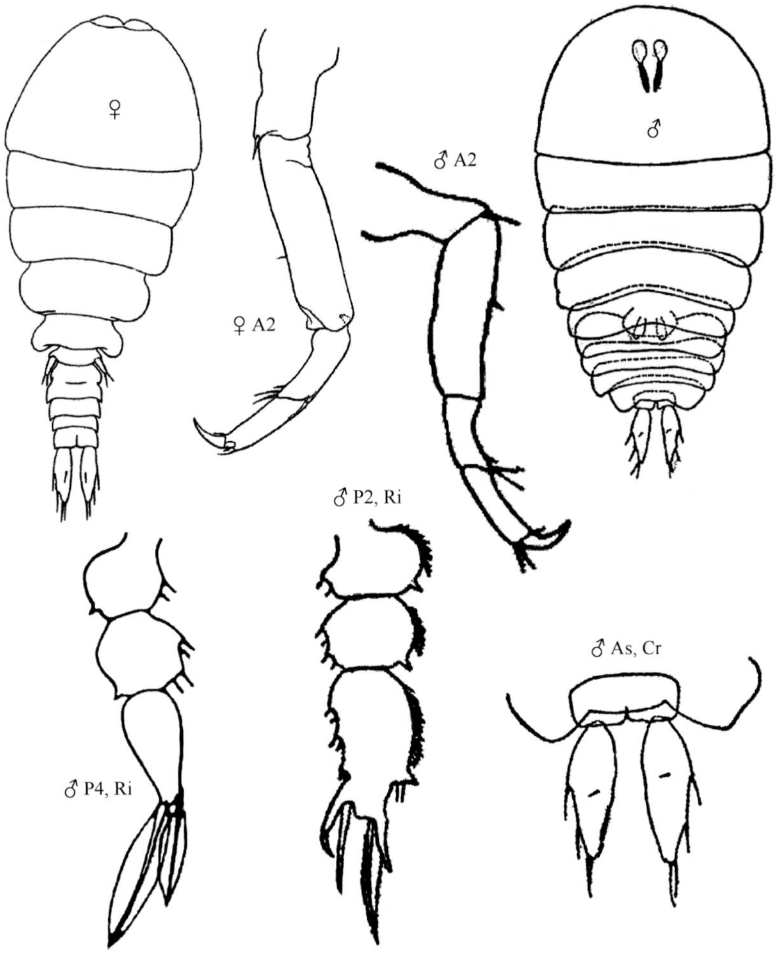

图 684 狭尾叶水蚤 *Sapphirina lactens*
［仿郑重等，1982（♂）；Rose，1933（♀）］

（684）狭尾叶水蚤［狭叉叶剑水蚤］*Sapphirina lactens* Giesbrecht，1892（图 684）

形态特征：

体长：♀1.39~1.58 mm，♂1.52~1.73 mm。雌、雄性头节宽约为长的 1.4 倍，前者角眼明显且相靠近，后者角眼不明显。雌、雄性尾叉狭长且同形，向后渐狭呈锥状，长约为宽的 3 倍，背刺毛与外缘第 1 尾刚毛处在同一线上，内末角呈小刺状或不明显。第 1 触角分 5 节，雌、雄同形。**雌性：**第 4 胸节狭小，后侧角突出而宽圆，呈翼状。后体部狭长，第 1~2 腹节愈合为宽大的生殖节。肛节宽短。第 2 触角第 2 节长度稍大于末 2 节长度之和，末 2 节近等长，末端爪粗大。**雄性：**第 2 触角第 2 节长度大于后 2 节长度之和，第 3 节较短于第 4 节，末端爪状刺较雌性的粗大且弯曲。第 2 对胸足内肢稍长于外肢，内肢末节末部较狭且具 2 长刺突，内末刺呈钩状，其内侧基部具 1 长刺，外末刺内侧基部另具 1 叶状刺。第 4 对胸足内、外肢近等长，内肢末节末端具 2 不等长的叶状刺。

分布：东海至南海；太平洋，印度洋及大西洋。暖水种。

参考文献：2，24，41，44，46，48，51，97，152。

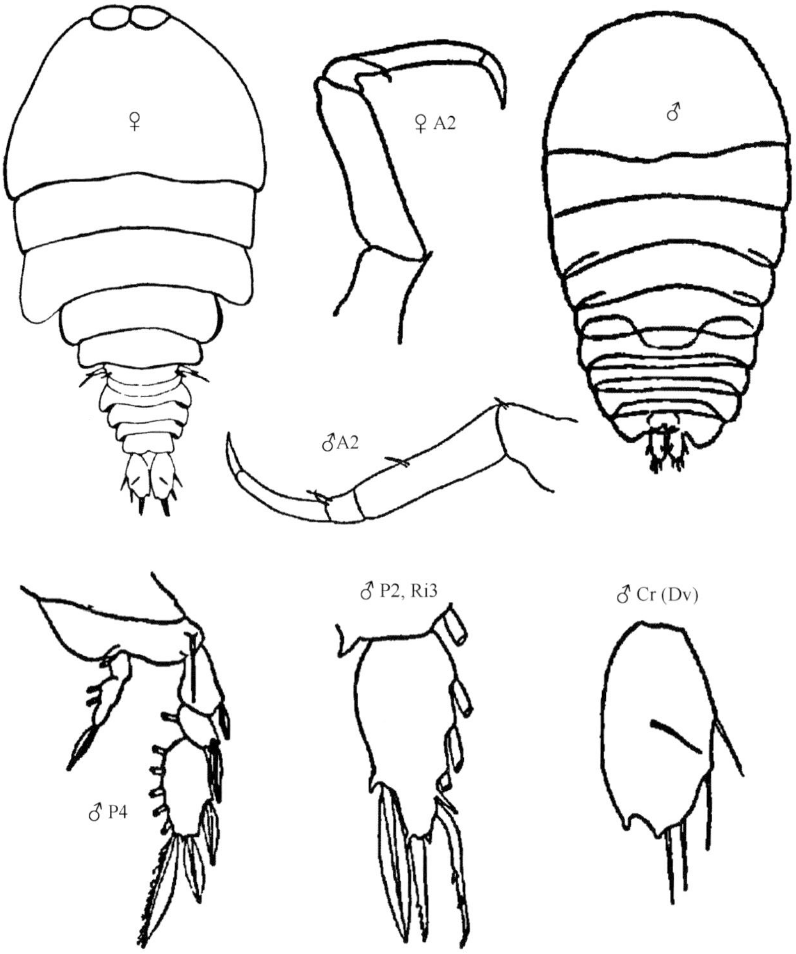

图 685　斑点叶水蚤 *Sapphirina maculosa*
［仿 Rose，1933（♂）；Lehnhofer，1929（♀）］

（685）斑点叶水蚤 *Sapphirina maculosa* Giesbrecht，1892（图 685）

形态特征：

体长：♀1. 82~2. 13 mm，♂2. 65~2. 71 mm。雌、雄头节宽大呈半圆形，其宽为长的 1. 6~1. 7 倍，尾叉呈椭圆形，长约为宽的 2 倍，末端呈钝三角形，背刺毛与外缘第 1 尾刚毛在同一线上，内末角具钝刺突。第 1 触角分 5 节。第 2 触角第 2 节长于后 2 节长度之和，末端爪状刺约为末节长度的 1/2。第 4 对胸足内肢短小，仅分 2 节，末节狭长，末端仅具 1 叶状刺。**雌性：**角眼发达并相连。第 2 胸节后侧角突出而宽圆。第 3~4 胸节狭小。后体部宽短，第 3~5 节后侧角突出呈翼状。**雄性：**身体宽大，呈椭圆形。角眼不明显。第 2 对胸足内肢第 3 节末部狭小，末端具 2 小刺突及 1 长末刺，后者外缘末部具细锯齿，本节内缘近末部另具 1 刺突和 1 针刺状长刺，后者外缘近中部具 2 小齿突。

分布：东海，台湾东北部近海及台湾海峡，南海；太平洋，印度洋及大西洋。暖水种。

参考文献：2，4，24，41，44，50，51，97，152。

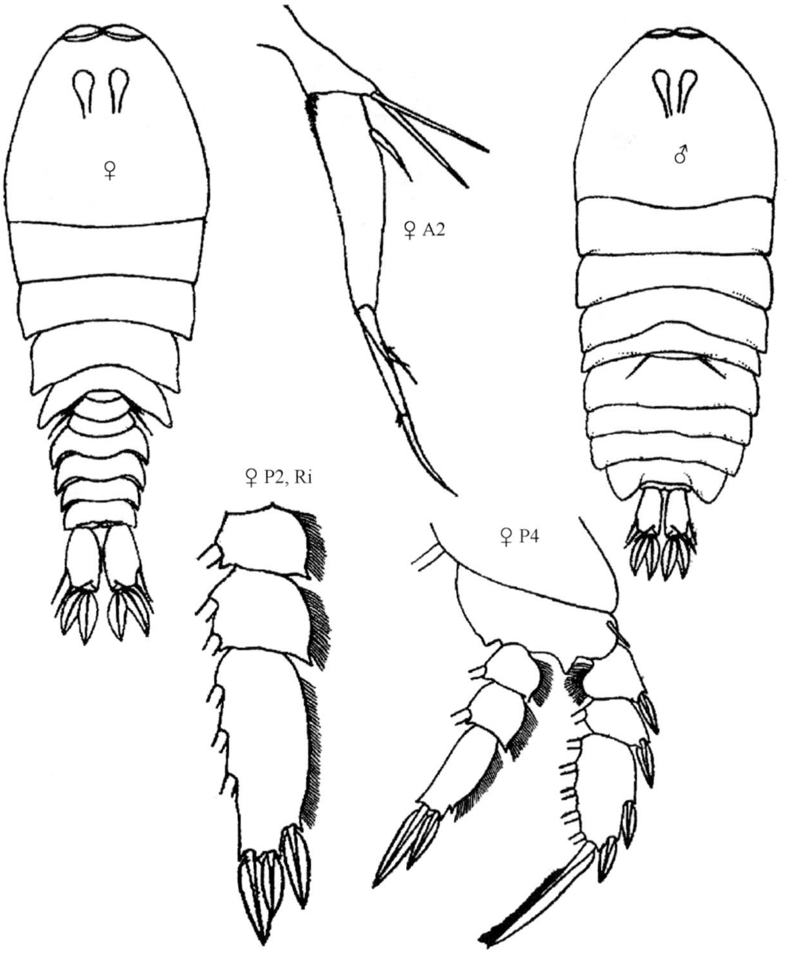

图 686 金叶水蚤 *Sapphirina metallina*（仿连光山等，1978）

(686) 金叶水蚤[金叶剑水蚤] *Sapphirina metallina* Dana，1849 (图 686)

形态特征：

体长： ♀1.68~2.54 mm，♂1.61~2.58 mm。**雌性：** 身体狭长。头节长与宽近相等，角眼较大且相连。第 2~3 胸节后侧角尖锐。第 4 胸节狭小，后侧角很突出，呈翼状。后体部分 6 节，第 3~5 节后侧角突出呈翼状。尾叉略呈长方形，其长为宽的 2~2.5 倍，末端截平而稍宽大，内末角具 1 小缺刻，末端具 2 叶状刺，背刺毛位于外缘第 1 尾刚毛之后且靠近尾叉内末角处。第 1 触角分 6 节。第 2 触角分 4 节，第 1 节前末缘具 2 长刺，第 2 节长大，近端具 1 粗刺，第 3 节短小呈锥状，末缘具 1 长刺毛和 2 小刺毛，末节顶端具 1 爪状长刺，与末节近等长。第 2 对胸足内肢末节的末端具 3 小刺突和 2 叶状刺。第 4 对胸足内、外肢近等长，内肢末节顶端具 2 叶状刺。**雄性：** 身体较雌性稍宽大，呈长椭圆形，前、后体部宽度较均匀。角眼较小且相连。头节宽度略大于长度。尾叉及其他附肢结构均与雌性相似。

分布： 东海至南海；太平洋，印度洋及大西洋。暖水种。

参考文献： 2，4，5，20，24，25，30，41，44，48，51，82，97，118，152。

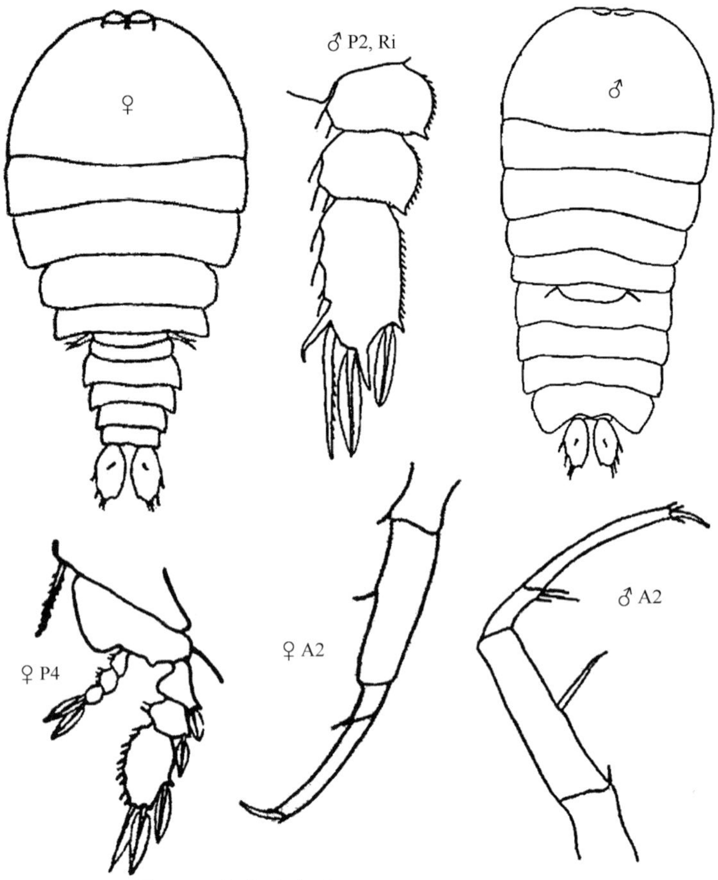

图 687 黑点叶水蚤 *Sapphirina nigromaculata*
[仿陈清潮等，1974（♀；♂）；郑重等，1982（♀P4）]

（687）黑点叶水蚤［黑点叶剑水蚤］*Sapphirina nigromaculata* Claus，1863（图 687）

［*Sapphirina inaequalis* Brady，1883；*S. lomae* Esterly，1905］

形态特征：

体长：♀1.35~2.81 mm，♂1.53~3.20 mm。**雌性：**前体部呈卵圆形。头节宽约为长的1.5倍。角眼明显，眼间距很小。第3、4胸节较狭，第4胸节后侧角钝突。后体部第2、3节分界不明显，第3~5节后侧角突出呈翼状。尾叉呈长椭圆形，其长约为宽的2倍，背刺毛位于外缘第1尾刚毛之前，内末角呈小刺突。第1触角分5节，第2节较短于后3节长度之和。第2触角分4节，第2节约等于末2节长度之和，第4节长度为前1节的3~4倍，爪状末刺短小。第2对胸足内肢稍长于外肢，其末端具2叶状刺。第4对胸足内肢很短小，其长度不及外肢的1/2，末节末端具2叶状刺。**雄性：**身体较雌性宽大，呈长椭圆形，头节宽为长的1.7~2倍。角眼较小。后体部各节宽度较均匀，与第4胸节近等宽。尾叉形态及附肢结构与雌性相似，唯第2对胸足内肢末节不同，其末端腹面具3刺突，其内刺长而弯曲，并与中刺近等长；外刺很短，末端背面具2叶状刺和1针状长刺，后者内缘具细锯齿。

分布：黄海至南海；太平洋，印度洋及大西洋。暖水种。

参考文献：2，5，14，20，24，25，30，36，41，44，48，51，52，62，79，80，82，85，97，118，152，158，161，199，215~217。

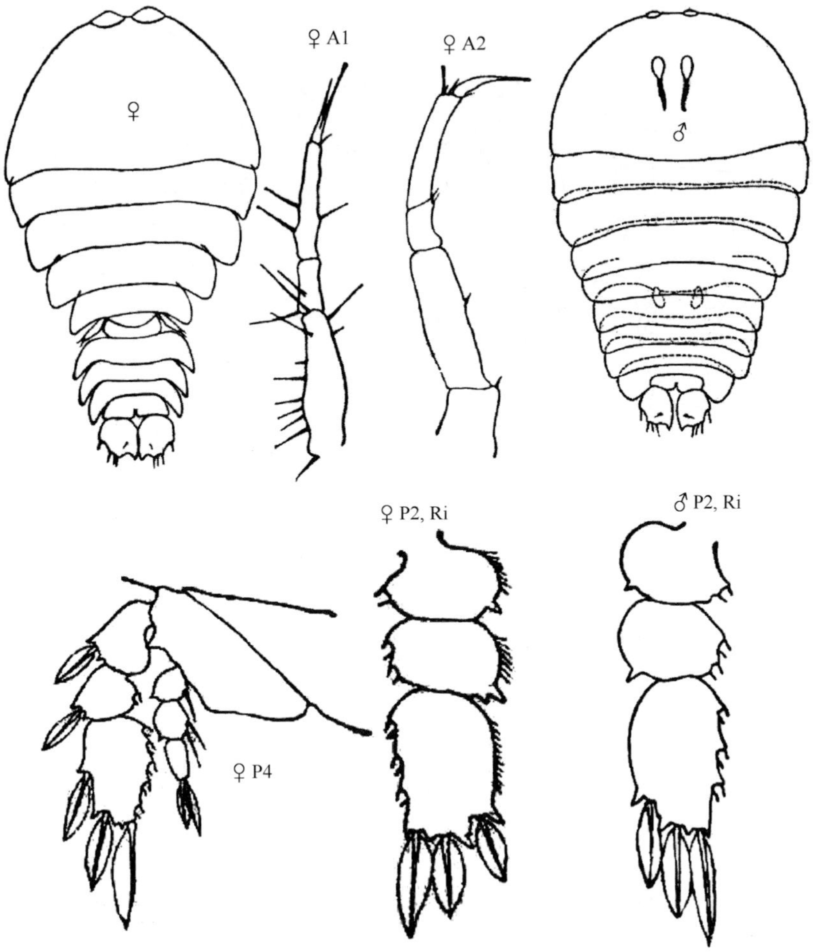

图 688 玛瑙叶水蚤 *Sapphirina opalina*（仿郑重等，1982）

(688) 玛瑙叶水蚤［玛瑙叶剑水蚤］*Sapphirina opalina* Dana，1849（图 688）

形态特征：

体长：♀2.02~3.52 mm，♂2.68~4.04 mm。**雌性：**前体部呈卵圆形。头节宽约为长的1.7倍。角眼较大而明显，眼间距短小。各胸节后侧角向后突出而钝圆。后体部宽短，第2、3节分节不明显，第3~5节后侧角尖锐，并向后延伸为翼状突。尾叉宽短，其长与宽近相等，背刺毛位于外缘第1尾刚毛之后，内末角发达，向后延伸为粗刺突，并超过尾叉末端。第1触角仅分3节。第2触角末端爪状刺狭长，其长度大于末节长度的1/2。第2对胸足内肢末端具3叶状刺。第4对胸足内肢短小，仅达外肢末节的中部，其末端具2叶状刺。**雄性：**身体宽大，呈长椭圆形，头节宽约为长的1.7倍。角眼较小且眼间距较大。后体部各节向后渐狭小，后侧角钝圆。尾叉及附肢结构均与雌性相似。

分布：东海至南海；太平洋，印度洋及大西洋。暖水种。

参考文献：1，2，4，5，14，20，24，25，30，32，33，41，44，48，51，62，79，82，97，118，152，158，215，217。

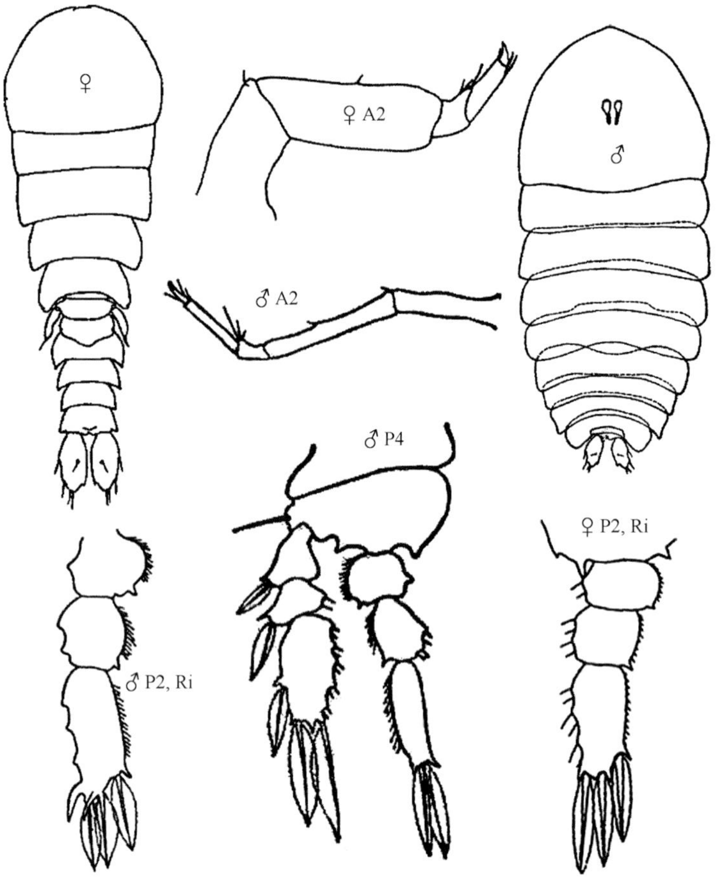

图 689 圆矛叶水蚤 *Sapphirina ovatolanceolata*
［仿陈清潮等，1974（♀）；郑重等，1982（♂）］

（689）圆矛叶水蚤［圆矛叶剑水蚤］*Sapphirina ovatolanceolata* Dana，1849（图 689）

［*Sapphirina gemma*：Mori，1937（♀）］

形态特征：

体长：♀2.13~2.85 mm，♂3.33~3.71 mm。**雌性：**身体狭长。头节宽为长的 1.2~1.3 倍。角眼较小，眼间距短小。第 3~4 胸节较狭小，后侧角钝圆，第 4 胸节后侧角向后延伸为翼状突。后体部瘦长，第 2 节背面中部向后突出，第 3~5 节后侧角突出呈翼状。尾叉呈长椭圆形，长约为宽的 2 倍，背刺毛位于外缘第 1 尾刚毛之后，内末角不明显，呈小突起状。第 1 触角分 5 节。第 2 触角第 2 节长为末 2 节长度之和的 2~3 倍，末端爪状刺很短小。第 2 对胸足内肢末节的末端具 3 小刺突及 2 叶状刺。第 4 对胸足内肢末节的末端具 2 叶状刺。**雄性：**身体较雌性宽大，呈长椭圆形。头节宽约为长的 1.2 倍。角眼不明显。尾叉及第 1 触角、第 4 对胸足结构与雌性相似。第 2 触角较狭长，第 2 节长度为末 2 节长度之和的 1.3~1.5 倍，第 4 节约为第 3 节长的 3 倍。第 2 对胸足内肢较长于外肢，末节的末端仅具 2 长刺突及 2 叶状刺。

分布：东海至南海；太平洋，印度洋及大西洋。暖水种。

参考文献：2，4，5，14，20，24，25，30，37，41，44，48，51，82，89，97，118，152，158，199，215~217。

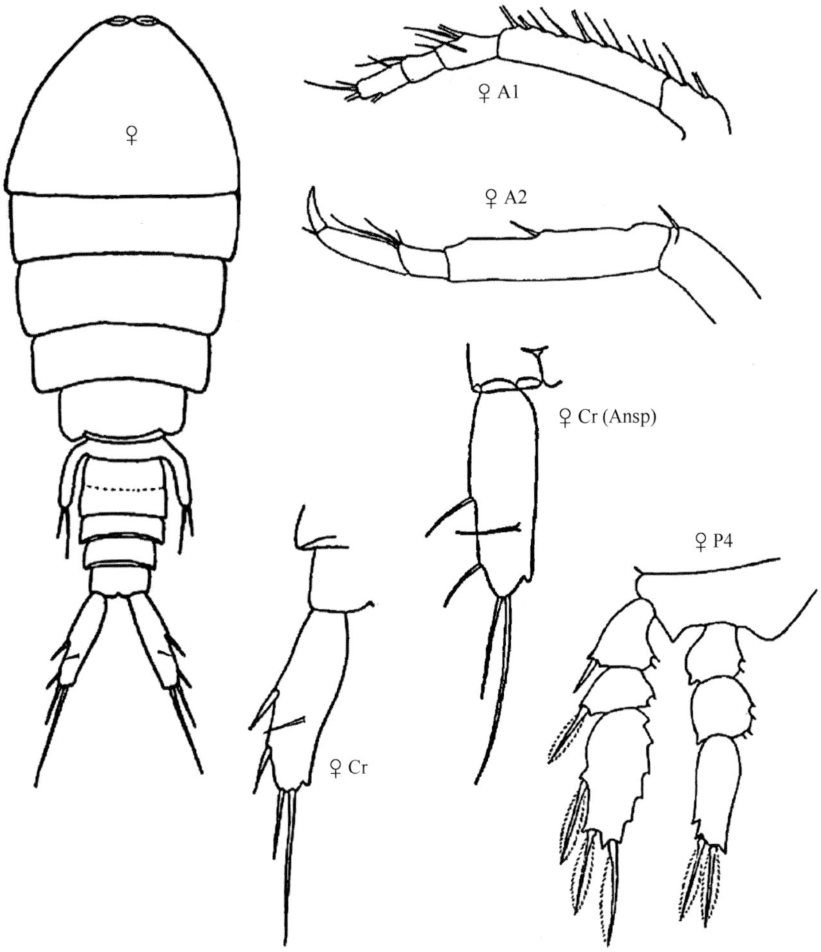

图 690 盐叶水蚤 *Sapphirina sali* [仿 Farran, 1929 (♀); Rose, 1933 (♀Cr, Ansp)]

(690) 盐叶水蚤 *Sapphirina sali* Farran, 1929 (图 690)

形态特征:

体长: ♀2.29~3.10 mm。**雌性:** 前体部呈长椭圆形。头节宽度稍大于长度或近相等。角眼明显，眼间距较小。第 4 胸节较狭，后侧角宽圆。后体部分 5~6 节，第 2、3 节愈合为宽大的生殖节或不完全愈合。尾叉狭长，末端钝圆，其长为宽的 3 倍以上，背刺毛位于外缘第 1 尾刚毛之后，近末端 1/3 处，内末角具 1 小钝齿突，末端具 2 不等长尾刚毛，其内侧尾刚毛特别长，约为外侧尾刚毛长度的 2 倍，且与尾叉近等长。第 1 触角分 5 节，第 2 节长度大于末 3 节长度之和。第 2 触角分 4 节，第 2 节长度约为末 2 节长度之和的 1.7 倍，末端爪状刺长约为末节长的 1/2。第 4 对胸足内、外肢近等长，内肢末节的末端具近等长 2 叶状刺。第 5 对胸足单节，狭长呈棒状，向后达到生殖节近末缘，末端具 2 不等长刺毛，其内刺毛与本节近等长。

分布: 南海；太平洋，印度洋及大西洋。暖水种。

参考文献: 40, 44, 89, 152, 217。

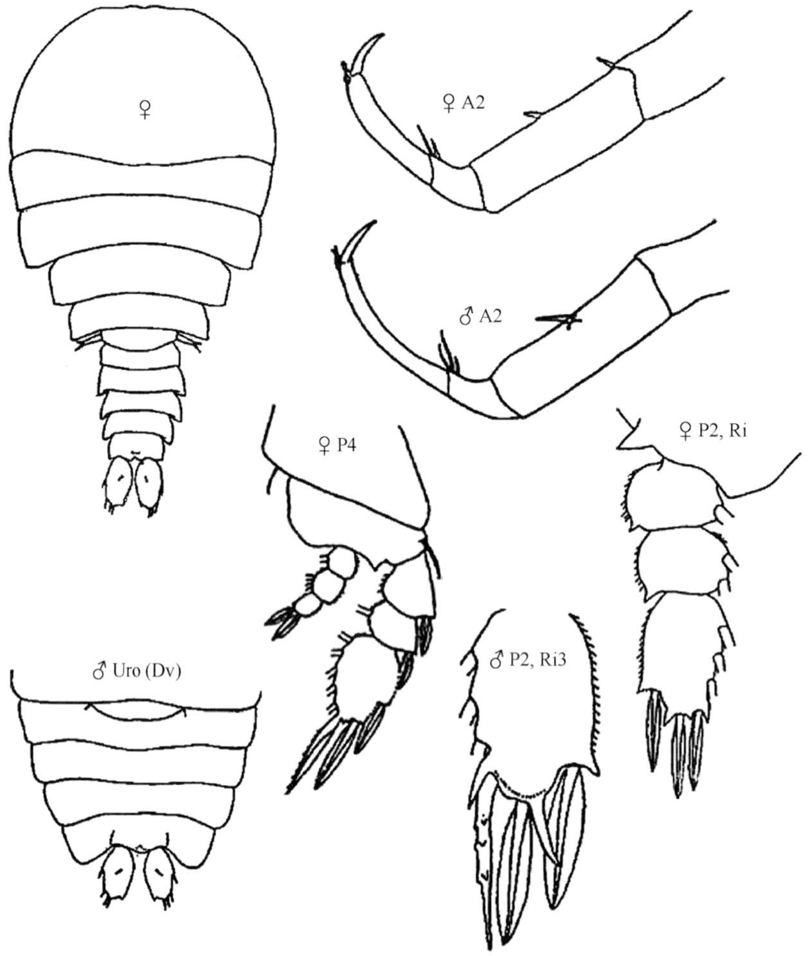

图 691　红叶水蚤 *Sapphirina scarlata*（仿陈清潮等，1974）

（691）红叶水蚤［红叶剑水蚤］*Sapphirina scarlata* Giesbrecht，1891（图 691）

形态特征：

体长：♀1. 9~3. 64 mm，♂2. 0~3. 8 mm。**雌性：**前体部宽大，第 1~2 胸节与头节近等宽，呈方形。头节宽约为长的 1.7 倍。第 3~4 胸节较狭，第 4 胸节后缘较宽平，左、右后侧角较突出而钝。后体部狭长，第 2、3 节分开，第 3~5 节后侧角突出呈翼状。尾叉呈长椭圆形，其长约为宽的 2 倍，背刺毛位于第 1 外缘尾刚毛之前，内末角突起小。第 1 触角分 5 节，第 2 节较长于后 3 节长度之和。第 2 触角第 2 节约等于末 2 节长度之和。第 2 对胸足内肢末节的末端具 2 叶状刺。第 4 对胸足内肢长度不及外肢的 1/2，末端具 2 叶状刺。**雄性：**身体宽大呈长椭圆形。头节宽约为长的 2 倍。第 2 对胸足内肢末节的腹面末端及内、外末缘共具 3 刺突，以中刺突较长大，末节背末缘另具 2 叶状刺及 1 长刺，长刺的两侧具 2 纵列小锯齿。第 1、2 触角及第 4 对胸足结构与雌性的相似。

分布：黄海至南海；太平洋，印度洋及大西洋。暖水种。

参考文献：1，2，4，5，14，20，24，25，30，33，37，41，44，48，51，52，85，89，97，118，152，158，215~217。

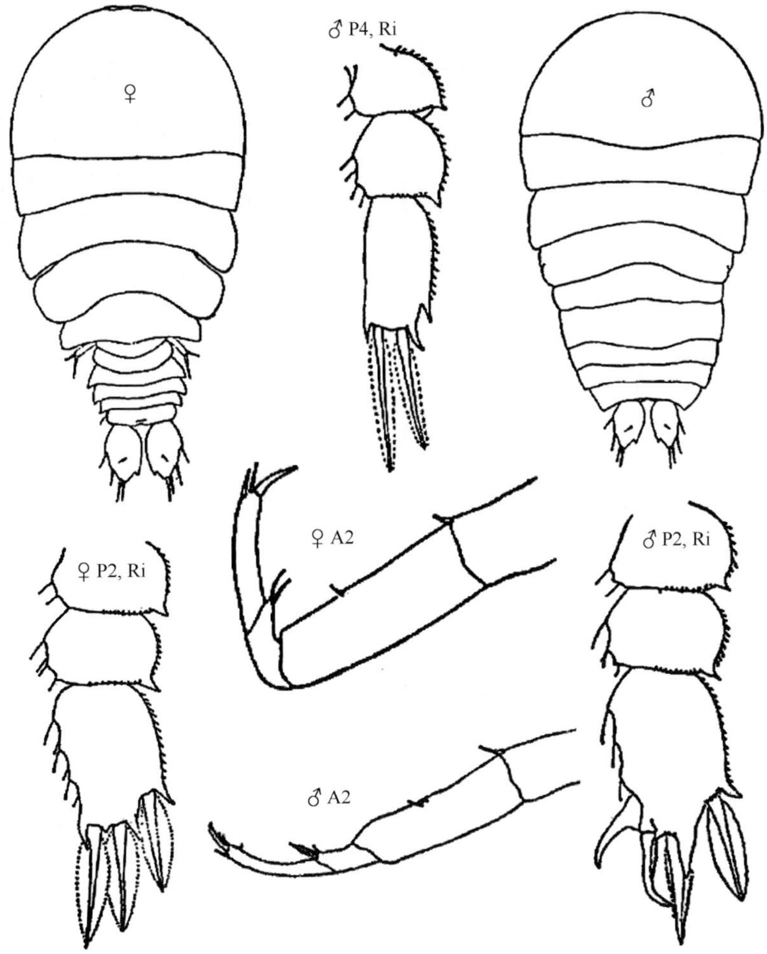

图 692 弯尾叶水蚤 *Sapphirina sinuicauda*（仿陈清潮等，1974）

（692）弯尾叶水蚤［弯尾叶剑水蚤］*Sapphirina sinuicauda* Brady，1883（图 692）

形态特征：

体长： ♀1.27～2.20 mm，♂1.60～2.05 mm。**雌性：** 前体部呈卵圆形。头节宽约为长的1.5 倍。第 4 胸节背末缘中部稍隆起，其后侧角钝突。后体部第 2、3 节分开，第 3～5 节的后侧角呈翼状突。尾叉呈长椭圆形，长约为宽的 1.6 倍，其前部宽大，末端狭小，背刺毛位于外缘第 1 尾刚毛之后，内末角尖小，并与外缘第 2 尾刚毛处在同一线上。第 1 触角分 5 节，第 2 节较长于后 3 节长度之和。第 2 触角第 2 节较长于后 2 节长度之和。第 2、4 对胸足内肢末节的末端均具 2 叶状刺。**雄性：** 身体宽大，呈长椭圆形。头节宽约为长的 1.7 倍。尾叉与雌性相似。第 2 对胸足内肢末节的末端腹面具 3 刺突，内刺基部粗大，末端稍弯曲呈钩状，中刺最短小，末端背面也具 2 长刺，外刺较长呈叶状，内刺较短，其末部稍弯曲。其余附肢结构与雌性相似。

分布： 东海至南海；太平洋，印度洋及大西洋。暖水种。

参考文献： 2，4，5，14，20，24，25，30，41，44，48，51，62，79，82，97，152，158，161，199。

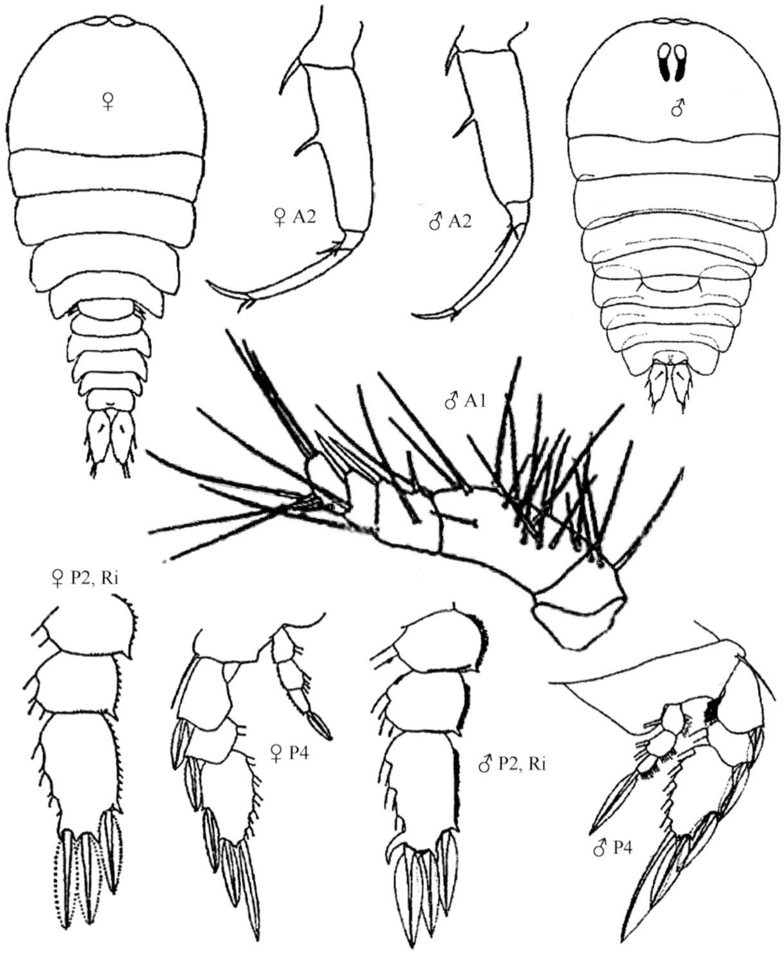

图 693 星叶水蚤 *Sapphirina stellata*
［仿陈清潮等，1974（♀）；连光山等，1978（♂）］

（693）星叶水蚤［星叶剑水蚤］*Sapphirina stellata* Giesbrecht，1891（图 693）

形态特征：

体长： ♀1.87~2.81 mm，♂2.00~2.53 mm。雌、雄性的头节宽分别为其长的 1.5 倍、1.7 倍。尾叉呈长椭圆形，其长约为宽的 2.2 倍，背刺毛位于外缘第 1 尾刚毛之前，靠近尾叉基部，内末角呈小刺状。第 1 触角分 5 节，第 3、4 节前末缘各具 1 粗刺，这是本种不同于本属其他种的主要特征。第 2 触角第 2 节大于后 2 节长度之和，其第 1 节内末角及第 2 节内缘中部各具 1 长刺，前者较粗大。第 4 对胸足内肢短小，仅为外肢长度的 1/2，其末节末端仅具 1 叶状刺。雌性第 2 对胸足内肢末节末端具 3 小刺突和 2 叶状刺。雄性第 2 对胸足内肢末节末端具 2 叶状刺和 3 不等长刺突，其内刺突粗大并弯曲呈爪状，中刺突最小呈小突起状。

分布： 东海至南海；太平洋，印度洋及大西洋。暖水种。

参考文献： 2，4，5，14，20，24，25，27，30，41，44，48，51，62，82，97，118，158，161，216，217。

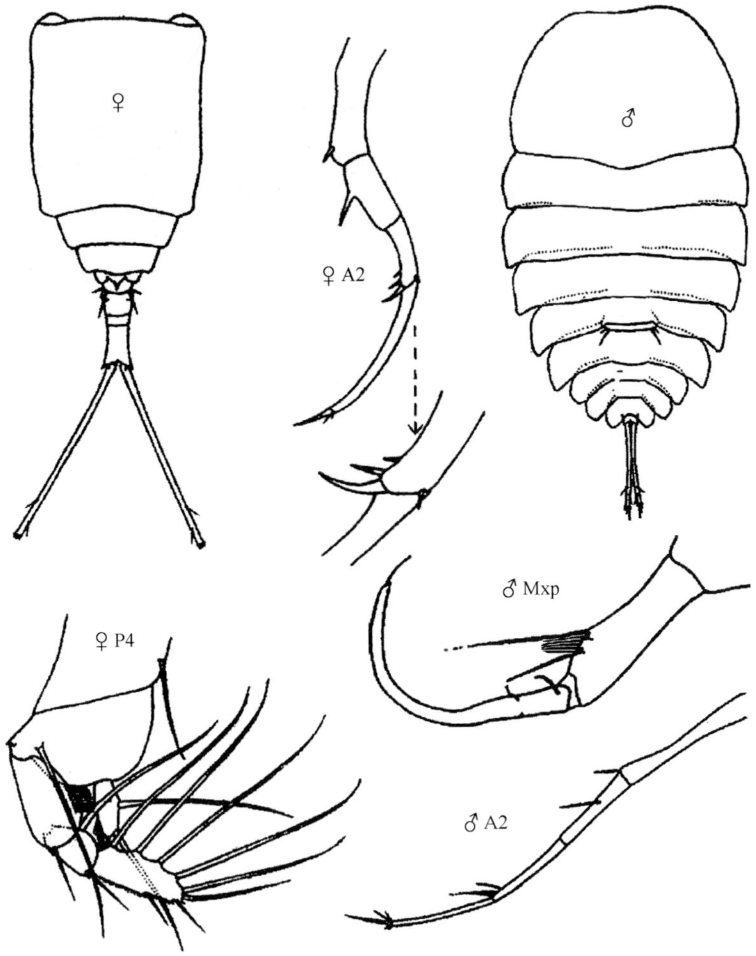

图 694 大桨水蚤 *Copilia lata*（仿连光山，林金美，1978）

（694）大桨水蚤［大桨剑水蚤］*Copilia lata* Giesbrecht，1892（图 694）

［*Copilia elliptica* Giesbrecht，1892（♂）］

形态特征：

体长：♀4.20~4.82 mm，♂4.5~7.0 mm。**雌性：**头节与第 1 胸节愈合，长稍大于宽，呈方形。前额截平，左、右角眼间距为角眼宽度的 3~3.5 倍。后体部狭长，分 4 节，肛节约等于前 3 节长度之和。尾叉细长呈棒状，为后体部长度的 2 倍以上。第 2 触角第 1 节末缘刺显著小于第 2 节内缘刺；第 2、3 节近等长；第 3 节前末缘具 3 刺，其刺间距相等，末刺粗大，近端刺最小，本节后末缘也具 1 小刺；第 4 节狭长并大于前 2 节长度之和，末端爪状刺约与第 2 节内缘刺等长。第 4 对胸足内肢仅单节并具 2 长刚毛。**雄性：**身体宽大，呈宽卵圆形，前额较宽且稍下凹，无角眼。尾叉细长呈棒状，左、右尾叉不向外撇开。第 2 触角细长，分 4 节，第 1 节末端刺毛较第 2 节内刺毛短小，约为第 2 节长度的 1/4；第 2、3 节近等长，而第 3 节短于第 4 节。颚足第 2 节内末缘较膨大，具 2 不等长刺毛和 1 束细毛；第 3 节很短小，末节弯曲呈爪状。第 4 对胸足结构与雌性相似。

分布：东海至南海；太平洋，印度洋及大西洋。暖水种。

参考文献：2，4，6，24，30，41，44，46，51，62，82，97，161。

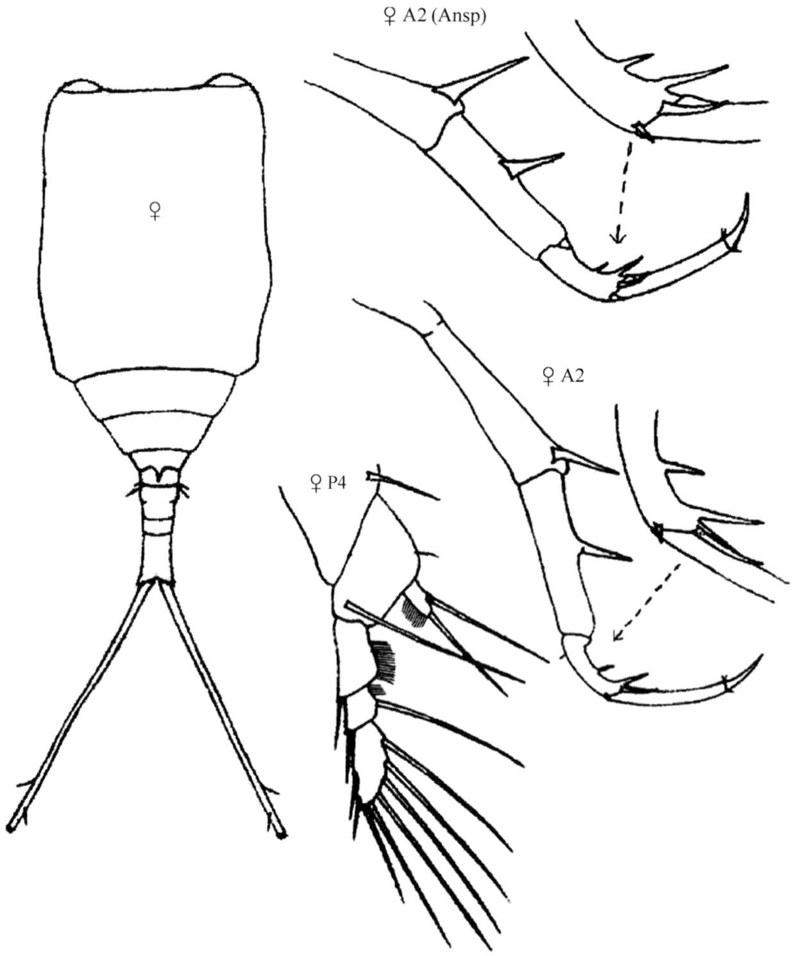

图 695 长桨水蚤 *Copilia longistylis*（仿连光山，林金美，1978）

（695）长桨水蚤［长桨剑水蚤］*Copilia longistylis* Mori，1932（图 695）

形态特征：

体长：♀2.04~3.90 mm。**雌性：**头胸节呈长方形。前额较宽平，左、右角眼间距为角眼宽度的 2.5~3 倍。后体部狭长，肛节长度稍短于前 3 节长度之和。尾叉长为后体部的 2 倍以上。第 2 触角第 1 节残留两基节不完全愈合的痕线，其末缘刺较长于第 2 节中部的刺，第 2 节长度约为第 3 节的 2 倍；第 3 节末缘具 3 刺，中刺与末刺近等长并相靠近，本节后末缘也具 1 小刺；末节较短，其长度仅为前 2 节长度之和的 1/2，末端爪状刺较粗大，约为末节长度的 1/2。第 4 对胸足内肢单节，并具 2 长刚毛。

分布：东海至南海；太平洋。暖水种。

参考文献：2，24，25，30，37，41，44，82，106，116，118。

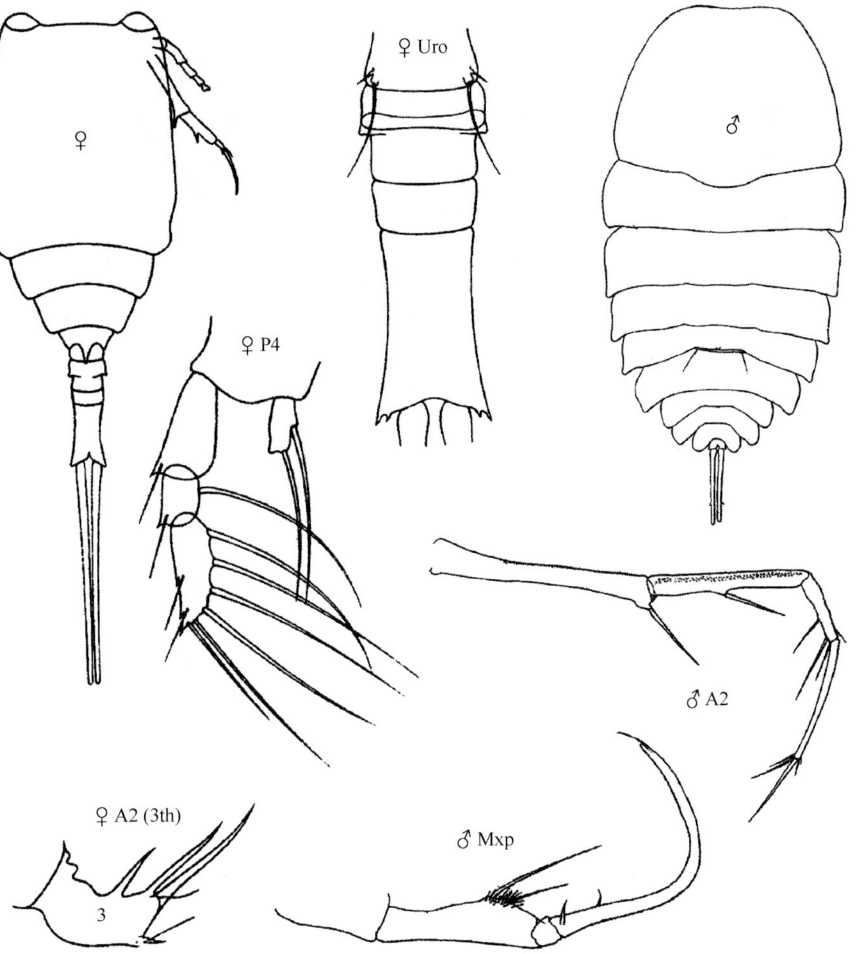

图 696 中桨水蚤 *Copilia mediterranea*

［仿 Lehnhofer，1926；Rose，1933（♀）；Giesbrecht，1892（♂）］

（696）中桨水蚤［等桨水蚤］*Copilia mediterranea* Claus，1863（图 696）

［*Copilia denticulata*：Giesbrecht，1892（♂）；*C. oblonga*：Giesbrecht，1892（♀）］

形态特征：

体长：♀3.2~4.4 mm，♂4.5~6.1 mm。**雌性：**头胸节呈长方形。前额较宽平，角眼间距约为角眼的 2.5 倍。后体部分 4 节，肛节狭长，约等于前 3 节长度之和。尾叉细长呈棒状，其长度约等于后体部长度的 2 倍。第 2 触角第 3 节粗短且弯曲，前末缘具不等长的 3 刺，末刺最长，显著大于本节的长度，并与中刺相靠近，节的外末角也具 1 小刺。第 4 对胸足内肢单节并具 2 刚毛。**雄性：**身体形状与大桨水蚤（*C. lata*）及方桨水蚤（*C. quadrata*）相似，但附肢结构不同。第 2 触角第 2 节狭长，为第 3 节长度的 2 倍以上，其前缘近中部具 1 长刺毛，并与第 1 节末缘长刺毛近等长；第 3 节较短小，前末缘具 3 细刺毛，以中刺毛最长，并与本节等长；末节的末端刺细长，约为末节长度的 2/3。颚足第 2 节内末缘稍膨大，并具 2 不等长刺毛及 1 丛细毛，其长刺毛约为短刺毛的 2 倍；末节狭长而弯曲，呈爪状。

分布：东海，台湾东北部近海及南海；太平洋，印度洋及大西洋。暖水种。

参考文献：4，24，44，97，152，161。

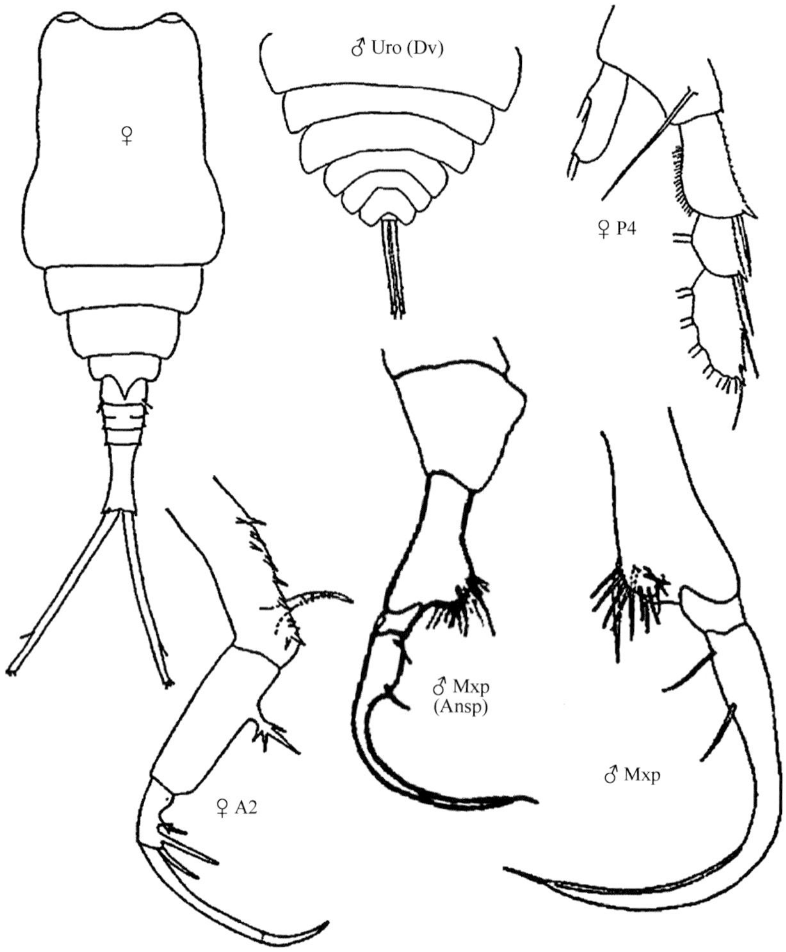

图 697 奇桨水蚤 *Copilia mirabilis*

［仿陈清潮等，1974（♀；♂）；Chihara et al.，1997(♂ Mxp，Ansp)］

（697）奇桨水蚤［奇桨剑水蚤］*Copilia mirabilis* Dana，1849（图 697）

形态特征：

体长：♀2.30~3.80 mm，♂4.41~5.40 mm。**雌性：**头胸节长约为宽的 1.2 倍。头部前端较狭，角眼间距为角眼的2~3 倍。尾叉狭长呈棒状，其长度为后体部长度的 1.3~1.5 倍。第 2 触角第 1 节前缘具许多小刺及 1 长末刺；第 2 节前缘具 1 分叉的粗刺突；第 3 节短小，并具 3 小刺；末节狭长呈爪状。第 4 对胸足内肢短小，仅单节。**雄性：**身体呈宽卵圆形。前额宽圆。颚足第 2 节内末缘显著突出，并具 2 长刺和许多细刺毛；末节狭长而弯曲，呈爪状，据其基部不膨大(标准型 f. *typica*)或显著膨大(宽爪型 f. *platyonyx*)，可分为 2 个型(参见 Rose，1933；Sewell，1947；Chihara & Murano，1997 等)。上述两型中国海均有出现。

分布：东海至南海；太平洋，印度洋及大西洋。暖水种。

参考文献：1，2，4，5，14，20，24，25，30，33，41，44，48，51，62，80，82，89，97，118，152，158，161，216，217。

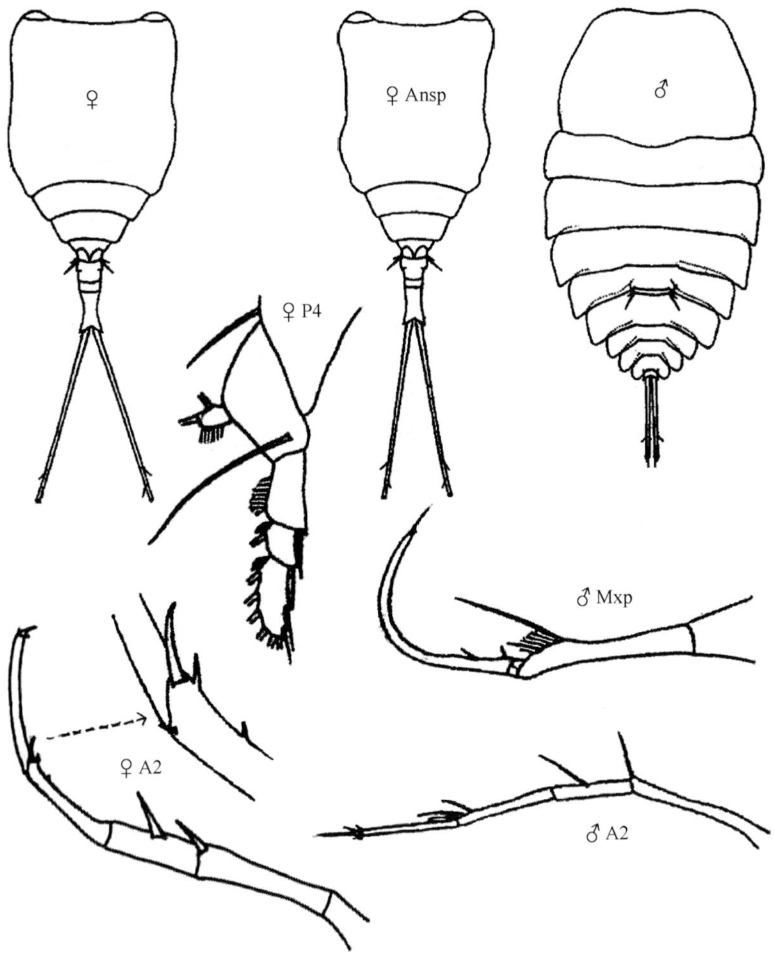

图 698 方桨水蚤 *Copilia quadrata*（仿连光山，林金美，1978）

（698）方桨水蚤［方桨剑水蚤］*Copilia quadrata* Dana，1849（图 698）

形态特征：

体长：♀3.20~3.93 mm，♂4.39~5.18 mm。**雌性：**头胸节近正方形。头部前端及两侧稍凹，角眼间距为角眼的3~3.5倍。后体部分4节，肛节狭长，约等于前3节长度之和。尾叉细长呈棒状，为后体部长度的2倍以上。第2触角第1节末缘刺稍短于第2节内缘中部的粗刺；第3节与第2节近等长，其前末缘具不等长的3刺，其刺间距不等长，近端刺与中刺之间距离显著大于中刺与末刺之间的距离，本节后末缘也具1小刺；第4节短于第2、3节长度之和，其末端爪很短小。第4对胸足内肢单节并具2刚毛。**雄性：**身体形状与大浆水蚤(*C. lata*)及中浆水蚤(*C. mediterranea*)雄性相似，但附肢结构不同。第2触角第1节末端刺毛与第2节内刺毛近等长；第2节较短于第3节，仅为第1节长度的1/2；第3节与第4节近等长。颚足第2节较狭长，内末缘稍膨大，并具2不等长刺毛和1丛细毛，其长刺毛约为短刺毛长度的3倍；末节弯曲呈爪状。第4对胸足结构与雌性相似。

分布：东海至南海；太平洋，印度洋及大西洋。暖水种。

参考文献：1，2，4，5，20，24，25，30，33，41，44，46，48，51，62，80，82，97，118，152，161。

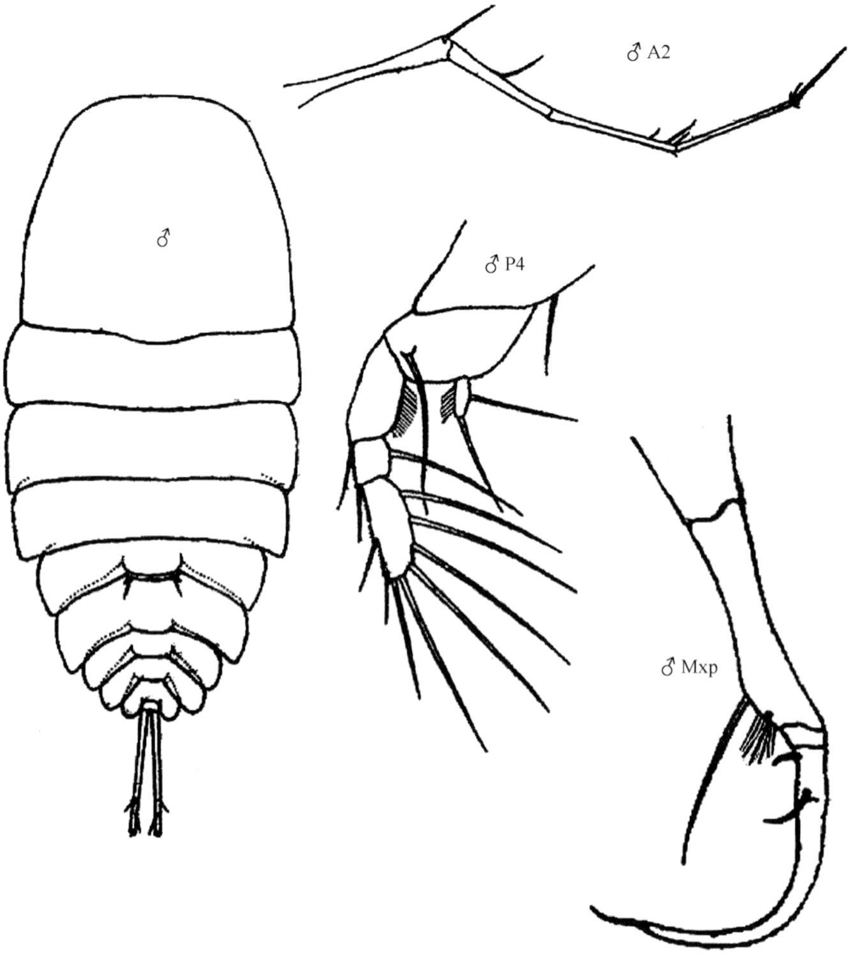

图 699 直浆水蚤 *Copilia recta*（仿连光山，林金美，1978）

（699）直浆水蚤［直浆剑水蚤］*Copilia recta* Giesbrecht，1891（图 699）

形态特征：

体长：♂4.91 mm。**雄性：**头部呈方形，其长与宽近相等。前额截平，无角眼。体长(不包括尾叉)为身体宽度的 2 倍以上。第 2 触角第 1 节前末缘及第 2 节中部各具 1 长刺毛，前者较长于后者；第 3 节稍长于第 2 节，前末缘具 3 不等长小刺毛；第 4 节与第 3 节近等长，其末端刺长度为末节长度的 1/2 以上。颚足第 2 节内末缘稍膨大，具 2 不等长刺毛和 1 束细毛，其长刺毛为短刺毛长度的 3 倍以上；第 3 节很短小；末节呈长爪状，近基部具 2 小刺，其远端的小刺长度约为基部小刺的 2 倍。第 4 对胸足内肢很短小，单节并具 2 长刚毛。

分布：东海；太平洋，地中海。暖水种。

参考文献：30，44，97，106，118。

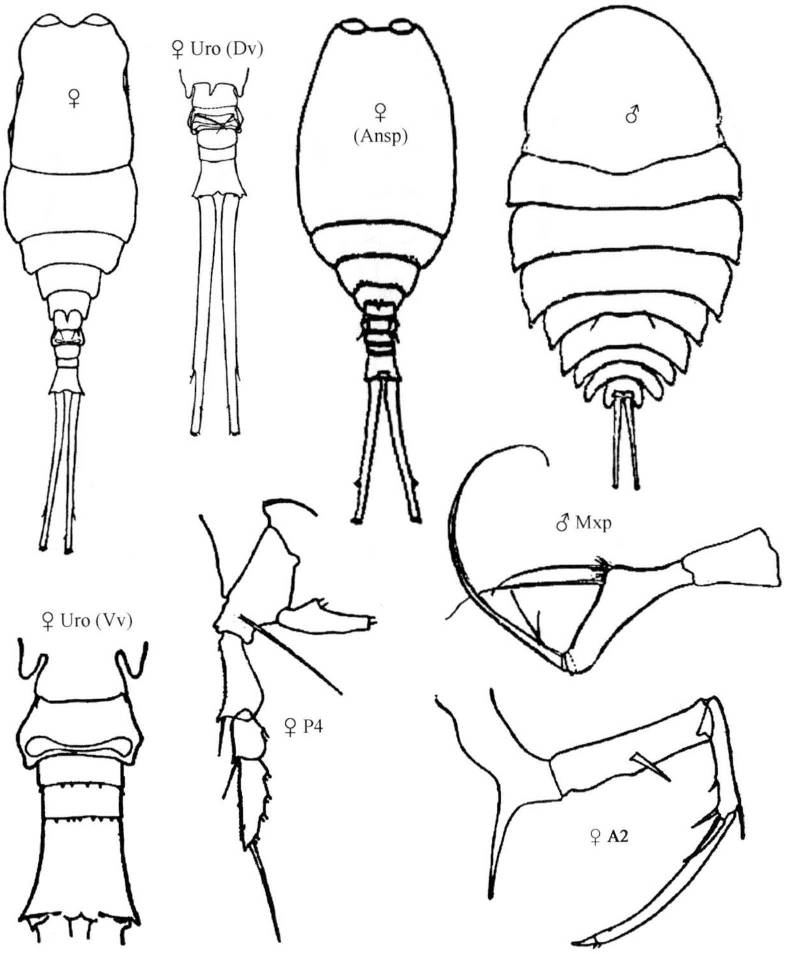

图 700 晶浆水蚤 *Copilia vitrea*

［仿郑重等，1982（♀）；Chihara & Murano，1997（♀Ansp；♂）］

（700）晶浆水蚤［晶浆剑水蚤］*Copilia vitrea*（Haeckel，1864）（图 700）

［*Hyalophyllum vitreum* Haeckel，1864］

形态特征：

体长： ♀3.2~5.4 mm，♂5.5~9.0 mm。**雌性：** 前体部较狭长，头节与第 1 胸节分开或愈合。前额较狭，左、右角眼间距很短，约与角眼宽度等长。肛节很宽短，末端宽大，两侧后缘均具锯齿状突起，后侧角呈刺状。尾叉细长，为肛节长度的 6~7 倍或为后体部长度的 2 倍。第 2 触角第 1 节近前末缘具 1 长大的刺状突；第 2 节中部也具 1 粗刺；第 3 节内末缘具 3 小刺，以末刺最长，节的外末缘另具 1 小刺；末节细长，约为前 1 节长度的 1.7 倍，末端爪状刺短小。第 4 对胸足内肢单节，约与外肢第 1 节等长，并具 2 长刚毛。**雄性：** 身体呈宽卵圆形。头部前端突出而宽圆，呈半圆形。颚足第 2 节粗大，内缘近中部膨大呈瘤状，并具 2 长刺毛及 1 丛细刺毛；末节很细长而弯曲，呈长鞭状。

分布： 东海至南海；太平洋，印度洋及大西洋。暖水种。

参考文献： 2，4~6，24，41，44，46，51，82，97，152。

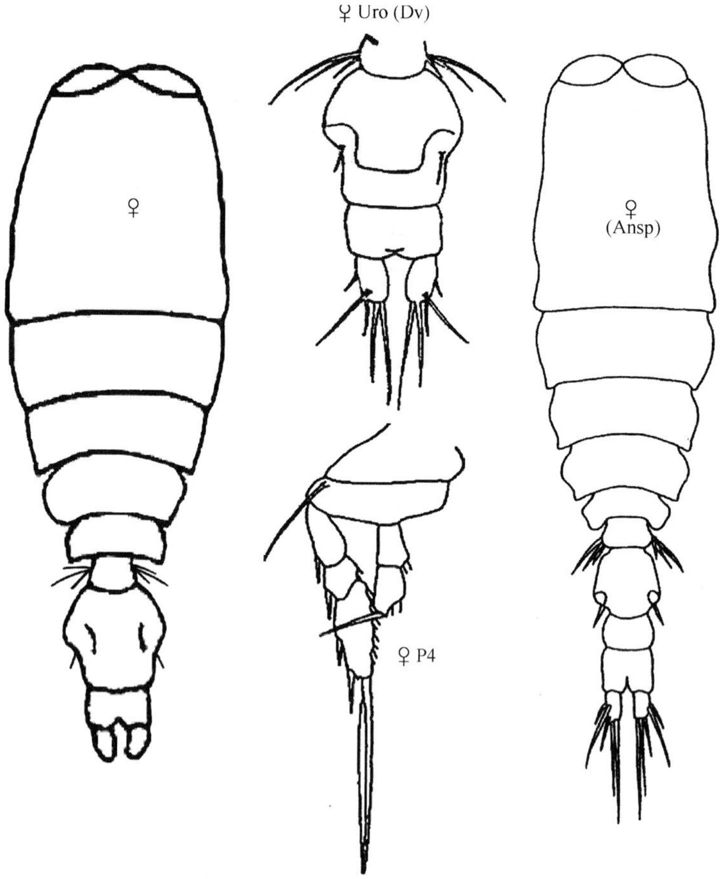

图 701 颗粒心水蚤 *Corina granulosa*
[仿陈清潮等，1974（♀）；Hure & Scott di Carlo，1967（♀Ansp）]

（701）颗粒心水蚤［颗粒心剑水蚤］*Corina granulosa* Giesbrecht，1891（图 701）

［*Vettoria granulose*（Giesbrecht）：Wilson，1950；Hirota，1995；Boxshall et al.，2004；陈清潮等，2008］

形态特征：

体长：♀0.68~0.85 mm。**雌性：**前体部较狭长，略呈长方形，分 5 节。前额钝平，角眼较大并很接近或相连。后体部分 3~4 节。第 5 胸节很狭小。生殖节宽大，长与宽近相等，并与肛前节分开或愈合。肛节宽短或近方形。尾叉粗短，长约为宽的 2 倍。第 1 触角分 5 节。第 2 触角分 4 节，末端刺呈爪状。第 4 对胸足内肢分 2 节，其长度约为外肢的 1/2。第 5 对胸足退化，仅具 3 刺毛。

分布：东海，南海；太平洋，大西洋及地中海。暖水种。

参考文献：14，20，24，37，44，72，97，106，110，152，217。

注：本种雌性的后体部存在明显个体差异。Giesbrecht（1892）、Rose（1933）及陈清潮（1974）的记述及绘图相同，后体部仅分 3 节，生殖节特别长大，与肛前节完全愈合。但据 Hure J 和 Scott di Carlo（1967）及 Boxshall 和 Halsey（2004）的记述及绘图，其后体部较狭长并分 4 节。生殖节较短小，与肛前节不愈合（♀Ansp）。是否因标本成熟度不同或是观察有误所致，有待探讨。

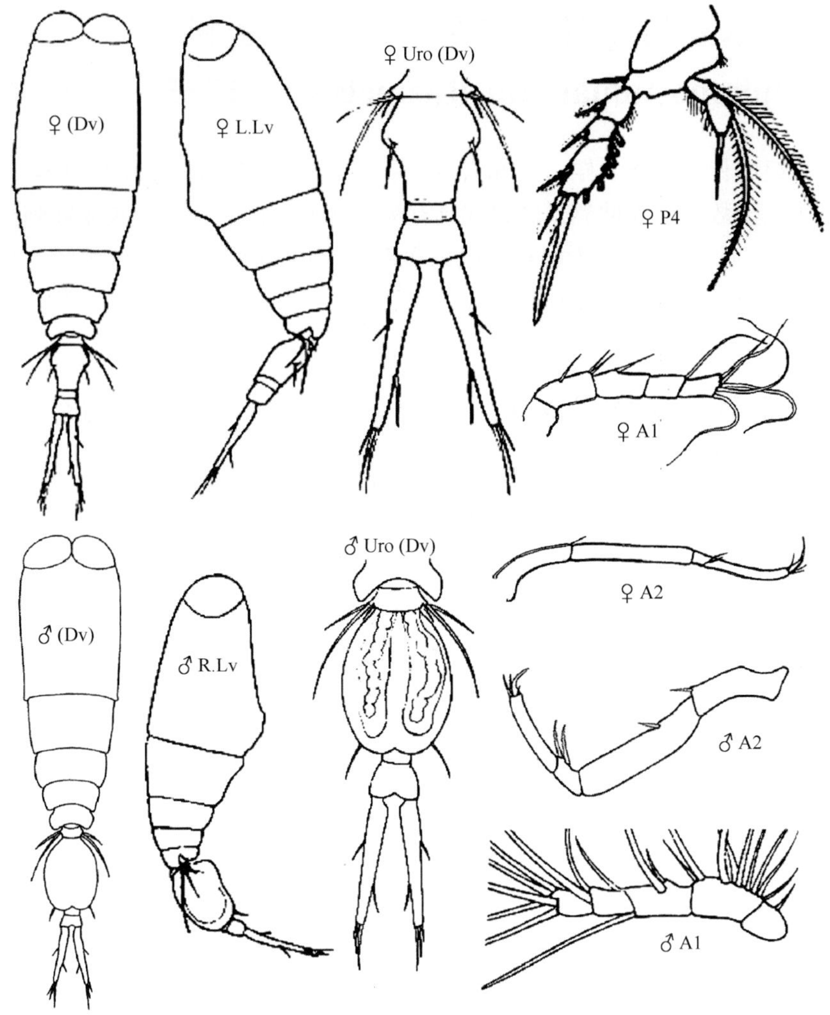

图 702 长尾心水蚤 *Corina longifurca*（仿 Hure & Scott di Carlo，1967）

（702）长尾心水蚤 *Corina longifurca* Rose & Vaissiese，1952（图 702）

［*Vittoria longifurca*：Hure & Scott di Carlo，1967；Boxshall & Halsey，2004］

形态特征：

体长：（暂缺）。**雌性**：身体较狭长。前体部分 5 节，头节呈长方形。前额角眼很发达，左、右角眼紧相连。后体部分 4 节，生殖节粗大，基部两侧膨大，末部狭小，前者约为后者宽度的 2 倍；第 3 节很短小，肛节较宽大，其长度为前 1 节的 2 倍以上。尾叉呈长棒状，稍短于后体部的长度，其长约为基部宽的 7 倍。第 1 触角分 5 节。第 2 触角分 4 节，末端具 1 爪状刺。第 4 对胸足内肢分 2 节，长度仅为外肢的 1/2。第 5 对胸足退化，仅具 3 刺毛。**雄性**：前体部形状与雌性相似。后体部分 4 节，生殖节粗大，呈卵圆形；肛节较宽大，其长度约为前 1 节的 3 倍。尾叉长度约为基部宽度的 7 倍。第 1、2 触角及第 4、5 对胸足结构与雌性相似。

分布：台湾南湾海域；西太平洋及地中海。暖水种。

参考文献：41，72，110。

Ⅷ　管口水虱目［管口虱目、管口水蚤目］Order Siphonostomatoida Burmeister，1835

本目的种类组成相当复杂多样，已知有 37 科，1 800 多种(Boxshall & Halsey，2004)，大多数是海洋种类，少数是淡水种类，其口部具有吸吮功能的口管及棍棒状或针刺状的大颚，皆是营寄生或共生(共栖)生活，仅少数种可脱离宿主而营暂时性自由-浮游生活。目前已知常在海洋浮游动物网采样品中出现的仅有以下 2 科 2 属 3 种，但其宿主仍不明。中国海域仅记录 2 属 2 种。

49. 角管水虱科［角剑水蚤科］Family Pontoeciellidae Giesbrecht，1895

本科仅有 1 属(角管水虱属 *Pontoeciella* Giesbrecht，1895)1 种。雌性的口管发达，呈吸管状。大颚呈针刺状。成熟雄性个体的口管退化，无摄食功能。据此特征，本种应是适应寄生或共生生活的种类，但至今仍未知其宿主。所见的标本均是脱离宿主而自由-浮游生活在海洋中，成为海洋浮游桡足类群落中的成员。中国海及西太平洋热带海区均有分布。

本科在分类系统中的隶属关系变化较大。Huys 和 Boxshall(1991)，Boxshall 和 Halsey(2004)及连光山等(2012)把本种、属、科置入管口水虱目(Siphonostomatoida)之中，能更好地反映其营寄(共)生的生态习性。但是，由于本种的体形、第 1 触角及第 1～4 对胸足的结构与长腹剑水蚤(*Oithona*)的形态特征较相似，故 Farran(1936)、Wilson(1942)、连光山等(1984，1994，2008)及陈清潮等(1998，2008)曾把本种、属置入剑水蚤目(Cyclopoida)的长腹剑水蚤科(Oithonidae)之中，这是不恰当的，应予订正。

属名 Genera	种数	页码
角管水虱属 *Pontoeciella* Giesbrecht，1895	1	787

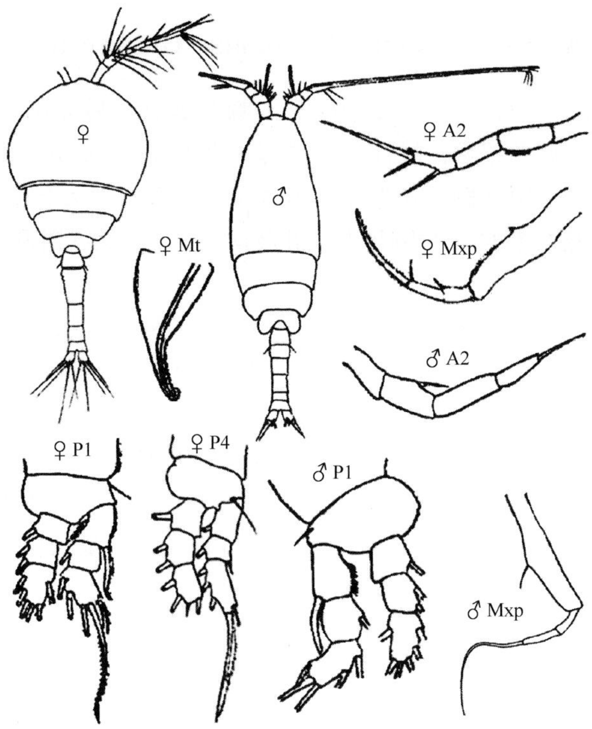

图 703　深角管水虱 *Pontoeciella abyssicolla*（仿连光山，钱宏林，1984）

（703）深角管水虱［深海扇形剑水蚤、深角剑水蚤］
Pontoeciella abyssicolla（T. Scott，1894）（图 703）

［*Artotrogus abyssicolla* T. Scott，1894；*Danodes plumata* Wilson，1942（♀）；
Carnegiella gracilis Wilson，1942（♂）］

形态特征：

体长：♀0.93~1.45 mm，♂0.84 mm。**雌性：**前体部宽大，呈倒梨形，分 4 节。头节与第 1 胸节愈合，呈半圆形。第 4 胸节狭小，后侧角钝圆。后体部狭长并分 5 节，生殖节长约等于后 2 节长度之和；肛节宽短，其后侧角突出。尾叉与肛节等长。第 1 触角分 7~8 节，末端倒数第 3 节前末缘具 1 细长感觉棒并超过末节的末端。口部具 1 漏斗状的口管，末部呈吸管状。大颚呈针刺状，伸入口管之中。第 1~4 对胸足内、外肢皆分 3 节。第 1 对胸足外肢第 1 节外缘刺长大，可达末节顶端。第 5 对胸足退化，仅具 1 小刚毛。**雄性：**前体部较雌性狭小，呈长椭圆形，分 4 节。后体部分 6 节，生殖节短小；肛节及尾叉与雌性相似。第 1 触角分 4 节，末节细长呈鞭状，顶端具 4~6 小刺毛；第 3 节前末缘具 1 细长而透明的感觉棒，紧贴在末节之上并稍长于末节。成体口管退化而不摄食。颚足分 4 节，末节很细长，呈鞭状。第 1~4 对胸足结构与雌性相似。第 5 对胸足退化为 1 小叶并具 4 小刚毛。

分布：台湾海峡，南海；太平洋，大西洋暖水区。寄生或共生种，成体营自由-浮游生活，但宿主不明。

参考文献：2，6，24，37，38，41，44，51，72，89b，216。

注：Farran（1936）据本种雌性头部宽度的大小变化而将其分为大、中、小 3 个型。作者在中国海域及西太平洋热带海区所见的雌性标本均属于大型及中型。大型标本的头部很宽大，中型的头部前端较狭，但两者附肢结构相同。

50. 棒水虱科［棒水蚤科］Family Rataniidae Giesbrecht，1897

本科前体部分 4 节，呈卵圆形。头部与第 1 胸节愈合。后体部雌性分 5 节，雄性分 6 节。额角呈突起状。第 1 触角粗短，雌性分 5~7 节，雄性分 7~9 节且无膝状节，两性的末节均具 1 长大的末端感觉棒。第 2 触角单肢型，分 4 节。口管短。大颚呈长棒状，颚须不存在。颚足分 4 节，末节呈爪状。第 1~4 对胸足内、外肢均分 3 节，第 5 对胸节单肢型并分 2 节，末节具 5 刚毛。

本科仅有 1 属（棒水虱属 *Ratania* Giesbrecht，1892）2 种，常在海洋浮游桡足类群落中出现，其在分类系统中的地位还不够明确。Giesbrecht（1892）、Rose（1933）及连光山等（1984，1994，2008）、陈清潮（2008）把本属置入剑水蚤目（Cyclopoida）中。Huys 和 Boxshall（1991）及 Boxshall 和 Halsey（2004）则将本科、属作为寄生性种类，而置入管口水虱目（Siphonostomatoida）之中，但其宿主至今不明。连光山等（2012）又把本科、属、种置入歧口水蚤目（Poecilostomatoida）中。据本种的口部具有短的口管及大颚呈长棒状且无颚须等特征，把它置入管口水虱目之中更为恰当。中国海域仅出现 1 种。

属名 Genera	种数	页码
棒水虱属 *Ratania* Giesbrecht，1892	1	789

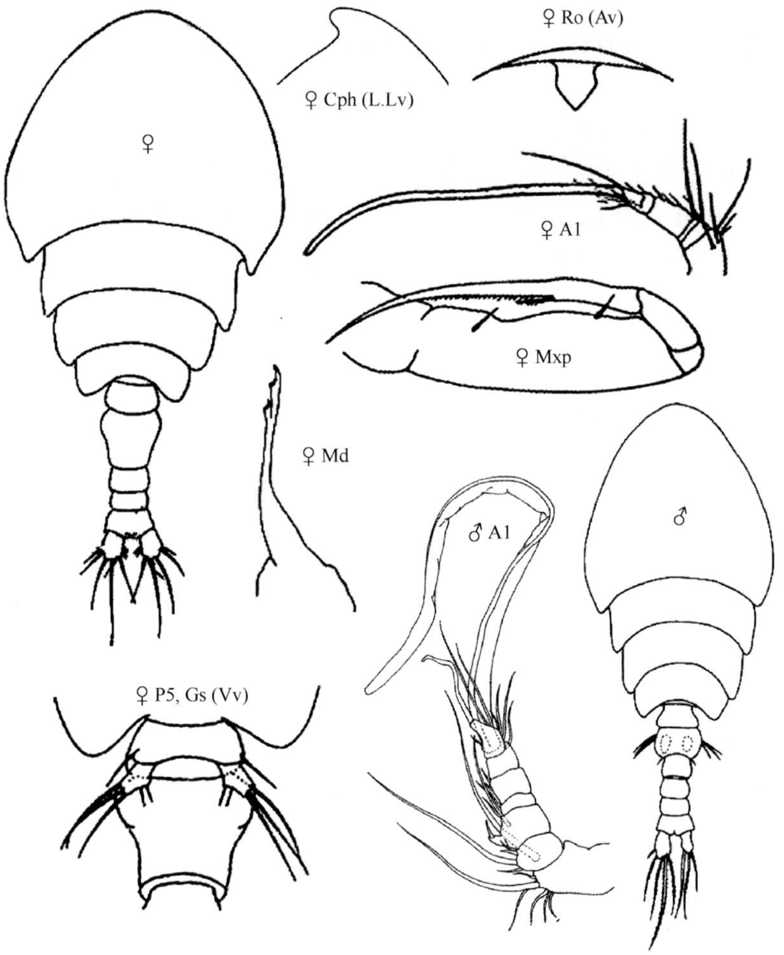

图 704 黄棒水虱 *Ratania flava*

［仿连光山，钱宏林，1984（♀）；Boxshall，1979；Boxshall & Halsey，2004（♂）］

（704）黄棒水虱［黄棒剑水蚤、黄棒水蚤］*Ratania flava* Giesbrecht，1892（图 704）

形态特征：

体长：♀1.2~1.24 mm，♂(暂缺)。**雌性：**前体部呈宽卵圆形，分 4 节。额角粗短，为单刺突，前面观呈三角形，侧面观弯向腹面，顶端钝圆。后体部分 5 节。生殖节呈倒梨形。尾叉粗短，长稍大于宽。第 1 触角粗短，分 5 节，第 1、4 节长大；末节顶端具 1 长刚毛，近基部具 1 长大感觉棒，约为触角本身长度的 2.5 倍。口管短。大颚呈长棒状，顶端具尖齿突，无颚须。颚足分 4 节，末节为狭长的爪状刺。第 5 对胸足短小，单肢型仅分 2 节，末节内缘较膨大并具 2 小刺毛，末端宽平且具 3 长刚毛。**雄性：**体形与雌性相似。后体部分 6 节，生殖节宽短。尾叉粗短且不对称，左叉较粗大。第 1 触角分 7 节，末节顶端具 1 细长小感觉棒，近基部也具 1 长大感觉棒。口部附肢和第 1~5 对胸足结构与雌性相似。

分布：东海，南海；太平洋及大西洋。寄生或共生性种(宿主不明)，常脱离宿主而出现在海洋浮游桡足类群落中。

参考文献：4，6，24，37，38，41，44，72，97，152，217。

Ⅸ 怪水蚤目 Order Monstrilloida Sars，1903

本目桡足类的科、属在分类系统中的位置变化较大。原本包括 2 个科：怪水蚤科 Monstrillidae Dana，1849 和异怪水蚤科 Thespeciopsyllidae Wilson，1924（郑重等，1965，1992）。但 Huys 和 Boxshall（1991）及 Boxshall 和 Halsey（2004）等又把异怪水蚤科置入剑水蚤目（Cyclopoida）中，并采用另一科名——Thaumatopsyllidae Sars，1913［=Thespeciopsyllidae］。这是否恰当，有待深入探讨。

中国海域仅记录 1 科 2 属 16 种。

51. 怪水蚤科 Family Monstrillidae Dana，1849

本科桡足类的生活史较特殊，桡足幼体营寄生生活，无节幼虫和成体营自由-浮游生活。成体不摄食而专为繁殖。故第 2 触角及口部附肢完全退化，仅残留 1 个锥形小口管，呈突起状。

身体瘦长，呈圆柱形。前、后体部之间活动关节位于第 4 与第 5 胸节之间。前体部分 4 节。后体部雌性分 3~4 节，雄性分 4~5 节。雌性生殖节腹面具 1 对细长的卵针，常黏附卵子。雄性生殖节腹面具 1 叉状或棒状交接器。头节与第 1 胸节愈合，无额角。第 1 触角伸向身体前方，分节不明显，常分 4~5 节，少数仅 2~3 节。雄性左、右第 1 触角均呈执握肢，膝状关节位于末 2 节之间。第 1~4 对胸足内、外肢均分 3 节。雌性第 5 对胸足单肢型，呈双叶或单叶状，其内叶刚毛数为 0~2，外叶刚毛数常为 2~3。雄性第 5 对胸足退化为小突起状，仅具 1~2 刚毛或不存在。

本科包括 4 属（Boxshall & Halsey，2004）。Grygier 和 Ohtsuka① 于 2010 年根据在琉球群岛海域采到的雌性怪水蚤标本，又建立一新属——胖怪水蚤属（*Maemonstrilla* gen. nov.），并将长足怪水蚤（*Monstrilla longipes* A. Scott，1909）及隆头怪水蚤（*Monstrilla turgida* A. Scott，1909）也置入该新属之中。该新属除了雌性头胸部较粗大（胖）外，它与怪水蚤属（*Monstrilla*）并无显著的特征差异。故不必要另立该新属（*Maemonstrilla*）。本书仍将长足怪水蚤及隆头怪水蚤保留在怪水蚤属中。中国海域仅记录 2 属 16 种。

属名 Genera	种数	页码
舟形怪水蚤属 *Cymbasoma* Thompson，1888	4	791
［细尾怪水蚤属 *Thaumaleus* Giesbrecht，1892］		
怪水蚤属 *Monstrilla* Dana，1849	12	795

① Grygier, M. J. & Ohtsuka, S. 2010. A new genus of monstrilloid copepods (Crustacea) with anteriorly pointing ovigerous spines and related adaptations for subthoracic brooding. Zoological Journal of the Linnean Society, 152(3): 459-506, 29 figs.

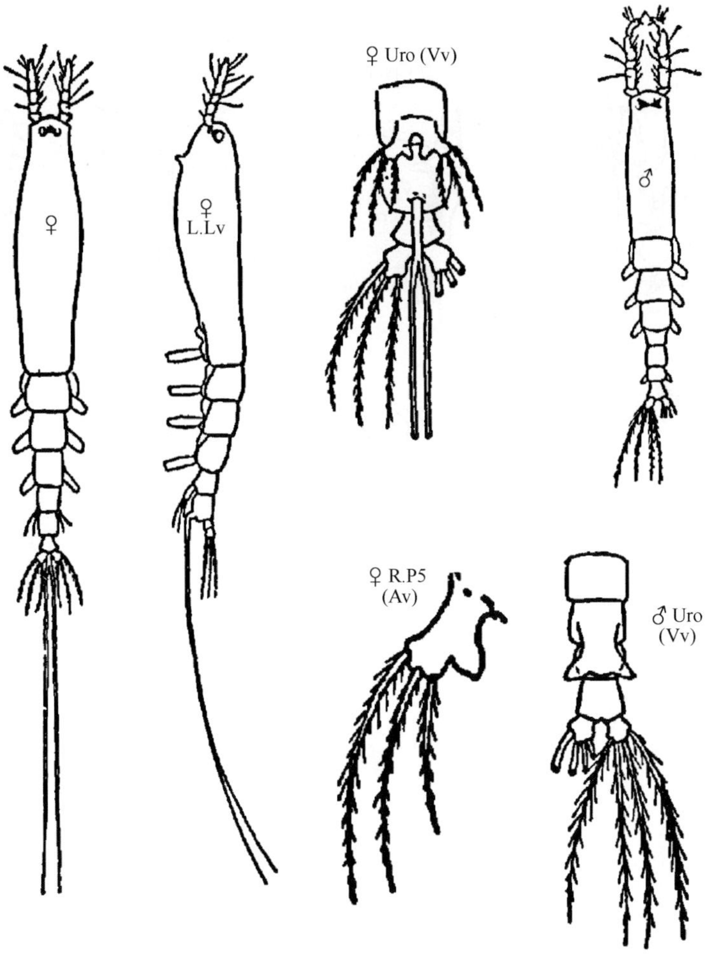

图 705 长刺舟形怪水蚤 *Cymbasoma longispinosum*（仿 Rose，1933）

（705）长刺舟形怪水蚤 *Cymbasoma longispinosum*（Bourne，1890）（图 705）

［*Monstrilla longispinosa* Bourne，1890；长刺细尾怪水蚤 *Thaumaleus longispinosus*（Bourne，1890）；Giesbrecht，1892；Dakin & Colefax，1940；陈清潮，2008；连光山等，2012；*T. gigas* A. Scott，1909］

形态特征：

体长：♀2.3～3.16 mm，♂1.5～2.3 mm。**雌性：**身体狭长。头胸部(节)长约为体长的3/5。锥形口管位于头胸节腹面前方1/6处。后体部分3节，生殖节呈长方形，腹面1对卵针与身体近等长，其基部愈合呈棒状。尾叉短小，与肛节近等长，仅具3近等长尾刚毛。第1触角较短，约为头胸节长度的1/4，仅分4节。第5对胸足单节，末端分2叶，内叶呈锥状，无刚毛；外叶宽大，末端具3长刚毛。**雄性：**头胸部长约为体长的2/5，后体部分4节。生殖节腹面交接器末端宽大呈叉状，侧末角突出呈三角形。尾叉宽短并具4近等长的尾刚毛。第1触角分5节，末节稍弯曲呈螯状。第5对胸足不存在。

分布：东海，台湾北部沿海及南海；太平洋及大西洋。半寄生性暖水种。

参考文献：24，25，41，82，152，158，217。

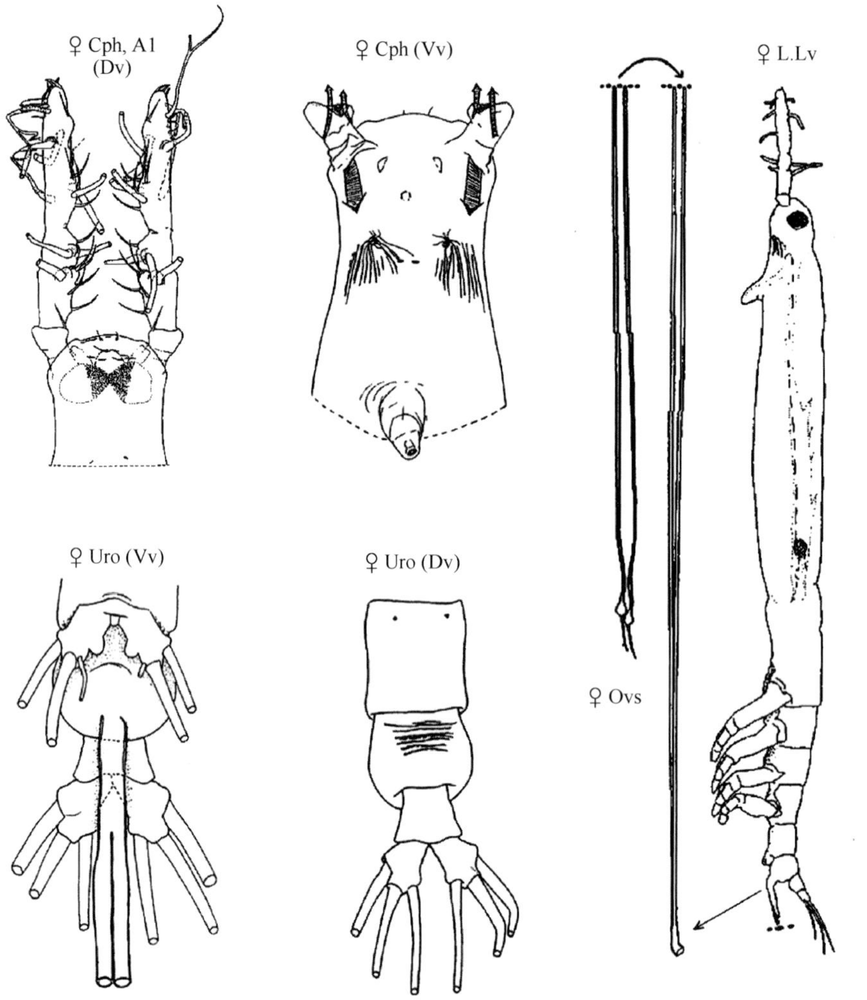

图 706 莫氏舟形怪水蚤 *Cymbasoma morii*（仿 Grygier，1994；Chihara et al.，1997）

(706)莫氏舟形怪水蚤 *Cymbasoma morii*（Tokioka，1949）(图 706)

［*Cymbasoma longispinosum*：Martin Thompson，1973；莫氏细尾怪水蚤 *Thaumaleus morii*（Tokioka，1949）：连光山等，2012］

形态特征：

体长：♀1.5~2.9 mm。**雌性**：身体狭长。头胸部(节)长约为体长的 2/3。锥形口管位于头胸节腹面前方 1/5 处。后体部分 3 节，生殖节粗大呈球状，其腹面 1 对卵针特别长，约为体长的 2 倍。尾叉粗短，仅具 3 尾刚毛。第 1 触角分节不明显，仅有 2 节，其长为头胸节长的 1/5。第 5 对胸足分 2 叶，外叶末端具 3 刚毛，其内末缘 1 刚毛很短小；内叶呈小瘤状突，不具刚毛。

分布：东海东部；冲绳群岛海域，西太平洋。半寄生性暖水种。

参考文献：44，82。

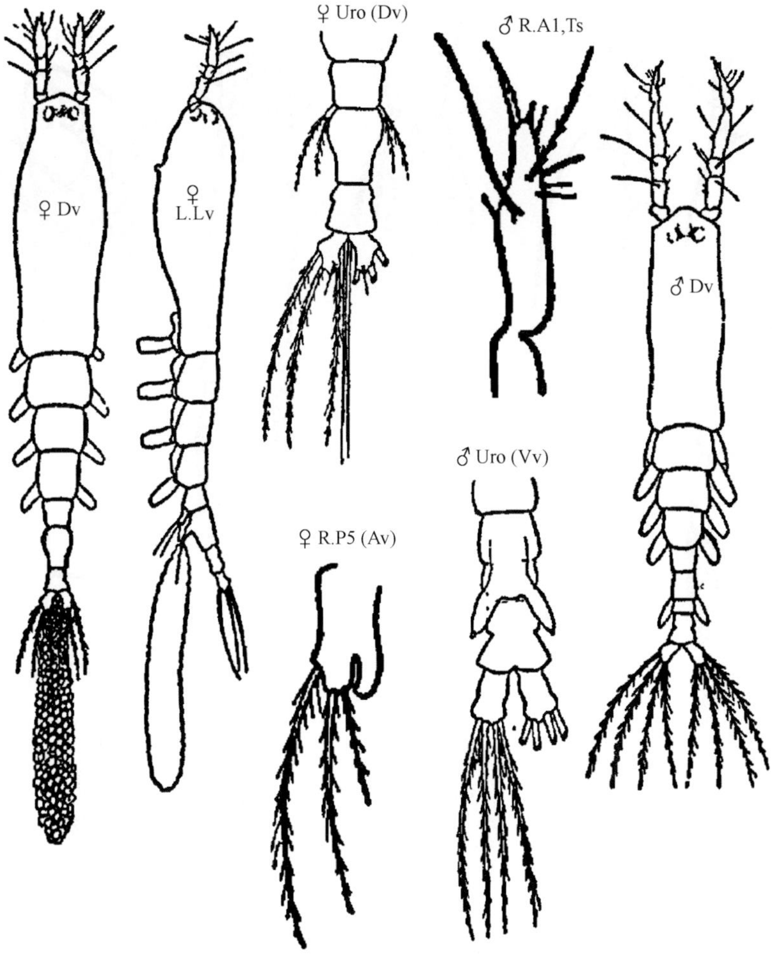

图 707 坚舟形怪水蚤 *Cymbasoma rigidum*（仿 Sars，1921；Rose，1933）

（707）坚舟形怪水蚤 *Cymbasoma rigidum* Thompson，1888（图 707）

[*Monstrilla rigida* Bourne，1890；坚细尾怪水蚤 *Thaumaleus rigidus*（Thompson，1888）；T. Scott，1904；连光山等，2012；*T. claparedei* Giesbrecht，1892]

形态特征：

体长：♀1.4~2.5 mm，♂1.8 mm。**雌性：**头胸部（节）长约为体长的 1/2。锥形口管位于腹面前端 1/4 处。后体部分 3 节，生殖节基部膨大，腹面具 1 对细长卵针；肛节两侧近中部凹陷，末端宽大。尾叉长约为宽的 2 倍，具 3 长刚毛及 1 小背刺毛。第 1 触角分 4 节，其长约为头胸部（节）长度的 1/3。第 5 对胸足粗短，分 2 叶，外叶较宽大，末端具 3 不等长刚毛，其内刚毛短小；内叶较狭小，与外叶近等长并稍弯曲，末端钝圆且无刺毛。**雄性：**头胸部（节）长约为体长的 1/2。后体部分 4 节。生殖节腹面具 1 对长叉状交接器，可达肛节中部。肛节形状与雌性相似。尾叉长为宽的近 2 倍，末端具 4 长刚毛。第 1 触角分 5 节，末节较狭尖，末端具 1 粗刺及数根小刺。第 5 对胸足不存在。

分布：台湾南部沿海，巴士海峡及南海；太平洋，大西洋。半寄生性暖水种。

参考文献：42，44，82，97，152，217。

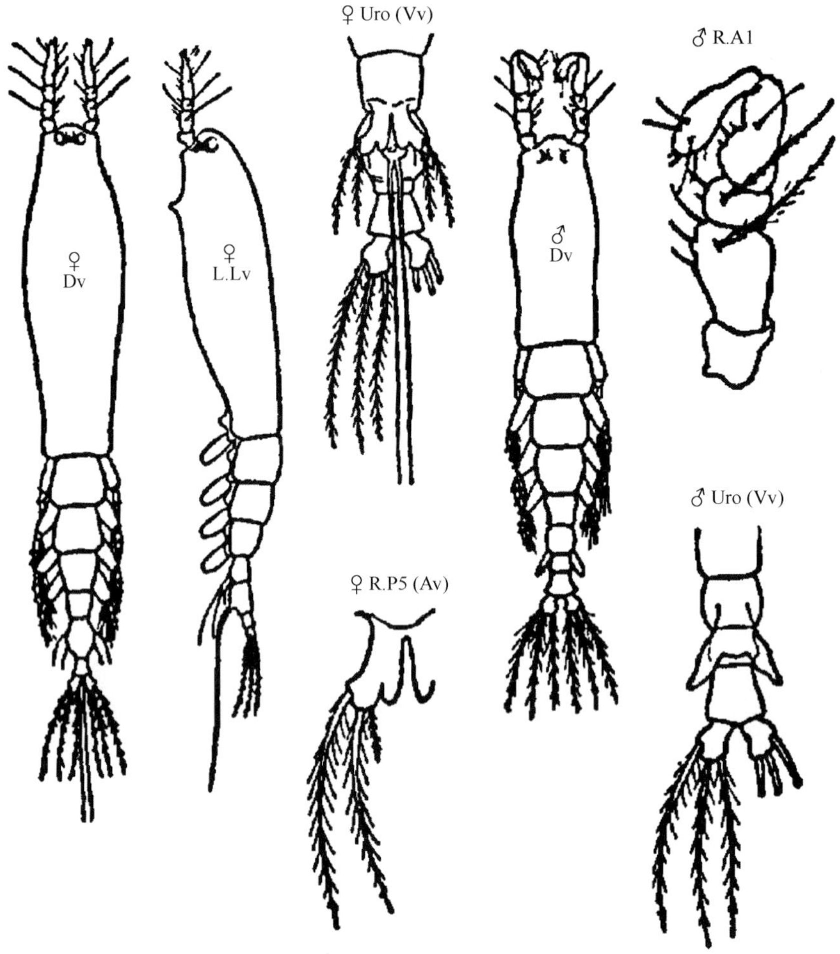

图 708　汤氏舟形怪水蚤 *Cymbasoma thompsoni*（仿 Sars，1921；Rose，1933）

（708）汤氏舟形怪水蚤 *Cymbasoma thompsoni*（Giesbrecht，1892）（图 708）

［汤氏细尾怪水蚤 *Thaumaleus thompsoni* Giesbrecht，1892；Dakin & Colefax，1940；陈清潮，2008；连光山等，2012］

形态特征：

体长：♀0.8~1.2 mm，♂0.7~0.8 mm。**雌性：**头胸部(节)长约为体长的 3/5。锥形口管位于腹面前端 1/4 处。后体部分 3 节，生殖节两侧膨大，呈卵圆形，其腹面具 2 细长卵针。尾叉与肛节近等长，具 3 长刚毛。第 1 触角长约为头胸节长的 1/4。第 5 对胸足分 2 叶，内叶短小，且无刚毛；外叶较粗大，末端具 2 长刚毛和 1 小内末缘刚毛。**雄性：**头胸部长仅为体长的 2/5。后体部分 4 节，生殖节腹面具 1 对长叉状交接器，末端仅达肛节基部。尾叉宽短，具 3 长刚毛。第 1 触角很粗壮，分 5 节，末节呈棒槌状，顶端钝圆并具 2 小刺突；末 2 节呈螯状。第 5 对胸足不存在。

分布：东海，台湾北部沿海及南海；太平洋，大西洋。半寄生性暖水种。

参考文献：24，41，44，97，152。

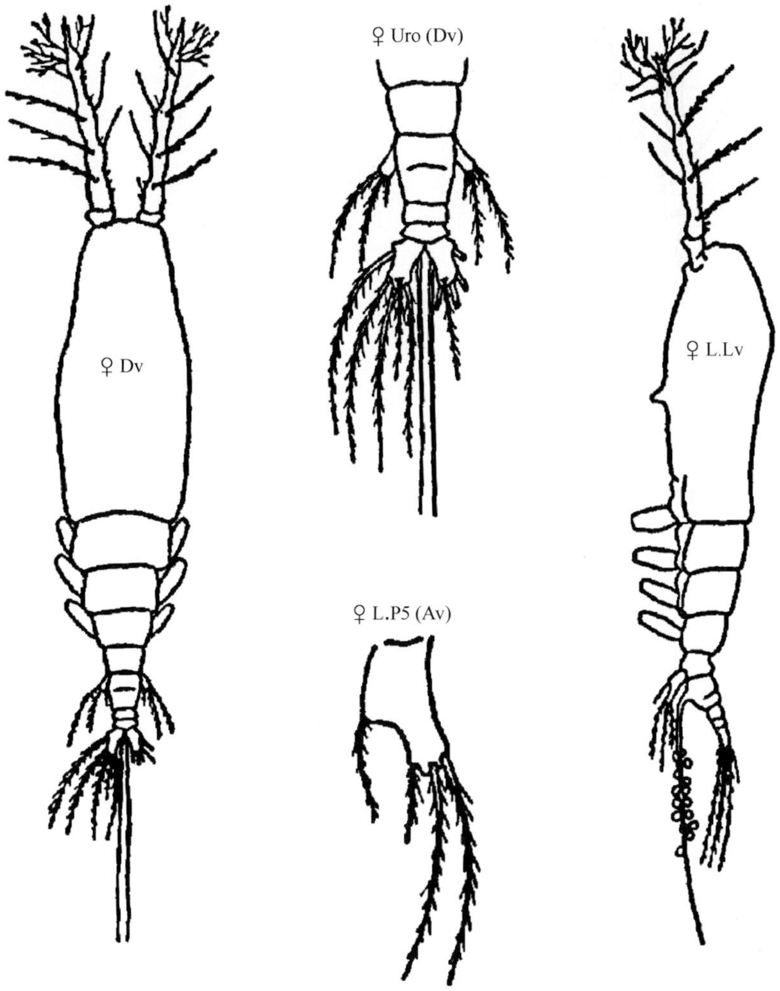

图 709　棒形怪水蚤 *Monstrilla clavata*（仿 Sars，1921；Rose，1933）

（709）棒形怪水蚤 *Monstrilla clavata* Sars，1921（图 709）

形态特征：

体长：♀4.5 mm。**雌性**：身体粗壮。背面观，头胸部(节)长仅为宽的 2 倍，前额较宽平。侧面观，近前端背面隆起，口管位于腹面中部。后体部分 4 节，生殖节粗大，长约等于后 2 腹节长度之和的 2 倍，其背面具 1 痕线，腹面具 2 细长卵针。尾叉长约为宽的 2 倍，具 5 尾刚毛，其中 1 背末缘刚毛很短小。第 1 触角分节不明显，仅有 2 节，长约为头胸部的 2/3，末部具数根分枝状的刚毛。第 5 对胸足单节呈片状，基部宽大呈方形，末部狭小并具 3 刚毛，其内刚毛短小，并与中刚毛基部之间具 1 舌状突；内缘中部突出呈直角状，顶端也具 1 刚毛，无内叶。

分布：南海东南部海域；太平洋，大西洋。半寄生性暖水种。

参考文献：44，152，217。

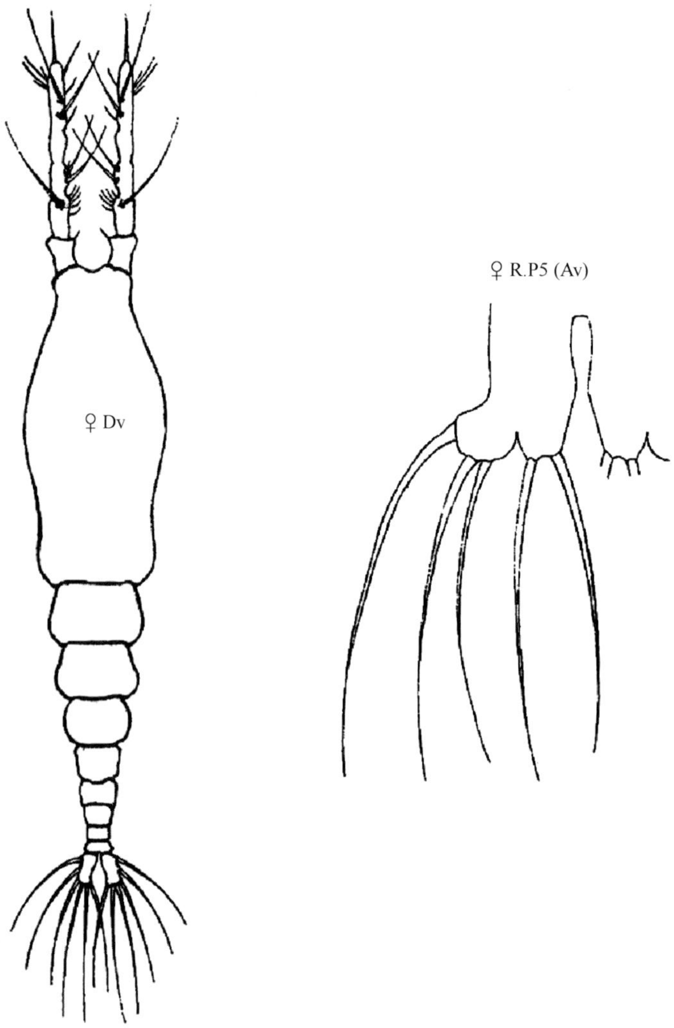

图 710 小舟怪水蚤 *Monstrilla cymbula*（仿 A. Scott，1909）

（710）小舟怪水蚤 *Monstrilla cymbula* A. Scott，1909（图 710）

形态特征：

体长：♀3.0 mm。**雌性：**背面观，头胸部(节)较粗大，两侧中部膨大，其长约为宽的 2 倍，约为体长的 1/2。前额较狭，中央明显凹陷。后体部分 4 节，生殖节长约为后 2 腹节长度之和的 1.5 倍，其中部具明显的缢缩横线。尾叉呈长方形，长为宽的 2 倍以上，具 2 外缘尾刚毛和 4 末端尾刚毛。第 1 触角分节不明显，仅 2 节，其长约为头胸部长的 2/3。第 5 对胸足粗短，分 2 叶，内叶较短小，末端具 2 长刚毛；外叶宽圆，并向外弯折，顶端具 3 长刚毛。

分布：南海东南部海域；西太平洋。半寄生性暖水种。

参考文献：44，158。

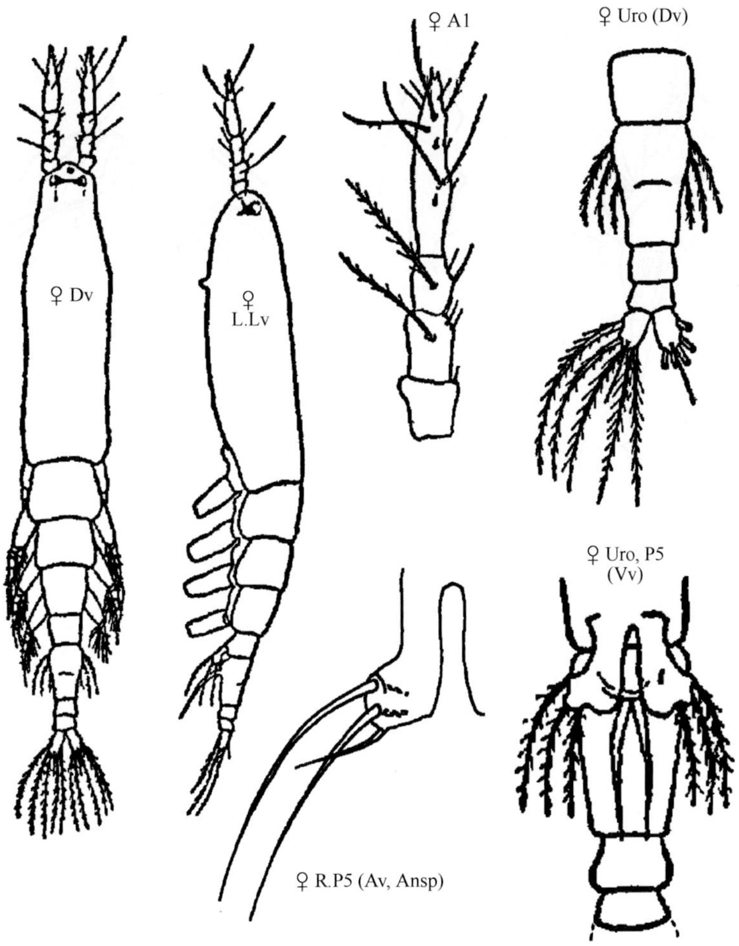

图 711　瘦尾怪水蚤 *Monstrilla gracilicauda*

［仿 Rose，1933（♀）；A. Scott，1909（♀R. P5，Ansp）］

（711）瘦尾怪水蚤 *Monstrilla gracilicauda* Giesbrecht，1892（图 711）

形态特征：

体长：♀2. 7～3. 6 mm。**雌性：**身体较狭长。头胸部(节)长约为体长的 1/2，前额较突出。锥形口管位于腹面前端 1/3 处。后体部分 4 节，生殖节长大，其长度约为后 2 腹节长度之和的 2 倍，背面中部具 1 细痕线，腹面 1 对卵针较粗短，仅达本节末缘或尾叉基部。尾叉长约为宽的 2 倍，具 6 尾刚毛，其中 1 背末缘刚毛很短小。第 1 触角较粗短，分 4 节，其长约等于头胸节长的 2/5，末节狭长，等于前 3 节长度之和，且无分枝状刚毛。第 5 对胸足单节，末部膨大并向外弯折，末端具 3 长刚毛；内叶不存在。

分布：南海东南部；马来群岛海域，太平洋，印度洋及大西洋。半寄生性暖水种。

参考文献：44，152，158。

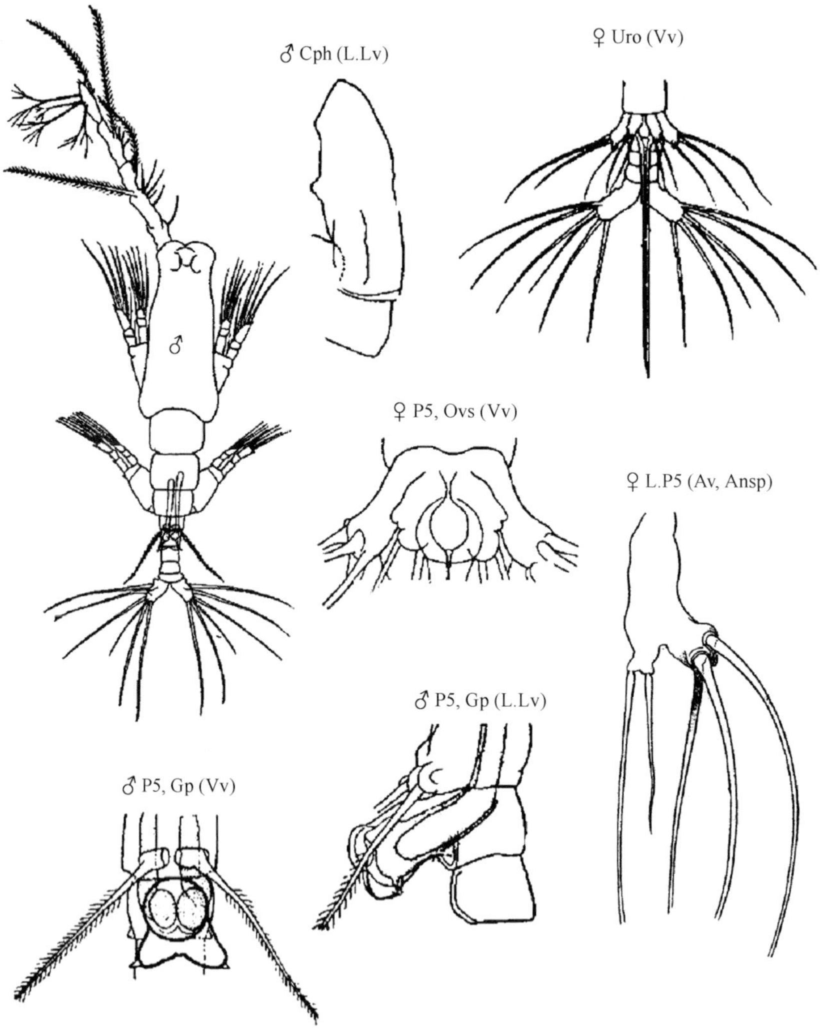

图 712　巨大怪水蚤 *Monstrilla grandis*

［仿沈嘉瑞等，1956；Giesbrecht，1892；Rose，1933（♀P5，Ansp）］

（712）巨大怪水蚤 *Monstrilla grandis* Giesbrecht，1892（图 712）

形态特征：

体长：♀2.3~3.8 mm，♂1.7~2.5 mm。**雌性：**头胸部（节）长约为体长的 1/2。锥形口管位于腹面中部。后体部分 4 节，生殖节腹面具 1 对卵针，其长度约为后体部长的 2 倍。尾叉长约为宽的 2 倍，具 6 尾刚毛。第 1 触角分 4~5 节，但分节不明显。第 5 对胸足分 2 叶，内叶较短小，仅具 2 长刚毛；外叶较粗大并具 3 长刚毛。**雄性：**第 1 触角分 5 节，末节呈梭状，末端具 2~3 小刺，外缘具 4~5 根分枝的刚毛。后体部分 5 节。第 5 对胸足短小，呈突起状，末缘各具 1 羽状长刚毛。生殖节腹面具 1 叉状交接器，其末端各具 1 小刺突。

分布：渤海至南海；太平洋，大西洋。半寄生性暖水种。

参考文献：5，9，24，30，32，33，36，37，41，44，46，48，62，97，152。

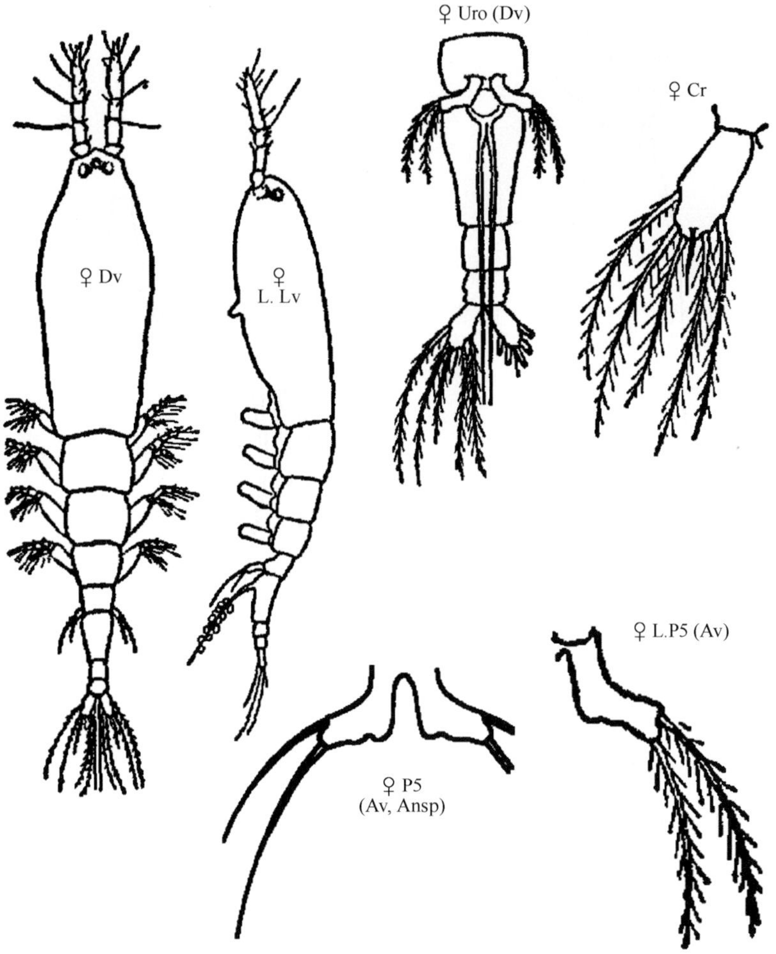

图 713 海哥兰怪水蚤 *Monstrilla helgolandica*
［仿 Sars，1921；Rose，1933；A. Scott，1909（♀P5，Ansp）］

（713）海哥兰怪水蚤 *Monstrilla helgolandica* Claus，1863（图 713）

形态特征：

体长：♀1.4~2.1 mm。**雌性：**身体较粗短。头胸部（节）长约为体长的 1/2，近中部较膨大。口管位于腹面中部。生殖节基部粗大，后部狭小，腹面具 1 对卵针，超过尾叉末端。尾叉长为宽的 2 倍，具 6 尾刚毛，其中背末缘 1 刚毛很短小。第 1 触角较短，分 4 节，约为头胸部长度的 1/3，末节不具分枝状刚毛。第 5 对胸足单节，较狭小，末部向外弯曲，末端仅具 2 长刚毛；内叶不存在，内缘中部稍隆起。

分布：南海东南部海域；太平洋，大西洋。半寄生性暖水种。

参考文献：44，152，158。

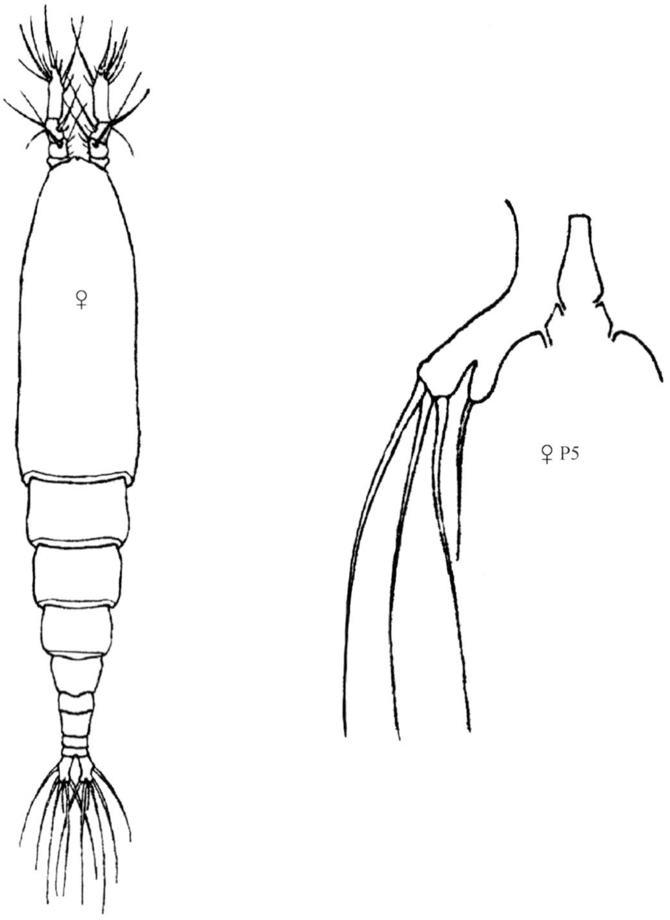

图 714 饰怪水蚤 *Monstrilla inserta*（仿 A. Scott，1909）

（714）饰怪水蚤 *Monstrilla inserta* A. Scott，1909(图 714)

形态特征：

体长：♀3.4 mm。**雌性：**身体较狭长。背面观，头胸部(节)前端渐窄，前额钝圆，其长约为宽的 2.5 倍。后体部分 4 节，生殖节长约为后 2 腹节长度之和的 2 倍，其背面具 1 横纹痕线；第 3、4 腹节很短小并近等长。尾叉长约为肛节长的 3 倍，每叉均具 1 外缘刚毛及 5 末端尾刚毛。第 1 触角较粗短并分 3~4 节，其长度约等于头胸节长的 1/3。第 5 对胸足狭长，中部向外弯折，末端分 2 叶，内叶较外叶狭小并达不到外叶末端，其顶端仅具 1 刚毛；外叶较粗大，末端钝圆并具 3 长刚毛。

分布：南海东南部；马来群岛海域，日本黑潮流区及西太平洋。半寄生性暖水种。

参考文献：44，106，158，216。

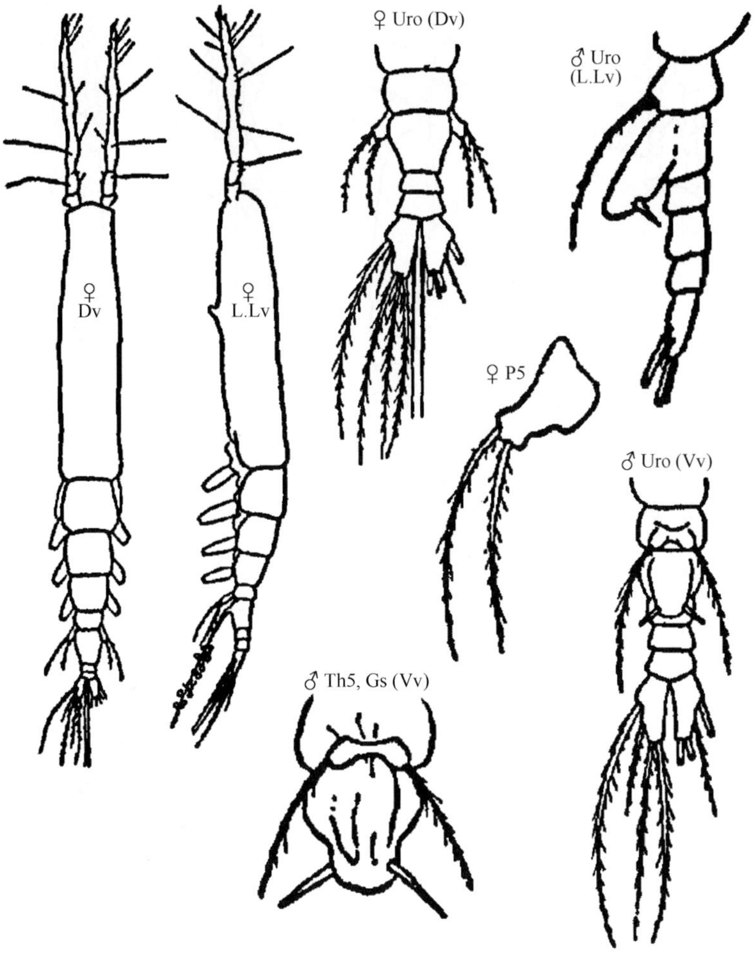

图 715　透明怪水蚤 *Monstrilla leucopis*（仿 Sars，1921；Rose，1933）

（715）透明怪水蚤 *Monstrilla leucopis* Sars，1921（图 715）

形态特征：

体长：♀3.3 mm，♂1.6 mm。**雌性：**身体瘦长，呈圆柱状。头胸部（节）长约为宽的 4 倍。口管位于腹面近中部。生殖节基部膨大，其长度等于基部宽度，腹面具 1 对细长卵针。尾叉不撇开，长约为宽的 2 倍，各具 5 尾刚毛，其中第 2 外缘刚毛很短小。第 1 触角长为头胸部长的 2/3，末部不具分枝的刚毛。第 5 对胸足单节且粗短，基部内缘膨大呈方形，末部狭小而钝圆，并具 2 长刚毛；不具内叶。**雄性：**腹面观，生殖节腹面交接器不分叉，末端较宽圆，两侧近外末缘各具 1 长刺。尾叉形状与雌性相似，但仅具 4 尾刚毛。第 5 对胸足很短小，呈瘤状突，顶端各具 1 长刚毛。

分布：南海东南部；菲律宾群岛海域，太平洋及大西洋。半寄生性暖水种。

参考文献：44，152，217。

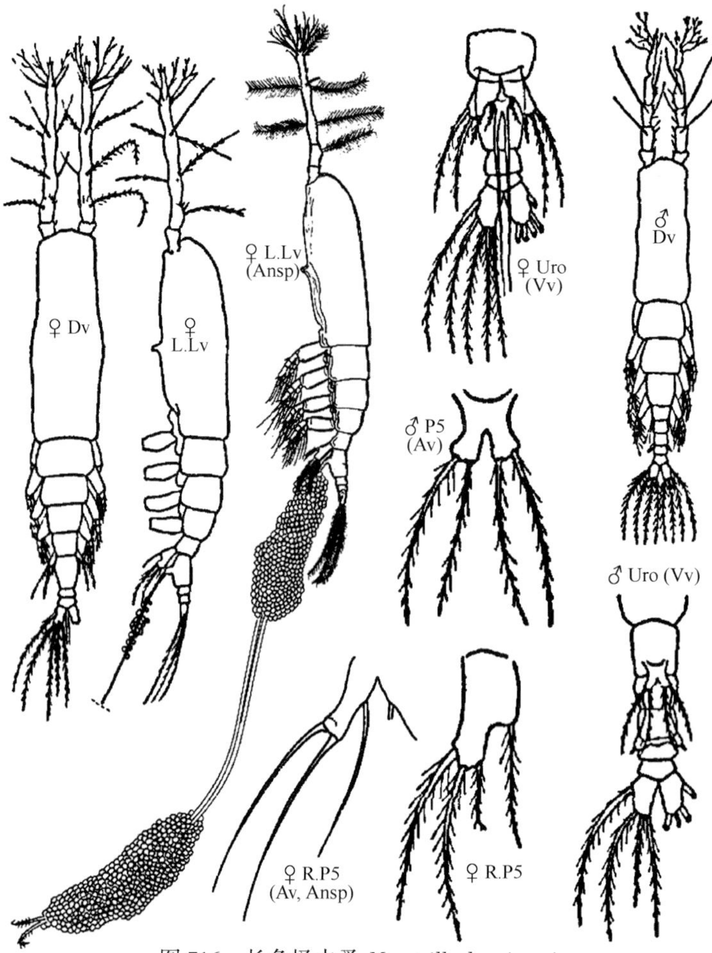

图 716　长角怪水蚤 *Monstrilla longicornis*

[仿 Rose，1933 (♀；♂)；A. Scott，1909 (♀R. P5，Ansp)；Huys & Boxshall，1991 (♀L. Lv，Ansp)]

(716) 长角怪水蚤 *Monstrilla longicornis* Thompson，1890 (图 716)

形态特征：

体长： ♀2. 8~3. 5 mm，♂2. 0~2. 3 mm。**雌性：** 背面观，头胸部(节)长约为宽的 3 倍。锥形口管位于头胸节腹面中部。生殖节粗大，其长约为后 2 腹节长度之和的 2 倍，腹面卵针很细长，约为体长的 2 倍。尾叉长约等于前 2 腹节长度之和，末端具 5 近等长尾刚毛。第 1 触角分节不明显，仅见 2~3 节，其长约为头胸部长度的 2/3 以上，末部具数根分枝状刚毛。第 5 对胸足单节，结构与棒形怪水蚤(*M. clavata*)相似，其基部宽大呈方形，内缘中部呈直角状，并具 1 刚毛，节的末端狭小并具 3 刚毛，但中刚毛与内刚毛基部之间无突起；内叶不存在。**雄性：** 生殖节腹面具叉状交接器，其末端各具 1 小刺突。尾叉长约等于前 2 腹节长度之和，各具 4 长尾刚毛。第 1 触角分 5 节，其长度与头胸部近等长，末端也具数根分枝状刚毛。第 5 对胸足短小，末端具 2 刚毛。

分布： 南海东南部；马来群岛海域，太平洋及大西洋。半寄生性暖水种。

参考文献： 44，111，152，158。

注： 据 A. Scott(1909)的记述及绘图，雌性第 5 对胸足基部内缘不膨大及末端仅具 2 长刚毛，是否存在个体差异，有待探讨。

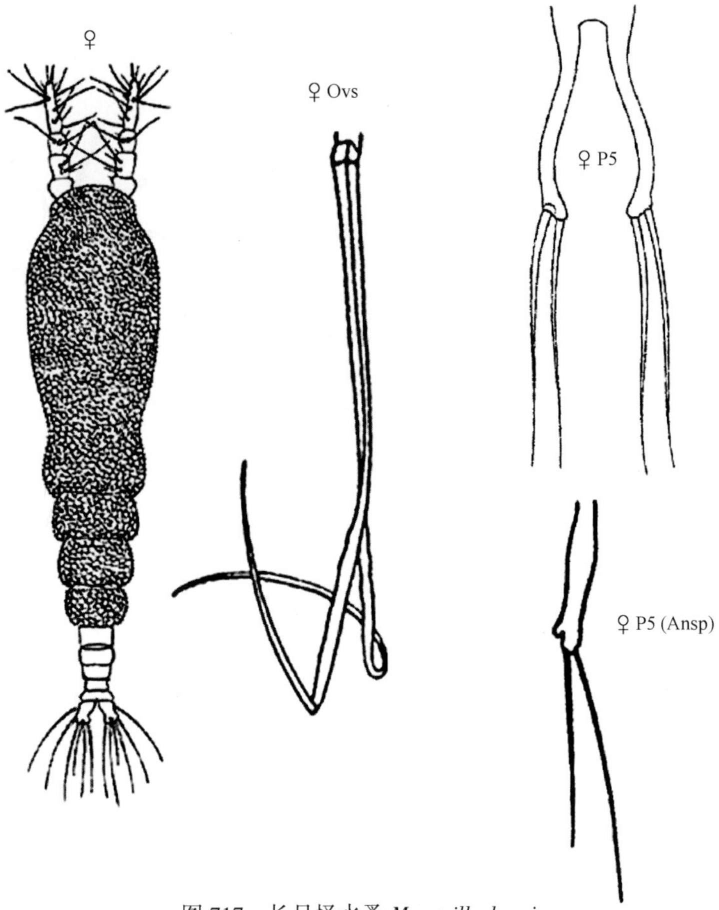

图 717 长足怪水蚤 *Monstrilla longipes*
[仿 A. Scott，1909（♀；♀P5）；Al-Kholy，1963（♀Ovs；♀P5，Ansp）]

(717) 长足怪水蚤 *Monstrilla longipes* A. Scott，1909（图 717）

[*Maemonstrilla longipes*（A. Scott，1909）：Grygier & Ohtsuka，2008]

形态特征：

体长：♀1.9 mm。**雌性：**身体较粗短。背面观，头胸节很膨大，其长稍大于宽的 2 倍。前额宽圆，前体部表面密布网格状的细壳纹及微刺毛。后体部分 4 节，生殖节长约为后 2 腹节长度之和的 2 倍，中部稍缢缩并具 1 痕纹线，末缘具细刺，腹面具 1 对细长的卵针；肛节宽短。尾叉长约为肛节长的 3 倍，每叉各具 1 外缘尾刚毛和 5 末端尾刚毛，中间背末缘 1 刚毛较短小。第 1 触角较粗短并分 4 节，其长约为头胸部长的 1/3。第 5 对胸足很狭长，呈棒状，顶端仅具 2 长刚毛。但据 Al-Kholy（1963）①的绘图显示，第 5 对胸足末端具 2 长刚毛及 1 小突起，存在个体差异。

分布：台湾北部沿海，南海东南部；马来群岛海域，太平洋。半寄生性暖水种

参考文献：24，41，44，158。

① Al-kholy A A. 1963. Some semi-parasitic Copepoda from the Red-Sea. Publications of the Marine Biological Station Al-Ghardaqa (Red Sea), 12: 127-135。

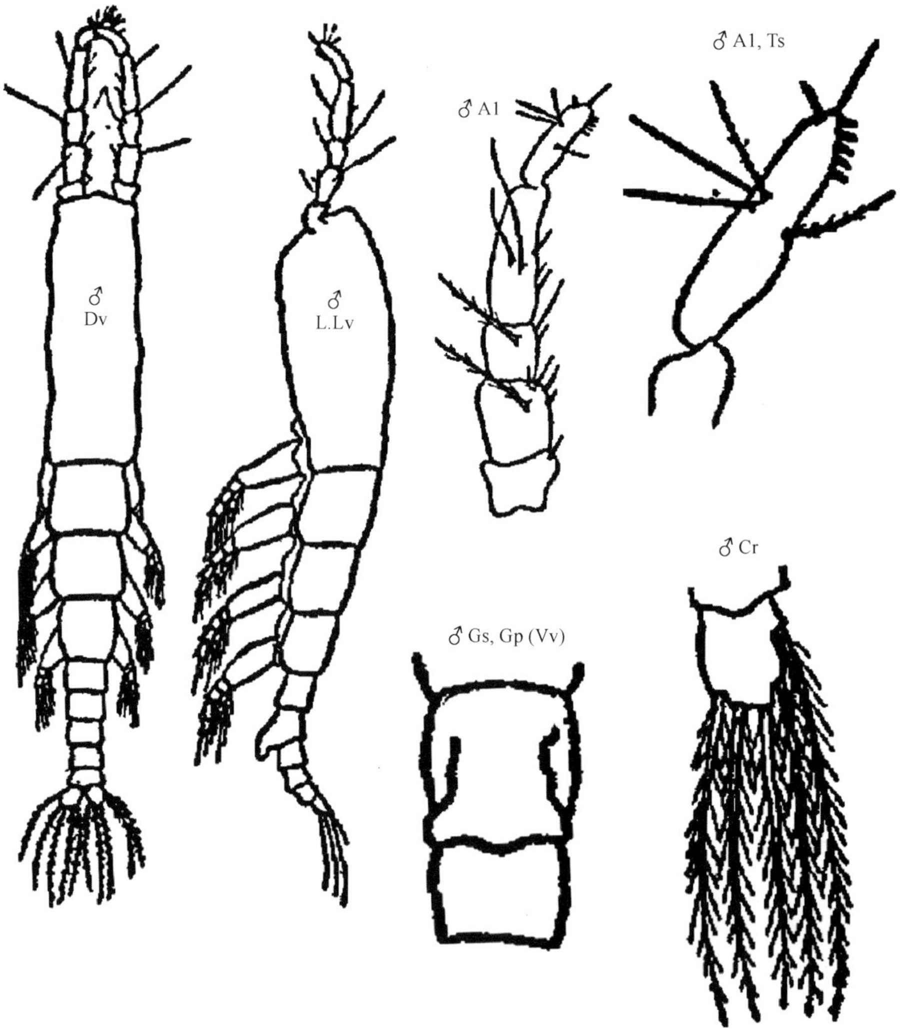

图 718 锯齿怪水蚤 *Monstrilla serricornis*（仿 Sars，1921；Rose，1933）

（718）锯齿怪水蚤 *Monstrilla serricornis* Sars，1921（图 718）

形态特征：

体长：♂1.8 mm。**雄性：**身体瘦小。头胸部(节)呈长方形，其长约为宽的 3 倍。生殖节短小呈方形，其腹面交接器粗短，末端宽大，外末角突出呈三角状。尾叉宽短近方形，并具 5 长尾刚毛。第 1 触角分 5 节，其长约为头胸节长的 2/3，末节呈梭状，不具分枝状刚毛，但在内末缘具 1 列 5~7 个锯齿状小刺。第 5 对胸足不存在。

分布：南海东南部；菲律宾群岛海域，太平洋及大西洋。半寄生性暖水种。

参考文献：152，217。

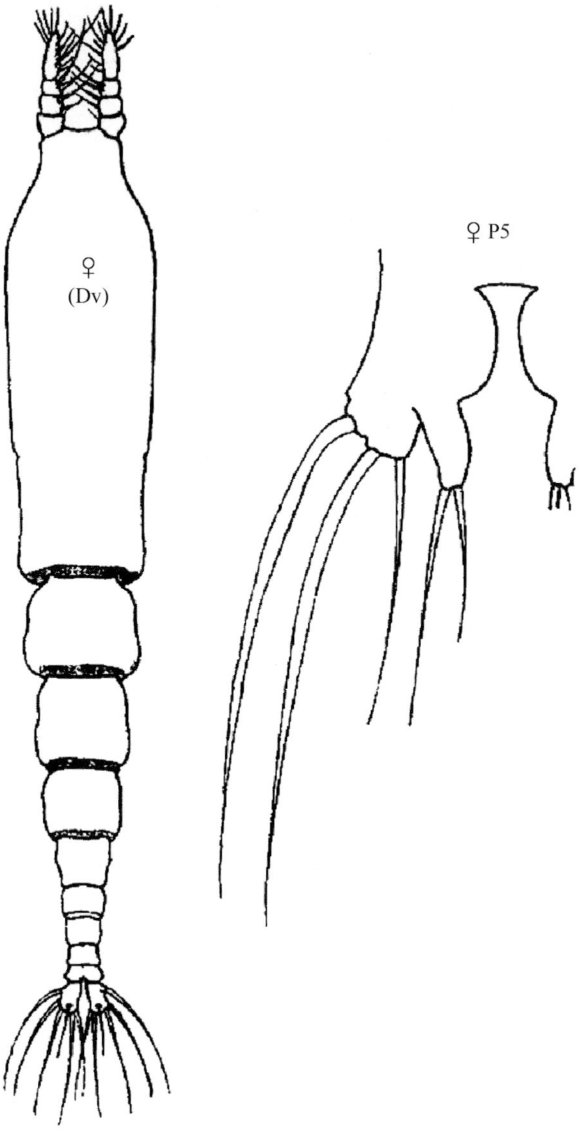

图 719　桶形怪水蚤 *Monstrilla orcula*
（仿 A. Scott，1909）

（719）桶形怪水蚤 *Monstrilla orcula* A. Scott，1909（图 719）

形态特征：

体长：♀3.8 mm。**雌性：**头胸部（节）呈桶形，其长约为宽的 3 倍。前额中央稍凹陷。生殖节背中部具 1 横纹线。尾叉长约为肛节长的 2 倍，每叉各具 1 外缘刚毛及 5 末端刚毛，中间 1 末端刚毛很短小。第 5 对胸足粗短，内缘较膨大，末端分 2 叶，内叶较外叶狭长并超过外叶末端，其顶端具 2 刚毛；外叶较宽短并具 3 刚毛。

分布：南海南部；马来群岛海域，太平洋。半寄生性暖水种。

参考文献：44，158。

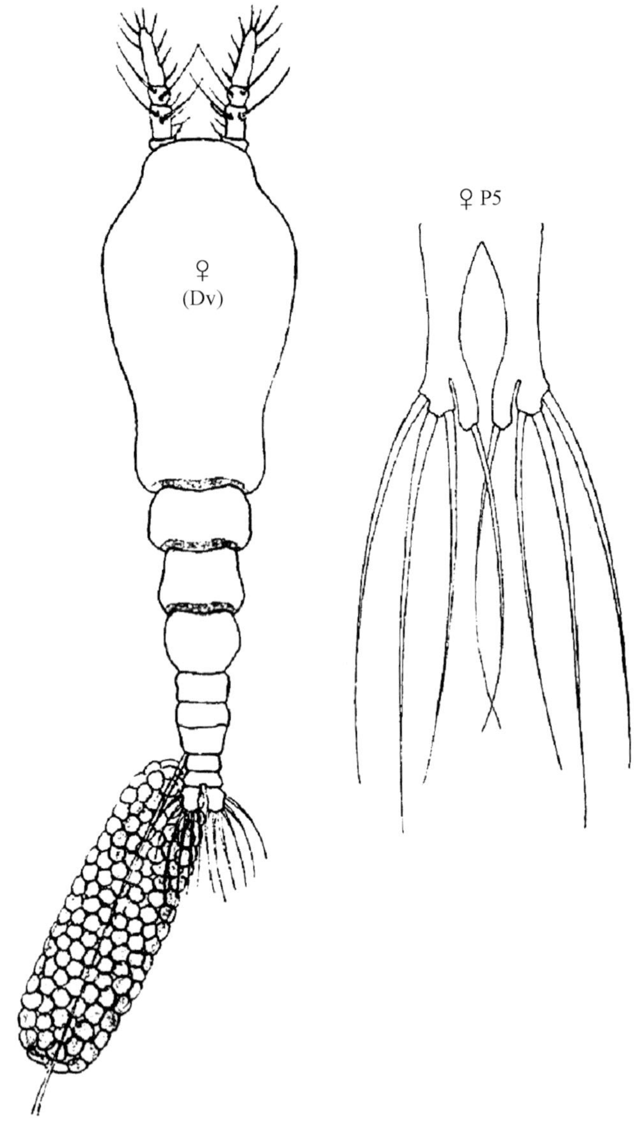

图 720 隆头怪水蚤 *Monstrilla turgida*
（仿 A. Scott，1909）

（720）隆头怪水蚤 *Monstrilla turgida* A. Scott，1909（图 720）

［*Maemonstrilla turgida*（A. Scott，1909）：Grygier & Ohtsuka，2008］

形态特征：

体长：♀2.0 mm。**雌性：**身体较粗短，呈棒槌形。头胸部(节)很膨大，长仅为宽的 1.4 倍，前额宽圆。生殖节较粗大，近方形，其背中部具 1 横纹线。尾叉长约为肛节长的 1.5 倍，每叉各具 1 外缘刚毛及 5 近等长末端刚毛。第 5 对胸足狭长，末端分 2 叶，内叶较长并超过外叶末端，顶端仅具 1 刚毛；外叶较短并具 3 刚毛。

分布：南海东南部；马来群岛海域，太平洋。半寄生性暖水种。

参考文献：44，158。

参 考 文 献

1. 中国科学海洋研究所浮游生物组. 1977. 中国近海浮游生物种类名录（桡足类）//中华人民共和国科学技术委员会海洋组海洋综合调查办公室. 全国海洋综合调查报告(内部)：153-156.
2. 王云龙，李纯厚，等. 2006. 第七章. 浮游动物. 附录：生物种类名录（1997-2001）//唐启升. 中国专属经济区海洋生物资源与栖息环境. 北京：科学出版社：658-706.
3. 王彦国，连光山，孙柔鑫，等. 2015. 南海中部浮游桡足类垂直分布特征研究（摘要）//第三届海峡两岸海洋生物多样性研讨会论文集. 厦门：第三届海峡两岸生物多样性研讨会.
4. 石长泰，黄将修，等. 2000. 西部北太平洋台湾北海域涌升流区的浮游桡足类//台湾博物馆专题论著第10辑：19-35.
5. 朱长寿，等. 1988. 附录：台湾海峡中、北部生物名录——浮游动物（桡足类）//福建海洋研究所. 台湾海峡中、北部海洋综合调查研究报告. 北京：科学出版社：399-401.
6. 朱长寿，等. 1991. 闽南-台湾浅滩渔场浮游桡足类的生态研究//洪华生，丘书院，阮五崎，等. 闽南-台湾浅滩上升流区生态系研究. 北京：科学出版社：440-455.
7. 李少菁，黄加祺. 1984. 九龙江口桡足类两新种. 厦门大学学报（自然科学版），23（3）：381-390.
8. 沈嘉瑞. 1955. 江苏奉贤近海甲壳动物的研究. 动物学报，7（2）：75-100，图版1-2.
9. 沈嘉瑞，白雪娥. 1956. 烟台鲐鱼产卵场桡足类的研究. 动物学报，8（2）：177-234，图版1-13.
10. 沈嘉瑞，李茯香. 1963. 广东鉴江口与湛江港的桡足类. 动物学报，15（4）：571-596.
11. 沈嘉瑞，李茯香. 1966. 广东湛江口的桡足类. 动物分类学报，3（3）：213-223.
12. 沈嘉瑞，等. 1979. 中国动物志，节肢动物门，甲壳纲，淡水桡足类. 北京：科学出版社：1-450.
13. 陈清潮，章淑珍. 1965. 黄海和东海的浮游桡足类Ⅰ//哲水蚤目. 海洋科学集刊(7)：20-131.
14. 陈清潮，等. 1974a. 黄海和东海的浮游桡足类Ⅱ//剑水蚤目和猛水蚤目. 海洋科学集刊(9)：27-76，图版1-24.
15. 陈清潮，章淑珍. 1974b. 南海的浮游桡足类Ⅰ. 海洋科学集刊(9)：101-116，图版1-8.
16. 陈清潮，沈嘉瑞. 1974c. 南海的浮游桡足类Ⅱ. 海洋科学集刊(9)：125-137.
17. 陈清潮. 1983. 南海的浮游桡足类Ⅲ//南海海洋生物研究论文集（一）. 北京：海洋出版社：133-138.
18. 陈清潮，等. 1986. 浮游动物种类名录//广东省海岸带和海涂资源综合调查《潮下带生物专业调查报告》（海南岛岸段）：83-86.
19. 陈清潮. 1987. 麦壳水蚤一新种//曾母暗沙——中国南疆综合调查研究报告. 北京：科学出版社：218-221.
20. 陈清潮，等. 1989. 南沙群岛及其邻近海区综合调查研究报告（一）. 北京：科学出版社：99-100（上卷）；660-669（下卷）.
21. 陈清潮，等. 1998. 台湾周围水域和南海北部浮游动物种类与分布（一）. 台湾海洋科学研究中心及台湾大学海洋研究所：55-130.
22. 陈清潮，黄将修，等. 2003. 南沙群岛歪水蚤（新种）//中国甲壳动物学会. 甲壳动物论文集（第四辑）. 北京：科学出版社：146-156.
23. 陈清潮. 2003. 南沙群岛海区生物多样性名典. 北京：科学出版社：132-142.
24. 陈清潮. 2008. 甲壳动物亚门（颚足纲：桡足亚纲；鳃尾亚纲）//刘瑞玉. 中国海洋生物名录. 北京：科学出版社：608-635.
25. 陈柏云. 1982. 西沙、中沙群岛海洋浮游桡足类的种类组成和分布. 厦门大学学报（自然科学版），21（2）：

209-217.
26. 陈柏云. 1984. 中国海洋浮游桡足类区系的初步研究. 海洋学报，5（增刊）：914-922.
27. 陈亚瞿. 1986. 东海大陆架外缘和大陆坡深海渔场浮游动物的研究Ⅱ：浮游桡足类的水平及垂直分布//中国甲壳动物学会. 甲壳动物学论文集. 北京：海洋出版社：88-89.
28. 何德华，等. 1985. 浙江省海岸带调查浮游动物名录（桡足类）//国家海洋局第二海洋研究所. 浙江省海岸带海洋生物资源调查报告：13-16.
29. 何德华，等. 1987. 浙江上升流区浮游动物生态研究Ⅱ：浮游动物种类分布与多样度. 海洋学报，9（5）：617-626.
30. 连光山，林金美. 1978a. 南黄海和东海浮游剑水蚤的研究. 海洋科技(9)：45-67.
31. 连光山，林金美. 1978b. 南黄海和东海哲水蚤类的研究. 海洋科技(11)：59-112.
32. 连光山，林玉辉. 1986. 附录：浮游生物种类名录（浮游动物——桡足类）//国家海洋局第三海洋研究所. 福建海岸带和海涂资源综合调查：浮游生物专业调查报告：24-30.
33. 连光山，林玉辉. 1988，1990. 大亚湾浮游动物种类名录：桡足类//国家海洋局第三海洋研究所. 大亚湾核电站海洋生态零点调查研究：第一年度报告第六章第二节附录（1986. 12—1987. 12）：474-484（1988）；第二年度报告第九章附录（1988. 9—1989. 9）：35-40（1990）.
34. 连光山，林玉辉. 1993. 厦门湾赤潮发生区浮游动物群落的基本特征//厦门港赤潮调查研究论文集. 北京：海洋出版社：46-53.
35. 连光山，林玉辉. 1994. 附录：浮游生物种类名录二 · 浮游动物(桡足类 Copepoda)// 厦门市海岛资源综合调查试验开发领导小组办公室，厦门市海洋管理处. 厦门市海岛资源综合调查专业报告集（第二卷）：58-59.
36. 连光山，林玉辉. 2006. 桡足亚纲// 黄宗国. 厦门湾物种多样性. 北京：海洋出版社：215-231；图 168 至图 178（550-560）.
37. 连光山，林玉辉. 1994，2008. 桡足亚纲 Copepoda//黄宗国. 中国海洋生物种类与分布. 北京：海洋出版社，1994：496-516；2008（增订版）：549-577.
38. 连光山，钱宏林. 1984. 西太平洋热带水域的浮游桡足类// 国家海洋局第三海洋研究所. 西太平洋热带水域浮游生物论文集. 北京：海洋出版社：118-205；图版 1-32.
39. 连光山，钱宏林. 1994. 中国海域拟隐水蚤属一新种——中华拟隐水蚤. 海洋学报，16（5）：75-79.
40. 连光山，李纯厚. 2001. 南海调查浮游桡足类名录（南海水产研究所 2000 年 3 月航次）（未发表）.
41. 连光山，黄将修. 2008. 台湾南湾和基隆碧砂港桡足类记录种（2001-2007）// 黄宗国. 中国海洋生物种类与分布（增订版）. 北京：海洋出版社：566-576.
42. 连光山，黄将修. 2007. 台湾南湾和基隆碧砂港桡足类记录种增补（未发表）.
43. 连光山，王彦国. 2007. 台湾海峡底栖性桡足类（未发表）.
44. 连光山，王彦国，黄将修. 2012. 节肢动物门 Arthropoda 甲壳纲 Crustacea 桡足亚纲 Copepoda// 黄宗国，林茂. 中国海洋物种和图集. 北京：海洋出版社，（上卷）中国海洋物种多样性下册：768-734；（下卷）中国海洋生物图集第五册：65-168，图 5-54 至图 5-148.
45. 郑重. 1955. 厦门海洋浮游动物的初步研究. 厦门大学学报（自然科学版）(5)：1-16.
46. 郑重，等. 1965，1982 . 中国海洋浮游桡足类（上、中卷）. 上海：上海科学技术出版社：1-210；1-162.
47. 郑重，等. 1978. 我国海洋浮游桡足类种类组成和地理分布. 厦门大学学报（自然科学版）(2)：51-63.
48. 郑重，等. 1982b. 台湾海峡浮游桡足类的分布. 台湾海峡，1（1）：69-79.
49. 郑重，李少菁，连光山. 1992. 海洋桡足类生物学. 厦门：厦门大学出版社：1-312.
50. 林玉辉，连光山. 1988a. 台湾海峡西部海域浮游桡足类的生态. 台湾海峡，7（3）：248-255.
51. 林玉辉，连光山. 1988b. 生物种属名录 三：浮游动物（桡足类）// 国家海洋局. 南海中部海域环境资源综合调查报告. 北京：海洋出版社，238-246.
52. 孟凡，等. 1987. 江苏海岸带水域浮游动物的种类组成和分布. 生态学报，9（3）：256-266.

53. 张崇洲，李志英. 1976b. 窄腹剑水蚤属的一新种. 动物学报，22（4）：403-405.

54. 张金标，等. 1988. 厦门港湾海洋环境综合调查报告（Ⅱ）：第四章　海洋生物　第二节　浮游生物. 台湾海峡，7（1）：11-16.

55. 罗大民. 2003. 厦门马銮湾湿地及其生态重构示范区生态背景调查报告：第七章　底栖生物. 厦门：厦门大学出版社：99-109.

56. 郭金富，等. 1994. 广东海岛海域海洋生物和渔业资源：附录　广东省海岛海域海洋生物名录. 广州：广东科技出版社：304-307.

57. 钱宏林，等. 1990. 珠江口外浮游动物的研究. 暨南大学研究生学报，6（2）：85-93.

58. 黄将修，等. 2000. 南海东北部桡足类的种类组成和丰度//台湾博物馆专题论著第10辑：101-108.

59. 黄加祺，郑重. 1984. 九龙江口桡足类和盐度关系的初步研究. 厦门大学学报（自然科学版），23（4）：497-505.

60. 黄加祺，陈柏云. 1985. 九龙江口桡足类的种类组成和分布. 台湾海峡，4（1）：79-88.

61. 黄加祺，等. 1989. 福建罗源湾浮游动物的种类组成和数量分布. 厦门大学学报（自然科学版），28（增刊）：85-95.

62. 黄世敏，等. 1986. 长江口及济洲岛邻近海域综合调查研究报告：第五章　第三节　浮游动物名录（桡足类）. 山东海洋学院学报，16（2）：75-79.

63. 蔡秉及，连光山，等. 1994. 厦门港及邻近海域浮游动物的生态研究. 海洋学报，16（4）：137-142.

64. 谭佩芬，等. 2000. 珠江口浮游桡足类（1991-1996）// 台湾博物馆专题论著第10辑：87-100.

65. Андронов В Н. 1972. Zool. Жур.，51（2）：290-292.

66. Бродский К А. 1948. Свободноживущие веслоногие рачки（Copepoda）Японского моря. Известия Тихоокеанского научно-исследовательского института рыбного хозяйства и Океанографии.（26）：3-32.

67. Бродский К А. 1950. Веслоногие рачки Calanoida дальневосточных морей СССР и полярного бассейиа. Определ. по фауне，*изд. Зоол.* Инст. АН СССР.（35）：1-442.

68. Бродский К А. 1962. К фауне и расиределению веслоногих рачков Calanoida поверхностных вод северо западной части тихого зкеана. исследования дальневосточных морей СССР. ВЫЛ.（8）：92-166.

69. Barr D J，Ohtsuka S. 1989. *Pseudocyclops lepidotus*，A new species of demersal copepod（Calanoida：Pseudocyclopidae）from the northwestern Pacific. Proc. Biol. Soc. Wash.，102（2）：331-338.

70. Barthelemy R，Ohtsuka S，Cuoc C. 1998. Description and femal genital structures of a new species of the demersal calanoid *Ridgewayia* from southern Japan. J. Nat. Hist.（32）：1303-1318.

71. Boxshall G A. 1986a. A new species of *Misophric*（Copepoda：Missophrioida）from Hong Kong，Proceedings of the Second International Marine Biological Workshop：The Marine Flora and Fauna of Hong Kong and Souther China，Hong Kong：515-522.

72. Boxshall G A，Halsey S H. 2004. An Introdaction to copepod diversity. London：The Ray Society：966.

73. Boxshall G A，Humes A G. 1987. A new species of *Hemicyclops*（Copepoda：Poecilostomatoida）associated with an echinran worm in Hong Kong. Asian Marine Biology(4)：61-66.

74. Bowman T E. 1971. *Tortanus scaphus* and *Tortanus lophus*，new Pacific planktonic copepods with notes on *Tortanus murrayi*（Calanoida，Tortanidae）. Paci. Sci.（25）：521-528.

75. Bradford-Grieve J M. 1994. The marine fauna of New Zealand：pelagic Calanoid Copepoda：Megacalanidae，Calanidae，Paracalanidae，Mecynoceridae，Eucalanidae，Spinocalanidae，Clausocalanidae. New Zealand Oceanographic Institute Memoir(102)：1-160.

76. Bradford-Grieve J M. 1999. The marine fauna of New Zealand：pelagic Calanoid Copepoda：Bathypontiidae，Arietellidae，Augaptilidae，Heterorhabidae，Lucicutiidae，Metridinidae，Phyllopodidae，Centropagidae，Pseudodiaptomidae，Temoridae，Candaciidae，Pontellidae，Sulcanidae，Acartiidae，Tortanidae. NIWA Biodiversity Memoir，111：5-268.

77. Bradford-Grieve J M, Haakonssen L, Jillett J B. 1983. The marine fauna of New Zealand: pelagic calanoid copepods: families Euchaetidae, Phaennidae, Scolecithricidae, Diaixidae, and Tharybidae. New Zealand Oceanographic Institute Memoir(90): 1-150.

78. Bradford-Grieve J M, Jillett J B. 1980. The marine fauna of New Zealand: pelagic calanoid copepods: families Aetideidae. New Zealand Oceanographic Institute Memoir No(86): 1-102.

79. Brady G S. 1883. Report on the Copepoda obtained by H. M. S. Challenger, during the years 1873-1876. *Rep. scient. Results Voy. Challenger* (Zool.), 8 (23): 1-142, pls1-55.

80. Chen Qingchao. 1980. The Marine Zooplankton of Hong Kong, Proceedings of the First International Marine Biological Workshop: The Marine Flora and fauna of Hong Kong and Southern China, Hong Kong: 789-799.

81. Chen Q C, Hwang J S. 1999. A new species of *Tortanus* (Copepoda, Calanoida) from Taiwan. Crustaceana, 72 (3): 265-271.

82. Chihara M, Murano M. 1997. Subclass Copepoda// An Illustrated Guide to Marine Plankton in Japan. Tokai: Tokai Univ. Press: 649-1004.

83. Deevey G B. 1973. *Bathypontia* (Copepoda: Calanoida): six species, one new, from the Sargasso Sea. Proc. biol. Soc. Wash., 86 (30): 357-372.

84. Deevey G B. 1979. *Bathypontia* Sars (Copepoda: Calanoida): eight species, two new, from the Caribbean Sea and Gulf of Mexico. Proc. biol. Soc. Wash., 92 (4): 724-742.

85. Esterly C C. 1905. The pelagic Copepoda of the San Diego region. University of California Publications in Zoology, 2 (4): 113-233.

86. Esterly C C. 1906. Additions to the copepod fauna of the San Diego region. Ibid., 3 (5): 53-92.

87. Esterly C C. 1911. Third report on the copepod of the San Diego region. Ibid., 6 (14): 313-352.

88. Esterly C C. 1913. Fourth taxonomic report on the copepoda of the San Diego region. Ibid., 11 (10): 181-196.

89a. Farran G P. 1929. Crustacea pt. X. Copepoda. British Antarctic "Terra Nova" Expedition, 1910. Nat. Hist. Rep., Zool., 8 (3): 203-306, 4pls., 37 textfigs.

89b. Farran G P. 1936. Copepoda. Great Brarrier Reef Exped., 1928-1929. *Sci. Repts.*, 5(3): 73-142.

90. Ferrari F D. 1977. A Redescription of *Oithona dissimilis* Lindberg 1940 with a Comparison to *Oithona hebes* Giesbrecht 1891 (Crustacea: Copepoda: Cyclopoida) Proc. Biol. Soc. Wash., 90 (2): 400-411.

91. Ferrari F D. 1981. *Oithona wellershausi*, new species, and *O. spinulosa* Lindberg, 1950 (Copepoda: Cyclopoida: Oithonidae) from the mouth of the Pearl River, China. Proc. Biol. Soc. Wash., 94 (4): 1244-1257.

92. Ferrari F D, Orsi J. 1984. *Oithona davisae*, new species, and *Limnoithona sinensis* (Burckhardt, 1912) (Copepoda: Oithonidae) from the Sacrameto-San Joaguin Estuary, California. Journal of Crustacean Biology, 4 (1): 106-126.

93. Fleminger A. 1973. Pattern, number, variability, and taxonomic significance of integumental organs (sensilla and glandular pores) in the genus *Eucalanus* (Copepoda, Calanoida). Fish. Bull. (71): 965-1010.

94. Fleminger A, Hulsemann K. 1974. Systematics and distribution of the four sibling species comprising the genus *Pontellina Dana* (Copepoda, Calanoida). Fishery Bull. natn. ocean. atmos. Adm., 72 (1): 63-120.

95. Frost B, Fleminger A. 1968. A revision of the Genus *Clauocalanus* (Copepoda: Calanoida) with remarks on distributional pattern in diagnostic characters. Bull. Scrips Inst. Oceanogr. (12): 1-99, 67pls.

96. Frost B W. 1989. A taxonomy of the marine calanoid copepod genus Pseudocalanus. Can. J. Zool., 67 (3): 525-551.

97a. Giesbrecht W. 1892. Systematik und faunistik der pelagischen copepoden des Golfes von Neapel. Fauna und flora Golf. Neapel(19): 1-831, pls. 54.

97b. Giesbrecht W, Schmeil O. 1898. Copepoda. I. Gymnoplea. Das Tierreich, Leif. 6: 169, 31 text-figs.

98. Grice G D, Jones E C. 1960. Two new species of *Candacia* (Copepoda: Calanoida) from the Central Pacific, with

notes on two other species. Pacific Science, 14 (3): 280–291, figs. 1–65.

99. Grice G D. 1962. Calanoids from equatorial waters of the Pacific Ocean. Fish. Bull. Fish and Wildlife Service U. S., 61 (186): 171–246, 34. pls.

100a. Grice G D. 1963. A revision of the genus *Candacia* (Copepoda: Calanoida) with an annotated list of the species and a key for their identification. Zool. Meded., 38 (10): 171–194, figs: 1–73.

100b. Grice G D. 1981. *Paracandacia worthingtoni*, a new species of Calanoid copepods from the Pacific Ocean. Bulletin of the Plankton Society of Japan, 28 (2): 165–168.

101. Grice G D, Hülsemann K. 1968. Calanoid copepods from midwater trawl collections madein the southeastern Pacific Ocean. Pacif. Sci., 22 (3): 322–335, 1 table, figs: 1–72.

102. Gurney R. 1927. Report on the Crustacea. Copepoda (littoral and semiparasitic). //Cambrige expedition to the Suez Canal, 1924. Transactions of the Zoological Society of London, 22 (4): 451–577.

103. Hirakawa K. 1983. A new species of *Pseudodiaptonmus* (Copepoda, Calanoida) from the Coast of Niigata, the Japan Sea. Bull. Plankton Soc. Japan, 30 (1): 65–69.

104. Hiromi J. 1981. Three species of paracalanid copepods in the neighbouring waters of Japan. Bulletin of Plankton Society of Japan, 28(2): 153–64. [In Japanese with English abstract].

105. Hiromi J. 1984. Studies on littoral copepods in Mikawa Bay and adjacent waters. Ⅰ. Description of a new species of genus *Cyclopina*. Proc. Jap. Soc. Syst. Zool. (29): 16–23.

106. Hirota Y. 1995. The Kuroshio. Part Ⅲ. Zooplankton. Oceanography and Marine Biology: an Annual Review(33): 151–220.

107. Hülsemann K. 1966. A Revision of the Genus *Lucicutia* (Copepoda: Calanoida) with a Key to Its Species. Bulletin of Marine Science, 16 (4): 702–747.

108. Hülsemann K. 1988. *Tortanus sheni*, new name, replacment name *Tortanus denticulatus* shen et lee, 1963 (Copepoda, Calanoida). Journal of Crustacean Biology(8): 656.

109. Hülsemann K. 1994. *Calanus sinicus* Brodsky and *C. jashnovi*, nom. Nov (Copepoda: Calanoida) of the north-west Pacific Ocean: a comparison, with notes on integumental pore pattern in *Calanus s.* str. Invertebrate Taxonomy (8): 1461–1482.

110. Hure J, Scott di Carlo B. 1967. Revision du genre *Vettoria* Wilson, 1924 (Copepodes pelagiques). Pubbl. Staz. zool. Napoli (35): 286–299.

111. Huys R, Boxshall G A. 1991. Copepod evolution. Ray Society, London: 1–468.

112. Kotori M, Hamaoka S. 1979. Plankton investigations in Ishikari Bay, Hokkaido. Ⅲ. Faunal and taxonomical notes on Copepoda. The Scientific Reports of Hokkaido Fisheries Experimental Station, Japan(21): 1–16.

113. Lang K. 1948. Monographie der Harpacticiden. Ⅰ: 1 – 896; Ⅱ: 897 – 1682. Hakan Ohlssons Boktryckeri, Lund.

114. Lian G S, Lin J M. 1983. On the taxonomy of the pelagic copepods in the South yellow Sea and the East China Sea. Collected Oceanic Works. Beijing: China Ocean Press, 6 (2): 127–148.

115. Mori T. 1929. An annotated list of the pelagic Copepoda from the S. W. part of the Japan Sea, with description of two new species. Zool. Mag., 41 (486–487): 161–177, 199–212; 8pls.

116. Mori T. 1932. New Copepods from the southern waters of Japan. Zool. Mag., 44 (523): 167–177, 5pls. 2 Text-figs.

117. Mori T. 1935. A new species of *Labidocera*, "*L. japonica*". Zool. Mag., 47 (556): 103–105, pl. 1.

118. Mori T. 1937. The Pelagic Copepoda from the neighbouring waters of Japan. Tokyo: 150, 80pls.

119. Motoda S. 1963. *Corycaeus* and *Farranula* (Copepoda, Cyclopoida) in Hawaiian waters. Publ. Seto. Mar. Biol. Lab., 11 (2): 207–262, 29 Text-figs.

120. Nishida S. 1979. A new species of *Oithona* (copepoda cyclopedia) from the central pacific Bull. Natn. Sci. Mus.

Ser. A. (Zool.) (5): 89-93.

121. Nishida S. 1985a. Taxonomy and distribution of the family Oithonidae (Copepoda, Cyclopoida) in the Pacific and Indian Oceans. Bulletin of the Ocean Research Institute, University of Tokyo(20): 1-167.

122. Nishida S. 1985b. Pelagic copepods in Kabira Bay, Ishigaki Island, southwestern Japan, with the description of a new species of the genus *Pseudodiaptomus*. Publ. Seto. Mar. Biol. Lab., 30 (1/3): 125-144.

123. Nishida S, Ferrari F D. 1983. Redescription of *Oithona brevicomis* Giesbrecht, and *O. aruensis* Frochtl, new rank, with notes on the status of *O. spinulosa* Lindberg. Bulletin of Plankton Society of Japan, 30 (1): 71-80.

124. Nishida S, Tanaka O, Omori M. 1977. Cyclopoid copepods of the family Oithonidae in Suruga Bay and adjacent waters. Bull. Plankton Soc. Japan, 24 (2): 43-82, 26 figs.

125. Ohtsuka S. 1984. Calanoid copepods collected from the near-bottom in Tanabe Bay on the Pacific coast of the Middle Honshu, Japan. I. Arietellidae. Publ. Seto. Mar. Biol. Lab. (29): 359-365.

126. Ohtsuka S, Boxshall G A. 1994a. *Platycopia orientalis*, new species (Copepoda: Platycopioida), from the North Pacific, with descriptions of copepodid stages. Journal of Crustacean Biology(14): 151-167.

127. Ohtsuka S, Boxshall G A, Roe H S J. 1994b. Phylogenetic relationships between arietellid genera (Copepoda: Calanoida), with the establishment of three new genera. Bulletin of the Natural History, 60 (2): 105-172.

128. Ohtsuka S, Boxshall G A, Fosshagen A. 2003. A new speciesof *Neoscolecithrix* (Crustacea; Copepoda; Calanoida) from off Okinawa, Southwestern Japan, with comments on the Generic Position in the Superfamily Clausocalanoidea. Bull. Natl. Sci. Mus., Tokyo, Ser. A, 29 (2): 53-63.

129. Ohtsuka S, Boxshall G A, Shimomura M. 2005. Three new species of deep-sea hyperbenthic aetideid copepods (Crustacea) collected from Nansei Islands, Southwestern Japan. Deep-sea fauna and pollutants in Nansei Islands. National Science Museum Monographs. Tokyo(29): 225-247.

130. Ohtsuka S, Fosshagen A, Go A. 1991. The hyperbenthic calanoid copepod *Paramisophria* from Okinawa, south Japan. Zoological science, 8(4): 793-804.

131. Ohtsuka S, Fosshagen A, Soh H Y. 1996. Three new species of the demersal calanoid copepod *Placocalanus* (Ridgewayiidae) from Okinawa, southern Japan. Sarsia-Bergen(81): 247-264.

132. Ohtsuka S, Fleminger A, Onbe T. 1987a. A new species of *Pontella* (Copepoda: Calanoida) from the Inland Sea of Japan with notes on its feeding habits and related species. Journal of Crustacean Biology, 7(3): 554-571.

133. Ohtsuka S, Fukuura Y, Go A. 1987b. Description of a new species of *Tortanus* (Copepoda: Calanoida) from Kuchinoerabu Island, Kyushu, with notes on its possible feeding mechanism and in-situ feeding habits. Bull. Plankton Soc. Japan(34): 53-63.

134. Ohtsuka S, Hiromi J. 1987c. Calanoid copepods collected from the near-bottom in Tanabe Bay on the Pacific coast of the Middle Honshu, Japan. Ⅲ. Stephidae. Publ. Seto. Mar. Biol. Lab. (32): 219-232.

135. Ohtsuka S, Kimoto K. 1989. *Tortanus* (*Atortus*) (Copepoda, Calanoida) of southern Japanese waters, with description of two new species, *T.* (*A.*) *digitalis* and *T.* (*A.*) *ryukyuensis*, and discussion on distribution and swarming behavior of *Atortus*. Journal of Crustacean Biology(9): 392-408.

136. Ohtsuka S, Nishida S, Nakaguchi K. 2002. Three new species of the genus *Macandrewella* (Copepoda: Calanoida: Scolecitrichidae) from the Pacific Ocean, with notes on distribution and feeding habits. Journal of Natural History, 36 (5): 531-564.

137. Ohtsuka S, Reid J W. 1998. Phylogeny and zoogeography of the planktonic copepod genus *Tortanus* (Calanoida: Tortanidae), with establishment of a new subgenus and descriptions of two new species. Journal of Crustacean Biology, 18 (4): 774-807.

138. Ohtsuka S, Soh H Y, Ueda H. 1998. *Platycopia compacta* n. sp., the second species of *Platycopioida* (Crustacea: Copepoda) in the Indo-Pacific region, with remarks on development, feeding, swimming, and zoogeography. Zoological science, 15 (3): 415-424.

139. Ohtsuka S, Ueda H, Lian G S. 1995. *Tortanus derjugini* Smirnov (Copepoda: Calanoida) from the Ariake Sea, western Japan, with notes on the zoogeography of brackish-water calanoid copepods in East Asia. Bulletin of Plankton Society of Japan, 42 (2): 147-162.

140. Ohtsuka S, Huys R, Boxshall G A, et al. 1992a. *Misophriopsis okinawensis* sp. nov. (Crustacea: Copepoda) from hyperbenthic waters off Okinawa, South Japan, with definitions of related genera *Misophria* Boeck, 1864 and *Stygomisophria* gen. nov. Zoological science, 9 (4): 859-874.

141. Ohtsuka S, Yoon Y H, Endo Y. 1992b. Taxonomic studies on brackish copepods in Korean waters. I. Redescription of *Tortanus dextrilobatus* Chen & Zhang, 1965 from Korean waters, with remarks on zoogeography of the subgenus *Eutortanus*. Journ. Oceanogr. Soc. Korea, 27 (2): 112-122.

142. Othman B H R. 1987. Two new species of *Tortanus* (Crustacea, Copepoda) from Sabah, Malaysia. Malaysian Nature Journal, 41 (1): 61-73.

143. Park T. 1968. Calanoid copepods from the central North Pacific Ocean. Fishery Bull. Fish Wildl. Serv. U. S., 66 (3): 527-572, pls. 1-13.

144. Park T. 1970. Calanoid copepods from the Caribbean Sea and Gulf of Mexico. 2. New species and new records from plankton samples. Bulletin of Marine Science, 20 (2): 472-546, figs. 1-402.

145. Park T. 1975a. Calanoid copepods of the genera *Gaetanus* and *Gaidius* from the Gulf of Mexico. Bulletin of Marine Science, 25 (1): 9-34, figs. 1-13.

146. Park T. 1975b. Calanoid copepods of the genera Aetideopsis, Pseudaetideus, and Chiridius from the Gulf of Mexico. Bulletin of Marine Science, 25 (2): 272-290, figs. 1-11.

147. Park T. 1975c. A New Species of *Euchirella* and the Male of *Euchirella splendens* Vervoort, with Notes on *Euchirella truncata* Esterly (Copepoda, Calanoida). Crustaceana, 28 (3): 291-297.

148. Park T. 1983. Calanoid copepods of some Scolecithricid genera from Antarctic and Subantarctic waters. Biology of the Antarctic Seas. XIII. Antarct. Res. Ser. (38): 165-213.

149. Park T. 1988. Calanoid copepods of the genus *Haloptilus* from Antarctic and Subantarctic waters. Antarctic Res. Ser. Washington (47): 1-25.

150. Park T. 1995. Taxonomy and distribution of the marine calaneid copepod family Euchaetidae. Bull. Scripps Inst. Oceanogr(29): 1-203, figs. 1-91.

151. Park T. 2000. Taxonomy and distribution of the calanoid copepod family Heterorhabdidae. Bull. Scripps Inst. Oceanogr(30): 1-269, figs. 1-116.

152. Rose M. 1933. Copépodes pélagiques. Faune de France(26): 1-374, 456 textfigs.

153. Sars G O. 1903. An account of the Crustacea of Norway. IV. Copepoda. Calanoida: 1 - 171, 109pls. Bergen Museum.

154. Sars G O. 1911. An account of the crustacea of Norwag. vol. V. Copepoda Harpacticoida: 1 - 449, 284pls. Bergen Museum.

155. Sars G O. 1918. An account of the crustacea of Norwag. vol. VI. Copepoda cyclopoida: 1-225, 118pls. Bergen Museum.

156. Sars G O. 1920. An account of the crustacea of Norwag. vol. VII. Copepoda Supplement: 1-121, 76pls. Bergen Museum.

157. Sars G O. 1924 - 1925. Copépodes particulièrement bathypélagiques provenant des Campagnes Scientifiques du Prince Albert 1er de Monaco. Res. Camp. Sci. Monaco. (69): 1-408, pls: 1-127.

158. Scott A. 1909. The Copepoda of the Siboga Expedition. Part I. Free-living, littoral and semi-parasitic copepods. Siboga Expeditie, Monographie, 29a: 1-323, pls. 1-69.

159. Sewell R B. 1929, 1932. The Copepoda of Indian Sea. Calanoida. Mem. Indian Mus. (10): 1-221, Textfigs: 1-81 (1929); 223-407, textfigs: 82-131, 6pls. (1932).

160. Sewell R B. 1940. Copepoda, Harpacticoida. The John Murray Expedition 1933–1934, Scientific Reports, 7 (2): 117-382, 1chart.

161. Sewell R B. 1947. The free swimming planktonic Copepoda. Systematic Account. John Murray Expedition 1933-1934. Scientific Report, 8 (1): 1-303, 71 figs..

162. Soh H Y, Ohtsuka S, Imabayashi H, et al. 1998. *Gaussia princeps* (Scott) (Copepoda, Calanoida, Metridinidae) from the Indo-Pacific, with Notes on the Zoogeography of the Genus. Species Diversity, 3 (2): 169-186.

163. Soh H Y, Ohtsuka S, Imabayashi H, et al. 1999. A new deep-water calanoid copepod and the phylogeny of the genus *Nullosetigera* nom. nov. in the Nullosetigeridae nom. nov. (pro *Phyllopus*: Phyllopodidae) from Japanese waters. Journal of Natural History, 33 (11): 1581-1602.

164. Soh H Y, Suh H L. 2000. A new species of *Acartia* (Copepoda, Calanoida) from the Yellow Sea. Journal of Plankton Research, 22 (2): 321-337.

165. Soh H Y, Suh H L, et al. 2001. The first record of two demersal calanoid copepods, *Pseudodiaptomus poplesia* and *P. nihonkaiensis* in Korea, with remarks on morphology of the genital area. Hydrobiology, 448 (1): 203-215.

166. Tan T S. 1970. On the distribution of copepods in waters surrounding Taiwan. //The Kuroshio. Honolulu; Univ. Hawaii Press: 323-332.

167. Tanaka O. 1935. Copepoda of Sagami Bay. Ⅱ. Family Candacidae. Proceedings of the Scientific Fisheries Association, Tokyo, 6 (4): 210-227.

168. Tanaka O. 1936. On some new species of Copepoda from Sagami Bay. Japanese Journal of Zoology, 7 (1): 31-36.

169. Tanaka O. 1937. Copepoda from the deep water of Suruga Bay. Japanese Journal of Zoology, 7: 251–271, pls. 17-19.

170. Tanaka O. 1953. The pelagic copepods of the Izu region. Records of Oceanographic Works in Japan, New Series1 (1): 126-137.

171. Tanaka O. 1956a. The pelagic copepods of the Izu Region, Middle Japan. Systematic account Ⅰ. Families Calanidae and Eucalanidae. Publ. Seto Mar. Biol. Lab., 5 (2): 251-272.

172. Tanaka O. 1956b. The pelagic copepods of the Izu Region, Middle Japan. Systematic Account Ⅱ. Families Paracalanidae and Pseudocalanidae. Publ. Seto Mar. Biol. Lab., 5 (3): 367-406.

173. Tanaka O. 1956c. Rare species of Copepoda Calanoida taken from the Izu region. Breviora(64): 1-8.

174. Tanaka O. 1957a. The pelagic copepods of the Izu region, middle Japan systematic account Ⅲ. Family Aetideidae (Part 1). Publication of the Seto Marine Biological Laboratory, 6 (1): 31-68.

175. Tanaka O. 1957b. The pelagic copepods of the Izu region, middle Japan systematic account Ⅳ. Family Aetideidae (Part 2). Publication of the Seto Marine Biological Laboratory, 6 (2): 169-207.

176. Tanaka O. 1957c. On copepoda of the family Corycaeidae in Japanese waters. Journal of the Faculty of Agriculture, Kyushu University, 11 (1): 77-97. pls. 1-10.

177. Tanaka O. 1958. The pelagic copepods of the Izu Region, Middle Japan. Systematic account Ⅴ. Family Euchaetidae. Publ. Seto Mar. Biol. Lab., 6 (3): 87-127.

178. Tanaka O. 1960a. Pelagic Copepods. Biological Results of the Japanese Antarctic Research Expedition, 10: 95pp., 40pls.

179. Tanaka O. 1960b. The pelagic copepods of the Izu region, middle Japan. Systematic account Ⅵ. Families Phaennidae and Tharybidae. Publ. Seto. Mar. Biol. Lab., 8 (1): 85-135.

180. Tanaka O. 1961. The pelagic copepods of the Izu region, middle Japan. Systematic account Ⅶ. Family Scolecithricidae (Part 1). Publ. Seto. Mar. Biol. Lab., 9 (1): 139-190.

181. Tanaka O. 1962. The pelagic copepods of the Izu region, middle Japan. Systematic account Ⅷ. Family

Scolecithricidae (Part 2). Publ. Seto Mar. Biol. Lab., 10 (1): 35-90.

182. Tanaka O. 1963. The pelagic copepods of the Izu region, middle Japan. Systematic account IX. Families Centropagidae, Pseudodiaptomidae, Temoridae, Metridiidae and Lucicutiidae. Publ. Seto. Mar. Biol. Lab. , 11 (1): 7-55.

183. Tanaka O. 1964a. The pelagic copepods of the Izu region, middle Japan. Systematic account X. Family Heterorhabdidae. Publ. Seto. Mar. Biol. Lab., 12 (1): 1-37.

184. Tanaka O. 1964b. The pelagic copepods of the Izu region, middle Japan. Systematic account XI. Family Augaptilidae. Publ. Seto. Mar. Biol. Lab., 12 (1): 39-91.

185. Tanaka O. 1964c. The pelagic copepods of the Izu region, middle Japan. Systematic account XII. Families Arietellidae, Pseudocyclopidae, Candaciidae and Pontellidae. Publ. Seto. Mar. Biol. Lab., 12 (3): 231-271.

186. Tanaka O. 1965a. The pelagic copepods of the Izu region, middle Japan. Systematic account XIII. Parapontellidae, Acartiidae and Tortanidae. Publ. Seto. Mar. Biol. Lab., 12 (5): 379-408.

187. Tanaka O. 1965b. The pelagic copepods of the surrounding waters of Japan. Information Bulletin on Planktology in Japan(12): 16-24.

188. Tanaka O. 1966. Neritic Copepoda, Calanoida from the northwest coast of Kyushu. Proceeding of the Symposium on Curstacea, 1965, Marine Biological Association of India(1): 38-50.

189. Tanaka O. 1969. Some calanoid copepods collected chiefly by the U. S. steamer Albatross from the Pacific Ocean. Publications of the Seto Marine Biological Laboratory, 17 (4): 253-278.

190. Tanaka O, Omori M. 1967. Large-sized pelagic copepods in the northwestern Pacific Ocean adjacent to Japan. Information Bulletin on Planktology in Japan, Commemoration Number of Dr. Y. Matsue: 239-260.

191. Tanaka O, Omori M. 1968. Additional report on calanoid copepods from the Izu region. Part 1. *Euchaeta* and *Pareuchaeta*. Pub1. Seto Mar. Bio1. Lab., 16 (4): 219-261.

192. Tanaka O, Omori M. 1969a. On *Euchirella* (Copepoda, Calanoida) collected chiestly by U. S. Steamer Albateoss from the Pacific Ocean. Publications of the Seto Marine Biological Laboratory, 17 (1): 33-65.

193. Tanaka O, Omori M. 1969b. Additional report on calanoid copepods from the Izu region. Part 2. *Euchirella* and *Pseudochirella*. Publ. Seto Mar. Biol. Lab., 17 (3): 155-169.

194. Tanaka O, Omori M. 1970a. Additional report on calanoid copepods from the Izu region. Part 3-A. *Euaetideus*, *Aetideopsis*, *Chiridius*, *Gaidius* and *Gaetanus*. Publ. Seto. Mar. Biol. Lab., 18 (2): 109-141.

195. Tanaka O, Omori M. 1970b. Additional report on calanoid copepods from the Izu region. Part 3-B. *Chirundina*, *Undeuchaeta*, *Pseudeuchaeta*, *Valdiviella* and *Chiridiella*. Publ. Seto. Mar. Biol. Lab., 18 (3): 143-155.

196. Tanaka O, Omori M. 1971. Additional report on calanoid copepods from the Izu region. Part 4. *Haloptilus*, *Augaptilus*, *Centraugaptilus*, *Pseudaugaptilus* and *Pachyptilus*. Publ. Seto. Mar. Biol. Lab., 19 (4): 249-268.

197. Tanaka O, Omori M. 1974. Additional report on calanoid copepods from the Izu region. Part 5. *Euaugaptilus*. Publ. Seto. Mar. Biol. Lab., 21 (3/4): 193-267.

198. Tanaka O, Omori M. 1992. Additional report on calanoid copepods from the Izu region. Part 6. Phaennidae. Publ. Seto. Mar. Biol. Lab. (35): 253-271.

199. Thompson I C, Scott A. 1903. Report on the Copepoda collected by Professor Herdman, at Ceylon, in 1902. Reportto the Government of Ceylon on the Pearl Oyster Fisheries of the Gulf of Manaar, Suppl. Report(7): 227-307, pls. 1-20.

200. Ueda H. 1986a. Reproductive isolation between the sympatric, closely related species *Acartia omorii* and *A. hudsonica* (Copepoda: Calanoida). Bulletin of Plankton Society of Japan(33): 59-60.

201. Ueda H. 1986b. Taxonomic re-examination and geographic distribution of copepods known as *Acartia clausi* in Japanese coast and inlet waters. Journal of the Oceanographical Soiety of Japan, 42 (2): 134-138.

202. Ueda H, Hiromi J. 1987. The *Acartia plumosa* T. Scott Species Group (Copepoda, Calanoida) with a Description

of *A. tropica* n. sp. Crustaceana(53): 225-236.

203. Ueda H, Ohtsuka S, et al. 2001. Second record of *cyclopina kiraensis*, a small, brackish-water cyclopoid copepod, in Japan. Limnology(2): 49-50.

204. Vervoort W. 1949. Some new and rare Copepoda Calanoida from East Indian seas. Zoologische Verhandelingen(5): 1-53, figs. 1-23.

205. Vervoort W. 1951. Plankton copepods from the Atlantic sector of the Antarctic. Verhandelingen der Koninklijke Nederlandese Akademie van Wetenschppen A feeling Natuurkunde, 47(2): 1-156.

206. Vervoort W. 1965. Pelagic Copepoda. Part 2. Copepoda Calanoida of the families Phaennidae up to and including Acartiidae, containing the description of a new species of Aetideidae. Atlantida Rep. (8): 9-216.

207. Vyshkvartzeva N V. 2000. Two new genera of Scolecitrichidae and redefinition of *Scolecithricella* Sars and *Amallothrix* Sars (Copepoda, Calanoida). Zoosystematica Rossica, 8 (2): 217-241.

208. Walter T C. 1984. New species of *Pseudodiaptomus* from the Indo-Pacific, with a clarification of *P. aurivilli*and *P. mertoni* (Crustacea Copepoda: Calanoida). Proc. Biol. Soc. Wash., 97 (2): 371-393.

209. Walter T C. 1986. New and poorly known Indo-Pacific species of *Pseudodiaptomus* (Copepoda: Calanoida), with a key to the species groups. Journal of Plankton Research, 8 (1): 129-168.

210. Walter T C. 1987. Review of the taxonomy and distribution of the demersal copepod genus *Pseudodiaptomus* (Calanoida: Pseudodiaptomidae) from southern Indo-West Pacific waters. Australian Journal of Marine and Freshwater Research, 38 (3): 363-396.

211. Walter T C. 1989. Review of the new world species of *Pseudodiaptomus* (Copepoda: Calanoida), with a key to the species. Bulletin of Marine Science, 45 (3): 590-628.

212. Walter T C. 1998. A redescription of *Pseudodiaptomus salinus* (Giesbrecht, 1896) and a new species from the Arabian Sea (Copepoda, Calanoida, Pseudediaptomidae). Jounrnal of marine systems(15): 451-456.

213. Walter T C, Ohtsuka S, et al. 2006. A new apecies of *Pseudodiaptomus* (Crustacea: Copepoda: Calanoida) from the Philippines, with a key to pseudcdiaptomids from the Philippines and comments on the status of the genus *Schmackeria*. Proceeding of the Boiological Society of Washington, 119 (2): 202-221.

214. Wellershaus S. 1969. On the taxonomy of planktonic Copepoda in the Cochin Backwater (a South Indian Estuary). Veröff. Inst. Meeresforsch. Bremerh. (11): 245-286.

215. Wilson C B. 1932. The Copepods of the Woods Hole Region, Massachusetts. Bulletin of the United States National Museum(158): 1-635, 316 textfigs. 41 pls.

216. Wilson C B. 1942. The copepods of the plankton gathered during the last cruise of the "Carnegie". Publ. Carnegie Institution of Washington(536): 1-237, 136 Text-figs.

217. Wilson C B. 1950. Copepods gathered by the U. S. Fisheries steamer "Albatross" from 1887-1909, chifley in the Pacific Ocean. Bull. U. S. nat. Mus. 100, 14 (4): 141-441, 36 pls.

218. Wolfenden R N. 1911. Die marinen Copepoden der Deutschen Sudpolar-Expedition 1901-1903. *Dt. Sudpol. Exped.* 12 (Zool.) (4): 181-380, pls 22-41.

219. Wright S. 1937. Two new species of *Pseudodiaptomus*. Anais da Academia Brasileira de Ciências, 9 (2): 151-162, 2 pls.

学名索引

（加黑字体为同种异名）

A

Abacola holothurie 701
Acartia 3，37
Acartia amboinensis 8，38
Acartia bifilosa 48
Acartia bispinosa 8，39
Acartia clausi 50
Acartia danae 8，40
Acartia discaudata 9，46
Acartia erythraea 8，41
Acartia fossae 9，47
Acartia hamata 39，47
Acartia hongi 9，48
Acartia iseana 51
Acartia japonica 9，44
Acartia longiremis 9，49
Acartia negligens 9，45
Acartia omorii 9，50
Acartia pacifica 9，42
Acartia plumosa 51
Acartia sinjiensis 9，51，54
Acartia southwelli 9，52
Acartia spinicauda 9，42，43
Acartia steueri 9，53
Acartia tokiokai 39
Acartia tsuensis 9，54
Acartiella 9，37
Acartiella sinensis 9，55
Acartiidae 8，37
Acrocalanus 20，400
Acrocalanus andersoni 20，401
Acrocalanus gibber 20，402
Acrocalanus gracilis 20，403
Acrocalanus indicus 409
Acrocalanus longicornis 20，404
Acrocalanus monachus 20，405
Acrocalanus similis 407
Acrocalanus sinicus 407
Aegisthidae 29，688
Aegisthus 29，688
Aegisthus aculeatus 29，689
Aegisthus atlanticus 690
Aegisthus dubius 690
Aegisthus longirostris 690
Aegisthus mucronatus 29，690
Aegisthus spinulosus 29，691
Aetideidae 9，56
Aetideopsis 9，56
Aetideopsis armatus 9，57
Aetideopsis divergens 59
Aetideopsis multiserrata 9，58
Aetideopsis rostrata 9，59
Aetideus 9，56
Aetideus acutus 9，61
Aetideus armatus 9，60，65
Aetideus bradyi 9，63
Aetideus giesbrecht 9，62
Agetus 30
Agetus typicus 708
Amallophora 21，419
Amallophora affinis 548
Amallophora altera 426
Amallophora brevicornis 549
Amallophora dubia 425
Amallophora gracilis 548
Amallophora magna 553
Amallophora media 554
Amallophora obtusifrons 570
Amallophora subbrevicornis 556
Amallophora typica 21，420
Amallothrix arcuata 558

Amallothrix auropecten 559
Amallothrix curticauda 561
Amallothrix emarginata 563
Amallothrix gracilis 566
Amallothrix inornata 563
Amallothrix obtusifrons 570
Amallothrix paravalida 579
Amallothrix propinqua 573
Amallothrix valens 579
Amallothrix valida 579, 580
Anomalocera 22, 443
Anomalocera patersoni 22, 444
Antaria gracilis 743
Archescolecithrix auropecten 559
Arguloida 5
Arietellidae 11, 122, 436
Arietellus 11, 122
Arietellus aculeatus 11, 123
Arietellus armatus 11, 124
Arietellus giesbrecht 11, 125
Arietellus plumifera 11, 126
Arietellus setosus 11, 123, 127
Arietellus simplex 11, 128
Arietellus tripartitus 11, 129
Arthropoda 5
Artotrogus abyssicolla 787
Augaptilidae 12, 136
Augaptilus 12, 136
Augaptilus anceps 139
Augaptilus angustus 145
Augaptilus bravicaudatus 159
Augaptilus bullifer 146
Augaptilus californicus 159
Augaptilus elongatus 147
Augaptilus facilis 148
Augaptilus filigerus 149
Augaptilus glacialis 12, 137
Augaptilus hecticus 150
Augaptilus horridus 141
Augaptilus laticeps 151
Augaptilus longicaudatus 12, 138
Augaptilus longimanus 152
Augaptilus macrodus 143
Augaptilus magnus 153
Augaptilus megalurus 12, 139
Augaptilus nodifrons 155
Augaptilus oblongus 156
Augaptilus palumbii 157
Augaptilus palumboi 157
Augaptilus platicus 158
Augaptilus pyramidalis 141
Augaptilus rostratus 156
Augaptilus simplex 155
Augaptilus spinifrons 12, 140
Augaptilus squamatus 159
Augaptilus validus 153

B

Bathycalanus 19, 377
Bathycalanus bradyi 19, 378
Bathycalanus maximus 378
Bathycalanus richardi 19, 379
Bathypontia 13, 181
Bathypontia elongata 13, 182
Bathypontia longicornis 13, 183
Bathypontia minor 13, 184, 185
Bathypontia sarsi 13, 185
Bathypontia similis 13, 186
Bathypontia spinifera 13, 187
Bathypontiidae 13, 181
Bestiola 400
Bestiola amoyensis 406
Bestiola sinicus 407
Bestiolina 20, 400
Bestiolina amoyensis 20, 406
Bestiolina similis 20, 407
Bestiolina zeylonica 20, 408
Brachycalanus gigas 538
Bradycalanus 19, 377
Bradycalanus typicus 19, 380
Bradyetes 9, 56
Bradyetes pacificus 9, 64
Bradyidius 9, 56
Bradyidius armatus 9, 65
Bradyidius similis 9, 66

C

Calanidae　13, 189

Calanoida　1, 3, 5, 6, 7, 8, 37

Calanoides　13, 189

Calanoides brevicornis　192

Calanoides carinatus　13, 192

Calanoides philippinensis　13, 193

Calanopia　22, 443

Calanopia americana　22, 445

Calanopia aurivilli　22, 446

Calanopia elliptica　22, 447

Calanopia herdmani　22, 448

Calanopia minor　22, 449

Calanopia thompsoni　22, 450

Calanus　13, 189

Calanus arcuicornis　249

Calanus brevicornis　192

Calanus caroli　195

Calanus cristatus　198

Calanus darwini　195

Calanus finmarchicus　191

Calanus gracilis　199

Calanus jashnovi　13, 190

Calanus longus　388

Calanus minor　197

Calanus minutus　265

Calanus orientalis　190

Calanus pacificus　191

Calanus pauper　194

Calanus plumchrus　200

Calanus robustior　201

Calanus sinicus　13, 190, 191

Calanus tenuicornis　196

Calanus tonsus　200

Calanus turbinatus　618

Calanus valgus　197

Calanus vulgaris　202

Calocalanidae　14, 203

Calocalanus　14, 203

Calocalanus contractus　14, 204

Calocalanus gracilis　14, 205

Calocalanus monospinus　14, 206

Calocalanus pavo　14, 207

Calocalanus pavoninus　14, 208

Calocalanus plumulosus　14, 209

Calocalanus styliremis　14, 210

Candace aethiopica　219

Candace bipinnata　213

Candace bispinosa　226

Candace catula　215

Candace curta　217

Candace ethiopica　219

Candace longimana　221

Candace norvegica　222

Candace pachydactyla　223

Candace pectinata　217

Candace simplex　227

Candace tenuimana　224

Candace truncata　228

Candace varicans　225

Candacia　14, 211

Candacia aethiopica　219

Candacia armata　14, 212

Candacia bicornuta　217

Candacia bipinnata　14, 213

Candacia bispinosa　226

Candacia bradyi　14, 214

Candacia catula　14, 215

Candacia columbiae　14, 216

Candacia curta　14, 217

Candacia curva　214

Candacia discaudata　14, 218

Candacia ethiopica　14, 219

Candacia guggenheimi　14, 220

Candacia longimana　14, 221

Candacia norvegica　14, 222

Candacia pachydactyla　14, 223

Candacia pacifica　216

Candacia pectinata　213

Candacia simplex　227

Candacia tenuimana　14, 224

Candacia truncata　228

Candacia tuberculata　214

Candacia turgida　228

Candacia varicans　14, 225

Candaciidae　14, 211

Canthocalanus　13, 189

Canthocalanus pauper 13, 194
Canthocamptus roseus 697
Carnegiella gracilis 787
Catopia furcata 236
Centraugaptilus 12, 136
Centraugaptilus horridus 12, 141
Centraugaptilus macrodus 143
Centraugaptilus porcellus 12, 142
Centraugaptilus pyramidalis 141
Centraugaptilus rattrayi 12, 143
Centropages 15, 230
Centropages abdominalis 15, 231
Centropages brevifurcus 15, 232
Centropages calaninus 15, 233
Centropages dorsispinatus 15, 234
Centropages elongatus 15, 235
Centropages furcatus 15, 236
Centropages gracilis 15, 237
Centropages kröyer 242
Centropages longicornis 15, 238
Centropages mcmurrichi 231
Centropages orsinii 15, 239, 242
Centropages pacificus 235
Centropages sinensis 15, 240
Centropages tenuiremis 15, 242
Centropages typicus 15, 241
Centropages violaceus 15, 243
Centropages yamadai 242
Centropagidae 15, 230
Cephalophanes 21, 419
Cephalophanes refulgens 21, 421
Cephalophanes frigidus 421
Cetochilus minor 197
Chiridiella 9, 56
Chiridiella macrodactyla 9, 67
Chiridius 9, 56
Chiridius armatus 57
Chiridius brevispinus 104
Chiridius gracilis 9, 68
Chiridius multiserrata 58
Chiridius nasutus 58
Chiridius obtusifrons 9, 70
Chiridius poppei 9, 71
Chiridius subgracilis 9, 69
Chiridius tenuispinus 106
Chirundina 9, 56
Chirundina indica 10, 72, 73
Chirundina magna 74
Chirundina streetsi 10, 73
Chirundinella 10, 56
Chirundinella cara 74
Chirundinella magna 10, 74
Clausia elongata 265
Clausocalanidae 15, 248
Clausocalanus 15, 248
Clausocalanus arcuicornis 15, 249, 256
Clausocalanus arcuicornis f. major 249, 256
Clausocalanus arcuicornis f. minor 250, 257
Clausocalanus farrani 15, 250
Clausocalanus furcatus 15, 251
Clausocalanus ingens 15, 252
Clausocalanus jobei 15, 253
Clausocalanus laticeps 15, 252, 254,
Clausocalanus lividus 15, 255
Clausocalanus mastigophorus 15, 256
Clausocalanus minor 15, 257
Clausocalanus parapergens 15, 258
Clausocalanus paululus 15, 259
Clausocalanus pergens 16, 250, 251, 260
Clytemnestra 29, 692
Clytemnestra rostrata 29, 693
Clytemnestra scutellata 29, 694
Clytemnestridae 29, 692
Conaea gracilis 743
Conaea rapax 743
Conila rapax 743
Copepoda 5, 7, 8
Copilia 32, 758
Copilia denticulata 779
Copilia elliptica 777
Copilia lata 32, 777, 779, 781
Copilia longistylis 32, 778
Copilia mediterranea 32, 779, 781
Copilia mirabilis 32, 780
Copilia oblonga 779
Copilia quadrata 32, 779, 781
Copilia recta 32, 782
Copilia vitrea 32, 783

Corina 32, 758
Corina granulosa 32, 784
Corina longifurca 32, 785
Cornucalanus 21, 419
Cornucalanus chelifer 21, 422
Cornucalanus indicus 21, 423
Cornucalanus magnus 422
Cornucalanus simplex 21, 424
Corycaeidae 30, 705
Corycaeus 30, 705
Corycaeus affinis 713
Corycaeus agilis 721
Corycaeus alatus 708
Corycaeus andrewsi 714
Corycaeus asiaticus 715
Corycaeus carinatus 730
Corycaeus catus 722, 725
Corycaeus clausi 709
Corycaeus concinnus 732
Corycaeus crassiusculus 710
Corycaeus dahli 716
Corycaeus danae 710
Corycaeus dubius 717
Corycaeus elongatus 707, 708
Corycaeus erythraeus 717
Corycaeus flaccus 706
Corycaeus furcifer 727
Corycaeus gracilis 734
Corycaeus gibbulus 733
Corycaeus giesbrechti 723
Corycaeus gracilicaudatus 721
Corycaeus japonicus 713
Corycaeus latus 722
Corycaeus lautus 728
Corycaeus limbatus 707
Corycaeus longicaudis 735
Corycaeus longistylis 729
Corycaeus lubbocki 718
Corycaeus medius 726
Corycaeus murrayi 715
Corycaeus obtusus 722, 724
Corycaeus ovalis 709, 724
Corycaeus pacificus 725
Corycaeus pellucidus 736
Corycaeus pumilus 726
Corycaeus robustus 720
Corycaeus rostratus 736
Corycaeus speciosus 711
Corycaeus subtilis 719
Corycaeus tenuis 716
Corycaeus trukicus 714
Corycaeus typicus 708
Corycaeus venustus 710, 723
Corycaeus vitreus 712
Corycaeus (*Agetus*) *flaccus* 30, 706
Corycaeus (*Agetus*) *limbatus* 30, 707
Corycaeus (*Agetus*) *typicus* 30, 708
Corycaeus (*Corycaeus*) *clausi* 30, 709
Corycaeus (*Corycaeus*) *crassiusculus* 30, 710
Corycaeus (*Corycaeus*) *speciosus* 30, 711
Corycaeus (***Corycaeus***) ***viretus*** 712
Corycaeus (*Corycaeus*) *vitreus* 30, 712
Corycaeus (***Corycella***) ***carinata*** 730
Corycaeus (***Corycella***) ***concinnus*** 732
Corycaeus (***Corycella***) ***curtus*** 731
Corycaeus (***Corycella***) ***gibbulus*** 733
Corycaeus (***Corycella***) ***longicauda*** 735
Corycaeus (***Corycella***) ***rostratus*** 736
Corycaeus (*Ditrichocorycaeus*) *affinis* 30, 713
Corycaeus (***Ditrichocorycaeus***) ***africanus*** 716
Corycaeus (*Ditrichocorycaeus*) *andrewsi* 30, 714
Corycaeus (*Ditrichocorycaeus*) *asiaticus* 30, 715
Corycaeus (*Ditrichocorycaeus*) *dahli* 30, 716
Corycaeus (***Ditrichocorycaeus***) ***dubius*** 717
Corycaeus (*Ditrichocorycaeus*) *erythraeus* 30, 717
Corycaeus (*Ditrichocorycaeus*) *lubbocki* 30, 716, 718
Corycaeus (*Ditrichocorycaeus*) *subtilis* 30, 719
Corycaeus (*Monocorycaeus*) *robustus* 30, 720
Corycaeus (*Onychocorycaeus*) *agilis* 30, 721
Corycaeus (*Onychocorycaeus*) *catus* 30, 722
Corycaeus (*Onychocorycaeus*) *giesbrechti* 30, 723
Corycaeus (*Onychocorycaeus*) *ovalis* 30, 724
Corycaeus (*Onychocorycaeus*) *pacificus* 30, 725
Corycaeus (*Onychocorycaeus*) *pumilus* 30, 726
Corycaeus (*Urocorycaeus*) *furcifer* 30, 727
Corycaeus (*Urocorycaeus*) *lautus* 31, 728
Corycaeus (*Urocorycaeus*) *longistylis* 31, 729

Corycella 705
Corycella carinata 730
Corycella concinna 732
Corycella curta 731
Corycella gibbula 733
Corycella gracilis 734
Corycella rostrata 736
Corynura barbatus 623
Corynura denticulata 623
Corynura discaudata 630
Corynura forcipata 632
Corynura gracilis 633
Corynura recticauda 637
Cosmocalanus 13, 189
Cosmocalanus caroli 195
Cosmocalanus darwinii 14, 195
Crustacean 5
Ctenocalanus 16, 248
Ctenocalanus longicornis 261
Ctenocalanus vanus 16, 261
Cyclopidae 28, 652, 658
Cyclopina 28, 658
Cyclopina heterospina 28, 659
Cyclopina kiraensis 28, 660
Cyclopinidae 28, 652, 658
Cyclopoida 3, 5, 6, 7, 8, 28, 685, 705, 786, 788
Cyclops 28, 652
Cyclops leuckarti 655
Cyclops longicornis 617
Cyclops vicinus 28, 653
Cyclops vicinus vicinus 653
Cyclops* (*Halicyclopi*) *aeguoreus 654
Cyclopsina calanina 233
Cymbasoma 33, 790
Cymbasoma longispinosum 33, 791, 792
Cymbasoma morii 33, 792
Cymbasoma rigidum 33, 793
Cymbasoma thompsoni 33, 794

D

Danodes plumata 787
Delius 20, 400
Delius nudus 20, 409
Diaptomidae 16, 266
Diaptomus birulai 270
Diaptomus handeli 268
Diaptomus schmackeri 268
Diaptomus strigilipes 268
Dias discaudatus 46
Dias longiremis 49
Dioithona 28, 661
Dioithona alia 663
Dioithona aurea 663
Dioithona oculata 28, 662
Dioithona rigida 28, 663
Dioithona simplex 28, 664
Disseta 18, 328
Disseta atlantica 329
Disseta grandis 329
Disseta maxima 330
Disseta palumbii 18, 329
Disseta palumboi 329
Disseta scopularis 18, 330
Drepanopsis 16, 248
Drepanopsis frigidus 16, 262
Drepanopsis orbus 16, 263
Drepanopus furcatus 251

E

Ectinosoma atlanticum 696
Ectinosoma norvegica 696
Ectinosoma roseum 697
Ectinosomatidae 29, 695
Euaetideus 56
Euaetideus acutus 61
Euaetideus bradyi 63
Euaetideus giesbrecht 62
Euaugaptilus 12, 136
Euaugaptilus affinis 12, 144
Euaugaptilus angustus 12, 145
Euaugaptilus bullifer 12, 146
Euaugaptilus elongatus 12, 147
Euaugaptilus facilis 12, 148
Euaugaptilus filigerus 12, 149
Euaugaptilus hecticus 12, 150

Euaugaptilus laticeps 12, 151, 158
Euaugaptilus longimanus 12, 152
Euaugaptilus magnus 12, 153
***Euaugaptilus* mixtus** 154
Euaugaptilus niveus 12, 154
Euaugaptilus nodifrons 12, 155
Euaugaptilus oblongus 12, 156
Euaugaptilus palumbii 12, 157
Euaugaptilus palumboi 157
Euaugaptilus perodiosus 12, 158
Euaugaptilus rectus 156
Euaugaptilus squamatus 12, 159
Eucalanidae 16, 273
Eucalanus 16, 273
Eucalanus attenuatus 278
Eucalanus bungii 16, 275
Eucalanus bungii bungii 275
Eucalanus bungii californicus 276
Eucalanus californicus 16, 276
Eucalanus crassus 282
Eucalanus dentatus 286
Eucalanus elongatus 16, 274, 276, 277
Eucalanus elongatus hyalinus 277
Eucalanus giesbrecht 275
Eucalanus hyalinus 16, 277
Eucalanus monachus 284
Eucalanus mucronatus 283
Eucalanus oculanus 282
Eucalanus pileatus 284
Eucalanus pseudattenuatus 279
Eucalanus subcrassus 285
Eucalanus subtenuis 287
Euchaeta 17, 288
Euchaeta acuta 17, 289
Euchaeta acuta pacifica 294
Euchaeta aequatorialis 300
Euchaeta armata 57
Euchaeta barbata 301
Euchaeta biconvexa 325
Euchaeta bradyi 303
Euchaeta calva 304
Euchaeta concimilis 290
Euchaeta concinna 17, 290
Euchaeta diatomarui 318
Euchaeta diegensis 294
Euchaeta elongata 306
Euchaeta eminens 307
Euchaeta farrani 301
Euchaeta flava 322
Euchaeta gracilicauda 309
Euchaeta gracilis 308
Euchaeta hansenii 310
Euchaeta hebes 311
Euchaeta incisa 312
Euchaeta indica 17, 291
Euchaeta japonica 306
Euchaeta longicornis 17, 292
Euchaeta marina 297
Euchaeta marinella 17, 293
Euchaeta media 17, 294
Euchaeta murrayi 295
Euchaeta plana 17, 295
Euchaeta propinqua 315
Euchaeta pubera 17, 296
Euchaeta quadrata 308
Euchaeta rimana 17, 297
Euchaeta sarsi 310
Euchaeta scaphula 324
Euchaeta scott 300, 320
Euchaeta solida 299
Euchaeta spinifera 323
Euchaeta spinosa 17, 298
Euchaeta tenuis 17, 299
Euchaeta tonsa 323
Euchaeta tumidula 325
Euchaeta vorax 326
Euchaeta weberi 327
Euchaeta wolfendeni 291
Euchaetidae 17, 288
Euchirella 10, 56
Euchirella acuta 87
Euchirella amoena 10, 75
Euchirella areat 76
Euchirella bella 10, 76
Euchirella bitumida 10, 89, 91
Euchirella brevis 75
Euchirella curticauda 10, 90
Euchirella dentata 10, 77

Euchirella dubia 10, 78
Euchirella formosa 82
Euchirella galeata 10, 89, 91
Euchirella gracilis 86
Euchirella granulata 10, 79
Euchirella indica 10, 81
Euchirella intermedia 86
Euchirella maxima 10, 92
Euchirella messinensis 81
Euchirella messinensis indica 81
Euchirella orientalis 10, 82
Euchirella propria 86
Euchirella pulchra 10, 83
Euchirella rostrata 10, 80
Euchirella simplex 92
Euchirella speciosa 10, 84
Euchirella splendens 10, 88
Euchirella tanseii 85
Euchirella trigrada 82
Euchirella truncata 10, 86
Euchirella unispina 10, 87
Euchirella venusta 10, 76, 85
Eurytemora 27, 612
Eurytemora affinis 27, 613
Eurytemora herdmani 27, 614
Eurytemora johanseni 615
Eurytemora pacifica 27, 615
Euterpe 698
Euterpe acutifrons 699
Euterpe gracilis 699
Euterpina 30, 698
Euterpina acutifrons 30, 699
Euterpinidae 30, 698

F

Faroella multiserrata 58
Farrania frigidus 262
Farrania oblonga 262
Farrania orbus 263
Farranula 31, 705
Farranula carinata 31, 730
Farranula concinna 31, 732
Farranula curta 31, 731
Farranula gibbula 31, 733
Farranula gracilis 31, 734
Farranula longicauda 31, 735
Farranula rostrata 31, 736

G

Gaetanus 10, 56
Gaetanus armiger 10, 93
Gaetanus ascendens 94
Gaetanus brevicornis 10, 94
Gaetanus brevispinus 104
Gaetanus caudani 101
Gaetanus clarus 96
Gaetanus curvispinus 10, 95
Gaetanus holti 97
Gaetanus kruppii 10, 96
Gaetanus latifrons 10, 97
Gaetanus major 96
Gaetanus miles 10, 98, 101
Gaetanus minispinus 10, 99
Gaetanus minor 10, 100
Gaetanus paracurvicornis 97
Gaetanus pileatus 10, 101
Gaetanus pungens 105
Gaetanus rectus 94
Gaetanus secundus 98
Gaetanus tenuispinus 106
Gaetanus unicornis 101
Gaidiopsis 10, 56
Gaidiopsis crassirostris 10, 102
Gaidius 10, 56
Gaidius affinis 10, 103
Gaidius brevispinus 11, 104
Gaidius divaricatus 110
Gaidius major 104
Gaidius pungens 11, 105
Gaidius similis 106
Gaidius tenuispinus 11, 105, 106
Gaussia 19, 382
Gaussia princeps 20, 383
Gaussia scotti 383
Gelyelloida 5
Goniopsyllus 692

Goniopsyllus rostratus 693

H

Halicyclops 28, 652
Halicyclops sinensis 28, 654
Haloptilus 12, 136
Haloptilus acutifrons 12, 160
Haloptilus angusticeps 12, 161
Haloptilus austini 12, 162
Haloptilus bulliceps 12, 163
Haloptilus chierchiae 12, 164
Haloptilus fertilis 12, 165
Haloptilus fons 13, 166
Haloptilus longiceps 162
Haloptilus longicirrus 13, 168, 172
Haloptilus longicornis 13, 167, 168
Haloptilus mucronatus 13, 169
Haloptilus ornatus 13, 170, 173
Haloptilus oxycephalus 13, 171
Haloptilus paralongicirrus 13, 172
Haloptilus plumosus 13, 173
Haloptilus setuliger 168
Haloptilus spiniceps 13, 174
Haloptilus tenuis 13, 175
Harpacticoida 4, 5, 6, 7, 8, 29, 688
Harpacticus acutifrons 699
Harpacticus roseus 697
Heliodiaptomus 16, 266
Heliodiaptomus falxus 16, 267
Hemicalanus acutifrons 160
Hemicalanus calaninus 233
Hemicalanus chierchiae 164
Hemicalanus fertilis 165
Hemicalanus filigerus 149
Hemicalanus longicaudatus 138
Hemicalanus longicornis 167
Hemicalanus mucronatus 169
Hemicalanus ornatus 170
Hemicalanus oxycephalus 171
Hemicalanus plumosus 173
Hemicalanus spiniceps 174
Hemicalanus spinifrons 160
Hemirhabdus 18, 328
Hemirhabdus grimaldii 18, 331
Heteramalla 21, 419
Heteramalla dubia 21, 425
Heterochaeta abyssalis 332
Heterochaeta clausii 333
Heterochaeta compacta 353
Heterochaeta grimaldii 331
Heterochaeta longicornis 346
Heterochaeta major 347
Heterochaeta papilliger 338
Heterochaeta spinifrons 344
Heterochaeta vipera 355
Heterorhabdidae 18, 328
Heterorhabdus 18, 328
Heterorhabdus abyssalis 18, 332
Heterorhabdus ankylocolus 18, 342
Heterorhabdus clausii 18, 333
Heterorhabdus cohibilis 18, 334
Heterorhabdus compactus 353
Heterorhabdus devius 332
Heterorhabdus dubius 332
Heterorhabdus fistulosus 18, 335
Heterorhabdus grandis 329
Heterorhabdus grimaldii 331
Heterorhabdus insukae 18, 343
Heterorhabdus longicornis 346
Heterorhabdus medianus 355
Heterorhabdus oikoumenikis 18, 336
Heterorhabdus pacificus 18, 337
Heterorhabdus papilliger 18, 338, 339
Heterorhabdus prolatus 18, 339
Heterorhabdus robustus 354
Heterorhabdus spinifrons 18, 342, 344
Heterorhabdus spinosus 18, 340
Heterorhabdus subspinifrons 18, 345
Heterorhabdus tenuis 355
Heterorhabdus tuberculus 18, 341
Heterorhabdus vicinus 337
Heterorhabdus vipera 355
Heterostylites 18, 328
Heterostylites longicornis 18, 346
Heterostylites major 18, 347, 348
Heterostylites submajor 18, 348
Hyalophyllum vitreum 783

I

Ichthyophorba violacea 243
Ilyopsyllidae 700
Ilyopsyllus affinis 701
Ilyopsyllus jousseaumei 701
Ilyopsyllus sarsi 701
Ilypsyllus coriaceus 701
Irenaeus splendidus 444
Isocalanus minor 184
Isochaeta ovalis 369

L

Labidocera 22, 443
Labidocera acuta 22, 451
Labidocera acutifrons 22, 452
Labidocera acutum 451
Labidocera bataviae 22, 453
Labidocera bipinnata 463
Labidocera detruncata 22, 454
Labidocera euchaeta 22, 455
Labidocera insolita 22, 456
Labidocera japonica 22, 457
Labidocera kröyeri 22, 458
Labidocera laevidentata 22, 459
Labidocera lubbockii 22, 460
Labidocera madurae 462
Labidocera minuta 22, 461
Labidocera minutum 461
Labidocera pavo 22, 462
Labidocera rotunda 22, 463
Labidocera sinilobata 22, 464
Landrumius 24, 537
Landrumius gigas 24, 538
Leuckartia clausi 359
Leuckartia flavicornis 361
Leuckartia longiserrata 364
Leuckartia scopularis 330
Limnoithona 29, 661
Limnoithona tetraspina 29, 684
Lophothrix 24, 537
Lophothrix frontalis 24, 539, 540
Lophothrix gigas 538
Lophothrix humilifrons 24, 540
Lophothrix latipes 24, 541, 555
Lophothrix securifrons 593
Lophothrix thorsoni 538
Lubbockia 31, 737
Lubbockia aculeata 31, 738
Lubbockia marukawai 31, 739
Lubbockia squillimana 31, 740
Lucicutia 19, 356
Lucicutia atlantica 367
Lucicutia aurita 19, 357, 358
Lucicutia bicornuta 19, 358
Lucicutia clausi 19, 359
Lucicutia curta 19, 360
Lucicutia ellipsoidalis 360
Lucicutia flavicornis 19, 361
Lucicutia gaussae 19, 362
Lucicutia gemina 19, 363
Lucicutia gracilis 367
Lucicutia grandis 368, 374
Lucicutia intermedia 19, 371
Lucicutia longiserrata 19, 360, 364
Lucicutia lucida 19, 365, 370
Lucicutia macrocera 19, 366
Lucicutia magna 19, 366, 367
Lucicutia maxima 19, 357, 368
Lucicutia ovaliformis 369
Lucicutia ovalis 19, 362, 369
Lucicutia pera 19, 370
Lucicutia philyra 371
Lucicutia polaris 19, 372
Lucicutia tenuicauda 19, 373
Lucicutia wolfendeni 19, 374
Lucicutiidae 19, 356
Lutamator 11, 56
Lutamator paradiseus 11, 107

M

Macandrewella 25, 537
Macandrewella joanae 25, 542
Macandrewella omorii 25, 544
Macandrewella stygiana 25, 545

Macandrewella tuberculata 25, 543
Macrocalanus longicornis 381
Macrosetella 30, 702
Macrosetella gracilis 30, 703
Macrosetellidae 702
Maemonstrilla 790
Maemonstrilla longipes 803
Maemonstrilla turgida 806
Maxillopoda 5
Mazellina galleti 515, 531
Mazellina ornatus 520
Mecynocera 19, 273, 375
Mecynocera clausi 19, 376
Mecynoceridae 19, 273, 375
Megacalanidae 19, 377
Megacalanus 19, 377
Megacalanus bradyi 378
Megacalanus gracilis 199
Megacalanus longicornis 381
Megacalanus princeps 19, 380, 381
Megacalanus robustior 201
Megacalanus typicus 380
Mesocalanus 14, 189
Mesocalanus tenuicornis 14, 196
Mesocyclops 28, 652
Mesocyclops leukarti 28, 655
Mesocyclops major 655
Mesocyclops obsoletus 655
Mesocyclops* (*Thermocyclops*) *Kawamurai 657
Mesorhabdus 18, 328
Mesorhabdus angustus 18, 349
Mesorhabdus gracilis 18, 350
Mesorhabdus paragracilis 351
Mesorhabdus poriphorus 18, 351
Mesorhabdus truncatus 19, 352
Metacalanus 11, 122
Metacalanus acutioperculum 11, 130
Metacalanus aurivillii 11, 131
Metidae 30, 700
Metis 30, 700
Metis holothuriae 30, 701
Metis jousseaumei 701
Metis sarsi 701
Metridia 20, 382
Metridia armata 388
Metridia atra 383
Metridia boecki 20, 384
Metridia brevicauda 20, 385
Metridia curticauda 20, 386
Metridia gurjanovae 20, 387
Metridia longa 20, 388
Metridia lucens 390
Metridia macrura 20, 389
Metridia pacifica 20, 390
Metridia princeps 20, 391
Metridia scotti 383
Metridia venusta 20, 392
Metridinidae 19, 382
Microcalanus 16, 248
Microcalanus pusillus 16, 264
Microsetella 29, 695
Microsetella atlantica 696
Microsetella norvegica 30, 696, 697
Microsetella rosea 30, 697
Mimocalanus 26, 598
Mimocalanus cultrifer 26, 599
Miracia 30, 702
Miracia efferata 30, 704
Miraciidae 30, 702
Misophria sinensis 651
Misophriidae 28, 649
Misophrioida 3, 5, 6, 7, 8, 28, 649
Misophriopsis 28, 649
Misophriopsis okinawensis 28, 650
Misophriopsis sinensis 28, 651
Mixtocalanus 21, 419
Mixtocalanus altera 21, 426
Monacilla 26, 598
Monacilla dubia 601
Monacilla gracilis 26, 600
Monacilla typica 26, 601
Mongolodiaptomus 16, 266
Mongolodiaptomus birulai 16, 270
Mongolodiaptomus formosanus 270
Monops armatus 486
Monops brevis 488
Monops krameri 490
Monops perspicax 493

Monops regalis 495
Monops strenua 497
Monops tenuicauda 498
Monops villosa 499
Monstrilla 33, 790
Monstrilla clavata 33, 795, 802
Monstrilla cymbula 33, 796
Monstrilla gracilicauda 33, 797
Monstrilla grandis 33, 798
Monstrilla helgolandica 33, 799
Monstrilla inserta 33, 800
Monstrilla leucopis 33, 801
Monstrilla longicornis 33, 802
Monstrilla longipes 33, 790, 803
Monstrilla longispinosa 791
Monstrilla orcula 33, 805
Monstrilla rigida 793
Monstrilla serricornis 33, 804
Monstrilla turgida 33, 790, 806
Monstrillidae 32, 790
Monstrilloida 1, 4, 5, 6, 7, 32, 790
Mormonilla 29, 685
Mormonilla minor 29, 686, 687
Mormonilla phasma 29, 687
Mormonillidae 29, 685
Mormonilloida 3, 5, 6, 7, 8, 29, 685

N

Nannocalanus 14, 189
Nannocalanus minor 14, 197
Neocalanus 14, 189
Neocalanus cristatus 14, 198
Neocalanus gracilis 14, 199
Neocalanus plumchrus 14, 200
Neocalanus robustior 14, 201
Neocalanus tenuicornis 196
Neodiaptomus 16, 266
Neodiaptomus handel 268
Neodiaptomus schmackeri 16, 268
Neodiaptomus yangtsekiangensis 16, 269
Neopontella 21, 417
Neopontella typica 21, 418
Neoscolecithrix 25, 537
Neoscolecithrix japonica 25, 546
Nullosetigera 436
Nullosetigera aequalis 437
Nullosetigera bidentatus 438
Nullosetigera giesbrechti 439
Nullosetigera helgae 440
Nullosetigera impar 441
Nullosetigera mutatus 442

O

Oithona 28, 661, 786
Oithona aruensis 29, 665, 668
Oithona atlantica 29, 666, 674
Oithona attenuata 29, 667
Oithona brevicornis 29, 665, 668, 683
Oithona brevicornis* f. *aruensis 665
Oithona brevicornis* f. *minor 665, 668
Oithona brevicornis* f. *typical 668
Oithona challengeri 679
Oithona decipiens 29, 669
Oithona dissimilis 29, 670
Oithona fallax 29, 671
Oithona fragilis 29, 672
Oithona hebes 670
Oithona helgolandica 680
Oithona linearis 29, 673
Oithona longispina 29, 674
Oithona minuta 29, 675
Oithona nana 29, 676
Oithona oculata 662
Oithona ovata 667
Oithona pelagica 679
Oithona plumifera 29, 666, 677
Oithona rigida 663
Oithona robusta 29, 678
Oithona setigera 29, 679
Oithona similis 29, 680
Oithona simplex 664
Oithona spinifrons 680
Oithona spinirostris 666, 679, 680
Oithona spinulosa 668
Oithona tenuis 29, 681
Oithona tropica 679

Oithona vivida 29, 682
Oithona wellershausi 29, 683
Oithonidae 28, 652, 661, 786
Oithonina nana 676
Oncaea 31, 737
Oncaea clevei 31, 741
Oncaea conifera 748
Oncaea curvata 31, 742
Oncaea dentipes 749
Oncaea gracilis 31, 743
Oncaea media 31, 744
Oncaea mediterranea 31, 745
Oncaea minuta 750
Oncaea ornata 31, 746
Oncaea similis 751
Oncaea venusta 31, 747
Oncaeidae 31, 737
Onchocalanus 21, 419
Onchocalanus affinis 21, 427
Onchocalanus cristatus 21, 428
Onchocalanus hirtipes 21, 427, 429
Onchocalanus steueri 21, 430
Onchocalanus trigoniceps 21, 431
Oöthrix bidentata 546
Oxycalanus gracilis 600
Oxycalanus semispinus 601
Oxycalanus spinifer 601

P

Pachos 737
Pachos dentatum 752
Pachos punctatum 753
Pachyos dentatum 752
Pachyos punctatum 753
Pachyptilus 136, 178
Pachyptilus abbreviatus 178
Pachyptilus eurygnathus 179
Pachyptilus pacificus 180
Pachysoma 31, 737
Pachysoma dentatum 31, 752
Pachysoma punctatum 31, 752, 753
Paracalanidae 20, 203, 400
Paracalanus 20, 400
Paracalanus aculeatus 20, 410
Paracalanus crassirostris 20, 400, 411
Paracalanus denudatus 20, 412
Paracalanus gracilis 20, 413
Paracalanus indicus 415
Paracalanus intermedius 415
Paracalanus nanus 20, 414
Paracalanus nudus 208, 409
Paracalanus parvus 21, 415
Paracalanus serrulus 21, 416
Paracandacia 14, 211
Paracandacia bispinosa 15, 226
Paracandacia simplex 15, 227
Paracandacia truncata 15, 228
Paracandacia worthingtoni 15, 229
Paracomantenna 11, 56
Paracomantenna goi 11, 108
Paraeuchaeta 17, 288
Paraeuchaeta acuta 289
Paraeuchaeta aequatorialis 17, 300
Paraeuchaeta barbata 17, 301, 314
Paraeuchaeta bisinuata 17, 302
Paraeuchaeta bradyi 17, 303
Paraeuchaeta californica 304, 313
Paraeuchaeta calva 17, 304
Paraeuchaeta comosa 304
Paraeuchaeta concinna 290
Paraeuchaeta confusa 17, 305
Paraeuchaeta crassa 317
Paraeuchaeta dentate 319
Paraeuchaeta elongata 17, 306
Paraeuchaeta eminens 17, 307
Paraeuchaeta erebi 306
Paraeuchaeta farrani 301
Paraeuchaeta gracilicauda 17, 309
Paraeuchaeta gracilis 17, 308
Paraeuchaeta hansenii 17, 310
Paraeuchaeta hebes 17, 311
Paraeuchaeta incisa 17, 312
Paraeuchaeta investigatoris 17, 313
Paraeuchaeta japonica 306
Paraeuchaeta longicornis 292
Paraeuchaeta malayensis 17, 314
Paraeuchaeta media 294

Paraeuchaeta plana　295
Paraeuchaeta polita　304
Paraeuchaeta propinqua　17, 315
Paraeuchaeta prudens　17, 316
Paraeuchaeta pseudotumidula　325
Paraeuchaeta pubera　296
Paraeuchaeta rubra　17, 317
Paraeuchaeta russelli　17, 318
Paraeuchaeta sarsi　17, 301, 319
Paraeuchaeta scaphula　324
Paraeuchaeta scotti　18, 320
Paraeuchaeta sibogae　18, 321
Paraeuchaeta simplex　18, 322
Paraeuchaeta simulantis　304
Paraeuchaeta spinosa　298
Paraeuchaeta striata　326
Paraeuchaeta tonsa　18, 323, 324
Paraeuchaeta tuberculata　18, 324
Paraeuchaeta tumidula　18, 325
Paraeuchaeta vorax　18, 326
Paraeuchaeta weberi　18, 327
Paraeuchaeta withi　310
Paraheterorhabdus　19, 328
Paraheterorhabdus compactus　19, 353
Paraheterorhabdus medianus　355
Paraheterorhabdus robustus　19, 354
Paraheterorhabdus vipera　19, 355
Paramisophria　12, 122
Paramisophria japonica　12, 134
Paramisophria sinica　12, 135
Parapontellidae　21, 417
Paraugaptilus　11, 122
Paraugaptilus buchani　11, 132
Paraugaptilus similis　12, 133
Pareucalanus　16, 273
Pareucalanus attenuatus　16, 278, 279
Pareucalanus langae　278
Pareucalanus parki　278
Pareucalanus pseudattenuatus　16, 279
Pareucalanus sewelli　278
Parvocalanus　400
Parvocalanus crassirostris　400, 411
Parvocalanus elegans　400
Parvocalanus latus　400
Phaenna　21, 419
Phaenna spinifera　21, 432
Phaennidae　21, 419
Phyllodiaptomus　16, 266
Phyllodiaptomus tunguidus　16, 271
Phyllopodidae　21, 436
Phyllopus　21, 436
Phyllopus aequalis　21, 437
Phyllopus bidentatus　21, 438
Phyllopus giesbrechti　21, 439
Phyllopus helgae　21, 440
Phyllopus impar　21, 441
Phyllopus mutatus　22, 442
Placocalanus　24, 532
Placocalanus brevipes　24, 533
Placocalanus inermis　24, 534
Placocalanus longicauda　24, 535
Platycopioida　1, 3, 5, 6, 7, 8, 34
Platycopiidae　8, 34
Platycopia　8, 34
Platycopia compacta　8, 35
Platycopia orientalis　8, 36
Pleuromamma　20, 382
Pleuromamma abdominalis　20, 393
Pleuromamma borealis　20, 394
Pleuromamma gracilis　20, 395
Pleuromamma gracilis* f. *piseki　396
Pleuromamma piseki　20, 396
Pleuromamma princeps　383
Pleuromamma quadrungulata　20, 397
Pleuromamma robusta　20, 398
Pleuromamma xiphias　20, 399
Pleuromma abdominalis　393, 395
Pleuromma gracilis　395
Pleuromma xiphias　399
Poecilostomatoida　4, 5, 6, 7, 8, 30, 705, 788
Pontella　22, 443
Pontella acuta　451
Pontella acutifrons　452
Pontella alata　22, 465
Pontella atlantica　22, 466
Pontella barbata　473
Pontella bifurcata　467
Pontella cerami　465

Pontella chierchiae 22, 467
Pontella danae 22, 468, 474
Pontella denticauda 22, 469
Pontella detruncata 454
Pontella elliptica 447
Pontella fera 22, 470, 471
Pontella forcipata 467
Pontella forficula 22, 472
Pontella kieferi 22, 473
Pontella kröyeri 458
Pontella laevidentata 459
Pontella latifurca 22, 474
Pontella lobiancoi 22, 475
Pontella perspicax 493
Pontella plumata 485
Pontella princeps 22, 476, 478
Pontella securifer 23, 477
Pontella sinica 23, 478
Pontella spinicauda 23, 479
Pontella strenua 497
Pontella surrecta 23, 480
Pontella tenuiremis 23, 481
Pontella tridactyla 23, 482
Pontella valida 23, 483
Pontellidae 22, 443
Pontellina 23, 443
Pontellina acuta 451
Pontellina acutifrons 452
Pontellina detruncata 454
Pontellina lobiancoi 475
Pontellina morii 23, 484, 485
Pontellina perspicax 493
Pontellina plumata 23, 484, 485
Pontellina regalis 493, 495
Pontellina strenua 497
Pontellopsis 23, 443
Pontellopsis aegualis 485
Pontellopsis armatus 23, 486
Pontellopsis bitumida 23, 487
Pontellopsis brevis 23, 488
Pontellopsis inflatodigitata 23, 489
Pontellopsis krameri 23, 490
Pontellopsis laminata 23, 491
Pontellopsis macronyx 23, 492
Pontellopsis perspicax 23, 493
Pontellopsis pexa 23, 494
Pontellopsis regalis 23, 495
Pontellopsis sinuata 23, 496
Pontellopsis strenua 23, 497
Pontellopsis tenuicauda 23, 498
Pontellopsis villosa 23, 495, 499
Pontellopsis yamadae 23, 500
Pontia atlantia 466
Pontia edwardsii 452
Pontia patersoni 444
Pontoeciella 32, 786
Pontoeciella abyssicolla 32, 787
Pontoeciellidae 32, 786
Pontoptilus 13, 136
Pontoptilus abbreviatus 178
Pontoptilus muticus 13, 176
Pseudaetideus armatus 57
Pseudanthessiidae 31, 754
Pseudanthessius 31, 754
Pseudanthessius obscurus 31, 755
Pseudanthessius pacificus 31, 756
Pseudanthessius parvus 31, 757
Pseudaugaptilus 13, 136
Pseudaugaptilus orientalis 13, 177
Pseudeuchaeta 11, 56
Pseudeuchaeta brevicauda 11, 115
Pseudhaloptilus 13, 136, 178
Pseudhaloptilus abbreviatus 13, 178
Pseudhaloptilus eurygnathus 13, 179
Pseudhaloptilus pacificus 13, 180
Pseudoamallothrix emarginata 563
Pseudocalanus 16, 248
Pseudocalanus elongate 265
Pseudocalanus gracilis 265
Pseudocalanus minutus 16, 265
Pseudochirella 11, 56
Pseudochirella bilobata 11, 109
Pseudochirella divaricata 11, 110
Pseudochirella magnu 74
Pseudochirella obesa 11, 111
Pseudochirella obtusa 11, 112
Pseudochirella scopularis 11, 113
Pseudochirella semispina 11, 114

Pseudocyclopidae　23, 501
Pseudocyclops　23, 501
Pseudocyclops australis　23, 502
Pseudocyclops latens　23, 503
Pseudocyclops lepidotus　23, 504
Pseudodiaptomidae　23, 505
Pseudodiaptomus　23, 505
Pseudodiaptomus annandalei　23, 506
Pseudodiaptomus arabicus　23, 507
Pseudodiaptomus aurivilli　23, 508
Pseudodiaptomus bispinosus　24, 528
Pseudodiaptomus bulbosus　23, 509
Pseudodiaptomus burckhardti　24, 510
Pseudodiaptomus caritus　24, 511
Pseudodiaptomus clevei　24, 512
Pseudodiaptomus cornutus　519
Pseudodiaptomus diadelus　24, 513
Pseudodiaptomus dubia　506
Pseudodiaptomus forbesi　24, 514
Pseudodiaptomus galleti　24, 515
Pseudodiaptomus incisus　24, 529
Pseudodiaptomus inopinus　24, 516
Pseudodiaptomus ishigakiensis　24, 517
Pseudodiaptomus japonicus　516
Pseudodiaptomus marinus　24, 507, 517, 518
Pseudodiaptomus nihonkaiensis　24, 519
Pseudodiaptomus nudus　524
Pseudodiaptomus ornatus　24, 520
Pseudodiaptomus pacificus　24, 521
Pseudodiaptomus penicillus　24, 530
Pseudodiaptomus philippinensis　24, 522
Pseudodiaptomus poplesia　24, 523
Pseudodiaptomus serricaudatus　24, 524
Pseudodiaptomus smithi　24, 525
Pseudodiaptomus terazakii　24, 526
Pseudodiaptomus trihamatus　24, 530, 531
Pseudodiaptomus trispinosus　24, 527

R

Racovitzanus　25, 537
Racovitzanus levis　25, 547
Ratania　32, 788
Ratania flava　32, 789
Rataniidae　32, 788
Rhincalanus　16, 273
Rhincalanus aculeatus　123
Rhincalanus cornutus　280
Rhincalanus gigas　281
Rhincalanus nasutus　16, 281
Rhincalanus rostrifrons　16, 280
Ridgewayia　24, 532
Ridgewayia boxshalli　24, 536
Ridgewayiidae　24, 532

S

Sapphirina　31, 758
Sapphirina angusta　32, 759
Sapphirina auronitens　32, 760
Sapphirina bicuspidata　32, 761
Sapphirina darwinii　32, 762
Sapphirina gastrica　32, 763
Sapphirina gemma　32, 764, 766, 772
Sapphirina inaequalis　770
Sapphirina intestinata　32, 765
Sapphirina iris　32, 766
Sapphirina lactens　32, 767
Sapphirina lomae　770
Sapphirina longifurca　766
Sapphirina maculosa　32, 768
Sapphirina metallina　32, 769
Sapphirina nigromaculata　32, 770
Sapphirina opalina　32, 771
Sapphirina ovatolanceolata　32, 772
Sapphirina sali　32, 773
Sapphirina salpae　766
Sapphirina scarlata　32, 774
Sapphirina sinuicauda　32, 775
Sapphirina stellata　32, 776
Sapphirinidae　31, 758
Scaphocalanus　25, 537
Scaphocalanus affinis　25, 548
Scaphocalanus brevicornis　25, 549, 551
Scaphocalanus echinatus　25, 550
Scaphocalanus elongatus　25, 551
Scaphocalanus glacialis　552
Scaphocalanus gracilicauda　556

Scaphocalanus longifurca 25, 552
Scaphocalanus macropes 556
Scaphocalanus magnus 25, 553
Scaphocalanus major 25, 554
Scaphocalanus medius 554
Scaphocalanus minuta 549
Scaphocalanus obtusifrons 563
Scaphocalanus pacificus 25, 555
Scaphocalanus subbrevicornis 25, 556
Scaphocalanus tempolaris 552
Schmackeria 505
Schmackeria bulbosa 509
Schmackeria forbesi 514
Schmackeria dubia 506
Schmackeria inopinus 516
Schmackeria poplesia 523
Scolecithricella 25, 537
Scolecithricella abyssalis 25, 557, 565, 572
Scolecithricella altera 426
Scolecithricella arcuata 25, 558
Scolecithricella auropecten 25, 559
Scolecithricella beata 578
Scolecithricella bradyi 582
Scolecithricella ctenopus 25, 560
Scolecithricella curticauda 25, 561
Scolecithricella dentata 25, 562
Scolecithricella dubia 557
Scolecithricella emarginata 25, 563
Scolecithricella fowleri 25, 564
Scolecithricella globulosa 25, 565
Scolecithricella gracilis 25, 566
Scolecithricella longicornis 560
Scolecithricella longifurca 552
Scolecithricella longispinosa 25, 567
Scolecithricella marginata 25, 568
Scolecithricella minor 25, 567, 569
Scolecithricella nicobarica 584
Scolecithricella obtusifrons 25, 563, 570
Scolecithricella orientalis 576
Scolecithricella ovata 25, 571
Scolecithricella paravalida 579
Scolecithricella profunda 25, 572
Scolecithricella propinqua 25, 573
Scolecithricella shizosoma 25, 574
Scolecithricella spinipedata 560
Scolecithricella tenuipes 26, 575
Scolecithricella tenuiserrata 26, 576
Scolecithricella timida 26, 577
Scolecithricella tropica 26, 578
Scolecithricella tydemani 570
Scolecithricella valens 26, 579
Scolecithricella valida 26, 580
Scolecithricella vittata 26, 581
Scolecithrichopsis ctenopus 560
Scolecithricidae 24, 419, 537
Scolecithrix 26, 537
Scolecithrix abyssalis 557
Scolecithrix acutus 541
Scolecithrix angusta 541
Scolecithrix auropecten 559
Scolecithrix bradyi 26, 582
Scolecithrix chelifer 422
Scolecithrix ctenopus 560
Scolecithrix danae 26, 583
Scolecithrix dentata 562
Scolecithrix dubia 557
Scolecithrix emarginata 563
Scolecithrix fowleri 564
Scolecithrix globiceps 566
Scolecithrix gracialis 556
Scolecithrix gracilipes 554
Scolecithrix inornata 563
Scolecithrix latipes 541, 555
Scolecithrix longifurca 552
Scolecithrix magna 553
Scolecithrix major 554
Scolecithrix marginata 568
Scolecithrix minor 569
Scolecithrix nicobarica 26, 584
Scolecithrix ovata 571
Scolecithrix persecans 591
Scolecithrix profunda 572
Scolecithrix propinqua 573
Scolecithrix securifrons 593
Scolecithrix tenuipes 575
Scolecithrix tenuiserrata 576
Scolecithix valens 579
Scolecithrix valida 580

Scolecithrix vittata 581
Scolecocalanus 26, 537
Scolecocalanus spinifer 26, 585
Scottocalanus 26, 537
Scottocalanus acutus 593
Scottocalanus australis 26, 586
Scottocalanus farrani 26, 587
Scottocalanus helenae 26, 588
Scottocalanus infrequens 26, 589
Scottocalanus longispinus 26, 590
Scottocalanus persecans 26, 591
Scottocalanus rotundatus 26, 592
Scottocalanus securifrons 26, 588, 593
Scottocalanus sedatus 26, 594
Scottocalanus setosus 26, 595
Scottocalanus thomasi 26, 596
Scottocalanus thorii 26, 597
Scribella setiger 679
Setella 702
Setella gracilis 703
Setella norvegica 696
Sinocalanus 15, 230
Sinocalanus laevidactylus 15, 244
Sinocalanus sinensis 15, 245
Sinocalanus solstitialis 15, 246
Sinocalanus tenellus 15, 247
Siphonostomatoida 4, 5, 6, 7, 8, 32, 786, 788
Spinocalanidae 26, 598
Spinocalanus 26, 598
Spinocalanus angusticeps 26, 602
Spinocalanus horridus 26, 603
Spinocalanus magnus 26, 604
Spinocalanus oligospinosus 26, 605
Spinocalanus parabyssalis 27, 606
Spinocalanus spinosus 27, 607
Stephidae 27, 608
Stephos 27, 608
Stephos pacificus 27, 609
Stephos pentacanthos 27, 610
Stephos tsuyazakiensis 27, 611
Subeucalanus 16, 273
Subeucalanus crassus 16, 282
Subeucalanus dentatus 17, 286
Subeucalanus mucronatus 16, 283
Subeucalanus pileatus 16, 284
Subeucalanus subcrassus 17, 285
Subeucalanus subtenuis 17, 287

T

Tachidiidae 698
Temora 27, 612
Temora affinis 613
Temora discaudata 27, 616
Temora longicornis 27, 617
Temora stylifera 616
Temora turbinata 27, 618
Temorella affinis 613
Temoridae 27, 612
Temorites 13, 181
Temorites brevis 13, 188
Temorites elongata 182
Temorites longicornis 183
Temorites minor 184
Temorites sarsi 185
Temorites similis 186
Temorites spinifera 187
Temoropia 27, 612
Temoropia mayumbaensis 27, 619
Tharybidae 27, 620
Thaumaleus 790
Thaumaleus claparedei 793
Thaumaleus gigas 791
Thaumaleus longispinosus 791
Thaumaleus morii 792
Thaumaleus rigidus 793
Thaumaleus thompsoni 794
Thermocyclops 28, 652
Thermocyclops kawamurai 28, 657
Thermocyclops mongolicus 28, 656
Tortanidae 27, 622
Tortanus 27, 622
Tortanus barbatus 27, 623
Tortanus bonjol 27, 624
Tortanus bowmani 27, 625
Tortanus brevipes 27, 626
Tortanus denticulatus 623, 641

Tortanus derjugini 27, 627
Tortanus dextrilobatus 27, 628
Tortanus digitalis 27, 629
Tortanus discaudatus 27, 630
Tortanus erabuensis 27, 631
Tortanus forcipatus 27, 632
Tortanus gracilis 27, 633
Tortanus longipes 27, 634
Tortanus lophus 27, 635
Tortanus murrayi 27, 636, 640
Tortanus recticauda 28, 637
Tortanus rubidus 28, 638
Tortanus ryukyuensis 28, 639
Tortanus scaphus 28, 636, 640
Tortanus sheni 28, 641
Tortanus sinicus 28, 642
Tortanus spinicaudatus 28, 643
Tortanus taiwanicus 28, 644
Tortanus terminalis 28, 645
Tortanus tumidus 28, 646
Tortanus vermiculus 28, 647
Triconia 31, 737
Triconia conifera 31, 748
Triconia dentipes 31, 749
Triconia minuta 31, 750
Triconia similis 31, 751
Tropodiaptomus 16, 266
Tropodiaptomus oryzanus 16, 272

U

Undeuchaeta 11, 56
Undeuchaeta bispinosa 117
Undeuchaeta incisa 11, 116
Undeuchaeta intermedia 11, 117
Undeuchaeta magna 116
Undeuchaeta major 11, 118
Undeuchaeta minor 119
Undeuchaeta obtusa 112
Undeuchaeta plumosa 11, 119
Undeuchaeta scopularis 113
Undina danae 583
Undina darwinii 195
Undina helenae 588
Undina plumosa 119
Undina vulgaris 202
Undinella 27, 620
Undinella oblonga 27, 621
Undinopsis 56
Undinopsis armatus 65
Undinopsis similis 66
Undinula 14, 189
Undinula caroli 195
Undinula darwini 195
Undinula vulgaris 14, 202

V

Valdiviella 11, 56
Valdiviella brevicornis 11, 120
Valdiviella insignis 11, 121
Vettoria granulose 784
Vittoria longifurca 785

X

Xanthocalanus 21, 419
Xanthocalanus agilis 21, 433
Xanthocalanus cristatus 428
Xanthocalanus dilatus 21, 434
Xanthocalanus multispinus 21, 435
Xanthocalanus pulcher 541
Xanthocalanus typicus 420